Imasugu Tsukaeru Kantan Series

今すぐ使えるかんたん

Windows
10大事典

Windows 10 Perfect Book

JN216231

技術評論社

本書の使い方

- ● 画面の手順解説だけを読めば、操作できるようになる！
- ● もっと詳しく知りたい人は、両端の「側注」を読んで納得！
- ● これだけは覚えておきたい機能を厳選して紹介！

特 長 1

機能ごとに
まとまっているので、
「やりたいこと」が
すぐに見つかる！

● 基本操作

赤い矢印の部分だけを読ん
で、パソコンを操作すれば、
難しいことはわからなくても、
あっという間に操作できる！

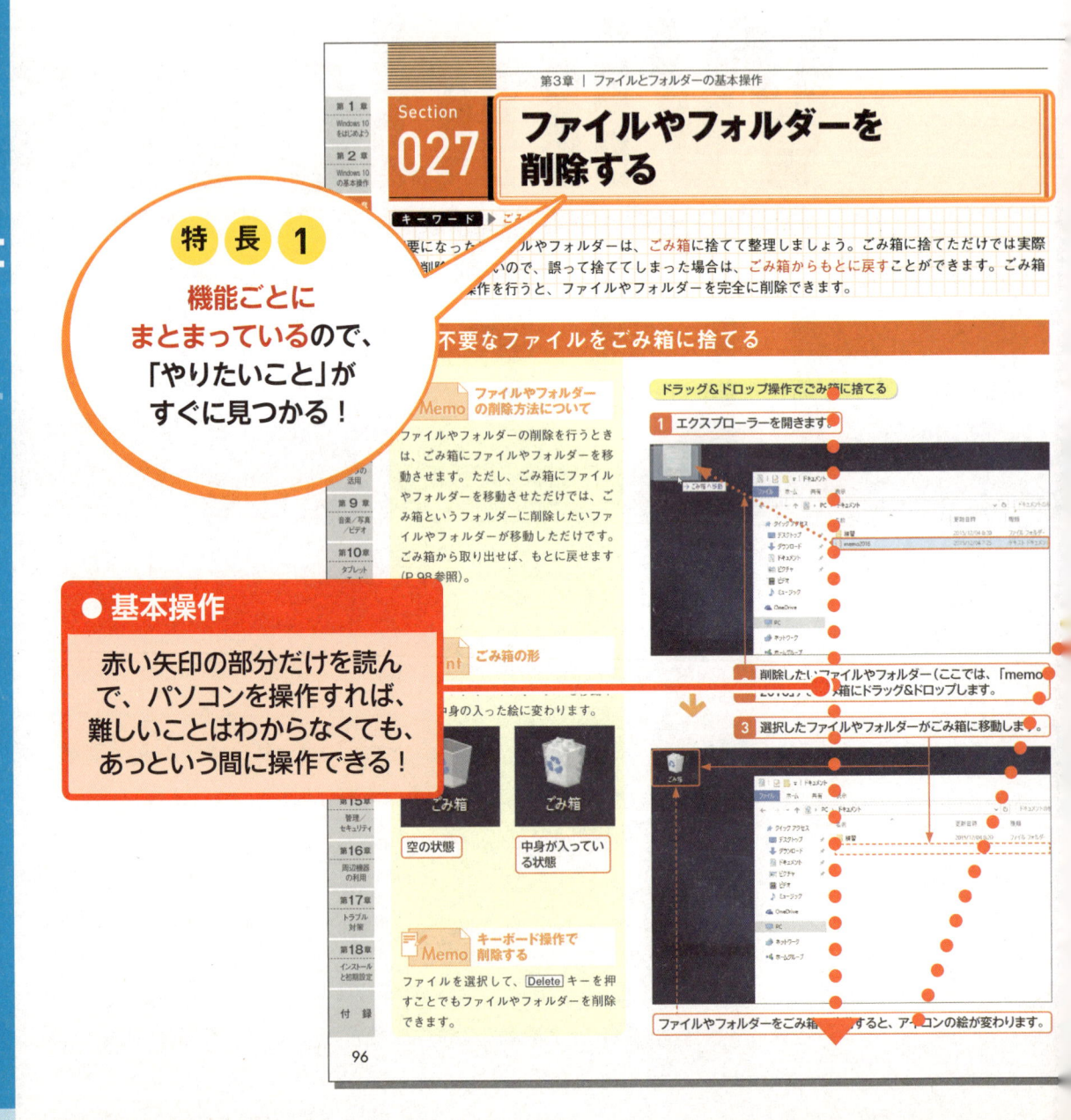

特長 2

やわらかい上質な紙を
使っているので、
開いたら閉じにくい！

● 補足説明

操作の補足的な内容を「側注」にまとめているので、
よくわからないときに活用すると、疑問が解決！

 **Memo**
補足説明

Hint
便利な機能

 **Key word**
用語の解説

Touch
タッチ操作

Stepup
応用操作解説

Caution
注意事項

エクスプローラーからごみ箱に捨てる

1 エクスプローラーを起動し、

2 削除したいファイルやフォルダー（ここでは、<memo2016>）をクリックします。

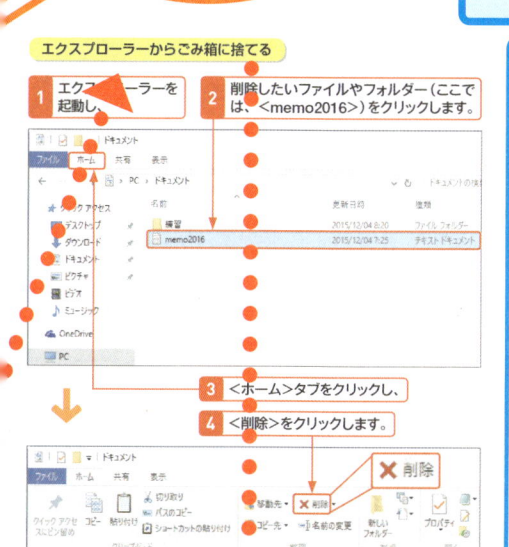

3 <ホーム>タブをクリックし、

4 <削除>をクリックします。

✕ 削除

5 選択したファイルやフォルダーがごみ箱に移動します。

右クリックメニューから削除する

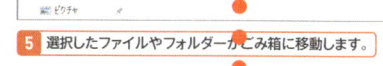

1 エクスプローラーを起動し、

2 削除したいファイルやフォルダーを右クリックして、

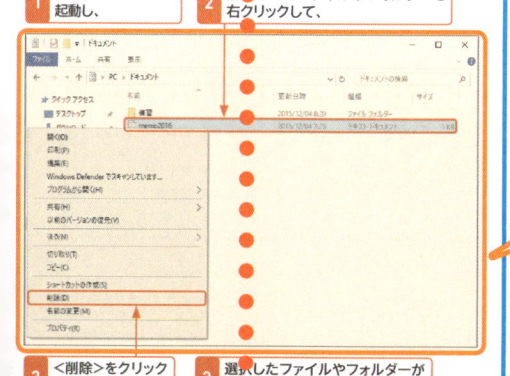

3 <削除>をクリックします。

3 選択したファイルやフォルダーがごみ箱に移動します。

Hint　ごみ箱の最大サイズを変更する

ごみ箱に一定以上の容量のファイルを捨てる（移動させる）と、ごみ箱というフォルダーにファイルを移動するのではなく、完全削除が実行されます。完全削除が実行される容量を変更したいときは、ごみ箱を右クリックし、<プロパティ>をクリックして、最大サイズの変更を行います。最大サイズを小さくすると、完全削除が実行されるファイルの最大容量が小さくなり、大きくすると完全削除が実行されにくくなります。

⦿ カスタム サイズ(C):
最大サイズ(MB)(X):　5071

Hint　削除に完全削除を行う

「エクスプローラーからごみ箱に捨てる」の手順**4**の画面で▼をクリックし、<完全に削除>をクリックすると、ごみ箱を経由することなく、ファイルやフォルダーを完全に削除できます。

移動先・ ✕ 削除
ートカットの貼り付け　✕ 完全に削除
削除の確認の表示

Memo　ごみ箱

<ごみ箱>を□□□クリックすると中身が表示□□□ファイルなどを確認することができますが、そのファイルをダブルクリックするなどしても内容までは表示されません。内容を表示したい場合は、次ページを参考に、ごみ箱の外へファイルやフォルダーを取り出す必要があります。ごみ箱の外に出すとそのファイルやフォルダーは、もとの状態に戻ります。

3
Section 027
ファイルやフォルダーを削除する

特長 3

大きな操作画面で
該当箇所を囲んでいるので
よくわかる！

97

目次

Contents

<table>
<tr><td colspan="3">第 3 章　ファイルとフォルダーの基本操作</td></tr>
</table>

<table>
<tr><td colspan="3">第 4 章　インターネットの利用</td></tr>
</table>

| 第 5 章 | **Outlook.comの利用** |

| 第 6 章 | **「メール」アプリの利用** |

第 7 章 アプリの利用

第 8 章　データの活用

第 9 章　音楽／写真／ビデオの活用

第10章 タブレットモードの利用

第11章 文字入力の基本

第12章 <スタート>メニューやロック画面のカスタマイズ

第13章　デスクトップのカスタマイズ

第14章　ネットワークの活用

第15章 アカウント管理とセキュリティ設定

Contents

第18章 Windows 10のインストールと初期設定

付録

パソコンの基本操作

- 本書の解説は、基本的にマウスを使って操作することを前提としています。
- お使いのパソコンのタッチパッド、タッチ対応モニターを使って操作する場合は、各操作を次のように読み替えてください。

1 マウス操作

▼ クリック（左クリック）

クリック（左クリック）の操作は、画面上にある要素やメニューの項目を選択したり、ボタンを押したりする際に使います。

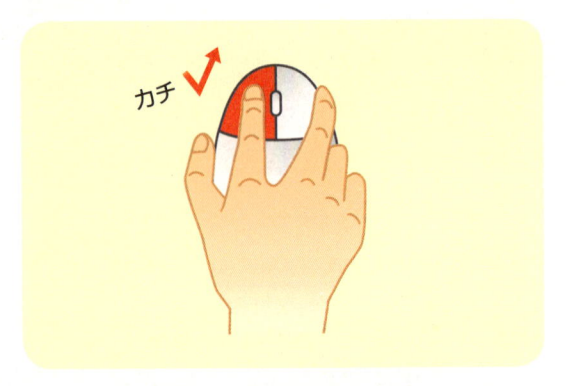

マウスの左ボタンを1回押します。

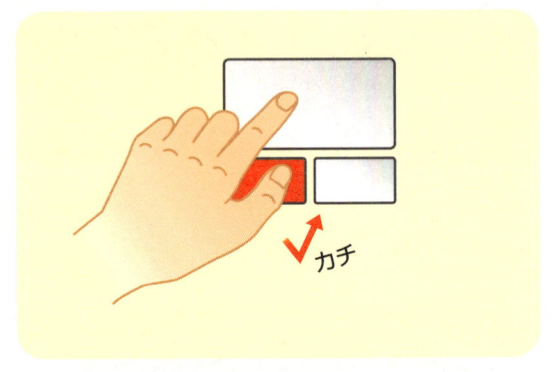

タッチパッドの左ボタン（機種によっては左下の領域）を1回押します。

▼ 右クリック

右クリックの操作は、操作対象に関する特別なメニューを表示する場合などに使います。

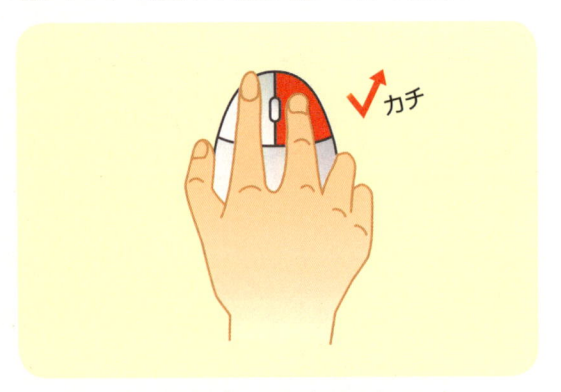

マウスの右ボタンを1回押します。

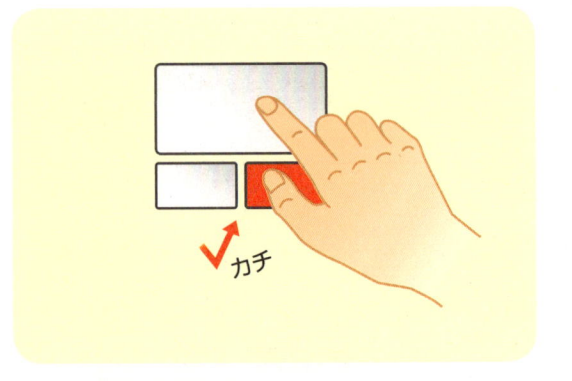

タッチパッドの右ボタン（機種によっては右下の領域）を1回押します。

▼ ダブルクリック

ダブルクリックの操作は、各種アプリを起動したり、ファイルやフォルダーなどを開く際に使います。

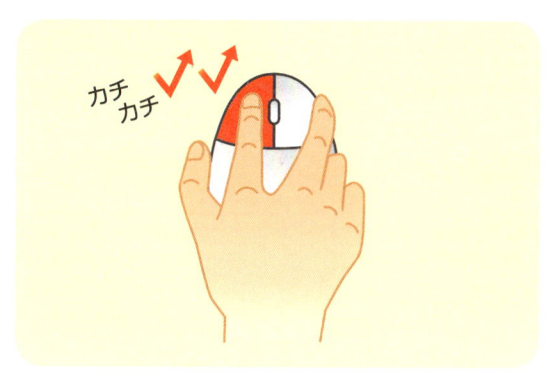

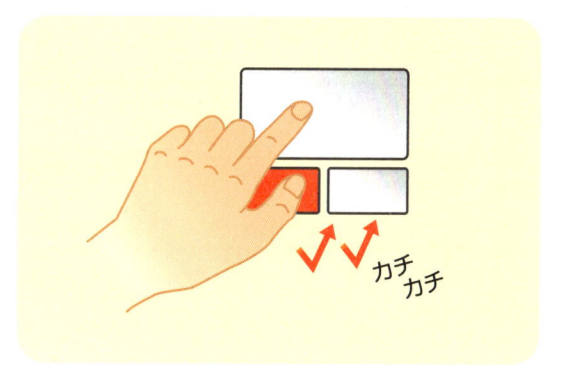

マウスの左ボタンをすばやく2回押します。

タッチパッドの左ボタン（機種によっては左下の領域）をすばやく2回押します。

▼ ドラッグ

ドラッグの操作は、画面上の操作対象を別の場所に移動したり、操作対象のサイズを変更する際などに使います。

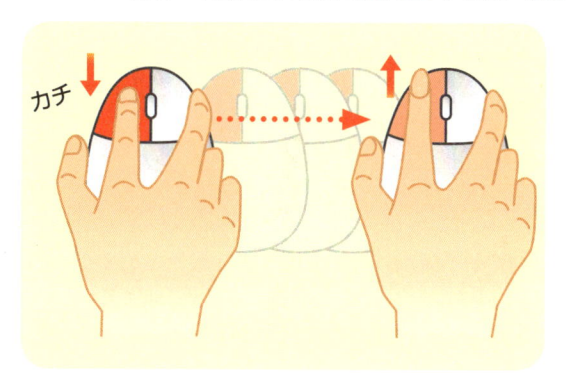

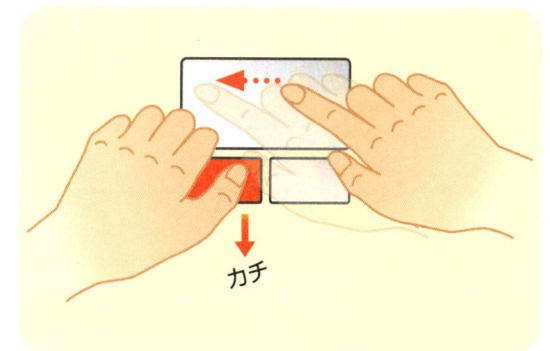

マウスの左ボタンを押したまま、マウスを動かします。目的の操作が完了したら、左ボタンから指を離します。

タッチパッドの左ボタン（機種によっては左下の領域）を押したまま、タッチパッドを指でなぞります。目的の操作が完了したら、左ボタンから指を離します。

 **Memo　ホイールの使い方**

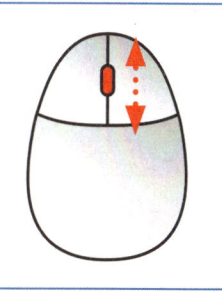

ほとんどのマウスには、左ボタンと右ボタンの間にホイールが付いています。ホイールを上下に回転させると、Webページなどの画面を上下にスクロールすることができます。そのほかにも、Ctrl キーを押しながらホイールを回転させると、画面を拡大／縮小したり、フォルダーのアイコンの大きさを変えることができ、Shift キーを押しながらホイールを回転させると画面を左右にスクロールすることができます。

② 利用する主なキー

▼ 半角／全角キー

半角／全角／漢字
日本語入力と英語入力を切り替えます。

▼ ファンクションキー

F1 ～ F12
12個のキーには、ソフトごとによく使う機能が登録されています。

▼ デリートキー

Delete
文字を消すときに使います。「del」と表示されている場合があります。

▼ 文字キー

文字を入力します。

▼ バックスペースキー

Back Space
入力位置を示すポインターの直前の文字を1文字削除します。

▼ エンターキー

Enter
変換した文字を決定するときや、改行するときに使います。

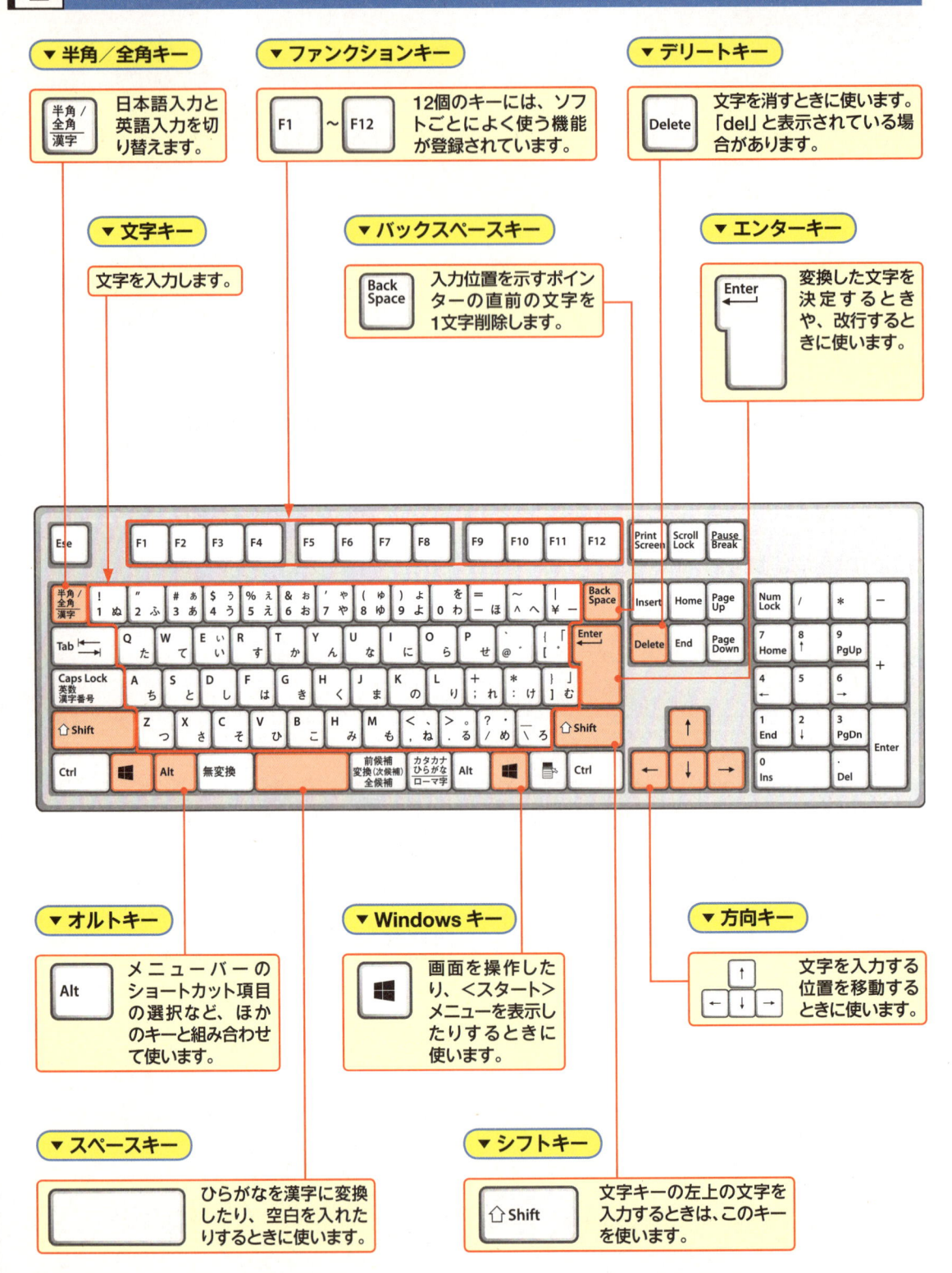

▼ オルトキー

Alt
メニューバーのショートカット項目の選択など、ほかのキーと組み合わせて使います。

▼ Windows キー

画面を操作したり、＜スタート＞メニューを表示したりするときに使います。

▼ 方向キー

文字を入力する位置を移動するときに使います。

▼ スペースキー

ひらがなを漢字に変換したり、空白を入れたりするときに使います。

▼ シフトキー

⇧ Shift
文字キーの左上の文字を入力するときは、このキーを使います。

3 タッチ操作

▼ タップ

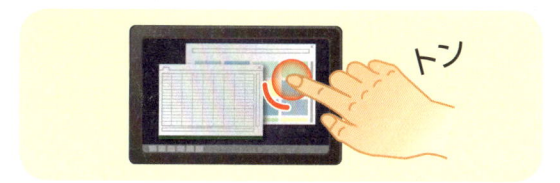

画面に触れてすぐ離す操作です。ファイルなど何かを選択する時や、決定を行う場合に使用します。マウスでのクリックに当たります。

▼ ダブルタップ

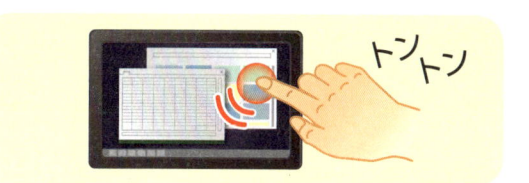

タップを2回繰り返す操作です。各種アプリを起動したり、ファイルやフォルダーなどを開く際に使用します。マウスでのダブルクリックに当たります。

▼ ホールド

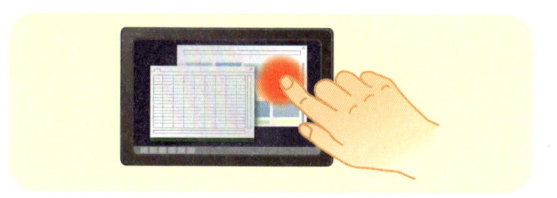

画面に触れたまま長押しする操作です。詳細情報を表示するほか、状況に応じたメニューが開きます。マウスでの右クリックに当たります。

▼ ドラッグ

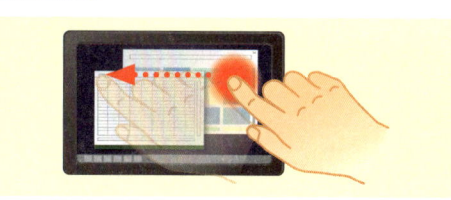

操作対象をホールドしたまま、画面の上を指でなぞり上下左右に移動します。目的の操作が完了したら、画面から指を離します。

▼ スワイプ／スライド

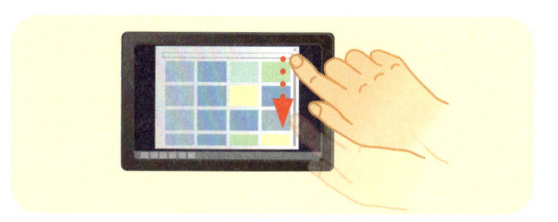

画面の上を指でなぞる操作です。ページのスクロールなどで使用します。

▼ フリック

画面を指で軽く払う操作です。スワイプと混同しやすいので注意しましょう。

▼ ピンチ／ストレッチ

2本の指で対象に触れたまま指を広げたり狭めたりする操作です。拡大(ストレッチ)／縮小(ピンチ)が行えます。

▼ 回転

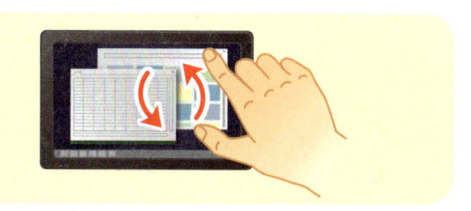

2本の指先を対象の上に置き、そのまま両方の指で同時に右または左方向に回転させる操作です。

第1章

Windows 10を
はじめよう

Section 001 Windows 10とは

キーワード ▶ OS

Windows 10はマイクロソフトが開発したパソコン用の基本ソフトです。Windows 10は利用者とパソコンの仲立ちをして、各種のアプリケーションや周辺機器を利用できるようにする役目があります。Windows 10は市販のパソコンですぐに利用することができます。

1 Windows 10の役割

Windows 10は、パソコンを利用するための基本ソフトでOS（Operating System：オペレーティングシステム）と呼ばれるソフトウェアの一種です。Windows 10は利用者（ユーザー）の命令に従って、WordやExcelなどのアプリケーション（以降「アプリ」と表記）を起動し、プリンターやスキャナーなどの周辺機器を動作させます。また、文書や画像、動画などの各種ファイルやフォルダーを管理することもWindows 10の役目です。また、Windows 10は、パソコンだけでなく、一部のタブレットやスマートフォン用のOSとしても利用されています。本書では、最新のWindows 10を利用していることを前提に解説を行っています。

2 Windows 10 が利用できるパソコンの種類

Windows 10は、デスクトップパソコンを始め、ノートパソコンやタブレットなど、さまざまなパソコンで利用できます。マウスやキーボードを利用した従来の操作だけでなく、画面を手でなぞって操作を行うタッチ操作にも対応し、パソコンをこれまで以上に便利に操作できます。

デスクトップパソコン（モニター一体型）

モニター一体型のデスクトップパソコン。タッチ操作に対応した製品も発売されています。

デスクトップパソコン（タワー型）

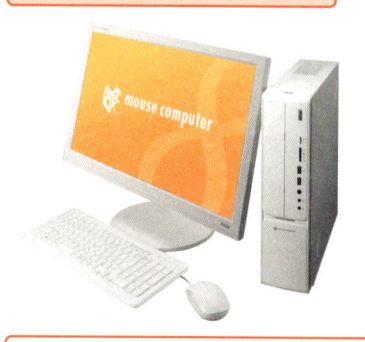

パソコン本体とモニターが別々のパソコン。操作は、マウスで行うことが一般的です。

ノートパソコン（折り畳み式）

モニターを開いて利用する一般的な形状のノートパソコン。タッチ操作対応製品もあります。

ノートパソコン（モニター部回転／スライド型）

モニターを回転させることでタブレット型としても利用できるノートパソコンです。

ノートパソコン（モニター部分離／合体型）

キーボード部分とモニター部分を分離できるノートパソコンです。

ノートパソコン（キーボード非搭載型）

キーボードを搭載しない板状のノートパソコン。通常タッチ操作で利用します。

Section 002　Windows 10の新機能を知る

キーワード ▶ ＜スタート＞メニュー

Windows 10は、従来のマウスやキーボードによる操作だけでなく、画面に直接触れるタッチ操作でも便利に利用できるようになっています。また、Windows 8で廃止された＜スタート＞メニューが復活し、デスクトップでの操作が利用しやすくなりました。

1　Windows 10の特徴的な機能

Caution　最初に表示される画面は異なる

Windows 10では、パソコンの状態によって最初に表示される画面が異なります。キーボードやマウスが接続されていないパソコンでは、タブレットモードとして＜スタート＞メニューが全画面で表示されます。キーボードやマウスが接続されているパソコンでは、デスクトップが表示されます。本書では、一般的なデスクトップパソコンやノートパソコンでデスクトップが表示される状態で解説しています。

Hint　タブレットモードに切り替える

ノートパソコンなど一部のパソコンでは、タブレットモードのオン／オフを自動的に切り替えます。自動切り替えが行えないパソコンの場合は、通知画面から手動で切り替えることができます。

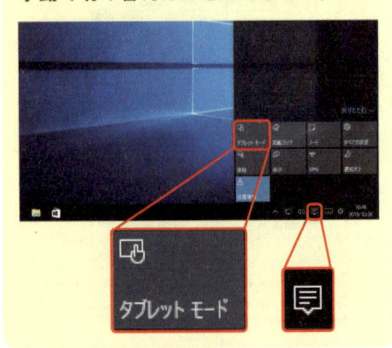

復活した＜スタート＞メニュー

田をクリックすると、＜スタート＞メニューが表示されます。＜スタート＞メニューのタイルは、ニュースや天気などの各種情報を表示することもできます。

タブレットモード

タブレットモードは、タッチ操作で利用する場合に操作しやすい動作モードです。このモードでは、＜スタート＞メニューやアプリなどが全画面表示されます。

すべてのアプリがウィンドウ表示で利用可能

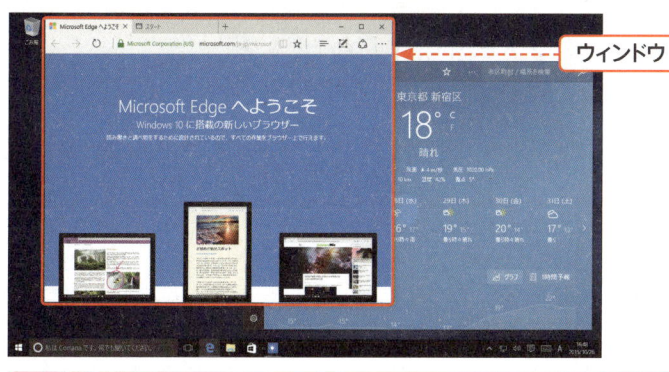

ウィンドウ

デスクトップアプリだけでなく、Windows アプリもウィンドウ表示にしてデスクトップ上で利用できます。もちろん、ウィンドウサイズも自由に変更できます。

仮想デスクトップ機能で作業を使い分ける

複数のデスクトップを利用できます。たとえば、文書作成、表計算などアプリごとに専用の作業場となるデスクトップを作成して、各種作業を行うことができます。

パーソナルデジタルアシスタント「Cortana（コルタナ）」の搭載

話し言葉を認識して、さまざまな作業を行ってくれるパーソナルデジタルアシスタント機能を搭載しています。この機能を利用することで、ファイルの検索やアプリの起動を音声で行うことができます。

Memo アプリの表示方法は異なる

タブレットモードで利用する場合、アプリは自動的に全画面で表示されます。アプリのウィンドウ表示は、タブレットモードで利用していない場合のみ利用できます。

Hint 仮想デスクトップを切り替える

仮想デスクトップ機能を利用すると、下図のように「デスクトップ1」「デスクトップ2」が作成され、クリックすることでかんたんにデスクトップを切り替えることができます。

Hint Cortana（コルタナ）の対応言語は？

パーソナルデジタルアシスタント機能「Cortana（コルタナ）」は、本稿執筆現在（2016年3月）、一部の機能のみが利用できます（P.102参照）。将来的には、さまざまな機能が利用できるようになります。

Section 003 | Windows 10を起動する

キーワード ▶ ロック画面

パソコンの電源を入れてしばらくすると、Windows 10が起動します。パスワードを入力し、Windows 10にサインインすると、デスクトップまたは＜スタート＞メニューが表示され、Windows 10の機能や各アプリを利用できるようになります。ここでは、Windows 10の起動とサインインの方法を解説します。

1 | Windows 10 を起動する

Memo パソコンの電源を入れるには？

パソコンの電源を入れるには、電源ボタンを押します。パソコンの電源ボタンには、⏻マークが刻印されています。電源ボタンの形状や場所は、パソコンによって異なるので、パソコンの取り扱い説明書で確認しましょう。また、電源ボタンは、押して操作するタイプのほかに、スライドさせて操作するタイプもあります。

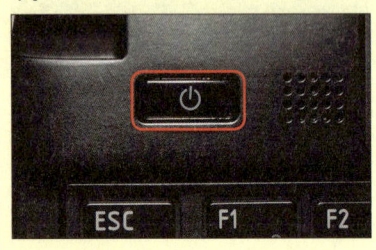

Caution ライセンス条項が表示された場合は？

Windows 10を初めて起動したときに以下の画面が表示された場合は、P.659を参考に初期設定を行ってください。

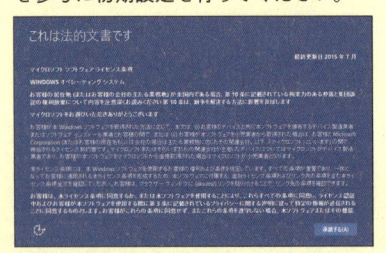

1 電源ボタンを押します。

2 Windows 10が起動すると、ロック画面が表示されます。

3:29
12月4日（金）

3 何かキーを押すか、マウスをクリックして、ロック画面を解除します。

4 サインイン画面が表示されるので、

5 パスワードを入力し（右のHint参照）、

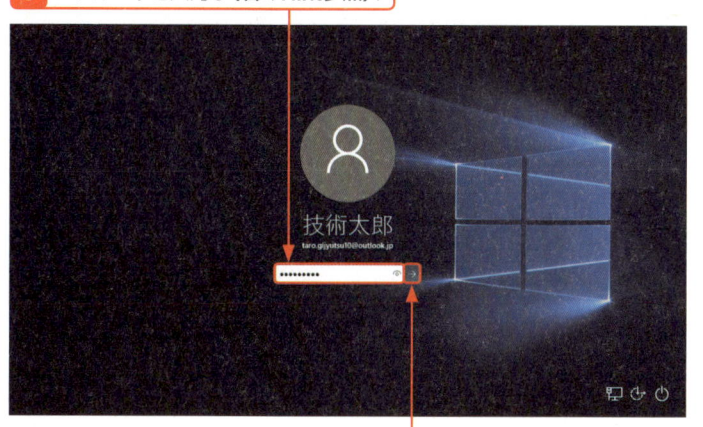

6 →をクリックします。

7 デスクトップが表示されます。

Key word　ロック画面とは？

「ロック画面」とは、パソコンを一時的に操作できないようにするための画面です。パスワードが設定されている場合は、Windows 10の起動直後にロック画面が表示されます。

Key word　サインインとは？

「サインイン」とは、ユーザー名（メールアドレスなど）とパスワードで身元確認を行い、さまざまな機能やサービスを利用できるようにすることです。

Touch　タッチ操作でロック画面を解除するには

タッチ操作（P.388参照）でロック画面を解除するには、画面を下から上にスライドします。

Hint　入力するパスワードは？

初期設定時にMicrosoft アカウントでサインインを行うように設定した場合は、Microsoft アカウントのパスワードを入力します。ローカルアカウント（P.658参照）を設定した場合は、初期設定時に設定したパスワードを入力します。PINを設定している場合は、4桁の数字を入力することでもサインインできます（P.547参照）。

Memo　デスクトップが表示されない

Windows 10がタブレットモードで動作している場合は、サインイン後にデスクトップではなく＜スタート＞メニューが表示されます。サインイン後にデスクトップを表示するようにするには、P.403を参考にして、「サインイン時の動作」を変更する必要があります。

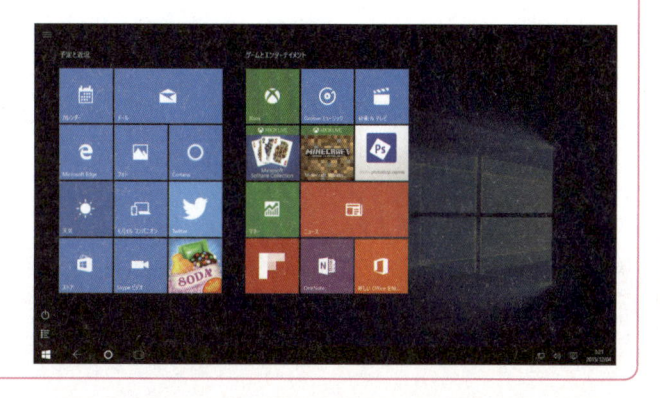

Section 004 Windows 10の画面構成を知る

キーワード ▶ デスクトップ

デスクトップは、アプリの起動など、Windows 10を操作する上ですべての起点となる画面です。また、デスクトップでは、アクションセンターを表示してシステムやアプリからの通知を受け取ることができます。ここでは、Windows 10の画面構成について解説します。

1 デスクトップの画面構成

スタートボタン
＜スタート＞メニューを表示するためのボタンです。

デスクトップ
ウィンドウを表示して、さまざまな作業を行う場所です。

マウスポインター
アイコンやボタンなどを操作するための目印です。操作の内容や場所によって形状が変化します。

通知領域
現在の日時やパソコンの状態を示すアイコンが表示されます。

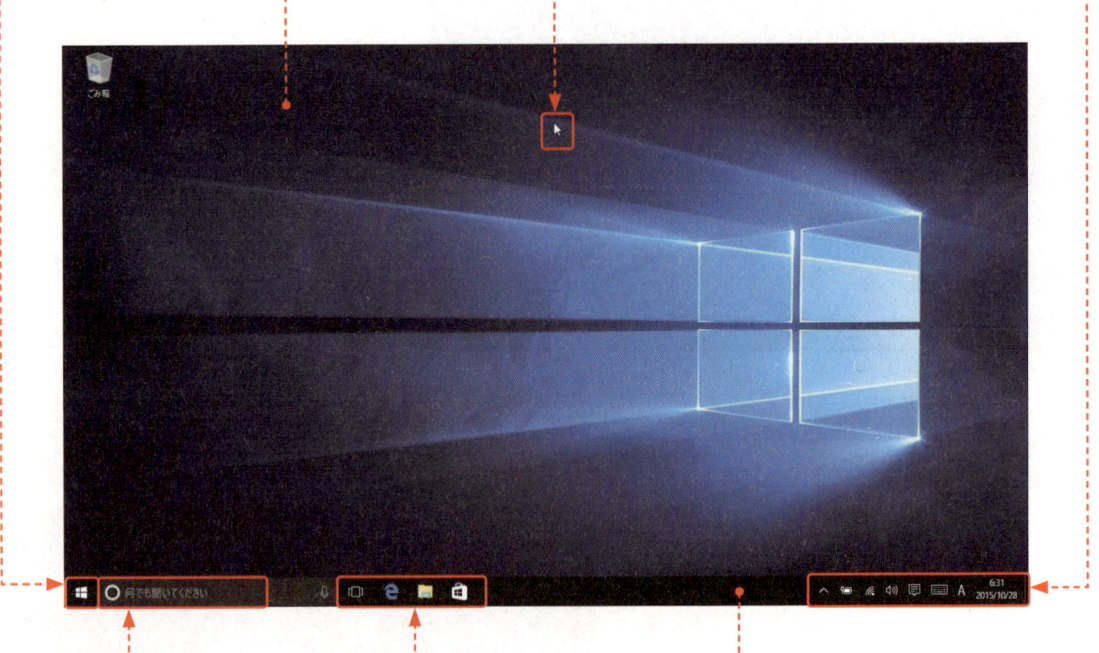

Cortana／検索ボックス
パソコン内のファイルやインターネット検索を行えます。

タスクバーボタン
アプリを起動したり、アクティブウィンドウを切り替えたりすることができるボタンです。

タスクバー
ウィンドウやWindows アプリの切り替え、タスクバーボタンの配置などを行います。

2 タスクバーの役割を知る

起動中のアプリのタスクバーボタンにマウスポインターを重ねると、ライブサムネイルが表示されます。

起動したアプリ

ライブサムネイル

クリックなどの操作によって、すばやくアプリを起動することができるボタンが並びます。

起動したアプリはタスクバーにボタンとして追加されます。

Key word タスクバー

「タスクバー」は、パソコンの使い勝手をよりよくするためのもので、デスクトップ最下部に配置されています。タスクバーボタンは、初期状態では4つ並んでいますが、アプリを起動すると、そのアプリのボタンが加わります。

Key word ライブサムネイル

「ライブサムネイル」は、起動中のアプリの縮小画面（サムネイル）を表示し、アプリの切り替えなどを行える機能です。1つのアプリで複数の作業を行っているときは、複数のライブサムネイルが表示されます。なお、ライブサムネイルは、マウスで操作を行った場合のみ表示されます。タッチ操作では、ライブサムネイルを表示することはできません。

Memo タブレットモードの場合は？

タスクバーに表示される内容は、デスクトップで利用している場合とタブレットモードで利用している場合で異なります。タブレットモードでは、デスクトップで表示されていたアプリの起動用ボタン（アイコン）が非表示になり、検索ボックスも◯に表示が変わります。また、通常、起動中のアプリのアイコンは表示されません。

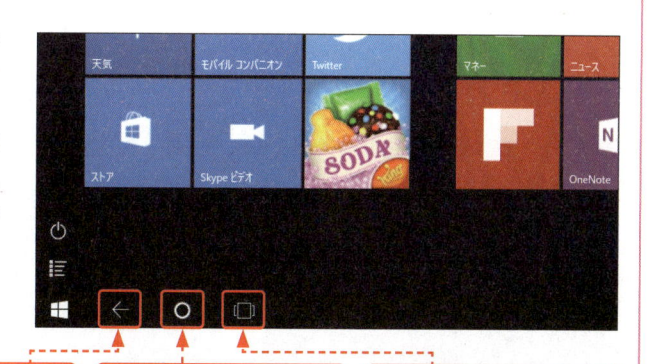

戻るボタン：
このボタンをクリックすると、1つ前の画面に戻ります。

検索／Cortanaボタン：
このボタンをクリックすると、検索画面が表示されます。

タスクビューボタン：
このボタンをクリックすると、タスクビューが表示されます。

第1章
Windows 10
をはじめよう

第2章
Windows 10
の基本操作

第3章
ファイルと
フォルダー

第4章
インター
ネット

第5章
Outlook.
com

第6章
「メール」
アプリ

第7章
アプリの
利用

第8章
データの
活用

第9章
音楽/写真
/ビデオ

第10章
タブレット
モード

第11章
文字入力
の基本

第12章
<スタート>
メニュー

第13章
デスクトップ

第14章
ネットワーク

第15章
管理/
セキュリティ

第16章
周辺機器
の利用

第17章
トラブル
対策

第18章
インストール
と初期設定

付　録

③ アクションセンターの画面構成

Key word　アクションセンターとは?

「アクションセンター」は、システムやアプリからの通知が表示されるほか、タブレットモードへの手動切り替えや位置情報、ネットワーク接続の設定などが行える機能です。各種設定を行う「設定」画面(P.33のMemo参照)もここから開くことができます。

Touch　タッチ操作でアクションセンターを開く

タッチ操作の場合、アクションセンターは通知領域にある🗨をタップすることで表示できるほか、画面右端の外側から内側(左側)に向けてスワイプすることでも表示できます。

スワイプ

Memo　選択した通知のみを消去する

選択した通知のみを消去したいときは、消去したい通知の上にマウスポインターを置きます。右上に▨が表示されるので、これをクリックします。

アクションセンターを表示する

1 🗨をクリックすると、

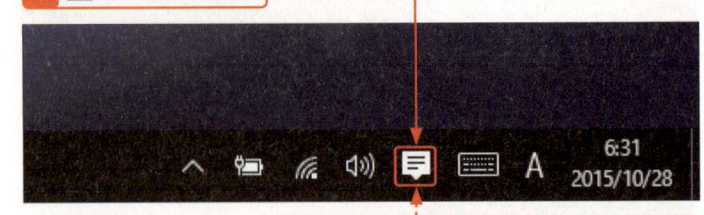

新しい通知があるときは🗨が白くなります。

2 アクションセンターが表示され、通知の一覧などが表示されます。

通知の一覧:
さまざまな通知がこのエリアに表示されます。

クイックアクション:
アイコンをクリックすると各種機能のオン/オフを切り替えたり、「設定」画面(P.33のMemo参照)を表示できたりします。

通知を消去する

1 <すべてクリア>をクリックすると、

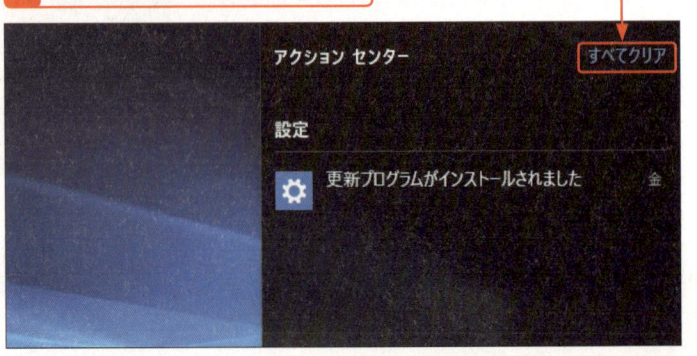

2 すべての通知が削除されます。

クイックアクションを折りたたむ／展開する

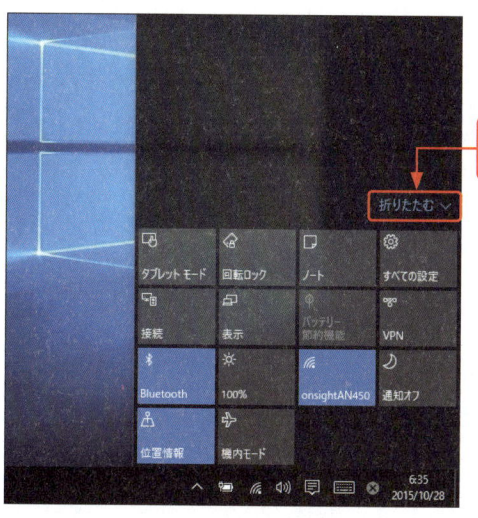

1 ＜折りたたむ＞を
クリックすると、

2 クイックアクション
が折りたたまれ、1段目に配置されている4個のボタンのみが表示されます。

3 ＜展開＞をクリックすると、すべてのボタンが表示されます。

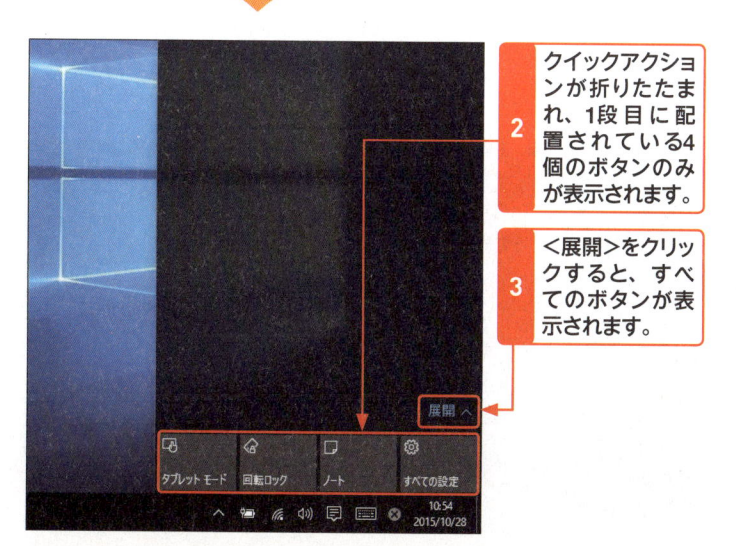

Memo 通知の詳細を確認する

アクションセンターに表示されている通知をクリックすると、アプリが起動して通知の詳細を確認することができます。また、対応する設定項目の設定画面が表示されることもあります。

Key word クイックアクションとは？

「クイックアクション」とは、各種設定をかんたんに切り替えることができるように用意された機能です。タブレットモードへの切り替えや画面の回転ロックのオン／オフ、OneNoteの起動、設定の表示、Bluetoothのオン／オフ、機内モードのオン／オフなど、利用頻度が高く、すばやくオン／オフを切り替えたい機能が登録されています。クイックアクションで設定を切り替えられる機能は、利用しているパソコンによって異なります。

Memo 常に表示される機能を設定する

クイックアクションは、表示を折りたたむと上一段目に表示されている4つの機能のみが表示されます。上一段目に表示される機能は、P.496の手順でユーザーが自由に変更できます。

Section 005

＜スタート＞メニューとは

キーワード ▶ ＜スタート＞メニュー

＜スタート＞メニューは、すべてのアプリがまとめられたメニューです。メニューのアイコンやタイルをクリックすることで、すばやくアプリを起動することができます。また、アプリの起動だけではなく、Windows 10の設定の変更やパソコンの終了などの操作も行うことができます。

1 ＜スタート＞メニューを表示する

Key word ＜スタート＞メニューとは？

デスクトップの画面左下の＜スタート＞ボタンをクリックすると表示されるメニューを＜スタート＞メニューといいます。アプリの起動やWindows 10の設定変更などを行えます。＜スタート＞メニューは、＜スタート＞画面と呼ばれることもあります。

Hint ■キーで＜スタート＞メニューを表示する

＜スタート＞メニューは、デスクトップの画面左下の＜スタート＞ボタンをクリックすることで表示できるほか、■キーを押すことでも表示できます。＜スタート＞メニューを閉じるには、再度、＜スタート＞ボタンをクリックするか■キーを押します。

Memo タブレットモードの場合は？

タブレットモードの場合は、画面左上の■をクリックすると、「ユーザー名」や「よく使うアプリ」などが表示されます。

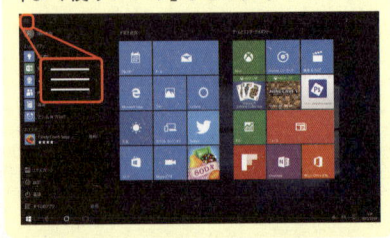

1 ⊞＜スタート＞ボタンをクリックすると、

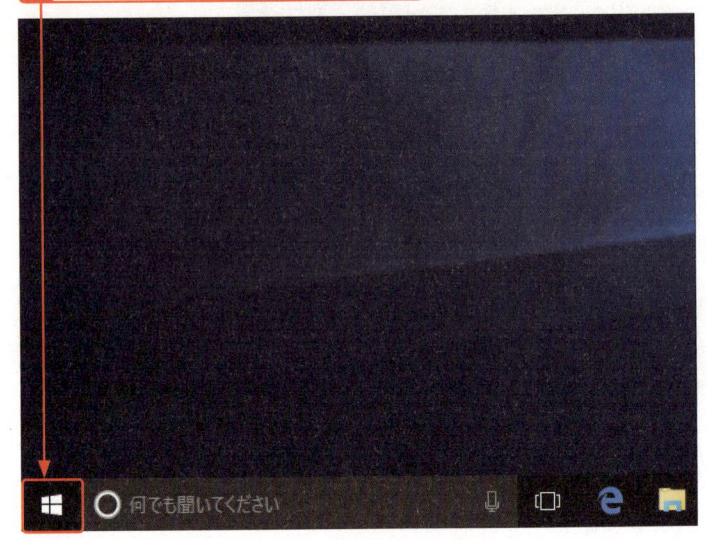

2 ＜スタート＞メニューが表示されます。

2 ＜スタート＞メニューの詳細

ユーザー名

ユーザー名が表示されます。クリックすると、メニューが表示され、ユーザーの切り替えや画面のロックなどが行えます。

タイル

タイルはアプリを起動するためのものです。クリックすると対応するアプリが起動します。最新情報を確認できるライブタイル（P.264左下のMemo参照）もあります。

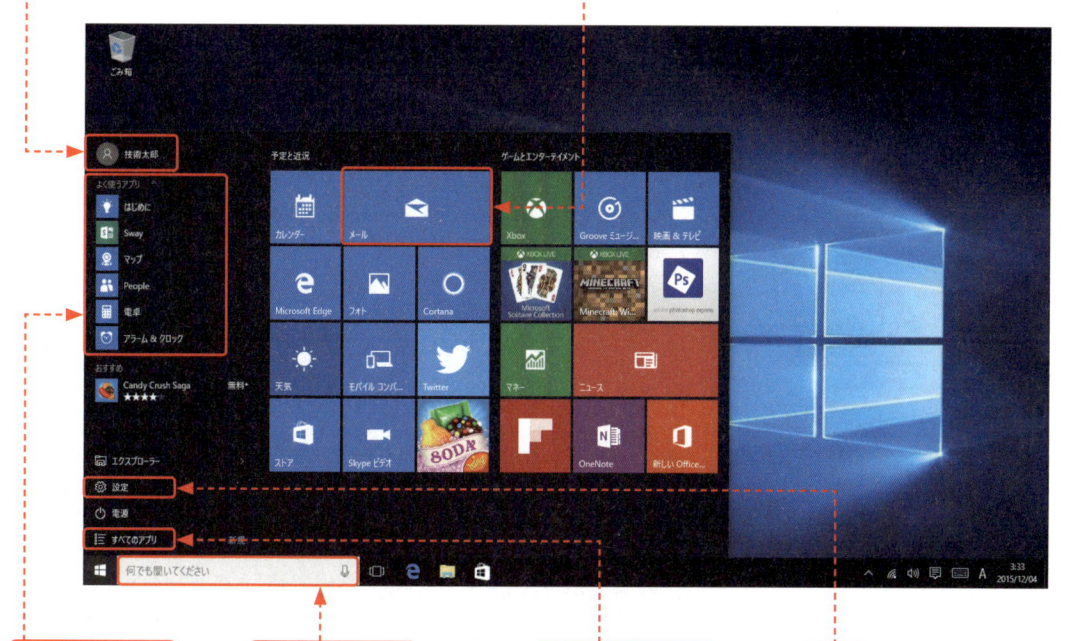

よく使うアプリ

使用頻度の高いアプリの一覧が表示されます。

検索ボックス

パソコン内のファイルやインターネット検索を行えます。

すべてのアプリ

クリックすると、すべてのアプリを表示できます。

設定

クリックすると、Windows 10の各種設定を行える「設定」画面が表示されます（下のMemo参照）。

Memo Windows 10の各種設定を行う

＜スタート＞メニューの＜設定＞をクリックすると「設定」画面が表示され、Windows 10の各種設定が行えます。また、「設定」画面は、P.30の手順でアクションセンターを表示して＜すべての設定＞をクリックすることでも表示できます。「設定」画面の詳細な利用方法については、P.534を参照してください。

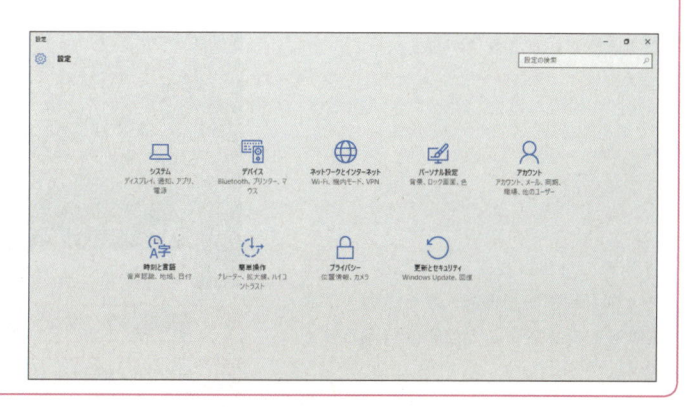

Section 006

Windows 10の作業を中断する

キーワード ▶ スリープ

Windows 10の作業を中断したいときは、パソコンをスリープさせると便利です。スリープ中のパソコンは、作業を再開する際に短時間で復帰させることができます。復帰時にはロック画面が表示されるので、パスワードを設定しておけば、スリープ中に無断でパソコンを使用される心配がありません。

1 パソコンをスリープする

Key word スリープとは?

「スリープ」は、パソコンの動作を一時的に停止し、節電状態で待機させる機能です。完全に電源を切るシャットダウンよりも消費電力は多くなりますが、停止状態になるまでの時間が短く、使用を再開する際に復帰させるまでの時間も短くなるというメリットがあります。

Hint スリープ状態にするには?

デスクトップパソコンは、電源ボタンとは別に「スリープボタン」を備えている場合があります。スリープボタンを押すと、スリープ状態にできます。また、一般にノートパソコンは本体を閉じる（ディスプレイを閉じる）、または電源ボタンを押すと、自動的にスリープ状態になるように設定されています。

Memo ＜スリープ＞が表示されない

ご利用のパソコンによっては、手順**3**で＜スリープ＞が表示されない場合があります。その際はこの機能は利用できません。

1 ⊞をクリックするか、⊞キーを押して、＜スタート＞メニューを表示します。

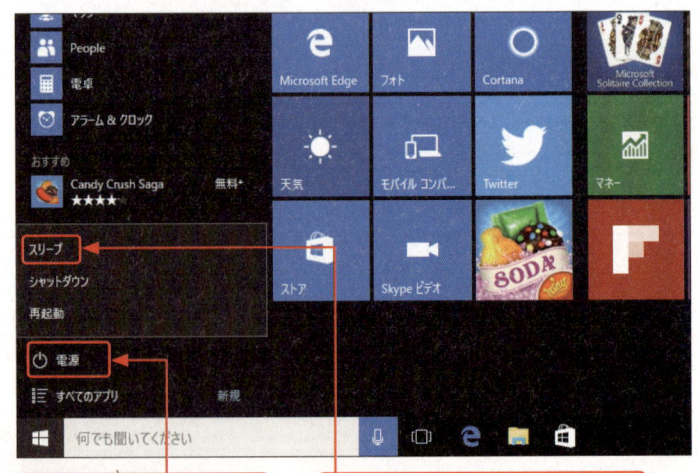

2 ＜電源＞をクリックし、

3 ＜スリープ＞をクリックします。

4 パソコンがスリープ状態になり画面が真っ暗になります。

2 スリープから復帰して作業を再開する

1 パソコンの電源ボタンを押します。

2 ロック画面が表示されます。P.26の手順でサインインします。

3:38
12月4日 (金)

Memo スリープ状態から復帰するには？

一般に、ノートパソコンでは、本体を開く（ディスプレイを開く）と、スリープ状態から自動的に復帰するように設定されています。この設定は、利用しているノートパソコンによって異なります。

Hint そのほかの方法は？

キーボードの任意のキーを押したり、マウスのボタンを押したりしても、スリープ状態から復帰できることがあります。

Memo ロック画面の画像が変わる

ロック画面に表示される画像は、通常、自動的に切り替わるように設定されていますが、お気に入りの画像に変更できます。ロック画面に表示される画像を変更したいときは、P.458を参照してください。

スリープ

Memo 画面をロックする

画面のロックは、席を離れたときにパソコンの画面を他人に見られないようにする機能です。一定時間（通常は15分）経過すると、ロック画面が表示されます。パスワード入力を行わなければ作業画面を表示することができないので、セキュリティが向上します。

1 ＜スタート＞メニューを開き、ユーザーアイコン（ここでは、＜技術太郎＞）をクリックし、

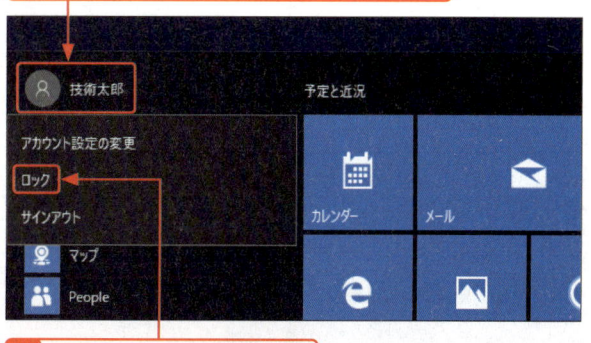

2 ＜ロック＞をクリックします。

Section 007 Windows 10を終了する

キーワード ▶ シャットダウン

パソコンを長時間使用しないときは、Windows 10を終了してパソコンの電源を切りましょう。Windows 10を終了するには、＜スタート＞メニューからシャットダウンを実行します。また、電源ボタンを押すことでも終了できる場合があります。

1 ＜スタート＞メニューから終了する

Hint スリープとシャットダウンを使い分ける

シャットダウンは、起動していたアプリをすべて終了させ、パソコンの電源を切ります。一方、スリープはパソコンを節電状態にして待機します。電力消費量はスリープのほうが多くなりますが、短時間ですぐに復帰できる点がメリットです。それぞれの特徴を理解して、上手に使い分けてください。

Memo サインアウトについて

サインアウトは、アカウントから退出するという意味を持ち、別のアカウントでサインインしたいときなどに利用します。方法は＜スタート＞メニューの上部のアカウントをクリックし、表示されるメニューから＜サインアウト＞をクリックします。サインアウトを行うと、使用していたすべてのアプリは終了しますが、電源はオフにはなりません。

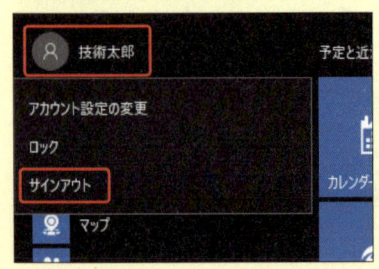

1 ⊞をクリックするか、⊞キーを押します。

2 ＜電源＞をクリックし、

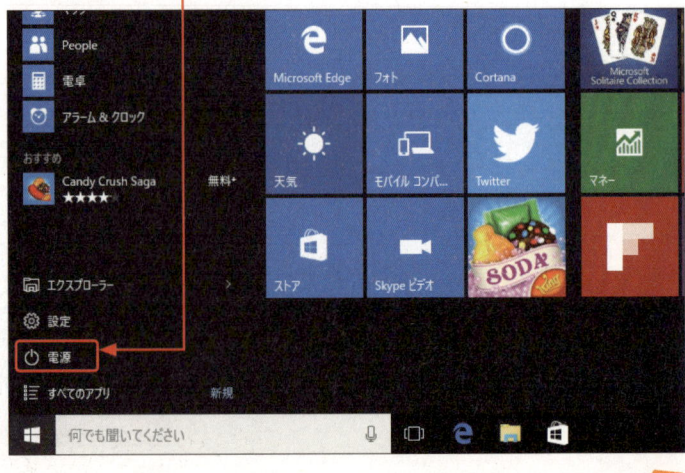

3 ＜シャットダウン＞をクリックします。

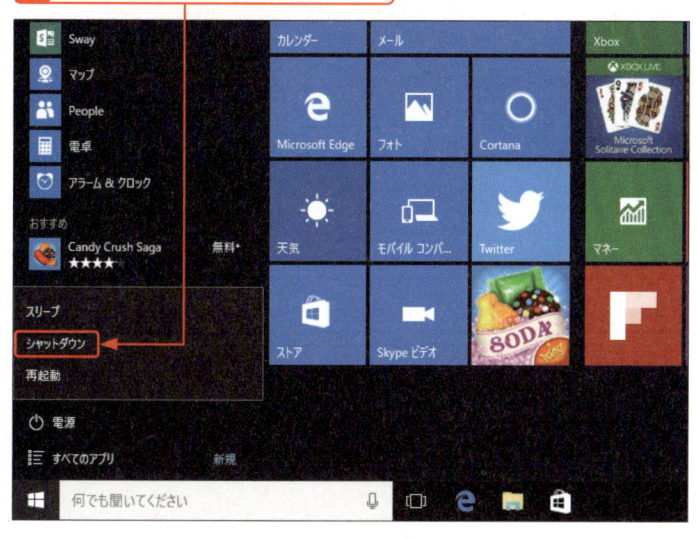

4 Windowsの終了処理が行われ、自動的に電源が切れます。

Memo アプリを利用していた場合は？

デスクトップアプリを利用しているときに終了処理を行うと、確認画面が表示されます。利用中のアプリが、Windowsアプリのみのときは、自動的にシャットダウンが行われます。

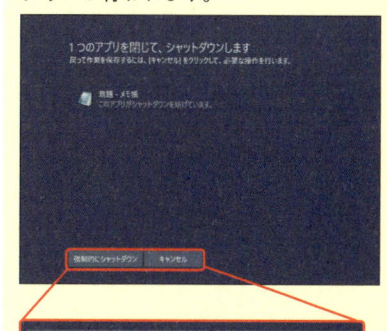

Key word 再起動とは？

「再起動」とは、パソコンを一度終了させて、起動し直すことです。パソコンの動作が遅くなったときなどに行います。

Memo 電源ボタンを押して終了する

Windows 10は、電源ボタンを押すことでも終了できる場合があります。ただし、ノートパソコンでは、電源ボタンを押すとスリープ状態になるように設定されている製品が主流です。電源ボタンを押してスリープになる場合は、＜スタート＞メニューから終了してください。

1 電源ボタンを押します。　**2** Windows 10が終了します。

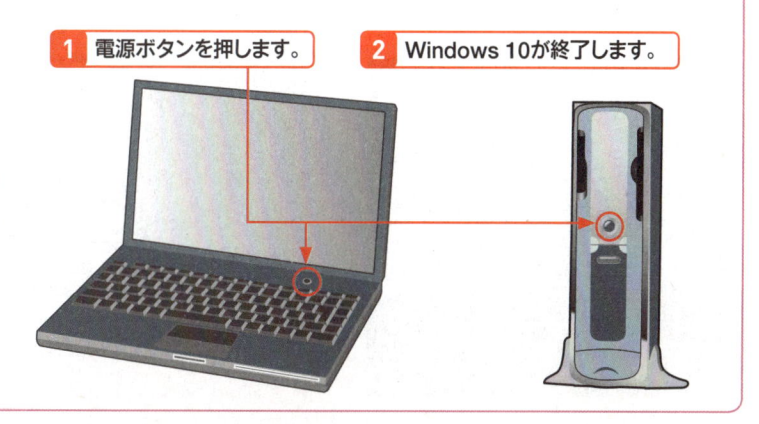

第 1 章
Windows 10
をはじめよう

第 2 章
Windows 10
の基本操作

第 3 章
ファイルと
フォルダー

第 4 章
インター
ネット

第 5 章
Outlook.
com

第 6 章
「メール」
アプリ

第 7 章
アプリの
利用

第 8 章
データの
活用

第 9 章
音楽/写真
/ビデオ

第10章
タブレット
モード

第11章
文字入力
の基本

第12章
<スタート>
メニュー

第13章
デスクトップ

第14章
ネットワーク

第15章
管理/
セキュリティ

第16章
周辺機器
の利用

第17章
トラブル
対策

第18章
インストール
と初期設定

付　録

2 タブレットモードから終了する

Memo　終了手順について

タブレットモードで利用している場合に、終了処理を行うときは、右の手順で行います。タブレットモードで表示される<スタート>メニューは、デスクトップで表示される<スタート>メニューとは若干ですが終了手順が異なります。また、デスクトップで全画面表示の<スタート>メニューを利用しているときも右の手順で終了処理を行えます。

Memo　タブレットの電源ボタンについて

タブレットの電源ボタンを押した場合は、スリープになります。長押しすると終了しますが、一般に強制終了となるのでこの方法はおすすめできません。詳しくは製品の取り扱い説明書をご覧ください。

Memo　サインイン画面から終了する

Windows 10は、サインイン画面からも終了できます。サインイン画面から終了するときは、画面右隅の⏻をクリックし、<シャットダウン>をクリックします。

1 ⊞をクリックするか、⊞キーを押して、<スタート>メニューを表示します。

2 ⏻<電源>をクリックします。

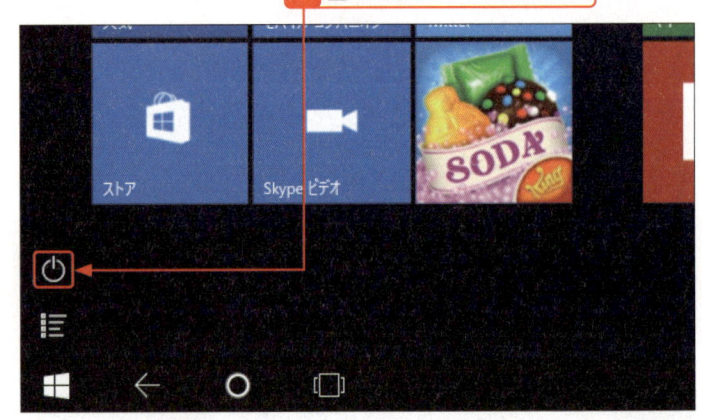

3 <シャットダウン>をクリックします。

4 Windowsの終了処理が行われ、自動的に電源が切れます。

第2章

Windowsの基本操作

Section 008

アプリを起動する

キーワード ▶ ＜スタート＞メニュー

Windows 10で文字を入力したり、インターネットを利用したりするには、目的のアプリを起動する必要があります。ここでは、＜スタート＞メニューから起動する方法と、タスクバーから起動する方法を解説します。タブレットモードの場合はP.391も参考にしてください。

1 ＜スタート＞メニューからアプリを起動する

Key word アプリとは？

「アプリ」は、文書や表の作成といった特定の作業を行うことのできるソフトウェアです。Windows 10に標準でインストール（P.250の「Keyword」参照）されているもののほか、追加でインストールするものがあります。

Memo すべてのアプリを表示する

＜スタート＞メニューでは、使用頻度が高いアプリと、あらかじめ決められたタイルのみが表示されます。それ以外のアプリを表示したいときは、＜すべてのアプリ＞をクリックします。また、＜すべてのアプリ＞をクリックして表示されるアプリの中には、右の手順④のようにグループにまとめられているものもあります。項目名に∨が付いているので、これをクリックするとグループが展開され、アプリが表示されます。

Memo 検索ボックスから起動する

検索ボックスに起動したいアプリ名を入力してもアプリを起動することができます。たとえば「メモ帳」と入力し、表示されるメニューの＜メモ帳＞をクリックすると、「メモ帳」を起動できます。目的のアプリが表示されない場合は、何度か入力を繰り返してみてください。

ここでは、「メモ帳」を起動します。

1 ⊞をクリックするか、⊞キーを押して、＜スタート＞メニューを表示します。

2 ＜すべてのアプリ＞をクリックします。

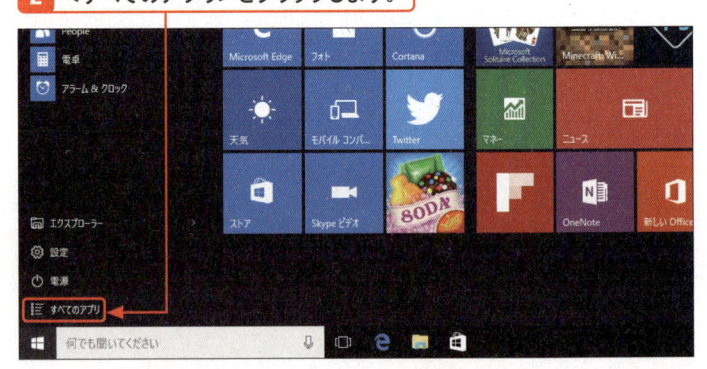

3 画面をスクロールし、

4 ＜Windowsアクセサリ＞をクリックし、

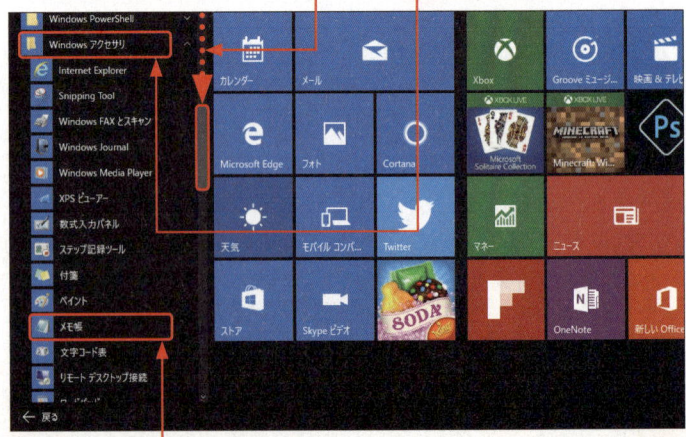

5 ＜メモ帳＞をクリックします。

6 「メモ帳」が起動します。

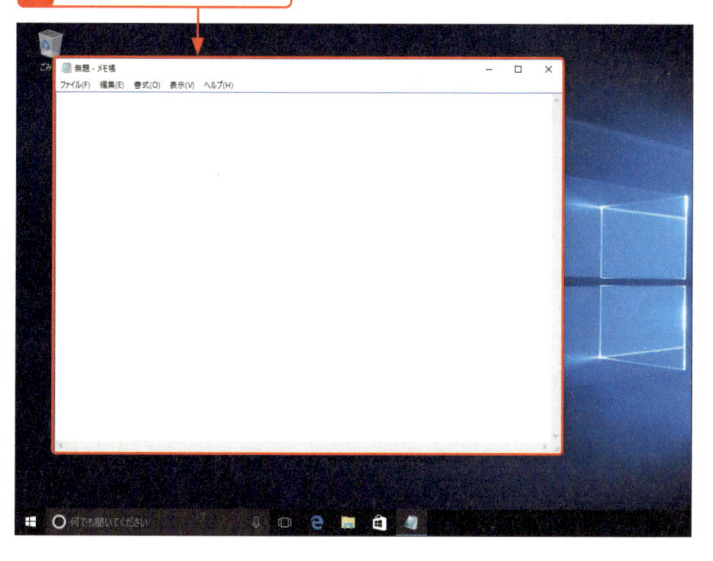

Memo アプリを＜管理者として実行＞する

アプリの実行（起動）方法には、管理者権限とユーザー権限があります。通常は、ユーザー権限で問題はありませんが、一部のアプリは、すべての機能を利用するために管理者権限を必要とする場合があります。管理者権限でアプリを実行したいときは、タイルを右クリックし、＜その他＞→＜管理者として実行＞をクリックします。

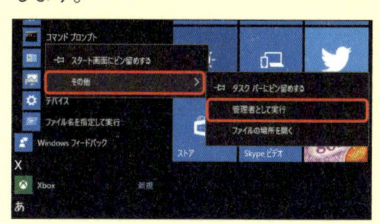

2 タスクバーのボタンからアプリを起動する

ここでは、タスクバーにピン留めされている「Microsoft Edge」を起動します。

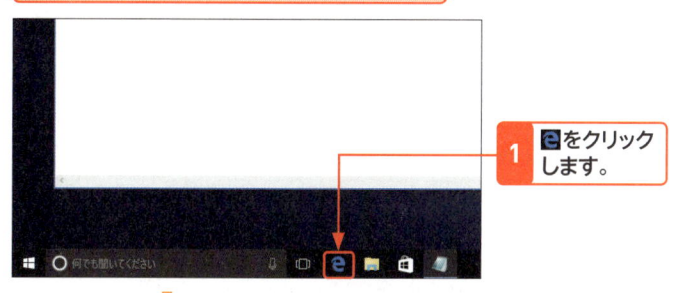

1 ⬛をクリックします。

2 「Microsoft Edge」が起動します。

Memo タスクバーにピン留め済みのアプリは？

タスクバーにアプリのボタンを配置することを「ピン留め」と呼び、通常、タスクバーにピン留めされているアプリは、「Microsoft Edge」と「エクスプローラー」「ストア」の3つだけです。利用頻度の高いアプリは、手動でピン留めすることもできます（P.50参照）。

Memo Windows 10で利用できるアプリは？

Windows 10は、Windows 7以前のパソコンでも利用できる「Windows デスクトップアプリ」（以降、デスクトップアプリ）とWindows 8以降でのみ利用できる「ユニバーサルWindows アプリ」（以降、Windows アプリ）の2種類のアプリを利用できます。デスクトップアプリは、マウスやキーボードによる操作を前提としており、高機能です。一方、Windows アプリは、タッチ操作での利用に適している点が特徴です。

Section 009 アプリのウィンドウをスクロールする

キーワード ▶ スクロール

画面内に内容がすべて表示できないときは、「スクロール」という操作を行います。スクロールは、画面の内容を上下左右に移動させて、表示していない部分を表示する操作です。ここでは、アプリのウィンドウをスクロールする方法を説明します。

1 マウス操作で画面をスクロールする

Memo スクロールバーを利用する

ウィンドウのすべての内容が表示しきれない場合は、ウィンドウの右端や下端にスクロールバーが表示されます。目的に応じて、スクロールバーの各部をドラッグしたりクリックしたりすると、ウィンドウの内容をスクロールさせて未表示の部分を表示することができます。なお、スクロールボックスやスクロールアローの形状は、アプリによって異なります。

Hint スクロールバーが表示されない

利用するアプリによっては、一定時間経過するとスクロールバーが非表示になる場合があります。スクロールバーが表示されていないときは、ウィンドウ内でマウスを動かすとスクロールバーが表示されます。

1 右側のスクロールボックスをドラッグすると、 スクロールボックス

スクロールエリア（クリックすると、1画面分スクロールします） スクロールアロー

2 上下方向に隠れていた部分が表示されます。

3 下側のスクロールボックスをドラッグすると、 スクロールアローをクリックすると、少しだけスクロールします。

4 左右方向に隠れていた部分が表示されます。

Hint そのほかのスクロール方法について

マウスにホイールが付いている場合、これを前後に回すと、ウィンドウの内容をスクロールできます。また、タッチパッドは、2本指で上下左右になぞるとスクロールできる場合があります。

---

2 タッチ操作で画面をスクロールする

1 ウィンドウ内を上方向にスライドすると、

2 下に隠れていた部分が表示されます。

Touch タッチ操作のスクロールについて

タッチ操作で画面をスクロールするときは、スクロールしたい方向に指をスライドさせます。指を上方向にスライドすると画面下側が表示され、下方向にスライドすると画面上側が表示されます。または、右方向にスライドすると画面左側が表示され、左方向にスライドすると画面右側が表示されます。

Touch スクロールバーの表示について

スクロールバーは、タッチ操作で利用すると表示されない場合があります。また、スクロールバーが表示されているときは、スクロールボックスをスライドすることでも画面をスクロールすることができます。

Section 010 アプリのウィンドウを 移動／最大化する

キーワード ▶ 移動／最大化

デスクトップでの作業では、さまざまなアプリのウィンドウを操作します。文書の作成やWebページの閲覧など、ウィンドウごとに作業の目的は異なりますが、基本操作はすべて同じです。ウィンドウは、移動させたり、最小化や最大化を行ったりして、作業しやすくできます。

1 ウィンドウを移動する

Key word ウィンドウとは？

「ウィンドウ」とは、アプリを起動したときなどに表示される画面です。画面内にいくつも窓が開いているように見えることから、ウィンドウ（窓）と呼ばれます。

Memo ウィンドウを移動する

ウィンドウの移動は、右図のようにウィンドウのタイトルバーの何もないところをドラッグします。

Touch タッチ操作でウィンドウを移動する

タッチ操作でウィンドウを移動するときは、タイトルバーを指で押さえ、そのまま指を目的の場所までスライドし、指を離します。

Caution タブレットモードの場合は？

タブレットモードの場合は、アプリが全画面で表示されるので、ウィンドウの移動や最大化などの操作を行うことはできません。

1 タイトルバーをドラッグすると、

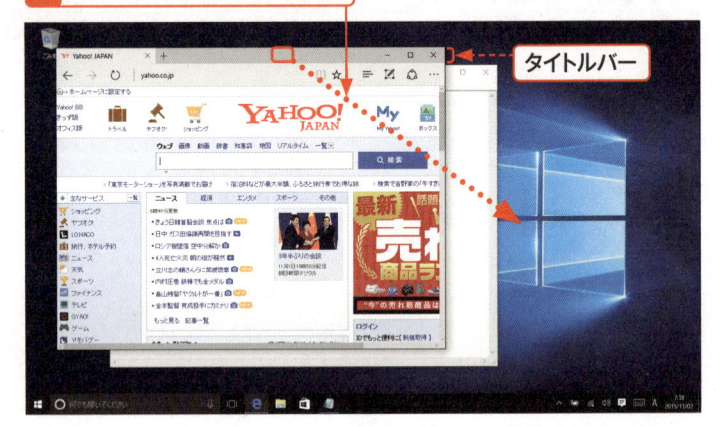

タイトルバー

2 ウィンドウが移動します。

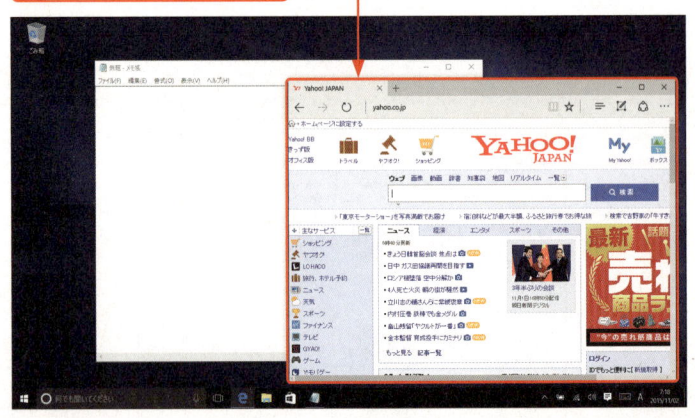

2 ウィンドウを最大化する

1 □ をクリックすると、

移動／最大化

2 ウィンドウが最大化されます。

3 🗗 をクリックすると、

4 もとのサイズに戻ります。

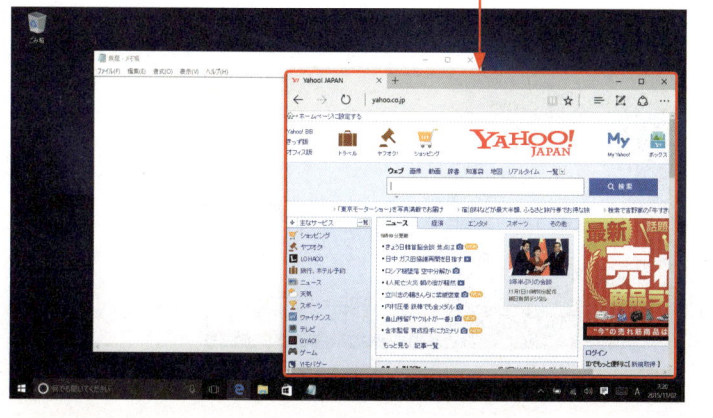

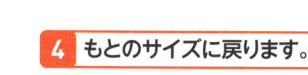

Key word　ウィンドウを最大化する

利用中のアプリのウィンドウを全画面表示にすることを「最大化」と呼びます。表示領域が広くなるため、視認性が向上します。

Memo　ウィンドウのサイズを変更する

ウィンドウの左右の辺をドラッグすると幅を、上下の辺をドラッグすると高さを、四隅をドラッグすると幅と高さを同時に変更することができます。

Touch　タッチ操作でウィンドウのサイズを変更する

タッチ操作でウィンドウのサイズを変更したいときは、マウス操作と同様にウィンドウの四隅や左右、上下の辺をスライドします。

Memo　ウィンドウを最小化する

対象となるアプリのウィンドウをタスクバーに格納し、ウィンドウが表示されないようにすることを「最小化」と呼びます。ウィンドウを最小化したいときは、━ をクリックします。最小化したウィンドウをもとの状態に戻したいときは、タスクバーのボタンをクリックします。

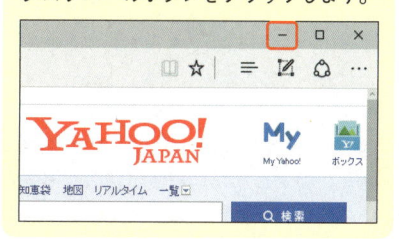

Section
011

複数のアプリのウィンドウを操作する

キーワード ▶ ウィンドウ

Windows 10では、複数のアプリを起動している場合、アプリのウィンドウをタイル状に整列して表示したり、操作対象のアプリ以外のウィンドウをまとめて最小化したりできます。また、複数のアプリを起動しているときは、操作対象となるアプリのウィンドウを切り替えながら作業を行います。

1 複数のアプリのウィンドウを並べて表示する

Memo アプリのウィンドウを並べて表示するには

Windows 10には、かんたんな操作でアプリのウィンドウを画面半分に表示したり、画面の4分の1サイズで表示したりする機能が備わっています。右の手順では、画面の右半分にアプリのウィンドウを表示していますが、左端にドラッグすると左半分にウィンドウを表示できます。また、左右上端隅または左右下端隅にドラッグすると、ウィンドウを4分の1サイズにして配置できます。4分の1サイズで表示するときは、最大4つのアプリを並べて表示できます。

Hint キーボードショートカットでウィンドウを並べる

右の手順で紹介しているウィンドウの並列表示は、キーボードショートカットでも行えます。キーボードショートカットとは、キーボードの特定のキーを複数同時に押すことで操作を行うことです（P.692参照）。キーボードショートカットを利用するときは、表示を変更したいウィンドウを選択し、⊞キーを押しながら←キーまたは→キーを押すと左または右半分に表示されます。また、ウィンドウが画面半分に表示された状態で⊞キーを押しながら↑キーまたは↓キーを押すと、4分の1サイズでウィンドウが表示されます。

1 アプリのウィンドウを右端または左端までドラッグし、

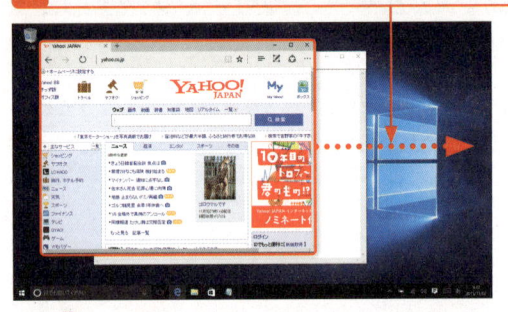

2 フレームが表示されたら離します。

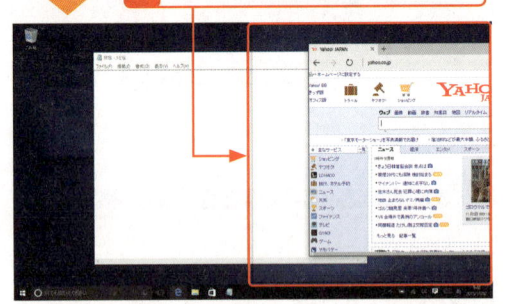

3 アプリのウィンドウが画面半分に表示され、
4 残り半分に起動中のアプリが表示されます。

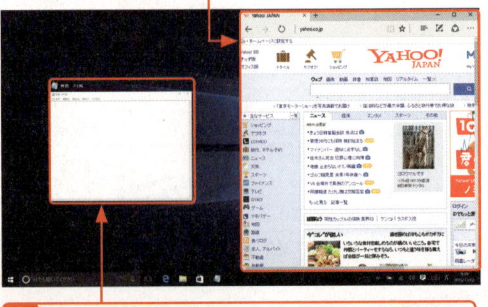

5 残り半分に表示したいアプリをクリックすると、

6 手順**5**でクリックしたアプリが残り半分に表示されます。

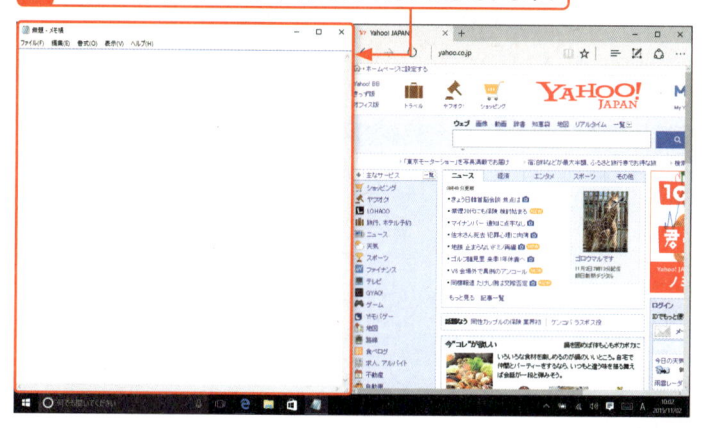

Hint 画面サイズをもとに戻す

画面サイズをもとに戻したいときは、デスクトップ中央にウィンドウをドラッグします。また、タイトルバーをダブルクリックすると、そのウィンドウが最大化され、さらにダブルクリックすると、ウィンドウの位置とサイズが移動させる前の状態に戻ります。

2 不要なウィンドウを瞬時に最小化する

1 複数のウィンドウが開いた状態で、

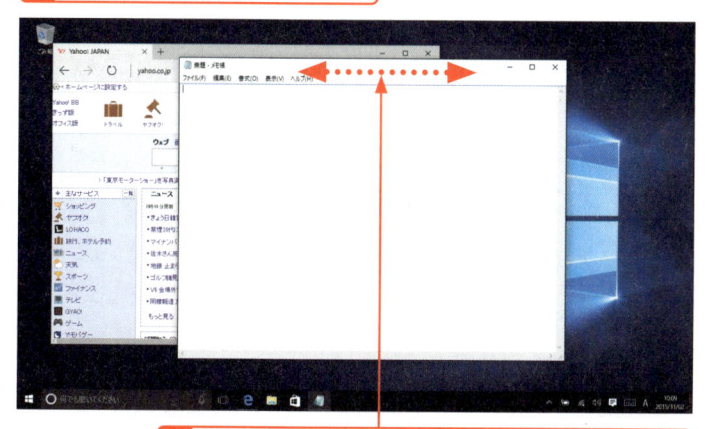

Memo 不要なウィンドウをまとめて最小化する

複数のウィンドウを開いているときに、残したいウィンドウのタイトルバーを左右にすばやくドラッグすると、そのほかの不要なウィンドウをまとめて最小化できます。うまくいかないときは、1秒間で左右に1.5往復くらいの速さでウィンドウをドラッグしてみてください。すばやくドラッグするのがコツです。

2 残したいアプリのウィンドウ（ここでは、「メモ帳」の）タイトルバーを左右にドラッグすると、

3 そのウィンドウだけが残り、

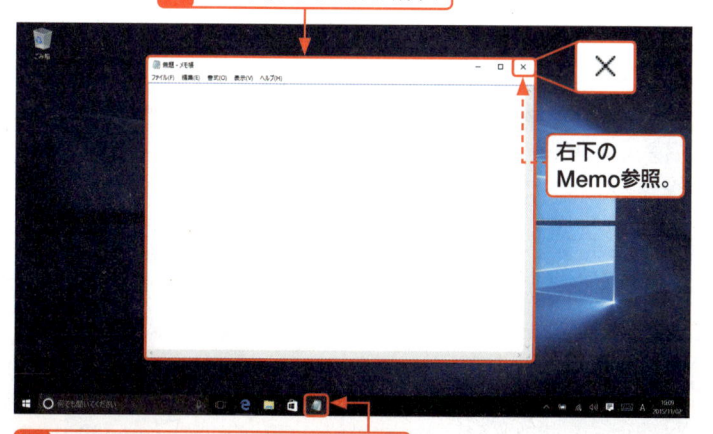

右下の
Memo参照。

Hint 最小化したウィンドウをもとに戻す

最小化したウィンドウをもとに戻したいときは、最小化を行ったときと同じ操作を行います。ここでは「メモ帳」のタイトルバーをすばやく左右にドラッグします。

Memo アプリを終了する

✕をクリックすると、利用中のアプリを終了できます。利用中のアプリの詳細な終了方法については、P.79を参照してください。

4 それ以外のウィンドウが最小化します。

3 ウィンドウを選択してアクティブウィンドウに切り替える

Memo アクティブウィンドウを切り替える

デスクトップでは、複数のウィンドウを同時に表示できますが、操作できるウィンドウは1つだけです。この操作できるウィンドウを「アクティブウィンドウ」と呼びます。複数のウィンドウを利用するときは、右の手順で操作対象となるアクティブウィンドウを切り替えながら作業します。

Hint キーボードでウィンドウを切り替える

Alt キーを押しながら Tab キーを押すと、起動しているアプリのウィンドウが縮小されて表示されます。Tab キーを押すごとに選択している画面が切り替わります。目的の画面が選択された際にキーから指を離すとそのウィンドウが表示されます。

1 操作したいウィンドウ（ここでは、<メモ帳>）をクリックすると、

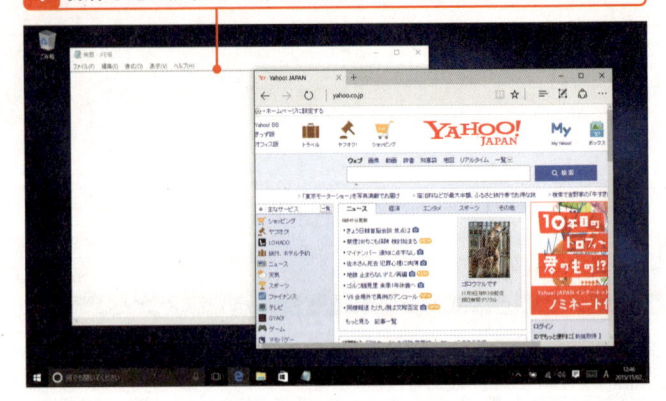

2 目的のウィンドウが最前面に表示されて、操作できるようになります。

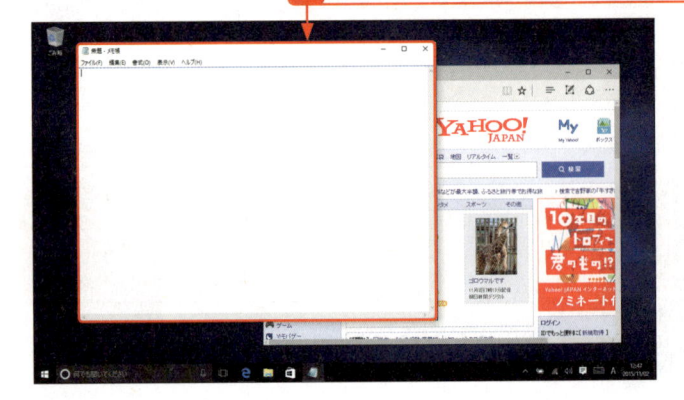

4 タスクバーからアクティブウィンドウに切り替える

Hint タブレットモードの場合は？

タブレットモードの場合は、すべてのウィンドウが全画面表示となり、P.48～49の方法は使えません。タスクビュー（P.56参照）を利用してウィンドウを切り替えます。

1 タスクバーにある操作したいウィンドウのボタン（ここでは、<Microsoft Edge>）をクリックします。

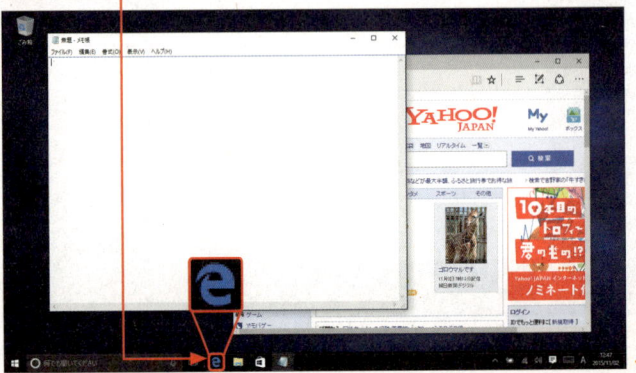

2 目的のウィンドウが最前面に表示されて、操作できるようになります。

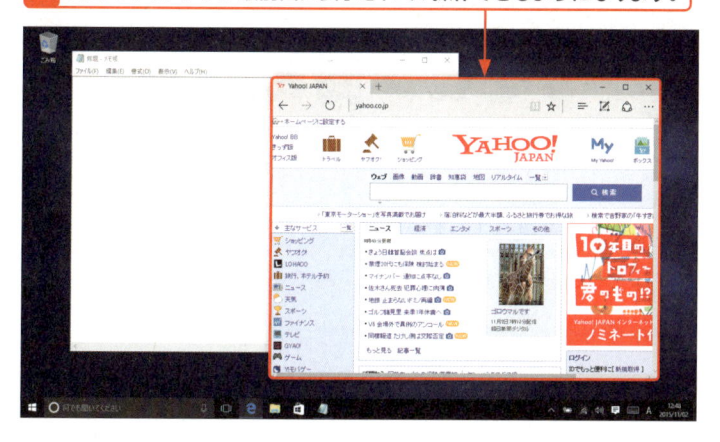

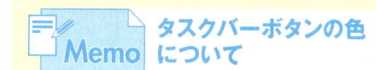

Memo タスクバーボタンの色について

タスクバーには、起動中のアプリのボタンが表示されます。操作対象のアプリのボタンは、背景色がハイライト表示されます。

5 ライブサムネイルを利用してアクティブウィンドウに切り替える

1 アプリのボタンにマウスポインターを重ねると、

2 縮小版のサムネイルが表示されるので、

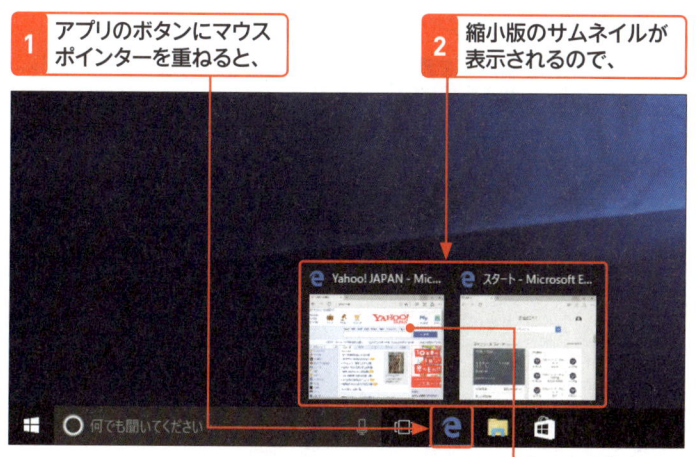

3 切り替えたいサムネイルをクリックします。

4 目的のウィンドウが最前面に表示されて、操作できるようになります。

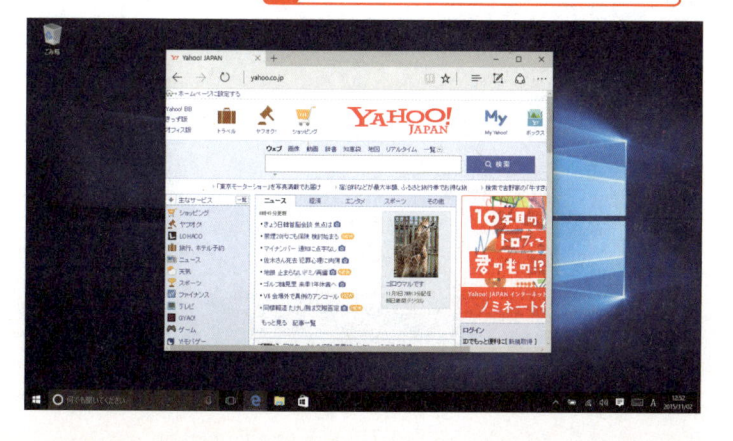

Key word サムネイルとは？

「サムネイル」とは、画像などを縮小して表示する機能です。Windows 10 では画像だけでなく、ウィンドウの内容をサムネイルとして表示できます。

Key word ライブサムネイルとは？

タスクバーに表示されているアプリのボタンにマウスポインターを重ねると、起動中のアプリの縮小版のサムネイルが表示されます。この機能を「ライブサムネイル」と呼び、1つのアプリで複数のウィンドウを開いている場合は、複数のサムネイルが表示されます。このサムネイルをクリックすることでもアクティブウィンドウを切り替えることができます。ただし、この操作はタッチ操作では利用できません。

Section
012

よく使うアプリをピン留めする

キーワード ▶ ピン留め

よく使うアプリは、タスクバーや＜スタート＞メニューにピン留めできます。アプリをピン留めしておくと、タスクバーや＜スタート＞メニューから目的のアプリをかんたんに起動できます。ここでは、アプリをピン留めする方法を解説します。

1 タスクバーにピン留めする

Key word｜ピン留めとは？

「ピン留め」とは、あらかじめ決められた場所（タスクバーや＜スタート＞メニュー）にアプリの起動用ボタンを表示する機能です。ピンでアプリを留めておくようなイメージで、ピン留めされたアプリは、タスクバーや＜スタート＞メニューに表示されたボタンやタイルをクリックすることで起動できます。

＜スタート＞メニューからタスクバーにピン留めする

ここでは、「メモ帳」を例にタスクバーにアプリをピン留めする方法を解説します。

1 ＜スタート＞メニューを開きます。

2 タスクバーにピン留めしたいアプリ（ここでは、＜メモ帳＞）を右クリックします。

3 ＜その他＞をクリックし、

4 ＜タスクバーにピン留めする＞をクリックします。

Memo｜タスクバーにピン留めする

タスクバーにアプリのボタンをピン留めする方法には、＜スタート＞メニューから行う方法とアプリ起動中にタスクバーに表示されるアプリのボタンから行う方法があります。前者の＜スタート＞メニューから行う方法では、アプリを起動している必要はありませんが、後者のタスクバーに表示されるアプリのボタンから行うときは、アプリを起動している必要があります。

5 選択したアプリ（ここでは、「メモ帳」）がタスクバーに
ピン留めされ、ボタンが表示されます。

起動中のアプリをタスクバーにピン留めする

1 タスクバーにピン留めしたいアプリ（ここでは、
〈メモ帳〉）を起動しておきます。

2 タクスバーに表示されているアプリ
（ここでは、〈メモ帳〉）のボタンを
右クリックし、

3 〈タスクバーにピン留め
〉をクリックします。

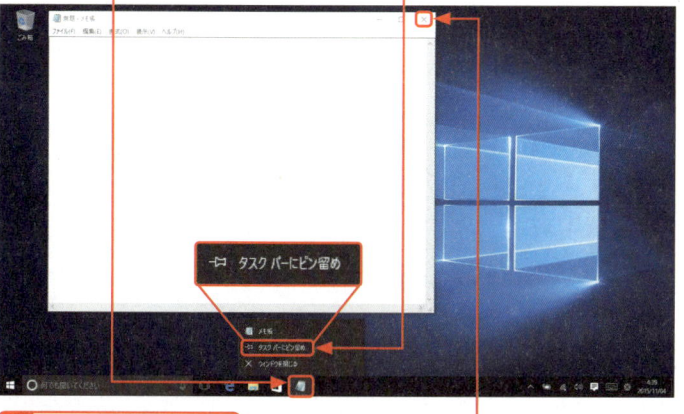

4 アプリを終了すると、

5 アプリ（ここでは、「メモ帳」）がタスクバーにピン留めされ、
ボタンが表示されていることを確認できます。

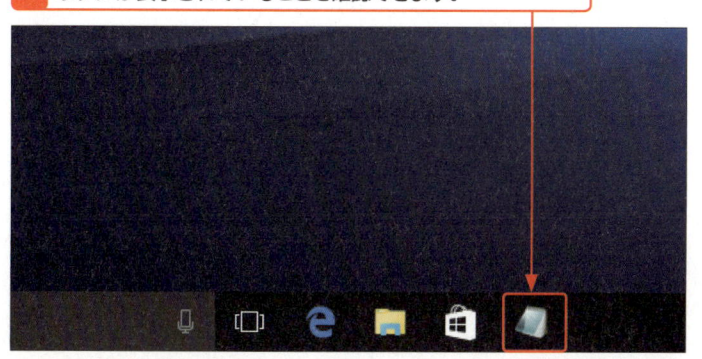

Hint 〈スタート〉メニューにな
いアプリをピン留めする

利用するアプリによっては、インストールを行っても〈スタート〉メニューに表示されない場合があります。そのようなアプリは、左の手順を参考に起動中のアプリをピン留めする方法を使ってタスクバーにピン留めを行います。

Hint タブレットモードでタクス
バーにボタンを表示する

タブレットモードでは、通常、タスクバーにアプリのボタンが表示されません。タブレットモードで利用しているときは、タスクバーにアプリを表示するように設定を変更してからアプリのピン留めを行ってください。タブレットモードでタクスバーにアプリのボタンを表示するには、タスクバーを右クリックし、メニューから〈アプリのアイコンを表示〉をクリックします。

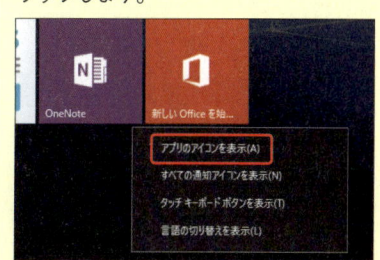

| 第1章 Windows 10 をはじめよう |
| 第2章 Windows 10 の基本操作 |
| 第3章 ファイルと フォルダー |
| 第4章 インター ネット |
| 第5章 Outlook. com |
| 第6章 「メール」 アプリ |
| 第7章 アプリの 利用 |
| 第8章 データの 活用 |
| 第9章 音楽/写真 /ビデオ |
| 第10章 タブレット モード |
| 第11章 文字入力 の基本 |
| 第12章 <スタート> メニュー |
| 第13章 デスクトップ |
| 第14章 ネットワーク |
| 第15章 管理/ セキュリティ |
| 第16章 周辺機器 の利用 |
| 第17章 トラブル 対策 |
| 第18章 インストール と初期設定 |
| 付 録 |

2 <スタート>メニューにピン留めする

Memo <スタート>メニューに ピン留めする

<すべてのアプリ>をクリックしたとき にのみ表示されるアプリを、<スタート >メニューにピン留めして常時表示した いときは、右の手順で行います。新規イ ンストールしたアプリなど、一部のアプ リは、<スタート>メニューにピン留め されていません。頻繁に利用するアプリ は、<スタート>メニューにピン留めし ておくと、かんたんに起動できます。

Hint <すべてのアプリ>で表示さ れないアプリをピン留めする

インストーラーが付属していないアプリ など、一部のアプリは、<スタート>メ ニューの<すべてのアプリ>に表示され ません。このようなアプリを<スタート >メニューにピン留めしたいときは、エ クスプローラーでアプリの実行ファイル （通常は、拡張子「.exe」ファイル）を右 クリックし、<スタート画面にピン留め する>をクリックします。

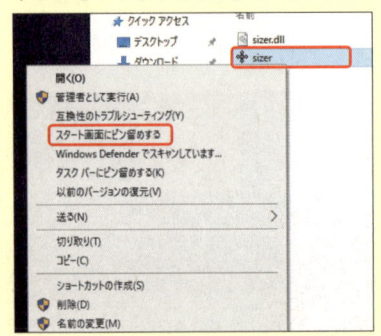

ここでは、「メモ帳」を例に<スタート>メニューに アプリをピン留めする方法を解説します。

1 <スタート>メニューを 開きます。

2 <スタート>メニューに ピン留めしたいアプリ （ここでは、<メモ帳>） を右クリックします。

3 <スタート画面にピン留めする>をクリックします。

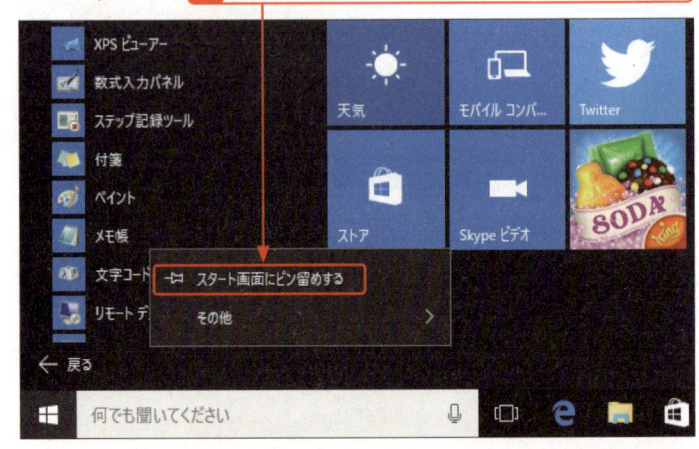

4 選択したアプリのタイルが<スター ト>メニューにピン留めされます。

3 タスクバーや＜スタート＞メニューからピン留めを外す

タスクバーからピン留めを外す

1 タスクバーにあるピン留めを外したいアプリのボタンを右クリックし、

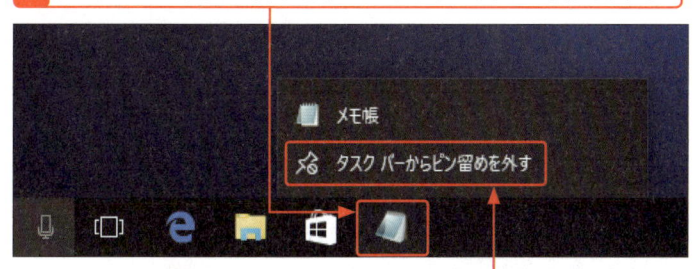

2 ＜タスクバーからピン留めを外す＞をクリックします。

3 選択したアプリのピン留めが外され、タスクバーからボタンが削除されます。

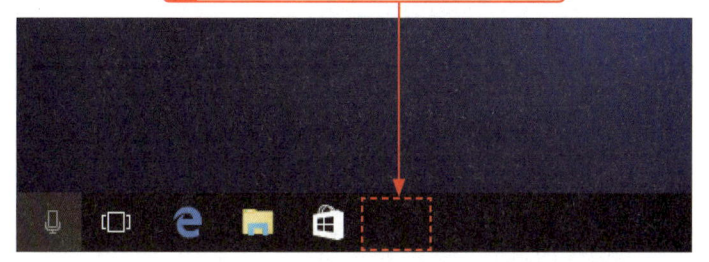

＜スタート＞メニューからピン留めを外す

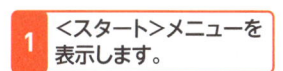

1 ＜スタート＞メニューを表示します。

2 ピン留めを外したいアプリ（ここでは「メモ帳」）のタイルを右クリックし、

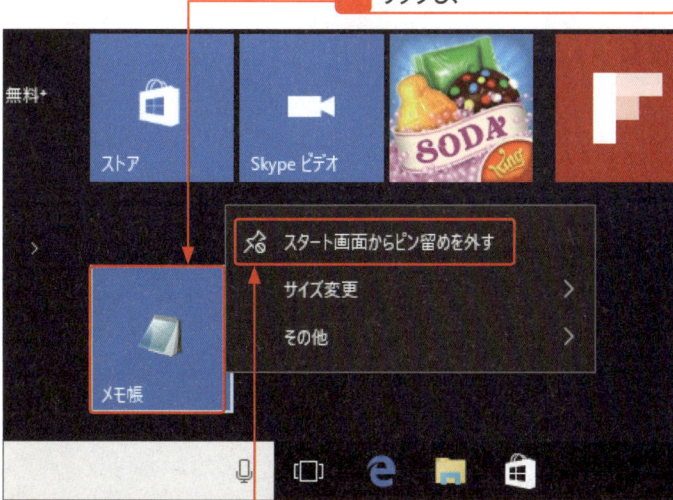

3 ＜スタート画面からピン留めを外す＞をクリックします。

4 選択したアプリのタイルが＜スタート＞メニューから削除されます。

Memo　ピン留めを外す

タスクバーや＜スタート＞メニューにピン留めされたアプリのピン留めを外したいときは、左の手順で作業します。なお、ピン留めを外してもアプリが削除されることはありません。

Hint　「すべてのアプリ」のアイコンは削除されない

＜スタート＞メニューにピン留めされているアプリのピン留めを外しても、「すべてのアプリ」に表示されるアイコンは削除されません。＜スタート＞メニューからピン留めを外したアプリを起動したいときは、「すべてのアプリ」から起動することができます。

ピン留め

Section 013 アプリのショートカットを デスクトップに作成する

キーワード ▶ ショートカット

アプリの起動は、通常、＜スタート＞メニューのタイルやタスクバーのボタンを利用して行いますが、一部のアプリは、ショートカットをデスクトップに作成しておき、それをダブルクリックすることでも起動できます。ここでは、アプリのショートカットを作成する方法を解説します。

1 ショートカットをデスクトップに作成する

Key word ショートカットとは?

ショートカットは、ファイルやフォルダーへのアクセスを簡便にするために用意されたリンクファイルの一種です。別ファイルやフォルダーへの参照機能を提供しており、ダブルクリックすると目的のファイルやフォルダーを開いたり、アプリを起動したりできます。頻繁に利用するアプリやフォルダーなどのショートカットを作成し、デスクトップに配置しておくと利便性が向上します。右の手順では、アプリのショートカットをデスクトップに作成する手順を解説しています。ファイル／フォルダーのショートカットを作成したいときは、次ページ下のMemoを参照してください。

ここでは、「メモ帳」を例にショートカットの作成手順を解説します。

1 ＜スタート＞メニューを開きます。

2 ショートカットを作成したいアプリ（ここでは、＜メモ帳＞）を右クリックします。

3 ＜その他＞をクリックし、

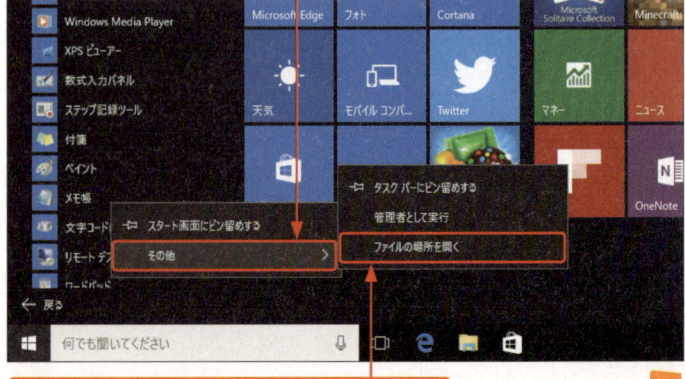

4 ＜ファイルの場所を開く＞をクリックします。

54

5 ショートカットを作成したいアプリ（ここでは、「メモ帳」）を右クリックし、

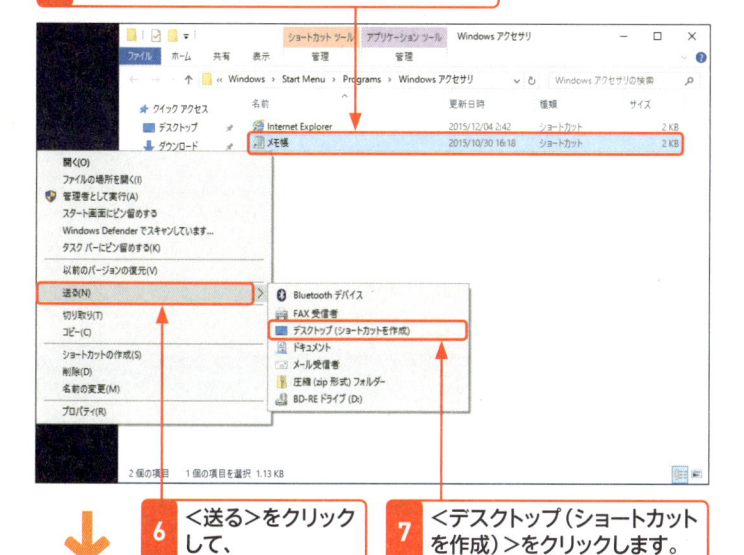

6 ＜送る＞をクリックして、

7 ＜デスクトップ（ショートカットを作成）＞をクリックします。

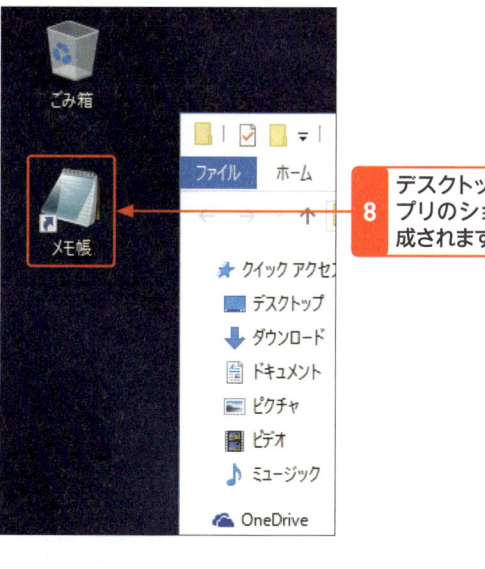

8 デスクトップに選択したアプリのショートカットが作成されます。

 Hint ドラッグ操作でショートカットを作成する

手順 **5** の画面で、ショートカットを作成したいアプリを右クリックしたままデスクトップにドラッグ＆ドロップすると、下の画面のようなメニューが表示されます。＜ショートカットをここに作成＞をクリックすると、ショートカットを作成できます。

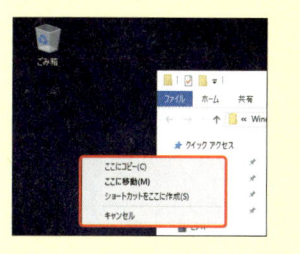

Memo ショートカットを作成できないアプリもある

アプリのショートカットを作成できるのは、デスクトップアプリなど一部のアプリのみです。アプリによってはショートカットを作成できない場合があるので注意してください。ショートカットを作成できないアプリは、前ページの手順 **4** の＜ファイルの場所を開く＞がメニューに表示されません。

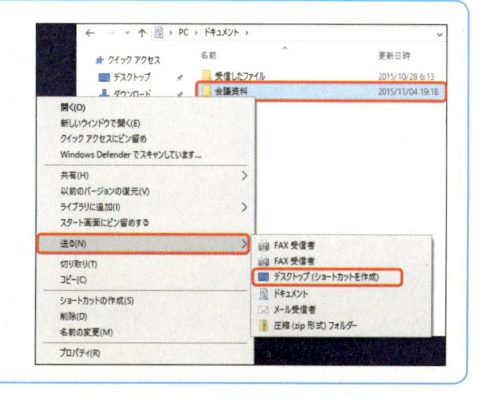

＜ファイルの場所を開く＞がない。

ショートカット

Memo ファイルやフォルダーのショートカットも作成できる

ここでは、アプリのショートカットの作成手順を解説していますが、フォルダーや文書などのファイルのショートカットも同じ手順で作成できます。利用頻度の高いフォルダーなどのショートカットをデスクトップに作成しておけば、かんたんな操作でそのフォルダーを開くことができます。

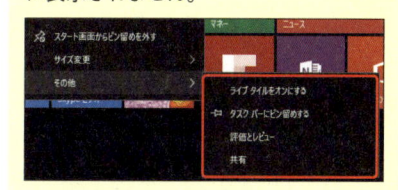

Section
014

タスクビューを利用する

キーワード ▶ タスクビュー

Windows 10は、タスクビューと仮想デスクトップという、複数のアプリを利用するときに便利な機能を搭載しています。これらの機能を活用すると、複数のアプリを利用するときに作業効率をアップできます。ここでは、タスクビューと仮想デスクトップの使い方を解説します。

1 タスクビューを表示する

Key word タスクビューとは？

「タスクビュー」は、利用中のアプリをサムネイルで一覧表示し、アプリの切り替えをすばやく行える機能です。仮想デスクトップの作成などの機能も提供しています。

Hint アクティブウィンドウを切り替える

タスクビューでアクティブウィンドウを切り替えたいときは、手順 **2** の画面で利用したいアプリのサムネイルをクリックします。

Memo キーボードショートカットを利用する

タスクビューは、⊞キーを押しながら、Tabキーを押すことでも表示できます。

1 をクリックすると、

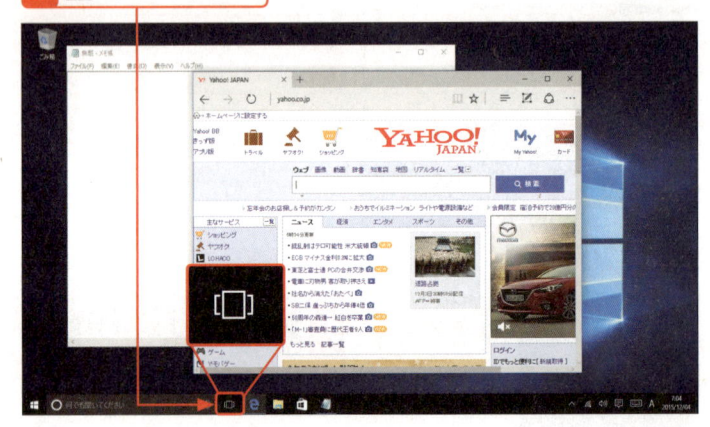

2 タスクビューが表示され、

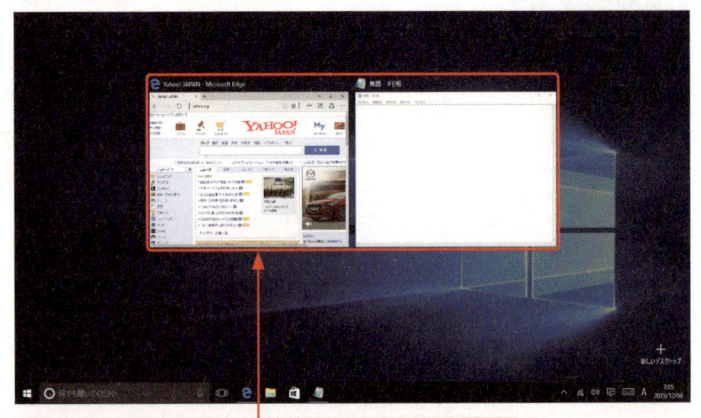

3 利用中のアプリがサムネイルで一覧表示されます。

2 仮想デスクトップを作成する

1 ⊞をクリックして、

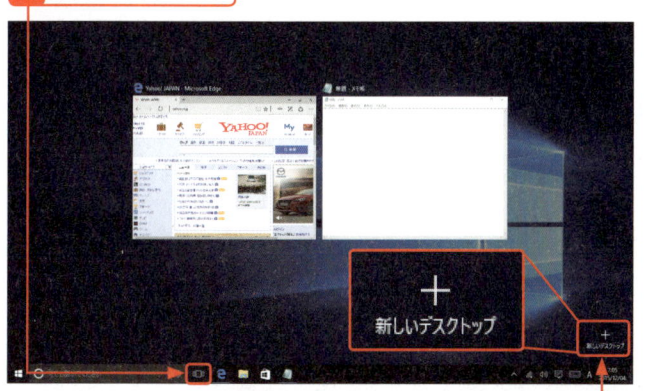

+
新しいデスクトップ

2 ＜新しいデスクトップ＞をクリックします。

3 新しいデスクトップが作成されます。

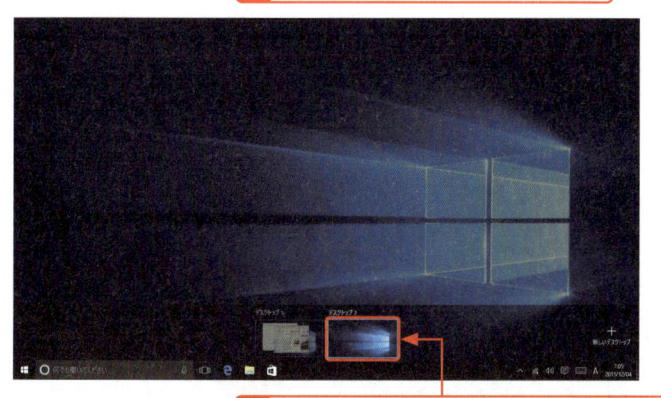

4 作成されたデスクトップ（ここでは、＜デスクトップ2＞）をクリックします。

5 新しいデスクトップが表示されます。

6 アプリ（ここでは、＜エクスプローラー＞）をクリックすると、

7 新しいデスクトップでエクスプローラーが起動します。

Key word 仮想デスクトップとは？

「仮想デスクトップ」は、デスクトップを複数作成できる機能です。複数のアプリを起動している際に、アプリごとの専用デスクトップを作成すれば作業がはかどります。画面サイズが小さいノートパソコンなどで、多数のアプリを利用するときに便利な機能です。なお、タブレットモードの場合は、仮想デスクトップを作成できません。

Stepup 利用中のアプリを新しいデスクトップに移動する

タスクビューに表示されているアプリのサムネイルを＜新しいデスクトップ＞にドラッグ＆ドロップすると、新しいデスクトップが作成され、そのアプリを新しいデスクトップで利用することができます。

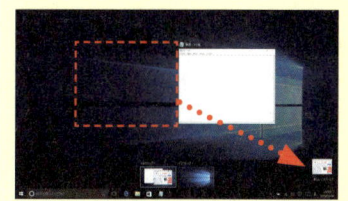

Stepup 既存のデスクトップにアプリを移動する

タスクビューから既存のデスクトップに利用中のアプリのサムネイルをドラッグ＆ドロップすると、そのアプリをドラッグ＆ドロップしたデスクトップに移動できます。また、移動したいアプリのサムネイルを右クリックし、＜移動＞→＜移動先のデスクトップ＞の順にクリックすることでもアプリを移動できます。

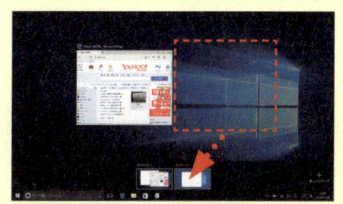

3 仮想デスクトップを切り替える

Touch タッチ操作の場合は?

タッチ操作で利用しているときは、[□]をタップすることでタスクビューを表示できるほか、画面左端の外側から内側(右側)に向けてスワイプすることでもタスクビューを表示できます。

スワイプ

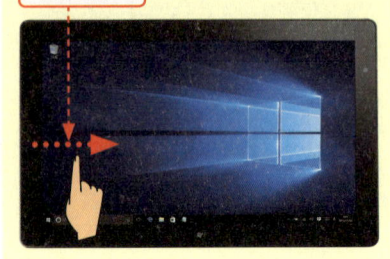

Memo 切り替えを中断する

手順[2]でデスクトップの切り替えを中断し、もとのデスクトップ(手順[1]の画面)に戻りたいときは、もとのデスクトップ(ここでは<デスクトップ2>)をクリックするか、画面下部のデスクトップ一覧が表示されている部分以外の場所をクリックします。

Memo キーボードショートカットで切り替える

仮想デスクトップの切り替えは、Ctrlキーと■キーを押しながら、←キーまたは→キーを押すことでも行えます。Ctrlキー+■キー+←キーを押すと、番号の小さいデスクトップ(例えば<デスクトップ1>など)の方向に1つ移動し、Ctrlキー+■キー+→キーを押すと番号の大きいデスクトップ(例えば<デスクトップ2>など)の方向に1つ移動します。

1 [□]をクリックします。

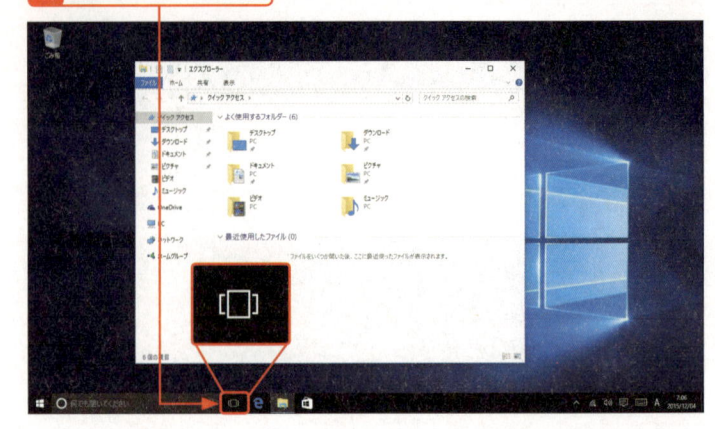

2 タスクビューが表示されます。

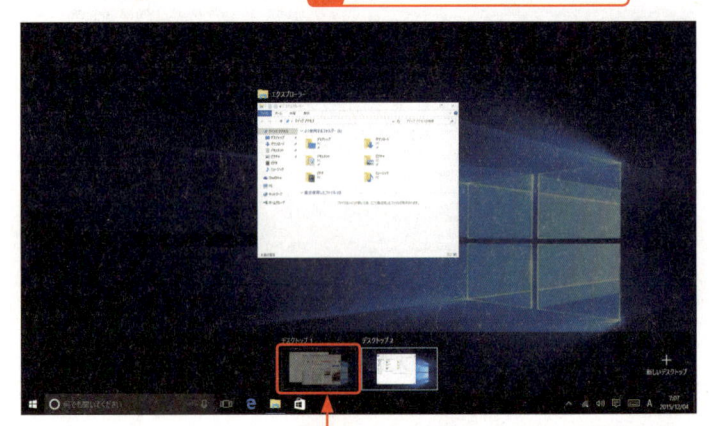

3 切り替えたいデスクトップ(ここでは、<デスクトップ1>)をクリックします。

4 デストップが切り替わります。

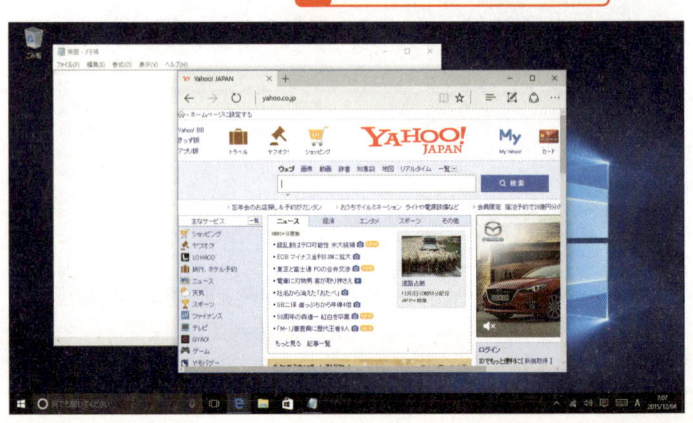

4 追加したデスクトップを終了する

1  をクリックし、

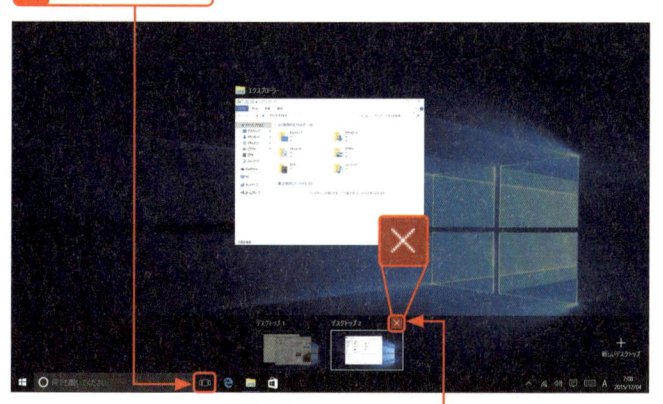

2 終了したいデスクトップにマウスポインターを置き、表示される ✕ をクリックします。

3 選択したデスクトップが終了します。

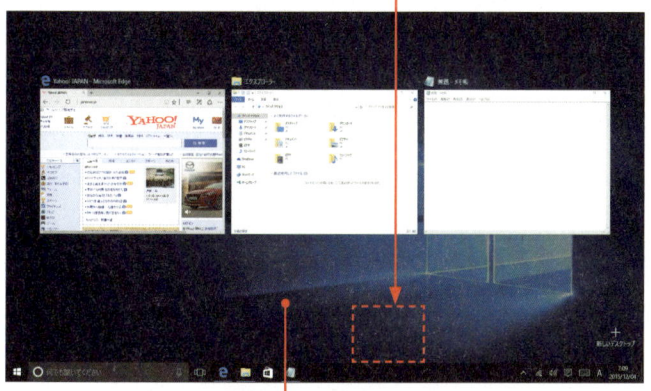

4 ここをクリックします。

5 終了したデスクトップで利用していたアプリが移動し、デスクトップが表示されます。

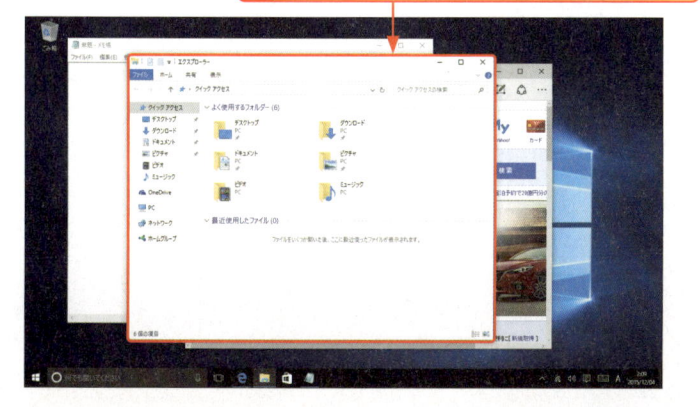

Memo アプリは終了しない

追加したデスクトップを終了すると、その時点で利用していたアプリは、1つ前のデスクトップに移動します。

Hint 仮想デスクトップのキーボードショートカットとは

仮想デスクトップでは、以下のキーボードショートカットを利用できます。

- ⊞キー＋Tabキーを押す
  タスクビューが表示されます。

- Ctrlキー＋⊞キー＋Dキーを押す
  新しい仮想デスクトップを作成します。

- Ctrlキー＋⊞キー＋←キーまたは→キーを押す
  仮想デスクトップを移動します。←キーは番号の小さいデスクトップに移動し、→キーは番号の大きいデスクトップに移動します。

- Ctrlキー＋⊞キー＋F4キーを押す
  開いている仮想デスクトップを終了します。

第1章
Windows 10
をはじめよう

第2章
Windows 10
の基本操作

第3章
ファイルと
フォルダー

第4章
インター
ネット

第5章
Outlook.
com

第6章
「メール」
アプリ

第7章
アプリの
利用

第8章
データの
活用

第9章
音楽／写真
／ビデオ

第10章
タブレット
モード

第11章
文字入力
の基本

第12章
＜スタート＞
メニュー

第13章
デスクトップ

第14章
ネットワーク

第15章
管理・
セキュリティ

第16章
周辺機器
の利用

第17章
トラブル
対策

第18章
インストール
と初期設定

付　録

 Memo 利用頻度の高いフォルダーをクイックアクセスに登録する

エクスプローラーの左側に配置されているナビゲーションウィンドウには、利用頻度が高いフォルダーや最近利用したファイルを表示する「クイックアクセス」という項目が用意されています。クイックアクセスに表示されるフォルダーやファイルは、通常、利用頻度などに応じて自動表示されますが、フォルダーに関しては手動でクイックアクセスに登録できます。ここでは、利用頻度の高いフォルダーをクイックアクセスに登録する手順を解説します。

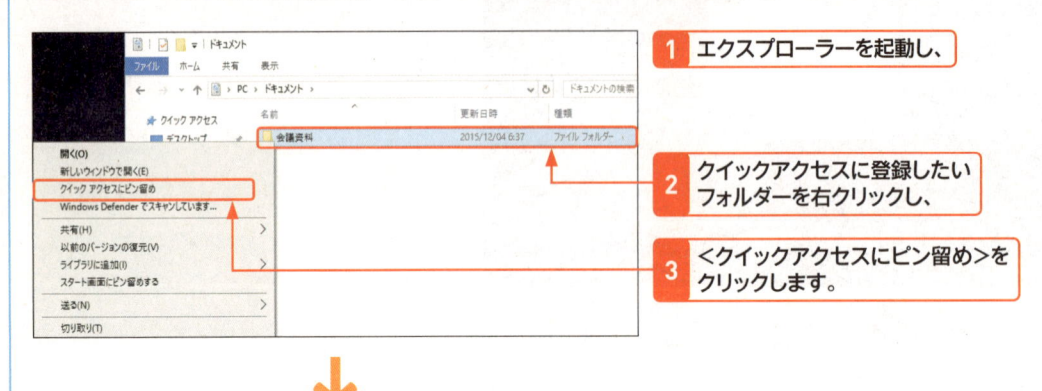

1 エクスプローラーを起動し、

2 クイックアクセスに登録したいフォルダーを右クリックし、

3 ＜クイックアクセスにピン留め＞をクリックします。

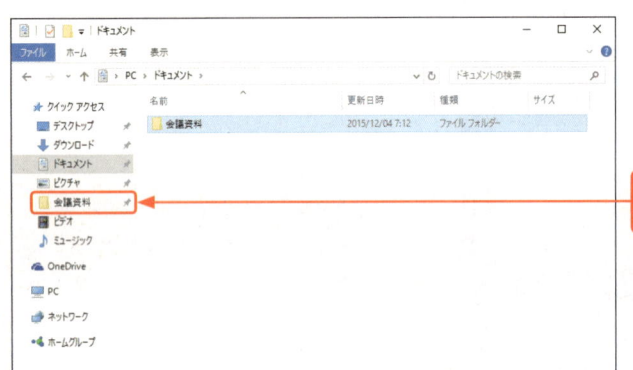

4 クイックアクセスに選択したフォルダーが登録されます。

5 登録されたフォルダーをクリックすると、

6 そのフォルダーの内容が表示されます。

第3章

ファイルとフォルダーの基本操作

Section 015 エクスプローラーとは

キーワード ▶ エクスプローラー

Windows 10には、**エクスプローラー**というファイルやフォルダーを操作するためのアプリが用意されています。エクスプローラーを使うと、フォルダーの**内容を表示**したり、ファイルやフォルダーの**アイコンの大きさ**を変えたりすることができます。ここではエクスプローラーの概要を解説します。

1 エクスプローラーでフォルダーの内容を表示する

Key word エクスプローラーとは?

「エクスプローラー」は、ファイルやフォルダーを操作するために用意されたアプリです。デスクトップでファイルやフォルダーの複製、移動、削除、名前の変更などの各種操作を行うときに利用します。なお、正式名称は、「Windows Explorer」ですが、本書では「エクスプローラー」と表記しています。

Memo タブレットモードの場合は?

タブレットモードでは、タスクバーにエクスプローラーのボタンが表示されません。■■■→<エクスプローラー>の順にクリックして起動します。また、<すべてのアプリ>→<Windows システムツール>→<エクスプローラー>の順にクリックして起動することもできます。

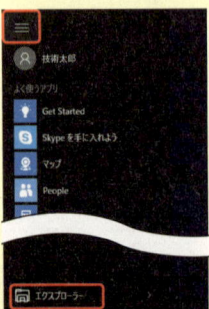

1 タスクバーの<エクスプローラー>をクリックすると、

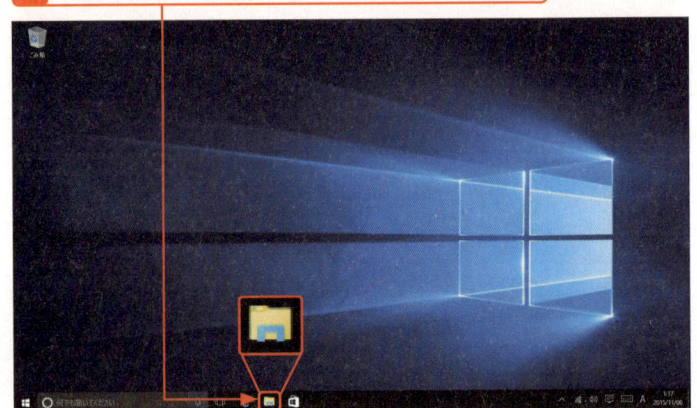

2 エクスプローラーが起動します。

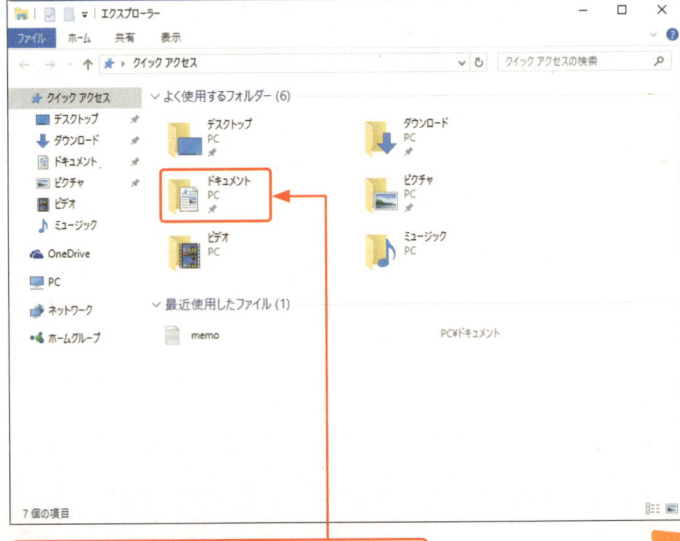

3 <ドキュメント>をダブルクリックすると、

4 「ドキュメント」フォルダーの内容が表示されます。

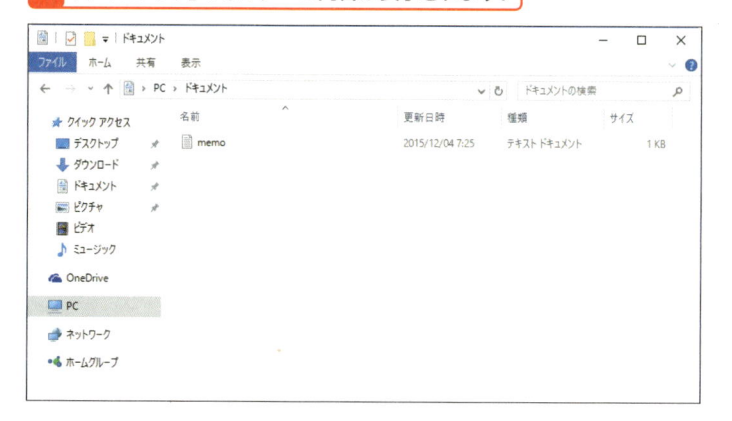

3
Section 015
エクスプローラーとは

Memo **アイコンの大きさを変更する**

エクスプローラーで表示されるファイルやフォルダーのアイコンは、大きさを変更できます。アイコンの大きさを変更したいときは、＜表示＞タブをクリックして、アイコンの大きさを選択します。

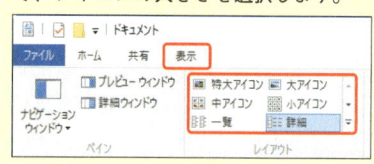

Memo **エクスプローラーの画面構成**

ファイルやフォルダーの操作に使用するエクスプローラーは、起動するとあらかじめ用意されているフォルダーやよく使用するフォルダー、最近使用したファイルなどが表示されます。エクスプローラーは、以下のような画面構成となっています。

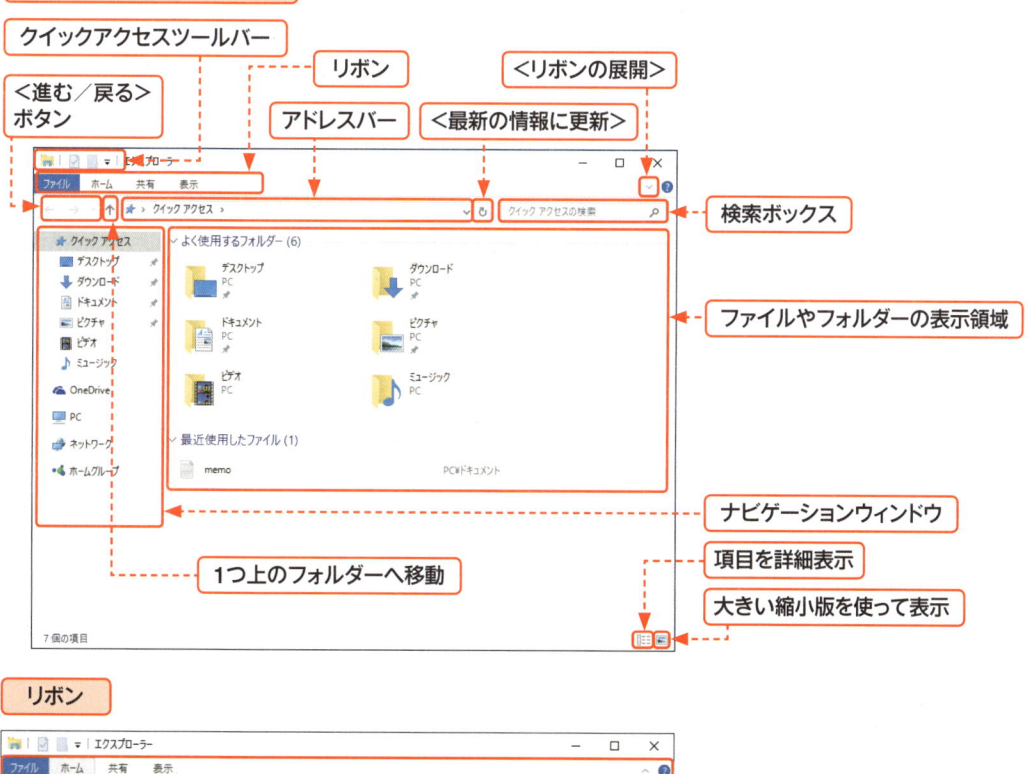

リボン

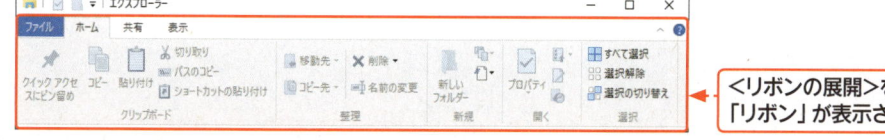

エクスプローラー

63

Key word　パス名とは？

パス名は、パソコン内に保存されたファイルやフォルダーの住所にあたる情報です。Windowsでは、ドライブ名、フォルダー名、ファイル名を「¥」記号で区切って表記します。Windowsを起動しているドライブ内のファイルやフォルダーは、通常、Cドライブ（「C:」と表記する）にあります。また、USBメモリーなどは、Cドライブ以外のドライブ名が割り当てられており、ドライブ名は、エクスプローラーを起動し、＜PC＞をクリックすることで確認できます。

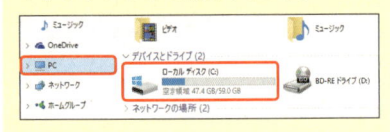

Hint　パス名でファイルやフォルダーを開く

右の手順では、パス名を入力してフォルダーを開いていますが、ファイル名を含めて入力すると、そのファイルを開くことができます。また、「¥¥＜コンピューター名＞¥＜共有フォルダー名＞」という形式で入力すると、ほかのパソコンの共有フォルダーを開くこともできます。

1 エクスプローラーを起動します。

2 アドレスバーをクリックし、

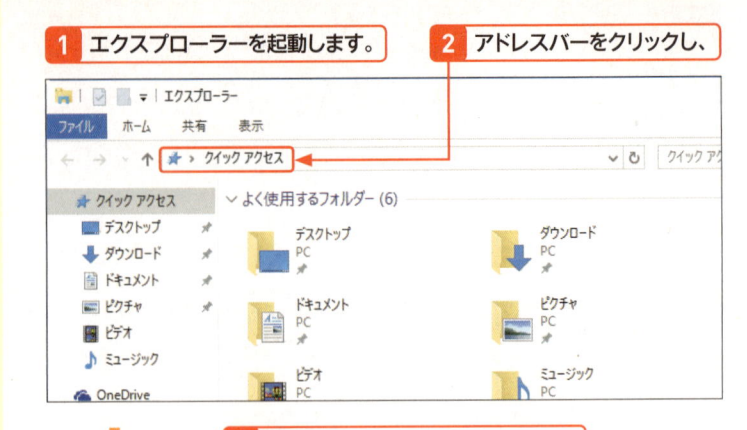

3 開きたいフォルダーのパス名（ここでは＜C:¥doc＞）を入力し、

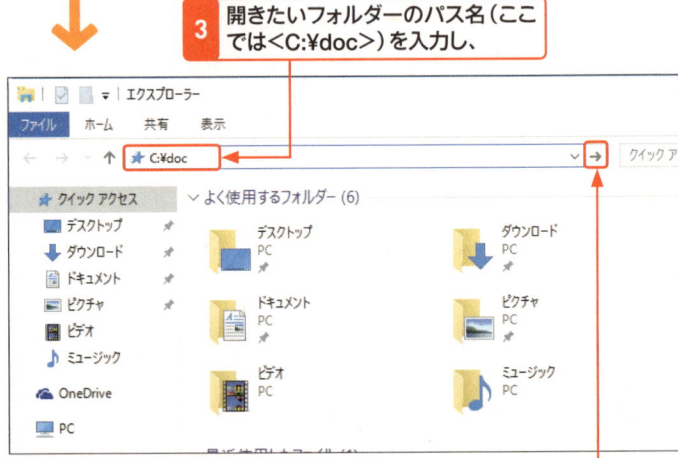

4 Enter キーを押すか、→ をクリックします。

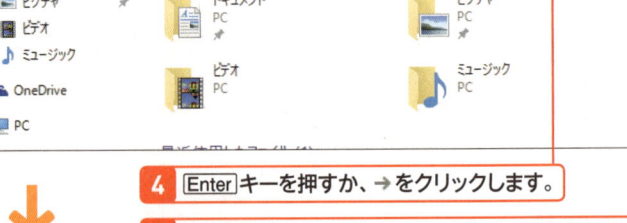

5 手順3で入力したパス名のフォルダーが開きます。

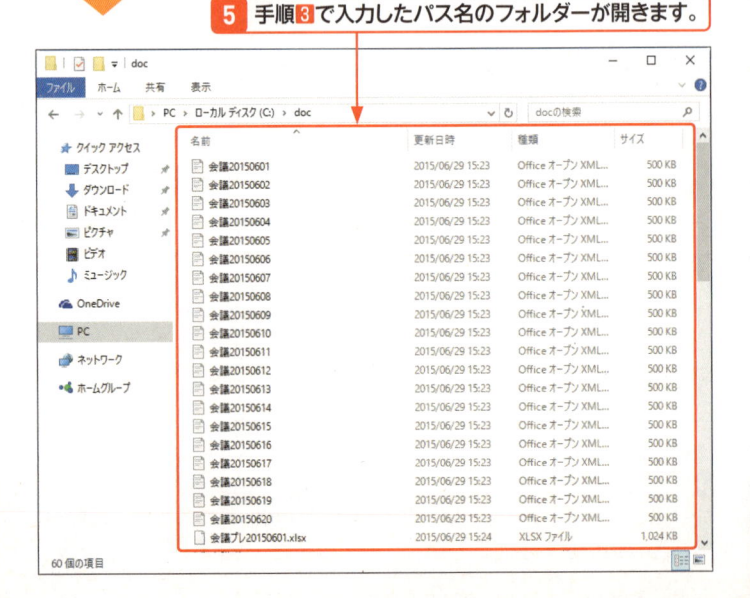

3 新しいウィンドウでフォルダーを開く

1 エクスプローラーを起動します。

2 新しいウィンドウで開きたいフォルダー（ここでは＜ドキュメント＞）をクリックし、

3 ＜ファイル＞をクリックします。

4 ＜新しいウィンドウで開く＞をクリックします。

5 選択したフォルダーが新しいウィンドウで開かれます。

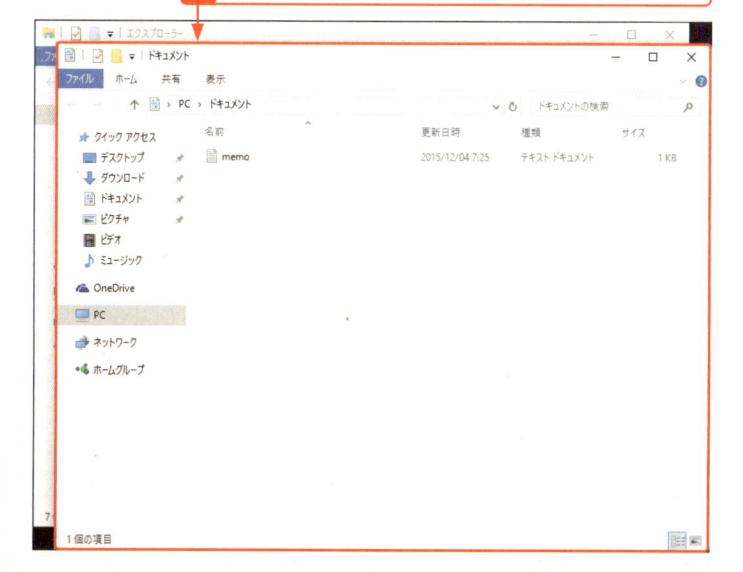

📝 **Memo** 新しいウィンドウで開く

エクスプローラーは、複数のウィンドウを開いて作業を行えます。複数のウィンドウを利用すると、ファイルのコピーや移動などの操作をコピー元／移動元ウィンドウからコピー先／移動先ウィンドウへドラッグ＆ドロップすることで行えます。

📝 **Memo** キーボード操作でフォルダーを開く

フォルダーが選択された状態で、Enterキーを押してもフォルダーを開くことができます。

💡 **Hint** そのほかの方法でウィンドウを開く

フォルダーを右クリックし、表示されるメニューから＜新しいウィンドウで開く＞をクリックしても、選択したフォルダーを新しいウィンドウで開くことができます。

Section 016 ファイルを開く

キーワード ▶ ファイル

Windows 10でファイルを操作するにはエクスプローラーを使用するか、アプリの開くメニューなどを使用します。あらかじめ作成した文章ファイルなどを編集する際は、エクスプローラーもしくはアプリからファイルを操作しましょう。

1 エクスプローラーからファイルを開く

Memo ほかのファイルでも操作は変わらない

ここでは、ドキュメントフォルダー内に作成しているmemoファイルを開いています。ほかのファイルであっても同様の操作でファイルを開くことができます。

Memo 2つの「ドキュメント」フォルダー

「よく使用するフォルダー」には使用頻度の高いフォルダーが表示されます。OneDriveを利用していると、この「よく使用するフォルダー」に、OneDriveの「ドキュメント」とPCの「ドキュメント」が表示されることがあります。前者はユーザーフォルダー下、後者はOneDriveフォルダー下と、物理的に配置されている場所が異なるため、両者は別物です。OneDriveについてはP.316を参照してください。

Memo 右クリックで開く

手順 3 でファイルを右クリックし、表示されるメニューから＜開く＞をクリックしてもファイルが開きます。

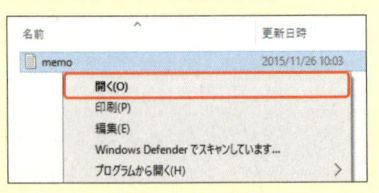

1 エクスプローラーを起動し、

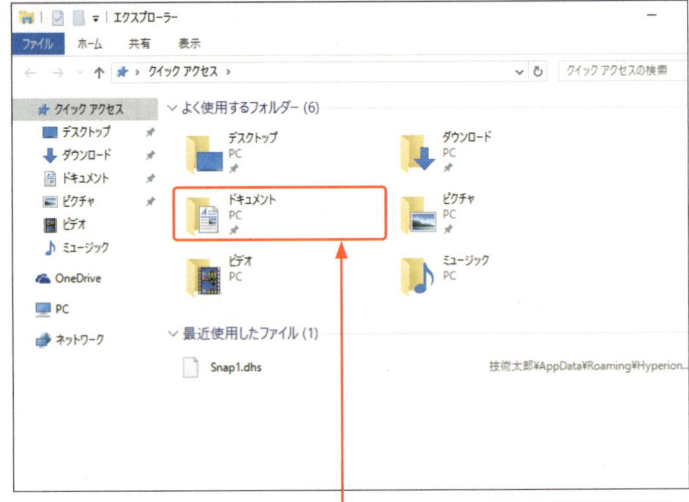

2 ＜ドキュメント＞をダブルクリックして、

3 目的のファイルをダブルクリックします。

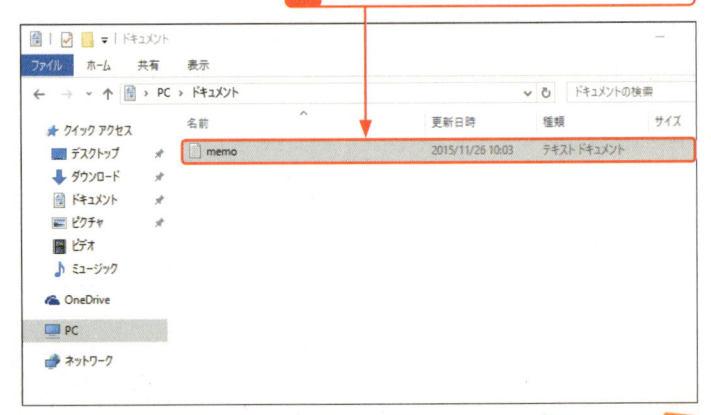

4 ファイルが開きました。

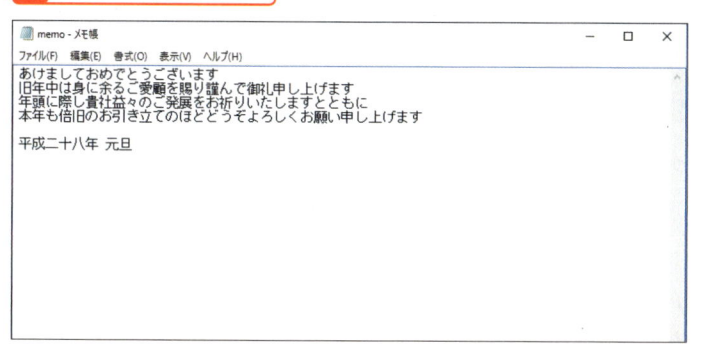

Memo 起動するアプリは異なる

テキストドキュメントファイルの多くは「メモ帳」のように、任意のアプリに関連付けられています。そのため、選択したファイルの種類によって起動するアプリは異なります。

2 アプリを起動してファイルを開く

1 アプリを起動し（ここでは「メモ帳」）、

2 ＜ファイル＞をクリックして、

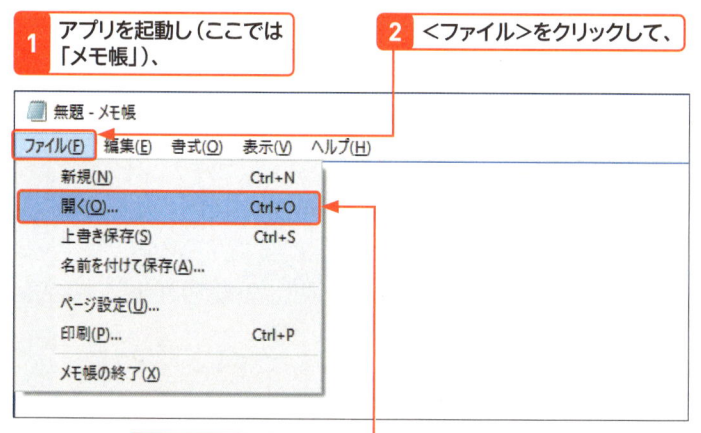

3 ＜開く＞をクリックします。

4 目的のファイルをクリックし、

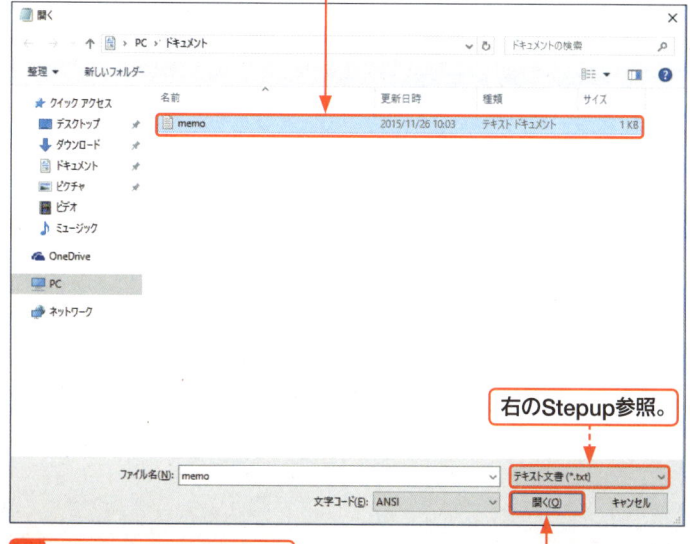

右のStepup参照。

5 ＜開く＞をクリックします。

Hint ダブルクリックでもOK

左の手順 **4** でファイルをダブルクリックしてもファイルを開くことができます。

Stepup 目的のファイルが見つからない

手順 **4** で目的のファイルが見つからない場合は、ダイアログボックスの右下にある＜テキスト文書(*.txt)＞をクリックし、＜すべてのファイル(*.*)＞を選択すると、見つかる場合があります。これはアプリによって、使用するファイルの種類をWindowsが選別するために起きる現象です。

Hint ドラッグ＆ドロップでも開く

アプリを起動した状態で、エクスプローラーからファイルをアプリにドラッグ＆ドロップしてもファイルを開くことができます。

Section 017 ファイル内の文字列や画像をコピーする

キーワード ▶ コピー＆ペースト

文章ファイルなどを編集する際に便利なのが**コピー＆ペースト**です。この機能を利用すれば、選択した範囲をクリップボードと呼ばれる領域にコピーし、任意の部分にペースト（貼り付け）することができます。無駄なキータイプも減らし、すばやく文章を作成することができます。

1 文字列をコピー＆ペーストする

Key word クリップボードとは？

「クリップボード」は、パソコン上のデータを一時的に格納するメモリー領域のことです。このメモリー領域は一種の共有メモリーであるため、異なるアプリ間で利用することができます。たとえば「メモ帳」から「Microsoft Word」といった異なるアプリ間でも、このメモリー領域を介してデータの受け渡しが行えます。ただし、格納できるデータは1つに限られます。たとえば文章をコピーしたあとに図をコピーすると、クリップボード内の文章は破棄されます。

Memo カット＆ペーストを行う

手順 3 で＜切り取り＞をクリックすると、選択している文字列がカット（切り抜き）され、クリップボードにコピーされます。このような操作の一部は「カット＆ペースト」と呼ばれ、任意の場所に文字列などを移動する際に使用します。詳しくはP.71を参照してください。

ここでは「メモ帳」を例に解説しています。「メモ帳」を起動し、コピー＆ペーストしたい文字列がある文章を表示しておきます。

1 コピーする範囲をドラッグで選択し、

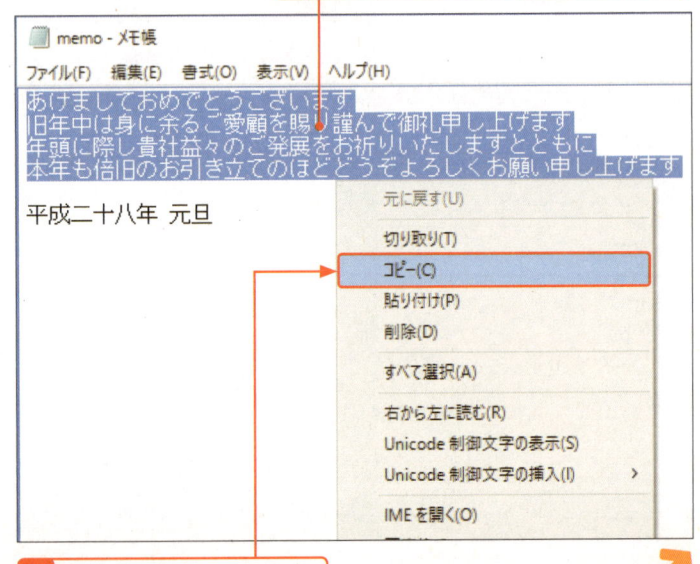

2 選択している文字列上で右クリックして、

3 ＜コピー＞をクリックします。

4 目的の場所まで│（点滅する縦棒）を移動し、　**5** 右クリックして、

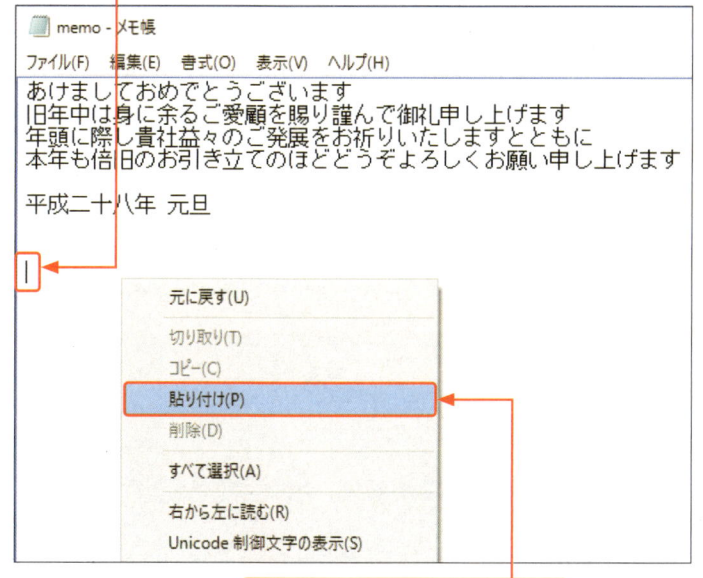

Memo コピー範囲の調整／すべてを選択

前ページの手順**1**でうまく文字列を選択できない場合は、適当な文字列を選択した状態で、Shiftキーを押しながら、↓↑←→キーを押すと、選択場所を調整できます。また、文章をすべて選択したい場合は、任意の場所を右クリックし、表示されるメニューから＜すべて選択＞をクリックします。

6 ＜貼り付け＞をクリックします。

7 クリップボードの内容がペーストされました。

Hint Enter キーで改行する

手順**4**でテキストドキュメントファイルを編集中に│（点滅する縦棒）が移動できない場合は、Enterキーを押して改行します。

Memo 直前の操作を取り消す

手順**7**で別の場所にペーストしてしまったときなどは、直前の操作を取り消すことができます。直前の操作を取り消すには、任意の場所を右クリックし、表示されるメニューから＜元に戻す＞をクリックします。

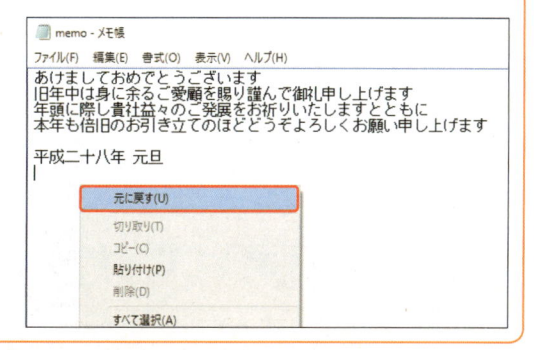

第 1 章
Windows 10
をはじめよう

第 2 章
Windows 10
の基本操作

第 3 章
ファイルと
フォルダー

第 4 章
インター
ネット

第 5 章
Outlook.
com

第 6 章
「メール」
アプリ

第 7 章
アプリの
利用

第 8 章
データの
活用

第 9 章
音楽／写真
／ビデオ

第10章
タブレット
モード

第11章
文字入力
の基本

第12章
＜スタート＞
メニュー

第13章
デスクトップ

第14章
ネットワーク

第15章
管理／
セキュリティ

第16章
周辺機器
の利用

第17章
トラブル
対策

第18章
インストール
と初期設定

付　録

2 画像をコピー＆ペーストする

Memo アプリによって操作は異なる

ここでは「ペイント」を使っていますが、利用するアプリによってコピーの操作方法は異なります。

Memo 既存ファイルを開いた場合

誤って画像ファイルに手を加えたあとに手順 4 の操作を実行すると、保存の確認をうながすメッセージが表示されます。その際は＜保存しない＞をクリックします。

Memo 画面が異なる場合

＜選択＞上部の ▢ は、通常、＜四角形選択＞が設定されています。これが ◌ ＜自由選択＞などに設定されていた場合は、＜選択＞の ▾ をクリックし、表示されるメニューから＜四角形選択＞を選択してください。

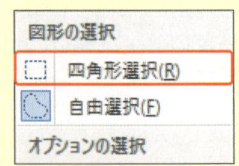

Stepup 余白を削除する

手順 7 の操作を終えてから画像を保存してしまうと、白い余白部分も一緒に保存されます。取り除く場合は＜トリミング＞をクリックして調整します。

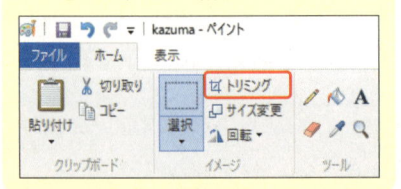

ここでは「ペイント」を例に解説しています。「ペイント」を起動し、コピー＆ペーストしたい画像を表示しておきます。

1 ＜選択＞上部の ▢ をクリックし、

2 コピーする範囲をドラッグで選択します。

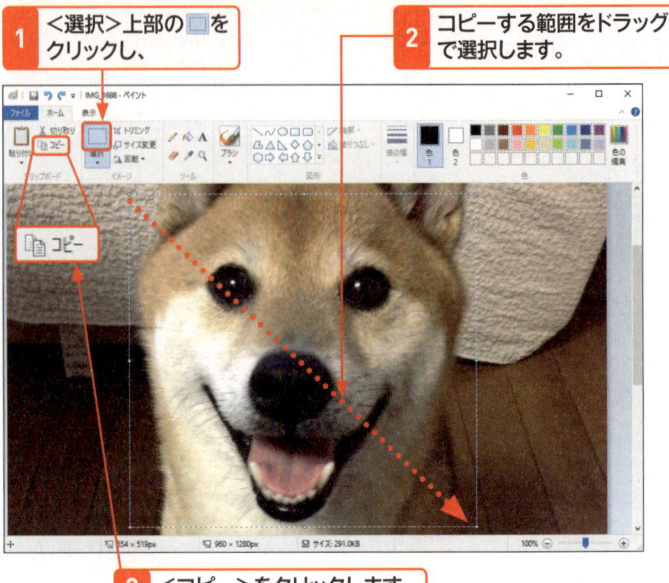

3 ＜コピー＞をクリックします。

4 ＜ファイル＞をクリックし、

5 ＜新規＞をクリックします。

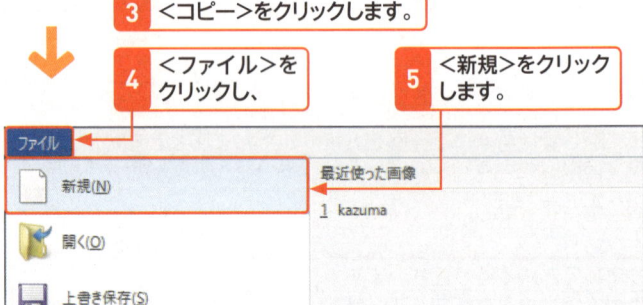

6 新規の「ペイント」画面で、＜貼り付け＞をクリックします。

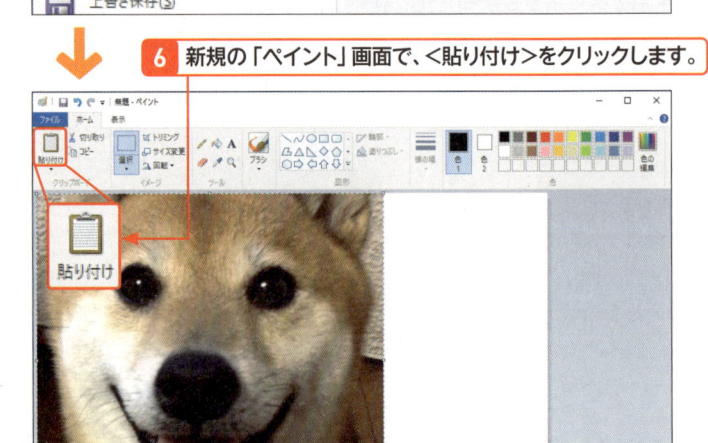

7 画像がペーストされました。

3 文字列や画像をカット＆ペーストする

ここでは「メモ帳」アプリを例に解説しています。「メモ帳」を起動し、移動したい文字列がある文章を表示しておきます。

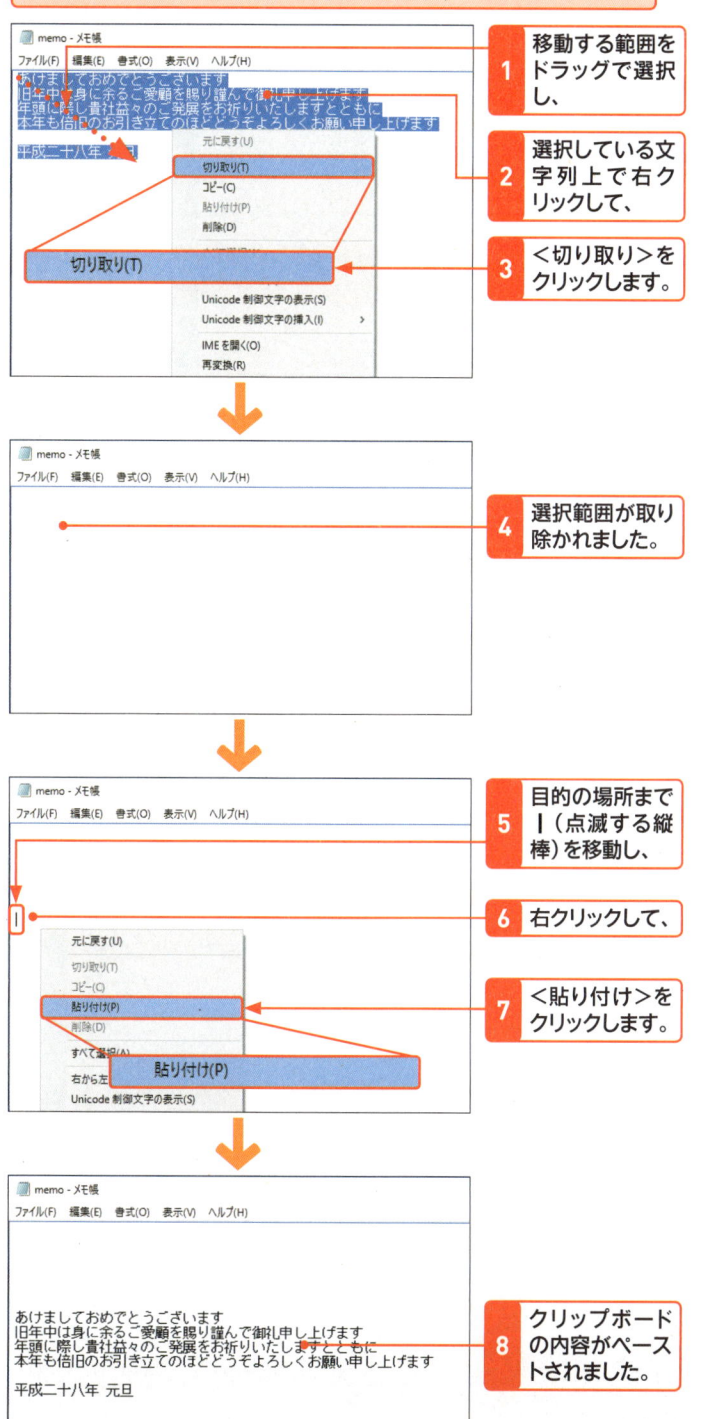

1 移動する範囲をドラッグで選択し、

2 選択している文字列上で右クリックして、

3 ＜切り取り＞をクリックします。

4 選択範囲が取り除かれました。

5 目的の場所まで｜（点滅する縦棒）を移動し、

6 右クリックして、

7 ＜貼り付け＞をクリックします。

8 クリップボードの内容がペーストされました。

Memo 画像のカット＆ペースト

前ページの手順 3 で＜コピー＞ではなく、＜切り取り＞をクリックすると、選択範囲をカットし、クリップボードへコピーできます。画像のカット＆ペーストは文章と同じように行えます。1枚もしくは複数の画像間でカット＆ペーストを行う際に利用してください。

Stepup 文章や画像以外のコピー＆ペースト

ここでは文章や画像を用いてコピー（カット）＆ペーストの手順を紹介しましたが、これはファイルやフォルダーに対しても同様に行えます。文章などと異なりクリップボードへそのままデータが格納されるわけでありませんが、ファイルやフォルダーの情報を格納するため、そのままコピーや移動といった操作に利用できます。

Hint ショートカットキーを使う

コピー＆ペーストといった操作はメニューやリボン以外にも、ショートカットキーが使用できます。

- Ctrl ＋ C キーを押す
  内容がコピーされます。
- Ctrl ＋ X キーを押す
  内容が切り取られます。
- Ctrl ＋ V キーを押す
  内容がペーストされます。
- Ctrl ＋ Z キーを押す
  操作を取り消せます。

Section 018 ファイルを印刷／PDF化する

キーワード ▶ 印刷／PDFファイル

Windows 10では多くの場面で用いられる電子文章形式であるPDFファイルを作成することができます。PDFファイルはMacユーザーなどでも環境に依存することなく閲覧できるので便利です。ここではファイルの印刷方法と、PDFファイルの作成方法を解説します。

1 ファイルを印刷する

Memo 印刷にはプリンターの設定が必要

プリンターで印刷を行うには、あらかじめWindows 10でプリンターが利用できるように設定されている必要があります。手順 3 の画面で利用しているプリンターがリストに表示されない場合は、お使いのプリンターの取り扱い説明書などを参考に、Windows 10でプリンターが利用できるように設定してください。

Hint 文書ファイルの印刷方法はほぼ同じ

ここでは「メモ帳」アプリを例に解説していますが、「ワードパッド」アプリなどの文書を作成するアプリでもほぼ同様の方法で印刷することができます。「ワードパッド」アプリの場合は、<ファイル>→<印刷>→<印刷>の順にクリックしていくことで、手順 3 の画面を表示できます。

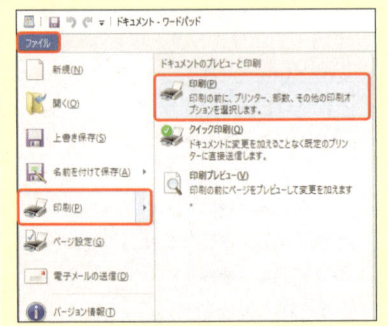

ここでは「メモ帳」を例に解説しています。「メモ帳」を起動し、印刷したい文章があるファイルを表示しておきます。

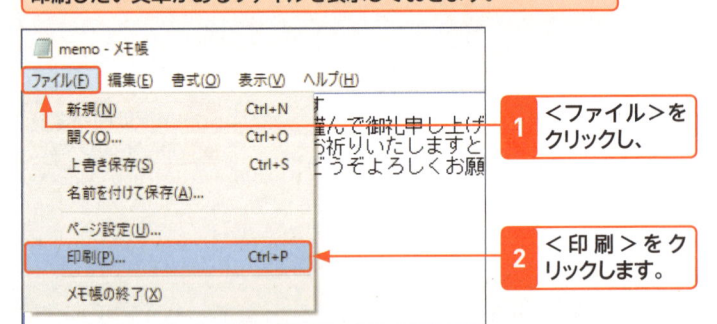

1 ＜ファイル＞をクリックし、

2 ＜印刷＞をクリックします。

3 「印刷」ダイアログボックスが表示されるので、使用するプリンターをクリックし、

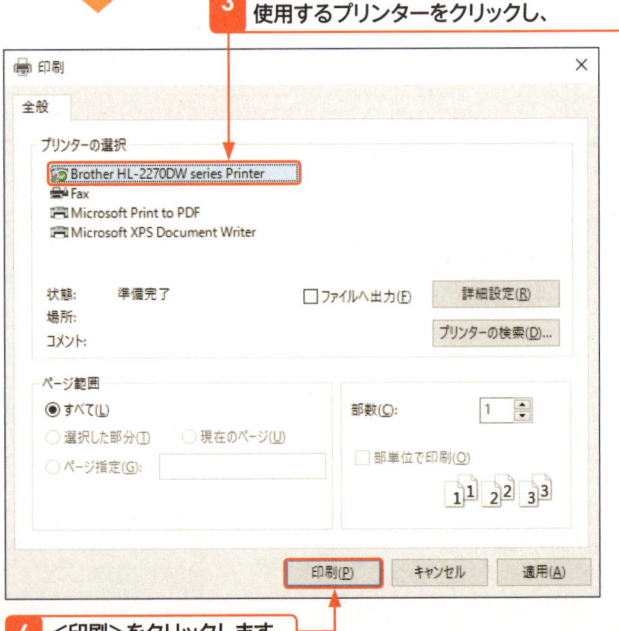

4 ＜印刷＞をクリックします。

2 PDFファイルで保存する

ここでは「メモ帳」を例に解説しています。「メモ帳」を起動し、PDFで保存したい文章があるファイルを表示しておきます。

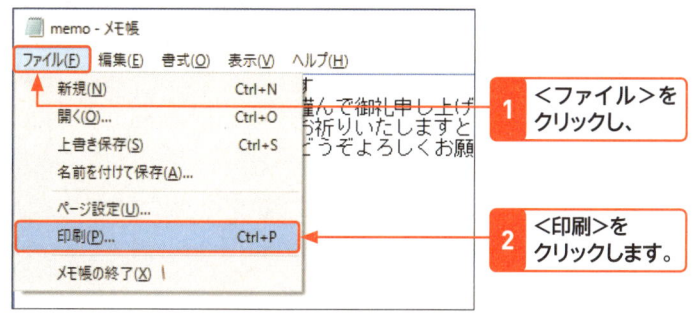

1 ＜ファイル＞をクリックし、

2 ＜印刷＞をクリックします。

3 「印刷」ダイアログボックスが表示されるので、＜Microsoft Print to PDF＞をクリックし、

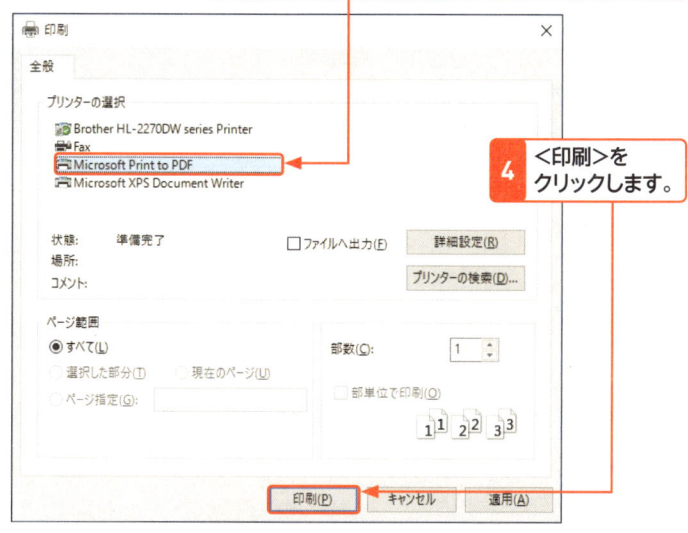

4 ＜印刷＞をクリックします。

5 保存するフォルダー（ここでは「ドキュメント」フォルダー）をクリックし、

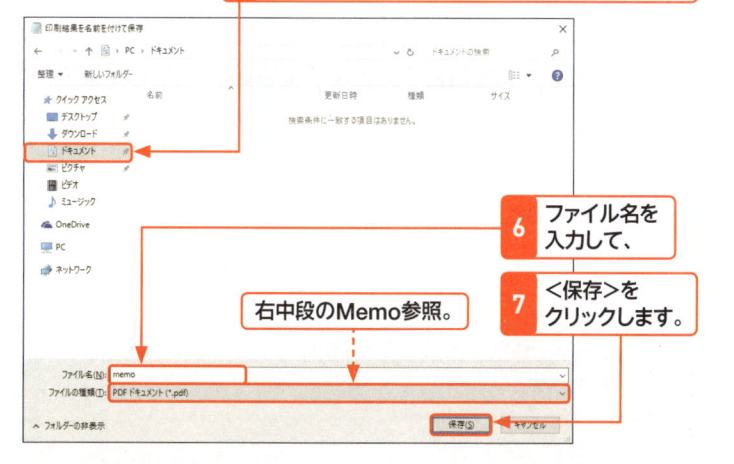

6 ファイル名を入力して、

右中段のMemo参照。

7 ＜保存＞をクリックします。

Keyword　PDFファイルとは？

「PDFファイル」はアドビシステムズが開発した電子文書フォーマットです。作成した内容を異なる環境でも同じレイアウト（図形や文章の配置など）を維持できると同時に、紙に印刷したようにあとから加工しにくいため、広く使われてきました。専用のアプリを使うとセキュリティ設定なども追加できるため、電子書籍などにも使われますが、Windows 10の「Microsoft Print to PDF」は基本的なPDF作成のみに機能を限定しています。

Memo　ファイルの種類について

通常は自動的に「PDFドキュメント」が選択されていますが、手順 6 の操作を行う前に「ファイルの種類」を確認してください。「PDFドキュメント」が選択されていない場合は、 ∨ をクリックして、＜PDFドキュメント＞を選択してください。

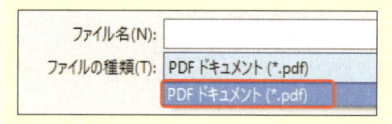

Memo　ショートカットで印刷を実行

大半のアプリは、Ctrlキーを押しながらPキーを押すことで「印刷」ダイアログボックスを表示することができます（例外もあります）。左の操作をすばやく実行するには、こちらのショートカットキーを利用してください。

3 PDFファイルを開く

Hint PDFはMicrosoft Edgeで閲覧

作成したPDFファイルは、一般にAdobe Acrobat Reader DCなどのPDFリーダーで閲覧します。しかし、Windows 10のMicrosoft EdgeはPDFに対応しているので、あらためてアプリを用意しなくても内容を確認できます。

Hint 右クリックメニューで開く

Adobe Acrobat Reader DCなどのほかのPDFリーダーやアプリをインストールしている場合、右クリックメニューの＜プログラムから開く＞からPDFファイルを開くことができます。

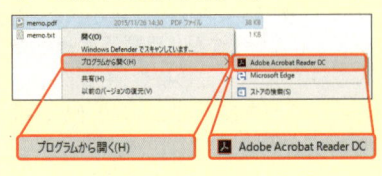

プログラムから開く(H)　　　Adobe Acrobat Reader DC

Memo ツールバーから操作

Microsoft EdgeでPDFファイルを開いた場合、画面をクリックすると、サイズ変更や拡大表示、ページ移動などを行うツールバーが表示されます。

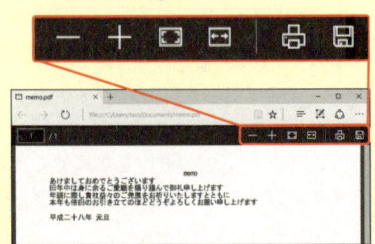

1 をクリックし、エクスプローラーを起動します。

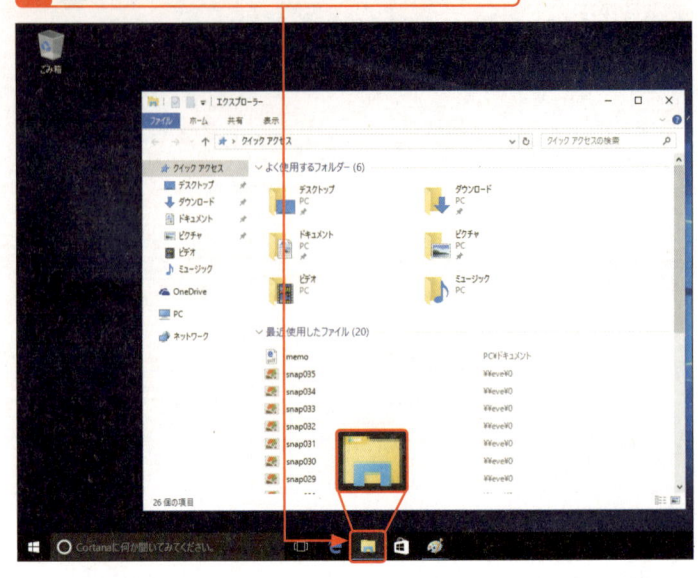

2 PDFファイルを保存したフォルダーをクリックし（ここでは「ドキュメント」フォルダー）、

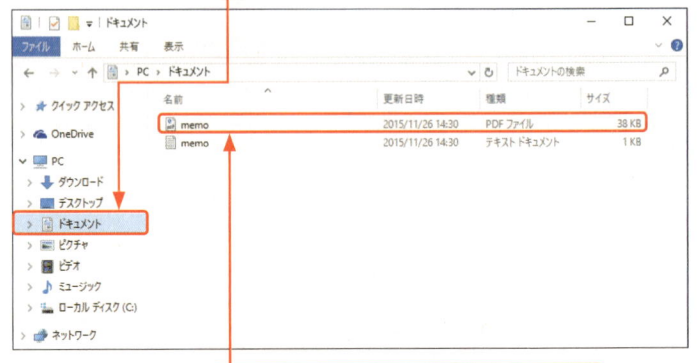

3 PDFファイルをダブルクリックします。

4 Microsoft Edgeが起動し、PDFファイルの内容が表示されます。

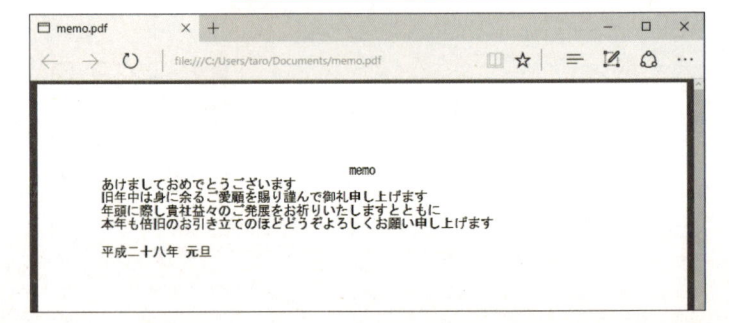

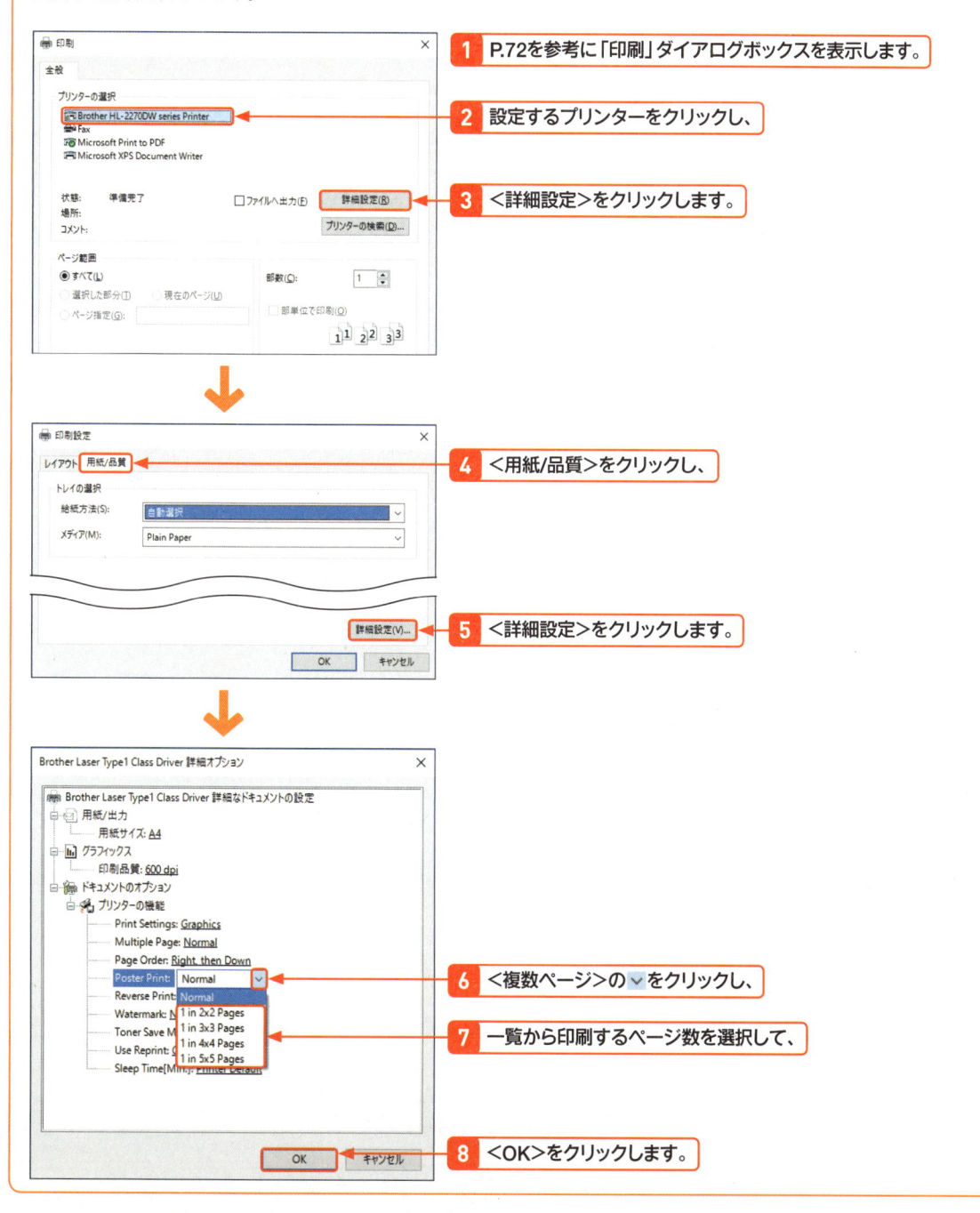

Memo 1枚の用紙に複数のページを印刷するには

一般的なプリンターの場合、デバイスドライバー（周辺機器を制御するために必要なソフトウェアの一種）の機能として複数のページを印刷する機能が備わっています。インデックス代わりなど、閲覧性を重視したいときは利用してみるとよいでしょう。ただし、これらの設定は次回の印刷にも適用されるので、使用後はもとの状態に戻してください。また、プリンターによってはデバイスドライバーが対応していない場合もあり、デバイスドライバーによって表示される画面や項目名は異なります。

1 P.72を参考に「印刷」ダイアログボックスを表示します。

2 設定するプリンターをクリックし、

3 ＜詳細設定＞をクリックします。

4 ＜用紙/品質＞をクリックし、

5 ＜詳細設定＞をクリックします。

6 ＜複数ページ＞の▾をクリックし、

7 一覧から印刷するページ数を選択して、

8 ＜OK＞をクリックします。

Section

019 ファイルを保存して アプリを終了する

キーワード ▶ 保存／終了

「メモ帳」などで文書を作成したときには、入力した内容が消えないように、アプリを終了する前に保存しておきましょう。ここでは、メモ帳で作成した文書に名前を付けて、ファイルとして保存し、アプリを終了する方法を解説します。

1 ファイルを保存する

Memo ファイルの保存とは？

メモ帳などのように新規のデータ（文書）を作成するデスクトップアプリでは、作業結果をファイルに保存できます。作業結果を保存しておくと、あとからファイルを編集することができます。

Memo 上書き保存とは？

ファイルの保存方法には、「名前を付けて保存」と「上書き保存」があります。「上書き保存」は、同じ名前のファイルが保存先フォルダーに存在するときや保存済みのファイルを再編集したときに、内容を上書きして保存します。また、作業内容を初めてファイルとして保存する場合に限って、「上書き保存」と「名前を付けて保存」は同じ動作になります。右の手順では、作業内容を初めてファイルとして保存する場合を解説しています。手順では、＜上書き保存＞を選択していますが、＜名前を付けて保存＞を選択しても保存内容に違いはありません。

Memo ファイル名には使えない文字がある

ファイル名には、使えない文字があります。以下の半角文字は、ファイル名には使えません。

¥ / ? : * " > < |

1 ＜ファイル＞をクリックし、

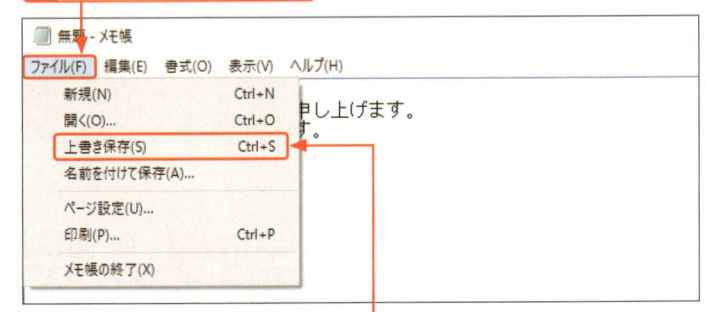

2 ＜上書き保存＞をクリックします。

3 ファイルの名前を入力し、

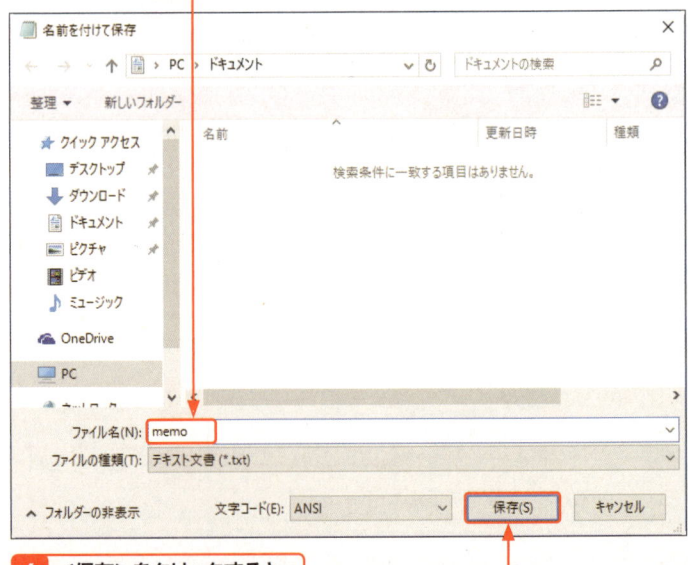

4 ＜保存＞をクリックすると、

5 ファイルが保存されます（ここでは「ドキュメント」フォルダー）。

6 タイトルバーにファイル名が表示されます。

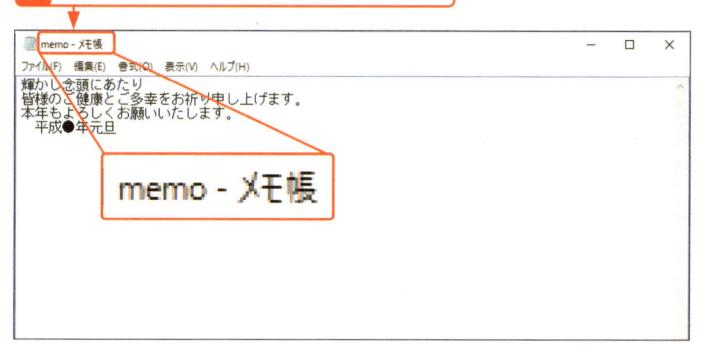

Key word ファイルとは？

「ファイル」とは、データをまとめたものです。Windows 10ではさまざまなデータをファイル単位で管理しています。たとえば、デジタルカメラで撮影した写真は、それぞれ単独のファイルとして管理されています。

2 ファイルを別名で保存する

1 <ファイル>をクリックし、

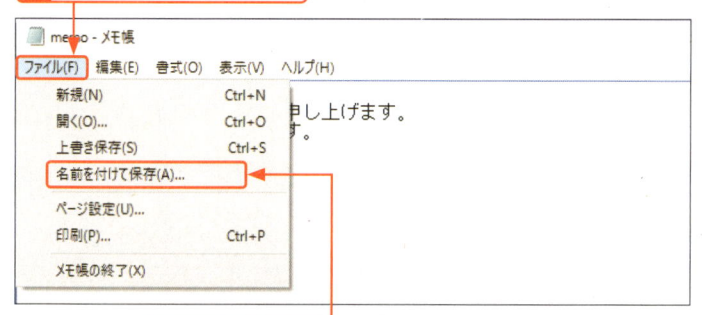

2 <名前を付けて保存>をクリックします。

3 ファイルの名前を入力し、

Hint 名前を付けて保存とは？

「名前を付けて保存」は、保存済みのファイルの内容を再編集したときになどに、別の名前で保存したいときに利用します。「上書き保存」は、同名ファイルの内容を上書きしますが、名前を付けて保存を選択すると、別のファイルとして保存できます。

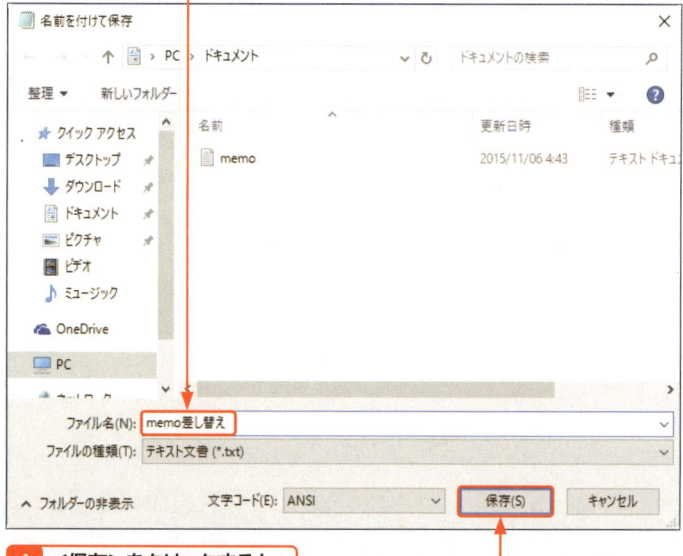

4 <保存>をクリックすると、

5 ファイルが保存されます（ここでは「ドキュメント」フォルダー）。

Hint 保存方法の使い分けについて

「上書き保存」は、編集前の内容を残す必要がないときに利用する保存方法です。それに対して「名前を付けて保存」は、編集前の内容を残しておきたいときに利用する保存方法です。

第1章
Windows 10
をはじめよう

第2章
Windows 10
の基本操作

第3章
ファイルと
フォルダー

第4章
インター
ネット

第5章
Outlook.
com

第6章
「メール」
アプリ

第7章
アプリの
利用

第8章
データの
活用

第9章
音楽／写真
／ビデオ

第10章
タブレット
モード

第11章
文字入力
の基本

第12章
＜スタート＞
メニュー

第13章
デスクトップ

第14章
ネットワーク

第15章
管理／
セキュリティ

第16章
周辺機器
の利用

第17章
トラブル
対策

第18章
インストール
と初期設定

付　録

3 文字コードを変更してファイルを保存する

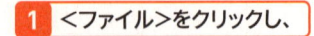

Key word 文字コードとは？

「文字コード」とは、パソコンやスマートフォンなどで漢字やカタカナ、英数字、記号などの文字を表示するために決められた規則のことをいいます。文字コードにはいくつかの種類があり、利用するOSによって対応している文字コードが異なります。非対応の文字コードが利用されたファイルは、意味不明な文字が表示される「文字化け」と呼ばれる現象が発生します。通常、同じOSどうしであれば文字化けは発生しませんが、WindowsとほかのOS（OS XやAndroid、iOS、Linuxなど）といった異機種間でファイルのやり取りを行うと文字化けが発生する場合があります。

Hint 文字コードの変更について

通常、Windowsどうしでファイルのやり取りを行う場合は、文字化けが発生することがないため文字コードを変更する必要はありません。ほかのOSとの間でファイルのやり取りを行い、文字化けが発生した場合は、文字コードを「UTF-8」などに変更することで解消される場合があります。

Memo 上書き保存を行う

右の手順では＜名前を付けて保存＞をクリックしていますが、初めてファイルとして保存する場合は、＜上書き保存＞を選択しても同じ手順でファイルを保存できます。また、保存済みのファイルを再編集して内容を上書きしたいときは、＜上書き保存＞をクリックしてください。

1 ＜ファイル＞をクリックし、

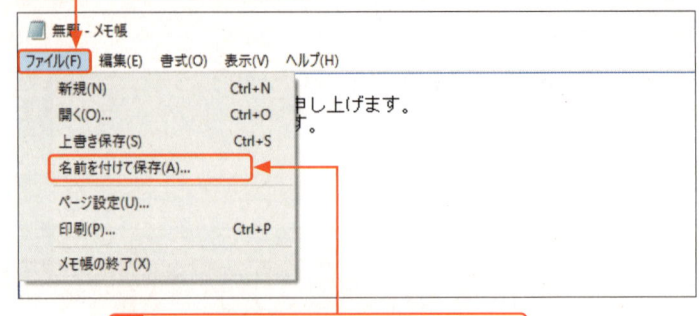

2 ＜名前を付けて保存＞をクリックします。

3 「文字コード」の ✓ をクリックし、

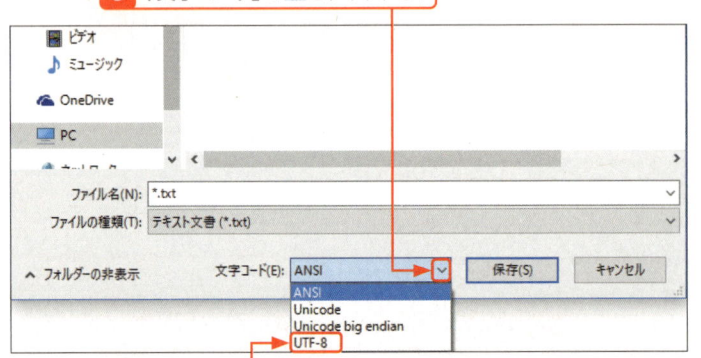

4 文字コード（ここでは＜UTF-8＞）をクリックします。

5 ファイルの名前を入力し、 **6** ＜保存＞をクリックすると、

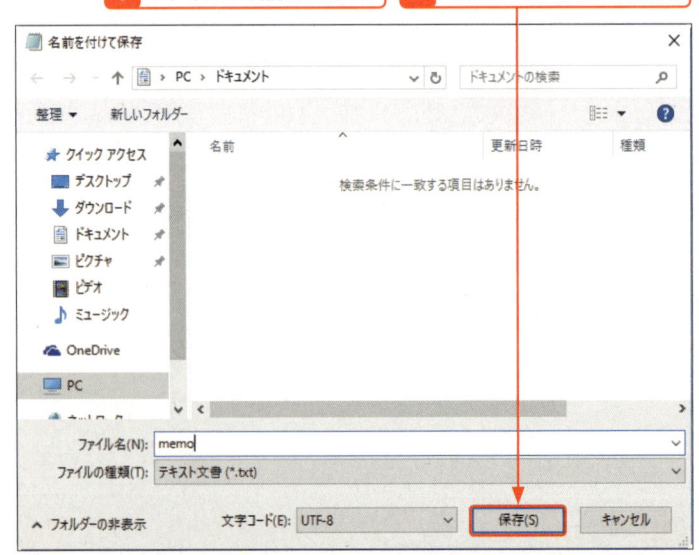

7 ファイルが保存されます（ここでは、「ドキュメント」フォルダー）。

4 アプリを終了する

1 終了したいアプリ（ここでは、「メモ帳」）の ✕ をクリックすると、

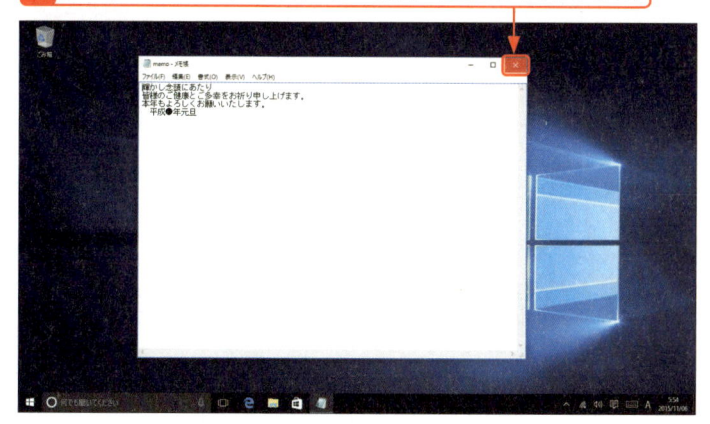

2 対象のアプリが終了します。

Memo メニューからアプリを終了する

ここでは、 ✕ をクリックして、アプリを終了していますが、アプリの＜ファイル＞メニューをクリックし、＜○○の終了＞をクリックすることでもアプリを終了することができます。

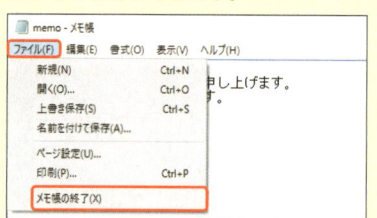

Memo ファイルに保存せずに終了しようとすると

編集した内容をファイルに保存せずにアプリを終了しようとすると、保存するかどうかをたずねるダイアログボックスが表示されます。

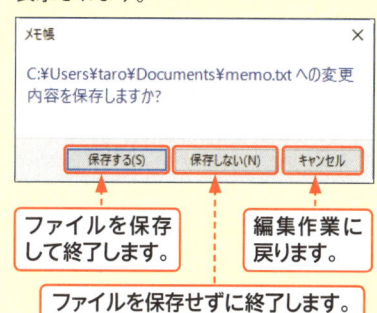

ファイルを保存
して終了します。

編集作業に
戻ります。

ファイルを保存せずに終了します。

Memo アプリを強制終了する

利用中のアプリが無反応になり、しばらく待っても無反応の状態が続くときは、タスクマネージャーを起動し、アプリの強制終了を行ってください。アプリの強制終了は、次の手順で行えます。

❶ Ctrl キーを押しながら、 Shift キーを押し、続けて Esc キーを押します。
❷ タスクマネージャーが起動します。
❸ 終了したいアプリ（ここでは＜メモ帳＞）をクリックし、
❹ ＜タスクの終了＞をクリックすると、
❺ 選択したアプリを強制終了できます。

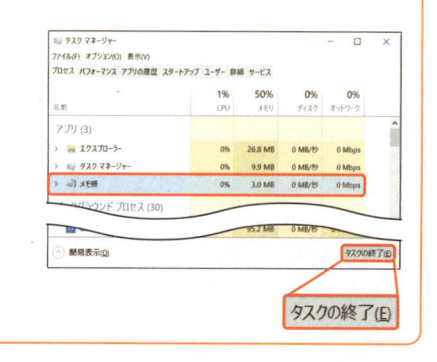

タスクの終了(E)

Section
020

新しいフォルダーを作成する

キーワード ▶ フォルダー

アプリで作成したファイルが増えてきた場合に、ファイルをばらばらに管理していると、見つけるのが大変になってきます。ファイルが見つけにくくなったときは、複数のファイルをフォルダーにまとめておくことで、見つけやすくなり管理しやすくなります。

1 新しいフォルダーを作成する

Key word フォルダーとは？

「フォルダー」は、ファイルを分類して整理するときに利用する保管場所です。フォルダーを利用して関係のあるファイルをまとめておけば、目的のファイルを見つけやすくなります。また、フォルダー内には、ファイルだけでなく別のフォルダーも作成できます。フォルダー内にファイルが増えてきたら、さらにフォルダーを作成して整理できます。フォルダーは、ファイルと同様に自由に名前を付けることができます。

1 エクスプローラーを起動し、新しいフォルダーを作成したいフォルダー（ここでは＜ドキュメント＞）を開いておきます。

2 ＜ホーム＞タブをクリックし、

3 ＜新しいフォルダー＞をクリックすると、

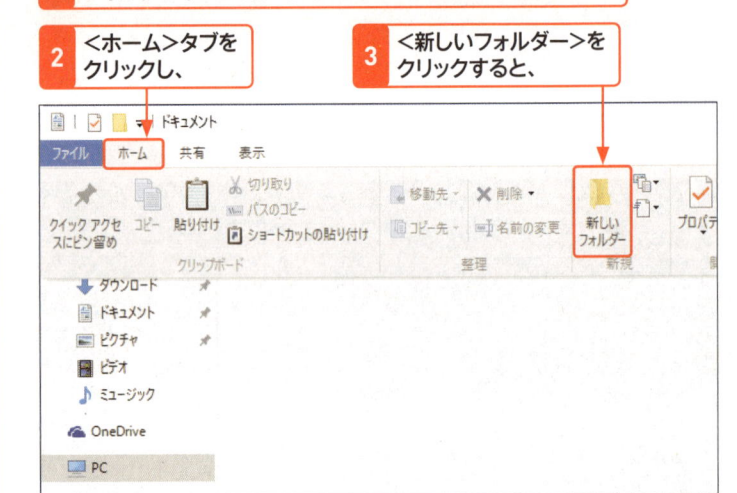

4 新しいフォルダーが作成されます。

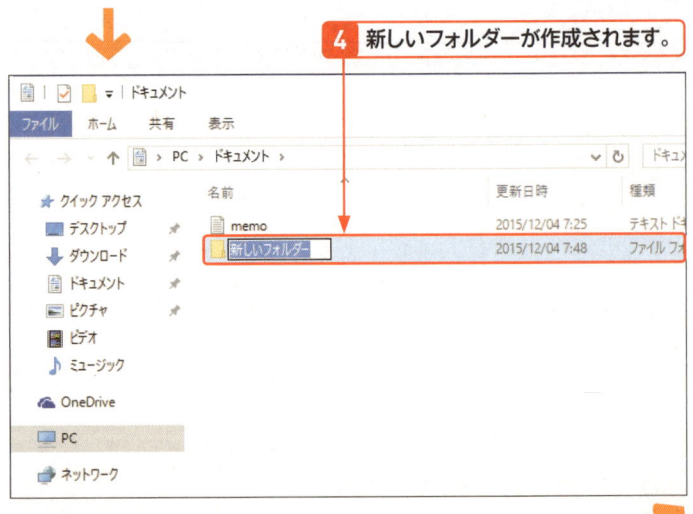

Memo フォルダー名に使えない文字は？

一部の文字はフォルダー名に含めることができません。以下の半角文字は、フォルダー名には使えません。

¥　／　？　：　＊　"　＞　＜　|

5 名前が入力できる状態になっているので、名前（ここでは「練習」）を入力し、

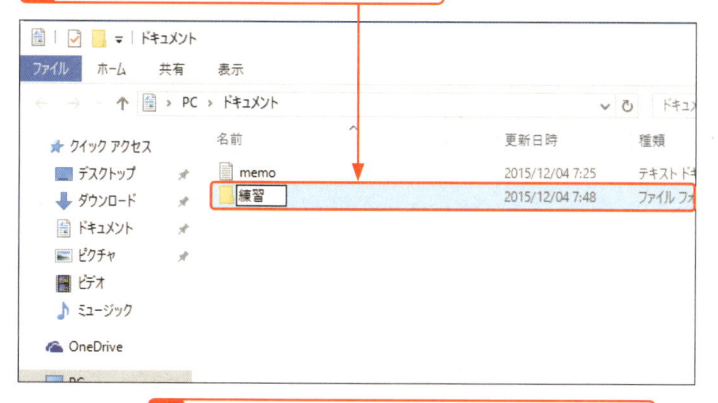

6 Enter キーを押すか、任意の場所をクリックします。

7 手順 **5** で入力した名前のフォルダーが作成されました。

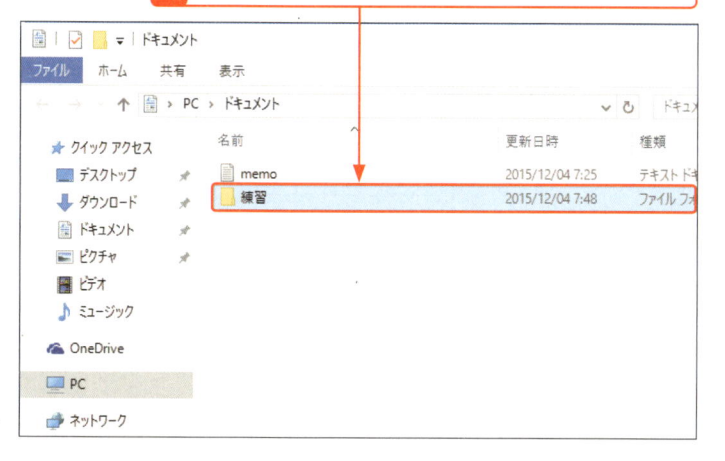

Hint 間違った名前を付けたときは？

フォルダーに間違った名前を付けたときは、次ページの手順を参考にフォルダー名を変更します。なお、手順 **5** で Enter キーを押した直後であれば、Ctrl キーと Z キーを同時に押すことによって、変更する前のファイル名に戻すこともできます。

Hint キーボードショートカットで作成する

新しいフォルダーは、キーボードショートカットで作成することもできます。作成先のフォルダーを開いておいて、Ctrl キーを押しながら Shift キーを押し、続けて N キーを押します。新しいフォルダーが作成されます。

Memo 別の方法で新しいフォルダーを作成する

新しいフォルダーは、右クリックメニューから作成することもできます。右クリックメニューから作成するときは、エクスプローラーで新規フォルダー作成先のフォルダーを開いておき、右クリックし、＜新規作成＞→＜フォルダー＞の順にクリックすると、手順 **4** の画面が表示されます。

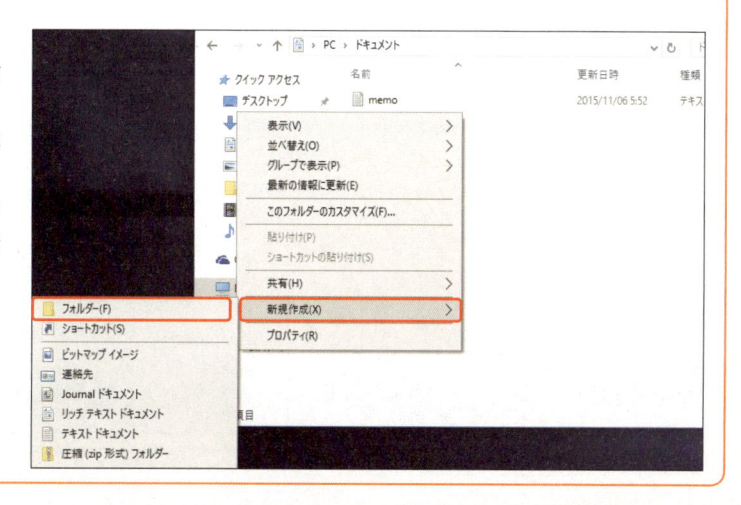

Section 021

ファイルやフォルダーの名前を変更する

キーワード ▶ ファイル名／フォルダー名

ファイルやフォルダーの名前は、いつでも自由に変更できます。ファイル保存時やフォルダー作成時に間違った名前を付けたり、名前がわかりにくかったりしたときは、名前を変更しましょう。ここでは、ファイルやフォルダーの名前の変更方法を解説します。

1 ファイルの名前を変更する

Memo 同じ名前のファイルを作ろうとすると

ここでは、ファイルの名前を変更する方法について解説していますが、フォルダーの名前も同じ手順で変更できます。ただし、同じフォルダーの中に、同じ名前のファイルやフォルダーを作ろうとすると、以下のようなダイアログボックスが表示され、まったく同じ名前のファイルやフォルダーを作ることはできません。

> ファイルの名前変更　　　　　　✕
>
> "文字入力の練習 - コピー.txt" を "文字入力の練習 (2).txt" に名前変更しますか？
>
> この場所には同じ名前のファイルが既にあります。
>
> 　　　　　　　　　はい(Y)　　いいえ(N)

Hint ファイルを間違って選択したときには？

名前を変更したいファイルやフォルダーを間違って選択したときは、画面の何も表示されていない部分をクリックすると、選択を解除できます。

Memo ファイル名には使えない文字がある

一部の文字はファイル名に含めることができません。以下の半角文字は、ファイル名には使えません。

¥ / ？ ： * " ＞ ＜ |

1 名前を変更したいファイル（ここでは、「memo」）をクリックして選択します。

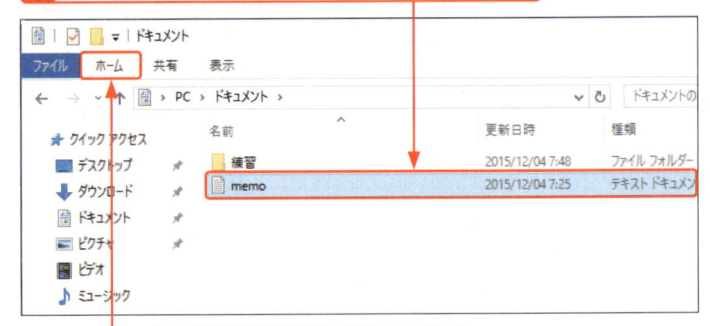

2 <ホーム>タブをクリックし、

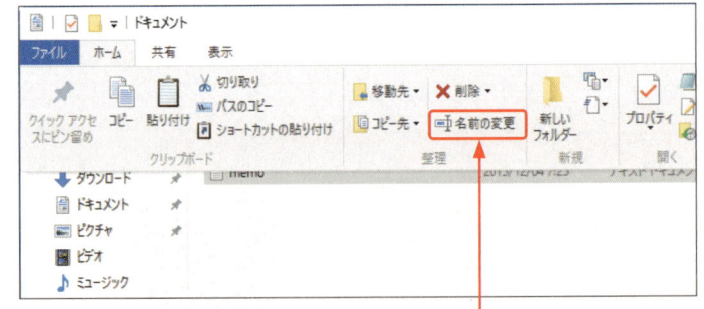

3 <名前の変更>をクリックします。

4 名前が入力できる状態になります。

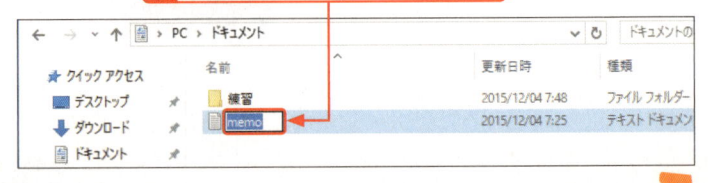

5 新しい名前を入力し、

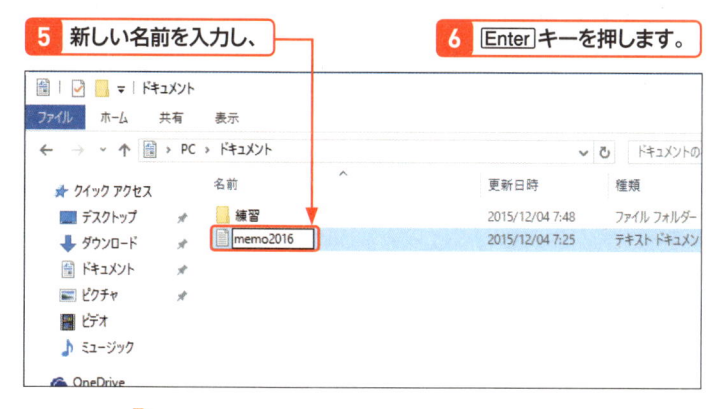

6 [Enter] キーを押します。

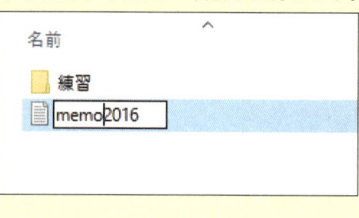

Hint 名前の一部だけ変更する

手順 **4** ではファイルの名前が全選択された状態になり、何かキーを押すとすべて消えてしまいます。名前の一部だけを変更したい場合は、手順 **4** で→キーを押します。全選択が解除されて、名前の右端に|（点滅する縦棒）が表示されるので、←キーを押して変更したい文字の後ろまで|（点滅する縦棒）を移動します。その後、[Delete] キーで不要な文字を削除して、新しい名前を入力します。

7 選択したファイルの名前が変更されます。

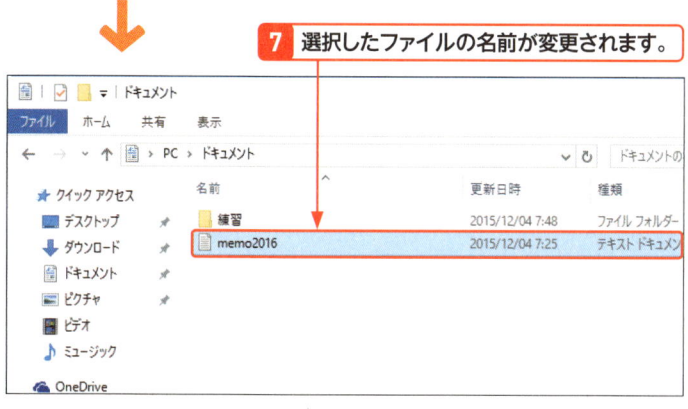

Memo そのほかの名前の変更方法

ファイルやフォルダーの名前の変更は、右クリックメニューを表示することでも行えます。

マウス操作の場合

1 名前を変更したいファイルやフォルダーを右クリックし、

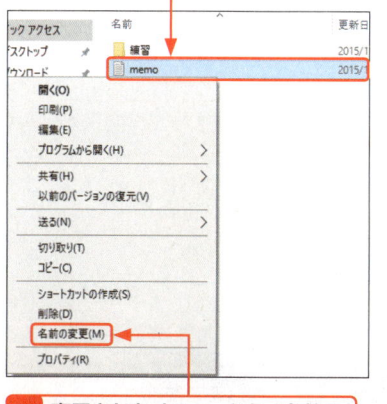

2 表示されたメニューから<名前の変更>をクリックします。

タッチ操作の場合

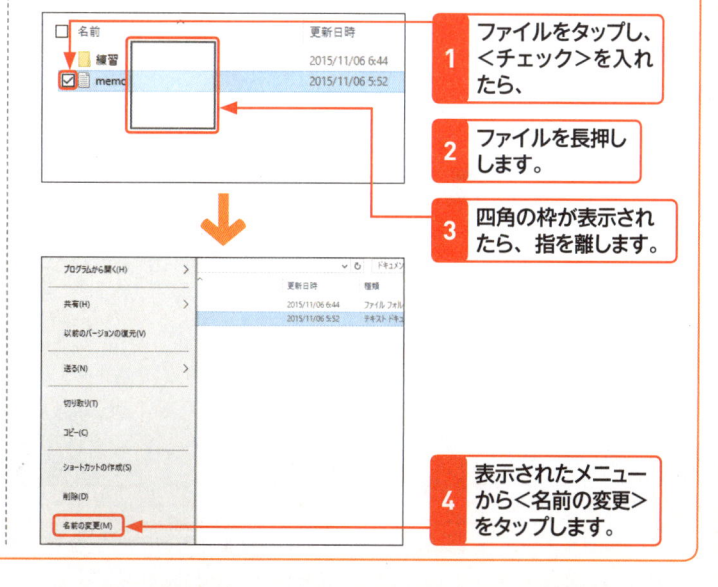

1 ファイルをタップし、<チェック>を入れたら、

2 ファイルを長押しします。

3 四角の枠が表示されたら、指を離します。

4 表示されたメニューから<名前の変更>をタップします。

Section 022
エクスプローラーの表示方法を変更する

キーワード ▶ 表示形式

Windows 10では、エクスプローラーによるファイルやフォルダーの表示形式を8種類用意しています。一番大きい＜特大アイコン＞を選択すれば、画像ファイルなどはアプリで開くことなく内容を大まかに確認することができます。また、ファイルを見つけやすいように並べ替えることもできます。

1 表示方法を変更する

Memo アイコンとは？

「アイコン」とは、内容を図形で示した部分を指しますが、エクスプローラーの場合はファイルやフォルダーの内容を縮小表示して示します。

Memo 「中アイコン」と「小アイコン」では？

＜中アイコン＞をクリックすると、ファイルやフォルダーが「中アイコン」として表示され、＜小アイコン＞をクリックすると、ファイルやフォルダーが「小アイコン」として表示されます。

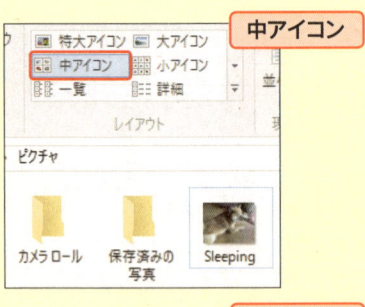

中アイコン

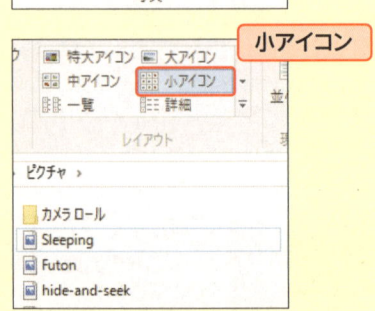

小アイコン

アイコンサイズを変更する

1 エクスプローラーを起動し、 ここで表示形式を変更します。

通常は＜大アイコン＞が選択されています。

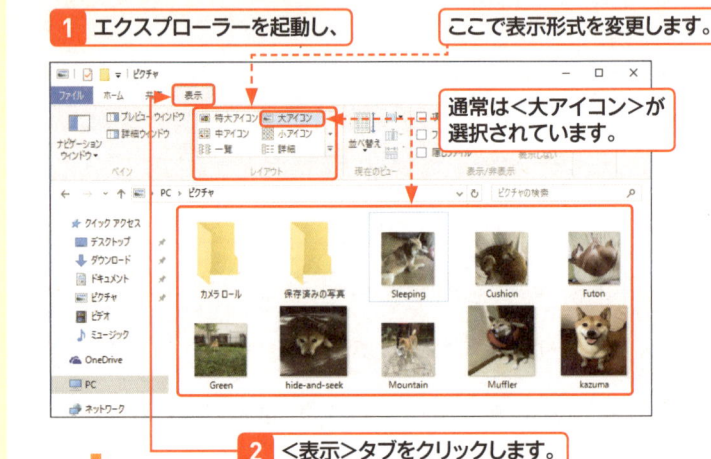

2 ＜表示＞タブをクリックします。

3 ＜特大アイコン＞をクリックすると、

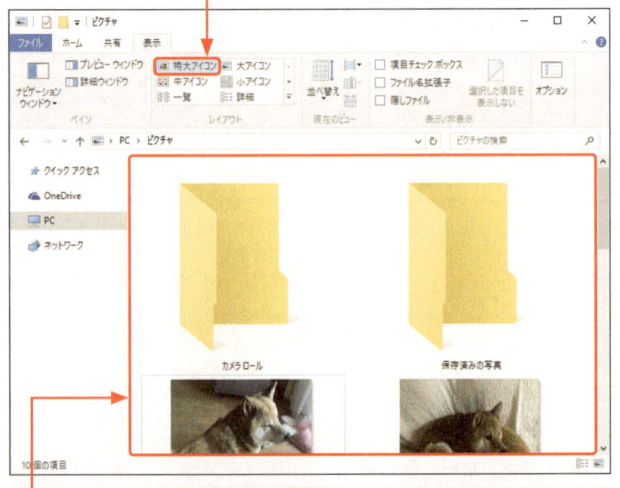

4 ファイルやフォルダーが「特大アイコン」として表示されます。

アイコンを並べ替える

1 <一覧>をクリックすると、

2 ファイルやフォルダーが「一覧」として表示されます。

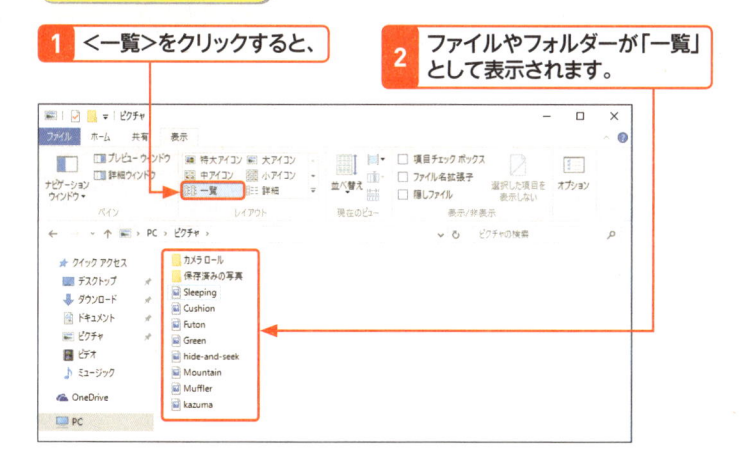

3 <並べて表示>をクリックすると、

<並べて表示>が表示されていない場合は、▼をクリックすると表示されます。

4 ファイルやフォルダーが並んだ状態で表示されます。

5 <コンテンツ>をクリックすると、

6 ファイルやフォルダーがコンテンツごとに表示されます。

Memo エクスプローラーの表示形式

エクスプローラーの表示形式は8種類が用意されており、「レイアウト」で変更を行います。<特大アイコン><大アイコン><中アイコン><小アイコン>では、アイコンサイズを変更することができます。<一覧><詳細><並べて表示><コンテンツ>では、アイコンの並べ替えや詳細情報を表示したアイコンをレイアウトできます。それぞれショートカットキーが用意されており、Shift キーと Ctrl キーを押しながら 1 〜 8 キーを押します。

Hint マウスオーバーで切り替え可能

「レイアウト」では各項目にマウスオーバー（マウスカーソルを重ねる操作）するだけで表示形式が切り替わります。

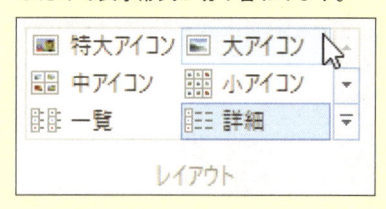

Memo ファイル／フォルダーの並び順について

次ページで紹介する並び順の操作を除けば、エクスプローラーはどの表示形式を選んでも必ず上位にフォルダーが、次にショートカットファイルが、そのあとにファイルが並ぶしくみです。各カテゴリも数字、英字、日本語の順に並ぶため、ファイルやフォルダーの命名ルールを定める際に意識しておきましょう。

第1章
Windows 10
をはじめよう

第2章
Windows 10
の基本操作

第3章
ファイルと
フォルダー

第4章
インター
ネット

第5章
Outlook.
com

第6章
「メール」
アプリ

第7章
アプリの
利用

第8章
データの
活用

第9章
音楽/写真
/ビデオ

第10章
タブレット
モード

第11章
文字入力
の基本

第12章
<スタート>
メニュー

第13章
デスクトップ

第14章
ネットワーク

第15章
管理/
セキュリティ

第16章
周辺機器
の利用

第17章
トラブル
対策

第18章
インストール
と初期設定

付　録

2 項目ごとにアイコンを並べ替える

Memo 詳細情報の「列」について

「列」はドラッグ&ドロップで場所を入れ替えられるので、サイズでファイルを整理する場合など場面に応じて入れ替えましょう。なお、「タグ」はプロパティの<詳細>からタグを付けた場合、その内容が表示されます。ファイルを整理する際に役立ちます。

ドラッグ&ドロップで入れ替える。

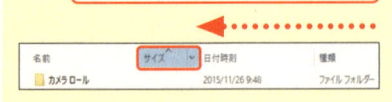

Hint そのほかの並べ替え

リボンの<並べ替え>をクリックすると、<名前>や<日付時刻>といった列の項目で表示順を並べ替えることができます。また、ここには通常表示されていない<撮影日時>なども選択できます。ほかの項目を列に加える場合は<列の選択>をクリックし、ダイアログボックスから選択してください。

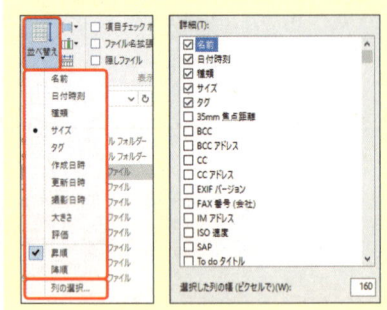

Memo 降順と昇順

エクスプローラーの「サイズ」は、あらかじめ小さいほうから大きいほうへ順に並んだ状態の「昇順」が選択されています。手順 3 は昇順から降順へ、手順 5 は降順から昇順へと入れ替えています。

1 <詳細>をクリックすると、

2 ファイルやフォルダーの詳細情報が「列」に表示された状態で（左のMemo参照）、アイコンが並びます。

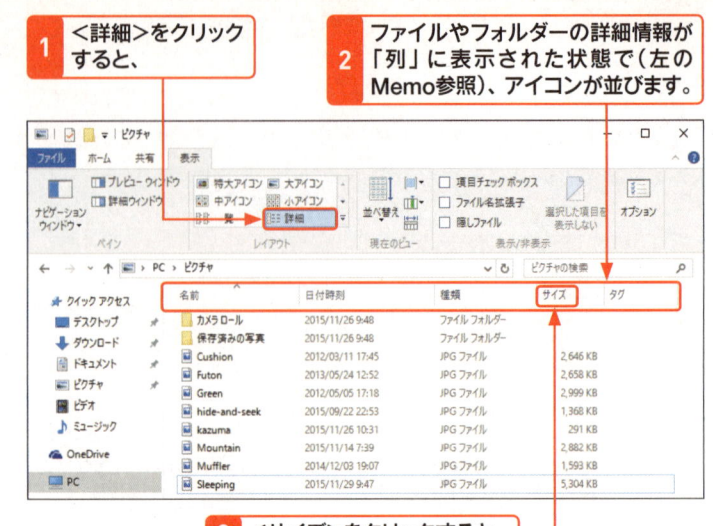

3 <サイズ>をクリックすると、

4 ファイルサイズ順に並び替わります。

左のHint参照。

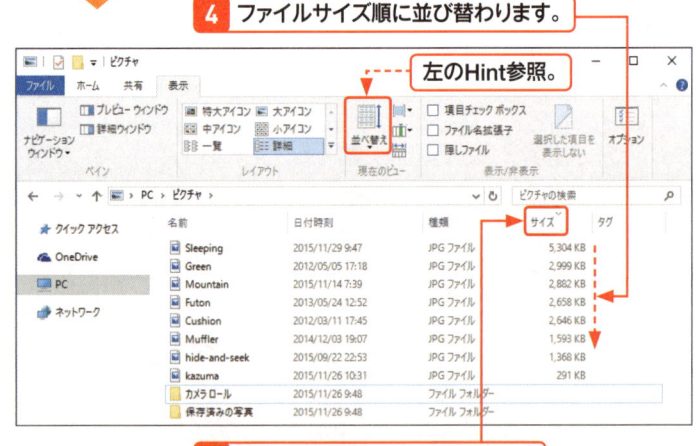

5 再び<サイズ>をクリックすると、

6 降順と昇順が切り替わり、もとの表示に戻ります。

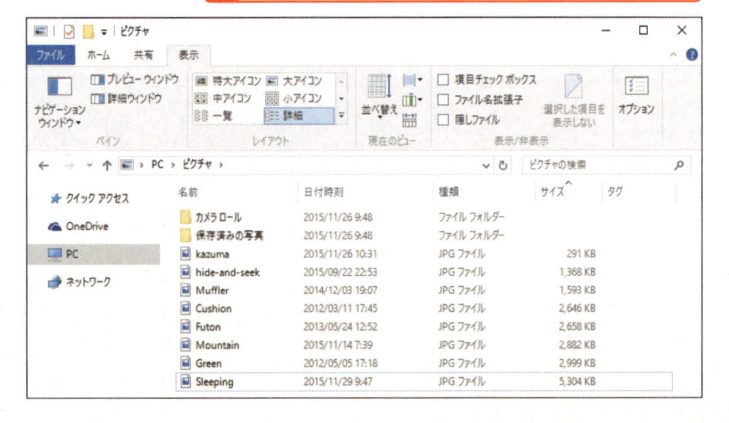

3 プレビューウィンドウを表示する

1 <プレビューウィンドウ>をクリックすると、

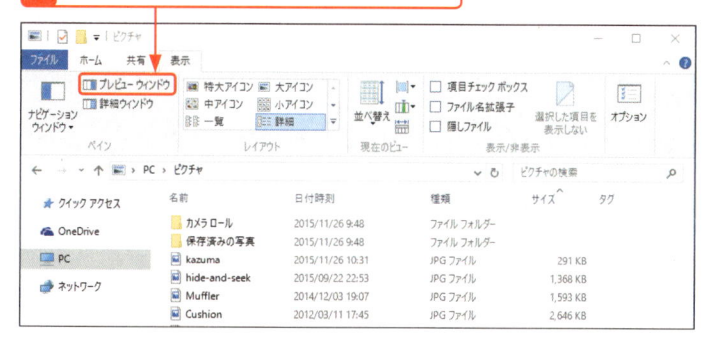

2 プレビューウィンドウが表示されます。

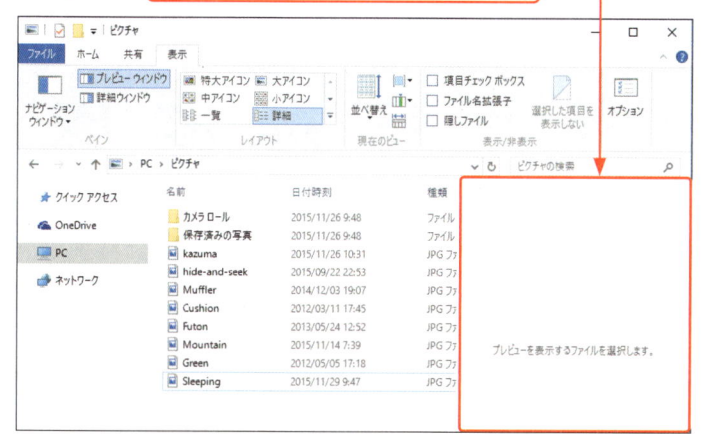

3 任意のファイルをクリックすると、

4 プレビューウィンドウにファイルの内容が表示されます。

Key word プレビューウィンドウとは?

「プレビューウィンドウ」とは、エクスプローラーで選択したファイルの内容を示す領域を指します。一般的には画像の確認に使われます。

Hint プレビューウィンドウで表示できるファイル

プレビューウィンドウでは主に画像ファイルやテキストファイルの内容を表示できますが、WordやExcelなどインストールしたアプリによっては、専用ファイルの内容を表示することもできます。なお、未対応のファイル形式に対しては「プレビューを利用できません」と表示されます。

Hint プレビューウィンドウを非表示にする

プレビューウィンドウを非表示にする場合は、リボンの<プレビューウィンドウ>を再度クリックします。また、Altキーを押しながらPキーを押すことで表示のオン/オフを切り替えられます。

Section 023

エクスプローラーの表示設定を変更する

キーワード ▶ リボン／隠しファイル／拡張子

エクスプローラーのリボンはかんたんな操作で表示と非表示に切り替えることができます。また、Windows 10ではパソコン初心者がわかりやすく操作するため、隠しファイルや拡張子を非表示にしています。しかし、悪意を持つファイルを見分けるためにはこれらは常に表示することをおすすめします。

1 リボンを常に表示する

Hint　リボンのコマンドが見つからない？

ウィンドウサイズによってリボンに表示される項目は変化します。エクスプローラーの「表示」を例にすると「グループ化」や「項目チェックボックス」といった使用頻度の低い項目が隠れます。

ウィンドウサイズを縮めた状態

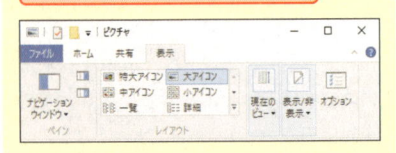

ウィンドウサイズを広げた状態

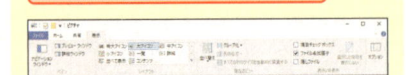

Hint　リボンに使えるショートカットキー

リボンの開閉は Ctrl キーを押しながら F1 キーを押すことで切り替えられます。最小化時にこのショートカットキーを押せば展開し、展開時に押せば最小化します。また、 Alt キーを押すと F （ファイル）、 H （ホーム）、 S （共有）、 V （表示）など各タブにキー名が表示されます。このキーを押すことで、クリックすることなく各種操作を行えます。たとえば「プレビューウィンドウ」は、 Alt キー→ V キー→ P キーの順に押すことで表示できます。

1 ▽ をクリックすると、

2 リボンが展開した状態になります。

∧ をクリックすると、リボンが最小化され非表示になります。

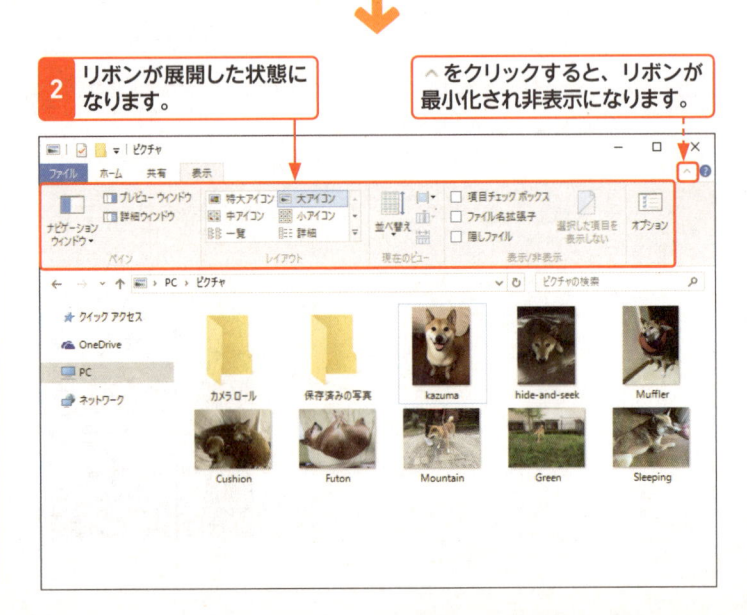

2 ファイルの拡張子を表示する

1 ∨ をクリックすると、

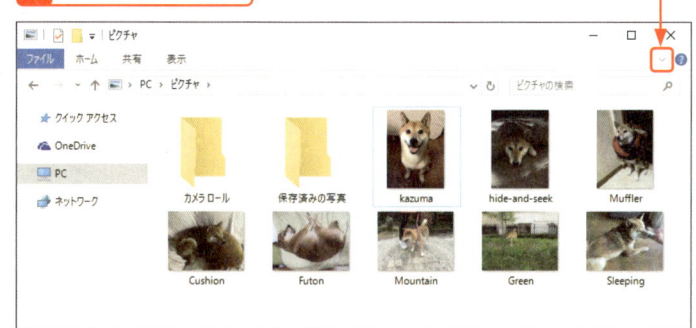

2 リボンが展開されるので、

3 <表示>タブをクリックし、

4 <ファイル名拡張子>をクリックして☑にすると、

5 拡張子が表示されます。

右のHint参照。

kazuma.jpg

Key word　拡張子とは？

「拡張子」とは、ファイルの種類を識別するため、ファイルの末尾に付けられた文字列を指します。Windowsでは慣例的に3文字の組み合わせが用いられますが、「.html」などの例が示すように絶対ではありません。

Memo　拡張子を表示させる理由は？

本来はアプリに関連付けられたファイルの拡張子を表示する理由はありません。しかし、インターネット上から入手したファイルの中には、ウイルスの実行ファイルをあたかも画像ファイルであるかのように偽装したものも存在します。そのため悪意を持った実行形式ファイルの存在を見分けるため、拡張子を表示させることを本書ではおすすめしています。

Hint　隠しファイルとは？

「隠しファイル」とは、通常は表示されないファイル／フォルダーを指します。隠しファイルは、ほかのユーザーに見つかりにくいという利点がありますが、セキュリティ的な防御はできません。また、ファイルを非表示にしてもストレージ領域を占有していることに注意してください。隠しファイルを表示するには<表示>タブをクリックし、<隠しファイル>をクリックして☑にすると、隠しファイルが表示されます。

リボン／隠しファイル／拡張子

Section
024

ファイルやフォルダーを
選択する

キ ー ワ ー ド ▶ ドラッグ／ショートカットキー

大量のファイルやフォルダーをエクスプローラーで選択するには、ちょっとしたコツが必要です。通常はドラッグ操作で選択しますが、離れた場所にあるファイルはクリックして選択を外すなど、多様な方法が用意されています。さらにショートカットキーを組み合わせて自由に選択することもできます。

1 ドラッグ操作でファイル／フォルダーを選択する

Hint すべてのファイル／
フォルダーを選択する

エクスプローラー内にあるすべてのファイル／フォルダーを選択する場合は、<ホーム>タブの<すべて選択>をクリックしても行えます。この操作は Ctrl キーを押しながら A キーを押しても代用できます。

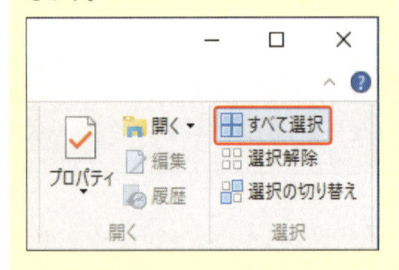

1 任意のファイル／フォルダーから、

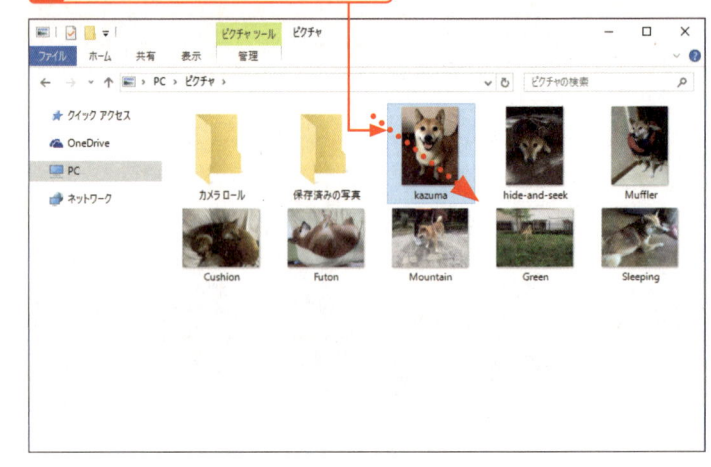

2 選択したいファイル／フォルダーまで、ドラッグします。

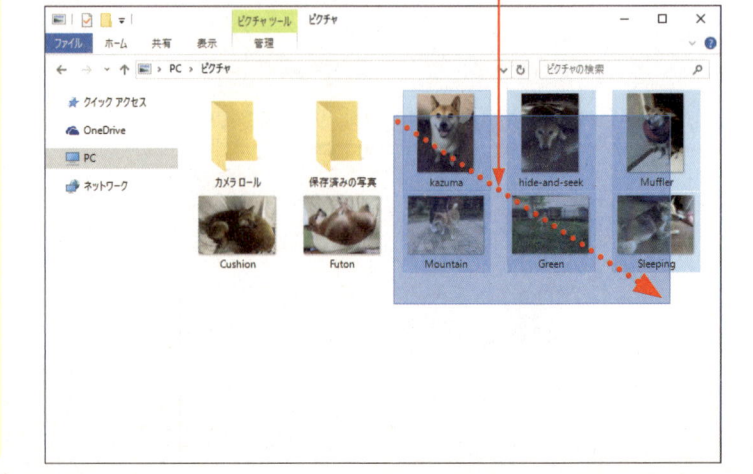

2 連続した範囲のファイル／フォルダーを選択する

1 先頭となるファイル／フォルダーをクリックし、

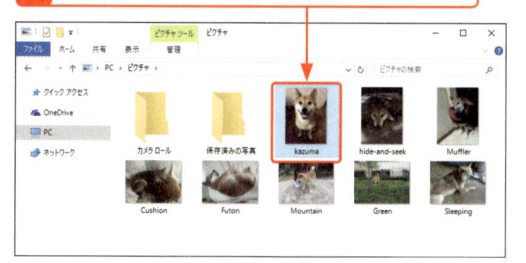

2 Shift キーを押しながら、最後の部分となる
ファイル／フォルダーをクリックすると、

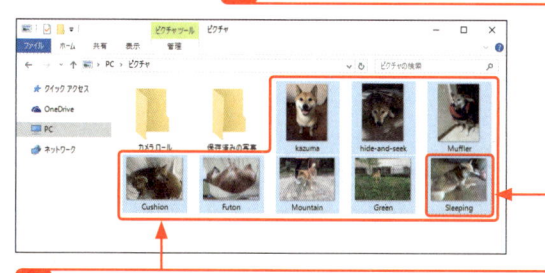

3 連続した範囲のファイル／フォルダーを選択できます。

Hint 項目のチェックボックス をオンにする

<表示>タブの<項目チェックボックス
>をクリックして☑にすると、アイコ
ンの先頭（もしくは左上）にチェックボッ
クスが表示されます。この状態で任意の
ファイル／フォルダーをクリックし、さ
らにほかのファイル／フォルダーをク
リックしても、最初に選択したファイル
／フォルダーの選択状態が保持されるた
め、操作を楽に進めることができます。

☑ 項目チェック ボックス	
☐ ファイル名拡張子	選択した項目を
☐ 隠しファイル	表示しない
表示/非表示	

3 離れた場所にある複数のファイルやフォルダーを選択する

1 1つ目のファイル／フォルダーをクリックし、

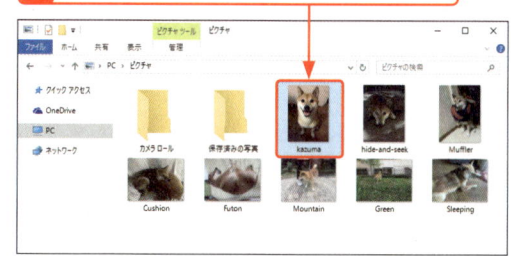

2 もう1つのファイル／フォルダーを Ctrl キーを
押しながらクリックします。

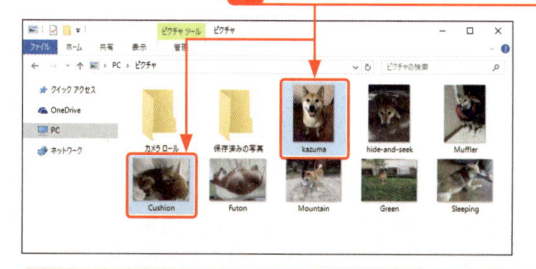

3 さらに選択する場合も Ctrl キーを押しながらクリックします。

Memo 選択を取り消す

左の操作を行った際に、余計なファイル
／フォルダーを選択した場合は Ctrl
キーを押しながら、対象となるファイル
／フォルダーをクリックしてください。
この操作によって、選択したファイル／
フォルダーだけ選択を取り消すことがで
きます。また、この操作は複数のファイ
ル／フォルダーに対して操作可能です。

Section 025 ファイルやフォルダーを複製する

キーワード ▶ コピー／貼り付け

ファイルやフォルダーの複製を別の場所に作成するには、「コピー」と「貼り付け」を利用します。この操作ではもとの場所にあるオリジナルのファイルやフォルダーは、そのまま残り削除されません。ここでは、ファイルやフォルダーの複製を作成する方法を解説します。

1 ファイルやフォルダーを複製する

Memo 複製を作成する

ファイルやフォルダーの複製では、オリジナルと完全に一致したファイルやフォルダーを作成できます。ここでは、ファイルの複製方法を紹介していますが、フォルダーも同じ手順で複製できます。複製を作成したフォルダー内には、もとのフォルダーと同じファイルが作成されます。なお、手順 **3** で<コピー>をクリックした時点では、まだ複製は作成されていません。次ページの手順 **6** までの操作を行うことで、複製が作成されます。

Touch チェックボックスを表示する

タッチ操作に対応したパソコンまたはディスプレイの場合、<表示>タブの<項目チェックボックス>を☑にすると、ファイルやフォルダーをタップして選択したときに、チェックボックスが表示されます。

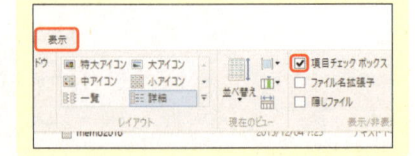

1 複製したいファイル（ここでは、「memo2016」）をクリックし、

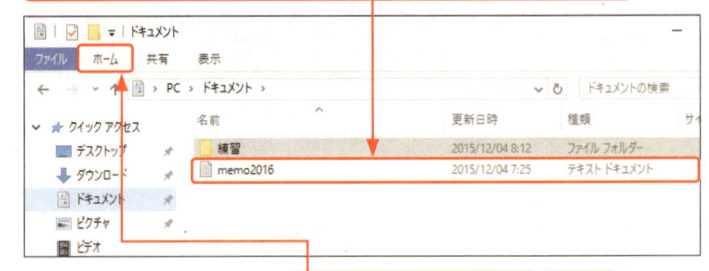

2 <ホーム>タブをクリックして、

3 <コピー>をクリックします。

4 複製を作成したいフォルダー（ここでは、「練習」）をダブルクリックして開きます。

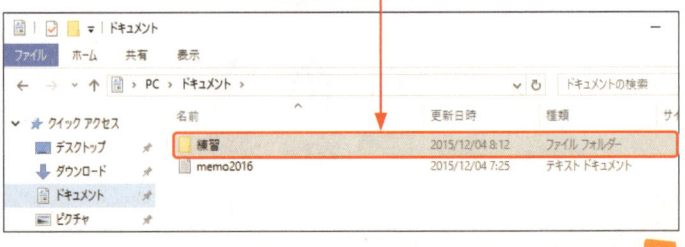

5 ＜ホーム＞タブをクリックし、 **6** ＜貼り付け＞をクリックします。

7 ファイルの複製が作成されました。

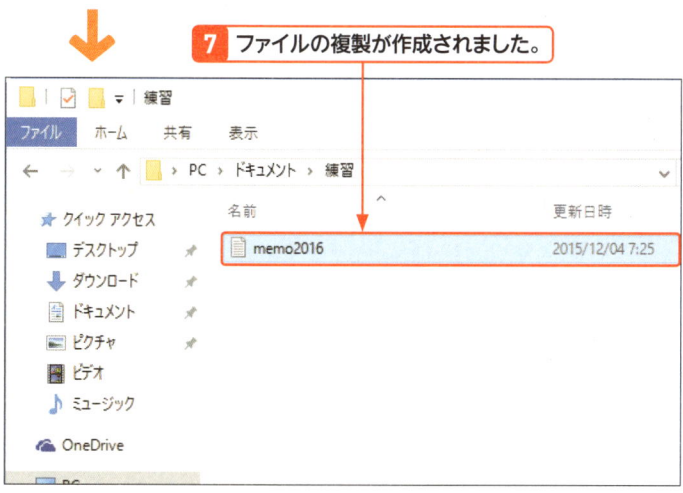

Memo キーボードショートカットを利用する

キーボードショートカットを利用して、ファイルやフォルダーを複製するには、複製したいファイルやフォルダーをクリックして選択し、Ctrl キーを押しながら C キーを押します。続いて、Ctrl キーを押しながら V キーを押すと、貼り付けされます。これで選択したファイルやフォルダーの複製が作成されます。

- Ctrl ＋ C キーを押す
  内容が複製されます。
- Ctrl ＋ X キーを押す
  内容が切り取られます。
- Ctrl ＋ V キーを押す
  内容が貼り付けられます。

Hint ドラッグで複製する

Ctrl キーを押しながら、ファイルやフォルダーをドラッグし、移動したいフォルダー上で指を離すと複製できます。

Memo そのほかの方法

ファイルやフォルダーの複製は、手順 **1** の画面で＜コピー先＞をクリックして、貼り付け先のフォルダーを選択することでも行えます。＜コピー先＞をクリックすると、貼り付け先フォルダーを選択するためのメニューが表示されるので、貼り付け先のフォルダーを選択します。

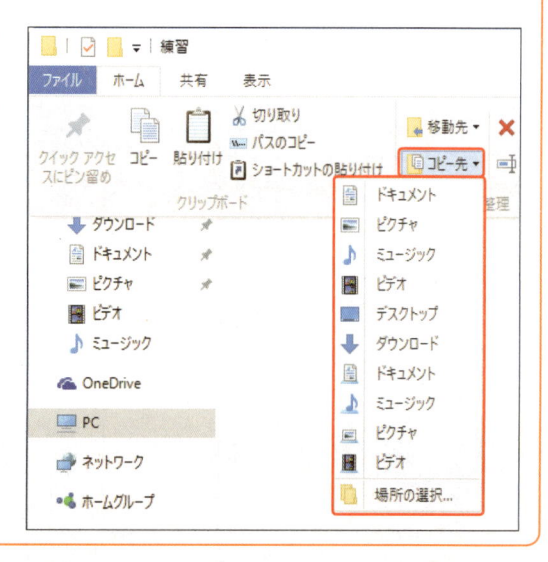

Section

026

ファイルやフォルダーを移動する

キーワード ▶ 移動

ファイルやフォルダーを現在ある場所から別の場所に移すことを「移動」と呼びます。この操作を行うとファイルやフォルダーは移動前の場所から削除されます。ここでは、ファイルやフォルダーの移動方法について解説します。

1 ファイルやフォルダーを移動する

Memo ファイルやフォルダーの移動について

ファイルやフォルダーは、同一ドライブ内でドラッグ操作を行うと「移動」になり、別ドライブにドラッグ操作を行うと「複製」になります。右の手順では、同じドライブ内にあるフォルダーに対してドラッグ操作を行っているのでファイルが移動します。USBメモリーや光学ドライブ、USB接続の外付けドライブなどにドラッグ操作を行うと複製になるので注意してください。なお、ここではファイルの移動方法を解説していますが、フォルダーも同じ手順で移動することができます。

Hint そのほかの移動方法について

移動したいファイルやフォルダーをクリックして選択し、＜移動先＞をクリックすることでも行えます。＜移動先＞をクリックすると、移動先フォルダーを選択するためのメニューが表示されるので、移動先のフォルダーを選択します。

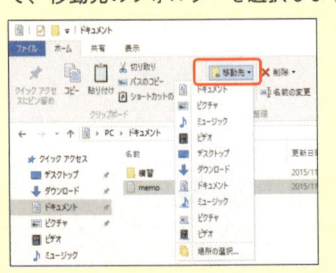

1 ファイルをドラッグし、移動したいフォルダーに重ねると、

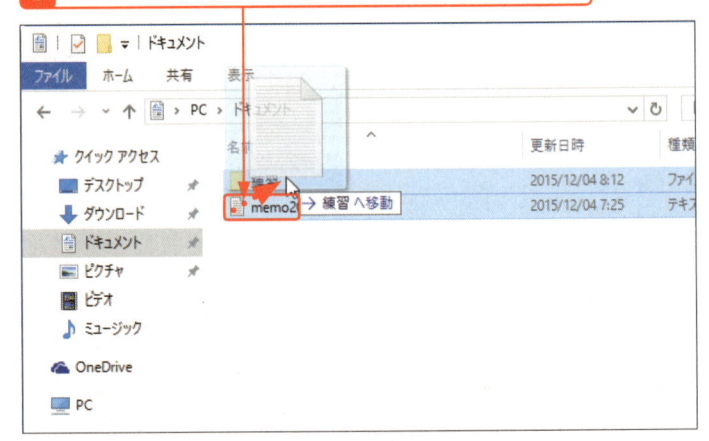

2 ＜フォルダー名（ここでは「練習」）へ移動＞と表示されるので、マウスボタンから指を離します。

3 ファイルがフォルダーの中に移動します。

4 ファイルを移動したフォルダーをダブルクリックすると、

5 フォルダーが開きます。

6 ファイルが移動したことが確認できます。

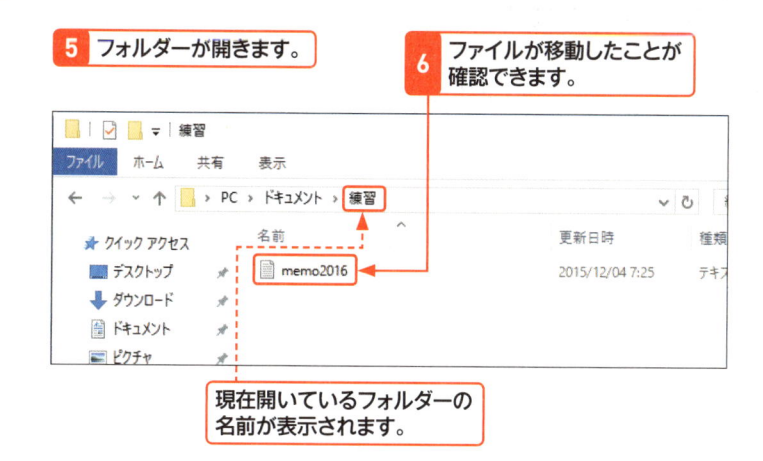

現在開いているフォルダーの名前が表示されます。

Hint 移動の取り消し

間違ったフォルダーにファイルを移動した場合は、Ctrl キーを押しながら Z キーを押します。移動前の状態に戻ります。

Memo ファイルやフォルダーのショートカットを作成するには

頻繁に利用するファイルやフォルダーのショートカットをデスクトップなどに配置しておくと、ショートカットをダブルクリックするだけで目的のファイルやフォルダーを開くことができます。ファイルやフォルダーのショートカットの作成は以下の手順で行います。

1 ショートカットを作成したいフォルダーやファイル（ここでは、「練習」フォルダー）をクリックし、

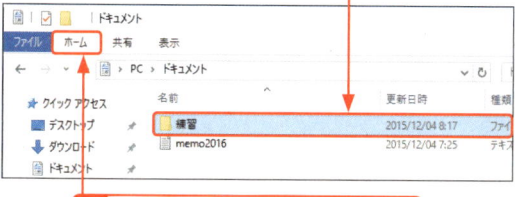

2 <ホーム>タブをクリックします。

3 <コピー>をクリックします。

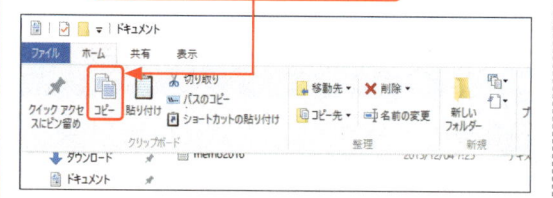

4 ショートカットを作成したいフォルダーなどの場所（ここでは、「デスクトップ」）を開き、

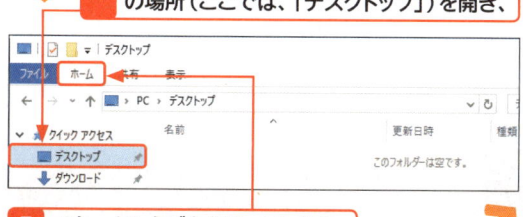

5 <ホーム>タブをクリックします。

6 <ショートカットの貼り付け>をクリックします。

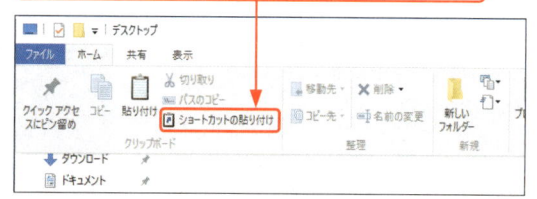

7 目的の場所にショートカットが作成されます。

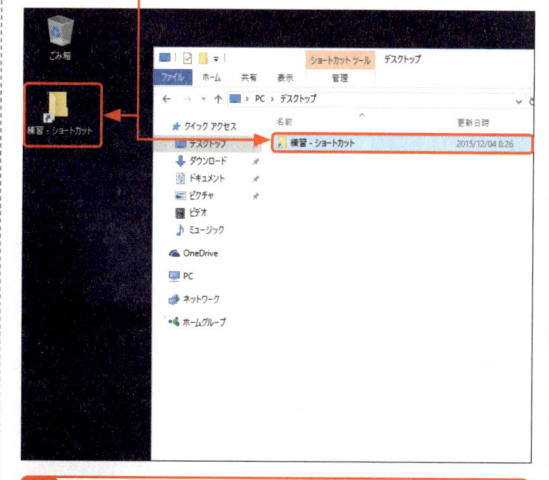

8 作成されたショートカット（ここでは、「練習-ショートカット」）をダブルクリックすると、

9 ファイルまたはフォルダーが開きます。

移動

Section 027 ファイルやフォルダーを削除する

キーワード ▶ ごみ箱

不要になったファイルやフォルダーは、ごみ箱に捨てて整理しましょう。ごみ箱に捨てただけでは実際には削除されないので、誤って捨ててしまった場合は、ごみ箱からもとに戻すことができます。ごみ箱を空にする操作を行うと、ファイルやフォルダーを完全に削除できます。

1 不要なファイルをごみ箱に捨てる

Memo ファイルやフォルダーの削除方法について

ファイルやフォルダーの削除を行うときは、ごみ箱にファイルやフォルダーを移動させます。ただし、ごみ箱にファイルやフォルダーを移動させただけでは、ごみ箱というフォルダーに削除したいファイルやフォルダーが移動しただけです。ごみ箱から取り出せば、もとに戻せます（P.98参照）。

Hint ごみ箱の形

ごみ箱にファイルやフォルダーを移動すると、中身の入った絵に変わります。

空の状態

中身が入っている状態

Memo キーボード操作で削除する

ファイルを選択して、Delete キーを押すことでもファイルやフォルダーを削除できます。

ドラッグ＆ドロップ操作でごみ箱に捨てる

1 エクスプローラーを開きます。

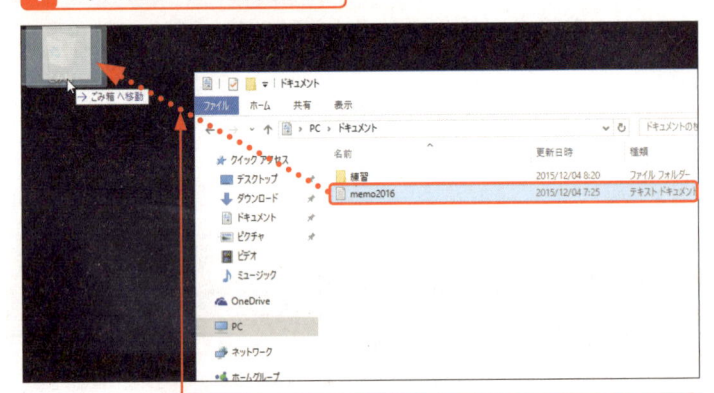

2 削除したいファイルやフォルダー（ここでは、「memo 2016」）をごみ箱にドラッグ＆ドロップします。

3 選択したファイルやフォルダーがごみ箱に移動します。

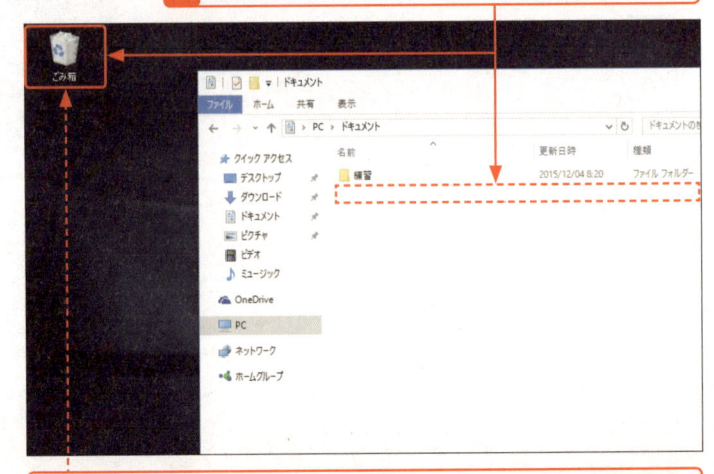

ファイルやフォルダーをごみ箱に移動すると、アイコンの絵が変わります。

エクスプローラーからごみ箱に捨てる

1	エクスプローラーを起動し、	2	削除したいファイルやフォルダー（ここでは、<memo2016>）をクリックします。

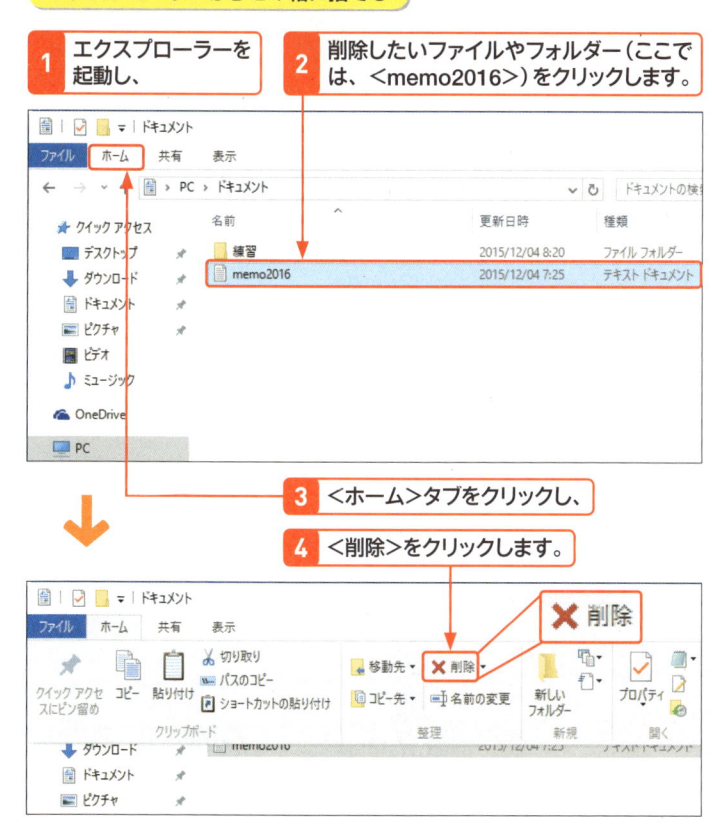

3 <ホーム>タブをクリックし、

4 <削除>をクリックします。

5 選択したファイルやフォルダーがごみ箱に移動します。

右クリックメニューから削除する

1	エクスプローラーを起動し、	2	削除したいファイルやフォルダーを右クリックして、

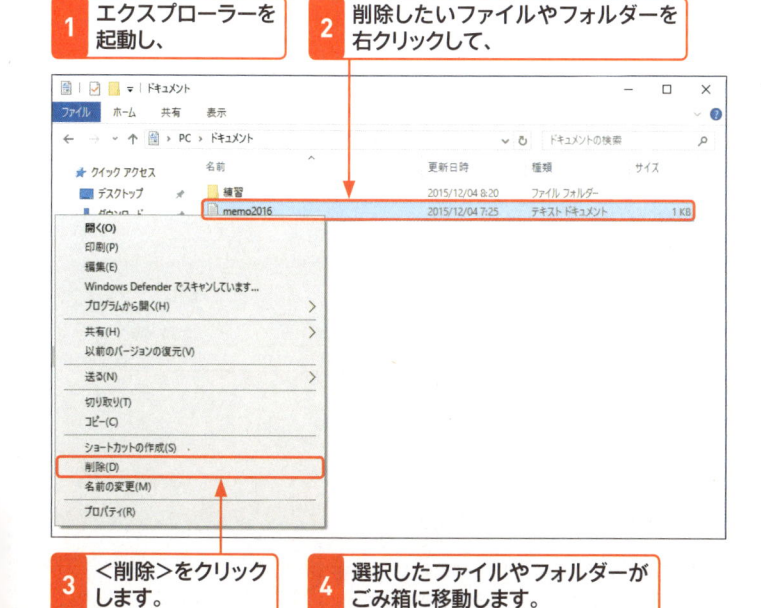

3	<削除>をクリックします。	4	選択したファイルやフォルダーがごみ箱に移動します。

Hint　ごみ箱の最大サイズを変更する

ごみ箱に一定以上の容量のファイルを捨てる（移動させる）と、ごみ箱というフォルダーにファイルを移動するのではなく、完全削除が実行されます。完全削除が実行される容量を変更したいときは、ごみ箱を右クリックし、<プロパティ>をクリックして、最大サイズの変更を行います。最大サイズを小さくすると、完全削除が実行されるファイルの最大容量が小さくなり、大きくすると完全削除が実行されにくくなります。

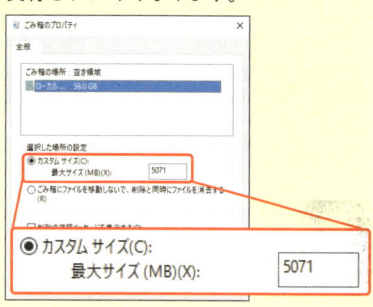

Hint　完全削除を行う

「エクスプローラーからごみ箱に捨てる」の手順 4 の画面で ▼ をクリックし、<完全に削除>をクリックすると、ごみ箱を経由することなく、ファイルやフォルダーを完全に削除できます。

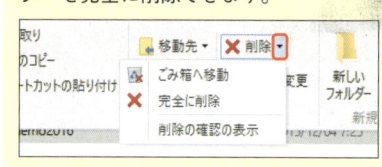

Memo　ごみ箱を開く

<ごみ箱>をダブルクリックすると中身が表示され、ファイルなどを確認することができますが、そのファイルをダブルクリックするなどしても内容までは表示されません。内容を表示したい場合は、次ページを参考に、ごみ箱の外へファイルやフォルダーを取り出す必要があります。ごみ箱の外に出すとそのファイルやフォルダーは、もとの状態に戻ります。

第1章	Windows 10 をはじめよう
第2章	Windows 10 の基本操作
第3章	ファイルと フォルダー
第4章	インター ネット
第5章	Outlook. com
第6章	「メール」 アプリ
第7章	アプリの 利用
第8章	データの 活用
第9章	音楽／写真 ／ビデオ
第10章	タブレット モード
第11章	文字入力 の基本
第12章	<スタート> メニュー
第13章	デスクトップ
第14章	ネットワーク
第15章	管理／ セキュリティ
第16章	周辺機器 の利用
第17章	トラブル 対策
第18章	インストール と初期設定
付録	

2 ごみ箱に捨てたフォルダーやファイルをもとに戻す

Memo ごみ箱からファイルやフォルダーを取り出す

ごみ箱にあるファイルやフォルダーは、右の手順で取り出して、もとの場所に戻すことができます。また、ごみ箱の中から別の場所へドラッグ＆ドロップすると、任意の場所にファイルやフォルダーを取り出せます。なお、一定以上の容量のファイルは、ごみ箱に移動することなく削除されてしまいます。ごみ箱に移動させたファイルが、必ずもとに戻せるわけではありません。

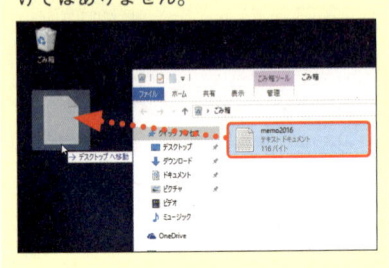

1 ごみ箱をダブルクリックすると、

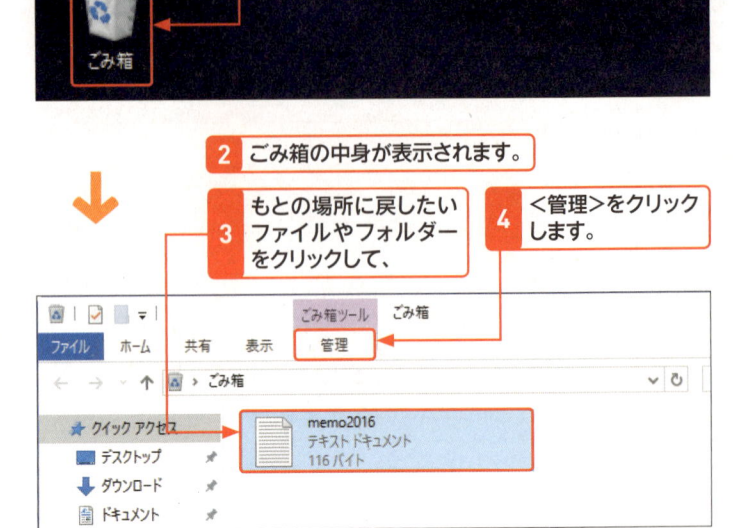

2 ごみ箱の中身が表示されます。

3 もとの場所に戻したいファイルやフォルダーをクリックして、

4 <管理>をクリックします。

5 <選択した項目を元に戻す>をクリックします。

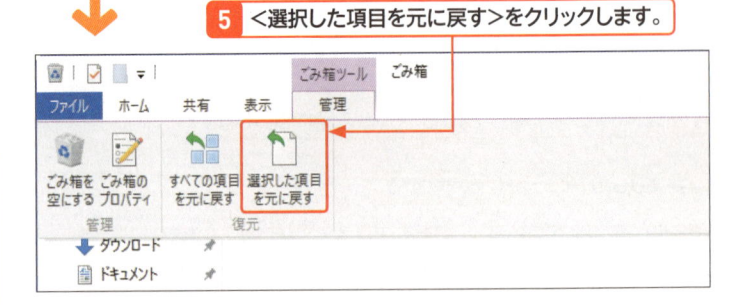

6 選択したファイルやフォルダーがあったフォルダーを開くと、

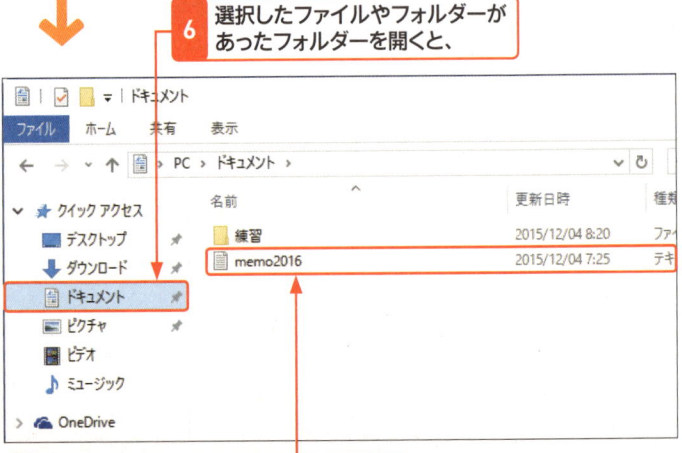

Hint すべての項目をもとに戻す

ごみ箱内にあるすべてのファイルやフォルダーをもとに戻したいときは、手順 **5** の画面で<すべての項目を元に戻す>をクリックします。

7 ごみ箱からファイルやフォルダーがもとに戻されていることが確認できます。

3 ごみ箱を空にして完全に削除する

1 ごみ箱を右クリックし、

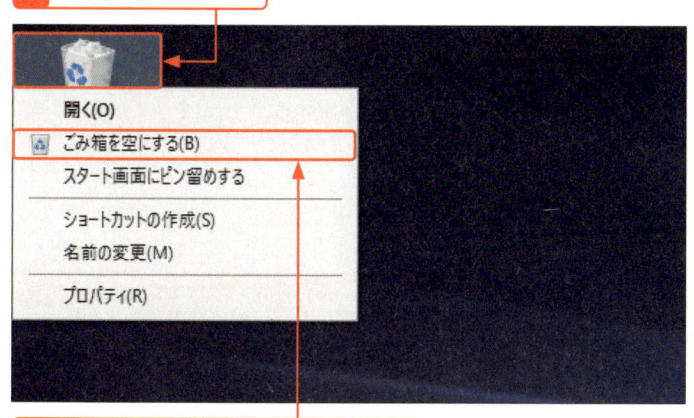

開く(O)
ごみ箱を空にする(B)
スタート画面にピン留めする

ショートカットの作成(S)
名前の変更(M)

プロパティ(R)

2 <ごみ箱を空にする>をクリックします。

3 <はい>をクリックすると、

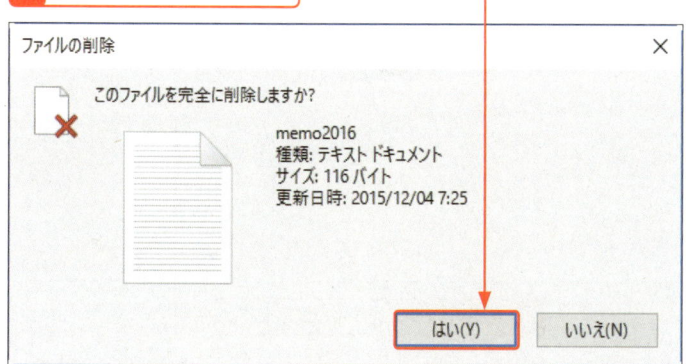

ファイルの削除 ✕

このファイルを完全に削除しますか?

memo2016
種類: テキスト ドキュメント
サイズ: 116 バイト
更新日時: 2015/12/04 7:25

はい(Y)　いいえ(N)

4 ごみ箱内のファイルやフォルダーが完全削除され、
ごみ箱の表示が変わります。

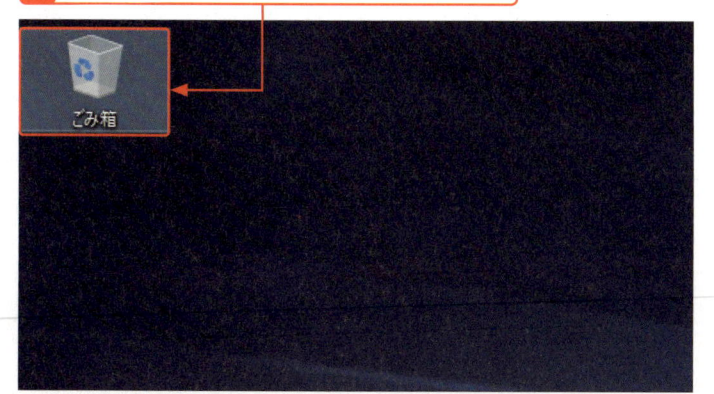

ごみ箱

📝 **Memo** ごみ箱を空にする

ごみ箱を空にすると、ごみ箱内にある
ファイルやフォルダーがすべて完全削除
され、もとに戻すことができなくなりま
す。ごみ箱内のファイルやフォルダーは、
左の手順で完全削除できます。

💡 **Hint** そのほかの削除方法

ごみ箱内のファイルやフォルダーの完全
削除は、ごみ箱をダブルクリックして開
き、<ごみ箱を空にする>をクリックす
ることでも行えます。

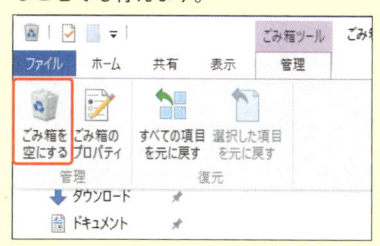

💡 **Hint** ごみ箱へ移動と同時に
完全削除を実行する

ごみ箱へファイルやフォルダーを移動さ
せると同時に完全削除を実行したいとき
は、ごみ箱を右クリックし、<プロパティ
>をクリックします。続けて<ごみ箱に
ファイルを移動しないで、削除と同時に
ファイルを消去する>をクリックして
◉ にします。

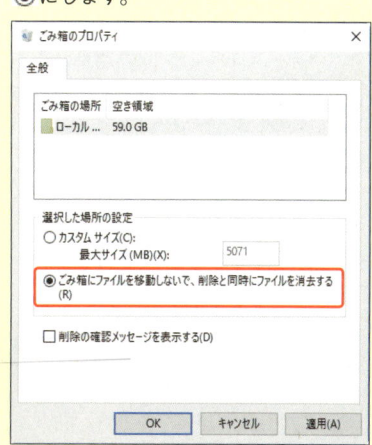

Section 028 エクスプローラーでファイルを検索する

キーワード ▶ 検索

目的のファイルが見つからない場合は、検索を利用しましょう。エクスプローラーの検索ボックスを利用すると、特定のフォルダー内を対象に検索を行ったり、更新日や分類、ファイルサイズなど詳細な条件を指定したりしてファイルの検索を行えます。ファイル内の文字も検索できるので便利です。

1 特定のフォルダー内を検索する

Memo エクスプローラーの検索対象について

エクスプローラーの検索ボックスから検索を行うときは、そのときに開いているフォルダー内が対象になります。右の例では、「ドキュメント」を開いているので、「ドキュメント」内を対象にファイルやフォルダー、ファイル内の文字検索が実行されています。

Hint 複数条件で検索を行う

エクスプローラーの検索ボックスから検索を行うときは、インターネットの検索で利用されている「AND」や「OR」といった検索記号を組み合わせて検索キーワードを指定できます。AND検索は、キーワードを「AND」の文字列で区切って入力し、入力したキーワードのすべてを含むファイルを検索できます。OR検索は、キーワードを「OR」の文字列で区切って入力し、入力したキーワードの1つ以上を含むファイルを検索できます。

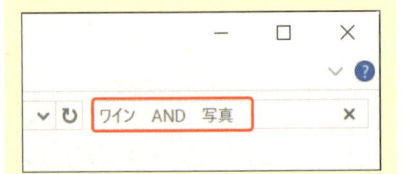

1 エクスプローラーで検索したいフォルダーを開き（ここでは「ドキュメント」フォルダー）、

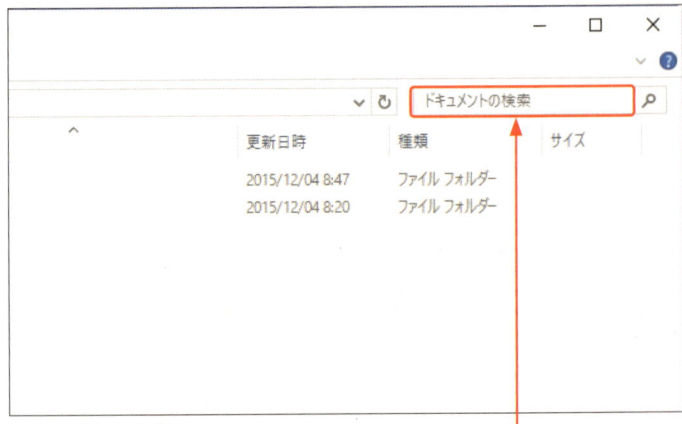

2 検索ボックスをクリックします。

3 検索キーワード（ここでは「ワイン」）を入力すると、

4 検索結果が表示されます。

 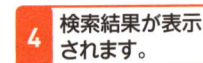

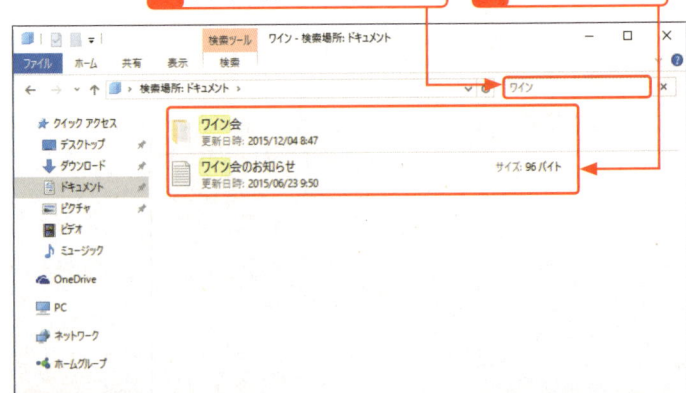

5 検索結果をダブルクリックすると、

6 ファイルの内容が表示されます。

2　すべての場所を対象に検索を行う

1 エクスプローラーを起動し、　**2** 検索ボックスをクリックします。

3 ＜検索＞タブをクリックし、

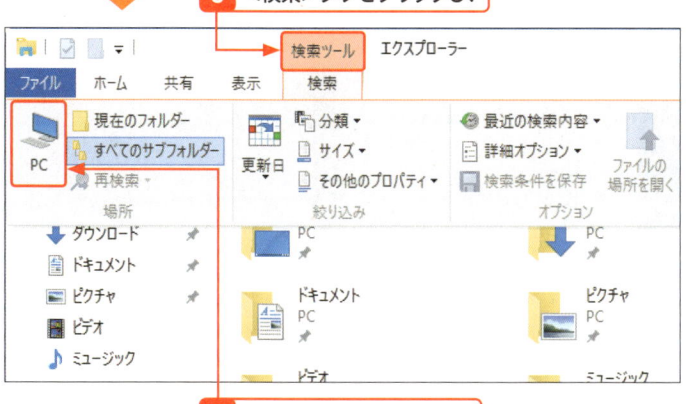

4 ＜PC＞をクリックします。

5 検索ボックスに検索キーワード（ここでは「ワイン」）を入力すると、

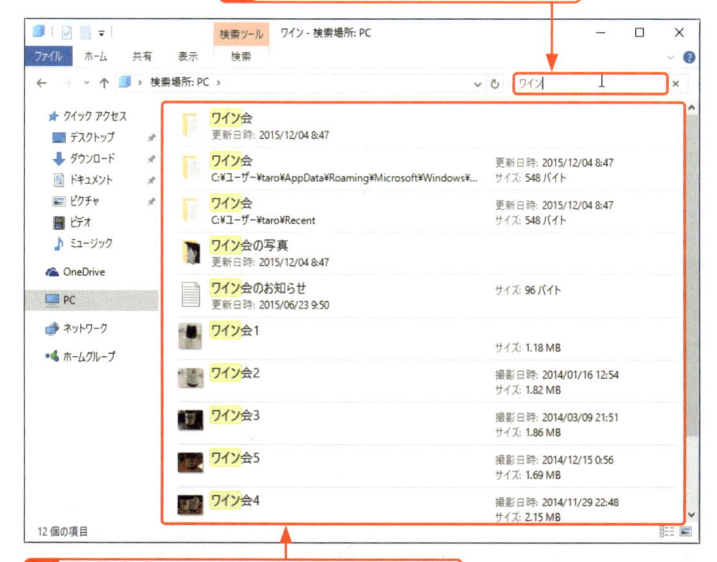

6 パソコン内のすべての場所を対象に検索が実行され、結果が表示されます。

Memo　すべての場所を対象に検索する

特定のフォルダー内を検索しても目的のファイルが見つからなかったときは、検索対象をすべての場所に変更して再検索を行います。すべての場所を対象に最初から検索を行うときは、左の手順で行います。

Hint　すべての場所を対象に再検索する

特定のフォルダーを検索したあとに、検索対象をすべての場所に広げたいときは、前ページの手順 **4** の画面で＜PC＞をクリックすると、すべての場所を対象に再検索が実行されます。

検索

Hint　検索ツールを利用する

＜検索＞タブでは、更新日や分類、ファイルサイズなど詳細な条件でファイルの絞り込みができます。数多くの検索結果が表示される場合など、目的のファイルが見つからないときは、＜検索＞タブを利用して絞り込みを行ってみましょう。

Section

029

Cortanaで検索を行う

キーワード ▶ Cortana

Windows 10には音声パーソナルアシスタントの「Cortana（コルタナ）」という機能が用意されています。Web検索や天気予報、スケジュール管理やリマインダーの設定が行えますが、ここではCortanaを使ってファイルの検索を実行します。なお、Cortanaの使用には高品質なマイクが必要です。

1 Cortana をセットアップする

Hint インターネットへの接続が必要

Cortanaは取り込んだ音声をインターネット上のサーバーで処理するため、使用するにはインターネットへの接続が必要となります。非接続時はローカル検索にしか使用できません。

Hint Cortanaでできること

執筆時点ではカレンダーの追加や変更、リマインダーの設定など、アラームの設定、音楽の再生、株価の確認、電卓や単位変換が確認されています。また、「冗談をいって」と話しかけると、いくつかの返答が返って来ます。これらの情報は、? <ヒントカード>で確認できます。

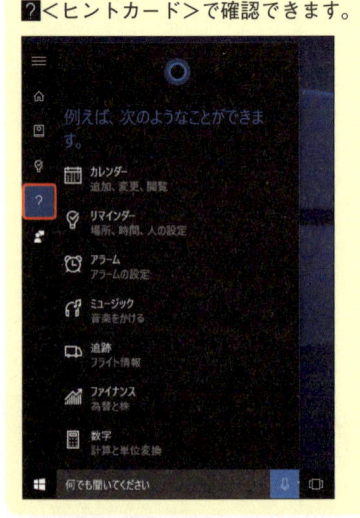

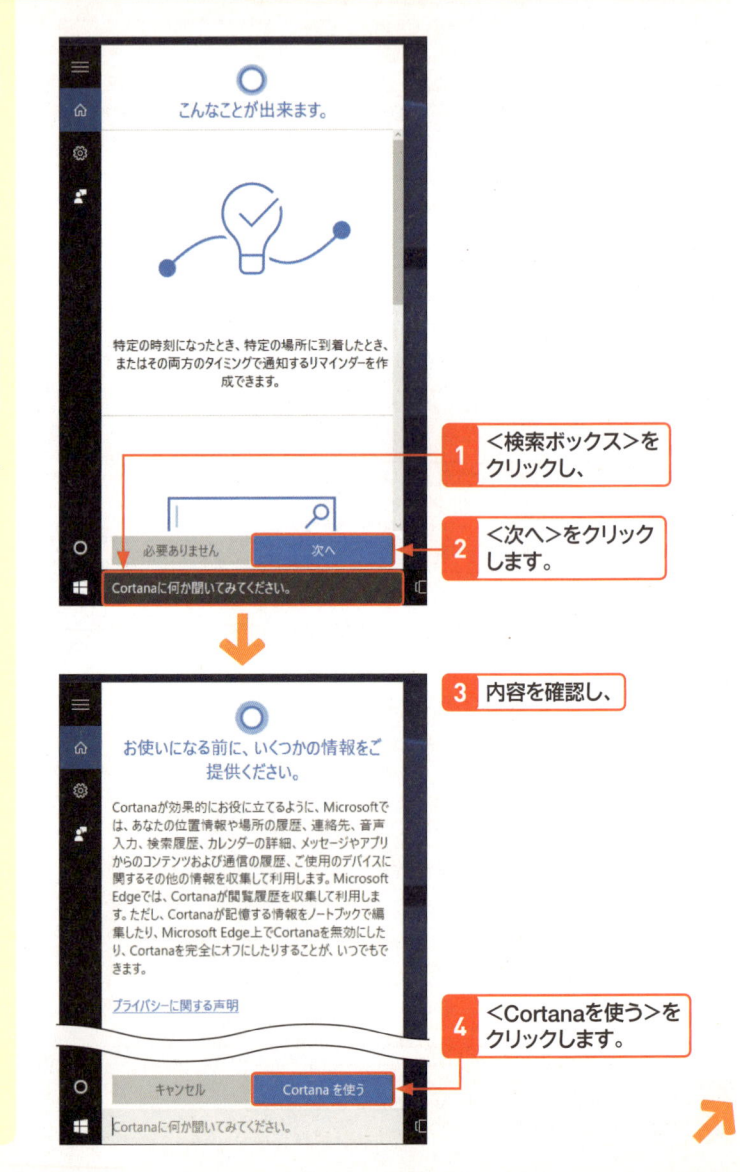

1 <検索ボックス>をクリックし、

2 <次へ>をクリックします。

3 内容を確認し、

4 <Cortanaを使う>をクリックします。

5 Cortanaが使用可能になりました。

ここをクリックすると、音声を入力できます。

Memo Cortanaの検索結果がおかしい?

Cortanaは機械学習と呼ばれる自己成長型のソフトウェアのため、多くのユーザーが使えば使うほど賢くなります。日本語版が登場したのは2015年11月上旬のため、まだまだ便利とはいい切れませんが、マイクロソフトは機能向上や新機能の追加を順次行っていくと説明しています。

2 Cortanaでファイル検索を行う

1 🎤<マイク>をクリックし、

2 「最近の写真のファイルを探して」と話しかけます。

3 保存済みの画像ファイルが表示されました。

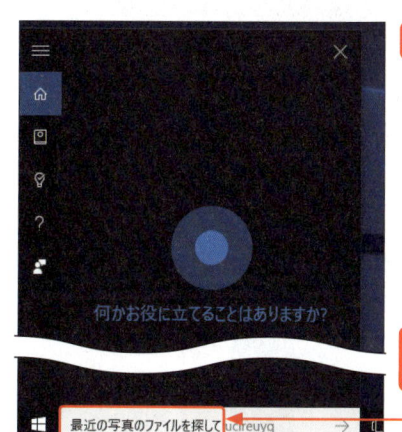

Hint 「Cortanaさん」と呼び掛ける

セットアップ完了後はマイクなどに向かって「Cortanaさん」と話しかければ、🎤<マイク>をクリックしなくても反応させることが可能です。📓<ノートブック>→<設定>の順にクリックし、<コルタナさん>のスイッチをクリックして ⬤ に切り替えてください。

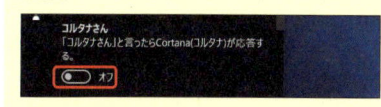

Memo 音声認識がうまくいかない

パソコン環境によってはマイクの音声認識が正しく行われない場合があります。その場合は画面に従ってマイクに話しかけてみましょう。正しく認識されない場合はパソコンを購入したショップやメーカーに問い合わせてください。

Section 030 検索ボックスから ファイルを探す

キーワード ▶ 検索ボックス

Windows 10はタスクバーにある検索ボックスからアプリやファイルを探すスタイルを推奨しています。バックグラウンドで作成したインデックス情報をもとにファイルの中身も検索できます。沢山のファイルから目的のファイルなどを見つける際に役立ちます。

1 検索ボックスにキーワードを入力する

Memo 音声によるファイル検索も今後に期待

音声アシスタントシステムである「Cortana（コルタナ）」で日付を指定してのファイル検索も可能ですが、執筆時点ではまだ機能が十分とはいえません。

1 ＜検索ボックス＞をクリックし、

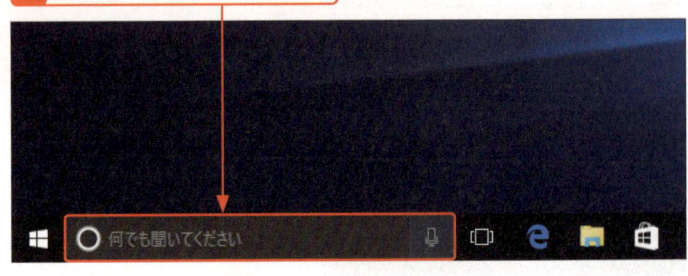

2 検索キーワードを入力して（ここでは「Windows」）、

3 ＜自分のコンテンツ＞をクリックします。

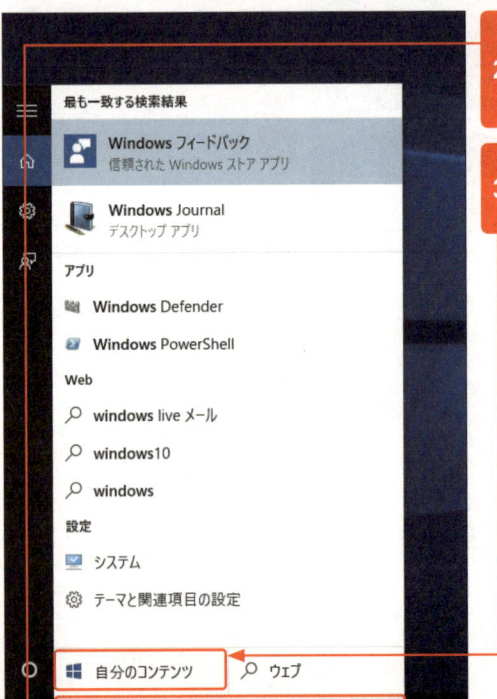

Memo 「自分のコンテンツ」とは

Windows 10の検索はアプリや設定、Webコンテンツなど多くの情報を同一に検索します。そのためユーザーファイル（自身が作成したファイルや取り込んだファイル）などは「自分のコンテンツ」というカテゴリに分けられています。

4 <表示>の<すべて>を
クリックし、

5 <ドキュメント>を
クリックすると、

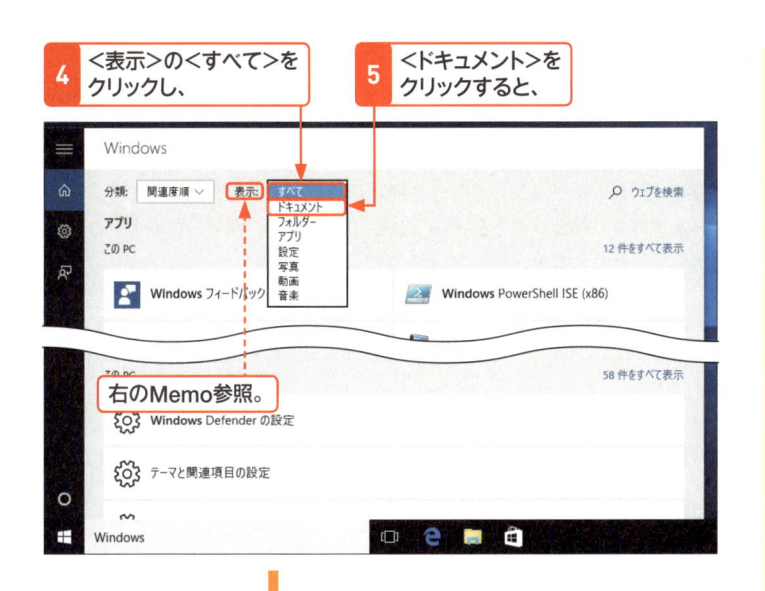

右のMemo参照。

Memo ジャンルは選択できる

「表示」では<ドキュメント><フォルダー><アプリ><設定><写真><動画><音楽>と7種類のジャンルから検索結果を絞り込むことができます。また、<○件をすべて表示>をクリックすることで、ジャンルを絞り込むこともできます。

右のHint参照。

6 絞り込みが行わ
れ、検索結果が
表示されます。

7 クリックすると、
ファイルが表示
されます。

Hint 最新のファイルを探す

最新のファイルを探したい場合は、「分類」の<関連度順>をクリックし、表示されるメニューから<最新>をクリックすると、直近で作成したファイルが上位に表示されます。

検索ボックス

2 ファイル名で検索する

1 検索ボックスに
ファイル名を入
力すると、

2 目的のファイル
が表示されま
す。

3 クリックすると、
ファイルが表示
されます。

Hint ファイルを
直接探す場合

あらかじめファイル名を覚えている場合は、検索ボックスにファイル名を入力して検索しましょう。ユニークなファイル名であれば、ほかの検索結果に邪魔されずに、かんたんに探し出せます。

第1章
Windows 10
をはじめよう

第2章
Windows 10
の基本操作

第3章
ファイルと
フォルダー

第4章
インター
ネット

第5章
Outlook.
com

第6章
「メール」
アプリ

第7章
アプリの
利用

第8章
データの
活用

第9章
音楽/写真
/ビデオ

第10章
タブレット
モード

第11章
文字入力
の基本

第12章
<スタート>
メニュー

第13章
デスクトップ

第14章
ネットワーク

第15章
管理/
セキュリティ

第16章
周辺機器
の利用

第17章
トラブル
対策

第18章
インストール
と初期設定

付録

Memo フォルダーオプションのダイアログボックスを表示する

エクスプローラーの動作は主に「フォルダーオプション」ダイアログボックスで設定することができます。たとえばクイックアクセスの表示／非表示の切り替えは<全般>、さらにリボンから行う各種表示設定は<表示>で行えます。ただし、<表示>に含まれる検索ボックス関係の設定項目や<検索>の各設定項目は、エクスプローラーの検索ボックスに対して行われ、タスクバーの検索ボックスに対しては行われません。

1 エクスプローラーを起動し、

2 <表示>タブをクリックして、

3 <オプション>をクリックします。

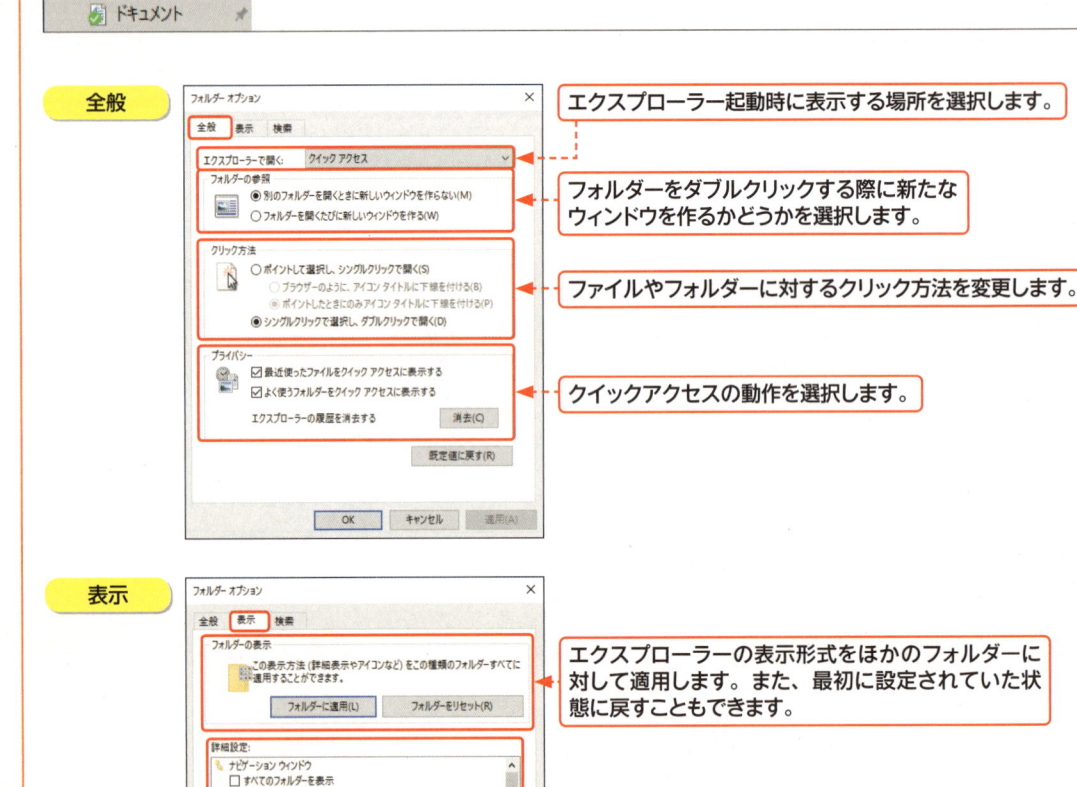

全般

エクスプローラー起動時に表示する場所を選択します。

フォルダーをダブルクリックする際に新たなウィンドウを作るかどうかを選択します。

ファイルやフォルダーに対するクリック方法を変更します。

クイックアクセスの動作を選択します。

表示

エクスプローラーの表示形式をほかのフォルダーに対して適用します。また、最初に設定されていた状態に戻すこともできます。

エクスプローラーの各種表示方法を設定できます。

第4章

インターネットの利用

Section

031

インターネットとは

キーワード ▶ インターネット

仕事や日常生活において、さまざまなシーンで活用されているのがインターネットです。インターネットを介することで、さまざまなサービスを利用することができます。ここではインターネットの概要と、Webページの閲覧に必要なWebブラウザーについて解説します。

1 インターネットの概要

インターネットとは

インターネットは、世界中のコンピューターまたはコンピューターネットワークを相互に接続している通信網です。パソコンをインターネットに接続すると、世界で発信されているさまざまな情報を検索/閲覧したり、電子メールやショートメッセージなどで世界中の人々とコミュニケーションを取ったり、映像や音楽などを楽しむなど、さまざまなサービスを利用できます。

2 Webページを閲覧する

Webページとは、インターネットで公開されている文書のことです。インターネットのWebページを閲覧するには、Webブラウザーというアプリが必要です。Windows 10には標準で「Microsoft Edge（エッジ）」と「Internet Explorer（IE）」の2種類のWebブラウザーが搭載されており、無料で公開されている他社製のWebブラウザーをインストールして利用することもできます。ここでは、Windows 10で利用できる代表的なWebブラウザーを紹介します。

Microsoft Edge

Windows 10に標準搭載されているMicrosoftが新規開発したWebブラウザーです。従来のマウス操作だけでなく、タッチ操作でも使いやすいように設計されており、軽快な動作も特徴です。

Internet Explorer 11

Microsoft Edge同様にWindows 10に標準搭載されているWebブラウザーです。Internet Explorerに最適化されたWebページを閲覧するために用意されています。

Google Chrome

Googleが開発、無償配布しているWebブラウザーです。軽快な動作が特徴で、利用ユーザーも年々増加しています。「https://www.google.co.jp/chrome/」から入手します。

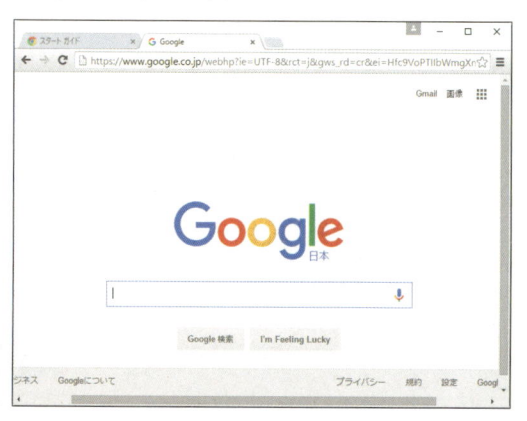

Mozilla FireFox

アドオンと呼ばれる追加プログラムによって、機能拡張を行えることで人気が高いWebブラウザーです。「http://www.mozilla.jp/firefox/」から入手します。

Section 032　インターネットを利用する

キーワード ▶ 有線LAN／Wi-Fi

インターネットを利用するには、通信事業者やプロバイダー（インターネット接続サービス会社）と契約を結ぶ必要があります。パソコンでインターネットを利用するには、ルーターとパソコンをケーブルを使って接続する方法と、ケーブルを使わない無線で接続する方法の2つがあります。

1　インターネット接続に利用する回線と機器

通信事業者やプロバイダーと契約を結ぶと、「光ファイバー（FTTH）」や「ケーブルテレビ」といったインターネット接続用の「固定回線」が利用できるようになります。この固定回線にルーターと呼ばれる機器を介してパソコンを接続します。ルーターとパソコンとの接続には、ケーブルを使って有線で接続する方法と、パソコンとルーターに搭載されている無線機能を使って接続する方法があります。
外出先などからのモバイル接続では、携帯電話網や公衆無線LAN、WiMAXと呼ばれる通信回線を利用してインターネット接続を行います。接続には、通信機器付属のWi-Fi機能やモバイルルーターなどの専用の機器を利用します。モバイル接続では、通信事業者がプロバイダー業務も兼ねているのが一般的です。

家庭内でのインターネットの利用

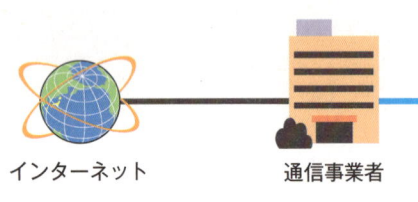

インターネット　　　　通信事業者

**光ファイバーやADSLなどの
固定回線を使って通信**

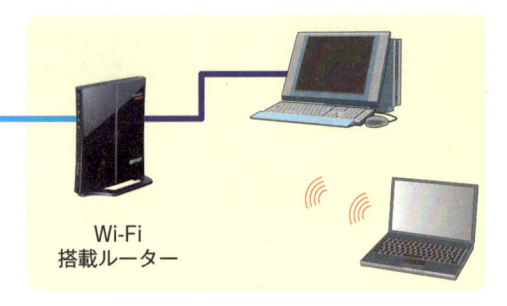

Wi-Fi
搭載ルーター

外出先でのインターネットの利用

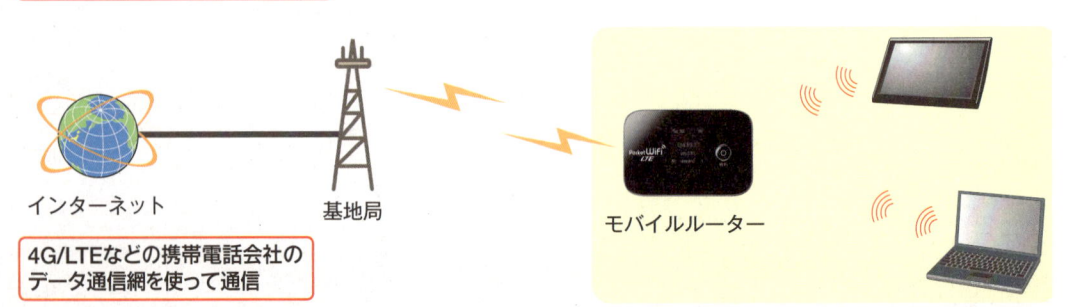

インターネット　　　　基地局　　　　　モバイルルーター

**4G/LTEなどの携帯電話会社の
データ通信網を使って通信**

2 有線LANで接続する

1 パソコンのLAN端子とルーターをLANケーブルで接続します。

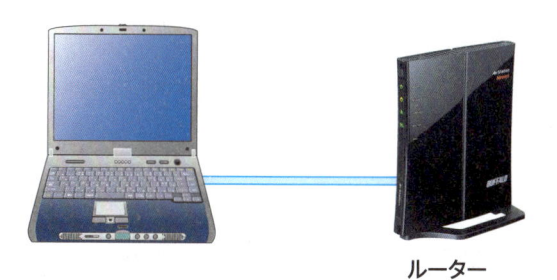

ルーター

2 初めて接続したときは、メッセージが表示されます。

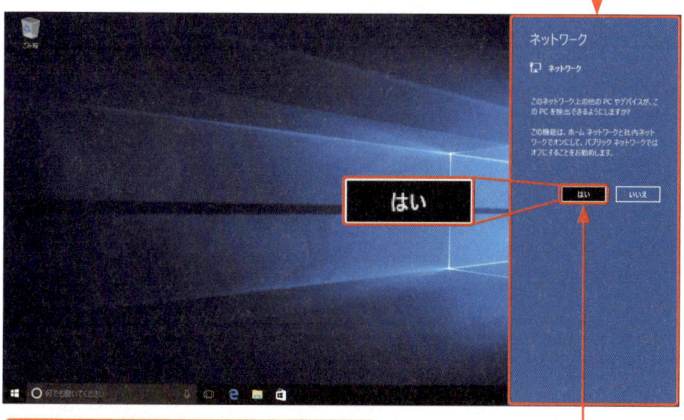

はい

3 ここでは＜はい＞をクリックします。

4 デスクトップに戻ります。

右下のMemo参照。

Memo　有線LANとWi-Fiの違い

有線LANではルーターとパソコンをケーブルで接続します。Wi-Fiはパソコンに搭載されている無線機能を用いて、同じく無線機能を持つルーターと接続するため、ケーブルを配置する手間がかかりません。インターネットを利用するためのパソコンとルーターの接続にはこの2つがあります。

Hint　LANケーブルを接続する端子とは？

ルーターには、LANケーブルを接続する端子が複数搭載されています。パソコンとの接続は、どの端子を利用してもかまいません。

Caution　ここで行っている設定は？

手順 **3** は、家庭内や社内ネットワークで利用するための設定です。ホテルなど公共の場所にあるネットワークでインターネットを利用するときは、＜いいえ＞をクリックします。

Memo　接続の確認は？

正常に接続できているかどうかは、通知領域にあるネットワークアイコンで確認できます。ネットワークアイコンに警告マークが表示されているときは、インターネット接続に問題があります。

 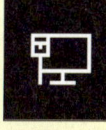 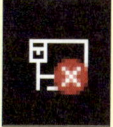

問題がある場合	問題がない場合	利用できない場合

第1章 Windows 10 をはじめよう
第2章 Windows 10 の基本操作
第3章 ファイルとフォルダー
第4章 インターネット
第5章 Outlook.com
第6章 [メール] アプリ
第7章 アプリの利用
第8章 データの活用
第9章 音楽/写真/ビデオ
第10章 タブレットモード
第11章 文字入力の基本
第12章 <スタート> メニュー
第13章 デスクトップ
第14章 ネットワーク
第15章 管理/セキュリティ
第16章 周辺機器の利用
第17章 トラブル対策
第18章 インストールと初期設定
付録

3 Wi-Fiに接続する

Key word Wi-Fiとは?

「Wi-Fi」とは、一定の限られたエリア内で無線を利用してデータのやり取りを行う通信網(ネットワーク)のことです。家庭内でWi-Fiを行うには、Wi-Fiに対応した(無線通信機能を持った)パソコン、同じくWi-Fiに対応したルーターが必要です。

Memo Wi-Fiアイコンの違い

Wi-Fiで接続しているときは、 が表示されます。接続されていないときは、 が表示されます。

Hint 接続先とは?

パソコンでインターネットを利用するには、ルーターとの接続が欠かせません。手順2の「接続先」は、SSID(ESS-ID)とも呼ばれるもので、このルーターの識別名を指します。自分が利用するルーターの識別名を選択することで、ルーターとの交信(接続)が可能になります。通常この識別名は、ルーター本体にシールで貼り付けられている場合が多いので、不明な場合は確認してみましょう。

Memo 優先されるネットワークがある

Wi-Fiと有線LANの両方が搭載されているパソコンでは、有線LANが優先されます。そのため、有線LANで接続している場合は、手順1のアイコンは、有線LANの が表示されます。Wi-Fiで接続する場合は、LANケーブルを抜いてから設定を行いましょう。

1 通知領域の をクリックします。

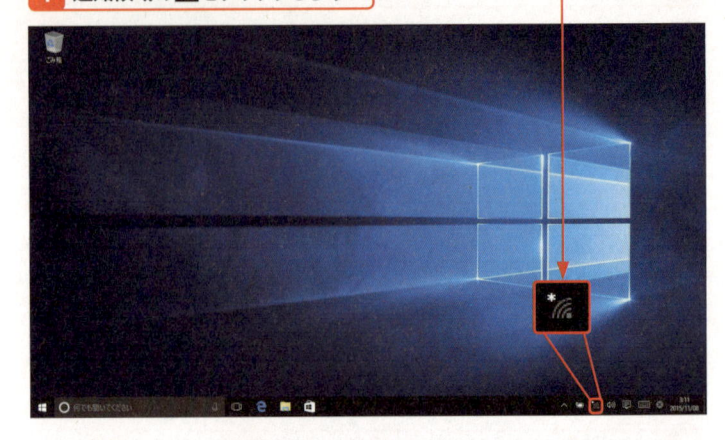

2 接続先(ここでは、<Taro_Home>)をクリックします。

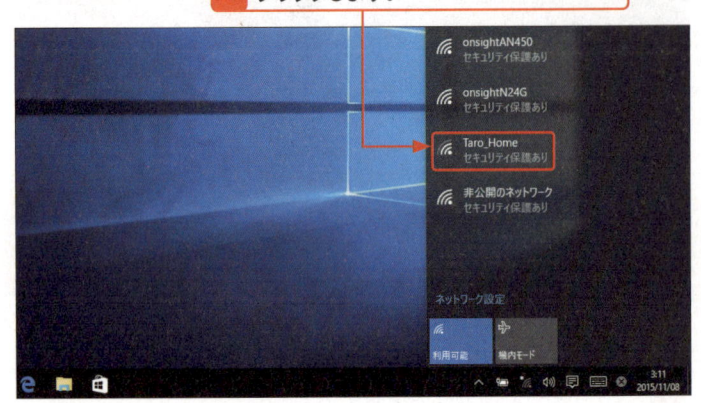

3 <接続>をクリックします。

4 ネットワークセキュリティキーを入力し、

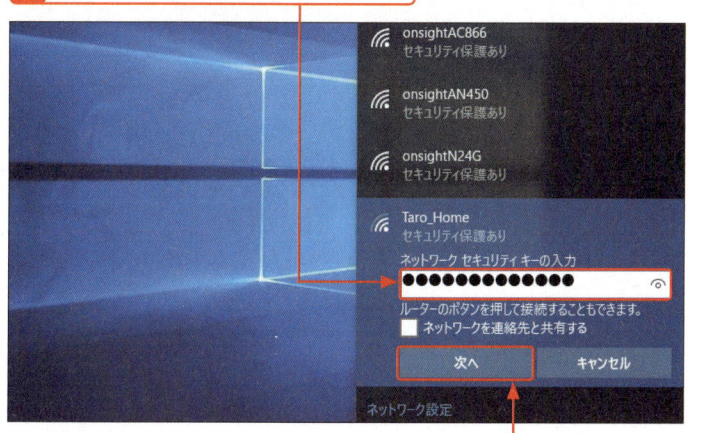

5 ＜次へ＞をクリックします。

6 このメッセージが表示されたときは、

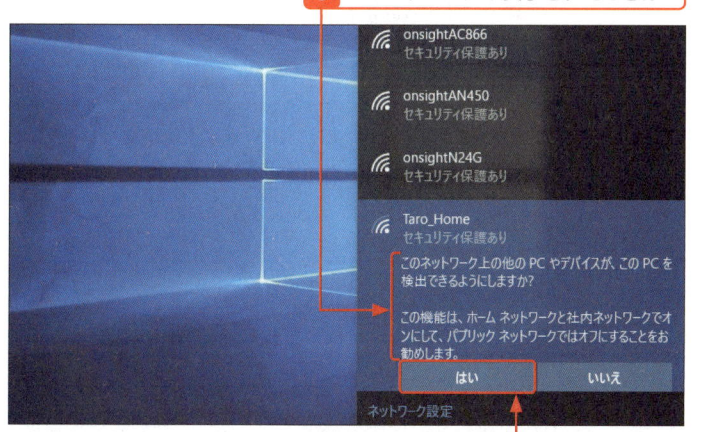

7 ＜はい＞または＜いいえ＞（ここでは＜はい＞）をクリックします。

8 選択した接続先に＜接続済み＞と表示されます。

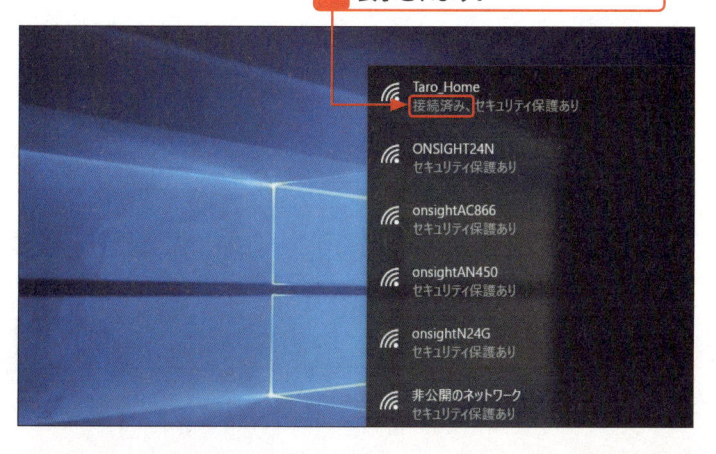

 Hint ネットワークセキュリティキーとは？

手順 **4** の画面で入力する「ネットワークセキュリティキー」は、Wi-Fiに接続するためのパスワードのようなもので、Wi-Fiルーターのマニュアルや本体のシールなどに記載されています。一度接続に成功したWi-Fiでは、次回以降はネットワークセキュリティキーを入力せずに接続できます。

Hint ルーターのボタンで設定を行う

WPS（Wi-Fi Protected Setup）対応のWi-Fi機器を利用している場合は、ルーターのセットアップボタンを押すことでも設定できます。その場合は、手順 **4** でボタンを押し、しばらく待つと手順 **7** または **8** の画面が表示されます。

Hint 接続中のWi-Fiを切断する

接続中のWi-Fiを切断するには、前ページの手順でネットワーク設定画面を表示させます。手順 **8** の画面で接続先のWi-Fiの名前をクリックし、表示された＜切断＞をクリックします。

第1章
Windows 10
をはじめよう

第2章
Windows 10
の基本操作

第3章
ファイルと
フォルダー

第4章
インター
ネット

第5章
Outlook.
com

第6章
「メール」
アプリ

第7章
アプリの
利用

第8章
データの
活用

第9章
音楽／写真
／ビデオ

第10章
タブレット
モード

第11章
文字入力
の基本

第12章
＜スタート＞
メニュー

第13章
デスクトップ

第14章
ネットワーク

第15章
管理／
セキュリティ

第16章
周辺機器
の利用

第17章
トラブル
対策

第18章
インストール
と初期設定

付　録

4 非公開のWi-Fiに接続する

Memo 非公開のネットワークとは？

Wi-Fiでは、セキュリティを考慮して接続先の一覧リストにネットワーク名（SSID）を表示しないように設定できます。この機能は、ANY接続拒否やSSID（ESS-ID）ステルスなどと呼ばれています。Windows 10では、ネットワーク名を非表示にするように設定されたネットワークを「非公開のネットワーク」という名称で接続先の一覧リストに表示します。非公開のネットワークに接続するには、右の手順で接続設定を行います。

Hint 接続に必要な情報は？

非公開のネットワークへの接続には、SSID（ESS-ID）と呼ばれるネットワーク名とネットワークセキュリティキーの2つの情報が必要です。公開ネットワークでは、接続先の一覧リストにネットワーク名が表示されますが、非公開のネットワークではネットワーク名が表示されません。ネットワーク名がわからないと、接続先の設定が行えないのでネットワーク管理者などに確認してください。

1 ■をクリックし、

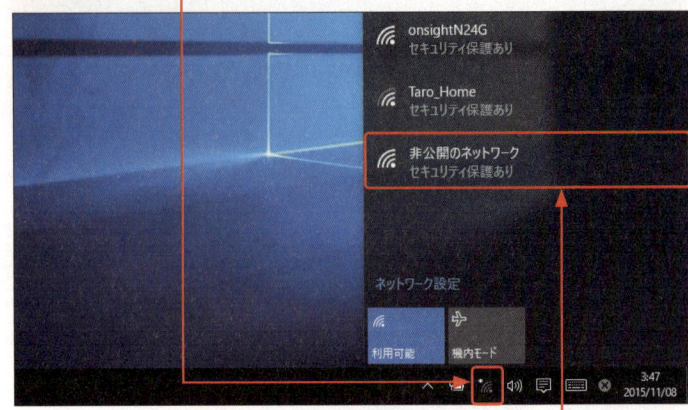

2 ＜非公開のネットワーク＞をクリックします。

3 ＜接続＞をクリックします。

4 SSIDを入力し、

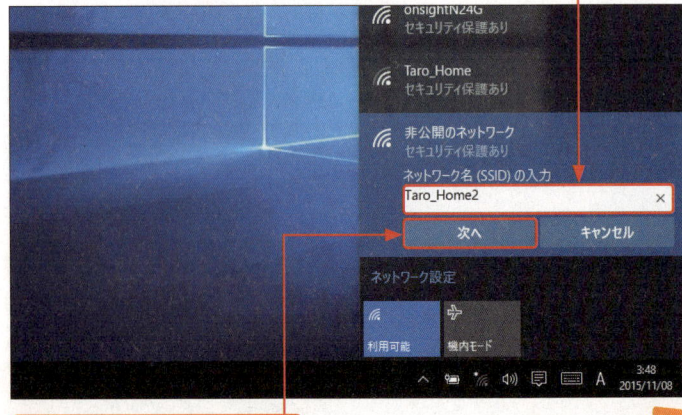

5 ＜次へ＞をクリックします。

6 ネットワークセキュリティキーを入力し、

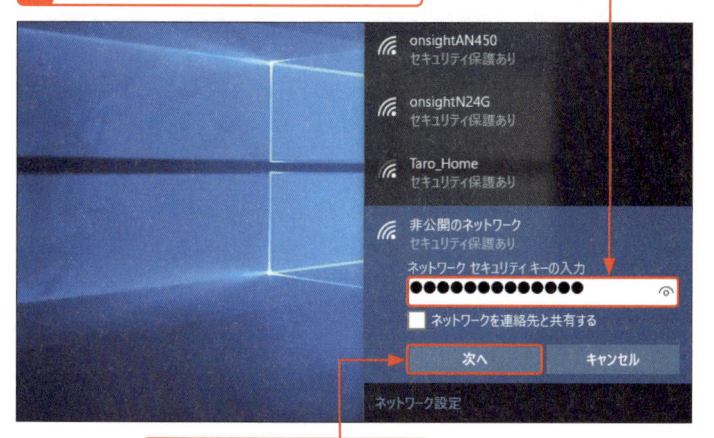

7 ＜次へ＞をクリックします。

8 このメッセージが表示されたときは、

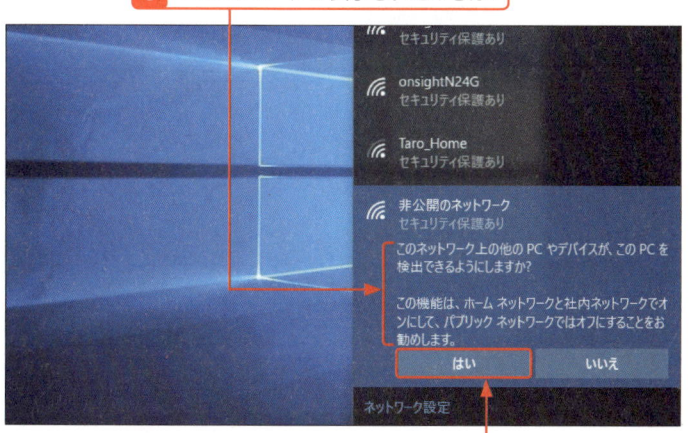

9 ＜はい＞または＜いいえ＞（ここでは
＜はい＞）をクリックします。

10 「接続済み」と表示されたら、手順**4**で入力したSSIDの
Wi-Fiルーターへの接続は完了です。

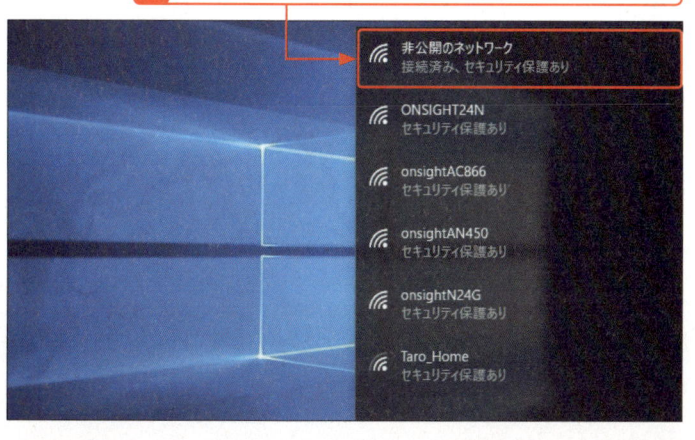

 Key word SSIDとは？

「SSID」は、接続先Wi-Fiネットワーク
の名称で、Wi-Fiルーターの識別名のよ
うなものです。Wi-Fiでは、同じ周波数
帯域に複数のWi-Fiルーターが設置され
ていることが珍しくありません。このよ
うな環境で、接続先を切り分けるために
SSIDが用意されています。なお、SSID
は、「ESS-ID」と呼ばれることもありま
す。

Hint 接続に失敗するときは？

接続に失敗すると、「このネットワーク
に接続できません」というメッセージが
表示されます。このメッセージが表示さ
れたときは、手順**4**で入力したSSIDが
間違っているか、手順**6**で入力したネッ
トワークセキュリティキーのいずれかま
たは両方が間違っています。SSIDやネッ
トワークセキュリティキーを確認し、再
度、手順**1**から接続設定をやり直してく
ださい。

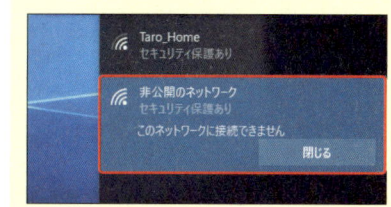

Memo 接続先の名称が変わる

手順**10**の接続完了直後の接続先の名称
は、「非公開のネットワーク」ですが、
時間が経過すると手順**4**で入力した
SSIDが接続先の名称として表示されま
す。

Section
033
スマートフォンをアクセスポイントにしてインターネットに接続する

キーワード ▶ テザリング

外出先などでインターネットを使いたい場合は、モバイルWi-Fiルーターや公衆のアクセスポイントを利用するのが一般的です。しかし、そうした手段が利用できないときは、テザリング機能のあるスマートフォンを使えば、インターネット接続が可能になります。ここではその利用方法を解説します。

1 iPhoneでテザリングを有効にする

Key word テザリングとは?

スマートフォンの回線を経由して、パソコンなどからインターネットに接続する方法を「テザリング」と呼びます。接続形式はWi-Fiを筆頭にBluetoothやUSB接続が選択できます。なお、この機能を利用するには、キャリアのテザリングオプションに加入しておく必要があります。

Hint Android搭載デバイスとのテザリング

Android 6.0搭載スマートフォンの場合は、<設定>→<もっと見る>(あるいは<その他>)→<テザリングとポータブルアクセスポイント>の順にタップし、<ポータブルWi-Fiアクセスポイント>を<オン>に切り替えます。なお、SSID名やパスワードなどは<Wi-Fiアクセスポイントをセットアップ>をタップして実行します。詳しくはお使いのスマートフォンに付属する取り扱い説明書をご覧ください。

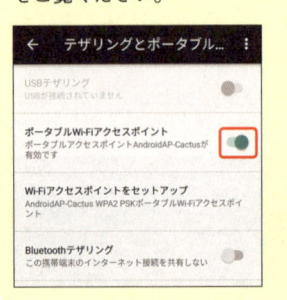

ここでは、iPhoneを例に解説しています。最初にiPhone側の設定を行います。

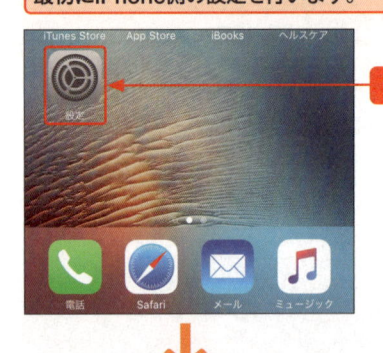

1 <設定>をタップし、

2 <インターネット共有>をタップして、

3 <"Wi-Fi"のパスワード>をタップします。

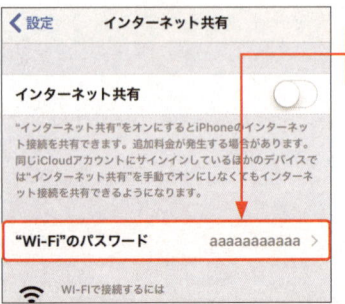

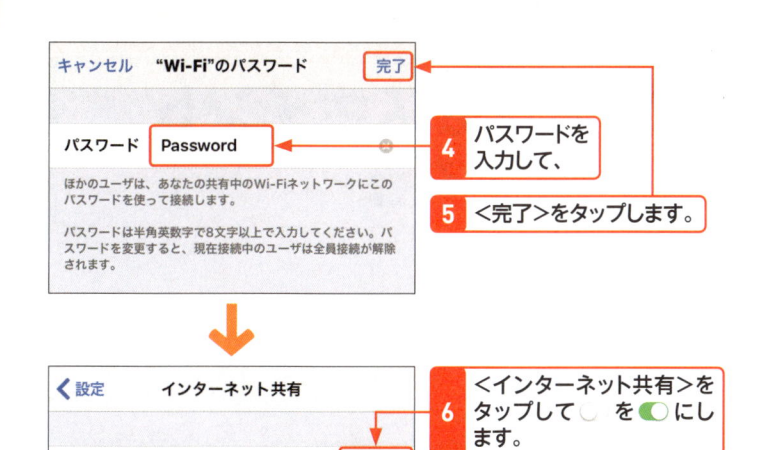

4 パスワードを
入力して、

5 <完了>をタップします。

6 <インターネット共有>を
タップして ◯ を ● にし
ます。

Hint パスワード

iPhoneのテザリングで設定するパスワードは半角英数文字8文字以上が必要です。

Hint iPhoneに接続できない

iOSのテザリング（インターネット共有）は手順6の操作を行った直後90秒間しか、SSID（iPhoneの名前）を発信しません。その間にWindows 10から操作を終えないとテザリングはできません。その際は、手順6の操作をもう1度実行してください。

2 Windows 10から接続する

1 表示された<iPhone6-Cactus
>をクリックして接続します。

詳しい接続手順はP.112を参照してください。

Windows Phone Cactus
モバイル ホットスポット、オフ

iPhone6-Cactus
セキュリティ保護あり

☐ 自動的に接続

接続

ネットワーク設定

Cactus-5g　機内モード

12:42
2016/02/24

Memo iPhoneのSSID

Windows 10のWi-Fi接続リストには、iPhoneで設定した名前が現れます。こちらを確認／変更するには、iPhoneで<設定>→<一般>→<情報>→<名前>の順にタップしてください。

Memo テザリングを終了するには？

テザリングが始まると、iPhoneの画面上部にインターネット共有中であることを示すメッセージが表示されます。このメッセージをタップすると「インターネット共有」の画面に切り替わるので、<インターネット共有>をタップしてを ● を ◯ にします。テザリングが終了します。

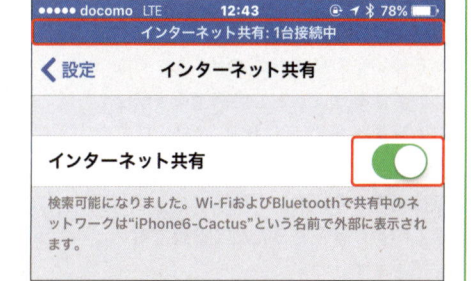

Section 034 不要になったアクセスポイントの接続情報を削除する

キーワード ▶ Wi-Fiアクセスポイント／Wi-Fiセンサー

一度、Wi-Fiアクセスポイントに接続すると、アクセスポイントの接続情報が記録として残り、勝手にアクセスポイントに接続してしまうケースがあります。このような場合を想定して、接続情報は削除しておくと安心です。また、Wi-Fiセンサーも同じ理由から無効にします。

1 アクセスポイントを削除する

Memo アクセスポイントの接続情報とは？

アクセスポイントの接続情報とは、具体的にはネットワークセキュリティキー（P.113参照）などを指します。一度Wi-Fiアクセスポイントに接続すると、こうした接続情報は記録され、過去、一時的に利用したWi-Fiアクセスポイントなどに対しても、自動接続が行われます。バッテリーを無駄に消費したり、通信が不安定になってしまったりするなどの弊害が生じることもあります。さらに、自動接続された場合、その都度「切断」の設定を行うのも面倒なため、ここでアクセスポイントの接続情報の削除方法を解説しています。

Hint 削除した接続情報は？

ここでの設定で、手順4の画面に表示される接続先のリストが表示されなくなるわけではありません。接続情報を削除してもP.112を参考に接続先をクリックして、＜接続＞→＜ネットワークセキュリティキーの入力＞の順にクリックして進んでいけば、あらためて接続することができます。

1 ⊞をクリックし、 **2** ＜設定＞をクリックして、

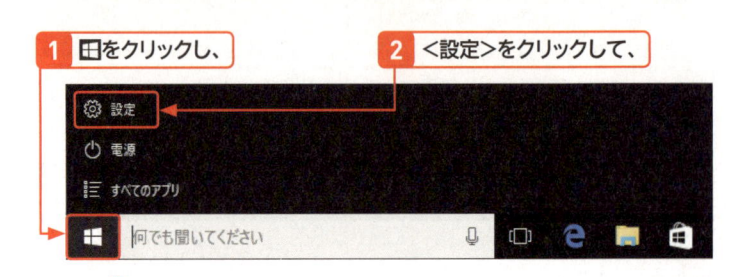

3 ＜ネットワークとインターネット＞をクリックします。

4 ＜Wi-Fi＞をクリックし、

5 ＜Wi-Fi設定を管理する＞をクリックします。

左のHint参照。

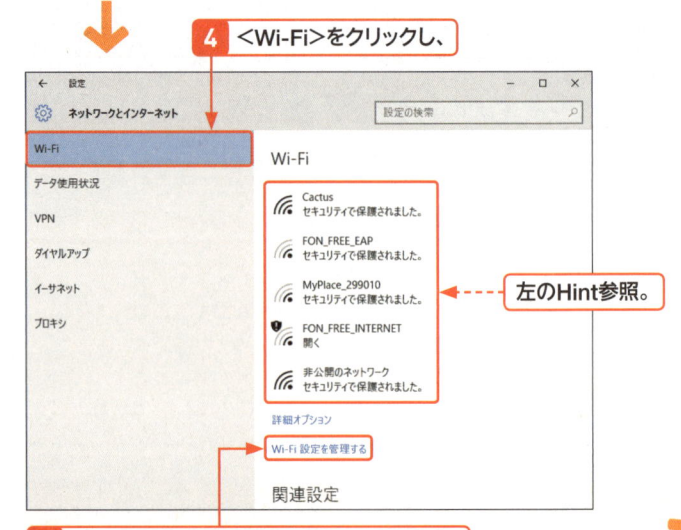

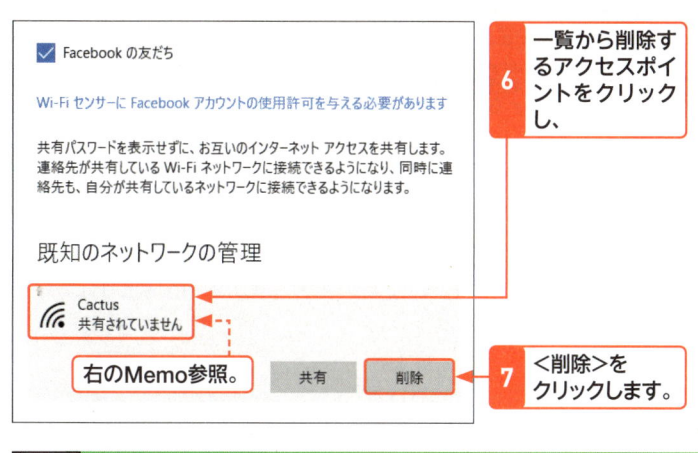

☑ Facebook の友だち

Wi-Fi センサーに Facebook アカウントの使用許可を与える必要があります

共有パスワードを表示せずに、お互いのインターネット アクセスを共有します。連絡先が共有している Wi-Fi ネットワークに接続できるようになり、同時に連絡先も、自分が共有しているネットワークに接続できるようになります。

既知のネットワークの管理

 Cactus
共有されていません

右のMemo参照。　　　共有　　削除

6 一覧から削除するアクセスポイントをクリックし、

7 <削除>をクリックします。

Memo　表示される既知のネットワーク

表示される接続先は、過去、接続した Wi-Fi アクセスポイントすべてが表示されます。

2　Wi-Fi センサーを無効にする

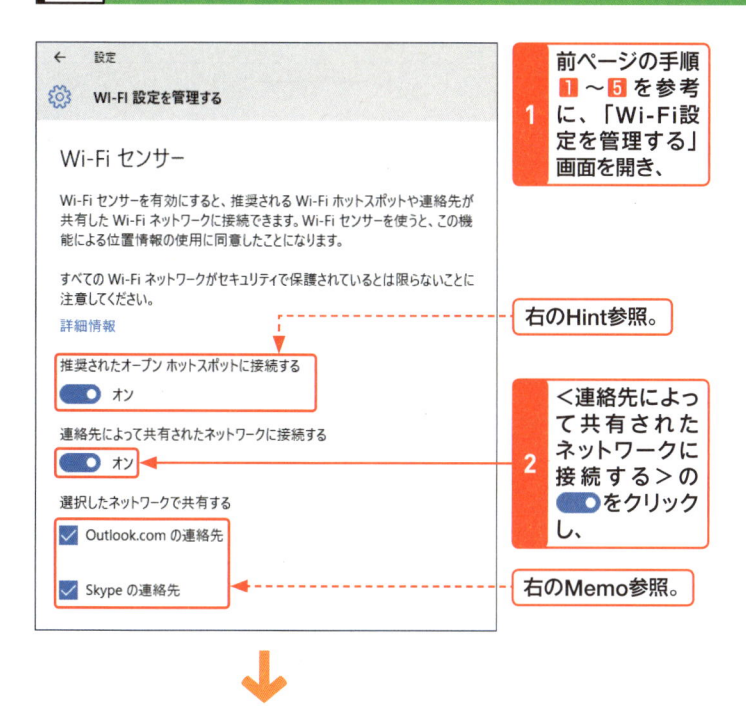

← 設定

⚙ WI-FI 設定を管理する

Wi-Fi センサー

Wi-Fi センサーを有効にすると、推奨される Wi-Fi ホットスポットや連絡先が共有した Wi-Fi ネットワークに接続できます。Wi-Fi センサーを使うと、この機能による位置情報の使用に同意したことになります。

すべての Wi-Fi ネットワークがセキュリティで保護されているとは限らないことに注意してください。

詳細情報

推奨されたオープン ホットスポットに接続する
　🔵 オン

連絡先によって共有されたネットワークに接続する
　🔵 オン

選択したネットワークで共有する
☑ Outlook.com の連絡先
☑ Skype の連絡先

右のHint参照。

右のMemo参照。

1 前ページの手順 **1**～**5** を参考に、「Wi-Fi設定を管理する」画面を開き、

2 <連絡先によって共有されたネットワークに接続する>の🔵をクリックし、

Wi-Fi センサーを有効にすると、推奨される Wi-Fi ホットスポットや連絡先が共有した Wi-Fi ネットワークに接続できます。Wi-Fi センサーを使うと、この機能による位置情報の使用に同意したことになります。

すべての Wi-Fi ネットワークがセキュリティで保護されているとは限らないことに注意してください。

詳細情報

推奨されたオープン ホットスポットに接続する
　🔵 オン

連絡先によって共有されたネットワークに接続する
　⚪ オフ

共有パスワードを表示せずに、お互いのインターネット アクセスを共有します。連絡先が共有している Wi-Fi ネットワークに接続できるようになり、同時に連絡先も、自分が共有しているネットワークに接続できるようになります。

3 ⚪にします。

4 これでWi-Fiセンサーの「共有アクセスポイント」への接続が無効になります。

Key word　Wi-Fiセンサーとは？

「Wi-Fiセンサー」は、ほかのユーザーが接続した情報を用いてオープンなWi-Fiアクセスポイントに自動接続する機能です。誰でもアクセスできるため、オンラインバンキングやオンラインショッピングなど、個人情報を必要とする操作でこの機能を利用するのは非常に危険です。利用するWebサイトに注意するのはもちろんのこと、安全のために機能を停止しておきます。

Memo　Wi-Fiアクセスポイントを共有する

執筆時点ではFacebook上の友人、Outlook.comもしくはSkypeの連絡先のいずれかでWi-Fiアクセスポイントを共有することができます。ただし、接続に必要なパスワードを知ることはできません。

Hint　自動接続を抑止する

外出先のWi-Fiアクセスポイントへの自動接続を抑止するには、<推奨されたオープンホットスポットに接続する>をクリックしてスイッチを⚪に切り替えてください。

Section 035 ネットワーク使用状況を確認する

キーワード ▶ ネットワーク使用状況

外出先からインターネットへ接続する際、気になるのはネットワーク使用量です。Windows 10 では、過去 30 日間のネットワーク使用状況を確認できます。また、スマートフォンでテザリングを行っている場合は、従量制課金接続設定で使用量を軽減させましょう。

1 ネットワーク使用量の多いアプリを確認する

Memo ネットワーク使用量を知る

テザリング（P.116参照）は、スマートフォンの回線を利用するため、自宅や会社のインターネット回線とは異なります。スマートフォンの回線は、月々の使用量に制限を設けていることが多いため、ここで使用量を確認する方法を解説しています。必要以上に使用量の多いアプリを見つけたら、そのアプリの利用を控えるようにしてください。

Memo 概要の見方

右の「概要」ではパソコンが備えるネットワークアダプターごとに使用状況が示されます。「Wi-Fi」は無線 LAN を指し、「イーサネット」は有線 LAN を指していますが、有線 LAN を備えていないタブレットなどは「Wi-Fi」しか表示されません。なお、パソコンにワイヤレス WAN モジュールなどが内蔵され、直接インターネットに接続できる場合は、「携帯データ通信」という項目が加わります。

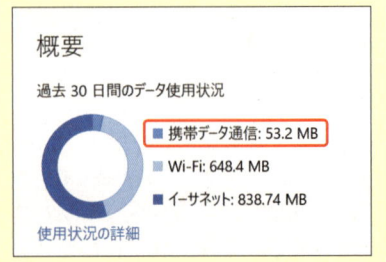

概要

過去 30 日間のデータ使用状況

■ 携帯データ通信: 53.2 MB
■ Wi-Fi: 648.4 MB
■ イーサネット: 838.74 MB

使用状況の詳細

1 P.33を参考に「設定」を起動し、

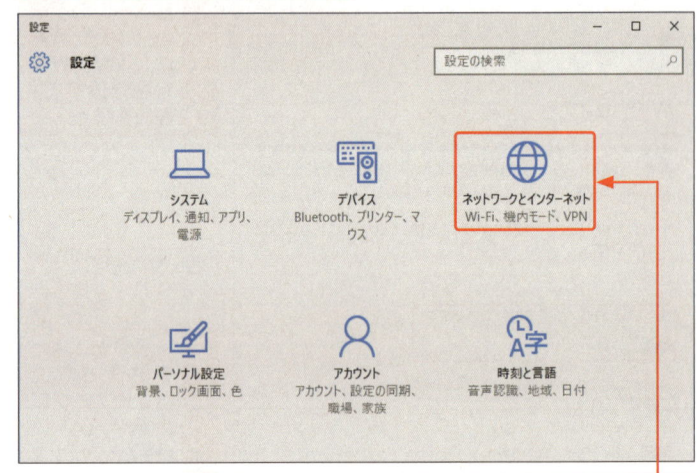

2 ＜ネットワークとインターネット＞をクリックします。

3 ＜データ使用状況＞をクリックし、

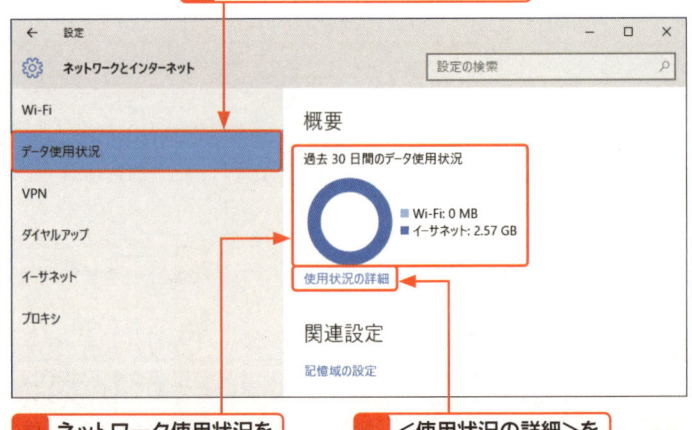

4 ネットワーク使用状況を確認します。

5 ＜使用状況の詳細＞をクリックすると、

6 アプリごとの
ネットワーク使用状況を確認できます。

Memo アプリ別通信量の見方

左の「アプリ別通信量」では、ネットワーク使用量が多いものから順番にアプリが並びます。こちらの結果をもとに過度にネットワークアクセスを行っているアプリを判断してください。ただし、Windows 10自身が使用するネットワーク使用量は「システム」にまとめられ、最下部に並びます。

2 従量制課金接続を行う

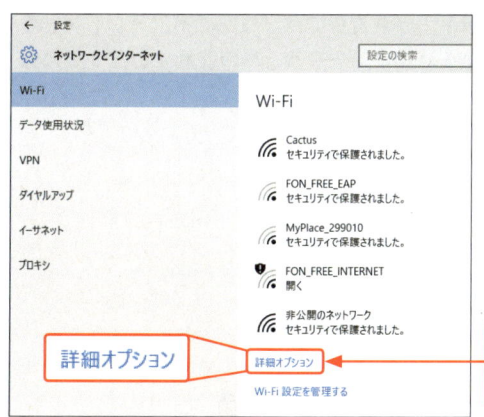

詳細オプション

1 前ページの手順 **3** を参考に＜Wi-Fi＞の画面を開き、

2 ＜詳細オプション＞をクリックします。

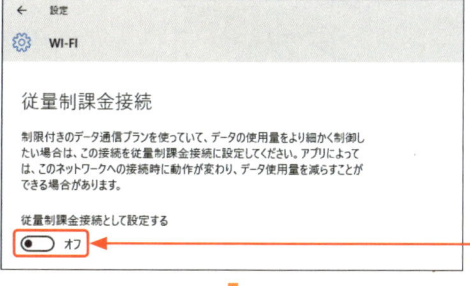

3 ＜従量制確認接続として設定する＞の●をクリックし、

4 ●にすると、従量制確認接続に切り替わります。

Memo 従量制課金接続で設定する

「従量制課金接続」とは、使用したネットワーク使用量に応じて課金するしくみです。Windows 10はこの機能を有効にすることで、「ストア」によるアプリのダウンロードを一時停止し、＜スタート＞メニューのライブタイル更新の抑止、オフラインファイルに対する自動同期が無効になります。ただし、Windows Updateによる優先度の高い更新プログラムはダウンロードされます。モバイルデータ通信時やスマートフォン（テザリング）などで「従量制課金接続」契約をしている場合に利用します。

Hint 契約をしている場合のみ表示される

＜従量制確認接続として設定する＞の設定ボタンは、契約をしている場合のみ、クリック可能な状態になります。

Memo 従量制課金接続の使用量は確認できない

Windows 8.1では、開始直後からの使用分数やネットワーク使用量をチャームバーから確認できましたが、Windows 10はこの機能を削除しているため、従量制課金接続使用時のこれらの項目は確認することはできません。

Section

036

セキュリティ対策を行う

キーワード ▶ セキュリティ

世界中の人々が利用しているインターネットは、さまざまな便利なサービスが提供されている反面、多くの危険も潜んでいます。安全に利用するためには、セキュリティ対策が欠かせません。ここでは、Windows 10に搭載されたセキュリティ対策機能について解説します。

1 インターネットとセキュリティ対策

インターネットには、さまざまな危険が潜んでいます。たとえば、パソコンにトラブルを引き起こす「ウイルス」や、大切な情報を盗み出す「スパイウェア」などの悪意のあるプログラムが配布されています。フィッシングサイトによる詐欺に遭遇したり、インターネット上から自分のパソコンに不正アクセスを受ける危険性もあります。Windows 10には、これらの危険からパソコンを守るための機能があらかじめ備わっています。

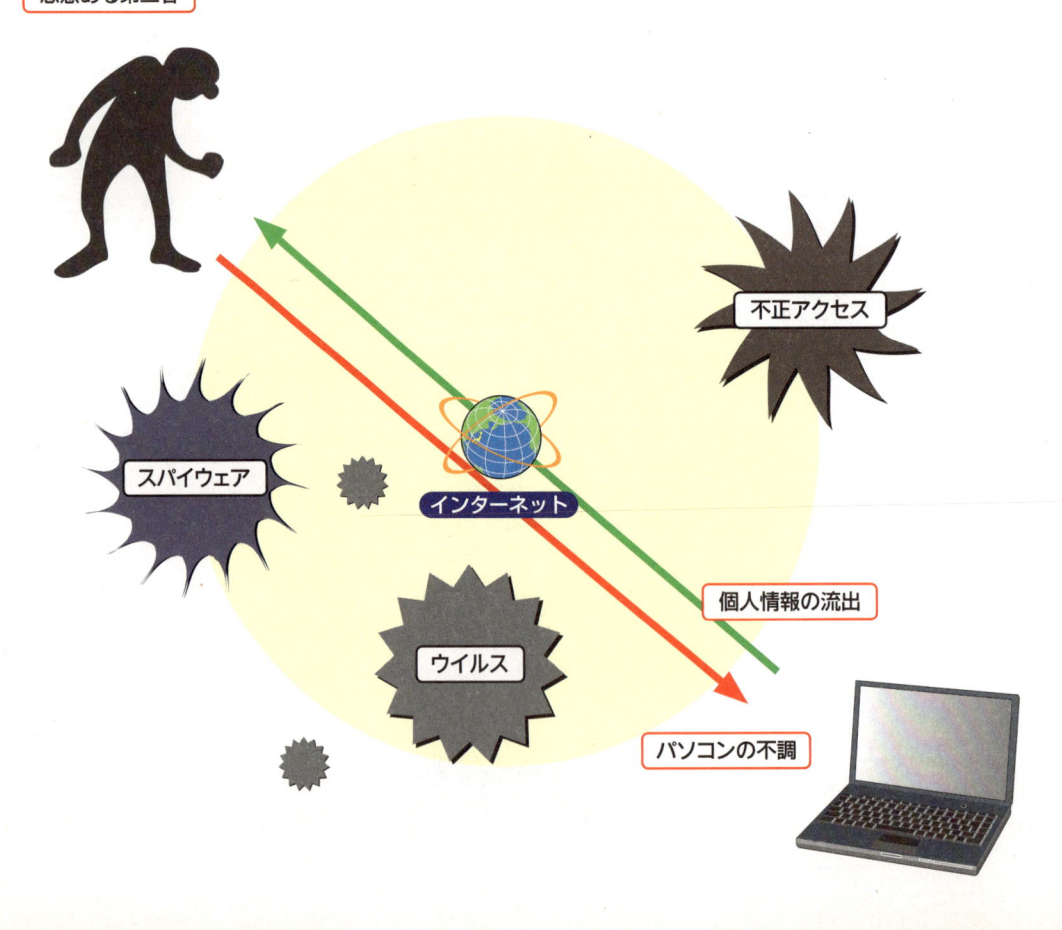

悪意ある第三者

不正アクセス

スパイウェア

インターネット

個人情報の流出

ウイルス

パソコンの不調

② Windows 10のセキュリティ対策機能

Windows 10は、ウイルスやスパイウェア、不正アクセスなどの脅威からパソコンを守るために「Windows Defender」と「Windows ファイアウォール」というセキュリティ機能をあらかじめ備えています。また、Windows Updateを行うことでWindows 10の出荷後に見つかった不具合を修正し、Windowsの不具合を狙った不正アクセスへの対策を行っています。

Windows Defender

Windows Defenderは、ウイルスやスパイウェアなどの脅威からパソコンを守るセキュリティ対策機能です。悪意のあるプログラムを検知すると、ユーザーに通知し、削除などの対策を行います。Windows Defenderの使い方については、P.568を参照してください。

Windows ファイアウォール

ファイアウォールは、インターネットなどの外部からの不正アクセスや侵入を防ぐ機能です。ファイアウォールを利用すると、送受信するデータをチェックし、ユーザーが許可したデータのみを送受信することで、外部からの不正なアクセスや内部からの不正なデータ通信を防ぎます。

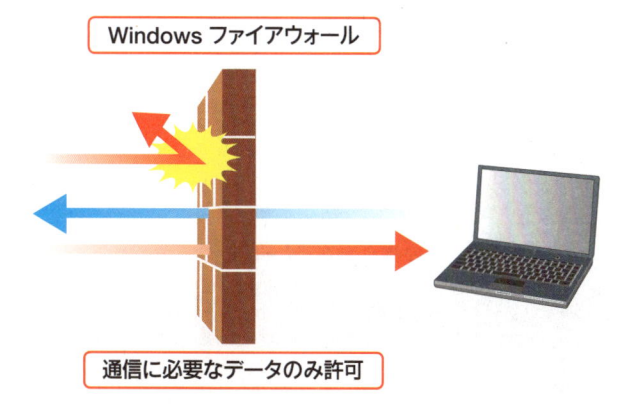

Windows ファイアウォール

通信に必要なデータのみ許可

Memo　体験版のセキュリティ対策アプリについて

パソコンを購入すると、セキュリティ対策アプリの体験版がインストールされていることがあります。体験版は使用期限が30〜90日間くらいで、継続して使用したい場合はメーカーのWebサイトで更新手続き（有料）をするか、パッケージ版を購入する必要があります。なお、パッケージ版のセキュリティ対策アプリも1年〜数年の有効期限があり、それを過ぎると、最新のウイルスやスパイウェアに対応するための更新を適用できなくなります。この場合も、メーカーのWebサイトで更新手続きをするか、新バージョンのパッケージを購入する必要があります。

Hint　セキュリティ対策アプリは1つだけを使う

複数のセキュリティ対策アプリを同時に使用すると、パソコンの動作が不安定になる可能性があります。Windows Defenderを利用する場合は、パソコンの購入時にインストールされていたセキュリティ対策アプリを無効にするか、アンインストールしておきましょう。

Key word　Windows Updateとは?

「Windows Update」は、Windows 10の出荷後に見つかった不具合の修正や改良をダウンロードしてインストールする機能です。Windows Updateは、通常、自動で行われます。

Section 037 セキュリティの状態を確認する

キーワード ▶ セキュリティとメンテナンス

Windows 10に搭載された各種セキュリティ機能がきちんと動作しているかは、コントロールパネル（P.535参照）にある「セキュリティとメンテナンス」で確認できます。ここでは、利用中のWindows 10搭載パソコンが安全な状態となっているかを確認する方法を解説します。

1 セキュリティとメンテナンスを開く

Key word コントロールパネルとは？

「コントロールパネル」は、デスクトップのデザインや画面の解像度、周辺機器を設定するための機能がまとめれられています。設定の一部は、「設定」画面と重複していますが、右の手順で紹介している「セキュリティとメンテナンス」のようにコントロールパネルでのみ行える設定もあります。

Memo セキュリティとメンテナンスについて

Windows10では、右の手順で「セキュリティとメンテナンス」を開くことで、セキュリティ対策機能が動作しているか、またシステムのメンテナンスの状況などをまとめて把握できます。また、セキュリティ対策機能が無効になっているときは、ここからセキュリティ対策機能を有効にすることもできます。

Memo セキュリティとメンテナンスで確認できる内容は？

セキュリティとメンテナンスでは、ファイアウォール、ウイルス対策、スパイウェアと不要なソフトウェアの対策、インターネットセキュリティ、ユーザーアカウント制御、Windows SmartScreenなどの項目について確認できます。また、他社製のセキュリティ対策アプリを利用している場合も同様の項目を確認できます。

1 ⊞をクリックし、 **2** ＜すべてのアプリ＞をクリックします。

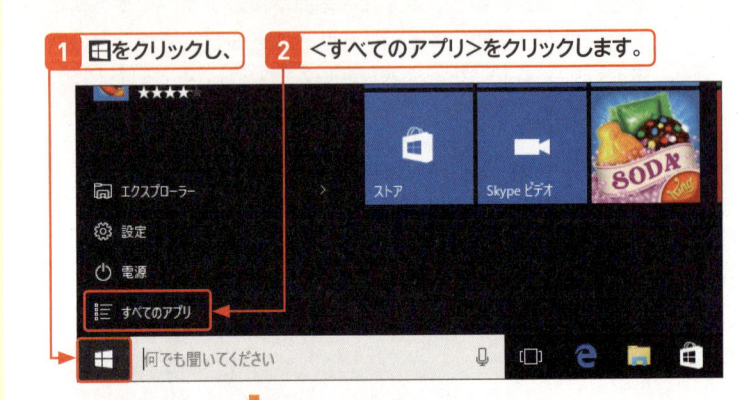

3 ＜Windowsシステムツール＞をクリックし、

4 ＜コントロールパネル＞をクリックします。

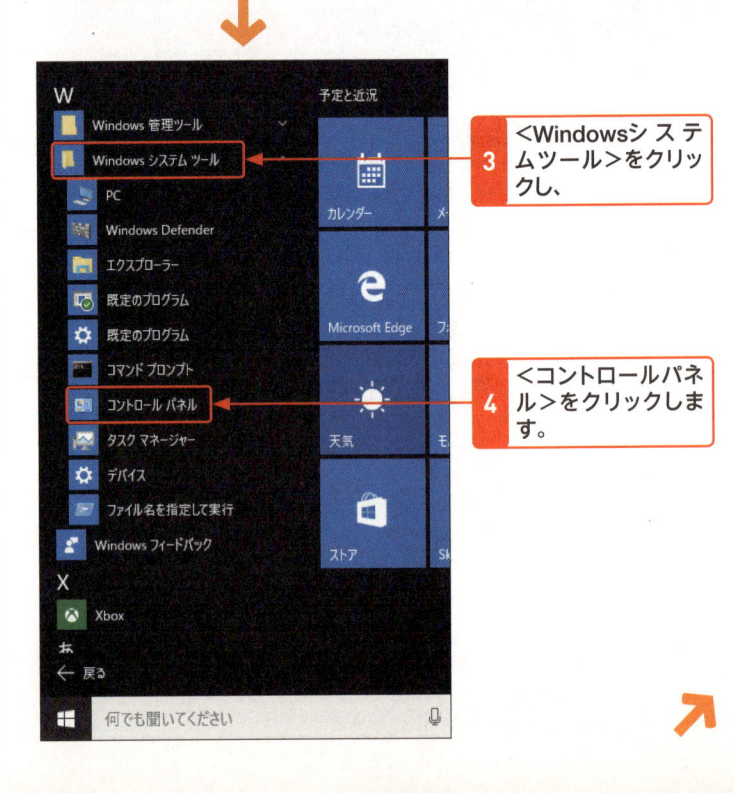

5 <コンピューターの状態を確認>をクリックします。

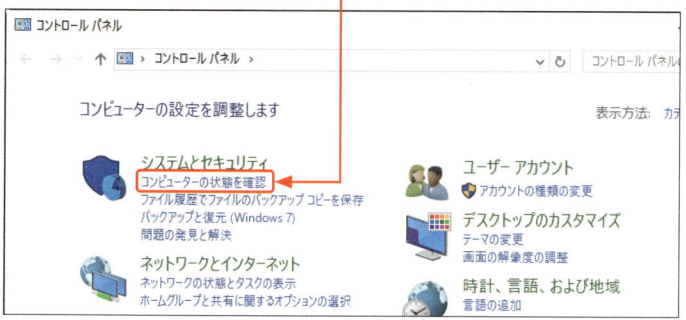

6 <セキュリティ>をクリックすると、

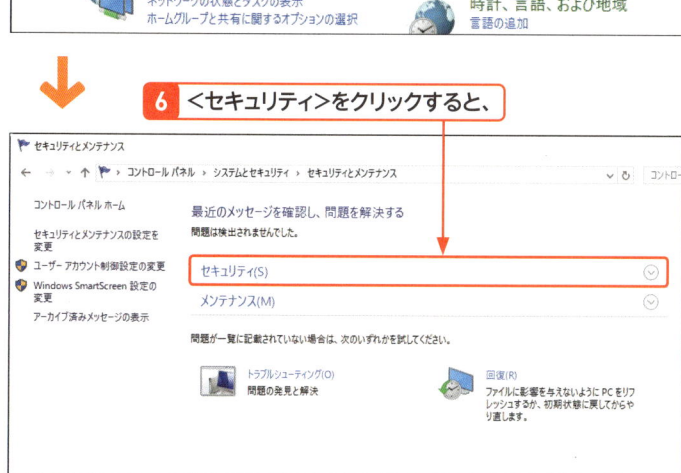

7 Windowsのセキュリティの状態が表示されます。

8 「問題は検出されませんでした。」と表示され、

右のHint参照。

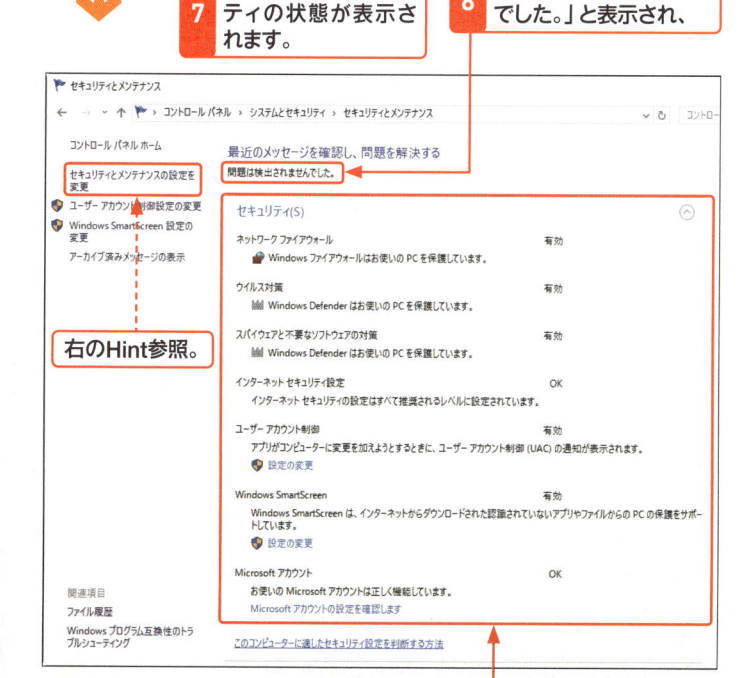

9 「セキュリティ」以下の項目に警告が表示されていなければ安全です。

右のHint参照。

Memo メンテナンスに関する情報を確認する

左の手順では、Windowsのセキュリティの状態を確認していますが、<メンテナンス>をクリックすると、アプリやパソコン搭載のハードウェアに問題が発生していないかなどのパソコンの信頼性の確認や自動メンテナンスの開始および設定変更などを行えます。

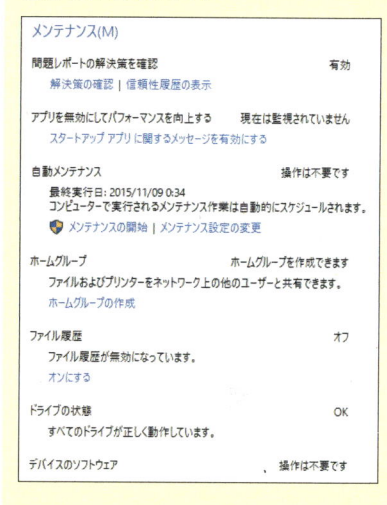

Hint セキュリティとメンテナンスの設定を変更する

手順**7**の画面で<セキュリティとメンテナンスの設定を変更>をクリックすると、<セキュリティ>や<メンテナンス>をクリックしたときに表示される項目を変更できます。

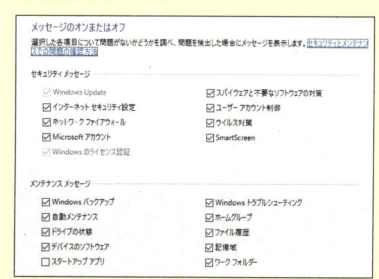

第1章
Windows 10
をはじめよう

第2章
Windows 10
の基本操作

第3章
ファイルと
フォルダー

第4章
インター
ネット

第5章
Outlook.
com

第6章
「メール」
アプリ

第7章
アプリの
利用

第8章
データの
活用

第9章
音楽／写真
／ビデオ

第10章
タブレット
モード

第11章
文字入力
の基本

第12章
＜スタート＞
メニュー

第13章
デスクトップ

第14章
ネットワーク

第15章
管理／
セキュリティ

第16章
周辺機器
の利用

第17章
トラブル
対策

第18章
インストール
と初期設定

付　録

2 警告が表示されていたときの対処を行う

Hint メッセージが表示される

セキュリティとメンテナンスは、重要な問題を検知したときに以下のような通知を数秒間表示することがあります。通知をクリックすると、その問題への対策が行えます。ウイルス対策機能が無効になっているときは、通知をクリックするとウイルス対策機能が有効になります。通知が表示されたときは、早急に対処しましょう。

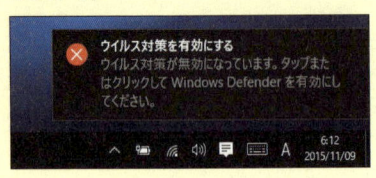

Memo アクションセンターでも確認できる

セキュリティとメンテナンスが、重要な問題を検知したときはアクションセンターでも確認できます。また、アクションセンターに表示された通知をクリックするとその問題への対策が行えます。

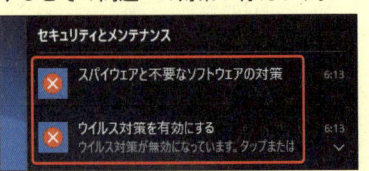

ここでは、前ページの手順 7 の画面で警告が表示されていたときの対処方法を解説しています。

ネットワークファイアウォールに警告が表示されていたとき

1 ネットワークファイアウォールが無効になっている場合は以下の画面が表示されます。

2 ＜今すぐ有効にする＞をクリックすると、

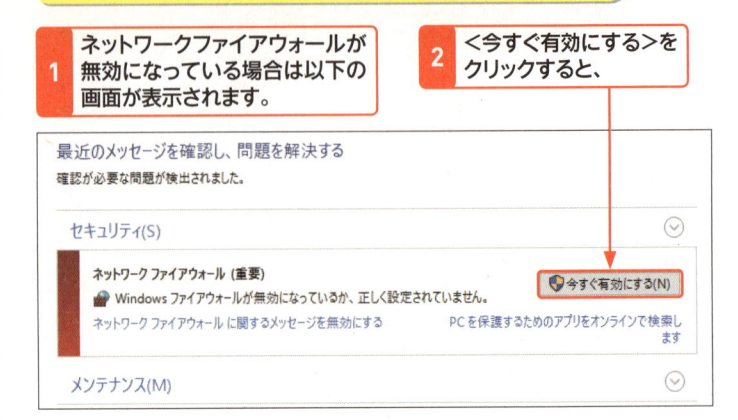

3 Windowsファイアウォールが有効になります。

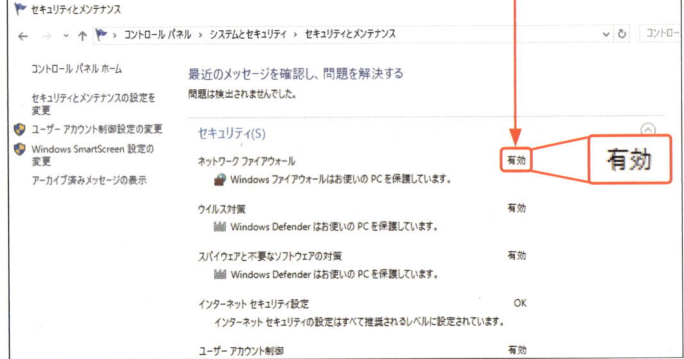

ウイルス／スパイウェア対策に警告が表示されていたとき

1 ウイルス／スパイウェア対策が無効になっている場合は以下の画面が表示されます。

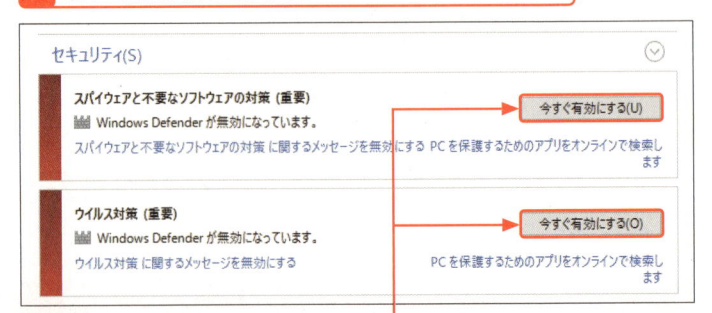

2 スパイウェアまたはウイルス対策の＜今すぐ有効にする＞をクリックすると、

3 Windows Defenderが有効になります。

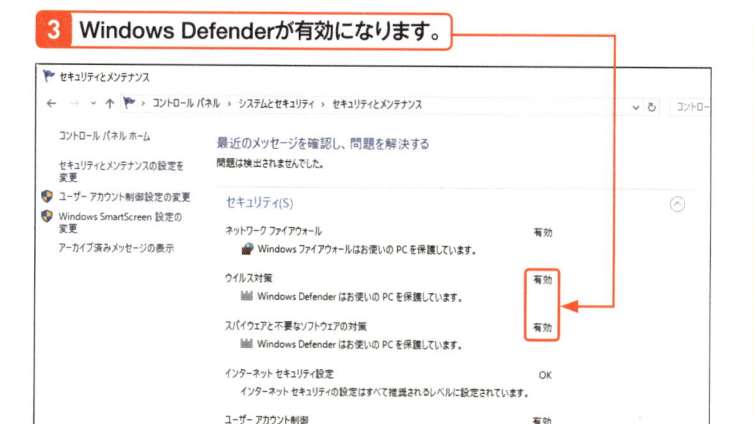

Memo **Windows Defenderは通知領域でも確認できる**

Windows Defender が無効になっているときは、通知領域に表示されるWindows Defenderのアイコンでも確認できます。Windows Defender が有効になっているときはアイコンが🖳で表示され、無効になっているときは🖳で表示されます。

Memo **他社製セキュリティ対策アプリを利用しているときは？**

Windows 10で他社製のファイアウォールアプリやウイルス・スパイウェア対策アプリを利用しているときは、セキュリティとメンテナンスの画面に利用中のアプリの名称が表示され、そのアプリの有効／無効が表示されます。また、他社製アプリが無効になっているときは、Windows 10に標準搭載されているWindowsファイアウォールやWindows Defender を利用している場合と同様に警告が表示されます。ファイアウォールを有効にするときは、＜ファイアウォールのオプションを表示＞をクリックすると、利用するファイアウォールアプリの選択画面が表示されます。他社製ファイアウォールアプリを利用している場合は、そのアプリを選択して機能を有効にします。スパイウェアやウイルス対策アプリを有効にするときは、＜今すぐ有効にする＞をクリックするとダイアログボックスが表示されます。＜はい、発行元を信頼し、このアプリを実行します＞をクリックすると、機能が有効になります。なお、スパイウェアやウイルス対策アプリは、いずれか一方を有効にすると両方の機能が同時に有効になります。

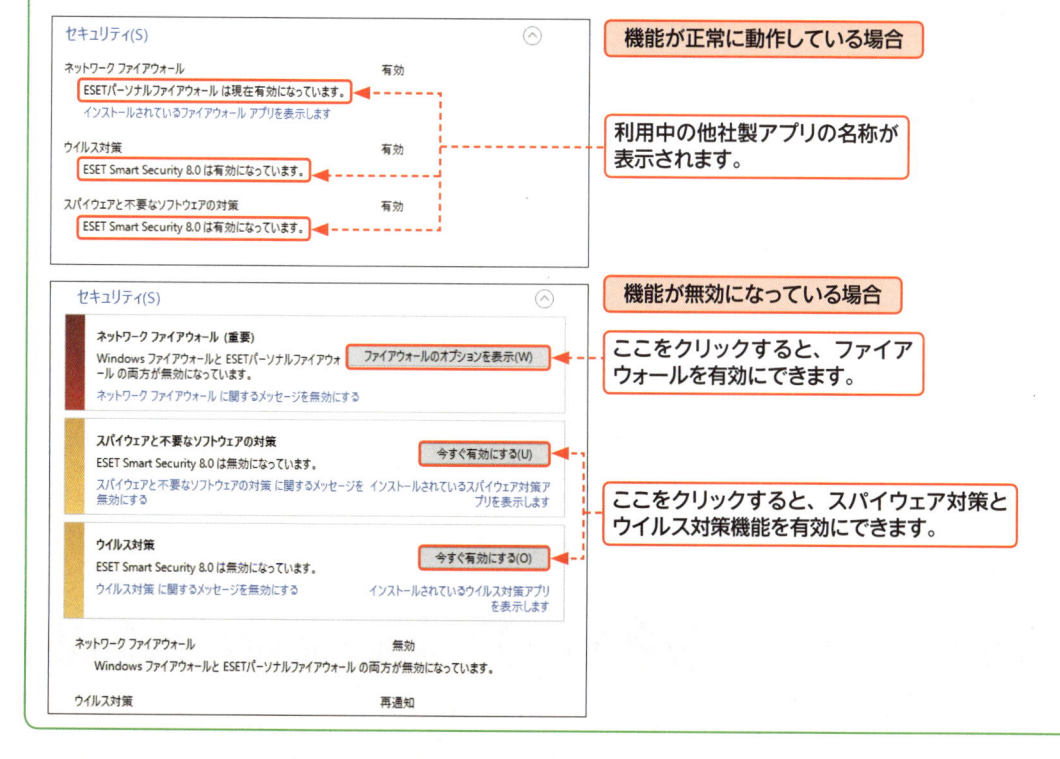

機能が正常に動作している場合

利用中の他社製アプリの名称が表示されます。

機能が無効になっている場合

ここをクリックすると、ファイアウォールを有効にできます。

ここをクリックすると、スパイウェア対策とウイルス対策機能を有効にできます。

Section 038 Webブラウザーの Microsoft Edgeを起動する

キーワード ▶ Microsoft Edge（起動）

Webページの閲覧を行うには、Webブラウザーを利用します。Windows 10にはMicrosoft EdgeとInternet Explorer 11の2種類のWebブラウザーが標準搭載されています。ここでは、Microsoft Edgeを例にWebブラウザーの起動方法と終了方法を解説します。

1 Microsoft Edge を起動する

Memo　Microsoft Edgeを使う

Windows 10には、Microsoft EdgeとInternet Explorer 11の2種類のWebブラウザーが標準搭載されています。ここでは、前者のMicrosoft Edgeの使い方を解説しています。

Key word　Microsoft Edgeとは?

「Microsoft Edge」は、Windows 10で搭載されたまったく新しいWebブラウザーです。Webページにメモを書き込んだり、無駄を省いたシンプルなレイアウトでWebページを見たりする機能を備えています。

Hint　初めに表示されるWebページとは?

Microsoft Edgeは、初回起動時のみ右のWebページが表示されます。設定を変更しない限り、次回起動時からは以下の画面が表示されます。

1 タスクバーの e をクリックします。

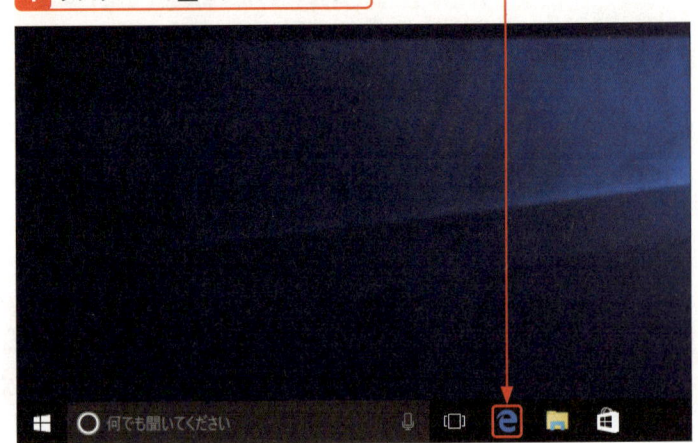

2 「Microsoft Edge」が起動します。　**3** ⊠ をクリックすると、

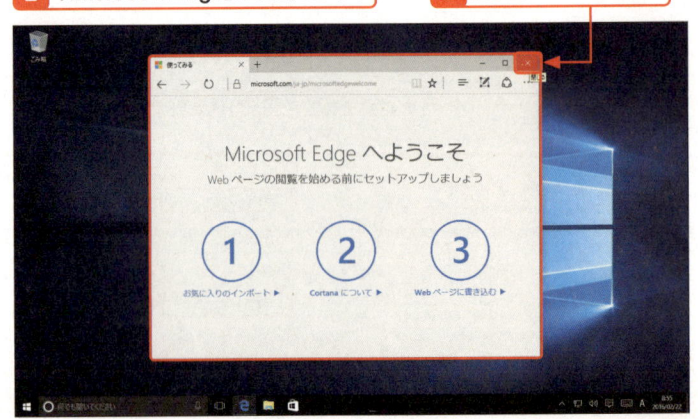

4 「Microsoft Edge」が終了します。

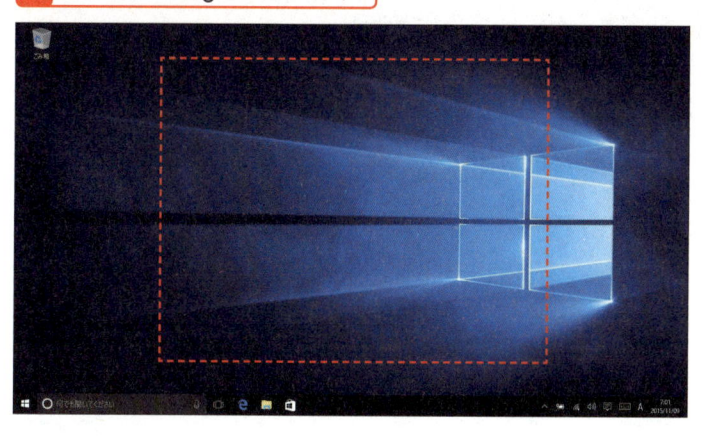

Memo ＜スタート＞メニュー から起動する

Microsoft Edge は、＜スタート＞メニューの  をクリックすることでも起動できます。

Memo Microsoft Edge の画面構成

Microsoft Edge は、従来のマウスやタッチパッドによる操作だけでなく、タッチ操作でも使いやすいように設計されている新しい Web ブラウザーです。最新の Web 技術に対応し、軽快な動作が特徴です。

＜Webノートの作成＞ボタン

＜戻る＞／＜進む＞ボタン　　＜新しいタブ＞ボタン　　＜読み取りビュー＞ボタン

＜Webノートを共有＞ボタン

＜最新の情報に更新＞ボタン

アドレスバー／検索ボックス

＜お気に入りまたはリーディングリストに追加＞ボタン

＜詳細＞ボタン

＜ハブ＞ボタン

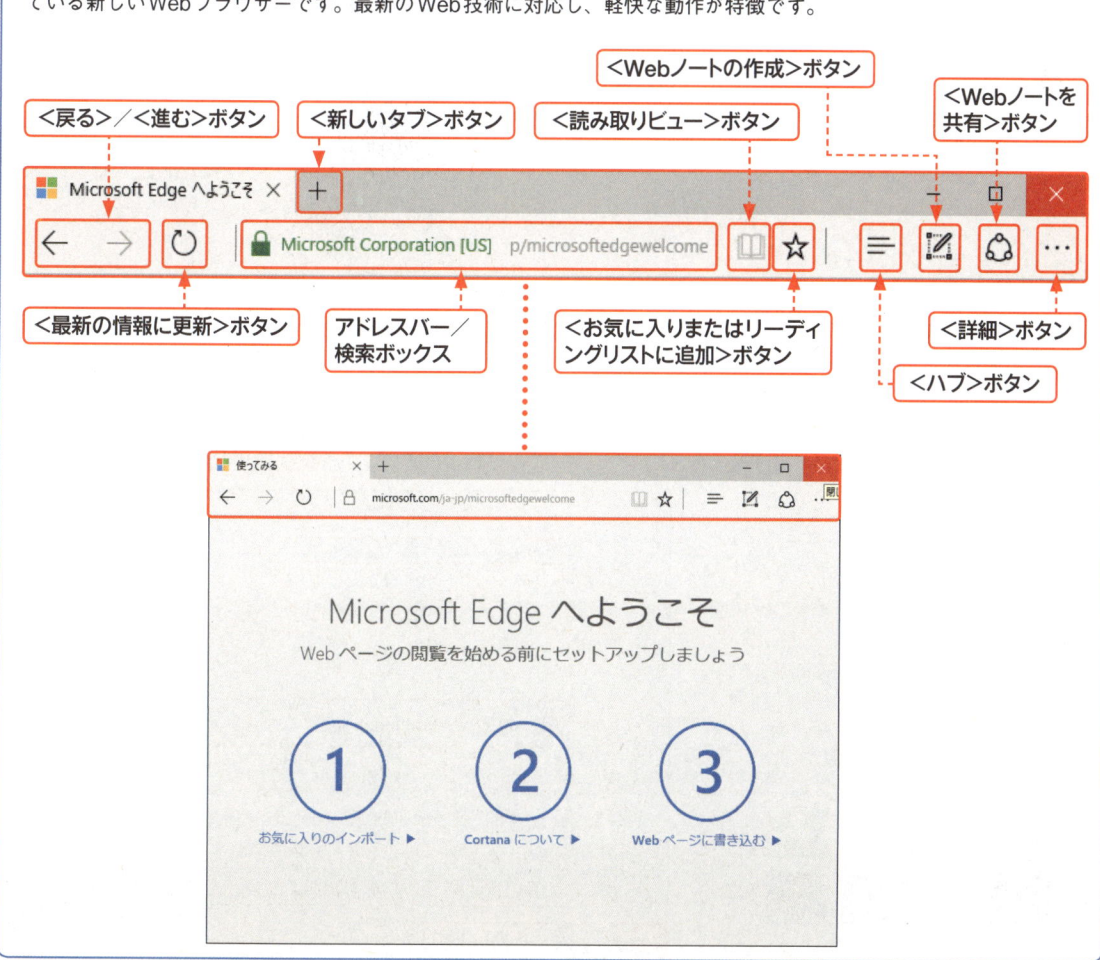

Section 039

Microsoft Edgeで Webページを閲覧する

キーワード ▶ Microsoft Edge（閲覧）

Microsoft Edge を利用して Web ページを閲覧してみましょう。Microsoft Edge で興味のある Web ページを表示したり、もとの画面に戻ったりする方法を解説します。ここでは、Microsoft Edge を利用した Web ページ閲覧の基本操作を解説します。

1 目的のWebページを閲覧する

Key word URLとは？

インターネットで目的の Web ページを閲覧するための住所に相当する情報を「URL」と呼びます。URL は、「アドレス」と呼ばれることもあります。

Hint アドレスバーが 表示されないときは？

Microsoft Egde は、起動直後に表示する Web ページ（P.143参照）が設定されていない場合、「次はどこへ？」ページを表示します。「次はどこへ？」ページが表示されたときは、検索ボックスに表示したい Web ページの URL を入力し、Enter キーを押します。「次はどこへ？」ページではアドレスバーは表示されませんが、検索ボックスがアドレスバーの役割を兼用しています。

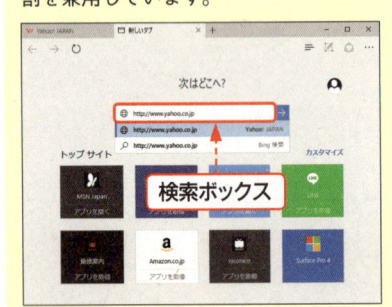

P.128を参考にMicrosoft Edgeを起動します。

1 ○の右横にマウスポインターを移動して、クリックすると、

2 URLが入力できるようになります。

3 表示したいWebページのURL（ここでは、「http://www.yahoo.co.jp」）を入力し、

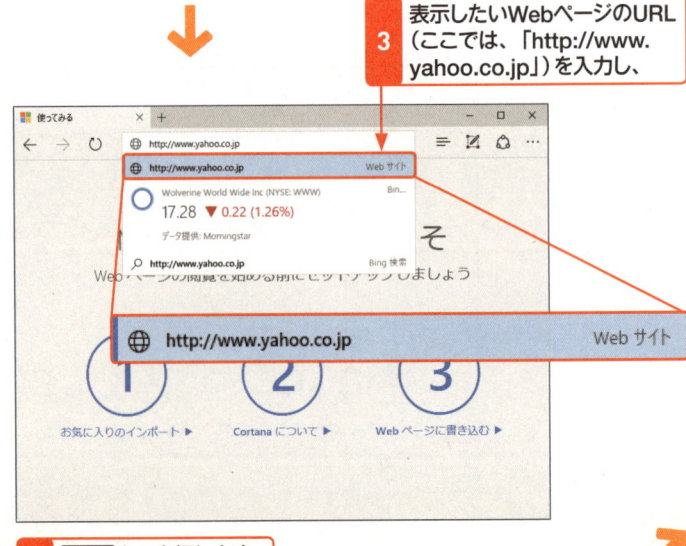

4 Enter キーを押します。

5 Webページが表示されます。

2 興味のあるリンクをたどる

1 興味があるリンク（ここでは、<記事一覧>）をクリックします。

2 クリックしたリンクの Webページが表示されました。

3 ← をクリックすると、直前に表示していたWebページに戻ります。

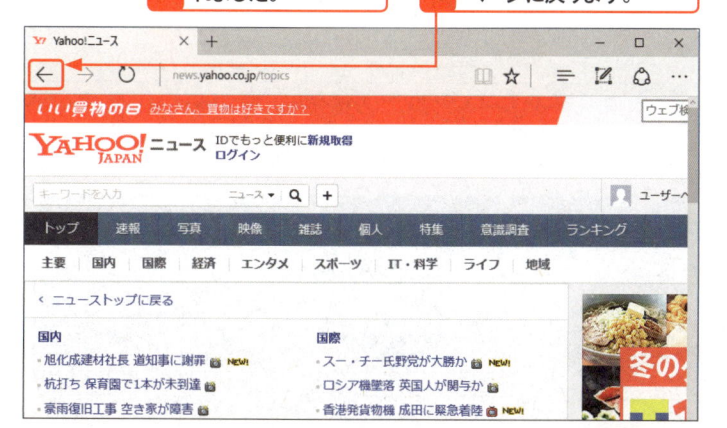

Hint Webページの 拡大／縮小

下記のキーボードショートカットを使用することで、Webページの拡大／縮小が行えます。

・拡大
`Ctrl` + `+` キーを押します。

・縮小
`Ctrl` + `-` キーを押します。

・初期状態に戻す
`Ctrl` + `0` キーを押します。

Key word リンクとは？

画像や文書をクリックすると別ページが表示されるWebページのしくみを「リンク」または「ハイパーリンク」と呼びます。多くのWebページではリンクの色は、青色系の文字になっています。

Memo Webページによって 違いがある

閲覧するWebページによっては、ページ内に `<` や `>` が表示される場合があります。`<` をクリックすると、前の記事を表示し、`>` をクリックすると次の記事を表示します。`<` や `>` は、すべてのWebサイトで表示されるわけではありません。

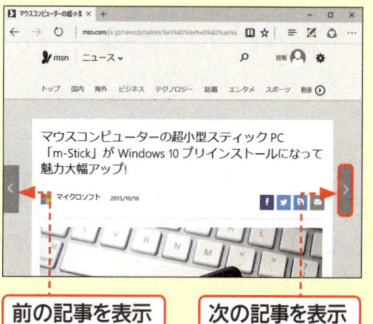

前の記事を表示　　　次の記事を表示

Section 040 Microsoft Edgeで複数のWebページを閲覧する

キーワード ▶ Microsoft Edge（タブ）

Microsoft Edge は、複数の Web ページを 1 つウィンドウ内で閲覧できるように「タブ」と呼ばれる機能を備えています。ここでは、タブを利用して新しい Web ページを開いたり、タブを切り替えて表示する Web ページを変更したりする方法を解説します。

1 新しいタブで Web ページを開く

Key word タブとは？

「タブ」は、複数の Web ページを 1 つのウィンドウ内で開き、切り替えて表示するために利用されます。タブを利用することで、複数の Web ページを同時に開き、切り替えて表示できます。

Hint 「次はどこへ？」ページでURLを入力する

「次はどこへ？」ページは、検索ボックスがアドレスバーを兼ねています。「次はどこへ？」ページでは、検索ボックスに表示したい Web ページの URL を入力してください。

Memo 新しいタブでリンクを開く

Web ページ内のリンクは、新しいタブで開くことができます。新しいタブで開きたいときは、リンクを右クリックし、<新しいタブで開く>をクリックします。

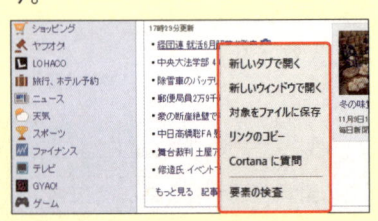

1 ＋（新しいタブ）をクリックすると、

2 新しいタブが追加され「次はどこへ？」ページが表示されます。

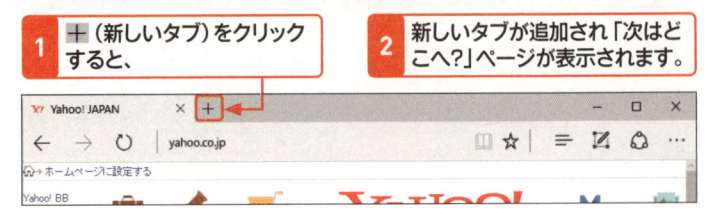

3 開きたいWebページのURL（ここでは、「http://www.microsoft.com」を入力し、

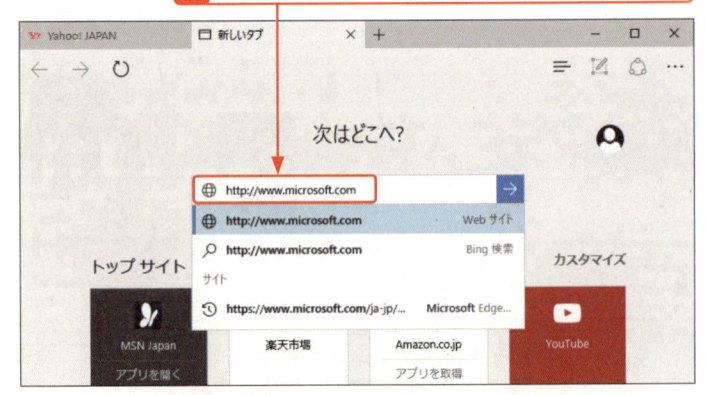

4 Enter キーを押します。

5 新しいWebページが表示されます。

2 タブを切り替える

1 表示したいタブをクリックします。

2 選択したタブでWebページが表示されます。

3 × をクリックします。

4 表示中のWebページのタブが閉じます。

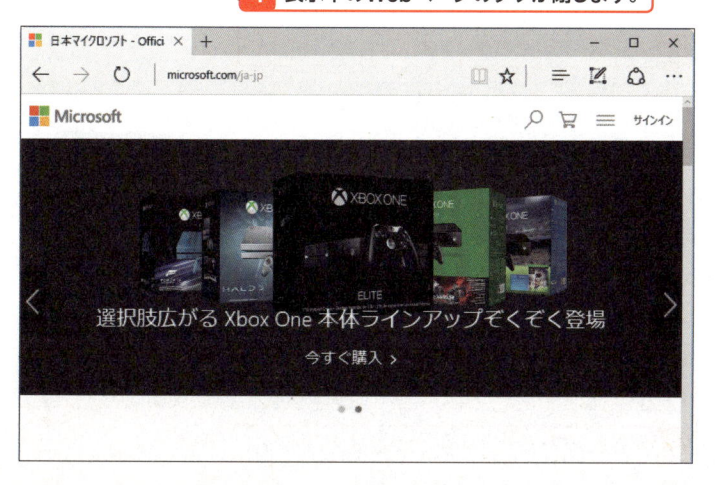

Memo タブの切り替え

複数のタブでWebページを開いているときは、閲覧対象のタブを左の手順でかんたんに切り替えることができます。なお、リンクによっては、クリックすると、自動的に新しいタブで開くように設定されている場合があります。

Key word InPrivate ブラウズとは?

閲覧履歴や検索履歴などをパソコンに残さずにWebページを閲覧する機能を「InPrivateブラウズ」と呼びます。この機能を利用すると、ネットカフェやホテルなどに設置された共有パソコンやタブレットを使う際に、他人に自分の閲覧履歴や入力履歴を知られることを防げます。InPrivateブラウズは、···<詳細>をクリックし、<新しいInPrivateウィンドウ>をクリックすると利用できます（P.160参照）。

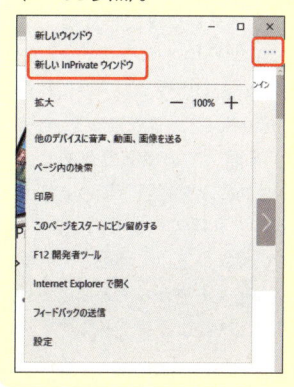

<table>
<tr><td>

第1章
Windows 10
をはじめよう

第2章
Windows 10
の基本操作

第3章
ファイルと
フォルダー

第4章
インター
ネット

第5章
Outlook.
com

第6章
「メール」
アプリ

第7章
アプリの
利用

第8章
データの
活用

第9章
音楽/写真
/ビデオ

第10章
タブレット
モード

第11章
文字入力
の基本

第12章
<スタート>
メニュー

第13章
デスクトップ

第14章
ネットワーク

第15章
管理/
セキュリティ

第16章
周辺機器
の利用

第17章
トラブル
対策

第18章
インストール
と初期設定

付　録
</td></tr>
</table>

3 新しいウィンドウでWebページを開く

Memo **新しいウィンドウを利用する**

Microsoft Edge は、複数のWebページを閲覧するときにタブで開く以外にも新しいウィンドウで開いたり、タブで閲覧中のWebページを新しいウィンドウに移動させることができます。右の手順では、新しいウィンドウでWebページを開く方法を解説しています。

閲覧中の Web ページを新しいウィンドウで開く

1 タブを利用して複数のWebページを開いておきます。

2 新しいウィンドウで開きたいタブを右クリックし、

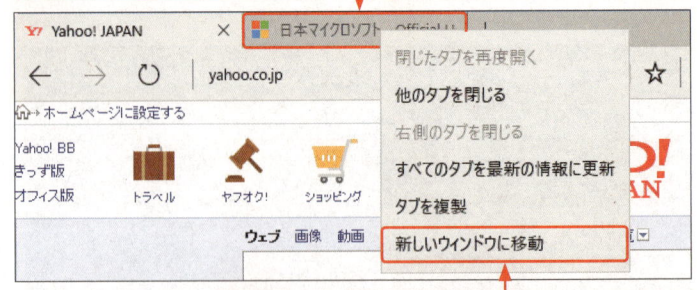

3 <新しいウィンドウに移動>をクリックします。

4 選択したタブが新しいウィンドウで開きます。

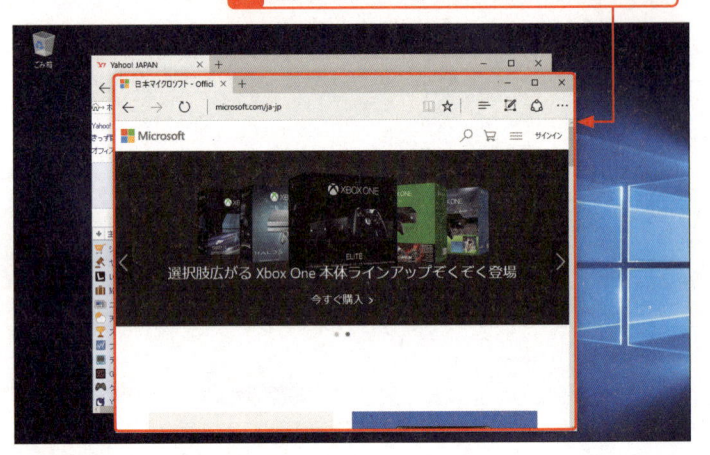

リンクを新しいウィンドウで開く

1 新しいウィンドウで開きたいリンク（ここでは<記事一覧>を右クリックし、

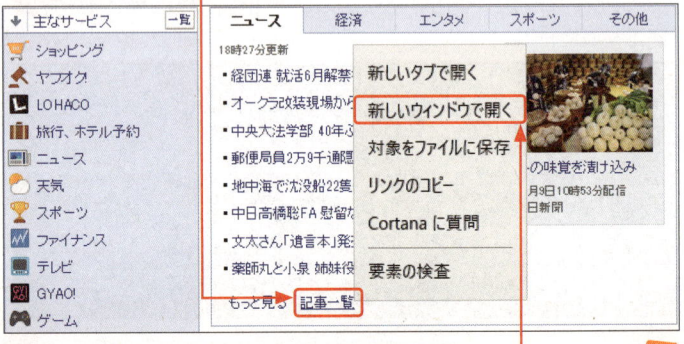

2 <新しいウィンドウで開く>をクリックします。

Hint **タブから移動させる場合について**

閲覧中のタブを新しいウィンドウに移動させたいときは、タブで2つ以上のWebページを開いている必要があります。1つのタブのみを利用している場合は、この機能を利用できません。また、タブを新しいウィンドウに移動させた場合、新しいウィンドウからもともと利用していたタブにWebページを戻すことはできません。

3 選択したリンクが新しいウィンドウで開きます。

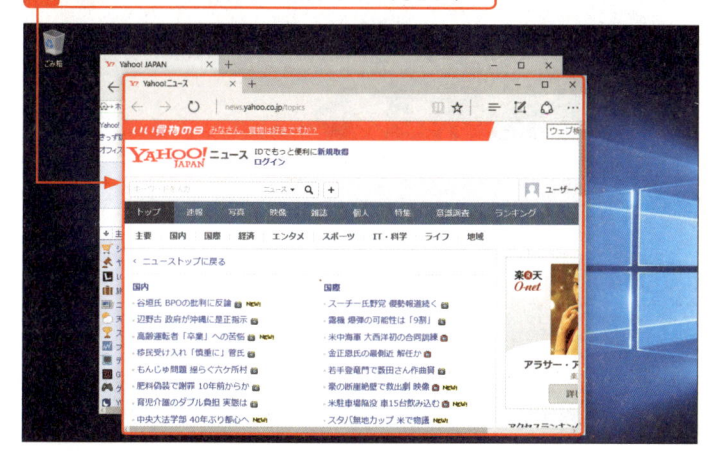

新しいウィンドウを開く

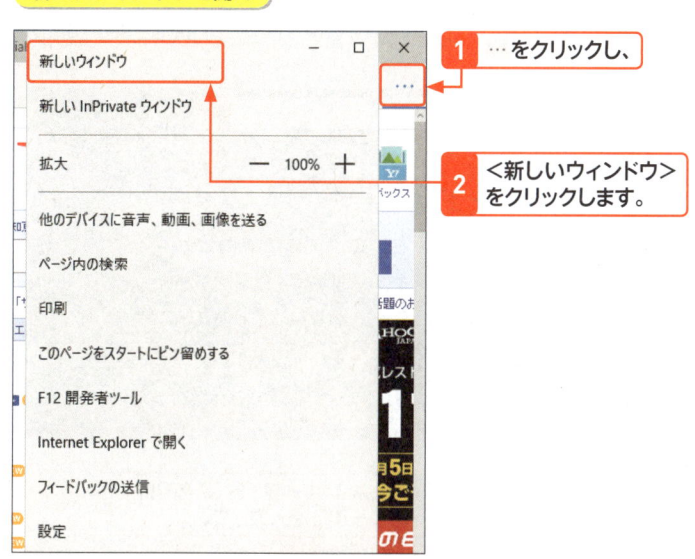

1 …をクリックし、

2 ＜新しいウィンドウ＞をクリックします。

3 新しいウィンドウが開き、「次はどこへ?」ページが表示されます。

Memo ウィンドウは何個でも開ける

一度の操作で開ける新しいウィンドウは1つですが、開けるウィンドウの総数に制限はありません。ウィンドウは何個も開くことができます。

Hint ショートカットキーで新しいウィンドウを開く

新しいウィンドウは、ショートカットキーでも開けます。ショートカットキーで開きたいときは、Microsoft Edgeをクリックし、Ctrlキーを押しながら、Nキーを押します。

Memo タスクバーから新しいウィンドウを開く

新しいウィンドウは、タスクバーから開くこともできます。タスクバーから新しいウィンドウを開くときは、タスクバーのを右クリックし、＜Microsoft Edge＞をクリックします。

135

Section 041 Microsoft EdgeでWebページを検索する

キーワード ▶ Microsoft Edge（検索）

インターネットから必要な情報を探し当てるには、検索サイトで検索を行うと効率的です。Microsoft Edgeでは、アドレスバーに検索キーワードを入力すると、検索結果が表示されます。これによって、検索サイトを表示しなくてもMicrosoft Edgeで検索を行えます。

1 インターネット検索を行う

Memo Microsoft Edgeで利用される検索サイト

Microsoft Edgeで利用される検索サイトは、通常、マイクロソフトが提供している検索サイト「Bing（ビング）」が設定されています。

Stepup タスクバーから検索を行う

Webページの検索は、タスクバーの検索ボックスからも行えます。タブレットモードの場合は、タスクバーの◎をクリックすると検索ボックスが表示されるので、キーワードを入力して検索を行ってください。なお、Cortanaを利用した音声検索を行いたいときは、検索ボックス右横にある🎤をクリックして、音声で検索を行います。

先頭に🔍が付いている項目はすべてWeb検索が可能です。

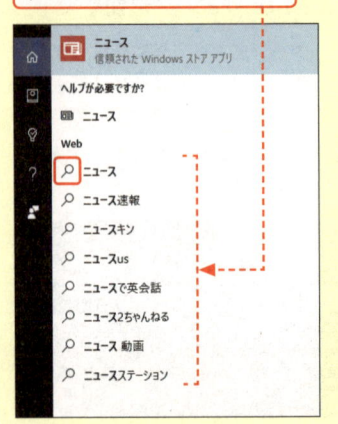

1 アドレスバーをクリックし、

2 検索したいキーワード（ここでは、「ニュース」）を入力して、

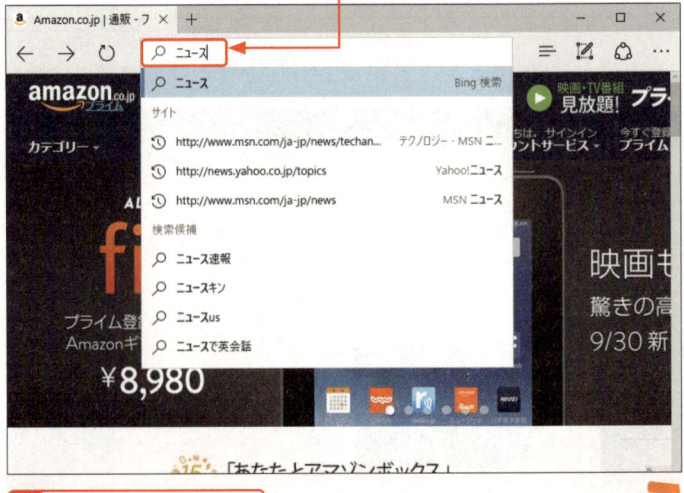

3 Enter キーを押します。

4 検索結果が表示されます。　**5** 必要に応じて画面をスクロールし、

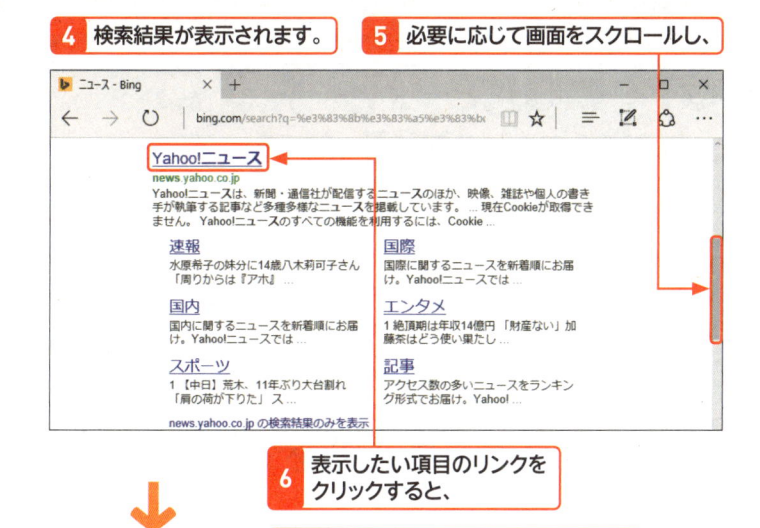

6 表示したい項目のリンクをクリックすると、

7 目的のWebページが表示されます。

Hint　キーワード検索のポイントは？

多くの検索サイトでは、複数の検索キーワードをスペースで区切るか、特殊な記号を併用することで、検索結果を絞り込めます。たとえば、「技術評論社 Windows」というキーワードで検索すると、技術評論社のWindows関連のページが見つかります。

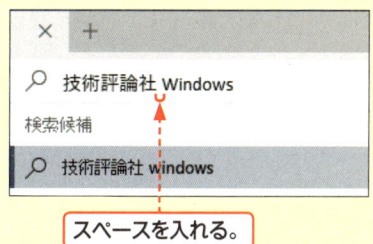

スペースを入れる。

Key word　検索サイトとは？

「検索サイト」とは、インターネット検索サービスを行っているWebサイトです。Yahoo! JapanやGoogle、Bingなどが有名です。

Stepup　Webページ内の文字列をCortanaで検索する

Microsoft Edgeでは、Webページ内に表示されている文字列をキーワードに利用してCortanaで検索を行えます。CortanaでWebページ内の文字列の検索を行うときは、以下の手順で行います。なお、この機能は、＜Microsoft EdgeでCortanaを有効にする＞の設定が＜オン＞になっているときのみ利用できます。この設定は、P.138の手順でMicrosoft Edgeの「設定」を表示し、＜詳細設定を表示＞をクリックすることで確認できます。

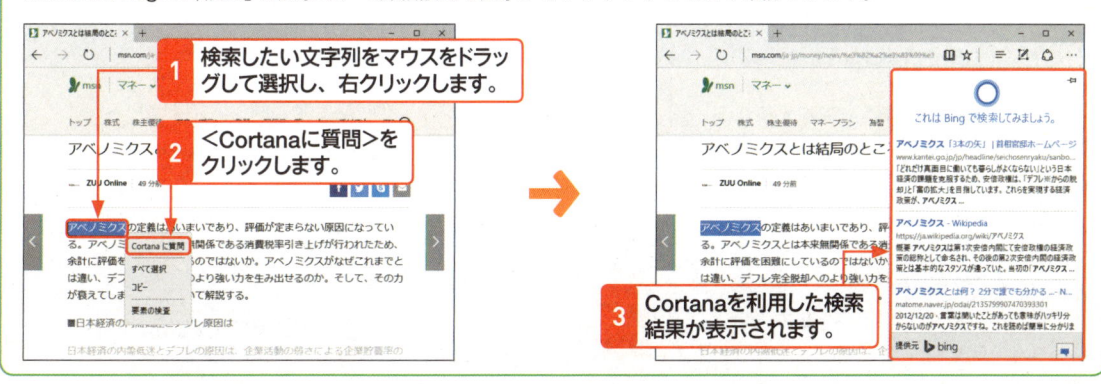

1 検索したい文字列をマウスをドラッグして選択し、右クリックします。

2 ＜Cortanaに質問＞をクリックします。

3 Cortanaを利用した検索結果が表示されます。

Section 042 Microsoft Edgeの検索プロバイダーを追加／変更する

キーワード ▶ Microsoft Edge（検索プロバイダー）

Microsoft Edgeの標準検索プロバイダーは自社であるマイクロソフトのBingを採用していますが、検索プロバイダーを切り替えることで、アドレスバーから検索するサイトを変更することが可能です。普段使い慣れた検索サイトを使う場合は、検索サイトの変更を行いましょう。

1 検索プロバイダーをGoogleに変更する

Key word プロバイダーとは？

「プロバイダー」とは、何らかのサービスを提供する事業者を指す名称です。たとえばインターネット接続サービスを提供する事業者は「インターネットサービスプロバイダー」と呼びます。

Key word 検索プロバイダーとは？

「検索プロバイダー」とは、IEやMicrosoft Edgeが標準的に使用する検索サイトを指します。あらかじめ決められている両者の検索プロバイダーは「Bing」ですが、ここではGoogleに変更しています。

Memo 操作のポイント

検索プロバイダーを確実に追加するには、検索サイトへ一度アクセスしてから、設定操作を行います。ただし、Microsoft Edgeの検索サイト一覧に並ぶのは、OpenSearch規格（検索エンジンによって表現される情報や検索結果などを共通化する規格の1つ）に対応した検索プロバイダーのみです。

Microsoft Edgeを起動し、あらかじめGoogleのページを開いておきます。

1 …をクリックして、 **2** ＜設定＞をクリックします。

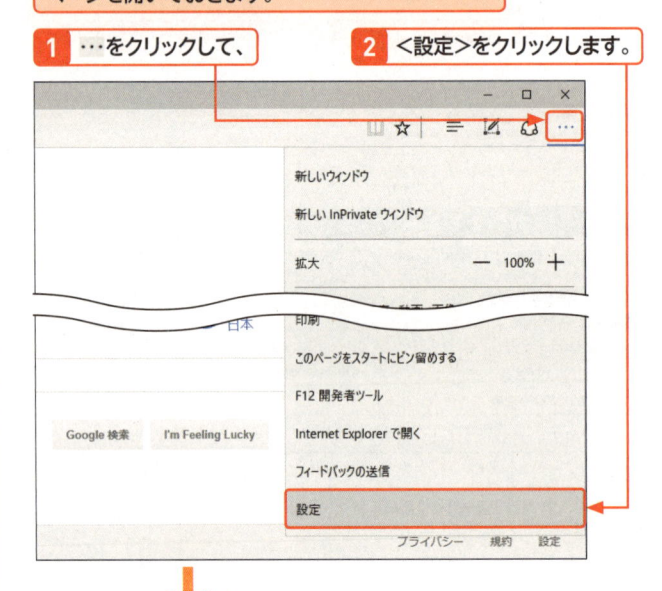

3 下方向へスクロールし、

4 ＜詳細設定を表示＞をクリックします。

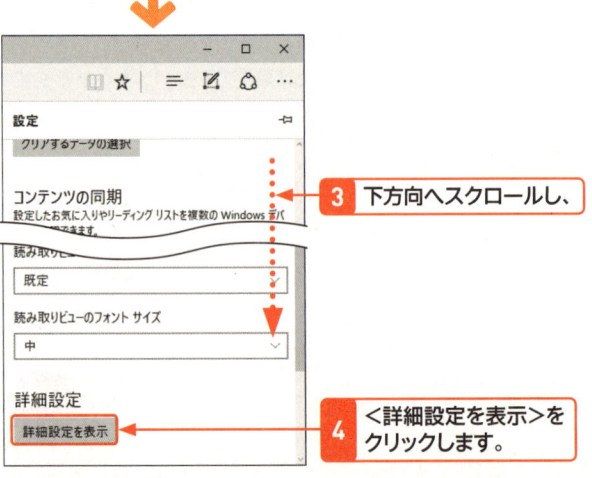

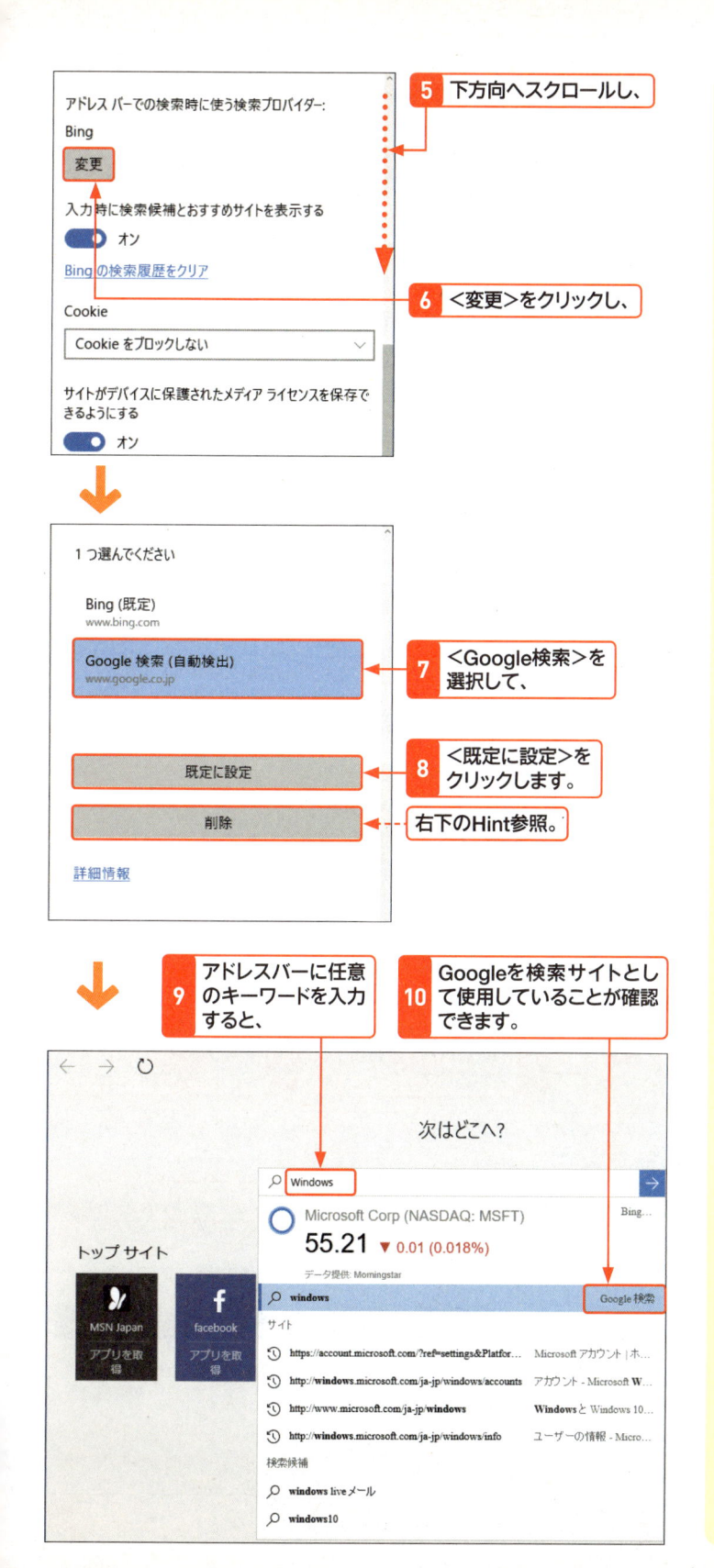

5 下方向へスクロールし、

6 ＜変更＞をクリックし、

7 ＜Google検索＞を選択して、

8 ＜既定に設定＞をクリックします。

右下のHint参照。

9 アドレスバーに任意のキーワードを入力すると、

10 Googleを検索サイトとして使用していることが確認できます。

 **Hint** 追加できる検索プロバイダー

執筆時点では、Google以外にも、Yahoo! JAPAN、Wikipedia日本語版などが検索プロバイダーとして登録可能です。

Memo 登録済み検索プロバイダーを変更する

すでに複数の検索プロバイダーを登録している場合は、手順**7**で複数の検索プロバイダーが表示されます。その際は検索プロバイダーをクリックして選択します。

Hint ＜削除＞を選択した場合

手順**8**の操作で＜削除＞をクリックすると、登録済み検索プロバイダーが削除されます。その際は、一度＜Bing＞を選択して＜既定に設定＞を選択してください。なお「Bing」を削除することはできません。

Section 043 Webページ内の語句を検索する

キーワード ▶ Microsoft Edge（検索機能／ハイライト表示）

Webページ内の語句を検索するには、Microsoft Edgeの検索機能を利用します。テキストボックスにキーワードを入力すれば、マッチする部分をハイライト表示し、マッチしない場合は「検索結果がありません」と示します。そのため、コンテンツの多いページから目的の記事を探し出す際に役立ちます。

1 検索バーから検索を実行する

Hint ショートカットキーで呼び出す

メニューによる操作以外にも、Ctrl キーを押しながら F キーを押すことで、検索機能を呼び出せます。

Hint 大文字小文字を区別しない

たとえば入力時に「Windows」と検索すると「Windows」や「windows」「WINDOWS」といった文字列にマッチします。

Hint ほかのタブは検索対象にならない

Microsoft Edgeで複数のWebページを開いている状態で検索を実行しても、あくまでも検索対象は表示しているWebページに限られます。また、ページ構成をフレームなどで分割表示するWebページの場合、必ずしも画面の上部から順番にハイライト表示させるわけではありません。

Hint 検索バーで示す数値

右の手順ではテキストボックスの右側に「1/5」と表示されていますが、これは「ページ中に5つの文字列がヒットし、1番目を選択している」ことを示します。手順 7 で次の検索結果に移動すると「2/5」と変化します。

1 Microsoft Edgeを起動し、目的のWebページを表示したら、

2 …をクリックして、

3 ＜ページ内の検索＞をクリックします。

4 「検索バー」が表示されるので、

5 テキストボックスにキーワードを入力すると、

6 マッチする部分がハイライト表示されます。

7 ＞をクリックすると、　　　　　　**8** 次の検索結果に移動します。

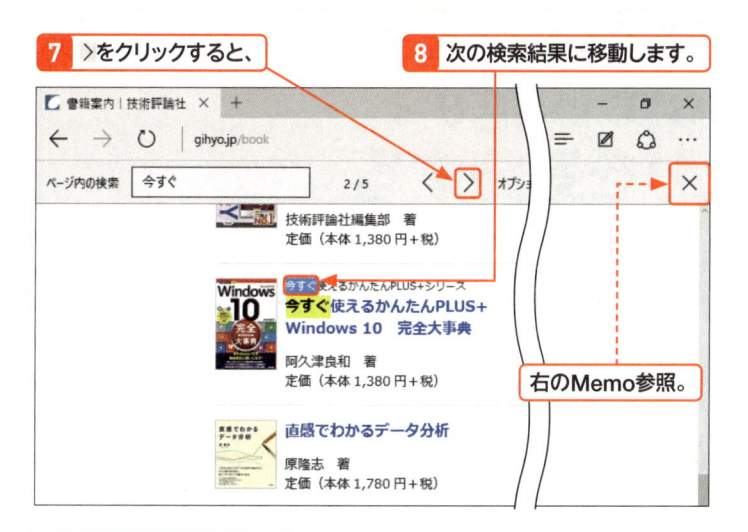

右のMemo参照。

検索を終えて検索バーが不要になった場合は、✕をクリックしてください。

---

2 オプションを活用する

1 ＜オプション＞をクリックし、　　　**2** ＜単語単位で探す＞を
　　　　　　　　　　　　　　　　　　　　　　クリックします。

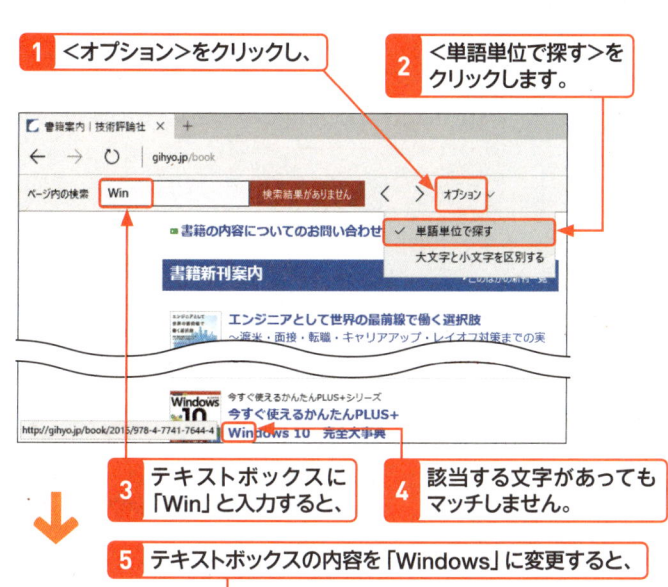

3 テキストボックスに
　　「Win」と入力すると、　　　　　**4** 該当する文字があっても
　　　　　　　　　　　　　　　　　　　マッチしません。

5 テキストボックスの内容を「Windows」に変更すると、

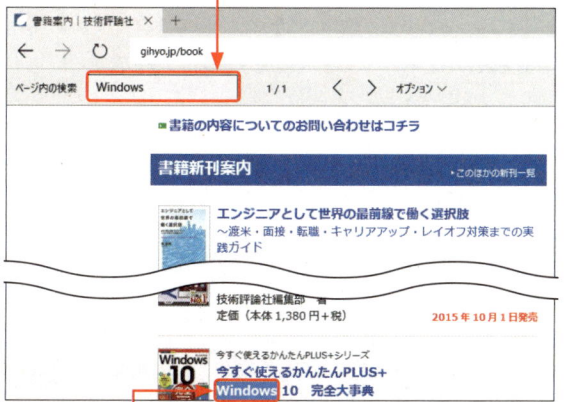

6 今度は正しくマッチします。

Memo 大文字と小文字を
　　　　区別する

左の手順 **2** で＜大文字と小文字を区別する＞を選択すると、テキストボックスに入力したキーワードの大文字小文字を区別します。たとえば「ABC」と入力した場合、「abc」にはマッチしません。

Memo 「単語単位で探す」
　　　　とは？

単語の一部分ではなく完全に一致する単語のみを検索するオプションです。たとえば「Windows 10」という文字列を探したい場合、このオプションが有効な場合は「Win」と途中まで入力してもマッチしません。多くの文字列がマッチしてしまう場合はこのオプションで検索内容を絞り込みましょう。

Section 044

Microsoft Edgeで お気に入りを登録する

キーワード ▶ Microsoft Edge（お気に入り）

よく見るWebページをお気に入りに登録しておくと、そのページを見たいときにかんたんに表示することができます。複雑なURLをメモするよりも、お気に入りに登録したほうが手間が省けて便利です。また、Microsoft Edge起動時に表示されるホームページは、好きなWebページに設定できます。

1 Webページをお気に入りに登録する

Memo お気に入りに登録する

Microsoft Edgeでは、☆をクリックすると、表示中のWebページをお気に入りに登録できます。お気に入りに登録したWebページは、≡をクリックし、☆をクリックして、登録したWebページの名前をクリックすると、表示されます。

Hint フォルダーで分類できる

フォルダーを作成すると、お気に入りをカテゴリごとに管理できます。フォルダーを新規作成してその中にお気に入りを登録したいときは、手順4の画面で＜新しいフォルダーの作成＞をクリックし、フォルダー名を入力して、＜追加＞をクリックします。また、作成済みのフォルダーに登録したいときは、同じく手順4の画面で、＜フォルダー名（ここでは＜お気に入り＞）＞の∨をクリックしてリストから登録先フォルダーを選択します。

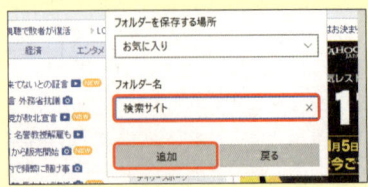

表示中のWebページを登録する

1 登録したいWebページを表示します。

2 ☆をクリックします。

3 ＜お気に入り＞をクリックします。

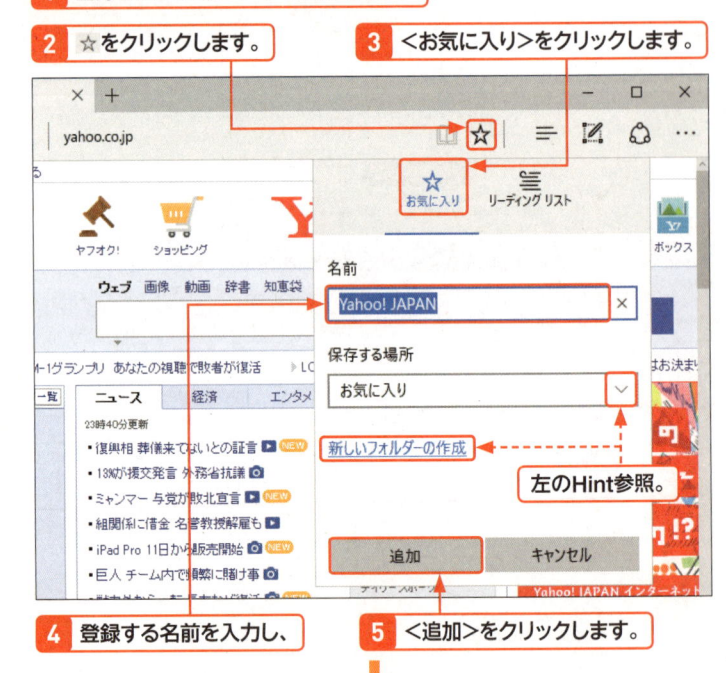

4 登録する名前を入力し、

5 ＜追加＞をクリックします。

6 Webページにお気に入りが登録されると、☆の色が★に変わります。

お気に入りから Web ページを参照する

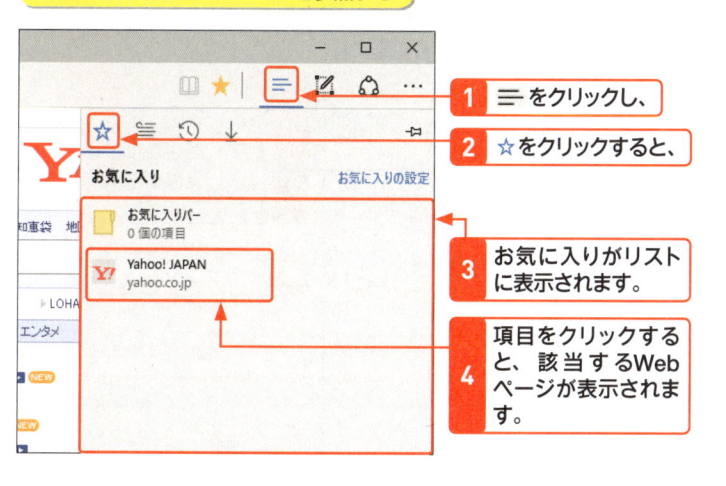

1 ≡ をクリックし、

2 ☆ をクリックすると、

3 お気に入りがリストに表示されます。

4 項目をクリックすると、該当するWebページが表示されます。

> **Memo** ショートカットキーで
> お気に入りを使う
>
> Ctrl キーを押しながら D キーを押すと、前ページの手順 4 の画面が表示され、表示中のWebページをお気に入りに登録できます。また、Ctrl キーを押しながら I キーを押すと、左の手順 3 のお気に入りのリストが表示されます。

2 Webページを手動でホームページに登録する

1 … をクリックし、

2 <設定>をクリックします。

3 <特定のページ>をクリックして、○を◉にします。

4 <MSN>をクリックし、

5 メニューから<カスタム>をクリックします。

> **Key word** ホームページとは？
>
> 「ホームページ」はWebサイトのトップページや、あらゆるWebサイトを総合的に示す場合もありますが、本来はWebブラウザーを起動したときに最初に表示されるWebページを指します。左の手順では、Microsoft Edge を起動したときに最初に表示されるWebページの設定を行っています。

Hint　2つ以上のホームページを登録する

ホームページは、複数登録できます。複数のホームページを登録すると、Microsoft Edge起動時にホームページを異なるタブで開きます。たとえば、2つのホームページを登録した場合、2つのタブが開かれます。

Memo　お気に入りバーをオンにする

お気に入りバーは、アドレスバーの下に配置されるWebページの起動用ボタンの領域です。＜お気に入りバー＞フォルダーに登録されたWebページの起動用ボタンが表示されます。Webページの＜お気に入りバー＞フォルダーへの登録は、P.142の手順 4 の画面で保存する場所に＜お気に入りバー＞を選択することで行えます。お気に入りバーは、通常は　　　　　に設定されていて表示されませんが、この機能を　　　　　にすると、お気に入りバーが表示されます。お気に入りバーは、手順 11 の画面で＜お気に入りの設定の表示＞をクリックし、＜お気に入りバーを表示する＞をクリックして　　　　　に設定すると表示されます。

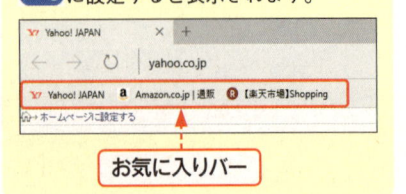

お気に入りバー

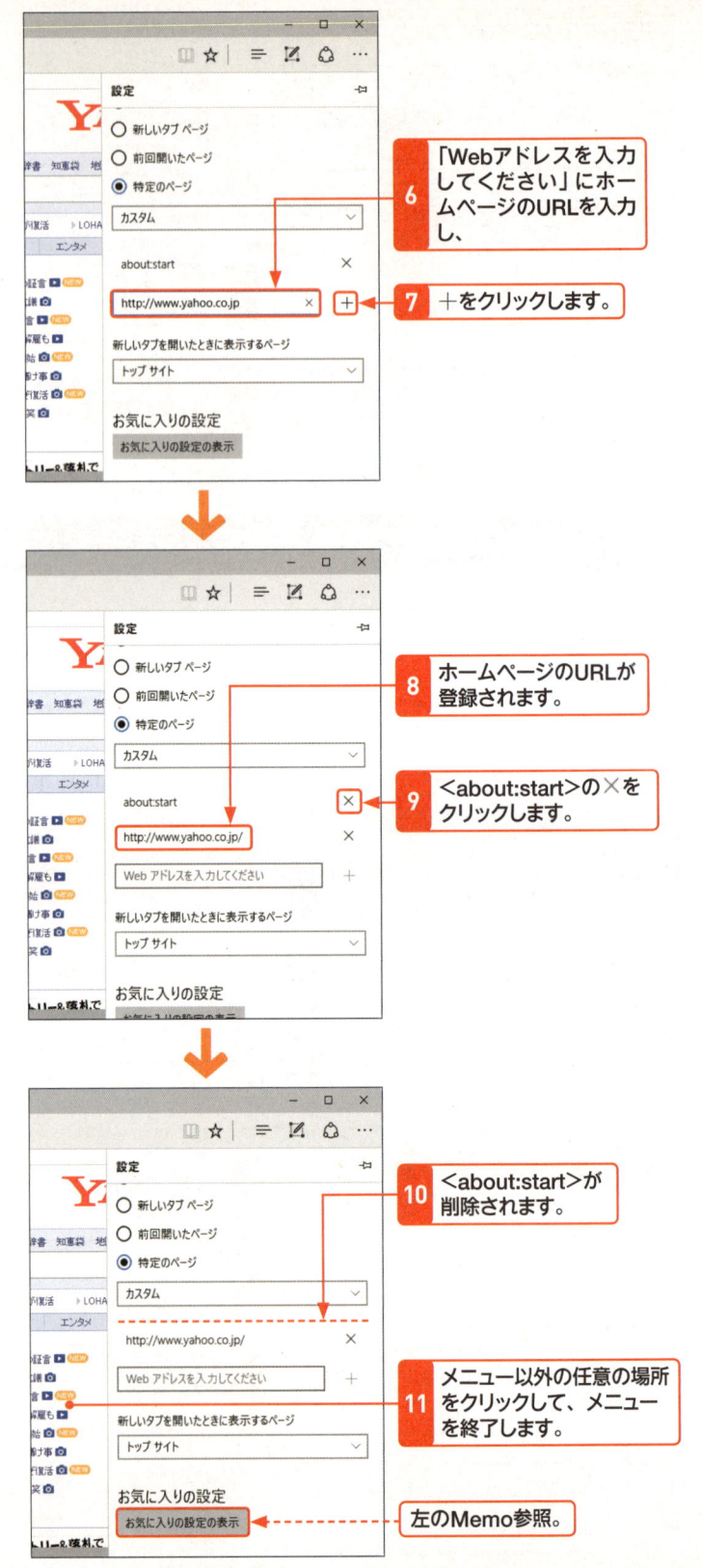

6　「Webアドレスを入力してください」にホームページのURLを入力し、

7　＋をクリックします。

8　ホームページのURLが登録されます。

9　＜about:start＞の×をクリックします。

10　＜about:start＞が削除されます。

11　メニュー以外の任意の場所をクリックして、メニューを終了します。

左のMemo参照。

3 お気に入りを整理する

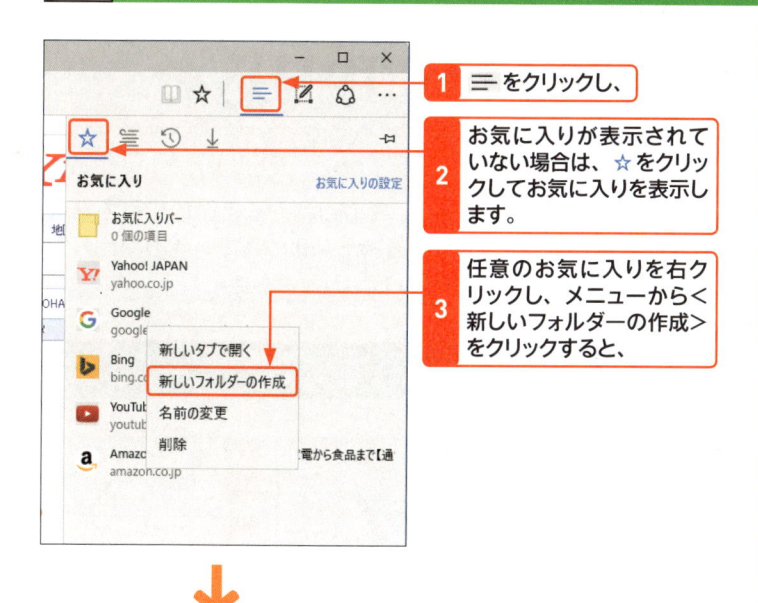

1  をクリックし、

2 お気に入りが表示されていない場合は、☆ をクリックしてお気に入りを表示します。

3 任意のお気に入りを右クリックし、メニューから＜新しいフォルダーの作成＞をクリックすると、

Memo お気に入りを整理する

登録したお気に入りが増え、目的のお気に入りが見つけにくくなったときは、フォルダーごとに分類して整理しましょう。フォルダーの作成は、左の手順で行えます。

4 フォルダーが作成されます。

5 フォルダーの名称を入力し、

6 Enter キーを押します。

Hint 不要なお気に入りを削除する

左の手順 3 の画面で、＜削除＞をクリックすると、そのお気に入りが削除されます。同様にフォルダーも削除できます。

Hint 名前を変更する

お気に入りの名前を変更したいときは、左の手順 3 の画面で＜名前の変更＞をクリックします。

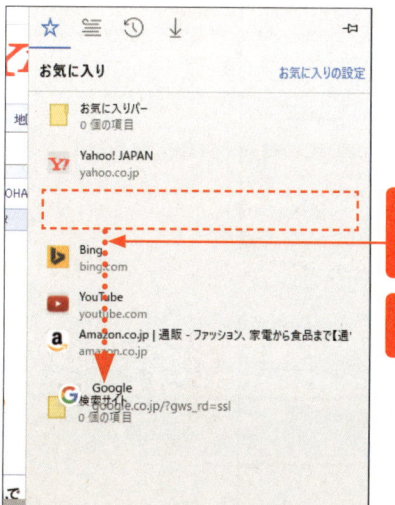

7 移動させたいお気に入りをフォルダーにドラッグ＆ドロップすると、

8 お気に入りがフォルダーに移動します。

Memo お気に入りバーへ登録する

手順 7、8 を参考にお気に入りを＜お気に入り＞バーへ移動し、前ページのMemoで解説している設定を行っておくと、お気に入りバーへ移動したお気に入りの起動ボタンが表示されます。

Section 045 お気に入りを Microsoft Edgeに取り込む

キーワード ▶ Microsoft Edge（お気に入り／インポート）

Microsoft Edge でも使用する お気に入り ですが、残念ながらInternet Explorer から自動的に引き継がれません。しかし、Microsoft Edgeには「お気に入りのインポート」機能が用意されているので、お気に入りを取り込みましょう。また、Internet Explorer 以外では Google Chrome にも対応しています。

1 お気に入りをインポートする

Key word インポートとは？

「インポート」とは、あるアプリのデータを、ほかのアプリに取り込む作業を指します。対義語は「エクスポート」です。

Memo Internet Explorer のお気に入り

ここでは下図のInternet Explorerに登録したお気に入りをインポートしています。正しくインポートされたか、次ページの「2　インポート結果を確認する」を参考に確認してください。

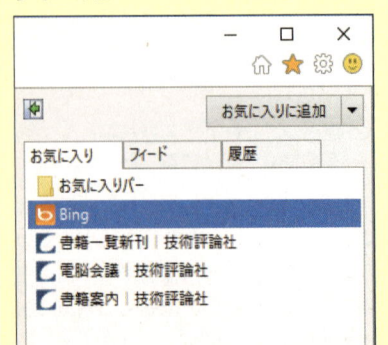

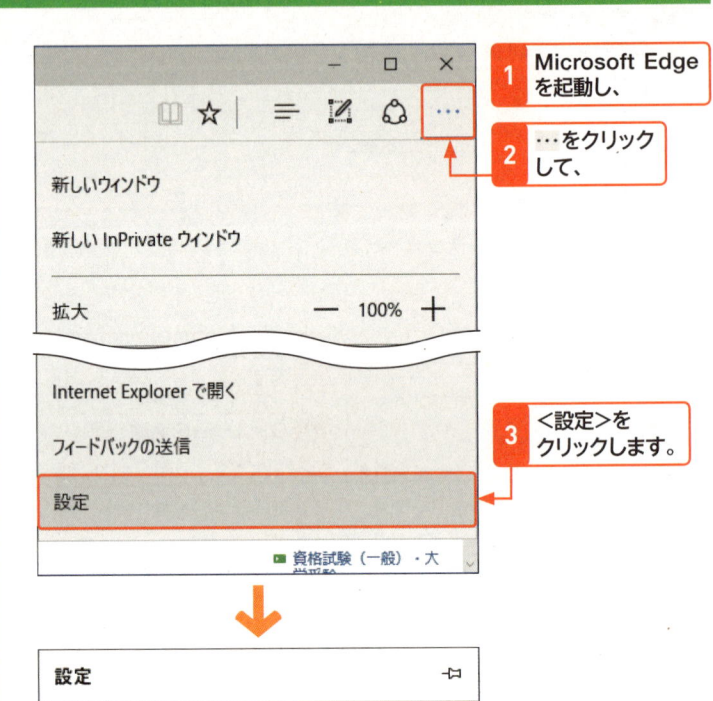

1 Microsoft Edge を起動し、

2 …をクリックして、

3 ＜設定＞をクリックします。

4 ＜お気に入りの設定の表示＞をクリックし、

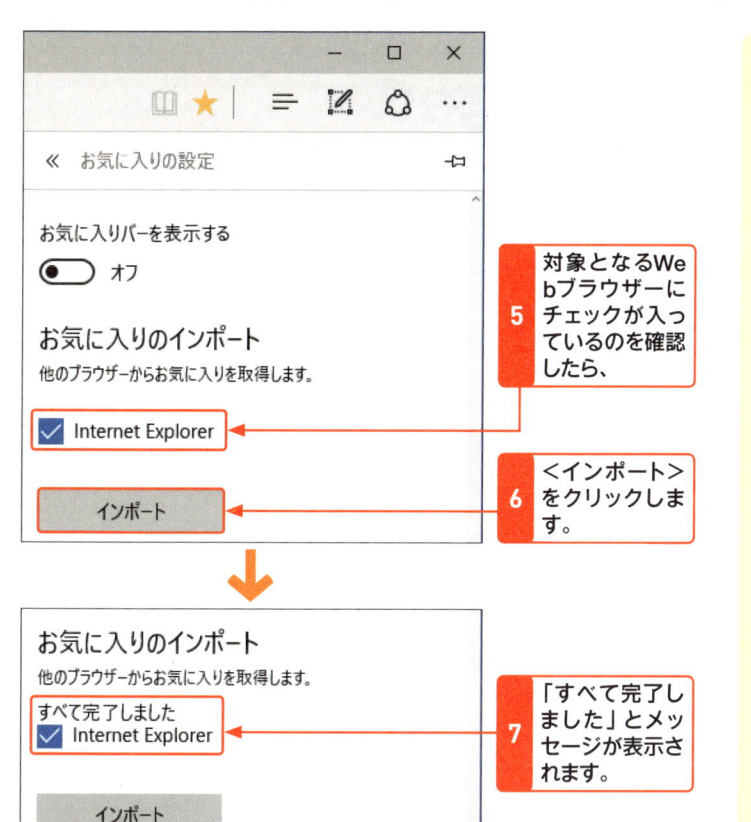

5 対象となるWebブラウザーにチェックが入っているのを確認したら、

6 <インポート>をクリックします。

7 「すべて完了しました」とメッセージが表示されます。

Hint 複数のWebブラウザーがある場合

Google Chromeなど複数のWebブラウザーをインストールしている場合は、左の手順5で対象となるWebブラウザーをクリックして選択します。

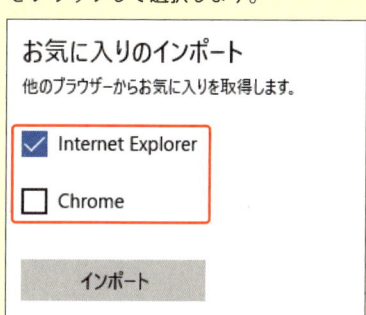

2 インポート結果を確認する

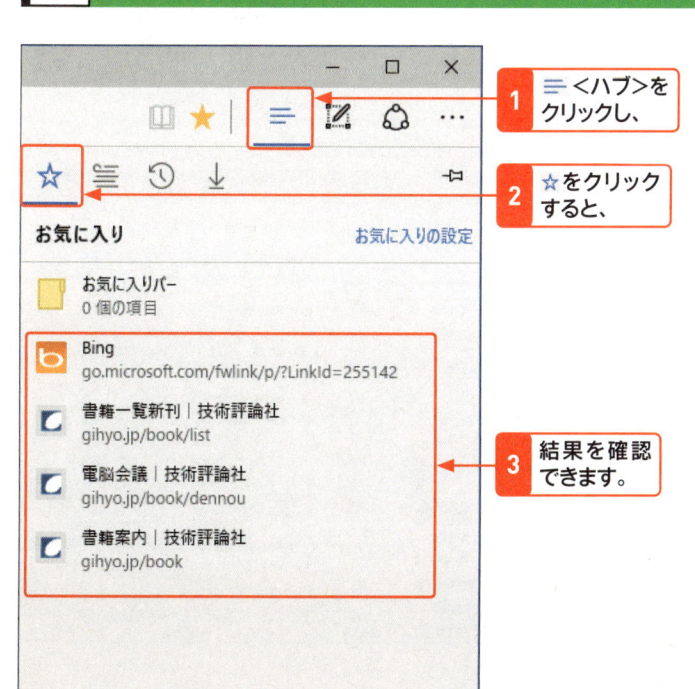

1 ≡ <ハブ>をクリックし、

2 ☆をクリックすると、

3 結果を確認できます。

Hint Mozilla Firefoxを利用している場合

Mozilla Firefoxから直接Microsoft Edgeにお気に入りをインポートすることはできません。その場合は、Mozilla FirefoxのブックマックをInternet Explorerのお気に入りとしてインポートし、その後Internet ExplorerからMicrosoft Edgeにインポートしてください。

Key word ハブとは?

Microsoft Edgeはお気に入りや履歴など各機能を同じユーザーインターフェイス（コンピューターを操作するときの画面表示、ウィンドウなどの操作感）から呼び出すしくみとして「ハブ」を用意しました。

Section
046

Microsoft Edgeの
履歴を表示する

キーワード ▶ Microsoft Edge（履歴）

Microsoft Edgeでは、過去に表示したWebページの情報を記録しておく履歴という機能があります。この機能を利用すると、直近に閲覧したWebページをかんたんな操作で閲覧できます。ここでは、履歴機能を利用してWebページを閲覧する方法を解説します。

1 履歴から目的のWebページを表示する

Memo 履歴の表示について

Webページの閲覧履歴を参照したいときは、右の手順で操作します。閲覧履歴は、当日は、「過去1時間」と「その日の履歴」の2種類で管理され、それ以前は1日単位で管理されています。

1 ≡ をクリックし、

Hint まとめて展開する

すべての履歴を一覧表示したいときは、次ページの手順 4 でカテゴリの上で右クリックし、メニューから＜すべて展開＞をクリックします。また、すべての展開を解除したいときは、「過去1時間」などのカテゴリの上で右クリックし、メニューから＜すべて折りたたむ＞をクリックします。

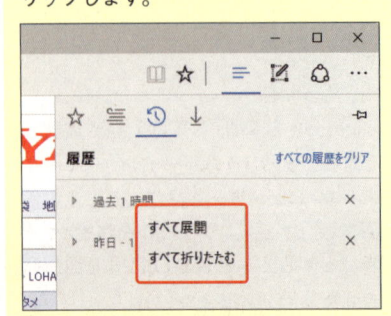

2 ⟳ をクリックします。

3 Webページの閲覧履歴が表示されます。

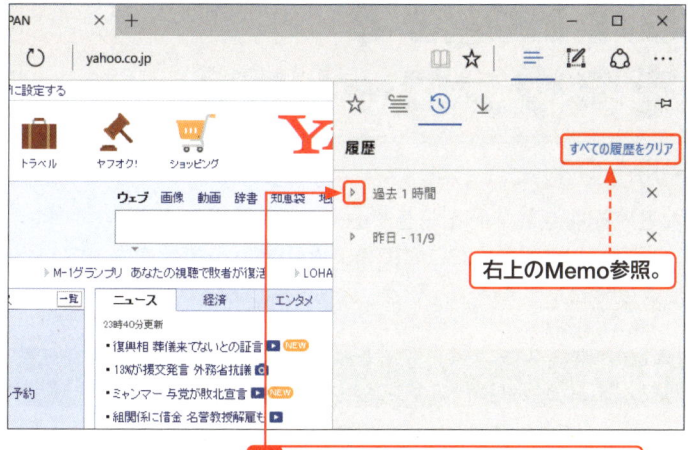

4 確認したい時期の ▷ をクリックします。

5 履歴が表示されます。

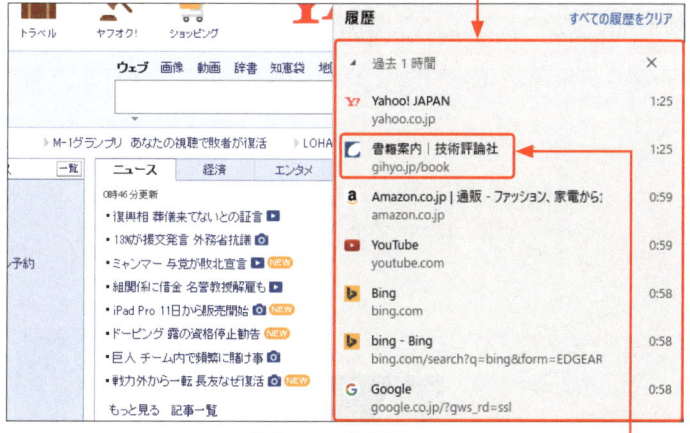

6 閲覧したいページの履歴をクリックします。

7 選択したWebページが表示されます。

Memo 履歴を削除する

すべての履歴を削除したいときは、＜すべての履歴をクリア＞をクリックし、「閲覧データの消去」画面が表示されたら、＜閲覧の履歴＞にチェックが入っている状態で、＜クリア＞をクリックします。また、履歴を1つ1つ削除したいときは、削除したい履歴を右クリックし、メニューから、＜削除＞をクリックします。

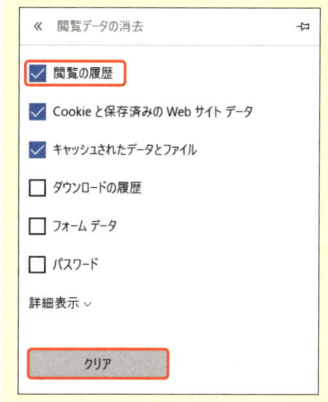

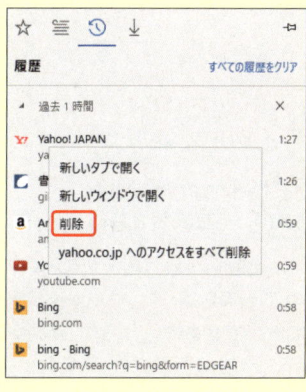

Memo 履歴をタブやウィンドウで開く

閲覧したい履歴を右クリックし、メニューから、＜新しいタブで開く＞をクリックすると、選択した履歴のWebページを新しいタブで表示します。また、＜新しいウィンドウで開く＞をクリックすると、新しいウィンドウを開いて、選択した履歴のWebページを表示します。

Section 047 Microsoft Edgeで ファイルをダウンロードする

キーワード ▶ Microsoft Edge（ダウンロード）

Webページでは、文書ファイルやアプリなどが配布されている場合があります。これらを入手し、利用しているパソコンに保存することをダウンロードと呼びます。ここでは、Webページで配布されているファイルをパソコンにダウンロードする方法を解説します。

1 ファイルをダウンロードする

Memo ファイルの ダウンロードについて

ここでは、アプリのインストーラー（アプリをインストールするためのソフトウェア）のダウンロード方法を紹介しています。

Memo PDFファイルは 直接表示される

Microsoft Edgeでは、WebページでリンクされているPDFファイルは直接表示することができます。

Memo ダウンロードの キャンセルは？

ファイルのダウンロードをキャンセルしたいときは、右の手順 4 の画面で＜キャンセル＞をクリックします。また、＜一時停止＞をクリックすると、ダウンロードを一時中断できます。

ここでは、iTunesのインストーラーをダウンロードする方法を例に説明しています。

1 Microsoft Edgeを起動し、

2 「https://www.apple.com/jp/itunes/download/」を開きます。

3 ＜今すぐダウンロード＞をクリックします。

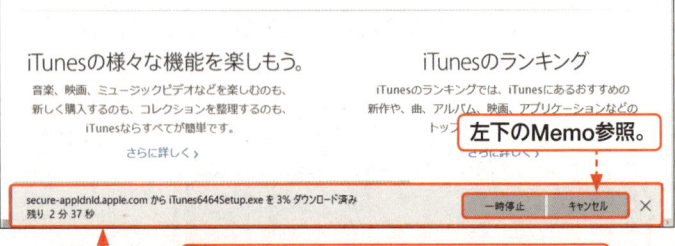

左下のMemo参照。

4 ダウンロードが開始され、ダウンロードの 進捗状況が表示されます。

150

5 ダウンロードが完了したら、

iTunesをダウンロードしていただき、
ありがとうございました。

iTunesのダウンロードが完了しました。デジタルエンターテインメントを集めて、あなたのMac、Windowsパソコン、iPod、iPhone、iPadで思いきり楽しめるようになるまで、あとほんの数ステップです。

iTunesの様々な機能を楽しもう。

音楽、映画、ミュージックビデオなどを楽しむのも、新しく購入するのも、コレクションを管理するのも、iTunesならすべてが簡単です。

さらに詳しく ›

iTunesのランキング

右上のMemo参照。

iTunesのランキ...
新作や、曲、アル...
トップ100を紹介しています。

さらに詳しく ›

iTunes6464Setup.exe のダウンロードが終了しました。　　　実行　フォルダーを開く　ダウンロードの表示　×

6 ＜ダウンロードの表示＞をクリックします。

7 ダウンロードしたファイルがリストに表示されます。

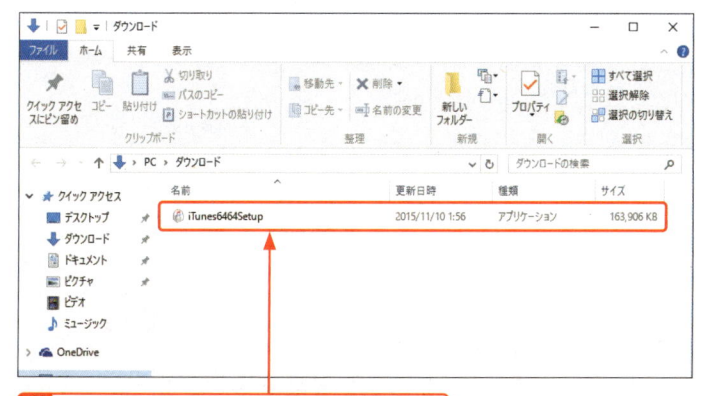

Watch　　　TV

ダウンロード　　　フォルダーを開く

過去のダウンロード　　　すべてクリア

ンロードして
とうございま

iTunes6464Setup.exe
secure-appldnld.apple.com　×

8 ＜フォルダーを開く＞をクリックすると、

9 エクスプローラーが起動して、

ファイル　ホーム　共有　表示

クイック アクセ　コピー　貼り付け　　切り取り　パスのコピー　ショートカットの貼り付け
スにピン留め
クリップボード

移動先　削除　名前の変更　新しいフォルダー
整理　　新規

プロパティ
開く

すべて選択　選択解除　選択の切り替え
選択

PC › ダウンロード　　　　　ダウンロードの検索

クイック アクセス
デスクトップ
ダウンロード
ドキュメント
ピクチャ
ビデオ
ミュージック
OneDrive

名前　　　　　　　更新日時　　　　　種類　　　　　　サイズ

iTunes6464Setup　　2015/11/10 1:56　アプリケーション　163,906 KB

10 ダウンロードしたファイルを確認できます。

Memo　文書ファイルの場合などは表示が変わる

文書ファイルや写真などをダウンロードするときは、手順**6**の＜実行＞のボタンが以下の画面のように＜開く＞に変わります。このボタンをクリックすると、対応したアプリで自動的にそのファイルが開きます。

Office_365_Education_K12_Catalog_2262-NOC3.pdf はダウンロードを終了しました。　　開く　ダウンロードの表示　×

Memo　ハブでダウンロード状況を確認する

ダウンロードの進捗状況は、ハブで確認することもできます。Microsoft Edgeの画面下に表示されるダウンロードの進捗状況表示画面を閉じてしまったり、複数のファイルを同時にダウンロードしているときなど、ハブでダウンロードの進捗状況を確認したいときは、≡ をクリックし、↓ をクリックします。

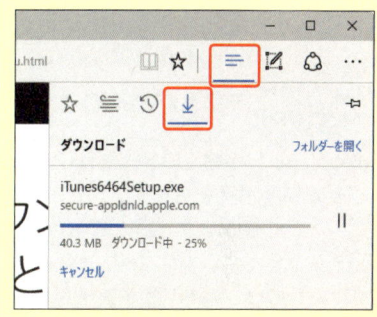

u.html

ダウンロード　　　フォルダーを開く

iTunes6464Setup.exe
secure-appldnld.apple.com

40.3 MB　ダウンロード中 - 25%
キャンセル

Memo　ファイルの実行について

手順**6**の画面で＜実行＞をクリックすると、ダウンロードしたファイルをすぐに実行（インストール）します。

Memo　ファイルの保存先について

ダウンロードしたファイルは、通常「ダウンロード」フォルダーに保存されます。

Section 048 Webノートを利用する

Microsoft Edgeには、閲覧中のWebページに手書きのメモや注釈、コメントなどを入力して保存する「Webノート」という機能が搭載されています。この機能を利用すると、気になったWebページにコメントを付けて保存し、あとから閲覧できます。ここでは、Webノートの使い方を解説します。

1 Webノートを作成する

Key word Webノートとは？

「Webノート」は、閲覧中のWebページを保存しておき、好きなときに閲覧できる機能です。手書きのメモを書き込んだり、コメントを付けたりすることもできます。

Hint 手書きメモを付ける

Webノートに手書きのメモを付けたいときは、🔽や🔽をクリックしてから、文字などを書きます。🔽が通常色で、🔽が蛍光色です。また、タッチ対応のパソコンの場合のみ、🔘が表示されます。画面をドラッグしたり、拡大／縮小したりする際は🔘をタップしてから操作します。また、編集機能をいったん解除する場合もこのボタンをタップします。なお、タッチ対応でないパソコンでは、手順3で🔽が選択された状態で編集モードに切り替わります。

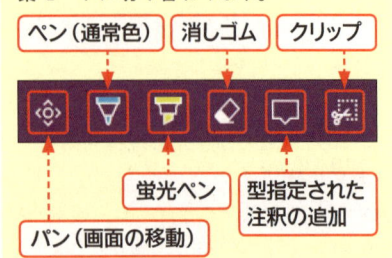

ペン（通常色）　消しゴム　クリップ

パン（画面の移動）　蛍光ペン　型指定された注釈の追加

1 Webノートで保存したいWebページを開きます。

2 🖊をクリックします。

3 Webノートの編集モードに切り替わります。

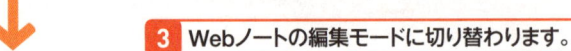

左のHint参照。

2 Webノートにメモや注釈を付ける

1 ▽または♈（ここでは、♈）をクリックすると（あらかじめ▽が選択されて表示される場合があります）、

2 手書きのメモが書けます。

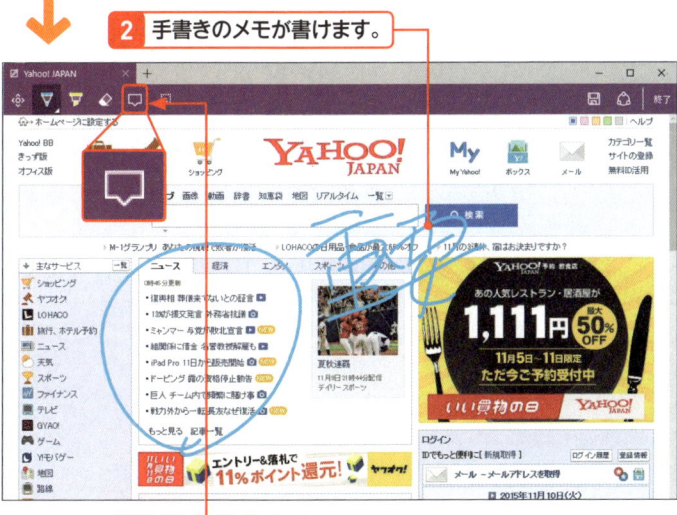

3 をクリックし、

4 注釈を挿入したい場所をクリックすると、注釈欄が表示されるので、

5 注釈を入力します。

Memo 文字のサイズなどを変更する

▽や♈を選択した状態でボタンの右下に◢が表示されているときに、再度クリックすると、色や太さを変更できます。

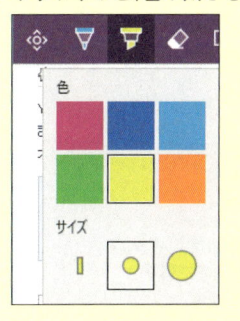

Hint 手書きメモを消去したい

間違った入力を行った場合など手書きメモを消去したいときは、をクリックし、消去したい部分をドラッグします。

Memo 注釈を付ける

Webノートの注釈を付けたいときはをクリックしてから、注釈を付けたい場所をクリックすると注釈の入力欄が配置されます。配置した注釈を削除したいときは、注釈欄内にある🗑をクリックします。

第1章
Windows 10
をはじめよう

第2章
Windows 10
の基本操作

第3章
ファイルと
フォルダー

第4章
インター
ネット

第5章
Outlook.
com

第6章
「メール」
アプリ

第7章
アプリの
利用

第8章
データの
活用

第9章
音楽/写真
/ビデオ

第10章
タブレット
モード

第11章
文字入力
の基本

第12章
＜スタート＞
メニュー

第13章
デスクトップ

第14章
ネットワーク

第15章
管理/
セキュリティ

第16章
周辺機器
の利用

第17章
トラブル
対策

第18章
インストール
と初期設定

付　録

3 Webノートを保存する

Memo Webノートを保存する

Webノートの保存は、右の手順で行います。また、右の手順では、手書きメモや注釈を付けたWebノートを保存していますが、手書きメモや注釈を付けなくてもWebノートとして保存できます。

Memo Webノートの保存先は?

Webノートは、「お気に入り」または「リーディングリスト」に保存できます。右の手順では「お気に入り」に保存しています。

Hint 保存したWebノートを閲覧する

保存したWebノートは、Webページを開いている際に 🗐 をクリックし、保存先（右の手順では、☆＜お気に入り＞）をクリックするとリストに表示されます。リストから読み出したいWebノートをクリックすると、そのWebノートが表示されます。

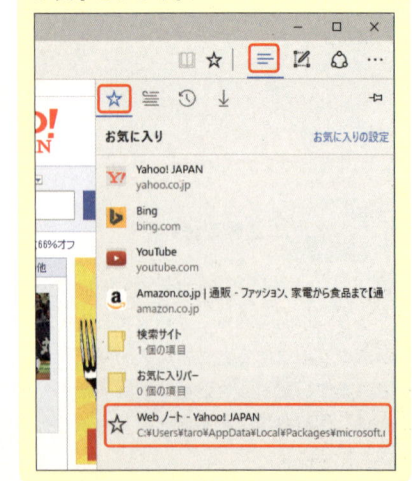

1 🖫 をクリックし、

2 保存先（ここでは、＜お気に入り＞）をクリックし、

3 名前を入力します。

4 ＜追加＞をクリックすると、

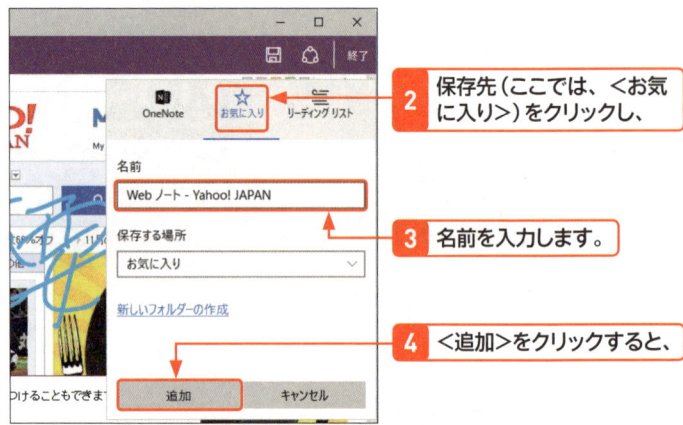

5 表示中のWebページが保存されます。

6 ＜終了＞をクリックします。

4 Webページを印刷する

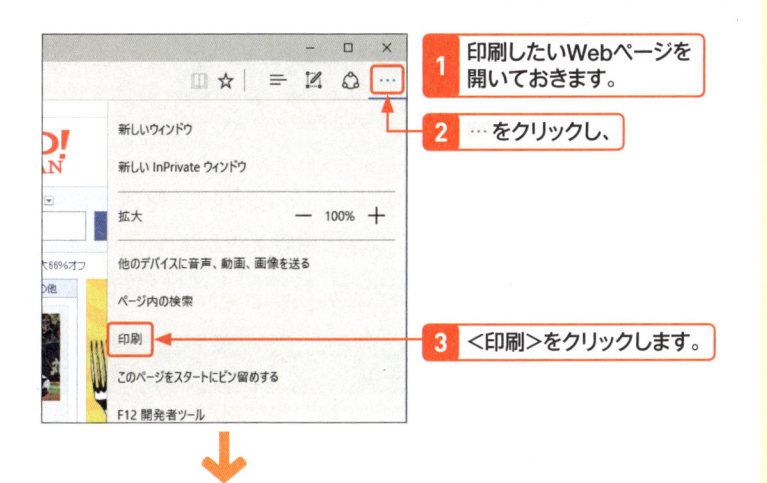

1 印刷したいWebページを開いておきます。

2 …をクリックし、

3 <印刷>をクリックします。

Memo Microsoft Edgeで印刷を行う

プリンターで印刷を行うには、あらかじめWindows 10でプリンターが利用できるように設定されている必要があります。Microsoft Edgeで閲覧中のWebページを印刷するときは、左の手順で行います。

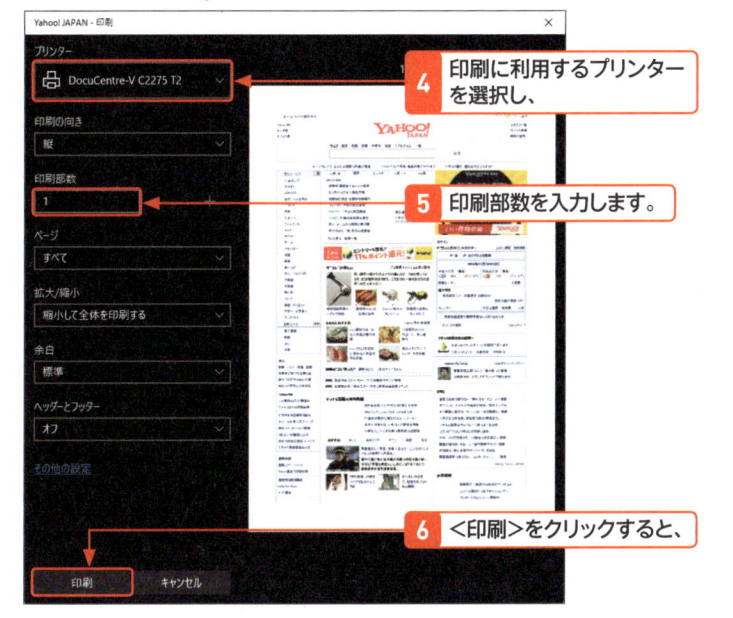

4 印刷に利用するプリンターを選択し、

5 印刷部数を入力します。

6 <印刷>をクリックすると、

7 Webページが印刷されます。

Hint 印刷できない場合は？

印刷できない場合は、手順 **4** の画面でリストに利用しているプリンターが表示されません。そのときは、プリンターの取り扱い説明書などを参考に、Windows 10でプリンターが利用できるように設定してください。

Memo PDFで保存する

上の手順 **4** でプリンターに＜Microsoft Print to PDF＞を選択して、印刷を実行すると閲覧中のWebページをPDFファイルとして保存できます。

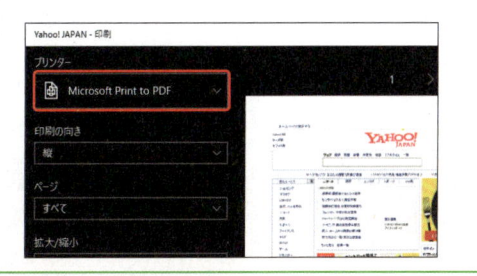

Section 049

Microsoft Edgeで リーディングリストを利用する

キーワード ▶ Microsoft Edge (リーディングリスト)

時間があるときにあとからゆっくりWebページを読みたいときは「リーディングリスト」を使いましょう。Microsoft Edgeでは「ハブ」の機能の1つとして、このリーディングリスト機能を組み込んでいます。インターネット環境がない場面でじっくりとWebページの記事を読むことができるので便利です。

1 リーディングリストに登録する

Key word リーディングリストとは？

あとから読みたい記事を見つけたときに使うのが「リーディングリスト」です。リーディングリストに登録しておくことで、インターネットに接続することなく、電車やバスによる移動中、また、週末の空いた時間など、都合のよいときに記事を読むことができます。

Memo 名前は変更できる

リーディングリストの名前は、Webページのタイトルタグなどを参考にして、自動的に「名前」欄に名前が表示されます。変更したい場合はテキストボックスの文字列を書き換えてください。なお、あとから変更することはできません。

Microsoft Edgeを起動し、登録するWebページを開いておきます。

1 ☆をクリックし、

2 ＜リーディングリスト＞をクリックして、

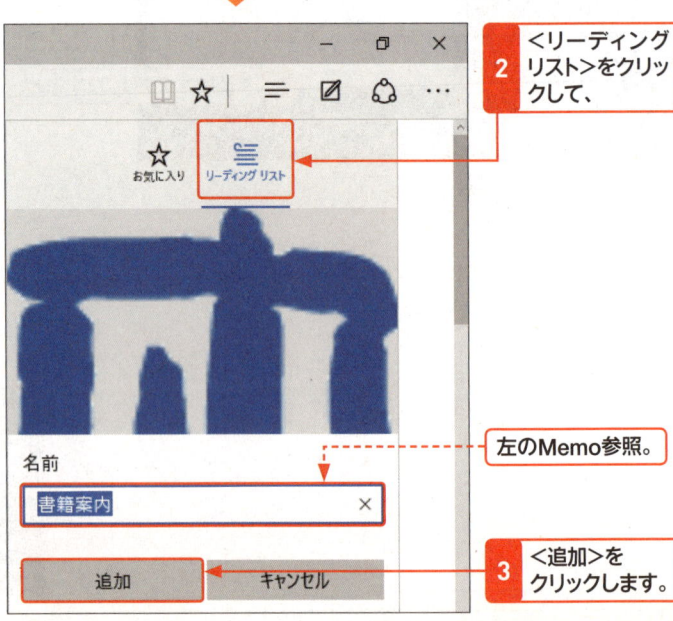

左のMemo参照。

名前

書籍案内

3 ＜追加＞をクリックします。

追加　キャンセル

2 リーディングリストを参照する

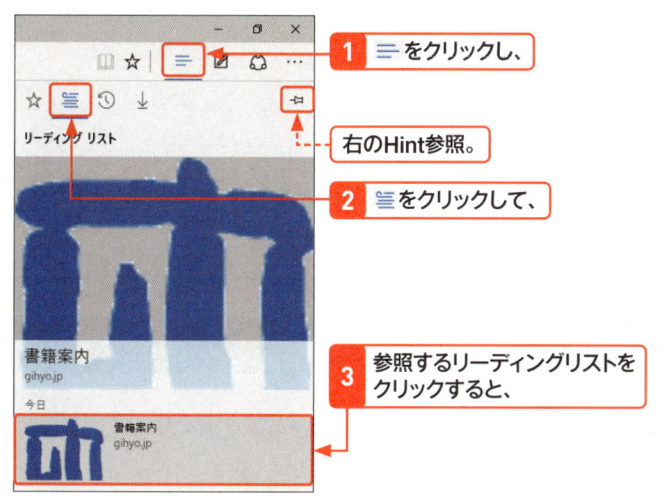

1 ≡ をクリックし、

右のHint参照。

2 ≡ をクリックして、

3 参照するリーディングリストをクリックすると、

4 登録したWebページが表示されます。

Hint ハブをピン留めする

ここでの操作を行うと、通常はハブの設定画面は閉じてしまいますが、右上の ⊣ をクリックすれば、常にハブを表示させることができます。また、消す場合は ✕ をクリックします。

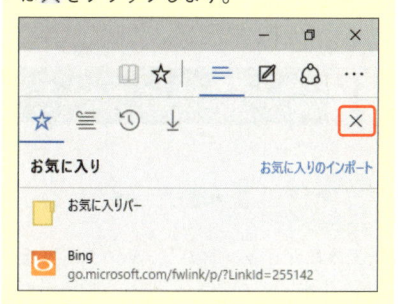

3 リーディングリストを削除する

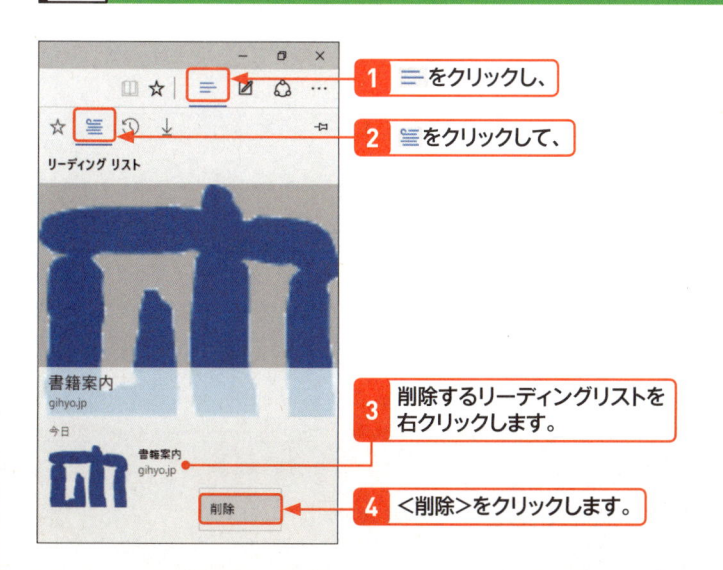

1 ≡ をクリックし、

2 ≡ をクリックして、

3 削除するリーディングリストを右クリックします。

4 ＜削除＞をクリックします。

Hint リーディングリストのメリット

あとからWebを参照するという点からみると「お気に入り」と大きな違いはないように思われますが、リーディングリストはP.158で紹介する「読み取りビュー」の状態を保存できるため、広告や不要なコンテンツを省いた状態で再びWebページを閲覧できます。

Section 050

Microsoft Edgeでページを読みやすくする

キーワード ▶ Microsoft Edge（読み取りビュー）

多くのWebページは過多なバナーリンクや広告が多く、目的の内容が読みにくくなる傾向があります。そんな場合は「読み取りビュー」がおすすめです。また、ディスプレイが小さくて文字が読みにくい場合は、フォントサイズを変更することで文字を大きくできます。

1 読み取りビューを使う

Key word 読み取りビューとは？

「読み取りビュー」とは、Webページ上から記事に直接関係ない部分を非表示にし、文字の大きさのバランスを取って表示する機能です。ただし、記事に相当しないと判断されたWebページでは、この〈読み取りビュー〉のアイコンはクリックできません。なお、デスクトップアプリ版Internet Explorer 11にも、この機能は搭載されています。

Hint 読み取りビューの設定を変更する

…→〈設定〉の順にクリックすると表示される「読み取り」欄で、読み取りビューのスタイル（配色）や、フォントサイズを変更できます。

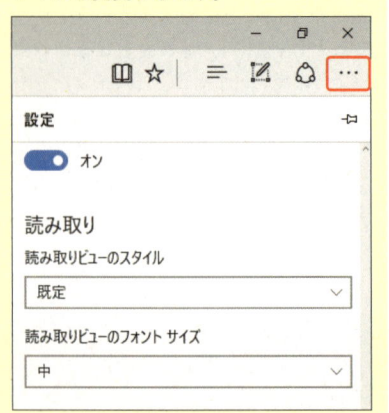

Microsoft Edgeを起動し、表示を切り替えるWebページを開いておきます。

1 📖 をクリックすると、

⬇

2 表示形式が切り替わります。

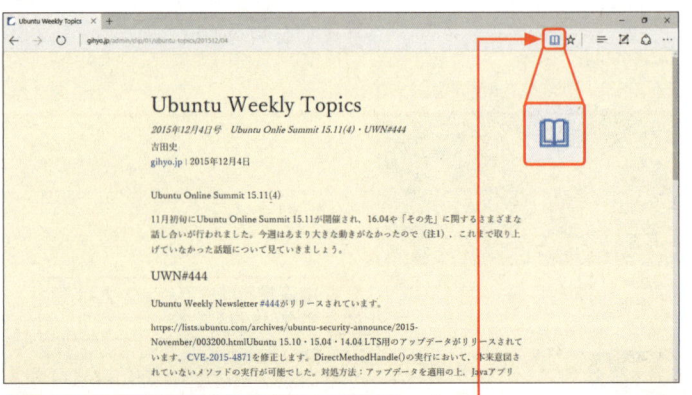

3 終了するには再度 📖 をクリックします。

4 表示形式がもとに戻りました。

2 Webページのフォントサイズを変更する

1 …をクリックし、

2 ＋をクリックすると、

3 Webページのフォントサイズが拡大します。

Memo フォントサイズとは？

ディスプレイに映し出される文字のサイズを指します。Microsoft Edge では個別にフォントの種類やサイズを指定できませんが、ここでの操作で一時的にフォントサイズを変更できます。

Hint フォントサイズをもとに戻す

フォントサイズをもとに戻すには－をクリックします。なお、フォントサイズは10から1000%まで縮小／拡大でき、「100%」が標準サイズとなります。

Hint ほかの方法でフォントサイズを変更する

フォントサイズは以下のキー操作で変更することができます。

アクション	キー
大きくする	Ctrl ＋ ＋ キー／ Ctrl ＋マウスのホイールボタンを上に回す。
小さくする	Ctrl ＋ － キー／ Ctrl ＋マウスのホイールボタンを下に回す。
標準に戻す	Ctrl ＋ 0 キーを押す。

Section 051 履歴を残さずWebページを閲覧する

キーワード ▶ Microsoft Edge (InPrivate ブラウズ)

Web ブラウジングの情報は逐一保存されるため、あとから閲覧情報を削除するつもりのWebサイトを開く場合は、事前に「InPrivate ブラウズ」機能を使って閲覧するとよいでしょう。各種閲覧情報を閲覧終了時に破棄するため、個人情報の漏えいを一段と抑止することができます。

1 InPrivate ブラウズを開始する

Memo Webブラウジング

Web ブラウザーを用いて任意のWebサイトを閲覧する操作を指します。

1 Microsoft Edgeを起動し、

2 …をクリックして、

3 <新しいInPrivateウィンドウ>をクリックすると、

4 InPrivateブラウズが別ウィンドウで開きます。

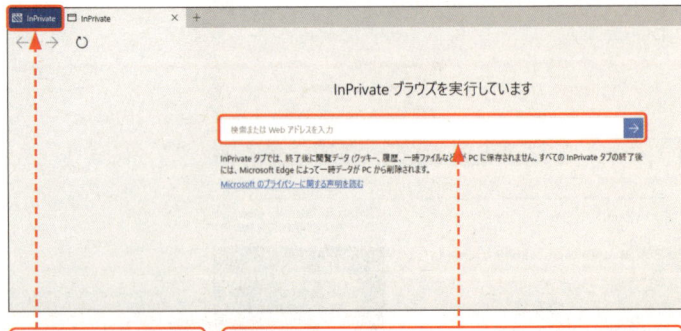

InPrivateブラウズ時に表示されます。

検索キーワード/Webアドレスを入力し、➡をクリックすることで、Webブラウジングが行えます。

Memo InPrivateブラウズで破棄する閲覧情報

InPrivate ブラウズ終了時に破棄される閲覧情報は、Cookie (クッキー)、一時ファイル、閲覧履歴、フォームに入力した文字列やパスワード、アドレスバーや検索フォームのオートコンプリート情報、フィッシング対策キャッシュです。

2 InPrivate ブラウズで Web サイトを開く

1 任意のWebサイトに
アクセスし、

2 その後、✕ をクリック
します。

3 もとのMicrosoft Edge
に戻り、

4 ☰ をクリックして、

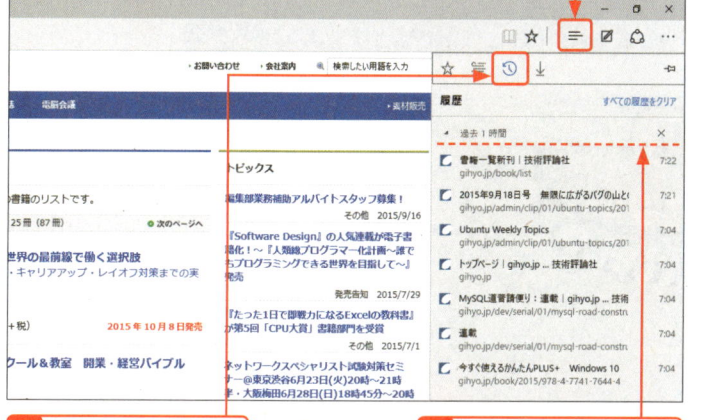

5 ⟳ をクリックすると、

6 閲覧履歴が残っていな
いことを確認できます。

Hint ショートカットキーでInPri
vate ブラウズを開始する

InPrivate ブラウズはメニューの＜新し
いInPrivate ウィンドウ＞をクリックす
る以外に、Ctrl キーと Shift キーを押し
ながら P キーを押しても開始できます。

Memo InPrivate ブラウズに
ついて

InPrivate ブラウズを開始すると、「InPri
vate フィルター」が動作します。この機
能によって、Webサイトが訪問したユー
ザーの情報収集を防ぎ、広告や地図、
Web解析ツールなどのコンテンツに利
用されることはなくなります。ただし、
訪れたWebサイトよってはページが正
しく表示されないこともあります。

Memo InPrivete機能を使う場面とは？

訪問先のパソコンを借りて自社のWebサイトにアクセスす
る場合や、自宅のパソコンでも自分のアカウントでサイン
せず、家族のアカウントでサインインしたままWebブラ
ウジングする際、InPrivete機能が役立ちます。また、不審
なWebサイトにアクセスする際もInPriveteを有効にしてお
けば、各種情報は終了時に破棄されるため安心です。なお、
気に入ったWebサイトは、お気に入りに登録しておきましょ
う。InPrivete有効時に登録したお気に入りは、InPrivate ブ
ラウズで開いたページを閉じても削除されません。

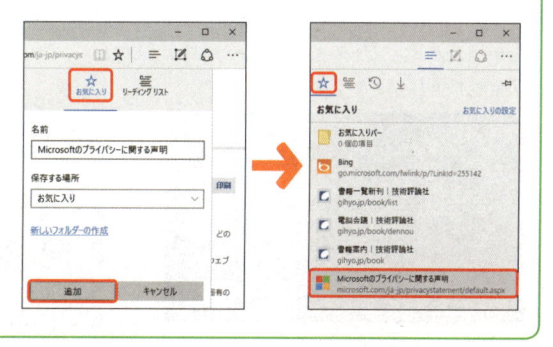

Section 052 Webページを＜スタート＞メニューにピン留めする

キーワード ▶ Microsoft Edge（ピン留め）

毎日アクセスするWebページはお気に入りなどよりも、＜スタート＞メニューへピン留めしましょう。Microsoft Edge を起動してお気に入りを参照するよりも、すばやくいつものWebページを開くことができます。ただし、Internet Explorer 11 で使えていたジャンプリストは使用できません。

1 Webページをピン留めする

Key word ピン留めとは？

「ピン留め」とは、主に＜スタート＞メニューのタイル領域やタスクバー上にアプリを貼り付けることを指しますが、Windows 10の＜スタート＞メニューはWebサイトのピン留めも可能です。

Memo ジャンプリストが使えない理由

以前のWindowsではタスクバー上のボタンを右クリックなどすることで、ポップアップするメニューから、アクセス頻度の高いファイルやWebサイトを参照する「ジャンプリスト」を表示させることができました。しかし、Windows 10では基本的に使用できません。これは、Windows 10の＜スタート＞メニューが新たなしくみで再構築されており、古いしくみをサポートしていないからです。ただし、今後の改善でMicrosoft Edgeはジャンプリストをサポートする可能性はあります。

1 Microsoft Edgeを起動し、ピン留めするWebページを開いたら、

2 …をクリックします。

3 ＜このページをスタートにピン留めする＞をクリックします。

4 ＜はい＞をクリックします。

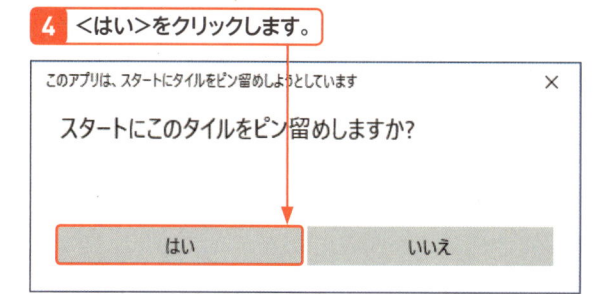

2 ピン留めを確認／ピン留めを外す

1 ⊞をクリックすると、 **2** ピン留めされたことを確認できます。

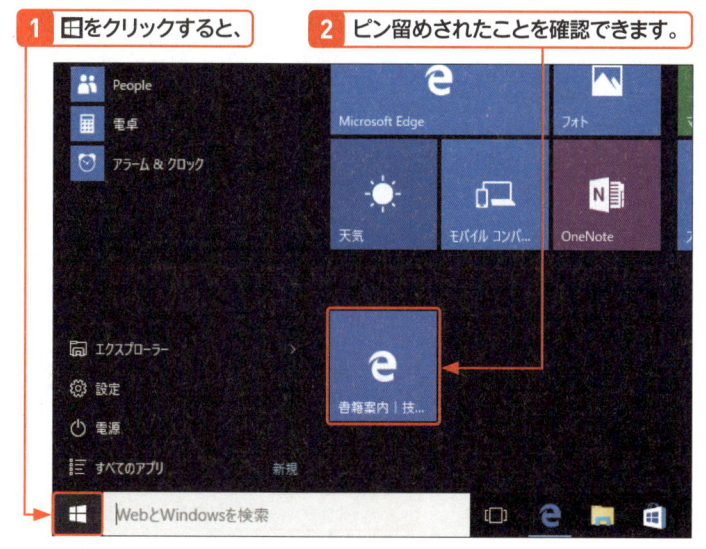

3 不要になった場合は右クリックし、

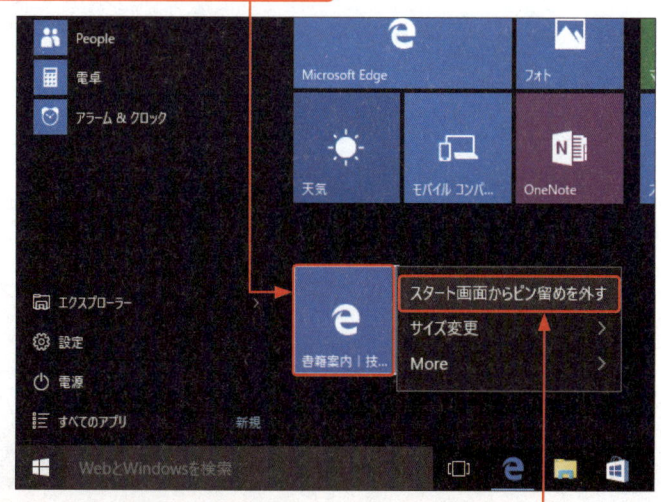

4 ＜スタート画面からピン留めを外す＞をクリックします。

Stepup インターネットショートカットファイルを作成する

Microsoft Edge では、Internet Explorer 11のようにアドレスバーのアイコンをドラッグ＆ドロップすることでインターネットショートカットファイルを作成することはできません。ただし、デスクトップの何もないところを右クリック→＜新規作成＞→＜ショートカット＞の順にクリックし、Web サイトのURLを＜項目の場所を入力してください＞で指定すれば、Microsoft Edge で使用できるインターネットショートカットファイルを作成できます。

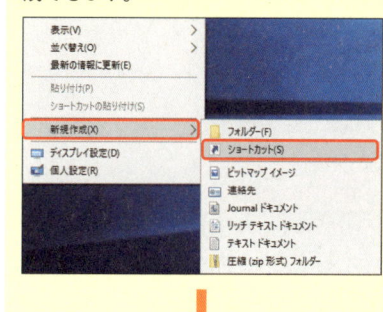

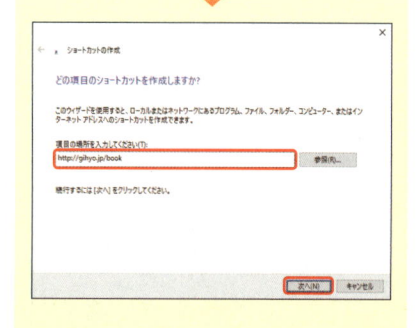

Section 053 Internet Explorer 11を利用する

キーワード ▶ Internet Explorer 11（画面構成）

ここでは、Windows 10に付属しているもう1つのWebブラウザー、Internet Explorer 11の起動方法や画面構成について解説します。Internet Explorer 11は、Microsoft Edgeで正常に表示できないWebページを閲覧するときなどに利用します。

1 Internet Explorer 11 を起動する

Memo Internet Explorer 11とは?

Internet Explorer 11は、Microsoft Edge同様にWindows 10に標準搭載されているWebブラウザーです。本書では、Internet Explorer 11をIEと表記しています。

Hint 設定画面が表示されたときは?

IEを初めて起動したときは、以下のような設定画面が表示されます。この画面が表示されたときは、<お勧めのセキュリティと互換性の設定を使う>の○をクリックして、◉にし、<OK>ボタンをクリックしてください。

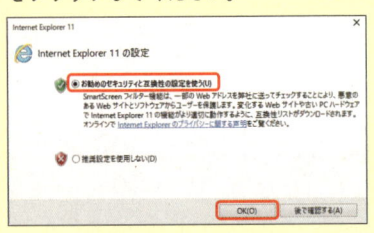

1 田をクリックし、

2 <すべてのアプリ>をクリックします。

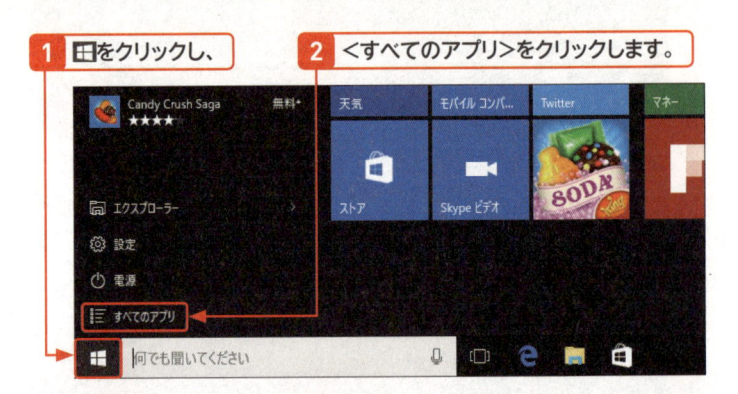

3 <Windowsアクセサリ>をクリックし、

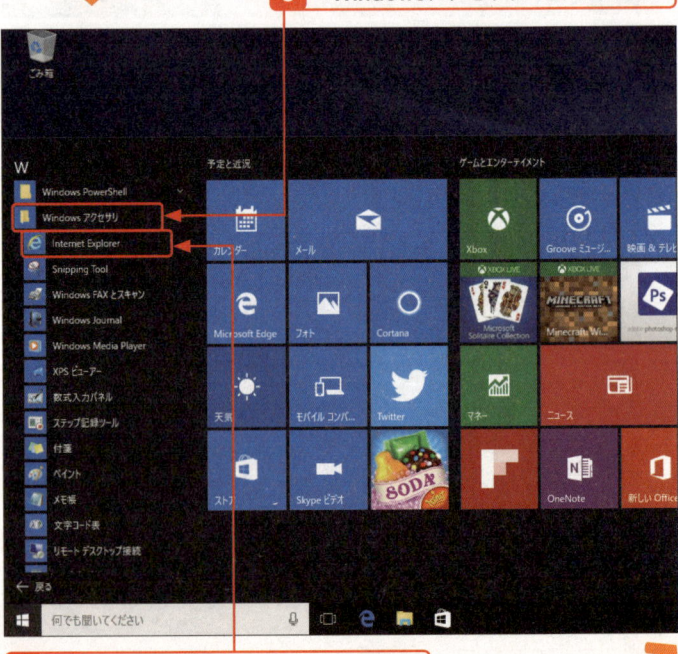

4 <Internet Explorer>をクリックします。

5 Internet Explorerが起動します。

4
Section 053
Internet Explorer 11を利用する

 **Hint** タスクバーからも起動
できる場合がある

ここでは、＜スタート＞メニューから
IEを起動する方法を紹介していますが、
タスクバーにIEの起動用ボタンがある
ときは、タスクバーから起動を行うこと
もできます。

Memo Internet Explorer 11の画面構成

IEは、IEの利用を前提に作成されたWebサイトの閲覧や業務用アプリの利用など、過去との互換性を維持するために
用意されています。通常、Webページの閲覧は、Microsoft Edgeの利用で問題はありませんが、Microsoft Edgeでは
正常に表示できないWebページを閲覧するときなどに利用するとよいでしょう。なお、Microsoft Edgeで正常に表示
できないWebページがIEで必ず表示できるわけでは点には注意してください。

＜進む＞／＜戻る＞ボタン　　アドレスバー／検索ボックス　　タブ　　新規タブ

http://www.msn.com/ja-jp/?　🔍 ▾ 🔁

＜検索＞ボタン　　＜最新の情報に更新＞ボタン

＜ホーム＞ボタン　　＜お気に入り＞ボタン　　＜ツール＞ボタン

Internet Explorer 11（画面構成）

Section 054

Internet Explorer 11で Webページを閲覧する

キーワード ▶ Internet Explorer 11（閲覧）

ここでは、Windows 10に付属しているもう1つのWebブラウザー、Internet Explorer 11を利用して Webページを閲覧してみましょう。Internet Explorer 11でURLを入力してWebページを開いたり、 興味のある情報を表示したりする方法を解説します。

1 URLを入力してWebページを開く

Hint 接続先候補の表示について

IEのアドレスバーは、URLの一部を入力すると、接続先URLの候補が自動的に表示されます。候補をクリックすると、目的のWebページが表示されます。

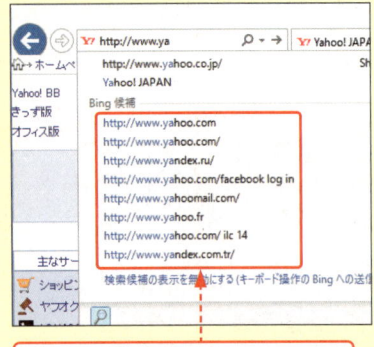

URLの一部を入力すると、接続先URLの候補が表示されます。

Memo ドメイン部分が強調表示される

IEのアドレスバーに表示されるURLは、ドメイン名（ここでは、「yahoo.co.jp」）の部分が太字で強調表示されます。これは有名サイトに偽造して詐欺を行う「フィッシング詐欺」を未然に防ぐためのものです。

1 IE11を起動しておきます。

2 ＜アドレスバー＞をクリックすると、URLを入力できる状態になるので、

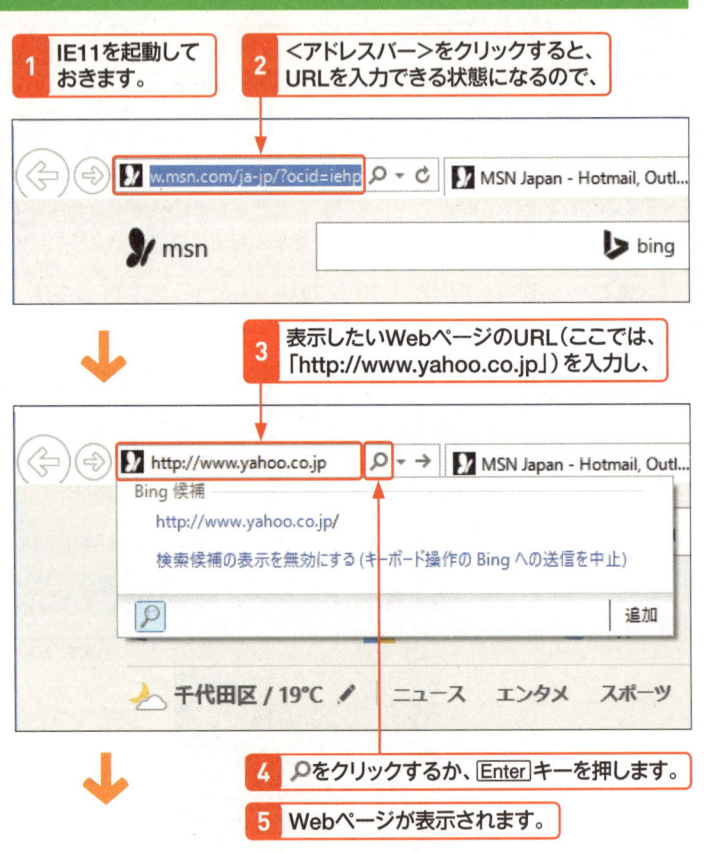

3 表示したいWebページのURL（ここでは、「http://www.yahoo.co.jp」）を入力し、

4 🔍をクリックするか、Enterキーを押します。

5 Webページが表示されます。

左下のMemo参照。

166

2 興味のあるリンクをたどる

1 興味があるリンク（ここでは、＜記事一覧＞）をクリックします。

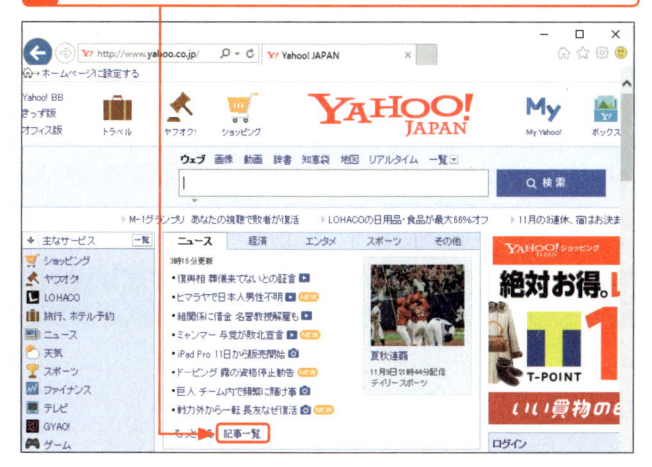

2 選択したリンクのWebページが表示されます。

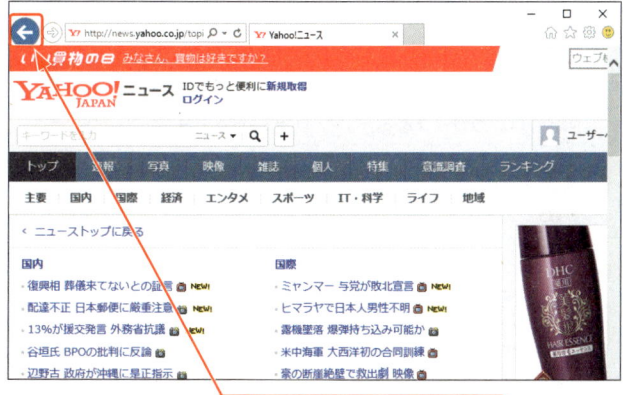

3 ＜戻る＞をクリックすると、

4 直前に表示していたWebページに戻ります。

Hint ＜戻る＞／＜進む＞ボタンを活用する

IEの左上には、＜戻る＞ボタンと＜進む＞ボタンがあります。＜戻る＞ボタンをクリックすると、直前に見ていたWebページに戻り、＜進む＞ボタンをクリックすると、1つ先のWebページに進みます。また、各ボタンをクリックし続けると、それまで閲覧していたWebページの一覧が表示されます。ここから閲覧したいWebページを直接選択できます。

＜戻る＞／＜進む＞ボタン

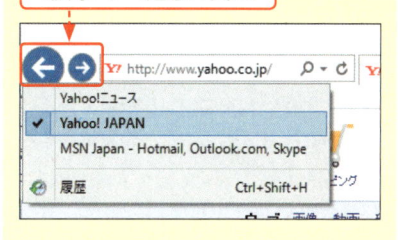

Memo コマンドバーの＜ホーム＞について

コマンドバーにある＜ホーム＞をクリックすると、「ホームページ」として登録してあるWebページが表示されます。

Memo リンクにも種類がある

リンクによっては、クリックすると、自動的に新しいタブやウィンドウで開くように設定されている場合があります。

Section 055

Internet Explorer 11を便利に活用する

キーワード ▶ Internet Explorer 11（検索／お気に入り）

ここでは、Internet Explorer 11 を利用してインターネット検索を行ったり、お気に入りの登録やファイルのダウンロードを行ったりする方法を解説します。IE11 は、Windows 10 のメインブラウザーではなくサブで利用する位置付けの Web ブラウザーですが、高機能な Web ブラウザーです。

1 インターネット検索を行う

Memo アドレスバーにキーワードを入力する

IEの検索は、Microsoft Edge と同様に、アドレスバーに検索キーワードを入力することで行います。また、複数のキーワードをスペースで区切ると、検索結果を絞り込めます。

Memo 利用される検索プロバイダー

IEで利用される検索プロバイダーは、通常マイクロソフトが提供している「Bing（ビング）」に設定されています。この設定はIEに検索アドオン（追加ソフトウェア）をインストールすることで変更できます。アドオンをインストールするには、アドレスバーの▼をクリックし、＜追加＞をクリックしてアドオンの一覧ページを表示します。インストールしたいアドオンの＜Internet Explorer に追加＞をクリックすると、アドオンがIEにインストールされます。

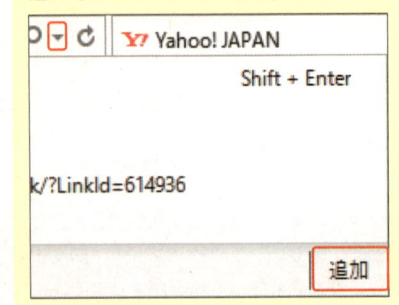

1 アドレスバーをクリックし、

2 検索したいキーワード（ここでは、「ニュース」）を入力して、

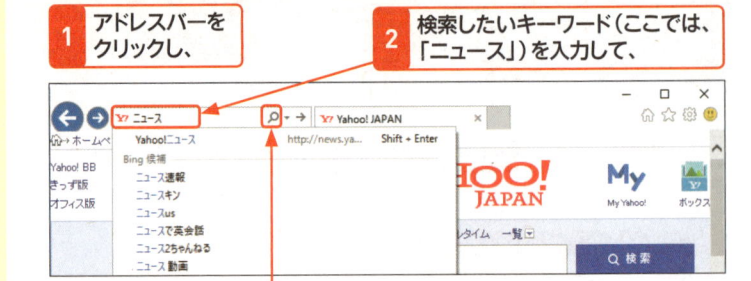

3 🔍をクリックするか、Enter キーを押します。

4 検索結果が表示されます。

5 表示したい項目のリンクをクリックすると、

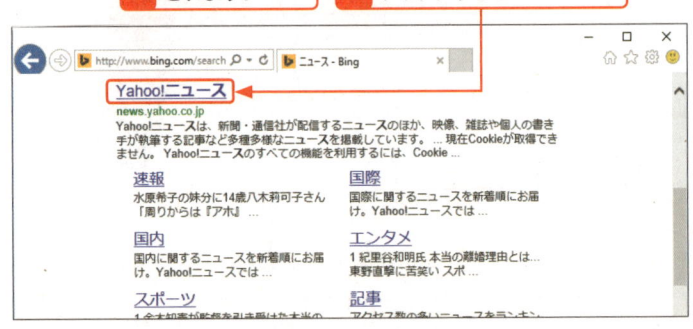

6 目的のWebページが表示されます。

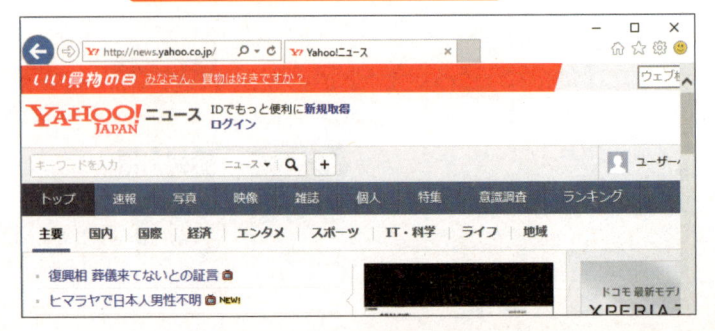

2 IEにお気に入りを登録する

1 お気に入りに登録したいWebページを表示します。

2 ☆をクリックします。

3 ＜お気に入りに追加＞をクリックします。

右のHint参照。

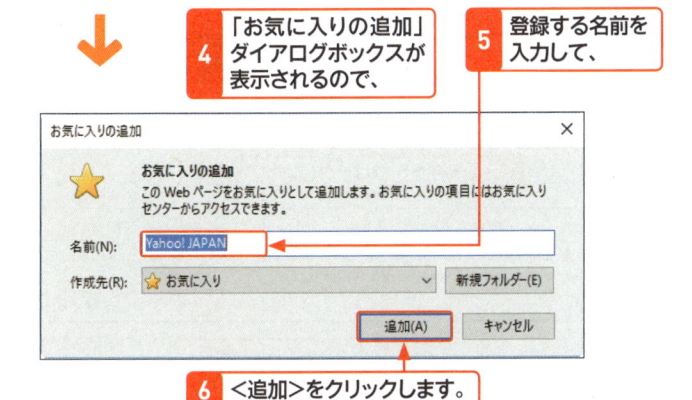

4 「お気に入りの追加」ダイアログボックスが表示されるので、

5 登録する名前を入力して、

お気に入りの追加

この Web ページをお気に入りとして追加します。お気に入りの項目にはお気に入りセンターからアクセスできます。

名前(N): Yahoo! JAPAN

作成先(R): ☆ お気に入り

新規フォルダー(E)

追加(A)　キャンセル

6 ＜追加＞をクリックします。

7 ☆をクリックして、

8 ＜お気に入り＞をクリックすると、

9 Webページがお気に入りのリストに登録されていることが確認できます。

10 クリックすると、登録したWebページが開きます。

Memo　お気に入りから削除する

お気に入りに登録したWebページを削除したいときは、手順 **8** の画面でお気に入りのリストに登録されたWebページを右クリックし、＜削除＞をクリックします。

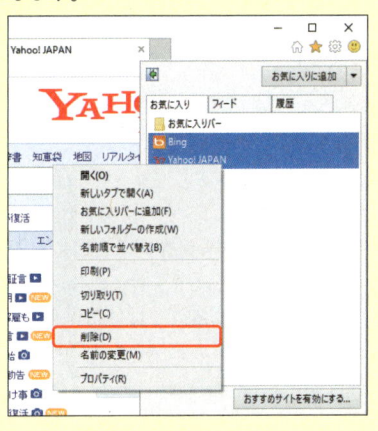

Hint　履歴を閲覧する

IEは、過去に表示したWebページの情報を履歴として記録しています。通常は、過去20日間の履歴が記録されます。手順 **3** の画面で＜履歴＞をクリックすると、履歴が日付順に表示されます。閲覧したい日付をクリックすると、閲覧したWebページのリンクが表示され、リンクをクリックするとそのWebページが表示されます。

第1章 Windows 10 をはじめよう
第2章 Windows 10 の基本操作
第3章 ファイルと フォルダー
第4章 インター ネット
第5章 Outlook. com
第6章 「メール」 アプリ
第7章 アプリの 利用
第8章 データの 活用
第9章 音楽/写真 /ビデオ
第10章 タブレット モード
第11章 文字入力 の基本
第12章 <スタート> メニュー
第13章 デスクトップ
第14章 ネットワーク
第15章 管理・ セキュリティ
第16章 周辺機器 の利用
第17章 トラブル 対策
第18章 インストール と初期設定
付録

3 ファイルをダウンロードする

Memo ファイルの ダウンロードについて

ここでは、アプリのインストーラー（アプリをインストールするためのソフトウェア）のダウンロード方法を解説していますが、文書ファイルなども同じ手順でダウンロードできます。

Hint 名前を付けて保存

通常、ダウンロードしたファイルは、「ダウンロード」フォルダーに保存されます。手順 3 の画面で<保存>の右横の ▼ をクリックし、<名前を付けて保存>をクリックすると、「名前を付けて保存」ダイアログボックスが表示されるので、保存先とファイル名を設定し、<保存>をクリックします。

Memo ファイルの実行

手順 3 または 5 の画面で<実行>をクリックすると、ダウンロードしたファイルをすぐに実行します。なお、文書ファイルや写真などをダウンロードするときは、<実行>のボタンが<ファイルを開く>に変わります（下のHint参照）。

Hint 文書ファイルの場合

文書ファイルや写真などをダウンロードするときは、<実行>のボタンが以下の画面のように<ファイルを開く>に変わります。このボタンをクリックすると、ファイルをダウンロード後、自動的に対応したアプリでファイルが開きます。

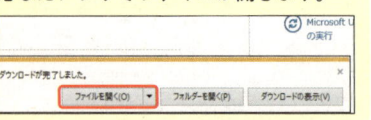

ここでは、iTunesのインストーラーをダウンロードする方法を例に説明しています。

1 IEを起動し、「https://www.apple.com/jp/itunes/download/」を表示します。

2 <今すぐダウンロード>をクリックします。

3 <保存>をクリックします。

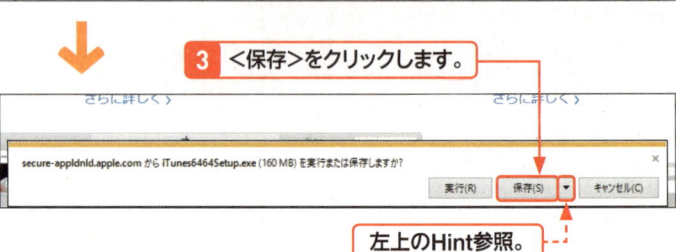

左上のHint参照。

4 ダウンロードが完了したら、

5 <フォルダーを開く>をクリックします。

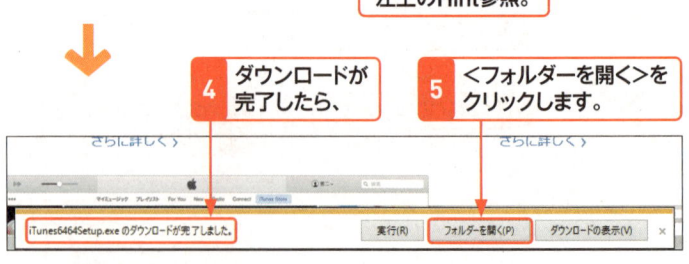

6 ダウンロードしたファイルを確認できます。

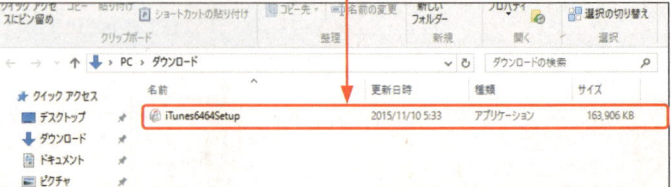

📝 Memo　Microsoft Edgeで表示できないWebページをIE11で表示する

Microsoft Edgeで正常に表示できないWebページもIE11を利用すると表示できる場合があります。IE11は、＜スタート＞メニューから表示できるほか、Microsoft Edgeから表示中のWebページをIE11で開くこともできます。ここでは、Microsoft Edgeで表示中のWebページをIE11で開く手順を解説します。なお、Microsoft Edgeで正常に表示できないWebページが、IE11ですべて表示できるわけではありません。IE11を利用しても表示できないWebページは、Mozilla FireFoxやGoogle ChromeなどほかのWebブラウザーを利用して閲覧を試みてください。

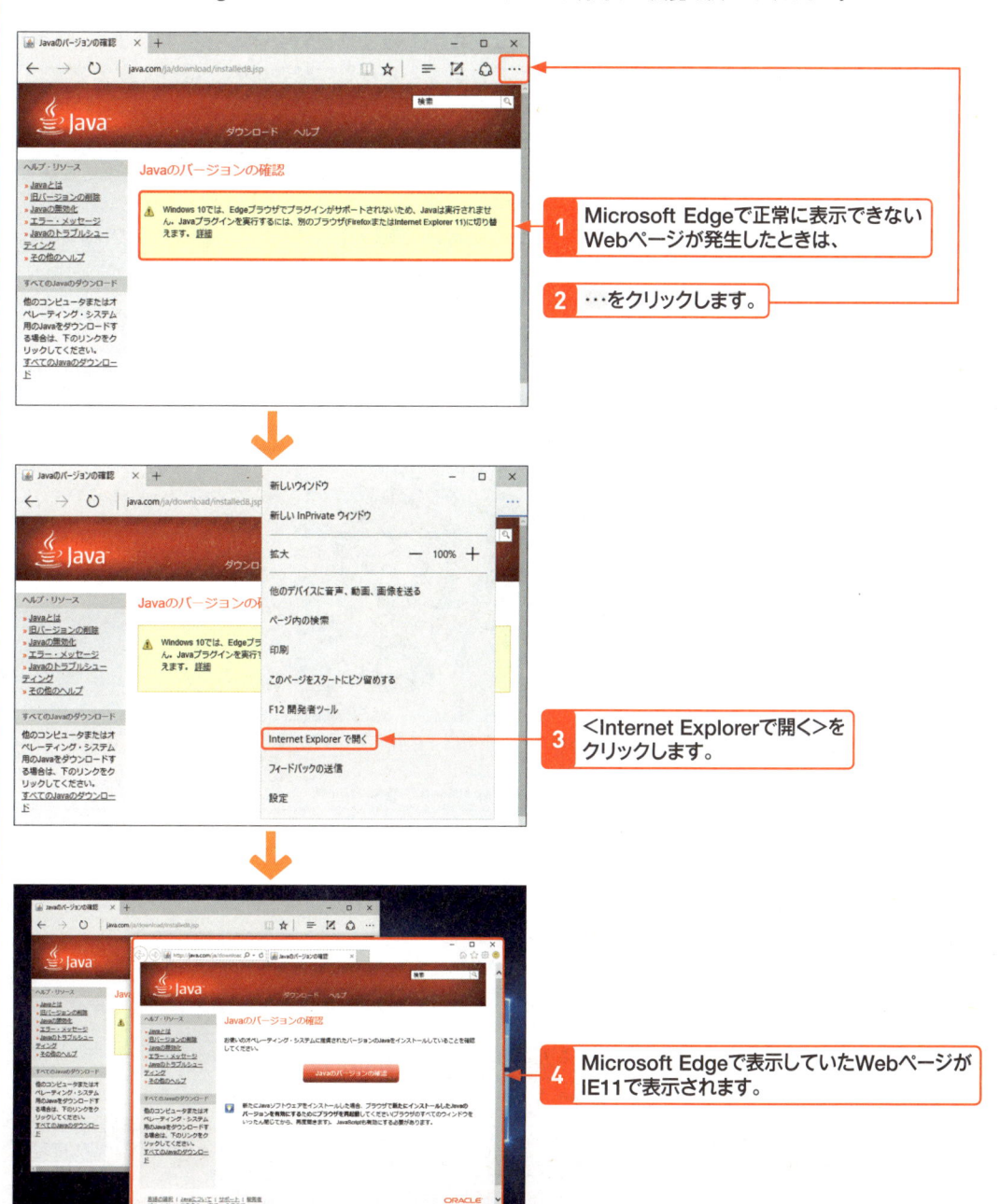

1 Microsoft Edgeで正常に表示できないWebページが発生したときは、

2 …をクリックします。

3 ＜Internet Explorerで開く＞をクリックします。

4 Microsoft Edgeで表示していたWebページがIE11で表示されます。

Section
056

Microsoft Edge ／ IE 11の Adobe Flash Playerを無効にする

キーワード ▶ Adobe Flash Player ／ HTML5

Microsoft Edge や IE 11 はシステムに組み込んだ Adobe Flash Player を使用し、Flash コンテンツを再生していますが、近年は HTML5 に移行しつつあるため、その役割を終えようとしています。Adobe Flash Player のセキュリティホールも多く発見されていることからも、無効にしたほうが安全です。

1 Microsoft Edge で無効にする

Key word Adobe Flash Playerとは？

「Adobe Flash Player」は、アドビシステムズが開発する Web ブラウザー上で動画再生やゲームなどを実現するアプリです。Windows 8 以降マイクロソフトは、Adobe Flash Player を Windows Update 経由で更新するようになりました。そのため、ユーザーがアンインストールすることはできません。なお、Adobe Flash Player 上で実現する内容を「Flash コンテンツ」と呼びます。

Key word HTML5とは？

「HTML5」とは、Web ページを構成するマークアップ言語の一種です。バージョン 5 にあたる HTML5 は、動画や音声などのサポート強化が行われました。

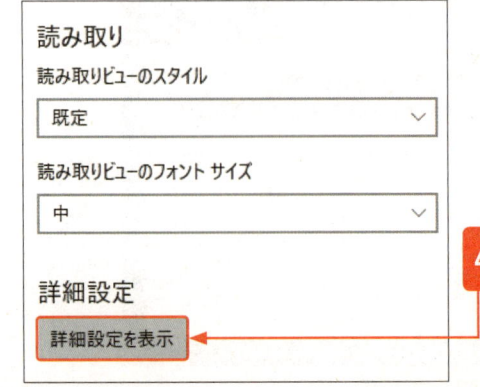

1 Microsoft Edgeを起動し、

2 …をクリックして、

新しいウィンドウ
新しい InPrivate ウィンドウ
拡大　　　　　　　　　　－　100％　＋
他のデバイスに音声、動画、画像を送る
ページ内の検索
印刷
このページをスタートにピン留めする
F12 開発者ツール
Internet Explorer で開く
フィードバックの送信
設定

3 ＜設定＞をクリックします。

読み取り
読み取りビューのスタイル
既定
読み取りビューのフォント サイズ
中
詳細設定
詳細設定を表示

4 ＜詳細設定を表示＞をクリックします。

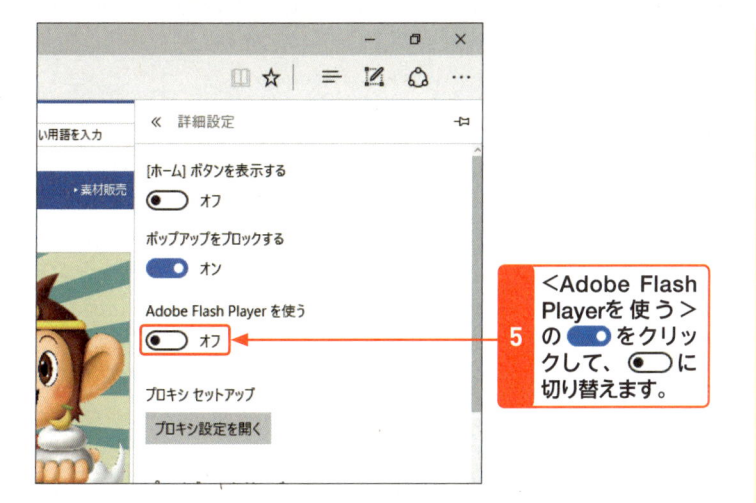

5	＜Adobe Flash Playerを使う＞の　　をクリックして、　　に切り替えます。

2　IE 11 で無効にする

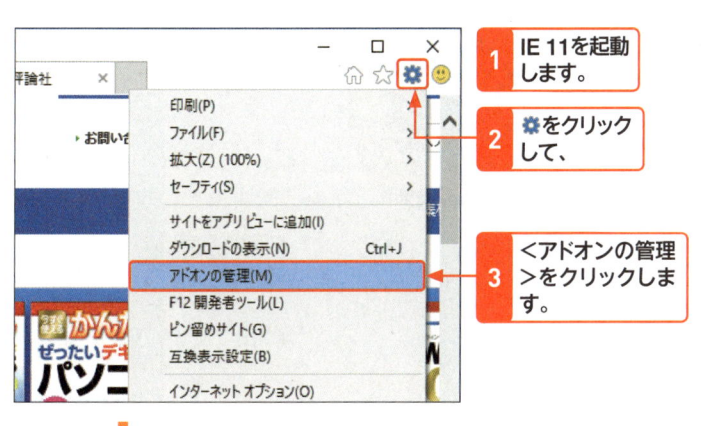

1	IE 11を起動します。
2	をクリックして、
3	＜アドオンの管理＞をクリックします。

4　＜Shockwave Flash Object＞をクリックし、

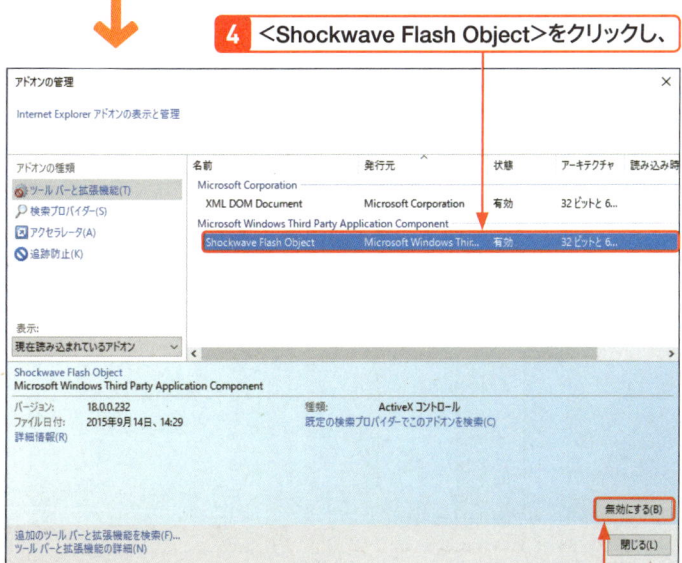

5　＜無効にする＞をクリックします。

Memo　Flashコンテンツの再生を確認する

設定の確認は、Adobe Flash Playerを使用するWebページにアクセスします。無効にすると、アクセス時に表示されるFlashコンテンツが再生されず、バージョン情報も確認できません。

Adobe Flash Playerのバージョンテストページ

http://www.adobe.com/jp/software/flash/about/

バージョン情報も表示されない

Memo　「Shockwave」という名称について

Adobe Flash Playerはアドビシステムズが買収したマクロメディアの製品です。マクロメディアは、Flashコンテンツの再生機能を、発売していたShockwaveシリーズに組み込んでいました。当時は「Shockwave Flash」と呼ばれていた名残からアドオン名が今でも使われています。

第1章
Windows 10
をはじめよう

第2章
Windows 10
の基本操作

第3章
ファイルと
フォルダー

第4章
インター
ネット

第5章
Outlook.
com

第6章
「メール」
アプリ

第7章
アプリの
利用

第8章
データの
活用

第9章
音楽/写真
/ビデオ

第10章
タブレット
モード

第11章
文字入力
の基本

第12章
<スタート>
メニュー

第13章
デスクトップ

第14章
ネットワーク

第15章
管理/
セキュリティ

第16章
周辺機器
の利用

第17章
トラブル
対策

第18章
インストール
と初期設定

付録

🔆 Hint　ほかの Web ブラウザーを利用する

Windows 10 でも IE 11 や Microsoft Edge 以外にも、豊富なアドオンが魅力的な Mozilla Firefox や Google Chrome といった Web ブラウザーも使用可能です。たとえば Mozilla Firefox は Microsoft Edge および IE 11 からのインポート機能をサポートし、かんたんに移行できます。Mozilla Firefox を既定の Web ブラウザーとして使用すれば、タスクバーの検索ボックスから行う Web 検索も好みに応じて変更可能になります。ここでは、Mozilla Firefox をインストールされていることを前提に、既定の Web ブラウザーに指定し、検索エンジンを設定するところまでを解説します。なお、Mozilla Firefox は下記 URL から無償でダウンロード可能です。Microsoft Edge などでアクセスしたら、<無料ダウンロード>をクリックし、通知バーの<実行>をクリックしてください。

https://www.mozilla.org/ja/firefox/new/

1 Mozilla Firefox をインストール後、初回起動時に表示されるダイアログボックスで、<Firefox を既定のブラウザに設定する>をクリックすると、

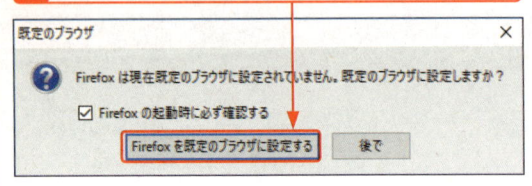

2 「既定のアプリ」が起動します。

3 <Microsoft Edge>をクリックし、

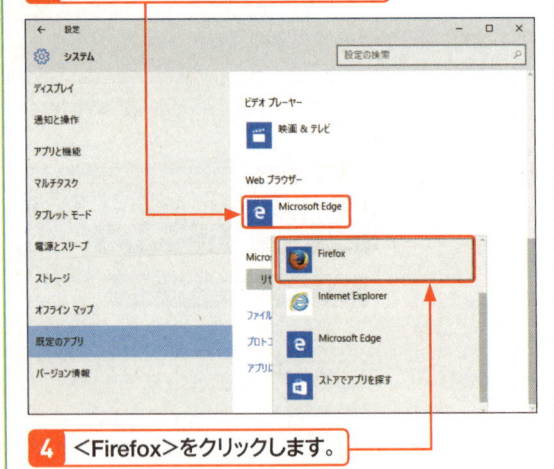

4 <Firefox>をクリックします。

5 ≡ をクリックし、

6 <オプション>をクリックします。

7 ▼ をクリックし、

検索

既定の検索エンジン
通常使用する検索エンジンを選択してください。Firefox の URL バーと検索バー、スタートページで使用されます。

8 好みの検索サイトを選択します。

第5章

Outlook.comの利用

Section 057
Windows 10で メールを利用するには

キーワード ▶「メール」アプリ

本書では、Windows 10標準搭載の「メール」アプリとマイクロソフトのメールサービス「Outlook.com」の使い方を解説します。すでにほかのメール用アプリやGmail、Yahoo!メールなどのメールサービスを利用している場合は、それをそのままご利用ください。あえて変更する必要はありません。

1 「メール」アプリとは

Memo Windows 10で メールを利用するには

Windows 10でメールを利用するには、「メール」アプリのようなメール専用アプリを利用する方法と、次ページで解説しているWebブラウザーを利用する方法があります。

Memo メール専用アプリの メリットとは？

メール専用アプリは、メールの利用に特化した専用アプリとして設計されており、使いやすく、軽快な動作が特徴です。利用環境は、アプリをインストールしたパソコンのみに限定され、第三者のパソコンを借りてメールの確認を行うといったことはかんたんにはできません。また、利用するメールサービスへの接続情報を登録する必要もあります。

「メール」アプリは、Windows 10に標準で付属するメールの送受信専用のアプリです。インターネット接続サービスを提供している事業者が提供しているメールサービス（プロバイダーメール）などを利用できます。

Microsoft アカウントをOutlook.comのメールアドレス（「@outlook.jp」または「@outlook.com」）で取得して、Windows 10のサインインに利用している場合は、メールの利用に必要な情報が自動設定されるので設定不要で利用できます。また、GoogleのGmail、アップルのiCloudなどのメールサービスにも標準対応しており、これらのメールサービスは、メールの利用に必要なユーザー名やパスワードを設定するだけで利用できます。

「メール」アプリは、複数のメールアドレスを1つのアプリで管理できるので、メールの管理を一元化できる点が特徴です。なお、「メール」アプリの正式名称は「Outlookメール」ですが、本書では、「メール」アプリと表記しています。

「メール」アプリの画面 → P.211 〜 248 で解説

2 Outlook.com とは

Outlook.comは、マイクロソフトが無償提供しているメールサービスです。古くは、HotmailやWindows Live Hotmailという名称でマイクロソフトが提供していたメールサービスの後継サービスとして提供されています。

Microsoft アカウントを「@outlook.jp」または「@outlook.com」のメールアドレスで取得した場合、特別な設定を行うことなく、outlook.comを利用できます。また、HotmailやWindows Live Hotmail時代に提供されていた「@msn.co.jp」、「@msn.com」、「@hotmail.co.jp」、「@live.jp」、「@live.com」などのメールアドレスを所有しているユーザーは、そのメールアカウントが、Microsoft アカウントとして利用でき、メールアドレスを変更することなく、そのままOutlook.comのサービスを利用できます。

Outlook.comは、WebブラウザーでメールサービスのWebページを開き、メールの送受信などの操作を行うことから「Webメール」とも呼ばれています。インターネット接続環境とWebブラウザーが利用できる環境さえあれば、機器や場所を問わずどこからでも利用できるのが特徴です。パソコンでなくてもかんたんに利用できることから、スマートフォンやタブレットなどのモバイル端末でも利用されています。本書では、「@outlook.jp」または「@outlook.com」などのメールアドレスを「Outlook.comのメールアカウント」と表記しています。

> 「Outlook.com」の画面　→ P.178 ～ 210 で解説

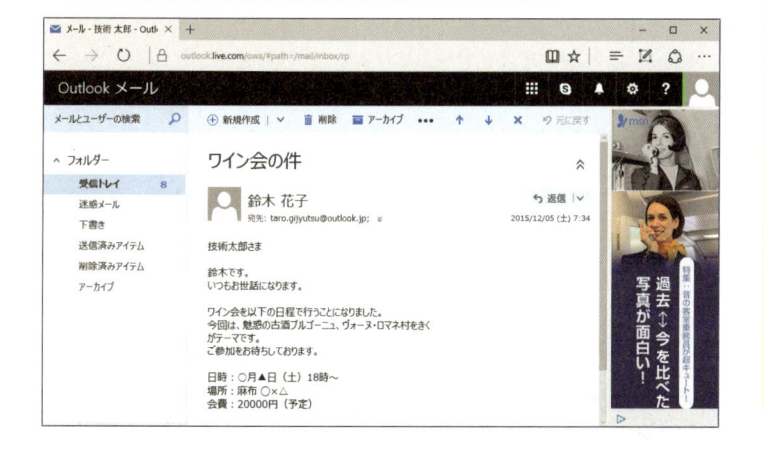

⚠ Caution すでにメールを利用している場合は?

Windows 10に用意されている「メール」アプリ以外のアプリでメールを利用している場合やGmail／Yahoo!メールなどのWebメールをすでに利用している場合は、利用環境を無理に変更する必要はありません。メールの利用環境を変更したいときのみ、本書を参考に設定を行ってください。

📝 Memo そのほかのWebメールについて

Webメールのサービスは、本書で紹介している「Outlook.com」のほかにもYahoo! Japanの「Yahoo!メール」やGoogleの「Gmail」などいろいろなサービスが提供されています。

💡 Key word Webメールとは?

「Webメール」は、Webブラウザーを利用してメールの閲覧や送受信などを行うことができるメールサービスです。本書では、Webブラウザーを利用してメールの各種操作を行うサービスを「Webメール」と呼んでいます。

📝 Memo Microsoft アカウントとOutlook.comの関係について

Microsoft アカウントは、Windows 10のサインインに利用できるだけでなく、マイクロソフトが提供している各種サービスも同時に利用できる共通アカウントです。Microsoft アカウントでは、ユーザー名に「メールアドレス」を利用しているので、Microsoft アカウントの取得には、メールアドレスが必須です。メールアドレスを持っていない場合は、Microsoft アカウント取得時にOutlook.comの「@outlook.jp」または「@outlook.com」のメールアカウントを取得することもできます。

Section 058 Outlook.comのWebページを表示する

キーワード ▶ Outlook.com

Webメールでは、メールの閲覧や送受信などの操作をWebブラウザーで行います。ここでは、マイクロソフトが無償で提供しているOutlook.comを例にWebメールの使い方を解説します。最初にMicrosoft EdgeでOutlook.comのWebページを開き、メールを閲覧してみましょう。

1 Outlook.comのWebページにアクセスする

Key word Outlook.comとは？

「Outlook.com」は、マイクロソフトが無償で提供しているWebメールサービスです。Microsoftアカウントを取得することで利用でき、通常、@outlook.jpや@outlook.com、@hotmail.co.jpや@live.jp、@msn.co.jp、@msn.comなどのメールアドレスの管理を行います（P.177参照）。

Hint サインインページが表示されたときは？

MicrosoftアカウントでWindows 10にサインインしていないときは、通常、Outlook.comへのサインインページが表示されます。Microsoftアカウントとパスワードを入力し、＜サインイン＞をクリックしてください。

Memo そのほかの画面が表示された場合は？

Outlook.comに初めてサインインしたときは、Outlook.comの説明画面や迷惑メール防止に関する画面が表示される場合があります。これらの画面が表示されたときは、画面の指示に従って操作してください。

Microsoft Edgeを起動しておきます。

1 アドレスバーをクリックし、

2 Outlook.comのURL（http://www.outlook.com/）を入力して、

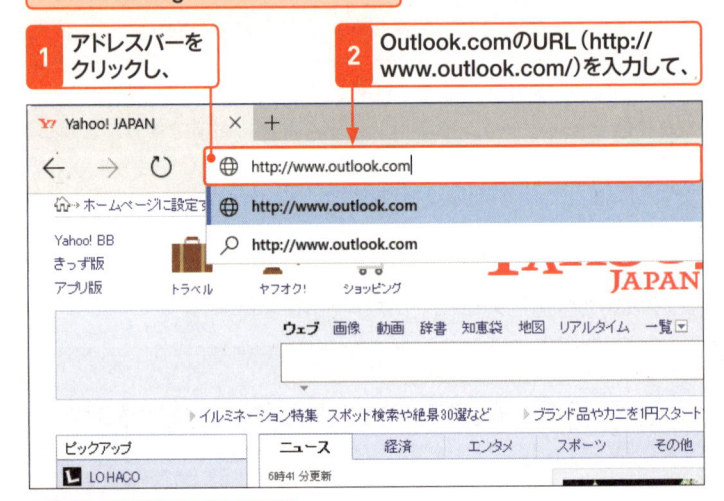

3 Enterキーを押します。

4 受信メールの一覧が表示されます。

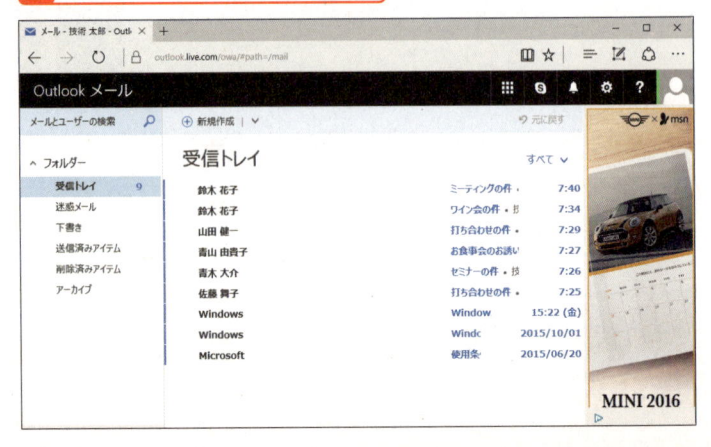

2 メールの内容を閲覧する

1 ＜受信トレイ＞をクリックし、

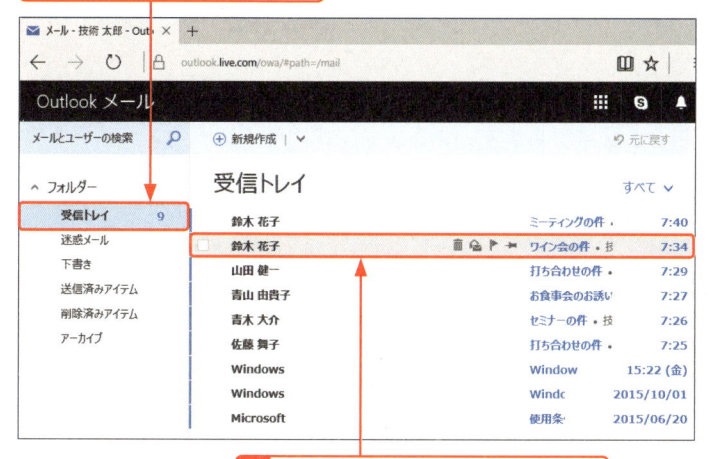

2 閲覧したいメールをクリックすると、

3 メールの内容が表示されます。

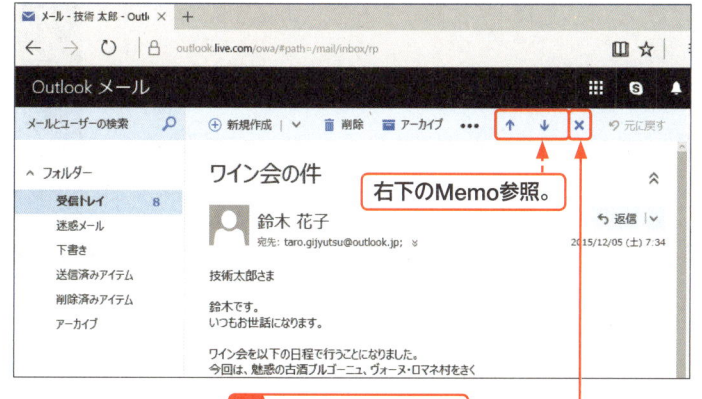

右下のMemo参照。

4 ✕ をクリックすると、

5 受信メールの一覧に戻ります。

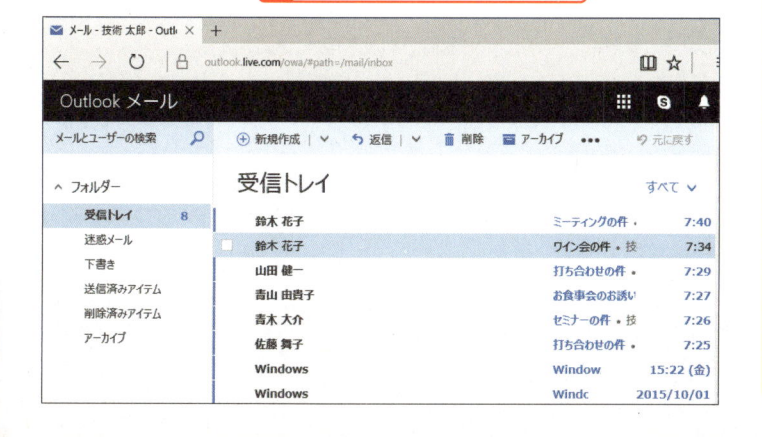

Outlook.comの画面構成について

本稿執筆時点（2016年3月）でOutlook.comの画面構成には、画面左上に「Outlookメール」と表示される画面と「Outlook.com」と表示される画面があります。今後は、前者の画面構成に切り替わっていく予定となっており、本書では、前者の画面で解説しています。

Memo メールの閲覧について

メールの閲覧は、閲覧したいメールのタイトルまたは件名、送信時間のいずれかをクリックします。□をクリックすると、チェックが付いて選択された状態になるだけで、メールの内容は表示されません。

Hint 警告メッセージが表示された場合は？

初めての相手からメールを受け取ったときなど、手順**3**の画面で「安全のためメッセージの一部をブロックしました」という警告メッセージが表示される場合があります。＜...を信頼して常に表示する＞をクリックすると、送信者のメールアドレスを安全な相手として差出人セーフリストに登録し、メールの内容をすべて表示します。＜すべて表示＞をクリックすると、今回のみメールの内容をすべて表示します。

Memo 次のメッセージを閲覧する

↓をクリックすると、1つ前のメール（過去のメール）を表示します。↑をクリックすると、1つあとのメール（新しいメール）を表示します。

Hint メッセージ一覧に戻る

メッセージ一覧には、＜受信トレイ＞をクリックしても戻ることができます。

Section 059

Outlook.comで プロバイダーメールを受信する

キーワード ▶ プロバイダーメール

Outlook.comでは、複数のメールアカウントを管理できます。たとえば、プロバイダーのメールアカウントをOutlook.comに登録すると、Outlook.comを開くだけでプロバイダーメールも利用できます。ここでは、Outlook.comにプロバイダーメールのメールアカウントを登録する方法を紹介します。

1 メールアカウントを追加する

Memo プロバイダーメールの 受信について

Outlook.comは、プロバイダーメールなどのメールサービスを定期的にチェックし、新着メールがある場合は、Outlook.comに自動受信する機能を搭載しています。この機能を利用すると、複数のメールアカウントを利用している場合でもOutlook.comで一元管理できます。ここでは、@niftyメールを例にプロバイダーメールの送受信に必要なアカウント情報を登録する方法を紹介します。

Caution 「メール」アプリ利用時 の注意点について

ここで解説している設定を行った上で、Windows 10付属の「メール」アプリで、Outlook.comのメールアカウントとプロバイダーメールのアカウント両方の設定を行うと、プロバイダーメールに送られたメールが両方のアカウントで表示されることになるので注意してください。

Memo 追加できるアカウント について

Outlook.comでは、IMAPおよびPOP3で利用できるメールサービスであれば、プロバイダーメールとWebメールのどちらのアカウントでも追加できます。なお、一部のWebメールでは、IMAPやPOP3方式によるメールの受信を有効にするよう設定しておく必要があります。

Outlook.comのWebページを開いておきます。

1 ⚙をクリックし、

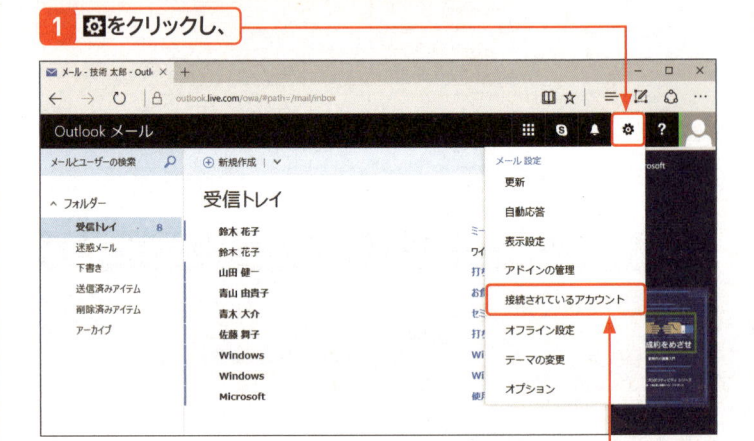

2 <接続されているアカウント>をクリックします。

3 <その他のメールアカウント>をクリックします。

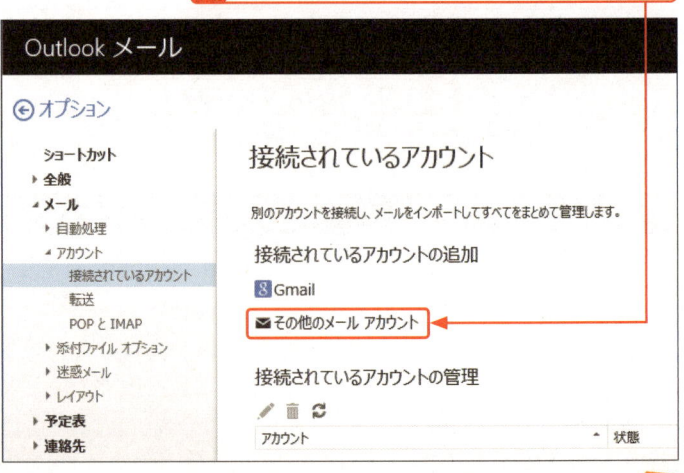

4 メールアドレス（ここでは「プロバイダーメールのメールアドレス」）を入力し、

5 パスワード（ここでは「プロバイダーメールのパスワード」）を入力します。

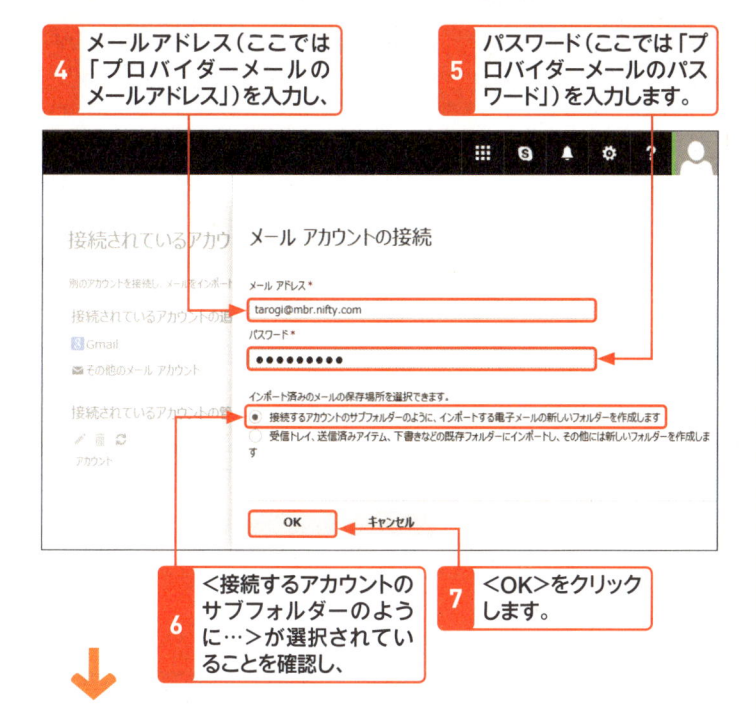

6 ＜接続するアカウントのサブフォルダーのように…＞が選択されていることを確認し、

7 ＜OK＞をクリックします。

8 ＜OK＞をクリックします。

9 アカウントが追加されます。

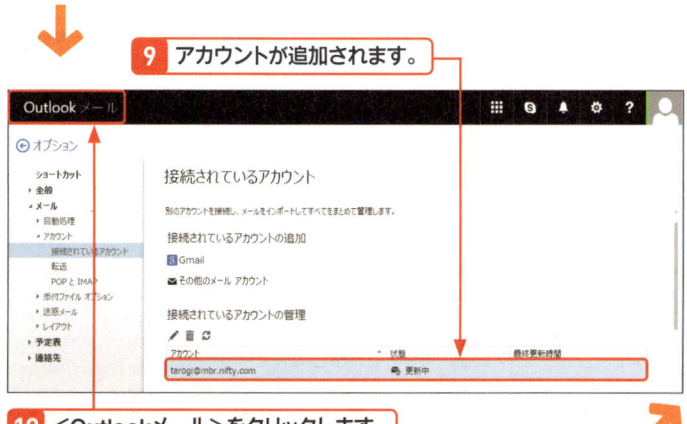

10 ＜Outlookメール＞をクリックします。

Key word　アカウントとは？

パソコンやネットワークの特定の領域にログインするための権利を「アカウント」といいます。メールアカウントの場合は、プロバイダーと契約したときに取得したユーザーIDがアカウント名になります。メールアドレスがアカウント名になる場合もあります。

Memo　「接続の種類を選びます」画面が表示される

手順**7**のあとに以下の「接続の種類を選びます」画面が表示されたときは、手順**4**と**5**で入力したメールアドレスやパスワードが間違っていたか、メールアカウントの自動追加が行えない場合です。メールアカウントの自動追加が行えない場合は、手動で各種設定を行う必要があります。P.183の手順を参考に手動で設定を行ってください。

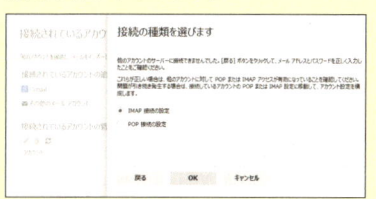

Memo　メールの保存場所について

手順**6**では、追加するメールアカウントで受信したメールの保存先を設定しています。左の手順では、追加したメールアカウント専用のフォルダーを作成し、そこにメールを保存する設定を行っています。＜受信トレイ、送信済みアイテム…＞を選択すると、追加したメールアカウントで受信したメールを「受信トレイ」に保存します。

Memo　さらにメールアカウントを追加する

Outlook.comにさらにメールアカウントを追加したいときは、P.180の手順**1**から作業をやり直します。

Key word　マルチアカウントとは？

複数のアカウントを使い分けることができる機能のことを「マルチアカウント」といいます。Outlook.comはマルチアカウントに対応しています。

Memo　INBOXフォルダー

手順 **15** でクリックしている＜INBOX＞フォルダーは、利用しているメールアカウントの設定によって「受信トレイ」などと表示されることもあります。

Hint　メール受信までの時間は？

追加したメールアカウントの新着メールは、Outlook.com が自動受信するため、表示されるまでに時間がかかる場合があります。また、メールアカウント追加時は、追加したメールアカウント専用のフォルダーの作成に時間がかかる場合があります。手順 **11** でフォルダーが追加されないときは、サインアウトを行って、しばらく待ってから再度確認してみてください。

11 受信トレイが表示されます。

12 追加したメールアカウントの更新が完了すると、追加したメールアドレス名でフォルダーが作成されます。

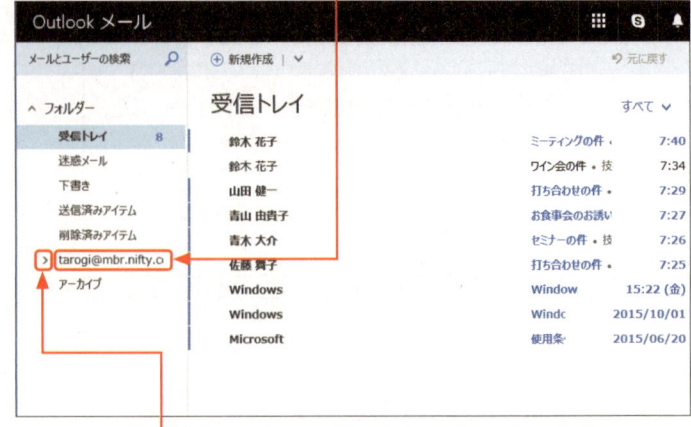

13 追加されたフォルダーの ＞ をクリックします。

14 折りたたまれていたフォルダーが表示されます。

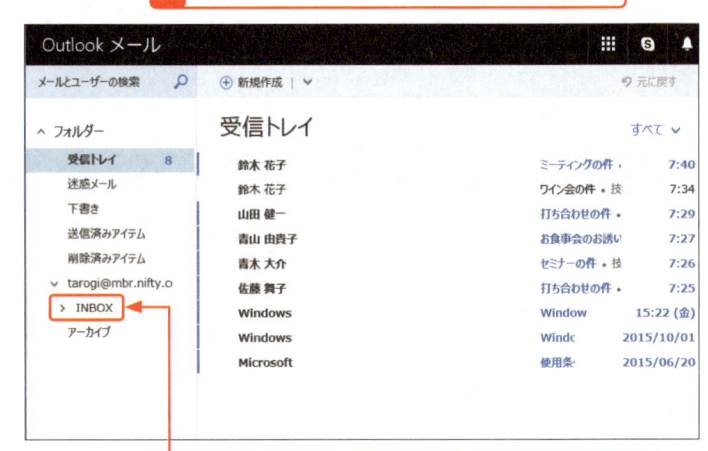

15 フォルダー（ここでは「INBOX」）をクリックすると、

16 追加したアカウントで受信したメールが表示されます。

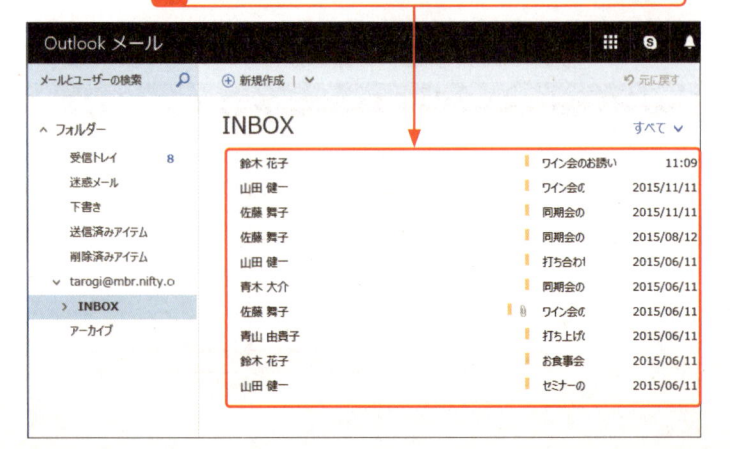

Memo 手動で各種設定を行う

プロバイダーメールの正しいメールアドレスとパスワードを入力しても、P.181の手順 7 のあとに「接続の種類を選びます」画面が表示されるときは、手動で各種設定を行います。プロバイダーに加入した際に送付されたメールアカウントの資料を用意し、以下の手順で各種設定を行ってください。手動で設定を行うときに必要となる情報は、プロバイダーのメールサーバーへのサインインに利用するユーザー名とパスワード、送信サーバー、受信サーバーのURLとポート番号などです。なお、本稿執筆時点（2016年3月）では、Microsoft Edge や Windows 10 に付属する Internet Explorer 11 では、設定画面がスクロールできない場合があることを確認しています。画面がスクロールできない場合は、Google Chrome や Firefox などの Web ブラウザーを利用して設定を行ってください。

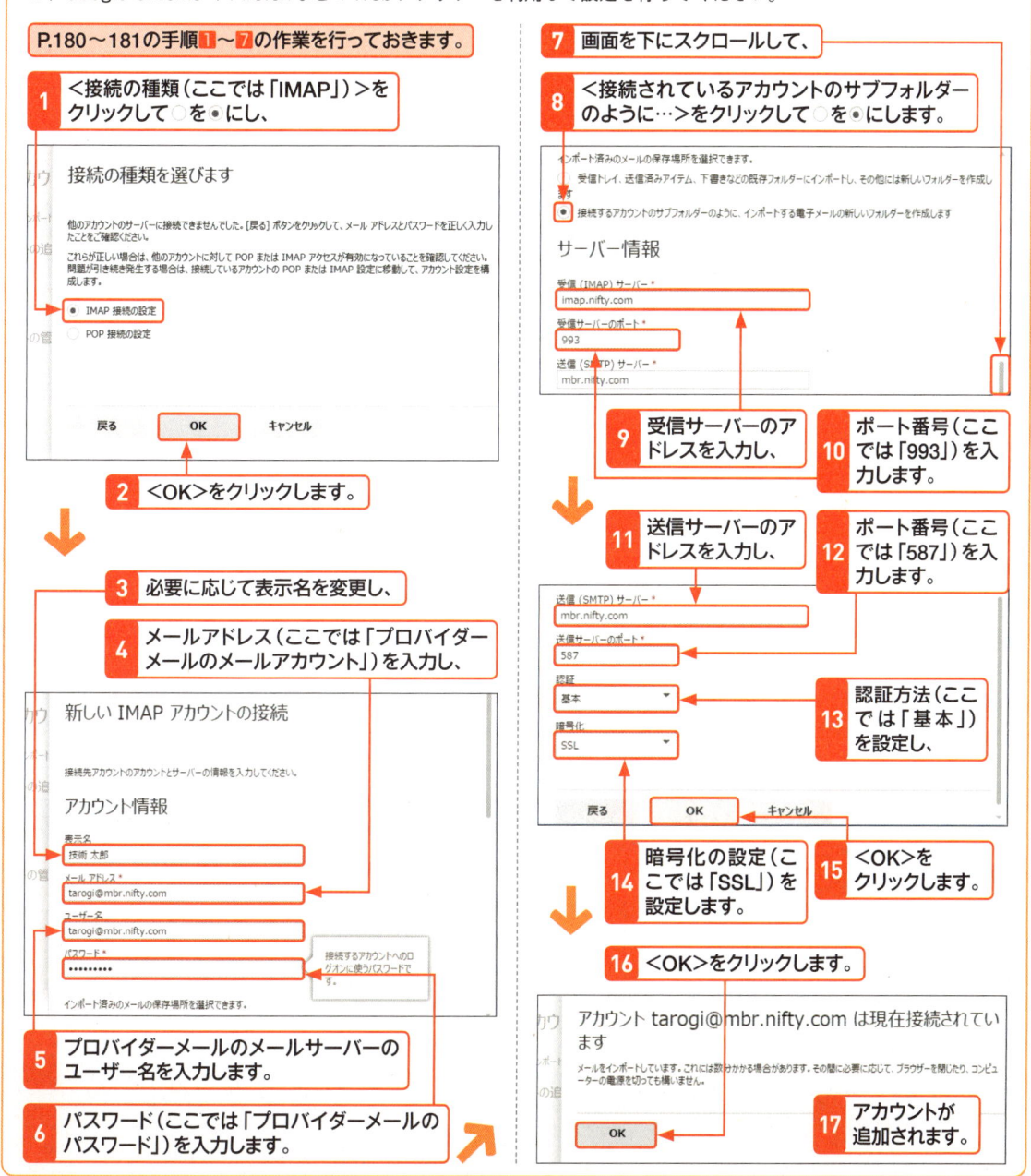

P.180〜181の手順 1 〜 7 の作業を行っておきます。

1 <接続の種類（ここでは「IMAP」）>をクリックして ○ を ● にし、

接続の種類を選びます

他のアカウントのサーバーに接続できませんでした。[戻る] ボタンをクリックして、メール アドレスとパスワードを正しく入力したことをご確認ください。

これらが正しい場合は、他のアカウントに対して POP または IMAP アクセスが有効になっていることを確認してください。問題が引き続き発生する場合は、接続しているアカウントの POP または IMAP 設定に移動して、アカウント設定を構成する。

● IMAP 接続の設定
○ POP 接続の設定

戻る　　OK　　キャンセル

2 <OK>をクリックします。

3 必要に応じて表示名を変更し、

4 メールアドレス（ここでは「プロバイダーメールのメールアカウント」）を入力し、

新しい IMAP アカウントの接続

接続先アカウントのアカウントとサーバーの情報を入力してください。

アカウント情報

表示名
技術 太郎

メール アドレス *
tarogi@mbr.nifty.com

ユーザー名
tarogi@mbr.nifty.com

パスワード *
●●●●●●●●
接続するアカウントへのログオンに使うパスワードです。

インポート済みのメールの保存場所を選択できます。

5 プロバイダーメールのメールサーバーのユーザー名を入力します。

6 パスワード（ここでは「プロバイダーメールのパスワード」）を入力します。

7 画面を下にスクロールして、

8 <接続されているアカウントのサブフォルダーのように…>をクリックして ○ を ● にします。

インポート済みのメールの保存場所を選択できます。

○ 受信トレイ、送信済みアイテム、下書きなどの既存フォルダーにインポートし、その他には新しいフォルダーを作成し

● 接続するアカウントのサブフォルダーのように、インポートする電子メールの新しいフォルダーを作成します

サーバー情報

受信 (IMAP) サーバー *
imap.nifty.com

受信サーバーのポート *
993

送信 (SMTP) サーバー *
mbr.nifty.com

9 受信サーバーのアドレスを入力し、

10 ポート番号（ここでは「993」）を入力します。

11 送信サーバーのアドレスを入力し、

12 ポート番号（ここでは「587」）を入力します。

送信 (SMTP) サーバー *
mbr.nifty.com

送信サーバーのポート *
587

認証
基本 ▼

暗号化
SSL ▼

13 認証方法（ここでは「基本」）を設定し、

戻る　　OK　　キャンセル

14 暗号化の設定（ここでは「SSL」）を設定します。

15 <OK>をクリックします。

16 <OK>をクリックします。

アカウント tarogi@mbr.nifty.com は現在接続されています

メールをインポートしています。これには数分かかる場合があります。その間に必要に応じて、ブラウザーを閉じたり、コンピューターの電源を切っても構いません。

OK

17 アカウントが追加されます。

Section 060 Outlook.comでメールを送信する

キーワード ▶ メール送信（新規作成）

ここでは、Outlook.comからメールを送信する方法を解説します。＜新規作成＞をクリックすると、新規のメール作成ページが表示されます。宛先と本文を入力し、＜送信＞をクリックすると、メールが送信されます。宛先の文字を1文字でも間違えると相手にメールが届かないので注意しましょう。

1 新規メールを送信する

Memo メールの新規作成について

ここでは、Outlook.comで新規にメールを作成して送信する手順を解説します。受信したメールへの返信、受信したメールの転送については、P.194～195を参照してください。

Memo CCとBCCの違い

手順 2 の画面で、＜CC＞または＜BCC＞をクリックしてメールアドレスを入力すると、1回の操作で、同じ内容のメールを複数の相手に送信できます。このうち、CC（Carbon Copy）に入力したメールアドレスはすべて受信者に公開されますが、BCC（Blind Carbon Copy）に入力したメールアドレスは公開されません。「同じメールが誰に送信されたのか」について、受信者に知らせる場合はCC、知らせてはいけない場合はBCCを利用しましょう。なお、＜CC＞をクリックするとCCの入力欄が表示され、＜BCC＞をクリックするとBCCの入力欄が表示されます。

1 ＜新規作成＞をクリックします。

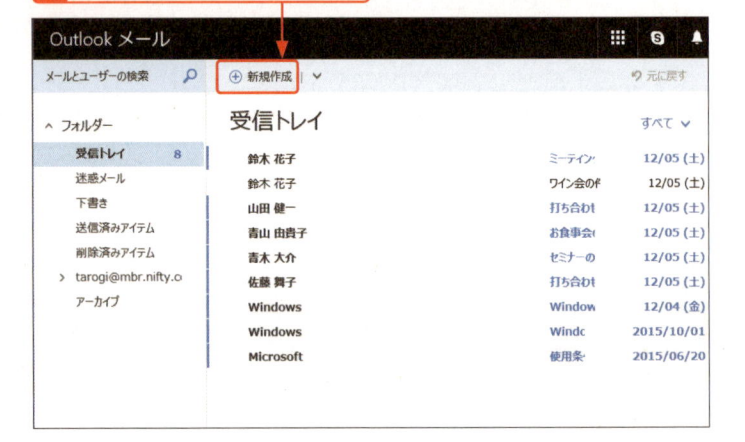

2 送信先のメールアドレスを入力し、

3 ＜件名を入れてください＞をクリックします。

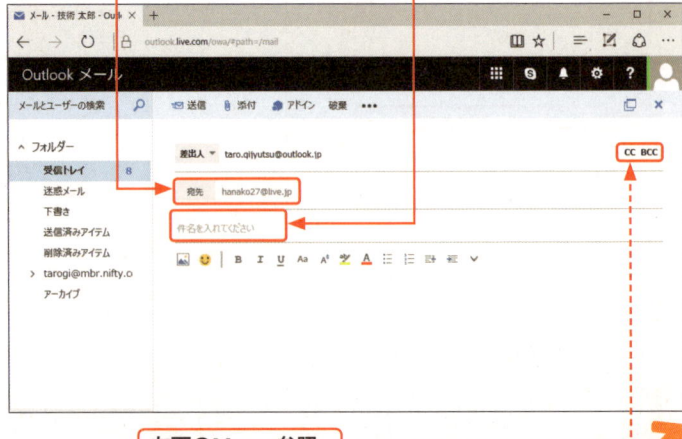

左下のMemo参照。

4 件名を入力し、

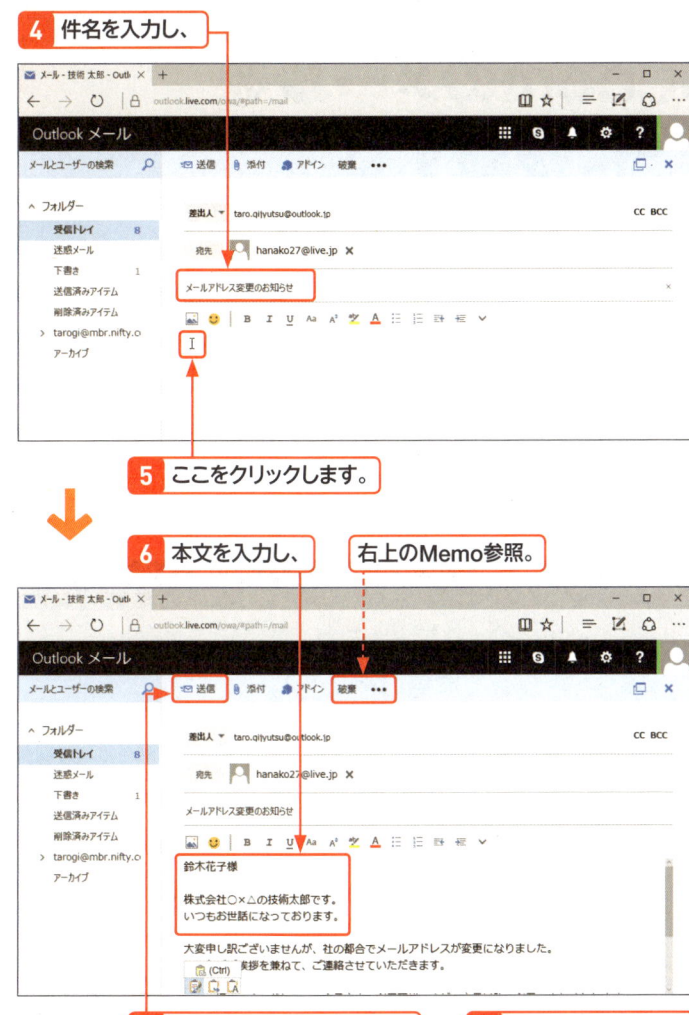

5 ここをクリックします。

6 本文を入力し、　　右上のMemo参照。

7 ＜送信＞をクリックします。　**8** メールが送信され、

9 メールの一覧画面に戻ります。

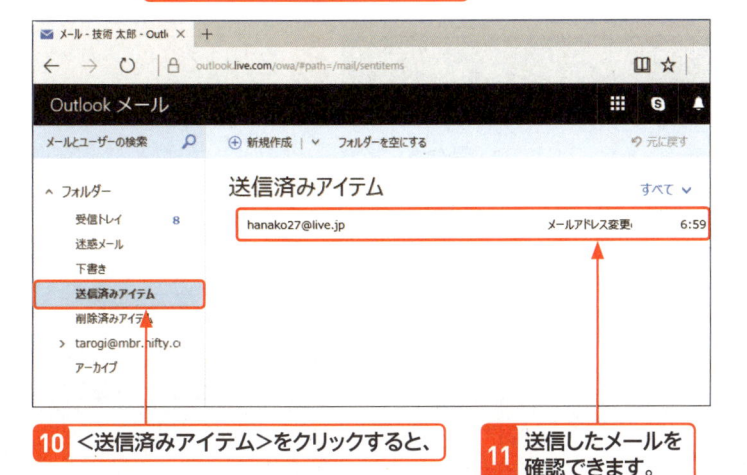

10 ＜送信済みアイテム＞をクリックすると、　**11** 送信したメールを確認できます。

Memo　作成中のメールの破棄と保存について

手順 **6** の画面で＜破棄＞をクリックすると、作成中のメールを破棄できます。 **•••** をクリックして、＜下書きの保存＞をクリックすると、＜下書き＞フォルダーに作成中のメールが保存されます。＜下書き＞フォルダーに保存したメールを再編集したいときは、＜下書き＞をクリックし、再編集したいメールをクリックするとメールを再度編集できます。

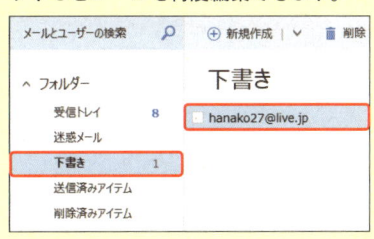

Hint　差出人アドレスを変更する

プロバイダーメールを登録している場合など、複数のアカウントをOutlook.comで管理しているときは、差出人アドレスを変更できます。差出人アドレスは、差出人アドレス横の ▼ をクリックすると表示されるリストから選択できます。

Memo　署名の自動挿入について

Outlook.comでは、署名の自動挿入が設定されていません。署名を自動で挿入したいときは、P.202を参照してください。

Section 061 Outlook.comのメールをフォルダーに移動する

キーワード ▶ フォルダー/移動

Outlook.comでは、ユーザーが任意のフォルダーを作成し、そこにメールを移動できます。受信したメールをフォルダーに分類して保存しておけば、大切なメールを見つけやすくできます。ここでは、フォルダーを新規作成し、そのフォルダーにメールを移動する方法を解説します。

1 フォルダーを作成する

Memo フォルダーの作成について

メールの分類に利用するフォルダーは、右の手順で作成します。また、作成したフォルダーは、「メール」アプリで管理しているOutlook.comのメールアカウントにも自動的に反映されます。「メール」アプリでは、メールの分類に利用するフォルダーを作成できません。Outlook.comに届いたメールの管理に利用するフォルダーは、右の手順で作成してください。

Touch タッチ操作の場合は?

タッチ操作でフォルダーを作成したいときは、フォルダーの一覧が並んでいる画面左側のエリアをタップすると、「フォルダー」の右横に＋が表示されます。＋をタップすると、フォルダーを作成できます。なお、本稿執筆時点（2015年12月）では、タッチ操作で利用した場合にMicrosoft Edgeなど一部のWebブラウザーで＋を正常に表示できません。＋が正常に表示できない場合は、次ページ上のHintを参考にメールを移動時にフォルダーの新規作成を行ってください。

1 マウスポインターを<フォルダー>横に移動させると、

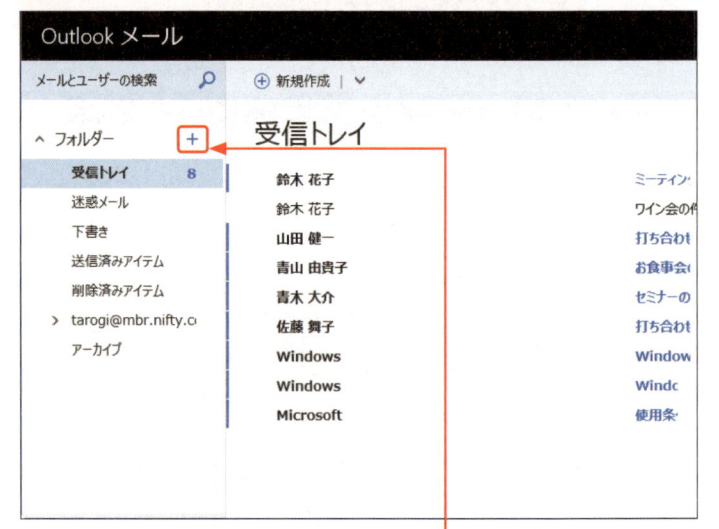

2 ＋が表示されるのでクリックします。

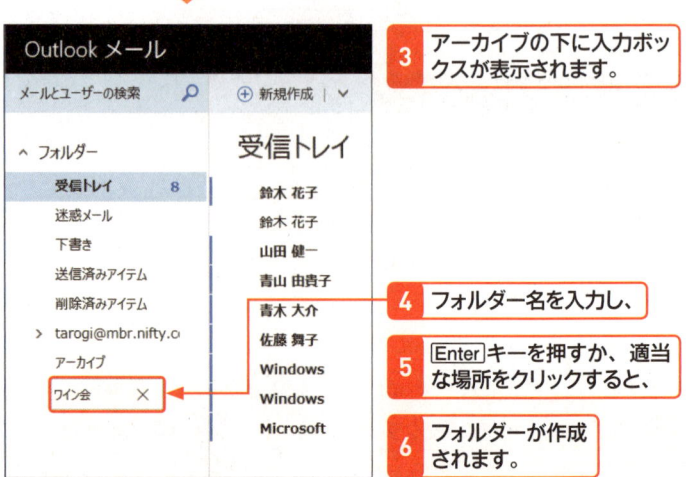

3 アーカイブの下に入力ボックスが表示されます。

4 フォルダー名を入力し、

5 Enterキーを押すか、適当な場所をクリックすると、

6 フォルダーが作成されます。

2 フォルダーにメールを移動する

1 移動したいメールにマウスポインターを移動して□が表示されたら、

2 クリックして□を☑にします。

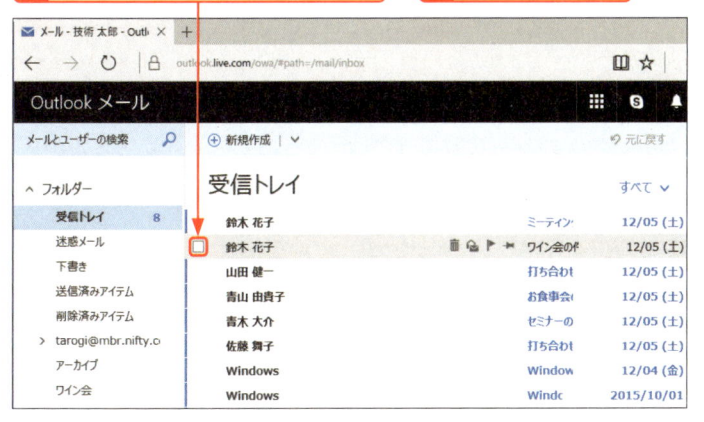

3 「●個（ここでは「1個」）の会話を選択しました」と表示されます。

4 … をクリックし、

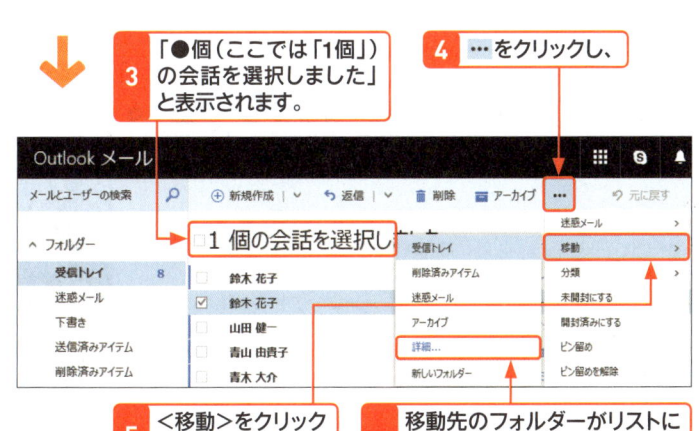

5 <移動>をクリックします。

6 移動先のフォルダーがリストにないときは<詳細>をクリックします。

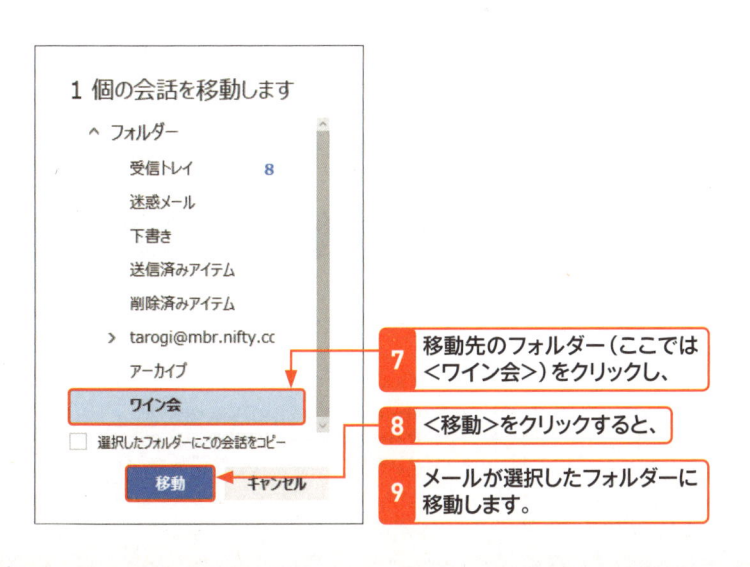

7 移動先のフォルダー（ここでは<ワイン会>）をクリックし、

8 <移動>をクリックすると、

9 メールが選択したフォルダーに移動します。

Hint　メール移動時にフォルダーの作成を行う

左の手順では、作成済みのフォルダーにメールを移動していますが、メール移動時に新規フォルダーを作成し、そのフォルダーにメールを移動することもできます。新規フォルダーを作成してメールの移動を行いたいときは、手順 **6** で<新しいフォルダー>をクリックします。入力ボックスが表示されるので、フォルダー名を入力して Enter キーを押してください。

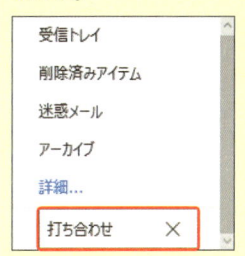

Memo　フォルダーを削除する

作成したフォルダーを削除したいときは、削除したいフォルダーを右クリックして、<削除>をクリックします。また、削除を行うと削除したフォルダーが「削除済みアイテム」に移動します。間違って削除したときは、「削除済みアイテム」から復元することができます。復元を行いたいときは、復元したいフォルダーを右クリックし、<削除済みアイテムの回復>をクリックします。

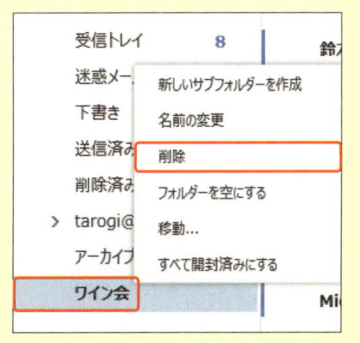

Section 062 Outlook.comで受信したメールを仕分ける

キーワード ▶ メールの仕分け

Outlook.comには、指定したルールに従って**メールを自動的に仕分ける**機能があります。宛先や差出人のメールアドレスなどに応じて、メールを**特定のフォルダーに移動する**ように設定すると、受信したメールの件数が多くなった場合でも、目的のメールを探しやすくなるので便利です。

1 メールの仕分けルール画面を表示する

Memo メールの仕分け

メールの仕分けを利用すると、指定した条件を満たしたメールだけを特定のフォルダーに自動的に移動できます。たとえば、特定の人や取引先からのメールをひとまとめに管理したり、定期的に届くメールマガジンを管理したいときに便利な機能です。また、「受信トレイ」に表示されるメールの総数が減少し、見通しがよくなるというメリットもあります。

Memo 作成する仕分けルールについて

ここでは、特定の差出人からのメールを「仕事関係」フォルダーに仕分けるルールを例に、仕分けルールの作成方法を解説します。なお、メールの仕分けは、新着メールのみが対象です。ルールの作成前に受信したメールは、仕分けの対象にはならないので注意してください。

Memo 受信トレイのルール

仕分けルールを作成すると、手順 **3** の画面に仕分けルールが登録されます。

Outlook.comのWebページを開いておきます。

1 ⚙ をクリックし、

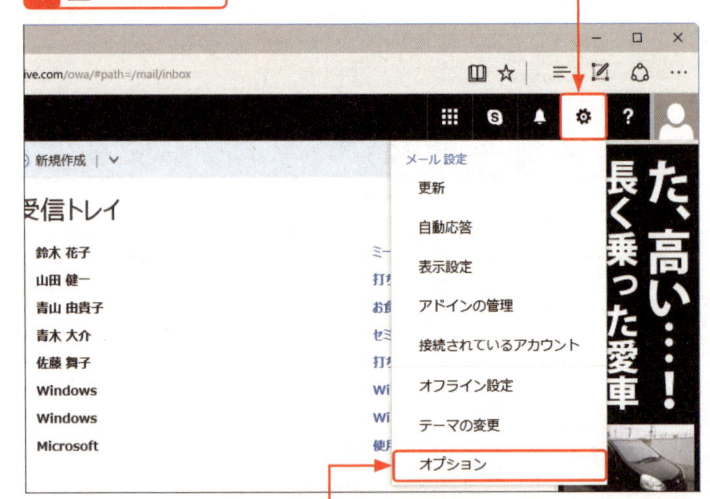

2 ＜オプション＞をクリックします。

3 ＜受信トレイと一括処理ルール＞をクリックします。

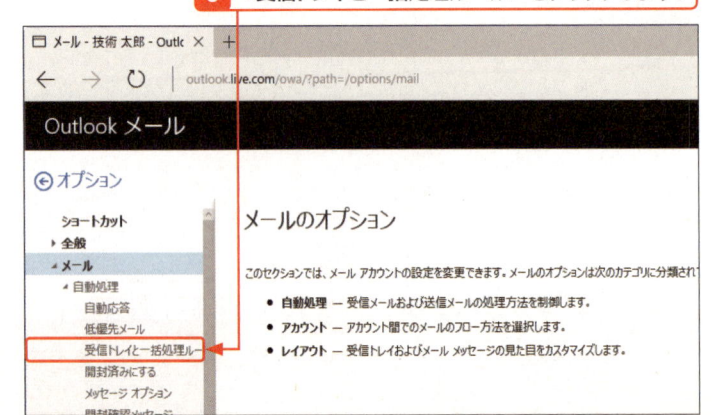

2 メールの仕分けルールを作成する

P.186の手順であらかじめ仕分けに利用する
フォルダーを作成しておきます。

1 ＋をクリックします。

受信トレイのルール

メールの処理方法をお選びください。下の [+] アイコンをクリックして新しいルールを作成します。

＋ ✏ 🗑 ↑ ↓

オン　　　名前

2 ルールの名称（ここでは「仕事関係」）を入力し、

💾 OK　　✕ キャンセル

新しい受信トレイ ルール

名前

仕事関係

メッセージを受信し、そのメッセージが次の条件をすべて満たす場合

1 つ選択...　　　　　　　　　　　　　　　▼

条件の追加

3 「メッセージを受信し…」下の＜1つ選択＞をクリックし、

4 ＜送信または受信した場合＞をクリックして、

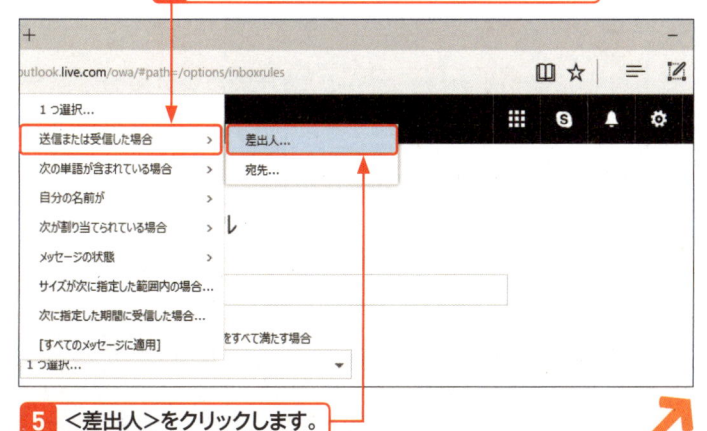

＋

outlook.live.com/owa/#path=/options/inboxrules　　📖 ☆ ≡ ✏

1 つ選択...　　　　　　　　　　　　⊞ S 🔔 ⚙

送信または受信した場合　　　＞　　差出人...

次の単語が含まれている場合　＞　　宛先...

自分の名前が　　　　　　　　＞

次が割り当てられている場合　＞　　ル

メッセージの状態　　　　　　＞

サイズが次に指定した範囲内の場合...

次に指定した期間に受信した場合...

[すべてのメッセージに適用]　　　　　すべて満たす場合

1 つ選択...　　　　　　　　　　　　▼

5 ＜差出人＞をクリックします。

Memo メールの仕分け時の注意点とは？

メールの仕分けは、指定する条件によっては意図しないメールの仕分けを行ってしまう場合があります。このため、差出人や件名がある程度決まっていたり、定期的に送られてくるメールマガジンを管理する場合に利用することをおすすめします。

Memo 仕分け先のフォルダーについて

仕分けたメールの保存先に利用するフォルダーは、P.186の手順で事前に作成しておく必要があります。仕分けルールを作成する前に、フォルダーの作成を行っておいてください。

Memo ルールの作成は2ステップで行う

Outlook.comの仕分けのルールは、「メールを仕分けする条件を設定する」、「条件に一致したメールの処理を設定する」という2つのステップで作成します。

Hint 仕分けの条件を設定する

左の手順では、「差出人」を仕分けの条件に設定していますが、それ以外にも「受信者」や特定の「単語（キーワード）」が含まれている場合、メールの容量や添付ファイルがある場合、指定期間など、さまざまな条件を設定できます。たとえば、単語（キーワード）を仕分け条件に設定すると、件名やメール本文などに含まれる特定の単語を条件にメールを仕分けることもできます。

第1章
Windows 10
をはじめよう

第2章
Windows 10
の基本操作

第3章
ファイルと
フォルダー

第4章
インター
ネット

第5章
Outlook.
com

第6章
「メール」
アプリ

第7章
アプリの
利用

第8章
データの
活用

第9章
音楽／写真
／ビデオ

第10章
タブレット
モード

第11章
文字入力
の基本

第12章
＜スタート＞
メニュー

第13章
デスクトップ

第14章
ネットワーク

第15章
管理／
セキュリティ

第16章
周辺機器
の利用

第17章
トラブル
対策

第18章
インストール
と初期設定

付　録

Hint　仕分けの条件にドメインを登録する

特定の会社など、決まったドメイン名から届くメールすべてを仕分けの対象にしたいときは、右の手順6で「example.co.jp」のように「@」の後ろの文字列を入力します。

Hint　仕分け条件の文字列の入力について

仕分け条件の文字列は、複数登録できます。また、ここで登録する文字列は、いずれか1つを含む場合の条件として利用されます。たとえば、2つのメールアドレスを登録した場合は、登録した2つのメールアドレスのうち、いずれか1つでも当てはまれば、指定した処理が実行されます。

Hint　複数の仕分け条件を登録する

＜条件の追加＞をクリックすると、複数の条件を登録できます。複数の仕分け条件を登録した場合は、登録した条件をすべて満たした場合に処理が実行されます。たとえば、差出人のメールアドレスとメール本文に「仕事」という単語が含まれていた場合を仕分けの条件として登録すると、登録されているメールアドレスから届いたメールの本文に「仕事」という単語が含まれていた場合にのみ、処理が実行されます。

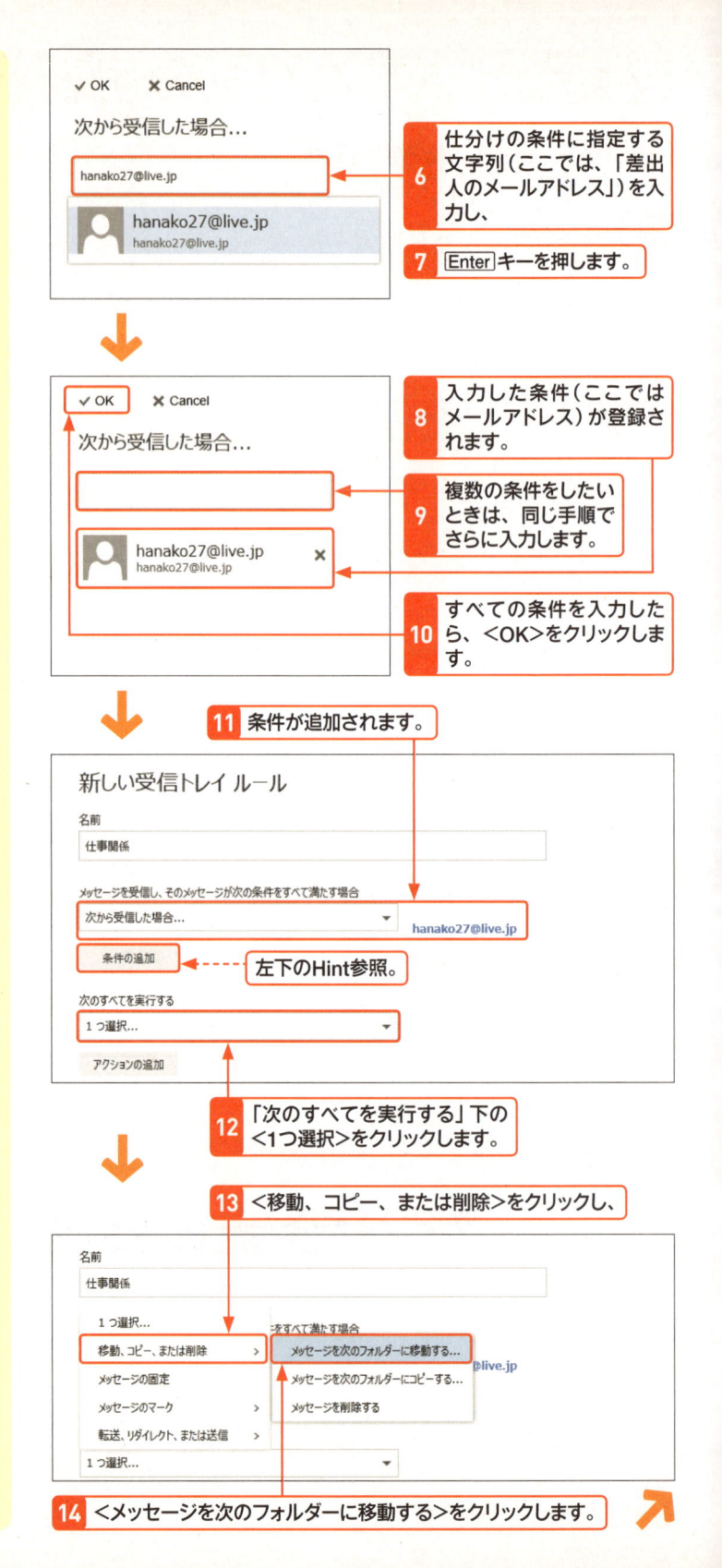

6　仕分けの条件に指定する文字列（ここでは、「差出人のメールアドレス」）を入力し、

7　Enterキーを押します。

8　入力した条件（ここではメールアドレス）が登録されます。

9　複数の条件をしたいときは、同じ手順でさらに入力します。

10　すべての条件を入力したら、＜OK＞をクリックします。

11　条件が追加されます。

左下のHint参照。

12　「次のすべてを実行する」下の＜1つ選択＞をクリックします。

13　＜移動、コピー、または削除＞をクリックし、

14　＜メッセージを次のフォルダーに移動する＞をクリックします。

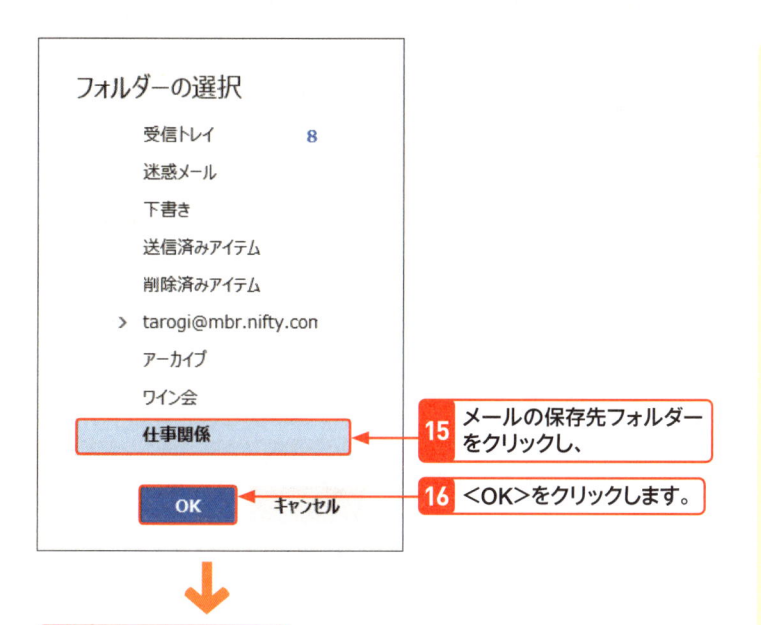

フォルダーの選択

受信トレイ　　　**8**
迷惑メール
下書き
送信済みアイテム
削除済みアイテム
> tarogi@mbr.nifty.con
アーカイブ
ワイン会
仕事関係

15 メールの保存先フォルダー
をクリックし、

OK　　キャンセル

16 <OK>をクリックします。

17 処理が追加されます。

日 OK　　**✕** キャンセル

新しい受信トレイ ルール

名前

仕事関係

メッセージを受信し、そのメッセージが次の条件をすべて満たす場合

次から受信した場合...　　　　　　　　　▼　　**hanako27@live.jp**

条件の追加

次のすべてを実行する

メッセージを次のフォルダーに移動する...　　▼　　**仕事関係**

アクションの追加

18 <OK>をクリックします。

19 ルールが登録されます。

日 保存　　**✕** 破棄

受信トレイのルール

メールの処理方法をお選びください。ルールは表示されている順序で適用されます。ルールを実行しない場合は、ルールをオフにするか削除できます。

+ ✐ 🗑 ↑ ↓

オン	名前	
☑	仕事関係	**ルール: 仕事関係** メッセージの到着後、および... メッセージを 'hanako27@live.jp' から受信した **実行する処理...** フォルダー '仕事関係' にメッセージを移動する および このメッセージに関する複数のルールの処理

20 <保存>をクリックします。

Hint　実行する処理を設定する

実行する処理は、左ページの手順 **14** で選択している<メッセージを次のフォルダーに移動する>以外にも「削除」や「迷惑メールとして処理する」「転送する」などさまざま処理を設定できます。また、実行する処理は複数設定できます。複数を設定したいときは、<アクションの追加>をクリックして、実行する処理を追加します。

Hint　別のルールを追加する

別のルールを追加したいときは、手順 **19** の画面で **+** をクリックして、P.189 の手順 **2** からの作業を繰り返します。

Memo　登録したルールを編集／削除する

登録したルールを編集したいときは、手順 **19** の画面の ✐ をクリックし、削除したいときは、🗑 をクリックします。また、登録したルールの ☑ をクリックして ☐ にすると、そのルールの利用を停止できます。

Section 063 Outlook.comの連絡先に メールアドレスを登録する

キーワード ▶ 連絡先

仲のよい友だちなど、メールのやり取りを頻繁に行う相手のメールアドレスは、連絡先に登録しておくと便利です。連絡先に登録すると、「People」アプリにもメールアドレスが登録されます。ここでは、受信したメールのメールアドレスを連絡先に登録する方法を紹介します。

1 メールアドレスを登録する

Memo メールアドレスの登録先について

右の手順でメールアドレスの登録を行うと、Outlook.comの「連絡先」に登録されます。また、「People」アプリ（P.272参照）でOutlook.comの連絡先の管理を行っているときは、自動的に「People」アプリにも登録した情報が反映されます。

Memo Outlook.comの連絡先について

Outlook.comの連絡先は、個人情報を管理できるアドレス帳です。メールアドレスを連絡先として登録できるだけでなく、ソーシャルネットワークサービスなどの友だち情報を取り込み、管理することもできます。また、Outlook.comの連絡先を利用して、Skypeによるビデオ電話を発信したり、メールの送信を行うこともできます。

Outlook.comのWebページを開いておきます。

1 連絡先に登録したい人のメールをクリックします。

受信トレイ　　　　　　　　　　　　　すべて ∨

佐藤 舞子	同期会の件・技	8:3
鈴木 花子	ミーティン	12/05 (土
山田 健一	打ち合わ	12/05 (土
青山 由貴子	お食事会	12/05 (土
青木 大介	セミナーの	12/05 (土
佐藤 舞子	打ち合わ	12/05 (土
Windows	Window	12/04 (金
Windows	Windo	2015/10/0

2 送信者のアイコンまたは名前にマウスポインターを移動させると、

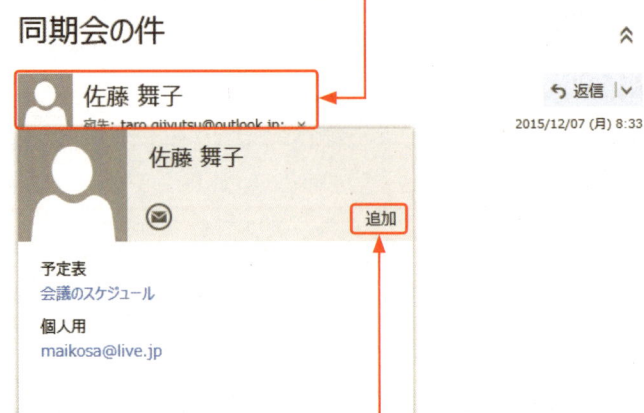

同期会の件　　　　　　　　　　　　∧

佐藤 舞子　　　　　　　　　　↩ 返信 ∨
宛先: taro.gijyutsu@outlook.jp. ×　　　2015/12/07 (月) 8:33

佐藤 舞子

✉　　　　　　　　　　　　　　追加

予定表
会議のスケジュール

個人用
maikosa@live.jp

3 送信者の簡易情報が表示されます。

4 <追加>をクリックします。

5 連絡先の追加画面が表示されます。

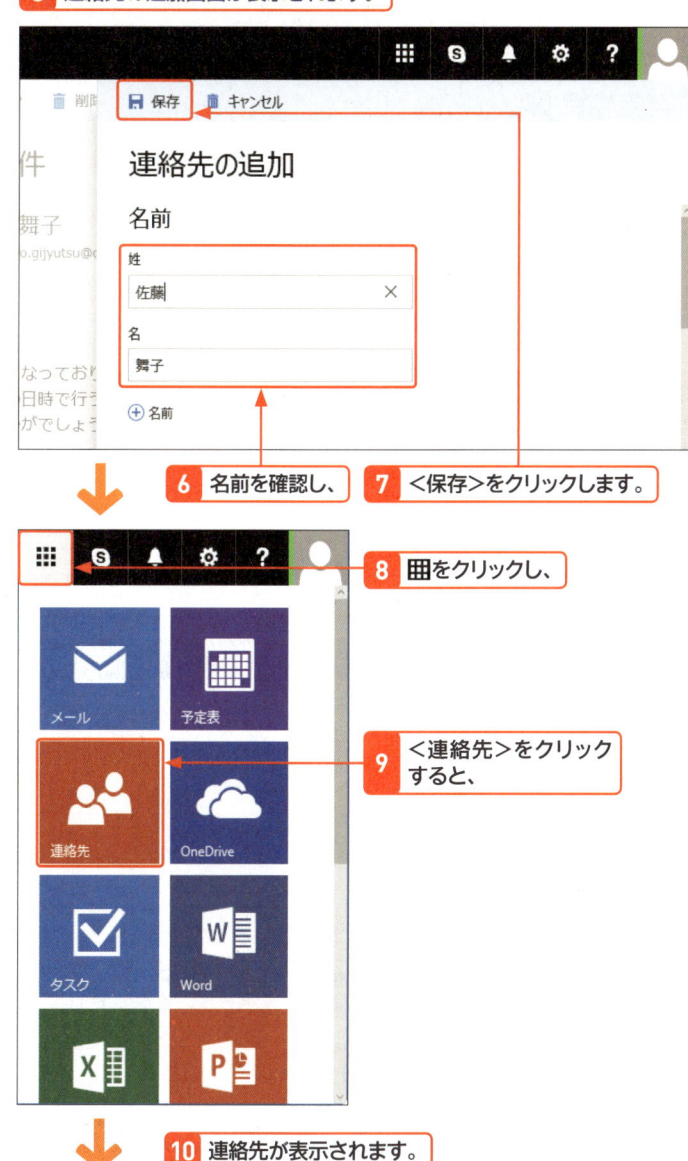

6 名前を確認し、　**7** <保存>をクリックします。

8 ⊞をクリックし、

9 <連絡先>をクリックすると、

10 連絡先が表示されます。

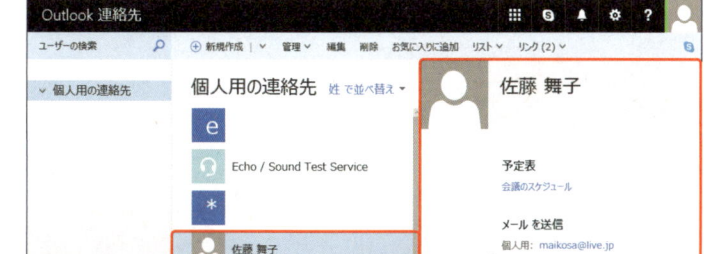

11 登録したユーザーをクリックすると、

12 メールアドレスなどの情報が確認できます。

Hint そのほかの情報を追加する

左の手順では、追加したいユーザーの名前とメールアドレスのみを登録していますが、画面をスクロールすると、電話番号や勤務先、住所などの情報も登録できます。また、メールアドレスも1つだけでなく、仕事用、個人用など複数登録できます。

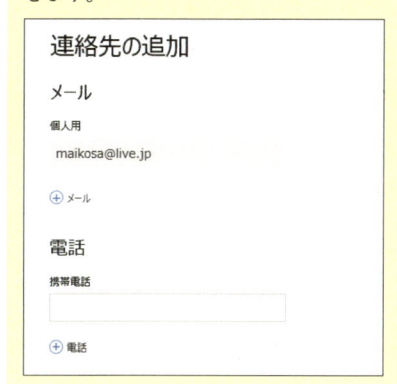

Memo 連絡先からメールを送信する

手順 **12** の画面で登録されているメールアドレスをクリックすると、そのメールアドレスを送信先に設定した状態でメールの作成画面が別ウィンドウで表示されます。

Hint 連絡先から受信トレイに戻る

連絡先からOutlookメールに戻りたいときは、⊞をクリックし、<メール>をクリックします。

Memo ⊞の表示位置について

⊞は、ウィンドウのサイズによって表示位置が変わります。左の手順では、画面右側に表示されていますがウィンドウサイズを一定以上大きくすると「Outlookメール」の左横に表示されます。

Section 064 Outlook.comでメールを返信／転送する

キーワード ▶ 返信／転送

受信したメールは、返信したり、別の相手に転送したりできます。返信メールと転送メールは、もとのメールにメッセージを書き加えるなどの編集が行えます。また、件名の先頭には、返信あるいは転送メールを示す「RE:」「FW:」の文字が追加されます。

1 メールを返信する

Memo メールの返信について

メールの返信は、右の手順で紹介している方法のほか、メール一覧のページで返信したいメールの☐をクリックして✔にし、＜返信＞をクリックすることでも行えます。

返信したいメールを表示しておきます。

1 ＜返信＞をクリックします。

2 返信メールの作成画面が表示されます。

メールを送信してきた相手のメールアドレスが自動的に挿入されます。

件名は引用され、先頭に返信メールを示す「RE:」の文字が付けられます。

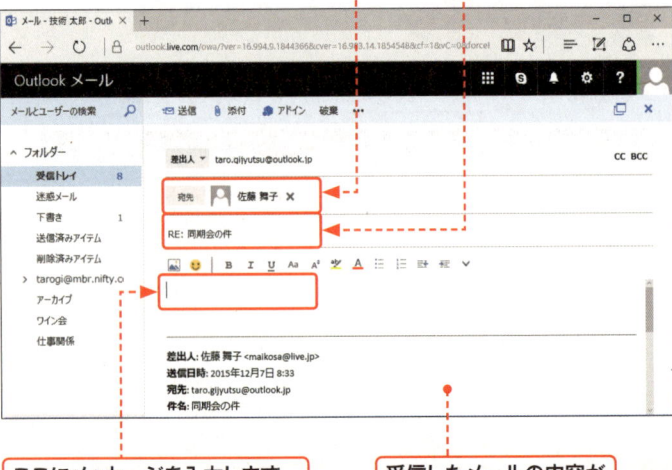

ここにメッセージを入力します。

受信したメールの内容が引用されます。

Memo 全員に返信する

CCなどによって複数の送信先が指定されたメールに返信する場合、手順**1**で返信の∨をクリックし、＜全員に返信＞をクリックすると、送信先に指定された全員に返信できます。部署内など、同じ情報を共有したい場面に便利です。

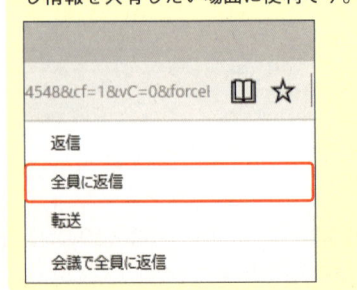

3 メッセージを入力し、

4 ＜送信＞をクリックし、メールを送信します。

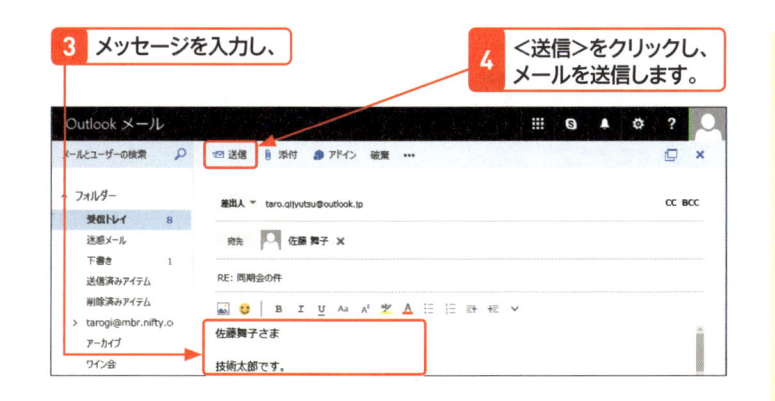

Hint 返信後の受信メールにはアイコンが付く

メールを返信すると、返信したメールに ← のアイコンが付きます。返信したメールとそうでないメールを区別できます。

---

2 受信したメールを転送する

1 転送したいメールを表示しておき、

2 ∨ をクリックして、

3 ＜転送＞をクリックします。

4 転送メールの作成画面が表示されます。

5 転送相手のメールアドレスを入力し、

件名は引用され、先頭に転送メールを示す「FW:」の文字が付けられます。

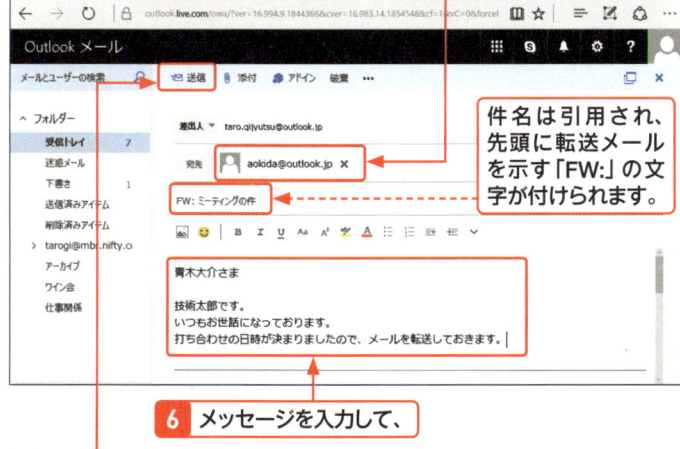

6 メッセージを入力して、

7 ＜送信＞をクリックし、メールを送信します。

Memo メールの転送について

メールの転送は、左の手順で紹介している方法のほか、メール一覧のページで転送したいメールの □ をクリックして ☑ にし、∨ をクリックして、＜転送＞をクリックすることでも行えます。

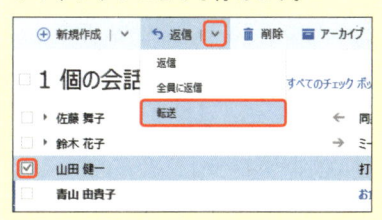

Hint 転送後の受信メールにはアイコンが付く

メールを転送すると、転送したメールに → のアイコンが付きます。転送したメールがすぐにわかるようになっています。

Section 065 Outlook.comでファイルを添付して送信する

キーワード ▶ 添付ファイル

Outlook.comのメールは文字だけでなく、画像や動画などのファイルを添付して送信することもできます。あまり容量が大きいファイルを送信するのには向きませんが、仕事で使う資料や旅先で撮影した写真など、ちょっとしたファイルを受け渡しする場合に便利です。

1 メールにファイルを添付して送信する

Memo ファイルの添付方法について

Outlook.comでメールにファイルを添付するには、「添付ファイル」と「OneDriveで共有」の2種類の方法があります。ここでは、もっとも一般的に利用されている「添付ファイル」を例に、パソコンの「ピクチャ」フォルダー内に保存している画像ファイルをメールに添付する方法を紹介しています。

Hint ファイルの読み出し先について

Outlook.comでは、パソコン内にあるファイルまたはOneDrive内に保存されているファイルをメールに添付できます。右の手順 **3** の画面で、＜ファイル＞をクリックし、画面右のウィンドウで添付したいファイルを選択すると、OneDriveに保存されたファイルを添付できます。なお、いずれの場合も実際のファイルをメールに添付する方法とOneDriveで共有を行う方法を選択できます。

1 P.184の手順を参考に、新規メールを作成します。

2 ＜添付＞をクリックします。

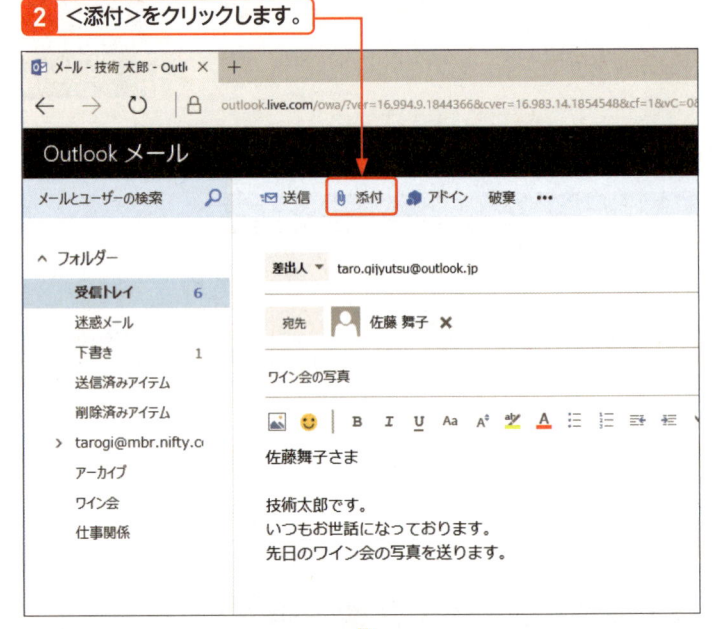

3 添付したいファイルの読み出し先（ここでは＜コンピューター＞）をクリックします。

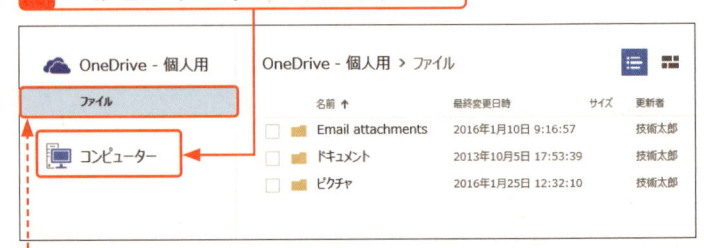

左のHint参照。

4 添付したいファイルが保存されているフォルダーを開き、

5 添付したいファイルをクリックして選択します。

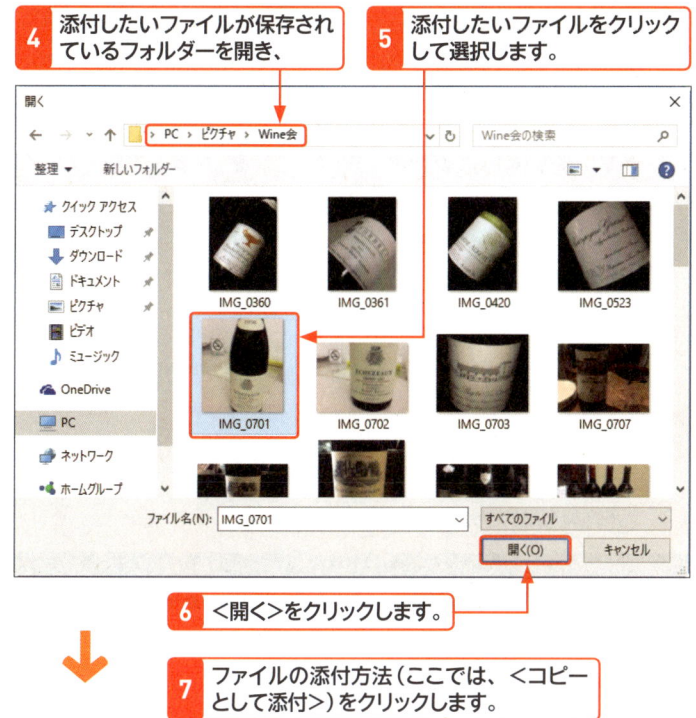

6 <開く>をクリックします。

7 ファイルの添付方法（ここでは、<コピーとして添付>）をクリックします。

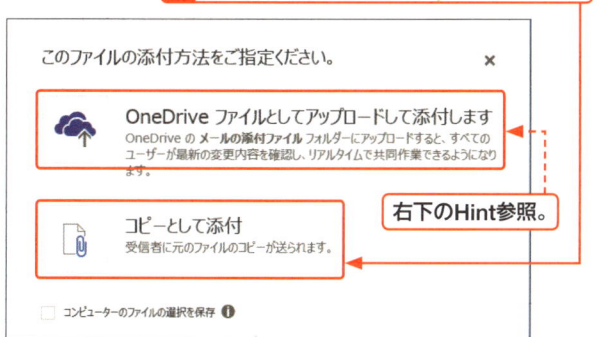

右下のHint参照。

8 選択したファイルが作成中のメールに添付されます。

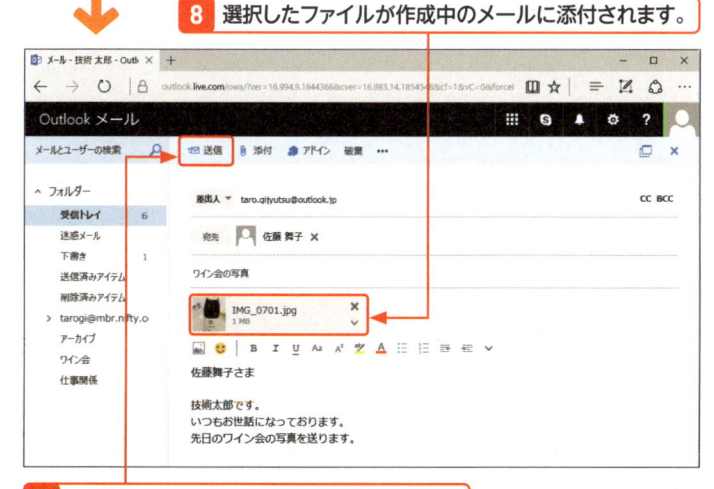

9 <送信>をクリックしてメールを送信します。

Hint 添付ファイルの制限について

メールに実際のファイルを添付する場合、アプリなどの実行形式のファイルを添付することはできません。そうしたファイルを添付しようとすると、ファイルアップロード後に警告アイコンが表示されます。また、一般にプロバイダーはメール1通あたりの最大容量を規定しています。容量が数メガバイトもあるような大きなファイルを添付すると、相手が受信できない場合があります。その場合は、OneDriveを利用したファイル共有を行うことで通常の添付メールでは送ることができないサイズのファイルをやり取りすることができます。

Hint ファイルの添付方法について

左の手順**7**では、実ファイルをメールに添付していますが、<OneDriveファイルとして…>をクリックすると、選択したファイルをOneDriveにアップロードし、そのファイルへのリンクを記載したメールを送信します。OneDriveを利用したファイル共有を行いたいときは、<OneDriveファイルとして…>をクリックしてください。

197

Section 066 Outlook.comでメールに添付されたファイルをダウンロードする

キーワード ▶ 添付ファイル／ダウンロード

Outlook.comでは、受信メールはすべてインターネット上に保存されています。メールに添付されたファイルは、ユーザーが手動でダウンロードする必要があります。ここでは、受信したメールに添付されたファイルをダウンロードする方法を紹介します。

1 ファイルをダウンロードする

Memo ファイルが添付されたメールについて

メールに添付されたファイルは、右の手順でパソコンにダウンロードできます。また、Outlook.comでは、ファイルが添付されたメールには📎のアイコンが付きます。なお、HTML形式のメールで、メール本文に写真などを埋め込んでいるインライン画像の場合は、📎のアイコンは付きません。

Memo ダウンロードが表示されない

手順2の＜ダウンロード＞の文字は、表示されるまでに時間がかかる場合があります。＜ダウンロード＞の表示に時間がかかるときは、添付されたファイルの∨をクリックし、＜ダウンロード＞をクリックしてください。

Hint 複数のファイルが添付されていた場合は？

メールに複数のファイルが添付されていたときは、＜すべてダウンロードする＞をクリックすると、すべてのファイルを1つのZIP形式のファイルにまとめてダウンロードできます。また、添付されたファイルの∨をクリックして、＜ダウンロード＞をクリックすると、そのファイルのみをダウンロードできます。

1 ファイルが添付されたメールをクリックします。

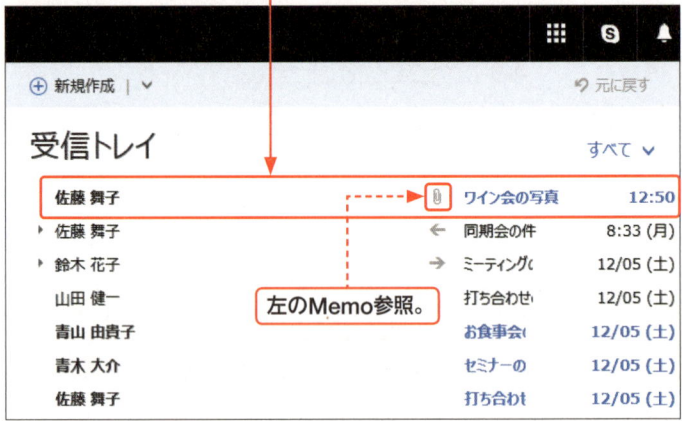

左のMemo参照。

2 ＜ダウンロード＞をクリックすると、

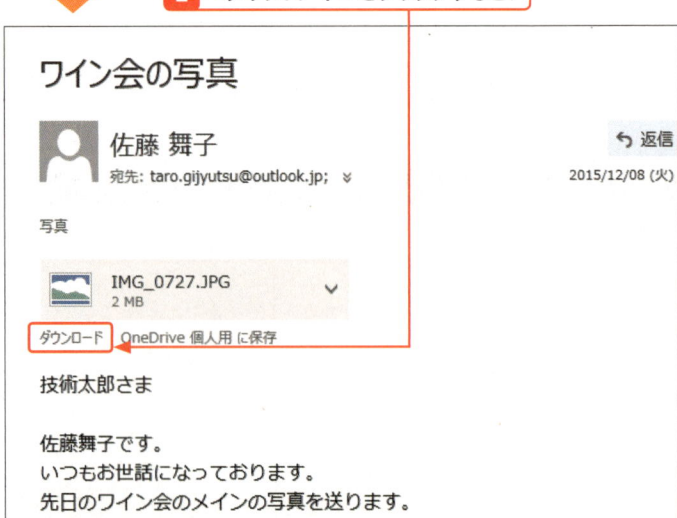

3 ファイルのダウンロードが開始されます。

198

4 ダウンロード完了のメッセージが表示されたら、

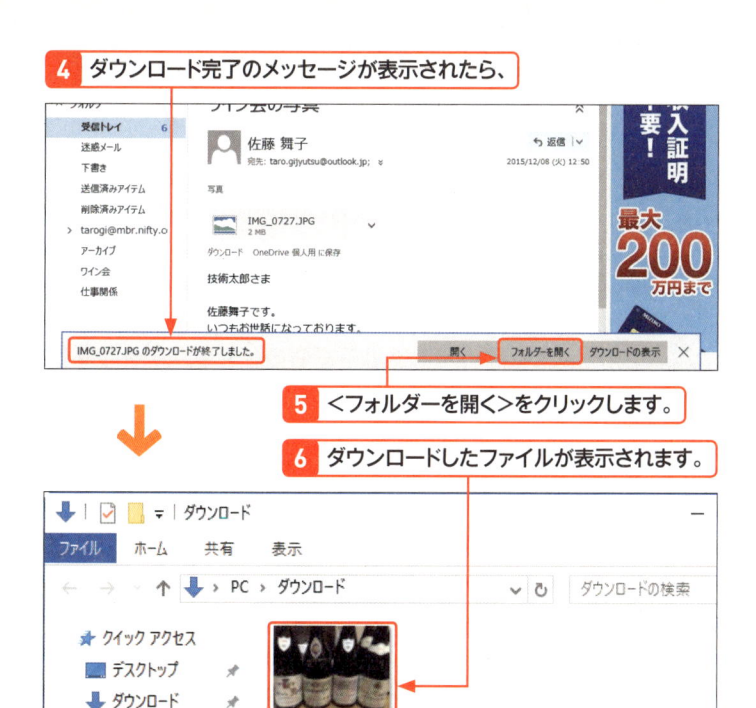

5 ＜フォルダーを開く＞をクリックします。

6 ダウンロードしたファイルが表示されます。

Memo 添付ファイルを OneDriveに保存する

前ページの手順 **2** の画面で＜OneDrive 個人用に保存＞をクリックすると、添付されたファイルをOneDriveの「添付ファイル（Email attachments）」フォルダーに保存できます。

Hint OneDriveで共有されていた場合は？

添付ファイルがOneDriveで共有されていた場合は、添付されたファイルのサムネイルが表示され、＜ダウンロード＞をクリックすると添付されたファイルをダウンロードできます。また、サムネイルをクリックすると、対応アプリで添付されたファイルの内容が表示されます。

Memo 添付ファイルを対応したアプリで表示するには

前ページの手順 **2** の画面で添付ファイルをクリックすると、対応したアプリで表示することができます。また、アプリによっては添付ファイルを表示し、そのアプリからファイルをダウンロードすることもできます。

1 添付ファイルをクリックすると、

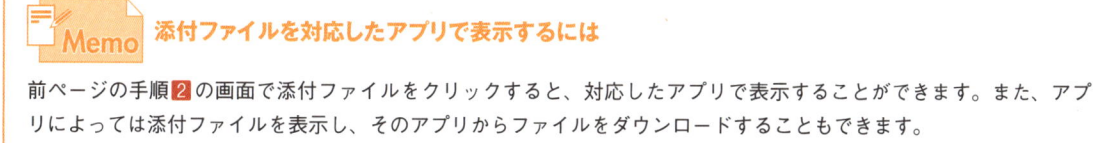

2 対応したアプリ（ここでは「フォト」アプリ）で添付ファイルの内容が表示されます。

3 ＜ダウンロード＞をクリックすると、

4 表示中のファイルがダウンロードされます。

Section 067 Outlook.comのメールを検索する

キーワード ▶ 検索

受信メールがたまってくると、目的のメールがかんたんには見つからなくなってしまいます。また、過去の送信済みメールを確認したい場合もあるはずです。そのようなときは、検索で目的のメールを探しましょう。Outlook.comは、メールの検索もかんたんな操作で行えます。

1 メールの検索を行う

Memo 検索を行う

Outlook.comでは、画面左上の配置されている検索ボックスを利用することでメールの検索やユーザーの検索を行えます。右の手順では、メールの検索方法を解説しています。

Hint ユーザーの検索を行う

ユーザーの検索を行いたいときは、右の手順で検索キーワードを入力して、手順 **3** で＜ユーザーの検索＞をクリックします。また、連絡先を開いて、画面左上の検索ボックスにキーワードを入力すると、ユーザーを対象に検索を行えます。

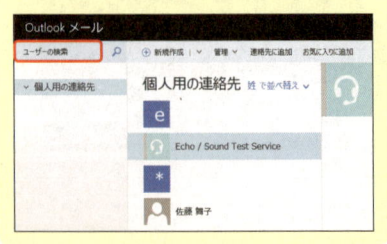

1 ＜メールとユーザーの検索＞をクリックします。

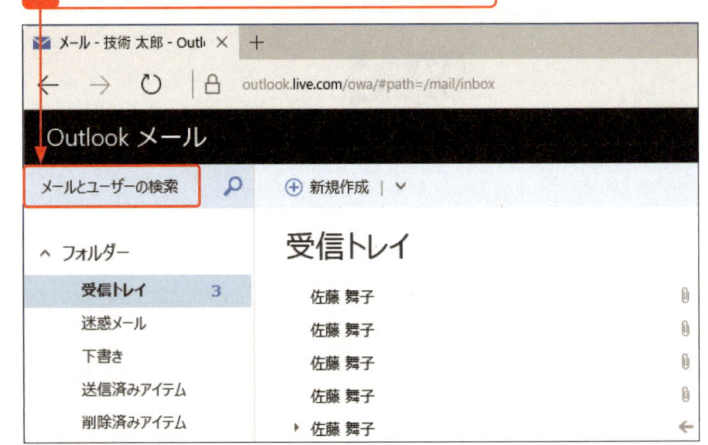

2 検索キーワード（ここでは、「麻布十番」）を入力し、

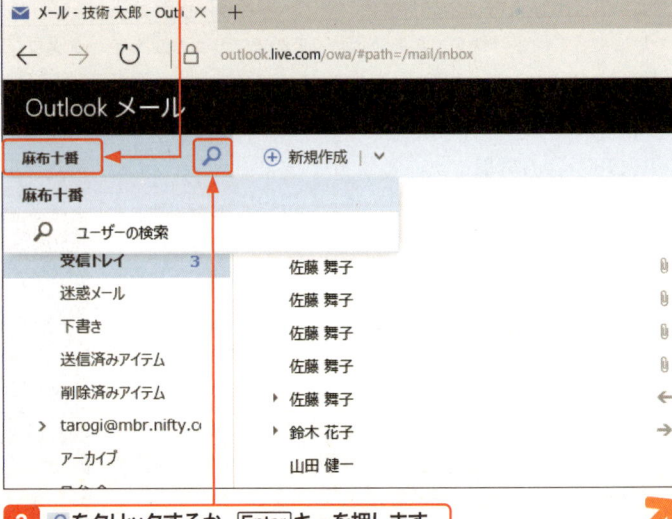

3 🔍をクリックするか、Enterキーを押します。

4 検索結果が表示されます。

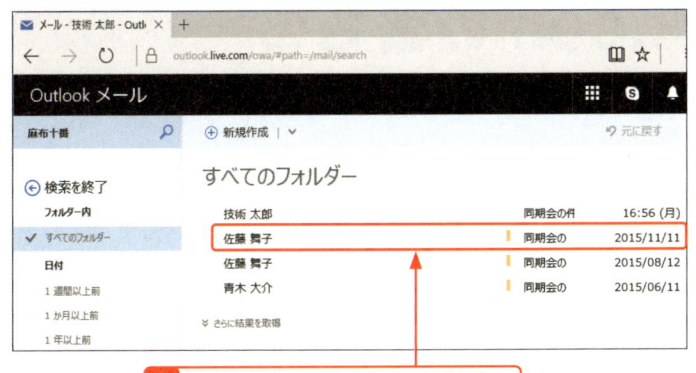

5 検索されたメールをクリックすると、

6 メールの内容が表示されます。

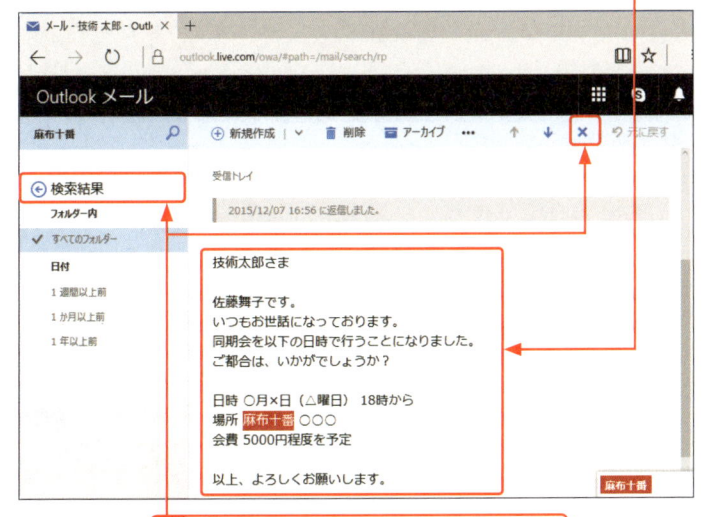

7 <検索結果>または をクリックすると、

8 検索結果の画面に戻ります。

9 <検索を終了>をクリックすると、

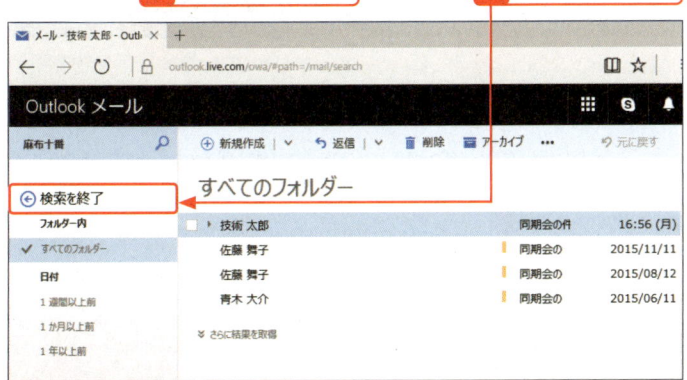

10 検索を終了して受信トレイに戻ります。

Hint 検索対象について

Outlook.comでは、受信トレイを開いた状態で検索を行うとすべてのフォルダーを対象に検索が実行され、受信トレイ以外のフォルダーを開いた状態で検索を行うと、その時点で開いていたフォルダー内を対象に検索が実行されます。

Hint 検索結果の画面について

検索結果の画面は、画面左側に絞り込み用の項目が並びます。この項目は、検索結果によって異なります。たとえば、受信トレイ以外のフォルダーにも対象メールが見つかるとそのフォルダーが絞り込み用の項目として表示されます。また、複数ユーザーからのメールが見つかると、差出人で絞り込むこともできます。

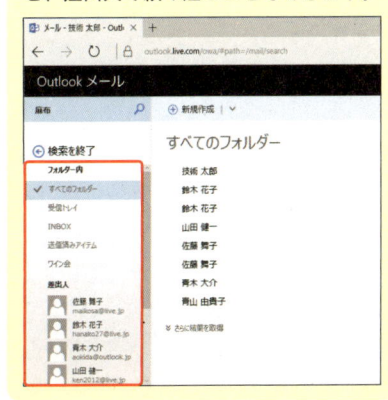

Section 068 Outlook.comの署名を設定する

キーワード ▶ 署名

メールの末尾に記載されている送信者の名前や連絡先などの情報を、署名と呼びます。署名を設定しておくと、メールの末尾にあらかじめ決めておいた定型文書が自動挿入され、手動で情報を入力する必要がありません。ここでは、署名の設定方法を紹介します。

1 署名を設定する

Key word 署名

「署名」は、メールの末尾に記載されているメール送信者の名前や連絡先、勤務先などの情報です。Outlook.comでは、ここで解説している手順で署名を設定できます。

Memo 署名の修正

ここでは、新規に署名を作成する手順を紹介していますが、作成した署名は、＜書式、フォント、署名＞をクリックして表示される作成画面から修正を行うことができます。

1 ⚙をクリックし、

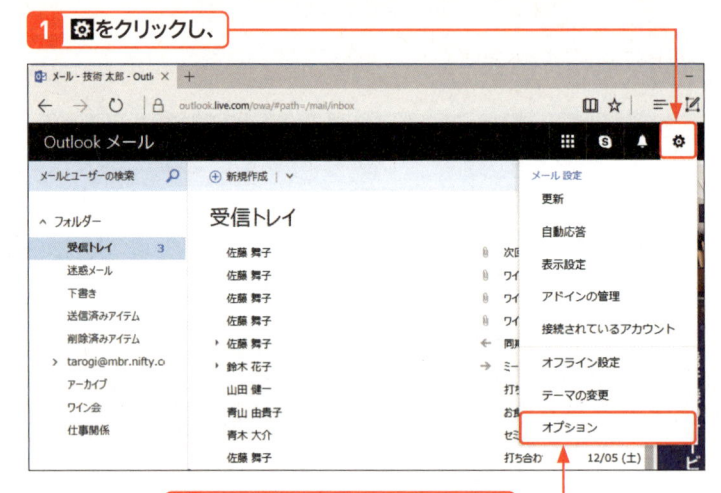

2 ＜オプション＞をクリックします。

3 画面をスクロールして、

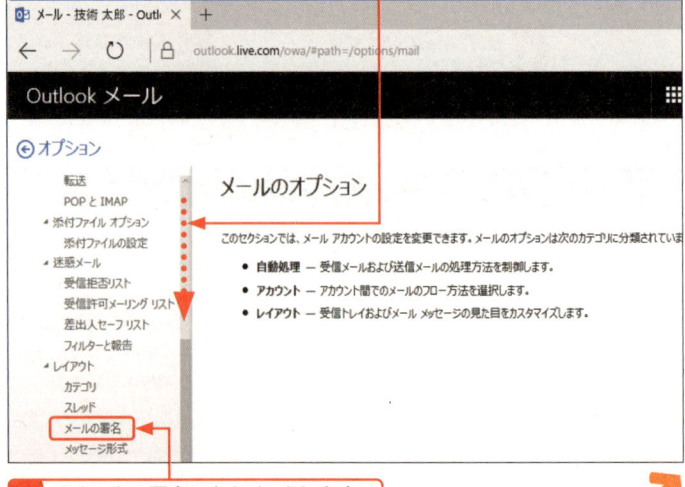

4 ＜メールの署名＞をクリックします。

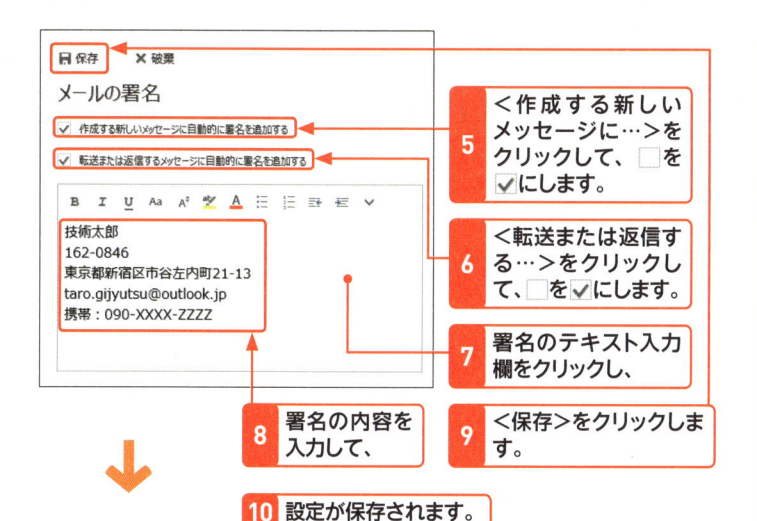

5 <作成する新しい
メッセージに…>を
クリックして、□を
✓にします。

6 <転送または返信す
る…>をクリックし
て、□を✓にします。

7 署名のテキスト入力
欄をクリックし、

8 署名の内容を
入力して、

9 <保存>をクリックしま
す。

10 設定が保存されます。

11 <Outlookメール>を
クリックします。

12 <新規作成>をクリックすると、

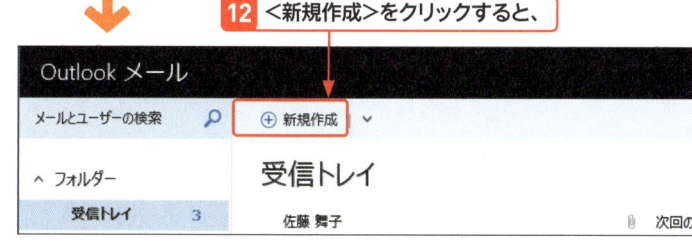

13 手順**8**で入力した署名が自動挿入
されていることを確認できます。

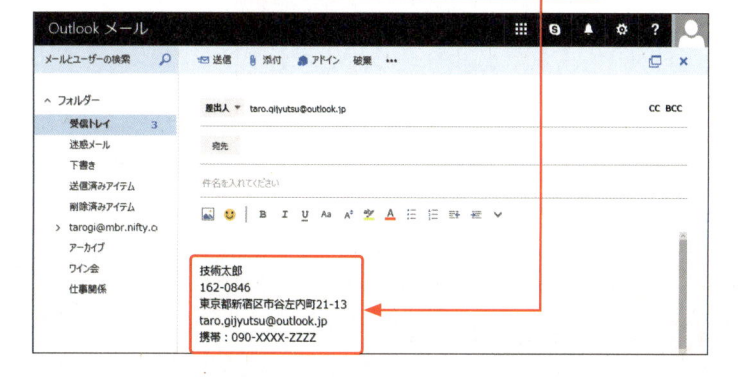

 Hint 署名に入力する情報

署名に入力する情報は、送信者の名前や住所、電話番号、メールアドレスなどです。仕事で利用する場合は、会社名や部署名、電話番号、FAX番号などを追加しておくのがおすすめです。

Memo 署名の書式

Outlook.comの署名の形式は、あらかじめ「HTML形式」に設定されています。HTML形式では、表示されている各ボタンを利用して文字を装飾できます。文字装飾で利用できるボタンは以下のような機能を持っています。

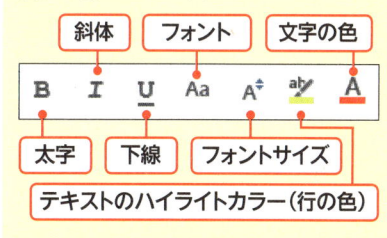

Hint HTML形式の注意点

HTMLの設定は、メールの本文がHTML形式で作成されている場合のみ有効です。メールの本文がテキスト形式の場合は、この設定は無視されます。

Section 069

迷惑メールをOutlook.comに登録する

キーワード ▶ 迷惑メール

メールを利用していると、スパムメールやスパイウェアを潜ませたメールが送られてくる場合があります。一般的にこれらを総称して、迷惑メールと呼びます。ここでは、Outlook.comに迷惑メールが届いてしまった場合の対処方法を解説します。

1 特定のメールを迷惑メールに登録する

Key word 迷惑メールとは?

「迷惑メール」とは、無断で送信されてくる宣伝や勧誘のメール、詐欺や情報漏えいの危険が潜んでいる可能性が高いメールなどの総称です。迷惑メールが届いた場合は、ここで解説している操作を行うと、同じメールアドレスから届いたメールが自動的に「迷惑メール」フォルダーに移動するようになります。

Key word スパムメールとは?

業者などが入手したメールアドレスをもとに、営利目的のメールなどを無差別に大量配布するメールを「SPAM（スパム）メール」と呼びます。

Key word スパイウェアとは?

「スパイウェア」とはユーザーのプライバシー情報を収集し、その情報を盗み出すアプリ（ソフトウェア）のことです。スパイウェアは、メールの添付ファイルを経由して感染する可能性もあるので、送信元が不明なメールの添付ファイルは開かないようにしましょう。

1 迷惑メールとして登録したいメールの □ をクリックして ☑ にし、

2 ⋯ をクリックします。

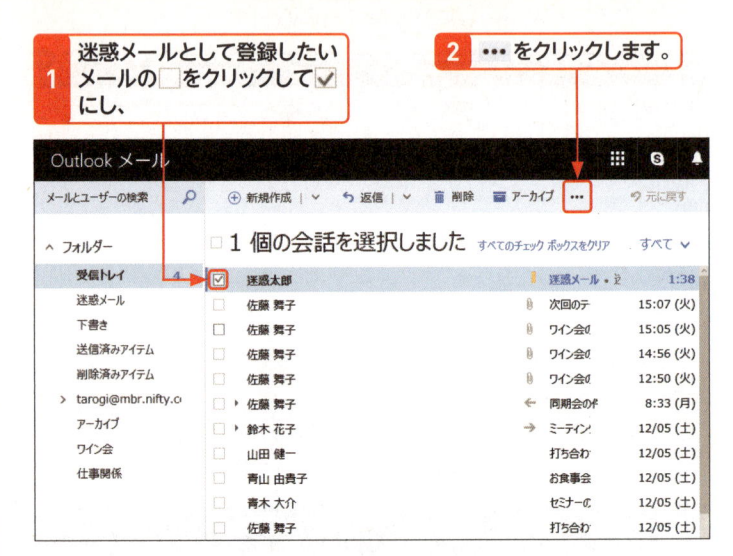

3 ＜迷惑メール＞をクリックし、

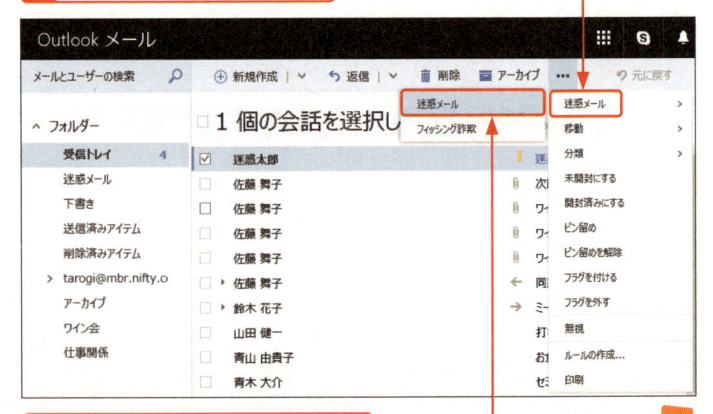

4 ＜迷惑メール＞をクリックします。

5 選択したメールが「迷惑メール」フォルダーに移動します。

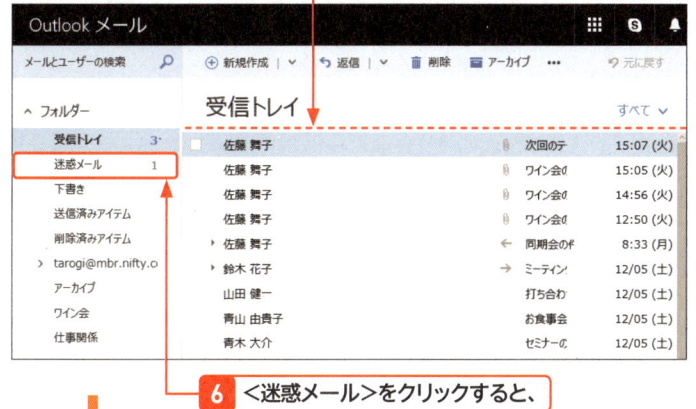

Memo フィッシング詐欺として報告する

フィッシングとは、Webページなどを使った詐欺行為です。クレジットカードの会員番号や各種サービスのID、パスワードを盗みとるために有名サイトを装い、メールでそのWebサイトに誘導するという手口が有名です。フィッシング詐欺の可能性があるメールを発見したときは、前ページの手順 **4** の画面で、＜フィッシング詐欺＞をクリックします。

6 ＜迷惑メール＞をクリックすると、

7 メールを確認できます。

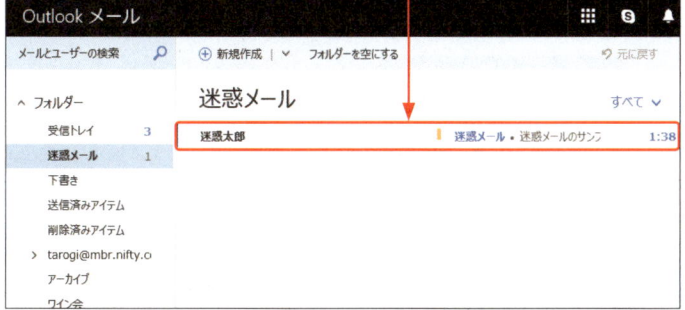

Memo 迷惑メールから解除する

大切なメールを間違って迷惑メールに登録したときは、＜迷惑メール＞フォルダーをクリックし、迷惑メールを解除したいメールを選択します。 ••• をクリックして、＜迷惑メールではないメール＞→＜迷惑メールではないメール＞の順にクリックします。

Memo 受信拒否リストに登録する

受信拒否リストを利用すると、特定の差出人やドメインからのメールの受信を拒否できます。迷惑メール登録を行っても、迷惑メールとして処理されないようなメールも受信拒否リストに登録すれば届かなくなります。受信拒否リストへの登録は、以下の手順で行います。

1 P.188の手順を参考にオプション設定画面を開き、画面をスクロールします。

3 拒否したいメールアドレスまたはドメイン名（@の後ろの部分）を入力し、

4 ＋をクリックします。

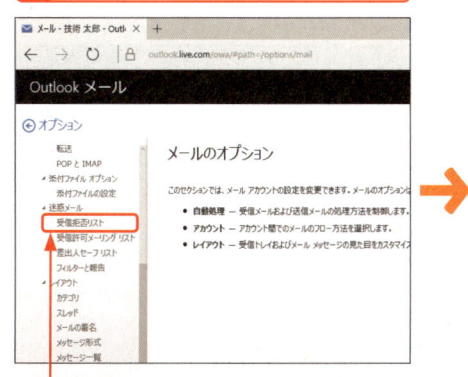

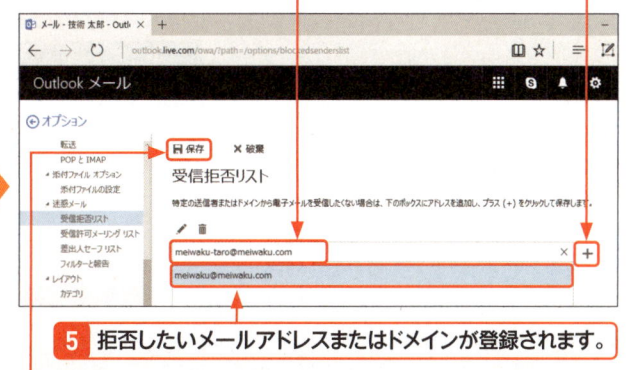

2 ＜受信拒否リスト＞をクリックします。

5 拒否したいメールアドレスまたはドメインが登録されます。

6 ＜保存＞をクリックします。

Section

070

Outlook.comで同報メールを作成する

キーワード ▶ 連絡先リスト／一括送信

同じ内容のメールを複数の人に送りたいときに便利なのが、連絡先の連絡先リストを利用したメールの一括送信です。ここでは、連絡先で連絡先リストを作成し、連絡先リストに登録されたメンバー全員にメールを一括送信する方法を紹介します。

1 「People」アプリでグループを作成する

Memo 連絡先リストとは？

Outlook.comの連絡先には、連絡先に登録されているメンバーを連絡先リストと呼ばれるグループごとに分類する機能が備わっています。連絡先リストは、任意に作成でき、メンバーは複数の連絡先リストに登録できます。

Memo メールの送信先にグループを指定する

作成した連絡先リストは、メールの送信先に指定できます。連絡先リストを送信先に指定すると、そのリスト内のメンバー全員に同じ内容のメールを一括送信できます。こうしたメールのことを同報メールといいます。ここでは、「サークル仲間」という連絡先リストを作成し、メンバーを登録する方法を紹介しています。

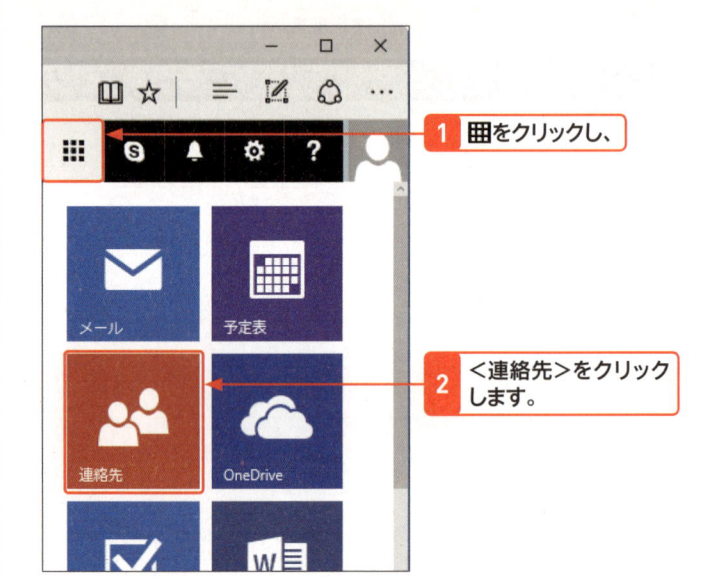

1 ⊞をクリックし、

2 ＜連絡先＞をクリックします。

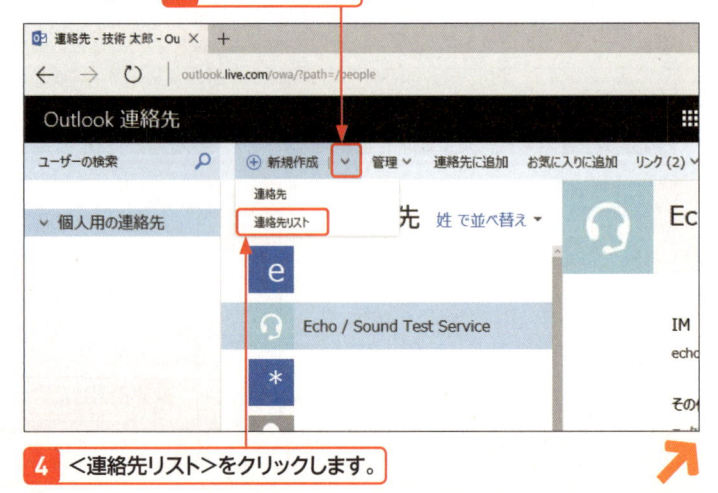

3 ∨をクリックし、

4 ＜連絡先リスト＞をクリックします。

5 リスト名（ここでは、「サークル仲間」）を入力し、

6 登録したいメンバーの名前またはメールアドレスを入力すると、

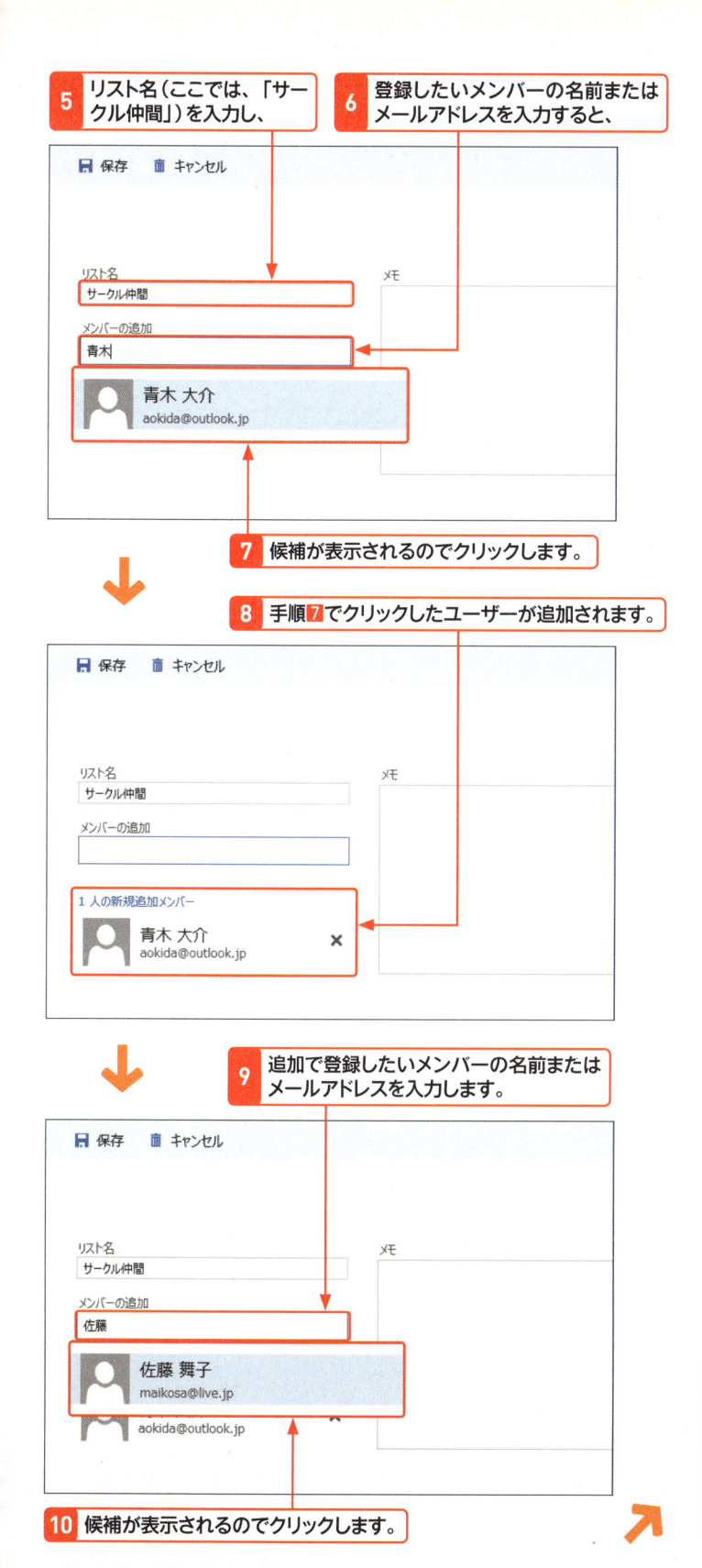

7 候補が表示されるのでクリックします。

8 手順**7**でクリックしたユーザーが追加されます。

9 追加で登録したいメンバーの名前またはメールアドレスを入力します。

10 候補が表示されるのでクリックします。

5 Section 070
Outlook.comで同報メールを作成する

連絡先リスト／一括送信

Memo メンバー追加の際には登録候補が表示される

手順**6**で追加したいメンバーの名前またはメールアドレスの一部を入力すると、登録候補が表示されます。登録候補は入力した文字に応じて、リアルタイムで変化します。連絡先に登録している件数が多い場合、多数の登録候補が表示されることもあります。

Memo メンバーを削除するには？

メンバーを間違えて追加したときは、そのメンバーを削除します。削除したいメンバーの **✕** をクリックすると、メンバーから削除できます。

Memo　作成済みグループにメンバーを追加する

作成済みのグループに新しいメンバーを追加したいときは、メンバーを追加したいグループをクリックし、＜編集＞をクリックします。グループの編集ページが表示されるので、右の手順を参考に新しいメンバーを追加します。

編集

Memo　グループを削除するには？

不要なグループを削除するには、削除したいグループをクリックして、＜削除＞をクリックします。確認のメッセージが表示されたら、＜削除＞をクリックします。

削除

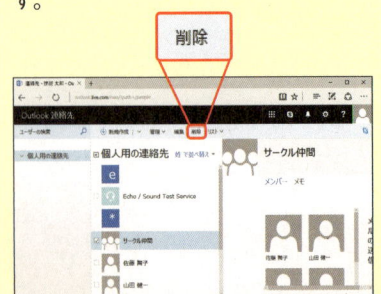

11 2人目のメンバーが登録されます。手順**9**～**10**を繰り返してメンバーを登録します。

12 すべてのメンバーを登録したら、

13 ＜保存＞をクリックします。

14 グループが作成されます。

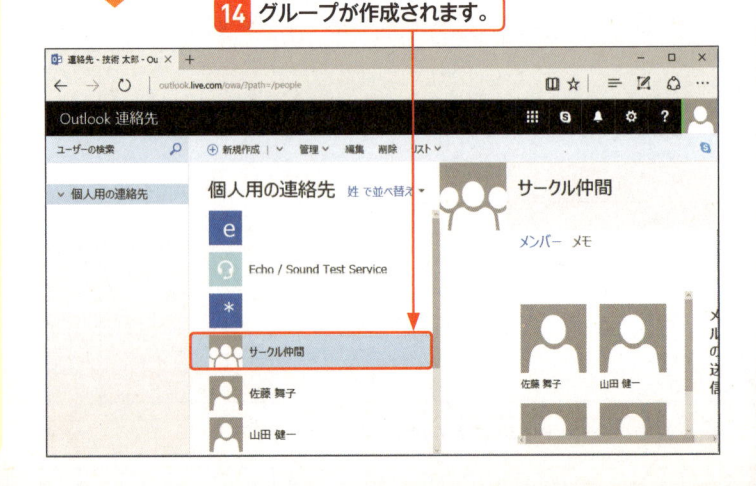

② グループを使ってメールを一括送信する

Outlook.comの画面を表示します。

1 <新規作成>をクリックします。

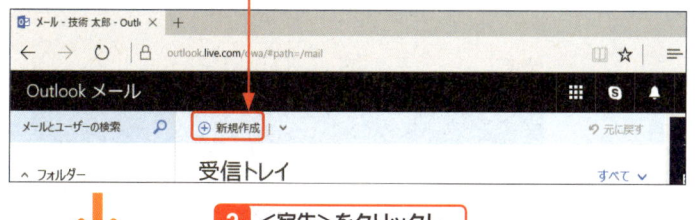

2 <宛先>をクリックし、

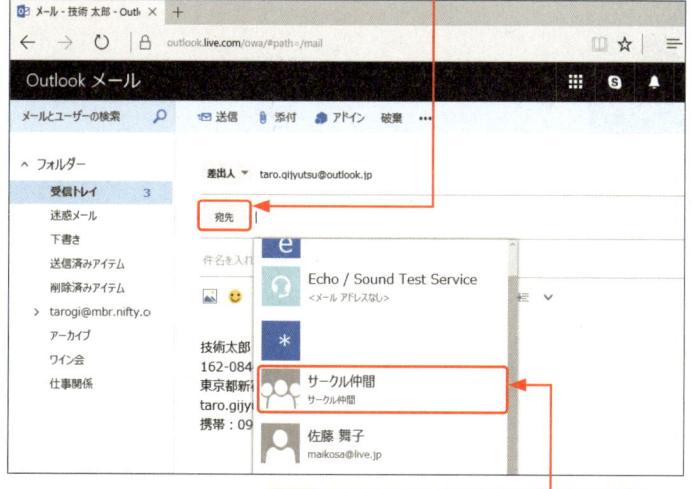

3 <サークル仲間>をクリックします。

4 宛先に「サークル仲間」が登録されます。

5 件名を入力し、

6 本文を入力して、

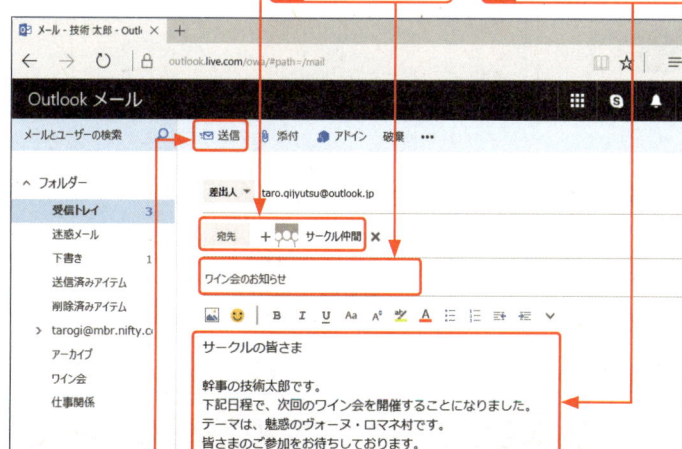

7 <送信>をクリックします。

Memo　同じ内容のメールを送信する

Outlook.comのメールの宛先に連絡先リストを指定すると、1回の操作によって、同じ内容のメールを全員に送信できます。なお、連絡先リストの中にメールを送信しなくてよいメンバーが含まれている場合は、P.184左下のMemoを参考に、CCやBCCを利用して宛先を個々に指定しましょう。

Hint　メールの宛先に複数の連絡先リストを指定する

Outlook.comのメールの宛先には、複数の連絡先リストを指定することができます。この機能を利用すると、たとえば「営業部と広報部に所属するメンバーにのみ、メールで会議の資料を送る」といったことができます。

第 1 章
Windows 10
をはじめよう

第 2 章
Windows 10
の基本操作

第 3 章
ファイルと
フォルダー

第 4 章
インター
ネット

第 5 章
Outlook.
com

第 6 章
「メール」
アプリ

第 7 章
アプリの
利用

第 8 章
データの
活用

第 9 章
音楽／写真
／ビデオ

第 10 章
タブレット
モード

第 11 章
文字入力
の基本

第 12 章
＜スタート＞
メニュー

第 13 章
デスクトップ

第 14 章
ネットワーク

第 15 章
管理／
セキュリティ

第 16 章
周辺機器
の利用

第 17 章
トラブル
対策

第 18 章
インストール
と初期設定

付　録

Memo　Outlook.comのデザインを変更する

Outlook.comでは、表示設定を変更することで通常は表示されない閲覧ウィンドウを表示したり、メールの表示方法をカスタマイズできます。また、テーマを変更することで、画面上部の各種操作用アイコンが表示されている部分をカスタマイズすることもできます。テーマの変更は、下の手順 **2** の画面で＜テーマの変更＞をクリックすることで行えます。

1 ⚙ をクリックし、

2 ＜表示設定＞をクリックします。

3 「表示設定」の画面が表示されます。

4 ＜閲覧ウィンドウ＞をクリックすると、

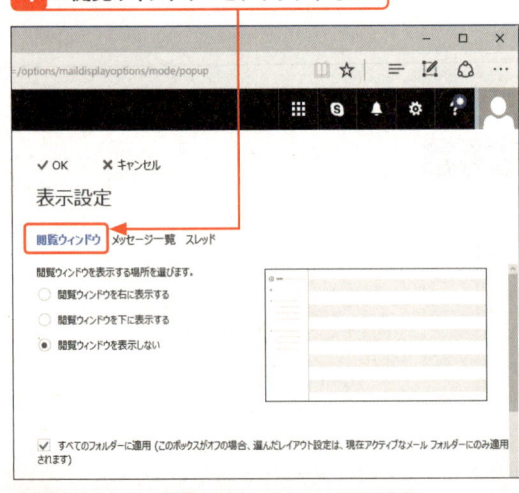

5 メッセージを表示する閲覧ウィンドウに関する設定を行えます。

6 ＜メッセージ一覧＞をクリックすると、

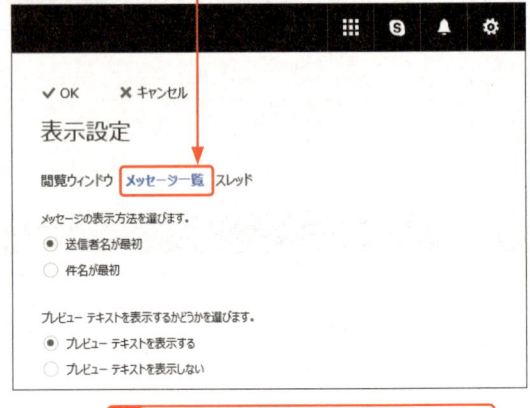

7 受信トレイに表示される受信メールの表示方法やプレビューテキストを表示するかどうかの設定が行えます。

8 ＜スレッド＞をクリックすると、

9 メッセージの表示順の設定やアイテム（メール）が削除されている場合の動作などの設定が行えます。

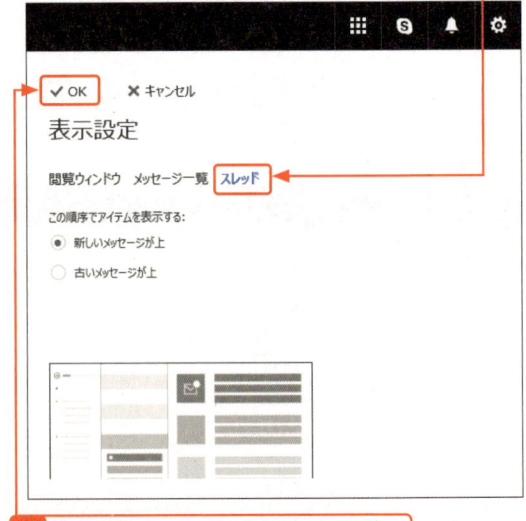

10 設定を行い、＜OK＞をクリックすると、

11 設定が保存され、反映されます。

第6章

「メール」アプリの利用

Section

071

「メール」アプリを起動する

キーワード ▶ 「メール」アプリ

「メール」アプリは、メールの閲覧や送受信を行うためのアプリです。Windows 10にあらかじめインストールされています。@outlook.jpや@outlook.comなどのOutlook.comで取得したメールアカウントやプロバイダーメールのメールアカウントの管理を行えます。

1 「メール」アプリを起動する

Memo 「メール」アプリとは？

Windows 10に最初からインストールされている「メール」アプリは、メールの管理や送受信を行うためのアプリです。@outlook.jpや@outlook.comなどのOutlook.comのメールアカウントでWindows 10にサインインしている場合は、「メール」アプリの送受信の設定が自動的に行われます。

Hint 初めて起動したとき

「メール」アプリを初めて起動したときは、手順4の画面が表示されます。この画面は初めて起動したときのみ表示され、次回からは表示されません。

Key word アカウントとは？

パソコンやネットワークの特定の領域や機能を利用するための権利を「アカウント」といいます。メールアカウントの場合は、メールを利用するための権利で、プロバイダーなどのメールサービス提供業者と契約したときに取得したユーザーIDがアカウント名になります。

1 田をクリックし、　　**2** <メール>をクリックします。

3 初めて「メール」アプリを起動したときは、この画面が表示されるので、

ようこそ

メールを全部ここに集めて、シンプルにしましょう。

使ってみる

4 <使ってみる>をクリックします。

5 <開始>をクリックします。

右のHint参照。

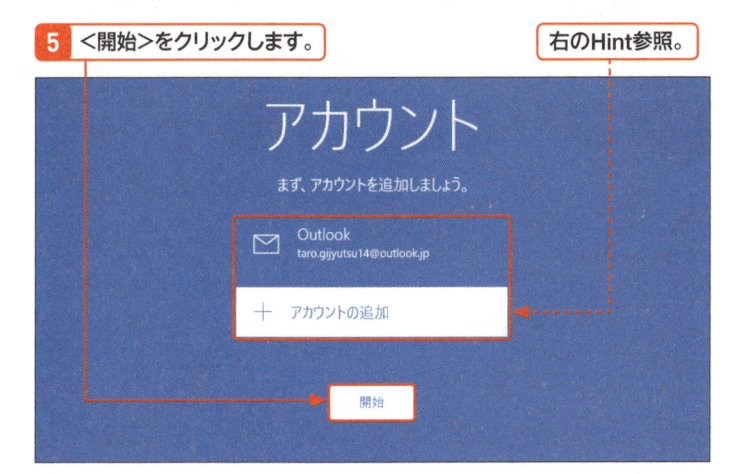

6 「メール」アプリが起動します。

7 読み出したいメールをクリックすると、

8 メールの内容が表示されます。

 **アカウントを追加する**

@outlook.jpや@outlook.comなどのOutlook.comのメールアカウントでWindows 10にサインインしている場合は、そのメールアカウントが追加済みの状態で手順**5**の画面が表示されます。Outlook.com以外のメールアカウントは、<アカウントの追加>をクリックし、画面の指示に従って操作することで追加できます。

 **画面デザインが異なる**

「メール」アプリは、ウィンドウのサイズによって、画面のデザインが自動的に変更されます。本書で解説している画面とは異なることがあります。

 **Outlook.comのメールアカウントでサインインしていない場合は?**

Windows 10のサインインにOutlook.comのメールアカウントを利用していない場合は、手順**5**で下の画面が表示され、メールアカウントの追加を行う必要があります。<アカウントの追加>をクリックし、P.215の手順**4**以降を参考にメールアカウントの追加作業を行ってください。

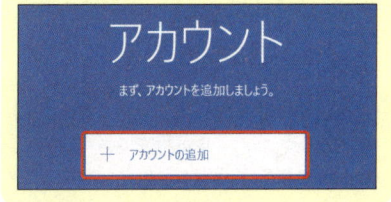

213

Section 072 「メール」アプリを設定する

キーワード ▶ メールアカウント

「メール」アプリには、複数のメールアカウントを登録し、それぞれを別々に管理する機能があります。たとえば、仕事用とプライベート用のメールアカウントを登録しておけば、「メール」アプリのみで両方のメールアドレスを使い分けることができます。

1 メールアカウントを追加する

Memo 複数のメールアカウントを管理する

「メール」アプリは、複数のメールアカウントの管理に対応しています。ここでは @nifty メールを例に、@outlook.jp や @outlook.com などの Outlook.com のメールアカウントがすでに設定されている状態で、プロバイダーが提供しているメールや会社のメールアカウントを追加する方法を解説しています。

Hint 初めてアカウントを追加する場合は?

ローカルアカウント（P.658参照）でサインインしている場合など、初めてメールアカウントを追加するときは、P.212 の手順 3 の「ようこそ」画面で<使ってみる>をクリックし、次の「アカウント」画面で<アカウントの追加>をクリックすると、次ページの手順 4 の画面が表示されます。この手順 4 以降を参考にアカウントの追加を行ってください。

Caution メールの 2重受信について

P.180の手順でOutlook.comでプロバイダーメールの受信設定を行い、右の手順で「メール」アプリでもプロバイダーメールの設定を行うとプロバイダーメールに送られたメールが両方のメールアカウントで表示されます。

ここでは、@niftyメールを例にプロバイダーメールの設定方法を解説します。

1 ⚙ をクリックし、

アカウントの管理

2 <アカウントの管理>をクリックします。

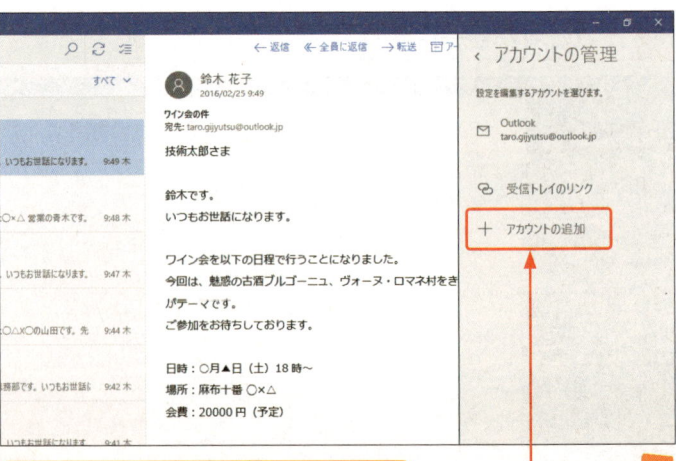

3 <アカウントの追加>をクリックします。

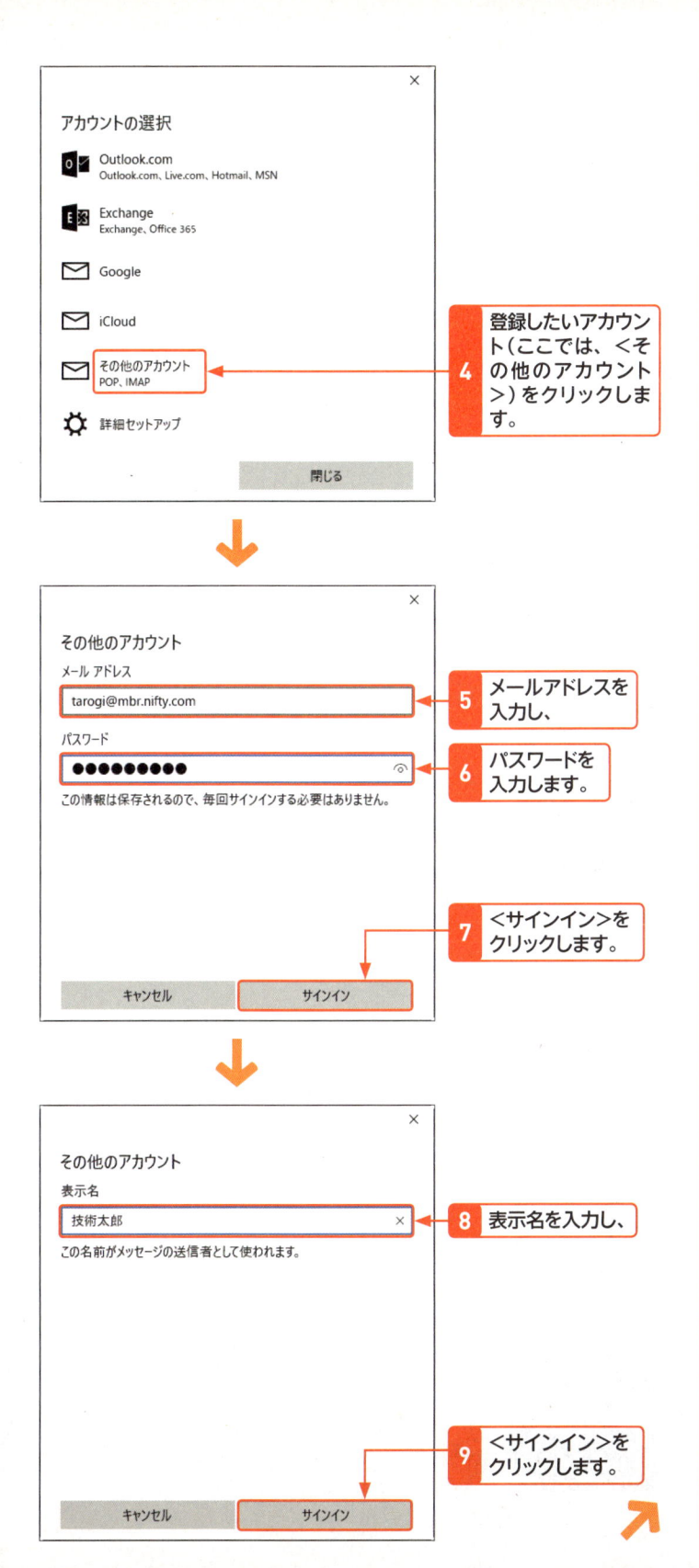

4　登録したいアカウント（ここでは、＜その他のアカウント＞）をクリックします。

5　メールアドレスを入力し、

6　パスワードを入力します。

7　＜サインイン＞をクリックします。

8　表示名を入力し、

9　＜サインイン＞をクリックします。

Memo　追加できるメールアカウントとは？

「メール」アプリは、POP3 や IMAP、Exchange ActiveSync で利用できるメールサービスであれば、プロバイダーメールと Web メールのどちらでもメールアカウントを追加できます。

Memo　Gmail や iCloud のアカウントを追加する

Gmail アカウントを追加するときは、左の手順 4 で＜ Google ＞をクリックし、画面の指示に従って登録を行います。@outlook.jp や @outlook.com などの Outlook.com のメールアカウントを登録するときは、＜ Outlook.com ＞をクリックし、iCloud のメールアカウントを登録するときは、＜ iCloud ＞をクリックして画面の指示に従って登録を行います。

Caution　サインインに失敗するときは？

手順 7 のあとに「指定されたアカウントの情報が見つかりませんでした。」と表示された場合は、入力情報の確認を行い、手順をやり直してみてください。また、正しい情報を入力してもサインインに失敗するときは、P.217の「詳細セットアップでアカウントを追加する」を参考に設定を行ってください。

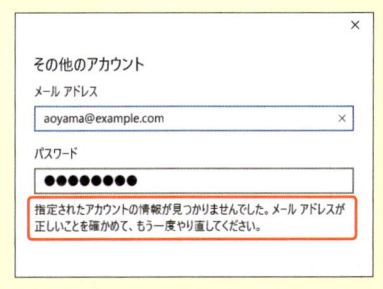

Memo　表示名とは？

表示名は、送信メールに付与される送信者の名前です。自分の名前をアルファベットまたは漢字で入力してください。

Hint さらにアカウントを追加したいときは？

さらにアカウントを追加したいときは、手順12の画面で画面下部の⚙をクリックし、＜アカウントの追加＞をクリックして、手順4からの作業をやり直します。

Hint 「アカウント」画面が表示されたときは？

Microsoft アカウントのメールアドレスでサインインしていない場合など、初めてメールアカウントを追加したときは、右の手順11のあとに下の画面が表示されるので、＜開始＞をクリックすると「メール」アプリが起動します。

10 アカウントが正しく設定されるとこの画面が表示されます。

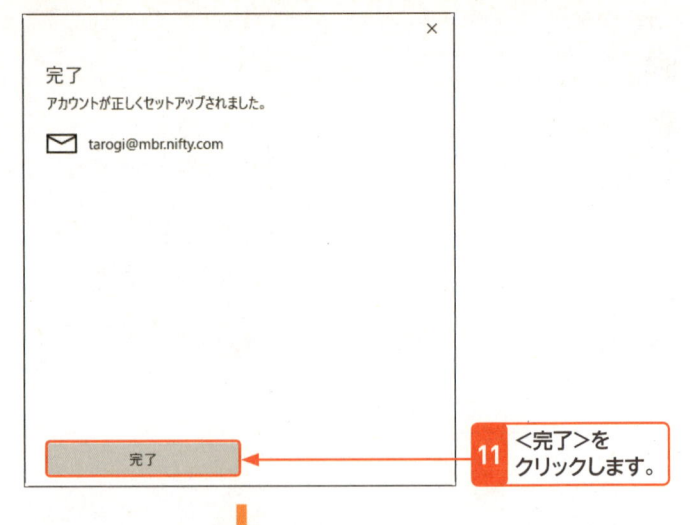

11 ＜完了＞をクリックします。

12 アカウントが追加されます。

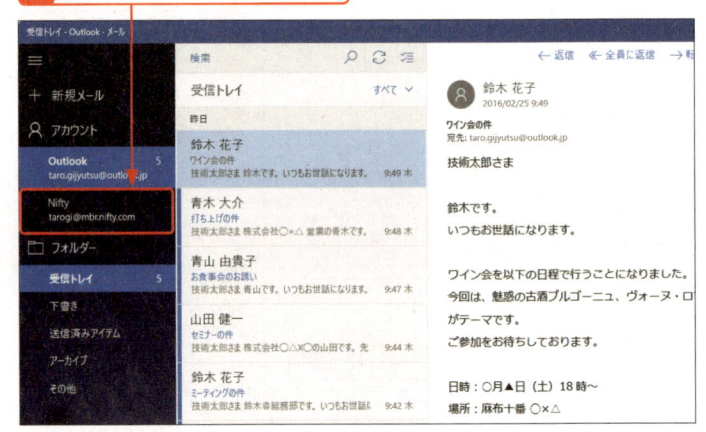

13 追加したメールアカウント（ここでは、＜Nifty＞）をクリックします。

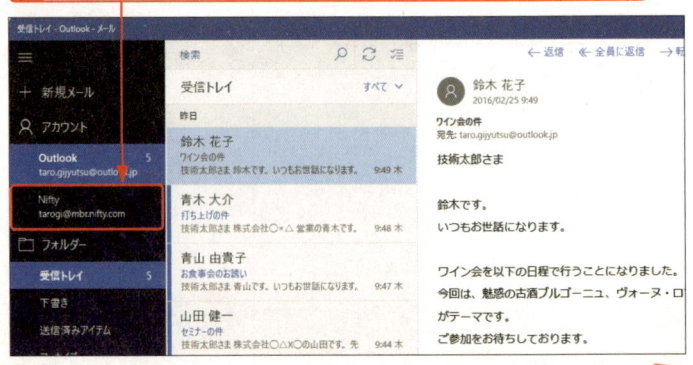

14 追加したメールアカウントで受信したメールが表示されます。

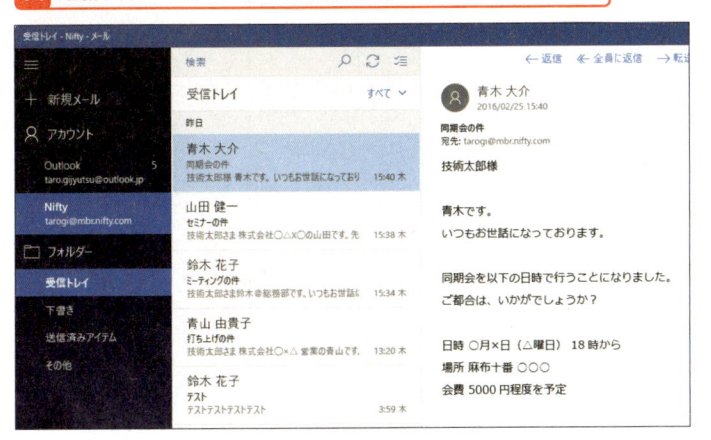

Hint メールはスレッド別にグループ化される

「メール」アプリでは、同じ件名のメールを1つのグループとして扱い、最新メールから順に表示するように設計されています。この機能は、「スレッド別のグループ化」と呼ばれます。▶をクリックすると、そのほかのメールが表示されます。

> 佐藤 舞子, 青木 大介
> ▶ 同期会の件
> 技術太郎様 佐藤舞子です。いつもお世話になっております。『　5:27

---

2 詳細セットアップでアカウントを追加する

1 🔧 をクリックし、　　**2** ＜アカウントの管理＞をクリックします。

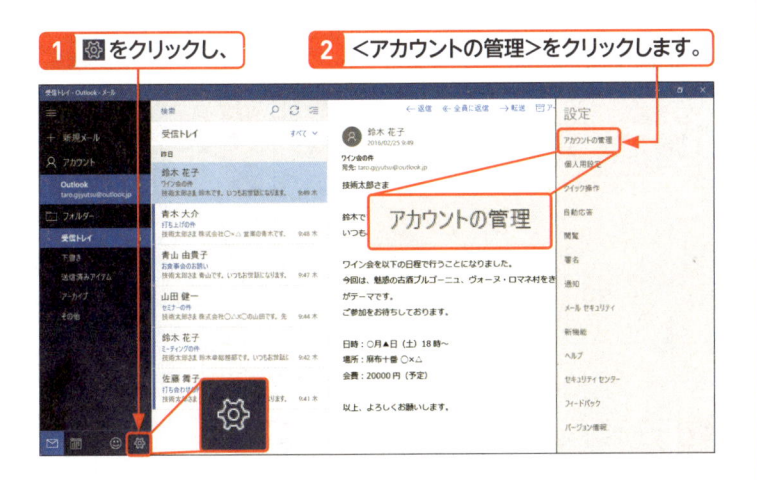

Memo 詳細セットアップで設定する

詳細セットアップは、メールの送受信に関する設定をすべて手動で行う方法です。P.215の手順 **7** のあとに「指定されたアカウントの情報が見つかりませんでした。」と表示されて、メールアカウントの追加が行えないときは、ここで解説する手順で設定を行ってください。

↓

3 ＜アカウントの追加＞をクリックします。

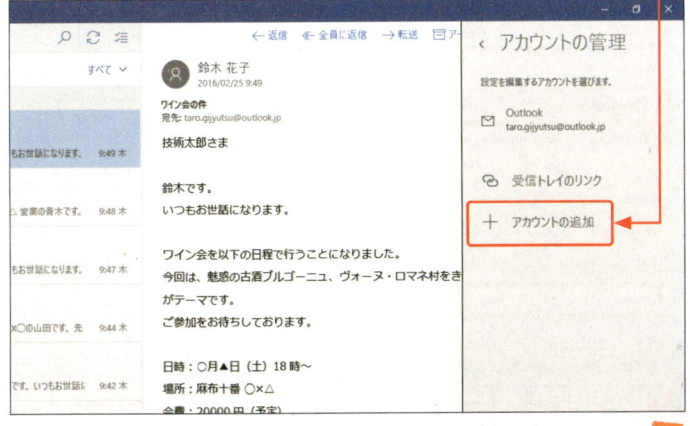

Key word サーバーとは？

インターネット上に設置され、メールサービスやWebサービスなど、自身に備わっている機能やサービスをほかのコンピューター（パソコン）に対して提供するコンピューター（パソコン）を「サーバー」といいます。

Hint　受信メールサーバーとは?

「受信メールサーバー」は、自分宛てに送信されたメールを受け取るために用意されたサーバー（インターネット上のコンピューター）です。自分宛てに送られたメールは、すべて受信メールサーバーに保存されています。ここで入力する内容は、プロバイダーによって異なるので、プロバイダー加入時に送付された資料などをもとに正確に入力を行ってください。なお、ポート番号を指定して受信メールサーバーの情報を入力する場合は、受信メールサーバーのURLとポート番号を「：（コロン）」で区切って入力します。

受信メール サーバー

imap.nifty.com:993

Key word　POP3とは?

「POP3」は、メールサーバーから自分宛てのメールを取り出すときに利用される規約です。POP3では、自分宛てのメールをすべてダウンロードして、メールアプリで読み出しを行います。

Key word　IMAP4とは?

「IMAP4」は、POP3と同様にメールサーバーから自分宛てのメールを取り出すときに利用される規約です。POP3とは異なり、メールはすべてメールサーバー上で管理され、メールをダウンロードするかどうかは、ユーザーが件名や送信者の情報を見て決められます。

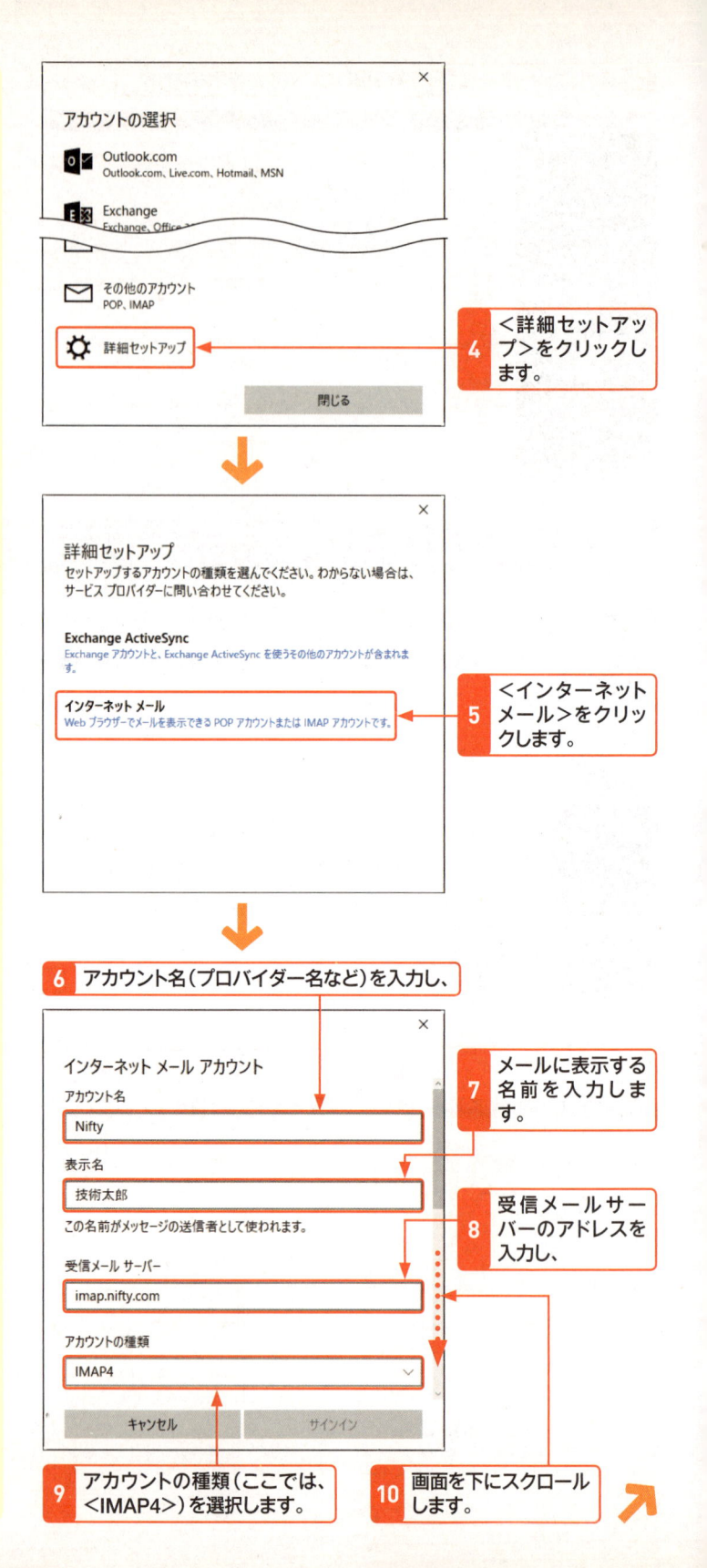

4　＜詳細セットアップ＞をクリックします。

5　＜インターネットメール＞をクリックします。

6　アカウント名（プロバイダー名など）を入力し、

7　メールに表示する名前を入力します。

8　受信メールサーバーのアドレスを入力し、

9　アカウントの種類（ここでは、＜IMAP4＞）を選択します。

10　画面を下にスクロールします。

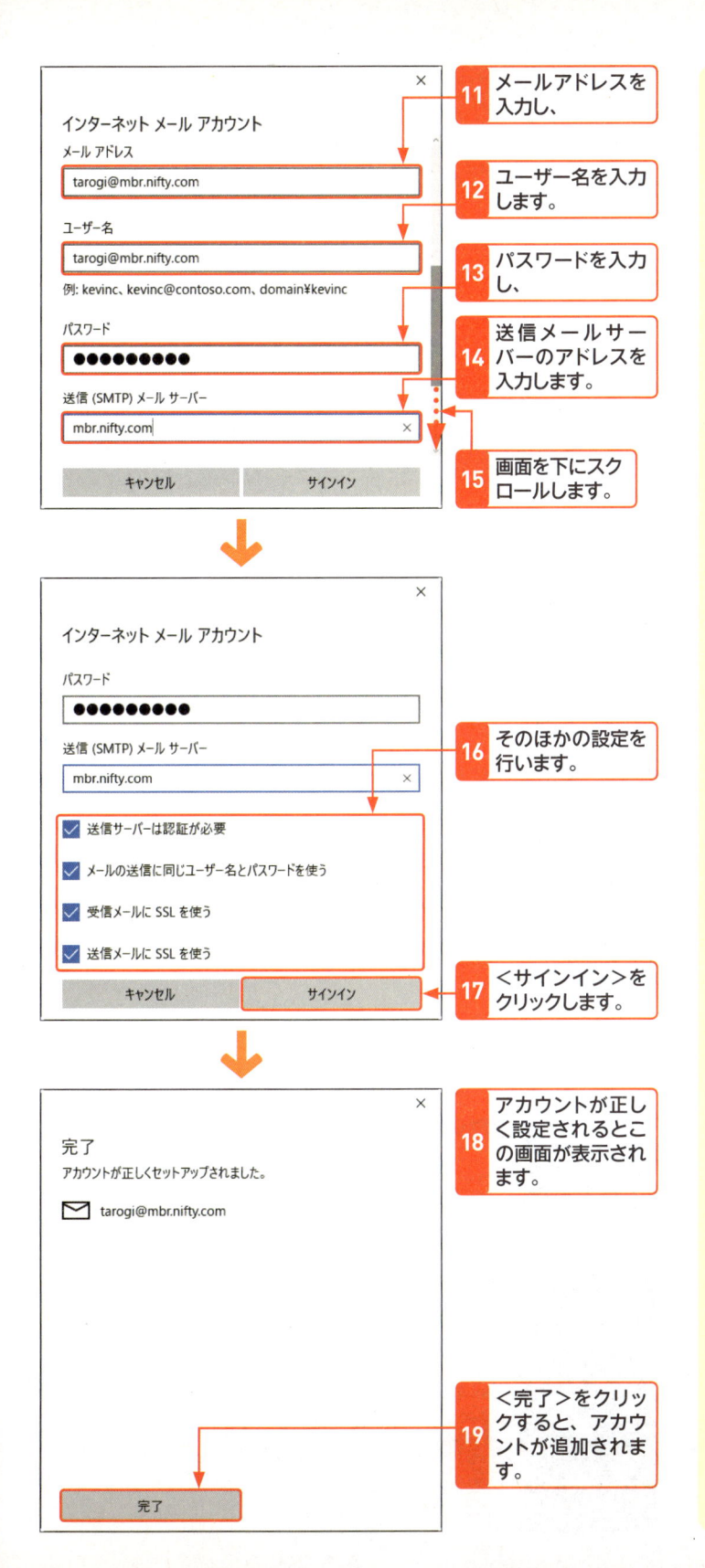

11 メールアドレスを入力し、

12 ユーザー名を入力します。

13 パスワードを入力し、

14 送信メールサーバーのアドレスを入力します。

15 画面を下にスクロールします。

16 そのほかの設定を行います。

17 ＜サインイン＞をクリックします。

18 アカウントが正しく設定されるとこの画面が表示されます。

19 ＜完了＞をクリックすると、アカウントが追加されます。

 **Hint** ユーザー名について

手順**12**で入力するユーザー名は、受信／送信メールサーバーのログインに利用されるユーザー名です。プロバイダーによっては、メールアドレスとユーザー名が同じ場合があります。プロバイダー加入時に送付された資料などをもとに正確に入力を行ってください。

 **Hint** 送信メールサーバーとは?

メールの送信を行うときに利用されるサーバーです。メールの送信は、すべて「送信メールサーバー」を介して行われます。ここで入力する内容は、プロバイダーによって異なるので、プロバイダー加入時に送付された資料などをもとに正確に入力を行ってください。なお、ポート番号を指定して送信メールサーバーの情報を入力する場合は、送信メールサーバーのURLとポート番号を「：(コロン)」で区切って入力します。

> 送信 (SMTP) メール サーバー
>
> mbr.nifty.com:587

 **Key word** ポート番号とは?

接続先のサーバーでは、さまざまなプログラムが動作しており、それを特定するために利用されるのが「ポート番号」です。接続先のURLが正しくてもポート番号が間違っていると、そのサーバーに接続できません。ポート番号を入力する必要があるときは、情報を間違えないように入力する必要があります。

 **Key word** SSLとは?

「SSL」とは、インターネットで利用されている暗号化通信の技術のことです。パソコンとサーバー間でやり取りするデータを暗号化することで、データの改ざんや情報の漏えいを防ぎます。

Section
073
メールを受信する

キーワード ▶ 受信

「メール」アプリは、メールの受信や、受け取ったメールの返信や転送などを行うアプリです。アプリを起動していない状態でも新着メールの自動受信を行う機能を搭載しているほか、手動でメールを受信したり、不要なメールを削除したりすることもできます。

1 メールを手動で受信する

Memo 新着メールを受信する

右の手順では、新着メールを手動で受信する方法を解説しています。「メール」アプリは、新着メールの受信を自動的に行うため、通常は手動受信を行う必要はありません。手動受信は、その時点の新着メールをすぐに確認したいときやメールの手動同期（P.223のHint参照）を行いたいときなどに利用します。

1 ⟳をクリックします。

2 新着メールがあるときは、新しいメールが受信されて表示されます。

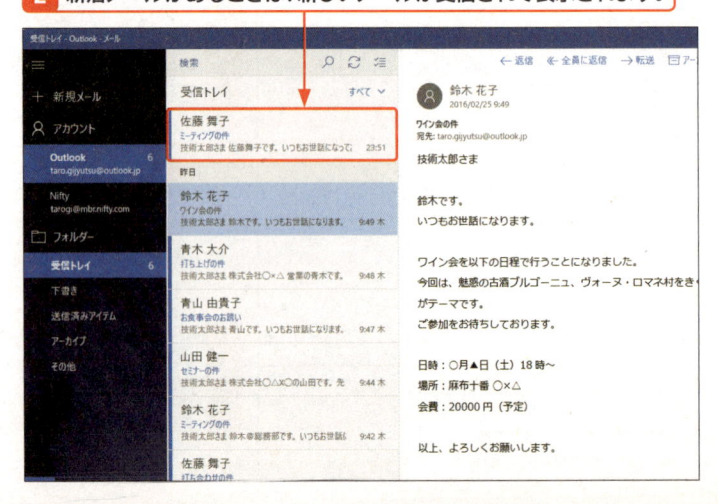

Memo 通知の設定を行う

「メール」アプリは、新着メールを受信したときに通知を表示する機能を搭載しています。この機能は、⚙をクリックし、＜通知＞をクリックして表示される画面で設定できます。設定の詳細はP.246を参照してください。

2 不要なメールを削除する

1 削除したいメールをクリックし、　**2** <削除>をクリックします。

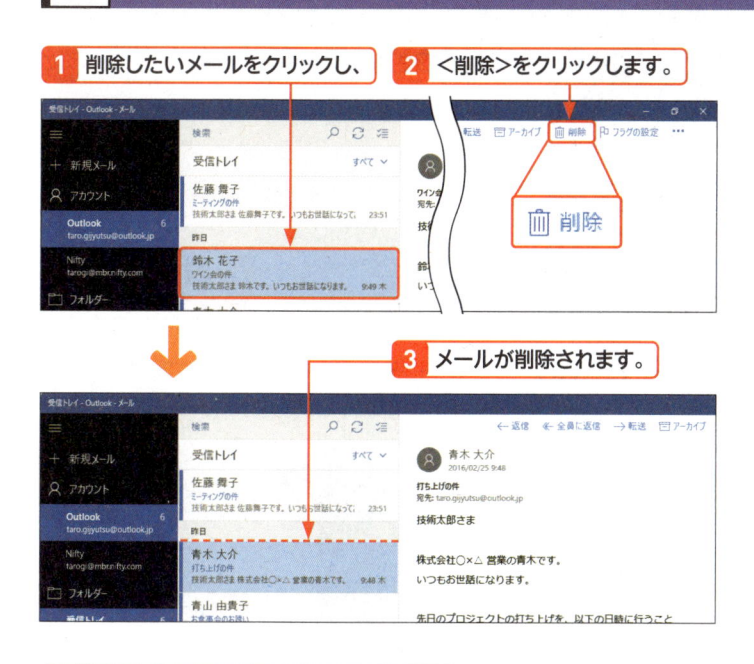

3 メールが削除されます。

Hint メールを削除する

左の手順で削除したメールは、<削除済みアイテム>フォルダーや<ゴミ箱>フォルダーなどの、削除したメールを一時的に保管するフォルダーに移動しただけで完全に削除されたわけではありません。なお、削除したメールの移動先フォルダーの名称は、利用しているプロバイダーなどによって異なります。

Memo 選択したメールを未読にする

手順**2**の画面で、… をクリックして、<未読にする>をクリックすると閲覧中のメールを未読に変更できます。

Memo 「メール」アプリの画面構成を知る

「メール」アプリは、ウィンドウのサイズによって画面が異なります。「フォルダー」「メッセージリスト」「閲覧ウィンドウ」の3つの領域で構成される場合と、「フォルダー」と「メッセージリスト」の2つの領域で構成される場合があります。また、フォルダーは、ウィンドウのサイズによっては最初から展開された状態で表示される場合があります。本書では、「メール」アプリが3つの領域で構成され、フォルダーが展開されている状態の画面で解説を行っています。「メール」アプリを全画面表示で利用すると、通常、この画面構成で表示されます。

3つの領域で構成される場合

ここをクリックすると、フォルダーの展開／折りたたみ表示が切り替わる

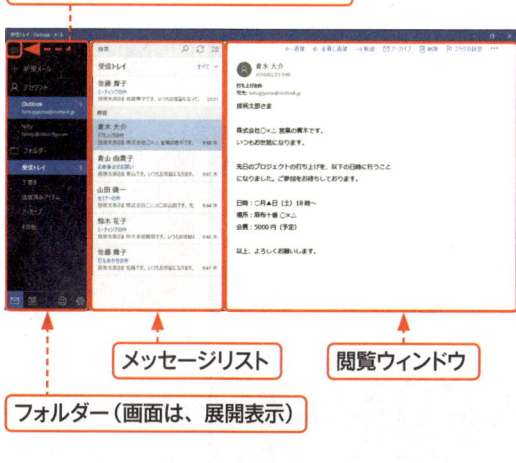

メッセージリスト　　閲覧ウィンドウ

フォルダー（画面は、展開表示）

2つの領域で構成される場合

ここをクリックすると、フォルダーの展開／折りたたみ表示が切り替わる

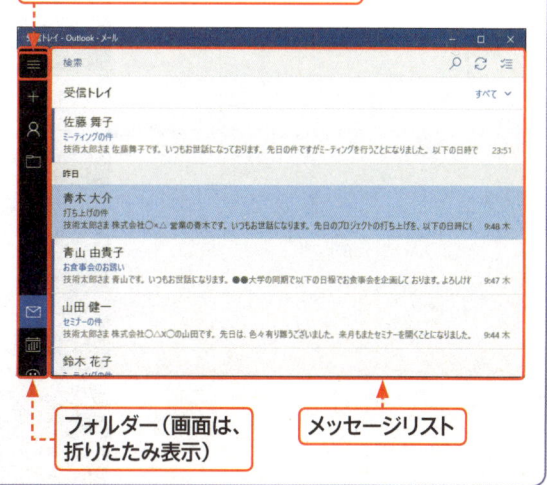

フォルダー（画面は、折りたたみ表示）　　メッセージリスト

第1章
Windows 10
をはじめよう

第2章
Windows 10
の基本操作

第3章
ファイルと
フォルダー

第4章
インター
ネット

第5章
Outlook.
com

第6章
「メール」
アプリ

第7章
アプリの
利用

第8章
データの
活用

第9章
音楽／写真
／ビデオ

第10章
タブレット
モード

第11章
文字入力
の基本

第12章
＜スタート＞
メニュー

第13章
デスクトップ

第14章
ネットワーク

第15章
管理／
セキュリティ

第16章
周辺機器
の利用

第17章
トラブル
対策

第18章
インストール
と初期設定

付　録

3 フォルダーを開く

Memo 利用するメールアカウントを切り替える

複数のメールアカウントを「メール」アプリで管理しているときは、🔲＜アカウント＞以下に並んでいるメールアカウントをクリックします。🔲＜アカウント＞以下にメールアカウントが表示されていないときは、🔲＜アカウント＞をクリックすると、フォルダーが展開され、メールアカウントのリストが表示されます。

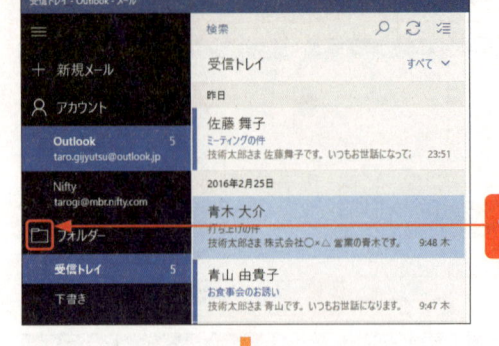

1	📁をクリックします。

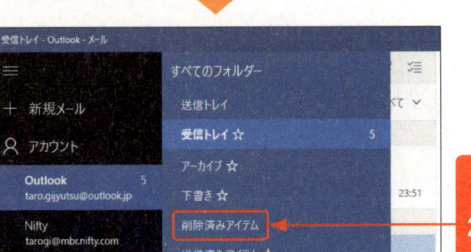

2	表示したいフォルダー（ここでは、＜削除済みアイテム＞）をクリックします。

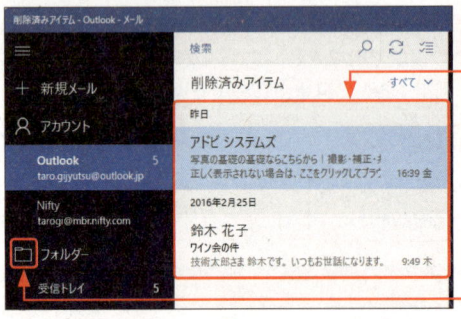

3	フォルダー内（ここでは、「削除済みアイテム」）にあるメールが表示されます。

4	📁をクリックし、

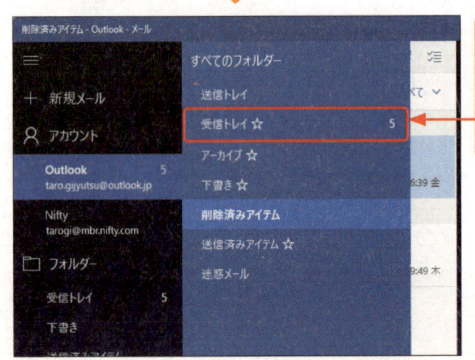

5	＜受信トレイ＞をクリックすると、受信トレイ内にあるメールを表示します。

Hint 「未同期です」と表示される

「メール」アプリに「未同期です」と表示された場合は、新着メールの受信がしばらくの間、実行されていません。このメッセージは、通常、一定期間以上パソコンの電源を入れていないなどの理由で新着メールの受信（同期）を行っていない場合に表示されます。このメッセージが表示されたときは、P.220の手順でメールの手動受信を行ってください。新着メールが受信され、メッセージリストの最下部に「最新の状態です」と表示されれば、同期は完了です。また、このメッセージが頻繁に表示される場合は、メールの同期間隔を短めに設定してみてください。同期間隔の変更は、以下の手順で行えます。

1 をクリックし、

2 <アカウントの管理>をクリックします。

3 設定を変更したいアカウント（ここでは<Nifty>）をクリックします。

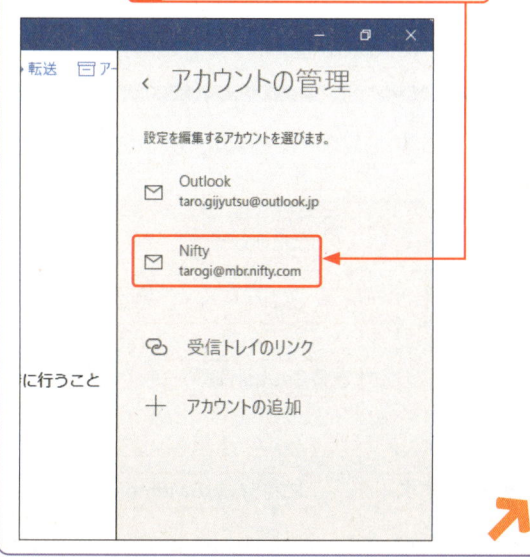

4 アカウントの設定画面が表示されます。

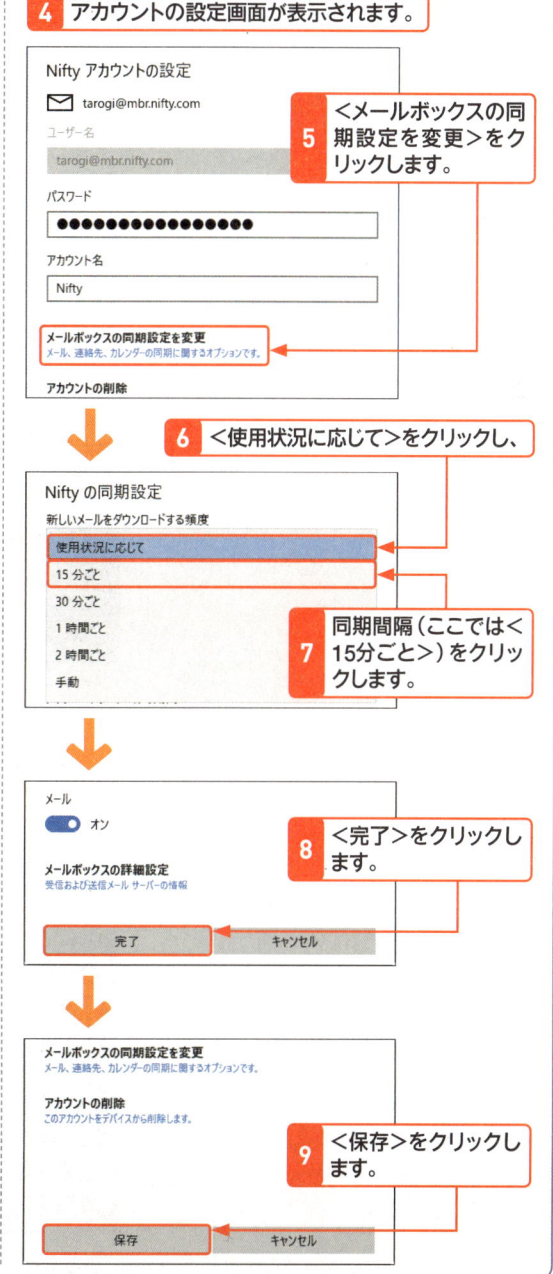

5 <メールボックスの同期設定を変更>をクリックします。

6 <使用状況に応じて>をクリックし、

7 同期間隔（ここでは<15分ごと>）をクリックします。

8 <完了>をクリックします。

9 <保存>をクリックします。

Section 074 メールを送信する

キーワード ▶ 新規作成

ここでは、「メール」アプリでメールを送信する方法を解説します。＋ をクリックすると、新規のメール作成ページが表示されます。宛先と本文を入力し、＜送信＞をクリックすると、メールが送信されます。宛先は1文字でも間違えると相手にメールが届かないので注意しましょう。

1 新規メールを送信する

Memo メールを新規作成する

ここでは、「メール」アプリで新規にメールを作成して送信する手順を解説します。受信したメールへの返信、受信したメールの転送については、P.226〜227を参照してください。

⚠ Caution 宛先を確定する

「メール」アプリは、宛先メールアドレスの一部を入力すると宛先候補を表示する機能を備えており、表示された候補をクリックすると宛先に入力できます。

宛先候補の確定はここをクリックします。

---

1 ＋＜新規メール＞をクリックします。

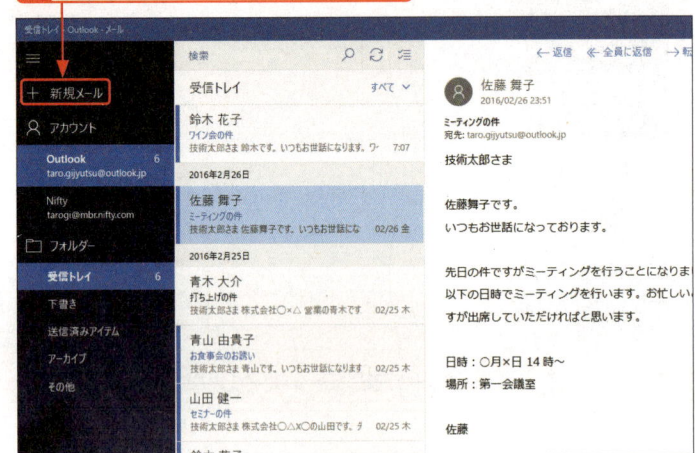

2 送信先のメールアドレスを入力し、

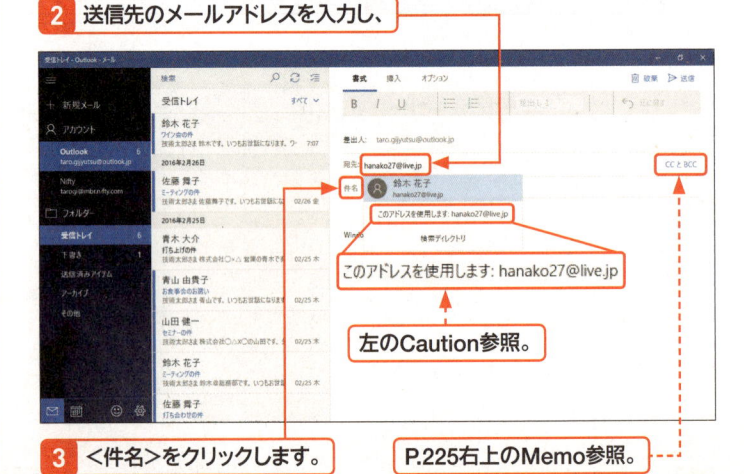

このアドレスを使用します: hanako27@live.jp

左のCaution参照。

3 ＜件名＞をクリックします。

P.225右上のMemo参照。

4 件名を入力し、

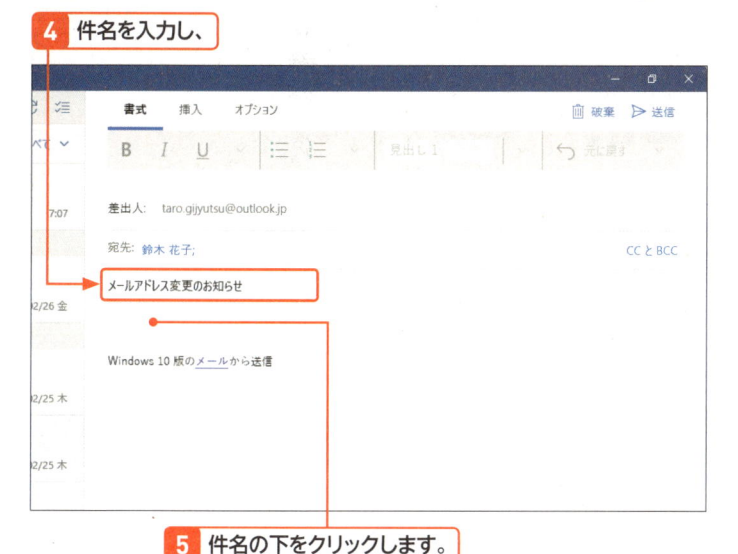

5 件名の下をクリックします。

6 本文を入力し、 **7** <送信>をクリックします。

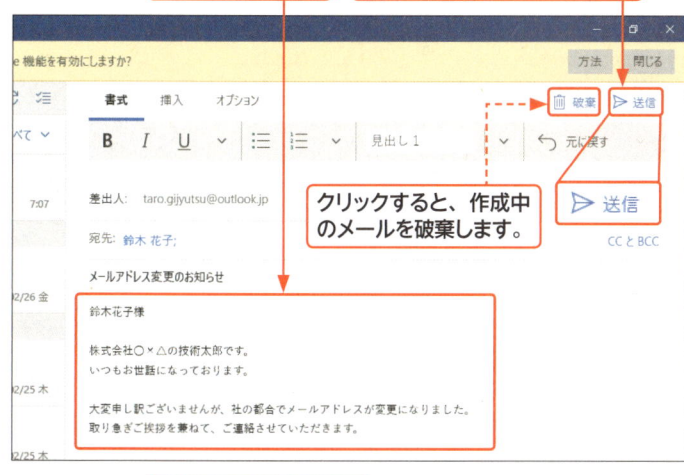

クリックすると、作成中のメールを破棄します。

8 メールが送信され、

9 メールの一覧画面に戻ります。

新規作成

CCとBCCの違い

前ページの手順**2**で、<CCとBCC>をクリックしてメールアドレスを入力すると、同じ内容のメールを複数の相手に送信できます。「CC」に入力したメールアドレスはすべて受信者に公開されますが、「BCC」に入力したメールアドレスは公開されません。「同じメールが誰に送信されたのか」について、受信者に知らせる場合はCC、知らせてはいけない場合はBCCを利用しましょう。

> 宛先:
>
> CC:
>
> BCC:

文書校正機能のメッセージが表示されたときは？

手順**6**の画面で「メール」アプリの画面上部に文書校正機能を有効にするかどうかのダイアログボックスが表示される場合があります。この機能を利用しないときは、<閉じる>をクリックします。有効にしたいときは、<方法>をクリックし画面の指示に従って操作を行ってください。

送信済みメールを確認する

送信済みのメールを確認したいときは、<送信済みアイテム>をクリックします。<送信済みアイテム>が表示されていないときは、■をクリックし、<送信済みアイテム>をクリックします。

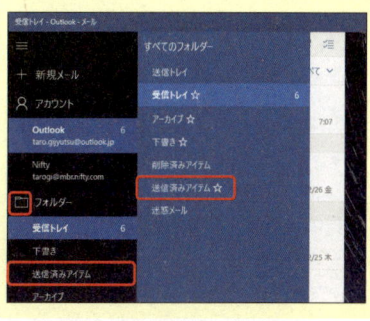

左サイドバー：
第1章 Windows 10 をはじめよう
第2章 Windows 10 の基本操作
第3章 ファイルとフォルダー
第4章 インターネット
第5章 Outlook.com
第6章 「メール」アプリ
第7章 アプリの利用
第8章 データの活用
第9章 音楽/写真/ビデオ
第10章 タブレットモード
第11章 文字入力の基本
第12章 ＜スタート＞メニュー
第13章 デスクトップ
第14章 ネットワーク
第15章 管理/セキュリティ
第16章 周辺機器の利用
第17章 トラブル対策
第18章 インストールと初期設定
付録

メールを返信／転送する

キーワード ▶ 返信／転送

受信したメールは、返信したり、別の相手に転送したりできます。返信メールと転送メールは、もとのメールにメッセージを書き加えるなどの編集が行えます。また、件名の先頭には、返信あるいは転送メールを示す「RE:」「FW:」の文字が追加されます。

1 メールを返信する

Memo 全員に返信する

CCなどによって複数の送信先が指定されたメールに返信する場合、手順 2 で＜全員に返信＞をクリックすると、送信先に指定された全員に返信できます。部署内など、同じ情報を共有したい場面に便利です。

Key word RE:とは？

「RE:」はラテン語の名詞「res（レース）」の奪格となる「re」をもとに、英語の前置詞に転じたものです。現在でも英文レターの件名に使われ、「～について」の意味です。

1 返信したいメールを表示しておきます。

2 ＜返信＞をクリックします。

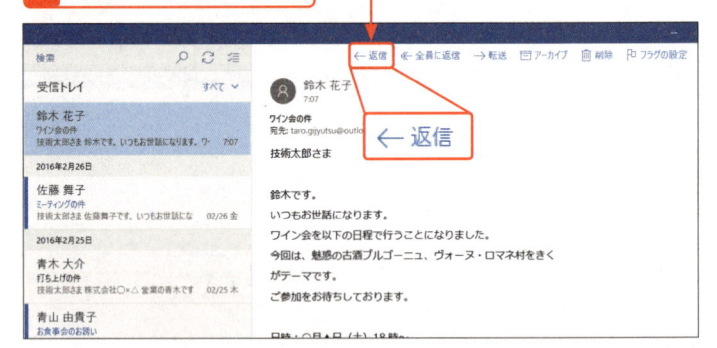

3 返信メールの作成画面が表示されます。

メールを送信してきた相手のメールアドレスが自動的に挿入されます。

件名は引用され、先頭に返信メールを示す「RE:」の文字が付けられます。

ここにメッセージを入力します。

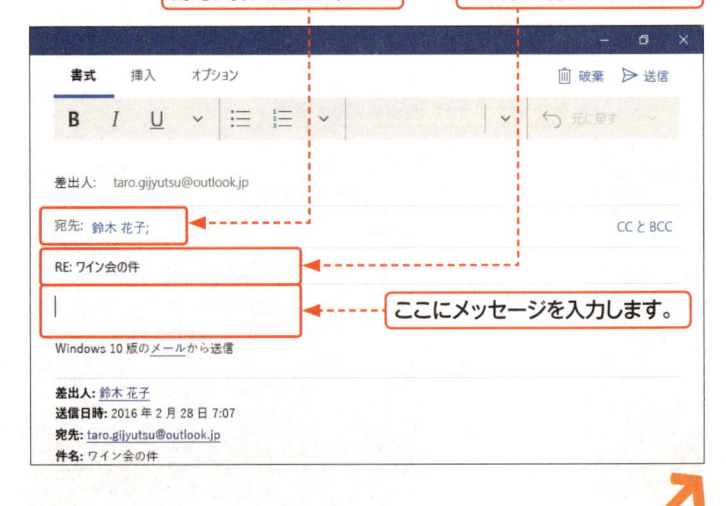

4 メッセージを入力し、

5 <送信>をクリックし、メールを送信します。

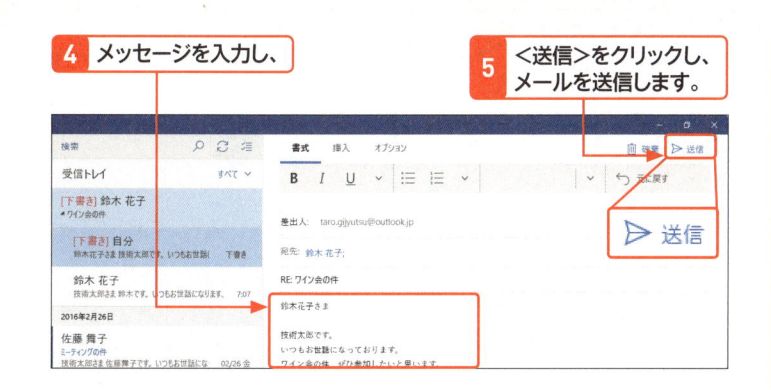

Section 075
6
メールを返信／転送する

Hint 返信後の受信メールにはアイコンが付く

メールを返信すると、返信したメールに ← のアイコンが付きます。返信したメールと返信していないメールを区別できます。

> 鈴木 花子　←
> ▶ ワイン会の件
> 技術太郎さま 鈴木です。いつもお世話になります。ワ　7:07

---

2 受信したメールを転送する

1 転送したいメールを表示しておき、

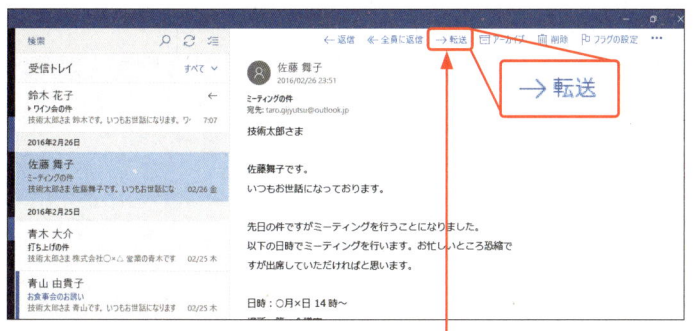

2 <転送>をクリックします。

Key word FW:とは?

「FW:」は、「Forward（フォワード）」の略称です。転送メールには、転送したことを示すために件名に「FW:」が利用されています。

3 転送メールの作成画面が表示されます。

4 転送相手のメールアドレスを入力し、

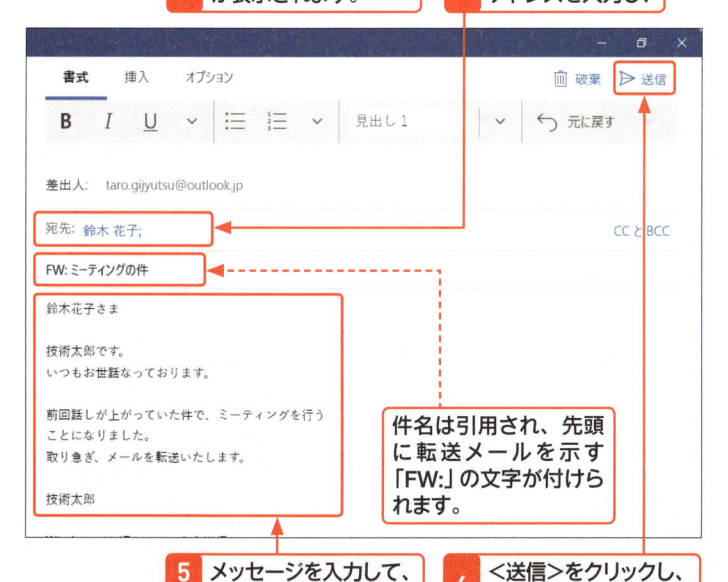

件名は引用され、先頭に転送メールを示す「FW:」の文字が付けられます。

5 メッセージを入力して、

6 <送信>をクリックし、メールを送信します。

Hint 転送後の受信メールにはアイコンが付く

メールを転送すると、転送したメールに → のアイコンが付きます。転送したメールがすぐにわかるようになっています。

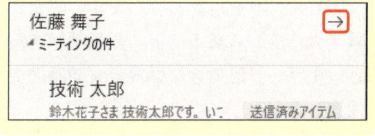

> 佐藤 舞子　→
> ⊿ ミーティングの件
>
> 技術 太郎
> 鈴木花子さま 技術太郎です。いつ　送信済みアイテム

返信／転送

Section 076 ファイルを添付して送信する

キーワード ▶ 添付ファイル

メールは文字だけでなく、画像や動画などのファイルを添付して送信することもできます。あまり容量が大きいファイルを送信するのには向きませんが、仕事で使う資料や旅先で撮影した写真など、ちょっとしたファイルを受け渡しする場合に便利です。

1 メールにファイルを添付して送信する

Memo ファイルの添付方法

「メール」アプリでメールにファイルを添付するには、「添付ファイル」と「インライン画像」の2つの方法があります。ここでは、もっとも一般的に利用されている「添付ファイル」を例に、メールへのファイルの添付方法を紹介します。インライン画像については、次ページのMemoを参照してください。

Memo 添付ファイルのサイズに注意

一般に、プロバイダーはメール1通あたりの最大容量を規定しています。容量が数メガバイトもあるファイルを添付すると、相手が受信できない場合があるので注意しましょう。

1 新規メールを作成します。

2 <挿入>をクリックし、

次ページのMemo参照。

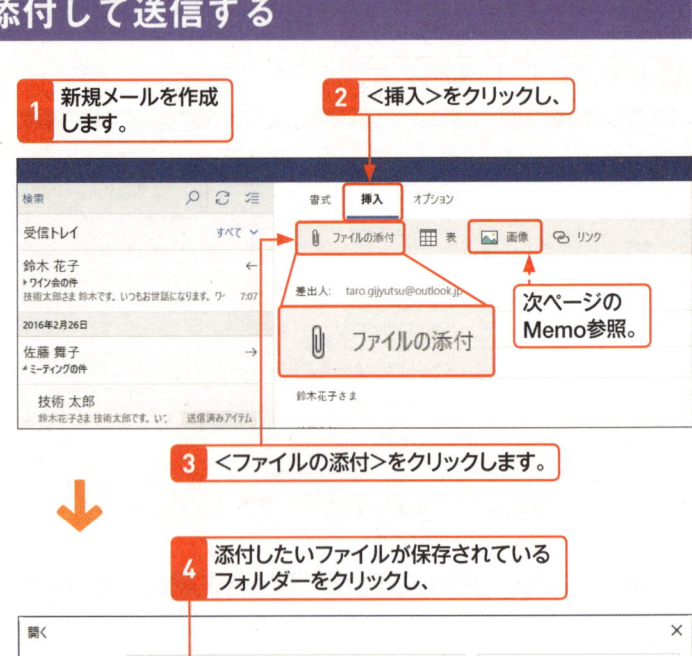

3 <ファイルの添付>をクリックします。

4 添付したいファイルが保存されているフォルダーをクリックし、

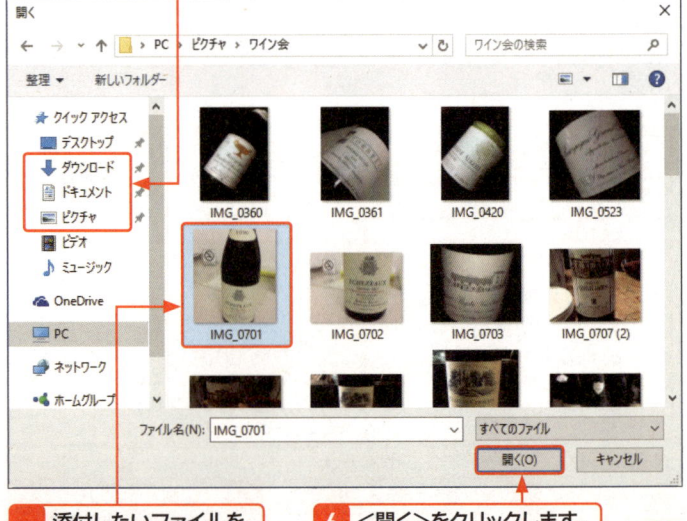

5 添付したいファイルをクリックして選択して、

6 <開く>をクリックします。

7 選択したファイルが作成中のメールに添付されます。

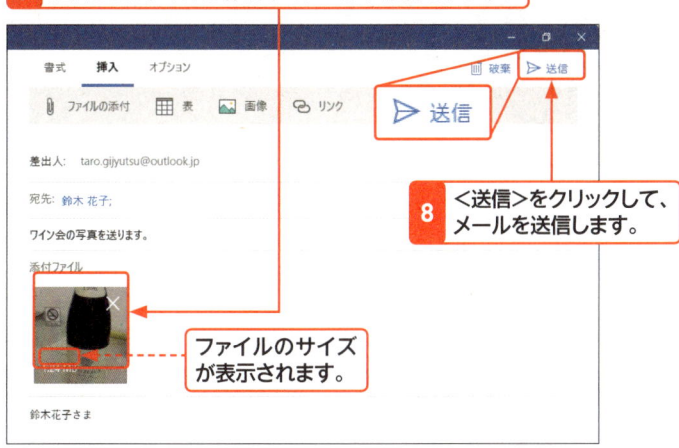

8 <送信>をクリックして、メールを送信します。

ファイルのサイズが表示されます。

Hint 実行形式のファイルは添付できない

「メール」アプリは、アプリなどの実行形式のファイルを添付できません。添付できないファイルを添付しようとすると、警告アイコンが表示されます。その場合は、警告アイコンをクリックし、✕をクリックして、ファイルを削除してください。

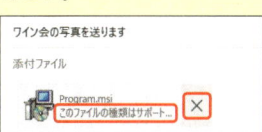

Memo インライン画像でファイルを添付する

「メール」アプリでは、「添付ファイル」以外にも、「インライン画像」を使ってメールにファイルを添付できます。「インライン画像」は、画像ファイルをメール本文の中に直接追加する方法で、アルバムのようなメールを送りたいときに便利です。「インライン画像」でファイルを添付したいときは、次の手順で行います。なお、インラインで画像でファイルを添付すると、メールそのものがWebページと同じような形式となるため、受信側のアプリやアプリの設定によって、送信者が意図しない形で表示される場合があります。

1 新規メールを作成します。

2 写真を挿入したい場所に│（点滅する縦棒）を移動させ、

3 <挿入>をクリックし、

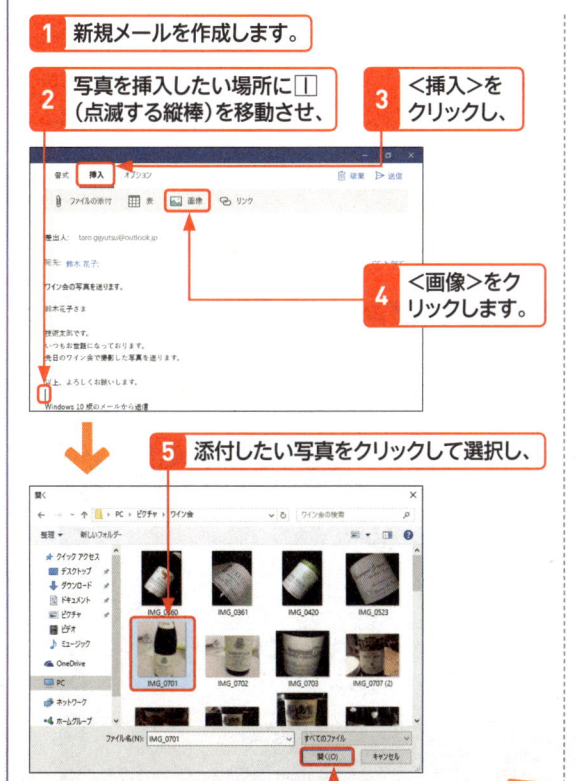

4 <画像>をクリックします。

5 添付したい写真をクリックして選択し、

6 <開く>をクリックします。

7 選択した写真がメールに挿入されます。

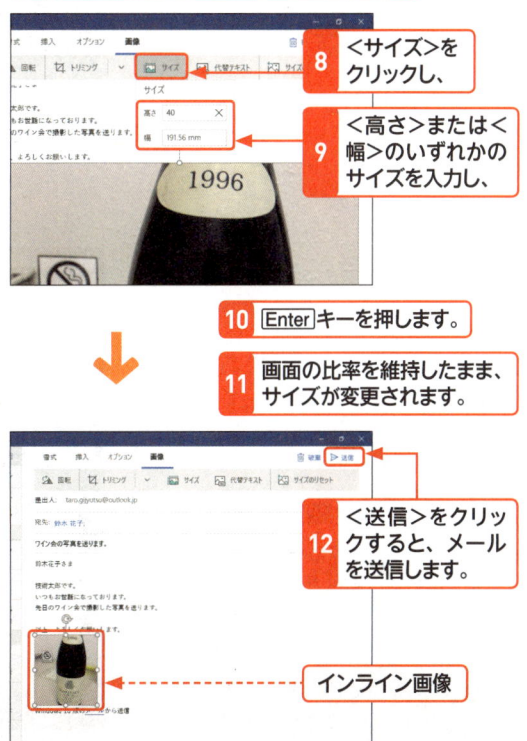

8 <サイズ>をクリックし、

9 <高さ>または<幅>のいずれかのサイズを入力し、

10 Enterキーを押します。

11 画面の比率を維持したまま、サイズが変更されます。

12 <送信>をクリックすると、メールを送信します。

インライン画像

Section 077 メールに添付された ファイルを保存する

キーワード ▶ 添付ファイルの保存

メールに添付されたファイルは、本文とは別に扱われます。「メール」アプリでは、添付されたファイルをクリックすると、対応したアプリで開いて内容を閲覧できます。また、任意のフォルダーに保存することもできます。ここでは、添付ファイルの閲覧や保存について解説します。

1 添付されたファイルをアプリで表示する

Memo 添付ファイルを表示する

右の手順では、添付ファイルが写真の場合を例に解説しています。添付された写真がサムネイルで表示されていますが、メールを開いた直後は、以下の画面のようにアイコン表示になっている場合があります。アイコン表示の場合は、しばらく待つかアイコンをクリックするとサムネイル表示に切り替わります。

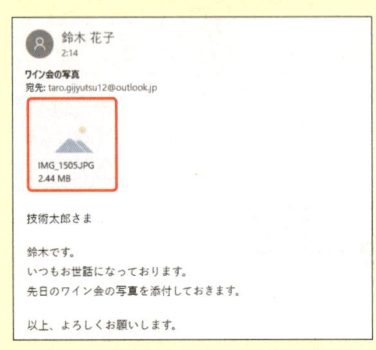

Memo ダイアログボックスが表示されたときは？

サムネイルをクリックしたときに、添付ファイルの表示に利用するアプリを選択するためのダイアログボックスが表示される場合があります。ダイアログボックスが表示されたときは、表示に利用するアプリをクリックして選択し、<OK>をクリックしてください。

「メール」アプリを起動し、ファイルが添付されたメールを開いておきます。

1 添付されているファイルをクリックすると、

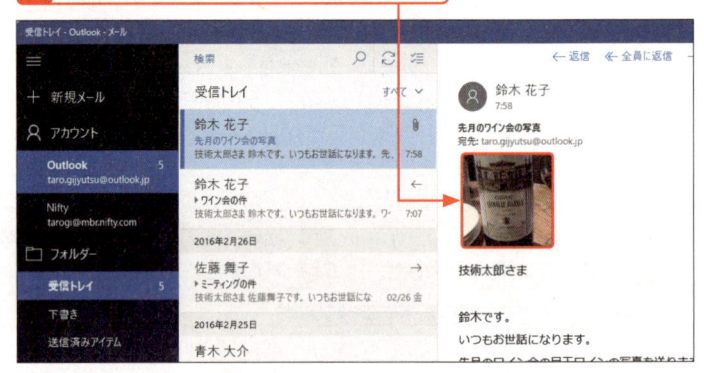

2 対応したアプリで、添付されたファイルの内容が表示されます（P.231のHint参照）。

3 をクリックすると、アプリが終了します。

2 ファイルを保存する

1 添付されているファイルを右クリックし、

鈴木 花子
7:58
先月のワイン会の写真
宛先: taro.gijyutsu@outlook.jp

2 <保存>をクリックします。

開く
技術太郎さま   保存

3 必要に応じて保存先を選択し、

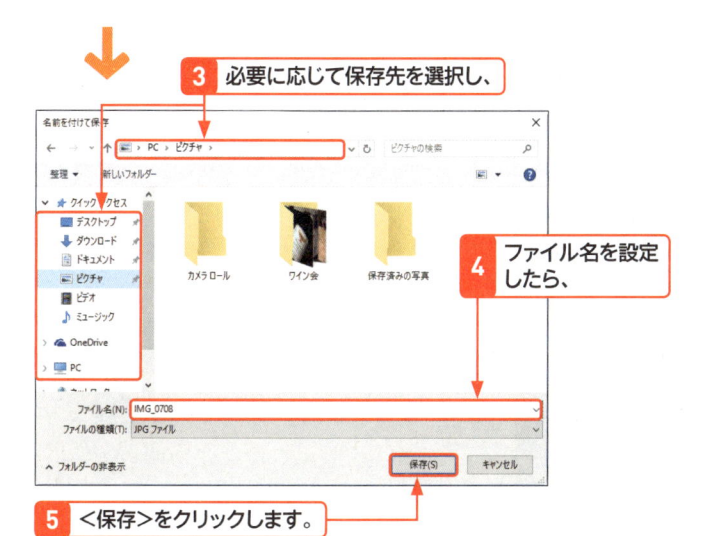

4 ファイル名を設定したら、

ファイル名(N): IMG_0708
ファイルの種類(T): JPG ファイル

保存(S)   キャンセル

5 <保存>をクリックします。

Hint 「インライン」画像でファイルが添付されたときは?

「インライン」画像でメールに写真が添付されているときは、通常、画像がメールの本文中に表示され、画像をクリックしても対応アプリによる表示は行われません。

Memo 添付した写真が必ずインラインで表示される

「メール」アプリは、写真が添付されたメールを「インライン」画像として表示する場合があります。この現象は、他社製メールアプリの一部で送信されたメールで発生しています。この現象が発生したときは左の手順で添付された写真を保存することはできません。

Memo 対応アプリからファイルを保存する

メールに添付されているファイルが写真の場合は、通常、「フォト」アプリ（P.358～371参照）で写真を表示します。「フォト」アプリで表示中の写真は、以下の手順で保存できます。

1 🖫をクリックします。

2 必要に応じて保存先を選択し、

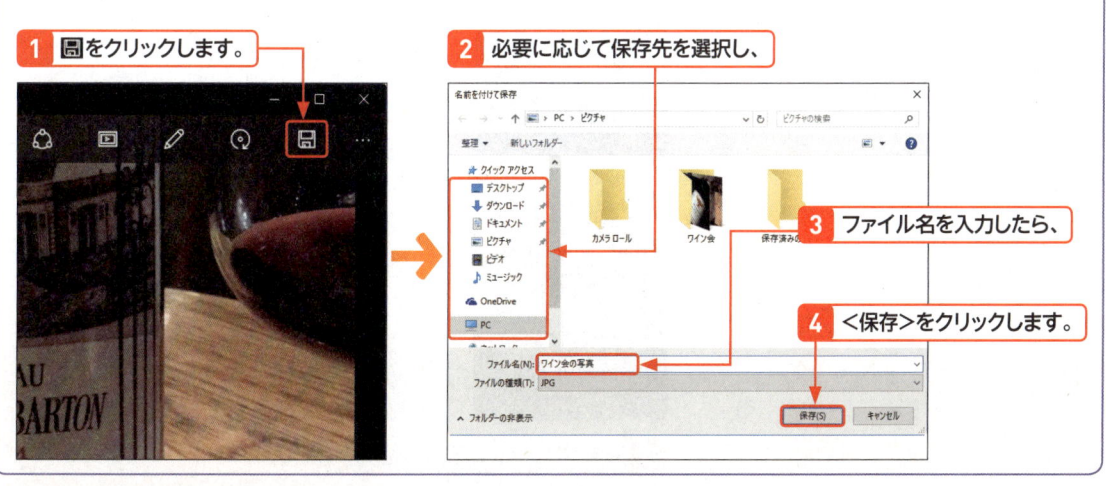

3 ファイル名を入力したら、

4 <保存>をクリックします。

ファイル名(N): ワイン会の写真
ファイルの種類(T): JPG

保存(S)   キャンセル

Section 078 メールを検索する

キーワード ▶ 検索

受信メールがたまってくると、目的のメールがかんたんには見つからなくなってしまいます。また、過去のメールを確認したい場合は、メールの検索を行ってみましょう。「メール」アプリは、かんたんな操作でメールの検索を行えます。

1 メールを検索する

Memo 検索対象のフォルダーは変えられる

「メール」アプリでは、受信トレイを表示した状態で検索を行うと「すべてのフォルダー」を対象に検索を実行します。また、送信済みアイテムや削除済みアイテムなど受信トレイ以外を開いた状態で検索を行うと、そのフォルダー内を対象に検索を実行します。

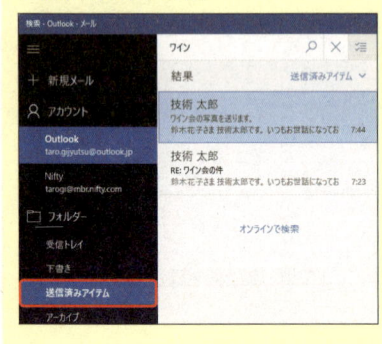

Hint 複数のキーワードで検索するには？

検索キーワードは、複数入力できます。複数の検索キーワードを入力したいときは、キーワードをスペースで区切って入力します。

1 ＜検索＞をクリックします。

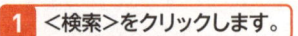
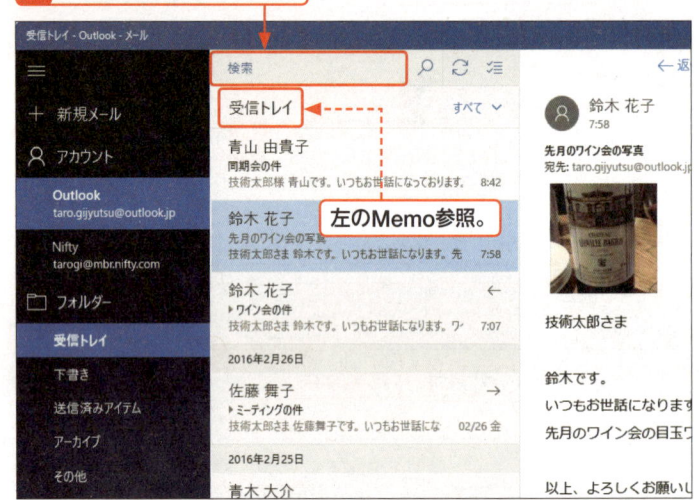

左のMemo参照。

2 検索キーワード（ここでは、「麻布」）を入力し、

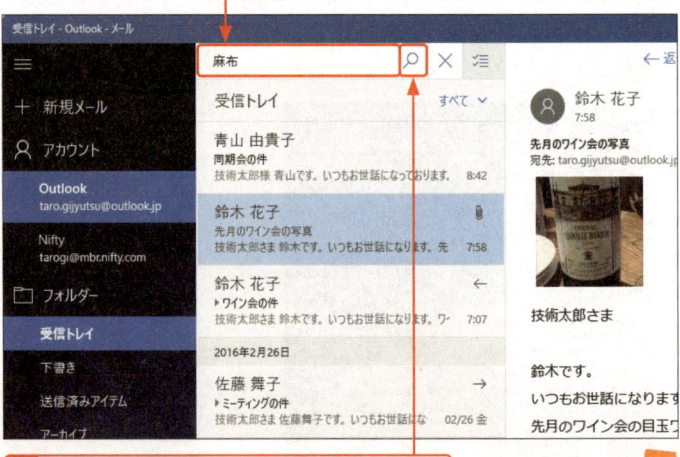

3 🔍をクリックするか、Enterキーを押します。

4 検索結果が表示されます。　　**5** 目的のメールをクリックすると、

右上のHint参照。

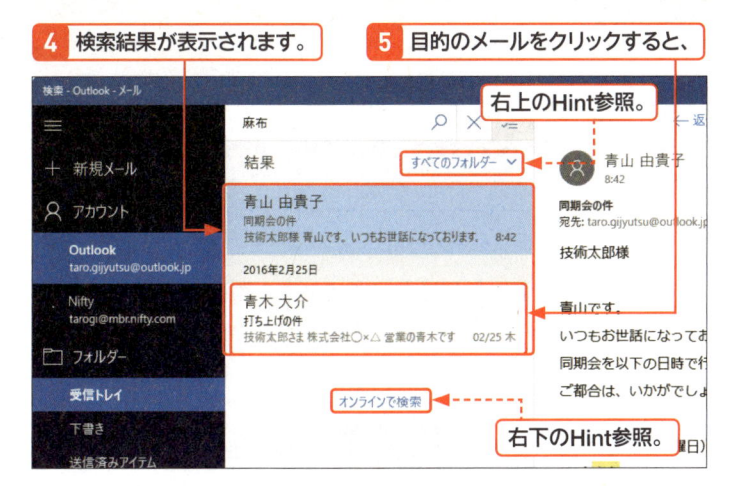

右下のHint参照。

6 メールの内容が表示されます。

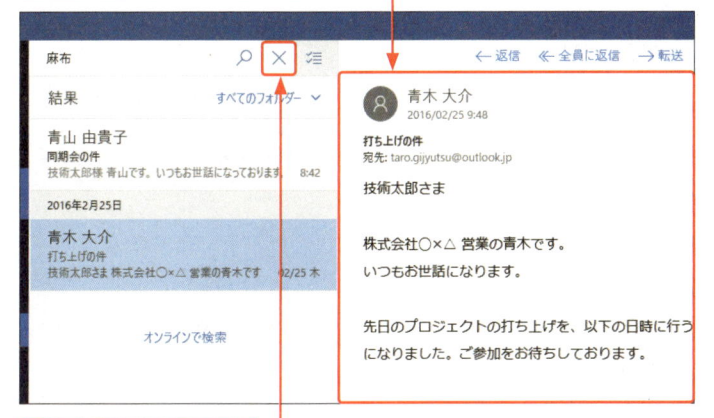

7 ×をクリックすると、

8 検索を終了します。

Hint すべてのフォルダーを検索するには？

手順 **5** の画面で＜すべてのフォルダー＞をクリックし、＜受信トレイの検索＞をクリックすると、受信トレイを対象に現在入力中のキーワードで検索し直します。

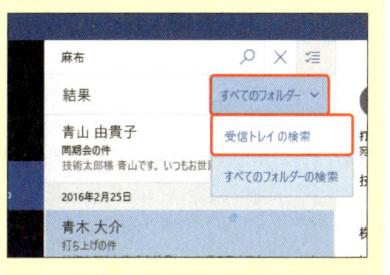

Hint オンラインで検索する

プロバイダーメールなど古くから利用しているメールアカウントを「メール」アプリに登録した場合、アカウント登録時に受信されるのは通常3か月前までのメールに設定されています。たとえば、11月にアカウントの登録設定を行うと、8月以降のメールが「メール」アプリに受信され、それ以前のメールは受信されません。「メール」アプリに受信されていない古いメールも含めて検索を行いたいときは、手順 **4** の画面で＜オンラインで検索＞をクリックしてください。なお、＜オンラインで検索＞は、メールサーバーに保存されているメールに対して検索を実施する機能です。メールサーバーから削除されているメールに対しては、検索を行うことはできません。

Section 079 メールに署名を追加する

キーワード ▶ 署名

メールの末尾に記載される送信者の名前や連絡先などの情報を、署名と呼びます。署名を設定しておくと、メールの末尾にあらかじめ決めておいた定型文書が自動挿入され、手動で情報を入力する必要がありません。ここでは、「メール」アプリで署名を設定する方法を紹介します。

1 署名を設定する

Key word 署名とは？

「署名」は、メールの末尾に記載されるメール送信者の名前や連絡先、勤務先などの情報です。「メール」アプリにはあらかじめ「Windows 10版のメールから送信」という文面が署名に設定されています。ここでは、この署名を変更する手順を解説しています。

1 🔘 をクリックし、

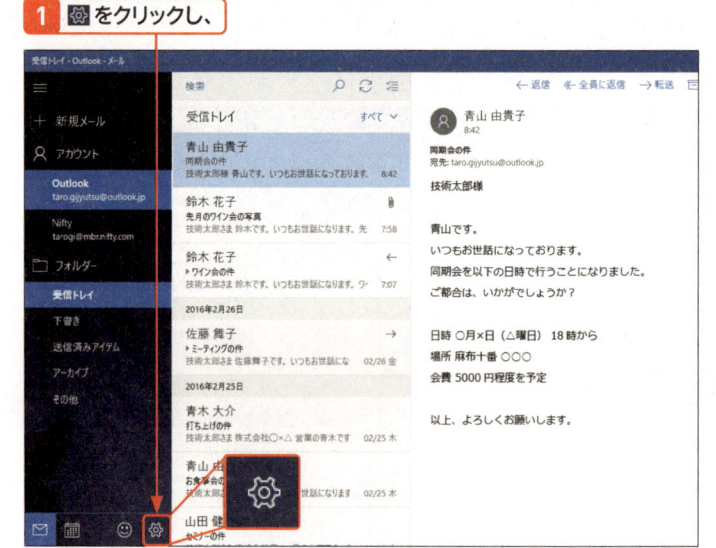

2 ＜署名＞をクリックします。

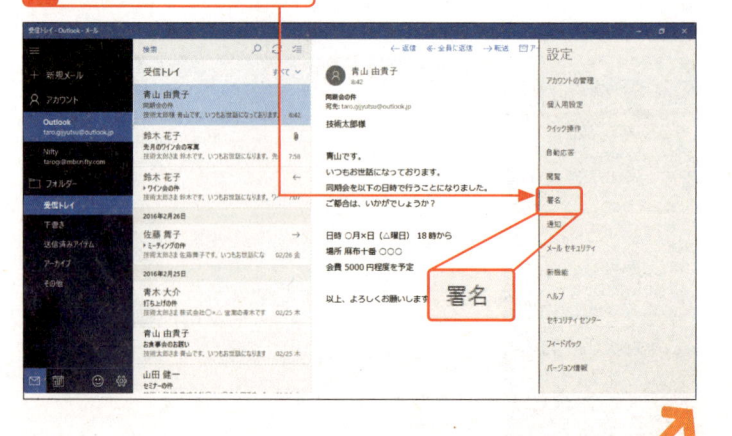

Memo アカウント単位で設定できる

「メール」アプリでは、アカウント単位で署名を設定できます。複数のアカウントを「メール」アプリで管理しているときは、アカウントごとに署名を設定してください。

3 署名を設定するアカウントを選択し、

4 <電子メールの署名を使用する>が  になっているときはクリックして  にします。

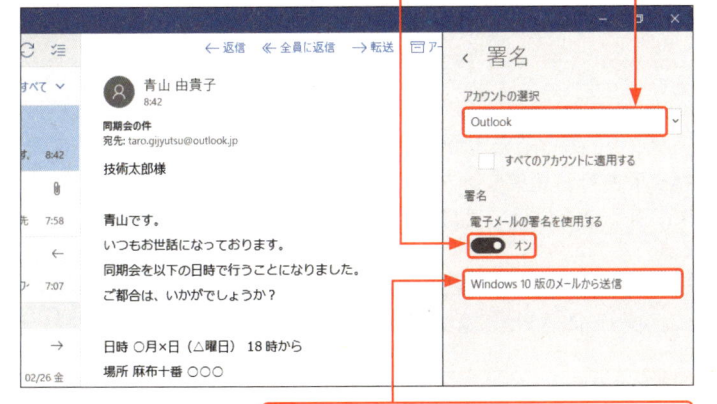

5 <Windows 10版 のメールから送信>の文字列をクリックします。

6 署名の内容を入力し、

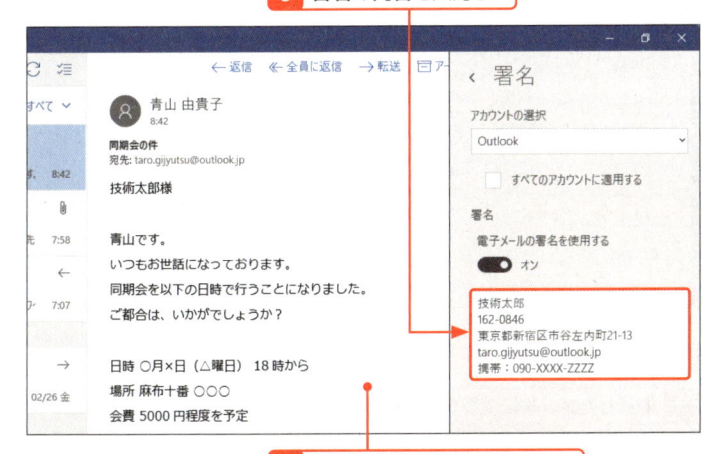

7 適当な場所をクリックします。

8 設定が保存され、設定画面が消えます。

Hint 文字列を削除したとき

署名に設定されている文字列をすべて消去すると、「電子メールの署名を使用する」の設定が自動的に  に変更されることがあります。署名を利用する場合は、署名の入力後にこの設定を  に変更する必要があります。

Hint 署名に入力する情報について

署名に入力する情報は、送信者の名前や住所、電話番号、メールアドレスなどです。仕事で利用する場合は、会社名や部署名、電話番号、FAX 番号なども追加しておくのがおすすめです。

Memo 署名の確認を行う

メールの新規作成を行うと、設定した署名が自動的に挿入されていることを確認できます。

Section 080 受信メールにフラグを付けて管理する

キーワード ▶ フラグ

「メール」アプリは、受信したメールに「フラグ」を付けることができます。「メール」アプリには、フラグ付きのメールのみを表示する機能も備わっており、重要なメールとそうでないメールをかんたんな操作で分類できます。ここでは、受信メールにフラグを付けて管理する方法を解説します。

1 メールにフラグを付ける

Memo 重要なメールにフラグを付ける

メールにフラグという目印を付けておけば、重要なメールとそうでないメールをかんたんに判別できます。フラグが付けられたメールは、メールに 🏳 が付けられるほか、色付きで表示されます。フラグは、右の手順で付けることができます。

1 フラグを付けたいメールを表示します。

2 ＜フラグの設定＞をクリックします。

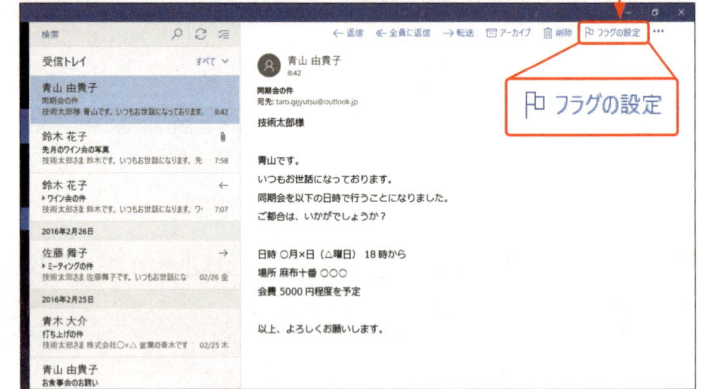

 フラグの設定

3 選択したメールにフラグが付けられます。

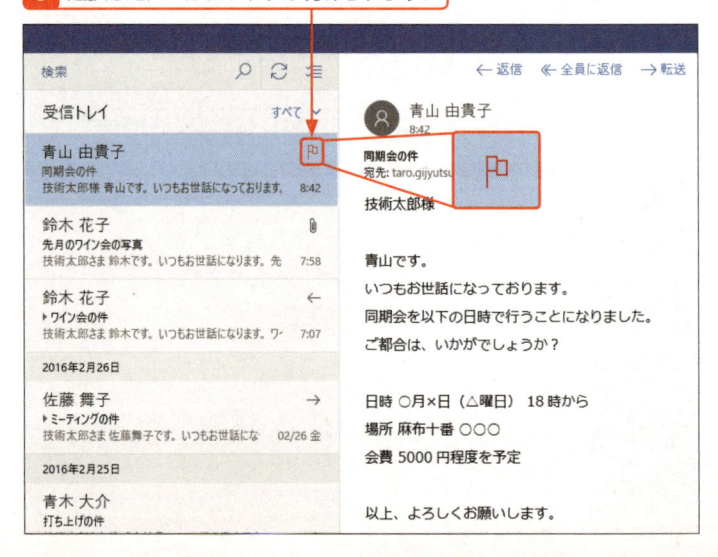

Hint メッセージリストからフラグを付ける

右の手順では、メールの内容が表示される閲覧ウィンドウでフラグを付けていますが、メッセージリストで付けることもできます。フラグを付けたいメールの上にマウスポインターを置くと 🏳 が表示されます。🏳 をクリックすると、フラグを付けることができます。

青山 由貴子　　　　　　　　🗑 🏳
同期会の件
技術太郎様 青山です。いつもお世話になっております。　8:42

2 フラグ付きのメールのみを表示する

1 ＜すべて＞をクリックし、　**2** ＜フラグ付き＞をクリックします。

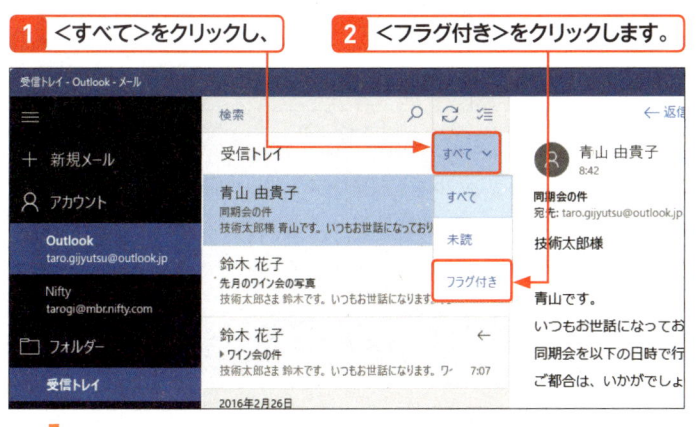

3 フラグ付きのメールのみがメッセージリストに表示されます。

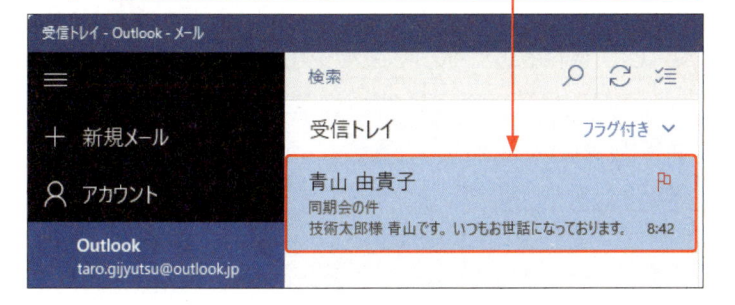

Memo すべてのメールを表示する

フラグ付きのメールのみの表示から、すべてのメールの表示に戻したいときは、左の手順 **3** の画面で＜フラグ付き＞をクリックし、＜すべて＞をクリックします。

Hint メールのフラグを外す

メールのフラグを外したいときは、メッセージリストに表示された 🏳 をクリックします。また、フラグ付きのメールを表示し、閲覧ウィンドウの＜フラグをクリア＞をクリックすることでもフラグを外せます。

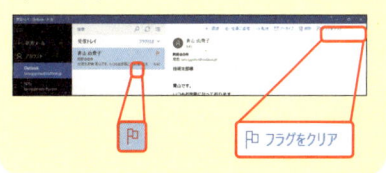

Memo 複数のメールにまとめてフラグを付ける

選択モードを利用すると、選択したメールにまとめてフラグを付けることができます。選択モードを利用してフラグを付けたいときは、以下の手順で行います。

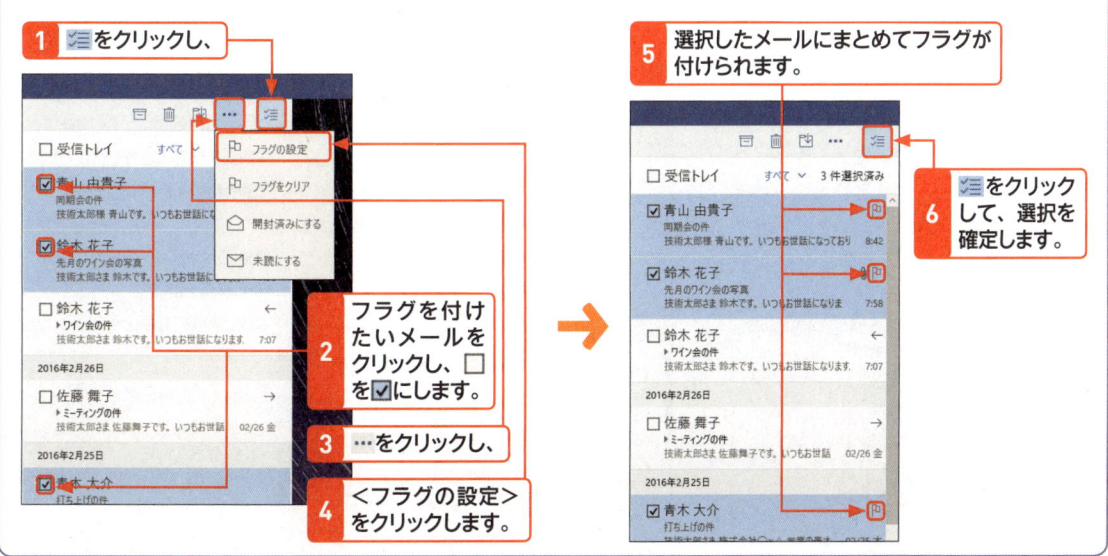

1 🗒 をクリックし、

2 フラグを付けたいメールをクリックし、□ を☑にします。

3 … をクリックし、

4 ＜フラグの設定＞をクリックします。

5 選択したメールにまとめてフラグが付けられます。

6 🗒 をクリックして、選択を確定します。

Section 081 メールの既読／未読を切り替える

キーワード ▶ 既読／未読

閲覧済みのメールを「既読」メール、閲覧を行っていないメールを「未読」メールと呼びます。「メール」アプリは、既読メールを未読メールに変更したり、未読メールを既読メールに変更したりできます。ここでは、メールの既読／未読の切り替え方法を解説します。

1 メールの既読／未読を切り替える

Memo 未読と既読の切り替え

右の手順では、未読のメールを既読のメールに切り替えていますが、既読のメールを未読のメールに変更するときは、手順 2 で<未読にする>をクリックします。

Hint 閲覧ウィンドウから変更する

既読／未読の切り替えは、閲覧ウィンドウの … をクリックし、<開封済みにする>または<未読にする>をクリックすることで行えます。既読メールを切り替えたいときは、表示を切り替えたいメールを表示し、… をクリックして、閲覧ウィンドウの<未読にする>をクリックします。未読メールを切り替えたいときは、… をクリックし、閲覧ウィンドウの<開封済みにする>をクリックします。

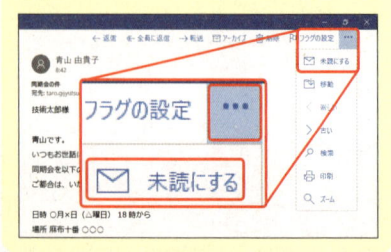

ここでは、未読メールを既読メールに切り替える手順を例に既読／未読の切替方法を解説しています。

1 メッセージリストで既読／未読を切り替えたいメール（ここでは「未読のメール」）を右クリックし、

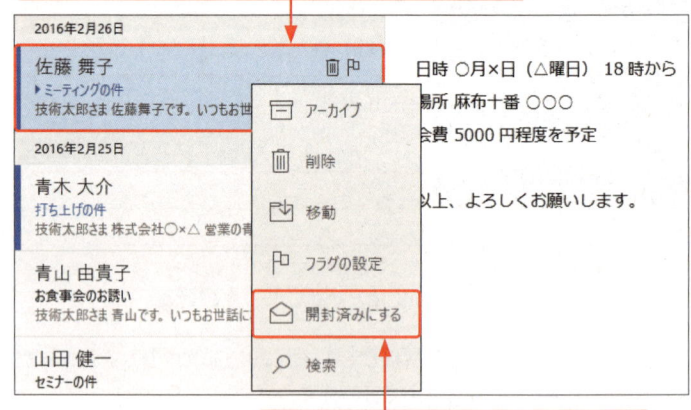

2 <開封済みにする>をクリックします。

3 選択したメールが「既読」に変更されます。

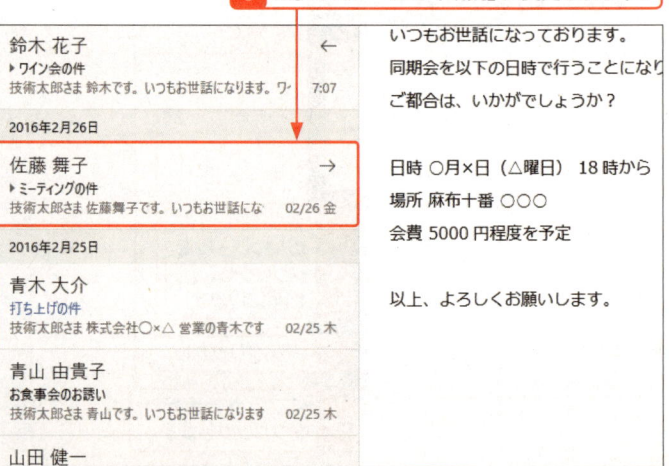

2 複数のメールの既読／未読をまとめて切り替える

ここでは、複数の未読メールをまとめて既読メールに切り替える手順を例に既読／未読の切替方法を解説しています。

1 ⊟ をクリックします。

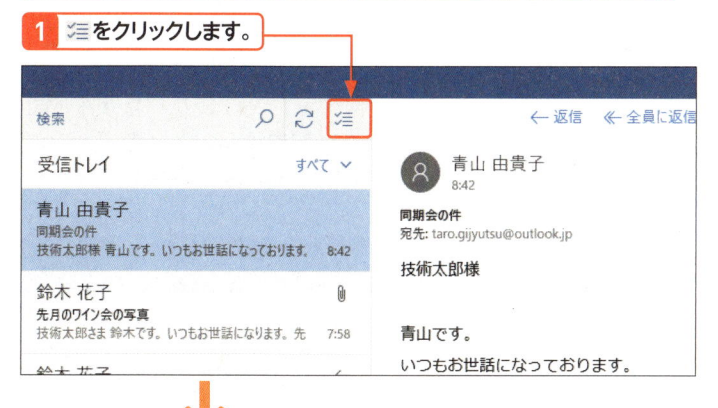

複数のメールの既読／未読をまとめて切り替えたいときは、選択モードを利用して作業を行います。選択モードは、メッセージリストの ⊟ をクリックして、メールを選択します。

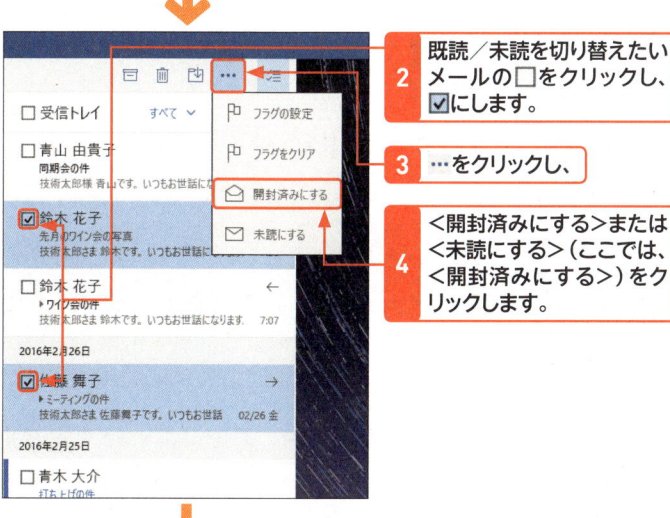

2 既読／未読を切り替えたいメールの□をクリックし、☑にします。

3 … をクリックし、

4 <開封済みにする>または<未読にする>（ここでは、<開封済みにする>）をクリックします。

Hint 右クリックメニューから切り替える

左の手順 **2** までの作業を行い、右クリックしてメニューから<既読にする>または<未読にする>をクリックすることでも既読／未読を切り替えることができます。

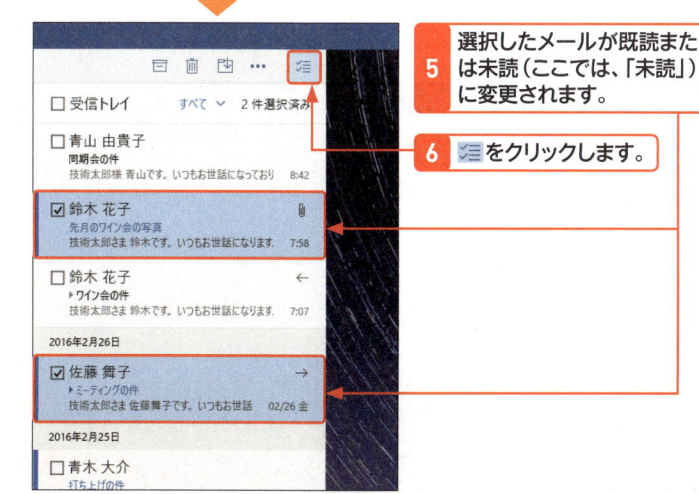

5 選択したメールが既読または未読（ここでは、「未読」）に変更されます。

6 ⊟ をクリックします。

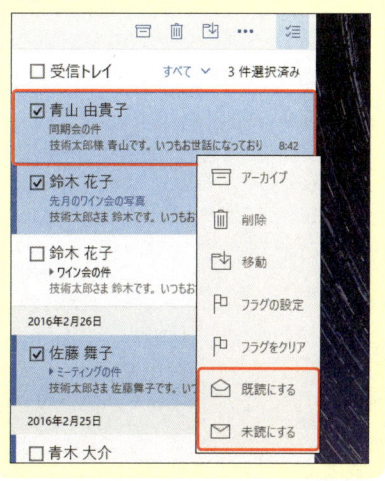

Section 082 開いたメールを瞬時に開封済みにする

キーワード ▶ 開封済み

「メール」アプリは、通常、未読のメールを開いて閲覧してもすぐには開封済み（既読）になりません。開封済みになるのは、新規メールを閲覧したあとで別のメールを開いたときに開封済みになります。ここでは、この設定を変更して新規メールを閲覧するとすぐに開封済みにする方法を解説します。

1 メール閲覧時の設定を変更する

Memo 開封済みメールについて

「メール」アプリは、メールの左横に青い線を表示しているか表示していないかで未読メールと開封済みメール（既読メール）を見分けることができるようになっています。また、未読を示す青い線は、メールを閲覧するとすぐに消えるのではなく、通常は、別のメールを開いたときに青の線が消えて開封済みになります。この設定は、右の手順で変更できます。右の手順では、未読メールを閲覧するとすぐに開封済みメールにする設定を行っています。

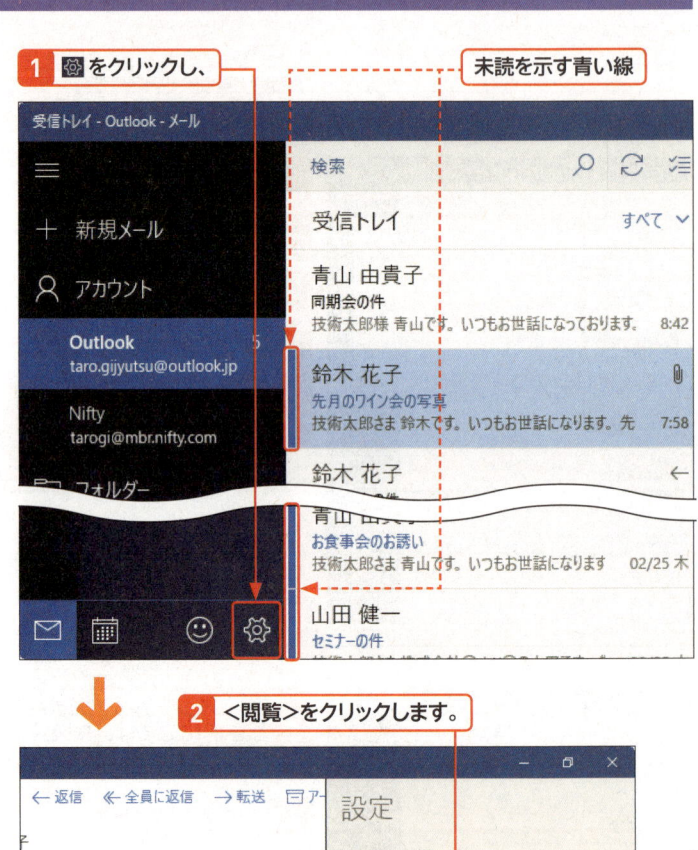

1 ⚙ をクリックし、

未読を示す青い線

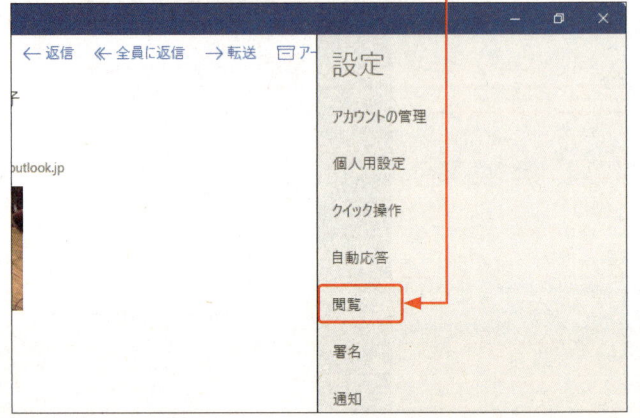

2 <閲覧>をクリックします。

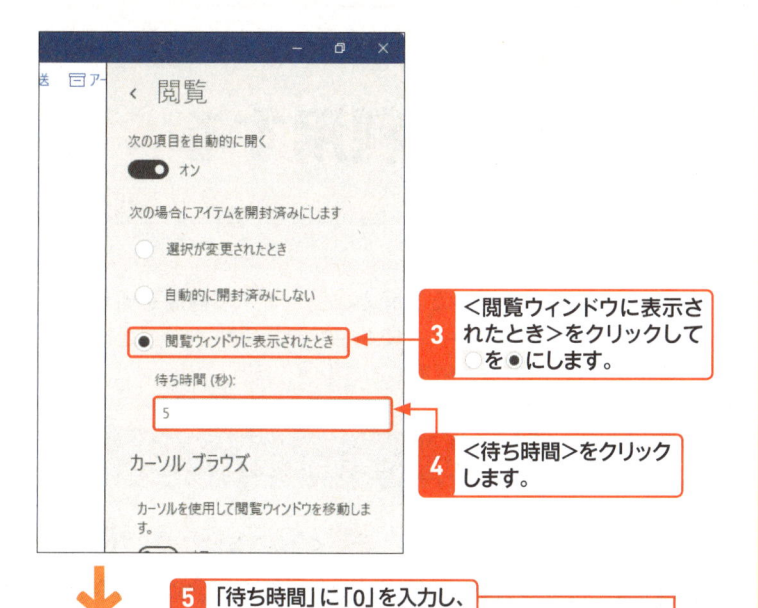

3 <閲覧ウィンドウに表示されたとき>をクリックして ○ を ● にします。

4 <待ち時間>をクリックします。

5 「待ち時間」に「0」を入力し、

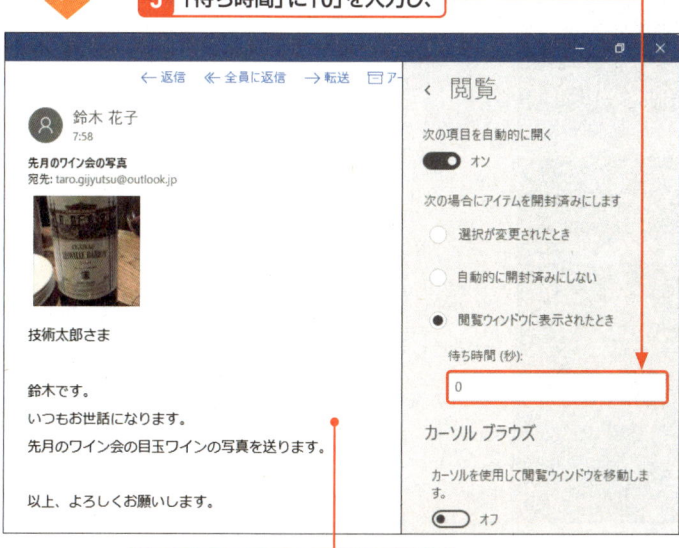

6 適当な場所をクリックすると、

7 設定が保存され、設定画面が消えます。

 Hint 開封済みにする契機を設定する

未読メールを開封済みにする設定は、「選択が変更されたとき」「自動的に開封済みにしない」「閲覧ウィンドウに表示されたとき」の3種類から選択できます。未読メールを閲覧したらすぐに開封済みにしたいときは、<閲覧ウィンドウに表示されたとき>を選択し、閲覧後開封済みにするまでの時間の設定を行います。

Hint 開封済みにするまでの時間を設定する

開封済みにするまでの時間は、未読メールの内容を閲覧ウィンドウに表示してから何秒後に開封済みにするかの設定です。左の手順 5 で設定している「0秒」は、閲覧ウィンドウにメールの内容が表示された瞬間に開封済みにする設定です。たとえば、5秒を選択すると、閲覧ウィンドウにメールの内容が表示されてから5秒経過すると開封済みになります。

Section 083 不在時の自動応答を利用する

キーワード ▶ 自動応答

「メール」アプリは、受信メールに対してあらかじめ登録しておいた文面で自動応答する機能を備えています。この機能を利用すれば、一定期間メールの返信が行えないときにも、送信相手に自動で返信することができます。ここでは、メールの自動応答機能の利用方法を解説します。

1 メールの自動応答を設定する

Memo 自動応答機能について

自動応答機能は、受信したメールに対してあらかじめ設定しておいた文面で自動応答を行う機能です。この機能は、メールサービスの提供業者で提供されている機能を「メール」アプリからリモート操作を行って、有効/無効を切り替えることで実現しています。このため、この機能は、Outlook.comのメールアカウントなど一部の対応メールアカウントでのみ利用でき、非対応のメールアカウントでは利用できないので注意してください。

Caution 自動応答機能利用時の注意点

この自動応答機能を設定するには、P.178の手順を参考にOutlook.comのWebページに最低1回は、アクセスしておく必要があります。Webページにアクセスしたことがない場合は、自動応答機能を設定することができません。

1 ⚙をクリックし、

2 <自動応答>をクリックします。

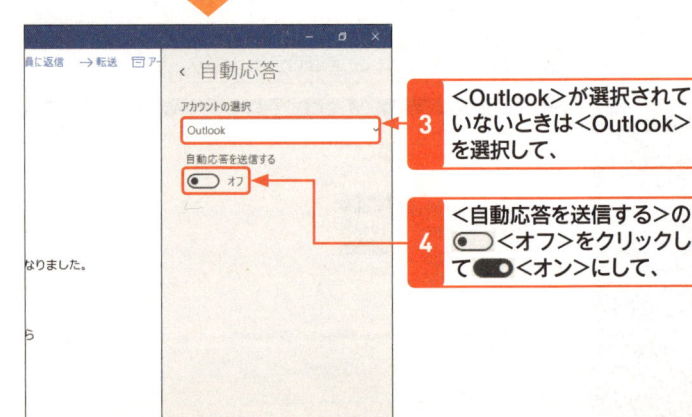

3 <Outlook>が選択されていないときは<Outlook>を選択して、

4 <自動応答を送信する>の ●<オフ>をクリックして ●<オン>にして、

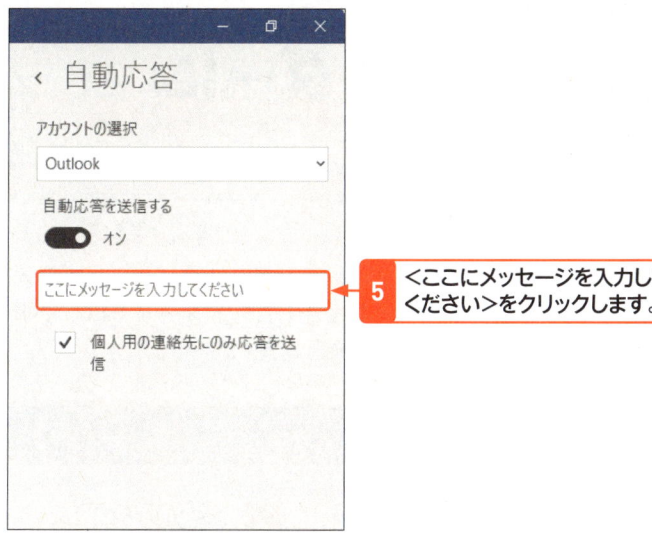

5 ＜ここにメッセージを入力して
ください＞をクリックします。

 すべてメールに
Hint 返信したいときは？

手順 **6** の画面で、＜個人用の連絡先に
のみ応答を送信＞の✓をクリックして☐
にすると、受信したメールすべてに対し
て自動応答用のメッセージを返信しま
す。＜個人用の連絡先にのみ応答を送信
＞が✓のときは、Outlook.comの連絡
先に登録されているユーザーからのメー
ルに対してのみ自動応答用のメッセージ
を返信します。すべてのメールに対して
自動応答用のメッセージを返信するよう
に設定すると、メールマガジンなどの返
信する必要のないメールに対しても自動
応答を行うので注意してください。

6 自動応答用のメッセージを入力し、

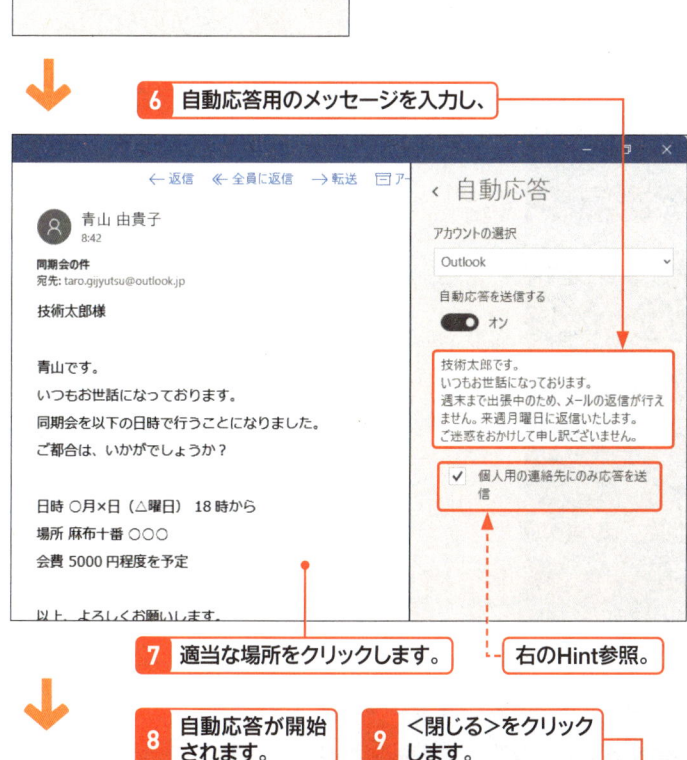

7 適当な場所をクリックします。 右のHint参照。

Memo アプリの常時起動は不要

自動応答は、メールサービス提供業者側
で自動的に行います。このため、パソコ
ンの電源をオフにしていても機能しま
す。

8 自動応答が開始
されます。

9 ＜閉じる＞をクリック
します。

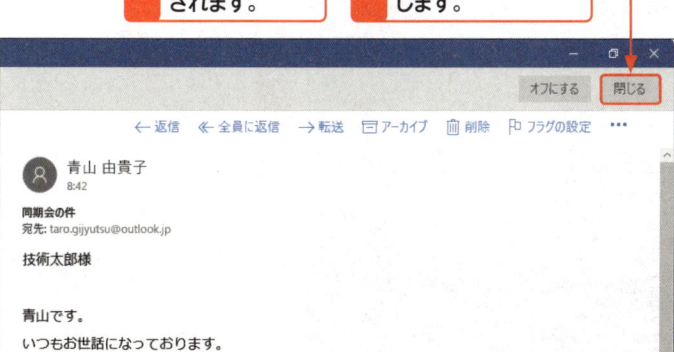

Memo 自動応答の設定を解除する

自動応答機能をオンにしたら、再度設定
を行ってオフにしない限り、自動応答が
実行され続けます。自動応答機能をオフ
にするときは、手順 **4** の画面を表示し
て、⚫●＜オン＞をクリックして●⚪
＜オフ＞に設定します。

Section 084　メールを特定のフォルダーに移動する

キーワード ▶ フォルダー

「メール」アプリは、受信したメールをかんたんな操作で別のフォルダーに移動できます。メールをフォルダーに分類して保存しておけば、受信したメールの件数が多くなったときも目的のメールを探しやすくなります。ここでは、メールを特定のフォルダーに移動させる方法を解説します。

1　メールをフォルダーに移動する

Memo　移動先フォルダーについて

右の手順では、メールを選択したフォルダーに移動させる方法を解説していますが、「メール」アプリは、フォルダーの作成や削除機能を搭載していません。Outlook.comのメールアカウントを利用していてフォルダーを作成したいときは、P.186の手順を参考にWebブラウザーでOutlook.comのWebページを開いてフォルダーの作成を行ってください。プロバイダーメールなどのほかのメールアカウントのメールを移動させたいときは、プロバイダーメールの取り扱い説明書などを参考にフォルダーの作成を行ってください。

Hint　そのほかの移動方法について

メールは、移動させたいメールを右クリックし、＜移動＞をクリックすることでも移動できます。＜移動＞をクリックすると、手順**4**の画面が表示されるので、移動先のフォルダーをクリックしてください。

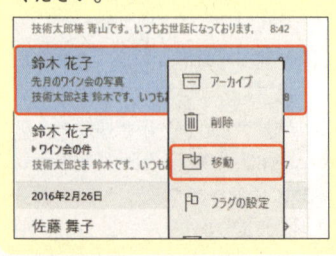

1 移動させたいメールをクリックして表示します。

2 …をクリックし、

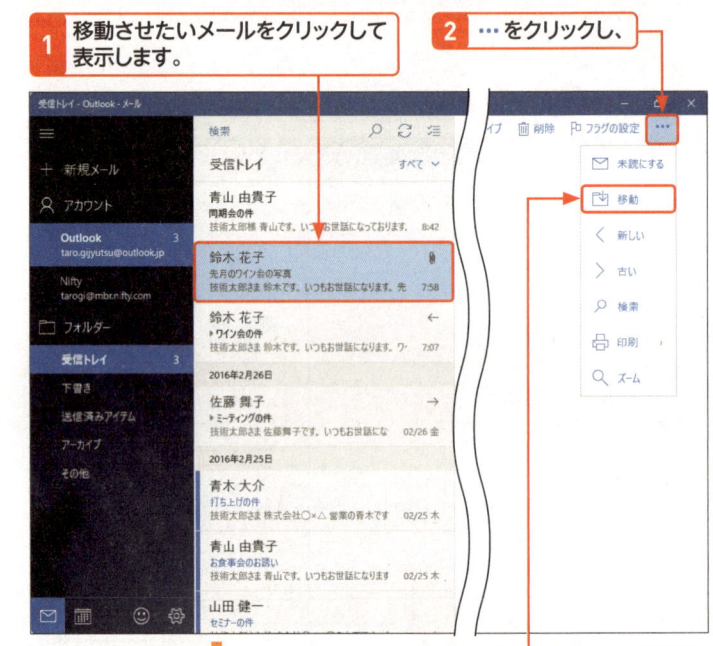

3 ＜移動＞をクリックします。

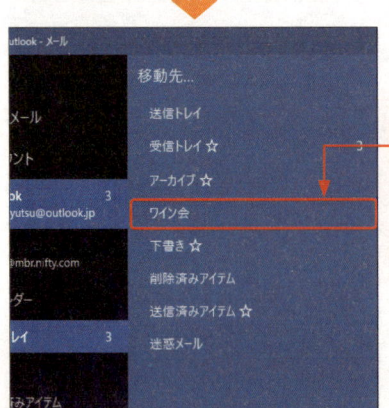

4 フォルダーが展開されるので、移動先のフォルダー（ここでは＜ワイン会＞）をクリックすると、

5 メールが選択したフォルダーに移動します。

② 複数のメールをまとめて移動する

1 をクリックします。

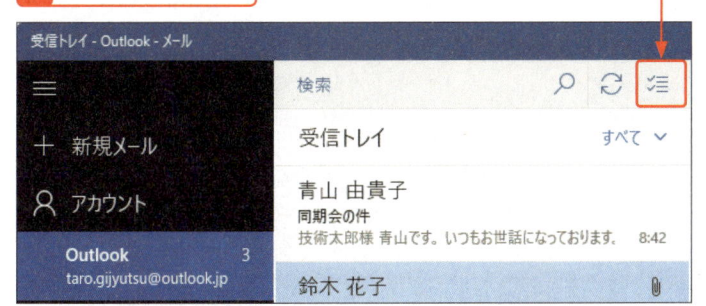

2 移動させたいメールの □ をクリックして ✓ にして選択し、

3 をクリックします。

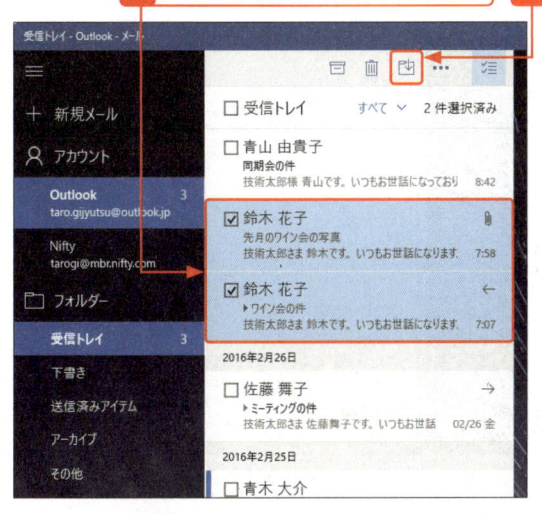

4 フォルダーが展開されるので、移動先のフォルダー（ここでは＜ワイン会＞）をクリックすると、

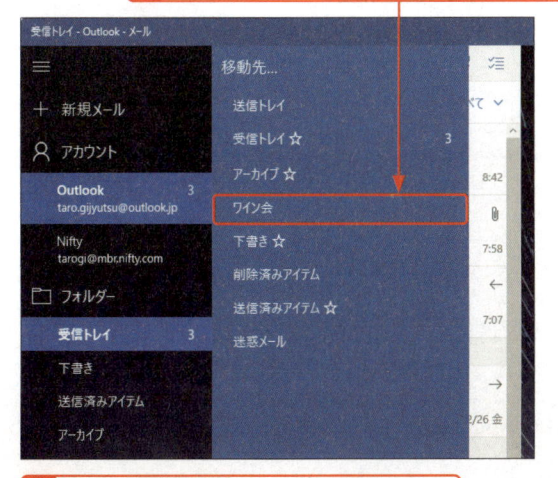

5 メールが選択したフォルダーに移動します。

Memo 選択モードを利用して移動する

複数のメールをまとめて移動させたいときは、選択モードを利用してメールの移動を行います。また、左の手順では、メッセージリストの をクリックして移動を行っていますが、手順 **2** のメールの選択後に右クリックし、＜移動＞をクリックすることでもメールを移動できます。

Hint 選択モードをキャンセルする

メールの移動を中止したいときなど、選択モードをキャンセルしたいときは をクリックすると、選択モードが終了し通常の状態に戻ります。

Hint 移動したメールを確認する

移動したメールを確認したいときは、移動先のフォルダーを開きます。「メール」アプリでは、通常、「受信トレイ」「送信済みアイテム」「下書き」の3つのフォルダーのみが常時表示され、それ以外のフォルダーは、すべて＜その他＞をクリックすることで表示されます。

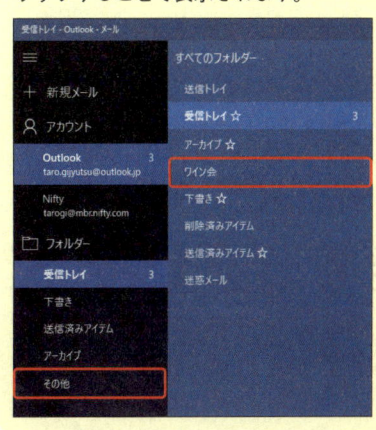

Section 085 メールの通知設定を変更する

キーワード ▶ 通知設定

「メール」アプリは、画面右下に通知を表示したり、音を鳴らしたりして新着メールの受信を通知する機能を備えています。また、ロック画面に未読メールの件数を表示したり、最新の新着メールのかんたんな内容を表示したりすることもできます。ここでは、メールの通知設定について解説します。

1 メール受信時にバナーを表示して音を鳴らす

Memo メールの通知を設定する

「メール」アプリは、右の手順でメールを受信したことを知らせる通知を画面右下に表示したり、音を鳴らすことができます。これらの通知は、「メール」アプリを起動していない場合でも動作し、メールを受信するたびに通知が行われます。

Hint アクションセンターにも表示される

新着メールの情報は、通常、アクションセンターにも表示され、メールの情報をクリックすると、「メール」アプリが起動して、メールの内容を確認できます。アクションセンターに新着メールの情報を表示したくないときは、次ページの手順 5 の画面で「アクションセンターに通知を表示」の ● ＜オン＞をクリックして、●＜オフ＞に設定します。

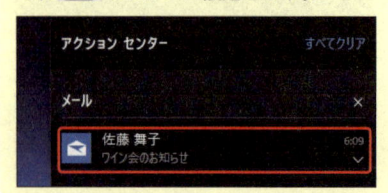

1 をクリックし、

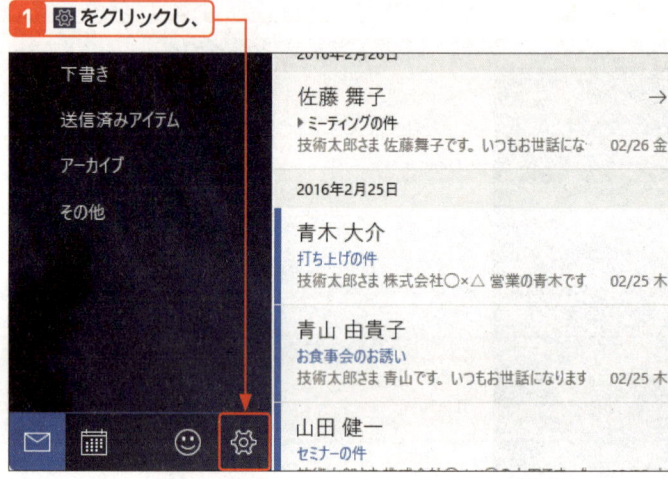

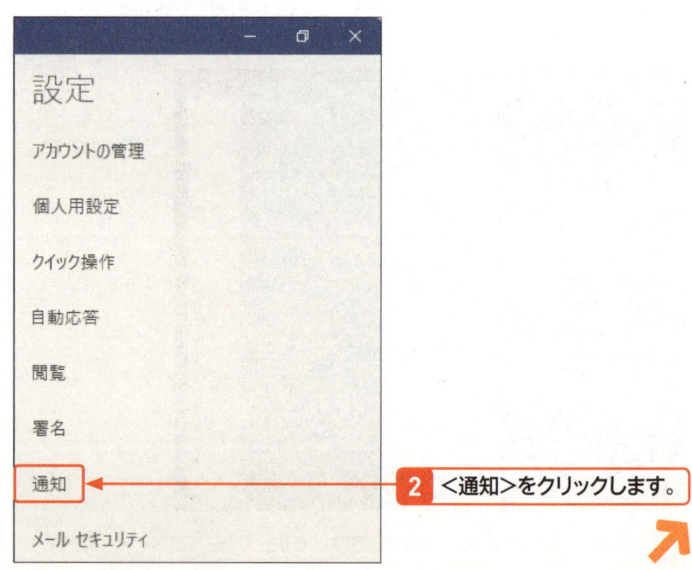

2 ＜通知＞をクリックします。

3 通知を変更するメールアカウントを選択し、

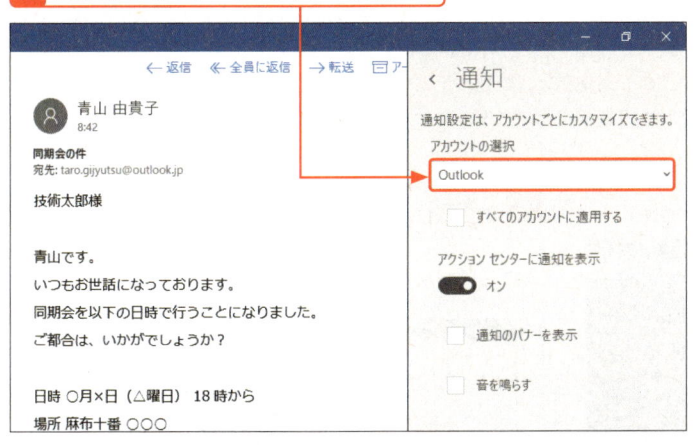

 **Hint** アカウントについて

バナーや音による通知の設定は、アカウント単位で行います。左の手順では、Outlook.comのメールアカウントにバナーや音による通知を設定していますが、プロバイダーメールもバナーや音による通知を設定できます。

4 <通知のバナーを表示>の□をクリックして✓にします。

5 <音を鳴らす>の□をクリックして✓にします。

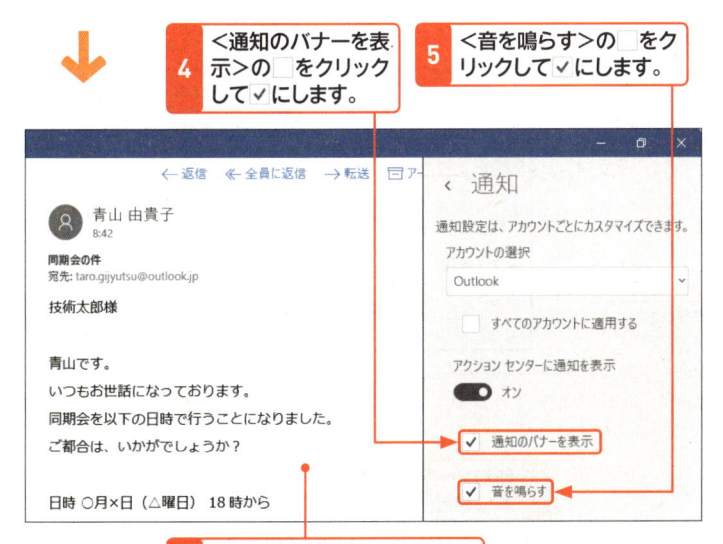

6 適当な場所をクリックすると、

7 設定画面が閉じます。

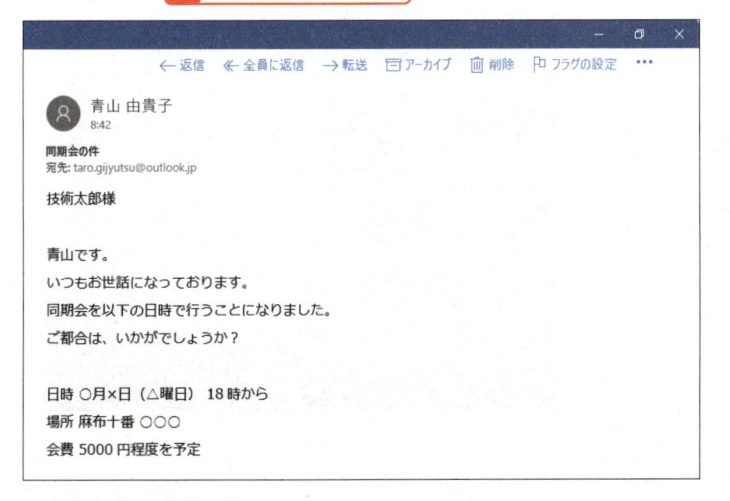

 **Memo** 新着メールを受信したときは？

メールの通知を有効にすると、新着メールを受信したときに以下のような通知が画面右下に表示されます。この通知をクリックすると、「メール」アプリが起動してそのメールの内容を確認できます。

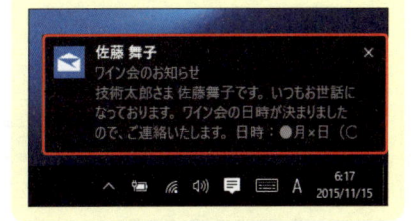

247

 **Memo** ロック画面にメールの情報を表示する

メールの情報は、ロック画面にも表示できます。ロック画面は、簡易表示で未読メールの件数を表示でき、詳細表示を利用すると最新の受信メールの送信者と件名などの情報を表示できます。ロック画面に新着メールの情報を表示したいときは、以下の手順で設定します。

1 ⊞をクリックし、

2 ＜設定＞をクリックします。

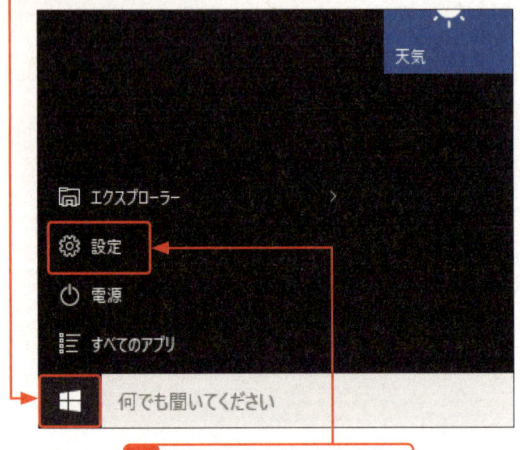

3 ＜パーソナル設定＞をクリックします。

4 ＜ロック画面＞をクリックし、

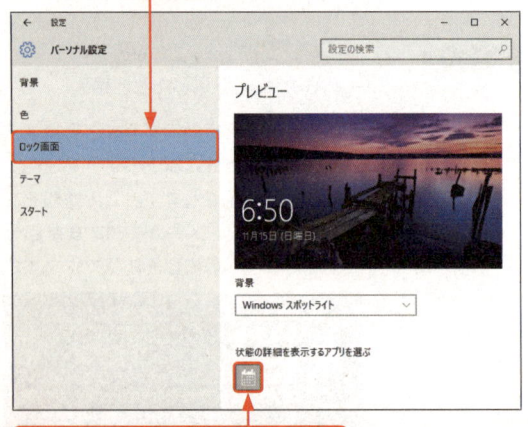

5 「状態の詳細を表示するアプリを選ぶ」の▦をクリックします。

6 ＜メール＞をクリックします。

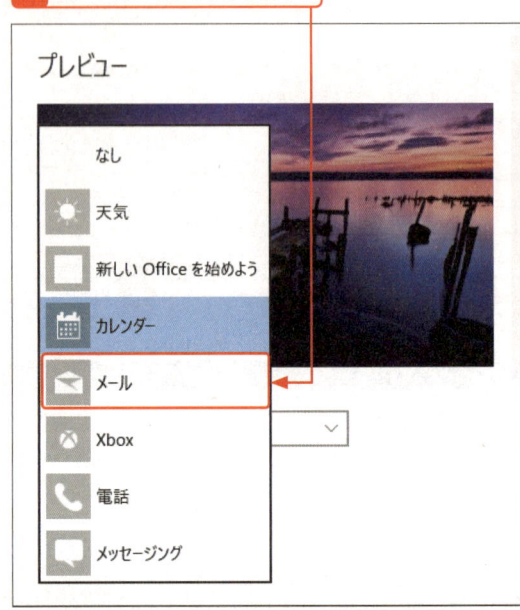

7 新着メールを受信するロック画面にそのメールの送信者と件名が表示されます。

簡易表示　　詳細表示

第7章

アプリの利用

Section 086 「ストア」アプリを利用する

キーワード ▶「ストア」アプリ

Windows ストアにアクセスするには、「ストア」アプリを起動します。「ストア」アプリの起動方法は2種類あります。ここでは、その2種類の起動方法と、Windows ストアからアプリをダウンロードしてインストール、またインストールしたアプリを削除する方法などを解説します。

1 「ストア」アプリを起動する

Memo Windows ストアの利用について

Windows ストアは、Windows 10 で利用できるアプリを入手するためのアプリストアです。Windows 8以降でのみ利用できる「ユニバーサルWindowsアプリ（以降、「Windowsアプリ」と表記）」と、Windows 7 以前でも利用できる「Windows デスクトップアプリ（以降、「デスクトップアプリ」と表記）」が公開されています。また、無料アプリと有料アプリがあり、ジャンルごとに分類・配布されています。Windows ストアを利用するには、あらかじめMicrosoft アカウントを取得しておく必要があります（P.542、661参照）。

Key word インストールとは？

「インストール」とは、アプリなどのソフトウェアをパソコンに導入し、使用可能な状態にする作業を指します。また、同様の作業を「セットアップ」と呼ぶこともあります。

Hint デスクトップアプリをダウンロードする

デスクトップアプリは、ユーザーが提供元から有料または無料でダウンロードし、手動でインストールする必要があります。

Windows 10では、＜スタート＞メニューまたはタスクバーから「ストア」アプリを起動することができます。＜スタート＞メニューの「ストア」アプリは、＜ストア＞タイルとして配置されているのですぐに確認することができます。タスクバーの「ストア」アプリは、ボタンとして右端に配置され、＜スタート＞メニューを表示しなくてもすぐにクリックして起動することができます。

＜スタート＞メニューから「ストア」アプリを起動する

＜ストア＞をクリックします。

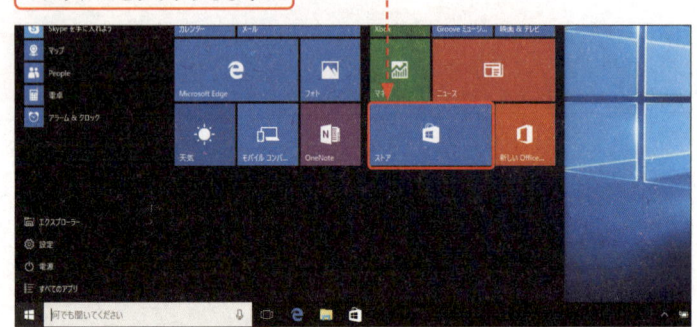

デスクトップから「ストア」アプリを起動する

タスクバーにある⊞をクリックします。

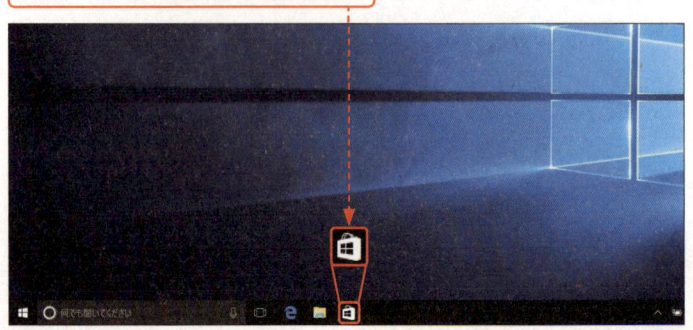

2 アプリをインストールする

1 前ページの手順で「ストア」アプリを起動します。

2 検索ボックスをクリックし、

3 検索キーワード（ここでは、「LINE」）を入力して、

4 をクリックするか、Enterキーを押します。

5 検索結果が表示されます。

6 インストールしたいアプリ（ここでは、<LINE>）をクリックします。

7 アプリの概要が表示されます。

8 内容を確認し、

9 <無料>をクリックします。

Hint アプリをジャンルから選択する

ここでは、検索キーワードを利用してインストールしたいアプリを探していますが、トップチャートやカテゴリなどのジャンルから探すこともできます。

Hint 有料アプリの場合は？

有料アプリを購入する場合は、手順 **9** で表示される実際の金額をクリックします。有料アプリは、無料評価版が用意されている場合があります。無料評価版を試すときは、<無料評価版>をクリックします。なお、有料アプリを購入する場合は、支払い方法の登録が必要になります（P.256参照）。

Hint 同じアカウントで入手したことがあれば？

以前、同じMicrosoftアカウントでアプリを入手したことがある場合、手順 **9** では<インストール>と表示されます。

Memo　Microsoft アカウント を利用していない場合

Microsoft アカウントを利用していない場合は、前ページの手順 **9** のあとに Microsoft アカウントの入力画面が表示されます。その際は画面の指示に従って操作を進めてください。

Hint　アプリは複数のパソコンにインストール可能

Windows アプリは、同じ Microsoft アカウントで利用しているパソコンに最大81台までインストールできます。

Memo　「最近追加されたもの」にも表示される

右の手順では、＜スタート＞メニューの「すべてのアプリ」をクリックしてインストールしたアプリを確認していますが、新規インストールされたアプリは、＜スタート＞メニューの「最近追加されたもの」という項目にも表示されます。新規インストールしたアプリはここでも確認できます。

Memo　＜スタート＞メニューにピン留めする

新規インストールしたアプリは、＜スタート＞メニューに自動的にピン留めされません。必要に応じて、P.52 を参考にアプリのタイルを＜スタート＞メニューにピン留めしてください。

10 アプリのインストールが始まります。

11 インストールが完了すると、「この製品はインストール済みです。」と表示されます。

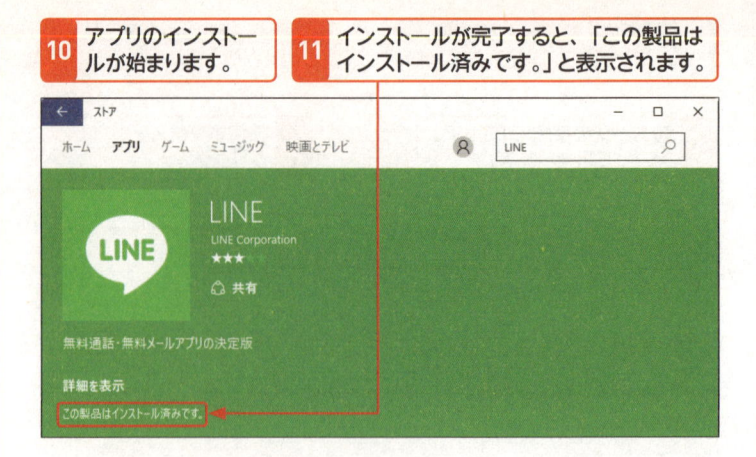

12 ⊞をクリックし、

左中段のMemo参照。

13 ＜すべてのアプリ＞をクリックすると、

14 インストールしたアプリが登録されていることが確認できます。

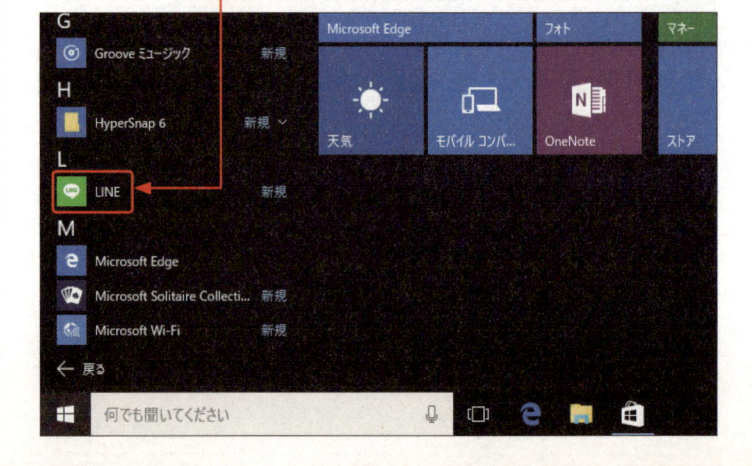

3 Windows アプリを更新する

1 「ストア」アプリを起動します。

右のHint参照。

2 更新可能なアプリがあるときは、ここにボタンが表示されるので、クリックします。

3 更新プログラムの一覧が表示されます。

4 <すべて更新>をクリックすると、

右下のMemo参照。

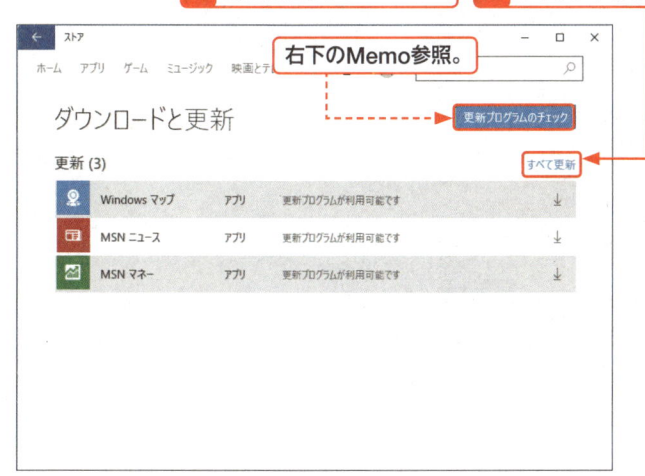

5 アプリの更新が実行されます。

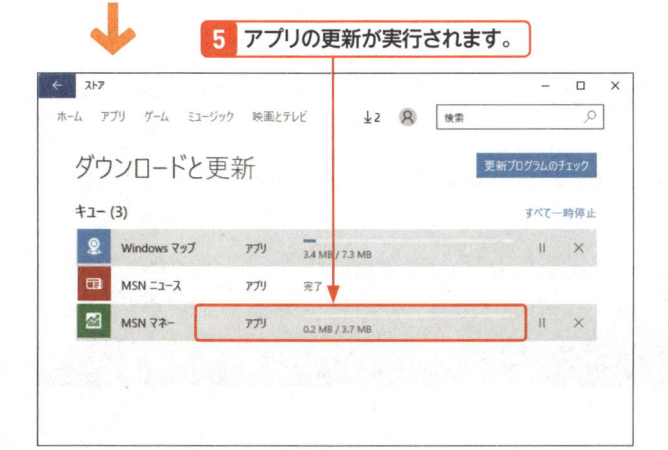

Key word 更新（アップデート）とは？

既存のアプリに対して、小幅な改良や修正を加えて新しいアプリに更新することを「更新（アップデート）」と呼びます。

Memo Windows アプリの更新

Windows アプリは、通常は、自動的に更新されます。ここでは、手動で更新する方法を紹介しています。なお、手順 **2** のボタンは、更新可能なアプリがないときは表示されません。

Hint 「ダウンロードと更新」画面を表示する

手順 **3** で表示される「ダウンロードと更新」画面は、手順 **1** の検索ボックスの左にある ⊗ をクリックし、メニューから<ダウンロードと更新>をクリックすることでも表示されます。

Memo 手動で更新プログラムをチェックする

手動で更新プログラムのチェックを行いたいときは、手順 **3** の画面で<更新プログラムのチェック>をクリックします。

4 Windows アプリをアンインストールする

Key word アンインストールとは？

「アンインストール」とは、アプリなどのソフトウェアをパソコンから削除する作業を指します。アンインストールを実行することで、アプリ内のデータも削除されるので注意が必要です。

Touch タッチ操作でアンインストールする

タッチ操作でアプリをアンインストールするときは、アンインストールしたいWindows アプリを長押しします。指を離すとメニューが表示されるので、＜アンインストール＞をタップします。

Memo 「設定」からアンインストールする

アプリのアンインストールは、「設定」（P.33参照）からも行えます。＜スタート＞メニューの「設定」をクリックし、＜システム＞→＜アプリと機能＞の順にクリックします。アンインストールしたいアプリをクリックして、＜アンインストール＞をクリックすると、アンインストールが実行されます。

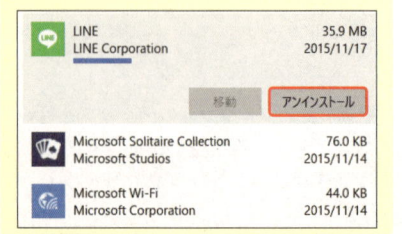

1 ＜スタート＞メニューを開き、アンインストールしたいアプリ（ここでは＜LINE＞）を右クリックします。

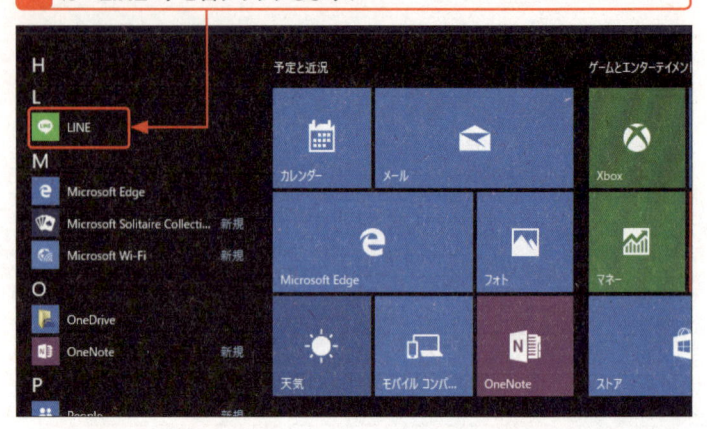

2 ＜アンインストール＞をクリックします。

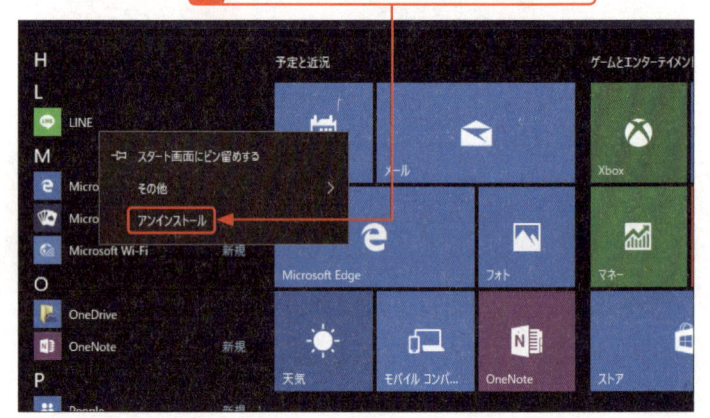

3 ＜アンインストール＞をクリックします。

4 Windows アプリ（ここでは、＜LINE＞）がアンインストールされました。

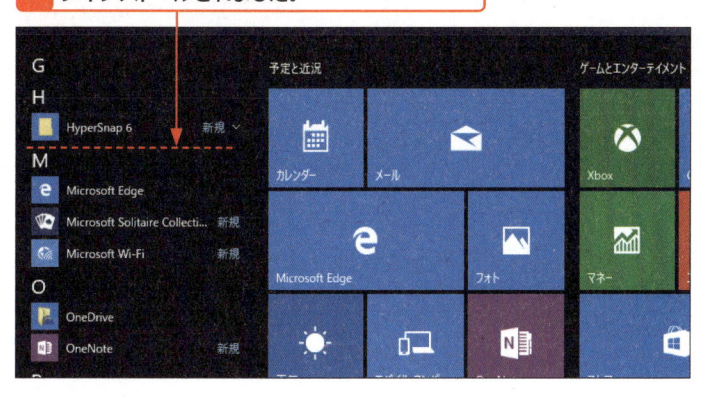

Memo 有料アプリの再インストール

有料アプリをアンインストールした場合、そのアプリが大きなバージョンアップなどしていなければ、再度インストールしても料金はかかりません。なお、有料アプリを購入するには、支払い情報の登録が必要になります。次ページを参考に支払い情報の登録を行ってください。

Memo アンインストールしたアプリを再インストールするには

アンインストールした Windows アプリは、いつでも再インストールできます。アンインストールした Windows アプリは、以下の手順で再インストールできます。

1 「ストア」アプリを起動します。

2 をクリックし、

3 ＜マイライブラリ＞をクリックします。

4 再インストールしたいアプリ（ここでは「LINE」）の↓をクリックすると、

5 アプリの再インストールが実行されます。

255

Section 087 支払い情報を登録する

キーワード ▶ クレジットカード

Windows ストアでの有料アプリの購入には、支払い方法の登録が必要です。支払い方法には、クレジットカードとPaypalを利用できます。支払い方法は、事前登録できるほか、初めて有料アプリを購入するときに登録することもできます。なお、支払い情報の登録は必須ではありません。

1 支払い情報の登録を行う

Memo 支払い方法は2種類ある

右の手順で支払い情報を登録すると、アプリ購入だけでなく、映画やドラマの購入およびレンタルの支払い方法も一括登録されます。支払い方法には、クレジットカードまたはPaypalが利用できます。ここでは、支払い情報を事前に登録する方法を紹介します。

Memo アカウントの保護ページが表示されたときは?

手順 5 で「お客様のアカウント保護にご協力ください」のページが表示されたときは、画面の指示に従って本人確認を行ってください。本人確認が完了すると、支払い情報の登録が行えます。

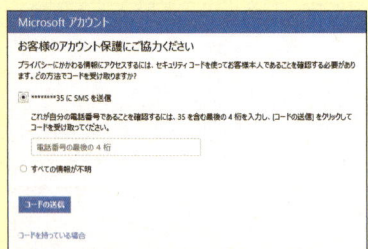

Memo Microsoft アカウントのパスワードについて

手順 5 のMicrosoft アカウントのパスワード入力画面は、表示されない場合があります。この画面が表示されなかったときは、手順 7 に進んでください。

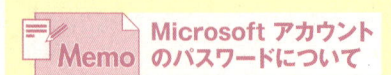

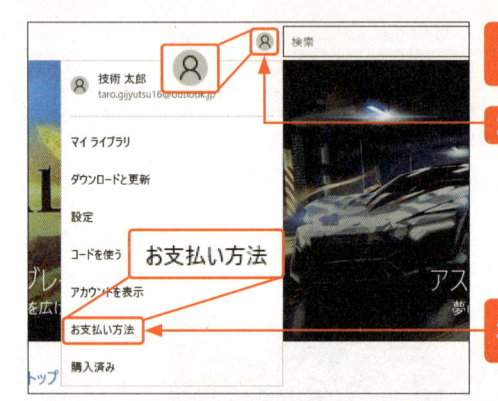

1 「ストア」アプリを起動します。

2 <人型アイコン>をクリックし、

3 <お支払い方法>をクリックします。

4 Webブラウザーが起動します。

5 「サインイン」ページが表示されたときは、パスワードを入力し、

6 <サインイン>をクリックします。

7 <支払いオプションの追加>をクリックします。

次ページ右下のHint参照。

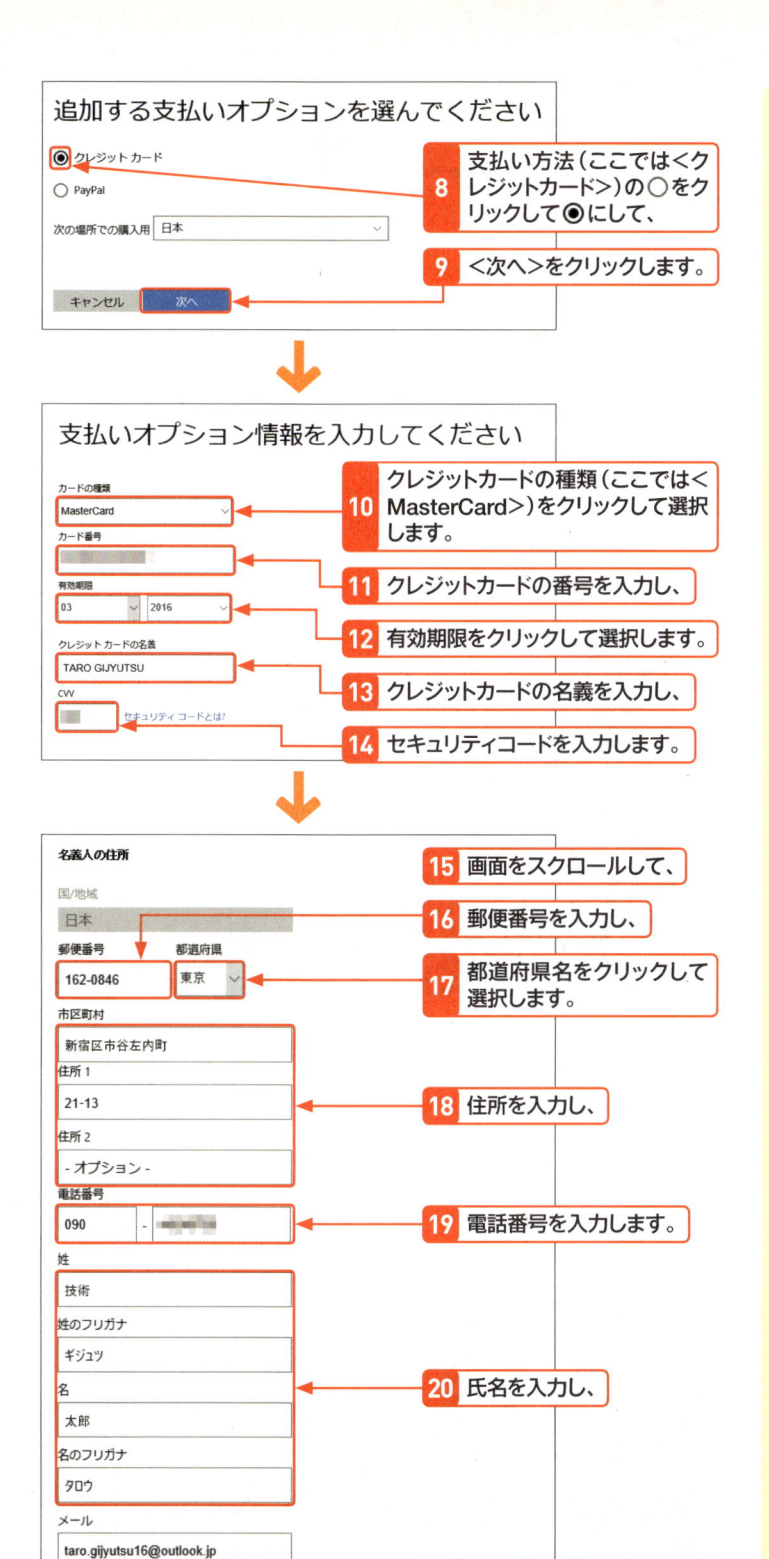

追加する支払いオプションを選んでください

- ◉ クレジット カード
- ○ PayPal

次の場所での購入用　日本

キャンセル　　次へ

8 支払い方法（ここでは＜クレジットカード＞）の○をクリックして◉にして、

9 ＜次へ＞をクリックします。

支払いオプション情報を入力してください

カードの種類
MasterCard

カード番号

有効期限
03　／　2016

クレジット カードの名義
TARO GIJYUTSU

CVV
　　　セキュリティ コードとは?

10 クレジットカードの種類（ここでは＜MasterCard＞）をクリックして選択します。

11 クレジットカードの番号を入力し、

12 有効期限をクリックして選択します。

13 クレジットカードの名義を入力し、

14 セキュリティコードを入力します。

名義人の住所

国/地域
日本

郵便番号　　都道府県
162-0846　　東京

市区町村
新宿区市谷左内町

住所 1
21-13

住所 2
- オプション -

電話番号
090　-

姓
技術

姓のフリガナ
ギジュツ

名
太郎

名のフリガナ
タロウ

メール
taro.gijyutsu16@outlook.jp

次へ　　キャンセル

15 画面をスクロールして、

16 郵便番号を入力し、

17 都道府県名をクリックして選択します。

18 住所を入力し、

19 電話番号を入力します。

20 氏名を入力し、

21 ＜次へ＞をクリックすると、

22 支払い情報が登録されます。

Memo　ここでの支払い方法について

ここでは、支払い方法にクレジットカードを利用する場合を例に、支払い方法の登録手順を解説しています。

Hint　セキュリティコードについて

「セキュリティコード」とは、クレジットカードの裏面に記載されている3桁もしくは4桁の番号のことです。クレジットカードを確認して番号を入力してください。

Memo　すでに情報が入力されていたときは?

手順 **16** 以降で、名義人の住所がすでに入力済みの状態で表示されたときは、入力済みの情報に間違いがないか確認し、＜次へ＞ボタンをクリックしてください。

Hint　ギフトカードのコードを登録する

Windowsストアギフトカードやxboxギフトカードなどを支払いに利用したいときは、左ページ手順 **7** の画面で＜コードまたはギフトカードを使用＞をクリックすると、ギフトカードのコード入力画面が表示されます。

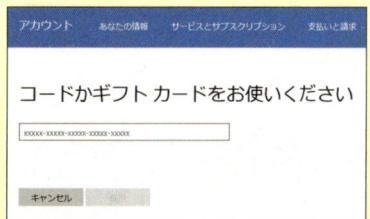

Section 088

ニュースをチェックする

キーワード ▶ 「ニュース」アプリ

「ニュース」アプリは、最新のニュースを閲覧するためのアプリです。表示されるニュースは、トップニュース、政治、国内、国際などのカテゴリごとに整理されており、閲覧したいニュースをクリックすると内容を表示します。ここでは、「ニュース」アプリの使い方を解説します。

1 「ニュース」アプリを起動する

Key word 「ニュース」アプリ とは?

「ニュース」アプリは、さまざまなニュースメディアに配信されている最新のニュースを閲覧するためのアプリです。表示されるニュースは、カテゴリごとに分類され、表示順は、ユーザーがカスタマイズできます。また、特定のニュースメディアのみを表示したり、指定キーワードの最新ニュースを表示する「マイニュース」機能も備えています。

1 ⊞をクリックし、

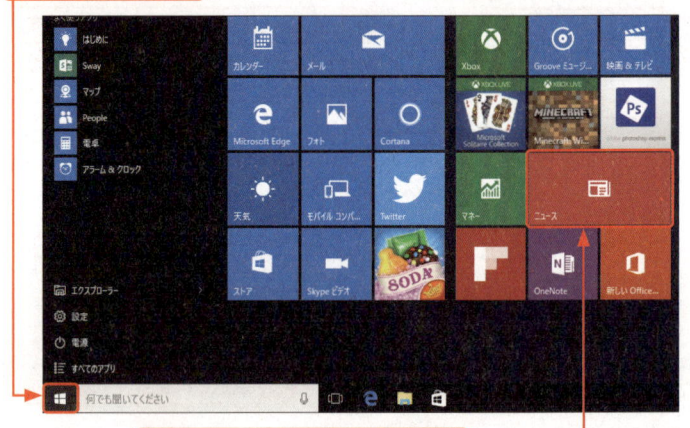

2 〈ニュース〉をクリックします。

3 「ニュース」アプリが起動し、ニュースが表示されます。

Memo ダイアログボックスが 表示される

初めて「ニュース」アプリを起動したときは、以下のような「ニュース速報のアラート」に関するダイアログボックスが表示されます。〈はい〉をクリックすると重大ニュースが発生したときに速報の通知を表示します。〈オフにする〉をクリックすると、通知を表示しません。

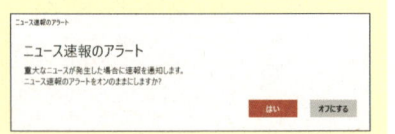

2 目的のニュースを読む

1 画面をスクロールし、

右のHint参照。

右のMemo参照。

2 読みたいニュースをクリックすると、

3 そのニュースが表示されます。

4 ←をクリックすると、前ページに戻ります。

Memo 目的別にニュースを探す

画面上部に表示されているカテゴリをクリックすると、そのカテゴリのニュースが表示されます。また、検索ボックスにキーワードを入力し、Enterキーを押すか、🔍をクリックするとニュースの検索が行えます。

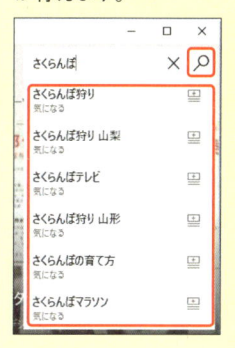

Hint 「ニュース」アプリの設定を行う

表示するニュースのカテゴリを変更したり、指定キーワードのニュースを表示したりしたいときは、✏をクリックします。✅をクリックして、⊕にするとそのカテゴリを非表示にでき、上部の＋をクリックすると、指定キーワードのニュースを表示するように設定できます。

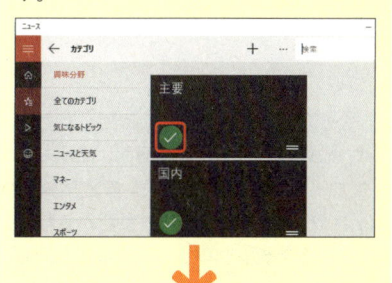

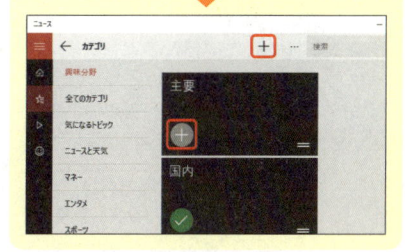

Section
089

「マップ」アプリで
目的地の地図を調べる

キーワード ▶ 「マップ」アプリ

ここでは、Windows 10に標準インストールされている「マップ」アプリの使い方を解説します。「マップ」アプリでは、お店の名称や施設の名称、住所などをキーワードにした検索によって、目的地周辺の地図を表示できます。出発地から目的地までのルート検索を行うこともできます。

1 「マップ」アプリを起動する

Key word 「マップ」アプリとは？

「マップ」アプリは、現在地を表示したり、目的地周辺の地図を表示するアプリです。よく行く場所の地図をお気に入りに登録し、かんたんな操作で出発地から目的地までのルート検索を行ったりできます。

Memo 位置情報を利用する

「マップ」アプリを初めて起動したときは、位置情報の利用許諾画面が表示されます。この機能を許可すると、無線LANやGPS、IPアドレスなどから取得した位置情報を利用し、現在地を表示します。

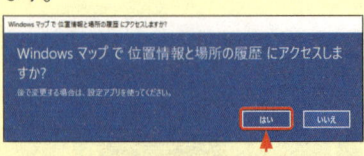

利用を許可するときは、
＜はい＞をクリックします。

1 ⊞をクリックし、　　　　2 ＜すべてのアプリ＞をクリックします。

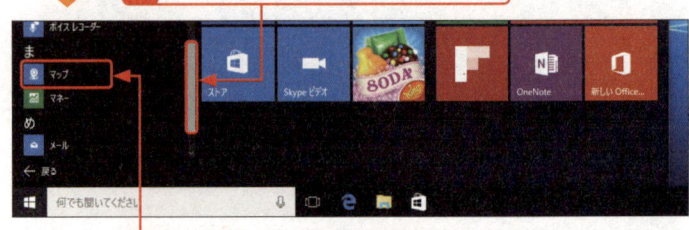

3 ＜スタート＞メニューをスクロールし、

4 ＜マップ＞をクリックします。

5 「マップ」アプリが起動し、現在地に◉のピンが付きます。

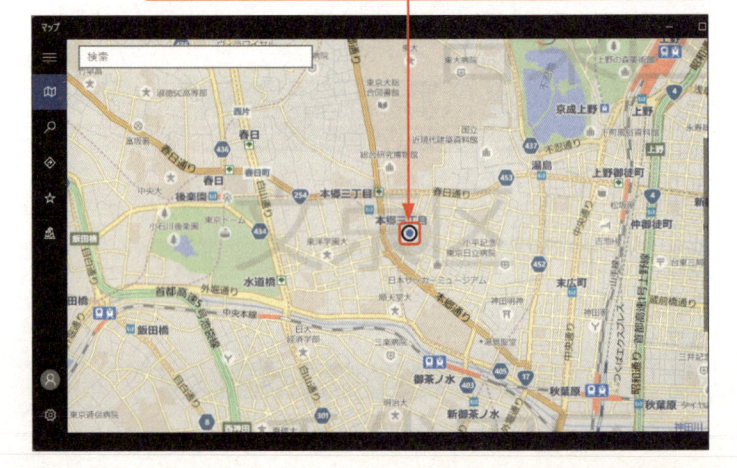

2 目的地を探す

1 ＜検索＞をクリックします。

2 検索ボックスにキーワード（ここでは、「東京タワー」）を入力し、

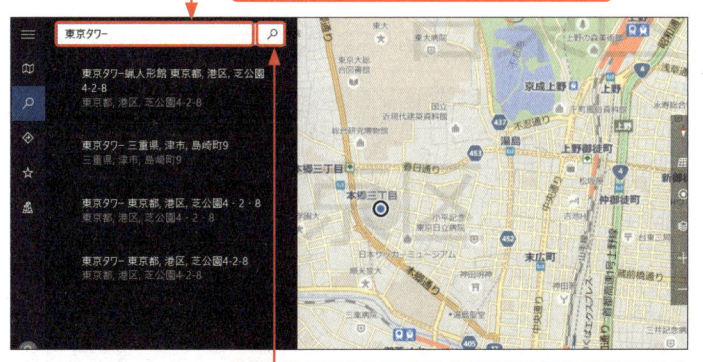

3 をクリックするか、Enter キーを押します。

4 検索結果が表示され、

5 目的地の候補が地図上に表示されます。

右下のMemo参照。

6 をクリックすると、

Memo　目的地を地図に表示する

住所や店名、施設名などをキーワードに指定して検索を行うと、地図上に目的地を表示できます。住所で検索を行うと、目的地をピンポイントに表示できます。店名や施設名で検索を行うと、検索結果が複数表示される場合があります。結果が複数あるときは、それぞれに番号が付けられて地図上に表示されます。

検索結果が複数ある場合

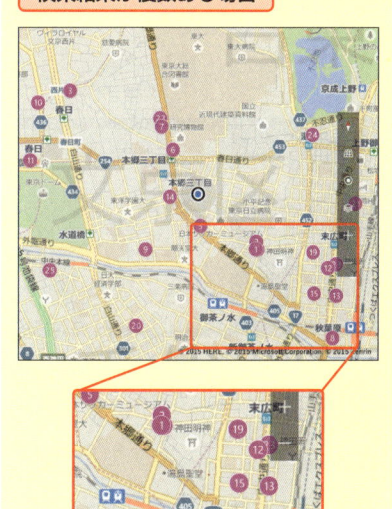

番号が付く

Touch　地図を操作する

地図上をスライドすると、画面内に表示される地図の場所を変更できます。

Memo　ルート案内を表示する

手順 **4** の画面で＜ルート案内＞をクリックすると、現在地から検索した目的地までの経路情報を表示します（P.263参照）。

第 1 章
Windows 10
をはじめよう

第 2 章
Windows 10
の基本操作

第 3 章
ファイルと
フォルダー

第 4 章
インター
ネット

第 5 章
Outlook.
com

第 6 章
「メール」
アプリ

第 7 章
アプリの
利用

第 8 章
データの
活用

第 9 章
音楽／写真
／ビデオ

第10章
タブレット
モード

第11章
文字入力
の基本

第12章
<スタート>
メニュー

第13章
デスクトップ

第14章
ネットワーク

第15章
管理／
セキュリティ

第16章
周辺機器
の利用

第17章
トラブル
対策

第18章
インストール
と初期設定

付　録

Memo 地図を拡大表示する

地図の拡大表示は、➕ をクリックする以外にも目的地付近をダブルクリックすることでも行えます。タッチ操作の場合は、目的地付近でストレッチを行うことでも地図を拡大表示できます。

Hint 地図を縮小する

地図を縮小表示したいときは ➖ をクリックするか、ピンチを行います。

Memo 通常の地図に戻す

航空写真表示から通常の地図の表示に戻したいときは、手順 8 ～ 9 を参考にし、🌐 をクリックして<道>をクリックします。

Memo 検索結果のクリア

新しい場所を検索したいときは、🔍 をクリックし、再度目的地の検索を行います。

---

7 地図が拡大表示されます。

8 🌐 をクリックし、

9 <航空写真>をクリックすると、

10 地図が航空写真に切り替わります。

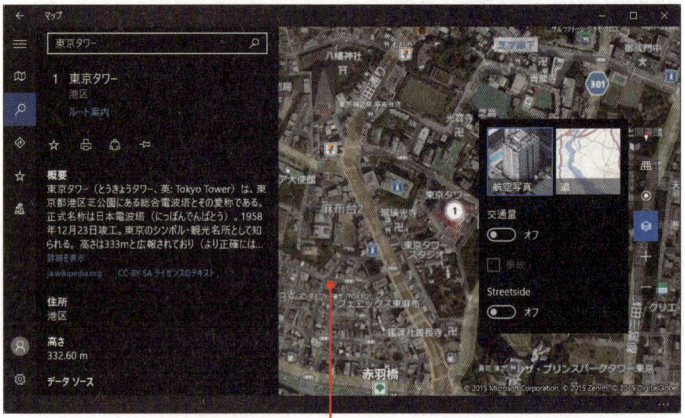

11 地図上の適当な場所をクリックすると、

12 メニューが閉じます。

13 📖 をクリックすると、検索を終了します。

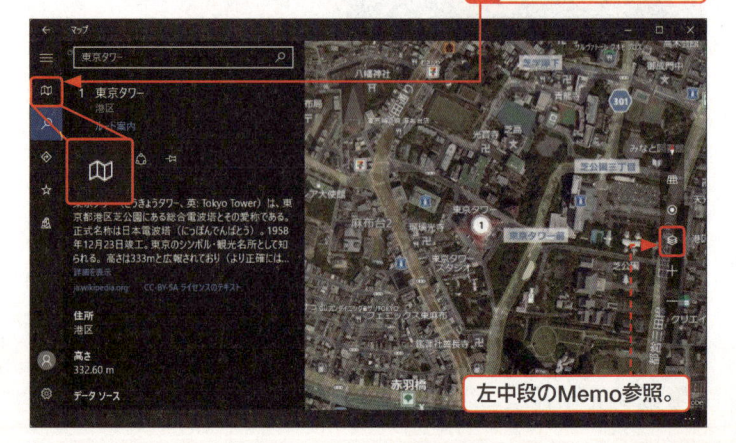

左中段のMemo参照。

3 ルート案内を表示する

ここでは、現在地から目的地までのルート案内の手順を解説します。

1 ◇<ナビ>をクリックします。

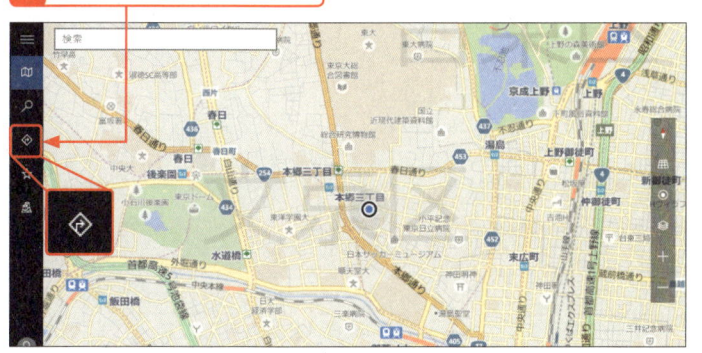

2 移動手段（ここでは、<車>）をクリックし、

右のHint参照。

目的地と出発地を入れ替えられます。

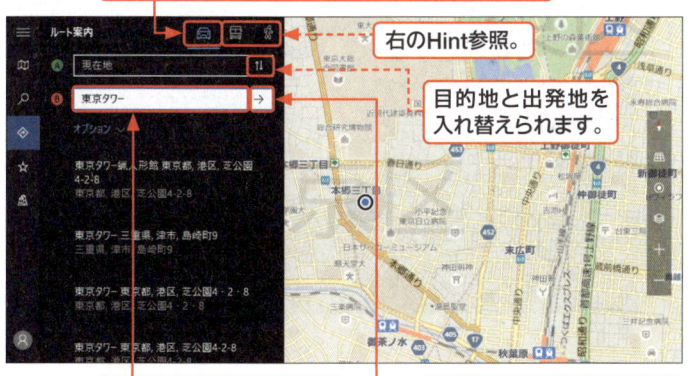

3 目的地の住所または施設名を入力し、

4 →をクリックするか、Enterキーを押します。

5 ルート案内が表示されます。

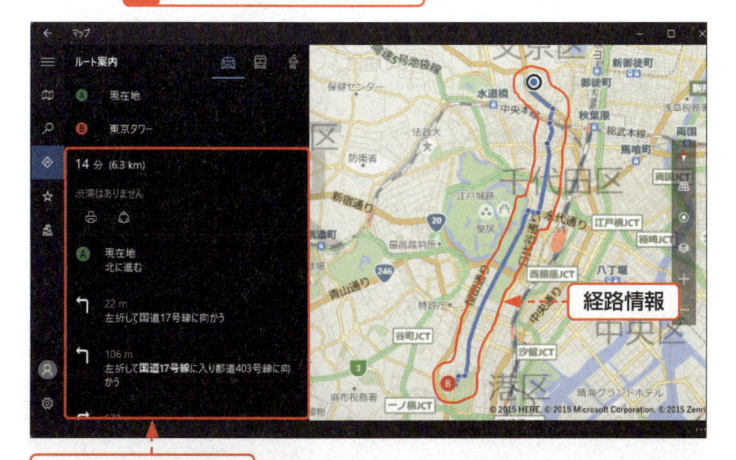

経路情報

ルート案内の詳細情報

Memo ルート案内を表示する

ルート案内は、出発地から目的地までの経路情報を表示するナビ機能です。地図上には、目的地までの経路情報が表示され、別ウィンドウで経路の詳細情報が表示されます。

Memo 出発地を変更する

出発地は、あらかじめ現在地に設定されていますが、住所や施設名／店名なども設定できます。

Hint 移動手段を変更する

移動手段は、「車」「電車」「徒歩」から選択でき、検索後に切り替えることもできます。たとえば、最初に「車」で検索を行い、そのあとに<徒歩>や<路線>をクリックすると、徒歩や電車を利用した場合のルート案内が表示されます。

Stepup オプションを設定する

手順2の画面で目的地入力欄の下の<オプション>をクリックすると、検索条件などの設定を行えます。

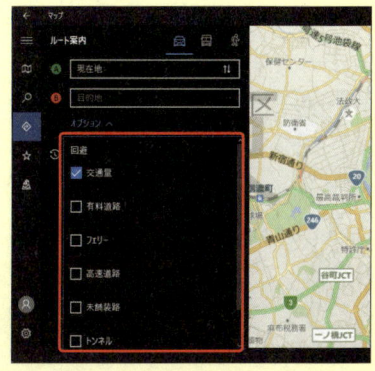

「マップ」アプリ

Section 090

「天気」アプリで天気を確認する

キーワード ▶「天気」アプリ

居住地の天気や旅行先の天気を確認したいときに便利なのが、「天気」アプリです。「天気」アプリは、あらかじめ設定しておいたスタートページの天気や、検索などで指定した地域の天気を表示できます。また、ライブタイルを利用すると、＜スタート＞メニューでスタートページの天気を確認することもできます。

1 「天気」アプリを起動する

Memo 初めて起動したとき

「天気」アプリを初めて起動したときは、通常時に表示するスタートページの地域の設定画面が表示されます。この画面が表示されたら、通常表示する地域（ここでは、「東京都新宿区」）を入力し、🔍をクリックするか、Enter キーを押します。

Memo ライブタイルについて

ライブタイルは、アプリを起動しなくても最新情報を表示する機能です。この機能に対応したアプリは、＜スタート＞メニューのタイルを見るだけで最新情報を確認できます。

1 ⊞をクリックし、　　**2** ＜天気＞をクリックします。

3 「天気」アプリが起動し、スタートページの天気と気温が表示されます。

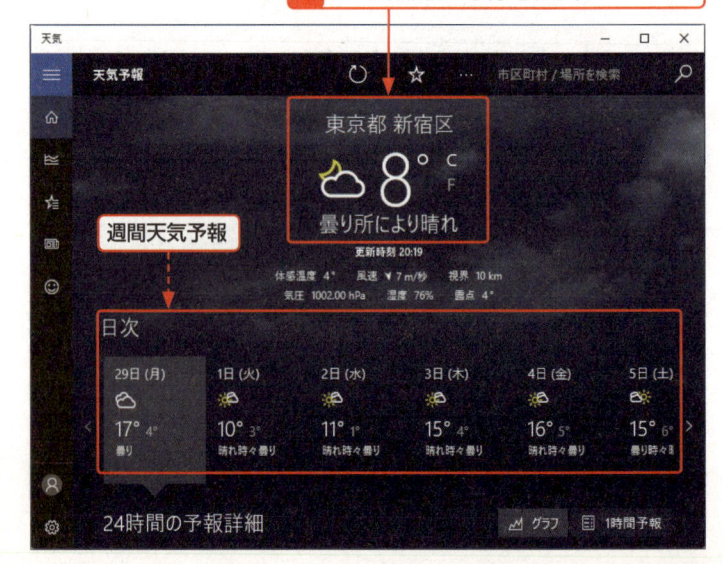

週間天気予報

2 目的地の天気を表示する

1 検索ボックスまたは🔍をクリックします。

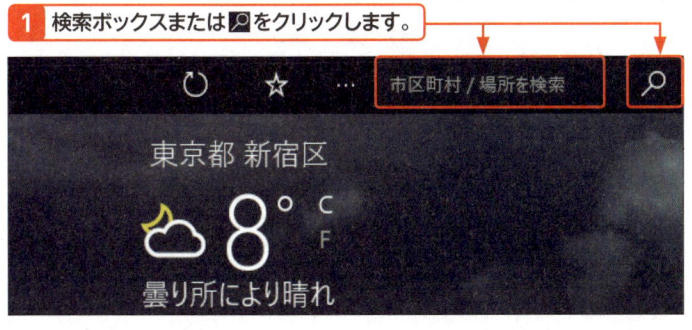

2 天気を表示したい場所（ここでは、「大阪」）を入力し、

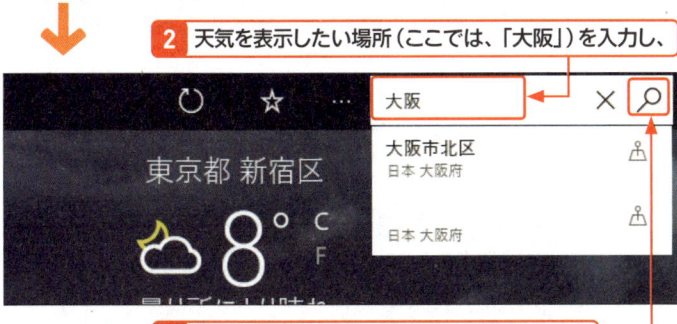

3 🔍をクリックするか、Enterキーを押します。

4 選択した地域の天気が表示されます。

右のHint参照。

右中段のMemo参照。

5 🏠をクリックすると、

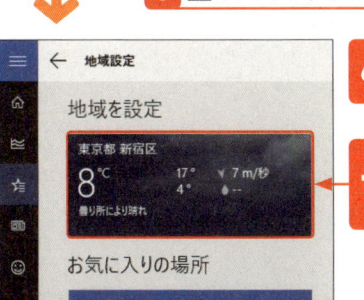

6 地域設定画面が表示されるので、

7 スタートページの天気をクリックすると、スタートページの天気に戻ります。

Memo 目的地の天気を
表示するには？

「天気」アプリを起動したときに表示するスタートページ以外の天気を表示するには、左の手順で天気を表示したい地域の検索を行います。

Memo お気に入りを登録する

「天気」アプリでは、お気に入りの地域を登録できます。お気に入りの登録は、登録したい地域の天気を表示し、☆をクリックします。画面左の🏠をクリックすると、登録されていることを確認できます。なお、お気に入りに登録した地域の天気を表示すると、☆が★に変わります。ここで★をクリックすると、お気に入りから削除されます。

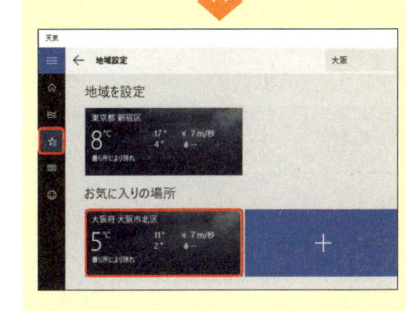

Hint 詳細データを確認する

📊をクリックすると、過去の気象データを確認できます。

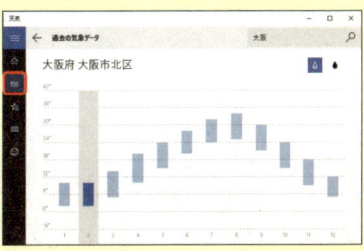

Section **091**

「カレンダー」アプリで スケジュールを管理する

キーワード ▶「カレンダー」アプリ

ここでは、Windows 10に標準インストールされている「カレンダー」アプリの利用方法を解説します。カレンダーを利用すると、かんたんな操作でスケジュールを管理できます。また、カレンダーには、登録しておいた予定の開始時刻にアラームを鳴らす機能もあります。

1 イベント（行動予定）を登録する

Memo 「カレンダー」アプリ

「カレンダー」アプリは、Windows 10に標準インストールされているスケジュール管理アプリです。

Memo 初めて起動したときは？

「カレンダー」アプリを初めて起動したときは、「ようこそ」画面が表示されます。＜使ってみる＞をクリックして、「アカウント」画面が表示されたら、＜開始＞をクリックします。

Memo 表示形式を変更する

「カレンダー」アプリの表示形式には、「日」「稼動日」「週」「月」「年」「今日」の6種類があります。表示形式を変更したいときは、手順3の画面で表示したい形式をクリックします。

1 田をクリックし、
2 ＜カレンダー＞をクリックします。
3 「カレンダー」アプリが起動します。
左下のMemo参照。
4 ＜新しいイベント＞をクリックします。

266

5 イベントの入力画面が表示されます。

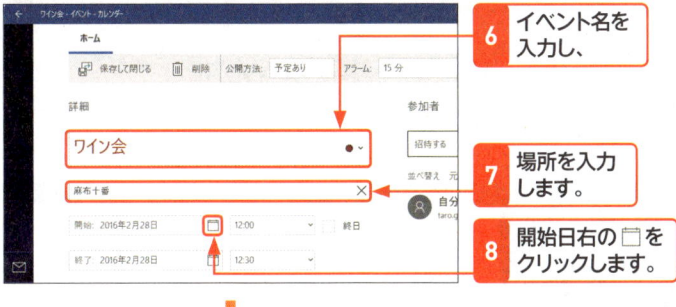

6 イベント名を入力し、

7 場所を入力します。

8 開始日右の□をクリックします。

9 開始日をクリックして選択します。

10 「開始」の∨をクリックして、リストから開始時間をクリックし、

右下のHint参照。

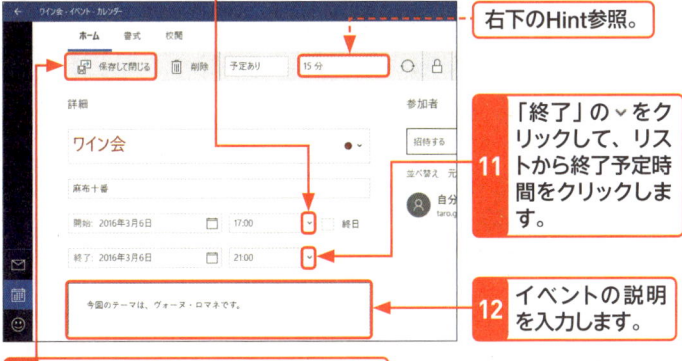

11 「終了」の∨をクリックして、リストから終了予定時間をクリックします。

12 イベントの説明を入力します。

13 <保存して閉じる>をクリックします。

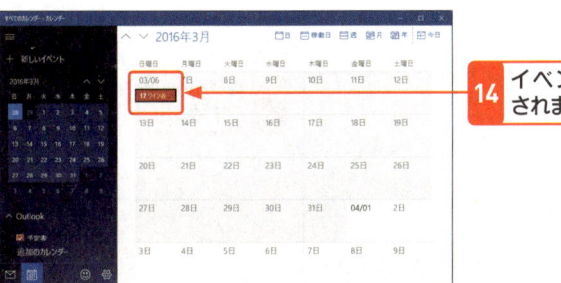

14 イベントが登録されます。

Hint　日付からイベントを登録する

カレンダーの日付をクリックしてもイベントを登録できます。日付をクリックすると、簡易のイベント入力画面が表示されます。イベント名を入力し、開始日時や場所を入力して、<完了>をクリックすると、イベントが追加されます。また、<詳細情報>をクリックすると、手順**5**の画面が表示され詳細な情報を登録できます。

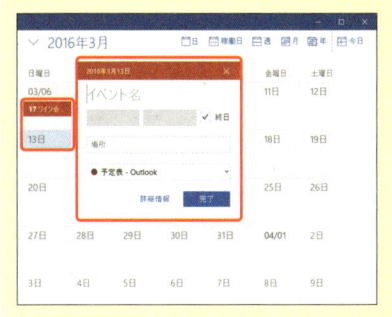

Memo　位置情報の利用許諾画面が表示された

「カレンダー」アプリを初めて利用したときは、手順**13**のあとに位置情報の利用許諾画面が表示される場合があります。この機能を許可すると、無線LANやGPS、IPアドレスなどから取得した位置情報を利用します。

Hint　アラームを設定する

「カレンダー」アプリでは、イベントの開始予定時刻の15分前にアラームで知らせるように設定されています。この設定は、イベントごとに変更できます。アラームの設定を変更したいときは、手順**10**の画面で<アラーム>の時間または∨をクリックし、リストからアラームの時刻をクリックして設定します。

第 1 章
Windows 10
をはじめよう

第 2 章
Windows 10
の基本操作

第 3 章
ファイルと
フォルダー

第 4 章
インター
ネット

第 5 章
Outlook.
com

第 6 章
「メール」
アプリ

第 7 章
アプリの
利用

第 8 章
データの
活用

第 9 章
音楽/写真
/ビデオ

第10章
タブレット
モード

第11章
文字入力
の基本

第12章
<スタート>
メニュー

第13章
デスクトップ

第14章
ネットワーク

第15章
管理・
セキュリティ

第16章
周辺機器
の利用

第17章
トラブル
対策

第18章
インストール
と初期設定

付 録

2 複数のカレンダーサービスを「カレンダー」アプリで利用する

Memo 複数カレンダーサービスを利用する

「カレンダー」アプリは、Googleカレンダーやi Cloudカレンダーなど、他社で提供されているカレンダーサービスを一元管理する機能を備えています。この機能を利用すると、プライベート用、仕事用など複数に分けて利用しているカレンダーサービスを「カレンダー」アプリのみで管理することができます。右の手順では、例としてGoogleカレンダーのカレンダーサービスを「カレンダー」アプリに追加する方法を解説しています。

Hint 標準で利用されるカレンダーについて

「カレンダー」アプリは、Microsoft アカウントを利用してWindows 10にサインインしていなくても利用できます。また、Outlook.comのメールアカウントでWindows 10にサインインしている場合は、自動的にOutlook.comで提供されているカレンダー機能を標準のカレンダーとして利用します。

Memo 利用中のカレンダーの名称について

利用中のカレンダーは、画面左下に表示されます。通常は、Outlook.comのカレンダーが表示され、カレンダーサービスを追加するとこのエリアにカレンダーサービスが追加されます。なお、Outlook.comのカレンダーは、「予定表」や「●●のカレンダー」などユーザーによって表示名が異なる場合があります。

ここでは、例としてカレンダーサービスのGoogleカレンダーを「カレンダー」アプリで利用する方法を解説します。

1 🔧をクリックして、　　　**2** 設定画面を表示します。

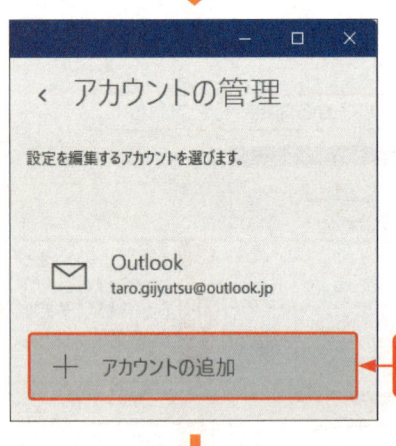

左下のMemo参照。

3 <アカウントの管理>をクリックします。

<アカウントの管理

設定を編集するアカウントを選びます。

✉ Outlook
taro.gijyutsu@outlook.jp

＋ アカウントの追加

4 <アカウントの追加>をクリックします。

アカウントの選択

Outlook.com
Outlook.com, Live.com, Hotmail, MSN

Exchange
Exchange, Office 365

Google

iCloud

詳細セットアップ

5 追加したいカレンダーサービスのアカウント（ここでは<Google>）をクリックします。

閉じる

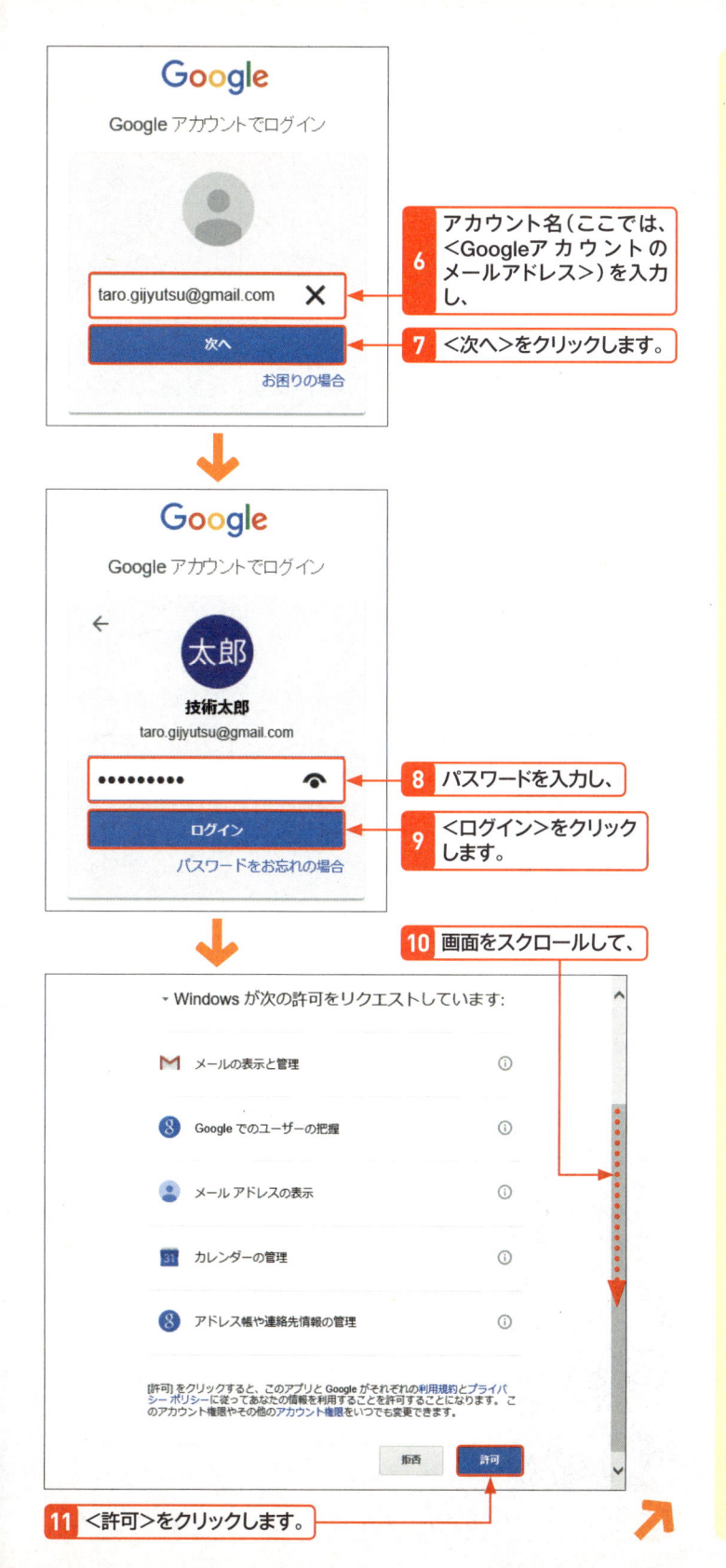

6 アカウント名（ここでは、＜Googleアカウントのメールアドレス＞）を入力し、

7 ＜次へ＞をクリックします。

8 パスワードを入力し、

9 ＜ログイン＞をクリックします。

10 画面をスクロールして、

11 ＜許可＞をクリックします。

Memo　追加するアカウントの情報を準備する

カレンダーサービスの追加には、追加したいカレンダーサービスのアカウント名とパスワードが必要です。アカウント名とパスワードを用意しておいてください。

Memo　ほかのカレンダーサービスを追加する

左の手順ではGoogleカレンダーを追加していますが、iCloudカレンダーを追加したい場合は、前ページの手順5の画面で＜iCloud＞をクリックして画面の指示に従って登録作業を行ってください。また、ローカルアカウントで利用していてOutlook.comのカレンダーを追加したい場合は、＜Outlook.com＞をクリックして画面の指示に従って登録作業を行います。

Memo　確認コードの入力画面が表示されたときは？

Googleアカウントで2段階認証を有効にしているときは、手順9のあとに確認コードの入力画面が表示される場合があります。この画面が表示されたときは、SMSやメールなどによってGoogleから通知された確認コードを入力し、＜完了＞をクリックしてください。

Hint　アカウントの追加をキャンセルする

手順11の画面で＜拒否＞をクリックすると、アカウントの追加をキャンセルできます。表示されている項目ごとに許可／拒否の選択はできません。

Hint ほかのアプリにも 追加される場合がある

Googleカレンダーを追加したときなど、追加するサービスのアカウントによっては、「メール」アプリや「People」アプリなどのほかのアプリにも自動的にアカウントが追加される場合があります。

Memo カレンダーを選択して 情報を登録する

複数のカレンダーサービスを「カレンダー」アプリに登録したときは、スケジュール登録時に登録先カレンダーの選択が行え、選択したカレンダーサービスにのみ登録されます。

Memo 追加したアカウントを 削除する

追加したアカウントを削除したいときは、⚙をクリックして設定画面を表示し、＜アカウントの管理＞→＜削除したいアカウント＞の順にクリックすると、選択したアカウントの設定画面が表示されます。＜アカウントの削除＞をクリックし、次の画面で＜削除＞をクリックするとすると、選択したアカウントを削除できます。

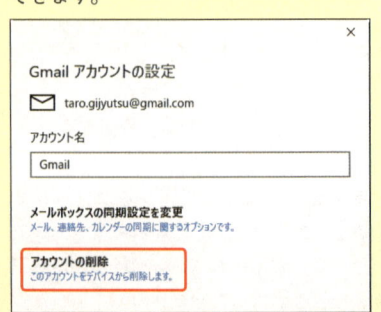

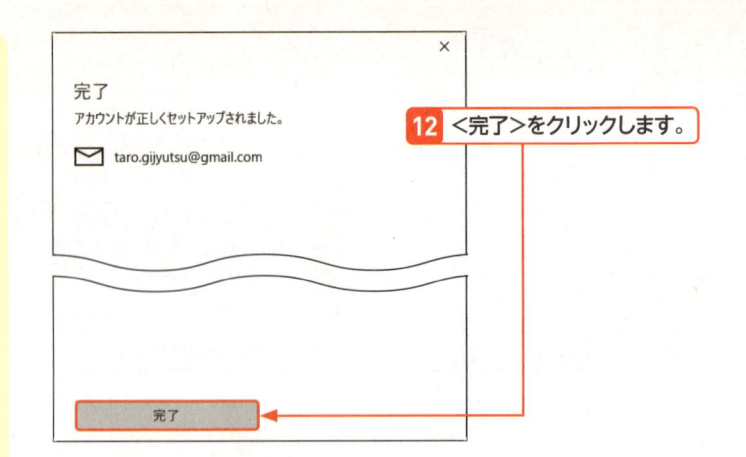

12 ＜完了＞をクリックします。

13 Googleカレンダーが「カレンダー」アプリに追加されます。

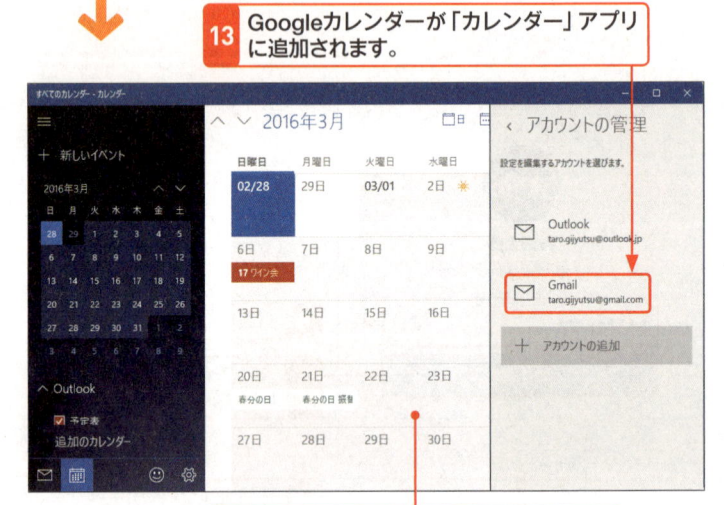

14 アプリ内の適当な場所をクリックすると、

15 設定画面が閉じます。

16 画面左下にマウスポインターを移動させて、

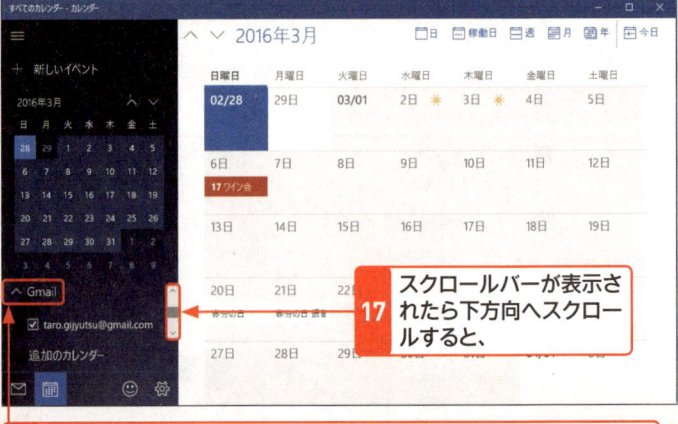

17 スクロールバーが表示されたら下方向へスクロールすると、

18 追加したサービスのアカウント（ここでは「Gmail」）を確認できます。

3 カレンダーに表示する情報を選択する

1 画面左下にマウスポインターを移動させて、

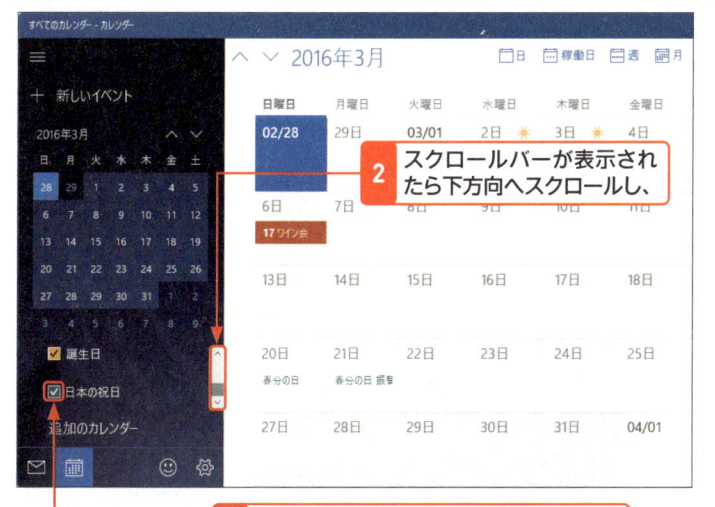

2 スクロールバーが表示されたら下方向へスクロールし、

3 カレンダーの☑をクリックし■にすると、

4 選択したカレンダーの情報が非表示になります。

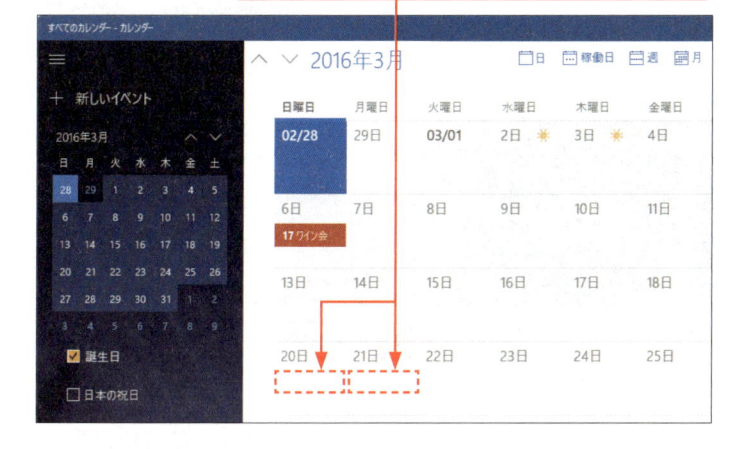

Hint　表示するカレンダーを選択する

「カレンダー」アプリに複数のカレンダーサービスを登録すると、祝日情報が複数表示されてしまう場合があります。複数の情報が表示されたときは、左の手順で表示するカレンダーの情報を選択してください。

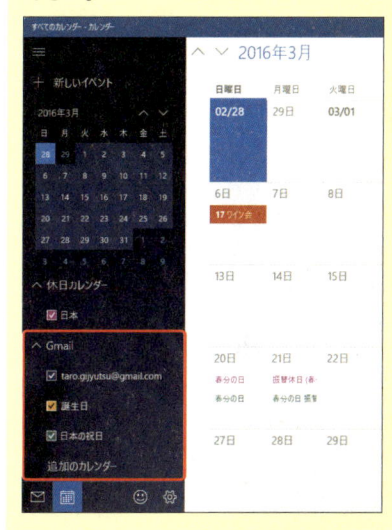

Memo　「カレンダー」アプリのデザインを変更する

「カレンダー」アプリは、色や背景などのデザインを変更できます。デザインを変更したいときは、設定画面を開き、「個人用設定」の画面で行います。なお、「カレンダー」アプリは、イベントごとに色を変えることはできません。

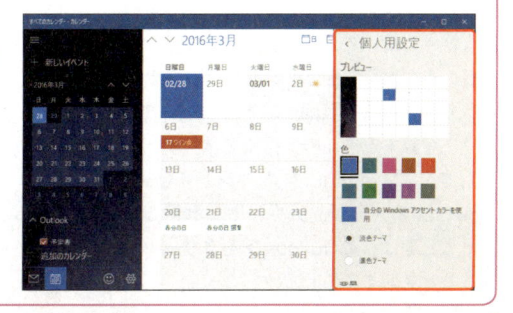

Section 092 「People」アプリでアドレス帳を利用する

キーワード ▶ 「People」アプリ

Windows 10にプリインストールされている「People」アプリを利用すると、知り合いの連絡先やメールアドレスなどを管理できます。ここでは、「People」アプリにメールアドレスを登録したり、「People」アプリを利用してメールの宛先を選択したりする方法などを解説します。

1 連絡先を手動で登録する

Key word 「People」アプリとは？

「People」アプリは、電話番号やメールアドレス、住所などの個人データを管理するアドレス帳です。Outlook.comやGoogleコンタクト、iCloudなどさまざまなサービスに対応しています。

Hint アカウントを追加する

「People」アプリは、Outlook.comやGoogle、iCloudなどで利用しているアドレス帳の情報を「People」アプリに取り込む機能を搭載しています。この機能を利用すると、「People」アプリで新しい連絡先を追加したときに、その情報を追加済みのアカウントに反映させることもできます（P.275参照）。

Hint アカウントの選択画面が表示されたときは？

「メール」アプリに複数のメールアカウントを追加していたり、「カレンダー」アプリに複数のアカウントを追加していたりする場合、連絡先の登録を初めて行うときに限って、手順6のあとに「アカウントの選択」画面が表示される場合があります。この画面は、「People」アプリに登録する情報の保存先を選択する画面です。Microsoft アカウントをOutlook.comのメールアカウントで利用しているときは、＜Outlook＞をクリックすることをおすすめします。

1 田をクリックし、 **2** ＜すべてのアプリ＞をクリックします。

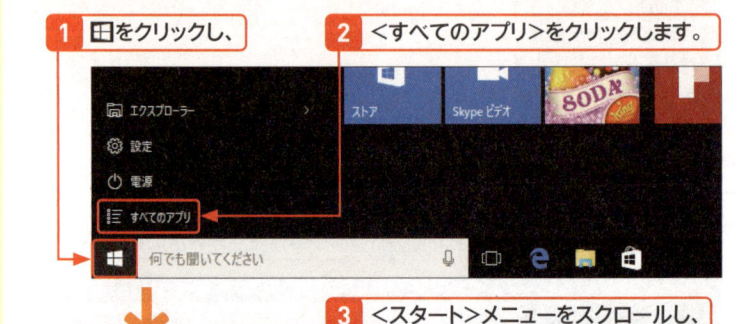

3 ＜スタート＞メニューをスクロールし、

4 ＜People＞をクリックします。

5 「People」アプリが起動します。

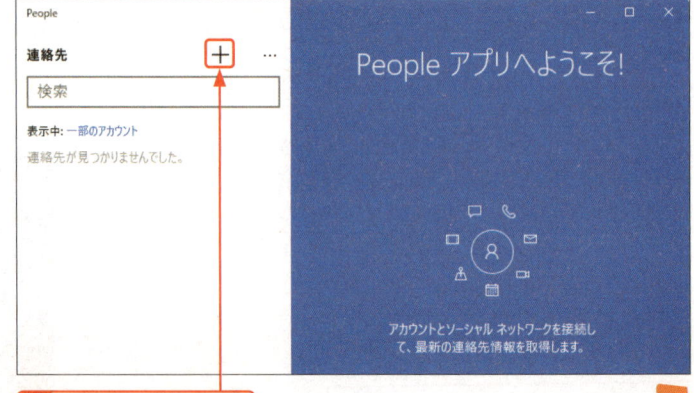

6 ＋をクリックします。

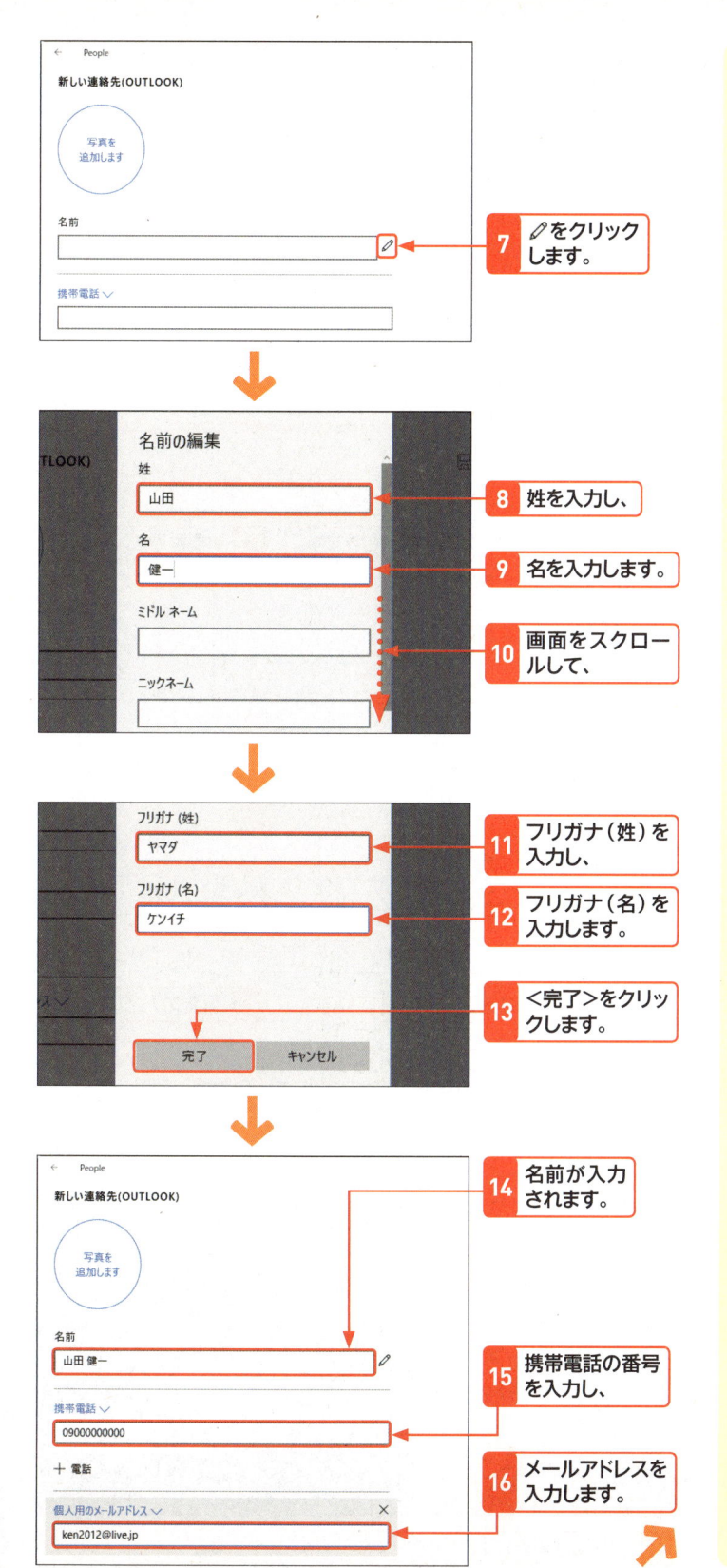

7 ✎をクリックします。

8 姓を入力し、

9 名を入力します。

10 画面をスクロールして、

11 フリガナ(姓)を入力し、

12 フリガナ(名)を入力します。

13 <完了>をクリックします。

14 名前が入力されます。

15 携帯電話の番号を入力し、

16 メールアドレスを入力します。

7

Section 092

「People」アプリでアドレス帳を利用する

「People」アプリ

Hint 「ようこそ」画面が表示された場合は?

「People」アプリを起動すると画面右に「ようこそ」画面が表示される場合があります。「ようこそ」画面の<アカウントを追加>をクリックすると、Outlook.comやGoogle、iCloudなどで利用しているアカウントを追加できます。アカウントを追加すると、追加しているアカウントで利用している住所録の情報を「People」アプリに取り込むことができます。なお、アカウントの追加を行わなくても「People」アプリは利用でき、通常Microsoftアカウントを Outlook.comのメールアカウントで利用しているときは、そのアカウントが自動登録されます。

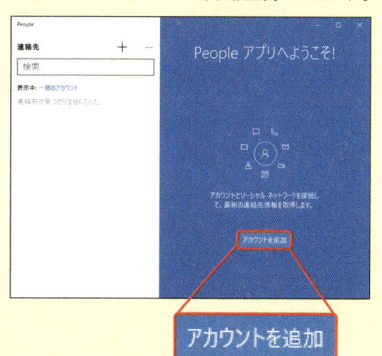

アカウントを追加

Caution 名前の入力について

左の手順では、名前の漢字入力だけでなく、フリガナの入力も行う方法を紹介しています。手順 7 で「名前」欄に直接入力すると、漢字の名前のみが入力されフリガナは入力されないので注意してください。

Memo 電話やメールを複数登録する

前ページの手順15、16では個人用の携帯電話の番号やメールアドレスのみを登録していますが、＜電話＞をクリックすると、自宅や勤務先、会社、FAXなどの入力ボックスを追加できます。メールも同様に勤務先やそのほかの入力ボックスを追加できます。

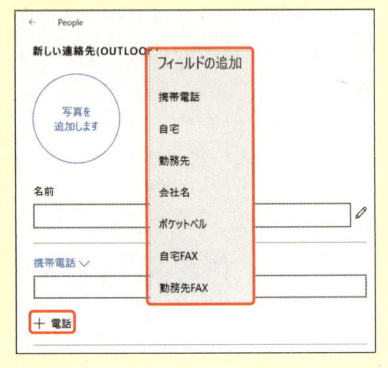

Hint 入力した情報を再編集する

入力した情報を登録後に再編集したいときは、✐をクリックします。また、携帯電話や個人用のメールアドレスなどの項目名は、あとから変更できます。項目名を変更したいときは、項目名をクリックしてメニューから変更したい項目名をクリックして選択します。

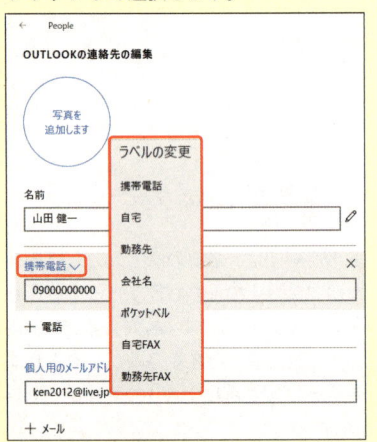

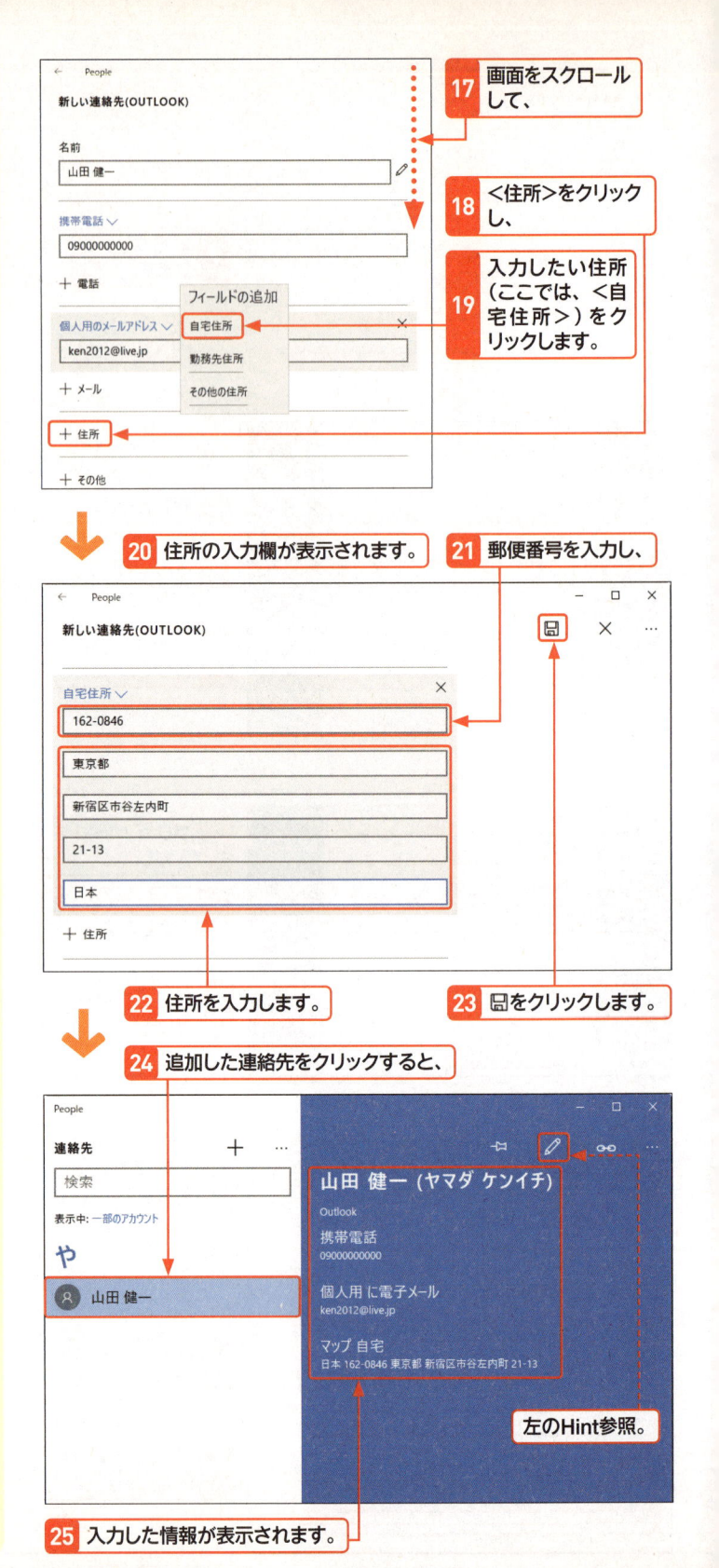

17 画面をスクロールして、

18 ＜住所＞をクリックし、

19 入力したい住所（ここでは、＜自宅住所＞）をクリックします。

20 住所の入力欄が表示されます。

21 郵便番号を入力し、

22 住所を入力します。

23 🖫をクリックします。

24 追加した連絡先をクリックすると、

25 入力した情報が表示されます。

左のHint参照。

2 ほかのサービスのアドレス帳を取り込む

1 …をクリックし、

2 <設定>をクリックします。

3 <アカウントを追加>をクリックします。

4 追加したいアカウント(ここでは<Google>)をクリックします。

5 アカウント名(ここでは、<Googleアカウントのメールアドレス>)を入力し、

6 <次へ>をクリックします。

Memo ほかのサービスを追加する

左の手順ではGoogleの提供しているアドレス帳サービス「Googleコンタクト」を追加する手順を例に、ほかのサービスのアカウントを追加する方法を解説しています。iCloudの提供しているアドレス帳を追加したい場合は、手順 **4** の画面で<iCloud>をクリックして画面の指示に従って登録作業を行ってください。なお、本書のP.268〜270の操作を行って、「カレンダー」アプリにGoogleアカウントを追加している場合は、すでにアドレス帳が読み込まれていることがあります。

Hint すでに追加済みの場合がある

「メール」アプリや「カレンダー」アプリにGoogleやiCloudなどのほかのアカウントを追加していると、「People」アプリにもアカウントが追加済みになっている場合があります。追加済みになっているときは、手順 **3** の画面に追加済みのアカウントが表示されています。

Memo 追加するアカウントの情報を準備する

ほかのサービスのアドレス帳を追加するには、追加したいサービスのアカウント名とパスワードが必要です。アカウント名とパスワードを用意しておいてください。

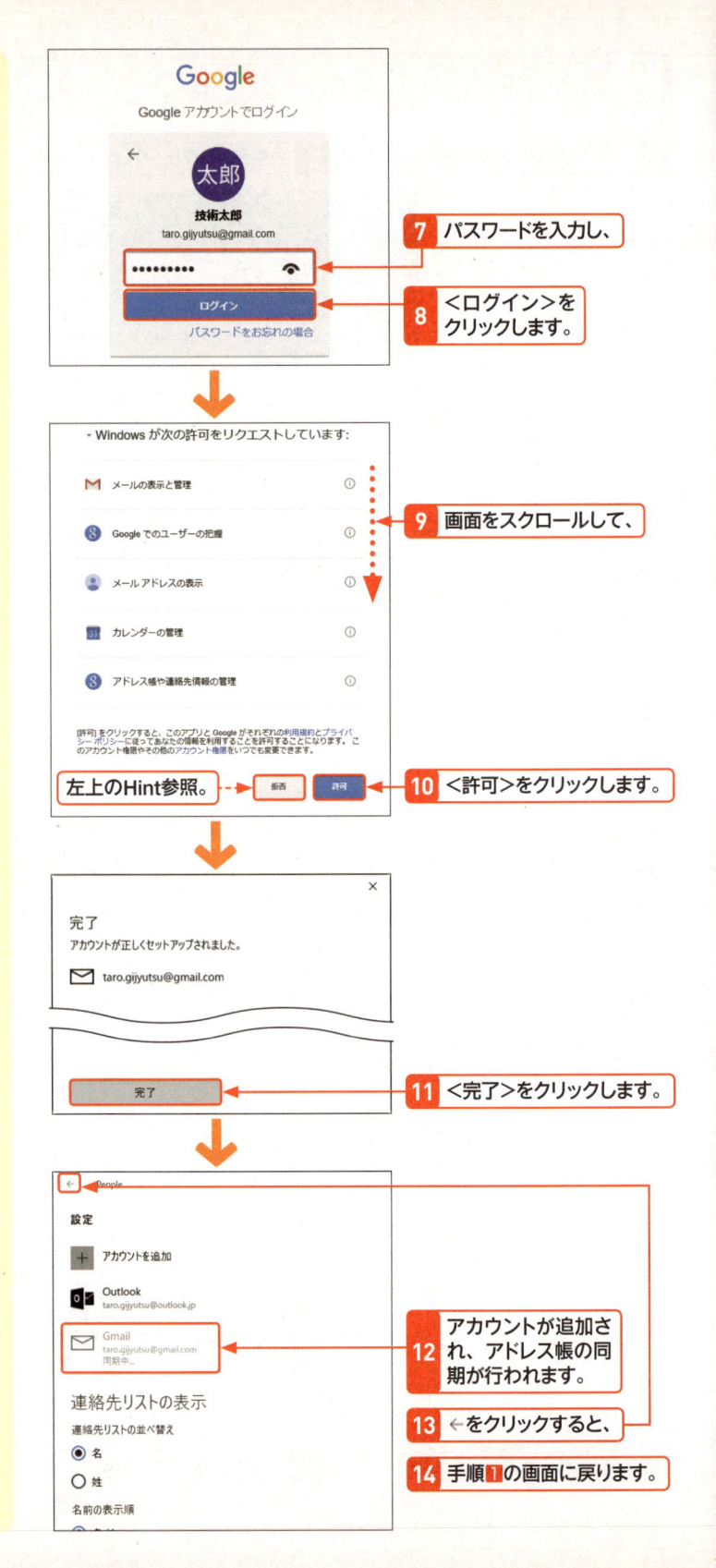

Hint　アカウントの追加をキャンセルする

手順10の画面で＜拒否＞をクリックすると、アカウントの追加をキャンセルできます。表示されている項目ごとに許可/拒否の選択はできません。

Memo　確認コードの入力画面が表示されたときは？

Googleアカウントで2段階認証を有効にしているときは、手順8のあとに確認コードの入力画面が表示される場合があります。この画面が表示されたときは、SMSやメールなどによってGoogleから通知された確認コードを入力し、＜完了＞をクリックしてください。

Hint　ほかのアプリにも追加される場合がある

Googleのアカウントを追加したときなど、追加するサービスのアカウントによっては、「メール」アプリや「カレンダー」アプリなどのほかのアプリにも自動的にアカウントが追加される場合があります。

7　パスワードを入力し、

8　＜ログイン＞をクリックします。

9　画面をスクロールして、

左上のHint参照。

10　＜許可＞をクリックします。

11　＜完了＞をクリックします。

12　アカウントが追加され、アドレス帳の同期が行われます。

13　←をクリックすると、

14　手順1の画面に戻ります。

3 「People」アプリでメールの宛先を選択する

1 メールを送信したい人の連絡先を表示しておきます。

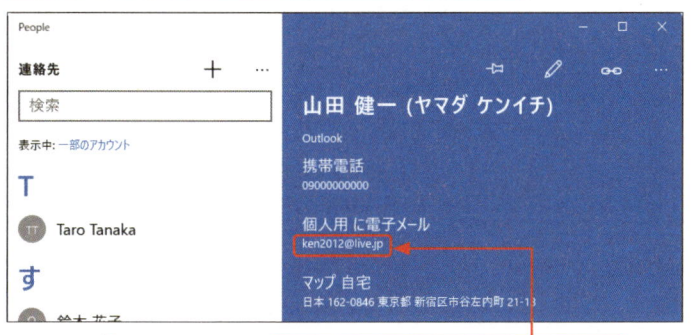

2 メールアドレスをクリックします。

3 利用するアプリをクリックし、

4 <OK>をクリックします。

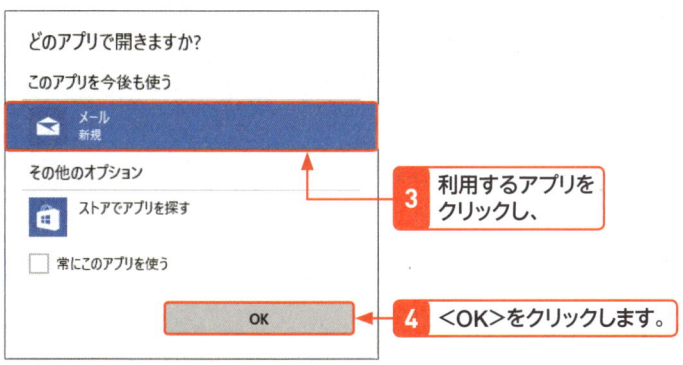

5 複数のメールアカウントを「メール」アプリで管理しているときは、送信に利用するアカウントをクリックします。

6 新規メールの作成画面が表示されます。

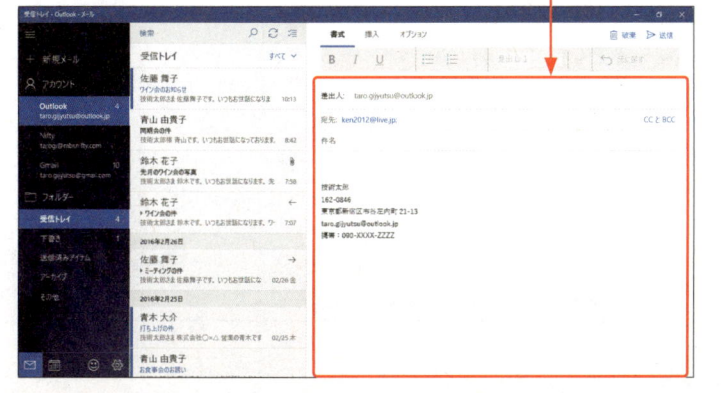

> **Hint** 地図も表示できる

左の手順では、「People」アプリからメールの宛先を入力する方法を紹介していますが、住所をクリックすると、その住所を「マップ」アプリで表示できます。

> マップ 自宅
> 日本 162-0846 東京都 新宿区市谷左内町 21-13

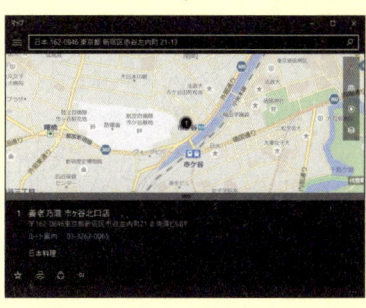

「People」アプリ

277

Section 093 Skypeを設定する

キーワード ▶ Skype（設定）

Skypeは、マイクロソフトが無償で配布しているインターネット電話アプリです。Skypeを利用すると、音声通話やビデオ通話（会議）、文字による会話などを友だちどうしで楽しめます。インターネットを利用するので、特別なオプションを設定しない限り、利用自体に料金はかかりません。

1 「Skypeビデオ」アプリを起動する

Memo Skypeについて

「Skype」は、マイクロソフトが提供している無料のインターネット電話アプリです。「Skypeビデオ」アプリや「Skype for Windowsデスクトップ」などのアプリを利用することで、インターネット電話を利用できます。

Key word 「Skypeビデオ」アプリとは？

「Skypeビデオ」アプリは、パソコンやタブレットで利用できる無償のWindowsアプリです。「Skypeビデオ」アプリは、通常、Windows 10にプリインストールされていますが、インストールされていないときは、「ストア」アプリを利用してインストールすることができます。また、Skype for Windowsデスクトップは、＜スタート＞メニューの＜Skypeを手に入れよう＞アプリを利用することで入手できるデスクトップアプリです。

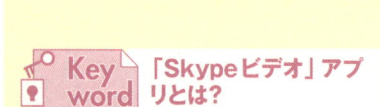
1 ⊞ をクリックし、

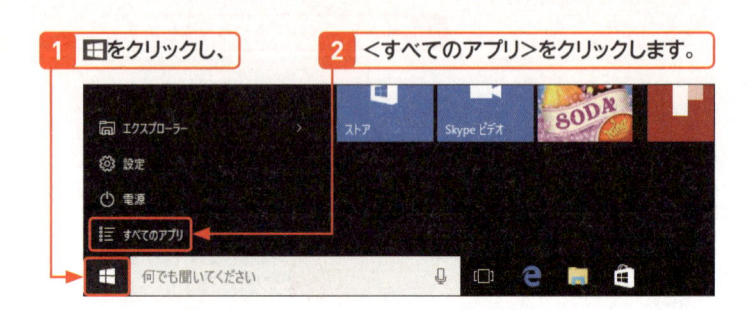
2 ＜すべてのアプリ＞をクリックします。

3 ＜Skypeビデオ＞をクリックします。

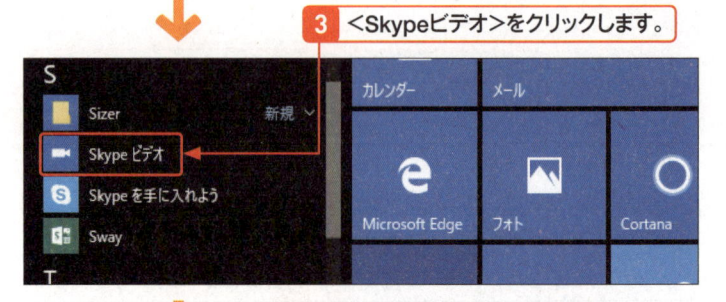

4 ＜続ける＞をクリックします。

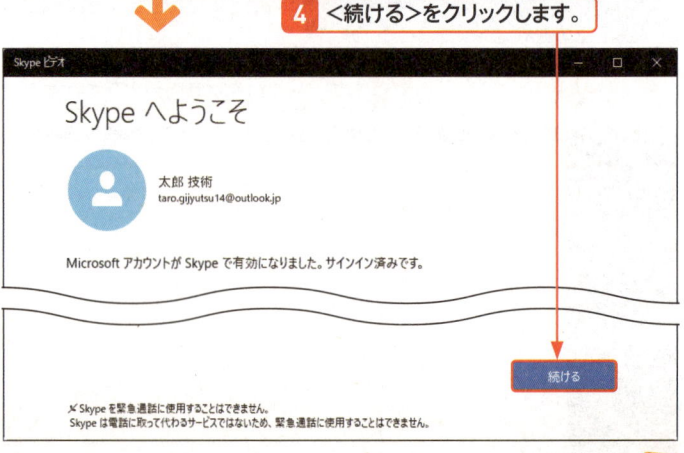

5 ＜続ける＞をクリックします。

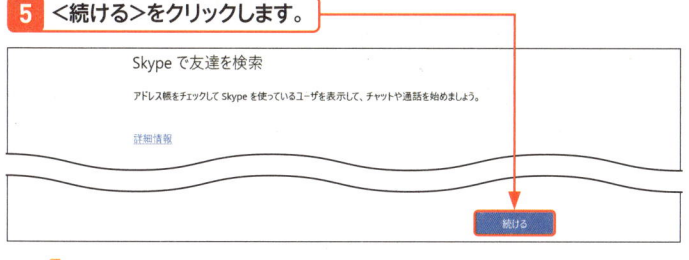

6 携帯電話の番号を入力し、

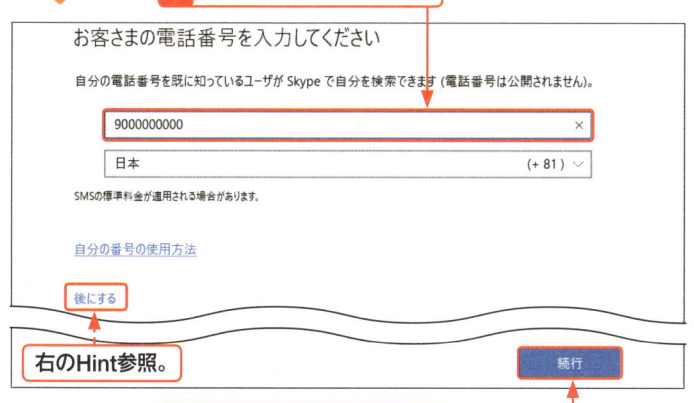

右のHint参照。

7 ＜続行＞をクリックします。

8 携帯電話の番号を入力したときは、コードの入力画面が表示されます。

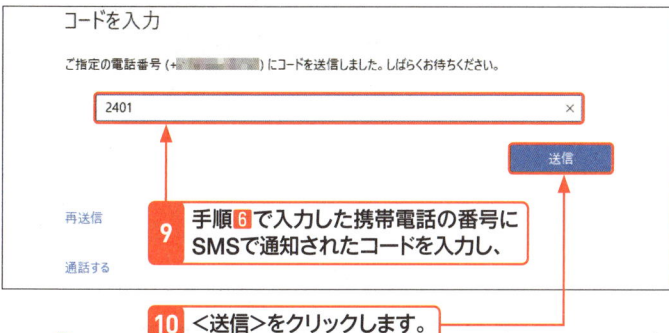

9 手順6で入力した携帯電話の番号にSMSで通知されたコードを入力し、

10 ＜送信＞をクリックします。

11 「Skypeビデオ」アプリが起動します。

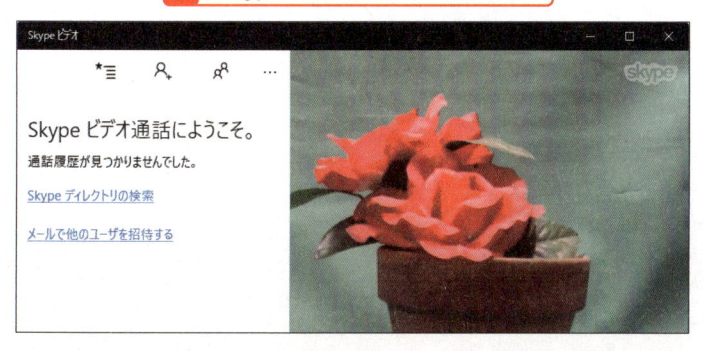

右コラム：

Memo Skypeの利用環境を知る

Skypeをパソコンで利用するには、マイクとスピーカーまたはマイク付きのヘッドホンが必要になります。ビデオ通話を行うには、Webカメラも必要です。また、Skypeの利用には、インターネット接続環境が必要です。

Memo 携帯電話の番号の入力について

手順6で入力する携帯電話の番号は、先頭の「0」を取って入力します。たとえば、「090AAAABBBB」の番号は、「90AAAABBBB」と入力します。

Hint 携帯電話の番号の登録について

左の手順6では、携帯電話の番号の入力を行っていますが、携帯電話の番号の入力は必須ではありません。携帯電話の番号の入力を行いたくないときは、手順6の画面で＜後にする＞をクリックしてください。＜後にする＞をクリックすると、手順11の画面が表示されます。

Memo Skypeアカウントで利用するには？

「Skypeビデオ」アプリは、Microsoftアカウントでのみ利用できます。MicrosoftアカウントでSkypeが利用できるようになる前からSkypeを利用していて、そのアカウント（Skypeアカウント）で利用したいときは、Skype for Windowsデスクトップで利用してください（P.285参照）。

Section
094

Skypeでビデオ通話を利用する

キーワード ▶ Skype（ビデオ通話）

Skype を起動したら、Skype を利用して音声通話や文字による会話を行ってみましょう。ここでは、Skype を利用している友だちを探して連絡先に登録する方法や、連絡先を利用してビデオ通話や音声通話を楽しむ方法を解説します。

1 友だちを探して連絡先に登録する

Memo Skypeを利用する

Skype ユーザーどうしで会話を楽しむには、相手を連絡先に登録しておくと便利です。連絡先への登録は、相手に連絡先登録の許可を求めるメッセージを送信して「許諾」してもらうか、受け取ったメッセージを「許諾」することで行えます。右の手順では、「Skypeビデオ」アプリを利用して友だちの検索を行い、連絡登録の許可を求めるメッセージの送信方法を解説します。

Memo 検索キーワードを利用する

友だちの検索は、氏名、Skype名、メールアドレスで行えます。おすすめは、相手を特定しやすいメールアドレスです。検索を行って多くのユーザーが表示されたときは、検索キーワードを変更して再度検索を行ってみてください。

1 「Skypeビデオ」アプリを起動しておきます。

2 👤をクリックします。

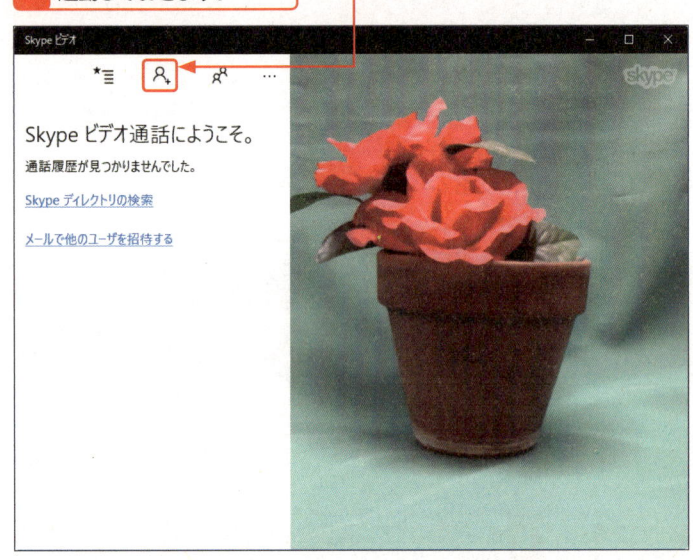

3 キーワード（ここでは「メールアドレス」）を入力して、

Skype 連絡先の追加

探しているユーザの氏名、Skype 名、またはメール アドレスを入力してください:

maikosa@live.jp

4 🔍をクリックするか、Enter キーを押します。

5 検索結果が表示されます。

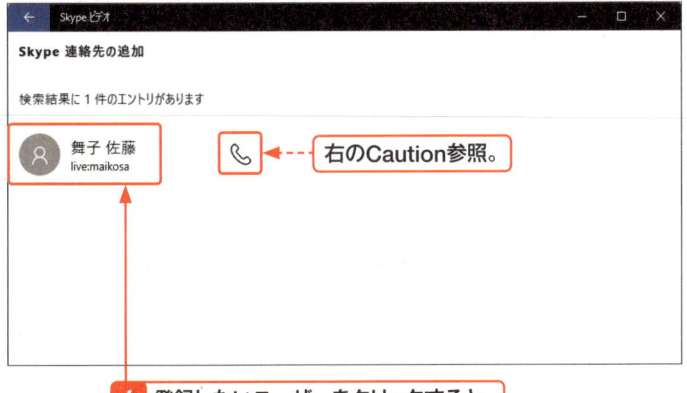

6 登録したいユーザーをクリックすると、

7 連絡先追加のリクエストの送信画面が表示されます。

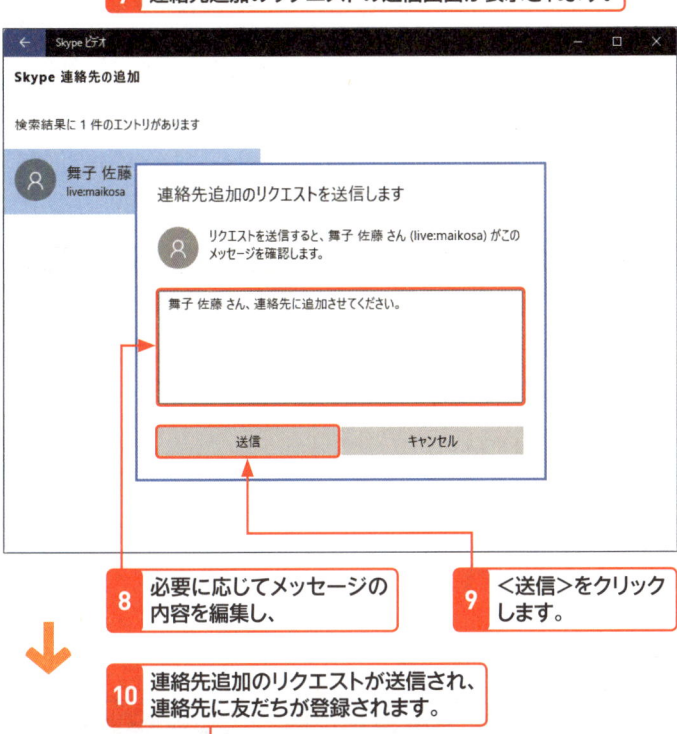

8 必要に応じてメッセージの内容を編集し、

9 <送信>をクリックします。

10 連絡先追加のリクエストが送信され、連絡先に友だちが登録されます。

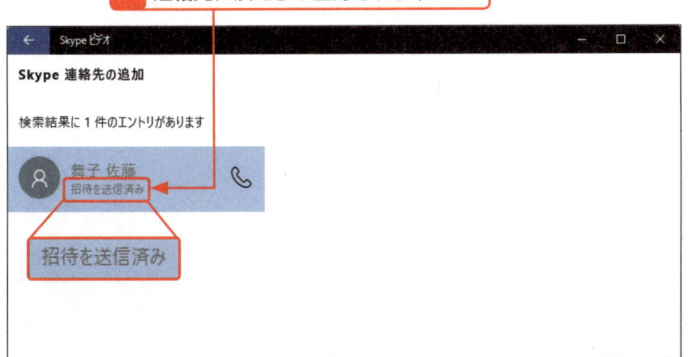

招待を送信済み

Hint 検索結果が表示されない

入力した検索キーワードに一致するユーザーが見つからなかったときは、以下の画面が表示されます。<再検索>をクリックすると、手順**3**の画面が表示されるので、検索キーワードを変更して再検索を行ってください。

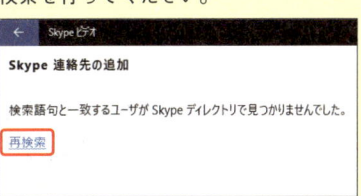

Caution をクリックすると発信される

左の手順**6**で、📞をクリックすると選択した相手に発信が行われます。連絡先追加のリクエストを送信したいときは、📞以外の部分をクリックしてください。

Hint 前の画面に戻るには

連絡先リクエストの送信後、前の画面に戻りたいときは、画面左上の←をクリックします。1回クリックすると、前ページ手順**3**の検索キーワードの入力画面に戻り、再度クリックすると、起動時に表示されたホーム画面に戻ります。

2　連絡先リストへの登録を許可する

Memo　リクエストの通知が表示される

連絡先追加のリクエストを受け取ると、画面右下に以下の画面のような通知が表示されます。この通知をクリックすると、「Skypeビデオ」アプリが起動して手順 3 の画面が表示されます。

Hint　リクエストを拒否する

手順 4 で＜却下＞をクリックすると、そのユーザーからの着信やメッセージの受け取りを拒否できます。見知らぬ人からリクエストが届いたときは、＜却下＞をクリックすることをおすすめします。

Memo　「連絡先」を表示するには

連絡先は、👤をクリックすることで表示できます。受け取った連絡先追加のリクエストを「承諾」すると、その相手の情報が自動的に「連絡先」に追加されます。

ここでは、連絡先追加のリクエストを受け取った側の操作を解説しています。

1 リクエストを受け取るとホーム画面の ＊≡ に数字が表示されます。

2 ＊≡ をクリックすると、

3 受け取ったリクエストのメッセージが表示されます。

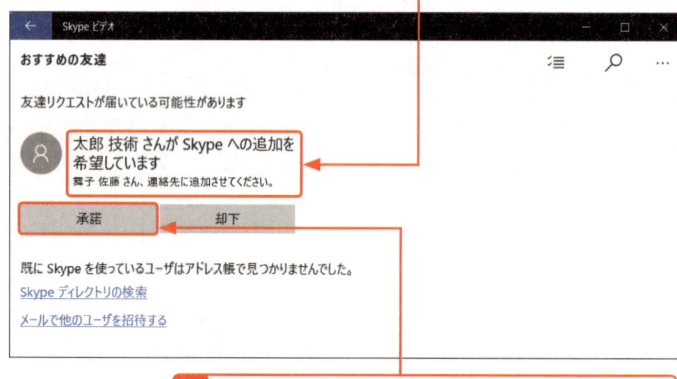

4 ＜承諾＞をクリックすると「連絡先」にメッセージの送信者の情報が追加されます。

5 ← をクリックすると、ホーム画面に戻ります。

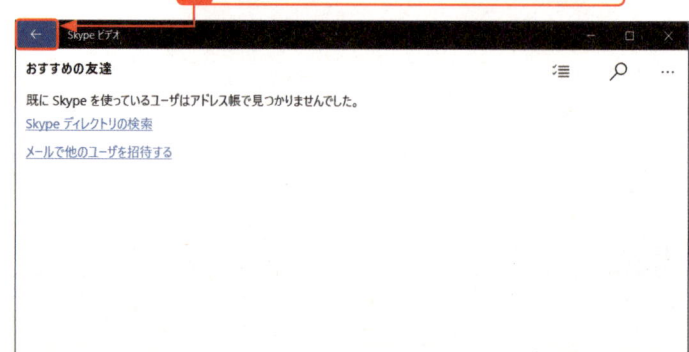

3 通話を行う

ビデオ電話をかける

1 「Skypeビデオ」アプリを起動しておきます。

2 ♂ をクリックします。

↓

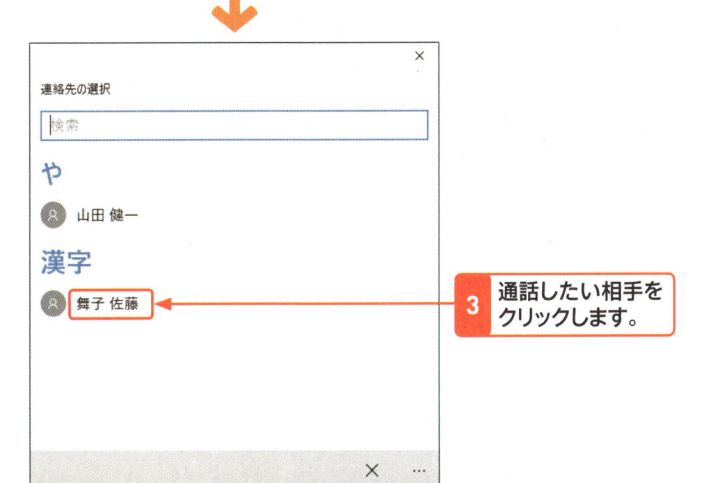

3 通話したい相手をクリックします。

↓

4 発信方法（ここでは＜Skypeビデオ　ビデオ電話＞）をクリックすると、

Memo 「ビデオ電話」と「電話」について

Skypeには、カメラを使って相手の顔を見ながら会話する「ビデオ電話」と音声のみの「電話」があります。通話方法は、通話が始まってから切り替えることができます。たとえば、音声のみの通話で発信を行い、通話が始まってからビデオ通話に切り替えられます。その逆を行うこともできます。

Memo 連絡先について

「Skypeビデオ」アプリの連絡先は、「連絡先の選択」画面で表示できます。また、「Skypeビデオ」アプリの連絡先に登録されたユーザーは「People」アプリで表示することもできますが、「People」アプリから「Skypeビデオ」アプリの連絡先を新規登録することはできません。これは、「People」アプリの管理している連絡先の情報と「Skypeビデオ」アプリの連絡先の情報が別々に管理されているためです。なお、本稿執筆現在（2016年3月）、「連絡先の選択」画面では、ユーザーの新規登録や登録された連絡先の削除、編集などを行うことはできません。連絡先へのユーザーの新規登録は、P.280の手順で「Skypeビデオ」アプリからのみ行えます。

Memo 発信方法について

左の手順では、ビデオ電話で発信を行っていますが、上に配置されている＜Skypeビデオ　電話＞をクリックすると音声のみの電話で発信を行えます。

Hint　発信を中止したいときは

間違って発信を行ってしまった場合など、発信を中止したいときは、◯をクリックします。

Memo　通話開始後の操作について

通話中は、画面内に操作ボタンが表示されます。◯をクリックすると、ビデオ電話のオン／オフを切り替えられます。ボタンが◯のときはビデオ電話がオンの状態で、◯のときはオフの状態です。◯をクリックすると、音声がミュートされます。通話を終えるときは、◯をクリックします。

Memo　着信時の操作について

Skypeでは発信者の通話モードに関係なく、着信をビデオ電話または音声のみの電話で受けることができます。たとえば、発信者が音声のみの電話で発信を行っていても、着信側は、ビデオ電話で受けることができます。その場合、着信側の映像のみが発信者に送られます。また、音声のみの電話で受けて、通話開始後にビデオ通話に切り替えることもできます。着信時にビデオ電話で受けるときは、＜ビデオ＞をクリックします。音声のみの電話で受けるときは、＜オーディオ＞をクリックします。

5 選択した相手の呼び出しが行われます。

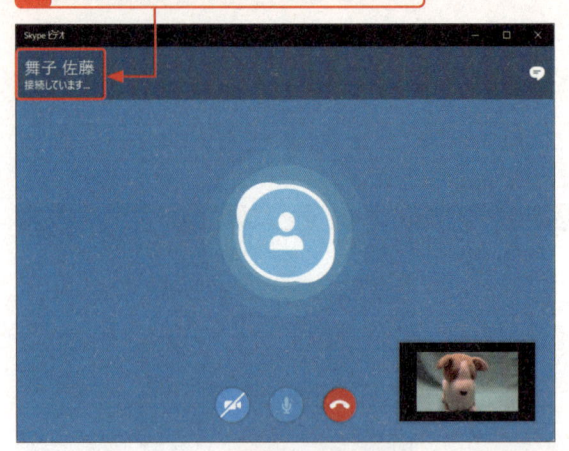

6 相手が応答すると、画面に通話相手の映像が表示され通話が行えます。

7 ◯をクリックすると、通話を終了できます。

着信を受け付ける

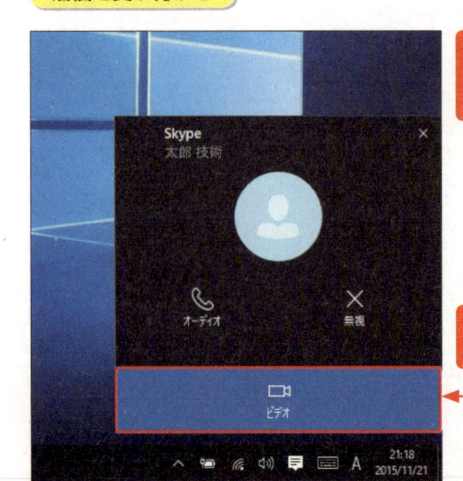

1 着信があると画面の右下に通知が表示されます。

2 ＜ビデオ＞をクリックします。

3 画面に通話相手の映像が表示され、通話が行えます。

4 ◎をクリックすると、通話を終了できます。

Memo ほかのアプリを起動すると通知が表示される

通話中にほかのアプリを起動すると、画面右下に通知が表示され、ミュートや通話の終了などの操作を行えます。

Memo Skype for Windowsデスクトップを利用する

Skypeは、本書で解説している「Skypeビデオ」アプリだけでなく、「Skype for Windowsデスクトップ」というデスクトップアプリも利用できます。Skype for Windowsデスクトップは、「Skypeビデオ」アプリ同様に無料で利用できるアプリですが、搭載機能も多く、連絡先の管理などもより便利に行えます。Skype for Windowsデスクトップは、＜スタート＞メニューにある＜Skypeを手に入れよう＞アプリを利用することでインストールできます。

1 ⊞をクリックし、

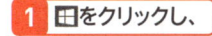

2 ＜すべてのアプリ＞をクリックします。

3 ＜Skypeを手に入れよう＞をクリックします。

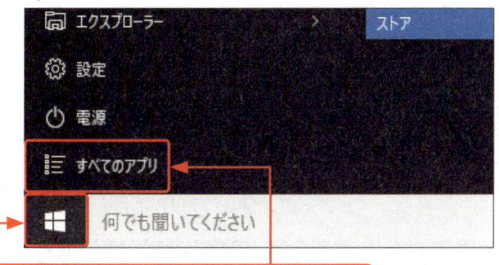

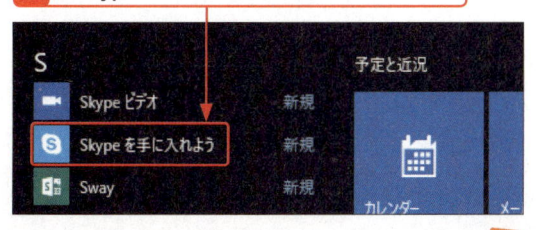

4 ＜Skypeをダウンロード＞をクリックします。

5 Webブラウザーが起動し、インストーラーのダウンロードが始まります。

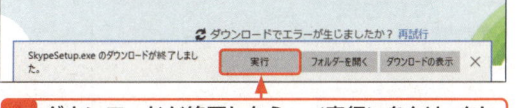

6 ダウンロードが終了したら、＜実行＞をクリックして画面の指示に従ってインストールを行います。

Section 095 「メッセージング」アプリで文字による会話を楽しむ

キーワード ▶「メッセージング」アプリ

Skypeは、音声のみの電話やビデオ電話を行えるだけでなく、文字による会話を楽しむことができます。文字による会話を楽しみたいときは、「メッセージング」アプリを利用します。ここでは、「メッセージング」アプリの利用方法を解説します。

1 「メッセージング」アプリを起動する

Key word 「メッセージング」アプリとは?

「メッセージング」アプリは、Skypeを利用した文字による会話を楽しむためのアプリです。Skypeは、音声のみの通話やビデオ電話を行えるだけでなく、文字による会話を楽しむこともできます。なお、文字による会話は、送信相手がオフラインの状態でも送信できます。

Hint 初めて起動したときは?

「メッセージング」アプリを初めて起動したときは、以下の画面が表示され、初期設定を行う必要があります。〈続ける〉をクリックし、次の画面で必要に応じて電話番号の入力を行うか、〈後にする〉をクリックすると、手順4の画面が表示されます。なお、「Skypeビデオ」アプリの初期設定を行っていないときは、〈続ける〉をクリックすると「Skypeビデオ」の初期設定画面が表示されます。P.278の手順を参考に初期設定を行ってください。

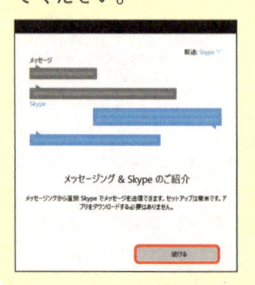

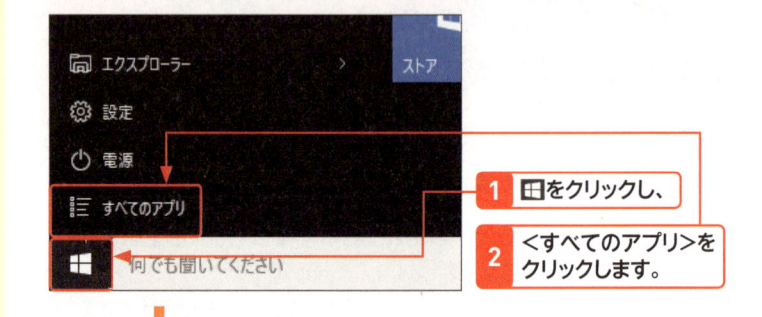

1 ⊞をクリックし、
2 〈すべてのアプリ〉をクリックします。

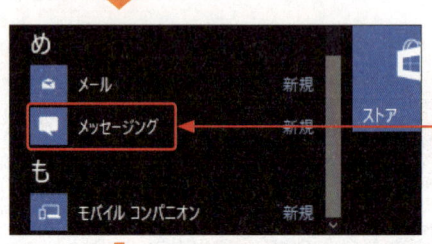

3 〈メッセージング〉をクリックします。

4 「メッセージング」アプリが起動します。

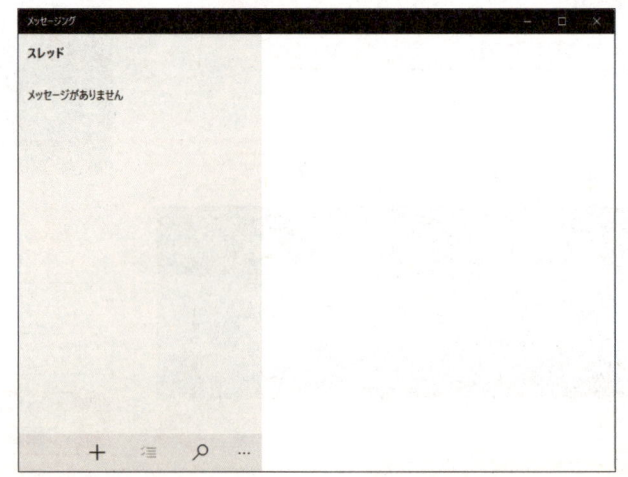

2 メッセージを送信する

1 ＋をクリックします。

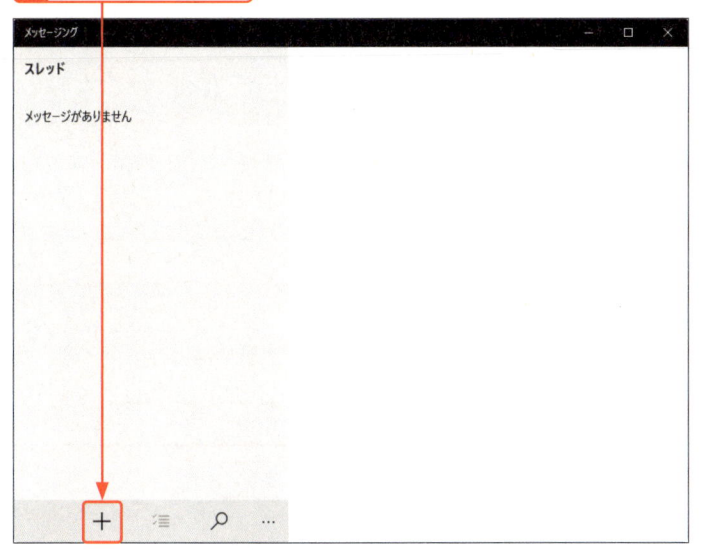

2 ＋をクリックします。

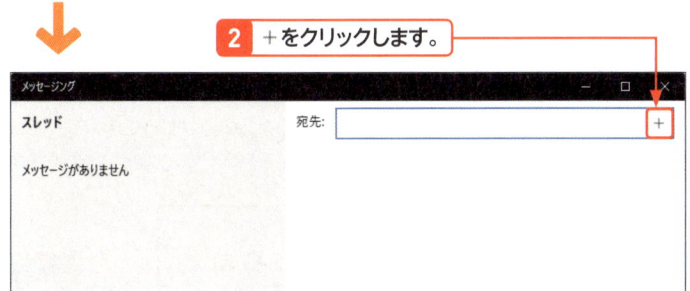

3 メッセージを送信したい相手をクリックします。

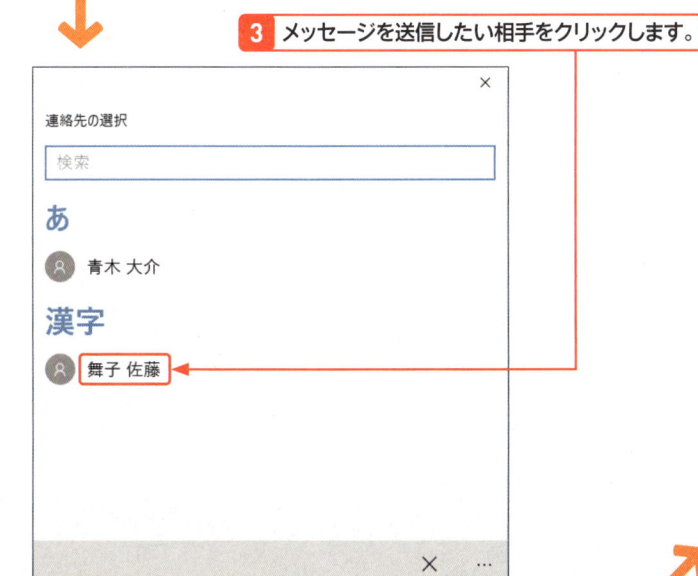

Memo メッセージを送信する

「メッセージング」アプリでは、会話を「スレッド」と呼ばれるまとまりで管理しています。スレッドは、会話を行っているユーザー単位で表示され、メッセージを送信または受信すると、その相手の名前でスレッドが作成されます。スレッドに表示された相手の名前をクリックすると、それまでの会話がすべて表示され、新しいメッセージを送ることができます。左の手順では、スレッドに表示されていないユーザーにメッセージを送る方法を解説しています。

Hint 送信相手が見つからないときは?

「メッセージング」アプリは、連絡先に知り合いを登録する機能を搭載していません。知り合いの連絡先への登録は、「Skype ビデオ」アプリから行う必要があります。「メッセージング」アプリを利用する前に「Skype ビデオ」アプリを利用してメッセージを送りしたい相手を連絡先に登録しておいてください。

Memo 連絡先について

「メッセージング」アプリの連絡先は、「Skype ビデオ」アプリの連絡先と共有されています。また、本稿執筆現在（2016年3月）、「連絡先の選択」画面では、ユーザーの新規登録や登録された連絡先の削除、編集などを行うことはできません。また、「メッセージング」アプリや「Skype ビデオ」アプリの連絡先は、「People」アプリで表示できますが、「People」アプリから「メッセージング」／「Skype ビデオ」アプリの連絡先にユーザーの新規登録を行うことはできません、「メッセージング」／「Skype ビデオ」アプリの連絡先の登録は、「Skype ビデオ」アプリから行う必要があります。

Hint　メッセージの入力方法について

「メッセージング」アプリでは、Enter キーを押すと入力済みのメッセージの送信を行います。入力したメッセージに「改行」を入力したいときは、Shift キーを押しながら、Enter キーを押してください。

Memo　絵文字を入力する

😊 をクリックすると、絵文字を入力できます。絵文字の入力を解除したいときは、abc をクリックします。

Hint　メッセージを削除する

送信済みメッセージを削除したいときは、削除したいメッセージを右クリックし、＜削除＞をクリックします。また、スレッドを削除したいときは、削除したいスレッドを右クリックし、＜削除＞をクリックします。

---

4 宛先に選択した相手が入力されます。

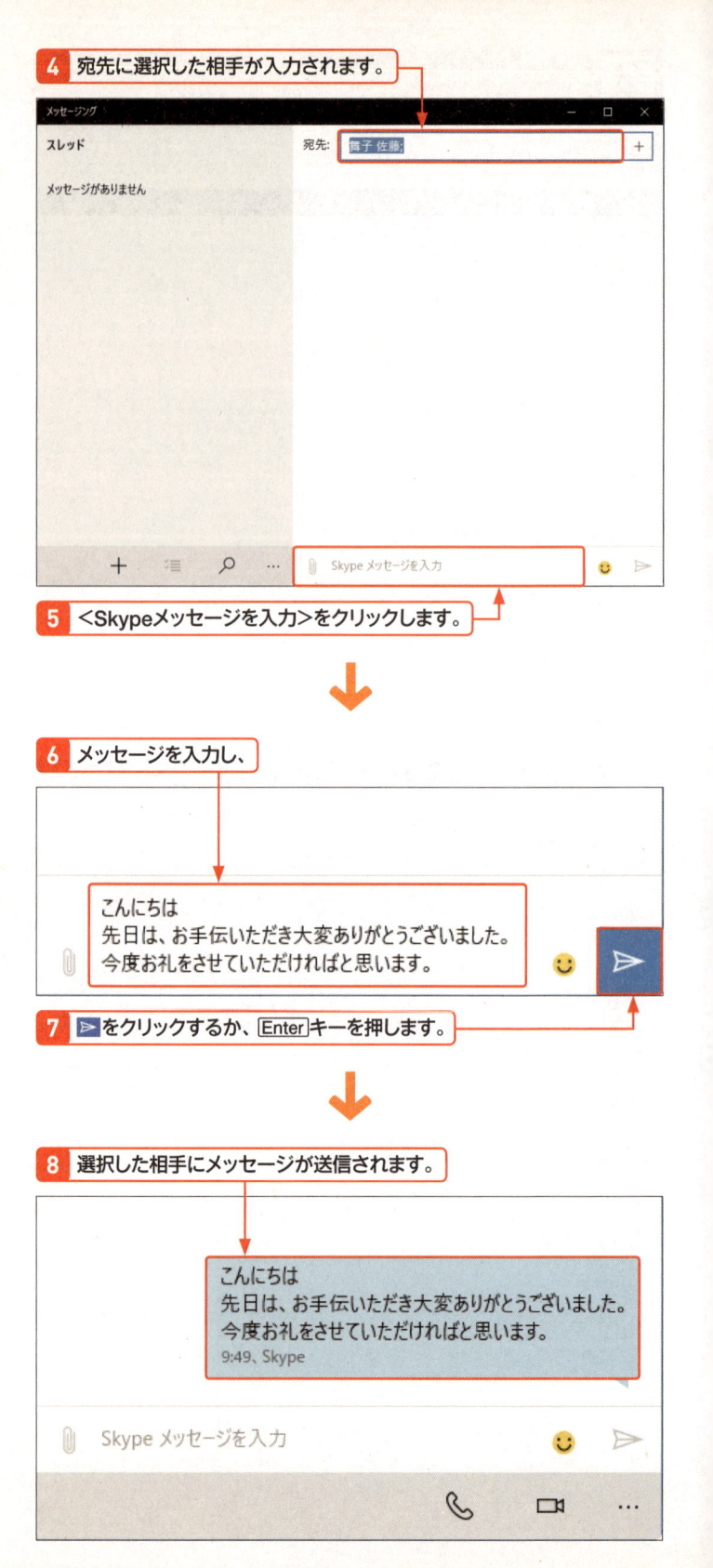

5 ＜Skypeメッセージを入力＞をクリックします。

6 メッセージを入力し、

> こんにちは
> 先日は、お手伝いただき大変ありがとうございました。
> 今度お礼をさせていただければと思います。

7 ➢ をクリックするか、Enter キーを押します。

8 選択した相手にメッセージが送信されます。

> こんにちは
> 先日は、お手伝いただき大変ありがとうございました。
> 今度お礼をさせていただければと思います。
> 9:49、Skype

Skype メッセージを入力

3 受け取ったメッセージに返信する

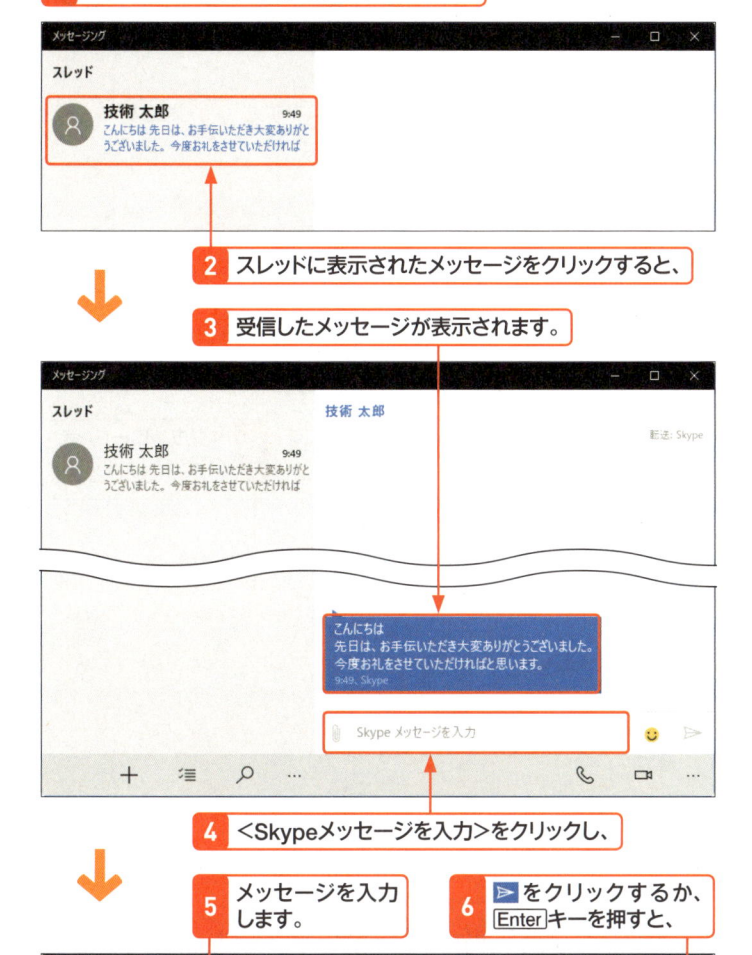

1 メッセージを受信するとスレッドに受信した
メッセージの概要が表示されます。

2 スレッドに表示されたメッセージをクリックすると、

3 受信したメッセージが表示されます。

4 ＜Skypeメッセージを入力＞をクリックし、

5 メッセージを入力
します。

6 ▷ をクリックするか、
Enter キーを押すと、

7 選択した相手にメッセージが送信されます。

右のMemo参照。

右のMemo参照。

Hint メッセージの
受信について

「メッセージング」アプリを起動してい
ないときにメッセージを受信すると、画
面右下に通知が表示され、この通知から
受信したメッセージに返信を行えます。
通知から返信するときは、表示されてい
る＜Skypeでメッセージを送信＞をク
リックして、メッセージを入力し、▷
をクリックします。

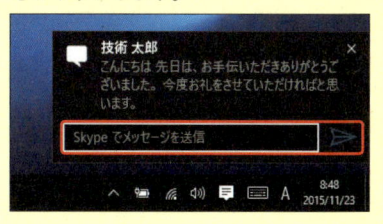

Memo ビデオ通話を行う

「メッセージング」アプリでは、文字で
会話を行っている相手に対してSkype
を利用した音声のみの電話やビデオ電話
による発信を行うこともできます。この
機能を利用すると、文字による会話を楽
しんでいる途中からビデオ電話や音声の
みの電話に切り替えられます。音声のみ
の電話の発信は、 をクリックします。
ビデオ電話で発信するときは、□ をク
リックします。

Section

096

デスクトップアプリを
インストールする

キーワード ▶ インストール／アンインストール

ここでは、デスクトップアプリのインストール方法を解説します。デスクトップアプリの詳細なインストール手順は、アプリによって異なりますが、セットアッププログラム（インストーラー）を起動し、画面の指示に従うという流れは同じです。ここでは、「iTunes」を例に解説します。

1 デスクトップアプリをインストールする

Memo デスクトップアプリを インストールする

デスクトップアプリのインストールは、インストーラーやセットアッププログラムと呼ばれるファイルを利用して行います。ここでは、インストーラーがパソコンにダウンロード済みであることを前提に、デスクトップアプリのインストール方法を解説しています。

Hint インストーラーの 保存先は?

インターネットからダウンロードしたファイルは、通常、＜ダウンロード＞フォルダーに保存されます。ここでは、＜ダウンロード＞フォルダーにインストーラーが保存されていることを前提に解説しています。なお、iTunesのインストーラーをダウンロードする方法については、P.150を参照してください。

ここでは、「iTunes」を例にデスクトップアプリのインストール方法を解説します。iTunesのインストーラーは、P.150の手順でダウンロードできます。

1 エクスプローラーを起動します。

2 ＜ダウンロード＞を クリックします。

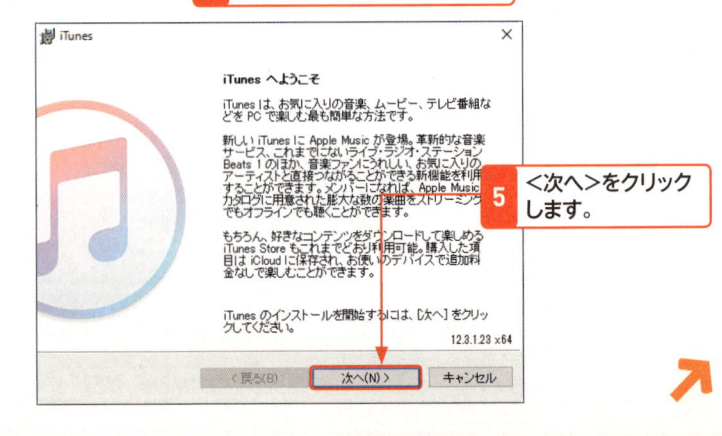

3 iTunesのインストーラー（ここでは、「iTunes6464 Setup」）をダブルクリックします。

4 インストーラーが起動します。

5 ＜次へ＞をクリック します。

6 必要に応じてオプションの有無を確認してから、

7 <インストール>をクリックします。

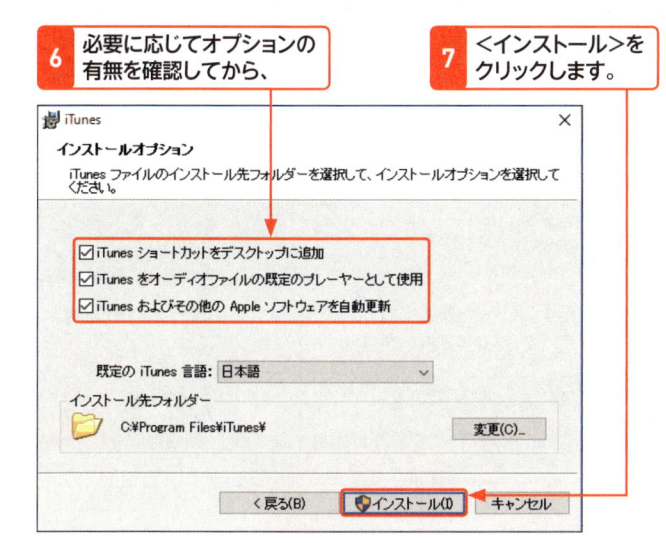

8 ユーザーアカウント制御画面が表示されたときは、<はい>をクリックします。

9 インストール作業が始まります。

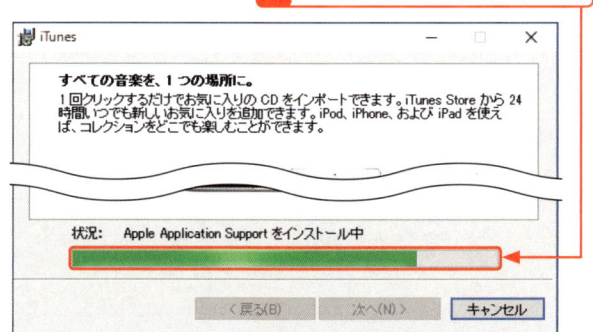

10 ユーザーアカウント制御画面が表示されたときは、<はい>をクリックします。

11 インストールが完了したら、<完了>をクリックします。

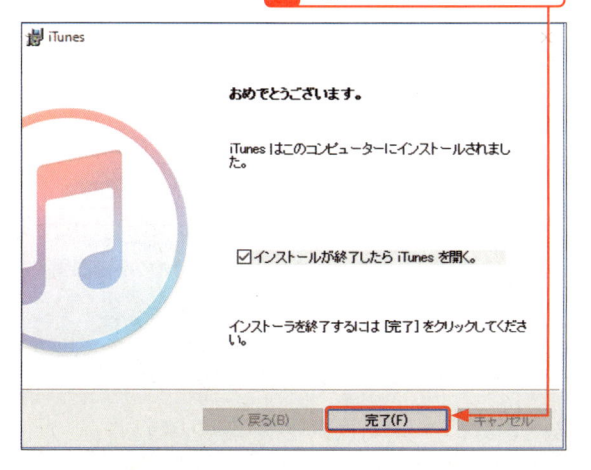

Memo セットアップの操作

デスクトップアプリによって、インストールで行う操作は異なります。

Hint ユーザーアカウント制御画面とは？

ユーザーアカウント制御画面は、アプリやドライバーをインストールするときなど、システムに関する変更を実行する前に、ユーザーに確認を求める画面です。

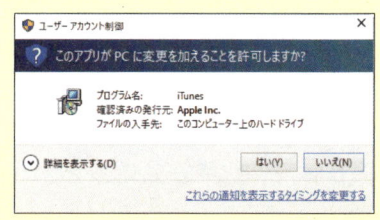

Memo インストール後の操作

手順 11 の画面で<インストールが終了したらiTunesを開く。>の□が☑になっているときは、手順 11 のあとにソフトウェア使用許諾契約が表示されます。<同意する>をクリックすると、iTunesが起動します。

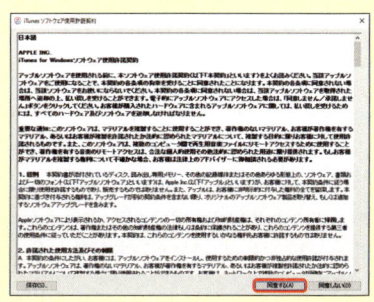

2 デスクトップアプリをアンインストールする

Memo デスクトップアプリを アンインストールする

デスクトップアプリのアンインストール方法は、右の手順で紹介している＜スタート＞メニューから行う方法と「設定」（P.33参照）から行う方法があります。「設定」から行うときは、「設定」を開き、＜システム＞→＜アプリと機能＞の順にクリックし、＜iTunes＞をクリックして＜アンインストール＞をクリックします。

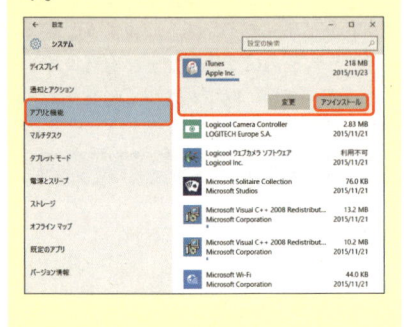

Hint 再起動をうながす画面 が表示される

デスクトップアプリによっては、アンインストールを完了するためにWindowsの再起動が必要な場合があります。再起動をうながす画面が表示されたときは、指示に従ってWindowsを再起動してください。

1 ＜スタート＞メニューを表示して、

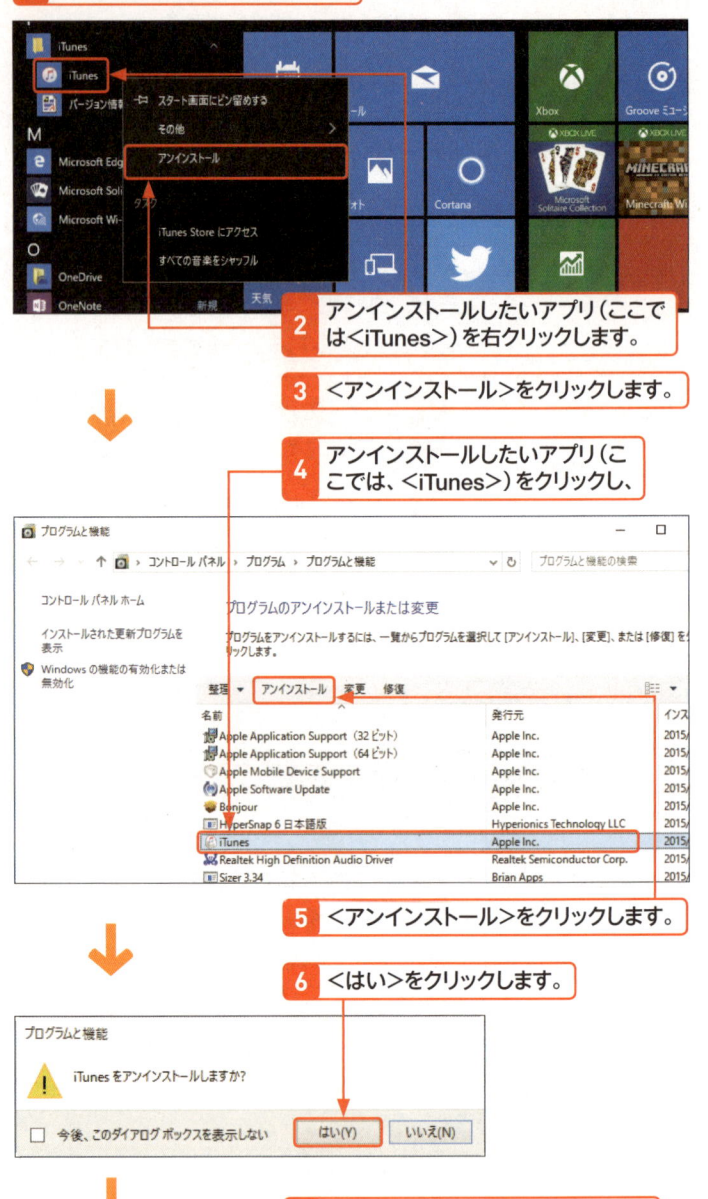

2 アンインストールしたいアプリ（ここでは＜iTunes＞）を右クリックします。

3 ＜アンインストール＞をクリックします。

4 アンインストールしたいアプリ（ここでは、＜iTunes＞）をクリックし、

5 ＜アンインストール＞をクリックします。

6 ＜はい＞をクリックします。

7 アンインストール作業が始まります。

8 ユーザーアカウント制御画面が表示されたときは、＜はい＞をクリックします。

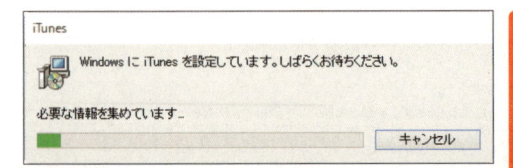

9 アンインストールが完了すると、手順**4**の画面に戻ります。

第8章

データの活用

Section
097

外付け機器を利用するには

キーワード ▶ メモリーカードスロット

パソコンは、機器拡張用のUSBポートやメモリーカードスロットなどを備えていることが一般的です。これらを利用すると、ほかの機器とデータのやり取りを行ったり、光学ドライブや外付けHDDなどを利用できます。ここでは、その使い方や注意点などを解説します。

1 外付け機器の利用方法を知る

パソコンは、外部機器を接続したり、デジタルカメラやスマートフォンで撮影した写真や動画を取り込んだりするためにUSBポートやメモリーカードスロットを備えています。

USBポート

USBポート

USBメモリーや外付けHDD、光学ドライブ、キーボードやマウスなど、外部機器を接続するためのポート（端子）です。パソコン搭載のUSBポートのコネクター部の形状は、4種類あります。Windowsタブレットなど一部のパソコンでは、写真とは異なる形状のUSBポートを搭載している場合があります。

メモリーカードスロット

メモリーカードスロット

SDメモリーカードの読み書きを行うためのカードスロットです。デジタルカメラで撮影した写真や動画をパソコンに取り込むときなどに利用します。SDメモリーカードには、3種類の形状があり、パソコンによって搭載しているメモリーカードスロットの形状が異なります。

2 外部機器利用に必要な機材を知る

パソコン搭載のUSBポートのコネクター部の形状は、4種類あります。デスクトップパソコンでは、一般に通常形状のUSBポートを備えます。薄型のノートパソコンやWindowsタブレットでは、本体の厚みが薄い場合が多いため、外部機器接続に利用するUSBポートを1つしか備えていなかったり、USBポートの形状やメモリーカードスロットの形状が一般的なパソコンとは異なったりする場合があります。

USBポートの搭載数が1つのみのパソコンで複数の機器を同時に接続するには、USBハブが必要です。また、USBポートの形状が通常とは異なる場合は、通常の形状に変換するケーブルなどが必要になります。

USB変換ケーブル　USBコネクターの変換を行うためのケーブルです。Windowsタブレットに搭載例が多いmicroUSBコネクターを通常形状（「USB Aプラグメスコネクター」）のコネクターに変換したい場合などに利用します。

microUSB→USB Aプラグメスコネクターに変換するためのケーブルです。

左がmicroUSBコネクター、右が一般的なUSBコネクターです。

USBハブ

1つのUSBポートで複数のUSB機器を接続する場合に利用する機器です。USBハブと呼ばれます。この機器を利用するとUSBポートの搭載数が少ないパソコンでも、複数のUSB機器を同時に接続できます。

メモリーカードリーダー

メモリーカードの読み書きに利用する機器です。パソコンにメモリーカードスロットが搭載されていない場合やパソコン搭載のメモリーカードスロットが、標準サイズのSDカード用ではなく、micro SDカード用だったときはこの機器を利用します。

Section 098 USBメモリーを利用する

キーワード ▶ USBメモリー（保存／フォーマット）

USBメモリーは、何度でもデータの読み書きができます。コンパクトで持ち運びがしやすいので、自宅のパソコンで作成したデータやデジタルカメラで撮影した写真を、保存したり、友人に渡したりするときなどに便利です。ここでは、USBメモリーの利用方法を解説します。

1 USBメモリーをパソコンに接続する

Key word USBメモリーとは？

「USBメモリー」は、データの読み書きができる記憶装置です。小型軽量なものが多く、気軽に持ち運びできるため、データの受け渡しなどに利用されています。

Memo 通知が表示されない

通知は、初めてパソコンに接続したときに表示されます。次ページの手順 3 で動作の設定を行うと、次回以降は表示されません。2回目以降は、USBメモリーを接続するだけで自動的にエクスプローラーが開き、USBメモリーの内容が表示されます。

Memo アプリが起動したときは？

手順 2 の通知が表示されずに、アプリが起動したときは、そのアプリを終了して、次ページのMemoを参考にエクスプローラーでUSBメモリーの内容を表示してください。

1 パソコンのUSBポートにUSBメモリーを接続します。

2 通知が表示されるので、クリックします。

(E:)
タップして、リムーバブル ドライブ に対して行う操作を選んでください。

2:03
2015/12/11

3 **<フォルダーを開いてファイルを表示>をクリックします。**

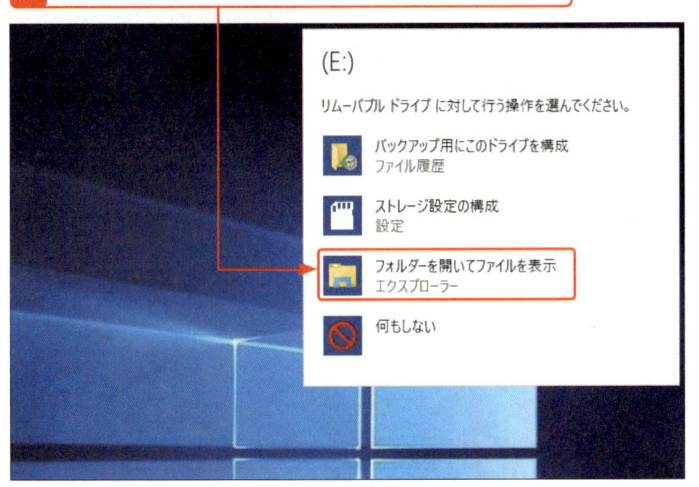

Memo **通知が消えてしまった場合は？**

通知が消えてしまったときは、エクスプローラーを起動し（P.62参照）、ナビゲーションウィンドウのUSBメモリーのアイコンをクリックすると、USBメモリーの内容が表示されます。

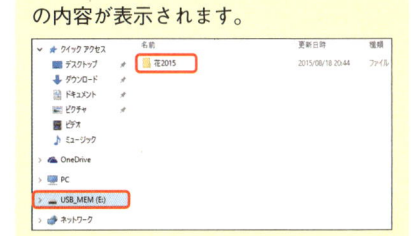

4 **エクスプローラーが起動し、USBメモリーの内容が表示されます。**

Hint USBメモリーが接続できない

Windowsタブレットなど一部のパソコンは、一般的な形状のUSBコネクターではなく、「microUSB」と呼ばれる形状のUSBコネクターを搭載している場合があります。このタイプの製品では、「microUSB→USB Aプラグメスコネクター変換ケーブル」を用意しないとUSB機器を接続できません。Windowsタブレットなどで USB機器を利用する場合は、事前にパソコン搭載のUSBポートのコネクター形状を調べ、必要に応じて変換ケーブルなどを用意しておいてください。

第 1 章
Windows 10
をはじめよう

第 2 章
Windows 10
の基本操作

第 3 章
ファイルと
フォルダー

第 4 章
インター
ネット

第 5 章
Outlook.
com

第 6 章
「メール」
アプリ

第 7 章
アプリの
利用

第 8 章
データの
活用

第 9 章
音楽/写真
/ビデオ

第10章
タブレット
モード

第11章
文字入力
の基本

第12章
<スタート>
メニュー

第13章
デスクトップ

第14章
ネットワーク

第15章
管理/
セキュリティ

第16章
周辺機器
の利用

第17章
トラブル
対策

第18章
インストール
と初期設定

付 録

2 USBメモリーにファイルやフォルダーを保存する

Memo そのほかのメモリーカードにデータを保存する

右の手順では、USBメモリーにファイルやフォルダーをコピーする方法を解説していますが、SDメモリーカード、USB接続のHDDなどの記憶装置にも、同じ方法でファイルやフォルダーをコピーできます。

Hint フォルダーを作成してコピーする

手順 7 の画面で<新しいフォルダーの作成>をクリックすると、選択したコピー先に新しいフォルダーを作成してコピーを行えます。

Memo 多くの記憶装置が利用できる

パソコンで使用できるそのほかの記憶装置には「SDメモリーカード」「miniSDカード」「microSDカード」「SDHCメモリーカード」「miniSDHCカード」「microSDHCカード」「SDXCメモリーカード」「microSDXCカード」などがあります。これらの記憶装置は、パソコン搭載のメモリーカードスロットかUSB接続のカードリーダーを使って接続します。

1 USBメモリーに保存したいファイルがあるフォルダー（ここでは、「ピクチャ」）を開き、

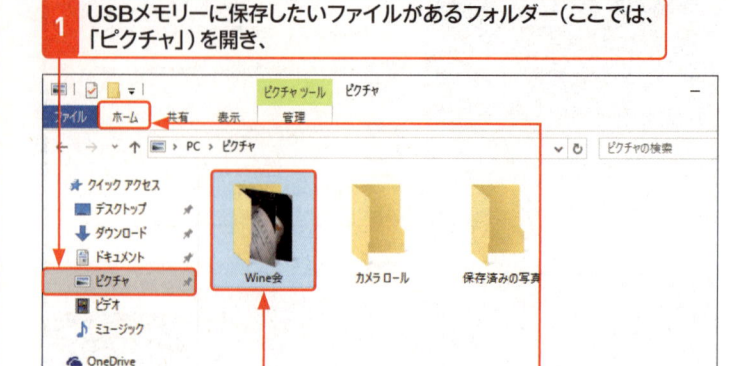

2 保存したいファイルやフォルダーをクリックし、

3 <ホーム>タブをクリックします。

4 <コピー先>をクリックし、

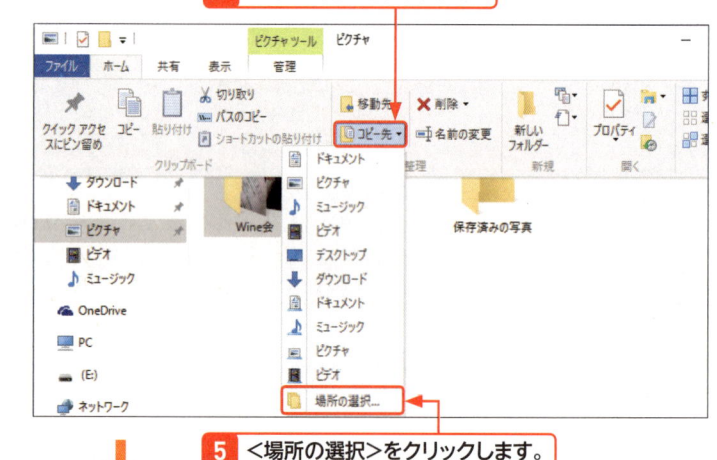

5 <場所の選択>をクリックします。

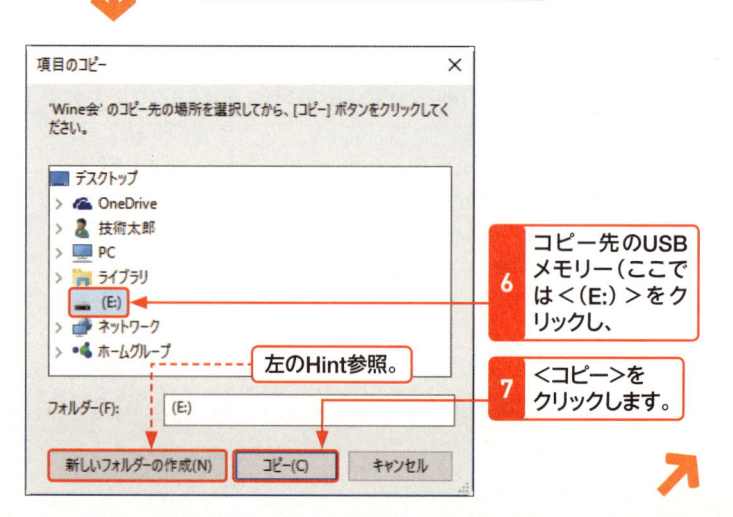

6 コピー先のUSBメモリー（ここでは<（E:）>）をクリックし、

左のHint参照。

7 <コピー>をクリックします。

8 ファイルコピーマネージャーが表示され、フォルダーのコピーが行われます。

右のHint参照。

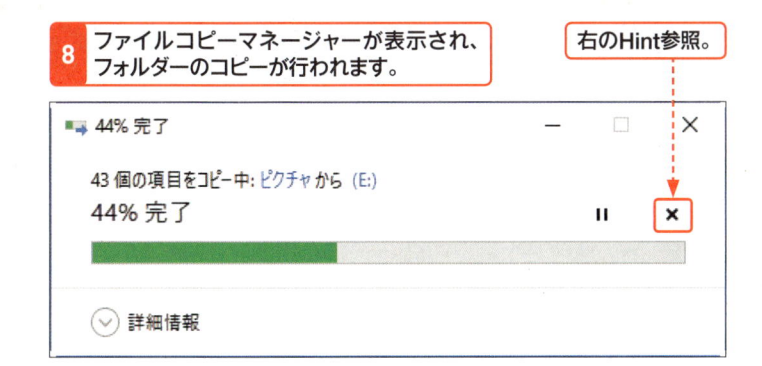

9 コピーが終了するとコピーマネージャーが自動的に終了します。

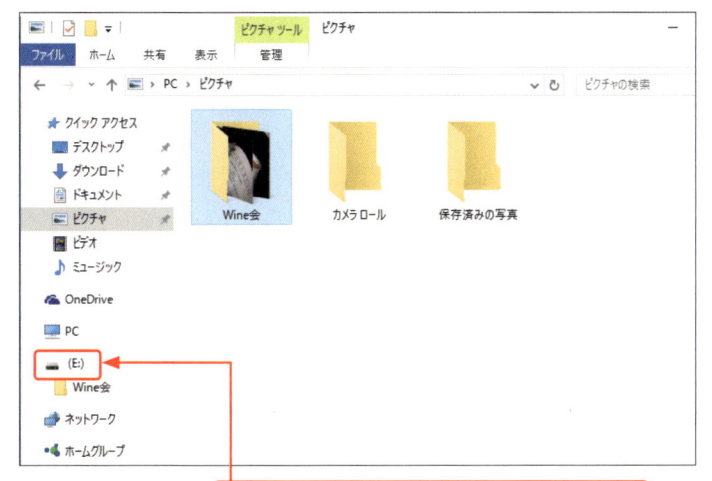

10 USBメモリーのドライブアイコン（ここでは＜（E:）＞）をクリックします。

11 ファイルまたはフォルダーがコピーされていることが確認できます。

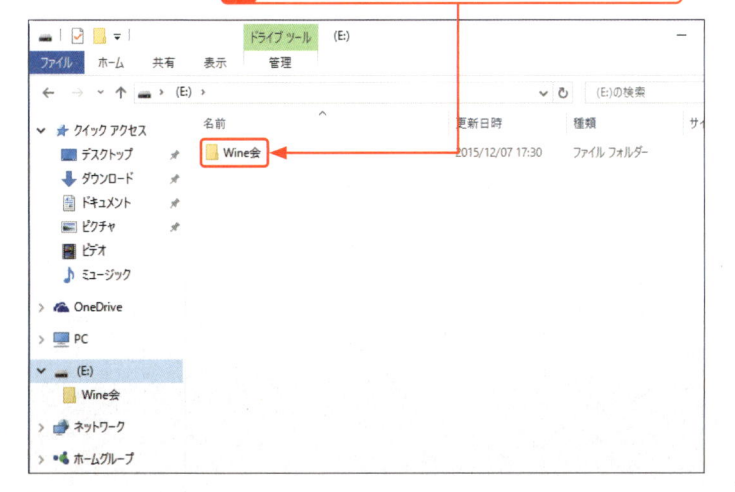

Hint コピーを中止したいときは？

ファイルやフォルダーのコピーを中止したいときは、ファイルコピーマネージャーの ✕ をクリックします。また、＜詳細情報＞をクリックするとファイルコピーの転送速度を表示できます。

Memo ドラッグ＆ドロップでコピーする

ファイルやフォルダーのコピーは、コピーしたいファイルやフォルダーをナビゲーションウィンドウのUSBメモリーのドライブアイコンにドラッグ＆ドロップすることでも行えます。また、複数のウィンドウを利用してコピーを行うこともできます。複数のウィンドを利用するときは、＜ファイル＞→＜新しいウィンドウを開く＞の順にクリックして新しいウィンドウを開き、新しく開いたウィンドウでUSBメモリーの内容を表示します。次にもう1つのウィンドウからコピーしたいファイルやフォルダーを、USBメモリーの内容を表示しているウィンドウにドラッグ＆ドロップするとコピーを行えます。

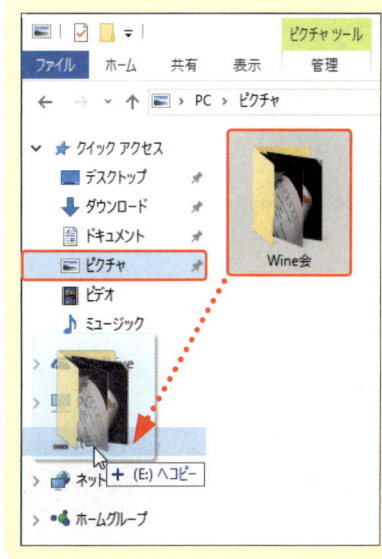

第1章
Windows 10
をはじめよう

第2章
Windows 10
の基本操作

第3章
ファイルと
フォルダー

第4章
インター
ネット

第5章
Outlook.
com

第6章
「メール」
アプリ

第7章
アプリの
利用

第8章
データの
活用

第9章
音楽/写真
/ビデオ

第10章
タブレット
モード

第11章
文字入力
の基本

第12章
<スタート>
メニュー

第13章
デスクトップ

第14章
ネットワーク

第15章
管理/
セキュリティ

第16章
周辺機器
の利用

第17章
トラブル
対策

第18章
インストール
と初期設定

付 録

3 USBメモリーを取り外す

Memo USBメモリーの取り外し

右の手順を行わずにUSBメモリーを取り外すと、書き込み中のデータが正しく保存されず、USBメモリー内にあるファイルが破壊されてしまう可能性があります。USBメモリーを取り外すときは、必ずここで紹介する操作を行ってください。

Memo そのほかの取り外し方法について

USBメモリーの取り外しは、ナビゲーションウィンドウの<USBメモリーのドライブアイコン（ここでは<（E:）>）>を右クリックし、メニューから<取り出し>をクリックすることでも行えます。

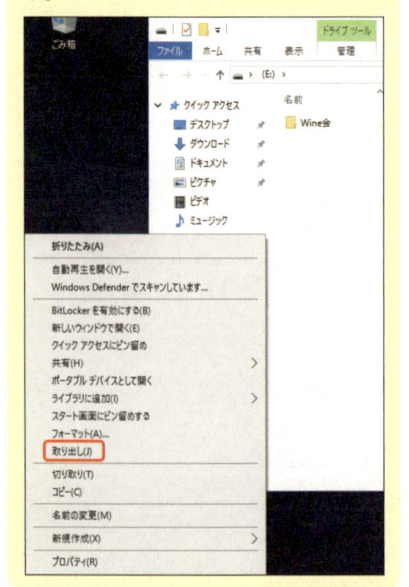

1 ナビゲーションウィンドウの<USBメモリーのドライブアイコン（ここでは<（E:）>）>をクリックし、

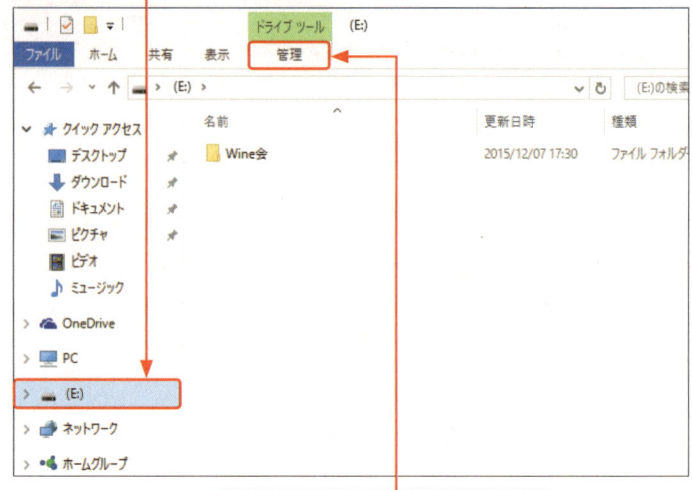

2 <管理>タブをクリックします。

3 <取り出す>をクリックします。

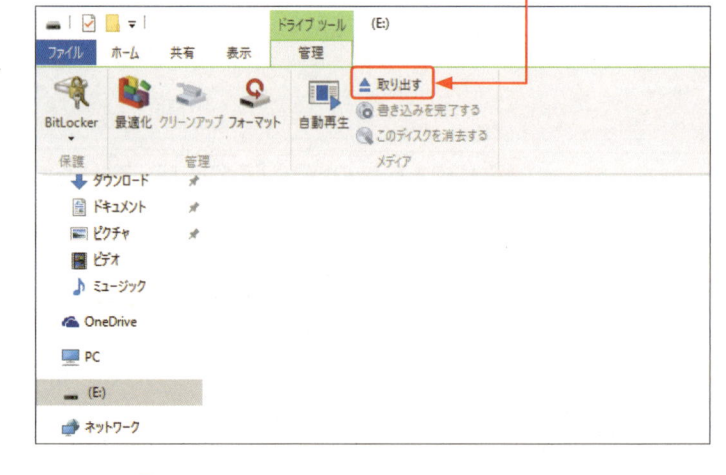

4 通知が表示されます。

5 USBメモリーを取り外します。

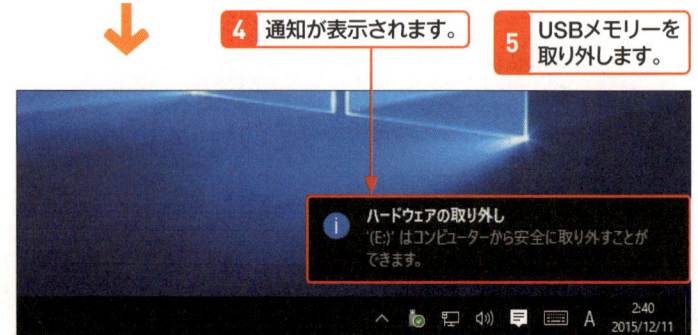

1 ナビゲーションウィンドウの＜USBメモリーのドライブアイコン（ここでは＜（E:）＞）＞をクリックし、

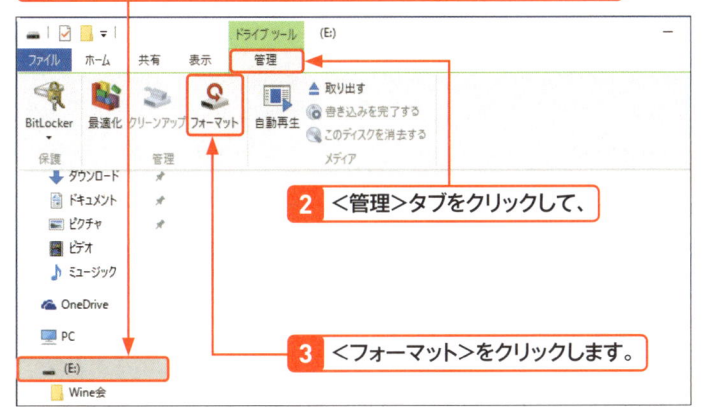

2 ＜管理＞タブをクリックして、

3 ＜フォーマット＞をクリックします。

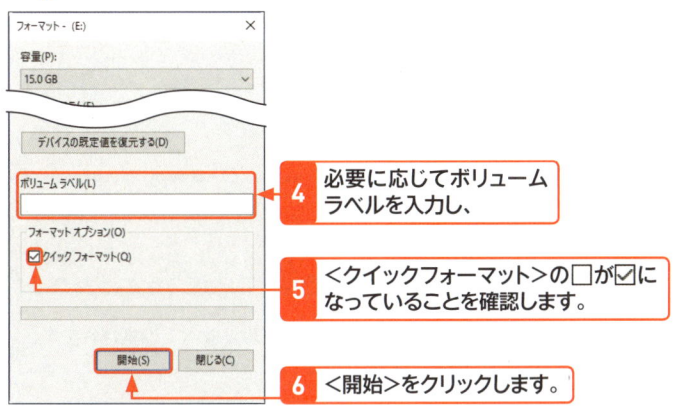

4 必要に応じてボリュームラベルを入力し、

5 ＜クイックフォーマット＞の□が☑になっていることを確認します。

6 ＜開始＞をクリックします。

7 ダイアログボックスが表示されたら＜OK＞をクリックします。

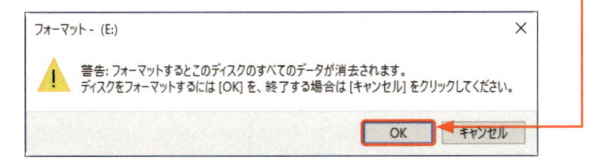

8 フォーマットが完了するとダイアログボックスが表示されます。

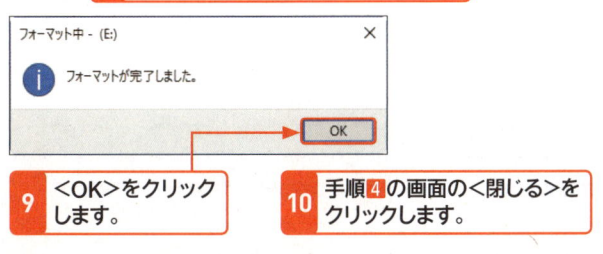

9 ＜OK＞をクリックします。

10 手順4の画面の＜閉じる＞をクリックします。

フォーマットとは？

「フォーマット」は、USBメモリー内のデータをすべて消去し、OS（ここでは「Windows 10」）で利用な状態にすることです。一般にUSBメモリーは、フォーマット済みで販売されています。通常は、USBメモリー内のデータをすべて消去したいときに利用します。ここでは、USBメモリーのフォーマット手順を解説していますが、USB接続の外付けHDDも同じ手順でフォーマットを行えます。

⚠ Caution データはすべて消去される

フォーマットを行うと、USBメモリー内のデータはすべて消去されます。フォーマットは、必要なデータが残っていないかを確認してから行ってください。

Memo そのほかのフォーマット方法について

フォーマットは、ナビゲーションウィンドウの＜USBメモリーのドライブアイコン（ここでは＜（E:）＞）＞を右クリックし、メニューから＜フォーマット＞をクリックすることでも行えます。

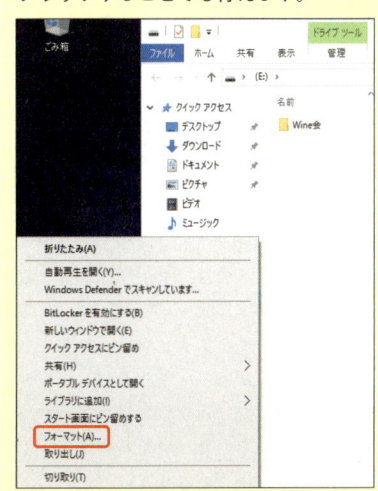

Section 099 ファイルを圧縮／展開する

キーワード ▶ 圧縮／展開

メールにファイルを添付するときには、複数のファイルをひとまとめにし、圧縮して**ファイルサイズを小さくする**とスムーズに送受信できます。Windows 10は、**エクスプローラー**を利用することで、かんたんにファイルやフォルダーの**圧縮／展開**が行えます。

1 ファイルを圧縮する

Memo ファイルの圧縮とは？

ファイルの圧縮とは、ファイルをもとのファイルよりも小さな容量のファイルにすることです。複数のファイルやフォルダーを1つのファイルにまとめることもできます。右の手順では、フォルダー内のすべてのファイルを1つのファイルにまとめて圧縮しています。

Hint ファイルをまとめて選択する

キーボードとマウスを利用している場合は、手順3で Ctrl キーを押しながら A キーを押すと、フォルダー内のファイルをすべて選択できます。1つ1つファイルを選択する場合は、Ctrl キーを押しながらファイルをクリックしていきます。また、ファイルをクリックし、Shift キーを押しながら別のファイルをクリックすると、最初にクリックしたファイルから最後にクリックしたファイルの間のファイルすべてが選択されます。

1 圧縮したいファイルやフォルダーをエクスプローラーで開いておきます。

2 ＜ホーム＞タブをクリックし、 **3** ＜すべて選択＞をクリックします。

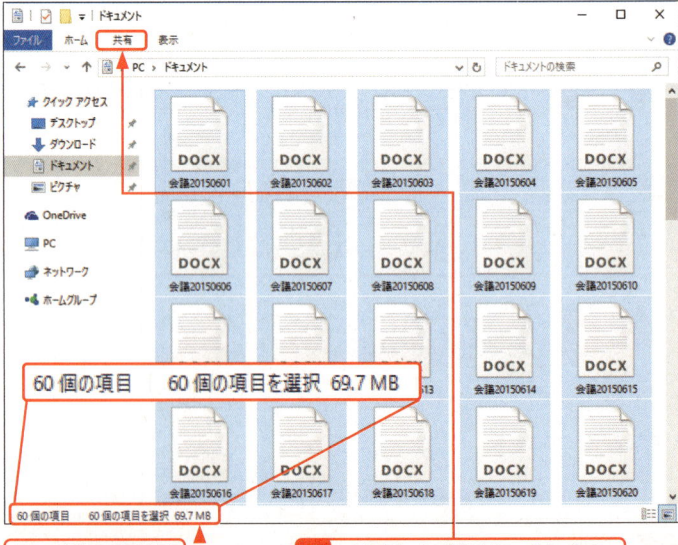

4 ファイルがすべて選択されます。

60 個の項目　60 個の項目を選択　69.7 MB

ファイルの容量が表示されます。

5 ＜共有＞タブをクリックします。

6 <Zip>をクリックします。

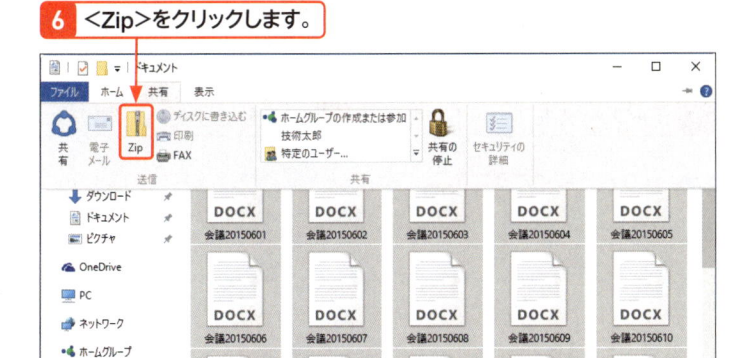

7 選択したファイルが圧縮されます。

8 圧縮フォルダーが作成されるので、

9 名前を入力して、

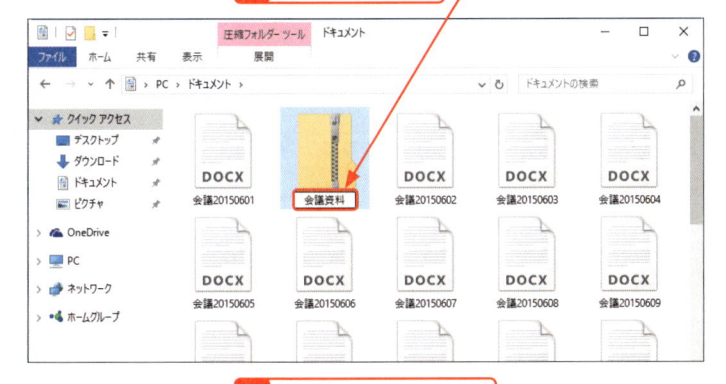

10 Enter キーを押します。

11 ファイルの圧縮が完了しました。

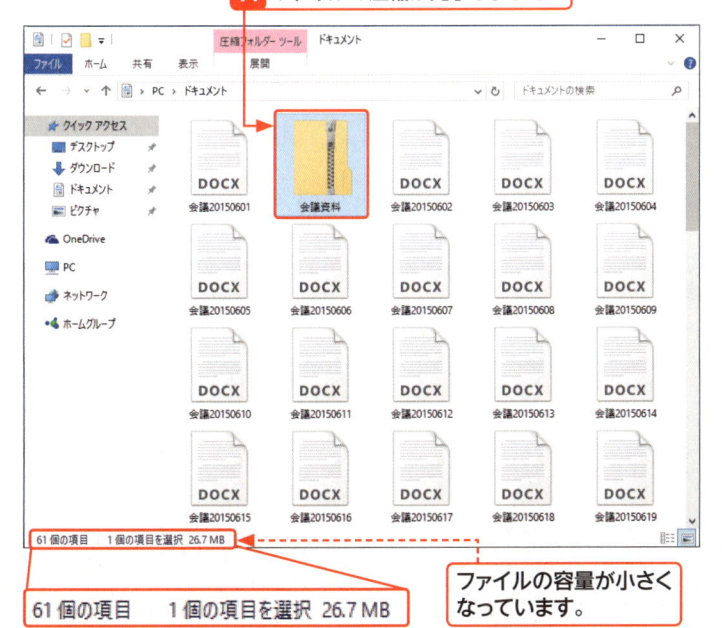

61 個の項目　1 個の項目を選択　26.7 MB

ファイルの容量が小さくなっています。

Memo そのほかの圧縮方法を知る

圧縮したいファイルを選択し、右クリックし、メニューから＜送る＞→＜圧縮（zip形式）フォルダー＞を選択してもファイルを圧縮できます。

Memo ファイルとフォルダーを圧縮する

ここでは、ファイルのみを圧縮していますが、フォルダーのみを圧縮したり、ファイルとフォルダーを混在させて圧縮することも可能です。なお、ファイルやフォルダーの1つだけを圧縮する場合は、手順 **8** で作成される圧縮フォルダーの名前はもとのファイルやフォルダーの名前と同じになります。

Memo ZIP形式はほかのOSにも対応する

ここで解説している手順でファイルやフォルダーを圧縮すると、手順 **8** で作成される圧縮フォルダーは「ZIP（ジップ）形式」のファイルになります。ZIP はよく使われる圧縮形式の1つで、Linux や OS X など、ほかのOSにも対応しています。

Hint 圧縮後のファイルサイズについて

ファイルの種類によっては、圧縮しても容量が減らない場合があります。たとえば、写真で一般的な JPEG 形式や、電子文書でよく使われる PDF 形式のファイルは、圧縮してもファイルサイズはほとんど変化しません。これらの形式のファイルは最初から独自の方式で圧縮されており、エクスプローラー上で圧縮しても効果が小さいためです。

2 圧縮したファイルを展開する

Memo ファイルの展開とは？

圧縮されたファイルは、そのままではアプリで開くことができません。圧縮されたファイルをもとに戻すことをファイルの「展開」または、「解凍」と呼びます。

Memo そのほかの展開方法を知る

圧縮ファイルを右クリックし、メニューから<すべて展開>をクリックしても、ファイルを展開できます。タッチ操作の場合は、圧縮ファイルを長押しして、枠が表示されたら指を離すとメニューが表示されます。

Hint 展開先を変更する

Windows 10 では、通常、展開する圧縮ファイルがあるフォルダー内に新規フォルダーを作成して展開されます。展開先を変更したい場合は、手順4の画面で<参照>をクリックして、展開先のフォルダーを指定します。

Memo ファイルコピーマネージャーで確認する

ファイルの展開中は、ファイルコピーマネージャーが表示され、圧縮ファイルの展開状況が確認できます。✖をクリックすると、展開を中止できます。

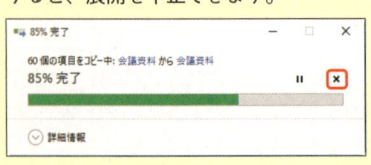

1 圧縮ファイルをクリックし、　　**2** <展開>タブをクリックして、

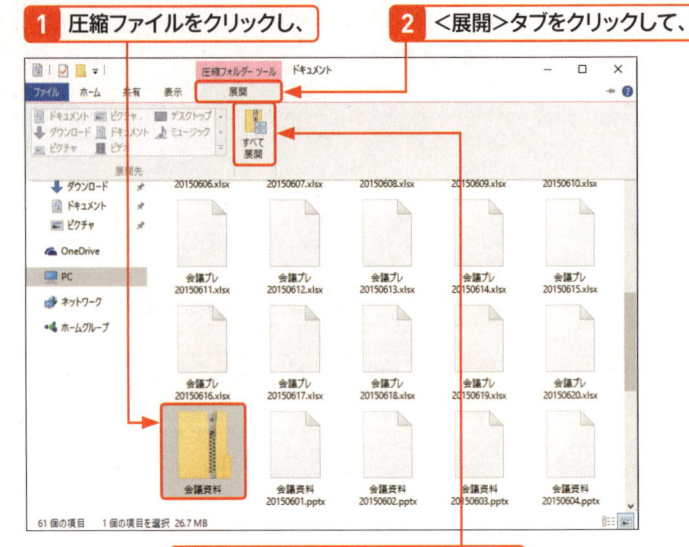

3 <すべて展開>をクリックします。

4 <展開>をクリックします。

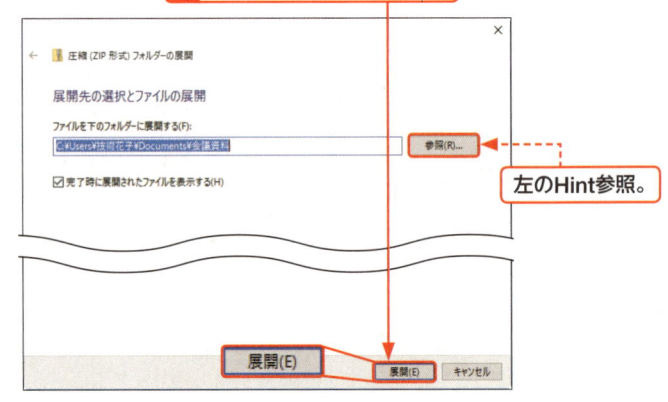

左のHint参照。

5 ファイルが展開されました。　　**6** ✖をクリックすると、ウィンドウが閉じます。

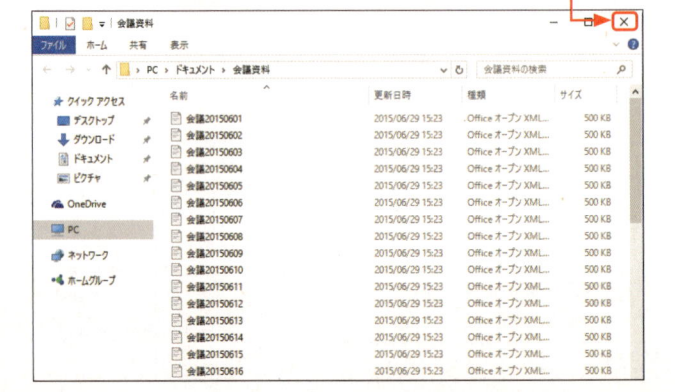

 **Memo** 圧縮ファイルにファイルやフォルダーを追加する

Windowsは、圧縮ファイルを擬似的なフォルダーとして扱っています。このため、圧縮ファイルをダブルクリックすると、その中にあるファイルがエクスプローラーで表示されます。エクスプローラーで表示されたファイルは、通常のフォルダーを操作しているときと同じ感覚で各種操作が行えます。たとえば、ファイルをほかのフォルダーにドラッグ＆ドロップすると、展開（コピー）できます。また、以下の手順でファイルやフォルダーを圧縮ファイルに追加することもできます。

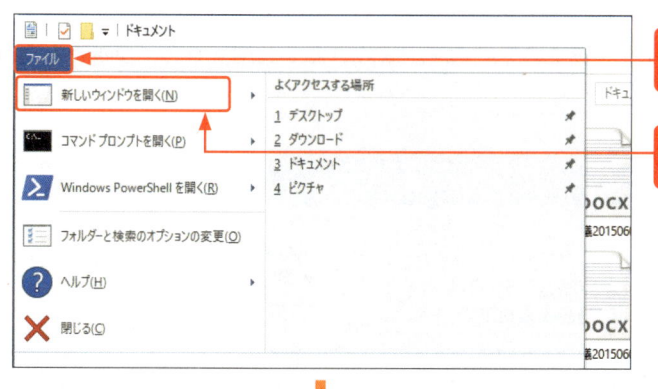

1 前ページの手順**1**の画面で
＜ファイル＞をクリックし、

2 ＜新しいウィンドウを開く＞を
クリックします。

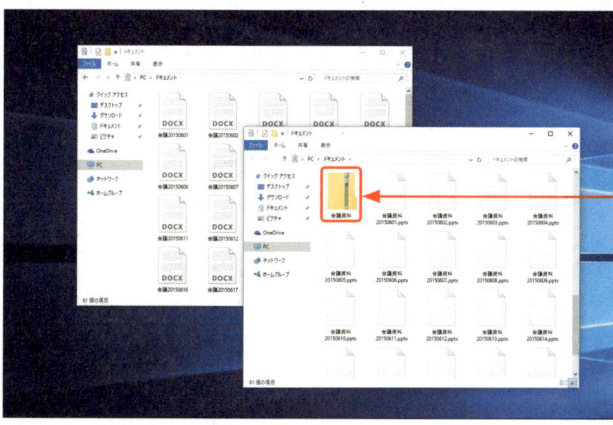

3 同じフォルダーが新しい
ウィンドウで開きます。

4 圧縮ファイルをダブルクリックします。

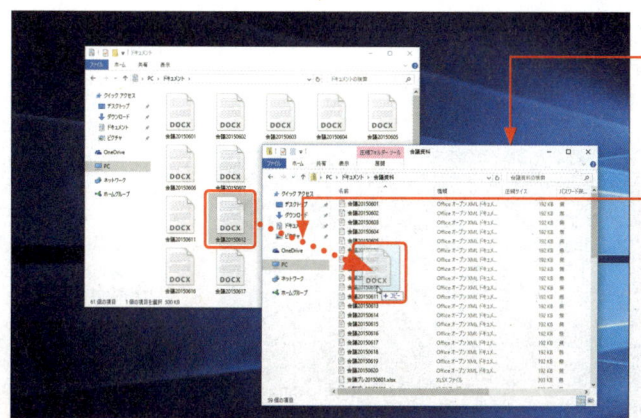

5 圧縮ファイルの内容が
表示されます。

6 別のウィンドウから追加したいファイルを
圧縮ファイルのウィンドウにドラッグ＆ド
ロップすると、

7 そのファイルが圧縮ファイルに
追加されます。

Section 100 デジタルカメラから写真を取り込む

キーワード ▶「フォト」アプリ

Windows 10にプリインストールされている「フォト」アプリには、デジタルカメラやデジタルビデオカメラから写真やビデオ映像を取り込む機能が搭載されています。この機能を利用すると、かんたんな操作で写真やビデオ映像をパソコンに取り込めます。

1 デジタルカメラの写真をパソコンに取り込む

Memo 写真の取り込み

写真の取り込み機能は、Windows ストアアプリの「フォト」アプリに搭載されています。ここでは、「フォト」アプリの起動前にデジタルカメラを接続していますが、「フォト」アプリの起動後にデジタルカメラを接続した場合も、同じ手順で取り込みできます。

Memo 「フォト」アプリとは?

「フォト」アプリは、パソコンに取り込んだ写真の閲覧や編集などを行うためのアプリです。Windows 10では、「フォト」アプリを利用することでデジタルカメラで撮影した写真やデジタルビデオカメラで撮影したビデオをパソコンに取り込めます。

Memo 通知が表示されない場合

デジタルカメラを接続しても通知が表示されないときや別アプリが起動したときは、「フォト」アプリを起動し(P.358参照)、🖫をクリックすると、手順 4 の画面が表示されます。

1 デジタルカメラをパソコンに接続し、デジタルカメラの電源を入れます。

2 しばらくすると通知が表示されるので、クリックします。

3 <写真とビデオのインポート>をクリックします。

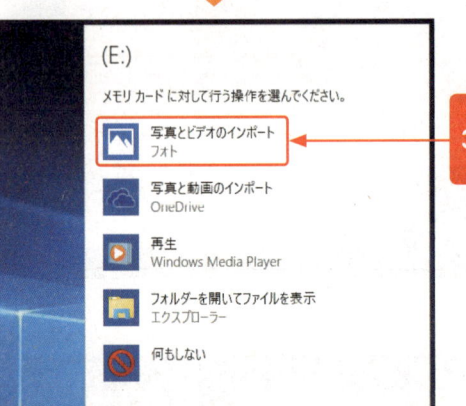

4 左の画面が表示されたときは、インポート元の機器(ここでは、<DMC-TZ7>)をクリックします。

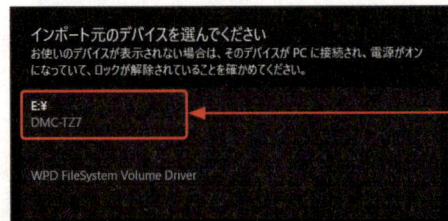

5 写真がすべて選択された状態で、取り込む写真の選択画面が表示されます。

E:¥ からインポートするアイテムを選択する

新しいアイテム

2015年6月　クリア

16 個のアイテムが選択されました

続行　　　　　キャンセル

6 ＜続行＞をクリックします。

7 ＜インポート＞をクリックすると写真の取り込みが始まります。

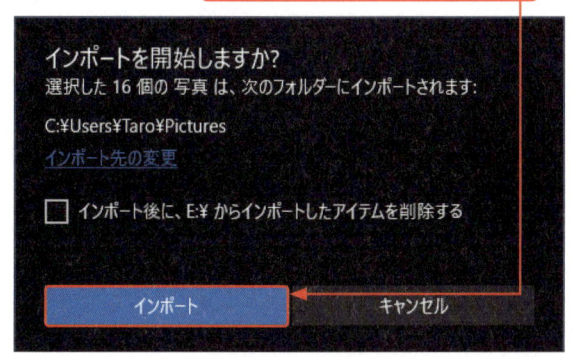

インポートを開始しますか？
選択した 16 個の 写真 は、次のフォルダーにインポートされます：

C:¥Users¥Taro¥Pictures

インポート先の変更

☐ インポート後に、E:¥ からインポートしたアイテムを削除する

インポート　　　　　キャンセル

8 写真の取り込みが完了すると通知が表示され、

インポートが完了しました
16 個の 写真 のインポートが完了しました。

9 取り込んだ写真が「フォト」アプリに表示されます。

Memo ビデオ画像の取り込み

ここでは、デジタルカメラで撮影した写真の取り込み方法を解説していますが、デジタルビデオカメラで撮影したビデオ映像をパソコンに取り込むときも同じ手順で行えます。

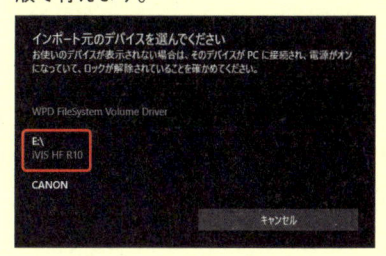

インポート元のデバイスを選んでください
お使いのデバイスが表示されない場合は、そのデバイスが PC に接続され、電源がオンになっていて、ロックが解除されていることを確かめてください。

WPD FileSystem Volume Driver

E:¥
iVIS HF R10

CANON

キャンセル

Memo デジタルカメラ内の写真を削除する

左の手順 **7** の画面で、＜インポート後に…＞のチェックをオンにしてから＜インポート＞をクリックすると、写真やビデオ映像を取り込み後、デジタルカメラやメモリーカード内の写真やビデオ映像の削除を行います。左の手順では、デジタルカメラやメモリーカード内の写真やビデオ映像を削除しない設定で取り込みを行っています。

Hint 写真やビデオ映像の取り込み先

取り込まれた写真やビデオ映像は、「ピクチャ」フォルダー内に保存されます。

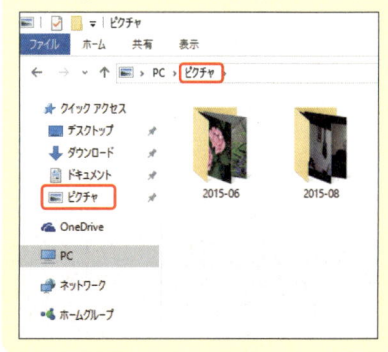

ファイル　ホーム　共有　表示

← → ↑ ■ › PC › ピクチャ

★ クイック アクセス
■ デスクトップ
↓ ダウンロード
■ ドキュメント
■ ピクチャ

☁ OneDrive

■ PC

■ ネットワーク

■ ホームグループ

2015-06　　2015-08

Section 101
CD-RやDVD-Rなどへ書き込みを行う

キーワード ▶ ライブファイルシステム／マスター

デジタルカメラで撮影した写真や、アプリで作成した文書などを友人に渡したり、バックアップしておくときには、CD-RやDVD-Rなどに書き込んで保存すると便利です。ここでは、エクスプローラーを使って、ファイルやフォルダーをCD-RやDVD-Rに書き込む方法を解説します。

1 2つある書き込み方法

Windows 10では、CD-RやDVD-Rなどに書き込む方法として、USBメモリーと同じように使用するための「ライブファイルシステム」と、CD/DVDプレーヤーで使用するメディアを作成するための「マスター」の2種類があります。

ライブファイルシステムの特徴

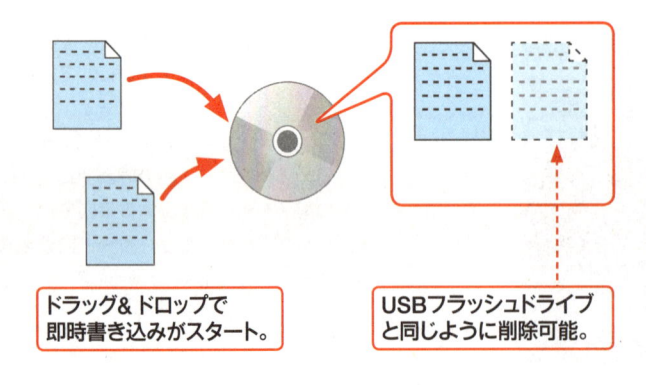

ドラッグ&ドロップで即時書き込みがスタート。

USBフラッシュドライブと同じように削除可能。

OK ファイル・フォルダーの削除／移動／名前変更

■メリット
・手軽に扱える。
・ファイルを頻繁に書き込むときに便利。

■デメリット
・使用前のフォーマットが必要。
・Windows XP以前のパソコンで読めないことがある。

マスターの特徴

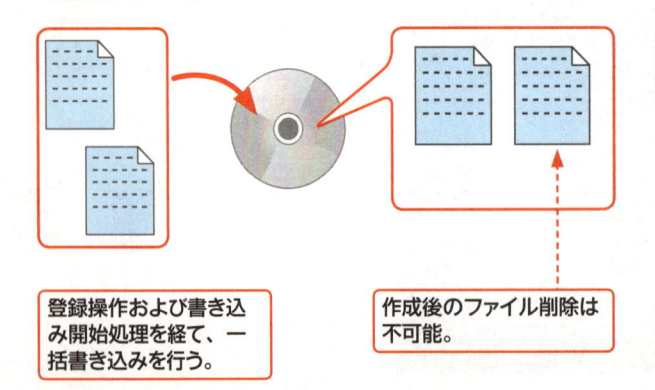

登録操作および書き込み開始処理を経て、一括書き込みを行う。

作成後のファイル削除は不可能。

NG ファイル・フォルダーの削除／移動／名前変更

■メリット
・長期保存するデータ向け。
・ファイルを友人に渡す場合に便利。
・事前のフォーマットは不要。
・パソコンだけではなく、家電製品もほとんどの機器が対応している。

■デメリット
・作成までの手順が多い。
・作成後のファイル操作が不可能。

2 ライブファイルシステムでデータを書き込む

1 空のディスクをドライブにセットします。

2 通知が表示されるのでクリックし、

3 <ファイルをディスクに書き込む>をクリックします。

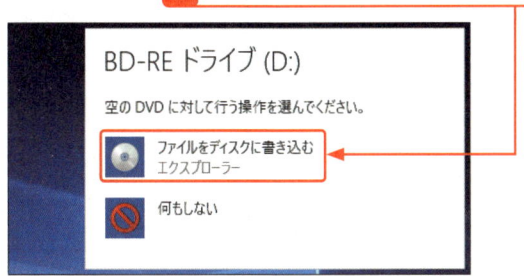

BD-RE ドライブ (D:)

空の DVD に対して行う操作を選んでください。

ファイルをディスクに書き込む
エクスプローラー

何もしない

4 「ディスクの書き込み」ダイアログボックスが表示されます。

ディスクの書き込み　　　　　　　　　　　　×

このディスクをどの方法で使用しますか?

ディスクのタイトル: 12 11 2015

◉ USB フラッシュ ドライブと同じように使用する
ディスク上のファイルをいつでも保存、編集、および削除できます。このディスクは Windows XP 以降を実行するコンピューターで使用できます (ライブ ファイル システム)。

○ CD/DVD プレーヤーで使用する
ファイルはグループ化されて書き込まれるため、書き込み後に個別のファイルを編集したり削除したりすることはできません。このディスクはほとんどのコンピューターで使用できます (マスター)。

選択方法の詳細

次へ　　　キャンセル

5 必要に応じてディスクのタイトルを入力し、

6 <USB フラッシュドライブと同じように使用する>が◉となっているのを確認し、

7 <次へ>をクリックします。

8 ディスクのフォーマットが始まります。

フォーマット中 - (4.38 GB)　　　—　□　×

フォーマット中 - (4.38 GB)

対象 BD-RE ドライブ (D:)
フォーマット の準備中

Memo ライブファイルシステムの書き込みについて

ライブファイルシステムで書き込みを行うときは、ディスクの「フォーマット」を行う必要があります。フォーマットは、一度行えばよく、次回書き込みを行うときは、USBメモリーなどと同様の操作でファイルやフォルダーを書き込めます。

Memo 通知が表示されない場合は?

通知は、ディスクを初めてパソコンにセットしたときに表示されます。手順 **3** で操作を選択すると、次回以降は表示されなくなり、手順 **4** の「ディスクの書き込み」ダイアログボックスが表示されます。

Memo アプリが起動した場合は?

ディスクをセットしたときに、手順 **2** の通知が表示されずにアプリが起動した場合は、そのアプリを終了します。続いて、エクスプローラーを起動し、ナビゲーションウィンドウの光学ドライブのアイコンをクリックします。「ディスクの書き込み」ダイアログボックスが表示されないときも同様に操作します。

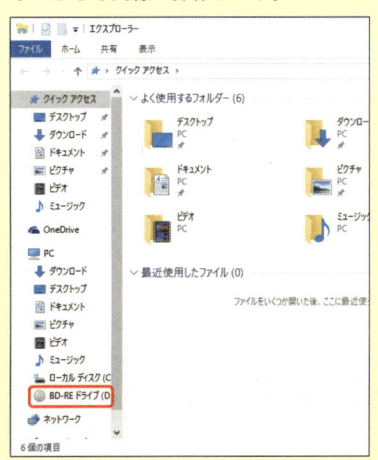

ライブファイルシステム／マスター

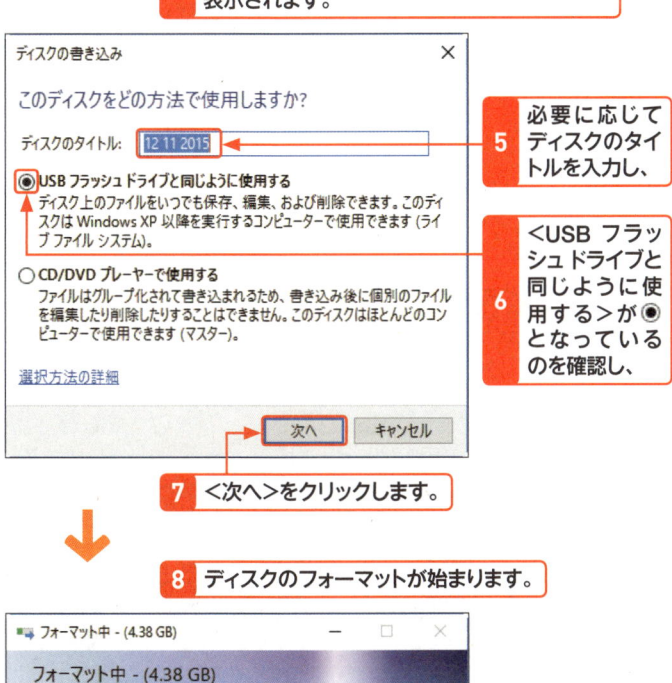

Memo　ドラッグ＆ドロップで書き込む

ライブファイルシステムでは、USB メモリーと同じ操作でファイルやフォルダーを書き込むことができます。ここでは、エクスプローラーのリボンを使って書き込んでいますが、エクスプローラーのウィンドウを 2 つ開き、光学ドライブを開いているほうのウィンドウにファイルやフォルダーをドラッグ＆ドロップすることでも書き込みを行えます。

Memo　ファイルコピー時の詳細を確認する

ファイル／フォルダーのコピー中は、ファイルコピーマネージャーが表示され進捗状況を確認できます。また、ファイルコピーマネージャーの＜詳細情報＞をクリックすると、コピーの残り時間などの詳細な情報を表示できます。

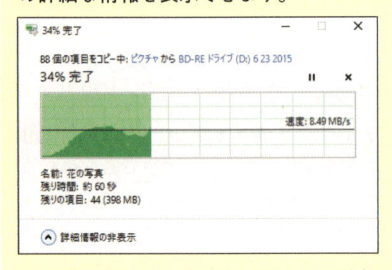

Memo　書き込みを中止するには？

書き込みを中止したいときは、ファイルコピーマネージャーの✖をクリックします。その際、CD-R、DVD-R/+R、BD-R などのメディアは書き込み済みファイルを物理的に削除できないため、残りの容量が減ります。CD-RW、DVD-RW/+RW、BD-RE は不要なファイルを削除できるため、書き込み前の容量に戻せます。

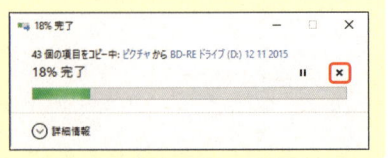

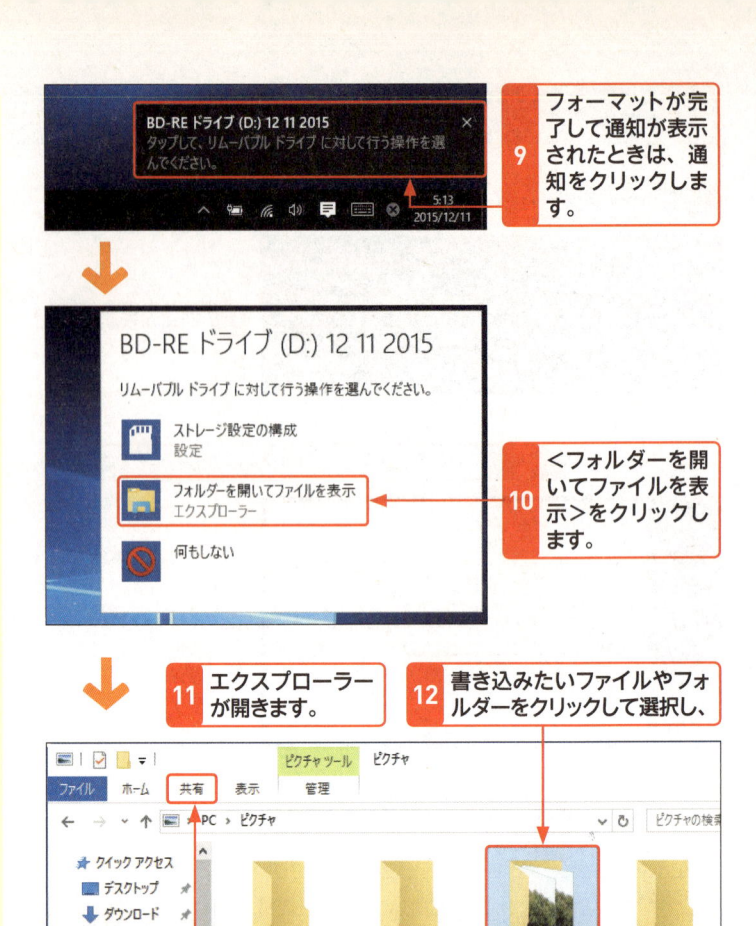

9 フォーマットが完了して通知が表示されたときは、通知をクリックします。

10 ＜フォルダーを開いてファイルを表示＞をクリックします。

11 エクスプローラーが開きます。

12 書き込みたいファイルやフォルダーをクリックして選択し、

13 ＜共有＞タブをクリックします。

14 ＜ディスクに書き込む＞をクリックすると、

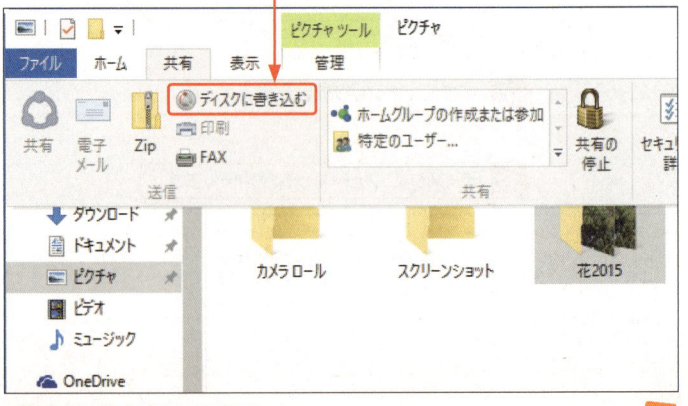

15 書き込みが始まります。

16 書き込みが完了したら、ナビゲーションウィンドウの光学ドライブのアイコンをクリックすると、

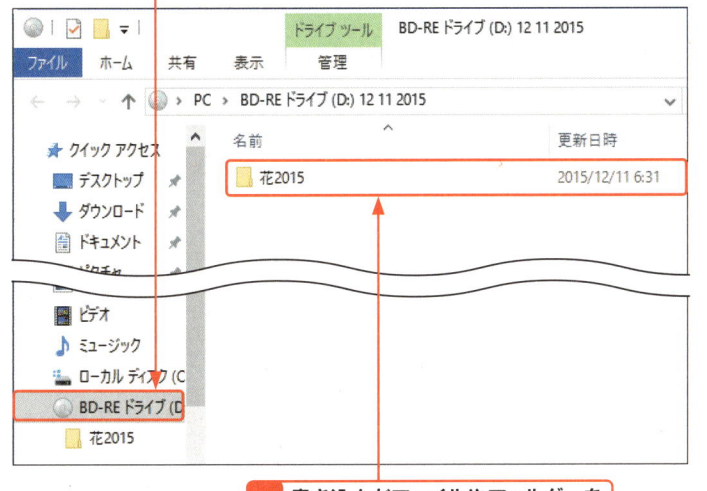

17 書き込んだファイルやフォルダーを確認できます。

18 <管理>タブをクリックし、

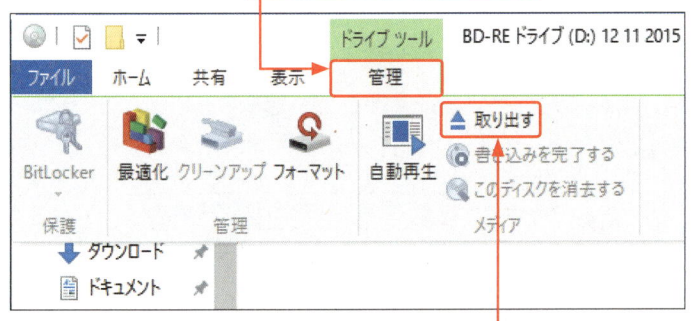

19 <取り出す>をクリックします。

20 取り出し処理が行われ、

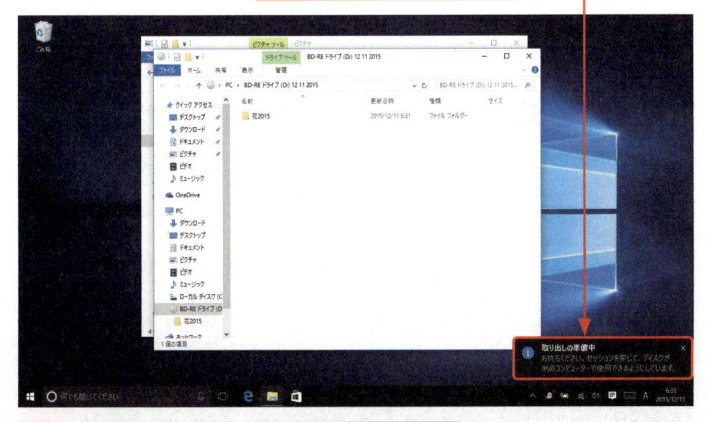

21 完了後にディスクが自動的に排出されます。

Memo 書き込んだデータを削除したい

書き込んだデータを削除するには、削除したいファイルまたはフォルダーをクリックし、<ホーム>タブをクリックして、<削除>をクリックします。また、削除したいファイルまたはフォルダーをごみ箱にドラッグ＆ドロップすることでも削除できます。なお、CD-R、DVD-R/DVD+R、BD-Rは、データの削除を行っても記録容量は増加しません。

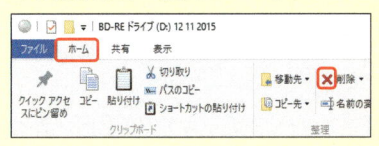

Memo 取り出し処理とは？

ライブファイルシステムでデータを書き込んだディスクは、ディスクの取り出し時に「取り出し処理」が実施されます。これは、取り出したディスクが、Windows XPパソコンなどの古いパソコンでも読み出しが行えるようにするための処理です。

Memo DVD-R DLとDVD+R DLの制限を知る

DVD-R DLとDVD+R DLをライブファイルシステムで使用すると、取り出し処理に30分近くかかる場合があります。また、一度取り出し処理を行うと、以降の書き込みが行えません。DVD-R DLとDVD+R DLは、このような使用上の制限があるので、ライブファイルシステムでの利用はおすすめしません。

Memo Windows 10で作成できるDVDについて

Windows 10では、市販の映画などと同等のDVD（DVDビデオ）は作成できません。ここで紹介した手順で作成できるDVDは、パソコンでの利用を前提としたものです。

3 マスターで書き込みを行う

Key word マスターとは？

Windows XP などの古い Windows でも読み出せるディスクを作成したいときは、「マスター」で書き込みを行います。マスターで書き込んだディスクは、データの削除やファイル名の変更などの操作は行えないので注意してください。

Memo データの追加書き込みについて

「マスター」でデータを書き込んだディスクは、空き領域がなくなるまで、右の手順でデータの追加書き込みができます。ただし、書き込み済みのファイルやフォルダーを削除したり、上書きすることはできません。また、ライブファイルシステムの場合と同じく、DVD-R DL/+R DL のメディアは追加の書き込みができません。

Memo 通知が表示されたときは？

通知が表示されたときは、P.309の手順を参考に通知をクリックし、次の画面が表示されたら＜ファイルをディスクに書き込む＞をクリックします。また、「ディスクの書き込み」ダイアログボックスが表示されないときは、エクスプローラーを起動し、ナビゲーションウィンドウの光学ドライブのアイコンをダブルクリックします。

Memo ＜管理＞が表示されない場合は？

次ページの手順 10 でリボンに＜管理＞タブが表示されないときは、ウィンドウ内の何もない場所をクリックします。

---

1 空のディスクをドライブにセットします。

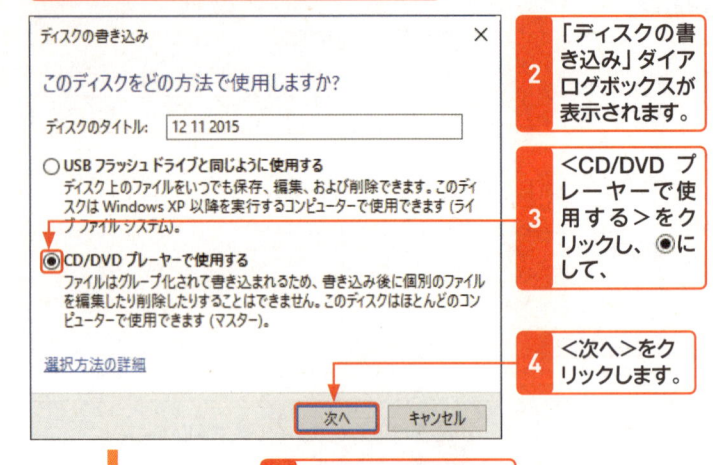

2 「ディスクの書き込み」ダイアログボックスが表示されます。

3 ＜CD/DVD プレーヤーで使用する＞をクリックし、◉にして、

4 ＜次へ＞をクリックします。

5 ウィンドウが開きます。

6 書き込みたいファイルやフォルダーを選択し、

7 ＜共有＞タブをクリックします。

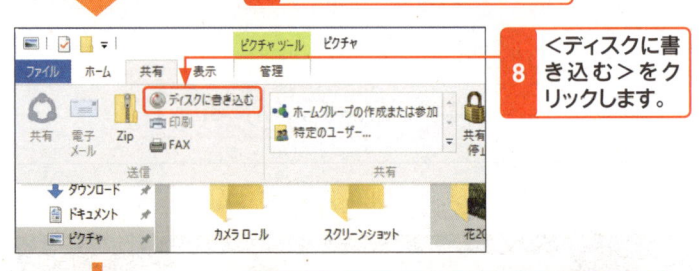

8 ＜ディスクに書き込む＞をクリックします。

9 ウィンドウが開き、通知が表示されます。

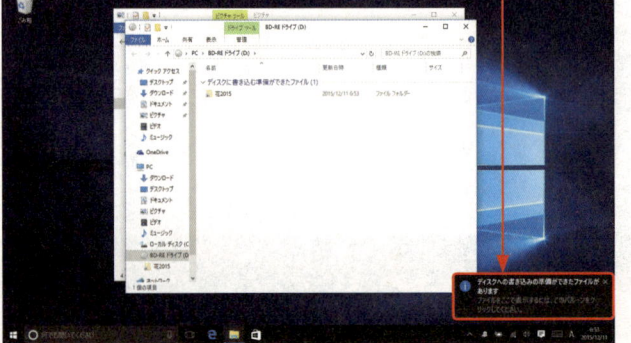

10 ＜管理＞タブをクリックし、

11 ＜書き込みを完了する＞をクリックします。

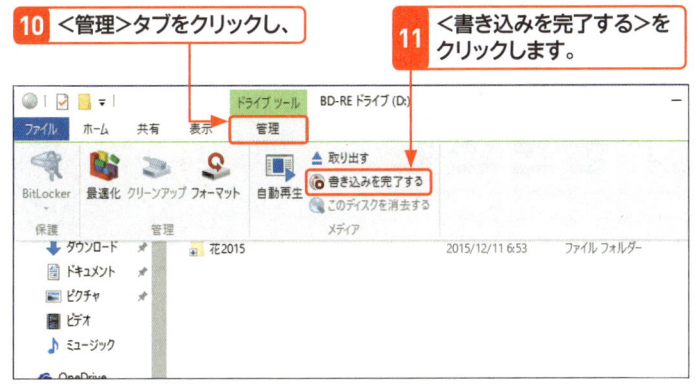

↓

12 必要に応じてディスクのタイトルを入力し、

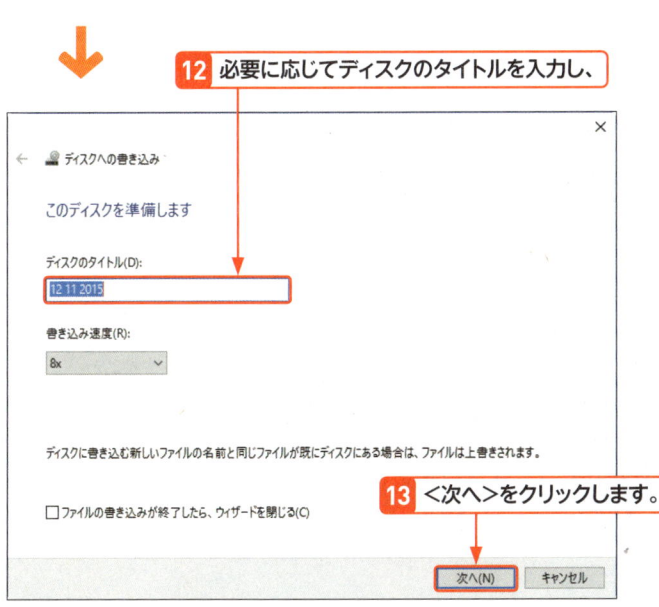

13 ＜次へ＞をクリックします。

↓

14 ディスクの書き込みが終了すると、ディスクが自動的に排出されます。

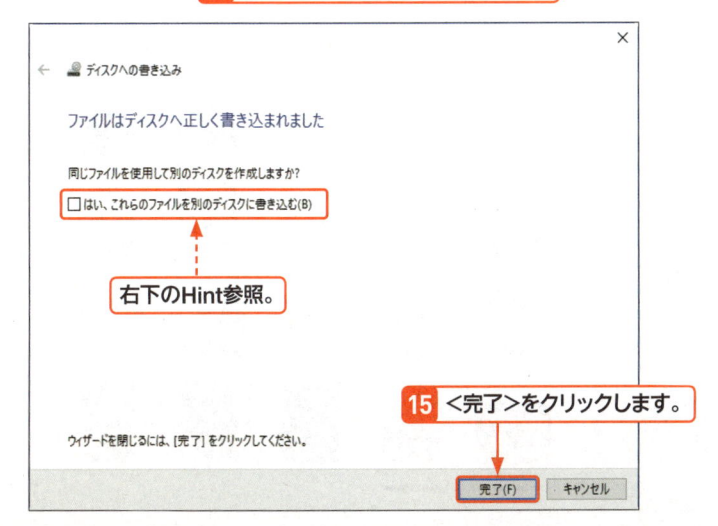

右下のHint参照。

15 ＜完了＞をクリックします。

Memo バルーンが何度も表示される

前ページの手順 **9** の＜ディスクへの書き込みの準備ができたファイルがあります＞の通知が何度も表示されるときは、書き込みが完了していないデータがあります。そのときは、手順 **10** 以降を参考にデータの書き込みを行ってください。また、データを書き込みたくないときは、光学ドライブのアイコンを右クリックし、＜一時ファイルの削除＞をクリックしてください。

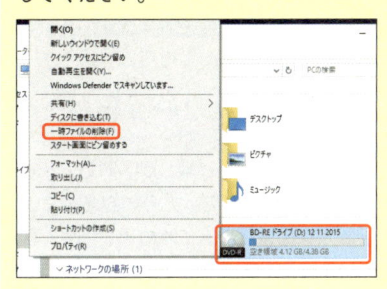

Hint ディスクが排出されないときは?

手順 **14** で書き込みが完了しても、ディスクが自動的に排出されないときは、P.311の手順 **18**、**19** を参考にディスクの取り出しを行ってください。

Hint 同じディスクを作成する

マスターでディスクへ書き込みを行う際、手順 **15** の画面で＜はい、これらのファイルを別のディスクに書き込む＞をクリックして□を☑にすると、ボタンが＜完了＞から＜次へ＞に変わります。ドライブに新しいディスクを挿入し、＜次へ＞をクリックすることで、同じ内容のディスクを作成できます。

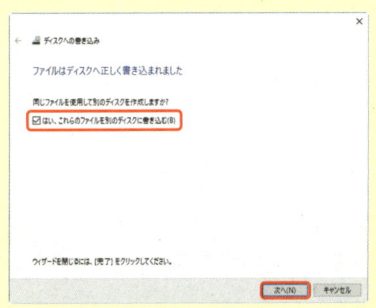

Section 102 ISOファイルを読み出す／書き込む

キーワード ▶ ISOファイル

Windows 10はISOファイルをドライブのようにマウントし、そのままエクスプローラーで内容を参照できます。また、ISOファイル内の任意のファイルをCD-Rなどの光学メディアに書き出すこともできます。ここではISOファイルの読み出し方と、そのまま光学メディアに書き出す手順を解説します。

1 ISOファイルを読み込む

Key word ISOファイルとは?

「ISOファイル」とは、CD/DVD/Blu-rayなどの光学メディアの内容を丸ごとイメージ化したファイルのことです。国際標準規格であるISO 9660で標準化されたCD-ROMのファイルシステムからこのように呼ばれています。ISOファイルを扱うメリットは、光学ドライブがなくても光学メディアの内容を利用できるという点です。複数のISOファイルを同時に認識することができるので、光学メディアのようにメディアを入れ替える必要がありません。

Key word マウントとは?

「マウント」とは、パソコンに接続したデバイスやメディアをOSが認識し、使用可能な状態にすることを指します。逆に取り外し可能な状態にすることを「アンマウント」と呼びます。

Hint ISOファイルの見分け方

Windows 10上におけるISOファイルは光学ドライブを模したアイコンが使用されます。また、拡張子を表示している場合は「.iso」でISOファイルであることを確認できます。

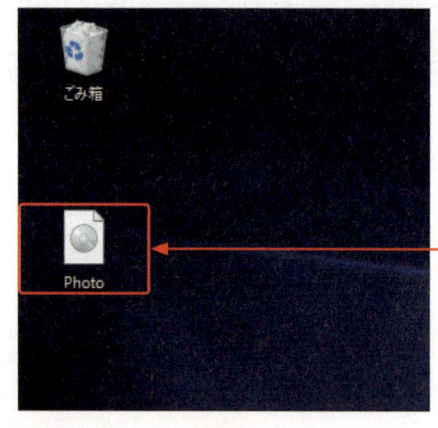

1 ISOファイルをダブルクリックすると、

2 エクスプローラーが起動し、

3 ISOファイルの内容が表示されます。

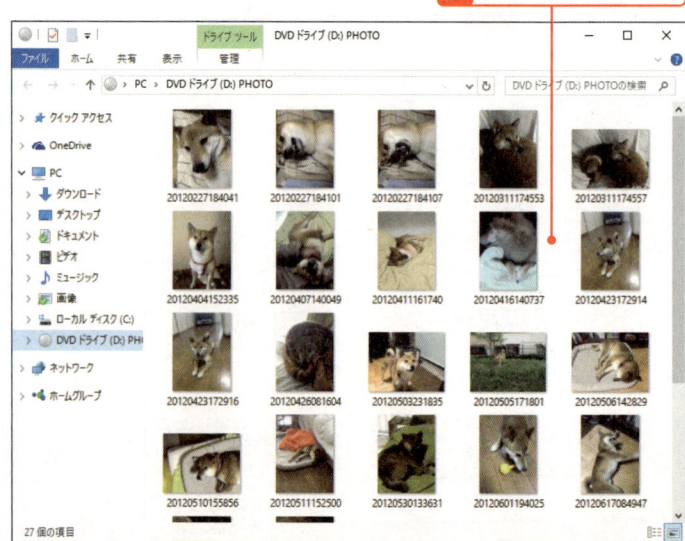

2 ISOファイルを書き込む

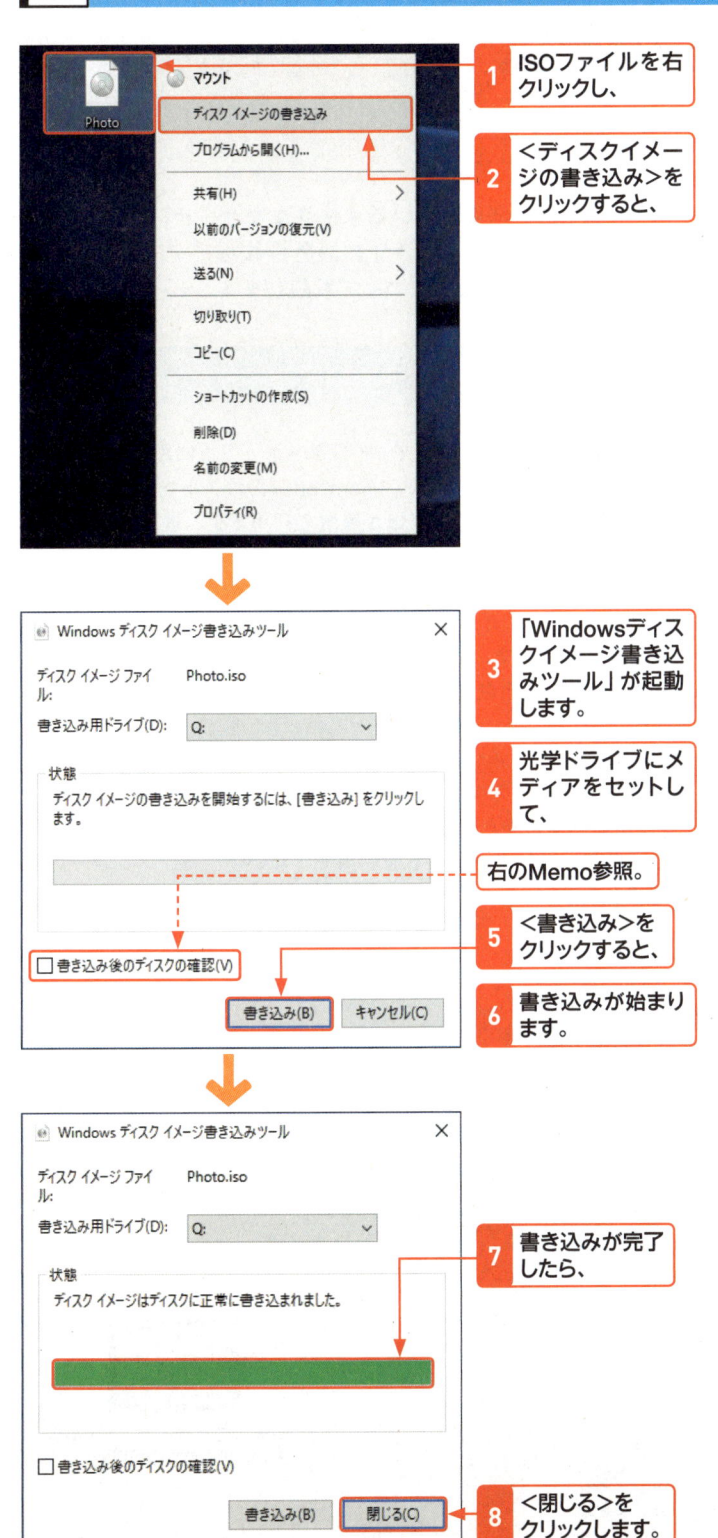

1 ISOファイルを右クリックし、

2 <ディスクイメージの書き込み>をクリックすると、

3 「Windowsディスクイメージ書き込みツール」が起動します。

4 光学ドライブにメディアをセットして、

右のMemo参照。

5 <書き込み>をクリックすると、

6 書き込みが始まります。

7 書き込みが完了したら、

8 <閉じる>をクリックします。

Hint ISOファイルを取り外すには

エクスプローラーで「PC」を開き、ISOファイルをマウントしたドライブ（通常は「DVDドライブ」など）を右クリックします。表示されるメニューから<取り出し>をクリックします。

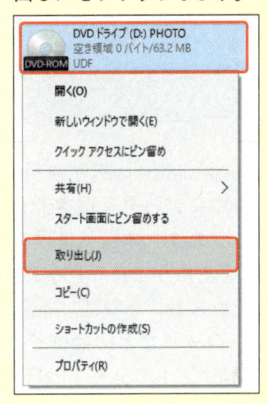

Hint ISOファイルの用途について

ISOファイルは、OSやアプリケーションの配布や、多数の相手に直接CD-Rメディアを配布するような場面でISOファイルを利用します。CD-Rなどに保存した内容を確実に伝えたい場合にお使いください。

Memo 書き込んだ内容を確認するには

ISOファイルの内容が正しく書き込まれているか確認するには、手順3の画面で書き込み開始前に<書き込み後のディスクの確認>をクリックして□を☑にしてください。

Section
103 OneDriveとは

キーワード ▶ OneDrive

Windows 10には、Microsoftがインターネット上で無償提供しているさまざまなサービスがすぐ利用できるように統合されています。その機能の1つが、インターネット上に設置されたデータ保存／共有サービス「OneDrive」です。こでは、OneDriveの概要や機能などについて解説します。

1 OneDrive について知る

OneDriveは、Microsoftが無料提供しているオンラインストレージで、インターネット上に設置されたユーザーに自由にデータを保存できる保管スペースです。OneDriveは、Microsoftアカウントを取得することで利用できます。本稿執筆現在（2016年3月）で通常、「5GB」の容量が無償で利用でき、追加の料金（170円／月）を支払うことで「50GB」の容量を利用できます。

オンラインストレージは、通常、専用アプリやWebブラウザーを利用してファイルの保存（アップロード）やダウンロードなどの操作を行います。Windows 10では、それらの操作方法に加えて、パソコン内の「OneDrive」フォルダーとの自動同期機能を備えています。これによって、エクスプローラーでパソコン内の「OneDrive」フォルダーにファイルを保存すると、自動的にインターネット上のOneDriveにそのファイルがアップロードされます。

また、外出先などからインターネット上のOneDriveにWebブラウザーを利用してファイルをアップロードすると、パソコン内の「OneDrive」フォルダーにそのファイルが自動的にダウンロードされます。Windows 10では、パソコンがインターネットを利用可能な状況にある場合、リアルタイムで常にインターネット上のOneDriveとの同期が行われています。インターネットを利用できない場合は、インターネットが利用可能になると、すぐに同期が実行されます。

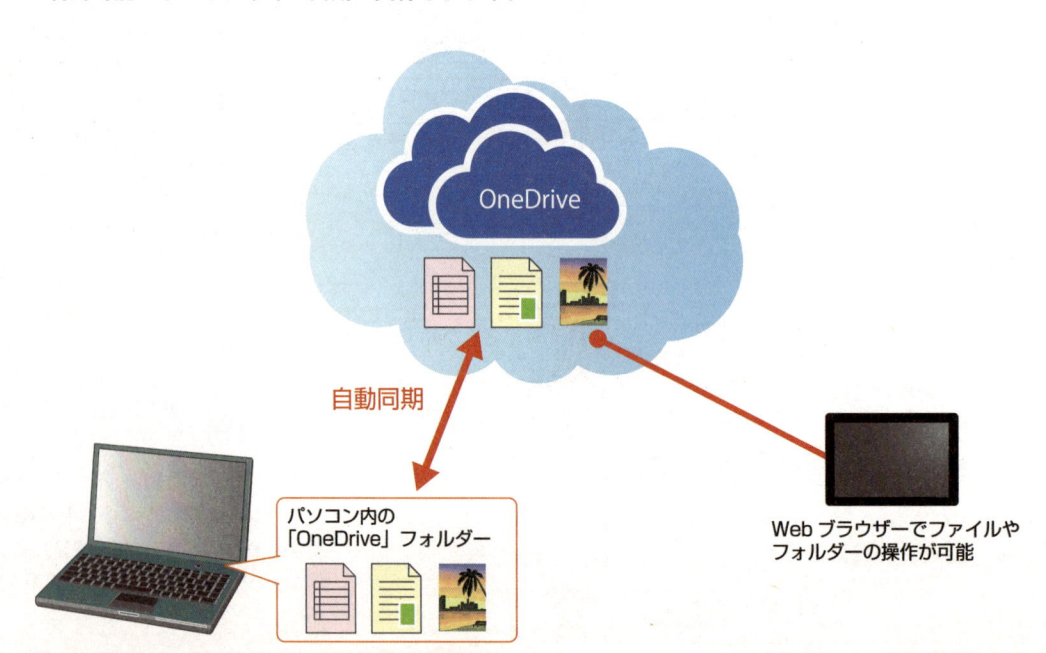

OneDrive

自動同期

パソコン内の「OneDrive」フォルダー

Webブラウザーでファイルやフォルダーの操作が可能

2 OneDrive の活用法について

OneDrive は Windows 10 に Microsoft アカウントでサインインしている場合、自動的にサインインが行われます。写真や Microsoft Office で作成したファイルなどさまざまなデータを自由に保存でき、1GB を超えるような大きなファイルを保存することもできます。

無料で利用できる容量が「5GB（2016年3月現在）」とそれほど大きくないため、パソコン内のデータをすべてバックアップするという用途には向きませんが、以下のようなメリットや活用法があります。

外出先で大切なデータに自由にアクセスできる

USB メモリーなどの物理的な記録媒体は紛失してしまう可能性がありますが、常にインターネット上に用意された専用の保管スペースにデータを保存する OneDrive は紛失の心配がありません。

また、OneDrive は、インターネットを利用できる状態にある限り、場所を問わず自由にアクセスできる点もメリットです。Web ブラウザーが利用できれば、利用場所やパソコンなどの環境を問わず、保存したデータにアクセスできます。頻繁に利用する重要なデータや外出先でも利用したいデータなどを活用したいときに便利です。

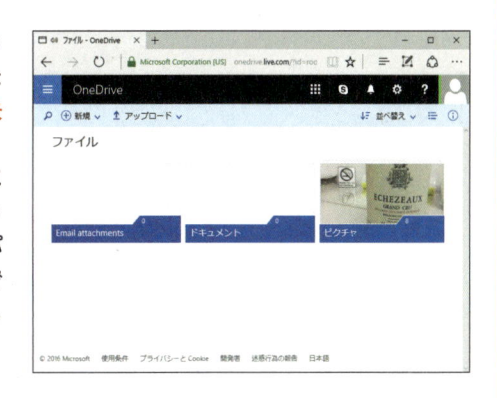

インターネット利用したファイル共有を利用できる

OneDrive に保存しているお気に入りの写真や動画は、ほかのユーザーと共有できます。メールには、添付できないようなサイズの大きいデータも共有できるだけでなく、共有を行うための操作もかんたんです。大人数で共有することもできるので、活用の幅も広がります。

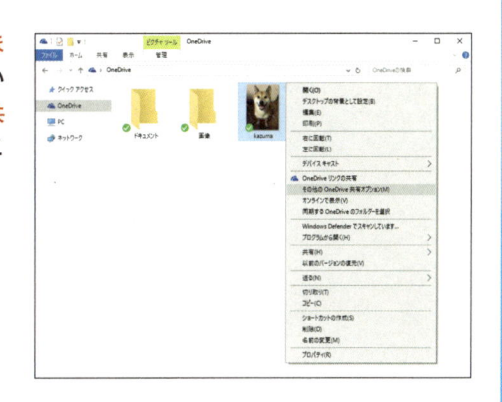

エクスプローラーでファイル／フォルダーの操作が行える

Windows 10 は、パソコン内の「OneDrive」フォルダーとインターネット上の OneDrive の自動同期機能を備えています。これによって、エクスプローラーでパソコン内の「OneDrive」フォルダーを操作して、「OneDrive」フォルダー内にファイル／フォルダーを保存すれば、そのファイル／フォルダーをインターネット上の OneDrive に自動アップロードできます。

また、Web ブラウザーを利用して別のパソコンからファイルをインターネット上の OneDrive にアップデートすると、そのファイルは、自動的にパソコン内の「OneDrive」フォルダーにダウンロードされます。

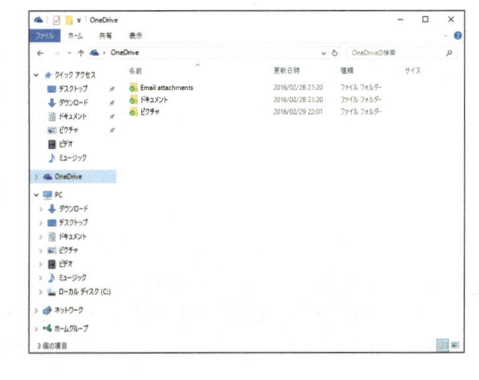

Section

104 OneDriveを利用する

キーワード ▶ OneDrive（保存／ダウンロード）

OneDriveは、インターネット上のデータ保管庫です。Microsoft アカウントを取得していれば誰でも利用でき、写真や文書ファイルなどのさまざまなファイルをインターネット上に保管できます。ここでは、OneDriveの使い方を解説します。

1 エクスプローラーで「OneDrive」フォルダーを開く

Key word　OneDriveとは？

「OneDrive」は、マイクロソフトが無償で提供しているオンラインストレージサービスです。標準で5GBの容量を利用できます（2016年3月現在）。

Memo　OneDriveを利用するには？

OneDriveは、エクスプローラーに表示される「OneDrive」フォルダーを利用して操作します。「OneDrive」フォルダーの内容は、インターネット上のOneDriveと自動同期し、常に同じデータになるように設定されています。また、OneDriveは、Webブラウザーを利用することでも操作できます。なお、OneDriveの利用には、Microsoft アカウントが必要です。

1 📁をクリックします。

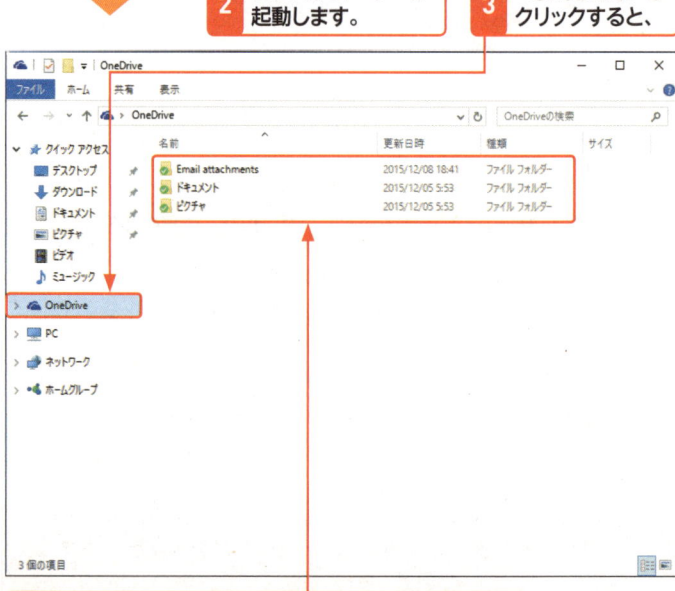

2 エクスプローラーが起動します。

3 ＜OneDrive＞をクリックすると、

4 「OneDrive」フォルダー内のデータが表示されます。

2 エクスプローラーで新しいフォルダーを作成する

1 「OneDrive」フォルダーを開いておきます。

2 <ホーム>タブを
クリックし、

3 <新しいフォルダー>を
クリックすると、

4 新しいフォルダーが作成されるので、

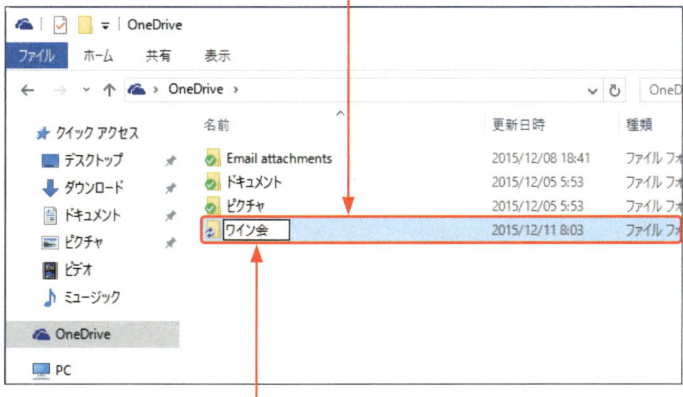

5 名前（ここでは、「ワイン
会」）を入力し、

6 Enter キーを押します。

7 作成したフォルダーが、手順**5**で入力した名前になります。

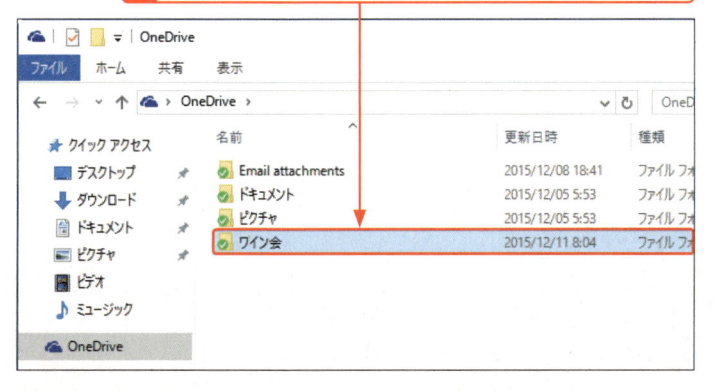

Memo ようこそ画面が表示されたときは？

前ページの手順**3**のあとに、以下のようこそ画面が表示されたときは、<サインイン>をクリックして、画面の指示に従って初期設定を行ってください。

Memo 新規フォルダーを作成する

「OneDrive」フォルダーにエクスプローラーを利用して新規フォルダーを作成するときは、左の手順で行います。なお、この作成方法は、通常の新規フォルダーの作成と同じ操作です。ここでは、新規フォルダーの作成方法のみを解説していますが、フォルダー名の変更やフォルダーの削除なども通常のフォルダー操作と同じ方法で行えます。

Hint フォルダーの名称について

「OneDrive」フォルダー内にあるフォルダーの名称は、利用環境によって異なります。たとえば、左の手順では、「ピクチャ」や「ドキュメント」などカタカナで表示されていますが、これらがアルファベットで表示される場合があります。また、左の手順では表示されてないフォルダーが表示される場合もあります。

3 エクスプローラーでOneDriveにファイルを保存する

Memo OneDriveにファイルやフォルダーを保存する

「OneDrive」フォルダーにファイルやフォルダーを保存すると、そのデータは自動的にインターネット上にあるOneDriveにアップロードされます。逆にインターネット上のOneDriveに新しいファイルやフォルダーが追加されたときは、パソコン内にある「OneDrive」フォルダーにそのファイルやフォルダーが自動的にダウンロードされます。

Memo データは常に同じになる

「OneDrive」フォルダー内のファイルやフォルダーを削除すると、インターネット上のOneDriveにあるファイルやフォルダーも削除されます。パソコン内にある「OneDrive」フォルダー内のデータは、常にインターネット上のOneDriveと同じになるように設計されています。

Memo 「OneDrive」フォルダーへコピーする

ファイルやフォルダーのコピーは、コピーしたいファイルやフォルダーを「OneDrive」フォルダー内のフォルダーにドラッグ＆ドロップすることでも行えます。

1 エクスプローラーを起動します。

2 アップロードしたいファイルやフォルダーが収められているフォルダーを開きます。

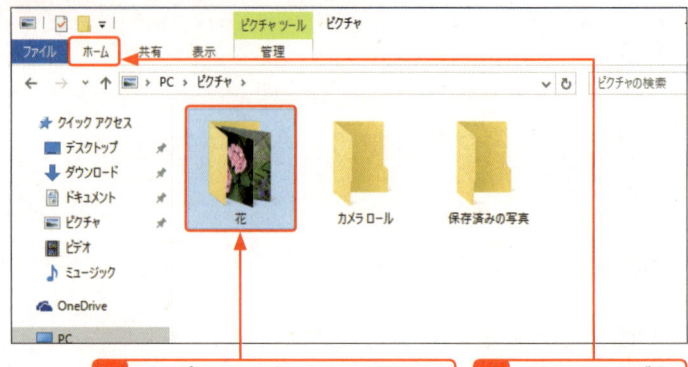

3 アップロードしたいファイルやフォルダー（ここでは、＜花＞フォルダー）をクリックして選択し、

4 ＜ホーム＞タブをクリックします。

5 ＜コピー＞をクリックします。

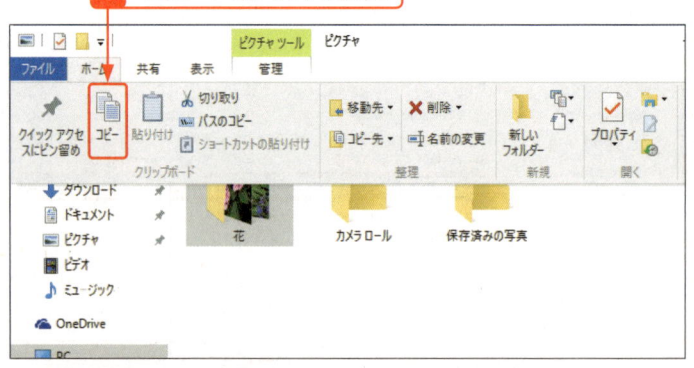

6 ＜OneDrive＞をクリックし、

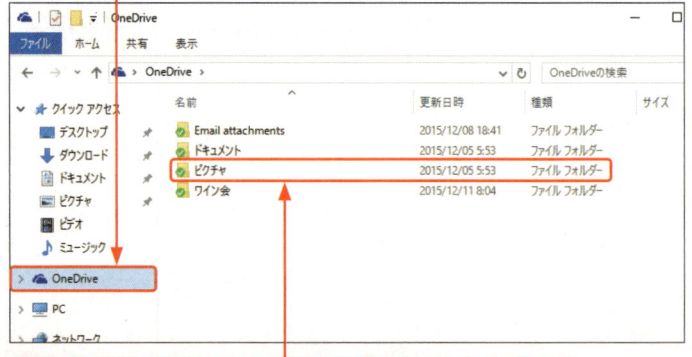

7 ファイルやフォルダーを保存したいフォルダー（ここでは、＜ピクチャ＞）をダブルクリックして開きます。

8 <ホーム>タブをクリックします。

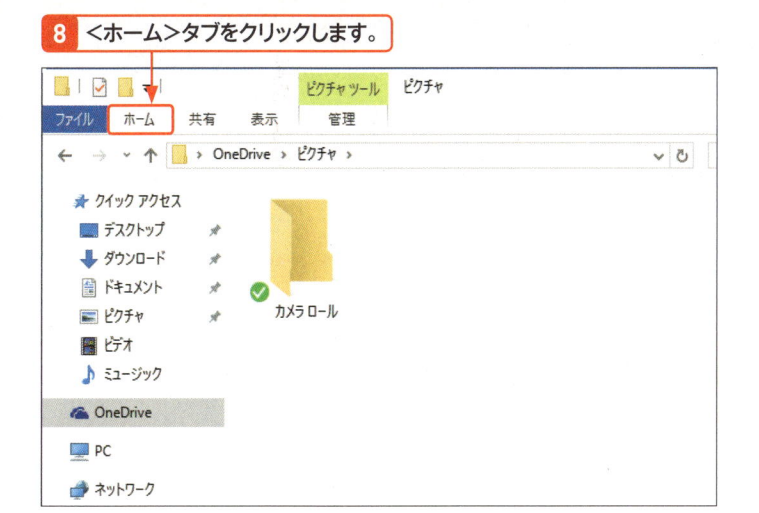

9 <貼り付け>をクリックします。

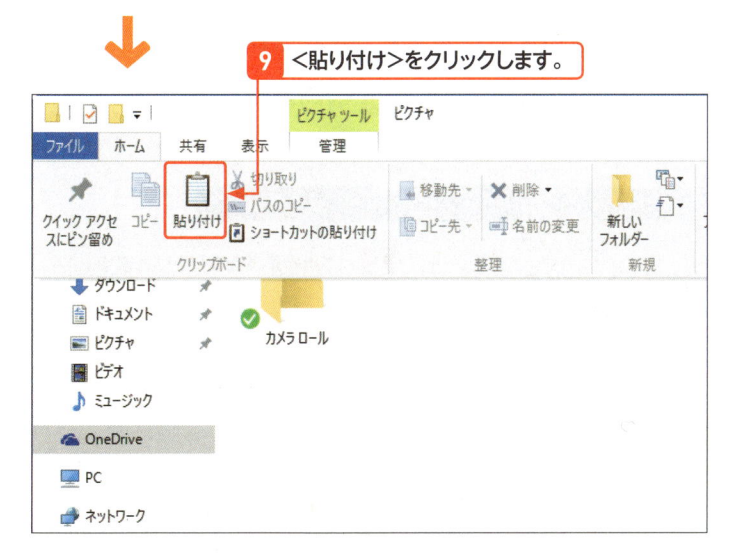

10 選択したファイルやフォルダーがOneDriveにアップロードされます。

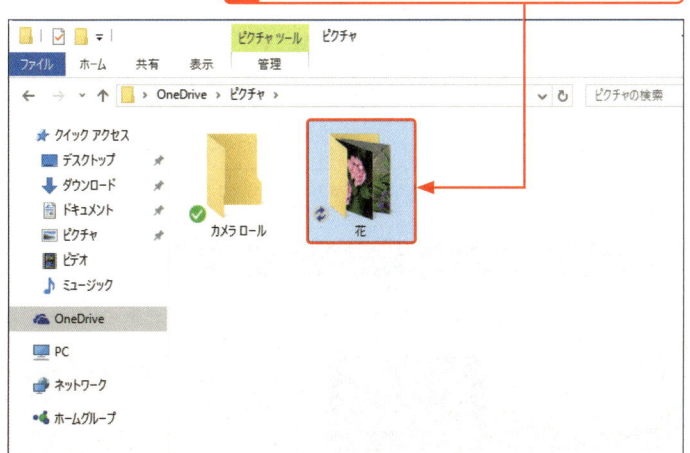

Memo アップロード中の状態について

「OneDrive」フォルダーにコピーされたファイルやフォルダーは、自動的にインターネット上のOneDriveへアップロードされます。アップロード中のファイル／フォルダーは、左下に表示されるアイコンの有無で状態を確認できます。アップロード中のファイル／フォルダーには、<img>が付きます。なお、これらのアイコンは表示されないこともあります。

アップロード（同期）中のファイル／フォルダー

アップロード済みのファイル／フォルダー

Hint インターネットが利用できないときは？

エクスプローラーの「OneDrive」フォルダー内のデータは、インターネットが利用できる環境にある限り、常にインターネット上のOneDriveと同じ内容になるように設計されています。インターネットが利用できない環境で更新したファイルなどは、インターネットが利用できる状態になったら自動的に更新作業が実施されます。

第1章	Windows 10 をはじめよう
第2章	Windows 10 の基本操作
第3章	ファイルと フォルダー
第4章	インター ネット
第5章	Outlook. com
第6章	「メール」 アプリ
第7章	アプリの 利用
第8章	データの 活用
第9章	音楽/写真 /ビデオ
第10章	タブレット モード
第11章	文字入力 の基本
第12章	<スタート> メニュー
第13章	デスクトップ
第14章	ネットワーク
第15章	管理/ セキュリティ
第16章	周辺機器 の利用
第17章	トラブル 対策
第18章	インストール と初期設定
付録	

4 WebブラウザーでOneDriveにファイルを保存する

Memo Webブラウザーで OneDriveを操作する

OneDriveは、Webブラウザーを利用することでも各種操作を行えます。ここでは、Microsoft Edgeを例に、OneDriveの操作方法を解説します。

Hint サインイン画面が 表示されたら?

手順 **1** のあとにOneDriveのトップページが表示されたときは、右上の<サインイン>をクリックし画面の指示に従って、Microsoftアカウントでサインインしてください。

Hint ようこそ画面が 表示されたら?

Webブラウザーで初めてOneDriveを利用したときは、以下のようなようこそ画面が表示されます。この画面が表示されたときは、<使ってみる>をクリックし、画面の指示に従って操作してください。

Memo ファイルの削除と ダウンロード

OneDriveに保存されたファイルを削除したいときは、削除したいファイルを右クリック（タッチ操作の場合は長押し）し、表示されるメニューの<削除>をクリックします。

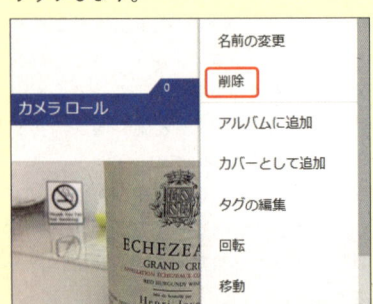

Microsoft Edgeを起動しておきます。

1 OneDriveのURL（https://onedrive.live.com/）を開きます。

2 ファイルをアップロードしたいフォルダー（ここでは、<ピクチャ>または<画像>）をクリックします。

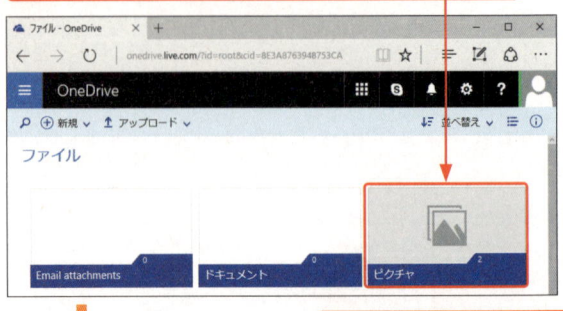

3 <アップロード>をクリックし、

4 <ファイル>をクリックします。

5 アップロードしたいファイルが収められているフォルダーを開き、

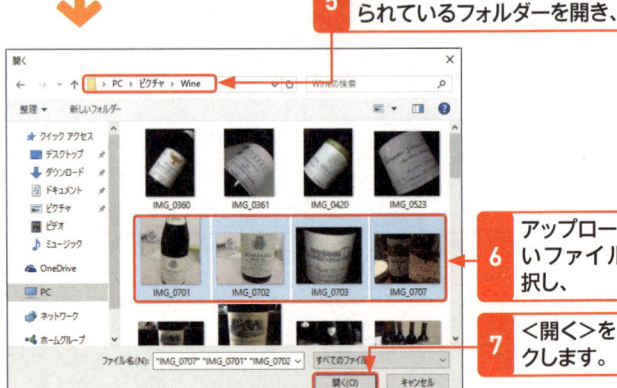

6 アップロードしたいファイルを選択し、

7 <開く>をクリックします。

8 ファイルがアップロードされます。

5 WebブラウザーでOneDriveからファイルをダウンロードする

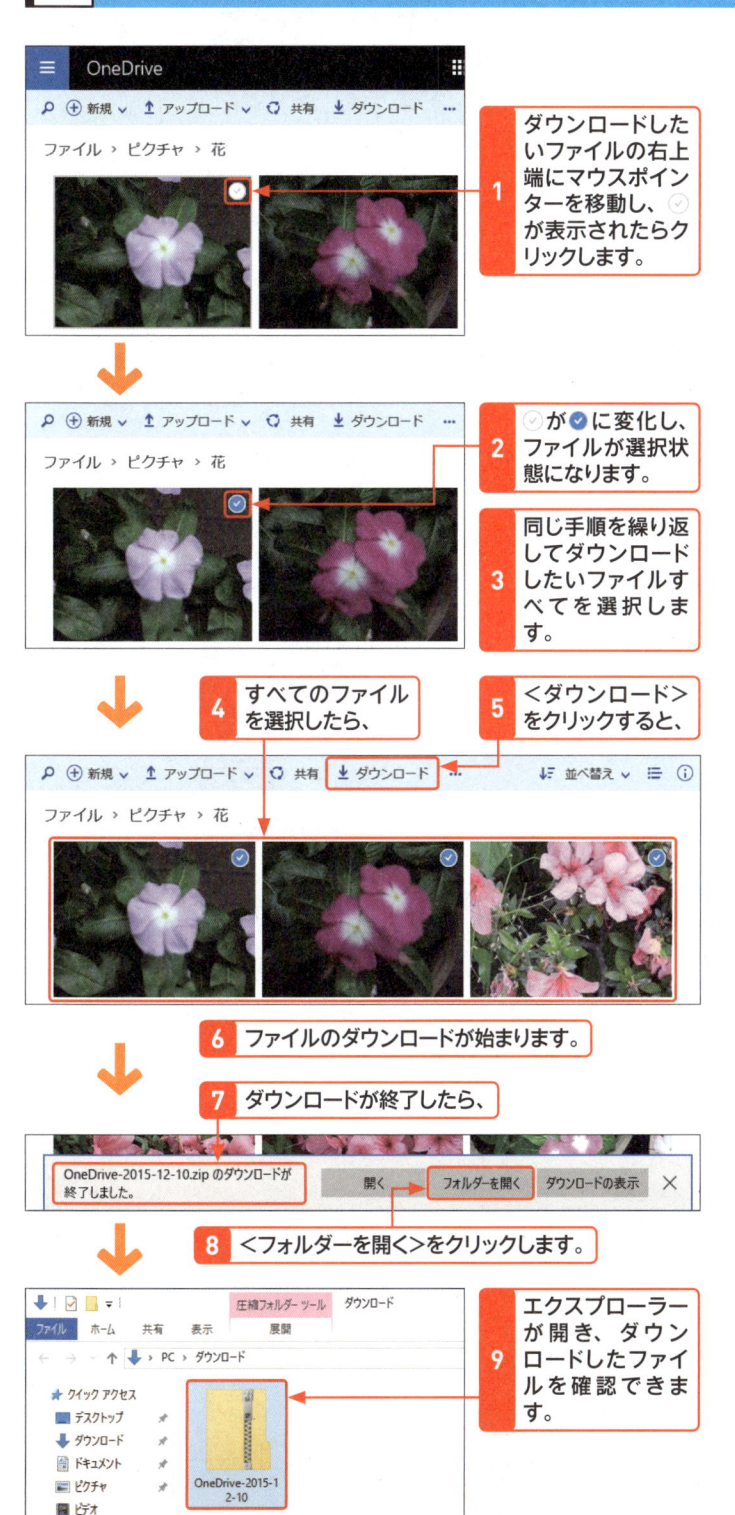

ダウンロードしたいファイルの右上端にマウスポインターを移動し、⊘が表示されたらクリックします。 **1**

⊘が●に変化し、ファイルが選択状態になります。 **2**

同じ手順を繰り返してダウンロードしたいファイルすべてを選択します。 **3**

すべてのファイルを選択したら、 **4**

<ダウンロード>をクリックすると、 **5**

ファイルのダウンロードが始まります。 **6**

ダウンロードが終了したら、 **7**

<フォルダーを開く>をクリックします。 **8**

エクスプローラーが開き、ダウンロードしたファイルを確認できます。 **9**

Memo ファイルをダウンロードする

左の手順では、ファイルのダウンロード方法を解説していますが、同じ手順でフォルダーを選択するとフォルダーのダウンロードを行えます。

Touch タッチ操作の場合は?

タッチ操作の場合は、ダウンロードしたいファイルやフォルダーの右上端（⊘や●が表示される部分）をタップするとファイルやフォルダーの選択が行えます。タップする位置がずれると、タップしたファイルの内容が表示される場合があるので、注意して操作を行ってください。

Memo ダウンロード先は?

左の手順でダウンロードしたファイルは、通常「ダウンロード」フォルダーに保存されます。

Hint 複数ファイルやフォルダーを選択した場合は?

選択したファイルが1つのみの場合は、そのファイルのみをダウンロードしますが、複数のファイルを選択した場合やフォルダーを選択した場合は、自動的に複数のファイル／フォルダーを1つの圧縮ファイルにしてダウンロードが実行されます。左の手順では、ダウンロードしたファイルを保存したフォルダーを開いていますが、<開く>をクリックするとダウンロードしたファイルを対応したアプリで開くことができます。

Section
105
OneDrive上のファイルを ほかのユーザーと共有する

キーワード ▶ OneDrive（共有）

「OneDrive」を使えばお気に入りの写真や動画をほかのユーザーとかんたんに共有できます。特定多数の相手とファイルを共有する場合はメールにファイル添付するよりもかんたんです。ここでは、OneDrive上のファイルをほかのユーザーと共有する方法を解説します。

1 共有リンクを友だちにメールで送信する

Memo OneDriveの 共有とは？

OneDriveでの共有とは、相手と同じ情報やコンテンツを共同で所有することを意味します。OneDriveで共有を行うには、「OneDrive」フォルダー内で行う必要があります。なお、共有する相手がOneDriveを利用していない場合は、＜OneDriveリンクの共有＞を実行すれば（次ページ上Memo参照）、共有リンクなどを用いてファイルを共有することができます。

Memo 手順5の画面が 表示されない

手順4のあとに手順5の画面が表示されず、ファイルの内容がWebブラウザーで表示された場合は、＜共有＞をクリックします。なお、＜共有＞が表示されていない場合は、画面上でマウスポインターを動かすと表示されます。

1 エクスプローラーを 起動し、

2 ＜OneDrive＞を クリックします。

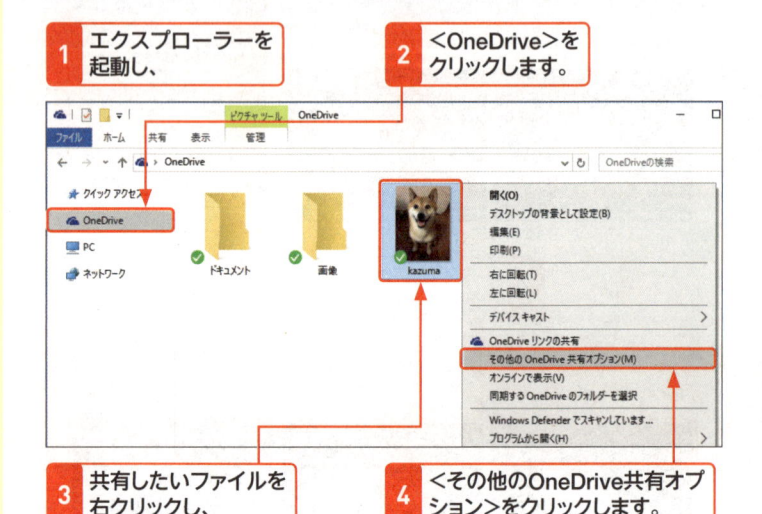

3 共有したいファイルを 右クリックし、

4 ＜その他のOneDrive共有オプ ション＞をクリックします。

5 Webブラウザーが表示されます。

6 メールアドレスを入力し、

7 かんたんなコメントを入力して、

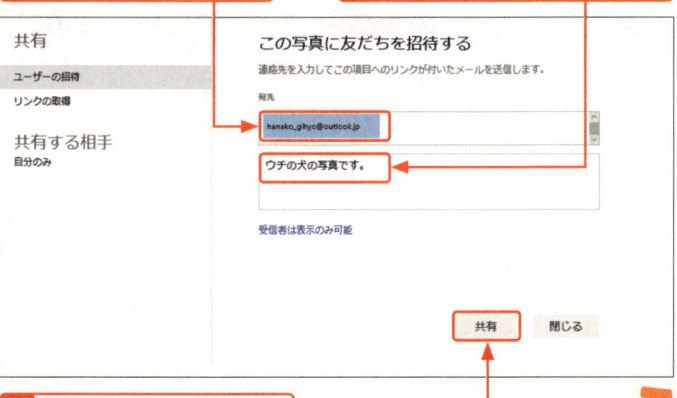

8 ＜共有＞をクリックします。

9 相手にメールが送られます。

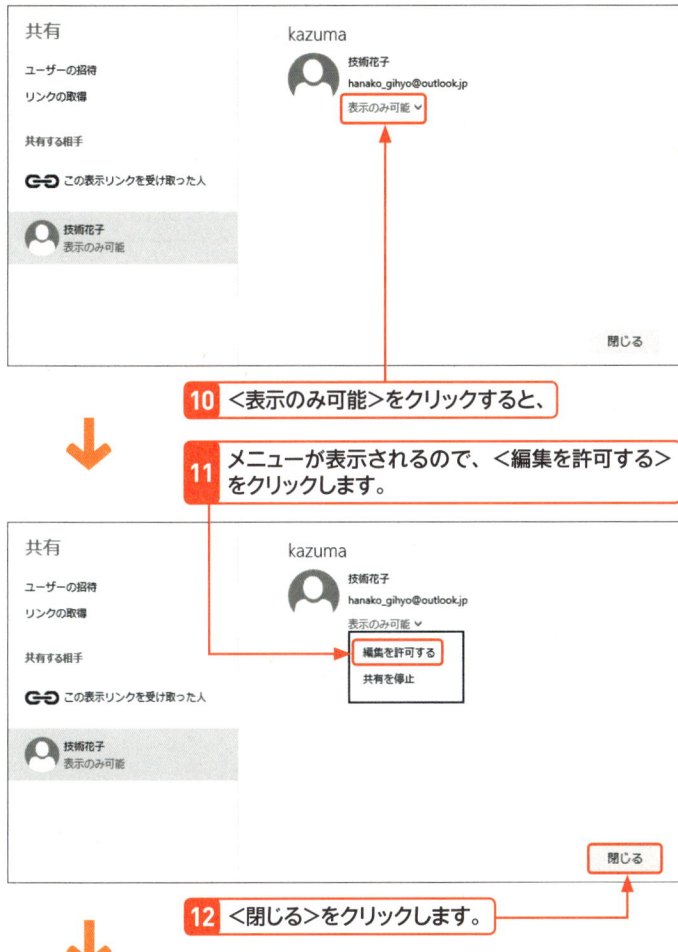

10 ＜表示のみ可能＞をクリックすると、

11 メニューが表示されるので、＜編集を許可する＞をクリックします。

12 ＜閉じる＞をクリックします。

13 受信側はこのように示されます。

右下のMemo参照。

Memo そのほかの項目について

前ページの手順 **4** で＜OneDriveリンクの共有＞をクリックした場合、ファイルに対するリンクがクリップボードにコピーされます（下記画面のように通知が表示されます）。そのままメールなどに貼り付けてください。ただし、URLは短縮されません。＜オンラインで表示＞はOneDrive.comにアクセスし、Webブラウザー上でファイルが表示されます。＜同期するOneDriveのフォルダーを選択＞はOneDriveとパソコン側で同期するフォルダーの取捨選択が可能です。

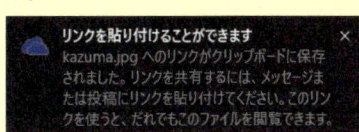

Memo 共有に関するオプションについて

OneDriveは「表示のみ可能」「編集を許可する」「共有を停止」と3つのオプションが用意されており、通常、「表示のみ可能」で共有されます。これは相手側に制限をかけ、閲覧だけを許可するものです。相手側にも編集を許可する場合は、手順 **11** を参考に設定を行います。

Memo OneDriveで表示する

手順 **13** にある＜OneDriveで表示＞をクリックすると、WebブラウザーでOneDrive.comにアクセスし、共有したファイルを直接閲覧／編集できます。

第1章
Windows 10
をはじめよう

第2章
Windows 10
の基本操作

第3章
ファイルと
フォルダー

第4章
インター
ネット

第5章
Outlook.
com

第6章
「メール」
アプリ

第7章
アプリの
利用

第8章
データの
活用

第9章
音楽/写真
/ビデオ

第10章
タブレット
モード

第11章
文字入力
の基本

第12章
＜スタート＞
メニュー

第13章
デスクトップ

第14章
ネットワーク

第15章
管理/
セキュリティ

第16章
周辺機器
の利用

第17章
トラブル
対策

第18章
インストール
と初期設定

付録

2 ファイルを共有する

Hint 相手先に送信できない

利用している Microsoft アカウントの状態によっては、「このアカウントからの共有は一時的にブロックされました」のメッセージが表示され、共有メールを送信できません。その際は＜ご自身のアカウント情報を確認＞をクリックし、携帯電話番号の入力と国情報を選択してください。携帯電話に4桁のコードがSMSで送られて来るので、画面の指示に従ってコードを入力すれば共有メールの送信が可能になります。

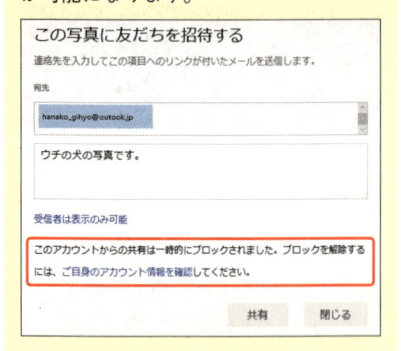

Memo SNSアイコンを活用する

URL が表示されるテキストボックスの下には、左から＜Facebook＞＜Twitter＞＜Linkedin＞＜Weibo＞のアイコンが並びます。各SNS（ソーシャルネットワーキングサービス）のアカウントを持っていれば、ワンクリックでファイルを共有することが可能です。なお、＜別のリンクを作成＞をクリックすると、すでに作成した共有用URLとは別に共有URLを作成できます。ある人に対しては編集を許可し、別の人に対しては閲覧のみとするといった場合などに利用するとよいでしょう。

1 P.324の手順 **4** までを参考に共有を開き、

2 ＜リンクの取得＞をクリックすると、

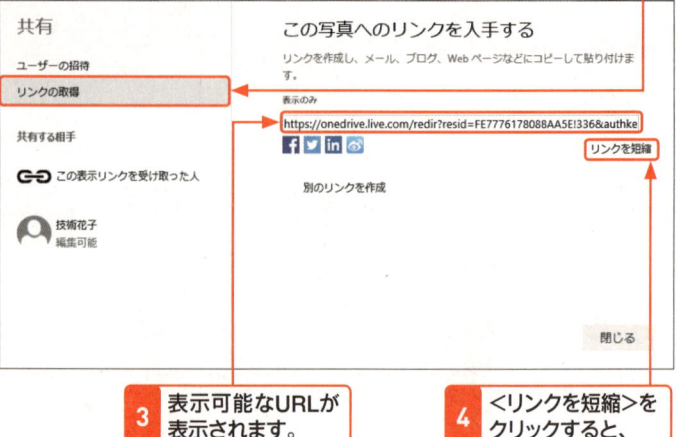

3 表示可能なURLが表示されます。

4 ＜リンクを短縮＞をクリックすると、

5 より短いURLになります。こちらをメールなどにコピー&ペーストして共有相手に連絡します。

6 メールを受信した相手は、このURLのリンクをクリックすることでファイルを共有することができます。

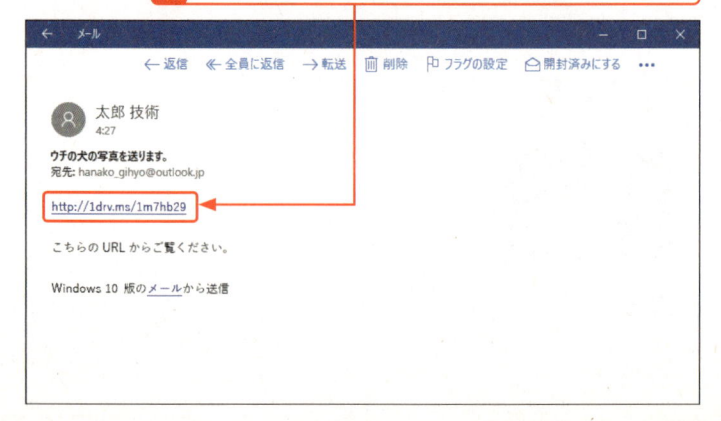

 **Memo** 別のリンクを作成する

共有リンクはクリップボードにコピーされるため、そのままURLをメールやSNSなど各所に貼り付けることができます。ただし作成するURLは＜表示のみ可能＞のため、相手に編集を許可する場合はP.325の手順で操作を進めてください。

1 エクスプローラーを起動し、

2 ＜OneDrive＞をクリックします。

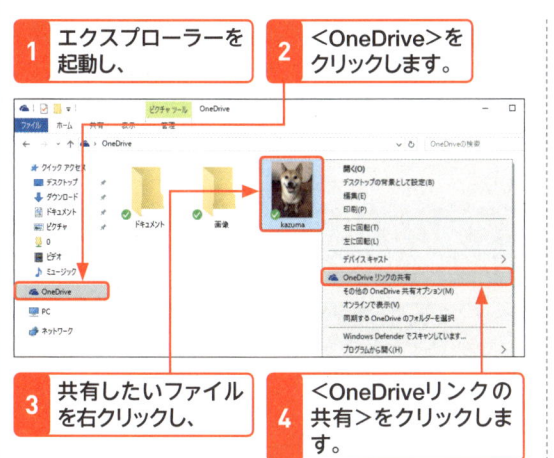

3 共有したいファイルを右クリックし、

4 ＜OneDriveリンクの共有＞をクリックします。

5 これでクリップボードにURLが挿入されました。

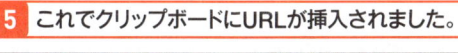
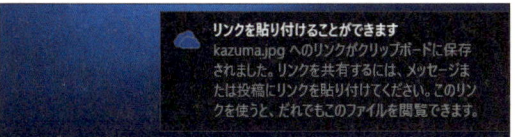

6 ここではメールでURLを送信するため「メール」を起動し、

7 宛先や件名を入力してから、

8 何もないところを右クリックして、

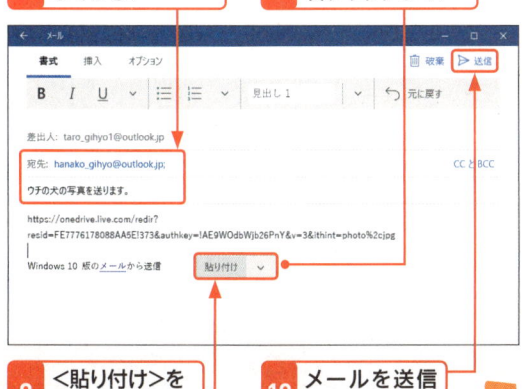

9 ＜貼り付け＞をクリックします。

10 メールを送信すると、

11 相手にはこのように届きます。

12 URLをクリックすると、

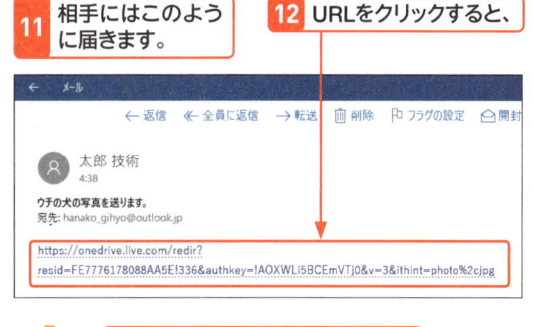

13 Webブラウザーでファイルが開きます。

14 ファイル上でマウスを動かすとツールバーが表示され、「編集を許可する」の状態では、＜編集の追加＞が表示されます。

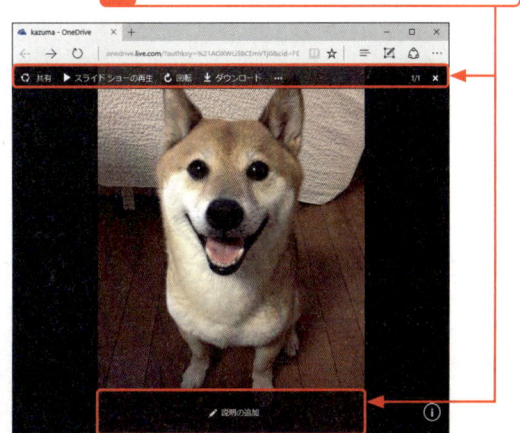

Section 106

OneDriveと同期する
フォルダーを設定する

キーワード ▶ OneDrive（同期）

OneDrive上のファイルはWindows 10のOneDriveフォルダーとバックグラウンドで同期し、常にお互いで最新の状態を維持します。また、同じMicrosoftアカウントでサインインした別のパソコンでも同様のしくみが働くため、どのパソコンでも常に最新のファイルを参照／編集できます。

1 同期するフォルダーを選択する

Hint OneDriveアイコンが見つからない

通知領域にOneDriveアイコンが見当たらない場合は へ をクリックして、隠れたインジケーターを表示させてください。

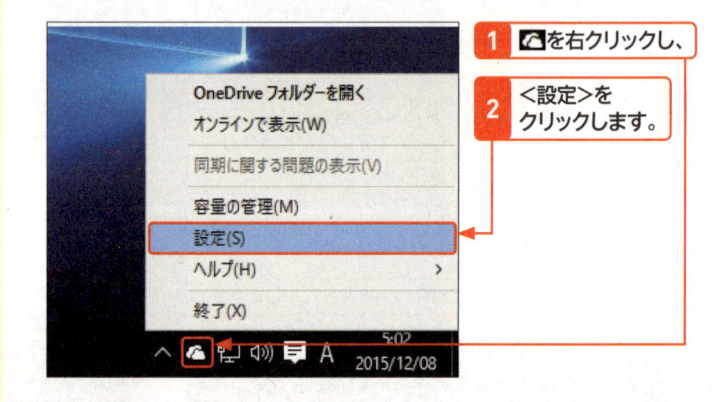

1 ☁ を右クリックし、

2 〈設定〉を
クリックします。

3 〈アカウント〉タブが選択されていることを確認し、

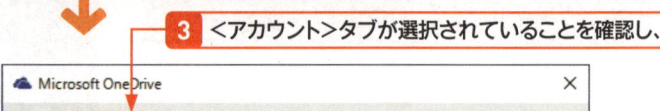

Memo バックグラウンドと同期

「バックグラウンド」は、一般的に背景や履歴などを意味する英単語ですが、パソコンではユーザーがとくに操作を必要とせずに動作するアプリやサービスの動作を指します。OneDriveでは、アップロード／ダウンロード処理によって、自動的に「OneDrive」フォルダーとOneDrive.comの内容を同期（共通化）します。

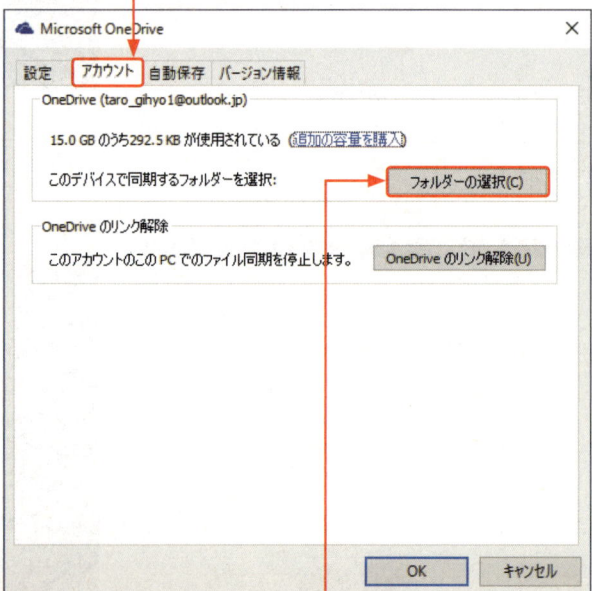

4 〈フォルダーの選択〉をクリックします。

5 チェックボックスの☑／□をクリックして、同期するフォルダーを選択します。

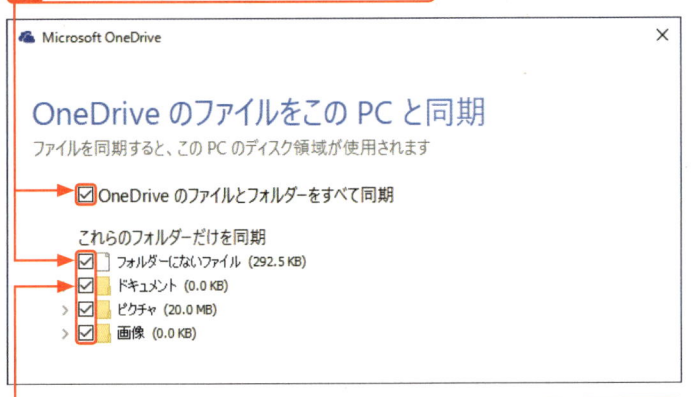

6 ☑をクリックして（ここでは＜ドキュメント＞）、

7 確認をうながすメッセージが表示されたら、

Microsoft OneDrive

⚠ この PC にある一部のアイテムの同期を中止してよろしいですか？

同期を中止したアイテムは OneDrive 上には残りますが、この PC には残りません。既に PC にあるアイテムは、削除されます。

OK

8 ＜OK＞をクリックします。

9 ＞をクリックすると、

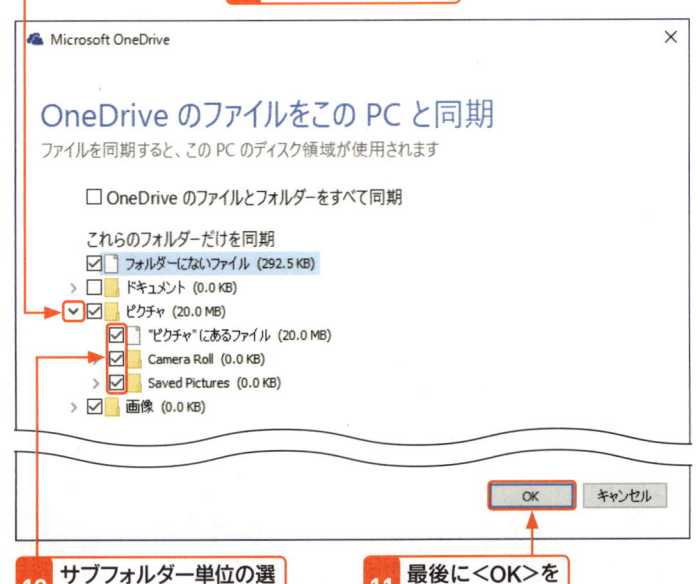

10 サブフォルダー単位の選択が可能になります。

11 最後に＜OK＞をクリックします。

Memo OneDriveのリンクの解除

Microsoft アカウントでログインし、前ページの手順**3**の画面にある＜OneDriveのリンク解除＞をクリックすると、OneDrive から自動的にサインアウトし、再びサインインを求められます。異なる Microsoftアカウントを使用する場合や、OneDrive の同期機能が不安定な場合に試してください。

Hint 新しいフォルダーは自動的に同期対象となる

「OneDrive」フォルダー上で新たに作成したファイルやフォルダーは自動的に同期対象へ加わります。なお、この手順**5**の画面で表示されていないファイル／フォルダーは同期することができません。

第1章 Windows 10 をはじめよう
第2章 Windows 10 の基本操作
第3章 ファイルとフォルダー
第4章 インターネット
第5章 Outlook.com
第6章 「メール」アプリ
第7章 アプリの利用
第8章 データの活用
第9章 音楽/写真/ビデオ
第10章 タブレットモード
第11章 文字入力の基本
第12章 〈スタート〉メニュー
第13章 デスクトップ
第14章 ネットワーク
第15章 管理/セキュリティ
第16章 周辺機器の利用
第17章 トラブル対策
第18章 インストールと初期設定
付録

Section 107 パソコン上のファイルに別の場所からアクセスする

キーワード ▶ OneDrive（異なるパソコン間でのアクセス）

OneDriveは同じMicrosoftアカウントを使用した異なるパソコンとの間で、ファイルを直接参照できます。たとえば外出先から自宅のパソコンに保存したファイルを参照し、手元のタブレットなどで参照/編集する場面で活躍するでしょう。

1 アクセス可能にする設定を行う

Memo スリープ設定が必要

Windows 10は、一定時間経過するとディスプレイの電源を切り、次にパソコンをスリープ状態へ移行させるように設計されています。この状態ではパソコンがインターネットに接続していないため、外部から参照できません。そのため、事前にスリープ設定の無効化が必要になります。ここでは参照される側のパソコンの設定を行っています。

Hint 自動保存の設定について

手順3の画面で〈自動保存〉タブをクリックすると、ローカルストレージとオンラインストレージの融合を推し進めるため、「ドキュメント（フォルダー）」および「写真（ピクチャフォルダー）」の保存先を「OneDrive」フォルダーに変更できます。ただし、ここで「OneDrive」を選択しても変更されるのはクイックアクセスに並ぶ「ドキュメント」および「ピクチャ」のリンク先だけです。既存のファイルはそのまま残ります。

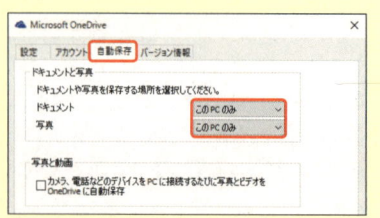
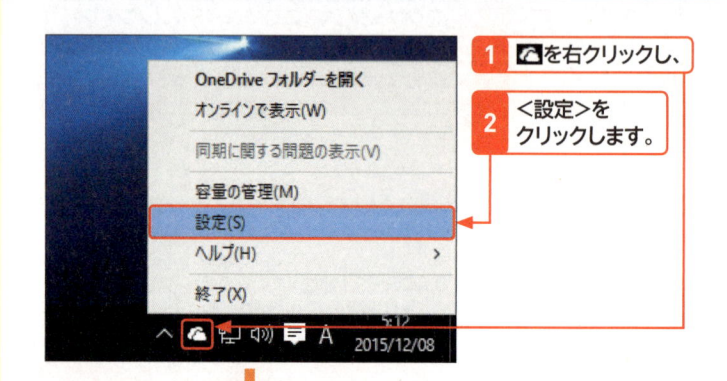
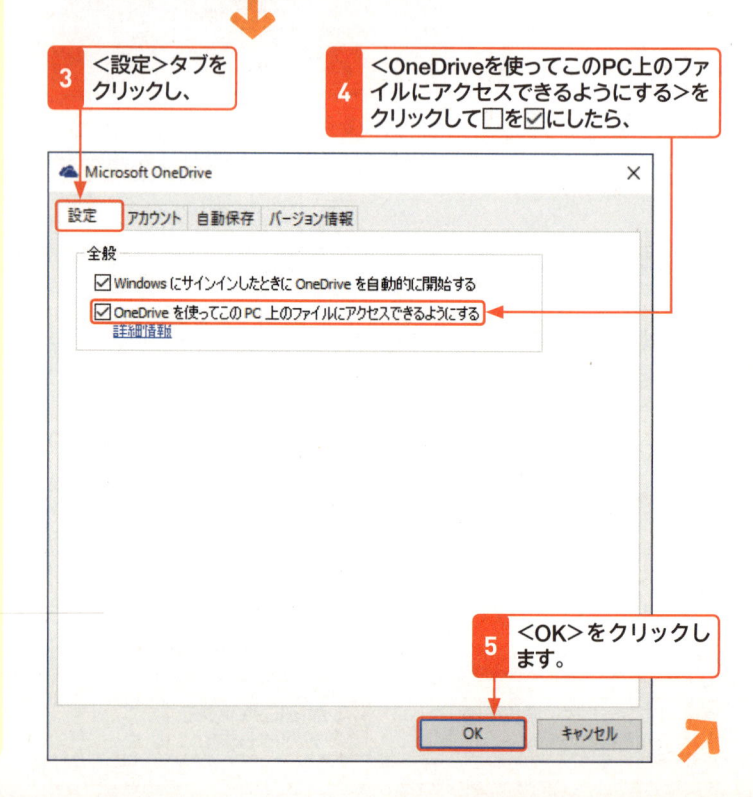

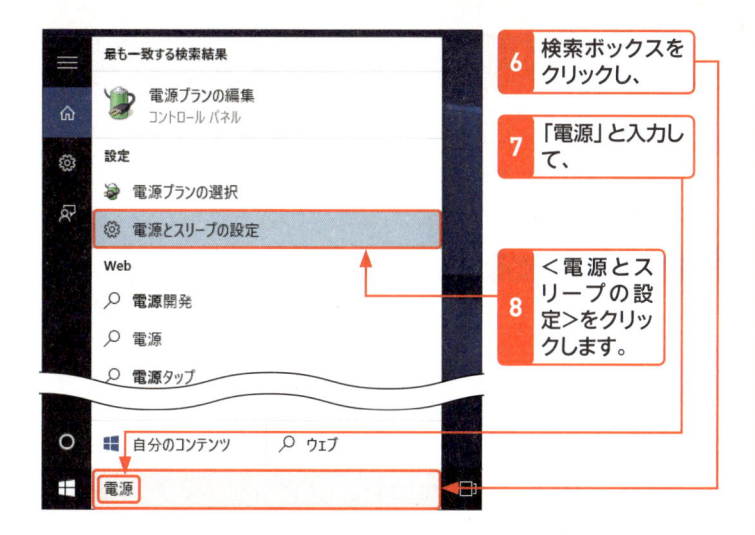

6 検索ボックスをクリックし、

7 「電源」と入力して、

8 ＜電源とスリープの設定＞をクリックします。

9 「設定」（P.33参照）が起動するので、

10 「スリープ」の∨をクリックし、

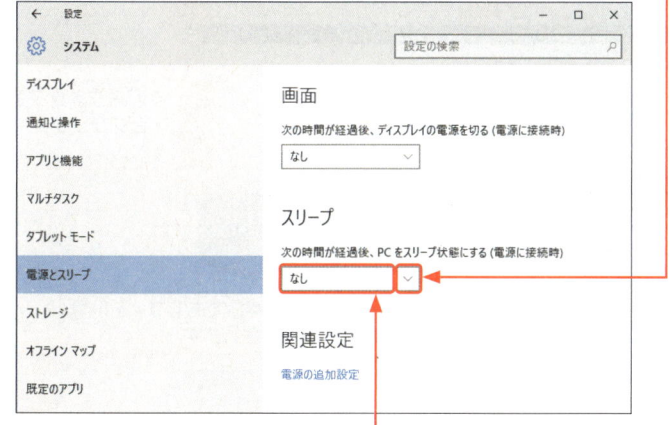

11 表示されるメニューから＜なし＞をクリックします。

Memo　スリープ設定を解除する

参照される側のパソコンは、スリープ状態ではアクセスできません。そのため左の手順 6 以降は、スリープを解除する設定を行っています。

Hint　ショートカットキーで操作する

左の手順 6 〜 9 の操作は ⊞ キーを押しながら I キーを押して「設定」（P.33参照）を起動し、＜システム＞→＜電源とスリープ＞の順にクリックしても代用可能です。

Memo　外部からアクセスしない場合

OneDrive経由でのアクセス機能を使わなくなった場合は、前ページの手順 4 の操作を再び行って☑を☐にし、左の操作を参考にスリープ機能を再び有効にしておきましょう。前者はセキュリティ対策、後者は消費電力の軽減につながります。

Memo　すべてのファイルにはアクセスできない?

OneDrive経由でのアクセスはすべてのファイルにアクセスできるわけではありません。たとえば拡張子「.sys」を持つシステムファイルは、Windows 10の動作に欠かせないため、OneDrive上には表示されません。ここで参照できるファイルは、ユーザーファイルおよび一部のファイルのみとなります。

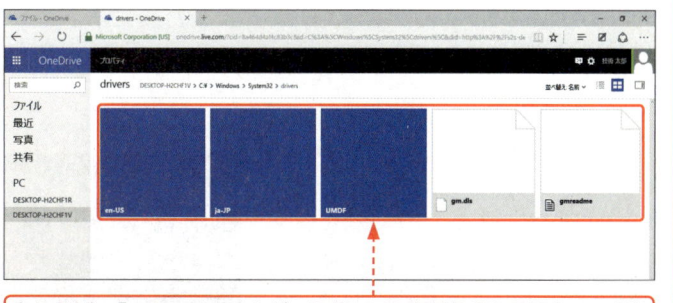

たとえば、「drivers」フォルダーには、300を越えるシステムファイルが格納されていますが、OneDrive経由では3つのフォルダーと2つのフォルダーしか表示されません。

第1章 Windows 10 をはじめよう
第2章 Windows 10 の基本操作
第3章 ファイルと フォルダー
第4章 インター ネット
第5章 Outlook. com
第6章 「メール」 アプリ
第7章 アプリの 利用
第8章 データの 活用
第9章 音楽／写真 ／ビデオ
第10章 タブレット モード
第11章 文字入力 の基本
第12章 ＜スタート＞ メニュー
第13章 デスクトップ
第14章 ネットワーク
第15章 管理／ セキュリティ
第16章 周辺機器 の利用
第17章 トラブル 対策
第18章 インストール と初期設定
付録

2 別のパソコンから自宅のパソコンにアクセスする

Memo 「セキュリティチェック」の画面が表示される

手順1で「セキュリティチェック」の画面が表示された場合は、いったん画面を終了して、「設定」（P.33参照）の＜アカウント＞をクリックし、「このPCで本人確認を行う必要があります」の＜確認する＞をクリックします。続いて、Microsoft アカウントにお使いのパソコンを登録してください。その際、登録した携帯電話やメールに届いたセキュリティコードを入力してください。

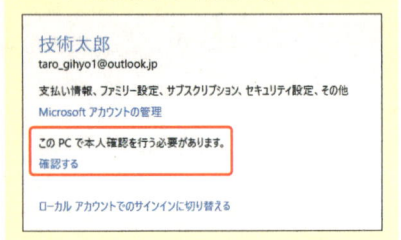

技術太郎
taro_gihyo1@outlook.jp

支払い情報、ファミリー設定、サブスクリプション、セキュリティ設定、その他
Microsoft アカウントの管理

このPCで本人確認を行う必要があります。
確認する

ローカル アカウントでのサインインに切り替える

Hint Microsoft アカウントは2段階認証で運用を

ここで紹介している機能は、利便性が向上する代わりにセキュリティリスクが発生します。そのため、2段階認証を有効にしておきましょう。2段階認証とはセキュリティコードを入力することで、アカウントを2重に保護する機能です。「設定」（P.33参照）の＜アカウント＞をクリックし、この画面の＜Microsoft アカウントの管理＞をクリックして表示されるMicrosoft アカウントを管理するWebページで、画面右上の＜セキュリティとプライバシー＞→＜その他のセキュリティ設定＞→＜2段階認証のセットアップ＞の順にクリックし、画面の指示に従って2段階認証を有効にしてください。

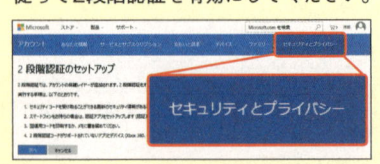

2段階認証のセットアップ

セキュリティとプライバシー

ここからは、アクセスする側のパソコンを解説しています。OneDrive.comにアクセスし、内容を表示しておきます。

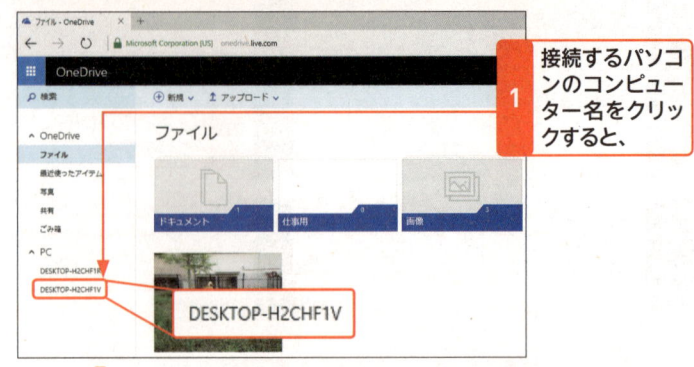

1 接続するパソコンのコンピューター名をクリックすると、

DESKTOP-H2CHF1V

2 別のタブでパソコンの内容が表示されます。

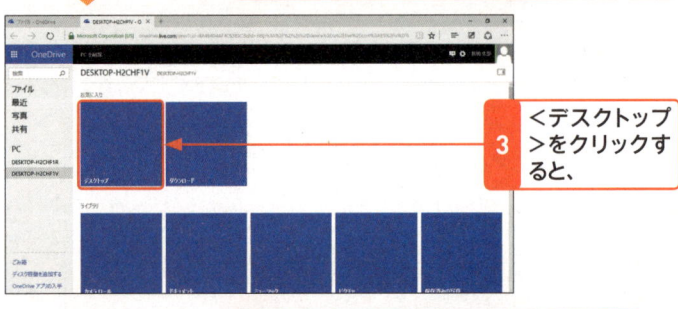

3 ＜デスクトップ＞をクリックすると、

4 デスクトップに保存してあるファイルやフォルダーが表示されます。

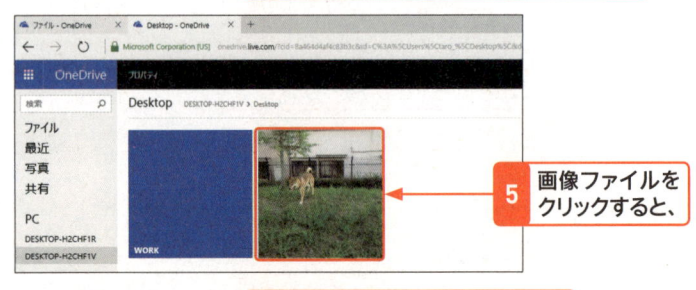

5 画像ファイルをクリックすると、

6 ファイルがダウンロードされ、画像ファイルが表示されます。

第9章

音楽／写真／ビデオの活用

Section 108 Windows Media Playerを利用する

キーワード ▶ Windows Media Player（起動／終了）

Windows 10で音楽データを利用するためのアプリは、「Windows Media Player」と「Groove ミュージック」アプリ（P.346参照）の2つがあります。ここでは、Windows Media Player の起動と終了の方法を確認し、初期設定を行います。

1 Windows Media Player の起動と終了

Memo **Windows Media Playerの主な機能**

Windows Media Player は、音楽やビデオなどのファイルの再生だけでなく、音楽CDの再生や取り込みなどの機能を備えたデスクトップアプリです。Windows Media Playerには、多くの機能があります。主な機能は、以下の通りです。

- 音楽CDの再生
- ビデオファイルの再生
- 音楽CDの取り込み
- 音楽ファイルの再生
- デジタルオーディオプレーヤーへの音楽ファイルのコピー
- 音楽CDの作成
- 音楽ファイルやビデオファイルを書き込んだCDやDVDの作成

Memo **設定画面は最初の起動時だけ表示される**

次ページの手順5 の初期設定画面は、Windows Media Player を初めて起動したときにのみ表示されます。すでに初期設定を済ませているときはこの画面が表示されず、Windows Media Player が起動します。

1 ⊞をクリックし、

2 ＜すべてのアプリ＞をクリックします。

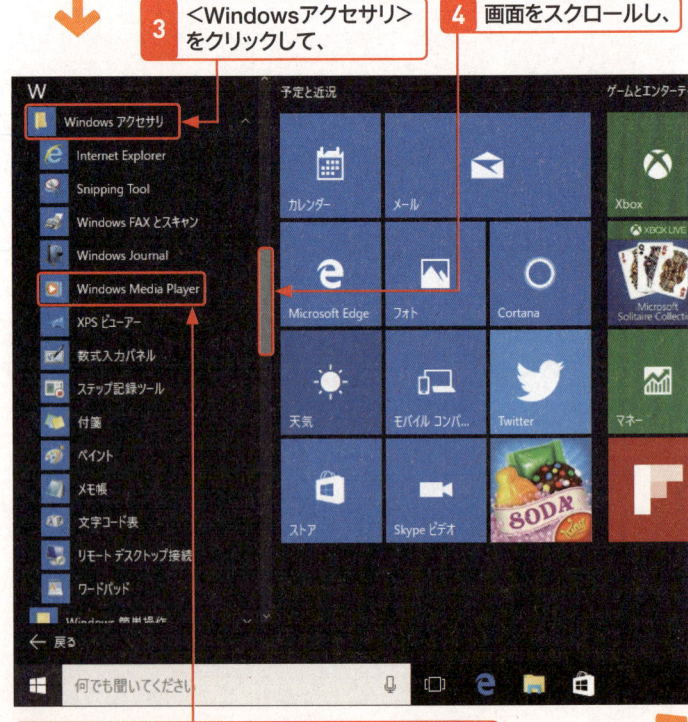

3 ＜Windowsアクセサリ＞をクリックして、

4 画面をスクロールし、

5 ＜Windows Media Player＞をクリックします。

6 初めて起動したときは、以下の画面が表示されるので、

7 <推奨設定>をクリックして、◉にします。

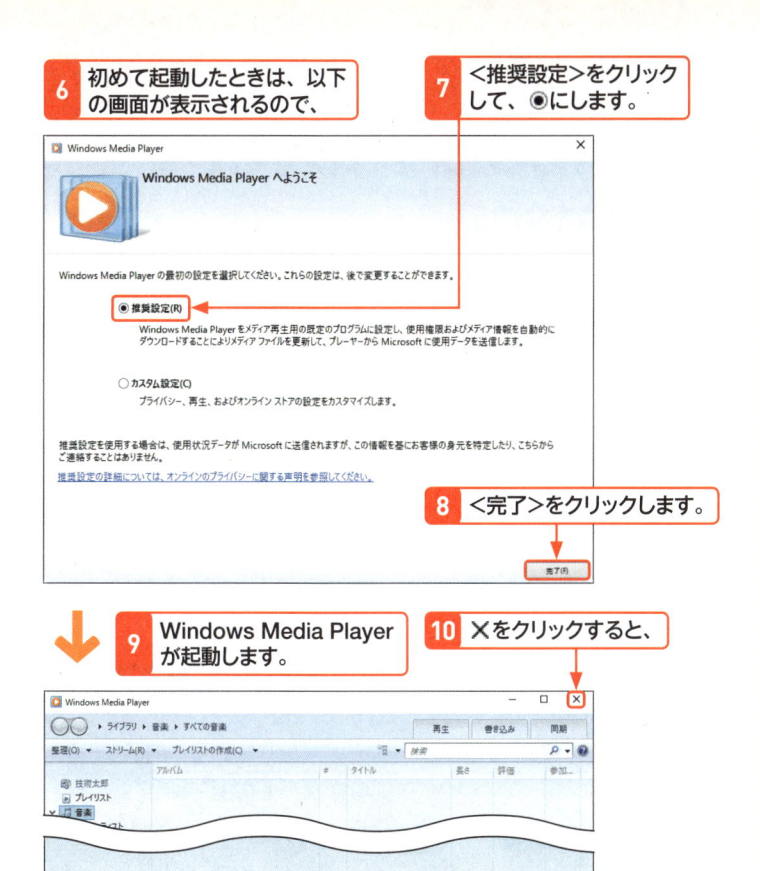

8 <完了>をクリックします。

9 Windows Media Playerが起動します。

10 ×をクリックすると、

11 Windows Media Playerが終了します。

右のMemo参照。

Windows Media Player の画面構成（ライブラリモード）

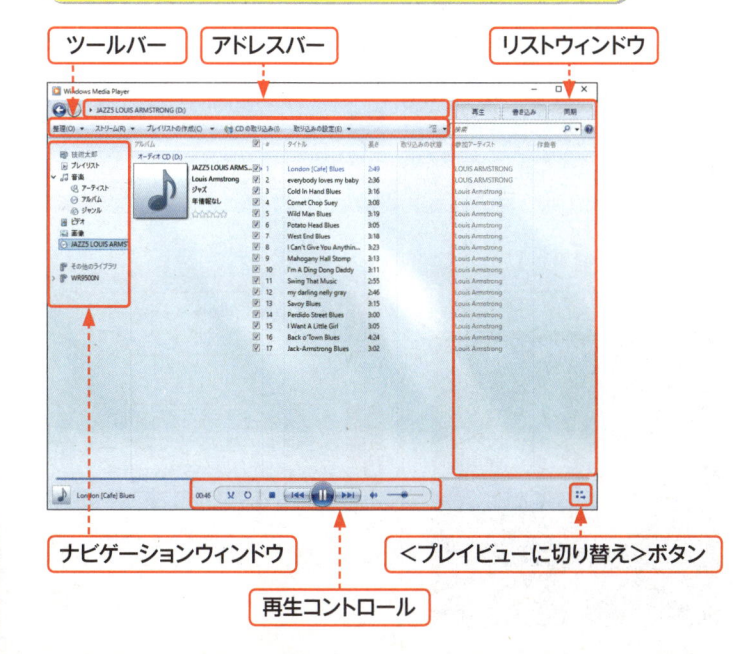

ツールバー　アドレスバー　リストウィンドウ

ナビゲーションウィンドウ　<プレイビューに切り替え>ボタン

再生コントロール

Memo　ライブラリとプレイビューについて

Windows Media Playerには、ライブラリとプレイビューの2種類の表示モードがあります。手順**9**の画面は、ライブラリモードです。■■<プレイビューに切り替え>をクリックすると、プレイビューモードに切り替わります。なお、タブレットモードでは、プレイビューモードも全画面で表示されます。

プレイビューモード

<ライブラリに切り替え>ボタン

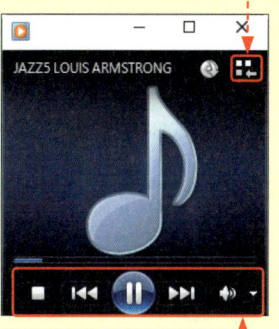

再生コントロール領域

Hint　リストウィンドウの表示／非表示を切り替える

リストウィンドウは、<再生><書き込み><同期>の3種類のタブをクリックすると、表示の切り替えを行うことができます。非表示にしたい場合は■▼<リストオプション>をクリックし、<リストの非表示>をクリックします。なお、ここではこのボタンを<リストオプション>と呼んでいますが、<再生>タブの場合のみこの名称になります。<書き込み>タブでは<書き込みオプション>、<同期>タブでは<同期オプション>とボタンの名称が変わります。

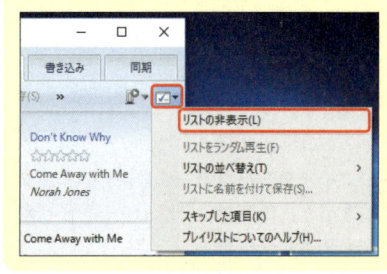

Section 109

Windows Media Playerで音楽CDを再生する

キーワード ▶ Windows Media Player（音楽CD再生）

Windows Media Player では、音楽CDを再生できます。音楽CDを挿入したときに、アルバムの写真や曲の情報をインターネットから自動的に取得することもできます。ここでは、音楽CDを再生する方法と、画面の表示を切り替える方法を解説します。

1 Windows Media Player で音楽CDを再生する

Memo　音楽CDの再生

Windows 10で音楽CDを再生するには、Windows Media Player を利用します。また、音楽CDの再生には、光学ドライブが必要です。パソコンに光学ドライブが搭載されていない場合は、USB接続の光学ドライブなどを使用する必要があります。なお、パソコンに取り込んだ曲は、「Grooveミュージック」アプリで再生することもできます（P.346参照）。

Memo　通知が表示されない場合は？

パソコンによっては、手順2の通知が表示されないことがあります。この場合は、デスクトップのタスクバーから＜エクスプローラー＞ボタン→＜PC＞の順にクリックし、光学ドライブのアイコンをダブルクリックすると、音楽CDが再生されます。

Key word　プレイビューモードとは？

「プレイビューモード」は、シンプルな画面でメディアを再生できるモードです。Windows Media Player を起動していない状態でパソコンに音楽CDをセットすると、このプレイビューモードで音楽が再生されます。

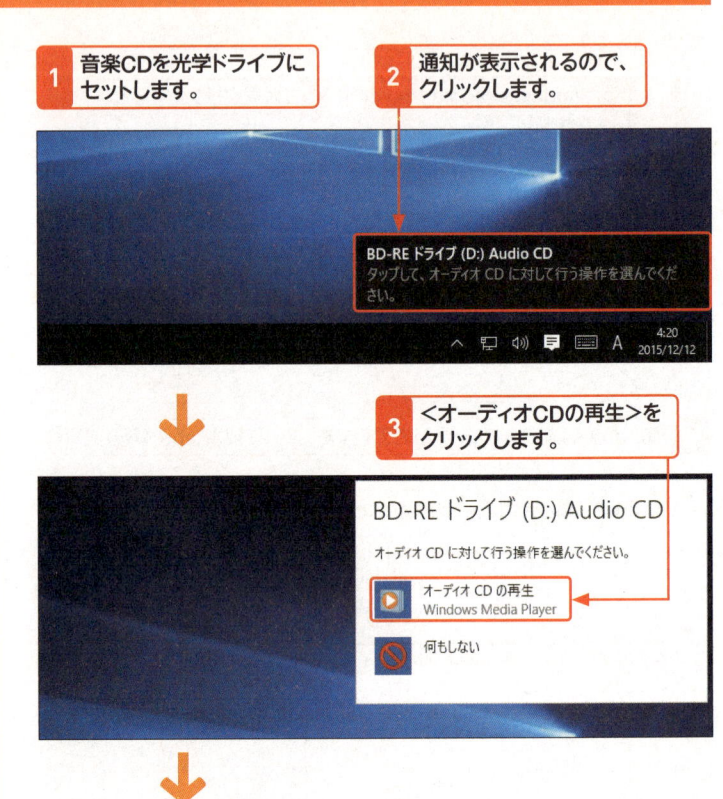

1　音楽CDを光学ドライブにセットします。

2　通知が表示されるので、クリックします。

BD-RE ドライブ (D:) Audio CD
タップして、オーディオ CD に対して行う操作を選んでください。

3　＜オーディオCDの再生＞をクリックします。

BD-RE ドライブ (D:) Audio CD
オーディオ CD に対して行う操作を選んでください。
オーディオ CD の再生
Windows Media Player
何もしない

4　Windows Media Playerが起動して、再生が始まります。

JAZZ5 LOUIS ARMSTRONG

5　マウスポインターを画面内に移動すると、再生コントロールなどのボタンが表示されます。

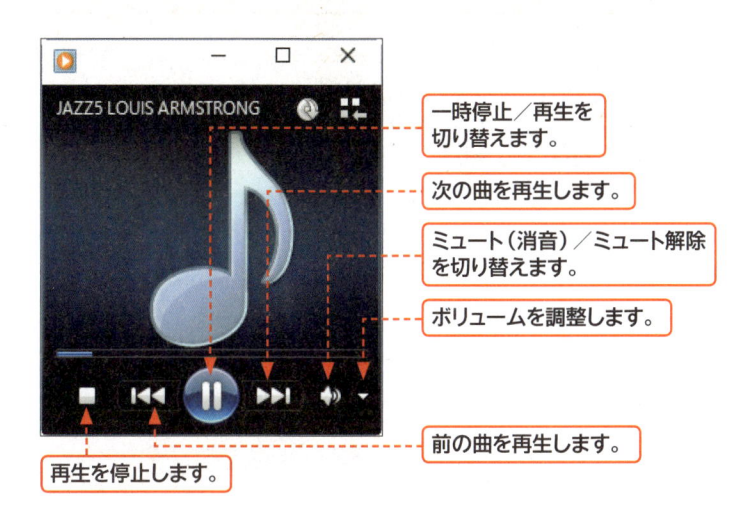

一時停止／再生を切り替えます。

次の曲を再生します。

ミュート（消音）／ミュート解除を切り替えます。

ボリュームを調整します。

前の曲を再生します。

再生を停止します。

Memo 音楽CDをセットしたときの動作を変更する

ここでは、音楽CDをセットすると、Windows Media Playerで自動再生が始まるように設定しています。この設定は、変更できます。詳細は、P.602を参照してください。

2 ライブラリモードで音楽CDを再生する

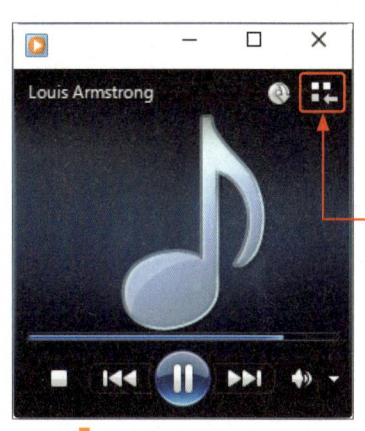

1 マウスポインターを＜プレイビュー＞の上に移動して、

2 ボタンを表示します。

3 ＜ライブラリに切り替え＞をクリックすると、

4 ライブラリモードに切り替わります。

Key word ライブラリモードとは？

「ライブラリモード」は、Windows Media Playerで音楽CDの取り込みやCD/DVDへの書き込み、プレイリストの作成などの機能を利用するときに使います。

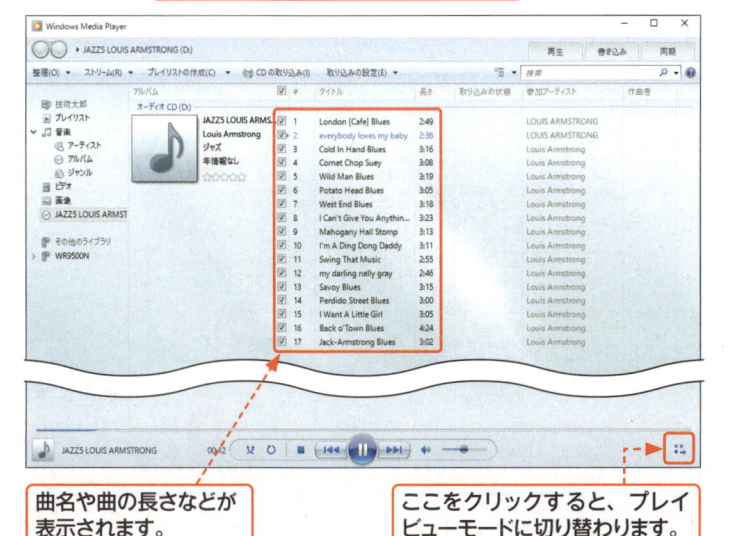

曲名や曲の長さなどが表示されます。

ここをクリックすると、プレイビューモードに切り替わります。

Memo アルバム名や曲名は表示されないことも

音楽CDのアルバム名や曲名は、インターネット上に構築された曲名データベースから取得しています。曲名データベースには、多くの楽曲が登録されていますが、発売されたすべての音楽CDの情報を網羅しているわけではありません。このため、音楽CDのアルバム名や曲名は、表示されない場合があります。なお、曲名を右クリックし、表示されるメニューから＜アルバム情報の検索＞をクリックすると、曲名を取得できることもあります。

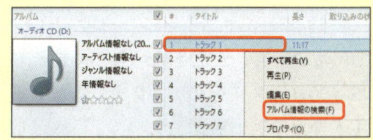

Section
110

音楽CDから曲を取り込む

キーワード ▶ Windows Media Player（曲の取り込み）

Windows Media Playerでは、音楽CDから好きな曲をパソコンに取り込むことができます。曲をパソコンに取り込んでおくと、音楽CDを光学ドライブにセットせずに曲を再生できるようになります。ここでは、音楽CDをパソコンに取り込む方法を解説します。

1 音楽CDをパソコンに取り込む

Memo 音楽CDの取り込みについて

音楽CDの取り込みとは、音楽CDに収録されている曲をパソコンで再生できるファイルとして保存することです。ここで取り込んだ曲は、Windows Media PlayerやWindows アプリの「Grooveミュージック」アプリで再生できます（P.346参照）。

Memo 音楽ファイルの保存先は？

Windows Media Playerで取り込んだ音楽CDの内容（ファイル）は、ミュージックライブラリ内のアーティスト名が付いたフォルダーに保存されます。

Caution 音楽にコピー防止を追加する

＜取り込んだ音楽にコピー防止を追加する＞は、音楽ファイルにライセンス情報を埋め込ませ、音楽CDを取り込んだパソコン以外では再生できないようにする設定です。ほかのパソコンで再生できないようにしたいときは、クリックして◉にします。なお、この画面は、一度設定を行うと、2度と表示されませんが、＜整理＞→＜オプション＞とクリックし、オプション画面を表示して＜音楽の取り込み＞タブをクリックすることで設定を変更できます。

> ここでは、前ページの続きで説明しています。

1 ＜CDの取り込み＞をクリックします。

2 最初に音楽CDを取り込むときは「取り込みオプション」ダイアログボックスが表示されます。

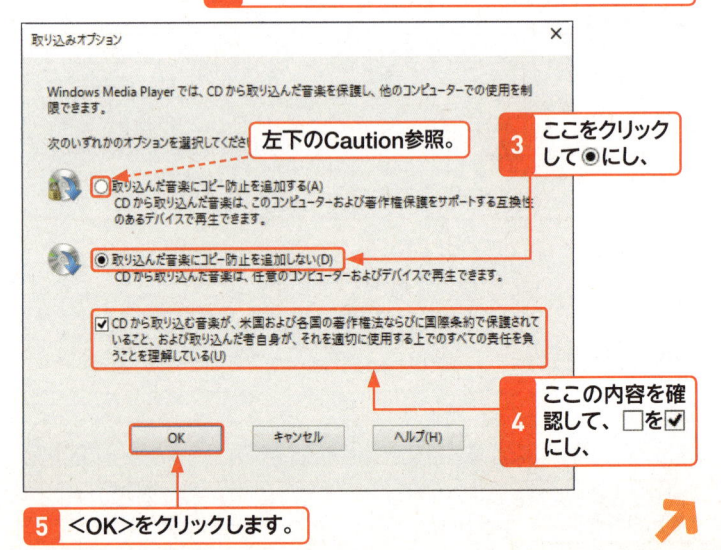

左下のCaution参照。

3 ここをクリックして◉にし、

4 ここの内容を確認して、☐を☑にし、

5 ＜OK＞をクリックします。

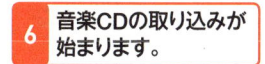
6 音楽CDの取り込みが始まります。

7 取り込んでいる曲の状況が表示されます。

↓

8 しばらくすると、取り込みが完了します。

9 取り込みが終了したら、光学ドライブから音楽CDを取り出します。

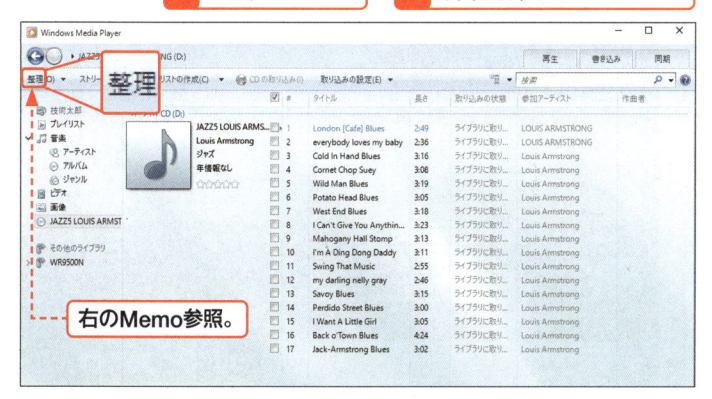

右のMemo参照。

Hint 曲の取り込みを中止するには？

曲を取り込んでいるときに、＜取り込みの中止＞をクリックすると、取り込みを中止できます。

Memo 音楽ファイルの形式について

音楽CDを取り込むときのファイル形式は、＜整理＞→＜オプション＞の順にクリックして、「オプション」ダイアログボックスの＜音楽の取り込み＞タブで確認できます。あらかじめ＜Windows Mediaオーディオ＞形式が選択されていますが、より高音質にしたい場合は、＜WAV＞などを選択します。なお、高音質にすると、ファイルのサイズも大きくなります。

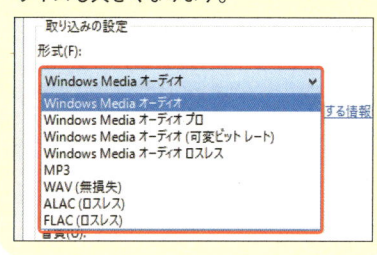

Memo プレビューモードで取り込む

Windows Media Playerを起動していない状態で音楽CDをセットすると、プレビューモードでWindows Media Playerが起動します。そのときは、以下の手順で音楽CDの取り込みを開始できます。

1 マウスポインターを画面内で動かして、

3 音楽CDの取り込みが始まり、■＜取り込みの中止＞が表示されます。

2 ＜CDの取り込み＞をクリックします。

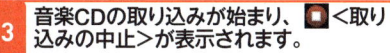

ここをクリックすると、ライブラリモードに切り替わります。

Section

111

Windows Media Playerで曲を再生する

キーワード ▶ Windows Media Player（再生）

パソコンに取り込んだ曲は、Windows Media Player を利用して再生します。ここでは、Windows Media Player でパソコンに取り込んだ曲を再生する方法を解説します。

1 Windows Media Player で曲を再生する

Memo 再生できるファイルの形式について

Windows Media Player は、wma、mp3、wav、m4a、Apple ロスレス、FLAC など、一般に利用されている音楽ファイルの形式のほぼすべてを再生できる高機能なアプリです。ここでは、Windows Media Player でパソコンに取り込んだ曲を再生する方法を解説しています。

Memo Windows Media Player の場所

Windows 8.1 から Windows 10 にアップグレードしたパソコンおよび一部のパソコンでは、＜Windows Media Player＞が、手順 3 の＜Windows アクセサリ＞内ではなく、＜Windows アクセサリ＞と同じ階層に表示される場合があります。

1 ⊞ をクリックし、

2 ＜すべてのアプリ＞をクリックします。

3 ＜Windows アクセサリ＞をクリックし、

4 ＜Windows Media Player＞をクリックします。

5 Windows Media Playerが起動します。

6 ＜アルバム＞をクリック
すると、

7 アルバム一覧が表示されます。

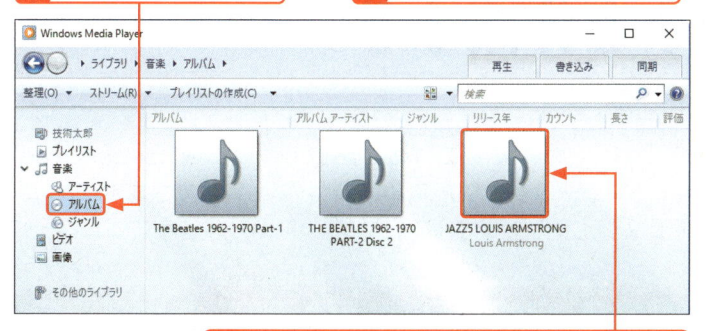

8 再生したいアルバム（ここでは、＜JAZZ5＞）を
ダブルクリックします。

9 アルバムの曲一覧が表示されます。

10 再生したい曲をダブルクリックすると、

11 曲の再生が始まります。

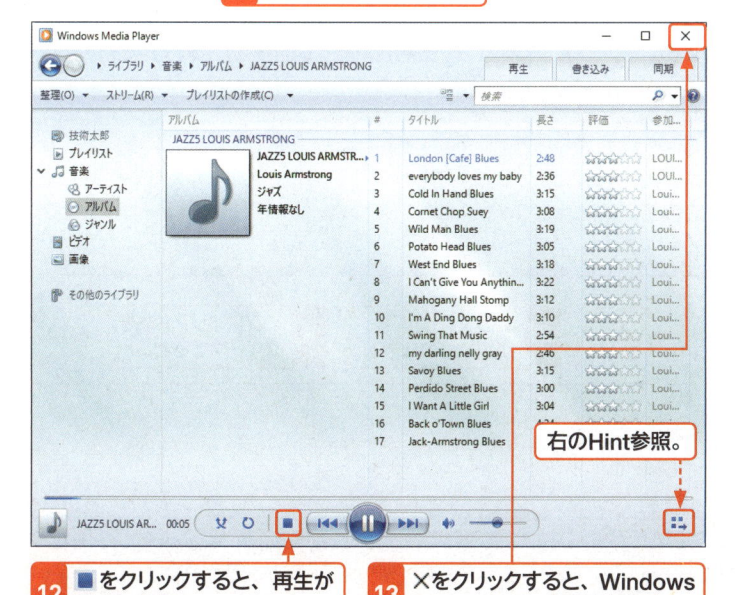

12 ■をクリックすると、再生が
停止します。

13 ×をクリックすると、Windows
Media Playerが終了します。

Memo　アーティストやジャンル で表示する

手順 6 では、アルバム単位で選択して
いますが、＜アーティスト＞をクリック
すると、アーティスト単位で曲の一覧が
表示されます。また、＜ジャンル＞をク
リックすると、クラシックやジャズなど
のジャンル単位で曲の一覧が表示されま
す。

Memo　Windows Media Player の再生動作

Windows Media Player は、通常、連続
再生を行います。このため、左の手順で
は、選択した曲から再生が始まり、リス
トの末尾の曲で再生が停止します。

Hint　プレイビューモードで 再生する

手順 11 の画面で ＜プレイビューに切
り替え＞をクリックすると、プレイ
ビューモードで再生を行います。プレイ
ビューモードは、最小限の表示のみで再
生を行うモードです。

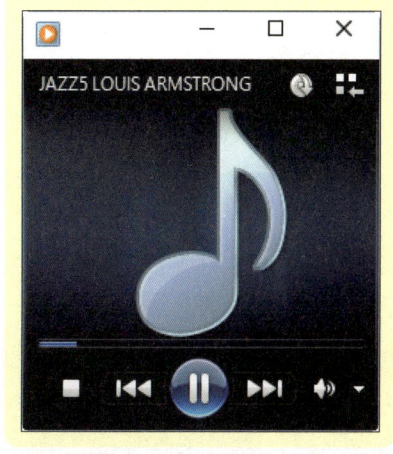

341

Section
112

Windows Media Playerで再生リストを作成する

キーワード ▶ Windows Media Player（プレイリスト）

ここでは、Windows Media Player で再生リストを作成する方法を解説します。Windows Media Player で作成した再生リストは、「Groove ミュージック」アプリ（P.346参照）でも利用できます。なお、Windows Media Player では、再生リストをプレイリストと呼んでいます。

1 空のプレイリストを作成する

Key word プレイリストとは？

「プレイリスト」は、再生したい曲の順番を記載したリストです。「Groove ミュージック」アプリ（P.346参照）では再生リストと呼ばれています。Windows Media Player では、最初に空のプレイリストを作成し、再生したい曲やアルバムを追加することで作成します。

Memo プレイリストの名前を入力する

手順**2**で＜プレイリストの作成＞をクリックすると、「プレイリスト」の下に「無題のプレイリスト」というプレイリストが作成されて、名前が選択された状態になります。手順**3**で名前を入力しないと、このプレイリストは消えてしまいます。

Hint ＜プレイリスト＞が表示されない

ウィンドウサイズが小さいと、＜プレイリスト＞が表示されない場合があります。その場合は、≫をクリックし、＜プレイリストの作成＞→＜プレイリストの作成＞をクリックしてください。

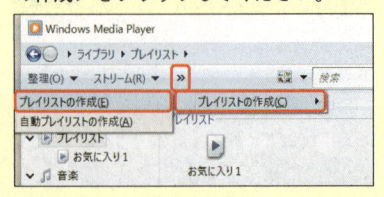

1 Windows Media Playerを起動します。

2 ＜プレイリストの作成＞をクリックし、

3 名前を入力して、Enter キーを押すと、

4 空のプレイリストが作成されます。

5 ＜プレイリスト＞をクリックすると、

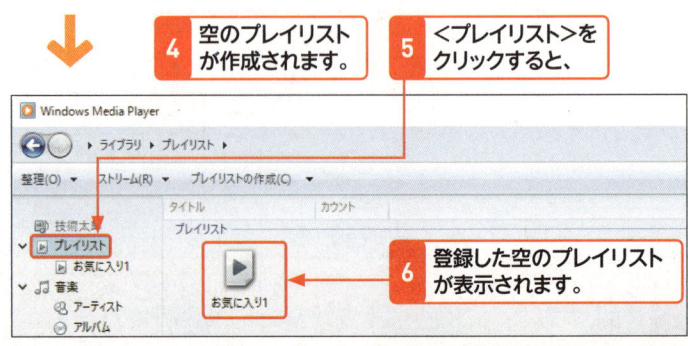

6 登録した空のプレイリストが表示されます。

2 空のプレイリストに曲を追加する

1 アーティストやアルバムを
クリックして、

2 登録する曲やアルバム
などを右クリックします。

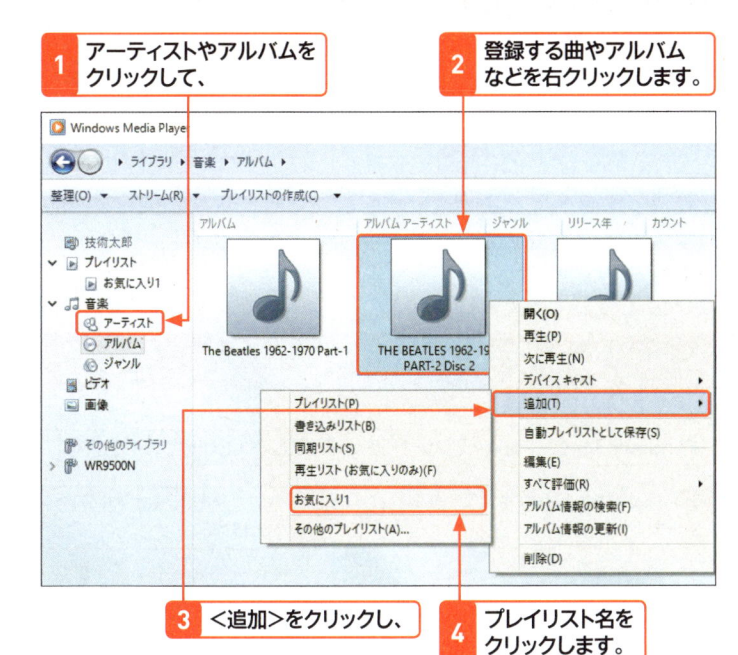

3 ＜追加＞をクリックし、

4 プレイリスト名を
クリックします。

5 選択した曲またはアル
バムが空のプレイリス
トに登録されます。

6 作成したプレイリスト
（ここでは＜お気に入り1
＞）をクリックすると、

7 曲が追加されたことが確認できます。

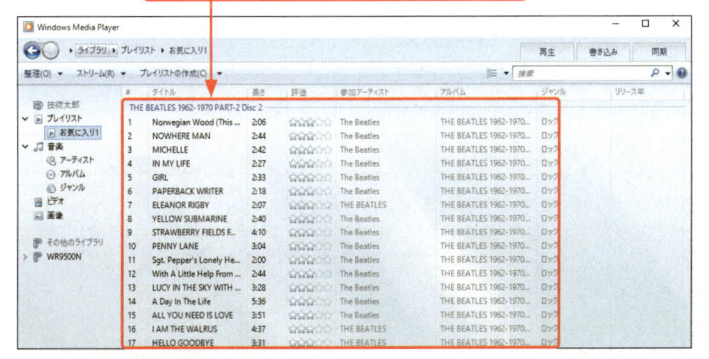

Hint そのほかの登録方法について

下の画面のように登録する曲やアルバム
をプレイリストの上にドラッグ＆ドロッ
プしても、プレイリストへ登録できます。

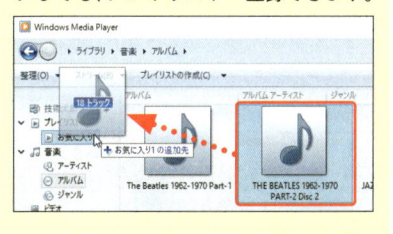

Memo 「Grooveミュージック」アプリでプレイリストを使う

Windows Media Player で作成したプレ
イリストは、「Grooveミュージック」ア
プリ（P.346参照）でも利用できます。
「Grooveミュージック」アプリを起動す
ると、Windows Media Player で作成し
たプレイリストが自動登録されて利用で
きます。プレイリストは、＜新しい再生
リスト＞の下に表示されます。

Memo プレイリストを削除するには？

作成したプレイリストを削除したいとき
は、手順 **6** の画面で削除したいプレイ
リストを右クリックし、＜削除＞をク
リックします。ダイアログボックスが表
示されるので、＜ライブラリとコン
ピューターから削除する＞のチェックが
オンになっていることを確認し、＜OK
＞をクリックします。

343

Section 113

オリジナルの音楽CDを作成する

キーワード ▶ 音楽CD作成

Windows Media Playerでは、音楽CDを作成できます。ここでは、パソコンに取り込んだ音楽ファイルを使って、オリジナルの音楽CDを作成する方法を解説します。オリジナルの音楽CDは、プレイリスト（再生リスト）を利用するとかんたんに作成できます。

1 CD-Rに書き込む音楽ファイルを登録する

Memo 音楽CDの作成について

音楽CDは、「プレイリスト」または書き込みたい曲を「書き込みリスト」に登録し、CD-RまたはCD-RWに書き込むと、かんたんに作成できます。作成した音楽CDは、一般的な音楽CDプレーヤーで再生できますが、CD-RWに書き込むと旧製品など、一部の製品では再生できない場合があります。書き込みには、CD-Rを利用しましょう。

Hint 音楽CDが作成できない場合は？

手順2で＜オーディオCD＞と表記されていない場合、音楽CDを作成することはできません。その際は、▼をクリックし、＜オーディオCD＞をクリックします。

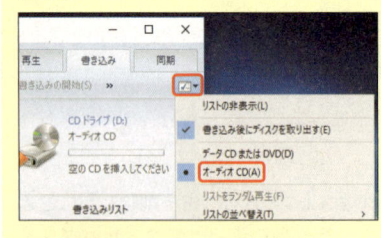

Caution 作成した音楽CDの扱いについて

作成した音楽CDの利用は、個人で楽しむ目的に限り法律で許可されています。他人に譲渡したり、販売したりすると罰せられます。

Windows Media Playerでプレイリスト（再生リスト）を作成しておきます。

1 ＜書き込み＞タブをクリックし、
2 ここを確認します（左下のHint参照）。

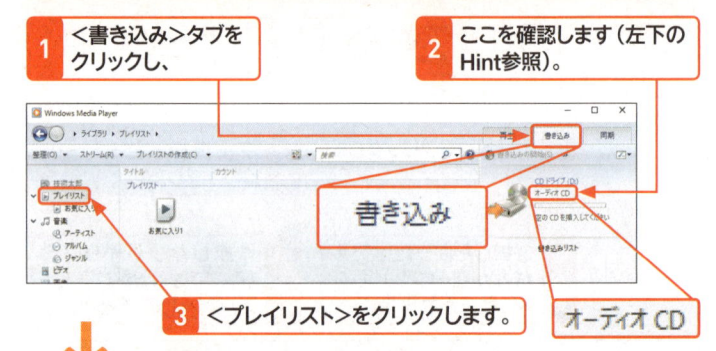

3 ＜プレイリスト＞をクリックします。
4 プレイリストが表示されます。

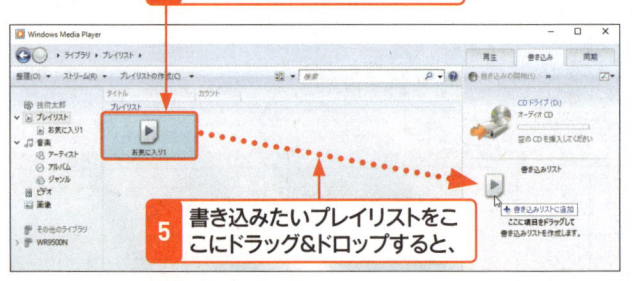

5 書き込みたいプレイリストをここにドラッグ＆ドロップすると、
6 書き込みリストに音楽ファイルの一覧が表示されます。

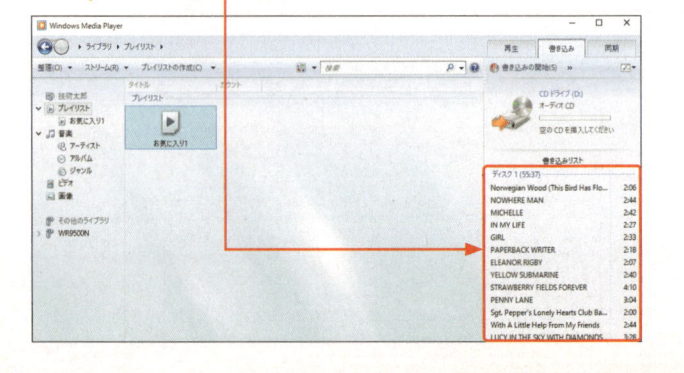

2 CD-Rにデータを書き込む

1 空のCD-Rをドライブ に挿入します。

2 収録できる残り時間が表示されます。

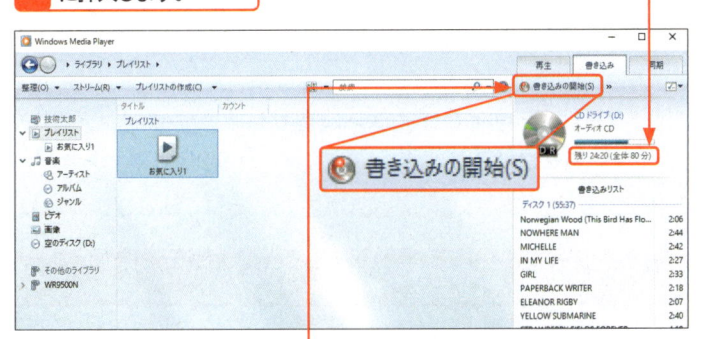

書き込みの開始(S)

3 <書き込みの開始>をクリックすると、

4 プレイリストの内容がCD-R に書き込まれます。

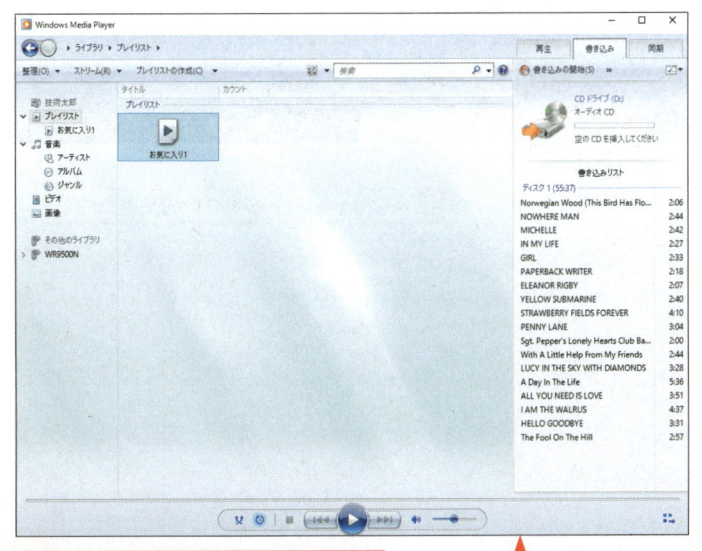

5 書き込みが終了すると、ディスクは 自動的に排出されます。

Hint　CD-Rをあらかじめ 挿入しておく

CD-Rをドライブに挿入した状態で Windows Media Playerを起動し、<書 き込み>タブをクリックすると、セット したディスクの種類と記録できる容量 （収録可能時間）がバーで表示されます。

Memo　<書き込み開始>が表 示されないときは？

左の手順**3**の<書き込み開始>が表示 されないときは、>> をクリックして、 <書き込み開始>をクリックします。

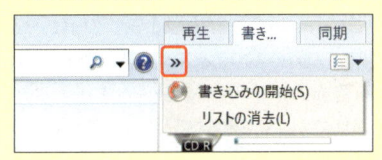

Memo　書き込みリストの 消去について

書き込みリストに間違ったアルバムを登 録したときは、書き込みリストの内容を 消去します。書き込みリストの消去は、 >> をクリックし、<リストの消去>を クリックします。

Caution　作成したCDが再生で きないときは？

作成したCDが音楽CDプレーヤーなど で再生できないときは、前ページの手順 **2**で<オーディオCD>と表示されて いることを確認して、再度、CD-Rへの 書き込みを行ってみてください。それで も再生できないときは、大手の有名メー カー製のCD-Rで作成を行ってみてくだ さい。

Section
114
「Grooveミュージック」アプリで パソコンに取り込んだ曲を再生する

キーワード ▶「Grooveミュージック」アプリ

「Grooveミュージック」アプリは、Windows Media Playerでパソコンに取り込んだ音楽ファイルやWindowsストアで購入した音楽ファイルを楽しむためのアプリです。ここでは、「Grooveミュージック」アプリを利用して音楽ファイルを再生する方法を解説します。

1 「Grooveミュージック」アプリを起動する

Memo 「Grooveミュージック」アプリとは？

「Grooveミュージック」アプリは、＜ミュージック＞フォルダー内に保存された音楽ファイルの管理／再生を行うアプリです。起動時に新しい曲が追加されていないかチェックし、曲の追加が自動実行されます。

Hint 新しい曲が見つかったときは？

パソコン内に新しい曲が見つかったときは、「完了しました！このPCに保存されている曲が追加されました。」と表示されます。✕ をクリックすると、このメッセージを消せます。

Memo ウィンドウサイズによって画面構成が異なる

「Grooveミュージック」アプリは、ウィンドウサイズによってアプリの画面構成が異なります。たとえば、画面左側のメニューは、本書では展開された状態となっていますが、ウィンドウサイズを小さくするとこのメニューは閉じた状態で表示されます。

曲を再生する

1 ⊞をクリックし、

2 ＜Grooveミュージック＞をクリックします。

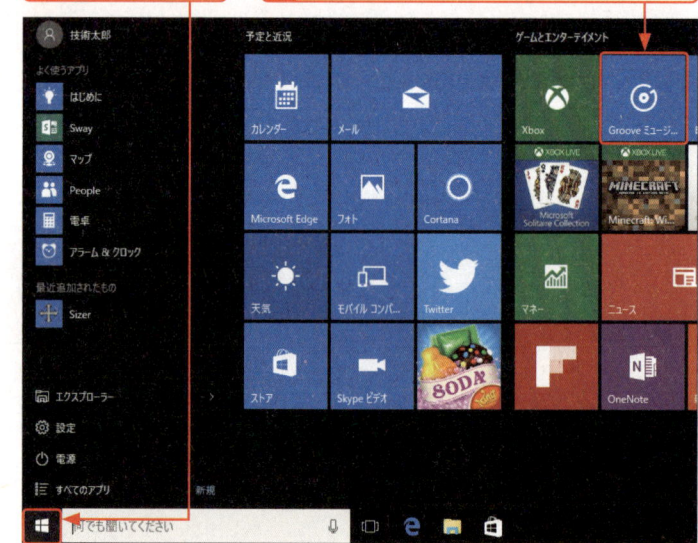

3 ＜Grooveミュージック＞が起動します。

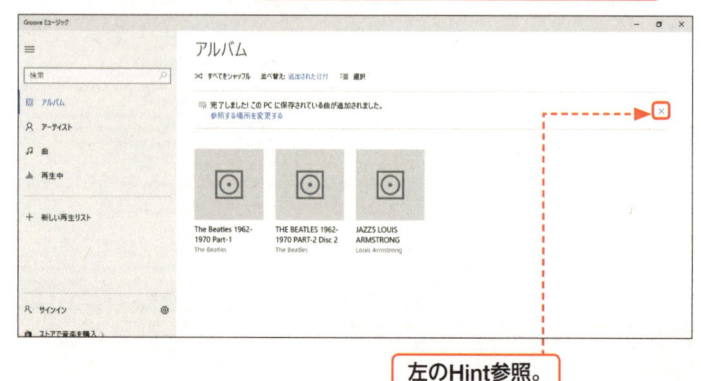

左のHint参照。

2 音楽の表示方法を切り替える

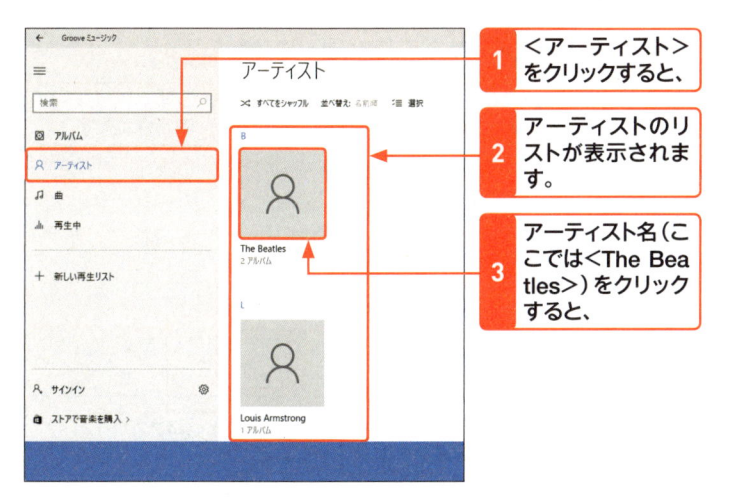

1 <アーティスト>をクリックすると、

2 アーティストのリストが表示されます。

3 アーティスト名（ここでは<The Beatles>）をクリックすると、

4 手順3で選択したアーティストの曲がアルバム単位で表示されます。

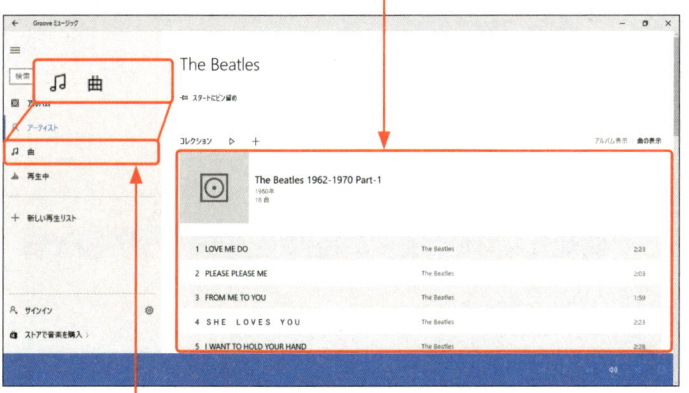

5 <曲>をクリックすると、

6 曲名のリストが表示されます。

7 <アルバム>をクリックすると、

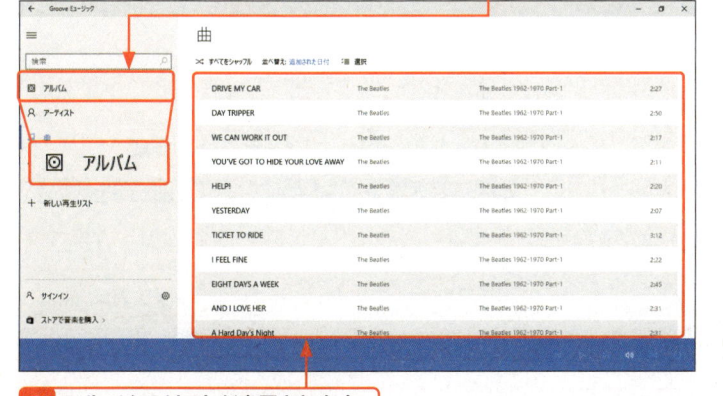

8 アルバムのリストが表示されます。

Memo 曲の表示方法について

「Grooveミュージック」アプリでは、「アルバム」「アーティスト」「曲」の3種類の方法で管理している音楽を表示できます。表示の切り替えは、画面左側のナビゲーションウィンドウで行えます。

Hint すべての曲をシャッフル再生する

「アルバム」「アーティスト」「曲」のすべてで、画面上にある<すべてをシャッフル>をクリックすると、管理している音楽すべてをシャッフル再生できます。

Hint 並べ替えを行う

管理している音楽を「アルバム」または「曲」で表示しているときは、リストの並べ替えを行えます。「アルバム」では、「追加された日付」「名前順」「リリース年」「ジャンル」「アーティスト」で並べ替えを行えます。「曲」では、「追加された日付」「名前順」「ジャンル」「アーティスト」「アルバム」で並べ替えを行えます。

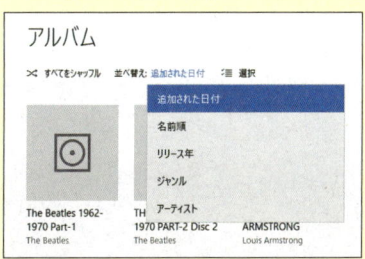

第1章
Windows 10
をはじめよう

第2章
Windows 10
の基本操作

第3章
ファイルと
フォルダー

第4章
インター
ネット

第5章
Outlook.
com

第6章
「メール」
アプリ

第7章
アプリの
利用

第8章
データの
活用

第9章
音楽／写真
／ビデオ

第10章
タブレット
モード

第11章
文字入力
の基本

第12章
＜スタート＞
メニュー

第13章
デスクトップ

第14章
ネットワーク

第15章
管理／
セキュリティ

第16章
周辺機器
の利用

第17章
トラブル
対策

第18章
インストール
と初期設定

付録

3 曲の再生を行う

Memo 「Grooveミュージック」アプリの再生動作を知る

「Groove ミュージック」アプリは、通常「リピートオフ、シャッフルオフの連続再生」を行います。このため、右の手順では、選択した曲から再生が始まり、リストの末尾の曲で再生が停止します。また、右の手順で再生を行うと、アルバム内の曲すべてが「再生中」に登録されます。「再生中」は、一時的な再生リストのようなものです。右の手順で再生を開始したアルバムや曲、プレイリストの曲が自動的に登録されます。

Hint 音楽の登録先フォルダーを追加する

「Groove ミュージック」アプリは、通常＜ミュージック＞フォルダーに保存された音楽のみを登録します。音楽の登録先フォルダーを追加したいときは、⚙をクリックし、＜音楽を探す場所を選択＞をクリックします。

Memo ＜スタート＞メニューのタイルに表示される

＜スタート＞メニューの＜Grooveミュージック＞タイルのサイズが「中」以上に設定されており、かつライブタイルの機能がオンになっている場合、再生中の曲の情報がタイルに表示されます。タイルのサイズが、「中」の場合はアーティスト名が表示され、「横長」以上の場合は、アーティスト名と再生中の曲名が表示されます。

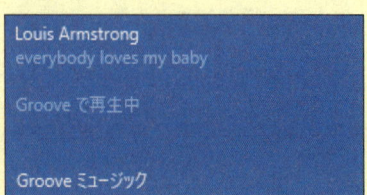

1 「Grooveミュージック」アプリを起動しておきます。

2 曲の表示方法（ここでは、＜アルバム＞）をクリックすると、

3 アルバムリストが表示されます。

4 再生したいアルバム（ここでは＜JAZZ5＞）をクリックします。

5 アルバムの曲一覧が表示されます。

6 再生したい曲をクリックし、

左のHint参照。

7 ▷をクリックします。

8 ＜再生中＞にアルバムの曲が登録され、選択した曲の再生が始まります。

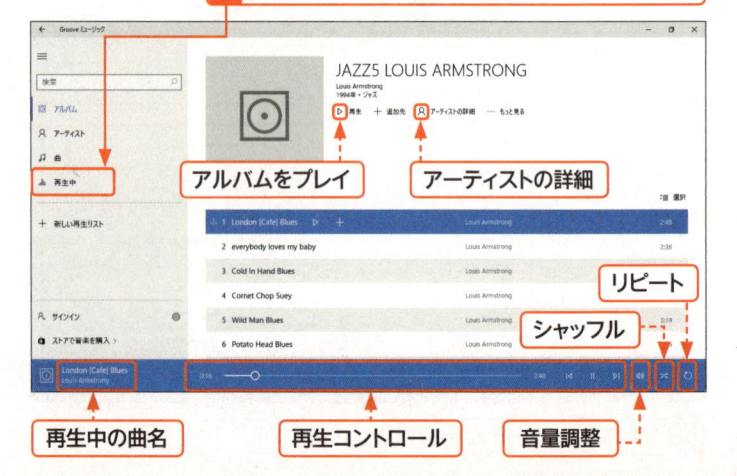

アルバムをプレイ

アーティストの詳細

リピート

シャッフル

再生中の曲名

再生コントロール

音量調整

4 再生中に次の曲の登録を行う

アルバム単位で曲の登録を行う

1 ＜アルバム＞をクリックし、

2 ＜選択＞をクリックします。

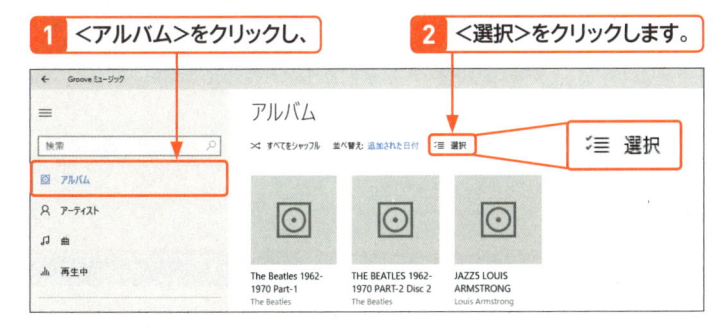

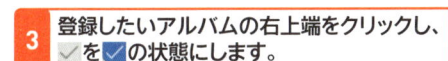

3 登録したいアルバムの右上端をクリックし、✓を✓の状態にします。

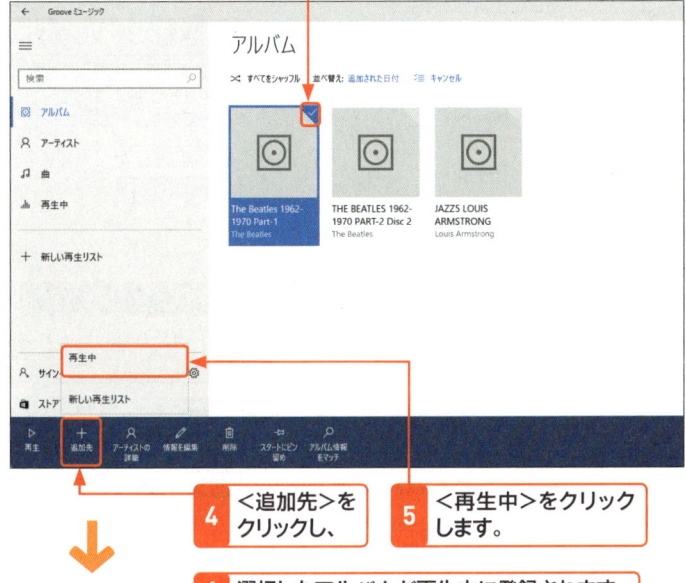

4 ＜追加先＞をクリックし、

5 ＜再生中＞をクリックします。

6 選択したアルバムが再生中に登録されます。

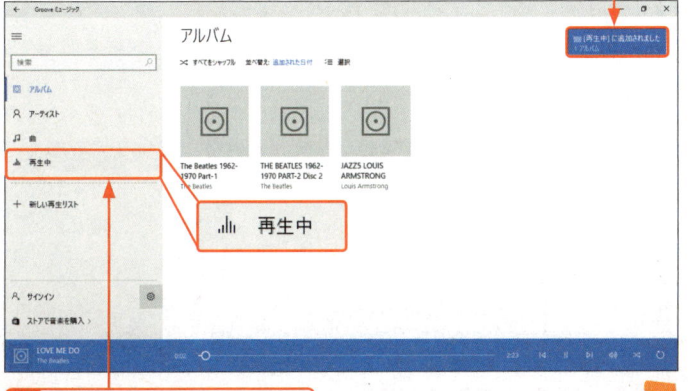

7 ＜再生中＞をクリックすると、

左の手順では、アルバム単位で音楽を再生しているときに、追加で再生したいアルバムや曲を登録する方法を解説しています。「Groove ミュージック」アプリでは、再生中のアルバムや曲を「再生中」という一時的なプレイリストで管理しています。アルバムや曲の追加は、「再生中」に登録することで行えます。

💡 **Hint** **アーティスト単位で追加する**

左の手順では、アルバム単位で登録を行っていますが、曲の登録は、アーティスト単位で行うこともできます。アーティスト単位で登録したいときは、＜アーティスト＞をクリックしてアーティストの一覧を表示し、＜選択＞をクリックして、左の手順を参考に登録を行います。

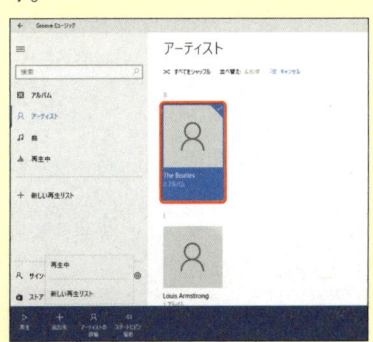

Hint　曲の追加位置は？

音楽再生中にアルバム単位や曲単位で音楽の登録を行うと、リストの最後に追加されます。また、再生を停止しているときに、登録を行うとリストの最後に追加され、追加したアルバムの先頭の曲または追加した曲の再生が始まります。

Memo　曲単位で登録する

曲単位で登録するときは、＜アルバム＞や＜アーティスト＞、＜曲＞などから再生したい曲を表示しておき、右の手順で登録を行います。

Memo　登録した曲を再生中から削除する

登録したい曲を削除したいときは、＜再生中＞をクリックして、再生中の曲のリストを表示します。続いて、削除したい曲を右クリックし、＜リストから削除＞をクリックします。

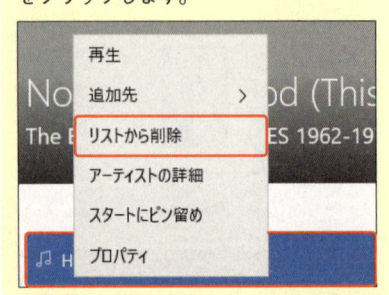

8 追加したアルバム内の曲が確認できます。

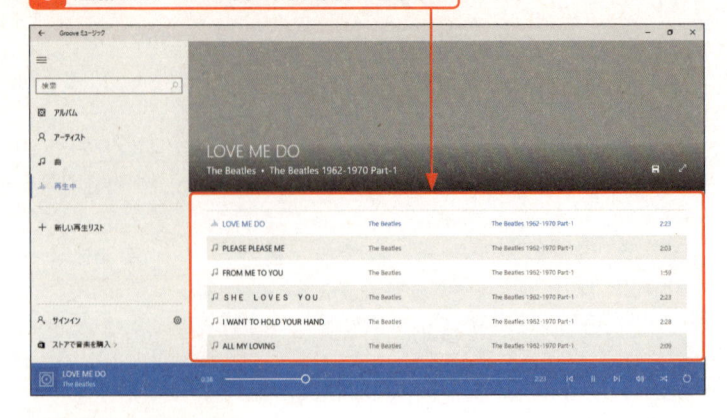

曲単位で登録を行う

1 登録したい曲を表示しておきます。

2 登録したい曲をクリックし、

3 ＋をクリックします。

4 ＜再生中＞をクリックします。

5 選択した曲が再生中に登録されます。

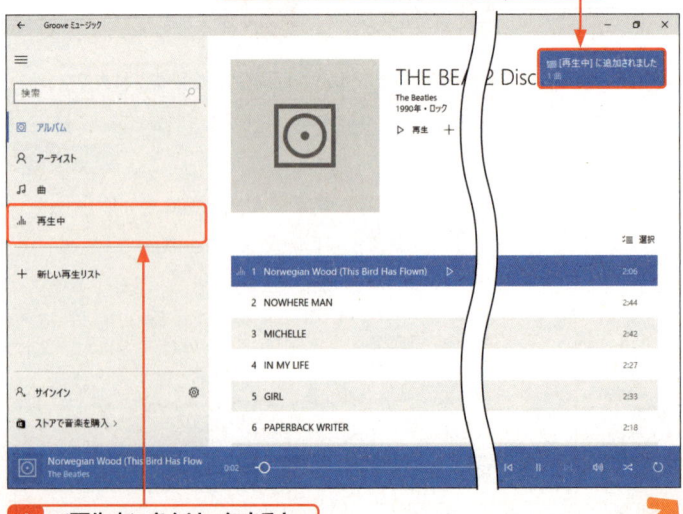

6 ＜再生中＞をクリックすると、

7 曲が登録されていることが確認できます。

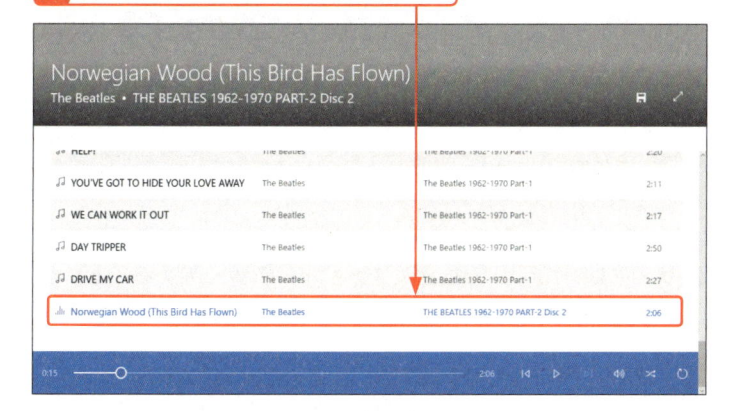

5 「Groove ミュージック」アプリの再生を停止する

1 ‖をクリックすると、

2 ‖が▷に変わり、音楽ファイルの再生が停止します。

3 ☒をクリックすると、

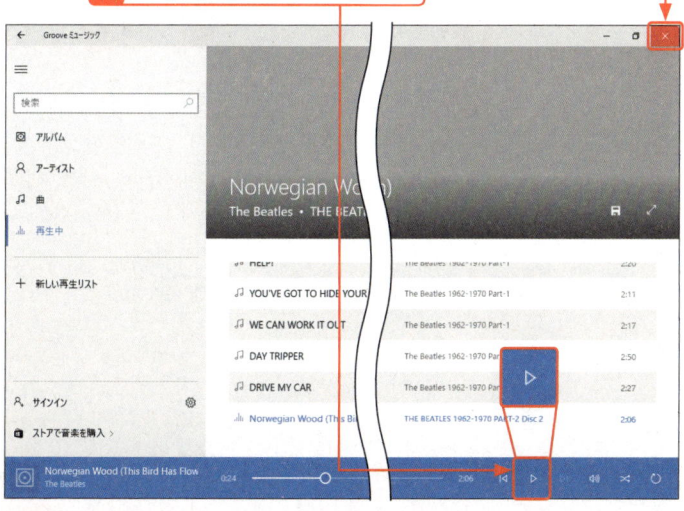

4 「Grooveミュージック」アプリが終了します。

9

Section 114

「Grooveミュージック」アプリでパソコンに取り込んだ曲を再生する

「Grooveミュージック」アプリ

> **Hint** ドラッグ＆ドロップで登録する
>
> 再生中への曲やアルバムの登録は、追加したいアルバムや曲を＜再生中＞にドラッグ＆ドロップすることでも行えます。

> **Hint** タブレットモードで利用しているときは？
>
> タブレットモードで利用しているときは、画面右上の端にマウスポインターを移動させると、☒が表示されます。また、タッチ操作で利用しているときは、画面上端の外側から画面下側までスライドし、アプリの表示が小さくなったら指を離すと「Groove ミュージック」アプリが終了します。

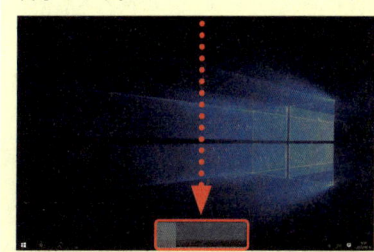

Section 115 「Grooveミュージック」アプリで再生リストを作成する

キーワード ▶ 「Grooveミュージック」アプリ（再生リスト）

「Grooveミュージック」アプリは、パソコンに保存された曲の中から好みの曲だけを再生できる再生リスト（プレイリスト）を作成できます。再生リストは、削除しても音楽ファイルに影響を与えることはないので、何度でも自由に作成できます。ここでは、再生リストの作成方法を解説します。

1 再生リストを作成する

Keyword 再生リストとは？

「再生リスト」は、再生したい曲の順番を記載したリストです。プレイリストとも呼ばれます。再生リストは自由に作成でき、削除してもオリジナルの音楽ファイルに影響を与えることはありません。「Grooveミュージック」アプリでは、最初に空の再生リストを作成し、そのプレイリストに再生したい曲やアルバムを追加することでリストを作成します。

1 「Grooveミュージック」アプリを起動します。

2 ＜＋新しい再生リスト＞をクリックします。

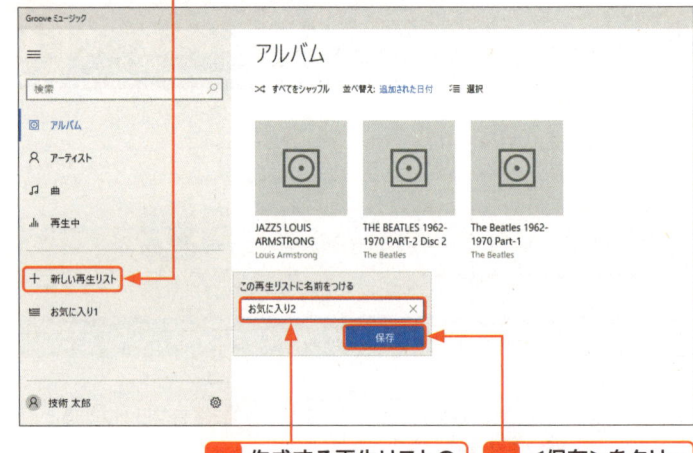

3 作成する再生リストの名前を入力し、

4 ＜保存＞をクリックします。

5 空の再生リストが作成されます。

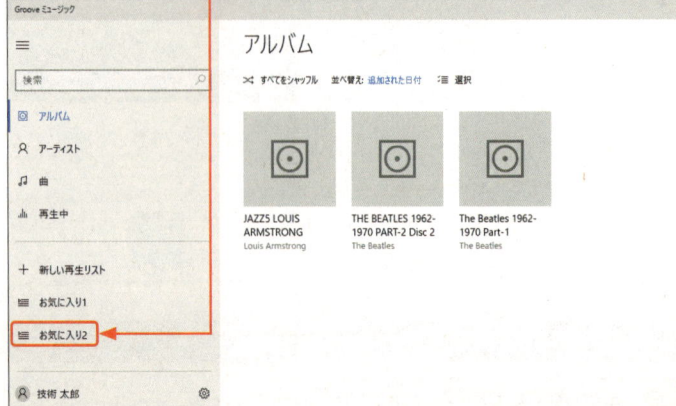

Touch タッチキーボードが表示されない

タッチ操作で利用している場合に、手順**3**でタッチキーボードが表示できないときは、デスクトップに切り替えて（P.389参照）タッチキーボードを表示します。通知領域の🔲をタップしてアクションセンターを開き、＜タブレットモード＞をタップし、デスクトップに切り替わったら通知領域にある🔲をタップするとタッチキーボードが表示されます。

2 再生リストに曲を登録する

1 ＜アーティスト＞、＜アルバム＞、＜曲＞のいずれか（ここでは、＜アルバム＞）をクリックして、

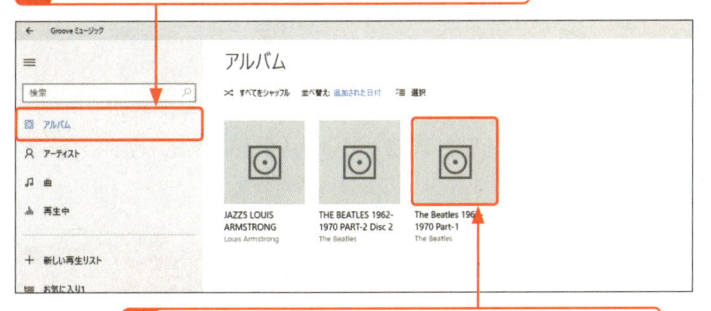

2 登録したい曲が収録されたアルバムをクリックします。

3 ＜選択＞をクリックします。

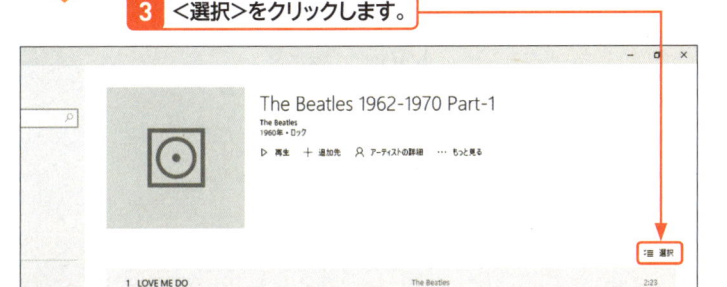

4 再生リストに登録したい曲をクリックして選択し、

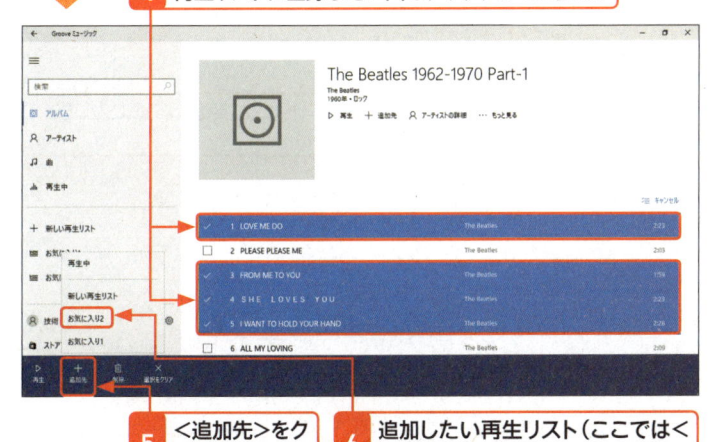

5 ＜追加先＞をクリックします。

6 追加したい再生リスト（ここでは＜お気に入り2＞）をクリックします。

7 選択した曲が再生リストに登録されます。

Hint ドラッグ＆ドロップで登録する

再生リストに登録したい曲やアルバムを再生リストにドラッグ＆ドロップすると、その曲やアルバムを再生リストに登録できます。

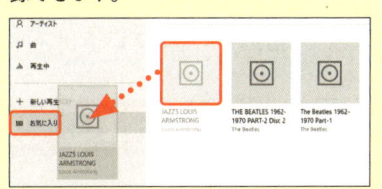

Hint そのほかの登録方法について

左の手順では、再生リストに登録したい曲をアルバムの中から選択していますが、画面上にある＜＋追加先＞をクリックし、メニューから登録先の再生リストをクリックすると、アルバム内のすべての曲を登録できます。また、登録したい曲をクリックし、＋をクリックしてメニューから登録先の再生リストをクリックすると、その曲のみをプレイリストに登録できます。

アルバム全体を登録する

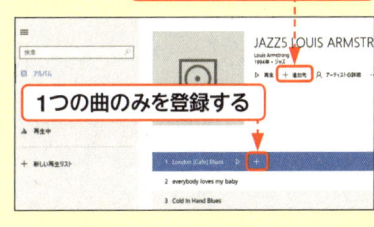
1つの曲のみを登録する

Memo 再生リストを削除するには？

再生リストを削除したいときは、削除したい再生リストを開き、＜…もっと見る＞→＜削除＞の順にクリックし、ダイアログボックスが表示されたら＜削除＞をクリックします。

Section
116

「Grooveミュージック」アプリ
で再生リストの曲を再生する

キーワード ▶ 「Grooveミュージック」アプリ（再生リスト）

ここでは、再生リスト（プレイリスト）を「Grooveミュージック」アプリで再生する方法を解説します。「Grooveミュージック」アプリは、自身で作成した再生リストだけでなく、Windows Media Playerで作成した再生リスト（プレイリスト）も再生できます。

1 再生リストの曲を再生する

Memo 再生リストと
プレイリストの違い

再生リストとプレイリストは同じものです。「Grooveミュージック」アプリでは「再生リスト」、Windows Media Playerでは「プレイリスト」と呼んでいます。右の手順では、「Grooveミュージック」アプリで再生リストを再生する方法を解説しています。

Hint 選択した曲から再生を
開始する

右の手順で再生を開始すると、再生リストの一番上にある曲から順に再生を行います。指定した曲から再生を開始したいときは、リスト内の曲をダブルクリックします。

1 「Grooveミュージック」アプリを起動します。

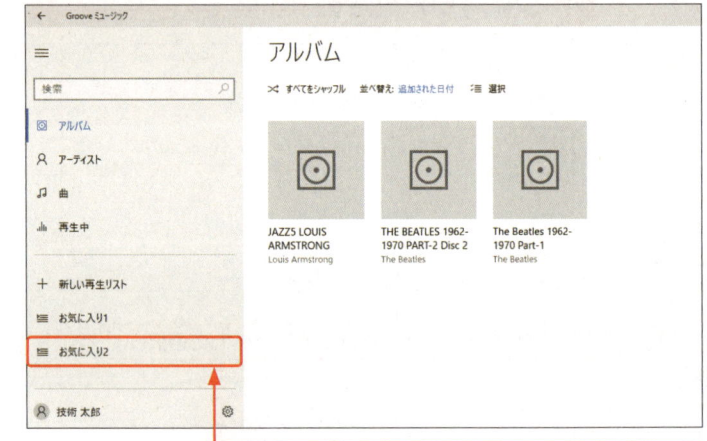

2 再生したい再生リスト（ここでは＜お気に入り2＞）をクリックします。

3 再生リストの内容が表示されます。

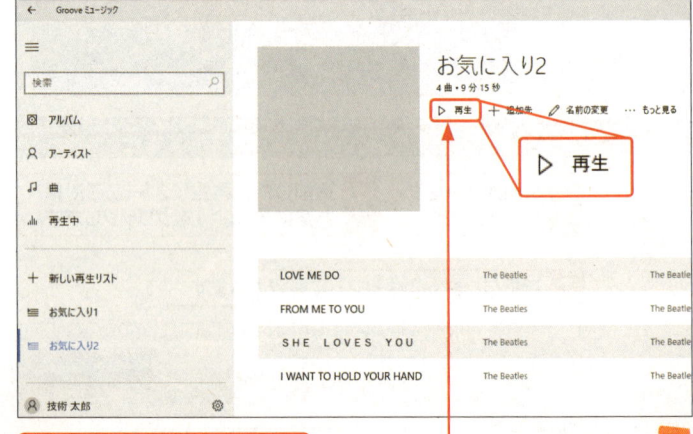

4 ＜再生＞をクリックします。

5 再生リストの再生が始まります。

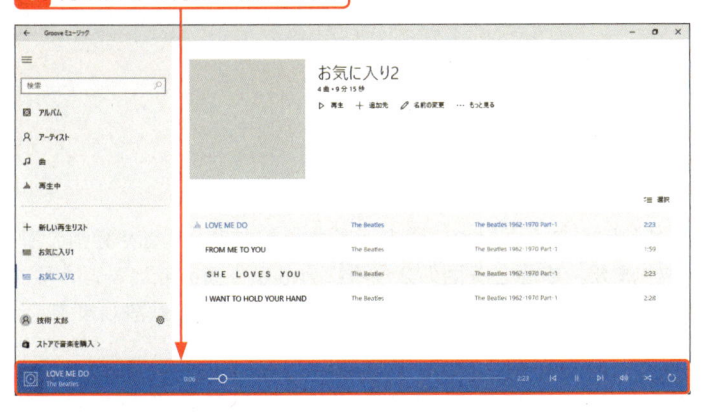

 **再生リストから曲を削除する**

再生リスト内の曲をクリックし、■をクリックするとその曲を再生リストから削除できます。

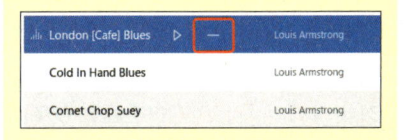

Memo **Windows Media Playerで再生リストの曲を再生する**

Windows Media Playerで再生リストを再生したいときは、以下の手順で行います。なお、Windows Media Playerは、自身で作成した再生リスト（プレイリスト）のみを再生できます。「Grooveミュージック」アプリで作成した再生リストの再生は行えません。

1 Windows Media Playerを起動します。

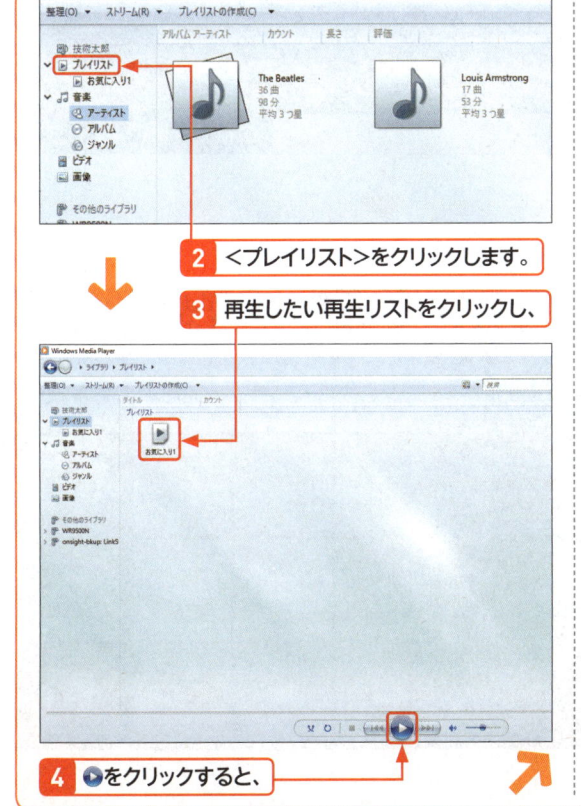

2 <プレイリスト>をクリックします。

3 再生したい再生リストをクリックし、

4 ●をクリックすると、

5 選択した再生リストの再生が始まります。

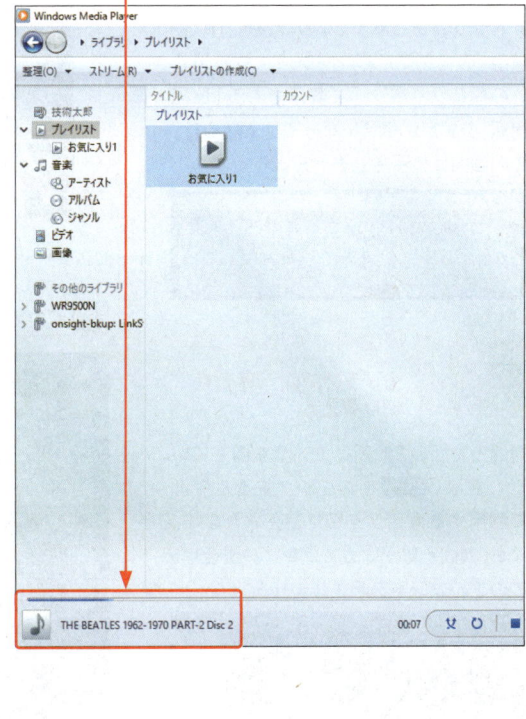

Section 117 写真や動画を撮影する

キーワード ▶ 「カメラ」アプリ

カメラを備えたパソコンでは、搭載カメラを利用して、写真や動画の撮影を行えます。写真や動画の撮影は、「カメラ」アプリを起動して行います。また、前面と背面の2か所にカメラを備えているときは、必要に応じてカメラを切り替えることもできます。ここでは、写真や動画の撮影について解説します。

1 写真または動画を撮影する

Memo 初めて起動したとき

「カメラ」アプリを初めて起動したときは、位置情報を利用するかどうかの設定画面が表示されます。位置情報を利用するときは、＜はい＞をクリックします。位置情報を利用しないときは、＜いいえ＞をクリックします。なお、「設定」（P.33参照）の＜プライバシー＞→＜位置情報＞の順にクリックして表示される「位置情報」の設定がオフになっている場合は、この画面は表示されません。

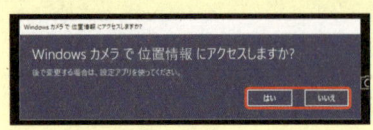

Hint カメラの前面／背面を切り替える

前面と背面の2か所にカメラを備えているときは、をクリックすると撮影に利用するカメラを切り替えられます。なお、前面と背面にカメラがない場合は、このアイコンは表示されません。

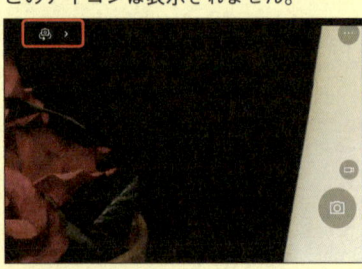

1 ⊞をクリックし、 **2** ＜すべてのアプリ＞をクリックします。

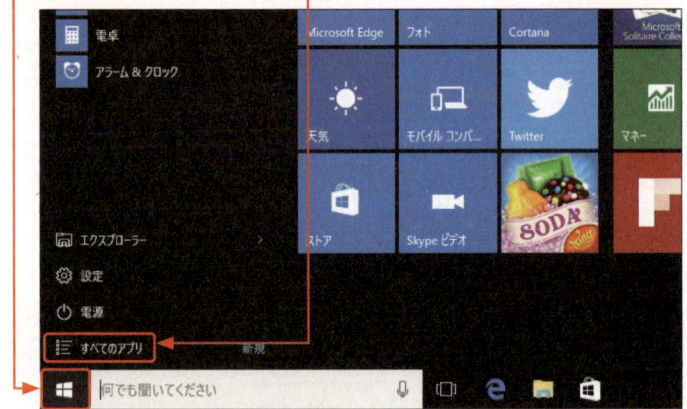

3 ＜カメラ＞をクリックします。

4 「カメラ」アプリが起動します。

5 ピントを合わせたい場所をクリックすると、

6 ピントや明るさの調整が実行されます。

7 ◎ をクリックすると、

右上のMemo参照。

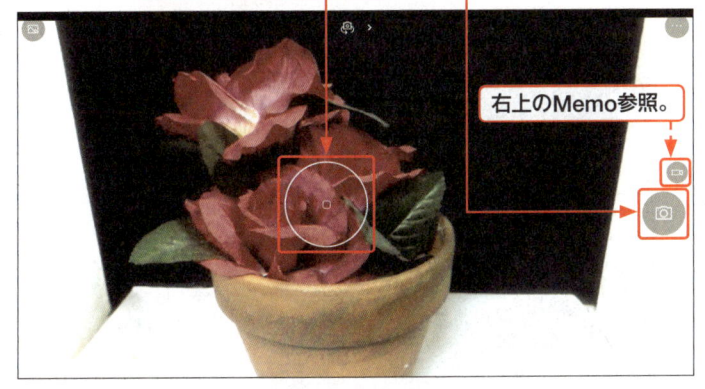

8 シャッター音が鳴り写真撮影が行われます。

Memo 動画を撮影する

手順 **7** で 🎥 をクリックすると、動画撮影に切り替わり、続けて、大きく表示された 🎥 をクリックすると、動画撮影が開始されます。■ をクリックすると、動画撮影が停止します。動画撮影から写真撮影に戻るときは、◎ をクリックします。

Memo オートフォーカスについて

オートフォーカスは、利用しているパソコンによっては利用できないことがあります。その場合、オートフォーカスの丸い枠が表示されません。

Hint 写真や動画の保存先は?

「カメラ」アプリで撮影した写真や動画は、「ピクチャ」フォルダー内の「カメラロール」フォルダーに保存されます。

Memo 撮影した写真を「フォト」アプリで確認する

「カメラ」アプリで撮影した写真は、撮影後すぐに「フォト」アプリ（P.358～371参照）で確認できます。「フォト」アプリで写真を確認するときは、以下の手順で行います。

1 ここをクリックすると、

2 「フォト」アプリが起動して、撮影した写真を確認できます。

Section 118 「フォト」アプリで写真を表示する

キーワード ▶ 「フォト」アプリ（表示）

Windows 10の「カメラ」アプリを使って撮影した写真は、「フォト」アプリを使って閲覧できます。「フォト」アプリは、写真を一覧で表示したり、日付ごとに分けて表示したりできます。ここでは、「フォト」アプリを使った写真閲覧時の基本操作を解説します。

1 「フォト」アプリで閲覧する

Memo 「フォト」アプリを利用する

「フォト」アプリは、写真の閲覧やトリミング、色補正などの写真編集が行えるアプリです。ここでは、「フォト」アプリの起動や画面のスクロール、選択した写真の閲覧などの基本操作を解説しています。

Memo ウィンドウサイズによって画面が異なる

「フォト」アプリは、ウィンドウサイズによってアプリの画面構成が異なります。たとえば、画面左側に表示されているメニューは、本書では展開された状態となっていますが、ウィンドウサイズを一定以上小さくするとメニューは閉じた状態となります。ボタンのみが表示され、「コレクション」「アルバム」「フォルダー」などの文字は表示されません。

Touch タッチ操作でスクロールする

画面下から上に指をスライドさせると下の画像が上にあがっていきます。逆に画面上から下に指をスライドさせると、上の画面が下に降りてきます。

1 ⊞をクリックし、

2 ＜フォト＞をクリックします。

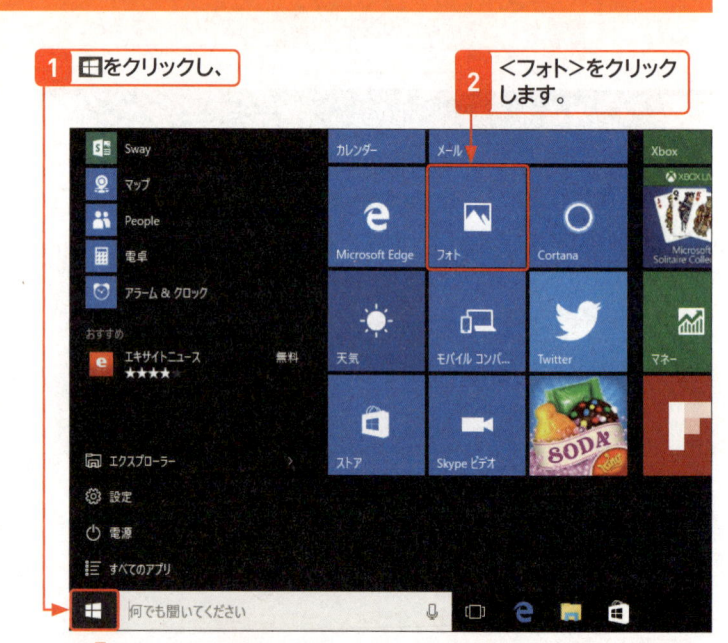

3 「フォト」アプリが起動します。

4 ＜コレクション＞をクリックし、

5 上または下にスクロールすると、

6 撮影日ごとにまとめられた写真が表示されます。

右のMemo参照。

閲覧したい写真を表示する

1 閲覧したい写真をクリックすると、

↓

2 写真が表示されます。 **3** をクリックすると、

右のHint参照。

4 手順**1**の画面に戻ります。

<Memo> **閲覧対象を切り替える**

「フォト」アプリには、「コレクション」「アルバム」「フォルダー」の3つの閲覧対象が用意されています。それぞれ以下のような特徴があります。

- コレクション
  コレクションは、ソースフォルダーと呼ばれる読み出しもとフォルダー内の写真を日付ごとに分けて一覧表示します。ソースフォルダーは、通常、「ピクチャ」フォルダーとOneDriveの「ピクチャ」フォルダーが指定されています。
- アルバム
  アルバムは、撮影した場所や時間、人などの情報を利用して「フォト」アプリが自動作成したアルバムを表示します。
- フォルダー
  フォルダーは、フォルダーを選択して写真を表示できます。選択できるフォルダーは、ソースフォルダーとして指定されているフォルダー内にあるフォルダーとなります。通常は、「ピクチャ」フォルダーとOneDriveの「ピクチャ」フォルダーが表示され、それらのフォルダー内にフォルダーがあるときは、そのフォルダーを開いて、表示する写真を選択できます。

<Hint> **次の写真／前の写真を表示する**

手順**2**の画面で「フォト」アプリ内でマウスを動かすと、画面内に◀や▶が表示されます。◀をクリックすると、1つ前の写真が表示されます。▶をクリックすると次の写真が表示されます。タッチ操作の場合は、左にスライドすると次の写真が表示され、右にスライドすると1つ前の写真が表示されます。

359

Section
119 「フォト」アプリの基本操作を知る

キーワード ▶「フォト」アプリ（拡大／縮小／スライドショー）

「フォト」アプリは、閲覧中の写真を拡大／縮小表示したり、回転したりできます。また、コレクション内の写真やアルバム内の写真をスライドショーで閲覧することもできます。ここでは、「フォト」アプリを利用して写真を閲覧するときに利用する基本操作について解説します。

1 写真を拡大／縮小表示する

Memo 写真の拡大／縮小表示について

「フォト」アプリで閲覧中の写真の拡大表示／縮小は、アプリ内でマウスを動かすと表示される＋や－をクリックすることで行います。＋をクリックすると1段階大きく表示され、クリックするたびに1段階ずつ拡大されていきます。－をクリックすると1段階小さく表示し、クリックするたびに1段階ずつ縮小されていきます。なお、「フォト」アプリでは、写真を表示したときの最初のサイズが等倍表示となり、等倍未満のサイズで縮小表示を行うことはできません。－は等倍時には表示されません。

Touch タッチ操作で拡大／縮小を行う

タッチ操作で拡大／縮小を行うときは、ストレッチ／ピンチ操作を行います。ストレッチを行うと拡大表示され、ピンチを行うと縮小表示を行います。なお、ピンチによる縮小表示は等倍以下のサイズにすることはできません。

1 「フォト」アプリで写真を表示しておきます。

2 アプリの画面内でマウスを動かすと右下に＋が表示されます。

3 ＋をクリックすると、

4 写真が1段階大きく（拡大）表示されます。

5 －をクリックすると、

6 1段階小さく（縮小）表示されます。

9

Hint

実サイズで表示する

「フォト」アプリは、アプリのウィンドウサイズに合わせた大きさで写真を表示しますが、実際のサイズで写真を表示することもできます。実際のサイズで表示したいときは、実際のサイズで表示したい場所をダブルクリックするか、□をクリックします。□をクリックしたときは、写真の中心部分を実際のサイズで表示します。また、ウィンドウサイズに合わせた大きさに戻したいときは、任意の場所をダブルクリックするか、□をクリックします。

2 写真を回転する

1 ◎<回転>をクリックすると、

Memo

ツールバーを表示する

ツールバーは、アプリの画面内をクリックすることで表示／非表示を切り替えられます。ツールバーが表示されていないときは、アプリの画面内でクリックするとツールバーが表示されます。逆にツールバーが表示されている状態でクリックすると非表示になります。

2 時計回りで90度写真が回転します。

Memo

そのほかの方法で写真を回転させる

任意の場所を右クリックし、<回転>をクリックすることでも写真を時計回りで90度回転して表示できます。

第 **1** 章 Windows 10 をはじめよう
第 **2** 章 Windows 10 の基本操作
第 **3** 章 ファイルと フォルダー
第 **4** 章 インター ネット
第 **5** 章 Outlook. com
第 **6** 章 「メール」 アプリ
第 **7** 章 アプリの 利用
第 **8** 章 データの 活用
第 **9** 章 音楽／写真 ／ビデオ
第**10**章 タブレット モード
第**11**章 文字入力 の基本
第**12**章 <スタート> メニュー
第**13**章 デスクトップ
第**14**章 ネットワーク
第**15**章 管理／ セキュリティ
第**16**章 周辺機器 の利用
第**17**章 トラブル 対策
第**18**章 インストール と初期設定
付 録

3 スライドショーで閲覧する

Memo スライドショーで閲覧する

「フォト」アプリでは、コレクション内の写真やアルバム内の写真をスライドショーで閲覧できます。コレクションから写真を表示して右の手順でスライドショーを開始すると、開始時の写真から古い日付に向けて順に写真を表示します。アルバム内の写真を閲覧中にスライドショーを開始すると、そのアルバム内の写真をスライドショーで表示します。

Hint そのほかの開始／停止方法について

スライドショーは、右の手順で開始できるほか、写真閲覧中に F5 キーを押すことでも開始できます。また、画面内の任意の場所で右クリックし、<スライドショー>をクリックすることでも開始できます。

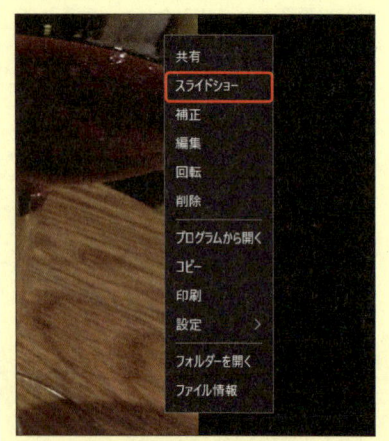

1 ツールバーの ▣ <スライドショー>をクリックすると、

2 写真がスライドショーで表示されます。

3 画面内をクリックすると、

4 スライドショーが停止し、停止時に表示されていた写真が表示されます。

4 不要な写真を削除する

1 コレクションまたは削除したい写真が含まれた
アルバムを表示しておきます。

2 ≡ <選択>をクリックします。

3 削除したい写真の□をクリックし、☑にします。

4 🗑をクリックします。

5 <削除>をクリック
すると、

6 選択した写真がまとめて
削除されます。

Memo 閲覧中の写真を削除する

閲覧中の写真を削除したいときは、削除
したい写真を表示しておき、ツールバー
の🗑をクリックして、ダイアログボック
スが表示されたら<削除>をクリックし
ます。

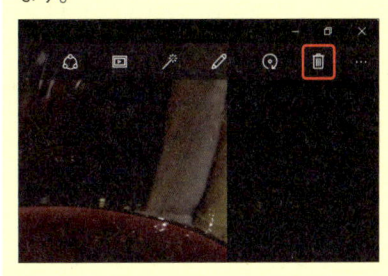

Hint そのほかの方法で削除する

写真の削除は、削除したい写真を右ク
リックして<削除>を選択することでも
行えます。

Section 120 「フォト」アプリで写真を編集する

キーワード ▶「フォト」アプリ（色調整／トリミング）

「フォト」アプリは、写真の閲覧を行えるだけでなく、写真の<u>トリミング</u>を行ったり、色調整や明るさ、コントラストの調整、フィルター処理などの<u>編集</u>を行ったりできます。ここでは、「フォト」アプリに搭載されている編集機能の使い方を解説します。

1 写真の色調整を行う

Memo 色調整を自動で行う

「フォト」アプリは、写真の色を自動で調整する機能を搭載しています。右の手順では、自動色調整機能の使い方を解説しています。なお、自動色調整機能は、右の手順で行えるほか、次ページの編集画面から行うこともできます。

1 「フォト」アプリで色調整を行いたい写真を表示しておきます。

2 ＜色調整＞をクリックすると、

3 自動で色調整が行われます。

左のHint参照。

Hint スライドショーで写真を閲覧する

右の手順 **3** の画面で▣＜スライドショー＞をクリックすると、選択中のカテゴリ（ここでは、「コレクション」）内の写真をスライドショーで閲覧できます。スライドショー中に画面をクリックすると、停止できます。

2 明るさやコントラストの調整を行う

1 〈編集〉をクリックします。

2 編集画面が表示されます。

〈基本修正〉が選択された
状態で表示されます。

3 〈ライト〉をクリックします。　　右上のHint参照。

4 〈明るさ〉をクリックすると、

Hint 「基本修正」の補正機能について

「基本修正」に用意されている「補正」は、写真の色調整を自動で行う機能です。この項目をクリックすると、機能がオンに設定され、写真の色調整が自動で行われます。再度、クリックするとオフになります。

Memo 「基本修正」で行える編集について

「基本修正」では、写真の修正内容で利用頻度の高い項目が用意されています。色の自動補正やトリミングなどの操作は、ここから行います。

Hint 編集機能の操作について

「フォト」アプリでは、画面左側に編集機能の項目選択用のボタンが配置され、画面右側には、画面左側で選択したボタンで利用可能な編集機能のボタンが配置されています。たとえば、画面左側で〈基本修正〉を選択すると、画面右側に「補正」「回転」「クロップ」「傾きの調整」「赤目」「修正」などのボタンが表示されます。〈ライト〉をクリックすると、「明るさ」「コントラスト」「ハイライト」「影」などのボタンが表示されます。

Memo 「ライト」の調整項目について

「ライト」では、「明るさ」「コントラスト」「ハイライト」「影」の4項目について手動で調節できます。左の手順では、「明るさ」「コントラスト」「ハイライト」の3項目を手動で調整する手順を紹介しています。

Hint　フィルター効果を設定する

<フィルター>をクリックすると、表示中の写真に対してフィルター効果を加えた写真のサムネイルが画面右側に表示されます。気に入った効果があるときは、そのサムネイルをクリックすると、表示中の写真に効果が反映されます。

Hint　色温度や濃淡、鮮やかさを設定する

<カラー>をクリックすると、色温度や濃淡、鮮やかさ、カラーブーストなどの設定が行えます。

Memo　設定を1つ前の状態に戻す

<元に戻す>をクリックすると、行った設定を破棄してもとの状態に戻せます。また、<やり直し>をクリックすると、設定をやり直せます。

Hint　ふちどりやフォーカス範囲を設定する

<効果>をクリックすると、写真のふちどりを行ったり、フォーカス範囲を設定できます。ふちどりを設定すると、写真の4角をぼかし気味に若干暗くします。これによって中央にあるものを際だたせることができます。後者のフォーカス範囲は、フォーカスしたい場所を選択し、それ以外の部分を若干ぼかし気味にする効果を設定できます。

---

5 円形のスライドバーが表示されるので、

6 ここをドラッグして明るさを調節します。

左の各Hint参照。

7 <コントラスト>をクリックし、

8 ここをドラッグしてコントラストの調整を行います。

9 <ハイライト>をクリックし、

10 ここをドラッグしてハイライトの調整を行います。

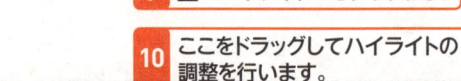

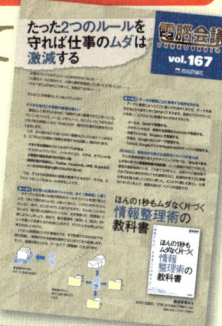

電子書籍を読んでみよう！

| 技術評論社　GDP | 検索 |

と検索するか、以下のURLを入力してください。

https://gihyo.jp/dp

1 アカウントを登録後、ログインします。
【外部サービス（Google、Facebook、Yahoo!JAPAN）でもログイン可能】

2 ラインナップは入門書から専門書、趣味書まで1,000点以上！

3 購入したい書籍を 🛒 カート に入れます。

4 お支払いは「*PayPal*」「YAHOO! ウォレット」にて決済します。

5 さあ、電子書籍の読書スタートです！

3 写真をトリミングする

1 ◎<基本修正>をクリックします。

2 ◪<クロップ>をクリックします。

 3 枠の大きさを調節し、トリミングしたいサイズを決めます。

Key word　トリミングとは?

「トリミング」とは、写真の不要な一部を削除することです。

Hint　写真のトリミングを行う

写真のトリミングを行いたいときは、左の手順で作業します。「フォト」アプリのトリミング機能は、この機能をオンにすると表示されるグリッド内に配置されている部分を残し、それ以外をカットします。

Key word　クロップとは?

「クロップ」とは、写真の一部を切り出すことです。ここではトリミングと同義と考えてください。

Hint　グリッドの枠のサイズを変更する

左の手順**3**で操作している枠は、四隅の○を斜めにドラッグすると、幅と高さの両方を同時に変更できます。また、横、あるいは縦にドラッグすると、高さまたは幅のいずれか一方のサイズを変更できます。

Hint トリミング位置を設定する

グリッドの大きさは、自由に変更できますが、表示位置は固定されており、写真をドラッグすることでトリミング位置を決定します。

Memo 作業を初めからやり直す

トリミング作業を取りやめて、最初からやり直したいときは、⊠をクリックします。トリミング作業がキャンセルされ、前ページの手順**2**の画面に戻ります。

Hint 写真を拡大する

拡大表示したいところでストレッチを行うと、その部分を拡大します。また、ピンチを行うと縮小します。

Hint トリミングを解除する

手順**6**の画面で、⟲＜元に戻す＞をクリックすると、写真をトリミング前のもとの状態に戻すことができます。

4 写真をドラッグして位置を調節します。

5 ✓＜適用＞をクリックします。　　左のMemo参照。

6 写真がトリミングされます。　　左下のHint参照。

4 写真を保存する

1 🖫 ＜保存＞をクリックすると、　　　　**2** 写真が保存されます。

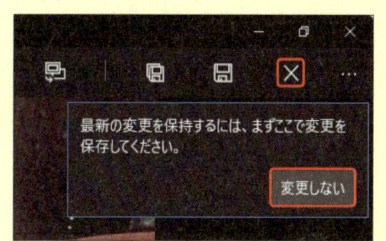

3 ⬅ をクリックします。

4 編集した写真が保存されていることを確認します。

Memo すべての編集作業の結果を解除する

トリミングの設定や色の調節など、写真に対して行った編集作業をすべてクリアしたいときは、✕＜キャンセル＞をクリックし、＜変更しない＞をクリックします。

Memo 保存方法について

「フォト」アプリでは、「コピーを保存」と通常の「保存」の2種類の保存方法があります。上の手順では、コピーの保存方法を解説しています。オリジナルの写真を残したまま、編集した写真を保存したいときは🖫＜コピーを保存＞をクリックしてください。

コピーを保存　　保存

Section
121
「フォト」アプリで表示する
フォルダーを追加する

キーワード ▶「フォト」アプリ（フォルダーの追加）

「フォト」アプリでは、通常、「ピクチャ」フォルダーとOneDriveの「Pictures（ピクチャ）」フォルダー内の写真やビデオ映像のみを管理していますが、任意のフォルダーを追加することもできます。ここでは、「フォト」アプリで管理するフォルダーを追加する方法を解説します。

1 フォルダーを追加する

Memo 「フォト」アプリで利用するフォルダーについて

「フォト」アプリでは、写真やビデオの管理を行うフォルダーを「ソースフォルダー」と呼んでいます。通常、「ピクチャ」フォルダーとOneDriveの「Pictures（ピクチャ）」フォルダーの2つのフォルダーがソースフォルダーに設定されており、ユーザーが任意のフォルダーを追加することもできます。ここでは、デスクトップに作成した「ワイン会」フォルダーをソースフォルダーに追加する方法を例に、任意のフォルダーをソースフォルダーに追加する方法を解説しています。

Hint 設定画面の表示について

手順 2 の「設定」画面は、メニューの＜フォルダー＞をクリックし、＜写真やビデオのソースフォルダーを選びます＞をクリックすることでも開けます。また、「フォルダー」には、ソースフォルダーに設定されているフォルダーが表示されます。

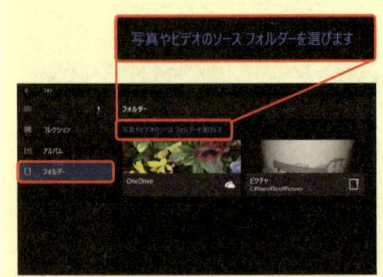

1 ⚙＜設定＞をクリックします。

2 ➕＜フォルダーの追加＞をクリックします。

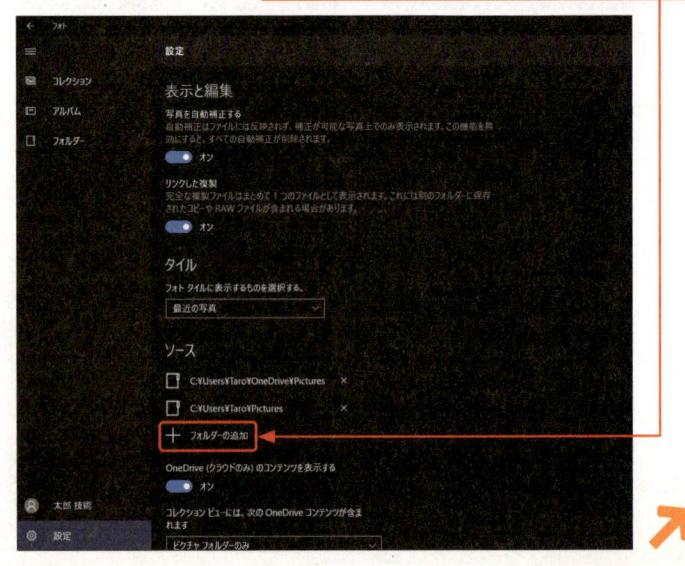

3 追加したいフォルダーをクリックして選択し、

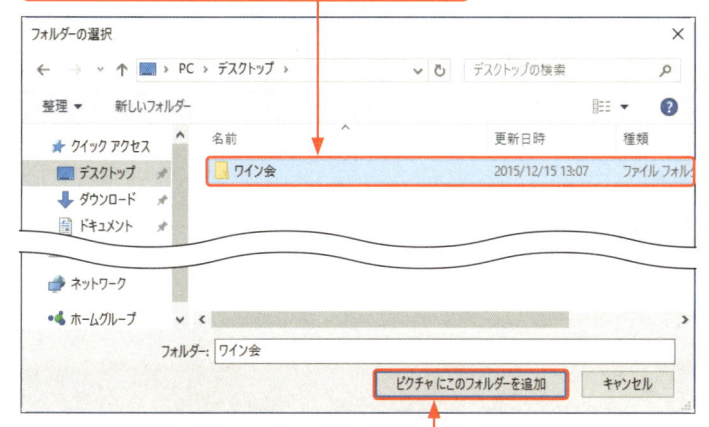

4 <ピクチャにこのフォルダーを追加>をクリックします。

5 手順**3**で選択したフォルダーがソースに追加されます。

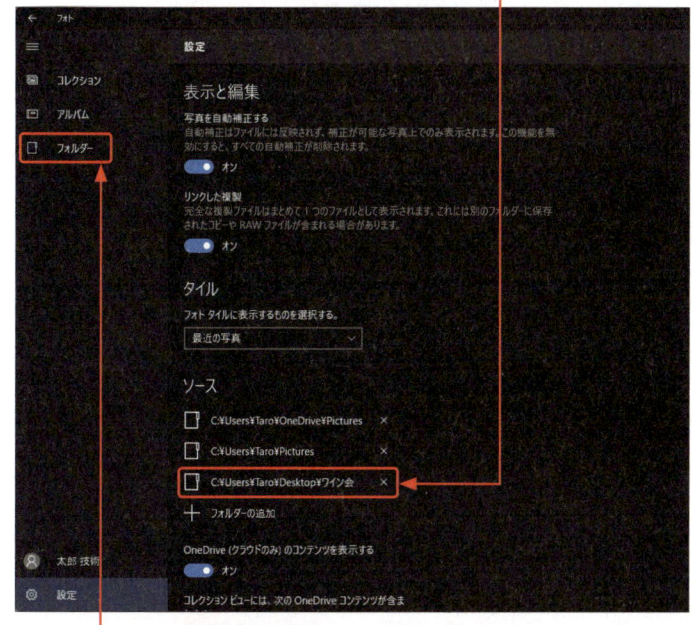

6 <フォルダー>をクリックします。

7 手順**4**で選択したフォルダーがソースフォルダーとして登録されていることが確認できます。

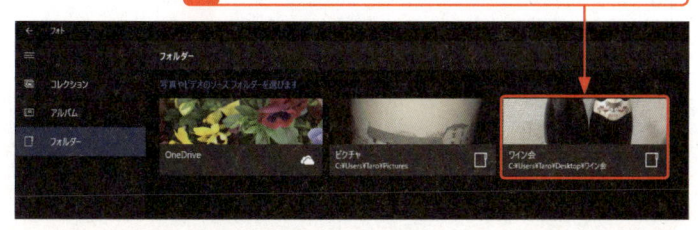

Memo ソースフォルダーを削除する

間違ったフォルダーを追加した場合など、ソースフォルダーに登録されているフォルダーを削除したいときは、手順**5**の画面で、削除したいフォルダーの右横の✕をクリックします。

Memo 追加したフォルダー内の写真を確認する

左の手順では、<フォルダー>をクリックして、追加したフォルダーが登録されているかどうかを確認していますが、<コレクション>をクリックすると、追加したフォルダー内にある写真やビデオ映像が追加されていることが確認できます。

Hint 追加したフォルダーが表示されない

追加したフォルダーが表示されないときは、「フォト」アプリを一度終了して再起動すると、追加したフォルダーが読み込まれます。

Section 122 「ペイント」アプリに写真を取り込む

キーワード ▶ 「ペイント」アプリ（写真の表示）

「ペイント」アプリは、Windows 10に標準でインストールされている描画アプリです。マウスを使って、丸や四角などの図形を作成したり、絵を描いたり、写真を取り込んで加工したりできます。ここでは、「ペイント」アプリに写真を取り込む方法を解説します。

1 「ペイント」アプリで写真を取り込む

Key word 「ペイント」アプリとは？

「ペイント」アプリは、マウスを使って、丸や四角などの図形を作成したり、絵を描いたり、写真を取り込んで加工したりできる描画アプリです。ここでは、「ペイント」アプリに写真を取り込む方法を解説しています。

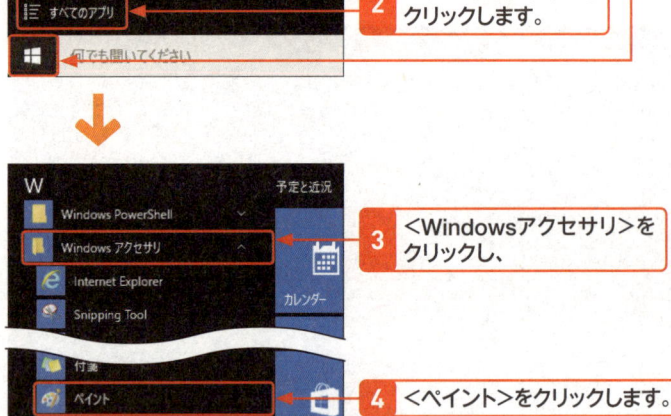

1 🔳をクリックし、

2 ＜すべてのアプリ＞をクリックします。

3 ＜Windowsアクセサリ＞をクリックし、

4 ＜ペイント＞をクリックします。

5 「ペイント」アプリが起動します。

Memo デジカメの写真を取り込む

「ペイント」アプリは、デジタルカメラの写真を取り込むこともできます。デジタルカメラをパソコンに接続しておき、右の手順を行って手順 **7** で＜カメラまたはスキャナーから取り込み＞をクリックすると、デジタルカメラの写真を「ペイント」アプリに取り込めます。

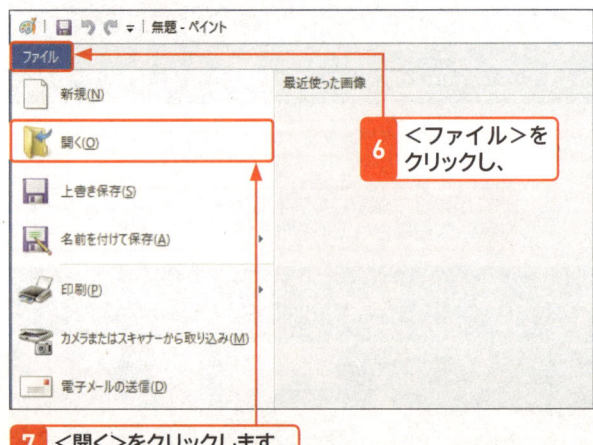

6 ＜ファイル＞をクリックし、

7 ＜開く＞をクリックします。

8 取り込みたい写真をクリックして選択し、

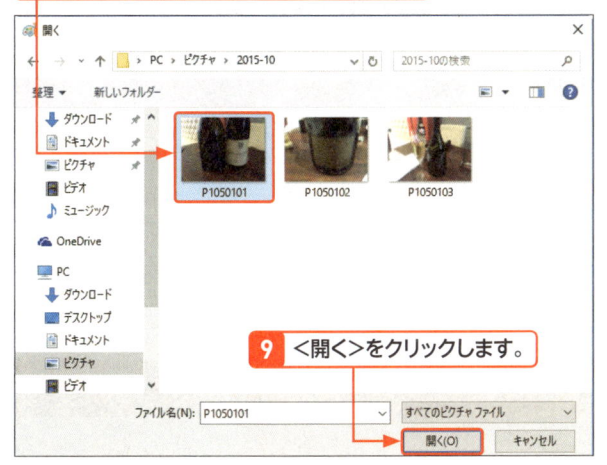

9 <開く>をクリックします。

⬇

10 写真が「ペイント」アプリに取り込まれます。

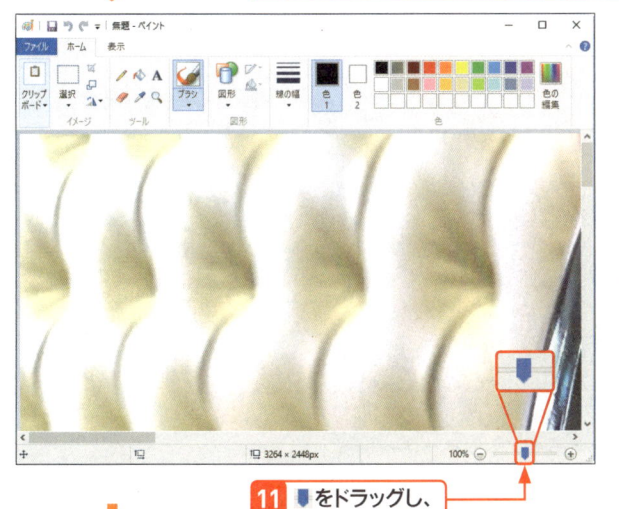

11 をドラッグし、

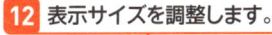

⬇

12 表示サイズを調整します。

 **Hint** 取り込む写真について

「ペイント」アプリは、1度の操作で複数の写真を取り込むことはできません。別の写真を取り込むには、取り込んだ写真を保存する必要があります。

Hint 取り込み時の表示サイズについて

「ペイント」アプリは、取り込んだ写真を100%のサイズ（実サイズ）で表示するため手順**10**の画面のように画面内にすべてが表示されない場合があります。画面内にすべてが表示されないときは、手順**11**の作業を行うか、⊖または⊕をクリックして表示サイズの調整を行います。

Section
123

「ペイント」アプリで写真を編集する

キーワード ▶ 「ペイント」アプリ（トリミング／解像度変更）

「ペイント」アプリは、取り込んだ写真に対してトリミングや解像度の変更、文字入力などの編集を行うことができます。ここでは、取り込んだ写真に対してこれらの編集作業を行って、編集した写真を保存する方法を解説します。

1 写真のトリミングを行う

Memo　トリミングについて

「ペイント」アプリでトリミングを行うときは、右の手順で行います。「ペイント」アプリでトリミングを行うと、指定した範囲の外側の部分が削除されます。

トリミングを行いたい写真を「ペイント」アプリで開いておきます。

1 ＜ホーム＞タブをクリックし、　**2** ＜選択＞をクリックします。

3 トリミングで残したい範囲をドラッグして指定し、

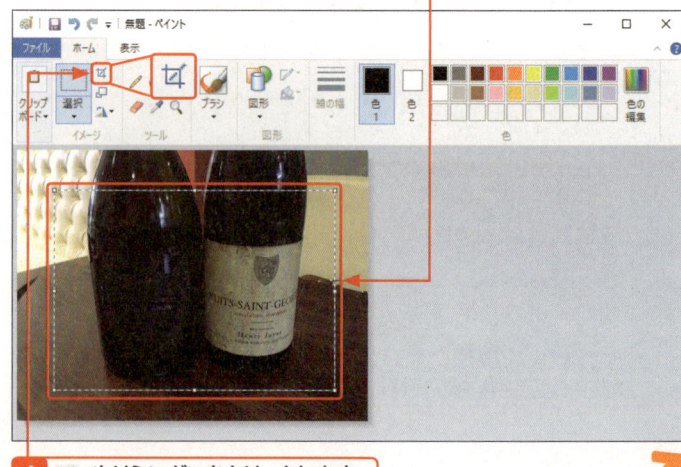

4 ＜トリミング＞をクリックします。

Hint　範囲指定をやり直すには

間違った場所を範囲指定したときや範囲指定を最初からやり直したいときは、指定した範囲の外側をクリックします。範囲指定が解除され、範囲指定をやり直せます。

5 写真が選択した範囲でトリミングされます。

右のMemo参照。

Memo 作業をやり直したいときは？

🔙 をクリックすると、1つ前の状態に戻ります。間違った範囲をトリミングした場合など、トリミング前の状態に戻して再度作業をやり直したいときは、🔙 をクリックしてください。

---

2 写真のサイズを変更する

1 🔲 <サイズ変更と傾斜>をクリックし、

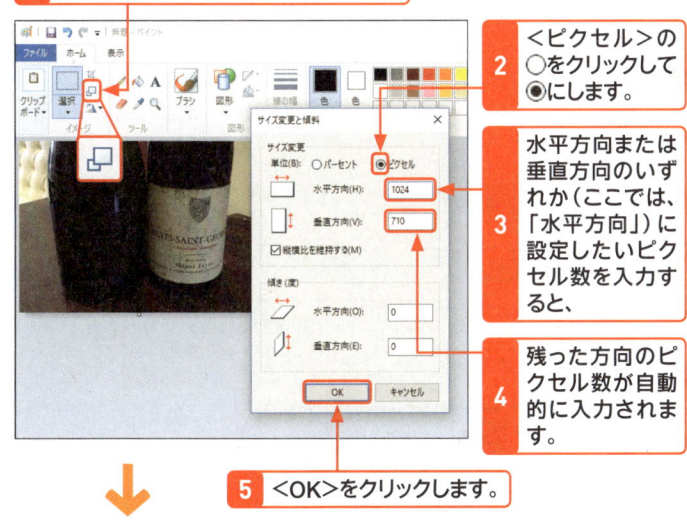

2 <ピクセル>の○をクリックして◉にします。

3 水平方向または垂直方向のいずれか（ここでは、「水平方向」）に設定したいピクセル数を入力すると、

4 残った方向のピクセル数が自動的に入力されます。

5 <OK>をクリックします。

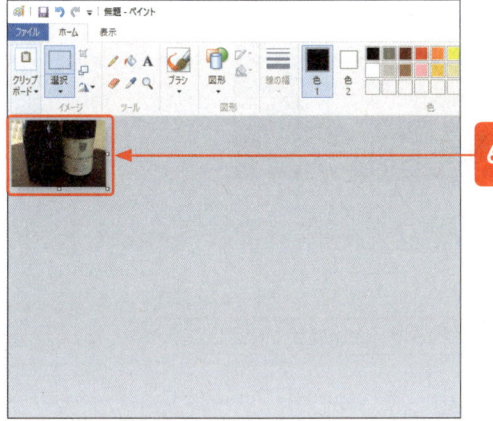

6 写真のサイズが変更されます。

🔍 **Hint サイズの入力について**

手順 **3** の画面で<縦横比を維持する>が☑になっているときに、水平方向または垂直方向のピクセル数を入力すると、その時点の写真の縦横比に応じて残った方向のピクセル数が自動入力されます。

🔑 **Key word ピクセル数とは？**

デジタルカメラで撮影した写真は、小さな「点」の集まりで表現されています。この点のことを「ピクセル」と呼び、ピクセルは、「画素」とも呼ばれます。たとえば、縦600ピクセル、横800ピクセルの写真の場合、縦は600個の点、横は800個の点で写真を表現しており、点の大きさが一定の場合、ピクセル数が小さいほど写真のサイズが小さくなり、大きいほどサイズが大きくなります。

🔍 **Hint サイズをパーセントで入力する**

左の手順では、サイズをピクセル単位で入力していますが、<パーセント>の○を◉にすると、現在の状態を100％として、その比率に応じて変更することもできます。

第 1 章
Windows 10
をはじめよう

第 2 章
Windows 10
の基本操作

第 3 章
ファイルと
フォルダー

第 4 章
インター
ネット

第 5 章
Outlook.
com

第 6 章
「メール」
アプリ

第 7 章
アプリの
利用

第 8 章
データの
活用

第 9 章
音楽／写真
／ビデオ

第10章
タブレット
モード

第11章
文字入力
の基本

第12章
＜スタート＞
メニュー

第13章
デスクトップ

第14章
ネットワーク

第15章
管理／
セキュリティ

第16章
周辺機器
の利用

第17章
トラブル
対策

第18章
インストール
と初期設定

付　録

3 文字の入力を行う

フォントの種類を変更したいときは、＜フォントファミリ＞の ▼ をクリックし、一覧から利用したいフォントをクリックします。なお、縦書きの文字を利用したいときは、先頭に「@」マークが付いたフォントを利用します（ただし、文字入力ボックスの回転が必要になります）。

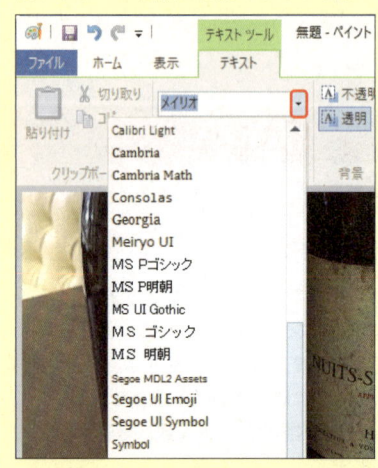

Hint **文字を移動するには**

入力した文字は、配置する位置を自由に変更できます。文字の位置を移動したいときは、入力ボックスの枠にマウスポインターを移動し、マウスポインターの形が ✛ になったら、目的の場所にドラッグします。なお、文字を確定すると文字の位置を変更できなくなります。文字を移動できるのは、入力ボックスが表示されているときのみです。

1 🅰 ＜テキスト＞をクリックし、

2 文字を配置したい場所をクリックすると、

3 文字の入力ボックスが表示されます。

4 必要に応じて、文字サイズを選択し、

5 文字の色をクリックして選択します。

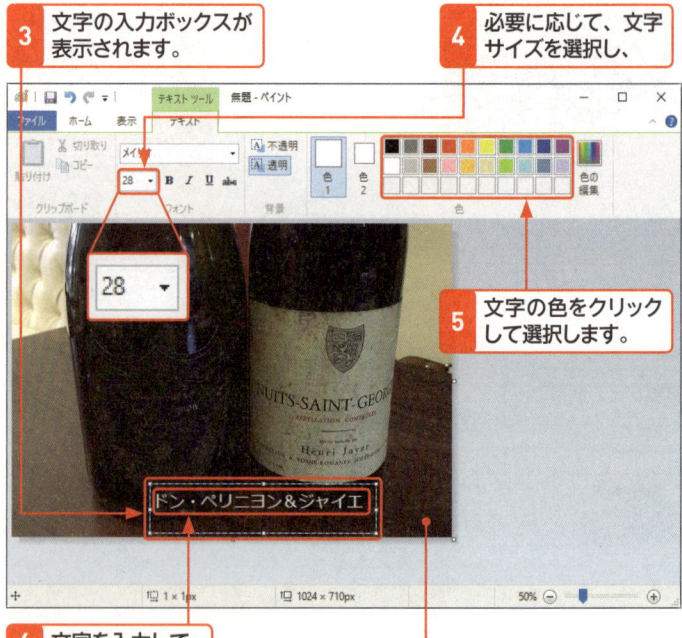

6 文字を入力して、

7 何もないところをクリックすると、文字が確定します。

4 編集済みの写真を保存する

1 ＜ファイル＞をクリックし、

2 ＜名前を付けて保存＞をポイントして、

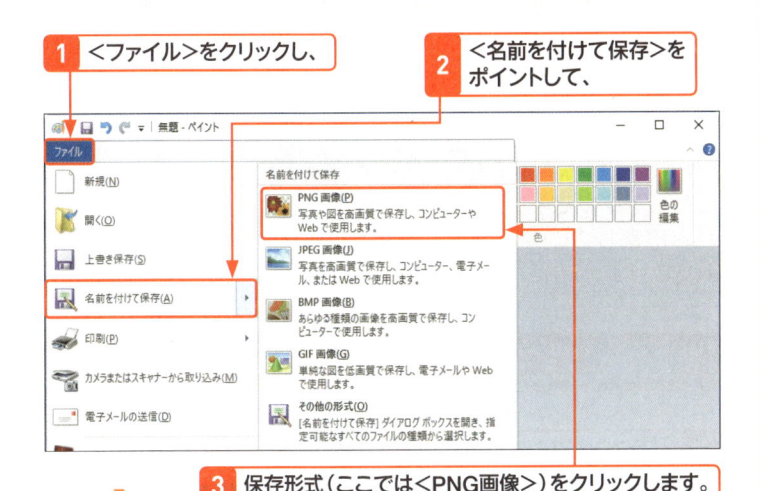

3 保存形式（ここでは＜PNG画像＞）をクリックします。

4 ファイル名を入力して、

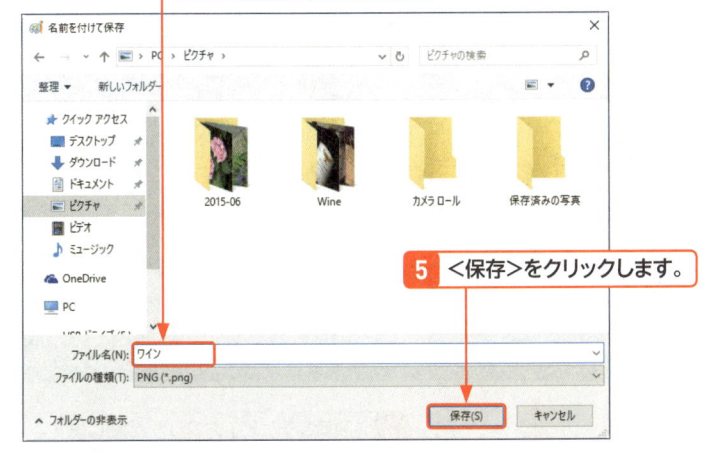

5 ＜保存＞をクリックします。

6 写真が保存されます。

Memo ペイントのファイル保存形式について

左の手順ではPNG形式で写真を保存していますが、「ペイント」アプリでは、以下のファイル形式で保存できます。

- **PNG画像**
  GIF画像に代わって、近年よく利用されている画像形式です。イラストなどを保存するのに向いています。

- **JPEG画像**
  デジタルカメラで広く使われている画像形式です。写真を保存するのに向いています。

- **BMP画像**
  古くからあるWindows標準の画像形式です。対応しているアプリが多いのが特徴です。高品質で保存できるぶん、ファイルサイズが大きくなります。

- **GIF画像**
  Web用の透過やアニメーションを保存できるのが大きな特徴です。色数の少ないイラストなどを保存するのに向いています。

- **そのほかの形式**
  TIFF形式やモノクロビットマップ形式で保存できます。

Section 124 「映画＆テレビ」アプリでビデオ映像を再生する

キーワード ▶ ビデオ映像再生

Windows 10では、ビデオ映像を楽しむためのアプリとして「映画＆テレビ」アプリ、「フォト」アプリ、Windows Media Playerの3種類のアプリを用意しています。ここでは、これらのアプリを利用して、ビデオ映像を閲覧するときの基本操作を解説します。

1 「映画＆テレビ」アプリを起動して初期設定を行う

Key word 「映画＆テレビ」アプリとは？

「映画＆テレビ」アプリは、ビデオ映像を再生するためのアプリです。パソコン内のビデオ映像を再生できるほか、映画やテレビドラマの購入やレンタル視聴なども行えます。

Hint ビデオ映像再生アプリを使い分ける

Windows 10では、「映画＆テレビ」アプリと「フォト」アプリ、「Windows Media Player」の3つのアプリでビデオ映像の再生が行えます。「映画＆テレビ」アプリは、映画やテレビドラマの購入やレンタル視聴に加えて、パソコン内のビデオ映像の再生も行える多機能なアプリです。「フォト」アプリは、「カメラ」アプリで撮影したビデオ映像を再生するときに便利です。Windows Media Playerは、パソコン内のビデオ映像だけでなく音楽も再生できるアプリです。それぞれのアプリの特徴を踏まえて使い分けてください。

1 田をクリックし、　　　　**2** ＜映画＆テレビ＞をクリックします。

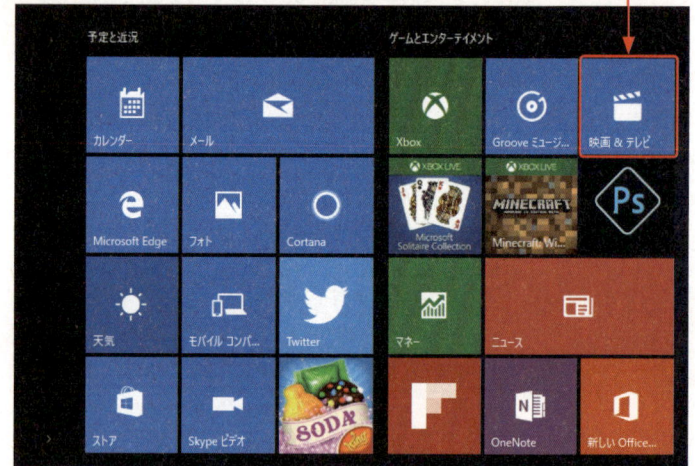

3 「映画＆テレビ」アプリが起動します。

4 □◀＜ビデオ＞をクリックします。

| 5 | 「ビデオ」ギャラリーが表示されます。 |
| 6 | ＜ビデオの追加＞をクリックします。 |

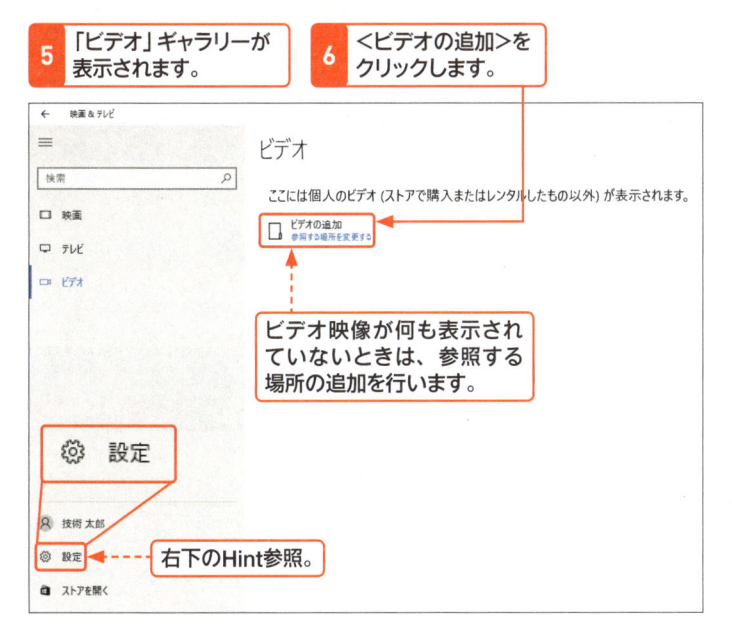

← 映画 & テレビ

☰

検索 🔍

□ 映画

▽ テレビ

▭ ビデオ

ビデオ

ここには個人のビデオ (ストアで購入またはレンタルしたもの以外) が表示されます。

□ ビデオの追加
参照する場所を変更する

ビデオ映像が何も表示されていないときは、参照する場所の追加を行います。

⚙ 設定

👤 技術 太郎

⚙ 設定 ⟵⟵ 右下のHint参照。

📷 ストアを開く

| 7 | ➕ をクリックします。 |

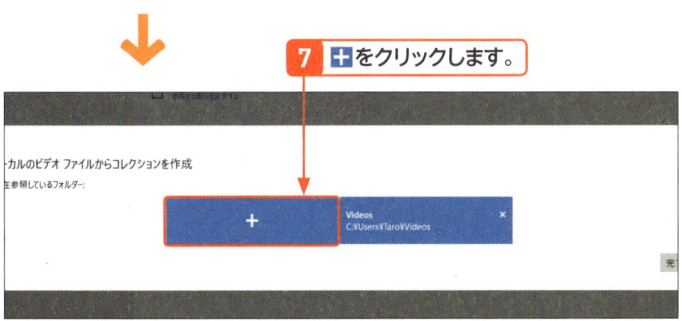

ーカルのビデオ ファイルからコレクションを作成
を参照しているフォルダー:

＋ Videos
C:¥Users¥Taro¥Videos ×

完

| 8 | ＜ピクチャ＞をクリックし、 |

フォルダーの選択 ×

← → ∨ ↑ 📁 › PC › ピクチャ › ∨ ⟳ ピクチャの検索 🔍

整理 ▼ 新しいフォルダー ▦ ▼ ❔

∨ ★ クイック アクセス
　🖥 デスクトップ 📌
　⬇ ダウンロード 📌
　📄 ドキュメント 📌
　🖼 ピクチャ 📌
　🎬 ビデオ
　🎵 ミュージック
> ☁ OneDrive
> 💻 PC
> 🖧 ネットワーク
> 🏠 ホームグループ

2015-06　Wine　カメラロール　保存済みの写真

フォルダー: ピクチャ

ビデオ にこのフォルダーを追加 キャンセル

| 9 | ＜ビデオにこのフォルダーを追加＞をクリックします。 |

第1章
Windows 10
をはじめよう

第2章
Windows 10
の基本操作

第3章
ファイルと
フォルダー

第4章
インター
ネット

第5章
Outlook.
com

第6章
「メール」
アプリ

第7章
アプリの
利用

第8章
データの
活用

第9章
音楽/写真
/ビデオ

第10章
タブレット
モード

第11章
文字入力
の基本

第12章
<スタート>
メニュー

第13章
デスクトップ

第14章
ネットワーク

第15章
管理/
セキュリティ

第16章
周辺機器
の利用

第17章
トラブル
対策

第18章
インストール
と初期設定

付　録

Memo　フォルダーが表示される

指定したフォルダー内にフォルダーがあるときは、手順11の画面のように「ビデオ」ギャラリーにそのフォルダーが表示されます。

Hint　指定フォルダーを削除する

登録したフォルダーを削除したいときは、⚙<設定>をクリックし、<ビデオを検索する場所を選択してください>をクリックして、前ページの手順7の画面を表示します。削除したいフォルダーの⊠をクリックし、<フォルダーの削除>をクリックすると、登録済みフォルダーを削除できます。

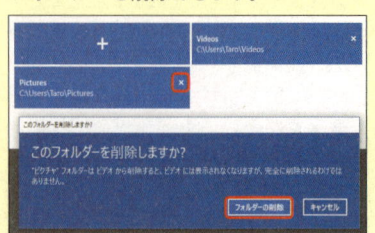

10 <完了>をクリックします。

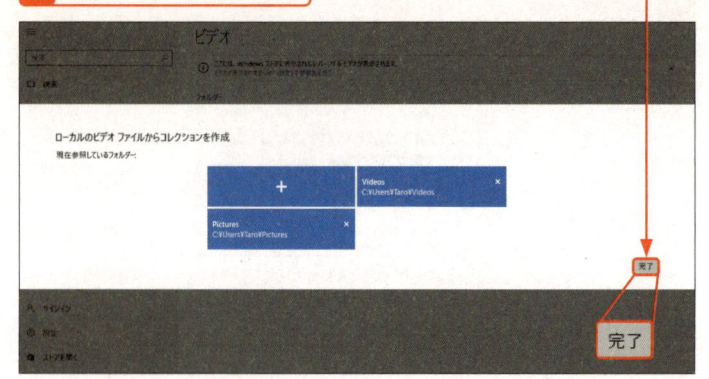

完了

11 <Camera Roll>をクリックすると、

12 「Camera Roll」フォルダー内にあるビデオ映像が表示されます。

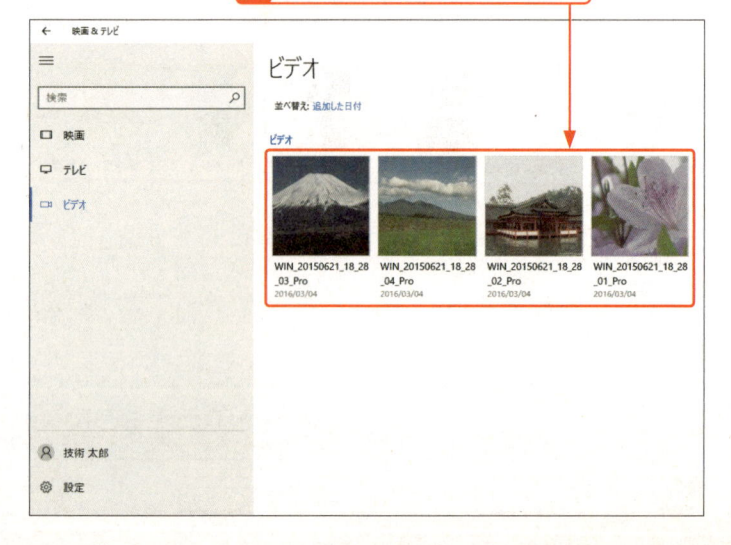

2 「映画＆テレビ」アプリでビデオ映像を再生する

1 再生したいビデオ映像をクリックします。

2 ビデオ映像の再生が始まります。

3 画面内でマウスを動かすと、

4 再生コントロールが表示されます。

5 ▮▮ をクリックすると、再生が一時停止します。

6 ← をクリックすると、手順 **1** の画面に戻ります。

再生コントロール

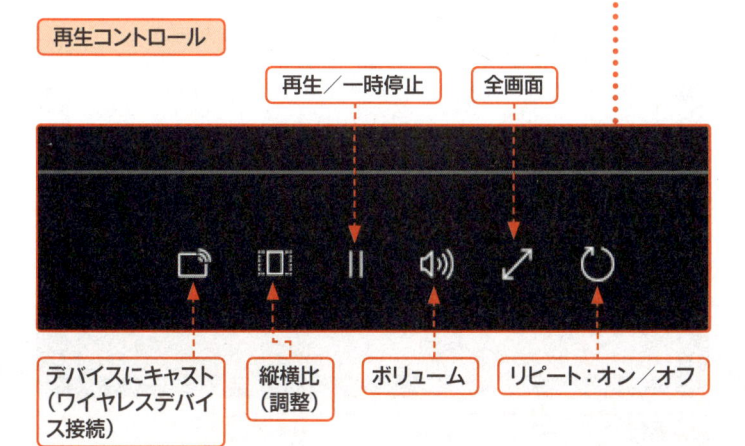

再生／一時停止　全画面

デバイスにキャスト（ワイヤレスデバイス接続）　縦横比（調整）　ボリューム　リピート：オン／オフ

Memo **Windows 10で再生可能なビデオ映像**

Windows 10は、以下の形式のビデオ映像の再生に対応していますが、対応している形式でもまれに再生できない場合があるので注意してください。

- ファイルシステム／ストリームフォーマット
  MPEG-4、ASF、MPEG2-TS/PS、3GPP、3GPP2、AVI

- 映像コーデック
  H.264、H.263、MotionJPEG、MPEG-1 ※、MPEG-2 ※、MPEG-4 Part2、VC-1、WMV 7/8/9、DV、RAW

※再生には、別途DVD再生アプリのインストールが必要。

Memo **タブレットモードの場合は?**

タブレットモードで利用している場合は、タスクバーの ← をクリックすると手順 **1** の画面に戻ります。また、マウスやタッチパッドで操作しているときは、画面右上隅にマウスポインターを移動させると、タイトルバーが表示されます。タイトルバーの ← をクリックすることでも手順 **1** の画面に戻ります。タッチ操作の場合は、画面上端の外側から下側に向けにスライドすると、タイトルバーが表示されます。

3 「フォト」アプリでビデオ映像を再生する

Memo 「フォト」アプリで再生する

「フォト」アプリでは、ビデオ映像のサムネイルに▶を付けて表示しています。ビデオ映像は、▶の付いたサムネイルを目印に探してください。

1 「フォト」アプリを起動します（P.358参照）。

2 再生したいビデオ映像をクリックします。

3 ▶をクリックすると、ビデオ映像の再生が始まります。

4 画面内でマウスを動かすと、

Memo コレクションに表示されないビデオ映像を再生する

「フォト」アプリが、コレクションとして表示するビデオ映像は、「ピクチャ」フォルダー内にあるビデオ映像のみです。「ピクチャ」フォルダー以外にあるビデオ映像を「フォト」アプリで再生したいときは、エクスプローラーで再生したいビデオ映像を右クリックし、メニューから＜プログラムから開く＞→＜フォト＞の順にクリックします。

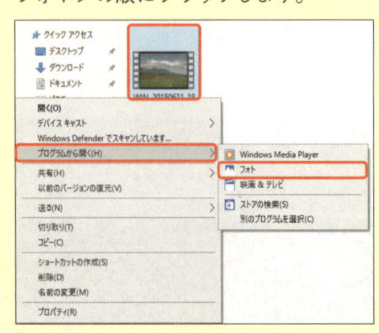

5 再生コントロールが表示されます。

6 ❚❚をクリックすると、再生が一時停止します。

7 ←をクリックすると、手順**1**の画面に戻ります。

4 Windows Media Player でビデオ映像を再生する

1 Windows Media Playerを起動します（P.334参照）。

2 ＜ビデオ＞をクリックすると、

3 ビデオ映像の一覧が表示されます。

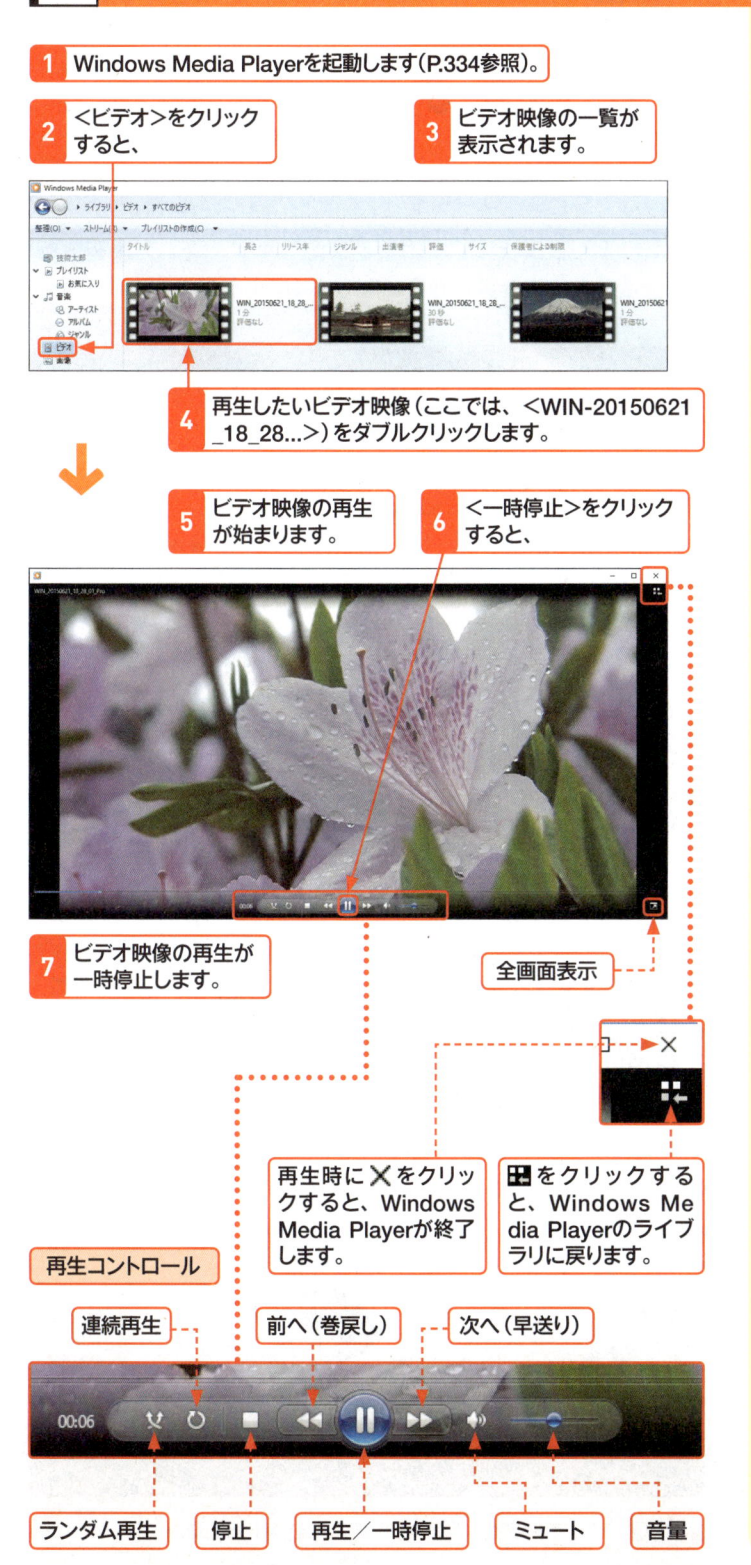

4 再生したいビデオ映像（ここでは、＜WIN-20150621_18_28...＞）をダブルクリックします。

5 ビデオ映像の再生が始まります。

6 ＜一時停止＞をクリックすると、

7 ビデオ映像の再生が一時停止します。

全画面表示

再生時に✕をクリックすると、Windows Media Playerが終了します。

┃┃をクリックすると、Windows Media Playerのライブラリに戻ります。

再生コントロール

連続再生

前へ（巻戻し）

次へ（早送り）

00:06

ランダム再生　停止　再生／一時停止　ミュート　音量

Memo 再生コントロールが表示されない

再生コントロールは、ビデオ映像の再生が始まったあと、しばらくすると消えます。画面内でマウスを動かすと、再生コントロールが再表示されます。

Memo ビデオ映像の別の再生方法を知る

再生したいビデオ映像を右クリックすると、メニューが表示されます。そのまま＜再生＞をクリックしても、ビデオを再生できます。

ビデオ映像を
レンタル／購入する

キーワード ▶ 「映画＆テレビ」アプリ（レンタル／購入／Windowsストア）

「映画＆テレビ」アプリは、Windowsストアで映画やドラマの購入またはレンタルとその視聴が行えます。ここでは、Windowsストアで映画やドラマを購入／レンタルする方法を解説します。なお、映画の購入／レンタルには、Microsoftアカウントに支払い方法の登録が必要になります。

1 映画やドラマを購入／レンタルする

Memo 映画やドラマの購入／レンタルについて

Windowsストアでは、アプリの購入だけでなく、映画やドラマのレンタル／購入や音楽の購入が行えます。映画やドラマのレンタル／購入や音楽の購入は、アプリ同様に「ストア」アプリを利用します。ここでは、Windowsストアで映画を購入／レンタルしたり、音楽を購入したりする方法を、映画のレンタル手順を例に紹介しています。なお、映画の購入／レンタルや音楽の購入には、支払い方法の登録が必要です。支払い方法の登録方法については、P.256を参照してください。

Memo 「映画＆テレビ」アプリから購入／レンタルする

「映画＆テレビ」アプリを利用中に映画やドラマの購入／レンタルを行いたいときは、＜ストアを開く＞をクリックすると、「ストア」アプリが起動します。

1 「ストア」アプリを起動します。

2 ＜映画とテレビ＞をクリックし、

3 検索ボックスをクリックします。

4 キーワード（ここでは、「マッドマックス」）を入力して、

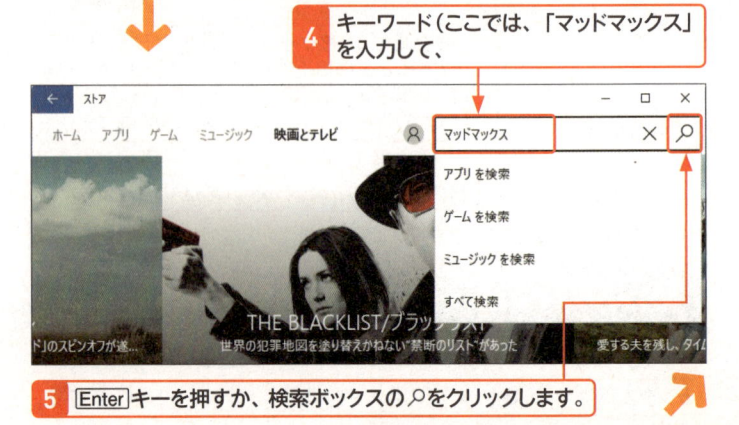

5 Enterキーを押すか、検索ボックスの🔍をクリックします。

6 検索結果が表示されます。

7 購入またはレンタルしたいタイトルをクリックします。

8 タイトルの詳細情報が表示されます。

9 必要に応じて画質の設定を行い、

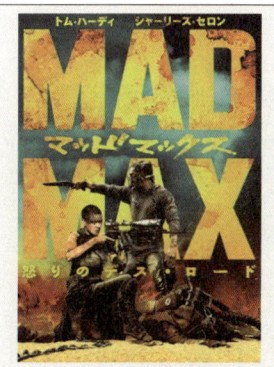

マッドマックス怒りのデス・ロード
ジョージ・ミラー
2014・R 15+・アクション／アドベンチャー、サスペンス／ミステリー・2 時間 0 分

シェアする

愛する者を失ったマックスと2人の反逆者フリオサとニュークス、自由と生き残りを賭けた3人のMADな戦いとは。絶体絶命のピンチを迎えた時、彼らの決死の反撃が始まる！石油も、そして水も尽きかけた世界。主人公
詳細情報

¥2571 で購入　　¥514 でレンタルする　　HD

10 購入方法（ここでは、＜¥514でレンタルする＞）をクリックします。

11 視聴方法のオプション画面が表示されたときは、視聴方法（ここでは、＜映画をオンラインでストリーミング＞）をクリックして○を◉にします。

12 ＜次へ＞をクリックします。

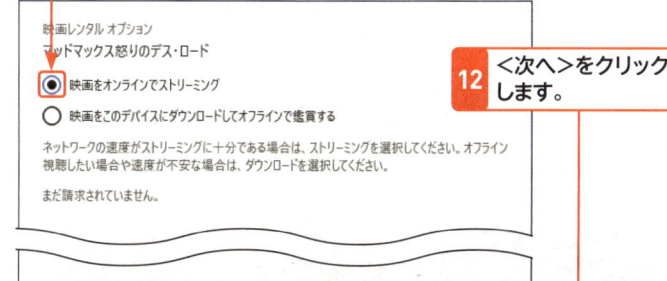

映画レンタル オプション
マッドマックス怒りのデス・ロード

◉ 映画をオンラインでストリーミング
○ 映画をこのデバイスにダウンロードしてオフラインで鑑賞する

ネットワークの速度がストリーミングに十分である場合は、ストリーミングを選択してください。オフライン視聴したい場合や速度が不安な場合は、ダウンロードを選択してください。

まだ請求されていません。

次へ　　　　　　キャンセル

Memo 映画は予告編を視聴できる

選択した映画によっては、「予告編」を視聴できる場合があります。映画に予告編が用意されている場合は、＜予告編を見る＞が表示されます。これをクリックすると、予告編の再生が始まります。また、予告編の再生が終わると自動的に手順 **8** の詳細情報の画面に戻ります。

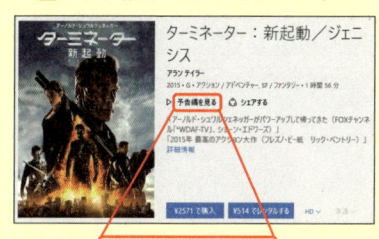

▷ 予告編を見る

Hint 視聴方法について

映画やドラマを購入／レンタルする場合は、視聴方法を選択できます。視聴方法には、ストリーミング視聴とオフライン視聴があります。ストリーミング視聴は、映画やドラマをインターネットからダウンロードしながら視聴する方法です。この方法は、インターネット利用時の速度が安定していないと、映像が乱れたり再生が停止してしまう場合があります。オフライン視聴は、映画やドラマの映像をパソコン内にダウンロードしてから視聴する方法です。映像のダウンロードには時間が必要になる場合がありますが、インターネット利用時の速度が安定していない場合にも映像が途切れたりすることなく視聴できます。

Hint 警告画面が表示されたときは？

右の手順 **14** のあとに以下のような画面が表示されたときは、必要な情報を入力して、＜次へ＞をクリックすると、手順 **15** の画面が表示されます。

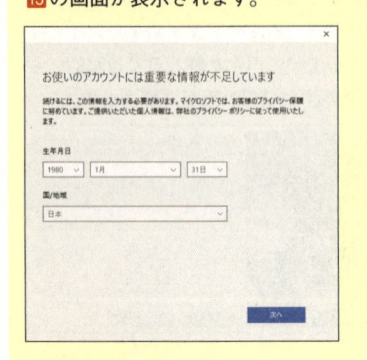

Memo 購入をかんたんにする

手順 **15** の画面で＜はい＞をクリックすると、次回購入／レンタル時から手順 **13** の Microsoft アカウントのパスワードの入力画面をスキップするように設定できます。

Hint 支払い方法について

映画やドラマの購入／レンタルや音楽を購入するには、Microsoft アカウントに支払い方法の登録を行う必要があります。支払い方法が登録されていないときは、右の手順 **16** で以下の画面が表示されます。＜開始するにあたり、支払い方法を追加してください＞をクリックし、画面の指示に従って支払い情報の登録を行ってください。

⊕ 開始するにあたり、支払方法を追加してください。

Memo 映画やドラマを購入したときは？

映画やドラマを購入したときは、手順 **17** で＜確認＞をクリックします。また、視聴方法にオフラインを選択したときは、手順 **17** のあとに購入またはレンタルしたタイトルのダウンロードが始まります。

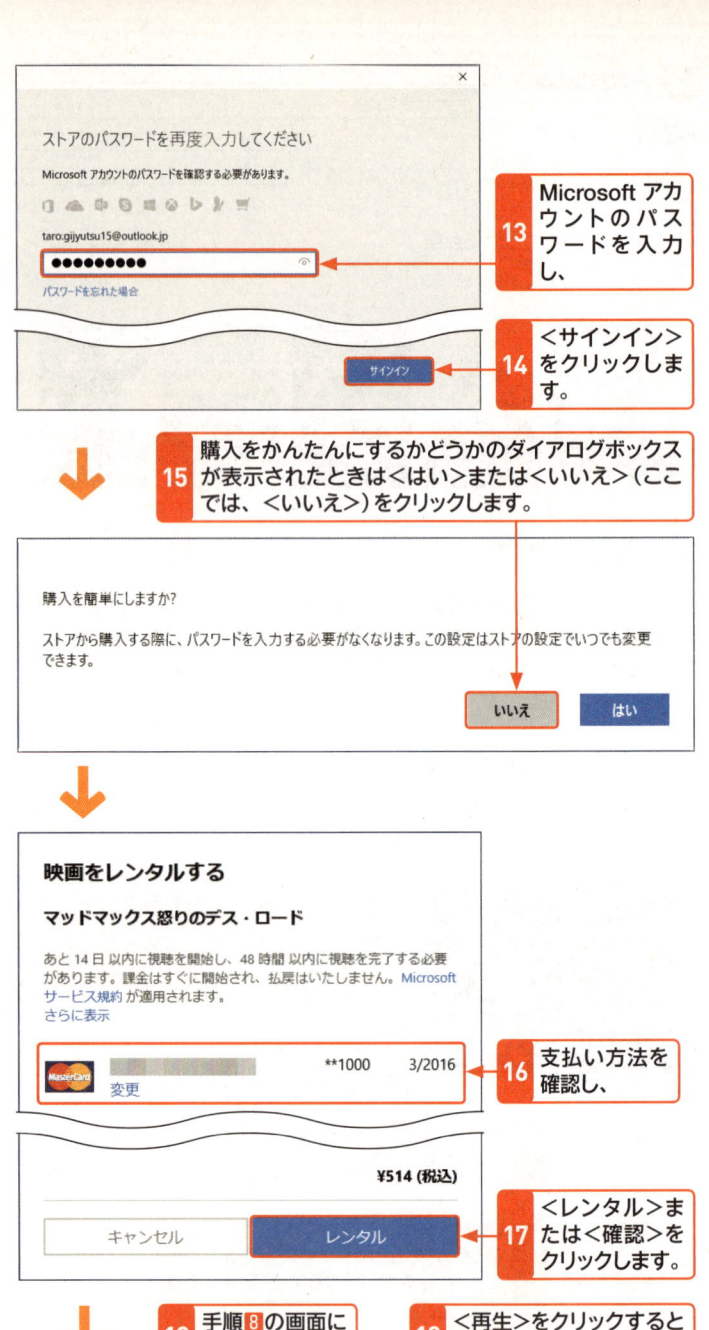

13 Microsoft アカウントのパスワードを入力し、

14 ＜サインイン＞をクリックします。

15 購入をかんたんにするかどうかのダイアログボックスが表示されたときは＜はい＞または＜いいえ＞（ここでは、＜いいえ＞）をクリックします。

16 支払い方法を確認し、

17 ＜レンタル＞または＜確認＞をクリックします。

18 手順 **8** の画面に戻ります。

19 ＜再生＞をクリックすると映画の再生が始まります。

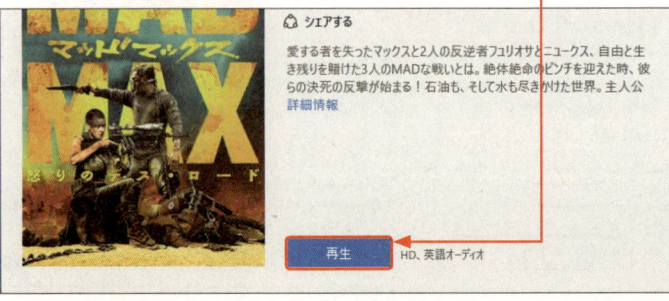

第10章

タブレットモードの利用

Section
126
タブレットモードに切り替える

キーワード ▶ タブレットモード

Windows 10には、タブレットモードという動作モードが用意されています。この動作モードは、タッチ操作向けに最適化されたものです。キーボードやマウスではなくタッチ操作で使いたいといったシーンで威力を発揮します。ここでは、タブレットモードの特徴や切り替え方法について解説します。

1 タブレットモードとは

タブレットモードを利用すると、<スタート>メニューは全画面で表示され、利用するアプリもすべて全画面で表示されます。また、デスクトップは基本的に表示されなくなります。タブレットモードは、手動で切り替えることができます。なお、キーボードを外すと自動的にタブレットモードに切り替わる機能を搭載したパソコンもあります。

タブレットモードの<スタート>メニュー

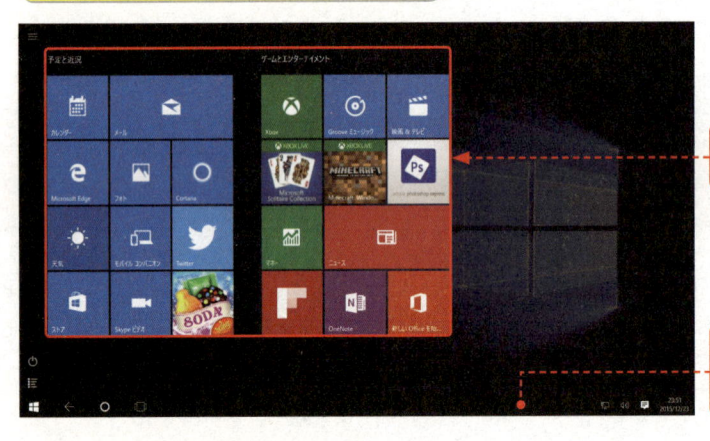

<スタート>メニューが全画面で表示されます。

タスクバーもアプリのボタンなどが表示されないシンプルなものとなっています。

タブレットモードのアプリ表示画面

タブレットモードでアプリを起動すると、アプリはすべて全画面で表示され、タイトルバーは表示されなくなります。また、デスクトップも利用できなくなります。

2 タブレットモードに切り替える

1 🖥をクリックし、　**2** <タブレットモード>をクリックします。

3 タブレットモードに切り替わり、<スタート>メニューが全画面で表示されます。

 Caution　**タブレットモードでもキーボードなどは使える**

タブレットモードは、タッチ操作向けに最適化されていますが、マウスやキーボードが使えなくなるわけではありません。本章では、マウスとキーボードによる操作を前提として解説しています。とくに断りのない限り、タッチ操作を行う場合は、本章で表記している「クリック」は「タップ」に読み替えるなどしてください（P.19参照）。

Memo　**動作モードをもとに戻すには？**

タブレットモードから通常モードに戻るには、左の手順**1**、**2**を参考に、<タブレットモード>をクリックします。

Memo　**自動でタブレットモードに切り替える**

キーボードが着脱できるタイプのノートパソコンなど一部のパソコンでは、タブレットモードと通常のモードを自動切り替えできるタイプの製品があります。このタイプのパソコンでは、キーボードを外すと画面右下に通知が表示され、<はい>をタップすると、タブレットモードに切り替わります。

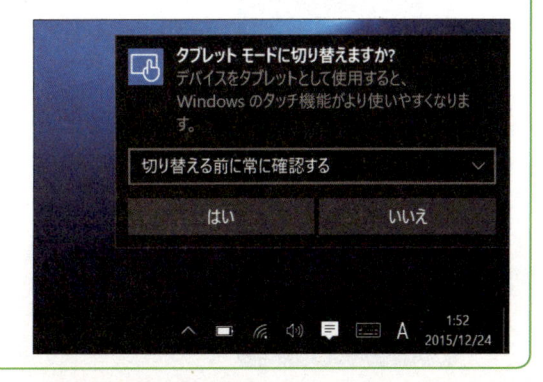

Section
127

タブレットモードで
アプリを起動する

キーワード ▶ ＜スタート＞メニュー

タブレットモードでは、Windows 10にサインインすると最初に＜スタート＞メニューが表示されます。タブレットモードでは、＜スタート＞メニューを起点にすべての操作を行います。ここでは、タブレットモードの画面構成や＜スタート＞メニューからアプリを起動する方法について解説します。

1 タブレットモードの画面構成

タブレットモードでは、Windows 10にサインイン後、＜スタート＞メニューが全画面で表示されます。デスクトップで利用される＜スタート＞メニューとは異なり、アプリの起動用タイルのみが表示されます。デスクトップの＜スタート＞メニューで左側に表示されていた「よく使うアプリ」や「エクスプローラー」「設定」「電源」「すべてのアプリ」などのボタンは、≡をクリックすることで表示されます。

■をクリックすると、よく使うアプリや＜スタート＞メニューにタイルで表示されていないアプリを含むすべてのアプリを表示できます。

タイル

タスクバー

＜スタート＞ボタン ＜検索＞ボタン ＜アクションセンターを開く＞ボタン

＜戻る＞ボタン ＜タスクビュー＞ボタン

＜通知＞表示領域

アクションセンターは、各種設定機能を呼び出せる＜クイックアクション＞ボタンと、＜通知＞を表示する領域から構成されます。

＜クイックアクション＞ボタン

2 タブレットモードでアプリを起動する

1 起動したいアプリのタイル（ここでは、
〈天気〉）をクリックすると、

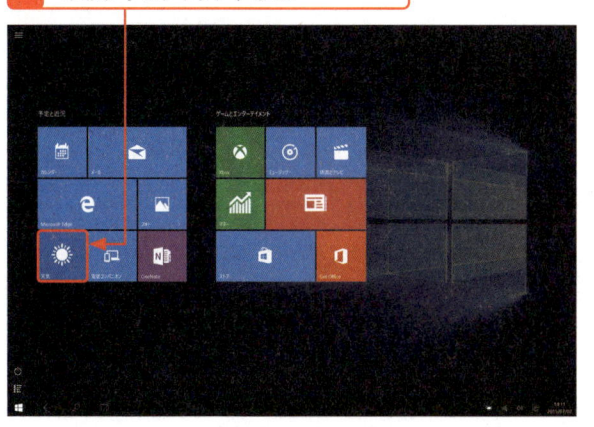

2 アプリ（ここでは、「天気」）が起動します。

3 ⊞をクリックするか、⊞キーを押すと、

4 〈スタート〉メニューに戻ります。

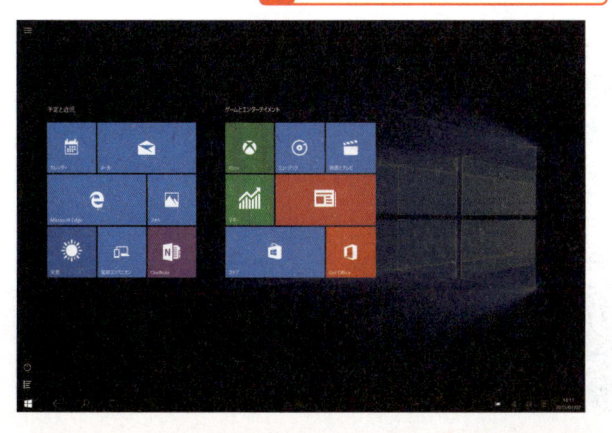

Memo アプリを起動する

ここでは、〈スタート〉メニューからア
プリを起動して、〈スタート〉メニュー
に戻るまでの操作を解説しています。タ
ブレットモードでは、〈スタート〉メ
ニューからアプリを起動し、異なるアプ
リを起動したいときは、〈スタート〉メ
ニューに戻って、新しいアプリを起動し
ます。

Memo スクロールバーで
タイルを表示する

メーカー製パソコンを使用している場合
や自分でタイルサイズを大きくしている
場合は（P.440参照）、スクロールバー
を下方向にドラッグすることで隠れてい
たタイルを表示できます。

Hint 〈スタート〉メニューから
起動中のアプリに戻るには

起動中のアプリに戻りたいときは、〈ス
タート〉メニューから戻りたいアプリの
タイルをクリックするか、「タスク
ビュー」を利用します。「タスクビュー」
の利用法については、P.56を参照して
ください。

〈スタート〉メニュー

Section
128
アプリを切り替える

キーワード ▶ タスクビュー

タブレットモードで複数のアプリを起動しているときは、アプリを切り替えて作業を行います。アプリは、かんたんな操作で切り替えられます。アプリの切り替え操作は、タブレットモードを利用する上で基本となる重要な操作です。しっかりと覚えておきましょう。

1 タスクビューを表示する

Memo アプリを切り替える

タブレットモードでは、複数のアプリを起動しているときにタスクビューを利用して利用するアプリを切り替えます。ここでは、「天気」と「Microsoft Edge」の切り替え操作を例にアプリの切り替え方法を説明します。

Key word タスクビューとは?

「タスクビュー」は、Windows 10で起動中のアプリをサムネイルで一覧表示する機能です。

Key word サムネイルとは?

「サムネイル」とは、画像などを縮小して表示する機能です。Windows 10では画像だけでなく、ウィンドウの内容をサムネイルとして表示できます。

1 画面左端外側から内側にスワイプします。

2 タスクビューが表示され、起動中のアプリがサムネイルで表示されます。

2 アプリを切り替える

1 タスクビューで切り替えたいアプリをタップします。

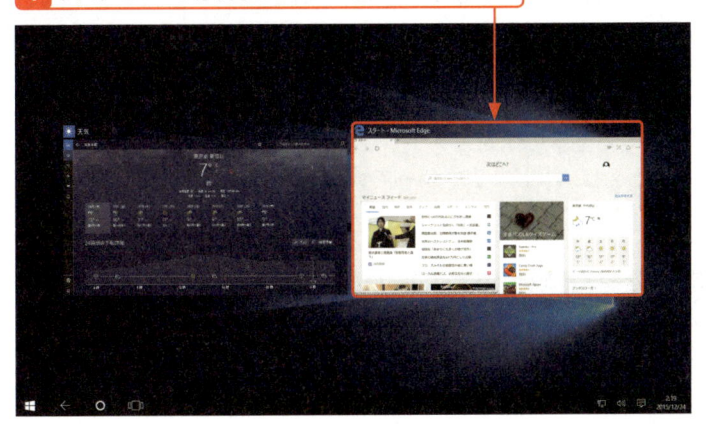

2 選択したアプリに切り替わります。

Hint タスクビューの表示を終了する

タスクビューの表示中に画面内の適当な場所をタップすると、タスクビューが終了し、直前に利用していたアプリが表示されます。画面左端外側から内側にスワイプするか、■をタップすると、再度、タスクビューが表示されます。また、タブレットの田マークを触るか画面の田をタップすると、＜スタート＞メニューを表示できます。

Memo タスクバーからタスクビューを表示する

タスクビューは、■をタップしても、表示できます。タスクビューを解除する場合も■をタップします。

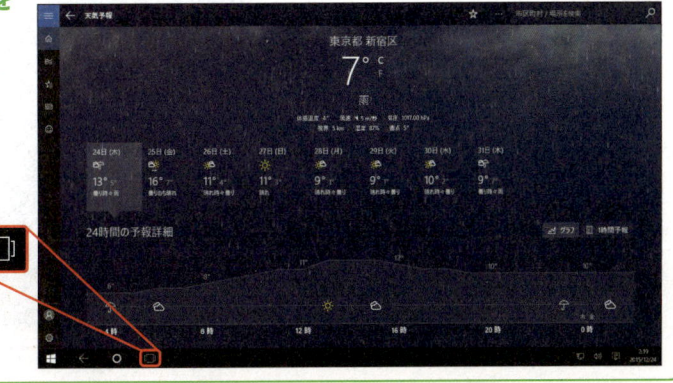

Section 129 スナップ機能を利用する

キ ー ワ ー ド ▶ スナップ機能（分割表示）

タブレットモードは、全画面表示で利用するのが基本ですが、スナップ機能を利用すると、画面を分割して複数のアプリを同時に表示できます。たとえば、WebブラウザーでWebページの閲覧を行いながら、メールのチェックを行うといった操作が可能です。

1 画面を分割する

Key word スナップ機能とは？

「スナップ機能」は、タブレットモードでは画面を、通常2分割して複数のアプリを同時に利用できる機能です。ここでは、例として、「天気」を利用中に「Microsoft Edge」を分割表示する方法を解説します。

Memo うまくスナップするためのコツは？

右の手順**3**で、指を離すタイミングですが、アプリを移動させると、中央に仕切り線が表示されます。そのタイミングで指を離すとうまくいきます。仕切り線を目安に操作を行うとよいでしょう。

Memo スナップ機能の特徴

スナップ機能は、通常画面を半々で利用する2分割でアプリが配置されます。また、アプリの画面サイズの横幅は、あらかじめ設定されている最小値以上であれば、任意の幅に調整できます。

アプリ（ここでは、「天気」）を起動しておきます。

1 画面上端外側から中央付近までスライドし、

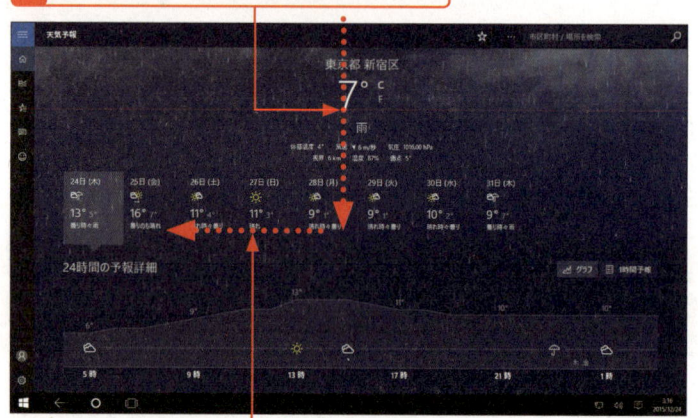

2 アプリが縮小表示されたら、そのまま左方向または右方向（ここでは、「左方向」）にスライドさせます。

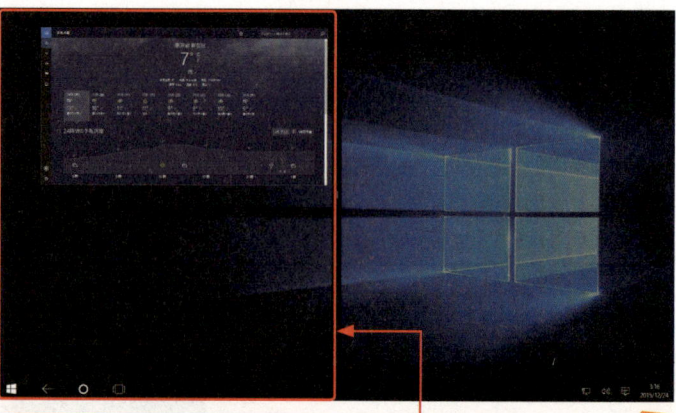

3 アプリを移動させた側の背景に影が付くので、指を離します。

4 移動させた側（ここでは、「左側」）にアプリが表示されます。

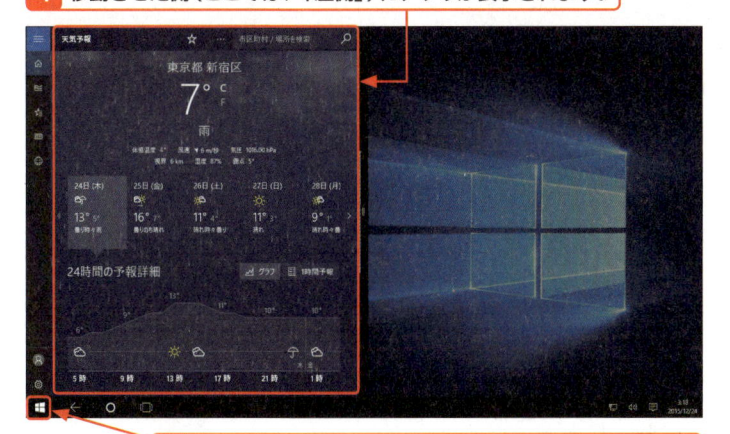

 **アプリの表示位置は
変更できる**

ここでは、画面の左半分に利用中のアプリを表示していますが、左ページ手順 **1** ～ **2** で右方向にスライドすると、右半分に利用中のアプリを表示できます。

5 タブレットの田マークを触るか画面の田をタップすると、

6 ＜スタート＞メニューが表示されます。

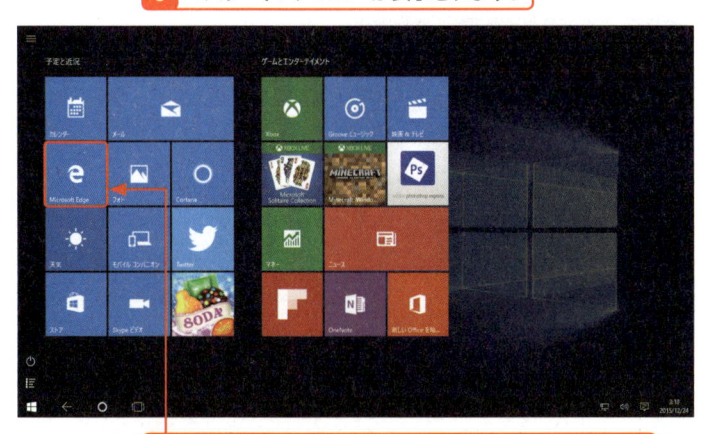

7 残った領域に表示したいアプリのタイル（ここでは、＜Microsoft Edge＞）をタップします。

8 アプリ（ここでは、「Microsoft Edge」）が残った領域に表示されます。

 **複数のアプリを
起動しているときは？**

複数のアプリを起動しているときは、手順 **4** の画面で残った領域に起動中のアプリがサムネイル表示されます。表示したいアプリをタップすると、そのアプリが残った領域に表示されます。

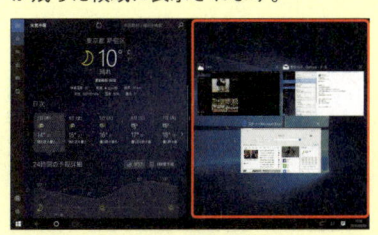

Section
130

アプリの表示位置を切り替える

キーワード ▶ スナップ機能（位置の入れ替え／サイズ変更）

スナップ機能で分割表示したアプリは、かんたんな操作で左右の表示位置を入れ替えることができます。また、アプリの表示サイズも変更することができます。ここでは、スナップ機能利用時に画面の表示位置を切り替える方法と表示サイズを変更する方法を解説します。

1 マウス操作で表示位置を切り替える

Memo 移動させるアプリについて

ここでは、画面左側のアプリを移動させています。画面右側のアプリを移動させることでも、同じように表示位置を切り替えることができます。

1 画面上部にマウスポインターを移動すると、タイトルバーが表示されます。

タッチ操作は次ページ参照。

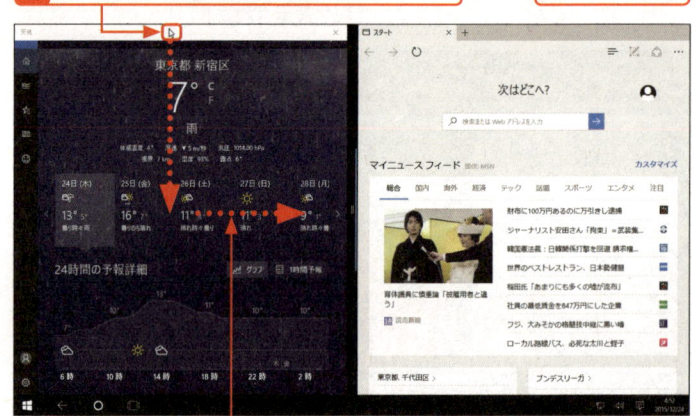

2 タイトルバーを下方向にドラッグし、続けて右方向にドラッグします。

Hint 表示するアプリを切り替える

分割表示するアプリを別のアプリに切り替えたいときは、いずれか一方のアプリを終了（P.400参照）または最小化し、＜スタート＞メニューを表示して、残った領域に新しいアプリを追加します。最小化できるアプリには、タイトルバーに □ が表示されます。

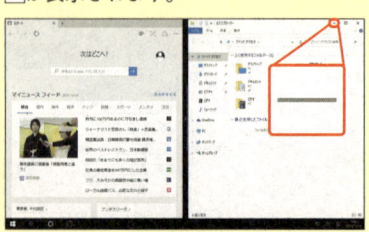

3 画面の表示位置が切り替わるので、マウスのボタンから指を離します。

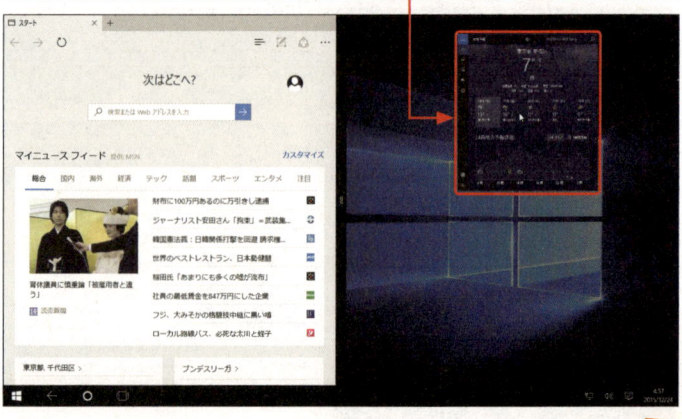

4 アプリの表示位置が切り替わります。

Memo タイトルバーが
表示されない

前ページ手順 **1** で、一部のアプリでは
タイトルバーが表示されないものがあり
ます。その際はそのまま画面上部に置い
たポインターをその状態のままドラッグ
します。

2 タッチ操作で表示位置を切り替える

1 アプリを画面上端の外側から中央付近までスワイプします。

2 アプリが縮小表示されたら、そのまま
右にスライドします。

3 画面の表示位置が切り替わるので、指を離します。

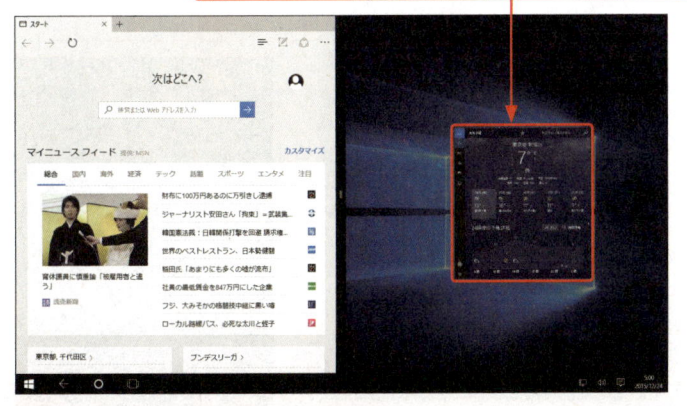

4 アプリの表示位置が切り替わります。

Hint 分割表示中以外のアプ
リに切り替える

3つ以上のアプリを起動し、そのうち2
つのアプリで分割表示を行っている場
合、タスクビューを利用することで、分
割表示中以外のアプリに切り替えること
ができます。

分割表示中のアプリ

表示したいアプリをクリック

第 1 章
Windows 10
をはじめよう

第 2 章
Windows 10
の基本操作

第 3 章
ファイルと
フォルダー

第 4 章
インター
ネット

第 5 章
Outlook.
com

第 6 章
「メール」
アプリ

第 7 章
アプリの
利用

第 8 章
データの
活用

第 9 章
音楽／写真
／ビデオ

第10章
タブレット
モード

第11章
文字入力
の基本

第12章
〈スタート〉
メニュー

第13章
デスクトップ

第14章
ネットワーク

第15章
管理／
セキュリティ

第16章
周辺機器
の利用

第17章
トラブル
対策

第18章
インストール
と初期設定

付　録

3 アプリの画面サイズを切り替える

Touch　タッチ操作で画面サイズを切り替える

タッチ操作で画面サイズを切り替えたいときは、マウス操作と同じ手順で区切り線を右または左にスライドして、指を離します。

1 区切り線を右にドラッグし、

2 アプリ（ここでは、「天気」）が縦長に表示されたらマウスのボタンを離します。

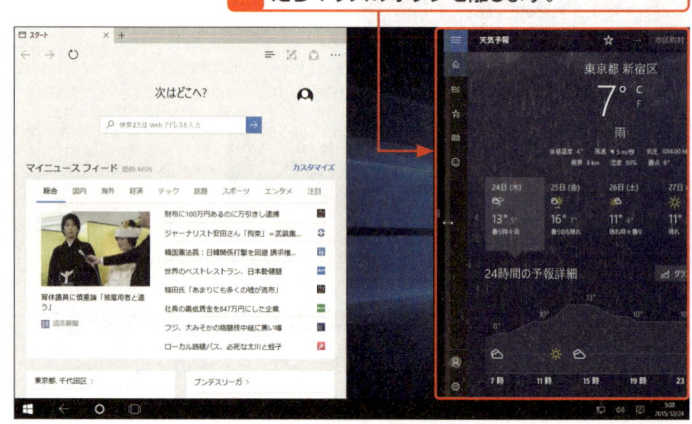

3 アプリ（ここでは、「Microsoft Edge」）の表示が拡大しました。

Hint　最小画面サイズ

スナップ機能では、画面を一定サイズ以下にはできません。画面サイズを小さくし過ぎると、アプリが消えます。画面サイズを変更するときは、区切り線をドラッグしたときにアプリが表示されているかどうかを確認しながら行ってください。

4 スナップ表示を終了する

1 区切り線を、表示を終了したいアプリの方向（ここでは、右方向）にドラッグします。

Touch タッチ操作でスナップ表示を終了するには？

タッチ操作でスナップ表示を終了したいときは、マウス操作と同じ手順で区切り線を操作します。

2 アプリが消えるまでドラッグしたらマウスのボタンを離します。

3 残ったアプリのみが表示されます。

Hint アプリは終了しない

左の手順でスナップ表示を終了しても、表示を終了したアプリは終了されません。表示を終了したアプリは、タスクビューを利用することでいつでも再表示できます。

Section
131

アプリを終了する

キーワード ▶ タイトルバー

ここでは、タブレットモード利用時のアプリの終了方法を解説します。アプリを全画面表示で利用することが基本のタブレットモードでは、タイトルバーが表示されない場合があり、デスクトップで利用する場合とアプリの終了方法が若干異なるので注意してください。

1 マウス操作でアプリを終了する

Memo アプリを終了する

タブレットモード利用中にマウス操作でアプリを終了するときは、デスクトップでアプリを利用しているときと同様にタイトルバーの ☒ をクリックします。アプリのタイトルバーが表示されていないときは、右の手順でタイトルバーを表示してから、☒ をクリックします。

1 終了したいアプリを表示しておきます。

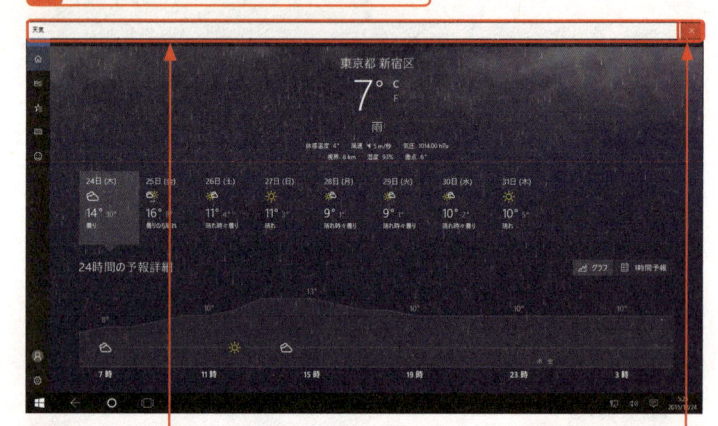

2 マウスポインターを画面最上部に移動すると、タイトルバーが表示されるので、

3 ☒ をクリックします。

4 アプリが終了して、＜スタート＞メニューが表示されます。

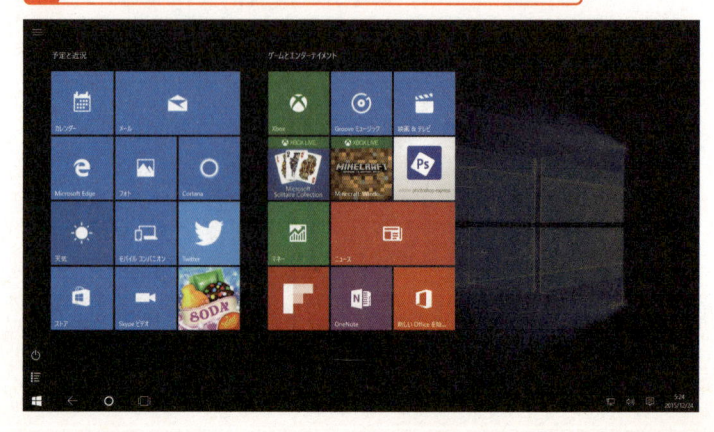

Memo ＜スタート＞メニューが表示される

タブレットモードでは、アプリを終了すると、＜スタート＞メニューが表示されます。

2 タッチ操作でアプリを終了する

1 画面上端の外側から画面下端の外側までスワイプし、

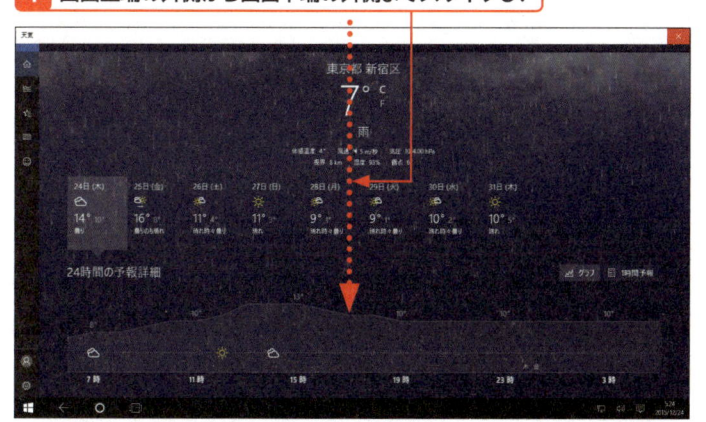

2 アプリが消えそうなところまできたら指を離します。

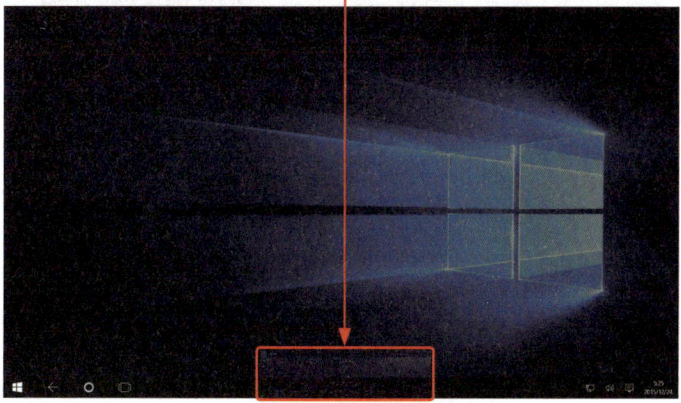

3 アプリが終了し、＜スタート＞メニューが表示されます。

Memo　タッチ操作でアプリを終了するには？

タッチ操作でアプリを終了するときは、左の手順で行います。タブレットモードをタッチ操作で利用している場合、タイトルバーを表示しなくてもアプリを終了できます。

Memo　タッチ操作でタイトルバーを表示する

タッチ操作では、タイトルバーを表示し、✕ をタップすることでもアプリを終了できます。

1 画面上端から下にスワイプすると、

2 タイトルバーが表示されます。

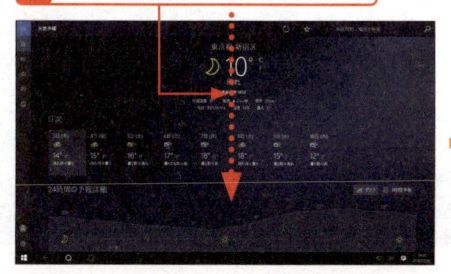

3 ✕ をタップするとアプリが終了し、＜スタート＞メニューが表示されます。

Section 132 タブレットモードの設定を変更する

キーワード ▶ タスクバー

タブレットモードは、デスクトップで利用する場合とは異なり、タスクバーにアプリのボタンを表示しないように設定されています。しかし、この設定はユーザーが自由に変更できます。ここでは、タブレットモード利用時の設定を変更する方法を紹介します。

1 タブレットモードの設定画面を表示する

Memo タブレットモードの設定項目について

ここでは、タブレットモード利用時にタスクバーにアプリのボタンを表示する設定を紹介します。タブレットモードの設定は、それ以外にもサインイン時の動作などを設定することもできます。

1 ≡ をクリックします。

Hint 設定画面を表示する

設定画面は、アクションセンターを開き、＜すべての設定＞をクリックすることでも表示できます。

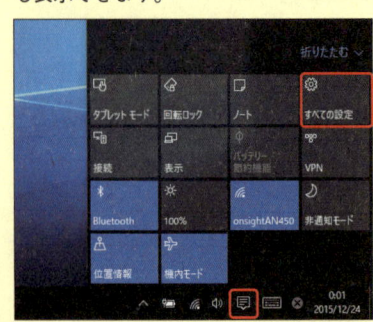

2 ＜設定＞をクリックします。

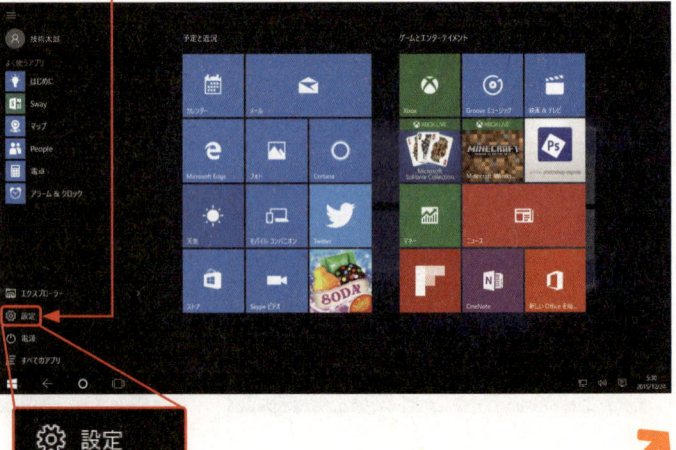

設定

3 ＜システム＞をクリックします。

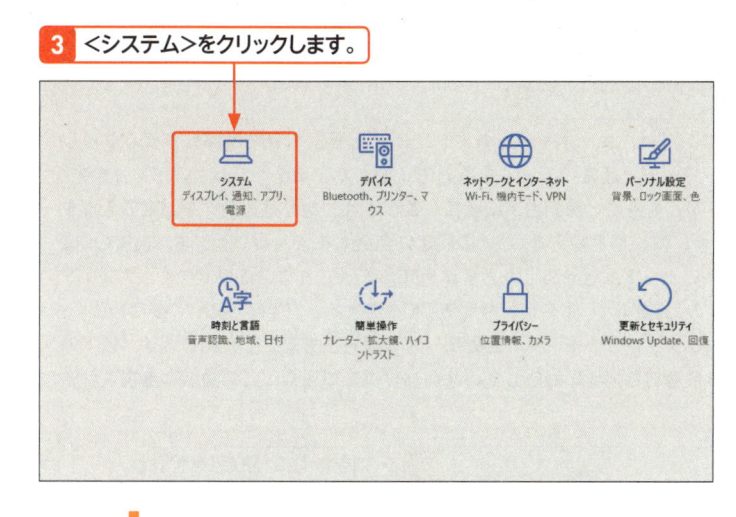

4 ＜タブレットモード＞をクリックし、

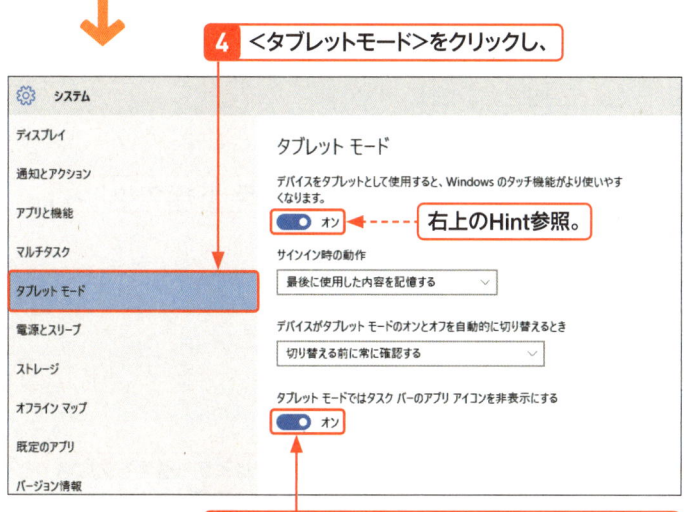

右上のHint参照。

5 ＜タブレットモードではタスクバーのアプリアイコンを非表示にする＞の をクリックし、

6 にすると、

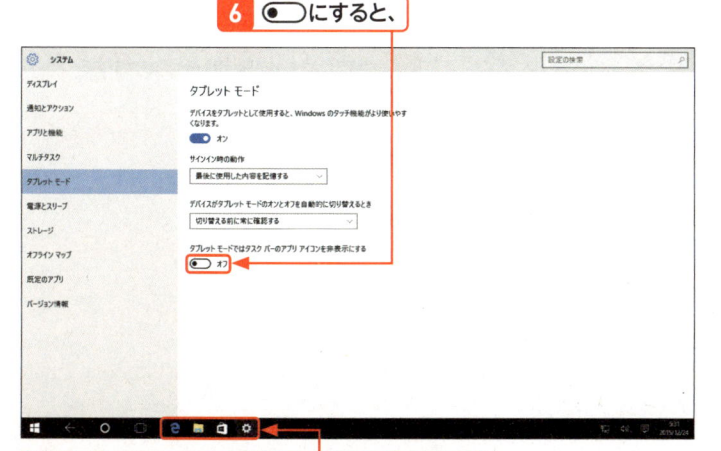

7 タスクバーにアプリのボタンが表示されます。

Hint タブレットモードのオン／オフを切り替える

「デバイスをタブレットモードとして使用すると、Windowsのタッチ機能がより使いやすくなります」を にすると、タブレットモードが有効になります。 にすると、タブレットモードを無効にできます。この設定は、アクションセンターでタブレットモードをオン／オフするときの設定と同じものです。

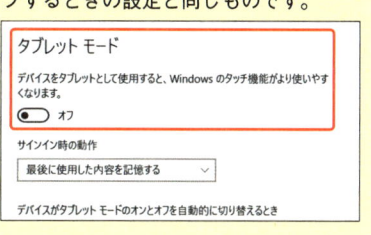

Memo サインイン時の動作について

サインイン時の動作に＜自動的にタブレットモードに切り替える＞を選択すると、サインインを行うと自動的にタブレットモードが有効になります。また、＜デスクトップに移動＞を選択すると、サインインを行うとデスクトップを表示します。＜最後に使用した内容を記憶する＞を選択すると、サインイン後に前回利用していた動作モードで動作します。

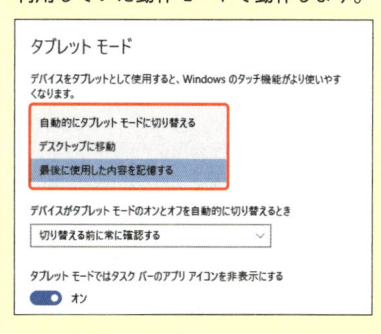

Memo アプリをピン留めする

タブレットモード時においてもアプリをピン留めすることは可能です。詳しくはP.50を参照してください。

第1章
Windows 10
をはじめよう

第2章
Windows 10
の基本操作

第3章
ファイルと
フォルダー

第4章
インター
ネット

第5章
Outlook.
com

第6章
「メール」
アプリ

第7章
アプリの
利用

第8章
データの
活用

第9章
音楽／写真
／ビデオ

第10章
タブレット
モード

第11章
文字入力
の基本

第12章
＜スタート＞
メニュー

第13章
デスクトップ

第14章
ネットワーク

第15章
管理／
セキュリティ

第16章
周辺機器
の利用

第17章
トラブル
対策

第18章
インストール
と初期設定

付　録

Memo タブレットモードの自動切り替えの設定を変更する

キーボードが着脱できるタイプの一部のパソコンでは、キーボードを外すまたは液晶画面を180度回転させるなどしてタッチ操作専用に切り替えると、タブレットモードと通常のモードを自動切り替えできるタイプのものがあります。このタイプのパソコンでは、通常、キーボードなどを外すと画面右下に通知が表示され、切り替え動作を設定できますが、「確認せず、切り替えも行わない」「確認せず、常に切り替える」などの設定に変更することもできます。前者の「確認せず、切り替えも行わない」を設定すると、キーボードなどを外したときに通知が表示されないだけでなく、タブレットモードへの自動切り替えも行いません。後者の「確認せず、常に切り替える」を設定すると、通知を表示することなく、常にタブレットモードへ自動的に切り替えます。タブレットモードの自動切り替えの方法を変更したいときは、以下の手順で行います。なお、タブレットモードへの自動切り替えに対応していないパソコンの場合、この設定は無視されます。

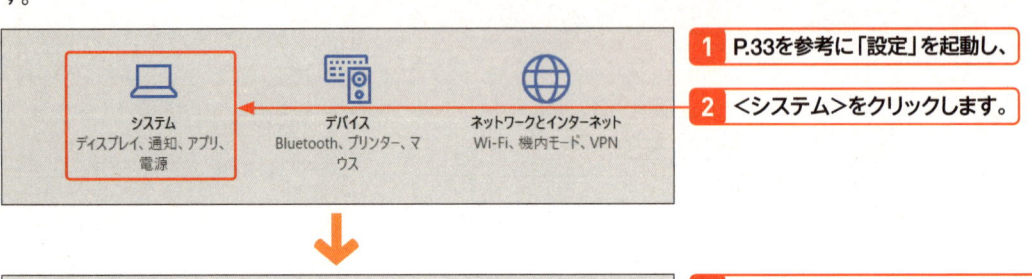

1 P.33を参考に「設定」を起動し、

2 ＜システム＞をクリックします。

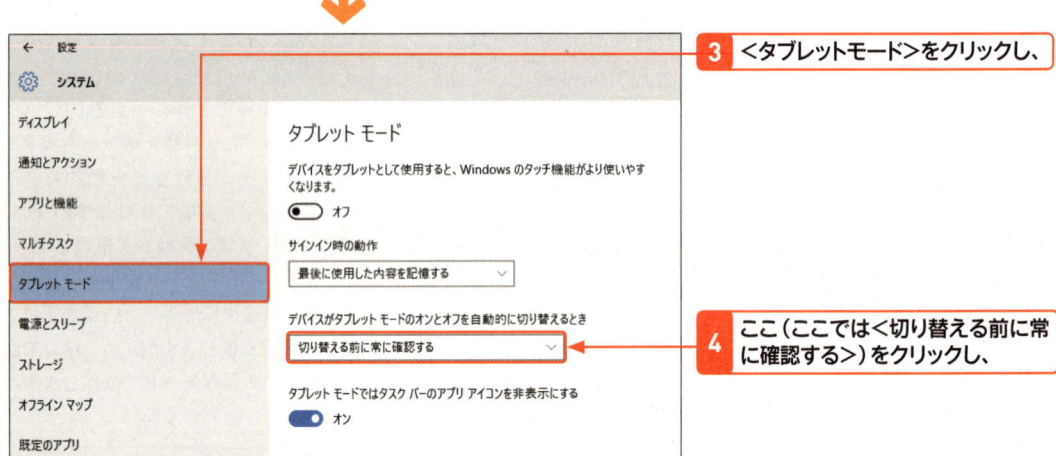

3 ＜タブレットモード＞をクリックし、

4 ここ（ここでは＜切り替える前に常に確認する＞）をクリックし、

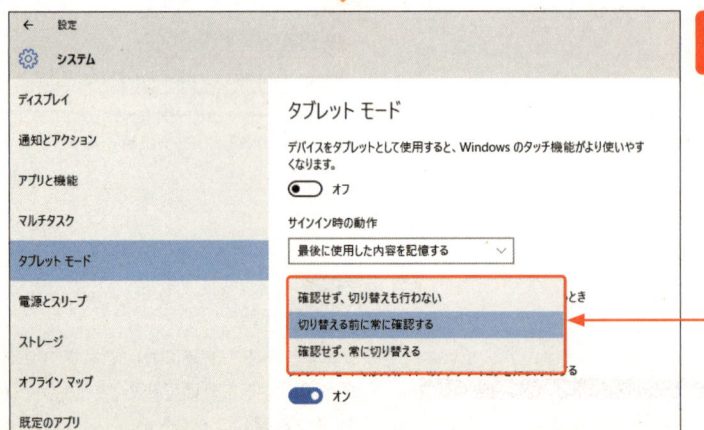

5 設定したい自動切り替えの方法をクリックします。

第11章

文字入力の基本

Section
133
日本語を入力する

キーワード ▶ 日本語入力

Windows 10では、日本語が入力できるモードと英語や数字が入力できるモードを切り替えながら、文字を入力します。ここでは、日本語入力に切り替える方法を解説します。日本語の入力方法には、ローマ字入力とかな入力があります。

1 ローマ字入力の日本語入力に切り替える

Memo 半角/全角 キーを利用する

日本語入力の有効/無効は、キーボードの 半角/全角 キーを押すことで切り替えられます。日本語入力が有効時に 半角/全角 キーを押すと、日本語入力が無効になり、半角英数字が入力できるようになります。再度、半角/全角 キーを押すと、日本語入力モードに戻ります。なお、英語キーボードなどの 半角/全角 キーが備わっていないキーボードを利用している場合は、Alt キーを押しながら ^ キーを押すと、日本語入力の有効/無効を切り替えられます。

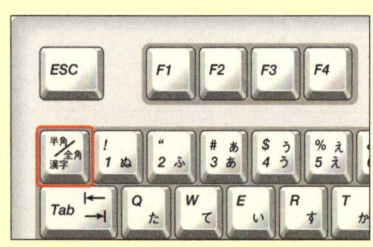

Key word 全角/半角とは？

「全角文字」とは、一般的には文字の縦幅と横幅が同じサイズの文字のことです。「半角文字」とは、全角文字の横幅を半分にしたサイズの文字のことです。通常、日本語は全角文字で入力します。

ここでは、あらかじめ「メモ帳」を起動しておきます（P.40参照）。

1 通知領域にある日本語入力の状態を示すボタンを確認します。
A と表示されていたときは、半角/全角 キーを押します。

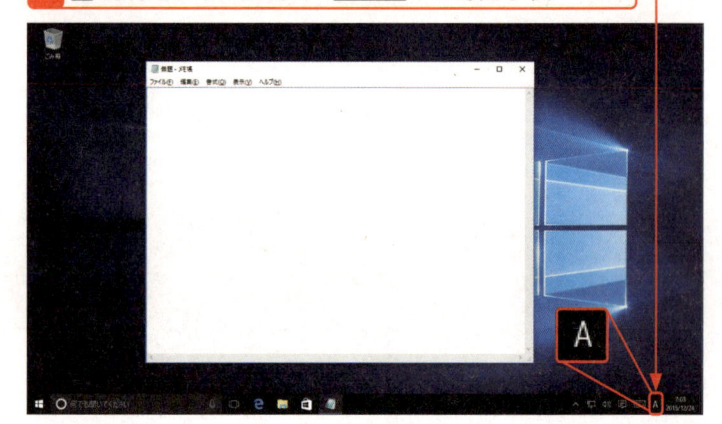

2 入力モードの表示が **あ** に切り替わり、日本語入力が有効になります。

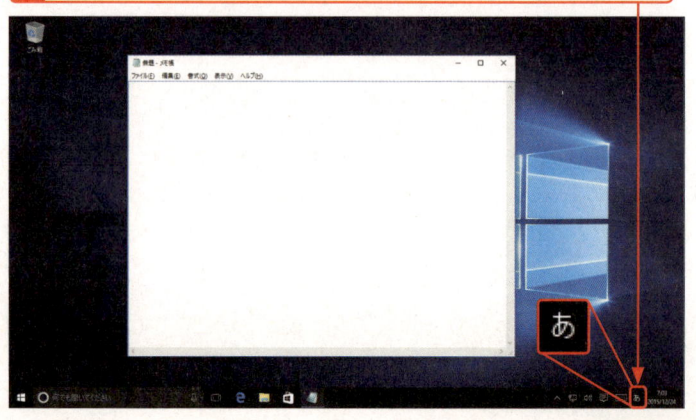

2 かな入力の日本語入力に切り替える

1 前ページの手順でローマ字入力の日本語入力を有効にしておきます。

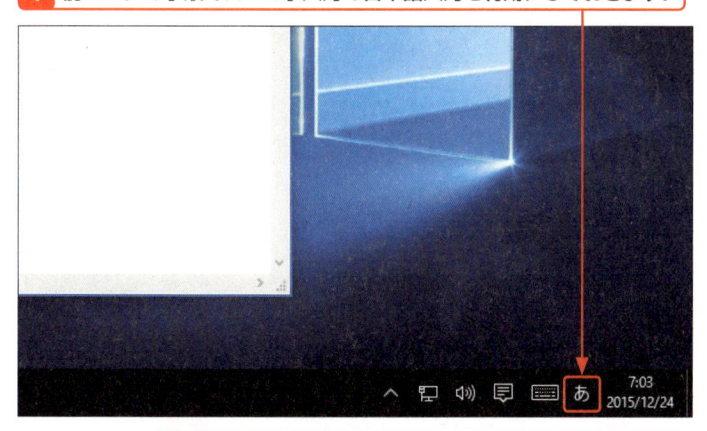

2 [Alt]キーを押しながら、[カタカナ・ひらがな]キーを押します。

3 以下の画面が表示されたときは、<はい>をクリックします。

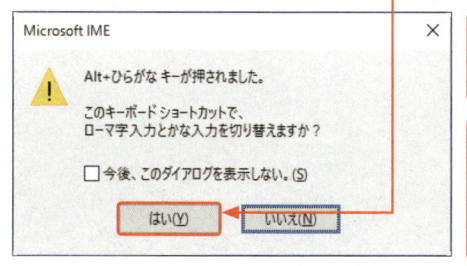

Microsoft IME ×

⚠ Alt+ひらがな キーが押されました。

このキーボードショートカットで、
ローマ字入力とかな入力を切り替えますか？

☐ 今後、このダイアログを表示しない。(S)

[はい(Y)] [いいえ(N)]

4 かな入力の日本語入力に切り替わります。

5 手順2からの操作を再度行うともとの入力方法（ここでは「ローマ字入力」）に戻ります。

11
Section 133
日本語を入力する

 Memo ローマ字入力とかな入力の違いとは？

ローマ字入力とは、キーボードに書かれた「アルファベット」の表記をもとにローマ字で日本語の入力を行う方法です。かな入力は、キーボードに書かれた「かな」の表記をもとに日本語の入力を行います。ローマ字入力では、1つのキーを押してひらがなの文字を入力できるのは母音のみですが、かな入力では、50音すべてのひらがなが1つのキーを押すだけで入力できます。

Hint ローマ字／かな入力の表示について

ローマ字／かな入力のどちらの入力方法を利用しているかは、文字を入力するか、下のMemoの手順3の画面で確認します。

日本語入力

Memo 通知領域にあるボタンから、ローマ字入力／かな入力を切り替える

ローマ字入力／かな入力の日本語入力への切り替えは、通知領域にある入力モードを表示しているボタンからも行えます。このボタンから行いたいときは、以下の手順で行います。

1 前ページの手順でローマ字入力の日本語入力を有効にしておきます。

2 通知領域の[あ]を右クリックし、

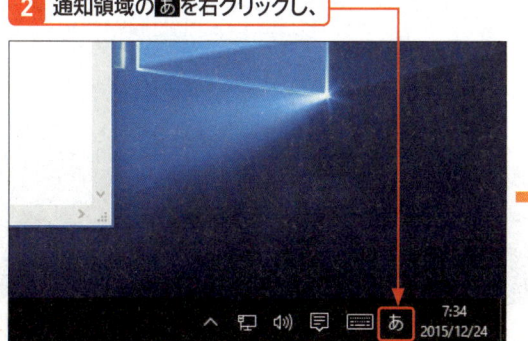

3 <ローマ字／かな入力>をクリックして、

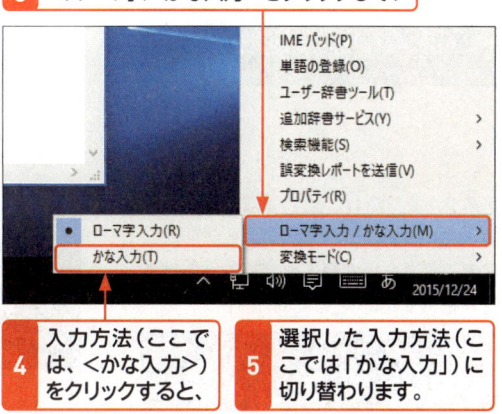

IME パッド(P)
単語の登録(O)
ユーザー辞書ツール(T)
追加辞書サービス(Y)　＞
検索機能(S)
誤変換レポートを送信(V)
プロパティ(R)

● ローマ字入力(R)　　ローマ字入力 / かな入力(M)　＞
　 かな入力(T)　　　　変換モード(C)　＞

4 入力方法（ここでは、<かな入力>）をクリックすると、

5 選択した入力方法（ここでは「かな入力」）に切り替わります。

Section
134
半角英数字を入力する

キーワード ▶ 半角英数字／特殊記号

ここでは、Webブラウザーでホームページを開いたり、メールの宛先の入力などに利用する半角英数字の入力方法について解説します。半角英数字の入力は、文字入力の基本となるものです。小文字の入力方法だけでなく、大文字や特殊記号などの入力方法についても解説します。

1 小文字の半角英数字を入力する

Memo タッチキーボードを利用する

タッチキーボードは、画面に表示されるソフトウェアキーボードです。キーボードをマウスでクリックするか、指でタップすると文字入力が行えます。キーボードを備えていないタブレットでは、アプリを起動するだけで表示されたり、アプリ内の文字入力を行う領域をタップすると表示されます。

Touch タッチキーボードで入力するには？

タッチキーボードでは、＜スペース＞の横に あ が表示されていると日本語入力モードです。あ をタップすると、表示が A に切り替わり日本語入力が無効になります。

Memo ボタンをクリックして切り替える

デスクトップでは、通知領域にある日本語入力の状態を示す A ／ あ をクリックすることでも日本語入力の有効／無効を切り替えられます。

ここでは、あらかじめ「メモ帳」を起動しておきます。

1 通知領域にある日本語入力の状態を示すボタンが あ になっているときは、

2 半角/全角 キーを押します。

3 通知領域にある日本語入力の状態を示すボタンが A に切り替わり、半角英数入力モードになります。

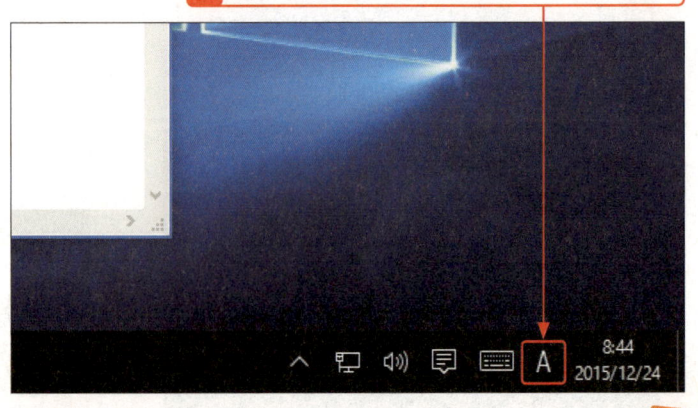

4 アルファベットを入力します（ここでは、「windows」）。
日本語と異なり、確定操作は必要ありません。

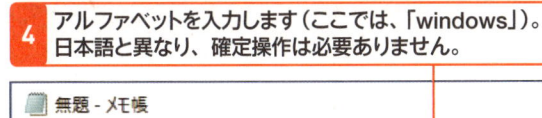

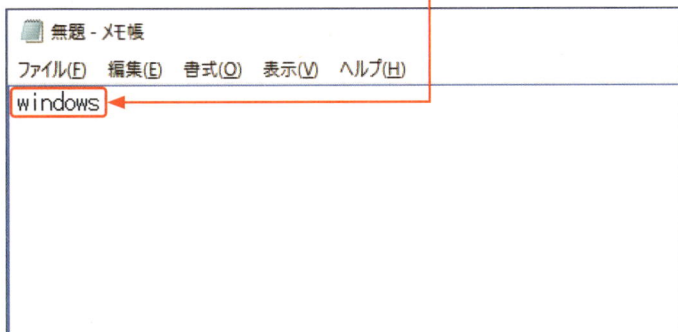

Memo 半角英数入力の利用例について

半角英数力は、WebページのURLを入力するときなど、半角英数文字を直接入力したいときに利用します。

2 大文字の半角英数字を入力する

1 キーボードの Shift キーを押しながら、

2 大文字入力したいキー（ここでは、A キー）を押します。

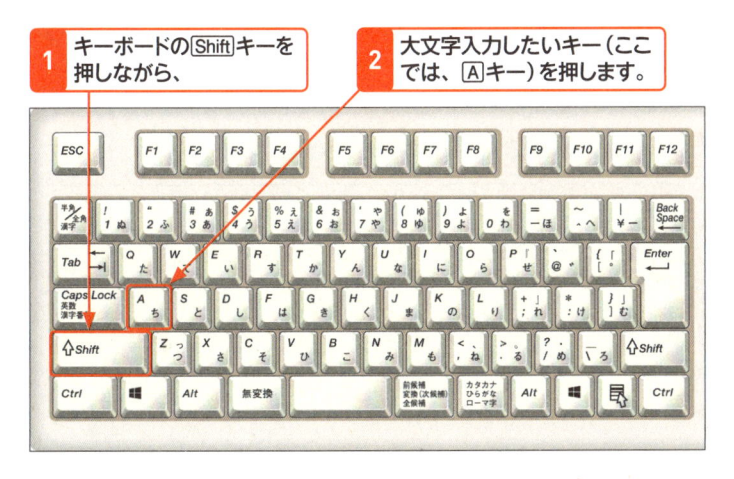

3 大文字（ここでは、「A」）が入力されます。

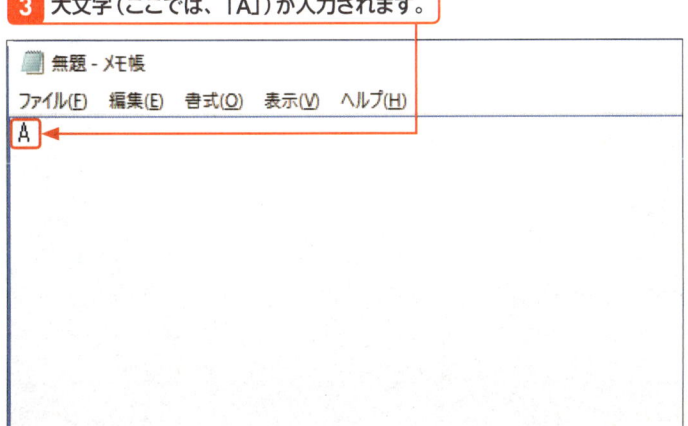

Memo 記号を入力する

Shift キーを押しながら別のキーを押すと、アルファベットのキーの場合は大文字が入力されます。アルファベット以外のキーの場合は、キーに刻印されている上の記号が入力されます。

Memo 大文字入力固定に切り替える

Shift キーを押しながら Caps Lock キーを押すと、大文字入力に固定されます。大文字入力に固定しているときに小文字を入力したいときは、Shift キーを押しながら入力を行います。また、大文字入力に固定された状態で再度、Shift キーを押しながら Caps Lock キーを押すと、小文字入力に戻せます。

Touch タッチキーボードの場合は？

タッチキーボードを利用しているときは、↑をダブルタップすると、表示が↑の状態に切り替わり、大文字入力に固定されます。再度ダブルタップすると、大文字入力固定が解除されます。

第 1 章
Windows 10
をはじめよう

第 2 章
Windows 10
の基本操作

第 3 章
ファイルと
フォルダー

第 4 章
インター
ネット

第 5 章
Outlook.
com

第 6 章
「メール」
アプリ

第 7 章
アプリの
利用

第 8 章
データの
活用

第 9 章
音楽/写真
/ビデオ

第10章
タブレット
モード

第11章
文字入力
の基本

第12章
<スタート>
メニュー

第13章
デスクトップ

第14章
ネットワーク

第15章
管理/
セキュリティ

第16章
周辺機器
の利用

第17章
トラブル
対策

第18章
インストール
と初期設定

付　録

③ 特殊記号を入力する

Memo 特殊記号を入力する

アルファベット以外の特殊記号も、大文字入力を行うときと同様に Shift キーを押しながら入力を行います。特殊記号は、アルファベット以外のキーに配置されており、 Shift キーを押しながら入力を行うと、キーに刻印されている上の記号が入力されます。

Hint 特殊記号の配置について

特殊記号は、 半角/全角 キーが備わっているキーボードと備わっていないキーボードで配置されているキーが異なります。右の手順では、 半角/全角 キーが備わっているキーボードを例に特殊記号の入力方法を解説しています。

Touch タッチキーボードで特殊記号を入力する

タッチキーボードで特殊記号を入力するには、 &123 をタップしてタッチキーボードの表示を切り替えてから行います。

通常のキーボードの場合

1 キーボードの Shift キーを押しながら、

2 入力したい特殊記号（ここでは、 & キー）を押します。

3 特殊記号（ここでは、「&」）が入力されます。

タッチキーボードの場合

1 タッチキーボードを表示しておきます。

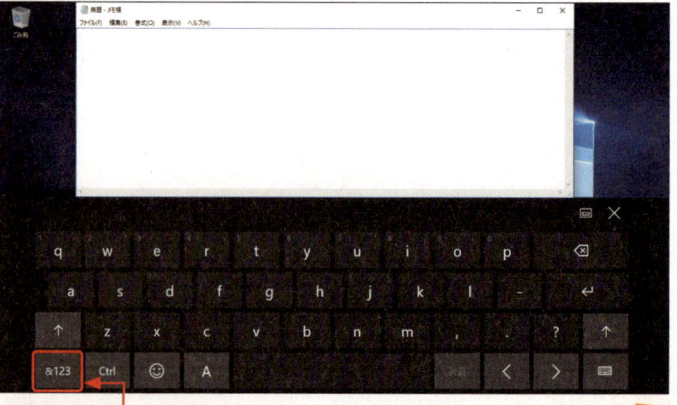

2 &123 をタップします。

3 タッチキーボードの表示が変わります。

右のTouch参照。

4 入力したい特殊記号（ここでは、**&**）をタップします。

5 特殊記号（ここでは、「&」）が入力されます。

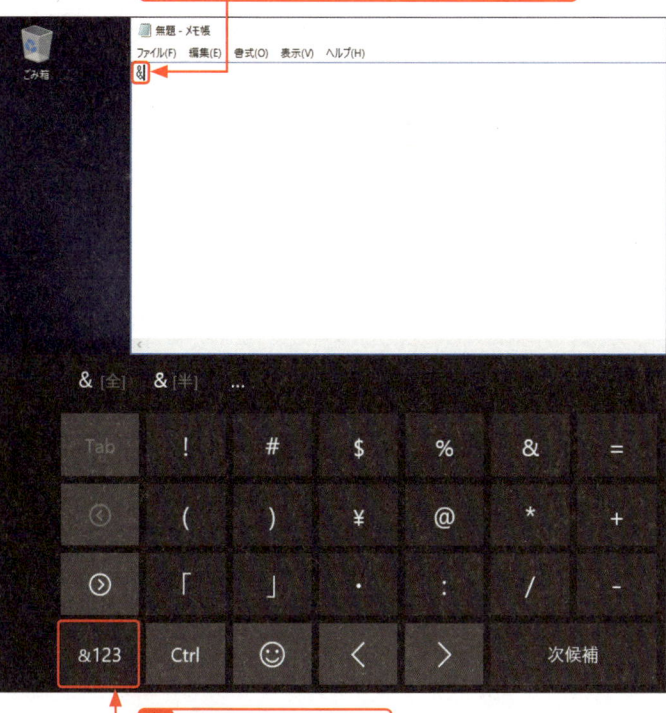

6 **&123** をタップすると、

7 アルファベット表示に戻ります。

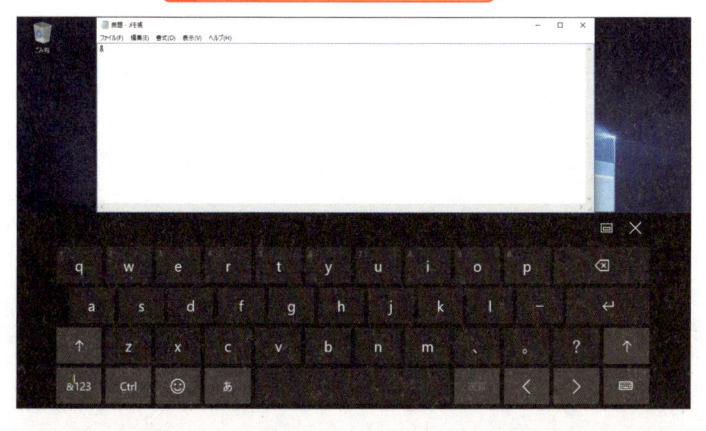

Touch 目的の特殊記号が見つからないときは？

手順 **3** の画面では、すべての特殊記号が表示されているわけではありません。手順 **3** の画面の ◎ をタップすると、表示される特殊記号が切り替わります。◎ をタップすると、手順 **3** の特殊記号の表示に戻ります。

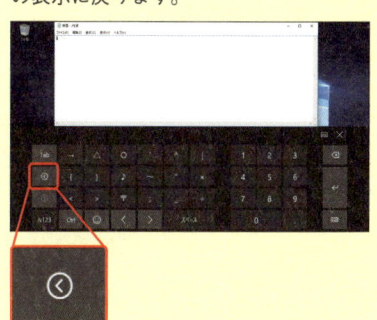

Touch そのほかのタッチキーボードで入力する

タッチキーボードは、左の手順で説明している通常配列のタッチキーボードだけでなく、分割キーボードや物理的なキーボードと同じ配列をした「ハードウェア準拠のタッチキーボード」などもあります。分割キーボードでは、記号 をタップすることで表示が切り替わり、特殊記号の入力が行えます。また、ハードウェア準拠のタッチキーボードは、前ページの解説と同様に Shift キーを押しながら操作することで特殊記号を入力できます。実際の操作方法や設定方法はP.432〜436を参照してください。

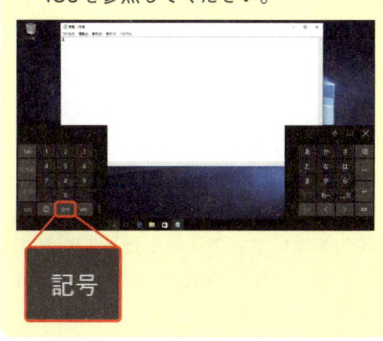

Section
135 文字を入力して漢字変換を行う

キーワード ▶ 漢字変換/文節(文字)修正

ここでは、ひらがなで日本語の文字や文章の入力を行って、それらを漢字に変換する方法を解説します。また、漢字変換に利用される文章の文節の区切り位置を変更したり、入力ミスの修正を行う方法なども解説します。

1 ひらがなの文字や文章を入力する

Memo ひらがなの文字を入力する

日本語入力では、入力した文字や文章を必要に応じて漢字やカタカナなどに変換し、「確定」させることで入力が完了します。未確定の状態では、文字や文章が画面に表示されているだけで、未入力の状態となります。また、日本語入力では、入力した文字や文章が、右の手順のように最初は「ひらがな」で表示されます。ひらがなの文字や文章を入力したいときは、変換を行わずにそのまま確定させます。確定は、通常、[Enter] キーを押すことで行います。

Hint ローマ字で入力する

日本語の入力は、通常、ローマ字で入力します。右の例では、[H][A][P][P][I][I][E][N][N][D][O]の順にキーを押します。また、ローマ字入力では、1つの文字などを入力するのに、複数の入力方法があります。たとえば、「ち」は、[T][I]と順にキーを押しても、[C][H][I]と順にキーを押しても同じ「ち」と表示されます。押しやすい方法で入力を行ってください。なお、入力方法についてはP.694を参照してください。

> ここでは、あらかじめ「メモ帳」を起動しておきます。P.406の手順で日本語入力が行える状態にしておきます。

1 文字や文章(ここでは、「はっぴいえんど」)を入力すると、

```
📓 無題 - メモ帳
ファイル(F)   編集(E)   書式(O)   表示(V)   ヘルプ(H)
はっぴいえんど
```

2 画面に入力した文字(ここでは、「はっぴいえんど」)が表示されます。

3 [Enter] キーを押すと、

4 入力した文字がひらがなで確定されます。

```
📓 無題 - メモ帳
ファイル(F)   編集(E)   書式(O)   表示(V)   ヘルプ(H)
はっぴいえんど
```

2 漢字変換を行う

1 漢字の読み（ここでは、「にほん」）と入力すると、

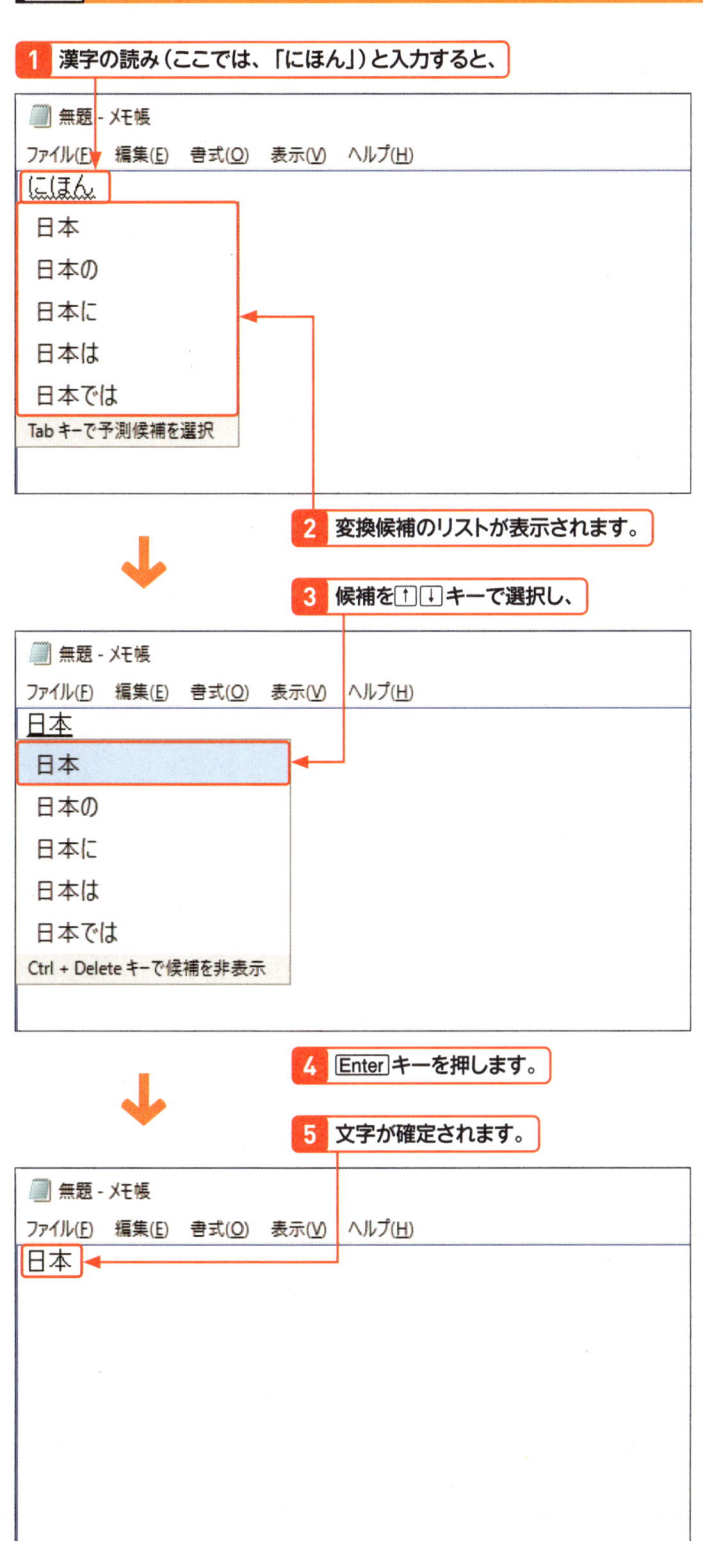

2 変換候補のリストが表示されます。

3 候補を ↑ ↓ キーで選択し、

4 Enter キーを押します。

5 文字が確定されます。

Touch タッチキーボードの場合は？

タッチキーボードの場合は、漢字の読みを入力すると、変換候補が横並びに表示されます。目的の候補をタップすると文字が確定します。変換したい文字がリストにない場合は、候補のリストをスライドすると次の候補が表示されます。

スライドすると候補が表示され、候補をタップすると確定します。

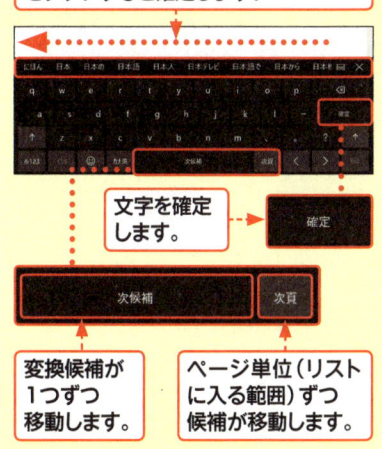

文字を確定します。

変換候補が1つずつ移動します。

ページ単位（リストに入る範囲）ずつ候補が移動します。

Touch タッチキーボードで「かな入力」を行う

タッチキーボードで「かな入力」を行いたいときは、タッチキーボードの種類を「ハードウェア準拠のタッチキーボード」に変更し、その上でP.407の手順で入力モードを通常の「ローマ字入力」から「かな入力」に変更する必要があります。「ハードウェア準拠のタッチキーボード」の表示方法についてはP.435を参照してください。

第1章	Windows 10 をはじめよう
第2章	Windows 10 の基本操作
第3章	ファイルと フォルダー
第4章	インター ネット
第5章	Outlook. com
第6章	「メール」 アプリ
第7章	アプリの 利用
第8章	データの 活用
第9章	音楽／写真 ／ビデオ
第10章	タブレット モード
第11章	文字入力 の基本
第12章	＜スタート＞ メニュー
第13章	デスクトップ
第14章	ネットワーク
第15章	管理／ セキュリティ
第16章	周辺機器 の利用
第17章	トラブル 対策
第18章	インストール と初期設定
	付 録

3 スペースキーで漢字変換を行う

Memo ┃ スペース キーで変換する

目的と異なる変換候補が表示されたり、変換候補が何も表示されないときは、右の手順を参考に スペース キーを利用します。

Hint ┃ 小さい「っ」を入力する

ローマ字入力で小さい「っ」を入力したいときは、L T U または X T U の順にキーを押します。また、N以外の子音を連続することでも小さい「っ」を入力できます。たとえば、I T T A の順にキーを押すと、「いった」と入力されます。

Hint ┃ 多くの変換候補を表示する

>> をクリックすると、さらに多くの変換候補を表示できます。

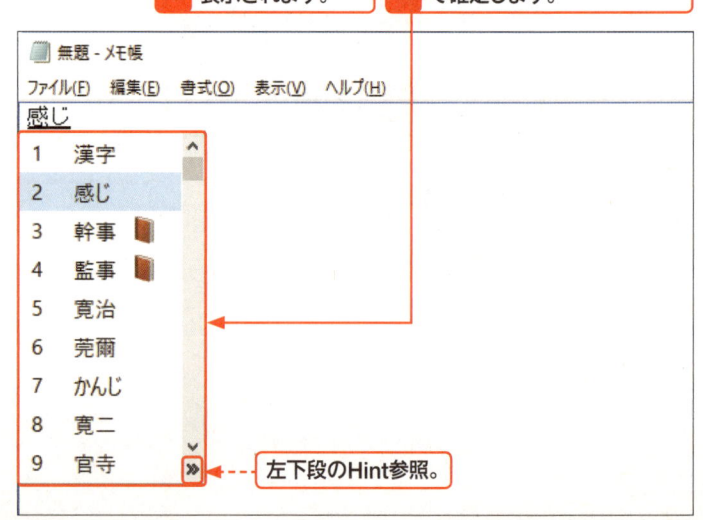

---

1 漢字の読み（ここでは、「かんじ」）と入力し、スペース キーを押します。

```
無題 - メモ帳
ファイル(F)  編集(E)  書式(O)  表示(V)  ヘルプ(H)
かんじ
感じる
幹事は
感じ
感じた
患者
Tab キーで予測候補を選択
```

↓

2 第一候補が表示されます。

```
無題 - メモ帳
ファイル(F)  編集(E)  書式(O)  表示(V)  ヘルプ(H)
漢字
```

3 再度、スペース キーを押します。

↓

4 そのほかの候補を示すウィンドウが表示されます。

5 スペース ↑ ↓ などの各キーで候補を選択し、Enter キーで確定します。

```
無題 - メモ帳
ファイル(F)  編集(E)  書式(O)  表示(V)  ヘルプ(H)
感じ
1  漢字
2  感じ
3  幹事
4  監事
5  寛治
6  莞爾
7  かんじ
8  寛二
9  官寺
```

左下段のHint参照。

4 文節の区切りを指定して変換を行う

文章を入力し、スペースキーを押して、変換を行っておきます。

1 文節を区切りたい場所（ここでは＜今日は＞）をクリックすると、

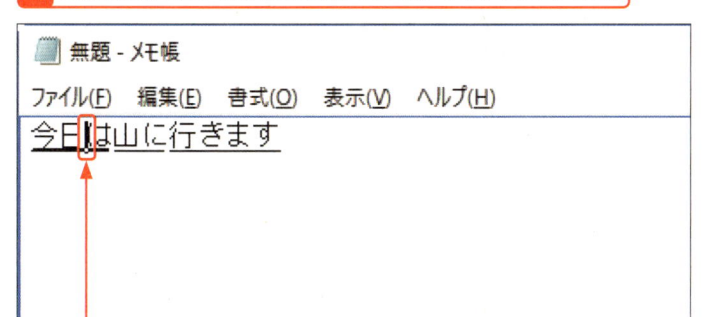

2 |（点滅する縦棒）がその文節に移動します。

3 Shiftキーを押しながら、←キーまたは→キーを押して文節の範囲（ここでは＜きょう＞）を指定します。

4 スペースキーを押します。

5 選択した範囲で変換が行われ文節の位置が変わります。

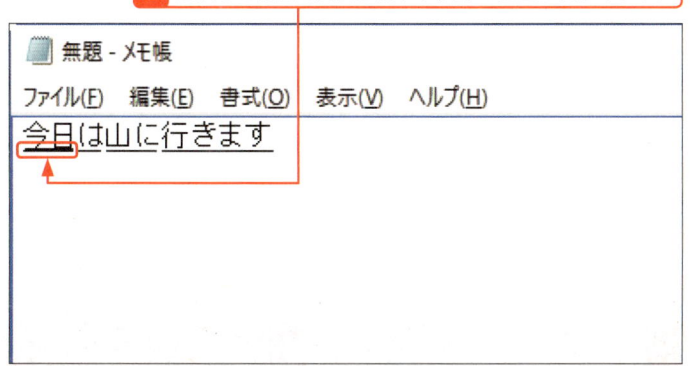

6 →キーを押すと、

Memo　文節の区切りを指定して変換を行う

文章をすべて入力してから変換を行うと、思い通りの文節で変換が行われない場合があります。そのようなときは、左の手順で手動で文節を指定して変換を行います。

Hint　文節の対象について

変換の対象となっている文節は、文字の下に太めの下線が引かれている文字です。対象となる文節は、マウスでクリックするか、←キーまたは→キーを押すことで変更できます。

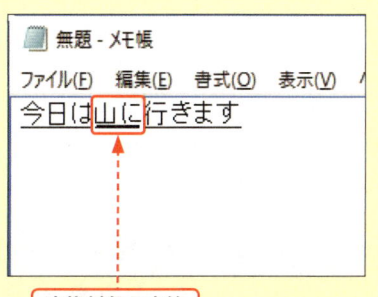

変換対象の文節

Hint　間違った範囲を分節にしていいしたときは？

文節として指定したい範囲を間違って指定し、変換を行ってしまったときは、Escキーを押すと作業をやり直せます。Escキーを1回押すと1つ前の状態に戻り、2回押すと変換前のすべてがひらがなで入力された状態に戻ります。Enterキーを押して文字を確定しない限りは、何度でも作業をやり直すことができます。

Touch　タッチキーボードの場合は？

タッチキーボードを利用している場合は、次候補をタップして変換を行ったところまでを1つの文節として変換が行われ、文節を区切りを変更したいときは、文章の先頭から順番に文節を切り直す必要があります。くをタップすると、文節の位置が一文字ずつ後ろ側（左側）に移動するので先頭の文節の調整を行い、変換を行います。変換した文字が問題なければ、<確定>をタップします。すべての文節の調整と変換を終えるまで、文節の調節、変換、確定という作業を繰り返して行います。

7 変換対象の文節がうしろ（右側）に移動します。

📝 無題 - メモ帳

ファイル(F)　編集(E)　書式(O)　表示(V)　ヘルプ(H)

今日は山に行きます

⬇

8 Shiftキーを押しながら、←キーまたは→キーを押して文節の範囲（ここでは<はやま>）を指定します。

📝 無題 - メモ帳

ファイル(F)　編集(E)　書式(O)　表示(V)　ヘルプ(H)

今日はやまに行きます

9 スペースキーを押します。

⬇

10 選択した範囲で変換が行われ文節の位置が変わります。

📝 無題 - メモ帳

ファイル(F)　編集(E)　書式(O)　表示(V)　ヘルプ(H)

今日葉山に行きます

11 さらに文節の位置を変更したいときは手順6からの作業を繰り返し行い、

12 問題なく文章が変換されたら、Enterキーを押して確定します。

5 入力ミスを修正する

1 文字（ここでは「にほんいっしゅうりょこう」）と入力します。

📓 無題 - メモ帳

ファイル(F)　編集(E)　書式(O)　表示(V)　ヘルプ(H)

にほんいっしゅうりょこう

2 入力ミスした末尾の部分をクリックし、

3 Backspace キーを押して、間違えた文字（ここでは「にほん」）を削除します。

📓 無題 - メモ帳

ファイル(F)　編集(E)　書式(O)　表示(V)　ヘルプ(H)

いっしゅうりょこう

4 文字（ここでは、「せかい」）を入力して、

📓 無題 - メモ帳

ファイル(F)　編集(E)　書式(O)　表示(V)　ヘルプ(H)

せかいいっしゅうりょこう

5 スペース キーを押すと、正しく変換されます。

6 Enter キーを押すと、

📓 無題 - メモ帳

ファイル(F)　編集(E)　書式(O)　表示(V)　ヘルプ(H)

世界一周旅行

7 文字が確定されます。

Hint　Delete キーでも削除できる

左の手順では Backspace キーを使用していますが、Delete キーでも文字を削除できます。Backspace キーは | （点滅する縦棒）の直前にある文字を削除し、Delete キーは | の直後の文字を削除します。

Touch　タッチキーボードで文字を削除する

タッチキーボードでは、< または > をタップして入力ミスした部分まで | （点滅する縦棒）を移動させ、⌫（Backspace）をタップして文字を削除します。

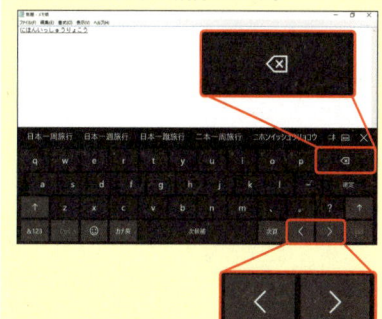

Stepup　変換 キーと スペース キーの違いは？

変換 キーと スペース キーは、いずれも変換に用いるキーですが、Windows 10 の日本語入力アプリである Microsoft IME（MS-IME）では、若干役割が異なります。入力／変換済みの単語のあとに | （点滅する縦棒）がある場合、スペース キーを押すと空白が入力されますが、変換 キーの場合は再変換が実行されます。

Section 136 カタカナ／英数字に変換する

キーワード ▶ ファンクションキー（カタカナ／英数字変換）

カタカナや英数字への変換は、通常の漢字変換の操作を繰り返すと候補として表示されますが、候補として表示されるまでに時間がかかる場合があります。ここでは、入力した文字や文章をファンクションキーを利用してかんたんな操作でカタカナや英数字に変換する方法を解説します。

1 入力した文字や文章をカタカナに変換する

Memo カタカナに変換する

入力した文字や文章をカタカナに変換したいときは、F7キーまたはF8キーを押すと、かんたんに変換できます。F7キーを押すと、全角カタカナに変換され、F8キーを押すと、半角カタカナに変換されます。

1 文字（ここでは、「ぎじゅつたろう」）と入力し、

```
📄 無題 - メモ帳
ファイル(F)  編集(E)  書式(O)  表示(V)  ヘルプ(H)

ぎじゅつたろう
```

2 F7キーを押すと、

3 入力した文字が全角カタカナに変換されます。

```
📄 無題 - メモ帳
ファイル(F)  編集(E)  書式(O)  表示(V)  ヘルプ(H)

ギジュツタロウ
```

Hint 文節単位でカタカナ変換を行う

P.415の手順を参考に文節の指定を行い、F7キーまたはF8キーを押すと指定した文節をカタカナに変換できます。

```
📄 無題 - メモ帳
ファイル(F)  編集(E)  書式(O)  表示(V)  ヘルプ(H)

僕の名前はギジュツタロウです
```

4 F8キーを押すと、

5 半角カタカナに変換されます。

```
📄 無題 - メモ帳
ファイル(F)  編集(E)  書式(O)  表示(V)  ヘルプ(H)

ｷﾞｼﾞｭﾂﾀﾛｳ
```

6 Enterキーを押して文字を確定します。

② 入力した文字や文章を英数字に変換する

1 文字（ここでは、「ぎじゅつたろう」と入力し、

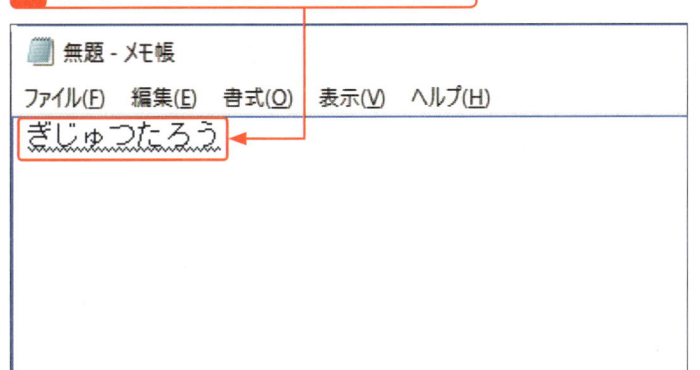

2 F9 キーを押すと、

3 入力した文字が全角英数字に変換されます。

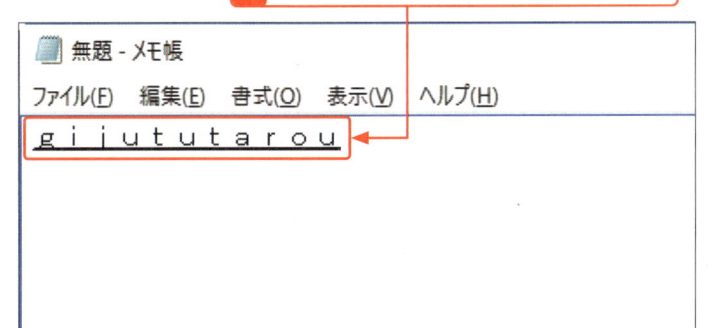

4 F10 キーを押すと、

5 半角英数字に変換されます。

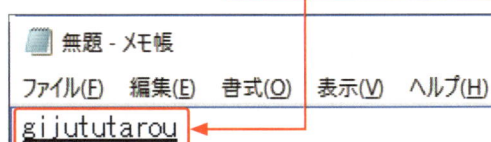

6 Enter キーを押して文字を確定します。

 **Memo** 英数字に変換する

入力した文字や文章を英数字に変換したいときは、F9 キーまたは F10 キーを押すと、かんたんに変換できます。F9 キーを押すと、全角英数字に変換され、F10 キーを押すと、半角英数字に変換されます。

Touch タッチ操作でカタカナ／英数字に変換する

タッチ操作で表示されるタッチキーボードは、ファンクションキーと呼ばれる F1 や F2 などのキーがありません。カタカナや英数字に変換したいときは、カナ英 をタップすると、変換候補に全角カタカナ／半角カタカナ、全角英数字／半角英数字の候補が表示されます。

Section
137
キーボードにない文字や記号を入力する

キーワード ▶ IME

キーボードには英数字やさまざまな記号が並びますが、「〒」や「①」といった文字は直接入力できません。これらはIMEの変換機能やIMEパッド、文字コードを使うことでかんたんに入力できます。文章作成で自由に文字を入力できるよう、さまざまな入力方法を身に付けておきましょう。

1 IMEパッドから入力する

Key word IMEとは?

「IME（Input Method Editor）」は、パソコン上で文字入力を行うソフトウェアです。Windows 10はMicrosoft製のMicrosoft IME（MS-IME）を搭載していますが、無償で使用できるIMEとしてはGoogleの「Google日本語入力」、有償IMEはジャストシステムの「ATOK」が有名です。

Key word IMEパッドとは?

「IMEパッド」は、文字コードや手書き機能を使って文字を入力するMS-IMEが備える機能の1つです。手書き操作に関してはP.424を確認してください。

ここでは、あらかじめ「メモ帳」を起動しておきます。

1 Aを右クリックし、

2 〈IMEパッド〉をクリックすると、

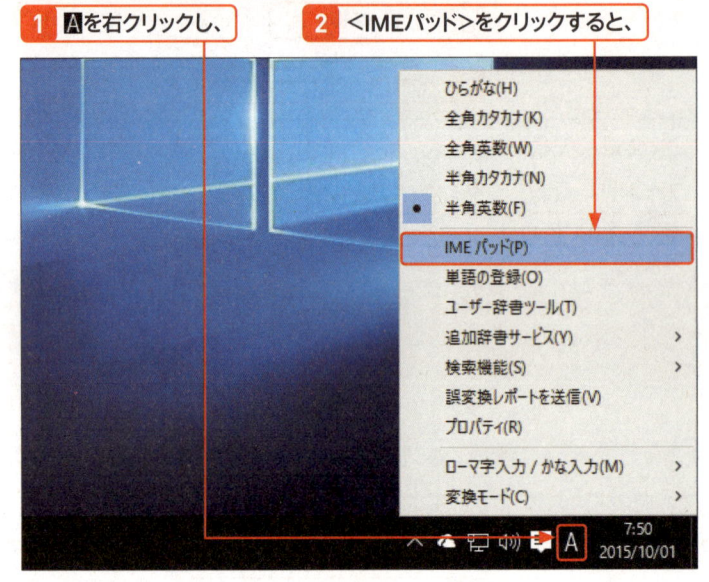

3 IMEパッドが起動します。

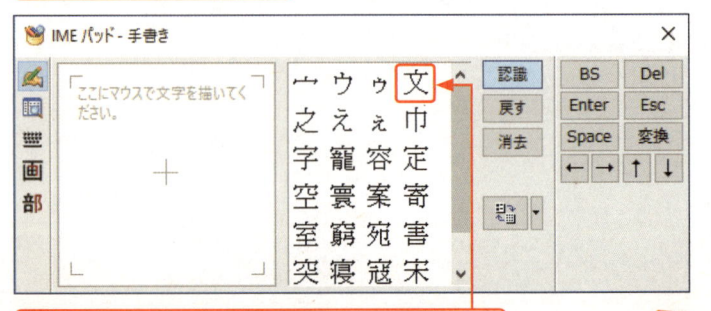

4 一覧から文字をクリックすると（ここでは〈文〉）、

5 メモ帳に文字が入力されます。 **6** Enter キーで入力を確定します。

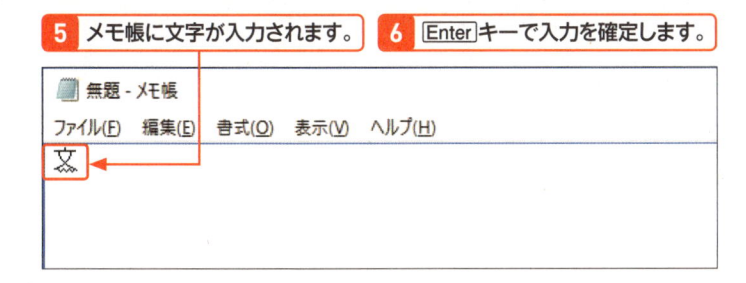

Hint キーボードショートカット
で呼び出す

Ctrl キーと F10 キーを同時に押し、P
キーを押すと、「IMEパッド」を起動で
きます。マウスによる操作が面倒な場合
はキーボードショートカットを使いま
しょう。

2 文字コードで入力する

日本語入力を有効にしておきます（P.406参照）。

1 「2276」と入力し、 **2** スペース キーを2回押すと、

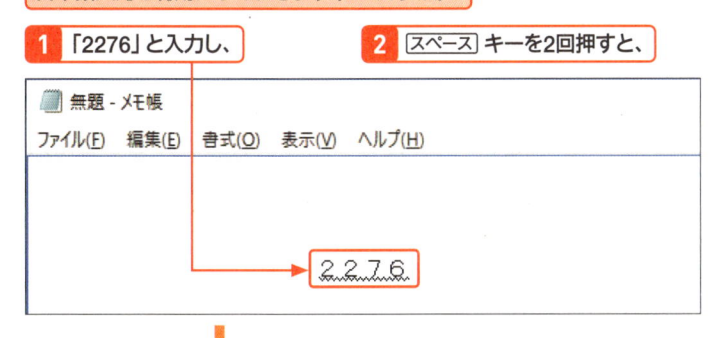

Key word 文字コードとは?

「文字コード」とは、パソコン上でさま
ざまな文字を表示するために定めた数字
を意味します。たとえば「あ」は「0x82A0
（Shift-JISの場合）」という16進数の数
値を割り当てています。つまり、パソコ
ンで入力する文字は、この文字コードの
集合体として存在します。なお、文字コー
ドもさまざまな種類が存在し、Windo
ws 10 では Shift-JIS や Unicode（ユニ
コード）を主に使用します。

3 変換候補が表示
されます。

	弐千弐百七拾六
1	2276
2	2276
3	2,276
4	2，276
5	二二七六
6	二千二百七十六
7	弐弐七六
8	弐千弐百七拾六
9	文字コード変換... »

4 <文字コード変換>を
クリックすると、

5 文字コードベースの変
換候補が表示されます。

1	2276
2	2276
3	2,276
4	2，276
5	二二七六

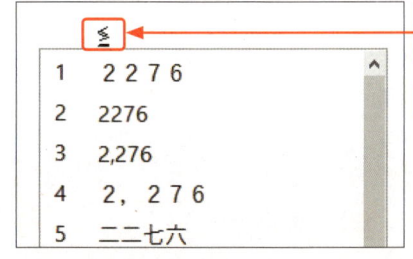

6 スペース キーを押して、

Memo ここでの操作について

ここでは、スペース キーを操作して解説
していますが、表示される候補をクリッ
クして選択し、Enter キーを押すことで
も、文字を入力、確定することができま
す。

第1章 Windows 10 をはじめよう

第2章 Windows 10 の基本操作

第3章 ファイルと フォルダー

第4章 インター ネット

第5章 Outlook. com

第6章 「メール」 アプリ

第7章 アプリの 利用

第8章 データの 活用

第9章 音楽／写真 ／ビデオ

第10章 タブレット モード

第11章 文字入力 の基本

第12章 ＜スタート＞ メニュー

第13章 デスクトップ

第14章 ネットワーク

第15章 管理／ セキュリティ

第16章 周辺機器 の利用

第17章 トラブル 対策

第18章 インストール と初期設定

付 録

Memo 文字コードを調べる

文字コードは、次ページ手順 **7** で、IMEパッド上に並ぶ文字にマウスポインターを重ねると、各文字カテゴリの文字コードがポップアップで表示されます。頻繁に使う文字は、ここで文字コードを調べておくと、入力がすばやく行えます。

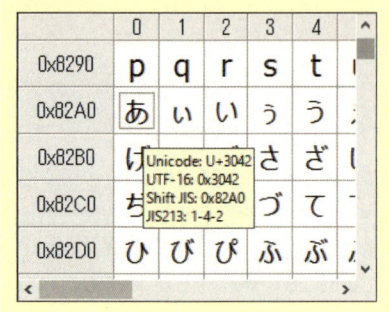

Hint 文字コードで入力する

右の手順では「♪」のJISコード番号である「2276」を使用しました。「♪」のシフトJIS番号は「81F4」、Unicode番号は「266A」となり、各コードで変換できます。

Hint IME パッドを拡大する

通常のウィンドウと同じく、画面の端をドラッグすればサイズを広げて見やすくなります。

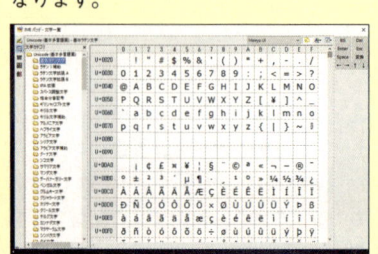

---

7 目的の文字が表示されたら、　**8** [Enter]キーを押します。

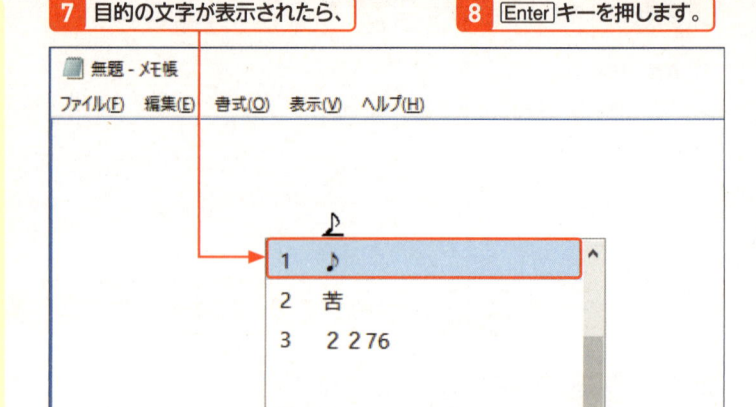

9 メモ帳に文字が入力されます。

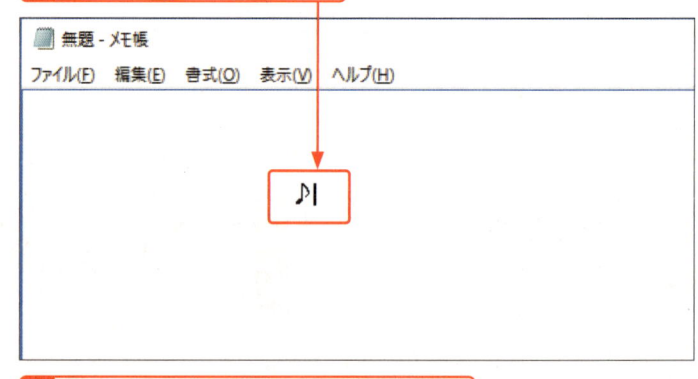

10 再度、[Enter]キーを押して入力を確定します。

3 文字や記号を一覧から選択して入力する

1 IMEパッドを起動し、

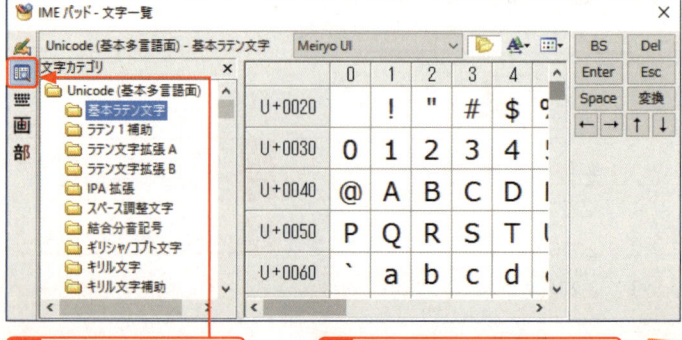

2 をクリックすると、　**3** 表示形式が切り替わります。

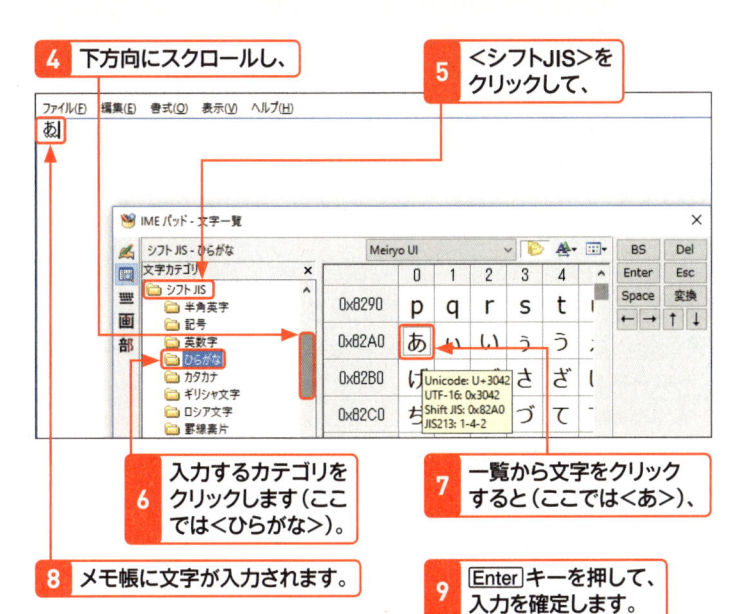

4 下方向にスクロールし、

5 <シフトJIS>を
クリックして、

6 入力するカテゴリを
クリックします（ここ
では<ひらがな>）。

7 一覧から文字をクリック
すると（ここでは<あ>）、

8 メモ帳に文字が入力されます。

9 Enterキーを押して、
入力を確定します。

11

Section 137

キーボードにない文字や記号を入力する

📝 **Memo** **どのような場面で
活用する？**

ここではひらがなを入力していますが、
キーボードでは表示しづらい記号、字体
は覚えているものの読み方を忘れてし
まったギリシャ文字などがある場合、左
の手順で探して入力するとよいでしょ
う。

4 部首から漢字を検索して入力する

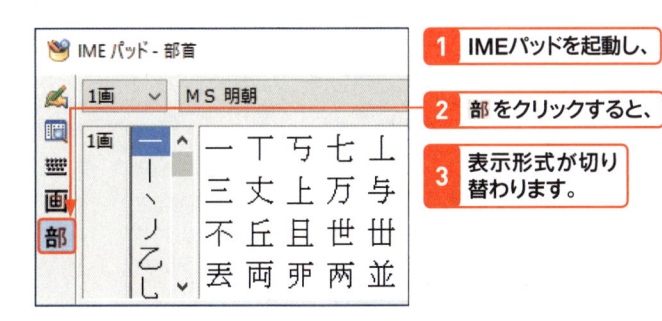

1 IMEパッドを起動し、

2 部 をクリックすると、

3 表示形式が切り
替わります。

💡 **Hint** **文字コード選択時の
注意点**

IMEパッドのフォント名の∨をクリッ
クすると、使用するフォントを選択でき
ます。フォントを変更して入力したい場
合は、あらかじめここでフォントを指定
してから文字入力を行いましょう。ただ
し、入力するアプリ側も同じようにフォ
ントの変更が必要なため、メモ帳などは
そのまま反映されない可能性がありま
す。

4 ∨をクリックして
画数を選択し、

5 スクロールバーを
スクロールして、

右のHint参照。

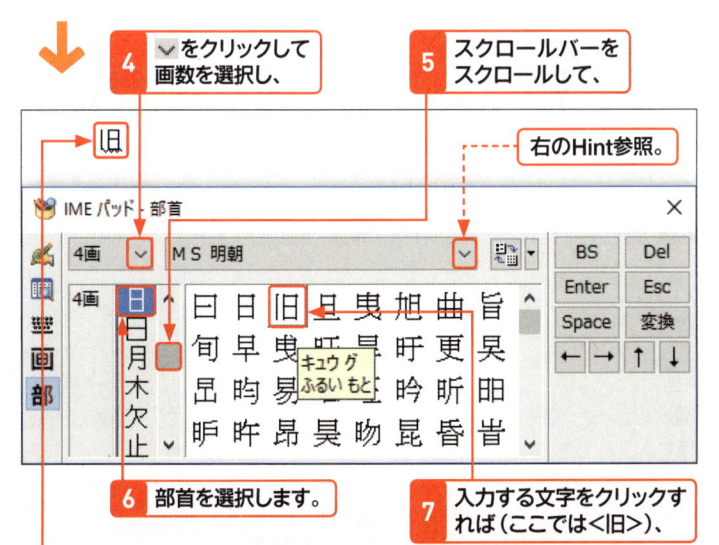

6 部首を選択します。

7 入力する文字をクリックす
れば（ここでは<旧>）、

8 メモ帳に文字が入力されます。

IME

Section
138

手書きで入力する

キーワード ▶ 手書き入力

MS-IMEのIMEパッドには**手書き入力機能**が備わっています。字体は思い浮かぶのにうまく変換できない場合、マウスやペンでIMEパッドに文字を書いてください。MS-IMEが入力内容を認識し、書いた文字に類似する候補を示します。なお、タッチキーボードによる手書き入力はP.436を確認してください。

1 IMEパッドに直接描き込む

Memo 手書き入力

MS-IMEが手書き入力機能を実装したのは約20年前ですが、その精度は当時から高いため、Windows 10でも基本的な機能は変わっていません。

Memo 文字をうまく書くポイント

IMEパッドにマウスで文字を書くには、中央にある「＋」を文字の中心と捉え、偏（へん）部首は＋よりも左側に、旁（つくり）は右側にとバランスよく書くと認識します。ただし、キレイな書き方でなくとも文字認識能力が高いため、大きくバランスを崩さない限り、ほとんどの文字を正しく識別します。なお、ペン入力機能を持つパソコンを利用している場合は、マウスからペンに持ち替えたほうがかんたんに書くことができます。

ここでは、あらかじめ「メモ帳」を起動しておきます。

1 Ａを右クリックし、　　**2** ＜IMEパッド＞をクリックすると、

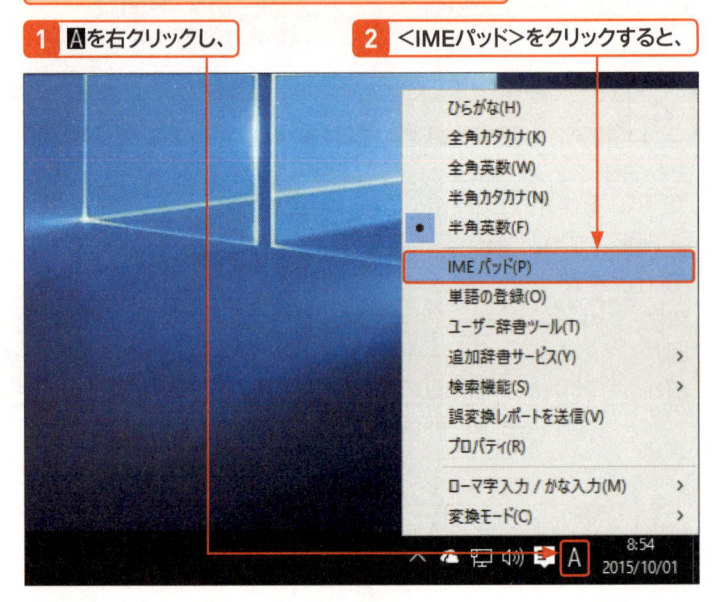

3 IMEパッドが起動します。　　**4** ✎をクリックして、

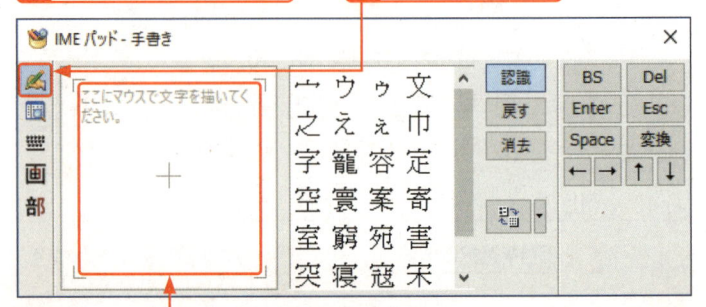

5 ここにマウスやペンで文字を書きます。

6 書き損ねた場合は、

7 <戻す>をクリックすると、

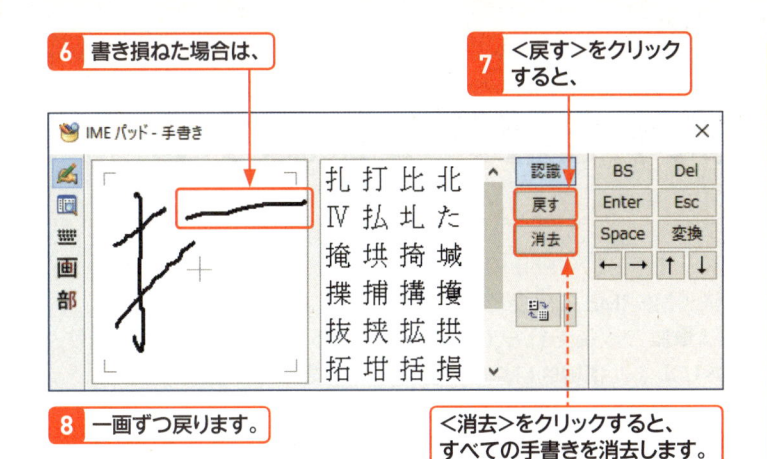

8 一画ずつ戻ります。

<消去>をクリックすると、
すべての手書きを消去します。

9 文字を書き終えると、自動的に認識処理が始まり、

10 候補が表示されます。

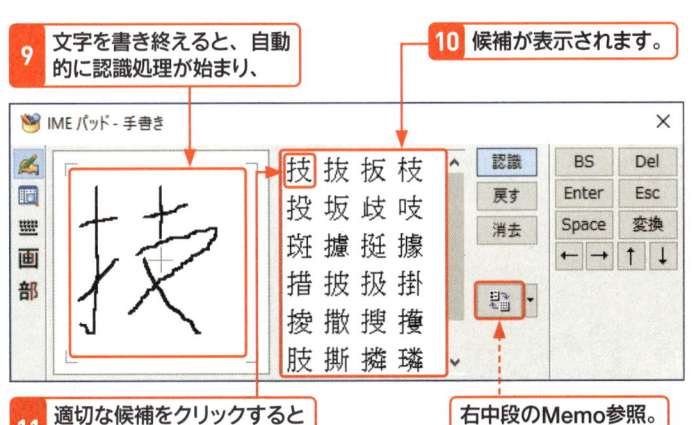

11 適切な候補をクリックすると（ここでは<技>）、

右中段のMemo参照。

12 メモ帳に文字が入力されるので、

13 Enterキーで入力を確定します。

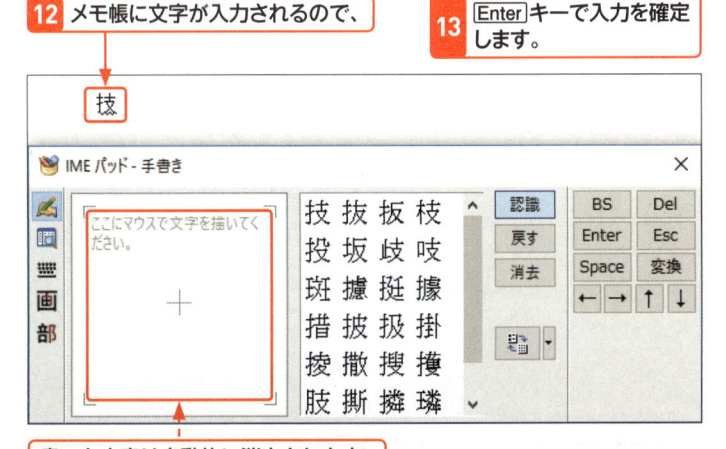

書いた文字は自動的に消去されます。

11
Section 138
手書きで入力する

手書き入力

Memo ペンの消しゴム機能は使えない

Surface Pro 4の付属ペンは消しゴム機能が備わっていますが、IMEパッドをペントップでこすっても消すことはできません。書き損ねた場合は左の手順を参考にしてください。

Memo 表示の切り替えについて

手順**10**の画面で、<一覧表示の拡大／詳細の切り替え>をクリックすると、詳細表示に切り替わり、画数や部首など条件によって異なる候補を絞り込むことができます。

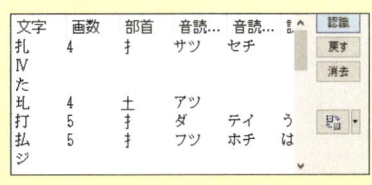

文字	画数	部首	音読...	音読...	訓...
扎	4	扌	サツ	セチ	
Ⅳ					
た					
払	4	土	アツ		
打	5	扌	ダ	テイ	う
払	5	扌	フツ	ホチ	は
ジ					

Hint タッチ環境ならもっとかんたん

ここではIMEパッドの手書き入力を使っていますが、タッチ操作に対応したパソコンであればペンを利用することで、タッチキーボードの手書き入力機能が使用できます。詳しくはP.436を確認してください。

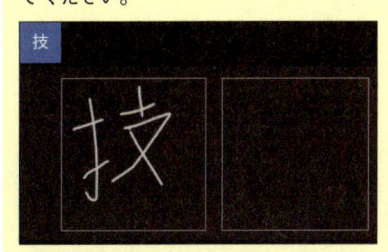

Section
139
よく使う文字を辞書に登録する

よく使用する単語や文章、友人などの名前がMS-IMEで変換できない場合、単語を登録しておくと、入力が効率的に行えます。マイクロソフトは単語の収集を行っており、登録するユーザーが多い単語は、将来的に標準辞書に収録される可能性もあります。積極的に単語は登録していきましょう。

1 単語を登録する

Memo 単語の登録について

単語の登録は、MS-IMEで文章を作成する際に変換候補に加える文字を登録する操作を指します。通常は学習設定が有効になっているため、変換した単語はユーザー辞書に登録されますが、意図的に登録する場合はこの機能を使用します。

Hint 登録した情報について

次ページの手順 4 ～ 8 で登録した情報はユーザー辞書として保存され、「ユーザー辞書ツール」の＜編集＞メニューからは単語の新規登録や削除、変更が可能です。「ユーザー辞書ツール」は、手順 2 のメニューの＜ユーザー辞書ツール＞か、手順 3 の＜ユーザー辞書ツール＞をクリックすることで表示することができます。

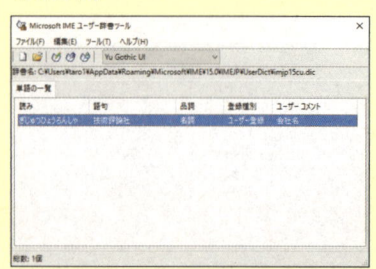

1 Ａを右クリックし、
2 ＜単語の登録＞をクリックすると、

左のHint参照。

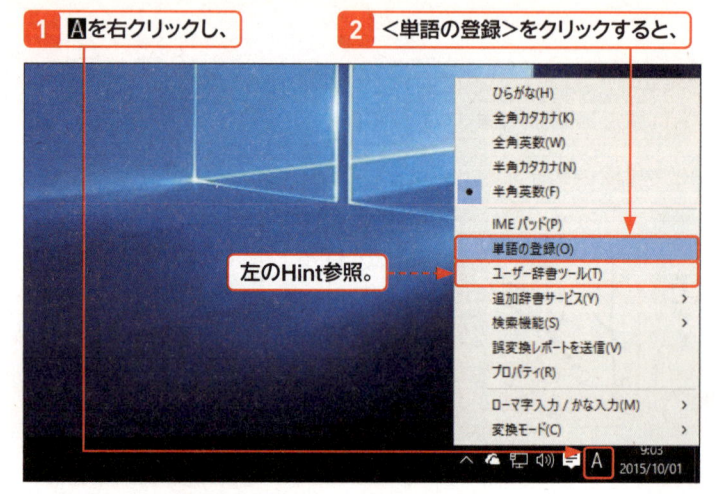

3 「単語の登録」画面が起動します。

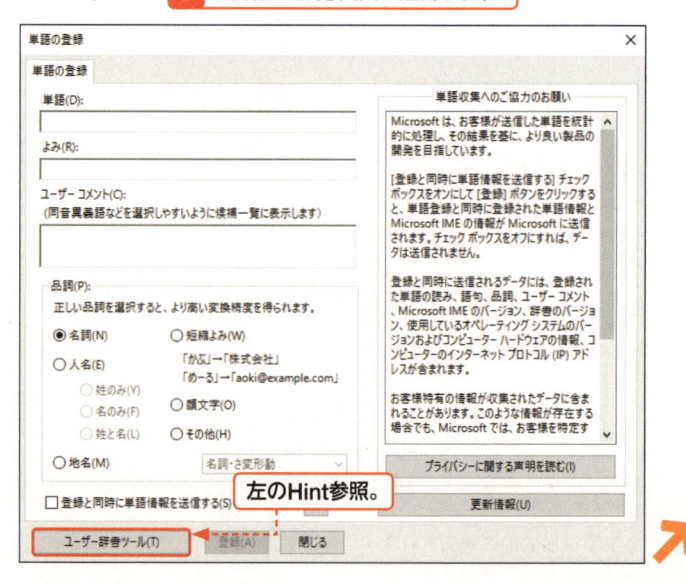

左のHint参照。

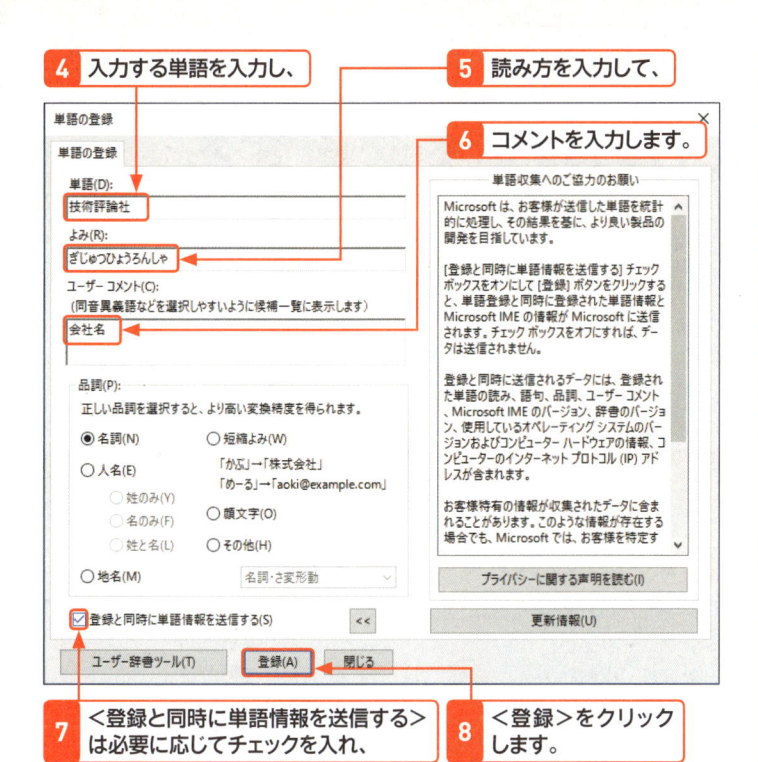

4 入力する単語を入力し、

5 読み方を入力して、

6 コメントを入力します。

7 <登録と同時に単語情報を送信する>は必要に応じてチェックを入れ、

8 <登録>をクリックします。

Memo 情報収集について

<登録と同時に単語情報を送信する>をチェックしている場合に限り、登録する単語をマイクロソフトに送信します。マイクロソフトでは収集した情報をもとに辞書の調整を行い、標準辞書への追加作業を行っているため、情報提供に協力することでMS-IMEは使いやすくなります。ただし、自身のメールアドレスなど個人情報に関する単語を登録する場合は、このチェック項目はオフにしておいたほうがよいでしょう。

2 登録結果を確認する

ここでは「メモ帳」を例に解説しています。

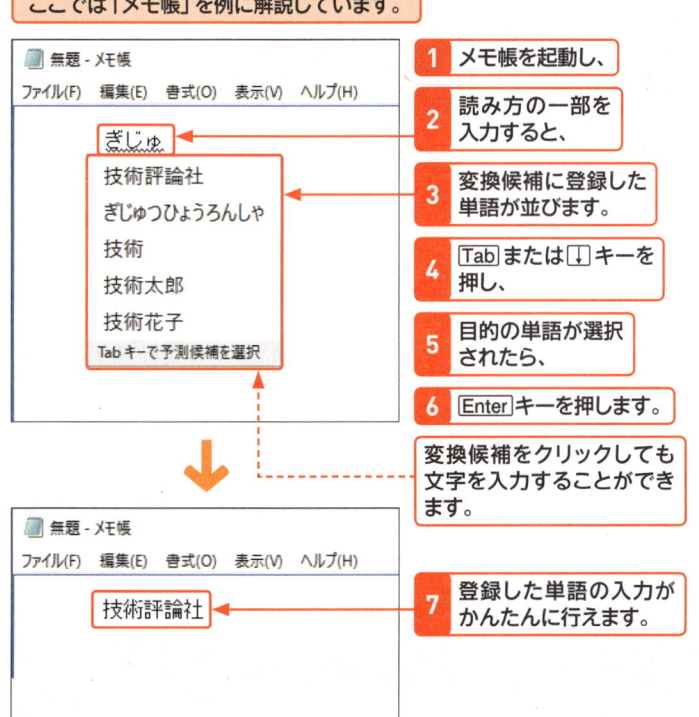

1 メモ帳を起動し、

2 読み方の一部を入力すると、

3 変換候補に登録した単語が並びます。

4 Tab または ↓ キーを押し、

5 目的の単語が選択されたら、

6 Enter キーを押します。

変換候補をクリックしても文字を入力することができます。

7 登録した単語の入力がかんたんに行えます。

Memo 登録情報を編集／削除する

「ユーザー辞書ツール」では編集する単語をダブルクリックすると、下の画面のようにダイアログボックスが起動し、登録済み情報の編集が可能です。

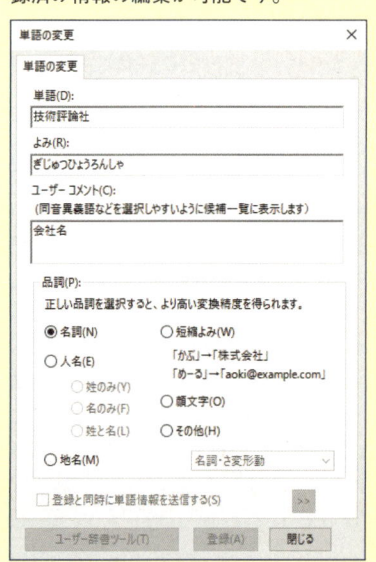

Section 140 日本語入力の設定を変更する

キーワード ▶ 入力設定の変更

日本語入力を快適に行うには、MS-IMEの設定を自分好みに合わせて変更します。たとえば句読点は「、。」が一般的ですが、会社や組織のルールが異なっている場合は、変更しておくと便利です。また、使用する辞書の取捨選択なども変更できます。

1 句読点や記号の種類を変更する

Memo 設定変更について

IMEの動作は、次ページの手順 **5** の画面で自由に変更できます。「編集操作」では、変換操作やキャンセルなどを好みのキーで行えるようにカスタマイズでき、「ローマ字／色の設定」では、ローマ字の規則や配色を変更できます。ここでは解説していませんが興味がある場合は確認してみましょう。

Memo 誤変換データを自動的に送信する

MS-IMEは文字入力時の誤変換データを格納し、100件まで蓄積するとサーバーへの送信をうながします。これはIME辞書の精度を高めるためで、プライバシー情報は送信されません。なお、＜誤変換データを自動的に送信する＞のチェックをオンにして、あとから変更したい場合は、手順 **4** までの操作を行ってから、＜プライバシー＞タブ→＜誤変換の履歴をファイルに保存する＞の順にクリックして、チェックを外してください。

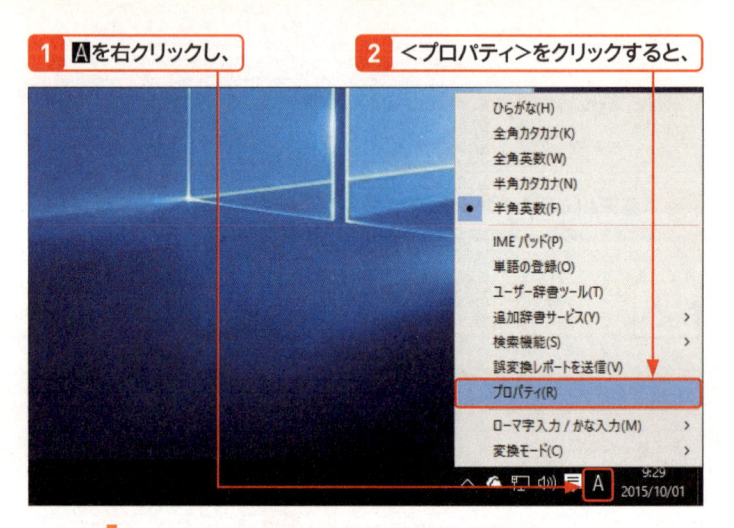

1 Ａを右クリックし、

2 ＜プロパティ＞をクリックすると、

3 「Microsoft IMEの設定」画面が起動します。

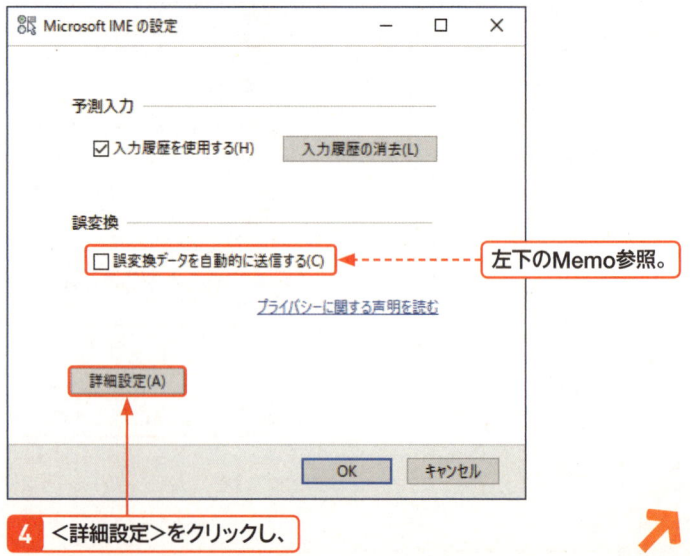

左下のMemo参照。

4 ＜詳細設定＞をクリックし、

5 <全般>タブをクリックして、

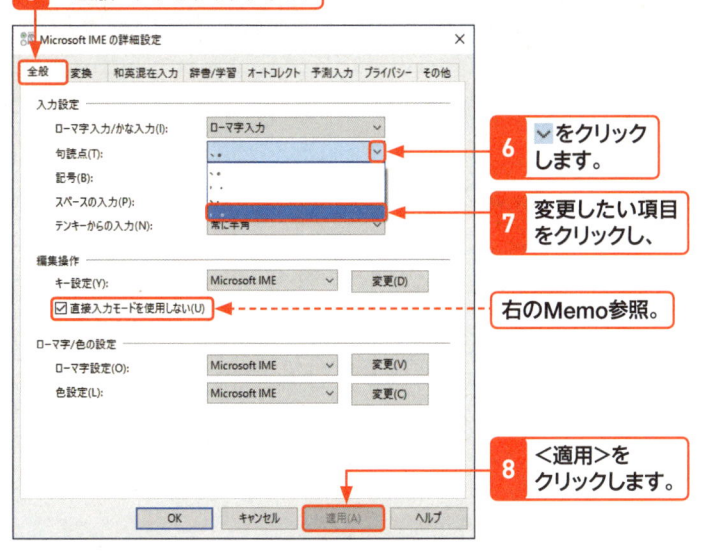

6 ∨ をクリックします。

7 変更したい項目をクリックし、

右のMemo参照。

8 <適用>をクリックします。

Memo 直接入力モードを使用しない

<直接入力モードを使用しない>は文字通り漢字変換などを行わず、メモ帳などに直接文字を入力するモードです。なお、こちらのチェックをオフにすると、通知領域のアイコンを右クリックしたときのメニューに<直接入力>が加わります。

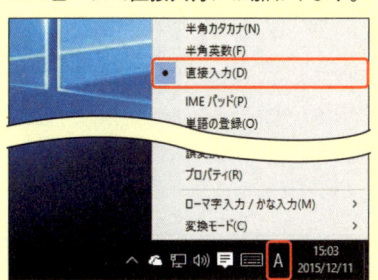

2 全角/半角変換設定を変更する

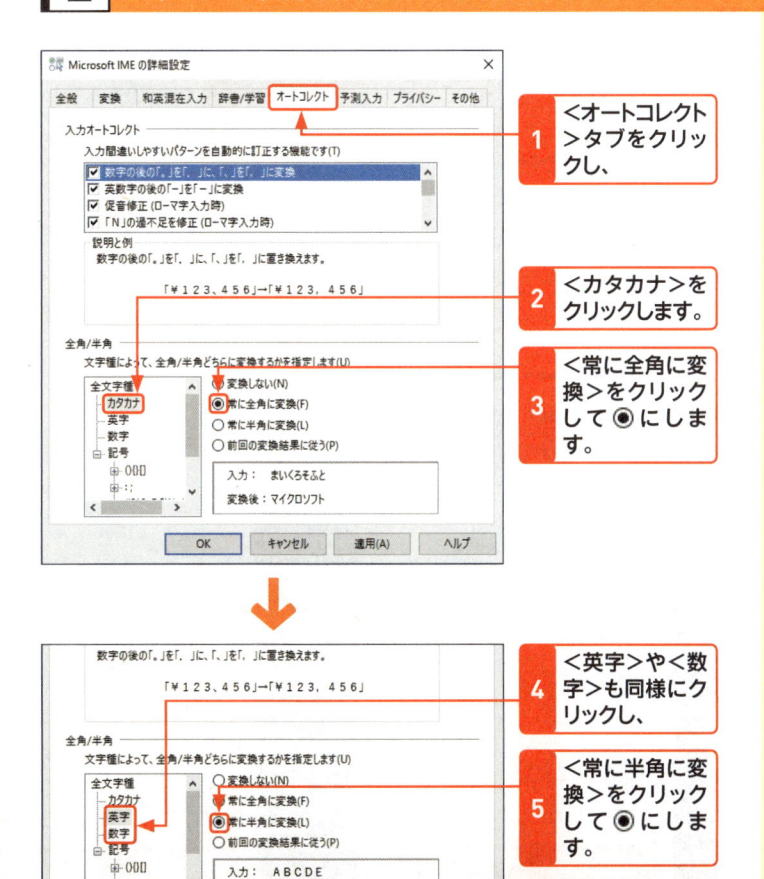

1 <オートコレクト>タブをクリックし、

2 <カタカナ>をクリックします。

3 <常に全角に変換>をクリックして◉にします。

4 <英字>や<数字>も同様にクリックし、

5 <常に半角に変換>をクリックして◉にします。

6 <適用>をクリックします。

Hint 入力オートコレクトの変更例

左の手順では、入力する文字種によって変換する全角／半角を指定しています。一般的にカタカナは全角で入力し、英数字は場合によって異なりますが、半角を用いたほうが文書全体ではスッキリした印象を与えます。このように自身の好みや所属組織のルールに合わせて選択してください。

Key word オートコレクトとは?

「オートコレクト」とは、使用頻度の高い定型文や単語などを自動入力する機能を指し、一般的には誤入力やスペルミス修正機能も含まれます。MS-IMEは濁点や半濁音符の自動修正などを可能にしています。

Hint 全角／半角で選択できる文字種

ここでは「カタカナ」「英字」「数字」「記号」各種の全角／半角変換を指定できます。

3 クラウド候補を有効にする

Memo クラウド候補の利用について

「クラウド候補」とは、マイクロソフトのWeb検索サイトである「Bing」のオートサジェスト機能を利用し、Web上の用語を予測候補として提示する機能です。なお、通常辞書による変換候補と区別するため、候補の末尾に雲のアイコンが加わります。

Memo クラウド候補を有効にする効果

クラウド候補として提示される単語は、マイクロソフトのWeb検索サイト「Bing」のオートサジェスト機能を利用し、Web上で使用される膨大な単語をそのまま予測候補として表示する機能です。そのため、流行のキーワードや難しい地名、専門用語などもそのまま変換可能になります。

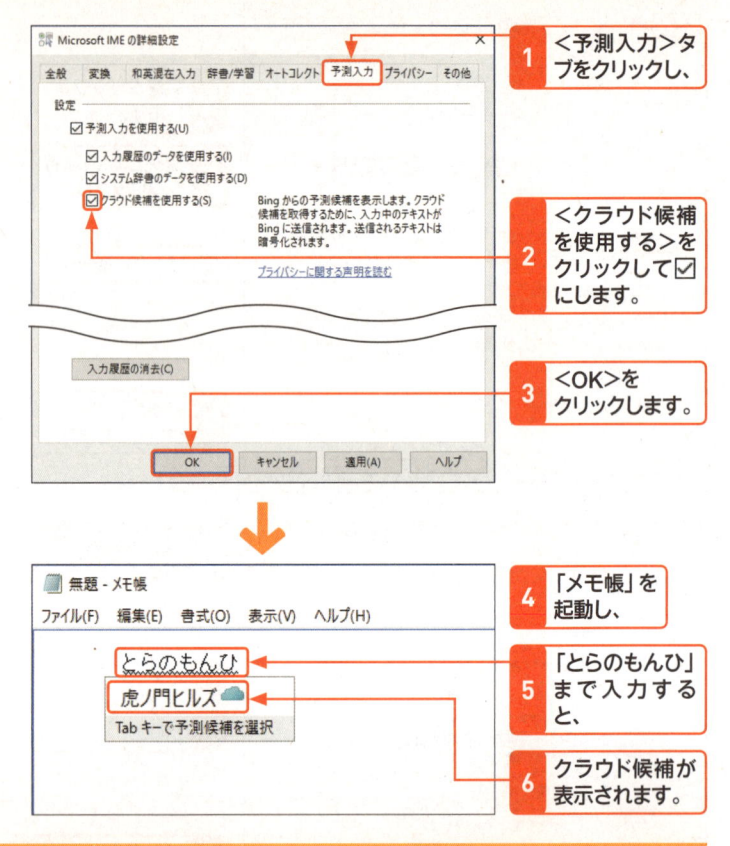

1 ＜予測入力＞タブをクリックし、

2 ＜クラウド候補を使用する＞をクリックして☑にします。

3 ＜OK＞をクリックします。

4 「メモ帳」を起動し、

5 「とらのもんひ」まで入力すると、

6 クラウド候補が表示されます。

4 優先して使う日本語入力システムを変更する

Hint 「言語」画面について

コントロールパネルの「言語」は、日本語以外の英語やフランス語といった言語の表示・入力に関する設定や、日本語のように文字入力にIMEが必要な言語のため、入力方式を管理する機能です。

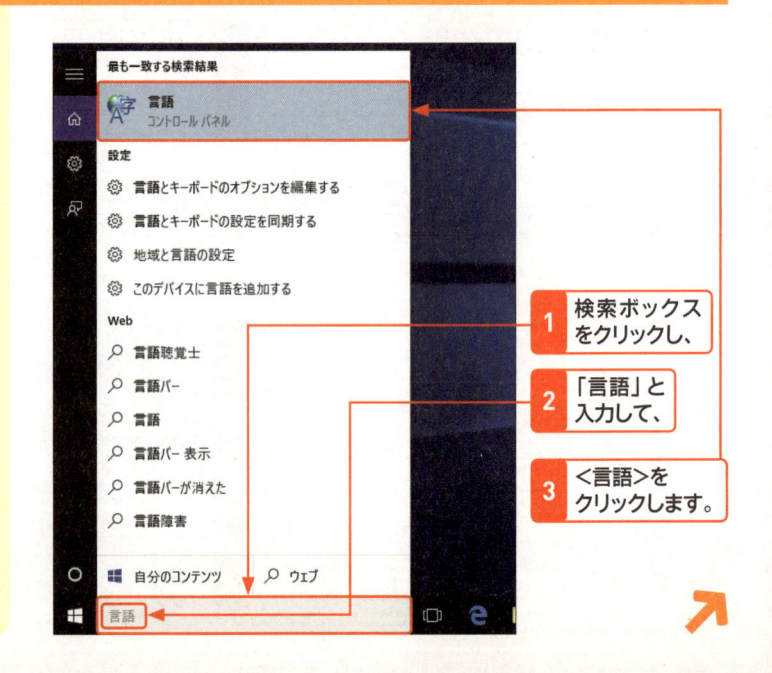

1 検索ボックスをクリックし、

2 「言語」と入力して、

3 ＜言語＞をクリックします。

4 「言語」画面が起動します。　**5** ＜詳細設定＞をクリックし、

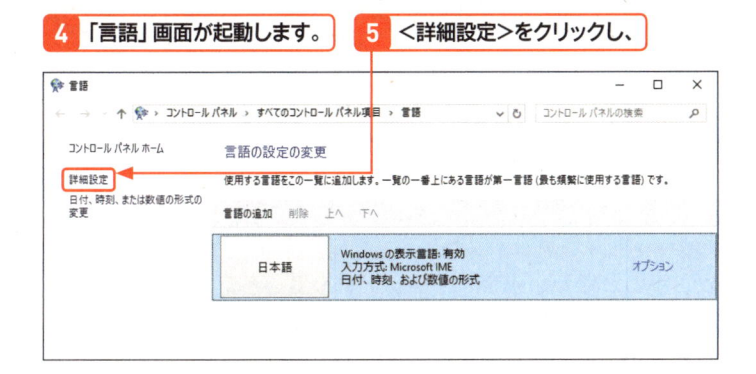

6 ✓をクリックし、　**7** 一覧から優先して使用するIMEをクリックで選択したら、

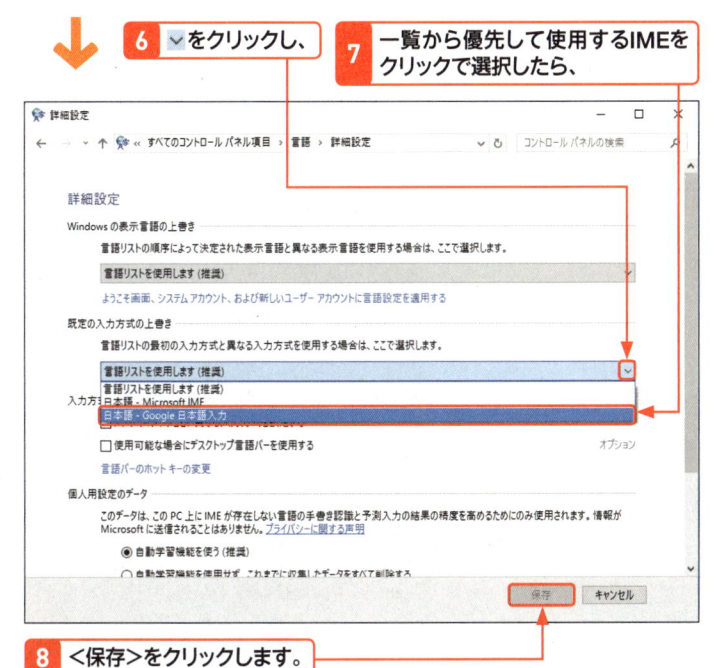

8 ＜保存＞をクリックします。

Memo　IMEの変更について

ここではIMEの変更手順を解説するため、事前にGoogle日本語入力をインストールしています。利用する場合は、下記URLからGoogle日本語入力のダウンロードページにアクセスし、＜Google日本語入力をダウンロードする＞をクリックし、画面の指示に従って、インストールしてください。インストール後、「Google 日本語入力」の画面が表示されるので、＜Google 日本語入力を既定のIMEとして設定する＞はチェックが付いたままの状態で＜OK＞をクリックして、インストールを終了します。

http://www.google.co.jp/intl/ja/ime/

Hint　IMEの切り替え

一時的にIMEを切り替える場合は⊞キーを押しながら スペース キーを押すと表示されるリストから選びます。

Memo　予測入力について

Windows 10のMS-IMEには、スマートフォンなどでお馴染みの予測変換機能が備わっています。過去に2回以上の確定した単語を変換候補として提示するため、たとえば「よろしく」と入力した場合は「よろしくお願いいたします」などが候補として表示されます。これらは入力履歴を使用するため、P.428で紹介した「Microsoft IMEの設定」にある＜入力履歴を使用する＞が有効でなければなりません。一方で性能が低いパソコンを利用していると、この機能が性能の低下を引き起こす原因にもなってしまいます。本来であれば無効にしてもかまいませんが、どうしても使用したい場合は、予測候補を表示するまでに、何文字ひらがなを入力するかの設定を変更しましょう。＜予測入力＞タブの「予測候補を表示するまでの文字数」の数値を好きな数だけ増やしてください。少しではありますが性能の低下が軽減されます。

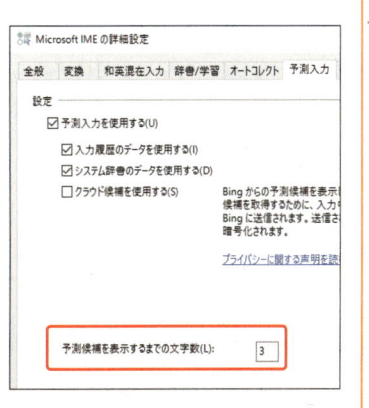

Section
141

タッチキーボードを利用する

キーワード ▶ タッチキーボード

タブレットなど物理的なキーボードを接続するのが難しい場合は、タッチキーボードを利用します。通常はテキスト入力部分をタップするとタッチキーボードが表示されますが、デスクトップパソコンの場合は、タスクバーの<タッチキーボードボタン>をクリックして、表示させます。

1 デスクトップパソコンでタッチキーボードを有効にする

Memo タッチキーボードについて

タッチキーボードは、タブレットなどキーボードが付いていないパソコンに対してマイクロソフトが開発し、Windows 8から実装した機能の1つです。タッチ機能搭載パソコンを利用している場合、文字入力欄をタップすると自動的にタッチキーボードが表示されます。なお、スクリーンキーボードを有効にしている場合は、タッチキーボードは表示されません。

Memo タッチキーボードの種類

Windows 10のタッチキーボードは通常のレイアウトに加えて、「分割レイアウト」「手書きパネル」「ハードウェアキーボードに準拠したレイアウト」の4種類です。ただし「ハードウェア〜」は「設定」（P.33参照）→<デバイス>→<入力>の順にクリックし、<ハードウェアキーボードに準拠したレイアウトをタッチキーボードオプションとして追加する>のスイッチが ⬤ のときのみ使用できます。

タッチ キーボード

入力時にキー音を鳴らす
⬤ オン

ハードウェア キーボードに準拠したレイアウトをタッチ キーボード オプションとして追加する
⬤ オン

タブレット モードでないとき、キーボードが接続されていなければ
タッチ キーボードまたは手書きパネルを表示する

1 タスクバーの何もないところを右クリックし、

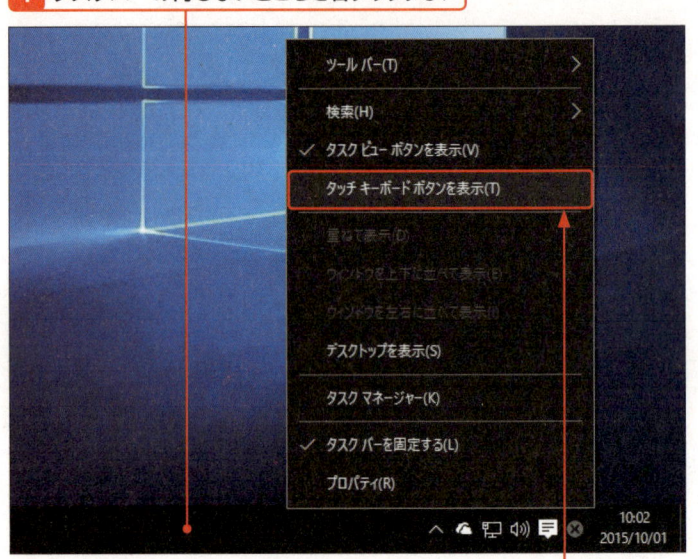

2 <タッチキーボードボタンを表示>をクリックすると、

3 アイコンが表示されます。こちらをクリックすると、

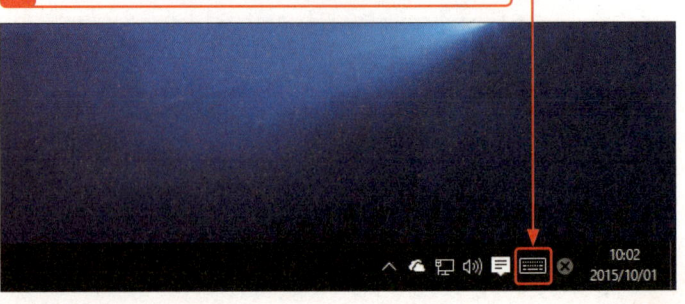

4 タッチキーボードが表示されます。

Memo タッチキーボードの基本配列

最初に起動するタッチキーボードのキー配列は、物理的なキーボードと同じくQWERTY配列（文字入力用キーボードの多くが採用するキー配列）で、ローマ字入力と英数字入力を行えます。また、キーボードの左下隅に並ぶ &123 をタップすればテンキーによる数字や記号入力が可能です。

2 タッチキーボードで英数字を入力する

ここでは「メモ帳」を例に解説を行っていますが、ほかのアプリでも操作は同様です。

1 「メモ帳」を起動し、

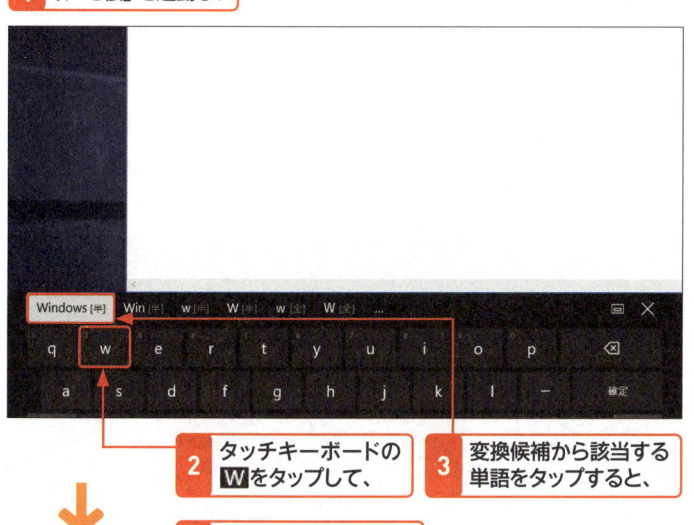

Hint 数字を入力する場合

数字や記号などを入力したい場合は、タッチキーボードの左下に位置する &123 をタップし、キーボードレイアウトを変更してください。これで数字や記号などが入力可能になります。

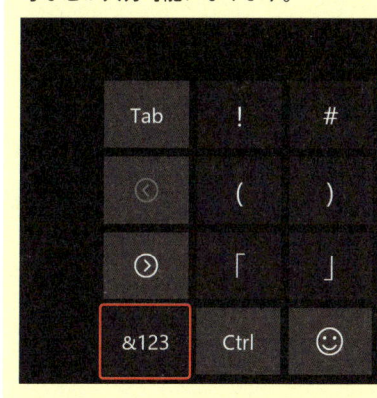

2 タッチキーボードの W をタップして、

3 変換候補から該当する単語をタップすると、

4 単語が入力されます。

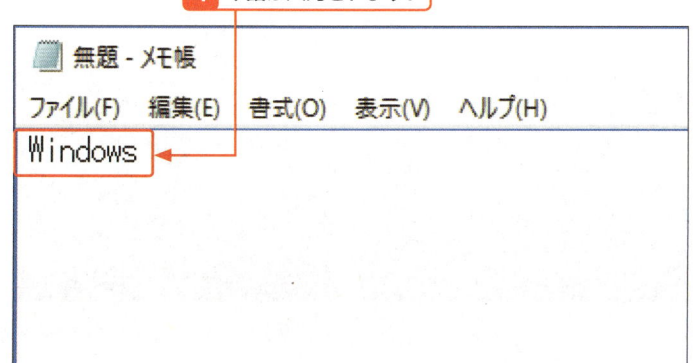

無題 - メモ帳

ファイル(F)　編集(E)　書式(O)　表示(V)　ヘルプ(H)

Windows

3 タッチキーボードで日本語を入力する

Hint ほかのキーも活用する

入力中に カナ英 をタップすると、入力中
も文字がカタカナに切り替わります。ま
た 次候補 をタップすれば、変換候補を順
番に選択できるので、意図する単語に変
換できます。

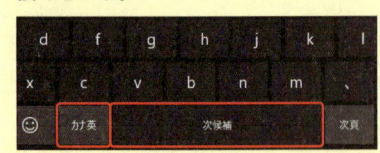

1 実際のキーボードと同じ
入力を行うことで、

2 文字を入力することができます。

3 変換候補をタップすると、

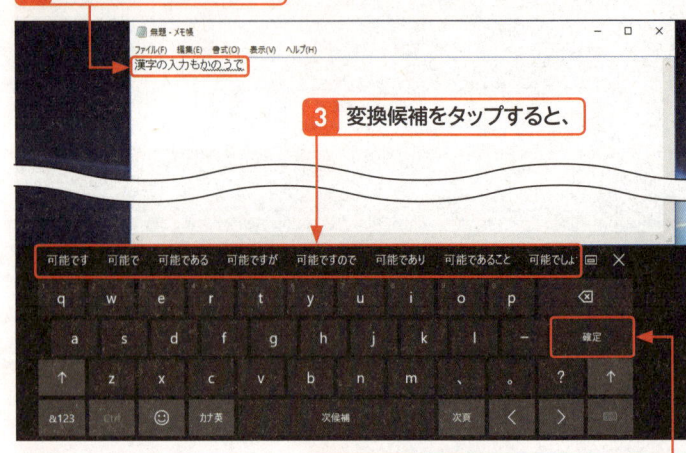

4 入力回数を軽減して
入力できます。

5 変換候補から選ばず、そのまま確定
する場合は、確定 をタップします。

4 タッチキーボードの種類を切り替える

Memo 分割レイアウトに
ついて

「分割レイアウト」はタッチキーボード
を左右に分割し、左に数字、右に日本語
が現れるレイアウトです。 ABC をタッ
プすると、英字が表示されます。タブレッ
トなどデバイスを両手で持ち、親指など
で入力を行うために用意されました。

分割レイアウトに切り替える

1 をタップし、

2 をタップすると、

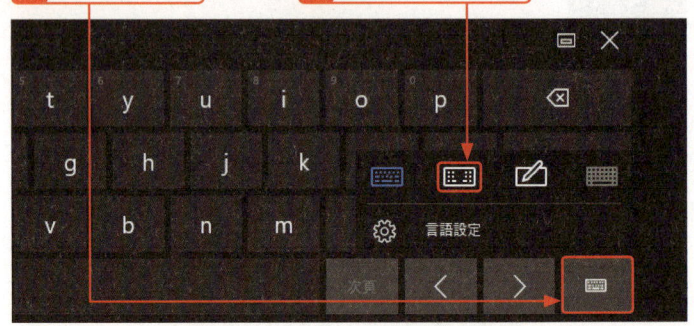

3 分割レイアウトに切り替わります。

Hint 分割レイアウトから
切り替える

をタップすると、手順 **2** のメニュー
が表示され、タッチキーボードのレイア
ウトを切り替えることができます。

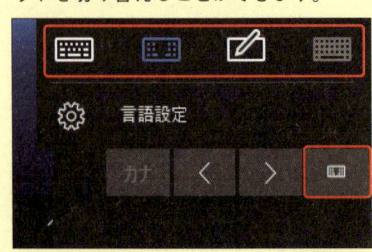

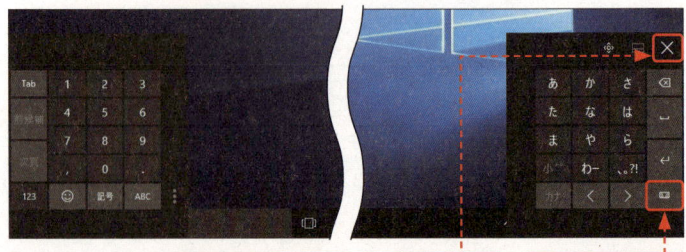

クリックすると、分割レイアウトを
非表示にできます。

左のHint参照。

手書きパネルに切り替える

1 ▦をタップし、　　**2** ☑をタップすると、

3 手書きパネルに切り替わります。

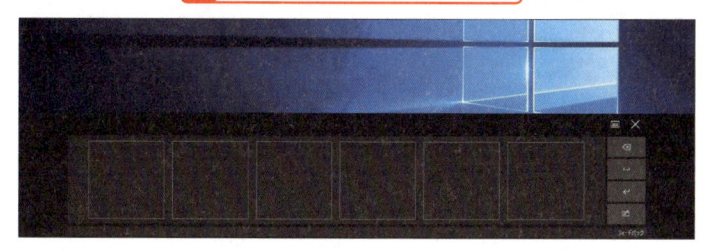

ハードウェアキーボードに準拠したレイアウトに切り替える

1 ☑をタップし、　　**2** ▦をタップすると、

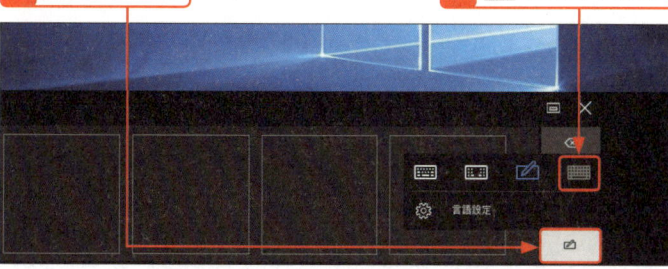

3 ハードウェアキーボードに準拠したレイアウトに切り替わります。

利用しているパソコンによって、表示される
ハードウェアキーボードは異なります。

Memo キーボードの固定を解除する

手順**1** の画面で▣をタップすると、キーボードの固定が解除されます。◈をドラッグすることで、タッチキーボードを自由に移動できます。もとに戻すには再度▣をタップします。

Memo ハードウェアキーボードに準拠したレイアウトが表示できない

ハードウェアキーボードに準拠したレイアウトは、物理的なキーボードに準拠しています。選択できない場合は「設定」（P.33参照）の＜デバイス＞→＜入力＞の順に開き、＜ハードウェアキーボードに準拠したレイアウトをタッチキーボードオプションとして追加する＞をクリックして、⬤▭を▭⬤に切り替えます。

> **タッチ キーボード**
>
> 入力時にキー音を鳴らす
> ⬤ オン
>
> ハードウェア キーボードに準拠したレイアウトをタッチ キーボード オプションとして追加する
> ⬤ オン
>
> タブレット モードでないとき、キーボードが接続されていなければタッチ キーボードまたは手書きパネルを表示する
> ▭ オフ

435

5 タッチキーボードで手書き入力する

Hint 手書きパネルを使うとき

手書きパネルは、IMEパッドと同じく、読み方がわからない漢字や旧字体など変換が難しい漢字を入力する際に利用するとよいでしょう。

Memo 日本語を手書きで入力する

同じ手順で日本語入力も可能です。

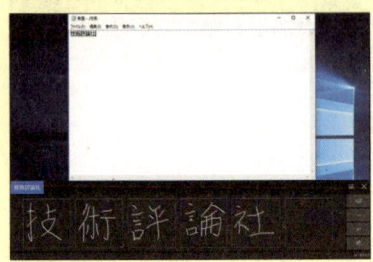

1 P.435を参考にキーボードの種類を切り替え、

2 各マスに1単語ずつペンや指で文字を書くと、

3 候補が表示されると同時に、

4 文字が入力されます。

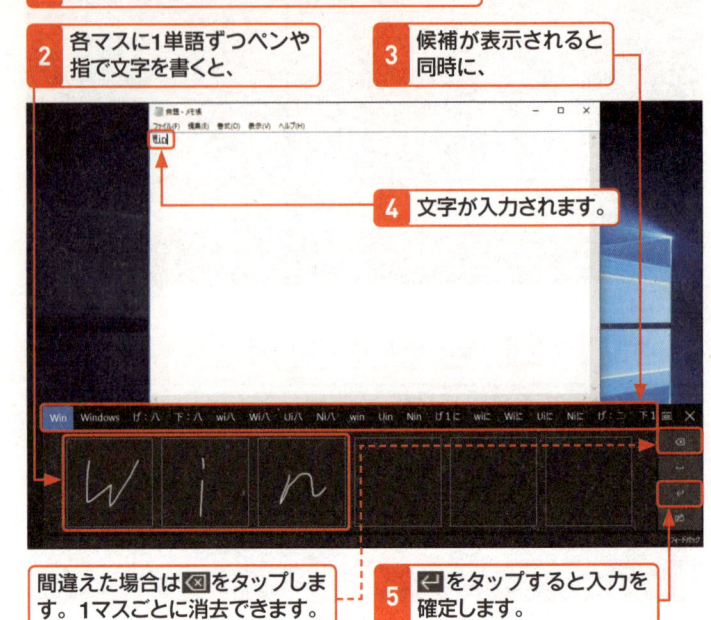

間違えた場合は⌫をタップします。1マスごとに消去できます。

5 ↵をタップすると入力を確定します。

6 タッチキーボードで絵文字を入力する

Hint 履歴から入力する

手順 **3** の画面で♡をタップすると、これまで利用してきた絵文字が表示されます。よく使う絵文字は♡をタップすれば、すばやく入力することができます。

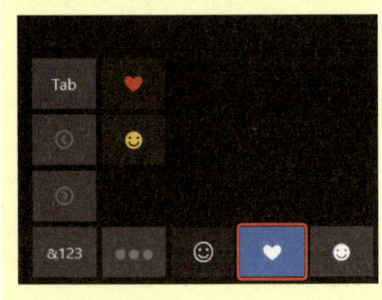

1 「通常のレイアウト」のタッチキーボードで☺をタップすると、

2 レイアウトが絵文字に切り替わります。

3 入力したい絵文字をタップします。

左のHint参照。

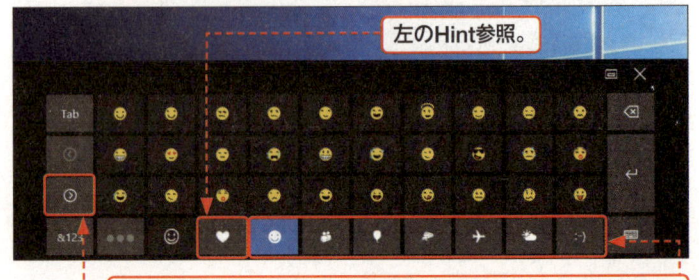

タップすることで、絵文字の種類を切り替えることができます。

第12章

＜スタート＞メニューや
ロック画面のカスタマイズ

Section
142

＜スタート＞メニューのサイズを変更する

キーワード ▶ ＜スタート＞メニュー

デスクトップで利用する＜スタート＞メニューは、縦横のサイズを変更したり、横方向に配置できるタイルの数を増やすことができます。ここでは、デスクトップで利用する＜スタート＞メニューのサイズを変更したり、配置できるタイルの数を増やす方法を解説します。

1 ＜スタート＞メニューのサイズを変更する

Memo ＜スタート＞メニューの サイズについて

＜スタート＞メニューは、縦横のサイズを変更することができます。右の手順では、＜スタート＞メニューの縦幅を広げる方法を解説しています。なお、設定できる縦横の最大サイズは、利用しているパソコンの画面の解像度などによって異なります。また、解像度によっては横幅を変更できない場合もあります。

1 ⊞をクリックします。

2 ＜スタート＞メニューの上端に マウスポインターを移動させ、

3 マウスポインターの形状が ↕ に変わったら 上方向にドラッグすると、

Hint 横幅を変更する

右の手順では、＜スタート＞メニューの縦幅を変更していますが、＜スタート＞メニューの右端にマウスポインターを移動させて、マウスポインターの形状が ↔ に変わったら、ドラッグすると横幅を変更できます。なお、横幅は、グループ単位（P.443参照）で変更されます。＜スタート＞メニューは、通常、2グループで表示されています。このため、通常は、横幅を狭める1グループ表示への変更のみが行えます。

4 ＜スタート＞メニューの縦幅が広がります。

２ ＜スタート＞メニューに表示するタイルの数を増やす

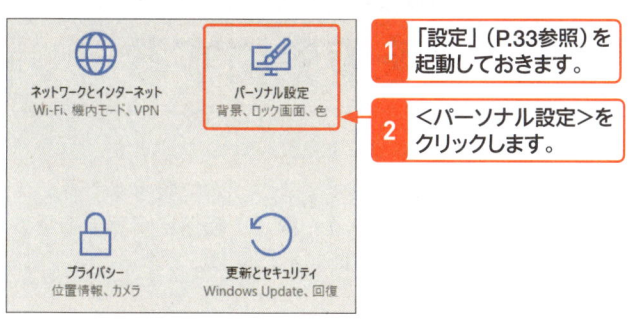

1 「設定」（P.33参照）を起動しておきます。

2 ＜パーソナル設定＞をクリックします。

3 ＜スタート＞をクリックし、

4 ＜タイル数を増やす＞をクリックして●○を●●にします。

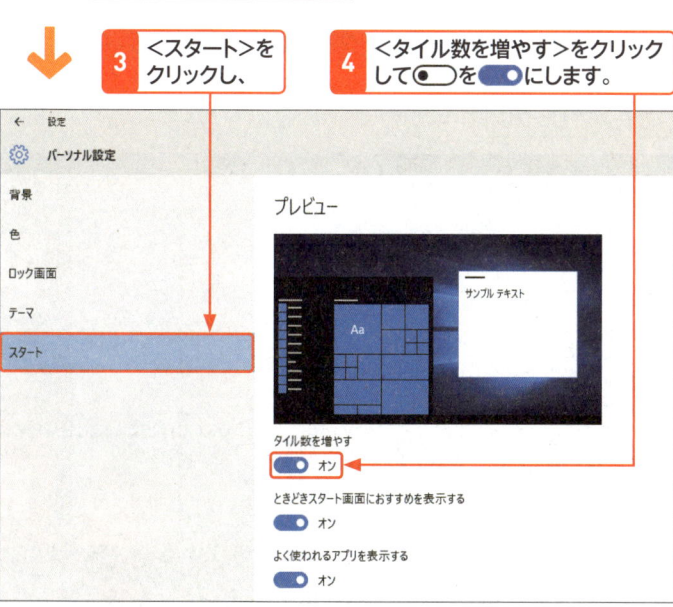

5 ＜スタート＞メニューを表示すると、

6 ＜スタート＞メニューのサイズが変更され、より多くのタイルを配置できます。

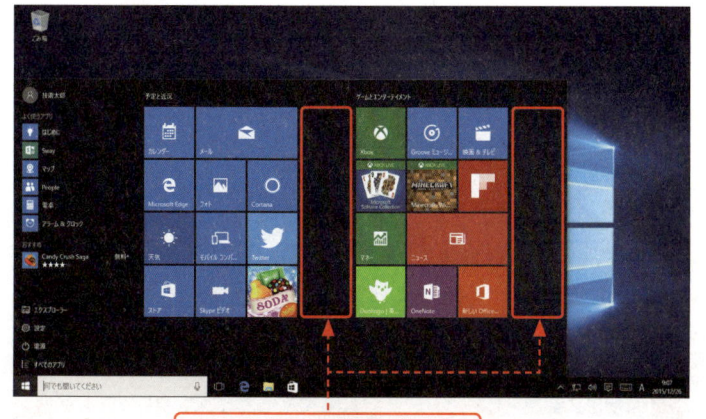

ここにもタイルを配置できます。

Memo 横方向に配置できるタイル数を増やす

＜スタート＞メニューは、前ページの手順で作業を行うと縦方向に表示サイズを拡大でき、スクロールすることなく配置できるタイルの数を縦方向に増やせます。左の手順では、横方向に配置できるタイルの数を増やす方法を解説しています。なお、縦方向同様に横方向の最大サイズは、利用しているパソコンの画面の解像度などによって異なります。

Hint 隙間なくタイルを配置できる

＜スタート＞メニューに配置できるタイルの数を横方向に増やすと、「予定と近況」「ゲームとエンターテイメント」の間の空間などにもタイルを配置できます。タイルの移動方法については、P.442を参照してください。

Section 143

＜スタート＞メニューのタイルサイズを変更し、ライブタイルを有効にする

キーワード ▶ タイル（サイズ／ライブタイル）

スタート画面に並ぶタイルはサイズの変更が行え、アプリの持つ情報をリアルタイムに表示するライブタイルといった機能も備えています。よく利用するものはタイルを大きく、同じく頻繁に情報を確認したいライブタイルは有効サイズに応じて大きくして、好みのレイアウトに変更しましょう。

1 タイルの大きさを変更する

Key word　タイルとは？

Windows 10 ではスタート画面のタイル表示領域に並ぶアイテムを「タイル」と呼びます。

Memo　おすすめとは？

手順 **2** の画面に表示されている「おすすめ」はWindowsストアのおすすめアプリを表示する領域です。Windows 10 Home エディションは当初から、Windows 10 Pro エディションは2015年11月下旬以降から有効になりました。非表示にするには「設定」（P.33参照）の＜パーソナル設定＞→＜スタート＞の順にクリックし、＜ときどきスタート画面におすすめを表示する＞をクリックして、スイッチを ●—○ にしてください。

Memo　ライブタイルの更新頻度

アプリが持つ情報（「メール」なら新着メール、「ピクチャ」なら新たな画像ファイル）をタイル上に示す通知機能の1つです。アプリによって更新頻度は異なります。

1 ⊞ をクリックし、

左中段のMemo参照。

2 タイルを表示します。

3 変更するタイルを右クリックし（ここでは＜天気＞）、

4 ＜サイズ変更＞をクリックして、

5 変更するサイズをクリックします（ここでは＜大＞）。

6 タイルサイズが変更されました。

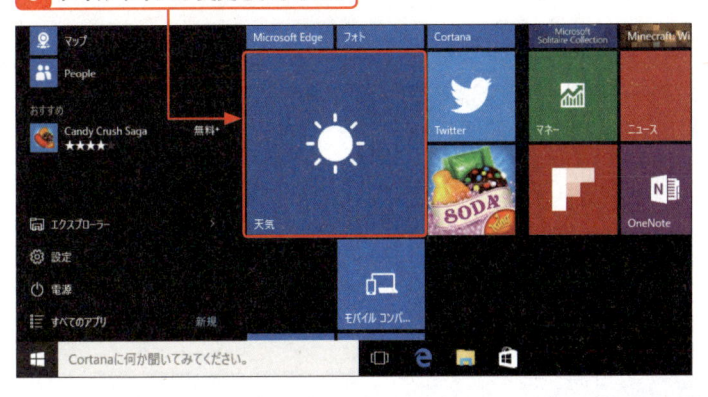

Memo ライブタイルの有効サイズ

タイルサイズは前ページの手順**5**の画面の通り＜小＞＜中＞＜横長＞＜大＞から選択できますが、＜小＞サイズの場合、ライブタイルは稼働しません。

2 ライブタイルを有効にする

1 有効にするタイルを右クリックし、

2 ＜その他＞をクリックして、

3 ＜ライブタイルをオンにする＞をクリックします。

4 しばらくするとライブタイルとしてコンテンツが表示されます。

Hint ライブタイルが表示されない

ライブタイルが更新されない場合は、1度アプリを起動してください。「メール」なら使用アカウントの設定、「天気」なら表示地域の選択といった操作が必要になります。

Hint ライブタイルは有効に設定されている

本書ではわかりやすくするため、ライブタイルをすべてオフの状態に切り替えて画面撮影を行っていますが、一般的なWindows 10のライブタイルはあらかじめオンに設定されているため、ライブタイルを有効にするために、ここでの操作を行う必要はありません。逆にライブタイルが煩雑に感じる場合は＜ライブタイルをオフにする＞を選択してください。

441

＜スタート＞メニューの
タイルの位置を変更する

キーワード ▶ タイル（位置／グループ）

＜スタート＞メニューのタイルは、かんたんな操作によって表示する位置を変更できます。登録したタイルの数が増えた場合は、グループごとに分類して整理すると、目的のアプリを探しやすくなります。ここでは、タイルをカスタマイズする方法を解説します。

1 タイルの位置を変更する

Memo **タイルの位置の変更**

＜スタート＞メニューのタイルの位置は、自由に変更できます。頻繁に利用するタイルを＜スタート＞メニューの上側に集めておくと、タイルが増えたときに操作しやすくなります。

1 ⊞をクリックし、

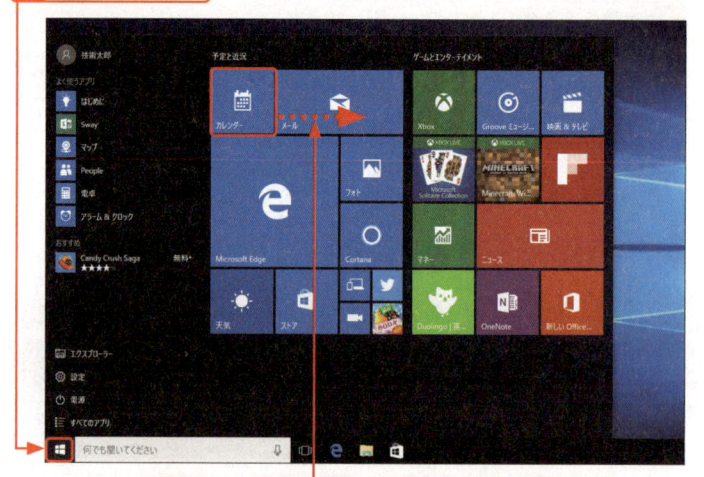

2 タイルを移動させたい場所までドラッグすると、

3 タイルの位置が変更されます。

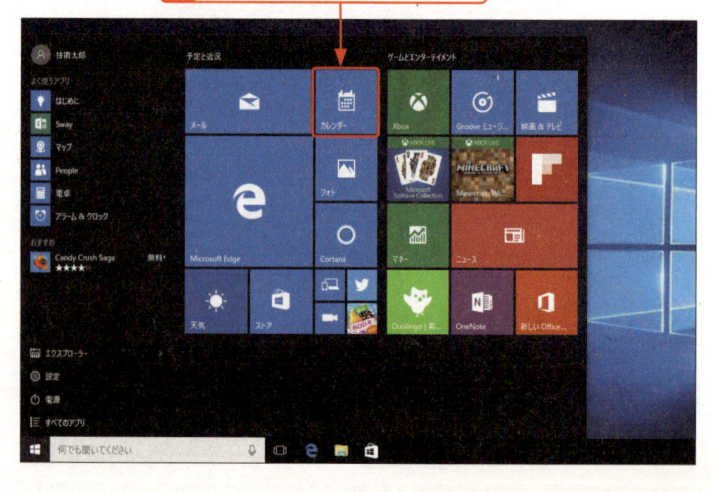

Touch **タッチ操作でタイルの位置を変更**

タッチ操作の場合は、タイルを長押ししてから、目的の場所までスライドすると、タイルの位置を変更できます。

1 タイルを下方向にドラッグすると、 　 グループ名

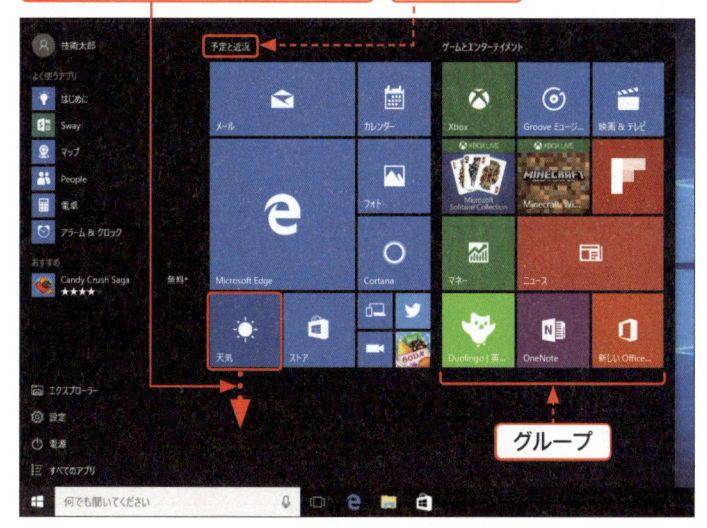

グループ

 **Memo** グループに分類する

＜スタート＞メニューでは、ここで紹介している操作でかんたんにグループを作成できます。タイルの数が増えてきたときは、グループごとに分類して管理しましょう。

2 バーが表示されるので、 　 **3** バーの上でマウスのボタンを離します。

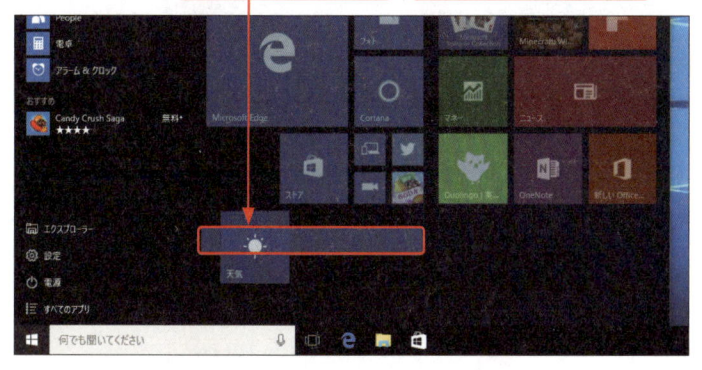

 **Memo** グループへの登録

作成したグループにタイルを追加するときは、前ページの手順でタイルをグループに移動させます。

4 新しいグループが作成され、そこにタイルが配置されます。

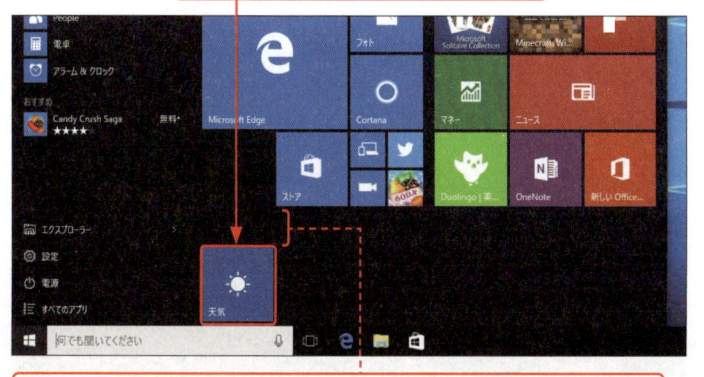

グループとグループの間には、通常よりも広めの間隔が空いています。

 **Memo** グループの削除

不要なグループを削除するには、グループ内のタイルをすべて別のグループに移動させます。タイルがなくなったグループは自動的に消滅します。

第1章
Windows 10
をはじめよう

第2章
Windows 10
の基本操作

第3章
ファイルと
フォルダー

第4章
インター
ネット

第5章
Outlook.
com

第6章
「メール」
アプリ

第7章
アプリの
利用

第8章
データの
活用

第9章
音楽/写真
/ビデオ

第10章
タブレット
モード

第11章
文字入力
の基本

第12章
<スタート>
メニュー

第13章
デスクトップ

第14章
ネットワーク

第15章
管理・
セキュリティ

第16章
周辺機器
の利用

第17章
トラブル
対策

第18章
インストール
と初期設定

付　録

3 新しく作ったグループに名前を付ける

Memo グループに名前を付ける

新しく作成したグループは、グループ名が付けられていません。グループ名を付けておくとアプリを管理しやすくなるので、グループ名を付けておくことをおすすめします。グループ名は、右の手順で付けることができます。

1 マウスポインターをグループとグループの間の空間に移動させると、

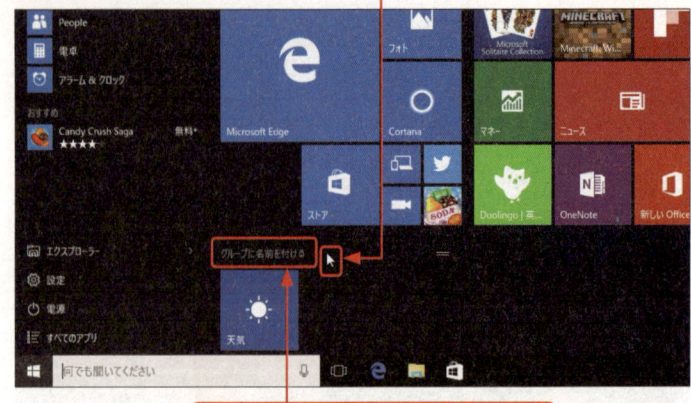

2 <グループに名前を付ける>と表示されるのでクリックします。

3 グループ名（ここでは「実用アプリ」）を入力し、

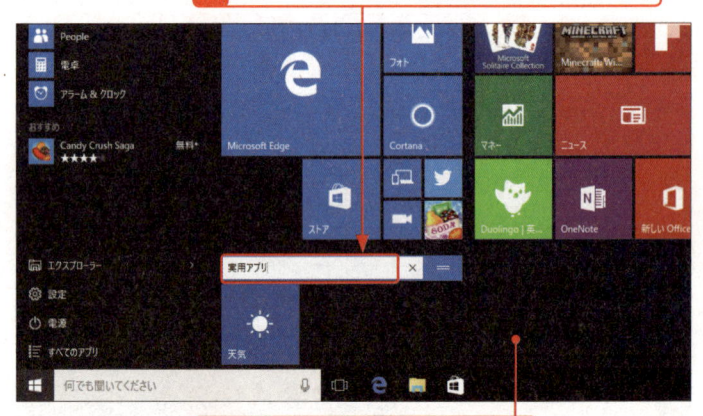

4 <スタート>メニューのタイルのない場所をクリックします。

5 グループ名が確定されます。

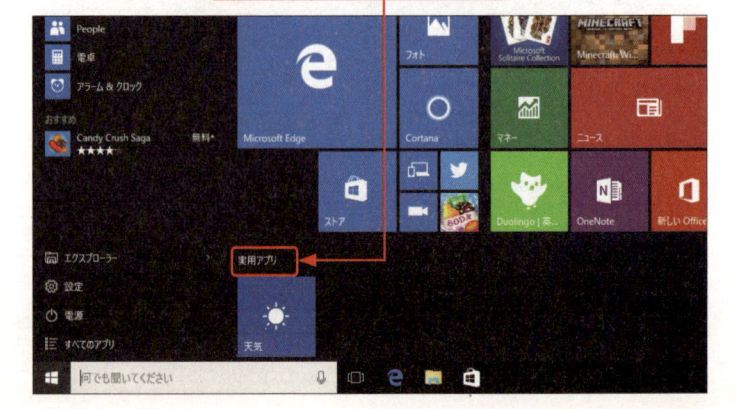

Touch タッチ操作の場合

タッチ操作の場合は、タイルとタイルの間の広めの間隔をタップするとグループ名を入力できる状態になります。タッチキーボードを利用してグループ名を入力したら、<スタート>メニューのタイルが配置されていないところをタップすると、グループ名が確定されます。

4 グループ名を変更する

1 名称を変更したいグループをクリックし、

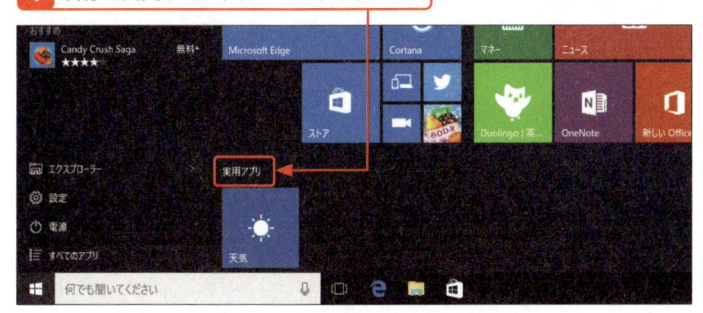

2 ×をクリックしてグループ名を消します。

3 新しいグループ名（ここでは、「便利ツール」）を入力し、

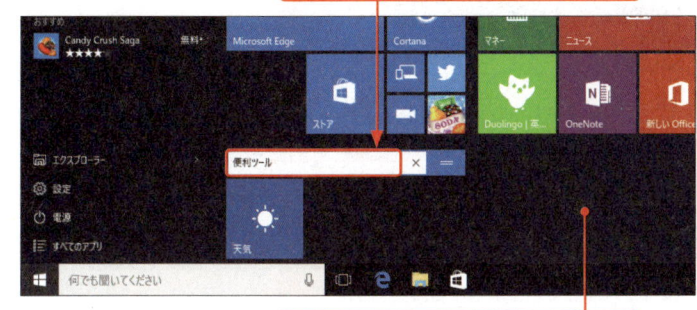

4 ＜スタート＞メニューのタイルのない場所をクリックします。

5 新しいグループ名が確定されます。

Memo グループ名の変更について

間違ったグループ名を付けてしまった場合などグループ名の変更を行いたいときは、左の手順で行います。

Touch タッチ操作の場合は？

タッチ操作の場合は、変更したいグループ名をタップすると、グループ名の入力状態になります。

Hint グループ名を削除する

グループ名を削除したいときは、左の手順 **2** を行ったあとに、＜スタート＞メニューのタイルのない場所をクリックします。Windows 10の＜スタート＞メニューは、グループ名がない状態でも問題なく利用できます。

Section
145

＜スタート＞メニューの
アカウントの写真を設定する

キーワード ▶ アカウント画像

家族で1台のパソコンを使っている場合、ユーザーアカウントの画像を指定したほうが見分けが付きやすくなります。任意の画像ファイルを指定できるのはもちろん、カメラ搭載のパソコンでは、「カメラ」アプリを使って自分の顔を撮影し、そのままアカウント用画像として使用することもできます。

1 画像を選択する

Memo サインイン画面にも
画像が適用される

ここで設定を行うと、サインイン画面にも画像が適用されます。

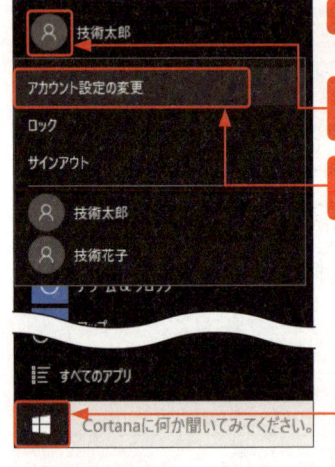

1 田をクリックし、

2 ユーザーアイコンを
クリックして、

3 ＜アカウント設定の変更＞を
クリックします。

Hint  画像の使用範囲

ここで指定した画像はWindows 10の各所に限らず、アプリにも使用されます。これを避けたい場合は「設定」（P.33参照）の＜プライバシー＞の「アカウント情報」に並ぶ＜自分の名前、画像、その他のアカウント情報にアプリがアクセスすることを許可する＞のスイッチをクリックして ⬤ にしてください。ただし、ユーザー情報を必要とするアプリが正しく動作しない可能性があります。

4 「アカウント」設定画面が表示されます。

5 ＜メールとアカウント＞が選択されていることを確認し、

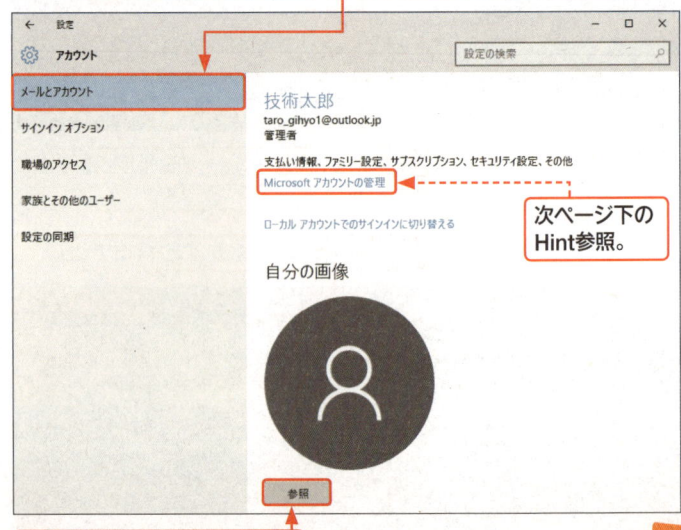

次ページ下の
Hint参照。

6 ＜参照＞をクリックします。

7 使用するファイルをクリックして選択し、

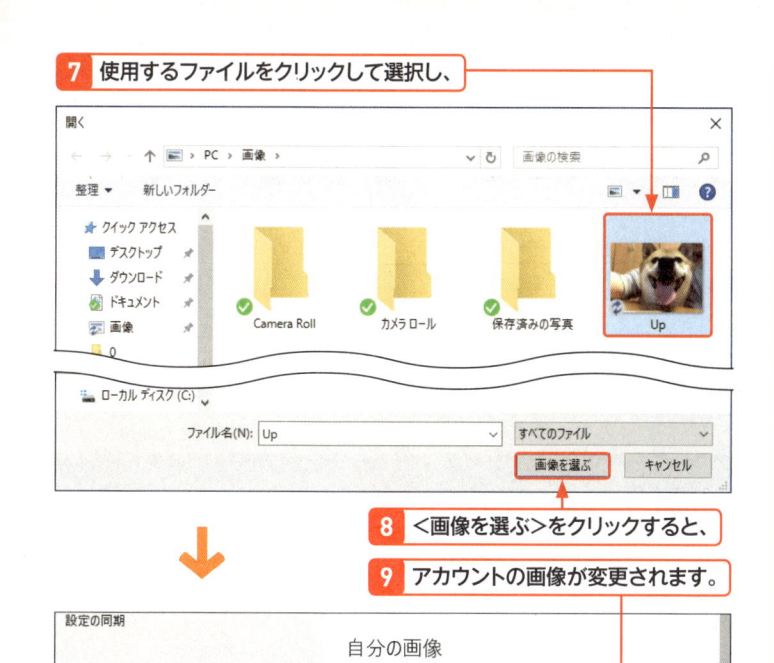

8 <画像を選ぶ>をクリックすると、

9 アカウントの画像が変更されます。

Memo 画像ファイルについて

画像ファイルのサイズは自動的に拡大縮小し、切り取りや位置調整機能は用意されていません。

Hint 複数の画像ファイルを指定する

手順 **7**、**8** の操作を繰り返すと、ユーザーアカウント用の画像は最大3つまで保持できます。

2 変更箇所を確認する

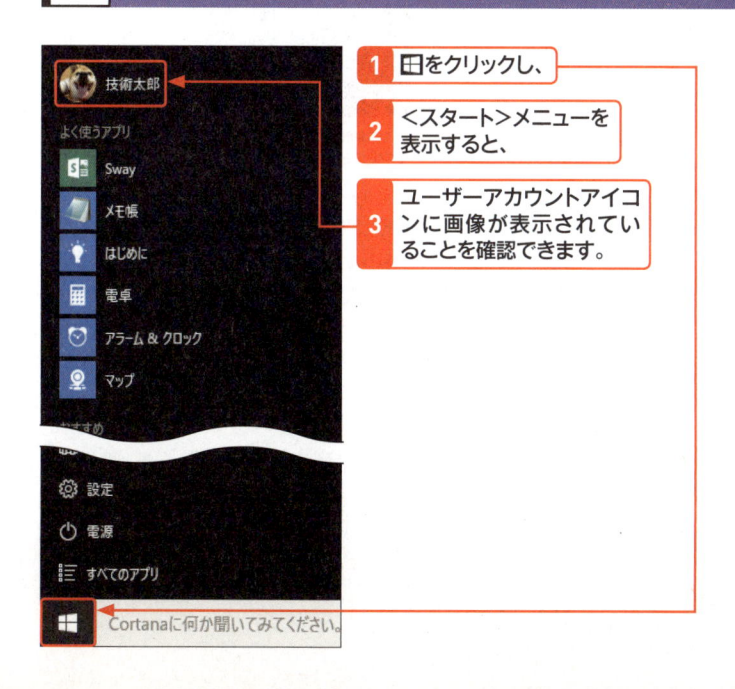

1 ⊞をクリックし、

2 <スタート>メニューを表示すると、

3 ユーザーアカウントアイコンに画像が表示されていることを確認できます。

Hint 画像は削除できない

画像ファイルはパソコン内の決められたフォルダーに格納されますが、Microsoft アカウントはサーバーにもデータが送信されるため、指定した画像は基本的に削除できません。削除したい場合は、前ページの手順 **5** の画面の<Microsoftアカウントの管理>をクリックし、Webサイトにアクセスして、<名前の変更>→<画像の変更>→<削除>→<はい>の順にクリックします。その後、パソコンに再サインインしてください。

画像を本当に削除しますか？

| はい | いいえ |

Section

146

＜スタート＞メニューを整理する

キーワード ▶ よく使うアプリ

Windows 10でもっとも費用頻度が高い＜スタート＞メニューを自分好み整理するポイントは「よく使うアプリ」の下に並ぶフォルダーや機能です。この表示領域は、ドキュメントフォルダーやダウンロードフォルダーなどをワンステップで参照できるため、ファイル操作や機能の呼び出しに活躍します。

1 表示内容を変更する

Memo ＜スタート＞メニューの フォルダー

＜スタート＞メニューの左下に表示させることが可能な項目は以下の通りです。

・エクスプローラー
・設定
・ドキュメント
・ダウンロード
・ミュージック
・ピクチャ
・ビデオ
・ホームグループ
・ネットワーク
・個人用フォルダー

Hint ＜スタート＞メニューの 表示領域を広げる

＜スタート＞メニューのフォルダー表示数を増やす場合は、右図の＜ときどきスタートメニューにおすすめを表示する＞＜よく使われるアプリを表示する＞＜最近追加したアプリを表示する＞のスイッチをクリックして ⬤ にしてください。それでも足りない場合は、スタートメニューを縦方向に拡大します。

1 P.33を参考に「設定」を起動し、

2 ＜パーソナル設定＞をクリックします。

3 ＜スタート＞をクリックし、

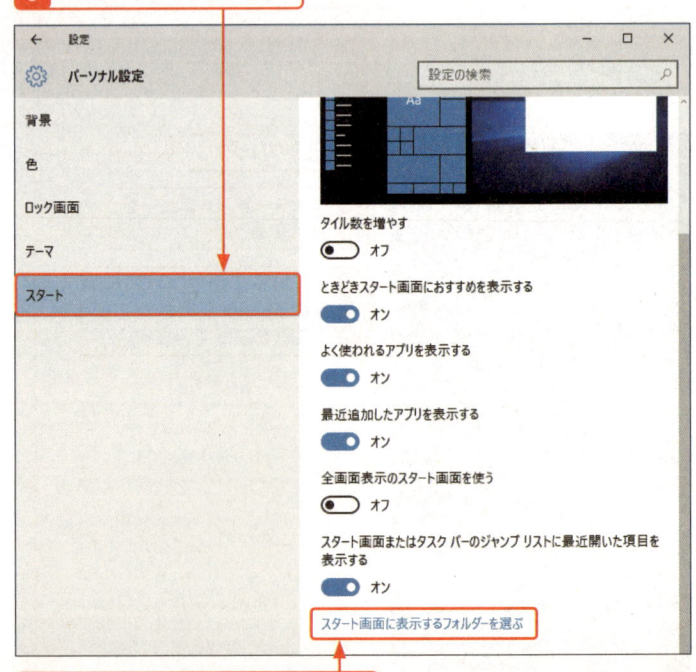

4 ＜スタート画面に表示するフォルダーを選ぶ＞をクリックします。

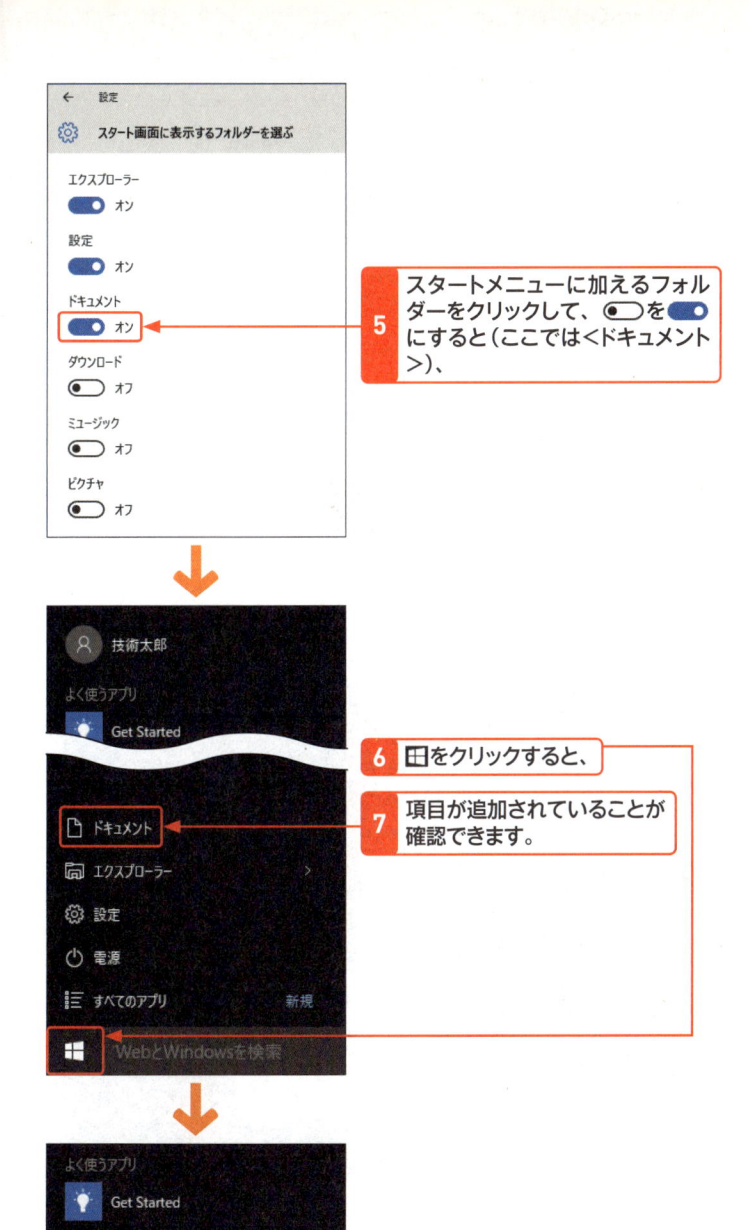

5 スタートメニューに加えるフォルダーをクリックして、◯◯を◯◯にすると（ここでは＜ドキュメント＞）、

6 田をクリックすると、

7 項目が追加されていることが確認できます。

8 こちらはすべての設定項目を有効にした状態です。

Hint 表示するフォルダーは吟味する

すべての項目を表示させると「よく使うアプリ」や、新規アプリを表示する「最近追加したアプリ」の表示領域を確保しにくくなります。たとえば＜個人用フォルダー＞を有効にする場合は＜ビデオ＞や＜ダウンロード＞など個人用フォルダー下に配置されているフォルダーの有効化はおすすめできません。なぜなら＜個人用フォルダー＞をクリックするとエクスプローラーが起動し、そのまま各フォルダーへアクセスできるからです。

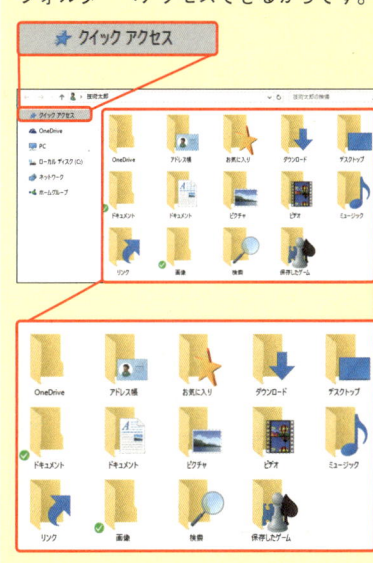

Hint 「設定」はショートカットキーで代用

「設定」（P.33参照）は■キーを押しながら[I]キーを押すことで起動できます。＜スタート＞メニューの表示領域を確保し、キーボード操作が苦でない場合は＜設定＞のスイッチは◯◯にしましょう。

Memo 一部の項目は削除できない

＜電源＞および＜すべてのアプリ＞はスタートメニューから取り除くことはできません。

Section 147 ＜スタート＞メニューに表示するアプリをカスタマイズする

キーワード ▶ よく使うアプリ

＜スタート＞メニューの左上には、使用頻度の高いアプリを列挙する「よく使うアプリ」が用意されています。たとえばWordをよく使う場合は、一覧にWordが加わるしくみですが、タイルにピン留めしている場合、一覧には加わりません。ここでは「よく使うアプリ」を使いやすくしてみましょう。

1 一覧からアプリを非表示にする

Memo よく使うアプリ

Windows 10は起動回数の多いアプリを、自動的に列挙する機能を備えています。その機能が「よく使うアプリ」であり、スタートメニューの左上に示されます。

Hint アプリは削除されない

ここでの操作はあくまでも「よく使うアプリ」から対象を非表示にしています。アプリ自体が削除されるわけではありません。再び使用する場合は＜すべてのアプリ＞から探すか、検索ボックスで検索します。

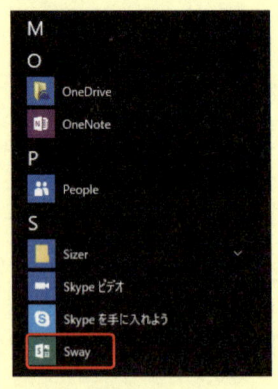

Hint 次のアプリが表示される

アプリを非表示にすると、次点のアプリ（次に使用頻度の高いアプリ）が表示されます。

1 ⊞をクリックし、

2 不要なアプリを右クリックし（ここでは＜Sway＞）、

3 ＜その他＞をポイントして、

4 ＜この一覧に表示しない＞をクリックします。

5 「よく使うアプリ」の一覧から取り除かれました。

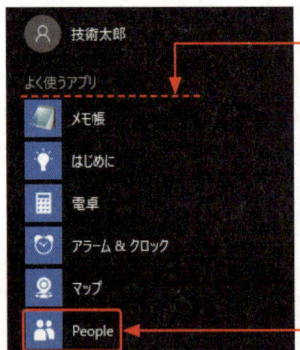

6 次点の「People」が加わりました。

2 「よく使うアプリ」を非表示にする

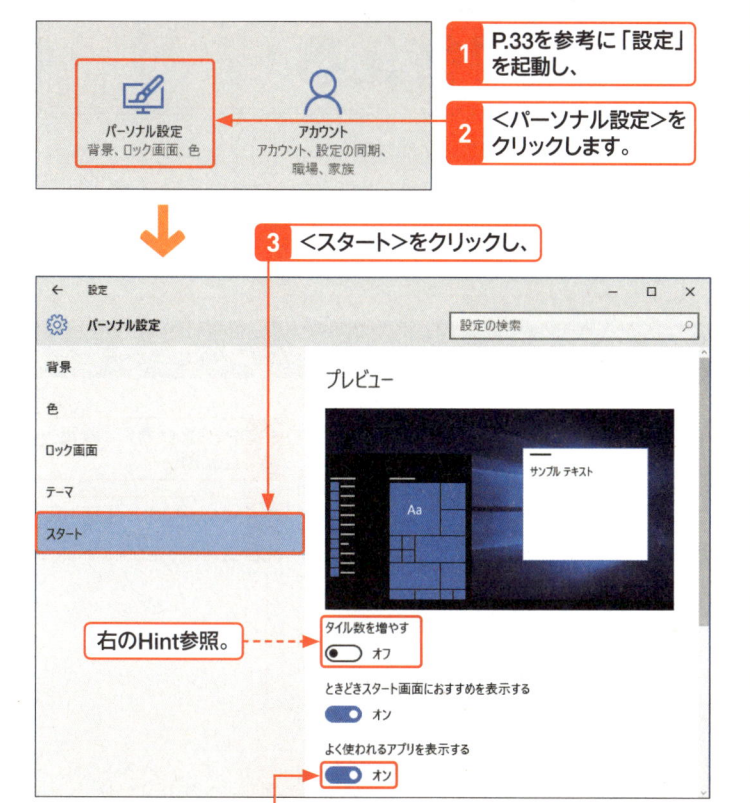

1 P.33を参考に「設定」を起動し、

2 <パーソナル設定>をクリックします。

3 <スタート>をクリックし、

右のHint参照。

4 <よく使われるアプリを表示する>をクリックして ●○ を ○● に切り替えます。

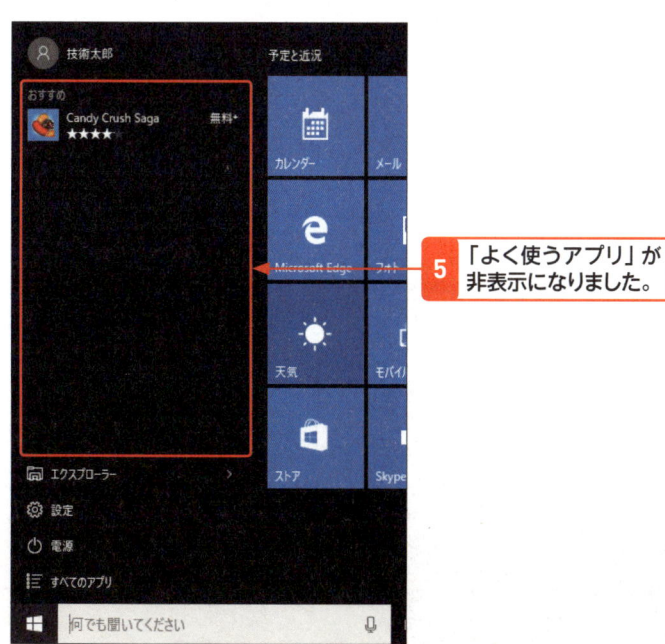

5 「よく使うアプリ」が非表示になりました。

Memo 「よく使うアプリ」非表示後の設定

「よく使うアプリ」自体を非表示にすれば、表示スペースが広がり、P.449で紹介したフォルダーや機能を好みに応じて並べることが可能になります。

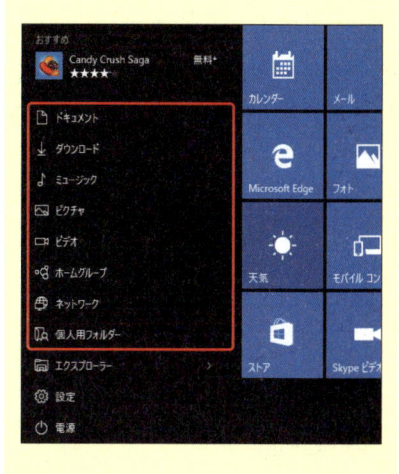

Hint 表示可能なタイル数を増やす

手順 3 の画面で<タイル数を増やす>をクリックして ●○ を ○● に切り替えると、スタートメニューのタイルカラム数（並べられるタイルの数）が3つから4つに増加します。広いデスクトップを使っていて、多くのアプリをピン留めしている場合はここで変更するとよいでしょう。

Section 148
＜スタート＞メニューを 全画面表示に切り替える

キーワード ▶ 全画面表示

デスクトップアプリを中心に使用するものの、Windows 8または8.1からアップグレードした場合、Windows 10のスタートメニューに慣れない方もおられるでしょう。Windows 10はタブレットモードに切り替えず、スタートメニューを全画面で使用することもできます。

1 デスクトップ環境で設定を変更する

Memo　Windows 8

2012年8月にリリースしたWindows 10の前バージョンにあたるOSです。2013年10月にWindows 8.1がリリースされました。

Memo　全画面表示のメリット

Windows 8または8.1からパソコンを使い始めた場合、Windows 7以前のスタイルを引き継ぐWindows 10のスタートメニューは使いにくく感じることでしょう。そのためマイクロソフトは、スタートメニューを全画面で表示する「スタート画面」を用意しました。使いやすいほうを選んでください。

Hint　全画面表示の操作

＜スタート＞ボタンをクリックし、画面左上の ☰ をクリックすると、ユーザーアカウントの画像やくすべてのアプリ＞、＜よく使うアプリ＞、および電源ボタンを表示することができます。

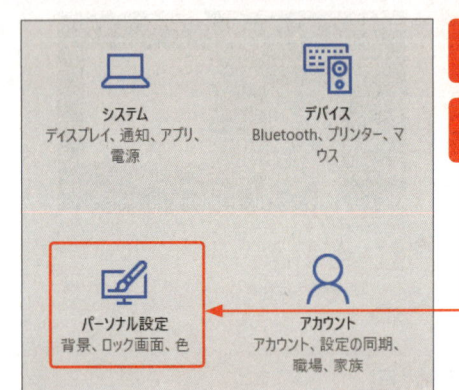

1 P.33を参考に「設定」を起動し、

2 ＜パーソナル設定＞をクリックします。

3 ＜スタート＞をクリックし、

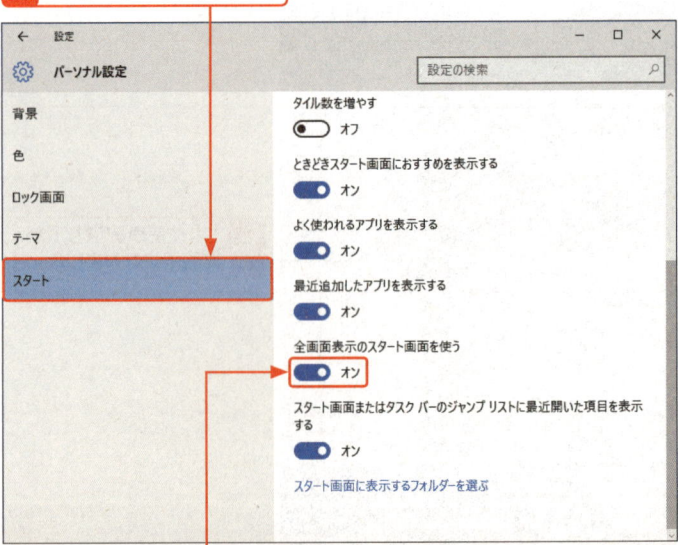

4 ＜全画面表示のスタート画面を使う＞をクリックして ●━ を ━● に切り替えます。

5 ⊞をクリックすると、

6 スタートメニューが全画面表示に切り替わります。

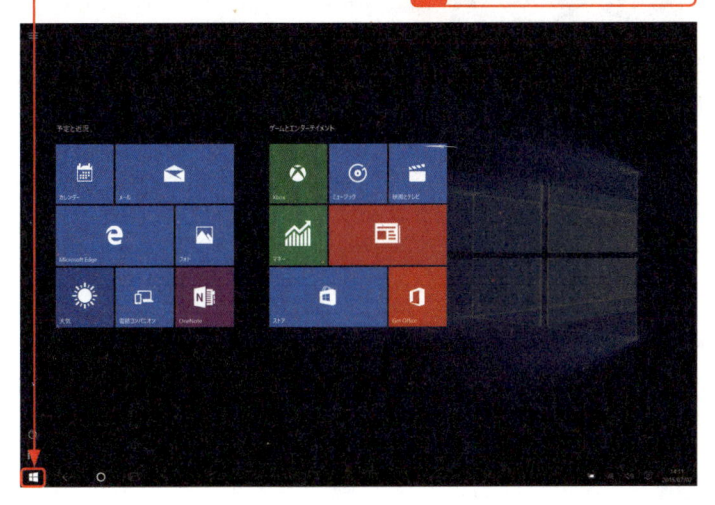

> **Memo** 全画面表示の
> タイル表示
>
> 「スタート画面」に切り替えた状態で多数のタイルをピン留めした場合、スタートメニューと同じように上方向にスクロールさせれば、タイルをタップできます。

> **Memo** タブレットモードについて
>
> タブレットモードはタッチ操作を前提に考えられたタブレットPC向けの環境です。タブレットモードについては、10章で詳しく解説していますが、＜スタート＞メニューはタッチしやすいように全画面表示となり、各アプリも全画面で起動します。タブレットモードにすると、＜スタート＞メニューのタスクバーに表示されていた、Microsoft Edge やエクスプローラーのアイコンは非表示となります。
>
> タブレットモードを解除するには、前ページ手順 **4** で＜全画面表示のスタート画面を使う＞をクリックして、⬤▭ を ▭⬤ に切り替えます。また、⊞キーを押しながらⒶキーを押して「アクセションセンター」を呼び出し、＜タブレットモード＞をクリックすることでも解除することができます。
>
> なお、キーボードが着脱式のパソコンの場合、着脱時にContinuum（コンティニュアム）と呼ばれる機能が動作し、デスクトップとタブレットモードの切り替えをうながす通知が表示されるので、切り替える場合は、＜はい＞をクリックします。

タブレットモードの＜スタート＞メニュー

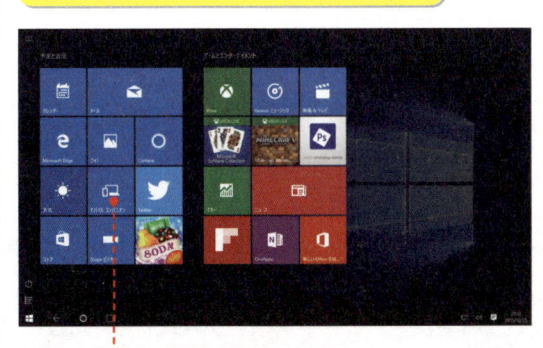

タスクバーのアイコンの数が変わります。

タブレットモードのアプリ表示

アプリは全画面で表示されます。

Section 149

＜スタート＞メニューを
すばやく開く

キーワード ▶ アニメーション効果／クイックアクセスメニュー

＜スタート＞メニューは、最初に背景がせり上がり、その数10ミリ秒後にタイルが描かれるアニメーション効果が施されて開きます。心地よい演出ですが、すばやく＜スタート＞メニューを開きたい場合は、この効果を無効にします。すばやく機能を呼び出すクイックアクセスメニューも活用します。

1 アニメーション効果を無効にする

Memo アニメーション効果

Windows 10はリッチなユーザーインターフェイスを演出するため、各所に描画を遅延して緩やかにパーツを描くアニメーション効果を加えています。

Hint アニメーション効果無効化の弊害

「パフォーマンスオプション」で＜Windows内のアニメーションコントロールと要素＞と＜ウィンドウを最大化や最小化するときにアニメーションで表示する＞を無効にすることで、スタートメニューはすばやく開きます。しかし、その弊害としてライブタイル有効時に回転や下方向からのスライドで内容が切り替わるアニメーション効果も無効になります。

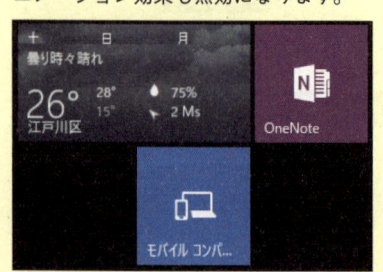

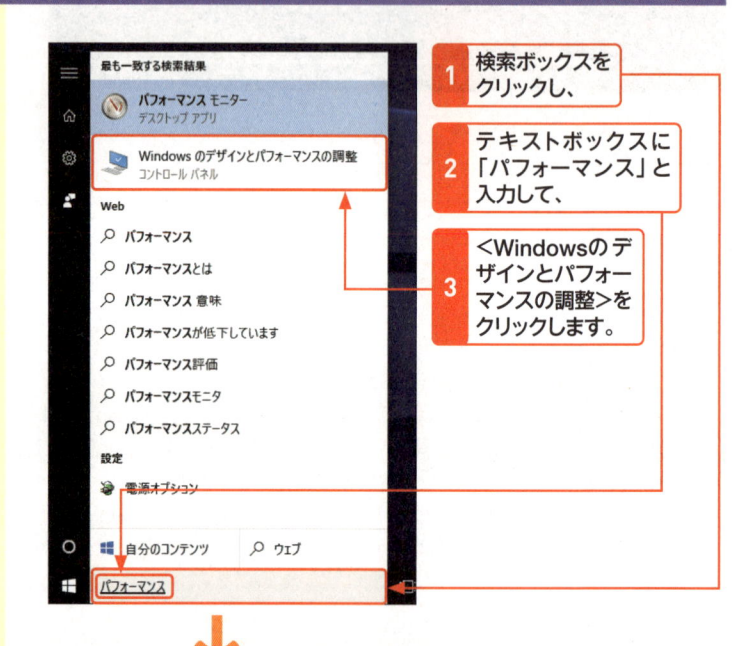

1 検索ボックスをクリックし、

2 テキストボックスに「パフォーマンス」と入力して、

3 ＜Windowsのデザインとパフォーマンスの調整＞をクリックします。

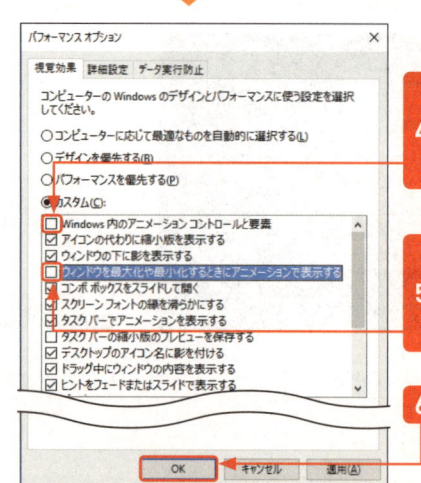

4 ＜Windows内のアニメーションコントロールと要素＞をクリックして☑を□にし、

5 ＜ウィンドウを最大化や最小化するときにアニメーションで表示する＞もクリックして☑を□にして、

6 ＜OK＞をクリックします。

7 ⊞をクリックすると、

8 <スタート>メニューが
すばやく表示されます。

**ライブタイル無効化の
すすめ**

<スタート>メニューをさらに高速表示
させるには、ライブタイルの無効化をお
すすめします。ライブタイルの更新が控
えている状態でスタートメニューを開く
と、表示にわずかな遅延が発生します。
動作の遅いパソコンでもミリ秒程度のた
め、さしたる差は感じないかもしれませ
んが、こだわる方は一度試してみるとよ
いでしょう。ただし、ライブタイルの無
効化は利便性の低下を招き、Windows
10のメリットを消すことになることは
忘れないでください。

2 クイックアクセスメニューを開く

1 ⊞を右クリックすると、

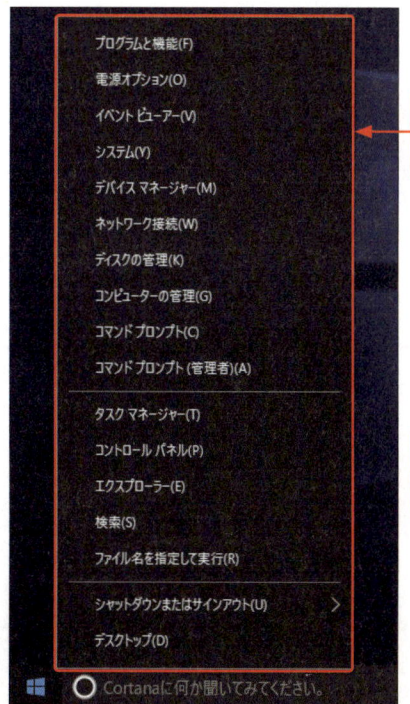

2 クイックアクセスメ
ニューが表示されま
す。

3 コントロールパネルなど
を起動するには、こちら
をクリックします。

🔑 **Key
word**

**クイックアクセスメ
ニューとは?**

「クイックアクセスメニュー」とは、Win
dows 8からデスクトップ環境を使いや
すくするために加わった機能です。Win
dows 10にも引き継がれました。クイッ
クアクセスメニューの特徴は、左の手順
のように、<スタート>ボタンを右ク
リックするだけで、「コントロールパネ
ル」や「タスクマネージャー」といった、
主にパソコンの基本設定／操作にかかわ
るメニューを表示させることができると
いう点です。このメニューから各種設定
画面をすばやく表示させることができる
ので、作業効率も向上します。また、
ショートカットキーとして⊞+Ⅹキー
が割り当てられており、たとえばコント
ロールパネルを呼び出すには続けてℙ
キーを押せば、すばやく起動することが
できます。

Section 150 ロック画面のスライドショーを有効にする

キーワード ▶ スライドショー（ロック画面）

Windows 10のロック画面は通常であれば決まった画像が表示されますが、「スライドショー」を有効にすることで、好みの画像を映し出すことができます。子供の写真や好みの風景をピクチャフォルダーやOneDriveフォルダーに格納しておけば、手を休めたときの気分転換に最適です。

1 スライドショーに切り替える

Key word スライドショー

「スライドショー」とは、画面上に複数の画像を連続的に表示する機能のことです。

Hint ここでの設定の適用範囲

ここでの設定が適用されるのは、ユーザーがサインインしているときに限られるため、サインイン画面の前に表示されるロック画面には適用されません。

Memo Windows スポットライトを利用する

ロック画面の背景は、ロック画面の画像をインターネット経由でランダムに切り替える Windows スポットライトも利用できます。利用するには、次ページの手順 5 で＜Windows スポットライト＞をクリックします。

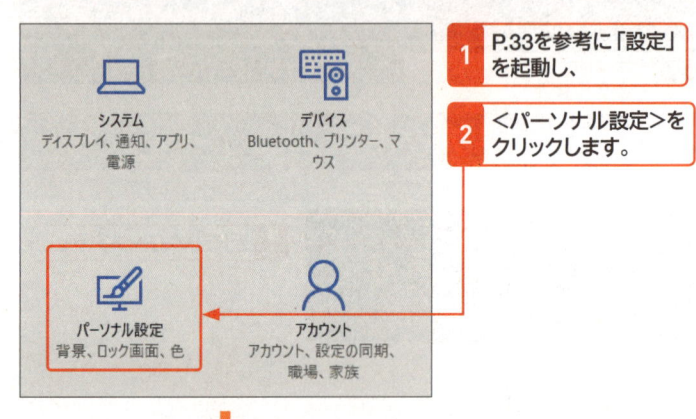

1 P.33を参考に「設定」を起動し、

2 ＜パーソナル設定＞をクリックします。

3 ＜ロック画面＞をクリックします。

4 ∨をクリックします。

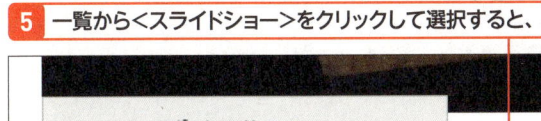
5 一覧から＜スライドショー＞をクリックして選択すると、

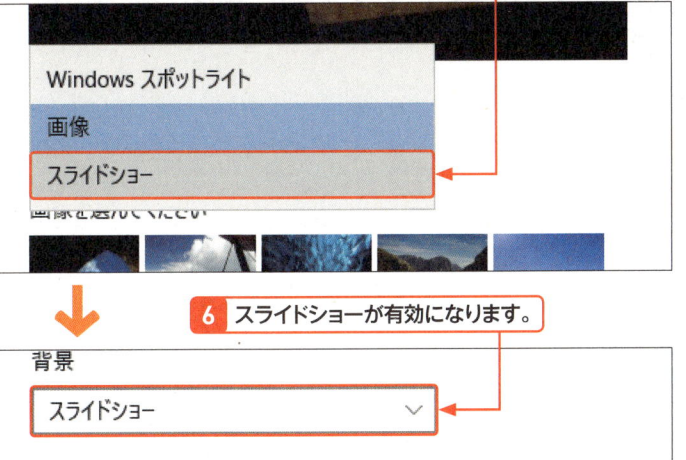

Windows スポットライト

画像

スライドショー

画像を選んでください

6 スライドショーが有効になります。

背景

スライドショー ∨

スライドショーのアルバムを選ぶ

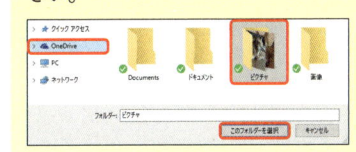

Hint 参照先を追加する

「スライドショー」が参照するフォルダー
は、あらかじめ、ユーザーの「ピクチャ」
フォルダーに設定されていますが、
OneDrive上の「ピクチャ」フォルダーを
対象として追加する場合は、手順 **6** の
画面で＜フォルダーを追加する＞をク
リックし、＜OneDrive＞→＜ピクチャ
＞の順でクリックします。最後に＜この
フォルダーを選択＞をクリックしてくだ
さい。

2 スライドショーを確認する

1 ⊞キーを押しながらLキーを押します。

13:41
10月3日 (土)

2 数秒ほど待つとスライドショーが始まります。

3 任意のキーを押すとロック解除を求められます。

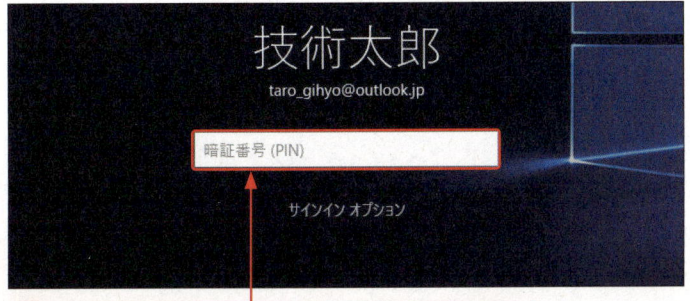

技術太郎
taro_gihyo@outlook.jp

暗証番号 (PIN)

サインイン オプション

4 パスワードなどを入力すればデスクトップに戻ります。

Hint スライドショーの詳細設定

上記の手順 **6** の画面下の＜スライド
ショーの詳細設定＞をクリックすると、
設定ページに切り替わります。＜この
PC と OneDrive のカメラロールフォル
ダーを含める＞はあらかじめ ◯ です
が、スマートフォンやデジタルカメラを
パソコンに接続し、撮影したデータをパ
ソコンに保存する場合は ◯ にします。
好みの画像がスライドショーに映し出さ
れない場合は＜画面にフィットする画像
だけ使う＞を ◯ にします。なお、ス
ライドショー有効時はスリープが有効に
なりません。その際は＜次の時間スライ
ドショーを再生後、ディスプレイの電源
を切る＞の ∨ をクリックし、表示され
るメニューから、＜30分/1時間/3時
間＞のいずれかを選択します。

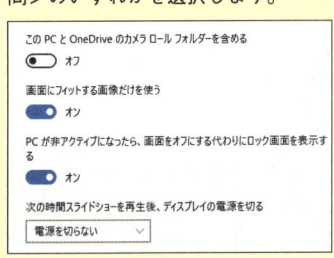

第 1 章
Windows 10
をはじめよう

第 2 章
Windows 10
の基本操作

第 3 章
ファイルと
フォルダー

第 4 章
インター
ネット

第 5 章
Outlook.
com

第 6 章
「メール」
アプリ

第 7 章
アプリの
利用

第 8 章
データの
活用

第 9 章
音楽／写真
／ビデオ

第10章
タブレット
モード

第11章
文字入力
の基本

第12章
＜スタート＞
メニュー

第13章
デスクトップ

第14章
ネットワーク

第15章
管理／
セキュリティ

第16章
周辺機器
の利用

第17章
トラブル
対策

第18章
インストール
と初期設定

付 録

Section 151 ロック画面のデザインを変更する

キーワード ▶ ロック画面

Windows 10の起動時やスリープから復帰したときに最初に表示されるロック画面の背景は、あらかじめ用意されている画像の中から選択できるほか、オリジナルの画像を表示したり、スライドショーを表示することもできます。ここでは、ロック画面のデザインを変更する方法を解説します。

1 ロック画面の背景を変更する

Key word ロック画面とは？

「ロック画面」は、Windows 10の起動時やスリープから復帰したときに、最初に表示される画面です。スリープ状態でマウスをクリックしたり、画面をタップしたりすると、ロック画面が表示されます。ここでは、あらかじめ用意されている画像の中からロック画面に表示する画像を設定する方法を解説します。

Memo 設定画面に戻るには？

手順 3 で ⚙ をクリックすると、もとの設定画面に戻ることができます。

Hint 表示方法を選択する

ロック画面の背景は、＜画像＞＜スライドショー＞の中から表示方法を選択することができます。画像は、ユーザーが用意したものを設定することもできます。スライドショーは、選択した画像をスライドショーで表示します。

1 P.33を参考に「設定」を起動し、

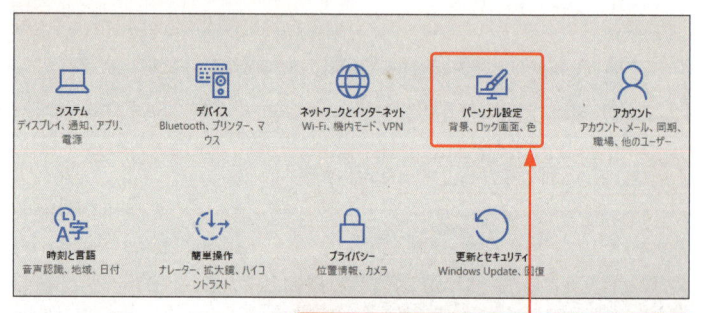

2 ＜パーソナル設定＞をクリックします。

3 ＜ロック画面＞をクリックします。

4 ＜背景＞の ∨ をクリックし、

5 <画像>をクリックします。

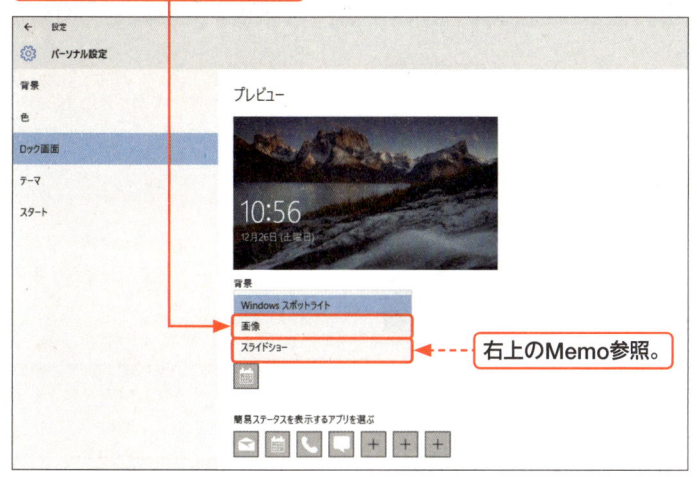

右上のMemo参照。

---

6 ロック画面に使う画像をクリックします。

---

7 ロック画面のプレビューが、選択した画像に切り替わります。

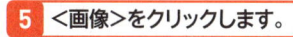

Memo スライドショーを表示する

手順 **5** の画面で＜スライドショー＞をクリックすると、ロック画面の背景にスライドショーを設定できます。詳細については P.456 を参照してください。

Memo Windowsスポットライトを利用する

Windowsスポットライトは、ロック画面の画像をインターネット経由でランダムに切り替える機能です。手順 **5** の画面で＜Windowsスポットライト＞をクリックすると、この機能を利用できます。

第1章
Windows 10
をはじめよう

第2章
Windows 10
の基本操作

第3章
ファイルと
フォルダー

第4章
インター
ネット

第5章
Outlook.
com

第6章
「メール」
アプリ

第7章
アプリの
利用

第8章
データの
活用

第9章
音楽／写真
／ビデオ

第10章
タブレット
モード

第11章
文字入力
の基本

第12章
<スタート>
メニュー

第13章
デスクトップ

第14章
ネットワーク

第15章
管理／
セキュリティ

第16章
周辺機器
の利用

第17章
トラブル
対策

第18章
インストール
と初期設定

付　録

2 オリジナルの画像を表示する

Memo 自分で撮影した写真を ロック画面に表示する

ロック画面は、Windows 10にあらかじめ用意されている画像を表示できるだけでなく、デジタルカメラなどで自分が撮影した写真を表示することもできます。右の手順では、自分で撮影した写真をロック画面に表示する方法を解説しています。ロック画面に表示したい画像をあらかじめパソコン内に取り込んでから作業を行ってください。

Hint サムネイルが 変更される

自分が撮影した写真などをロック画面に設定すると、「画像を選んでください」の下にあるサムネイルに設定した写真が追加され、右から順にサムネイルが削除されていきます。すべてのサムネイルをWindows 10利用開始時に登録されていた状態に戻したいときは、「C:¥Windows¥Web¥Screen」内にある写真を適当なフォルダーにコピーして、右の手順でロック画面への登録を行ってください。

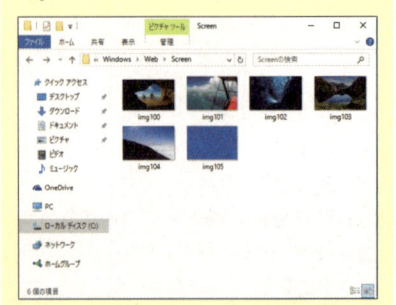

ここでは、前ページの続きで解説を行っています。

1 <参照>をクリックします。

2 背景に利用したい画像が保存されたフォルダーをダブルクリックします。

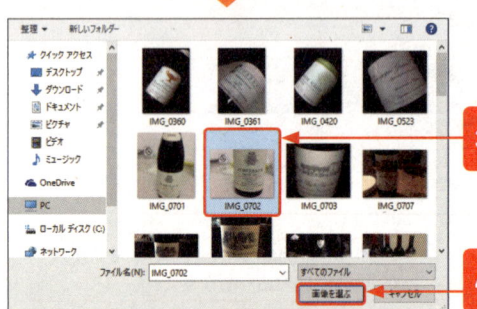

3 背景に利用したい画像をクリックし、

4 <画像を選ぶ>をクリックします。

5 ロック画面のプレビューが、選択した画像に切り替わります。

3 ロック画面に情報を表示する

ここでは、前ページの続きでロック画面に詳細な情報を表示するアプリを設定する手順の解説を行っています。

詳細な情報を表示するアプリを設定する

1 画面をスクロールして、

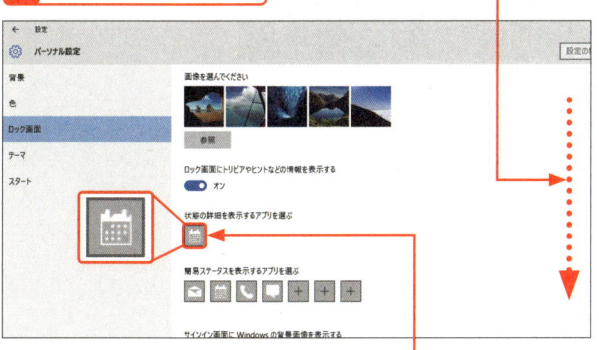

2 ここをクリックします。

3 詳細な情報を表示したいアプリ（ここでは
＜メール＞）をクリックします。

4 詳細な情報を表示するアプリに手順**3**で選択し
たアプリ（ここでは「メール」）が設定されます。

5 ロック画面を表示すると、

Memo ロック画面の情報表示とは？

ロック画面には、対応アプリの通知を表示する領域が用意されています。この領域には、「詳細な情報」と「簡易ステータス」の2種類の情報を表示できます。詳細な情報を表示できるアプリは1つのみを選択でき、簡易ステータスを表示するアプリは、複数のアプリを選択できます。左の手順では、詳細な情報を表示するアプリを選択する手順を解説しています。

簡易ステータス｜詳細な情報

Memo 表示される情報について

ロック画面に表示される情報の量は、アプリによって異なります。たとえば、「メール」を詳細な情報を表示するアプリに選択すると、メールの送信者や件名などの情報を表示され、カレンダーを選択すると、予定の件名や場所、時間などの情報が表示されます。また、簡易ステータスでは、必要最低限の情報のみが表示され、たとえば、メールやメッセージなどのアプリでは新着メールなどの件数のみが表示されます。

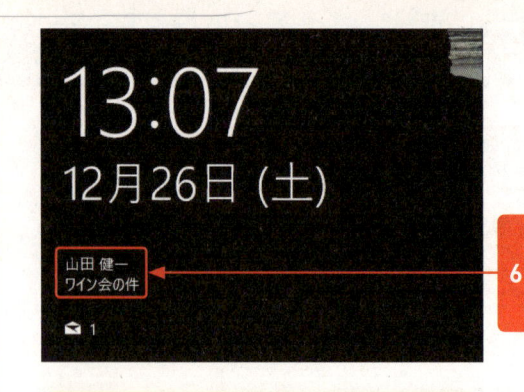

Memo 情報が表示されない場合は？

ロック画面への情報の表示は、通知すべき情報があるときのみ表示されます。通知すべき情報がないときは表示されません。また、ロック画面への情報表示の設定直後は、情報が表示されるまでに時間がかかる場合があります。

Hint 簡易ステータスの表示順について

簡易ステータスは、登録されているアプリの左から順に並んで表示され、最大7個のアプリの簡易ステータスを表示できます。また、1つのアプリで詳細な情報の表示と簡易ステータスの表示の両方を選択することもできます。

Memo 簡易ステータスを非表示にする

簡易ステータスの表示を行いたくないアプリがあるときは、そのアプリのボタンを手順1でクリックし、表示されるメニューの＜なし＞をクリックします。

6 通知すべき情報があるときはロック画面にその情報が表示されます。

簡易ステータスを表示するアプリを設定する

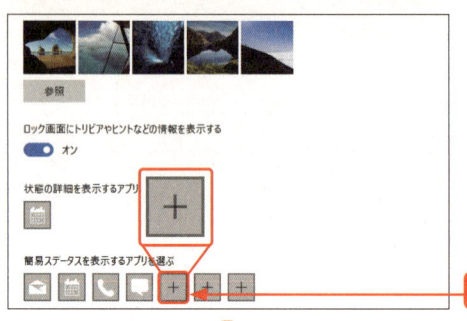

1 をクリックし、

2 簡易ステータスを表示したいアプリ（ここでは＜アラーム＆クロック＞）をクリックします。

3 選択したアプリが簡易ステータスに登録されます。

4 ロック画面を表示すると簡易ステータスを確認できます。

第13章

デスクトップの
カスタマイズ

Section 152 デスクトップの背景を変更する

キーワード ▶ デスクトップ

デスクトップのデザインは、自分の好みに合わせてカスタマイズできます。Windows 10では、デスクトップの背景にあらかじめ用意されている画像を選択できるほか、自分で撮影した写真を選択したり、一定時間が経過すると別の背景に自動的に変わるようにしたりすることもできます。

1 デスクトップの背景を変更する

Key word 背景とは?

デスクトップに表示されている画像のことを、Windows 10では「背景」と呼んでいます。また、背景は壁紙と呼ばれることもあります。

Memo 右クリックメニューから背景を変更する

デスクトップの背景の設定は、デスクトップの何もないところを右クリックし、<個人設定>をクリックしても表示することができます。

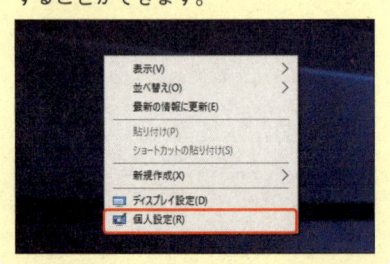

1 P.33を参考に「設定」を起動し、

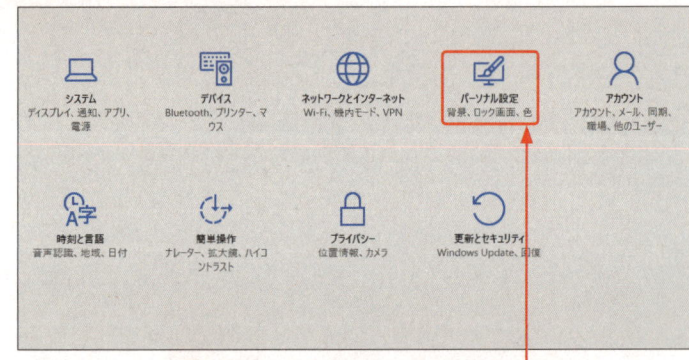

2 <パーソナル設定>をクリックします。

3 <背景>をクリックします。

4 「背景」に画像が選択されていることを確認し、

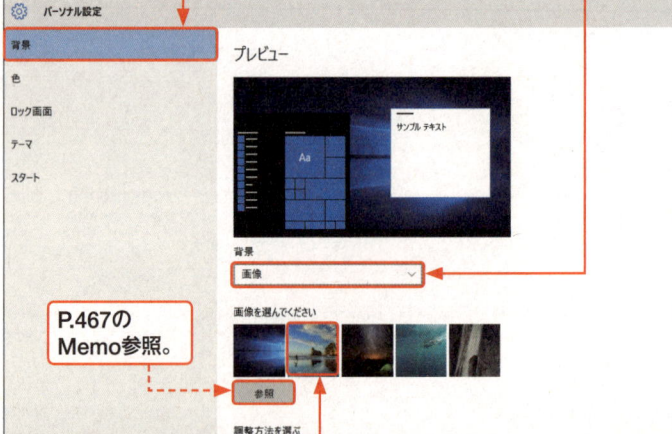

P.467の
Memo参照。

5 背景に利用する画像をクリックすると、

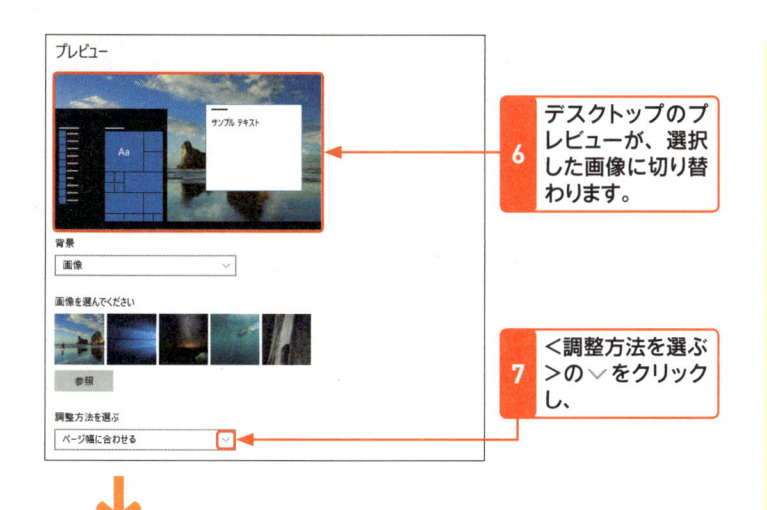

プレビュー

6 デスクトップのプレビューが、選択した画像に切り替わります。

背景
画像

画像を選んでください

参照

調整方法を選ぶ
ページ幅に合わせる

7 ＜調整方法を選ぶ＞の∨をクリックし、

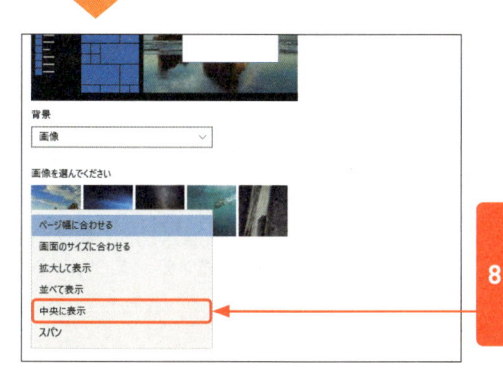

背景
画像

画像を選んでください

ページ幅に合わせる
画面のサイズに合わせる
拡大して表示
並べて表示
中央に表示
スパン

8 背景に表示する画像の調整方法（ここでは＜中央に表示＞）をクリックします。

9 デスクトップのプレビューの画像が、選択した調整方法で表示されます。

設定の検索

10 ⊠をクリックすると、

背景
画像

11 背景の画像が変更されています。

Memo 背景に単色を設定する

前ページの手順 **4** で＜背景＞の∨をクリックし、＜単色＞をクリックすると、背景を単色に設定できます。また、単色を選択すると、背景に利用する色を選択できます。色を選択するとデスクトップのプレビューの画像が、選択した色で表示されます。

背景
単色

背景色

Hint 調整方法について

手順 **8** で設定している画像の調整方法は、背景に利用する画像をどのように表示するかの設定です。「ページ幅に合わせる」「画面のサイズに合わせる」「拡大して表示」「並べて表示」「中央に表示」「スパン」の6種類の中から選択できます。調整方法を選択すると、デスクトップのプレビューの画像が、選択した調整方法で表示されるのでそれを参考に設定を行うのがおすすめです。

第**1**章	Windows 10 をはじめよう
第**2**章	Windows 10 の基本操作
第**3**章	ファイルと フォルダー
第**4**章	インター ネット
第**5**章	Outlook. com
第**6**章	「メール」 アプリ
第**7**章	アプリの 利用
第**8**章	データの 活用
第**9**章	音楽／写真 ／ビデオ
第**10**章	タブレット モード
第**11**章	文字入力 の基本
第**12**章	<スタート> メニュー
第**13**章	デスクトップ
第**14**章	ネットワーク
第**15**章	管理・ セキュリティ
第**16**章	周辺機器 の利用
第**17**章	トラブル 対策
第**18**章	インストール と初期設定
付 録	

2 スライドショーを設定する

Memo 背景をスライドショーで表示する

デスクトップの背景は、パソコン内に取り込まれた写真をスライドショーで表示することもできます。背景をスライドショーで表示したいときは、右の手順で設定を行います。

Hint フォルダーを変更する

手順 **3** で背景にスライドショーを選択すると、自動的に「ピクチャ」フォルダー内の写真をスライドショーで表示するように設定されます。別のフォルダーをスライドショーで表示したいときは、「スライドショーのアルバムを選ぶ」の下の<参照>をクリックして、スライドショーで表示する写真が保存されているフォルダーの選択を行います。なお、選択したフォルダー内にさらにフォルダーがあるときは、そのフォルダー内の写真もスライドショーで表示されます。

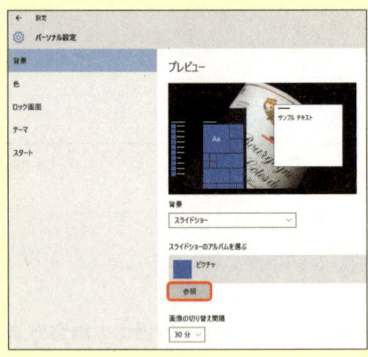

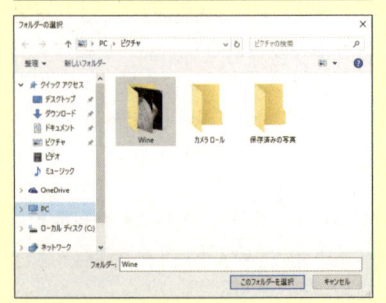

ここでは、「ピクチャ」フォルダー内の写真をスライドショーで表示する方法を解説しています。

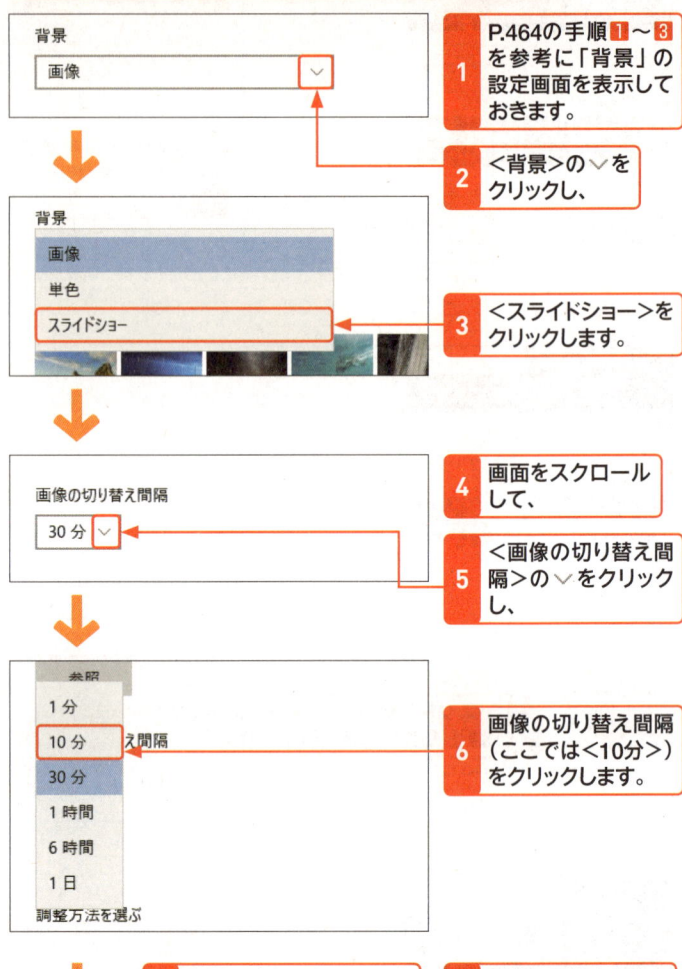

1 P.464の手順 **1** ～ **3** を参考に「背景」の設定画面を表示しておきます。

2 <背景>の∨をクリックし、

3 <スライドショー>をクリックします。

4 画面をスクロールして、

5 <画像の切り替え間隔>の∨をクリックし、

6 画像の切り替え間隔（ここでは<10分>）をクリックします。

7 必要に応じてシャッフルの設定を行い、

8 画像の調整を方法を設定します。

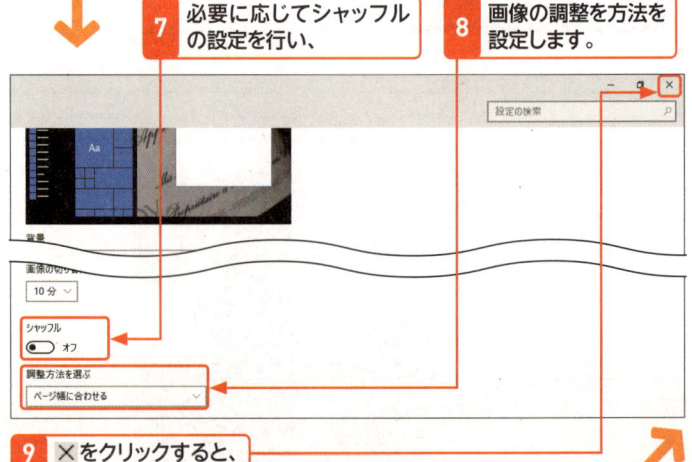

9 ×をクリックすると、

10 背景の画像が変更されています。

Hint シャッフル再生を行う

前ページの手順 **7** で＜シャッフル＞を
クリックして ◯ を ● にすると、写
真をランダムに選んで表示します。

Memo 好きな画像（写真）を背景に設定する

背景に設定する画像はあらかじめ用意されている画像のほかにも、デジタルカメラなどで撮影した写真も利用できます。
自分の持っている画像（写真）を背景に利用したいときは、以下の手順で設定します。

1 P.464の手順 **1**～**3** を参考に「背景」の設定画面を
表示しておきます。

2 ＜参照＞をクリックします。

3 背景に設定したい画像が保存
されているフォルダーを開き、

4 背景に設定したい画像をクリックします。

5 ＜画像を選ぶ＞をクリックします。

6 デスクトップのプレビューが、選択した
画像に切り替わります。

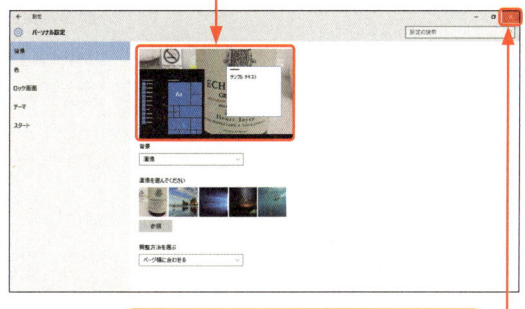

7 ✕ をクリックし設定を終了すると、

8 選択した画像が背景に設定されている
ことが確認できます。

Section 153 ウィンドウの色や明るさを調節する

キーワード ▶ アクセントカラー

ウィンドウに対する**アクセントカラー（配色）**は、背景画像をもとに選択されますが、他方で好みに応じた色を選択することもできます。また、ウィンドウの枠だけではなく、タイトルバーの色（背景色）を指定することで、アクティブウィンドウがひと目でわかるようになります。

1 ウィンドウのアクセントカラーを変更する

Key word アクセントカラーとは？

「アクセントカラー」とは、一般的に全体から強調したい部分に用いる配色を指し、Windows 10では基調となる配色を意味します。

Memo ディスプレイによって見え方が異なる？

一般的なディスプレイは明るさや色温度（色調調整）が変更できるため、手順**6**で選択した配色は、お使いのディスプレイによって見え方が異なります。詳しくはお使いの取り扱い説明書を参照してください。

Memo タスクバーボタンのアクセントカラー

Windows 10はアプリが起動中の場合、ボタンに下線が加わります。手順**7**の操作ではこの下線の配色も、タスクバーやウィンドウの枠と共に変化します。

アクセントカラーを変更する

1 P.33を参考に「設定」を起動し、

2 ＜パーソナル設定＞をクリックして、

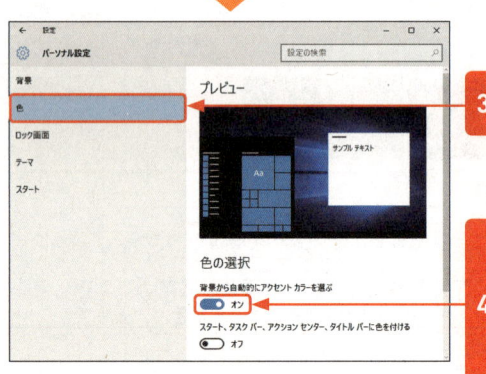

3 ＜色＞をクリックします。

4 ＜背景から自動的にアクセントカラーを選ぶ＞をクリックして、◯を◯に切り替えると、

5 色が選択可能になります。

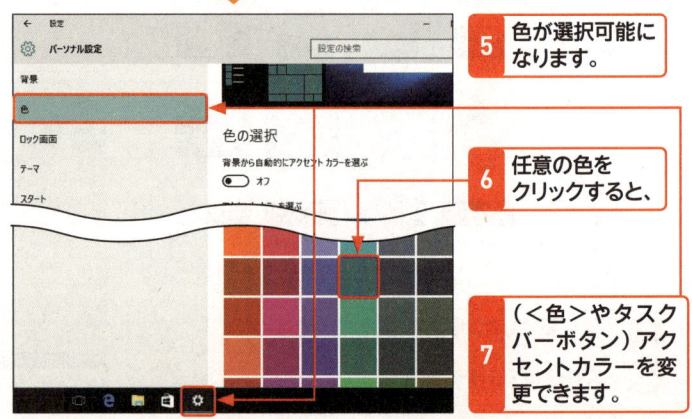

6 任意の色をクリックすると、

7 （＜色＞やタスクバーボタン）アクセントカラーを変更できます。

アクティブウィンドウに色を付ける

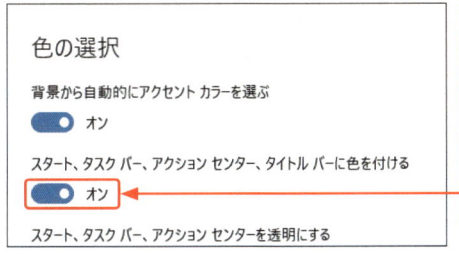

色の選択

背景から自動的にアクセント カラーを選ぶ
オン

スタート、タスク バー、アクション センター、タイトル バーに色を付ける
オン

スタート、タスク バー、アクション センターを透明にする

1 ＜スタート、タスクバー、アクションセンター、タイトルバーに色を付ける＞をクリックして、◯ を ◯ に切り替えると、

2 アクティブウィンドウのタイトルバーにアクセントカラーが用いられます。

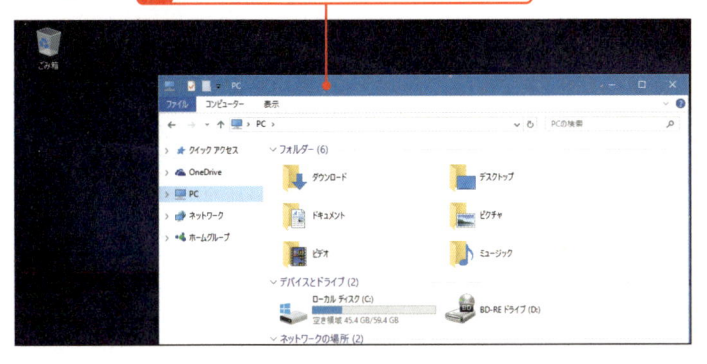

スタートメニューなどの透過処理を無効にする

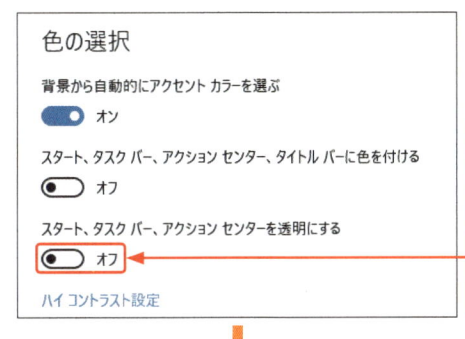

色の選択

背景から自動的にアクセント カラーを選ぶ
オン

スタート、タスク バー、アクション センター、タイトル バーに色を付ける
オフ

スタート、タスク バー、アクション センターを透明にする
オフ

ハイ コントラスト設定

1 ＜スタート、タスクバー、アクションセンターを透明にする＞をクリックして、◯ を ◯ に切り替えると、

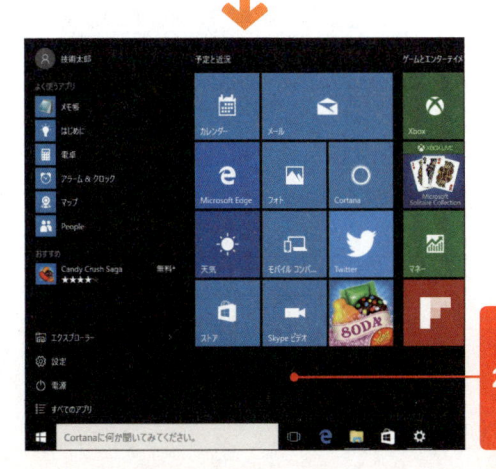

2 スタートメニューなどの透過処理が無効になり、内容が見やすくなります。

Memo アクティブウィンドウ

アクティブウィンドウは、複数のウィンドウがデスクトップに並ぶ状態で前面にあるウィンドウを指す名称です。他方でその裏側に並ぶウィンドウは「非アクティブウィンドウ」「バックグラウンドウィンドウ」と呼びます。

Hint アクティブウィンドウの色について

アクティブウィンドウに色を付けると、＜スタート＞メニューなどに加えてデスクトップアプリのタイトルバーの配色としてアクセントカラーが用いられます。なお、Windows 8以降でのみ利用できる Windows アプリのタイトルバーは変更されません。

アクセントカラー

Hint 透過処理について

Windows 10はスタートメニューやタスクバー、アクションセンターの3か所で「曇りガラス」のような透過処理が加わっています。ここでの操作はこの効果でデスクトップが見にくくなる場合にのみ実行してください。

Section

154

一時的に背景画像を無効にする

キーワード ▶ 背景画像

デスクトップの背景を好みの写真で飾ると楽しいものですが、パソコンを仕事に用いる場合、単色のシンプルなデザインに変更すると能率が上がることがあります。Windows 10は背景色を指定できる一方で、背景画像を無効にする機能が用意されています。ここでは両者の設定方法を解説します。

1 背景を単色に切り替える

Memo 単色について

Windows 10の背景色は24色から選択できます。たとえば橙色を選択すると、背景が橙色一色になります。

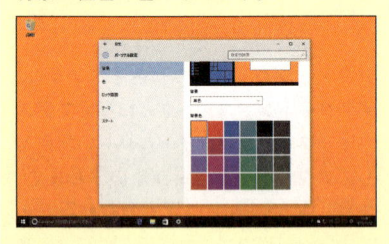

Memo 「簡単操作」について

P.471の「簡単操作」画面は、耳が聞こえづらい、目が見えにくいなど体が不自由な方向けの各種設定を集めた機能です。

1 P.33を参考に「設定」を起動し、

2 ＜パーソナル設定＞をクリックして、

システム
ディスプレイ、通知、アプリ、電源

デバイス
Bluetooth、プリンター、マウス

パーソナル設定
背景、ロック画面、色

アカウント
アカウント、設定の同期、職場、家族

3 ＜背景＞が選択されているのを確認します。

4 ∨ をクリックし、

← 設定 　　　　　　　　　　　　　　　　　□ ×

⚙ パーソナル設定　　　　　　　　　　設定の検索 🔍

背景

色

ロック画面

テーマ

スタート

プレビュー

サンプル テキスト

Aa

背景

画像

単色

スライドショー

5 ＜単色＞をクリックします。

6 これで背景が単色に変更されました。

7 好みの色をクリックして選択します。

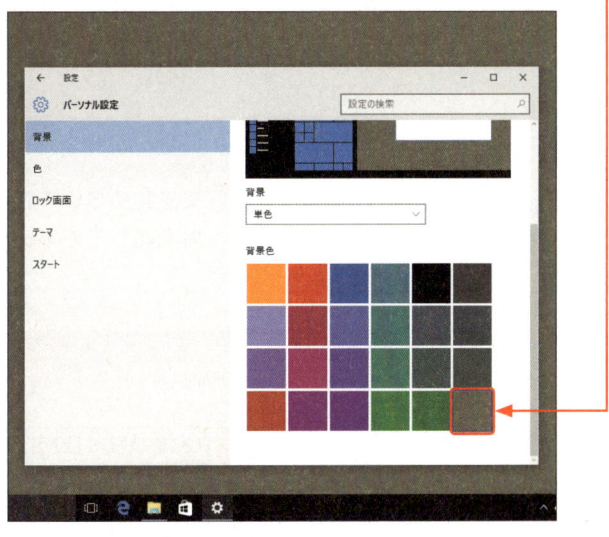

Hint 「色」でアクセントカラーを指定する

背景を単色に変更した場合、＜背景から自動的にアクセントカラーを選ぶ＞のスイッチが　になっていると（P.468参照）、自動的にアクセントカラーが変化します。これを抑止するには、＜背景から自動的にアクセントカラーを選ぶ＞をクリックして　に切り替えて、任意の色を選択してください。

2 背景画像を無効にする

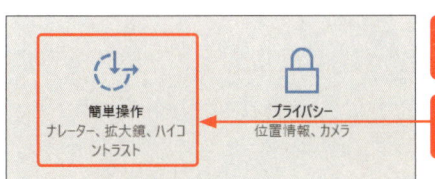

1 P.33を参考に「設定」を起動し、

2 ＜簡単操作＞をクリックして、

3 ＜その他のオプション＞をクリックします。

4 ＜Windowsの背景を表示する＞をクリックして、　を　に切り替えると、

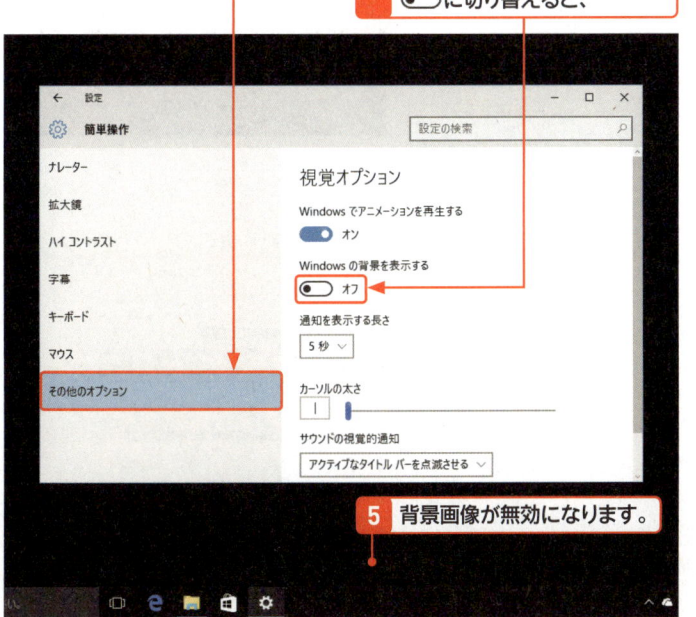

5 背景画像が無効になります。

Hint 背景画像を再び表示する

作業を終えるなどして以前のように背景画像を表示させるには、＜Windowsの背景を表示する＞をクリックして　に切り替えてください。

Memo 単色表示はそのまま残る

背景を単色に切り替えた状態で背景画像を無効にしても、単色指定は有効です。あくまでも左の手順は「背景画像を無効にする」操作です。なお、＜Windowsの背景を表示する＞を　にすると、＜背景＞での操作が無効になります。

Section 155 スクリーンセーバーを設定する

キーワード ▶ スクリーンセーバー

スクリーンセーバーは必ずしも設定する必要はありませんが、次々と展開していく写真を眺めていると気分転換になります。また、再開時に再サインインを求めるように設定できるため、席を離れても第三者が画面を見る心配はありません。セキュリティの観点からも有益な機能といえます。

1 スクリーンセーバーを有効にする

Memo スクリーンセーバーについて

以前のパソコンはブラウン管を用いたディスプレイが一般的だったため、同じ画面を表示し続けていると「焼き付き」と呼ばれる現象が発生していました。この問題を改善するため、一定時間操作がない場合にディスプレイを保護するためアニメーションなどを表示する「スクリーンセーバー」が生まれました。現在は液晶ディスプレイが標準的に用いられるため、ディスプレイを守るという理由でスクリーンセーバーを使用する必要性はありません。

Hint 選択できるスクリーンセーバー

Windows 10では「3Dテキスト」「バブル」「ブランク」「ラインアート」「リボン」「写真」と6種類のスクリーンセーバーを使用できます。

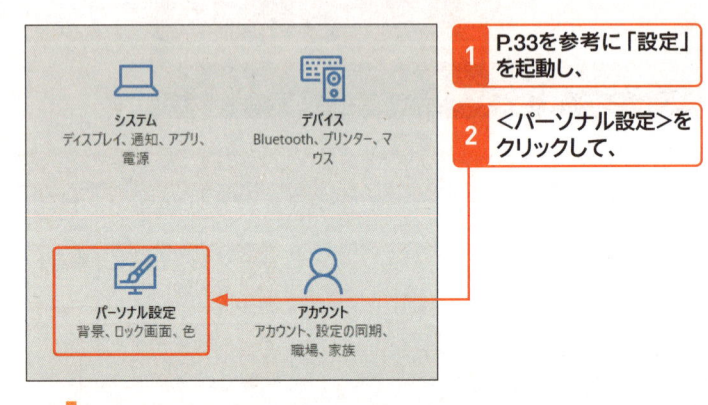

1 P.33を参考に「設定」を起動し、

2 ＜パーソナル設定＞をクリックして、

3 ＜ロック画面＞をクリックします。

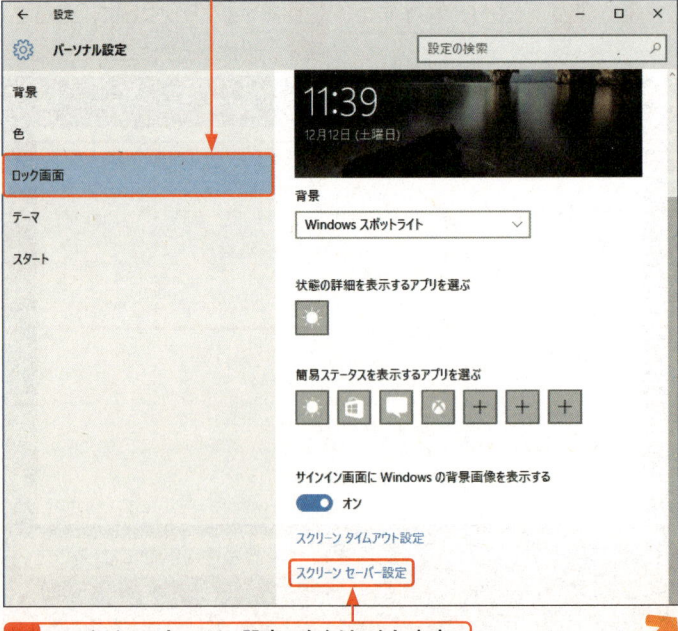

4 ＜スクリーンセーバー設定＞をクリックします。

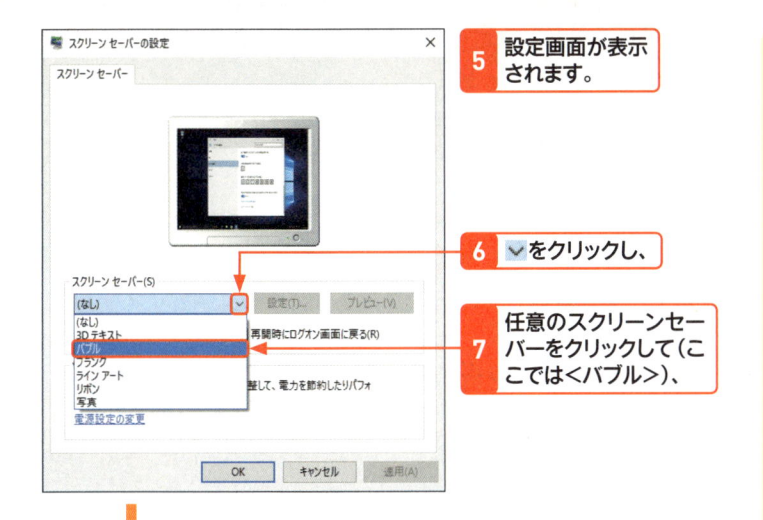

5 設定画面が表示されます。

6 ∨をクリックし、

7 任意のスクリーンセーバーをクリックして（ここでは＜バブル＞）、

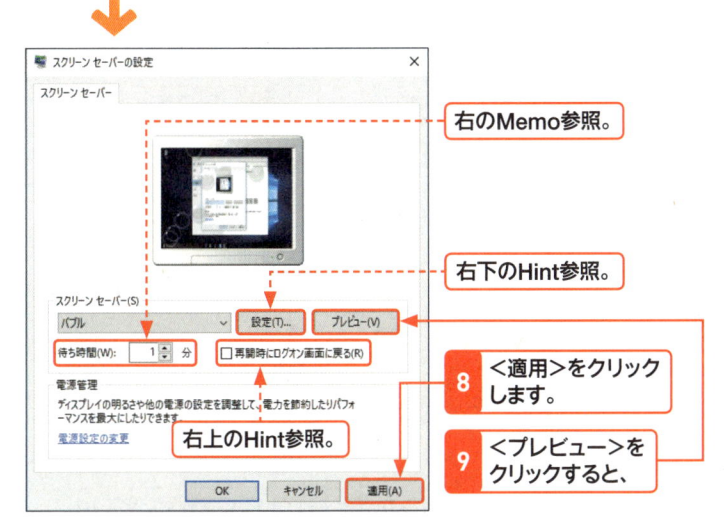

右のMemo参照。

右下のHint参照。

8 ＜適用＞をクリックします。

右上のHint参照。

9 ＜プレビュー＞をクリックすると、

10 スクリーンセーバーの動作を確認できます。

11 ＜OK＞をクリックします。

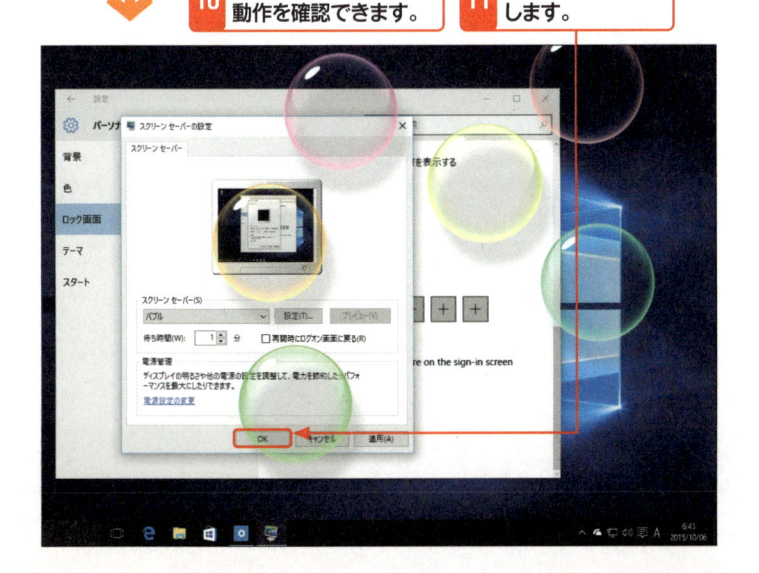

Hint 再サインインを有効にする

手順8の画面で＜再開時にログオン画面に戻る＞をクリックして☑にすれば、スクリーンセーバー起動後にマウスを動かすなどで実行を解除すると、そのままロック画面が表示されます。

Memo スクリーンセーバーの起動タイミング

スクリーンセーバーを起動するまでの猶予分数は、あらかじめ「1分」が設定されていますが、変更したい場合は、手順8の画面の＜待ち時間＞で指定します。

Hint スクリーンセーバーの設定とは

スクリーンセーバーの種類（手順7参照）によっては、手順8の画面の＜設定＞で動作のカスタマイズが可能です。「3Dテキスト」では表示する文字や加工設定、「写真」では表示する画像ファイルのフォルダーやスライドショーの実行タイミングを調整できます。

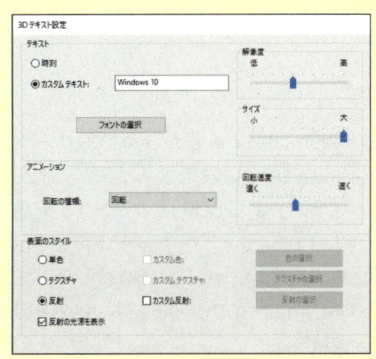

Section
156
文字を拡大表示する

キーワード ▶ DPI

目の力が衰えてディスプレイの文字が見えにくくなった場合は、デスクトップ全体の文字サイズを変更しましょう。Windows 10はすべての文字サイズを変更するスケーリングモードを備え、DPI単位で文字などのサイズを変更できます。ただし、設定を適用するには再サインインが必要になります。

1 スケーリングを変更する

Key word　DPIとは?

「DPI」とは、ディスプレイなどの性能を示す指針の1つです。1インチの幅の中にどれだけのドットを表示できるかを示す「Dot Per Inch」の略称です。

Key word　スケーリングとは?

「スケーリング」とは、ディスプレイ上の文字やGUI（グラフィカルユーザーインターフェイス）パーツを表示能力などに合わせて拡大／縮小する操作を指します。

Hint　スケーリングとDPIの関係

Windows 10はあらかじめ100パーセント（96DPI）に設定されており、125パーセントは125DPIとなります。利用しているディスプレイが高解像度を表示できる場合は、さらに150パーセント（144DPI）や200パーセント（192DPI）が選択可能です。

1 P.33を参考に「設定」を起動し、

2 ＜システム＞をクリックして、

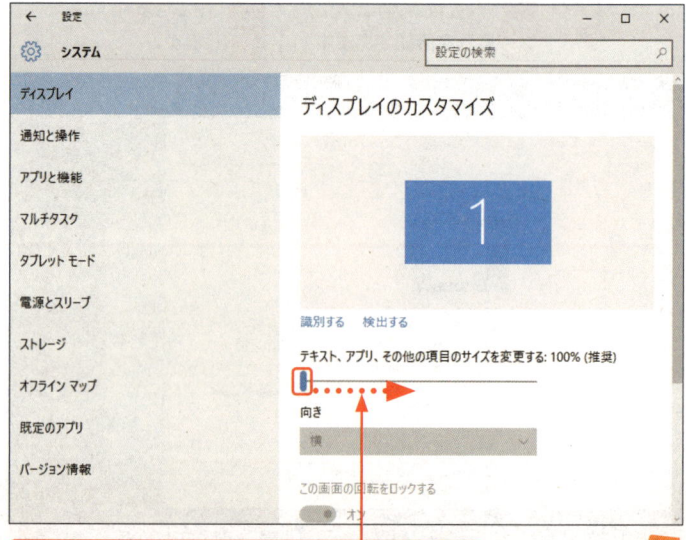

3 ＜ディスプレイ＞が選択されているのを確認します。

4 スライダーを右方向にドラッグして移動します。

5 **＜今すぐサインアウトする＞をクリックし、**

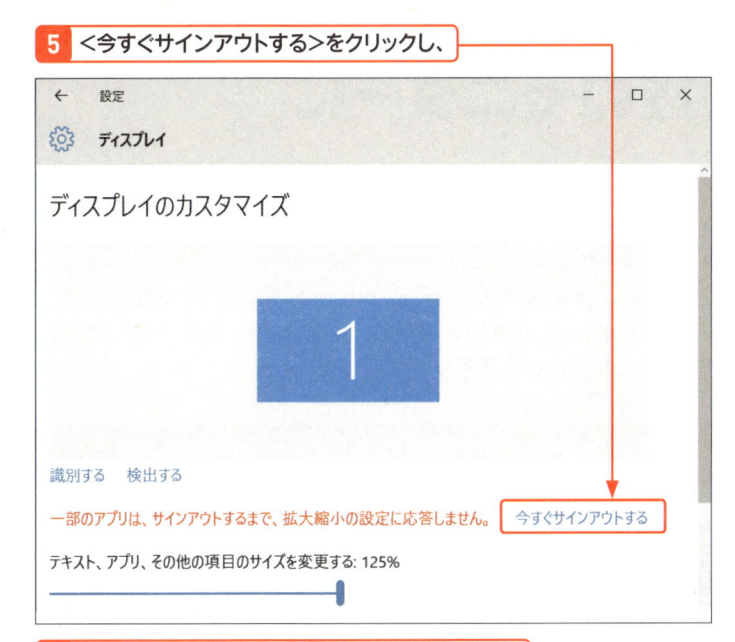

6 **再サインインすると、スケーリングが完了します。**

100パーセント

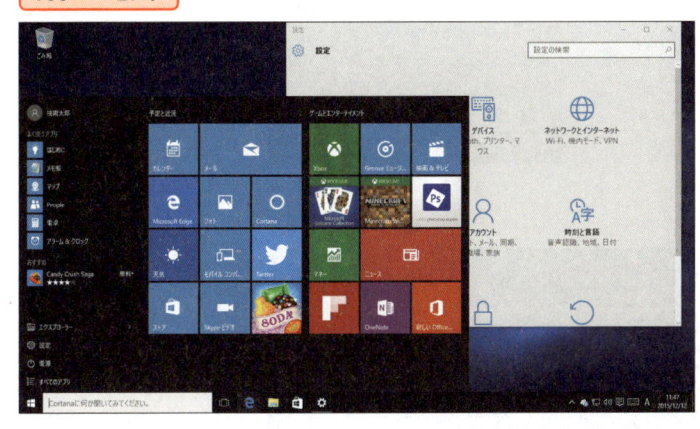

125パーセント

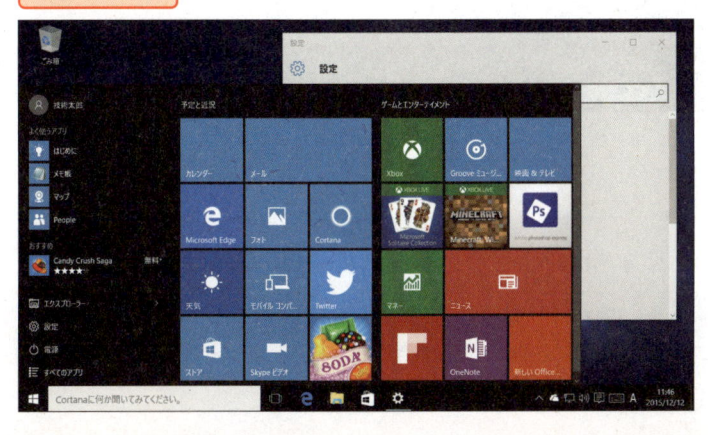

Hint スケーリングを キャンセルする

スケーリングの変更をキャンセルする場合は、手順 **5** の画面でスライダーを左方向にドラッグして移動します。

Memo 再サインインが必要

スケーリングの変更はすぐに反映されますが、一部のアプリは再サインインするまで正しいスケールで表示されません。そのため、再サインインが必要となります。

Hint 一時的に拡大する 場合は

スケーリングは Windows 10への再サインインしないと結果的に正しく動作しませんが、一時的に画面の一部分を拡大したい場合は「拡大鏡」を使います。起動するには ⊞ キーを押しながら ∓ キーを押すか、検索ボックスから「拡大鏡」を検索してアプリを起動してください。終了するには虫眼鏡のアイコンをクリックし、ダイアログボックスを表示させてから、 ✕ をクリックします。

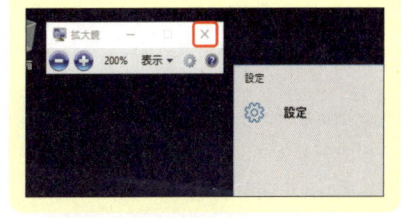

Section

157

画面を複数のモニターに表示する

キーワード ▶ マルチディスプレイ（複製／拡張）

複数のディスプレイをWindows 10 パソコンに接続すれば、デスクトップをより広く使えます。Windows 10はマルチディスプレイ時の表示設定として、4種類を用意していますが、ポイントは「複製」と「拡張」の2つになります。ここでは各表示モードを用いた手順を解説します。

1 画面を拡張する

Key word マルチディスプレイとは？

「マルチディスプレイ」とは、1台のパソコンに複数のディスプレイを接続した環境を指します。たとえばディスプレイ1にWebブラウザーなどの閲覧アプリ、ディスプレイ2にWordなど文書作成アプリを起動することで、作業効率を大幅に向上させることができます。

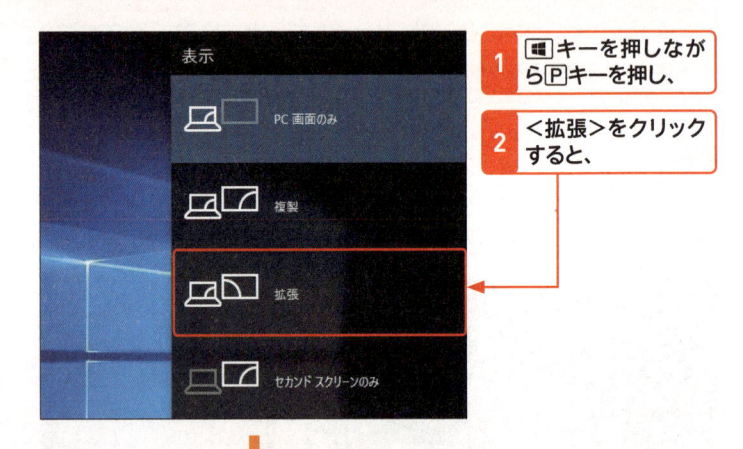

1 ■キーを押しながらPキーを押し、

2 <拡張>をクリックすると、

3 デスクトップ（ディスプレイ1）がディスプレイ2に拡張されます。

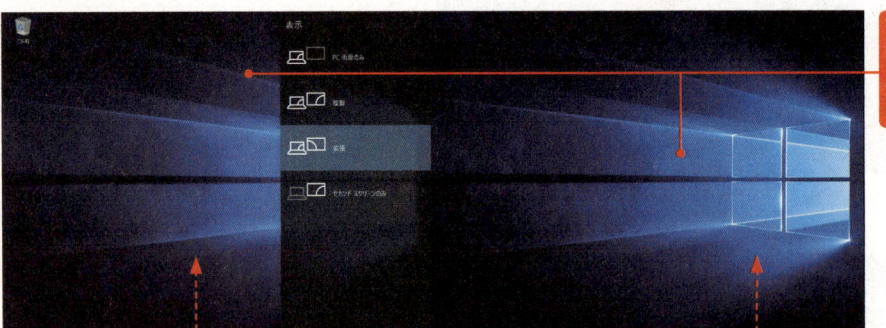

ディスプレイ1　　　　　ディスプレイ2

Memo 複製／拡張の違いとは

マルチディスプレイ環境の表示形式は2つあります。「複製」は文字通りディスプレイ1の内容をディスプレイ2などほかのディスプレイにコピーできるため、主にプレゼンテーション時などに使用します。「拡張」はデスクトップ領域を拡張して作業効率を高める際に用います。

② 同じ画面を複製する

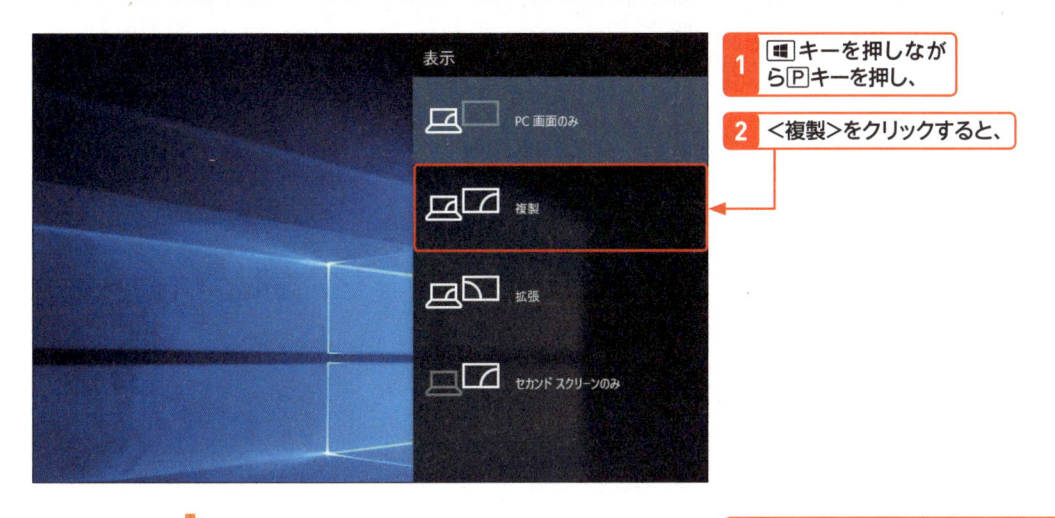

1 ■ キーを押しながら P キーを押し、

2 <複製>をクリックすると、

3 ディスプレイ1の内容が、ディスプレイ2にも表示されます。

ディスプレイ1

ディスプレイ2（ディスプレイ1と同じ）

Memo ワイヤレスディスプレイ対応の場合

利用しているパソコンがワイヤレスディスプレイ (DLNAやMiracastによる無線接続)に対応している場合、バーに表示される<ワイヤレスディスプレイに接続する>をクリックすると、接続可能なワイヤレスディスプレイの検出が行われます。

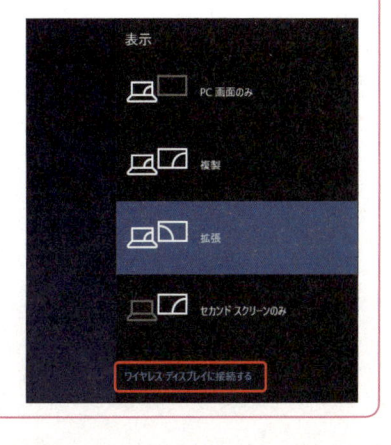

第 1 章
Windows 10
をはじめよう

第 2 章
Windows 10
の基本操作

第 3 章
ファイルと
フォルダー

第 4 章
インター
ネット

第 5 章
Outlook.
com

第 6 章
「メール」
アプリ

第 7 章
アプリの
利用

第 8 章
データの
活用

第 9 章
音楽／写真
／ビデオ

第10章
タブレット
モード

第11章
文字入力
の基本

第12章
＜スタート＞
メニュー

第13章
デスクトップ

第14章
ネットワーク

第15章
管理／
セキュリティ

第16章
周辺機器
の利用

第17章
トラブル
対策

第18章
インストール
と初期設定

付　録

3 画面の拡張時に複数のディスプレイと画面の位置関係を調整する

Hint 複数ディスプレイの設定

マルチディスプレイ環境では＜複数のディスプレイ＞から ∨ をクリックすることで表示形式を選択できます。＜表示画面を複製する＞＜表示画面を拡張する＞＜1のみに表示する＞＜2のみ表示する＞の4種類が用意されています。

1 P.33を参考に「設定」を起動し、　**2** ＜システム＞をクリックして、

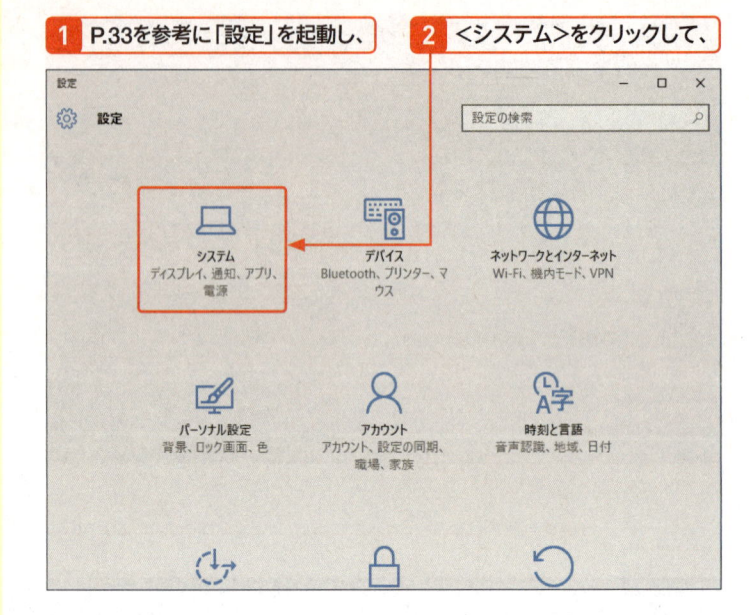

3 ＜ディスプレイ＞が選択されているのを確認します。

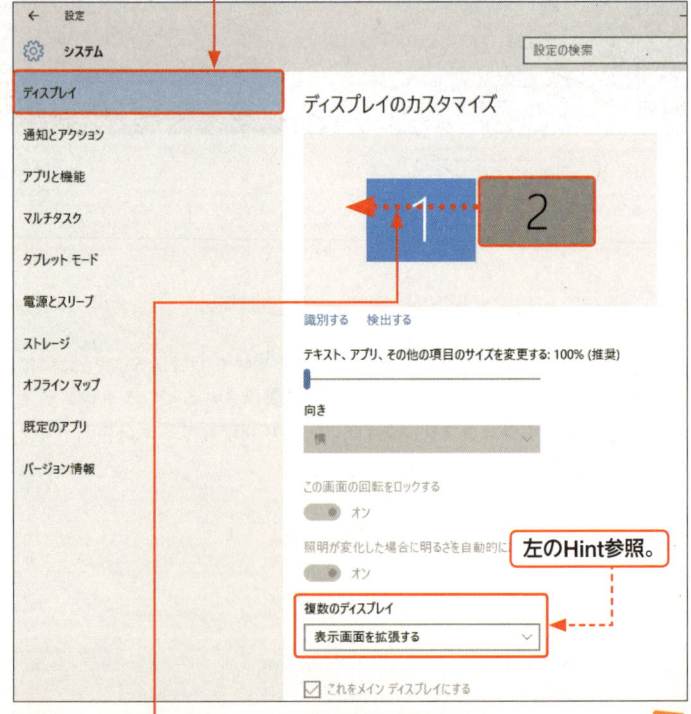

左のHint参照。

4 ディスプレイ2をドラッグして位置を調整します。

5 実際のディスプレイと同じ位置に調整したら、

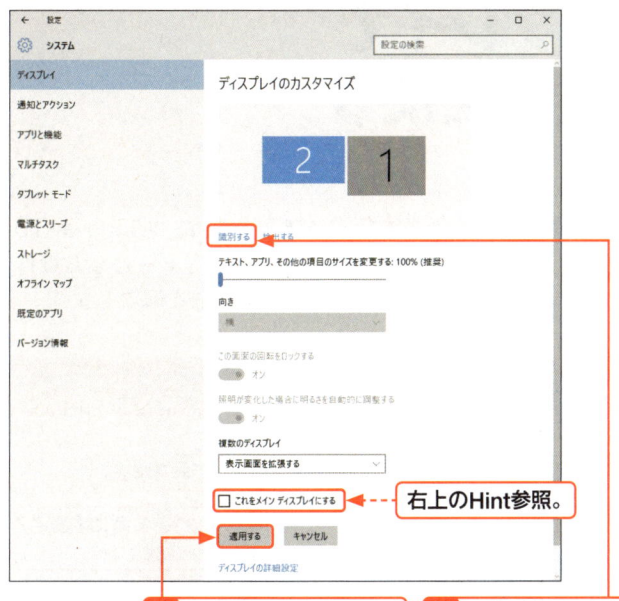

右上のHint参照。

6 <適用する>をクリックします。

7 <識別する>をクリックすると、

8 各ディスプレイに数字が表示されます。

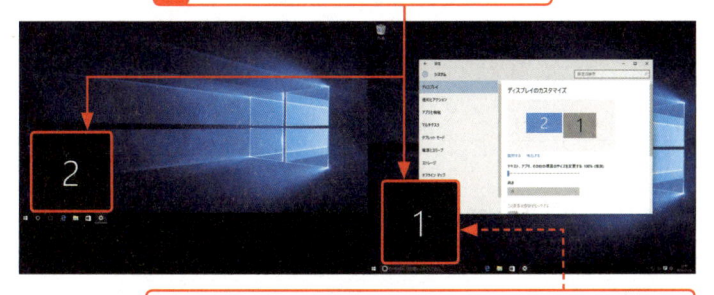

ディスプレイ1と2の区別が付かなくなった場合に便利です。

Hint メインディスプレイを設定する

手順**5**の画面で、任意のディスプレイをクリックして選択してから、<これをメインディスプレイにする>をクリックして☑にすると、メインディスプレイを入れ替えることが可能です。メインディスプレイには新規作成したファイルが作成され、ウィンドウの位置を持たないアプリなどが最初に映し出されます（起動のたびにデスクトップに表示されるウィンドウの位置が変わるアプリ）。なお、メインディスプレイは左上端の座標が0×0となるため、ウィンドウの位置を保持していたアプリ（前回の終了場所を記憶し、次回起動時はその終了場所で起動するアプリ）を起動すると、意図しない場所に表示されることがあります。

Hint マルチディスプレイ時のタスクバーを変更する

マルチディスプレイ時は、タスクバーの何もないところを右クリックし、<プロパティ>をクリックするか、検索ボックスから「タスクバーとナビゲーション」を検索して起動する「タスクバーとスタートメニューのプロパティ」画面で設定内容を拡張することができます。タスクバー上のボタン位置に関する調整や、タスクバーの表示に関する設定が可能になるので、好みに応じて変更してください。

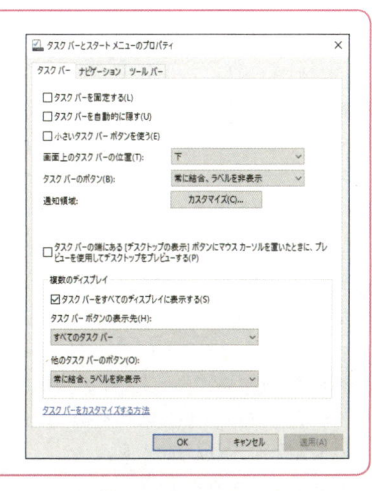

Section 158 マルチディスプレイで異なる背景画像を使う

キーワード ▶ マルチディスプレイ（背景画像）

以前のWindowsはマルチディスプレイ環境でも、異なる背景画像を指定できましたが、Windows 10は直接指定するボタン類を用意していません。しかし、機能自体は残っているため、ちょっとした操作で各ディスプレイに異なる背景画像を指定できます。ここでは背景画像を指定する方法を解説します。

1 背景の画像を指定する

Memo　画像指定時の注意点

背景画像を指定する際には、いくつかのポイントがあります。手順4で「画像を選んでください」に並ぶ画像をそのままクリックすると、各ディスプレイの背景画像として指定されてしまいます。また、次ページの手順5で最初に＜モニター2に設定＞を選択してもすべての背景画像が切り替わります。そのため、手順7の＜モニター1に設定＞の操作が必要となります。なお、＜調整方法を選ぶ＞で背景画像の表示形式を変更すると、各ディスプレイの背景画像はリセットされます。

Hint　背景画像の表示形式

背景画像の表示形式は、デスクトップに合わせて上下左右をトリミングする「ページ幅に合わせる」、画像がすべて表示できるように縮小する「画面のサイズに合わせる」、デスクトップに合わせて画像を拡大する「拡大して表示」、デスクトップに画像を並べて敷きつめる「並べて表示」、デスクトップ中央に画像を配置する「中央に表示」、複数のディスプレイに1枚の画像を配置する「スパン」の6種類から選択可能です。

P.476を参考に、事前にマルチディスプレイを設定しておきます。

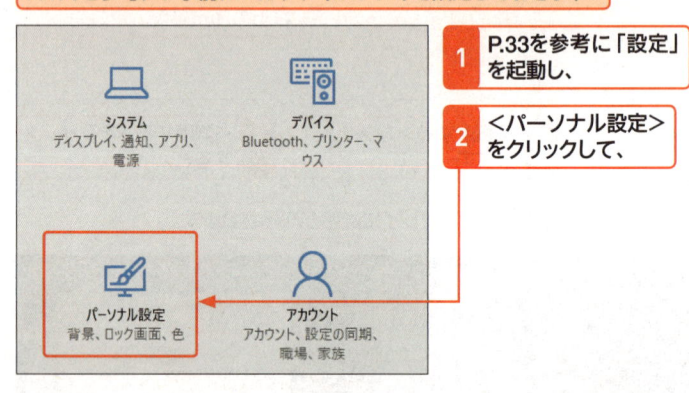

1 P.33を参考に「設定」を起動し、

2 ＜パーソナル設定＞をクリックして、

3 ＜背景＞が選択されているのを確認します。

4 任意の画像を右クリックし、

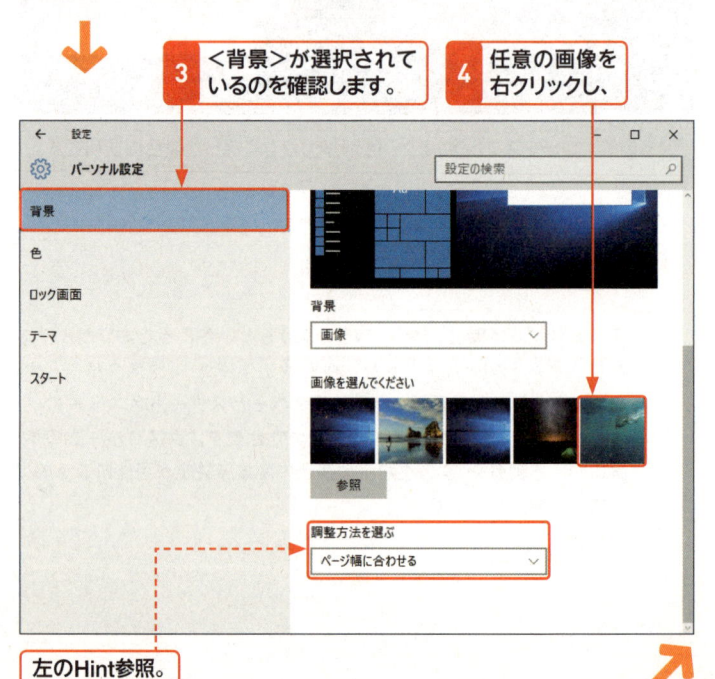

左のHint参照。

5 ＜モニター2に設定＞をクリックします。

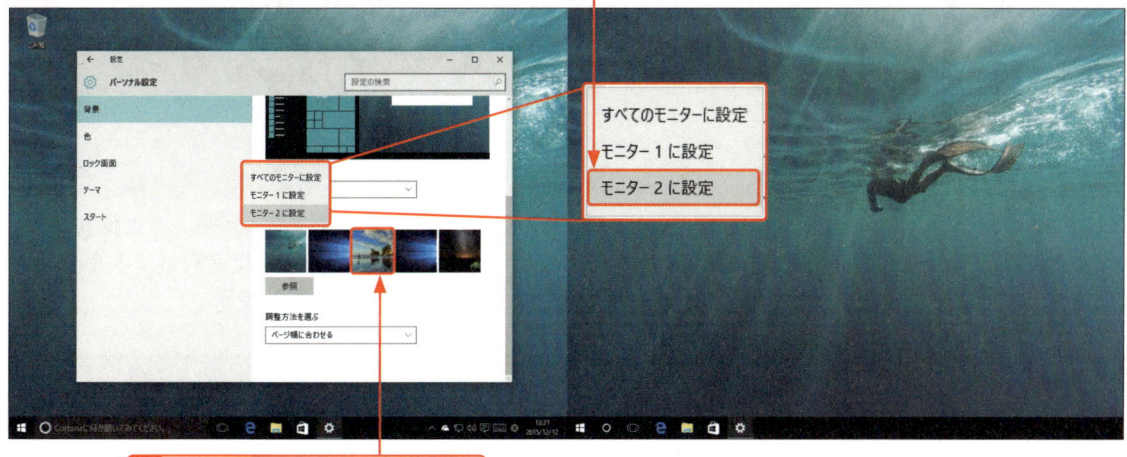

6 続いて任意の画像を右クリックし、

7 ＜モニター1に設定＞をクリックします。

8 これで異なる背景画像を指定できました。

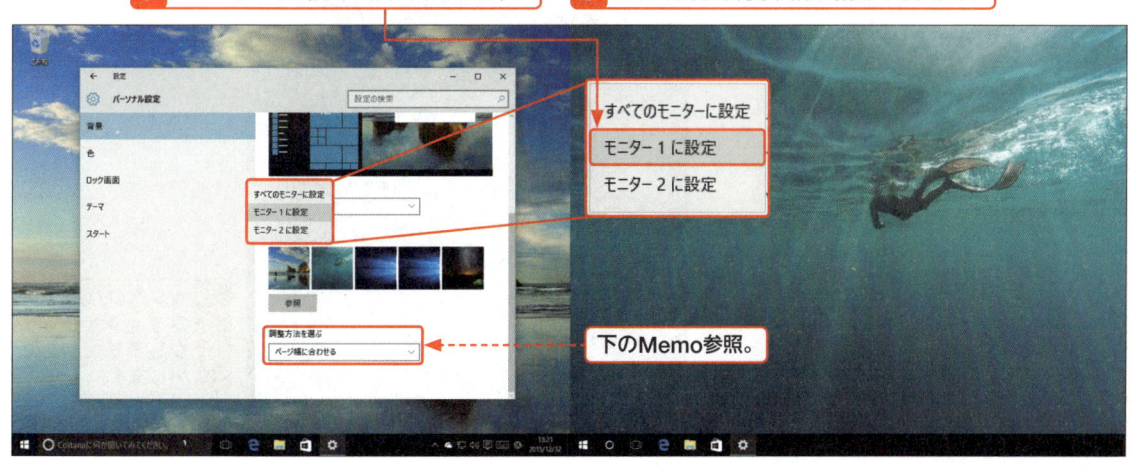

下のMemo参照。

Memo **マルチディスプレイすべてを連続した背景画像にする**

各ディスプレイで異なる背景画像を指定するのではなく、1枚の背景画像を複数のディスプレイに表示させるには、「調整方法を選ぶ」の∨をクリックし、＜スパン＞を選択します。

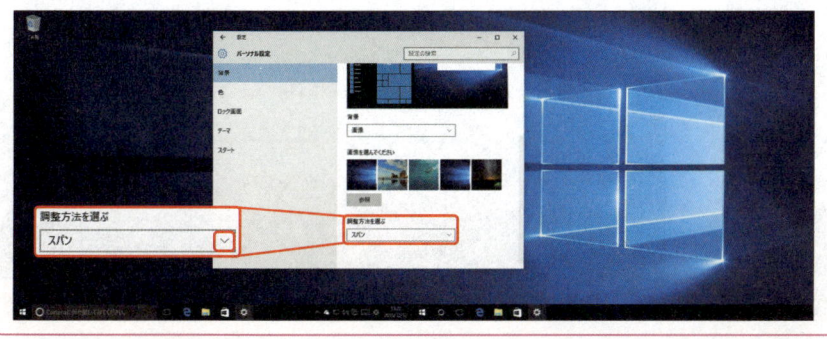

Section
159
タスクバーをカスタマイズする

環境に合わせてタスクバーを自由に配置し、ピン留めしたボタンも好きなように入れ替えると便利です。たとえばタスクバーを左端（右端）に配置させれば、縦方向により多くのコンテンツを表示できます。タブレットモードでもタスクバーを有効に活用する設定ができるので併せて解説します。

1 タスクバーの位置を変更する

Hint タスクバーを再び固定する

ここではタスクバーを移動するために、手順 2 で＜タスクバーを固定する＞をクリックしてチェックをオフにしています。タスクバーを移動したあとに固定化する場合は、タスクバーを右クリックして＜タスクバーを固定する＞をクリックし、再びチェックをオンにします。

Hint タスクバーの幅を変更する

タスクバーとデスクトップの境界線部分にマウスポインターを移動し、アイコンが ↔ に変化したら逆方向にドラッグしてください。これでタスクバーの幅を自由に変更できます。ただし、デスクトップの描画スペースが狭まるので注意してください。

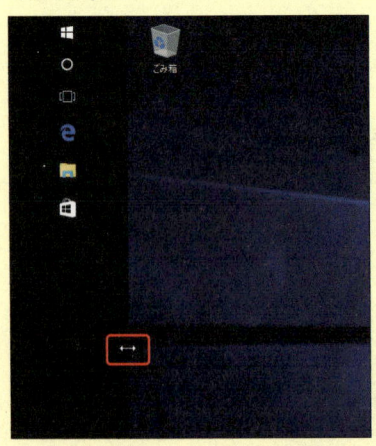

ツール バー(T)	>
検索(H)	>
✓ タスク ビュー ボタンを表示(V)	
タッチ キーボード ボタンを表示(T)	
重ねて表示(D)	
ウィンドウを上下に並べて表示(E)	
ウィンドウを左右に並べて表示(I)	
デスクトップを表示(S)	
タスク マネージャー(K)	
✓ タスク バーを固定する(L)	
プロパティ(R)	

1 タスクバーの何もないところを右クリックし、

2 ＜タスクバーを固定する＞をクリックしてチェックを外します。

3 タスクバーの何もないところをクリックし、左方向へドラッグすると、

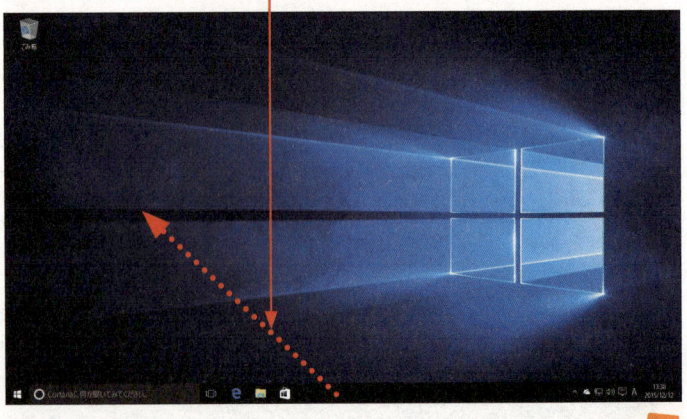

4 タスクバーがウィンドウの左端に移動します。

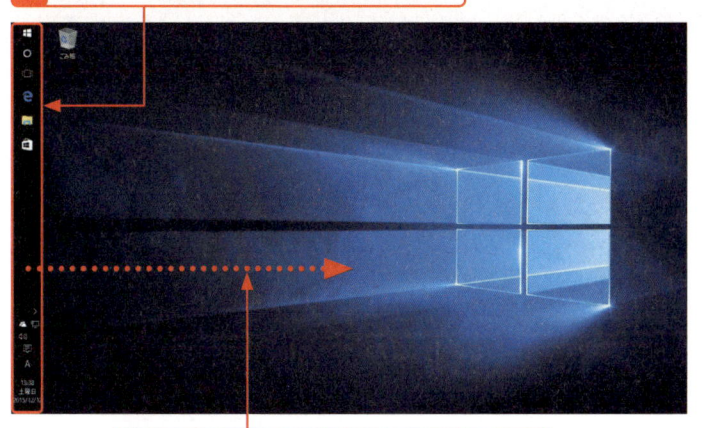

5 タスクバーの何もないところをクリックし、右方向へドラッグすると、

6 タスクバーがデスクトップの右端に移動します。

7 タスクバーの何もないところをクリックし、

8 上方向へドラッグすると、

9 タスクバーがウィンドウの上端に移動します。

Memo　タスクバーの表示が変わる

タスクバーを左右／上端に移動すると、検索ボックスがアイコンに変わるなど、一部、タスクバーの表示が変わります。

Hint　タスクバーのカスタマイズ

手順**1**のあとに＜プロパティ＞をクリックして「タスクバーとスタートメニューのプロパティ」を起動すると、タスクバーに関するカスタマイズが可能になります。たとえばタスクバーの常時表示を無効にする場合は＜タスクバーを自動的に隠す＞をクリックして☑にしてください。非表示に設定した場合は、タスクバーがある場所（通常はデスクトップ下部）にマウスポインターを移動させると、タスクバーが表示されます。また、タスクバーの位置を変更する場合は、＜画面上のタスクバーの位置＞の☑をクリックして表示されるメニューから指定することも可能です。なお、タスクバーのアイコンがわかりにくい場合は＜タスクバーのボタン＞の☑をクリックして表示されるメニューから＜結合しない＞を選択することで、アプリ名がタスクバーに表示されます。なお、上記の設定は、すべて＜適用＞ボタンをクリックすると反映されます。

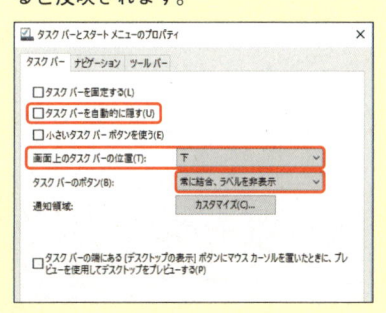

2 タスクバーのボタンの位置を変更する

Memo 新規にピン留めしたボタンも移動できる

P.50 を参考に新たにピン留めしたボタンも同じ操作で移動することができます。

1 対象となるボタンを移動先へドラッグし（ここでは＜エクスプローラー＞）、

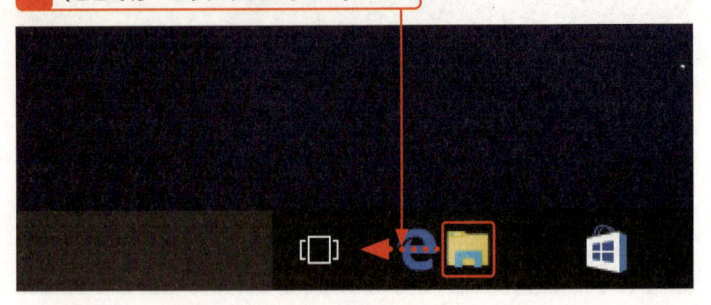

2 そのままボタンから指を離します。

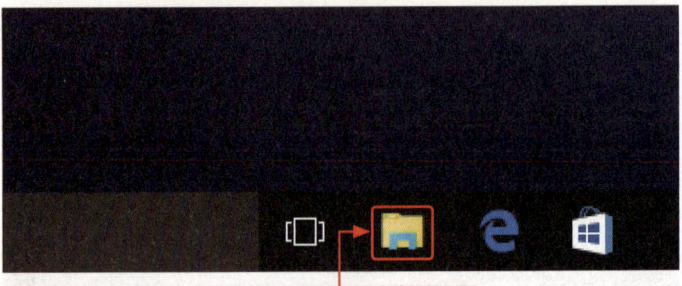

3 ＜エクスプローラー＞のボタンが移動しました。

3 タブレットモードでタスクバーにボタンを表示する

Memo タスクバーの移動

タブレットモードでは、タスクバーを移動することはできません。

1 P.33を参考に「設定」を起動し、

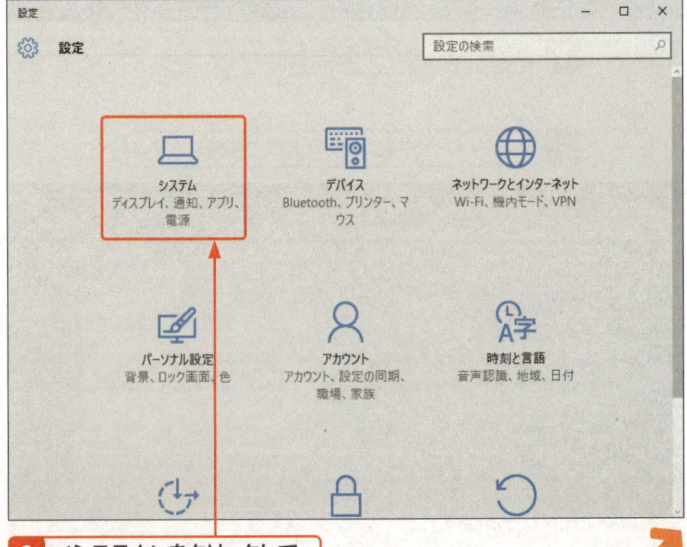

2 ＜システム＞をクリックして、

3 <タブレットモード>を
クリックします。

4 <タブレットモードではタスクバー
のアプリアイコンを非表示にする
>をクリックして、●━ を ━● に
切り替えます。

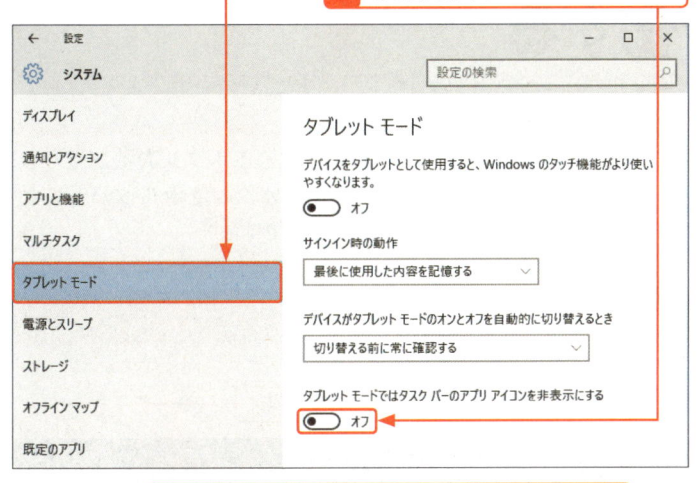

5 P.389を参考にタブレットモードに切り替えます。

6 タスクバーにアイコンが加わったことを確認できます。

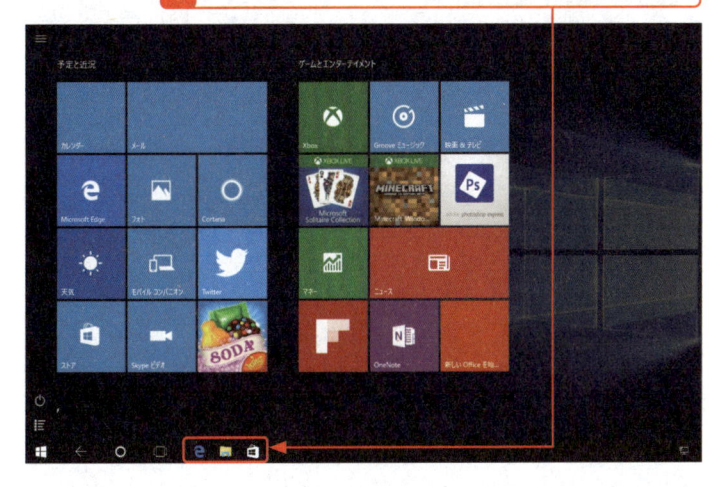

Hint ピン留めしたボタンを キーで呼び出す

タスクバーにピン留めしたボタンは左か
ら順に■キーを押しながら①／②／③
キーを押すことで起動することができま
す。通常の並び順であれば、■キーを
押しながら①キーを押すことで、Micro
soft Edge が起動し、■キーを押しな
がら②キーを押すことでエクスプロー
ラーが起動します。4つ目のボタンとし
てピン留めしたアプリは、■キーを押
しながら④キーを押すことで起動でき
ます。

Hint 右クリックでボタンを表示する

タブレットモードでタスクバーを右クリックし、表示されるメニュー
から<アプリのアイコンを表示>をクリックしても、タスクバーにボ
タンを表示することができます。非表示にする場合も同様の操作を行
います。

Section 160 タスクバーの検索ボックスをアイコン化する

キーワード ▶ 検索ボックス

検索ボックスがタスクバーに加わったことで、タスクバーに表示／ピン留めできるボタンの数が減りました。そもそも検索ボックスはショートカットキーで呼び出せるため、多くのボタンをタスクバーに並べたい場合は、検索ボックスをボタンに切り替えるか非表示に設定すると便利です。

1 検索ボックスをアイコンに変更する

Memo 検索ボックスについて

Windows 10 は数々のファイルやコンテンツを「検索ボックス」から検索するスタイルに切り替わりました。これは深い階層に並ぶ設定項目などをワンステップで呼び出すための機能です。基本的には Windows 8 または 8.1 の検索チャーム、Windows 7 のスタートメニュー内の検索ボックスと変わりません。なお、本書ではわかりやすくするため検索ボックスと読んでいますが、正式名称は「Cortana（コルタナ）」です。

Memo 検索ボックスで検索できる内容

検索ボックスから検索できる内容は、ファイルやフォルダー、「設定」の各項目、コントロールパネルの項目、アプリなどです。

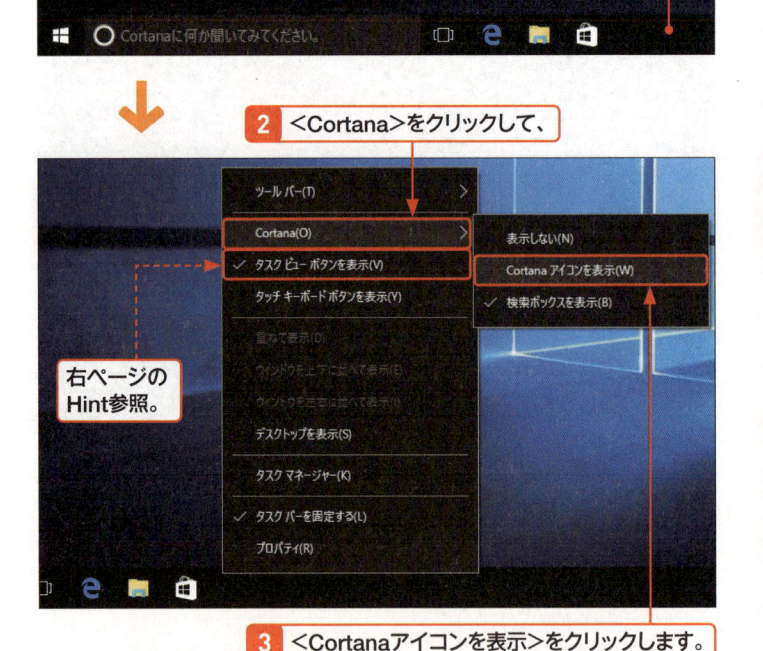

1 タスクバーの何もないところを右クリックし、

2 ＜Cortana＞をクリックして、

右ページの
Hint参照。

3 ＜Cortanaアイコンを表示＞をクリックします。

4 検索ボックスがアイコンになりました。

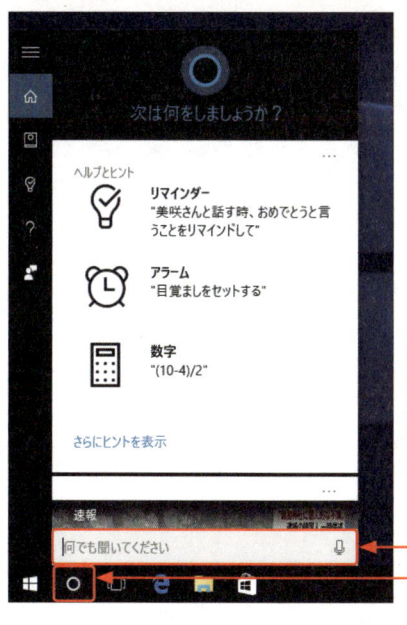

検索ボックス

5 検索アイコンをクリックすると、

6 検索ボックスが表示されます。

📝 **Memo** 検索ボックスを呼び出す

検索ボックスを呼び出すには⊞キーを押しながら⑤キーを押します。なお、Cortanaを直接起動するには⊞キーを押しながらⓒキーを押します。

2 検索ボックスを非表示にする

1 タスクバーの何もないところを右クリックし、

2 ＜Cortana＞をクリックして、

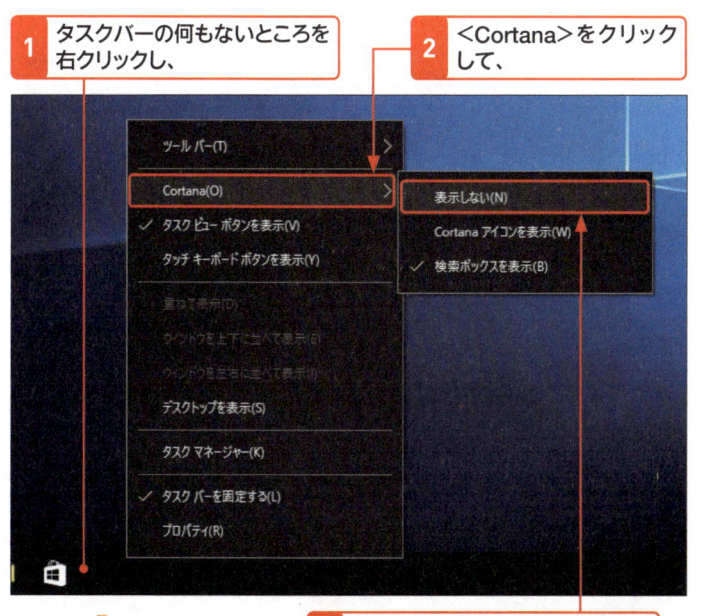

3 ＜表示しない＞をクリックします。

💡 **Hint** タスクビューボタンも消したい

仮想デスクトップの使用頻度が少なく、タスクビューボタンも消したい場合は、手順 **2** の画面で、＜タスクビューボタンを表示＞をクリックしてチェックをオフにします。なお、タスクビューは⊞キーを押しながら Tab キーを押すことで起動できます。

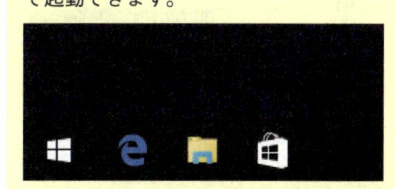

4 検索ボックス／アイコンがなくなりました。

Section
161
仮想デスクトップに表示する
タスクバー上のボタンを変更する

キーワード ▶ 仮想デスクトップ

仮想デスクトップのタスクバーには、起動しているアイコンしか表示されません（ピン留めしたアプリアイコンは除く）。仮想デスクトップを多用する場合、別の仮想デスクトップで起動しているアイコンも表示されれば、仮想デスクトップの切り替えがスムーズに行えます。

1　仮想デスクトップの設定を変更する

Memo　仮想デスクトップのアイコン

Windows 10の仮想デスクトップは、ユーザーが「どのデスクトップを使用しているのか」を明確にするため、タスクバー上のボタン（アイコン）は「使用中のデスクトップのみ」表示します。一見するとわかりやすい配慮ですが、すべてのアプリをタスクバーに表示しておけば、アプリをクリックするだけで仮想デスクトップを切り替えられます。なお、ここでは「デスクトップ1」で「Microsoft Edge」と「設定」を起動し、「デスクトップ2」では「ストア」と「エクスプローラー」を起動して解説を行っています。

デスクトップ1

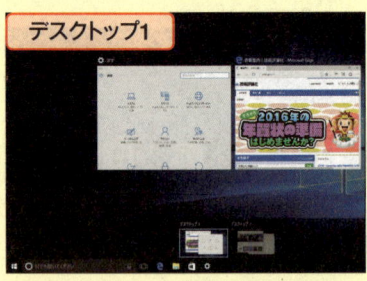

デスクトップ2

1 P.33を参考に「設定」を起動し、

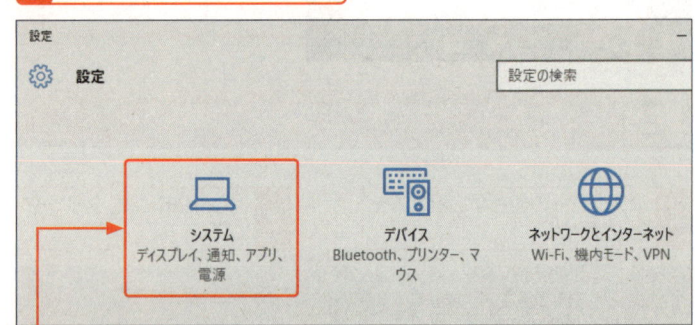

2 ＜システム＞をクリックして、

3 ＜マルチタスク＞をクリックします。

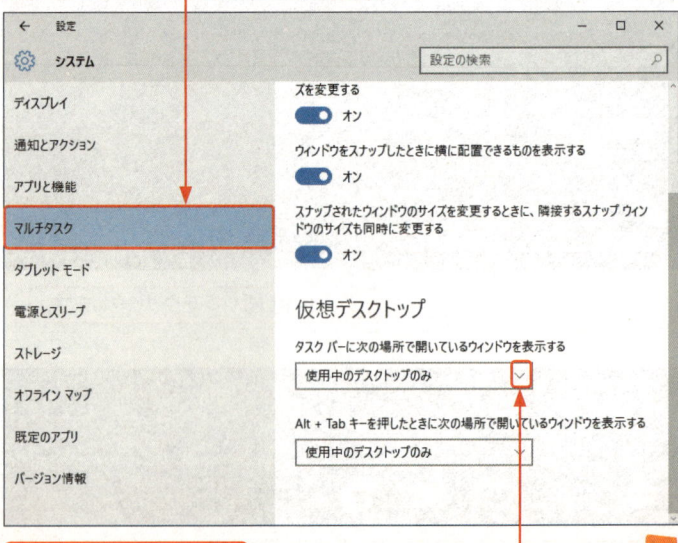

4 ∨をクリックします。

5 ＜すべてのデスクトップ＞をクリックします。

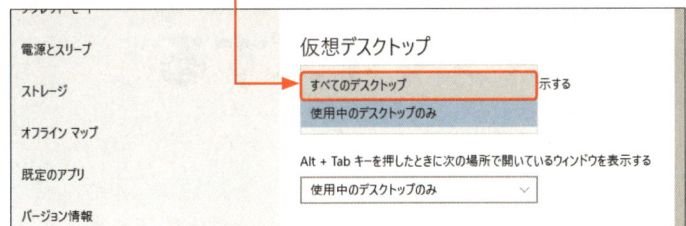

6 アプリのウィンドウが別の仮想デスクトップにある
場合も、ボタンの状態が起動中に変わります。

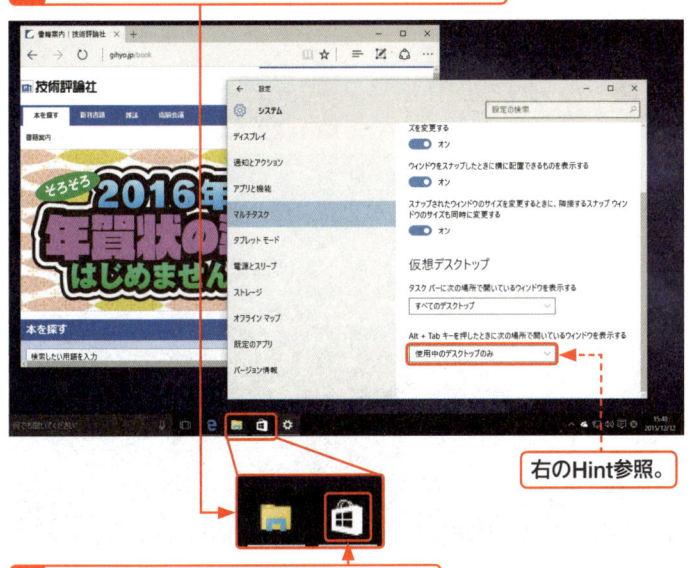

右のHint参照。

7 アプリのボタンをクリックすると（ここでは
デスクトップ2の＜ストア＞）、

8 デスクトップ2に切り替わります。

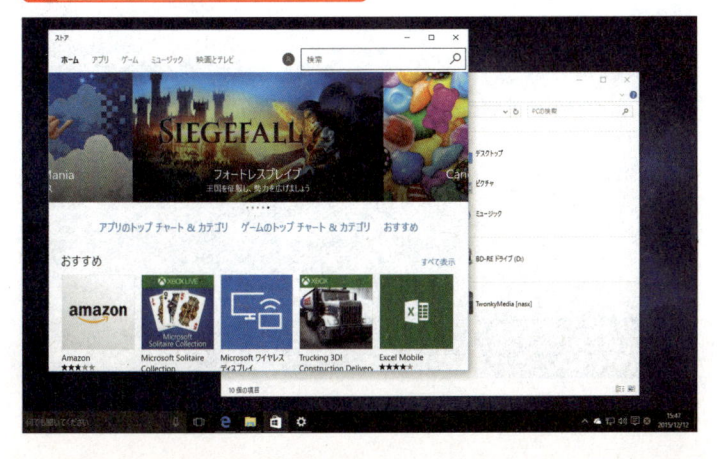

ピン留めしたアイコンについて

手順 **5** で＜使用中のデスクトップのみ
＞を選択した場合、「デスクトップ1」で
起動したアプリのアイコン下に下線が加
わり、「デスクトップ2」では下線が加わ
りません。「すべてのデスクトップ」を
選択した場合、どの仮想デスクトップを
選択しても下線が加わります。なお、検
索ボックスやタスクビューは特別なアイ
コンに分類されるため、「仮想デスクトッ
プ」の設定は影響しません。

Hint クールスイッチの動作を変更する

Alt キーを押しながら Tab キーを押す
と、クールスイッチと呼ばれるサムネイ
ル画像が表示されます。通常、このサム
ネイルは、使用中のデスクトップのアプ
リを対象に表示されますが、仮想デスク
トップを利用している場合、すべてのア
プリが表示されたほうがひと目で状況を
把握することができて便利です。手順
6 の画面で ∨ をクリックして表示され
るメニューから＜すべてのデスクトップ
＞をクリックして選択すると、Alt キー
を押して Tab キーを押した際に、利用
しているすべてのアプリのサムネイルが
表示されるようになります。

第1章 Windows 10 をはじめよう
第2章 Windows 10 の基本操作
第3章 ファイルとフォルダー
第4章 インターネット
第5章 Outlook. com
第6章 「メール」アプリ
第7章 アプリの利用
第8章 データの活用
第9章 音楽／写真／ビデオ
第10章 タブレットモード
第11章 文字入力の基本
第12章 ＜スタート＞メニュー
第13章 デスクトップ
第14章 ネットワーク
第15章 管理／セキュリティ
第16章 周辺機器の利用
第17章 トラブル対策
第18章 インストールと初期設定
付録

Section 162 通知領域をカスタマイズする

キーワード ▶ 通知領域

デスクトップアプリを使う場合、通知領域の利用は必須といっても過言ではありません。文字通りアプリからユーザーへの通知を行うために用意された通知領域からは、システムの状態確認や設定変更などさまざまな操作を行えます。ここでは通知領域に関する各種カスタマイズ方法を解説します。

1 非表示のアイコンを表示する／常に表示する

Key word 通知領域とは？

「通知領域」とは、タスクバーの右下に位置するアイコンを表示／格納する領域を指します。主に起動しているアプリや機能の動作変更を行うことができます。

Key word デスクトップアプリとは？

「デスクトップアプリ」とは、Windows 7以前から使われ続けているアプリ形態の一種です。たとえばInternet Explorerやエクスプローラーがデスクトップアプリに含まれます。

Key word Windowsアプリとは？

Windows 10はWindows 10 Mobileなど、Windows10プラットフォーム（動作環境）で同一のアプリを実行可能にする、UWP（ユニバーサルWindowsプラットフォーム）を用意し、その上で動作するアプリをUWPアプリと呼んでいます。たとえばMicrosoft Edgeやメールは UWPアプリです。本書では「Windowsアプリ」と呼んでいます。

1 ∧ をクリックすると、

2 インジケーター（次ページ上の Keyword参照）が開き、

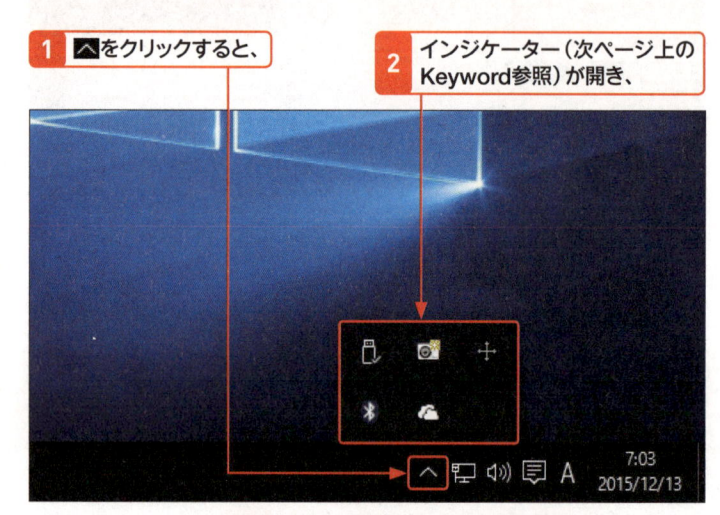

3 アイコンを確認することができます。

4 アイコンを通知領域にドラッグ&ドロップすると（ここでは＜OneDrive＞）、

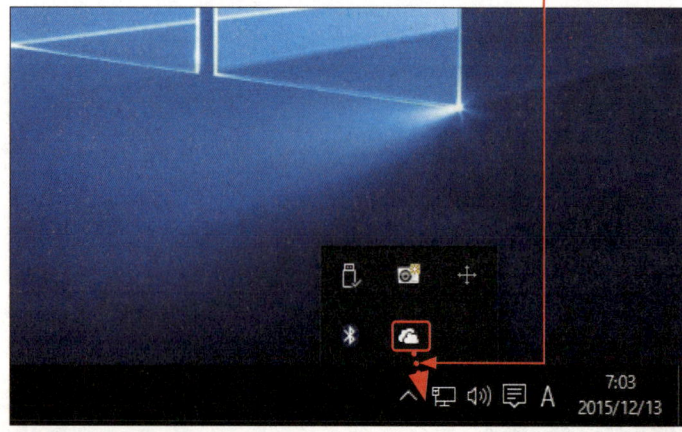

5 アイコンが移動し、常時表示に切り替わります。

6 アイコンを上方向にドラッグすると、

7 アイコンが通知領域から消えます。

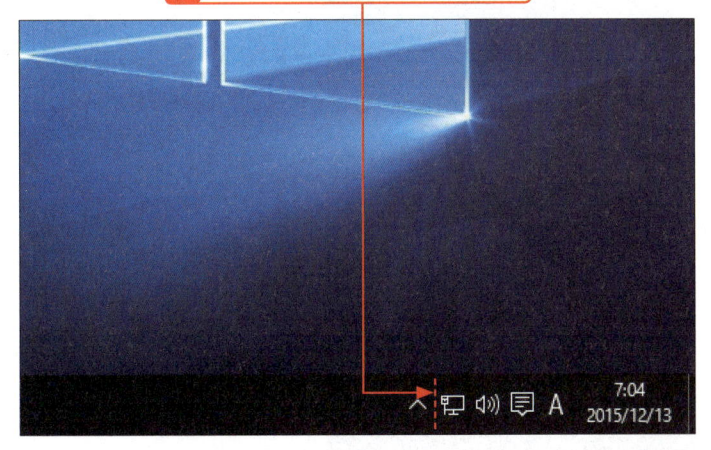

8 をクリックすると、

9 インジケーターが開き、

10 アイコン（＜OneDrive＞）がインジケーターに戻ったことを確認できます。

Key word　インジケーターとは？

「インジケーター」とは、あることを示すものや指標を意味する英単語で、ここでは通知領域で非表示になっているアイコンが表示されます。一般的にシステムアイコンが通知領域に表示され、アプリのアイコンはインジケーター内に格納されます。表示／非表示の切り替えはドラッグ＆ドロップでも操作できますが、詳しくはP.494の「5　タスクバーの通知領域に表示するアイコンをカスタマイズする」や、P.495の「6　システムアイコンの表示／非表示を切り替える」を参照してください。

Hint　キーボードでインジケーターを開く

インジケーターは、マウスやタッチ操作以外にも、■キーとBキーを同時に押したら、キーを離し、続けてスペースキーを押せば開くことができます。

Memo　インジケーター内のアイコンを削除する

基本的にインジケーター内のアイコンを非表示にできるかどうかは、アプリ側に任されています。アプリの設定を確認し、「通知領域にアイコンを表示しない」などの設定項目があれば実行してください。

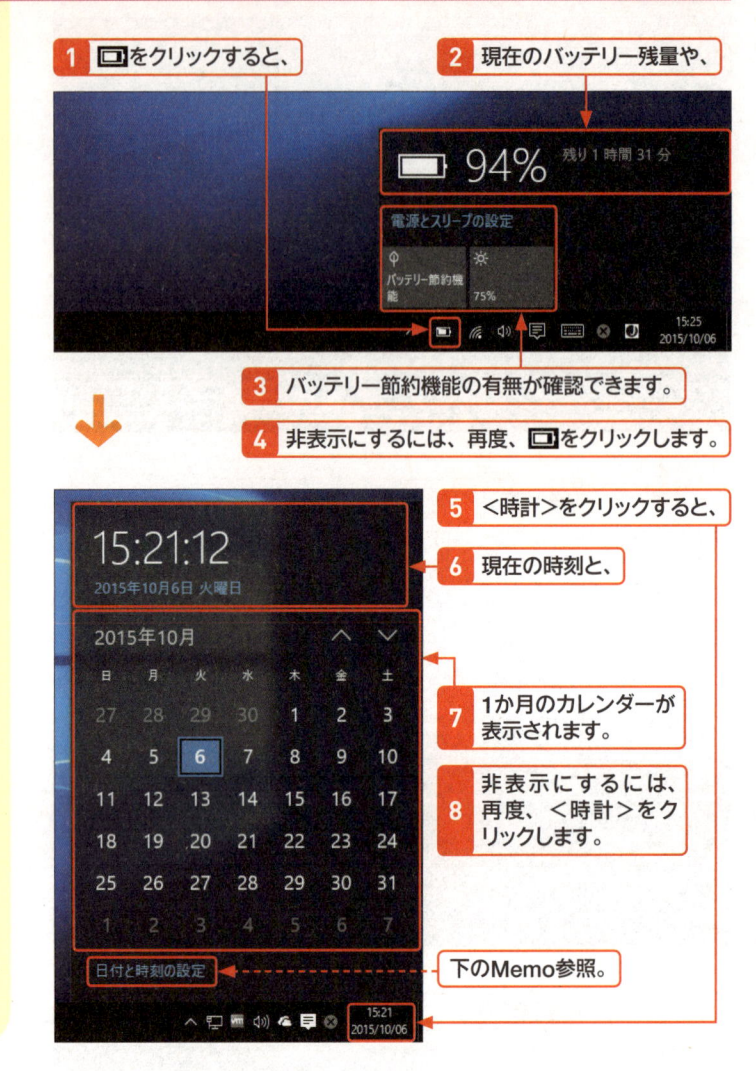

第1章
Windows 10
をはじめよう

第2章
Windows 10
の基本操作

第3章
ファイルと
フォルダー

第4章
インター
ネット

第5章
Outlook.
com

第6章
「メール」
アプリ

第7章
アプリの
利用

第8章
データの
活用

第9章
音楽/写真
/ビデオ

第10章
タブレット
モード

第11章
文字入力
の基本

第12章
＜スタート＞
メニュー

第13章
デスクトップ

第14章
ネットワーク

第15章
管理/
セキュリティ

第16章
周辺機器
の利用

第17章
トラブル
対策

第18章
インストール
と初期設定

付　録

2 バッテリー残量を確認する／カレンダーと時計を表示する

Memo　バッテリー節約機能

バッテリー節約機能は、バックグラウンドで動作するアプリとプッシュ通知を抑止することで、バッテリー駆動時間を延ばすために、Windows 10に搭載されました。通常は手動で有効にしますが、バッテリー残量が20パーセントを切ると自動的に有効になります。ただし、ノートパソコンやタブレットなどのバッテリー駆動のパソコンでしか使用できません。

1 ▭をクリックすると、

2 現在のバッテリー残量や、

3 バッテリー節約機能の有無が確認できます。

4 非表示にするには、再度、▭をクリックします。

5 ＜時計＞をクリックすると、

6 現在の時刻と、

7 1か月のカレンダーが表示されます。

8 非表示にするには、再度、＜時計＞をクリックします。

下のMemo参照。

Memo　日付と時刻を変更する

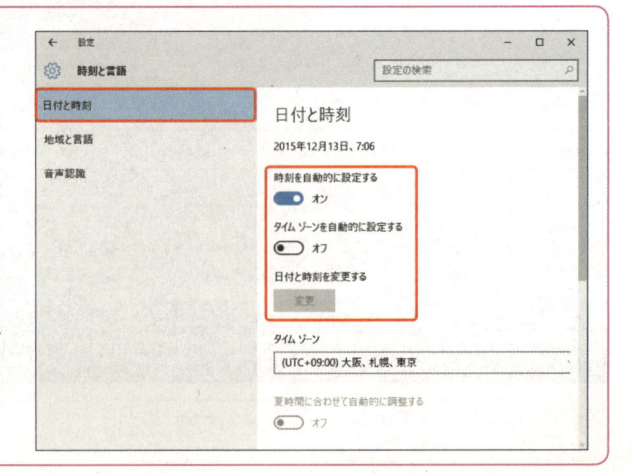

手順 **7** の画面で＜日付と時刻の設定＞をクリックすると、「設定」（P.33参照）の＜時刻と言語＞→＜日付と時刻＞が起動します。通常、＜時刻を自動的に設定する＞が ● になっているため、操作できません。その場合はクリックして ● に切り替えてから、＜変更＞をクリックします。なお、＜タイムゾーンを自動的に設定する＞では、インターネットを利用し、現在いる国を検出して、自動的にタイムゾーンを設定するというものです。海外出張が多い方は ● にしておきましょう。

3 音量を調節する

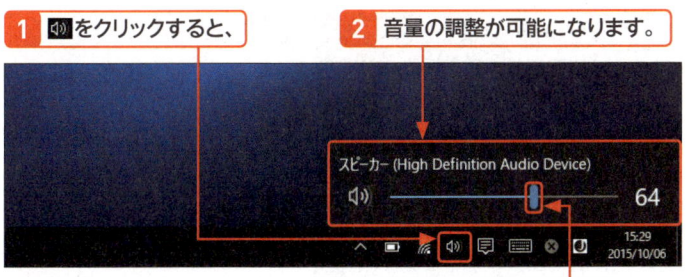

1 📢 をクリックすると、

2 音量の調整が可能になります。

スピーカー (High Definition Audio Device)

📢 ━━━━━━━━━ 64

15:29
2015/10/06

3 スライダーを左右にドラッグすることで、音量を変更できます。

📝 **Memo** **音量ミキサーとサウンド設定**

アプリによってボリューム調整を行う「音量ミキサー」は、📢 スピーカーアイコンを右クリックし、＜音量ミキサーを
開く＞をクリックします。「音量ミキサー」は、アプリごとのボリューム調整を行いますが上記の手順**3**で行った全体
の最大音量を超すことはできません。音量ミキサーから変更する場合は「スピーカー」のスライダーを上方向にドラッ
グしてから、各アプリのスライダーを上下にドラッグして調整しましょう。また、そのほかに右クリックして表示され
るメニューには、4つの項目があります。＜サウンド＞をクリックすると、USBデバイスの着脱時に再生されるイベ
ントサウンドを管理するダイアログボックスが起動します。＜再生デバイス＞＜録音デバイス＞をクリックしても同じ
ダイアログボックスの＜再生＞タブ、＜録音＞タブが起動しますが、＜サウンドの問題のトラブルシューティング＞で
は「オーディオの再生」トラブルシューティングツールが起動します。

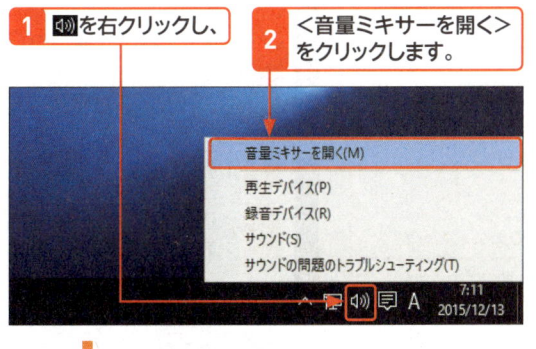

1 📢 を右クリックし、

2 ＜音量ミキサーを開く＞
をクリックします。

音量ミキサーを開く(M)
再生デバイス(P)
録音デバイス(R)
サウンド(S)
サウンドの問題のトラブルシューティング(T)

7:11
2015/12/13

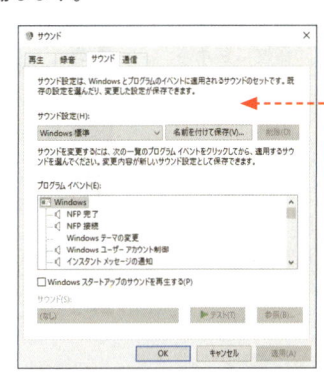

手順**2**で＜再生デ
バイス＞＜録音デバ
イス＞＜サウンド＞
をクリックすると、
それぞれのタブが
開いた状態で、ダ
イアログボックスが
起動します。

3 音量ミキサーが開きます。

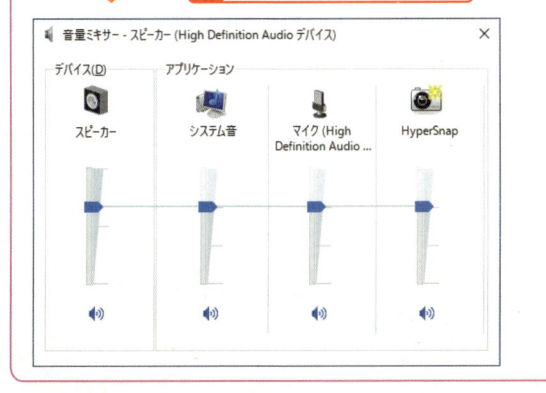

音量ミキサー - スピーカー (High Definition Audio デバイス)

デバイス(D)　　アプリケーション

スピーカー　システム音　マイク (High
Definition Audio ...　HyperSnap

手順**2**で＜サウンドの問題のトラブルシューティング＞
をクリックすると、トラブルシューティングツールが起
動します。

← 🔊 オーディオの再生

問題を特定できませんでした

その他の役に立つ可能性のあるオプションも検討されることをお勧めします。

→ その他のオプションを参照する

→ トラブルシューティング ツールを終了する

4 ネットワークの接続状態を確認する

Memo 有線LANの場合

有線LANでインターネットを利用している場合は、手順2の画面では、ポップアップでシンプルに表示されます。

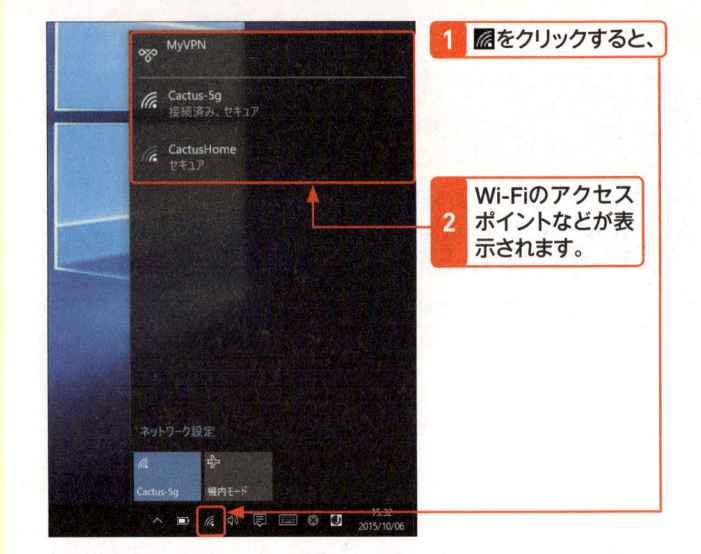

1 ▨をクリックすると、

2 Wi-Fiのアクセスポイントなどが表示されます。

5 タスクバーの通知領域に表示するアイコンをカスタマイズする

Memo カスタマイズ時の注意点

基本的に使用頻度が高い、もしくは参照回数が多いアイコンは通知領域に表示させておきましょう。たとえばBluetoothデバイスを多用する場合、Bluetoothアイコンを通知領域に表示させておいたほうが操作しやすくなります。また、ドキュメントをOneDrive上に置いてある場合は、OneDriveアイコンを通知領域に表示させることをおすすめします。ただし、過剰に表示させるとタスクバーの表示領域が狭くなるので、バランスを考慮しながら調整してください。

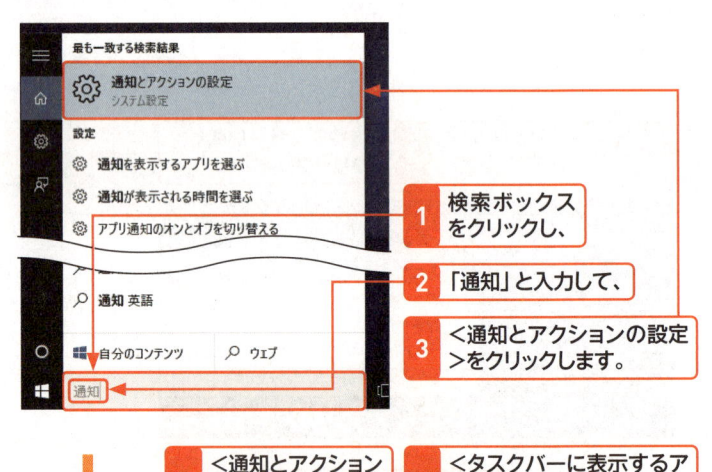

1 検索ボックスをクリックし、

2 「通知」と入力して、

3 <通知とアクションの設定>をクリックします。

4 <通知とアクション>が選択されていることを確認し、

5 <タスクバーに表示するアイコンを選択してください>をクリックして、

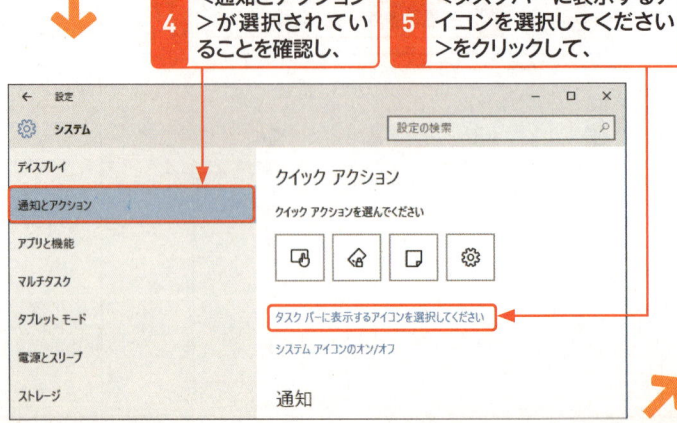

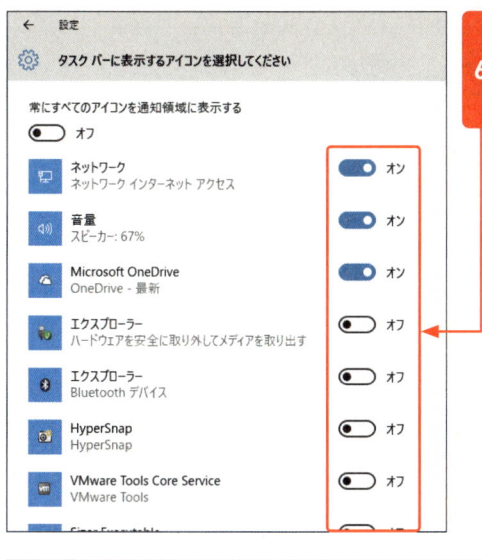

6　表示／非表示を切り替えるアイコンのスイッチをクリックします。

Memo　常にすべてのアイコンを通知領域に表示する

Windows 10 は通知領域へ新たに加わったアイコンはインジケーターに隠れるしくみですが、<常にすべてのアイコンを通知領域に表示する>を●○にすることで、すべてのアイコンが通知領域に並びます。なお、この状態ではインジケーターを開くことはできなくなります。

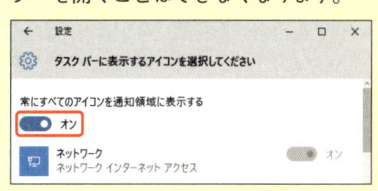

6　システムアイコンの表示／非表示を切り替える

1　前ページの手順 **1**〜**4** を参考に、<通知とアクション>を表示し、

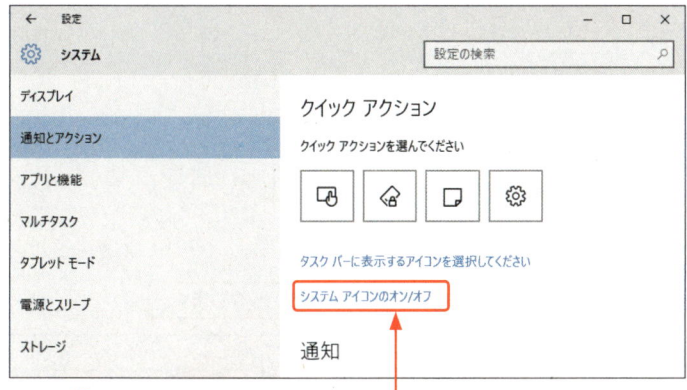

2　<システムアイコンのオン/オフ>をクリックして、

Hint　通知に関するカスタマイズ

<通知とアクション>では、各種アプリが発する通知（バナー）やサウンドのオン／オフを設定できます。

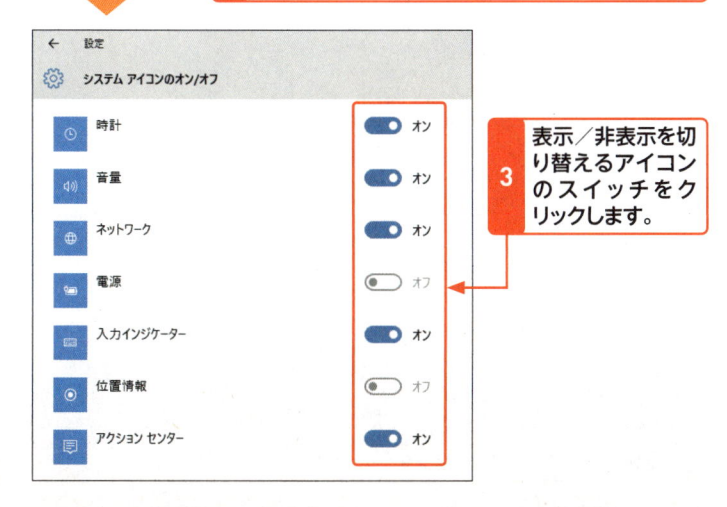

3　表示／非表示を切り替えるアイコンのスイッチをクリックします。

Memo　システムアイコンについて

手順 **3** の画面では、Windows 10 があらかじめ用意したシステム情報に直結するアイコンが並びます。Windows 10 では、時計／音量／ネットワーク／電源／入力インジケーター／位置情報／アクションセンターの7つですが、デスクトップパソコンの場合、電源などは●○にできません。

Section
163
アクションセンターを カスタマイズする

キーワード ▶ アクションセンター

アプリによる通知やシステムの状態をすぐに確認／変更できるのがアクションセンターです。このアクションセンターでは、見逃した通知の確認やGPSやWi-Fiのオン／オフ、タブレットモードの切り替えをかんたんに行えます。ここではアクションセンターに関する設定方法を解説します。

1 クイックアクションの設定を行う

Key word 通知とは?

「通知」とは、ポップアップされるメッセージのことを指します。Windows 10では主にデスクトップの右上や右下に表示されます。正式には「トースト通知」と呼ばれますが、本書では「通知」と表記しています。

Memo アクションセンターについて

アクションセンターでは、Windows 10やWindows アプリ、デスクトップアプリが発する通知を確認できます。また、今後アクションセンターに対応するメッセージングアプリも追加される予定です。

Key word クイックアクションとは?

「クイックアクション」とは、「アクションセンター」の下部に並ぶ各アクションを指す名称です。折りたたんだ状態では4つのクイックアクションが並び、展開時は利用しているパソコンによって異なりますが、ノートパソコンなどの場合は14種類のクイックアクションが並びます。

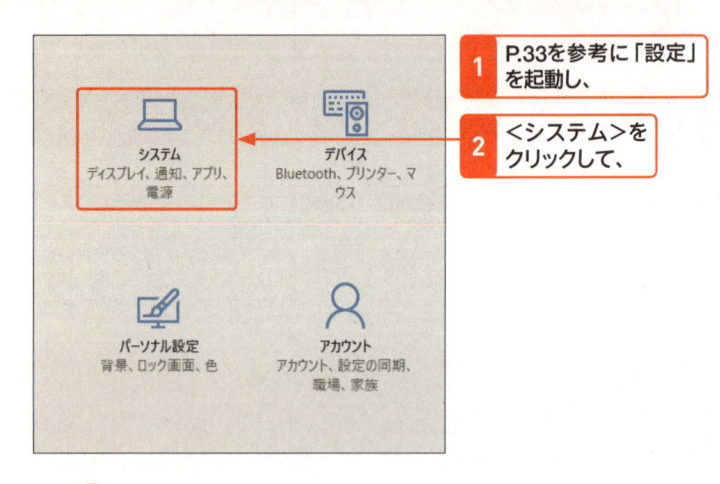

1 P.33を参考に「設定」を起動し、

2 <システム>をクリックして、

3 <通知とアクション>をクリックします。

4 変更するクイックアクションをクリックし、

5 選択するクイックアクションをクリックすると（ここでは＜Bluetooth＞）、

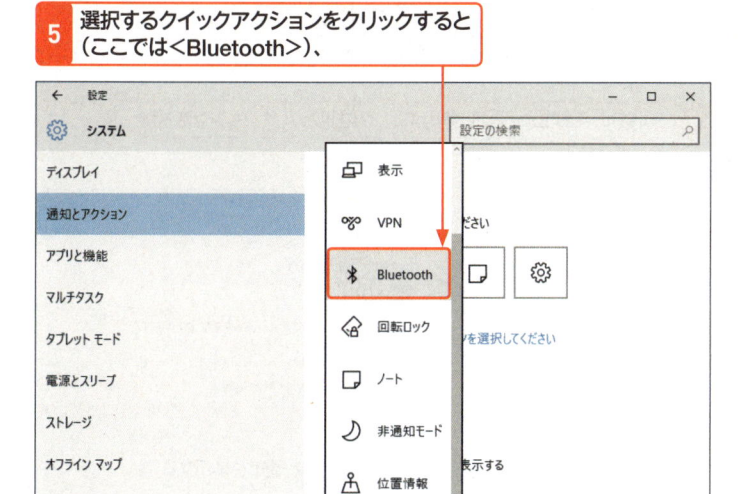

Hint アクションセンターを
ショートカットキーで開く

アクションセンターは通知領域のアイコンをクリックする以外に、■キーを押しながら Ａ キーを押すことでも起動します。

6 設定が変更されます。

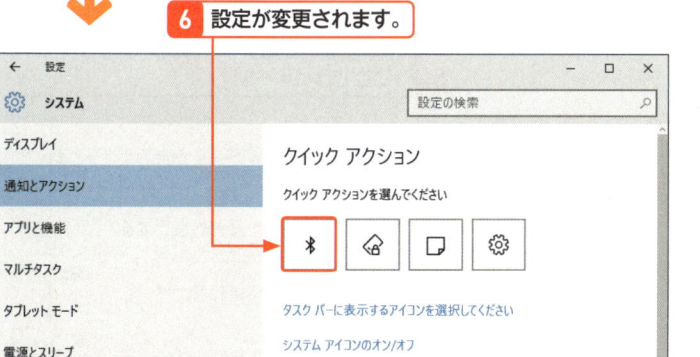

Memo 使用頻度の高いクイックアクションを選ぶ

手順 4 ～ 6 では、折りたたんだ状態で表示させるクイックアクションの選択を行っています。常に展開した状態で使用すると、肝心の通知が見えにくくなるので、使用頻度の高いクイックアクションを選ぶようにしましょう。

7 🖾 をクリックすると、 **8** クイックアクションが変更されます。

Hint 選択できる
クイックアクション

一覧から選択できるクイックアクションはパソコンによって異なります。たとえば Bluetooth に対応していないパソコンの場合、一覧にこの項目は表示されません。

第 1 章	Windows 10 をはじめよう
第 2 章	Windows 10 の基本操作
第 3 章	ファイルと フォルダー
第 4 章	インター ネット
第 5 章	Outlook. com
第 6 章	「メール」 アプリ
第 7 章	アプリの 利用
第 8 章	データの 活用
第 9 章	音楽／写真 ／ビデオ
第 10 章	タブレット モード
第 11 章	文字入力 の基本
第 12 章	<スタート> メニュー
第 13 章	デスクトップ
第 14 章	ネットワーク
第 15 章	管理／ セキュリティ
第 16 章	周辺機器 の利用
第 17 章	トラブル 対策
第 18 章	インストール と初期設定
付 録	

2 通知を行うアプリを選別する

Memo リストアップされる アプリ

手順 **1** の画面で<次のアプリからの通知を表示する>に並ぶアプリは、一度アプリから通知を発しておく必要があります。一度も通知のないアプリは、このセクションには並びません。

Hint <通知>のスイッチについて

手順 **3** で<通知>のスイッチを ◯● に切り替えた場合、<通知バナーを表示><通知が届いたら音を鳴らす>もすべて ◯● に切り替わり、設定できなくなります。個別に設定する場合は<通知>のスイッチは ●◯ のままにしてください。

Memo 個別カスタマイズの ポイント

通知はユーザーに状態の変化を知らせる重要な機能ですが、あまり頻繁に現れると邪魔な存在となります。そのため、確認が必要なアプリの場合は<通知が届いたら音を鳴らす>を ●◯ に、有料版へのアップグレードをうながす通知が邪魔な場合は<通知>を ◯● にと、通知内容に応じて選択してください。

---

1 P.496の手順 **1**〜**3** を参考に、<通知とアクション>を開き、

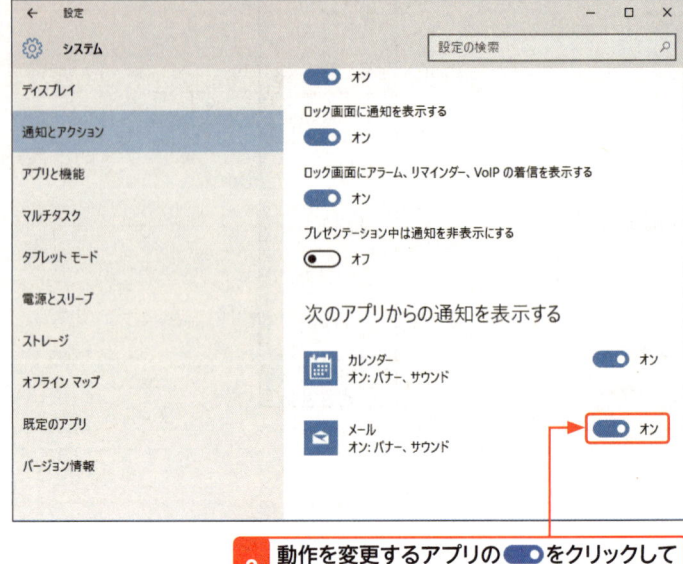

2 動作を変更するアプリの ●◯ をクリックして（ここでは<メール>）、

3 ◯● に切り替えます。

通知はすべて無効になります。

4 個別に設定する場合は、アプリ名をクリックし（ここでは<カレンダー>）、

5 それぞれ、無効にする場合は、●◯ をクリックして、◯● に切り替えます。

3 アプリ全体の通知をすべてオフにする

1 P.496の手順 **1** ～ **3** を参考に、＜通知とアクション＞を開き、

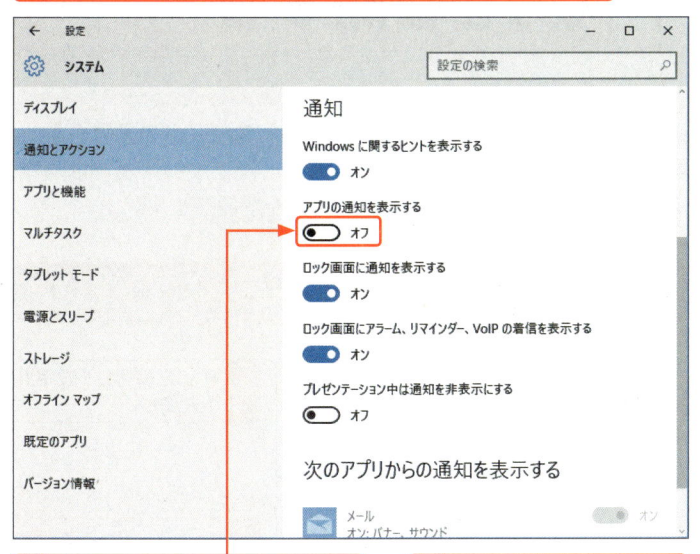

2 ＜アプリの通知を表示する＞の ●○ をクリックして、○● に切り替えると、

3 すべてのアプリに対して通知が無効になります。

📝 Memo 通知をオフにする デメリット

目の前の作業に集中したい場合、メール着信などを知らせる通知は気がそがれる原因となりかねません。そのような場面では＜アプリの通知を表示する＞を ○● にしてください。ただし、そのまま使い続けると各種情報を能動的に取得しなければならなくなるので、作業を終えたら ●○ に戻すことをおすすめします。

4 プレゼンテーション中の通知をオフにする

1 P.496の手順 **1** ～ **3** を参考に、＜通知とアクション＞を開き、

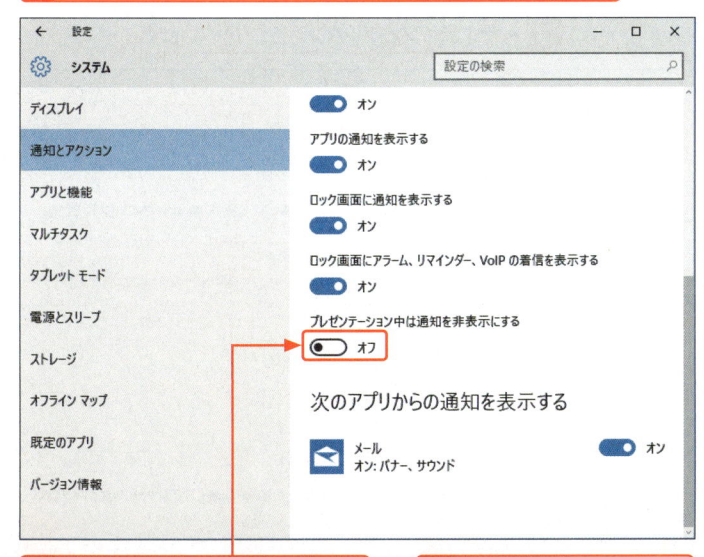

2 ＜プレゼンテーション中は通知を非表示にする＞の ●○ をクリックして、○● に切り替えると、

3 プレゼンテーション中の通知が無効になります。

💡 Hint プレゼンテーション中は 通知を非表示にする

ここで解説している設定を行うと、PowerPointなどのアプリでプレゼンテーション資料をセカンドディスプレイなどに映し出している場合に各種通知が無効になります。通常、スイッチは ●○ のため、プレゼンテーションを行う場合に ○● にしてください。

アクションセンター

Section 164 スリープ復帰時の パスワード入力を省略する

キーワード ▶ スリープ

Windows 10は一定時間操作しないと自動的にスリープに移行し、復帰時にはパスワードの入力を求められます。セキュリティ面では大事な機能ですが、自宅など情報が漏えいする心配がない環境では煩雑に感じることでしょう。ここでは、パスワードの入力をスキップする設定方法を解説します。

1 パスワード入力のスキップの設定を行う

Key word　スリープとは？

「スリープ」とは、省電力を目的にパソコンが一時的に待機状態になる状態を指します。サスペンドやスタンバイなどほかの呼称も用いられることがありますが、メモリー以外の給電を停止する動作は同じです。

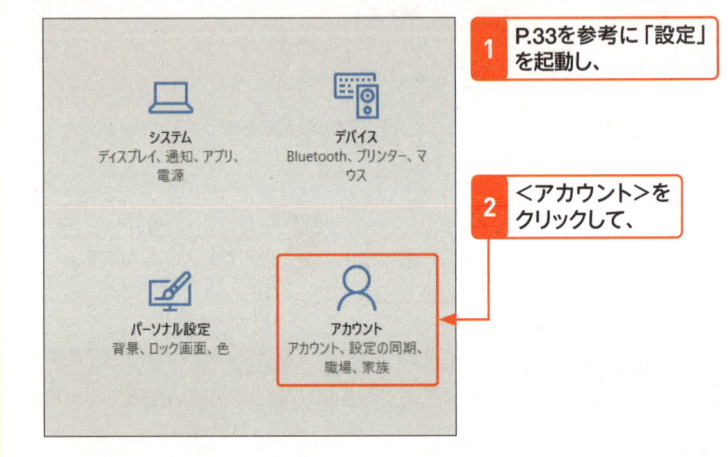

1 P.33を参考に「設定」を起動し、

2 ＜アカウント＞をクリックして、

3 ＜サインインオプション＞をクリックします。

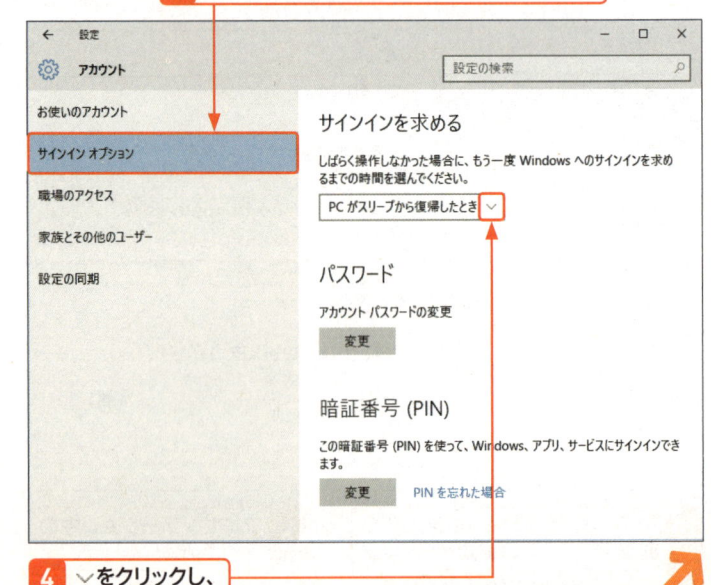

4 ∨をクリックし、

Memo　情報漏えい

情報漏えいとは、個人や会社の機密情報が外部に漏れてしまう問題を指します。マルウェアの侵入やユーザーの操作ミス／管理ミスによって情報は漏えいし、さまざまなリスクにつながります。

5 ＜表示しない＞をクリックします。

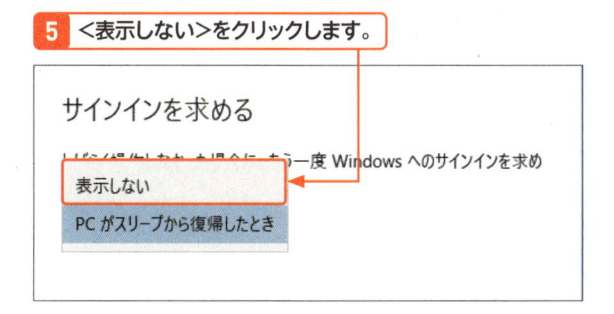

サインインを求める

ーーーーーーーーーーーーーー 場合にもう一度 Windows へのサインインを求め

表示しない

PC がスリープから復帰したとき

2　コントロールパネルから設定する

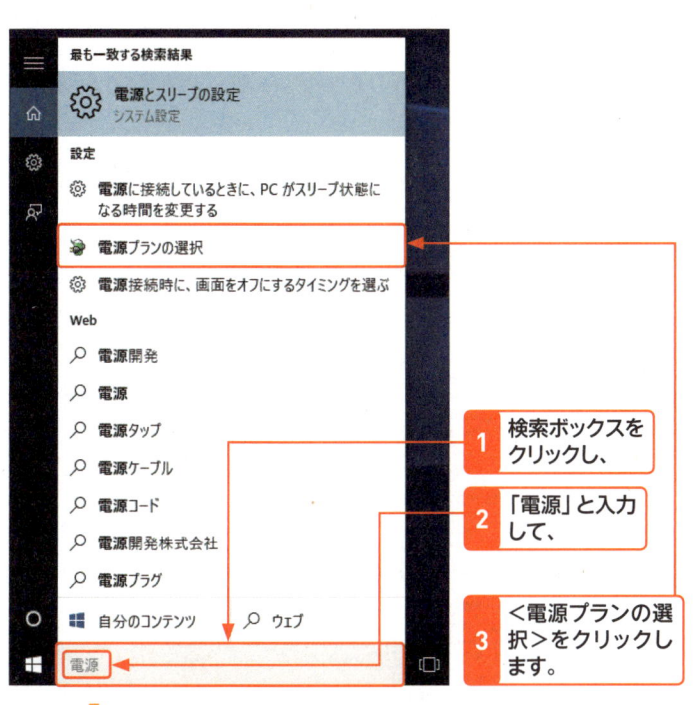

1 検索ボックスを
クリックし、

2 「電源」と入力
して、

3 ＜電源プランの選
択＞をクリックし
ます。

4 ＜スリープ解除時のパスワード保護＞をクリックし、

スリープ

 Hint　**スキップするメリット**

自宅に設置したデスクトップパソコンの
場合、ほかのユーザーが触れる機会はあ
まり多くありません。そのような場面で
情報漏えいの心配がない環境でこの設定
を行えば、スリープ復帰直後からパソコ
ンがすぐに使用可能になります。

Caution　**本設定の注意点**

本設定はユーザーの利便性を向上させま
すが、セキュリティレベルは低下します。
そのためデスクトップパソコンなど、そ
の場に固定されたものに限定し、タブ
レットなど外出先でも使用するパソコン
に対しては設定を変更しないでくださ
い。

Memo　**ここでの設定について**

ここで解説しているパスワード入力の省
略を行うと、暗証番号（PIN）を設定して
いる場合はPIN入力が省略され、ピク
チャパスワードを設定している場合はピク
チャパスワード操作が省略されます。
Windows Helloの場合は、登録した指
紋や顔認証によるロックが解除されま
す。

第 1 章
Windows 10
をはじめよう

第 2 章
Windows 10
の基本操作

第 3 章
ファイルと
フォルダー

第 4 章
インター
ネット

第 5 章
Outlook.
com

第 6 章
[メール]
アプリ

第 7 章
アプリの
利用

第 8 章
データの
活用

第 9 章
音楽/写真
/ビデオ

第10章
タブレット
モード

第11章
文字入力
の基本

第12章
<スタート>
メニュー

第13章
デスクトップ

第14章
ネットワーク

第15章
管理/
セキュリティ

第16章
周辺機器
の利用

第17章
トラブル
対策

第18章
インストール
と初期設定

付　録

Hint　パスワードの入力を求められた場合

手順 7 のあとで、ユーザーアカウント制御によるパスワードの入力を求められた場合は、管理者権限を持つユーザーアカウントのパスワードを入力し、<はい>をクリックします。

Memo　Windows Helloのすすめ

マイクロソフトはパスワードによるセキュリティ対策は「時代遅れ」と判断し、Windows 10でバイオメトリクス認証を強化しました。その機能となるWindows Hello は指紋認証デバイスや赤外線による顔認証、高感度カメラによる虹彩認証によるサインインやロック解除を可能にしています。ここでは「スリープ復帰後のロック解除操作をスキップ」することが目的ですが、前述の通りセキュリティ問題が起きかねません。2015年秋冬以降に発売されたパソコンの一部はWindows Hello サポートを謳っています。どうしてもセキュリティが気になる方は、Windows Hello対応パソコンの購入を検討してもよいでしょう。なお、対応パソコンをお使いの場合は「設定」（P.33参照）の<アカウント>→<サインインオプション>の順にクリックすれば、使用可能かどうかわかります。

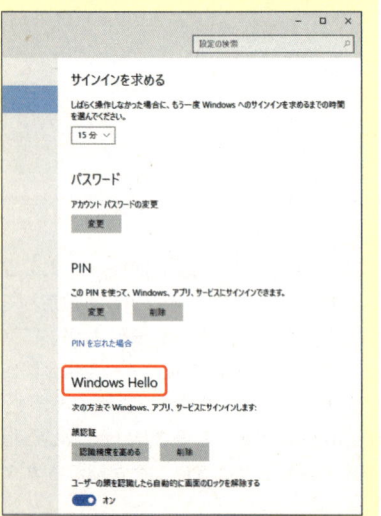

---

5 <現在利用可能ではない設定を変更します>をクリックすると、

6 設定変更が可能になります。<パスワードを必要としない>をクリックし、

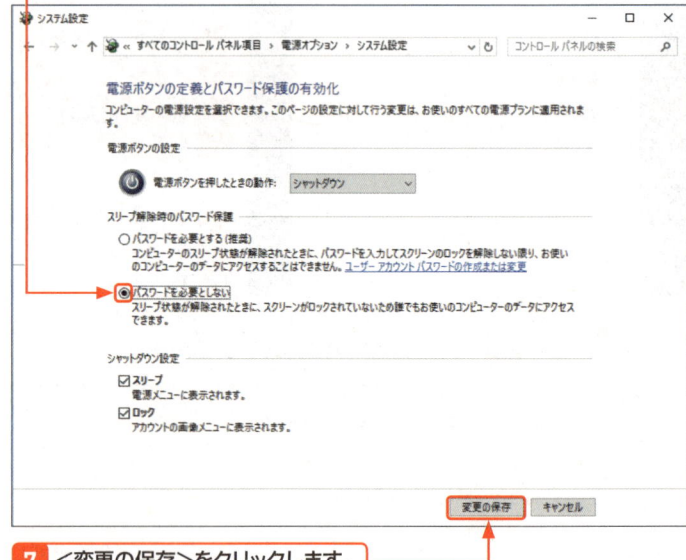

7 <変更の保存>をクリックします。

第14章

ネットワークの活用

Section
165
ホームグループで
ほかの機器と共有を行う

キーワード ▶ ホームグループ

Windows 10は、ほかのパソコンとファイルやプリンターを共有する「ホームグループ」という機能を備えています。難しいネットワーク設定を必要とせず、ファイルを共有できるため、ネットワーク経由でファイルの送受信を可能にし、複数のプリンターを用意する必要がなくなります。

1 ホームグループとは

「ホームグループ」は、家庭内の同じネットワーク上のパソコンのグループで、ファイルやプリンターを共有できる機能のことです。この機能は「コンピューター（P.515参照）」単位で共有を行うもので、共有できるファイルは、ユーザーフォルダーの＜ドキュメント＞＜ピクチャ＞＜ミュージック＞＜ビデオ＞と限られます。パソコン内のデータすべてが共有できるわけではないので不便のように感じられますが、「パスワード」によって共有を実現するため、手軽に共有が行えるという点が大きな利点です。設定はエクスプローラーから行います。

なお、「共有」とは、一般にパソコンの機能やデータをほかのパソコンと共有する、設定や操作を指します。ファイルを共有する場合は「ファイル共有」と呼び、ネットワーク上のファイルを手元のパソコンと同じ感覚で操作できます。ただし、ファイル共有に関しては、削除を指定した場合は完全に削除されるため、注意が必要です。

ホームグループ

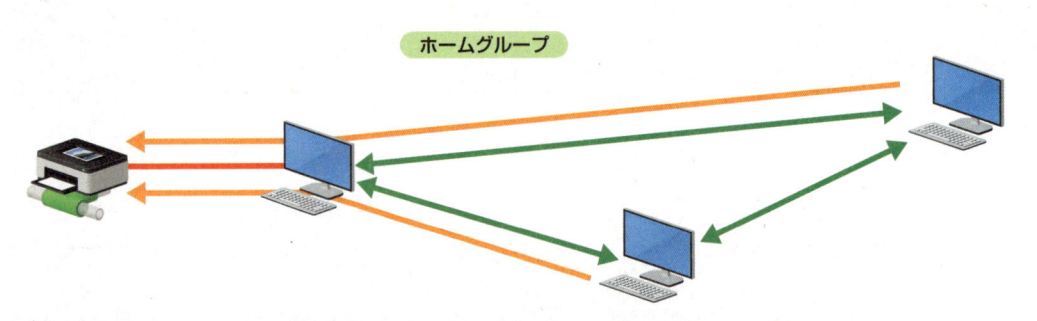

ホームグループを作成すると、複数台のパソコンでデータやプリンターの共有が可能になります。

2 ホームグループ作成の流れ

共有は以下の手順で行います。

STEP1

複数あるパソコンのうち、まず1台のパソコンに対して「ホームグループの作成」を実行します。作成時にパスワードが表示されるので、このパスワードをメモして控えておきます（P.507参照）。なお、この段階で「ホームグループの作成」を実行したパソコンをあとから特定する方法はありません。「ホームグループの作成」を実行したパソコンは覚えておいてください。

STEP2

ホームグループに参加するパソコンに対して「今すぐ参加」を実行します。参加時にパスワードの入力が求められるので、STEP1で控えたパスワードを入力します（P.508、510、511参照）。

3 ホームグループ利用時のポイント

操作はエクスプローラーの＜ホームグループ＞から行います（P.506参照）。複数アカウント（ユーザー）でパソコンを使っている場合、「ホームグループの作成」あるいは「ホームグループへの参加」を行うと、その時点でサインインしていたアカウントが登録されます。たとえば、Microsoftアカウント、ローカルアカウントの両方で運用しているWindows 10パソコンの場合、ローカルアカウントでサインインしてホームグループの設定を行うと、エクスプローラーのナビゲーションウィンドウの＜ホームグループ＞をクリックして表示されるユーザー名は、そのローカルアカウントになります。

パスワードを確認する

パスワードを確認するには、ホームグループを作成したパソコン、あるいはホームグループに参加したパソコンで、コントロールパネル（P.535参照）の＜ネットワークとインターネット＞→＜ホームグループ＞の順にクリックし、＜ホームグループパスワードの表示または印刷＞をクリックします（P.507参照）。

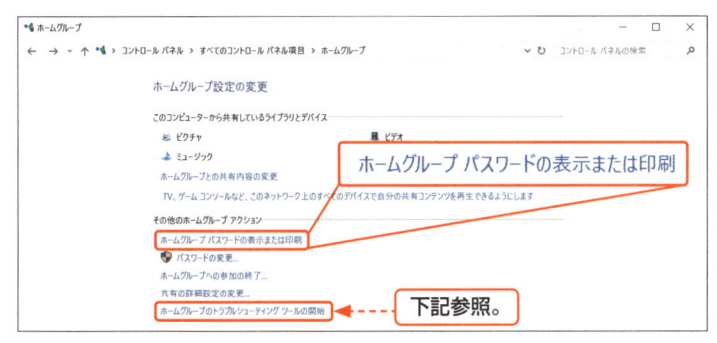

上記手順で表示される画面で、＜このページの印刷＞ボタンをクリックすれば、パソコンに接続したプリンターでパスワードを印刷できます。印刷終了後や、メモ用紙などにパスワードを書き写したあとは＜キャンセル＞ボタンをクリックします。

ホームグループが利用できない

ホームグループが作成できない、もしくは作成済みホームグループに参加できない場合は、トラブルシューティングツールをお試しください。上記、「パスワードを確認する」の手順で開く「ホームグループ設定の変更」にある＜ホームグループのトラブルシューティングツールの開始＞をクリックします。ツールが起動したら、画面の指示に従って＜次へ＞→＜ネットワークの問題をトラブルシューティングする＞→＜閉じる＞の順にクリックします。この間にホームグループに関する機能が再起動し、ホームグループの利用が可能になります。

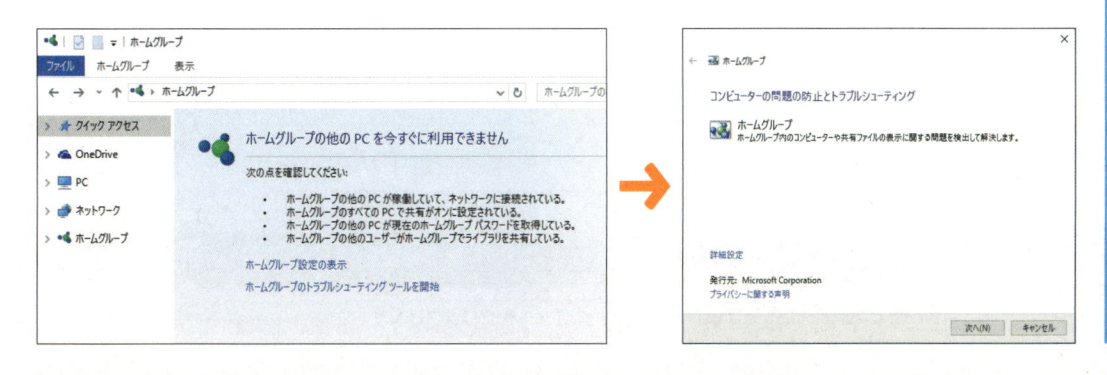

Section 166 ホームグループでフォルダー／プリンターを共有する

キーワード ▶ ホームグループ（共有）

ホームグループを作成することで、ホームグループに参加したパソコンはファイルやプリンターの共有が可能になります。ここでは Windows 10 搭載パソコンをホスト（ホームグループを作成したパソコン）とし、Windows 10 ／ 8.x ／ 7 によるホームグループへの参加や共有方法などを紹介します。

1 ホストパソコンの設定を行う

Memo ホスト

ホームグループにおけるホストは、ホームグループを作成したパソコンを指します。各パソコンはホストからの情報をもとにホームグループへ参加できるようになります。

Hint ホームグループが表示されない

エクスプローラーのナビゲーションウィンドウに<ホームグループ>が表示されない場合は、ネットワーク探索が無効になっている可能性があります。Windows 10はネットワーク接続を検出した際、ネットワークに接続したほかのパソコンを検出するネットワーク探索機能の有無を選択しますが、誤って無効にした場合は<ホームグループ>が表示されないなどの問題が発生します。解決するにはエクスプローラーで<ネットワーク>→「ネットワーク探索が無効になっています〜」という通知→<ネットワーク探索とファイル共有の有効化>の順にクリックしてください。

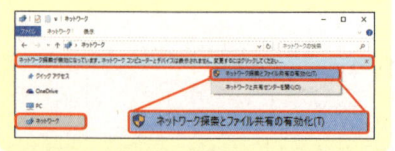

ホームグループを作成する側のパソコン（Windows 10）の設定

1 エクスプローラーを起動し、　　**2** <ホームグループ>をクリックして、

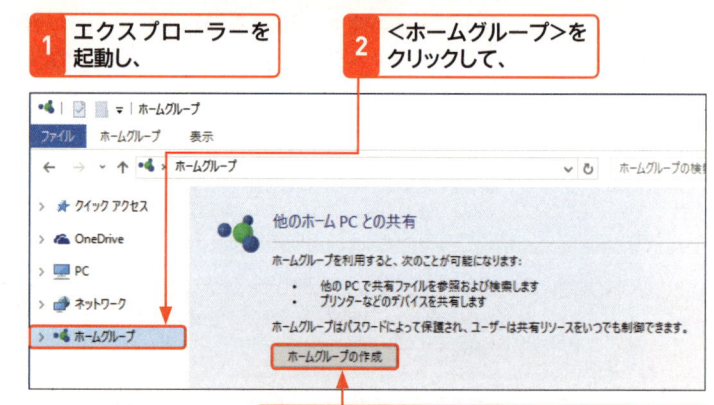

3 <ホームグループの作成>をクリックします。

4 設定ウィザードが起動します。

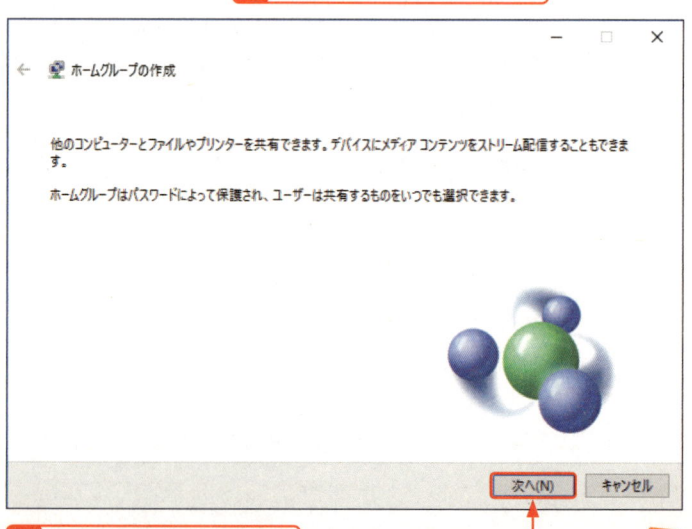

5 <次へ>をクリックします。

6 共有したいリソース（右上のMemo参照）の∨をクリックし、

7 ＜共有＞／＜非共有＞を選択して、

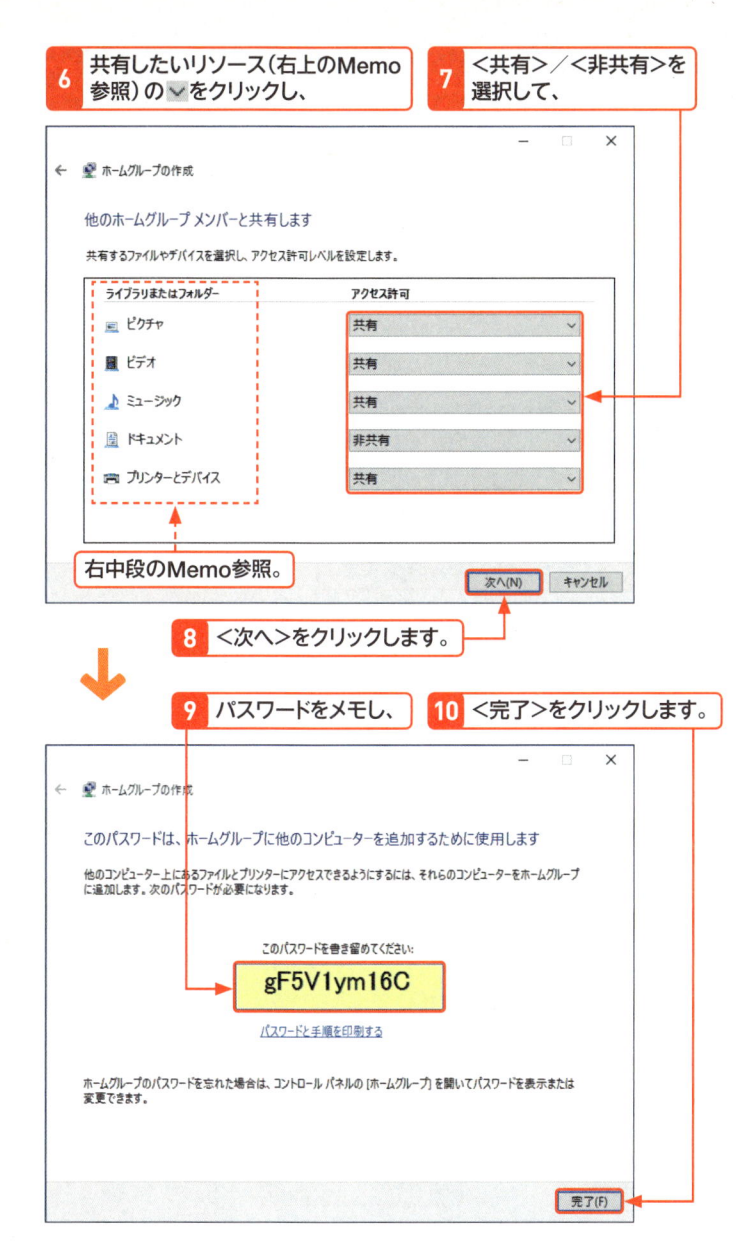

← 🏠 ホームグループの作成

他のホームグループ メンバーと共有します

共有するファイルやデバイスを選択し、アクセス許可レベルを設定します。

ライブラリまたはフォルダー	アクセス許可
📷 ピクチャ	共有 ∨
🎞 ビデオ	共有 ∨
🎵 ミュージック	共有 ∨
📄 ドキュメント	非共有 ∨
🖨 プリンターとデバイス	共有 ∨

右中段のMemo参照。

次へ(N)　キャンセル

8 ＜次へ＞をクリックします。

9 パスワードをメモし、

10 ＜完了＞をクリックします。

← 🏠 ホームグループの作成

このパスワードは、ホームグループに他のコンピューターを追加するために使用します

他のコンピューター上にあるファイルとプリンターにアクセスできるようにするには、それらのコンピューターをホームグループに追加します。次のパスワードが必要になります。

このパスワードを書き留めてください:

gF5V1ym16C

パスワードと手順を印刷する

ホームグループのパスワードを忘れた場合は、コントロール パネルの [ホームグループ] を開いてパスワードを表示または変更できます。

完了(F)

11 エクスプローラーには作成した自身のユーザーアイコンが表示されます。

📁 | ホームグループ
ファイル　ホームグループ　表示
← → ∨ ↑ 🏠 > ホームグループ　∨ ○　ホームグループの検

★ クイック アクセス
☁ OneDrive
💻 PC
🌐 ネットワーク
🏠 ホームグループ
技術花子

技術花子

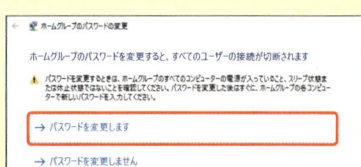

← 🏠 ホームグループのパスワードの変更

ホームグループのパスワードを変更すると、すべてのユーザーの接続が切断されます

⚠ パスワードを変更するときは、ホームグループのすべてのコンピューターの電源が入っていること、スリープ状態または休止状態ではないことを確認してください。パスワードを変更した後はすぐに、ホームグループ各コンピューターで新しいパスワードを入力してください。

→ パスワードを変更します

→ パスワードを変更しません

💡 **Hint**　アカウントについて

手順 **11** の画面ではホームグループを作成したばかりのため、自身のユーザー名を持つアイコンしか並んでいません。ほかのユーザーがホームグループに参加すると、表示されるアイコンは増えていきます。

第1章
Windows 10
をはじめよう

第2章
Windows 10
の基本操作

第3章
ファイルと
フォルダー

第4章
インター
ネット

第5章
Outlook.
com

第6章
[メール]
アプリ

第7章
アプリの
利用

第8章
データの
活用

第9章
音楽/写真
/ビデオ

第10章
タブレット
モード

第11章
文字入力
の基本

第12章
<スタート>
メニュー

第13章
デスクトップ

第14章
ネットワーク

第15章
管理・
セキュリティ

第16章
周辺機器
の利用

第17章
トラブル
対策

第18章
インストール
と初期設定

付　録

2 Windows 10の別のパソコンからホームグループに参加する

Hint ホームグループに参加できない？

ホームグループに参加できない場合は、何らかの理由でネットワークがパブリックネットワークに切り替わっている可能性があります。無線LANの場合は「設定」（P.534参照）の<ネットワークとインターネット>から<Wi-Fi>→<詳細オプション>の順にクリックし、「このPCを検出可能にする」の ⬤ をクリックして ⬤ に切り替えます。有線LANの場合は同じく「設定」の<ネットワークとインターネット>→<イーサネット>→接続済みネットワークアイコンの順にクリックし、 ⬤ をクリックして ⬤ に切り替えてください。これでプライベートネットワークに設定できます。

有線LANの場合

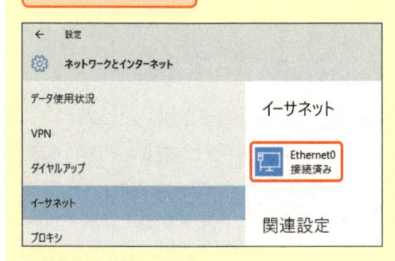

検出可能にする

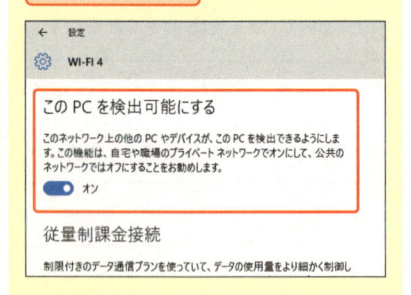

Hint パスワードを再確認したい

ホームグループのパスワードを忘れた場合は、ホームグループを作成した側のパソコンでコントロールパネル（P.535参照）を表示して確認することができます。詳しくはP.507を参照してください。

ホームグループに参加する側のパソコン（Windows 10）の設定

1 エクスプローラーを起動し、

2 <ホームグループ>をクリックして、

3 <今すぐ参加>をクリックします。

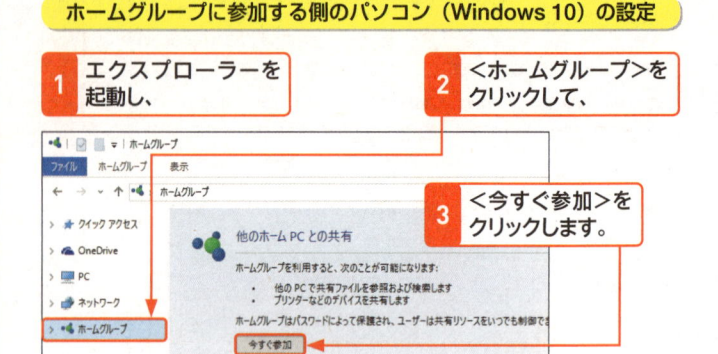

4 設定ウィザードが起動します。

5 <次へ>をクリックします。

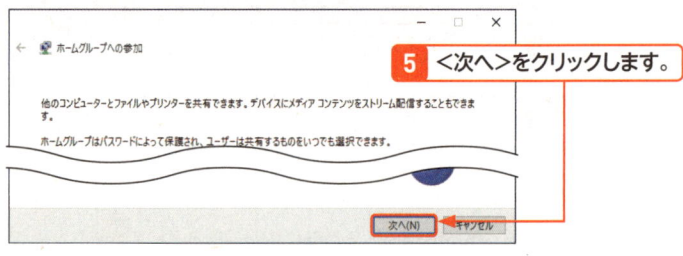

6 共有したいリソースの ⌄ をクリックし、

7 <共有>／<非共有>を選択して、

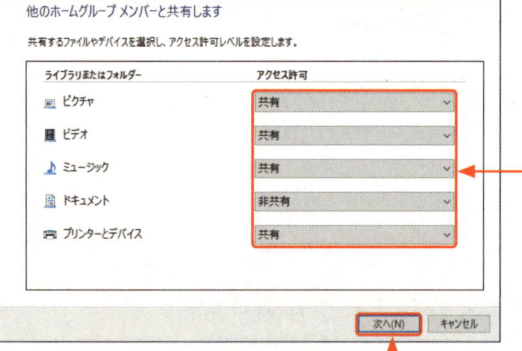

8 <次へ>をクリックします。

9 前ページの手順 9 でメモしたパスワードを入力し、

10 <次へ>をクリックします。

11 ホームグループへの参加が完了しました。

12 <完了>をクリックします。

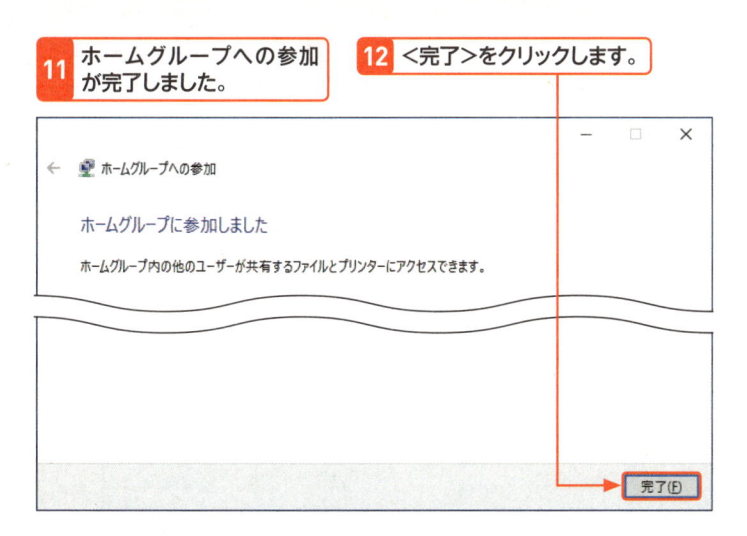

Memo ホームグループの参加後は

ホームグループに各ユーザーが参加している場合、<ホームグループ>をクリックすることで、互いが共有しているリソースへ自由にアクセスできます。なお、同じMicrosoftアカウントでサインインした別のパソコンからホームグループに参加する場合、パスワードの入力は必要ありません。

3 Windows 8／8.1でホームグループに参加する

ホームグループに参加する側のパソコン（Windows 8／8.1）の設定

1 エクスプローラーを起動し、

2 <ホームグループ>をクリックして、

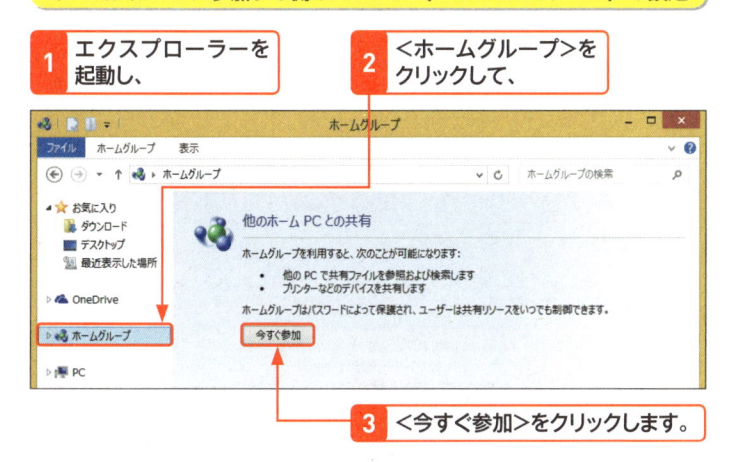

3 <今すぐ参加>をクリックします。

4 設定ウィザードが起動します。

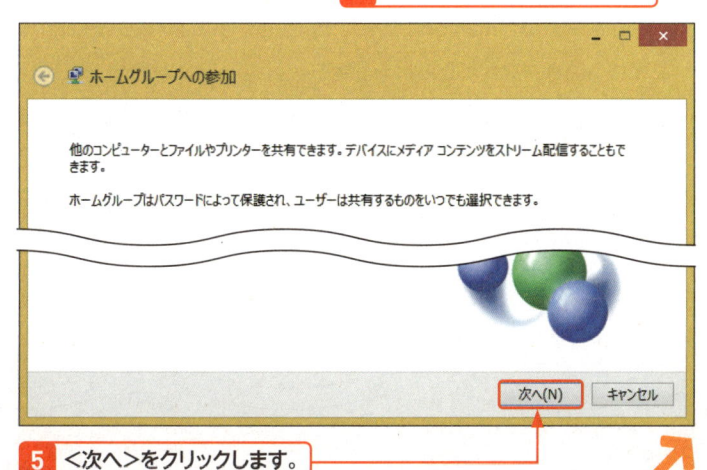

5 <次へ>をクリックします。

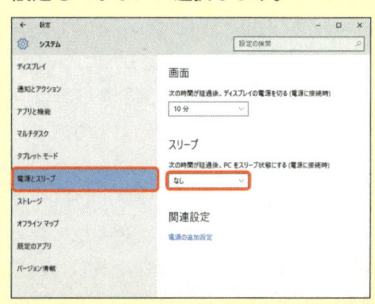

Hint ホームグループを作成したパソコンはスリープさせない

Windows 10は、通常、一定時間経過するとディスプレイの電源を切り、次にパソコンをスリープ状態へ移行させます。このスリープ状態ではパソコンがネットワークに接続しないため、ほかのパソコンがホームグループに参加できません。そのため、事前にスリープ設定の無効化が必要になります。Windows 10の場合は「設定」（P.534参照）の<システム>→<電源とスリープ>に並ぶ「スリープ」の設定を<なし>に選択します。Windows 7および8.1の場合はコントロールパネルの「電源オプション」の<プラン設定の変更>をクリックし、「コンピューターをスリープ状態にする」の設定を<なし>に選択します。

第1章
Windows 10
をはじめよう

第2章
Windows 10
の基本操作

第3章
ファイルと
フォルダー

第4章
インター
ネット

第5章
Outlook.
com

第6章
「メール」
アプリ

第7章
アプリの
利用

第8章
データの
活用

第9章
音楽／写真
／ビデオ

第10章
タブレット
モード

第11章
文字入力
の基本

第12章
＜スタート＞
メニュー

第13章
デスクトップ

第14章
ネットワーク

第15章
管理・
セキュリティ

第16章
周辺機器
の利用

第17章
トラブル
対策

第18章
インストール
と初期設定

付　録

Hint ホームグループの作成元を確認する

Windows 8／8.1の場合、エクスプローラーの＜ホームグループ＞を右クリックし、＜ホームグループ設定の変更＞をクリックすると、「他のホームコンピューターとの共有」で、ホームグループを作成したコンピューター名やユーザー名が確認できます。

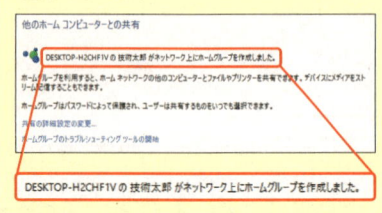

Memo ホームグループの参加後は

Windows 8.1でもホームグループ参加後は、Windows 10と同じようにリソースの参照が可能になります。

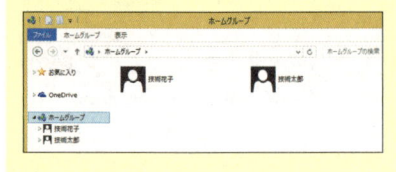

Memo Windows 8.1がホストでも可能

今回はWindows 10をホスト（ホームグループを作成したパソコン）としていますが、Windows 8.1搭載パソコンをホストにし、Windows 10搭載パソコンをゲストとして参加させることもできます。その際注意すべきはアカウントの扱いです。Microsoftアカウントとローカルアカウントは別物として扱われるため、Windows 7やWindows 8.1、Windows 10が混在する場面では、アカウントの種類をローカルアカウントに統一したほうが安全です。

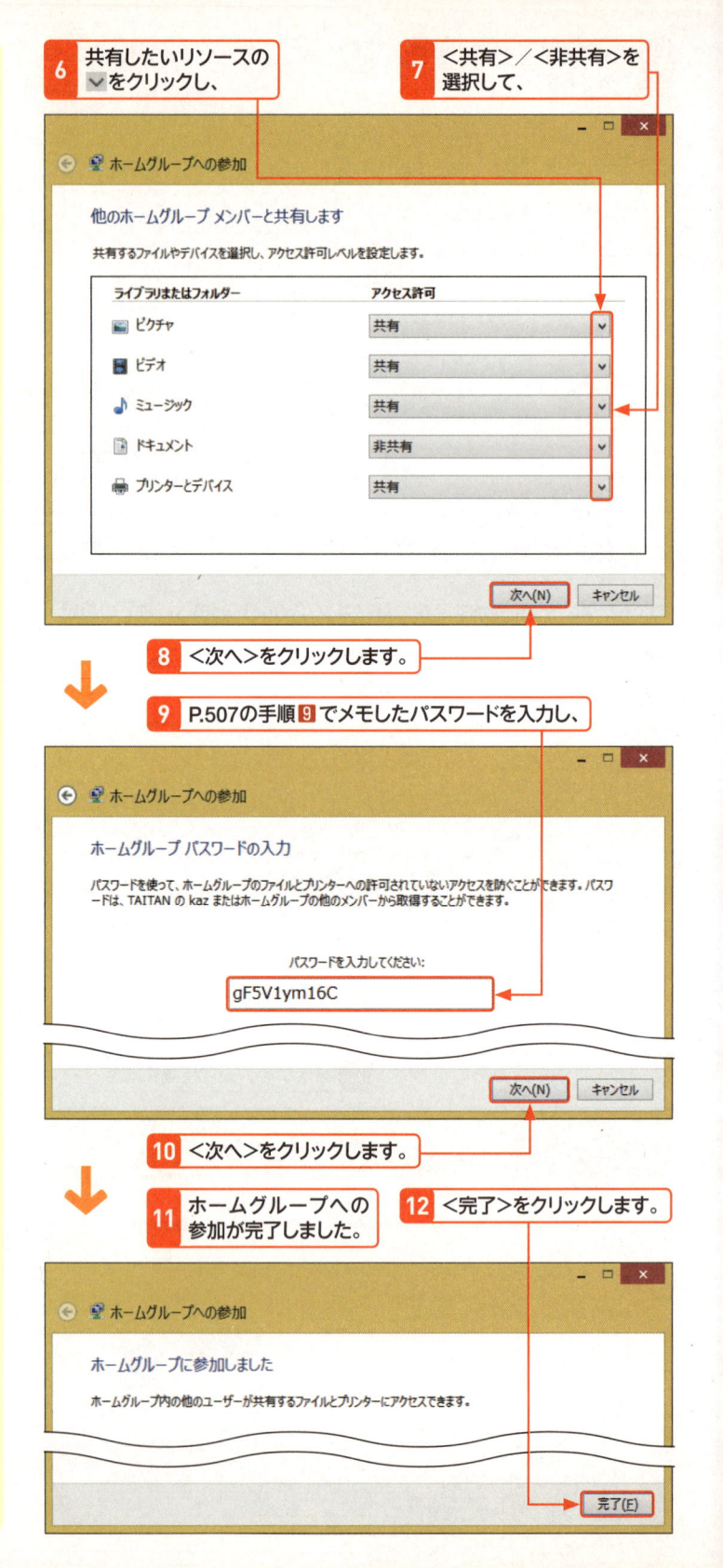

6 共有したいリソースの∨をクリックし、

7 ＜共有＞／＜非共有＞を選択して、

8 ＜次へ＞をクリックします。

9 P.507の手順9でメモしたパスワードを入力し、

10 ＜次へ＞をクリックします。

11 ホームグループへの参加が完了しました。

12 ＜完了＞をクリックします。

4 Windows 7でホームグループに参加する

参加する側のパソコン（Windows 7）の設定

1 エクスプローラーを起動し、

2 ＜ホームグループ＞をクリックして、

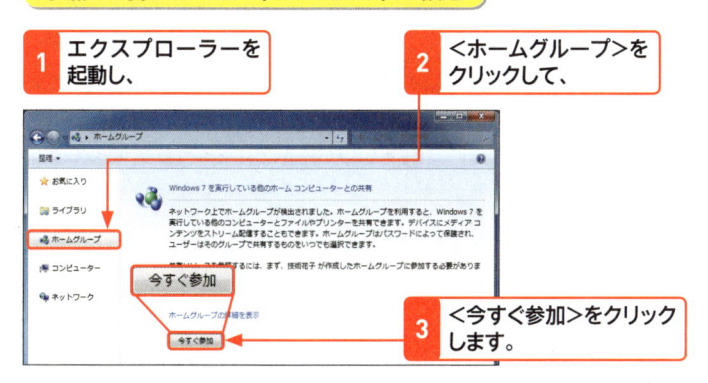

3 ＜今すぐ参加＞をクリックします。

4 共有したいリソースの□をクリックし、

5 チェックを☑／□して、

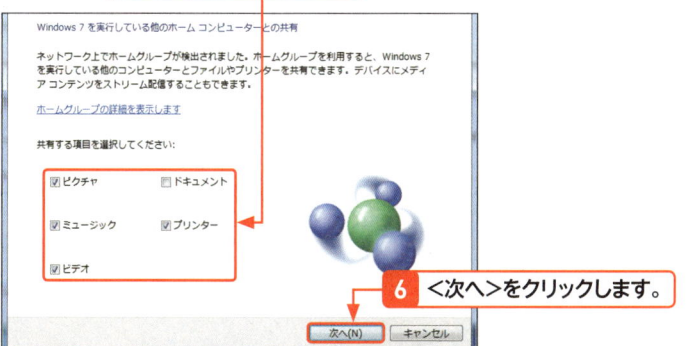

6 ＜次へ＞をクリックします。

7 P.507の手順⑨でメモしたパスワードを入力し、

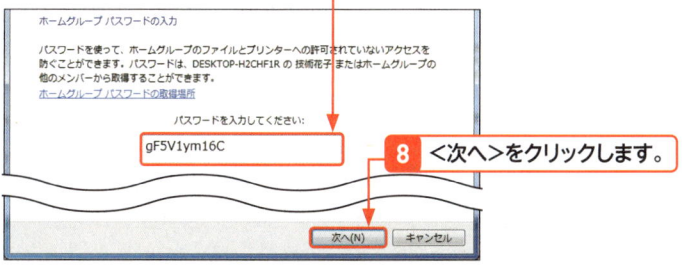

8 ＜次へ＞をクリックします。

9 ホームグループへの参加が完了しました。

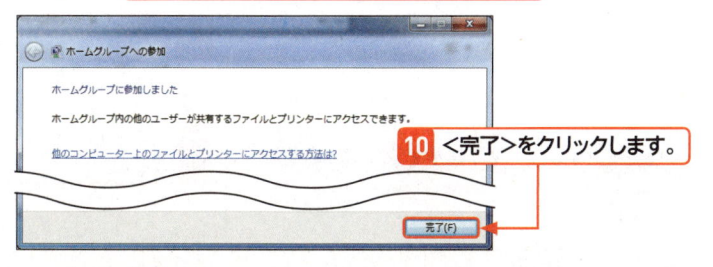

10 ＜完了＞をクリックします。

Hint Windows 7は＜ホームネットワーク＞を選択する

Windows 7で「社内ネットワーク」を選択している場合は、ホームグループは使用できません。コントロールパネルの「ネットワークと共有センター」でネットワークの場所を変更してください。

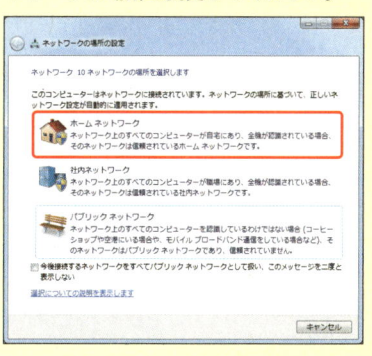

Memo ホームグループの参加後は

Windows 7でもホームグループ参加後は、Windows 10と同じようにリソースの参照が可能になります。

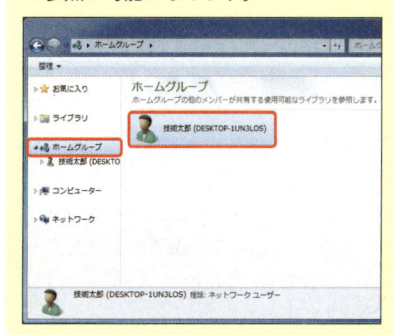

5 共有フォルダーやプリンターを利用する

Memo コンピューター名を確認する

<ホームグループ>下に並ぶユーザーの
> をクリックすると、そのアカウント
でサインインしたコンピューター名が表
示されます。通常は1ユーザーに対して
1台のコンピューター名が表示されます
が、ほかのパソコンを使って同じ
Microsoft アカウントでホームグループ
に接続した場合、複数のコンピューター
名が並びます。

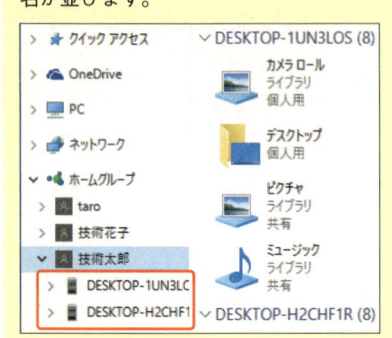

Memo コントロールパネルの開き方

Windows 7は<スタート>ボタン→<
コントロールパネル>の順にクリックし
ます。Windows 8.1は⊞キーを押しな
がら□キーを押して「設定」チャーム を
開き、<コントロールパネル>をクリッ
クします。

Hint プリンターのドライバーが必要なケース

利用しているプリンターによっては、デ
バイスドライバーのインストールが必要
な場合があります。その際は画面の指示
に従ってデバイスドライバーをインス
トールしてください。なお、ホームグルー
プ上のパソコンに接続したプリンター
は、自動的に「通常使うプリンター」に
設定されます。

ここではWindows 10パソコンからWindows 7パソコン/プリンターに
アクセスする方法を解説しています。

共有フォルダーにアクセスする

1 エクスプローラーを起動し、

2 アクセスするパソコン（ここでは<DE
SKTOP=H2CHF8>）をクリックして、

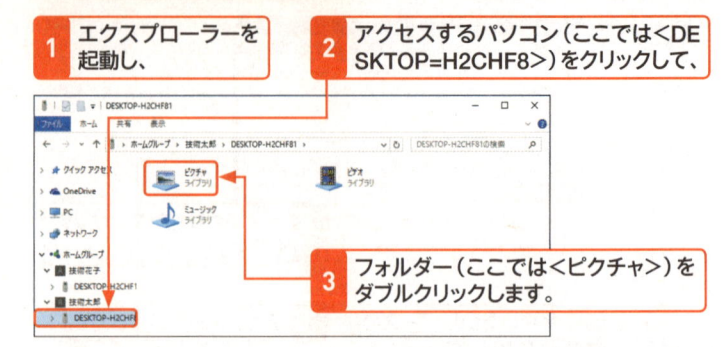

3 フォルダー（ここでは<ピクチャ>）を
ダブルクリックします。

4 共有相手のパソコンの「ピクチャ」フォルダーが開きました。

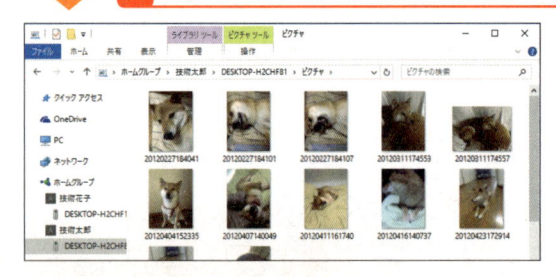

プリンターにアクセス（確認）する

1 コントロールパネルを開き、

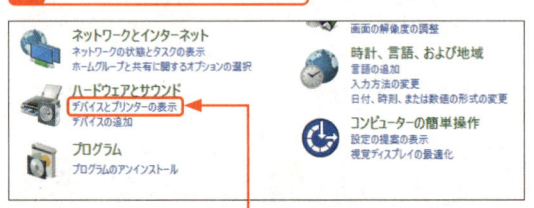

2 <デバイスとプリンターの表示>をクリックします。

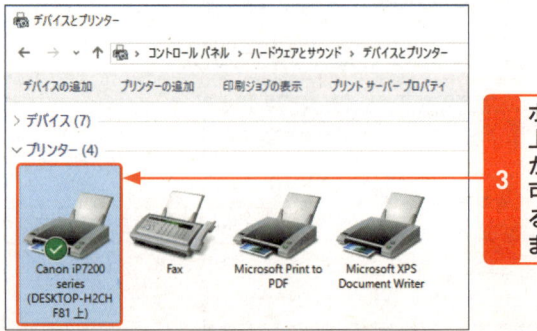

3 ホームグループ
上のプリンター
が自動的に使用
可能になってい
ることがわかり
ます。

6 ホームグループへの参加を取りやめる

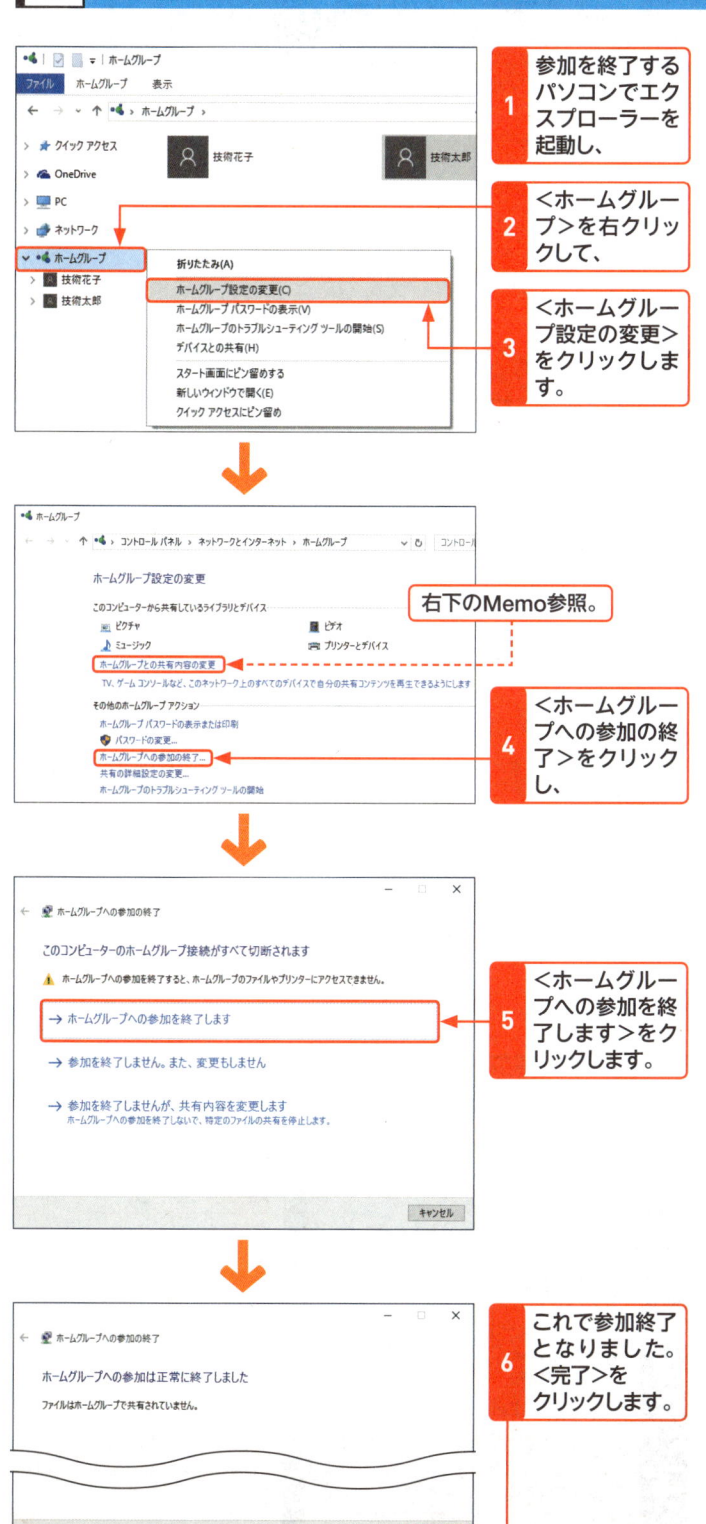

1 参加を終了するパソコンでエクスプローラーを起動し、

2 ＜ホームグループ＞を右クリックして、

3 ＜ホームグループ設定の変更＞をクリックします。

右下のMemo参照。

4 ＜ホームグループへの参加の終了＞をクリックし、

5 ＜ホームグループへの参加を終了します＞をクリックします。

6 これで参加終了となりました。＜完了＞をクリックします。

Hint エクスプローラーの表示が変化しない？

ホームグループはいくつかのサービスで構成され、互いのパソコンでホームグループを作成しているか否かを判断しています。そのため、一方のパソコンでホームグループの参加を取りやめた場合、エクスプローラーの表示がすぐに切り替わらないことがあります。そのままでも問題ありませんが、いつまでも変化しない場合はパソコンを再起動してください。

Memo ホームグループ参加／作成終了後の動作

ネットワーク上にホームグループを作成したホストが存在する場合に限り、ホームグループからの参加を取りやめたあとであっても、＜ホームグループ＞をクリックすると、＜今すぐ参加＞が表示されます。ネットワーク上にホストが存在しない場合は、メッセージが変化して＜ホームグループの作成＞に変化します。

ネットワーク上にホームグループが存在する場合

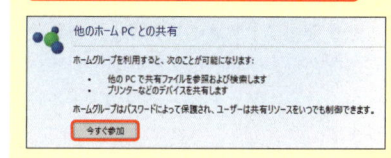

ネットワーク上にホームグループが存在しない場合

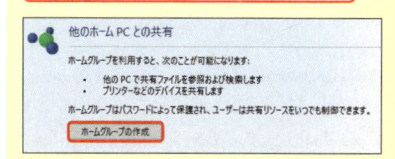

Memo 共有設定を変更する

左の手順 4 の画面で＜ホームグループとの共有内容の変更＞をクリックすると、ホームグループ作成時／参加時と同じウィンドウが開き、共有リソースの変更が可能になります。

Section

167

ワークグループでほかの機器と共有を行う

キーワード ▶ ワークグループ

ホームグループとは異なり、すべてのパソコンが対等にネットワーク経由で接続できるのが**ワークグループ**です。ほかのパソコンにアクセスする際は、そのパソコン内のローカルもしくはMicrosoft アカウントが必要ですが、アクセス権を変更することで、誰でもアクセス可能にすることも可能です。

1 ワークグループとは

Key word **ワークグループとは?**

「ワークグループ」とは、小規模なネットワークシステムのことです。企業ではドメイン（ネットワーク上のパソコンやユーザーを管理するしくみ）に参加して数百台以上のパソコンを管理しますが、家庭など20台未満であれば、ワークグループを用いたネットワーク構築が気軽に構築できます。ただし、すべてのパソコンが同じLAN上に存在しなければなりません。なお、ネットワークではサービスを提供する「サーバー」と、サービスを享受する「クライアント」という役割が存在し、一般的に家庭で使用するパソコンは「クライアントパソコン」と呼びます。

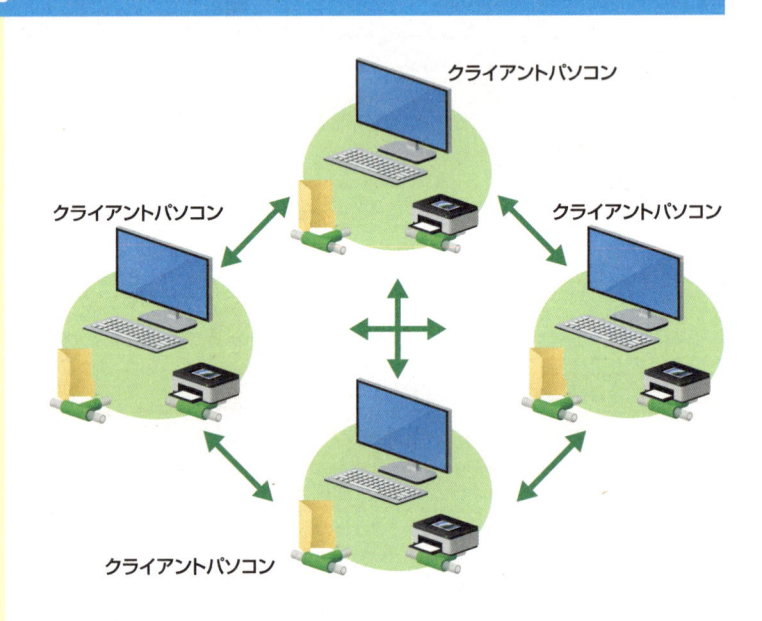

クライアントパソコン

クライアントパソコン

クライアントパソコン

クライアントパソコン

2 コンピューター名やワークグループ名を確認して説明を加える

Memo **コンピューター名を確認する**

ここではワークグループ経由で共有を行う際の画面の確認方法と下準備を行っています。「コンピューターの説明」の入力（次ページで解説）は必須ではありませんが、わかりやすくするため、入力することをおすすめします。

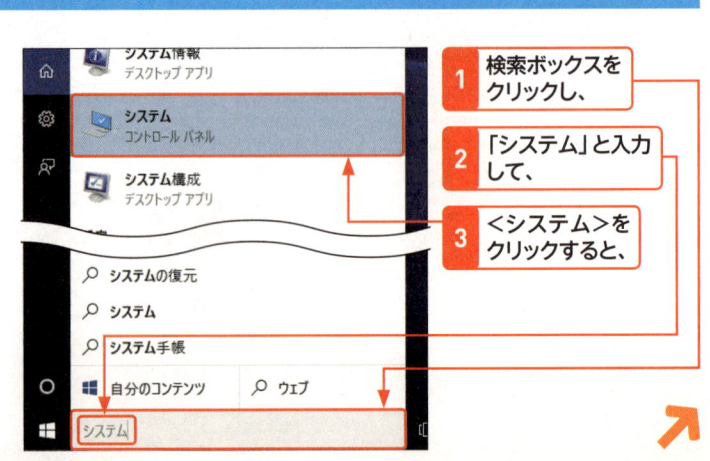

1 検索ボックスをクリックし、

2 「システム」と入力して、

3 〈システム〉をクリックすると、

4 「システム」が起動して、各情報を確認できます。

5 <設定の変更>をクリックします。

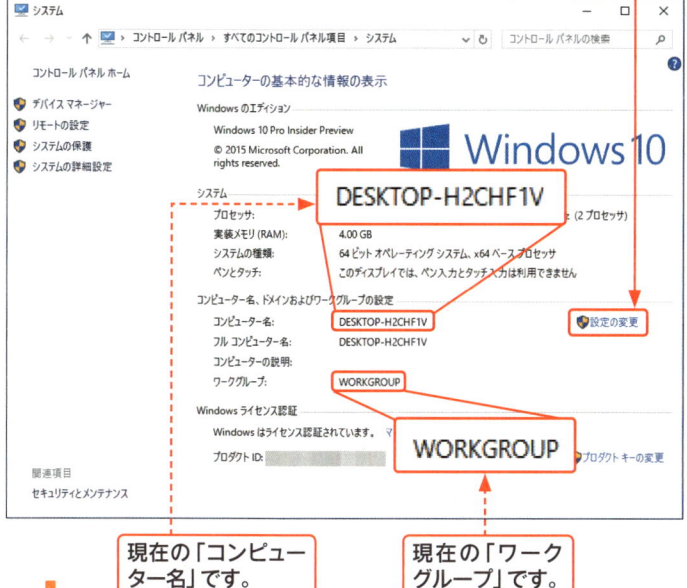

現在の「コンピューター名」です。

現在の「ワークグループ」です。

6 「システムのプロパティ」ダイアログボックスが起動します。

7 コンピューターの説明を入力し、

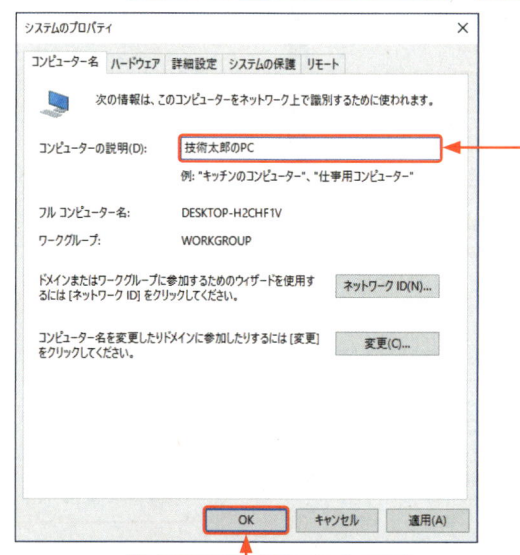

8 <OK>をクリックすると、

9 コンピューターの説明が加わります。

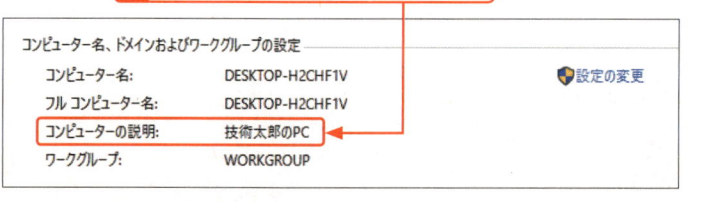

📝 **Memo** ユーザーアカウント制御画面

手順**5**の操作を行い、「ユーザーアカウント制御」画面が表示された場合は、管理者のパスワードをテキストボックスに入力し、<はい>をクリックします。

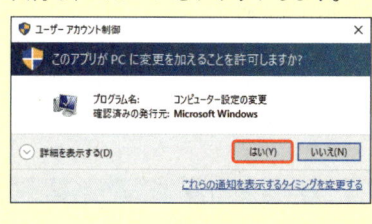

📝 **Memo** コンピューターの説明について

ワークグループ単位でほかのパソコンを参照する際、以前は「コンピューターの説明」をもとに参照を行ってきました。しかし、現在のWindowsではエクスプローラーからは表示されなくなっているため、一見すると「コンピューターの説明」は不要に感じます。しかし、Windows以外のパソコンがネットワーク上に混在する場合は確認しやすくなるため、本書では記述することを推奨しています。

💡 **Hint** ワークグループ名について

手順**6**のダイアログボックスには<ネットワークID><変更>の各ボタンが並びます。前者はウィザード形式でドメイン参加などを実行し、後者はチェックボックスやテキストボックスでコンピューター名の変更やワークグループ名の変更が可能になります。詳しくは次ページを参照してください。なお、ワークグループ名はあらかじめ設定されている「WORKGROUP」から変更しても動作に支障はありません。

ワークグループでフォルダー／プリンターを共有する

キーワード ▶ ワークグループ（共有）

ワークグループでつながったパソコンどうしはフォルダー内のファイルや、パソコンに接続したプリンターを自身のパソコンで利用できます。また、同じMicrosoft アカウントで接続した場合は、相手パソコンのユーザーフォルダーも参照可能になります。

1 コンピューター名やワークグループ名を変更する

Memo ここでの作業について

Windows 10のコンピューター名は、通常「DESKTOP-[ランダムな英数字]」などが用いられますが、これだけで複数のパソコンを見分けるのは不可能なため、コンピューター名を変更します。ワークグループは本来、会社の部署単位など簡易的な区別手段として用いられてきましたが、家庭で利用する場合はあらかじめ設定されている状態のまま使用するか、好みに応じて変更してください。異なるワークグループでも、エクスプローラーからアクセス可能です。

Memo ユーザーフォルダーについて

ユーザーフォルダーとは、Windows 10に作成したユーザーアカウント専用フォルダーを指し、フォルダー内にはデスクトップやドキュメントフォルダーなどが並びます。

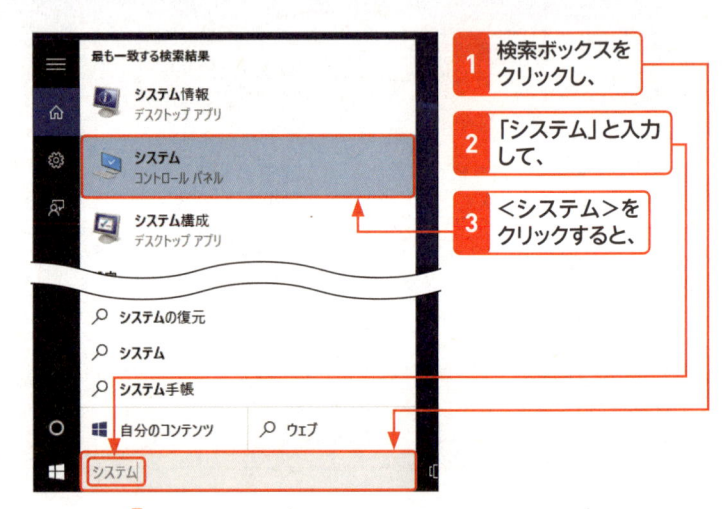

1 検索ボックスをクリックし、

2 「システム」と入力して、

3 <システム>をクリックすると、

4 「システム」が起動します。

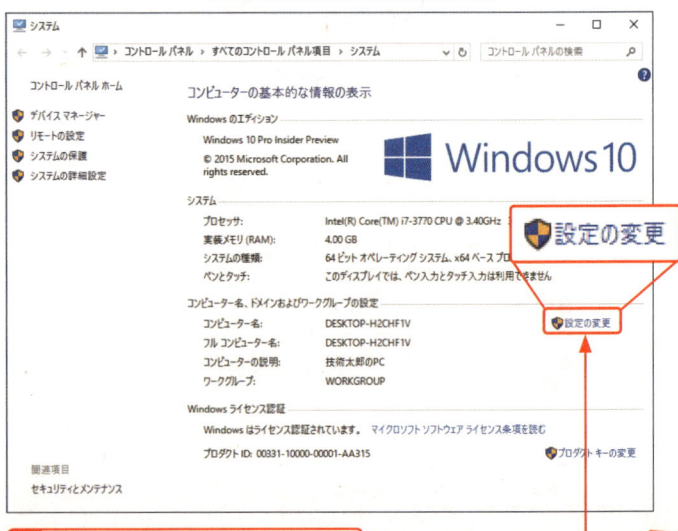

設定の変更

5 <設定の変更>をクリックします。

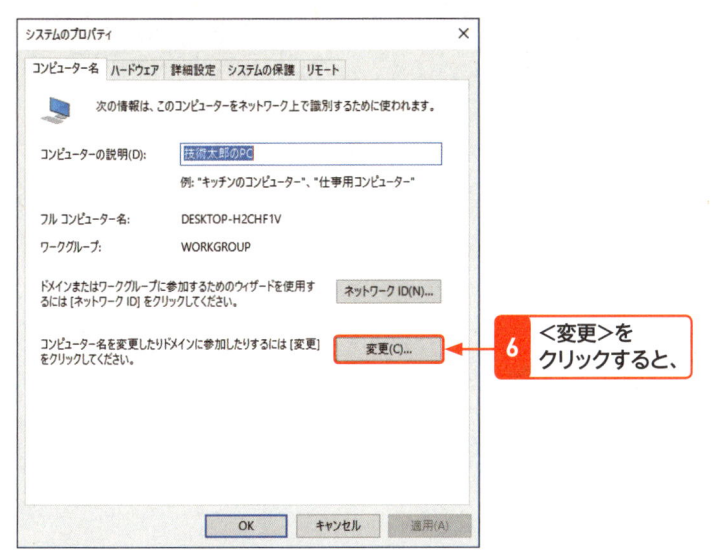

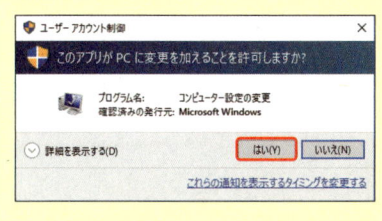

6 ＜変更＞を
クリックすると、

7 各情報を変更できるようになります。

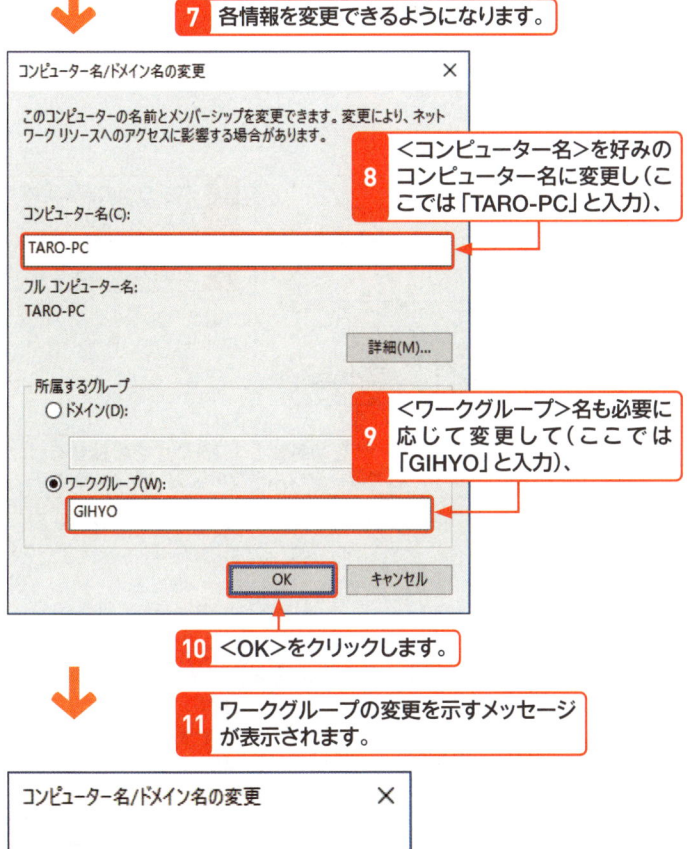

8 ＜コンピューター名＞を好みの
コンピューター名に変更し（こ
こでは「TARO-PC」と入力）、

9 ＜ワークグループ＞名も必要に
応じて変更して（ここでは
「GIHYO」と入力）、

10 ＜OK＞をクリックします。

11 ワークグループの変更を示すメッセージ
が表示されます。

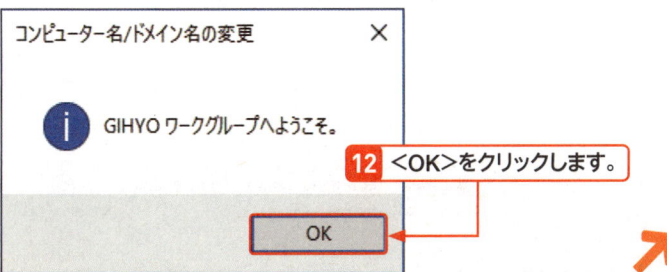

12 ＜OK＞をクリックします。

Memo ユーザーアカウント制御画面

前ページ手順 5 の操作を行い、「ユーザーアカウント制御」画面が表示された場合は、管理者のパスワードをテキストボックスに入力し、＜はい＞をクリックします。

Memo 「所属するグループ」セクションについて

手順 8 の画面で「所属するグループ」の選択肢に＜ドメイン＞が並んでいますが、こちらはネットワーク内にドメイン管理を行うサーバーが必要になります。そのため、通常は選択する必要はありません。

Hint ワークグループを変更しない場合

手順 9 でワークグループ名を変更しなかった場合、そのまま次ページの手順 13 に進みます。指示に従ってパソコンの再起動を実行してください。

Hint コンピューター名は15文字以内

ワークグループで参照されるコンピューター名は使用制限があり、文字数は最大15文字、「0」から「9」までの数字や「A」から「Z」までの大文字および小文字、「-（ハイフン）」で構成してください。「< >;:"*+=￥|?,」などは使用できません。

第1章
Windows 10
をはじめよう

第2章
Windows 10
の基本操作

第3章
ファイルと
フォルダー

第4章
インター
ネット

第5章
Outlook.
com

第6章
「メール」
アプリ

第7章
アプリの
利用

第8章
データの
活用

第9章
音楽／写真
／ビデオ

第10章
タブレット
モード

第11章
文字入力
の基本

第12章
＜スタート＞
メニュー

第13章
デスクトップ

第14章
ネットワーク

第15章
管理／
セキュリティ

第16章
周辺機器
の利用

第17章
トラブル
対策

第18章
インストール
と初期設定

付　録

Hint ＜後で再起動する＞は選択しない

コンピューター名やワークグループ名の変更は、システム内部の情報を大きく変更します。そのため、＜後で再起動する＞を選択して作業を続けると、予想し得ない問題が発生する可能性があります。あらかじめ編集中のファイルを保存し、アプリを終了してからパソコンを再起動しましょう。

Memo フルコンピューター名について

「フルコンピューター名」には、ドメインを付与した名称が示されます。ドメインは「gihyo.jp」のようにインターネット上の名前を指し、外部からパソコンへアクセスする際に用いられます。そのため、ワークグループに参加している場合、フルコンピューター名とコンピューター名は同じものが用いられます。

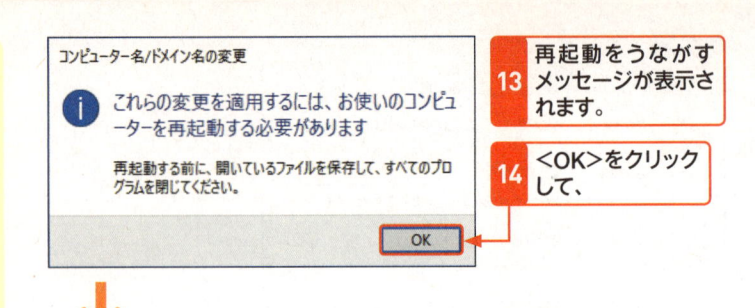

13 再起動をうながすメッセージが表示されます。

14 ＜OK＞をクリックして、

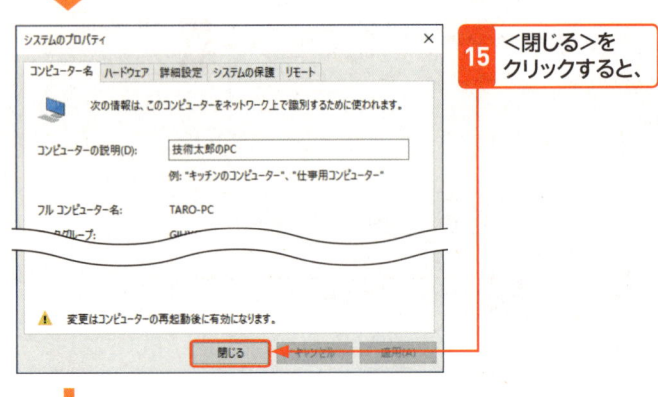

15 ＜閉じる＞をクリックすると、

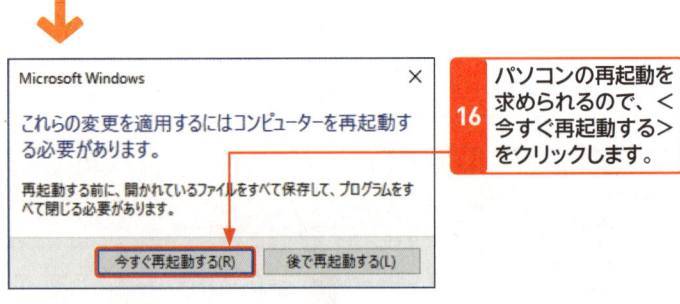

16 パソコンの再起動を求められるので、＜今すぐ再起動する＞をクリックします。

17 P.516の手順 1 ～ 3 を参考に「システム」を起動すると、コンピューター名やワークグループの変更を確認できます。

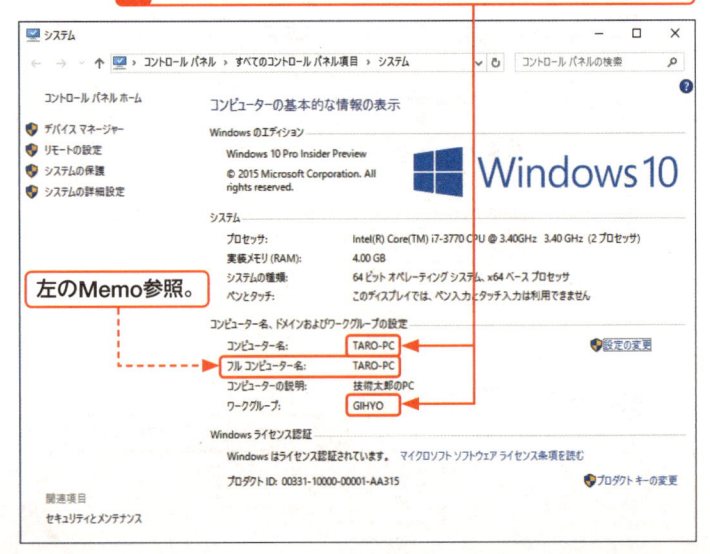

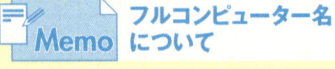

2 共有フォルダー／プリンターの設定を行う

共有フォルダーの設定を行う

1 エクスプローラーを起動し、

2 共有するフォルダーをクリックして、

3 ＜共有＞タブをクリックします。

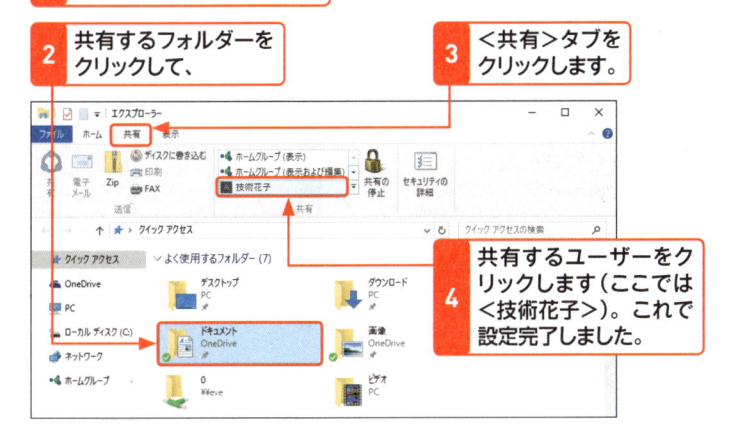

4 共有するユーザーをクリックします（ここでは＜技術花子＞）。これで設定完了しました。

設定を確認する

ここでは引き続き、手順 **4** の画面から操作を行っています。

1 一覧からの ▼ をクリックし、

2 ＜特定のユーザー＞をクリックすると、

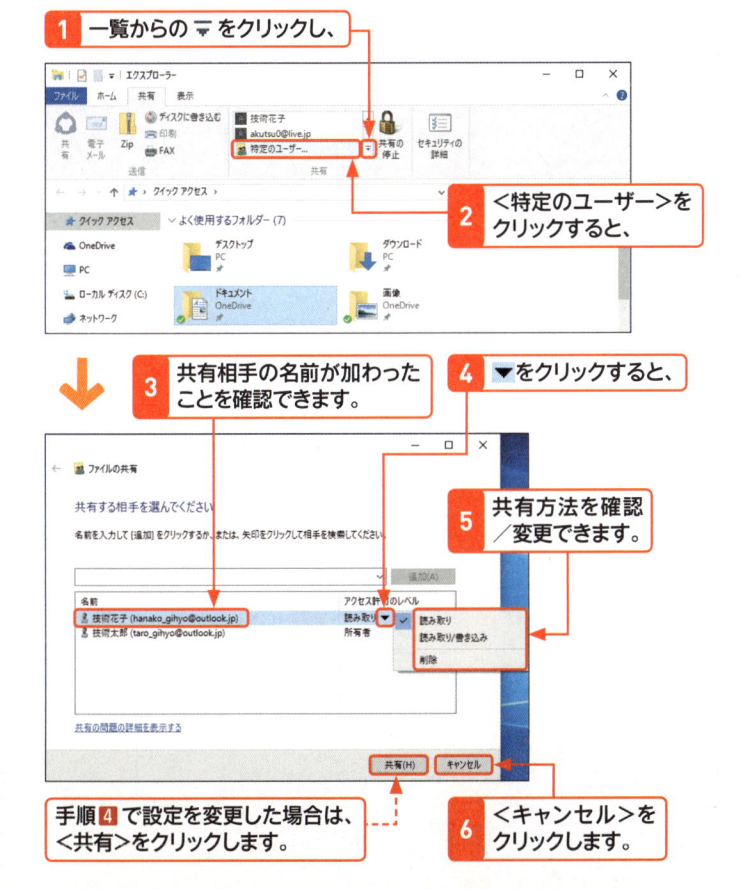

3 共有相手の名前が加わったことを確認できます。

4 ▼をクリックすると、

5 共有方法を確認／変更できます。

手順 **4** で設定を変更した場合は、＜共有＞をクリックします。

6 ＜キャンセル＞をクリックします。

Memo 事前に Microsoft アカウントを登録しておく

ここでは共有されるパソコンを指定する設定を行っています。前提条件として、①共有されるパソコンには Microsoft アカウントが設定されている必要があります。②次にその共有されるパソコンの Microsoft アカウントを、共有するパソコンに設定しておく必要があります。Microsoft アカウントの設定方法については、P.536 を参照してください。この①と②の設定を済ませておけば、左の手順で設定が可能になります。なお、うまくいかない場合は、共有する側のパソコンで、1度共有される側の Microsoft アカウントを使ってサインインした後、パソコンを再起動してください。

Memo リボンの開閉について

ここでは見やすくするためリボンを展開した状態にしています。

Hint アクセス許可のレベル

「ファイルの共有」では、＜読み取り＞＜読み取り／書き込み＞の2種類からアクセス権を選択できます。画像ファイルなどを共有する場合は前者を、編集作業も許可する場合は後者を選択してください。

第1章 Windows 10 をはじめよう

第2章 Windows 10 の基本操作

第3章 ファイルと フォルダー

第4章 インター ネット

第5章 Outlook. com

第6章 「メール」 アプリ

第7章 アプリの 利用

第8章 データの 活用

第9章 音楽/写真 /ビデオ

第10章 タブレット モード

第11章 文字入力 の基本

第12章 <スタート> メニュー

第13章 デスクトップ

第14章 ネットワーク

第15章 管理/ セキュリティ

第16章 周辺機器 の利用

第17章 トラブル 対策

第18章 インストール と初期設定

付 録

Hint プリンターの共有について

プリンターのデバイスドライバーをインストールする際、自動的に共有設定が付与されるため、ここでは確認操作のみ行っています。何らかの理由で共有できない場合は＜このプリンターを共有する＞をクリックしてチェックを☑にしてから＜OK＞をクリックします。また、プリンターの共有を解除するには、この項目のチェックをクリックして□にし、＜OK＞をクリックします。

Hint プリンタードライバーを指定する

Windows 10でプリンターを使用する場合、ほとんどはインボックスドライバー（あらかじめパッケージに含まれたデバイスドライバー）からインストールされます。しかし、プリンターによっては、事前にWindows 10にプリンターのデバイスドライバーを手動でインストールしておく必要があります。その場合は、右の手順5までを参考に、共有元の（プリンターを接続した）パソコンのプロパティダイアログボックスを開き、＜詳細設定＞タブの＜新しいドライバー＞をクリックし、「製造元」／「プリンター（ドライバー）」を指定して、デバイスドライバーをインストールしてください。

詳細設定　　新しいドライバー(W)...

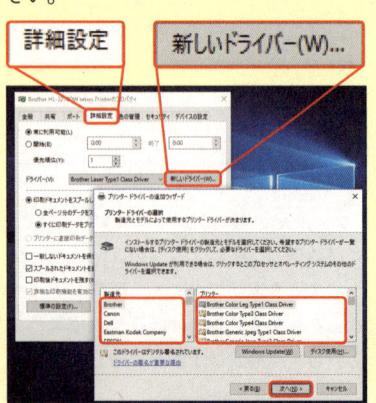

プリンターの設定を確認する

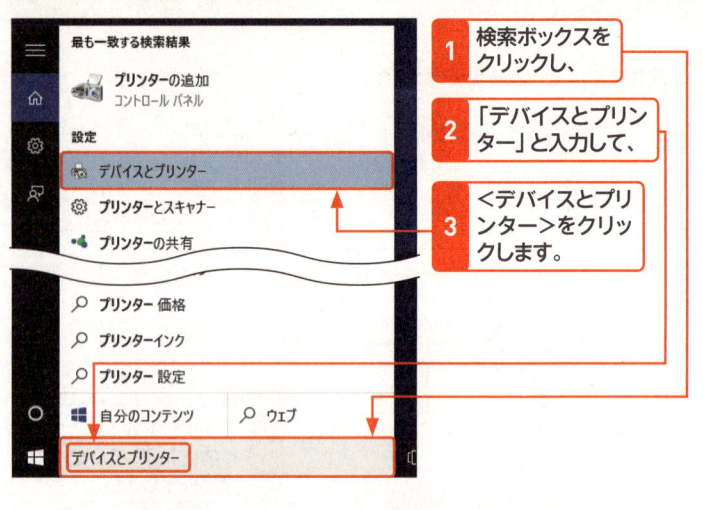

1 検索ボックスをクリックし、

2 「デバイスとプリンター」と入力して、

3 ＜デバイスとプリンター＞をクリックします。

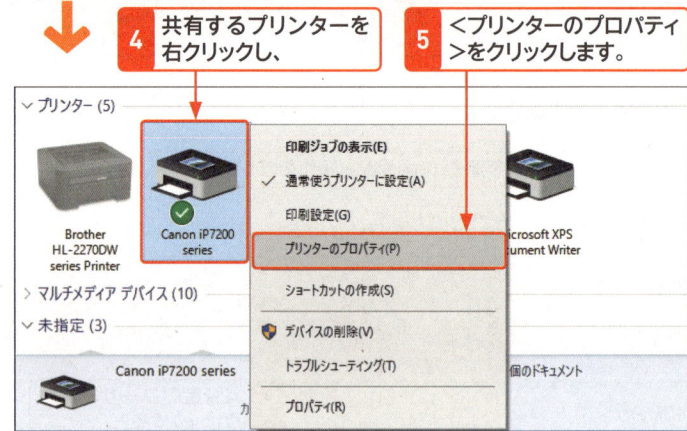

4 共有するプリンターを右クリックし、

5 ＜プリンターのプロパティ＞をクリックします。

6 ＜共有＞をクリックし、

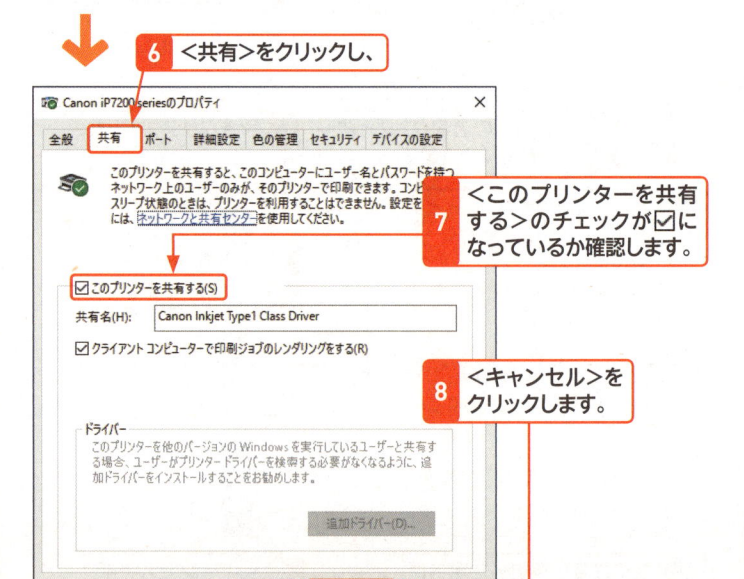

7 ＜このプリンターを共有する＞のチェックが☑になっているか確認します。

8 ＜キャンセル＞をクリックします。

3 共有フォルダーやプリンターを利用する

共有フォルダーにアクセスする

1 エクスプローラーを起動し、

2 ＜ネットワーク＞を
クリックして、

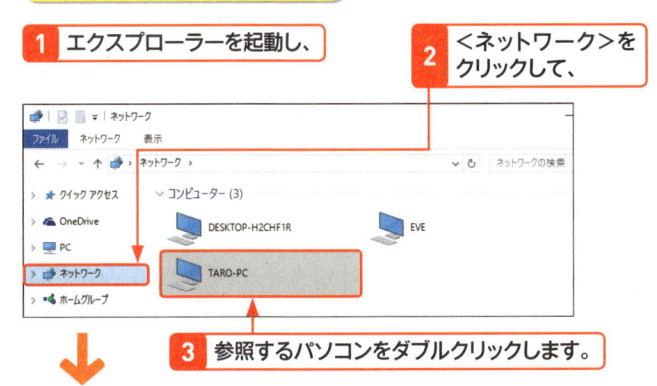

3 参照するパソコンをダブルクリックします。

4 フォルダーをクリックして
階層を開いていくと、

5 共有したフォルダー内
のファイルへアクセス
できるようになります。

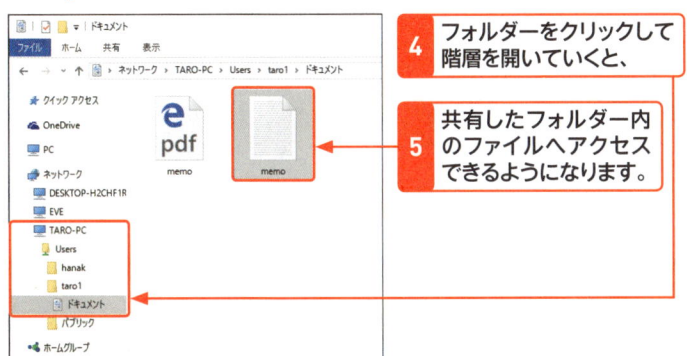

プリンターを利用できるようにする

1 ＜ネットワーク＞をダブルクリックし、

2 相手のパソコンを
クリックして、

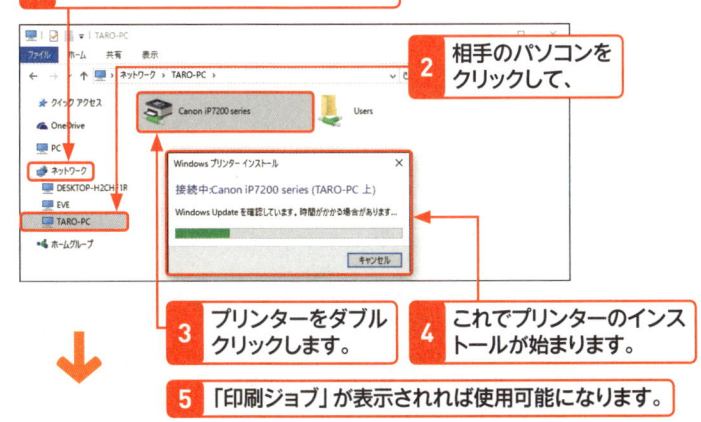

3 プリンターをダブル
クリックします。

4 これでプリンターのインス
トールが始まります。

5 「印刷ジョブ」が表示されれば使用可能になります。

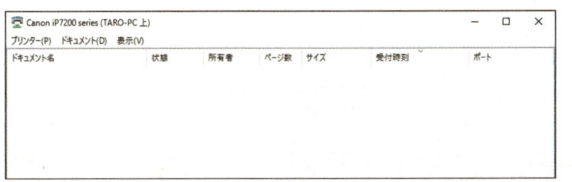

Hint 深い階層にアクセスしやすくする

ここでの手順で共有フォルダーにアクセスする場合、深い階層は参照しにくくなります。その際は＜表示＞→＜ナビゲーションウィンドウ＞の順にクリックして、＜開いているフォルダーまで展開＞をクリックして✓にすると、ナビゲーションウィンドウの表示も現在開いている共有フォルダーと連動するため、操作しやすくなります。

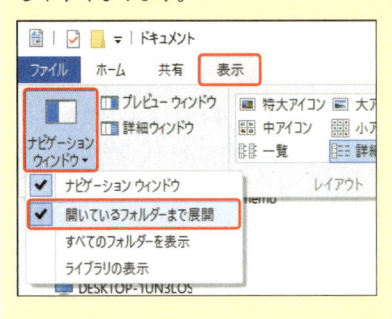

Hint 共有を解除する

共有の解除を行うには、解除するフォルダーをクリックし、＜共有＞タブをクリックして、＜共有の停止＞をクリックします。

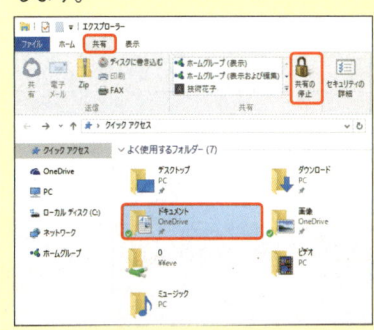

Section 169 ネットワーク上の共有状態を確認／変更する

キーワード ▶ プライベートネットワーク／パブリックネットワーク

Windows 10はネットワーク接続が、どのような経路で接続しているか明示するため、「プライベートネットワーク」「パブリックネットワーク」という2種類の「ネットワークの場所」を用意しています。選択によってはネットワーク機能が正しく動作しなくなるため、必ず覚えておきましょう。

1 「ネットワークの場所」を確認する

Memo ネットワークの場所

Windows 10は初めてネットワークに接続する際、「ネットワークの場所」が自動的に選択されます。以前はユーザーに選択をうながしてきましたが、Windows 10では「プライベートネットワーク」が選択されます。「ネットワークの場所」の設定によっては、ファイアウォール設定やセキュリティ設定構成が異なるため、ネットワークを利用する上で重要となります。なお、この「ネットワークの場所」という名称はWindows Vistaなど以前のWindowsで使われてきたものであり、Windows 10は固有名称を用意していません。

Hint イーサネット（有線LAN）の場合

利用しているパソコンが有線LANで接続している場合、右の手順は少し異なります。手順 3 で<イーサネット>→ネットワーク接続アイコンの順にクリックし、次ページの手順 5 と同じくスイッチをクリックしてください。

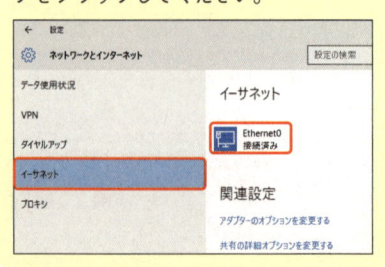

1 P.534を参考に「設定」を起動し、

2 <ネットワークとインターネット>をクリックして、

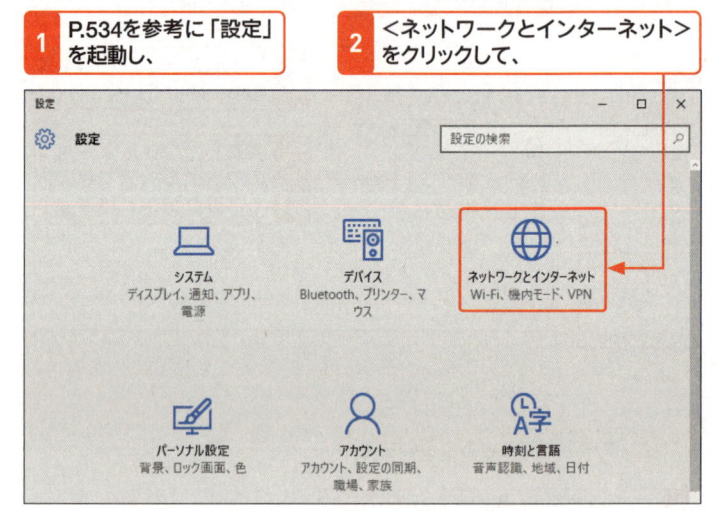

3 <Wi-Fi>をクリックしたら、

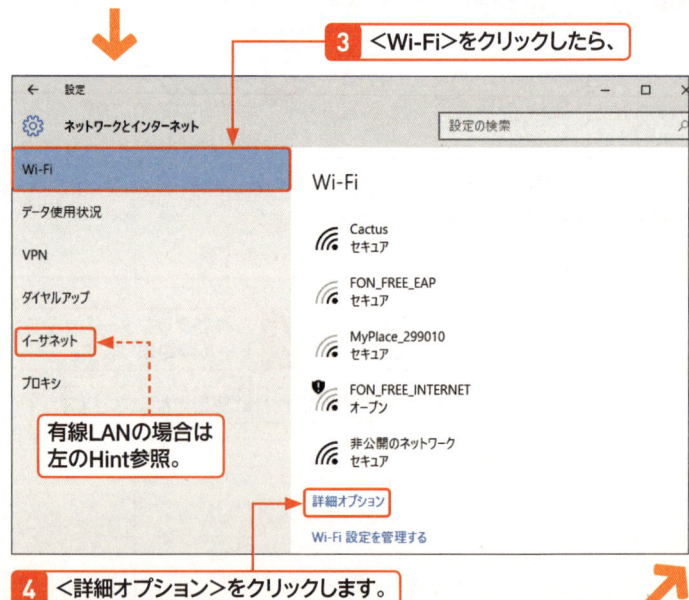

有線LANの場合は左のHint参照。

4 <詳細オプション>をクリックします。

5 「このPCを検出可能にする」が ●━ の場合は「プライベートネットワーク」、━● の場合は「パブリックネットワーク」となります。必要に応じてクリックして切り替えます。

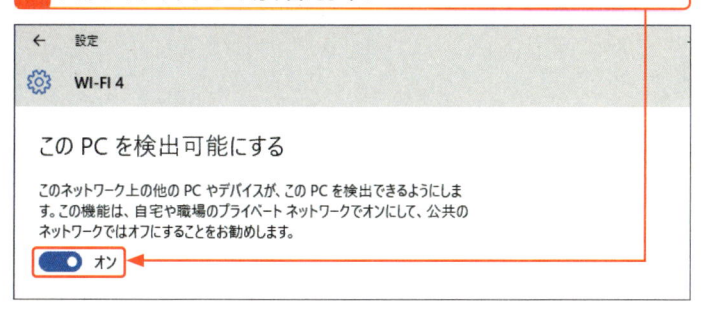

Memo プライベートネットワークを利用する場合

自宅や小規模なオフィスを対象に比較的安全なネットワークに接続する際に選択します。この状態ではほかのパソコンを自動的に検索する「ネットワーク探索」やホームグループが使用できます。

2 パブリックネットワーク時の動作を確認する

1 パブリックネットワーク選択時は＜ホームグループ＞がナビゲーションウィンドウに表示されません。

Memo パブリックネットワークを利用する場合

パブリックネットワークは外出先の公衆Wi-Fiなど接続先の安全性が担保されない場合に選択します。このパブリックネットワークを選択すると、「ネットワーク探索」が無効にされ、ホームグループも使用することはできません。スマートフォンの回線を用いてインターネット接続を行う「テザリング（スマートフォンをモバイルルーターにする機能）」など、モバイルブロードバンド接続時はこちらを選んでください。

2 P.535を参考にコントロールパネルを起動し、

3 画面右上の「表示方法」の＜カテゴリ＞から＜小さいアイコン＞→＜ホームグループ＞の順にクリックして、

4 「ホームグループ」を起動すると、

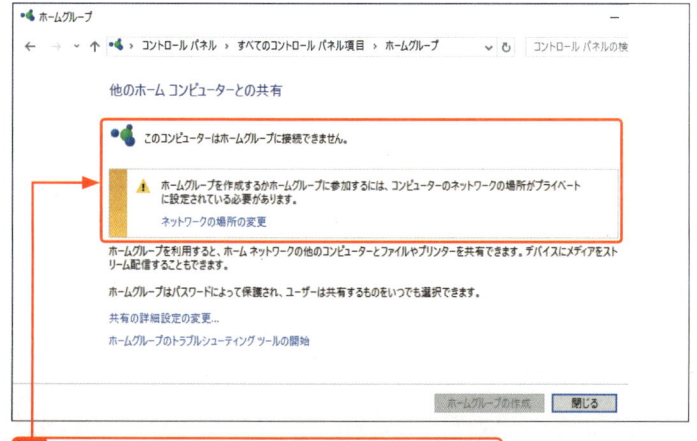

5 パブリックネットワークでは「ホームグループ」が使えないことがわかります。

Hint ほかの確認方法

コントロールパネルなどから「ネットワークと共有センター」を起動すると、「アクティブなネットワークの表示」に現在のネットワーク状態が表示されます。

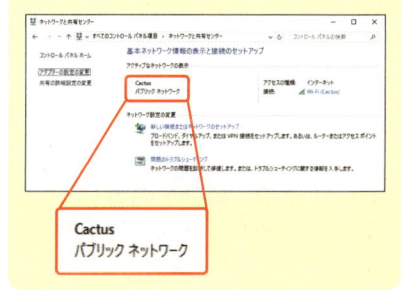

Section
170

リモートアシスタンスを利用する

キーワード ▶ リモートアシスタンス

Windows 10の操作がわからなくなった場合は、リモートアシスタンスを使ってパソコンに詳しい人に教えてもらいましょう。ネットワーク経由でパソコンに接続し、指定したウィンドウやデスクトップ全体を見てもらいながら、チャットや電話で操作を確認してもらえるといったことが可能になります。

1 リモートアシスタンスの設定を確認する

Key word 「リモートアシスタンス」とは？

「リモートアシスタンス」とは、メールなどで遠隔操作を行う相手に通知し、パソコンの遠隔操作を行ってもらう機能です。最近のパソコンサポートセンターではリモートアシスタンスを使って対応する場合もあります。

Memo ユーザーアカウント制御画面

手順3を行ったあとで、「ユーザーアカウント制御」ダイアログボックスが表示された場合は、管理者のパスワードをテキストボックスに入力して、＜はい＞をクリックします。

Hint リモートアシスタンスが無効な場合

手順4で＜このコンピューターへのリモートアシスタンス接続を許可する＞のチェックが□になっている場合は、クリックして☑にし、＜OK＞をクリックします。

ここでは、招待する側の操作を解説しています。

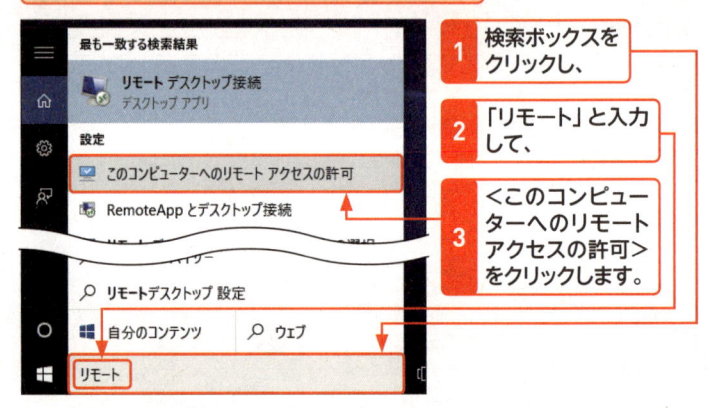

1 検索ボックスをクリックし、

2 「リモート」と入力して、

3 ＜このコンピューターへのリモートアクセスの許可＞をクリックします。

4 ＜このコンピューターへのリモートアシスタンス接続を許可する＞のチェックが☑になっているか確認し、

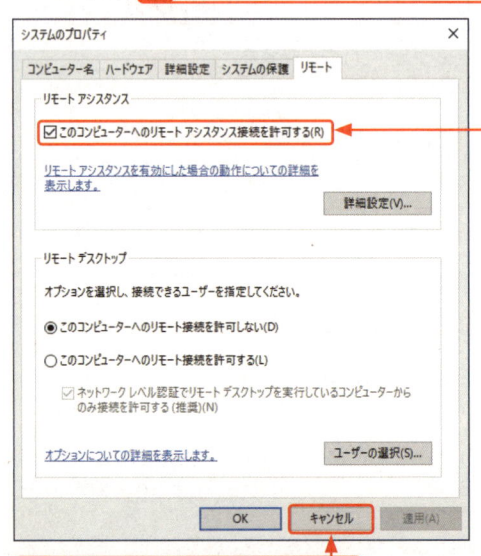

5 ＜キャンセル＞をクリックします。

2 リモートアシスタンスで相手を招待する

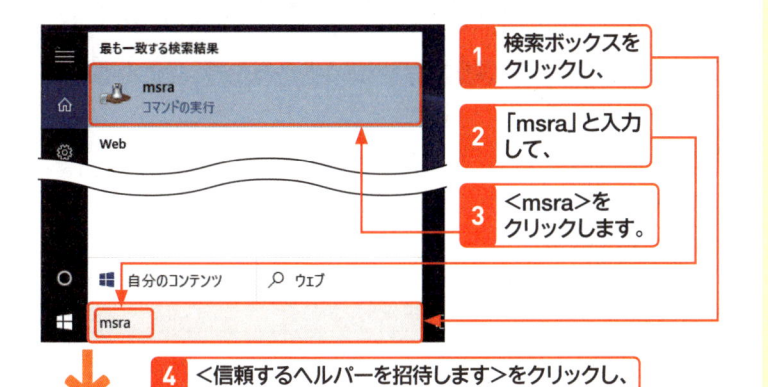

1 検索ボックスをクリックし、

2 「msra」と入力して、

3 <msra>をクリックします。

4 <信頼するヘルパーを招待します>をクリックし、

← Windows リモート アシスタンス

ヘルプを要求または提供しますか?

リモート アシスタンスでは、2 台のコンピューターを接続して、一方のユーザーがもう一方のコンピューターで発生している問題を解決したり修正したりすることができます。

→ 信頼するヘルパーを招待します
　ヘルパーは、このコンピューターの画面を表示し、制御を共有することができます。

→ 招待してくれた人を助けます
　相手からの支援の要請に応じてください。

5 <この招待をファイルに保存する>をクリックします。

← Windows リモート アシスタンス

信頼するヘルパーから支援を受ける

招待を作成し、ヘルパーに送信することができます。簡単接続を使用して、簡単にヘルパーに接続する方法もあります。

→ この招待をファイルに保存する
　Web ベースの電子メールを使用している場合は、この招待を添付ファイルとして送信できます。

→ 電子メールを使用して招待を送信する

6 「名前を付けて保存」ダイアログボックスが表示されます。

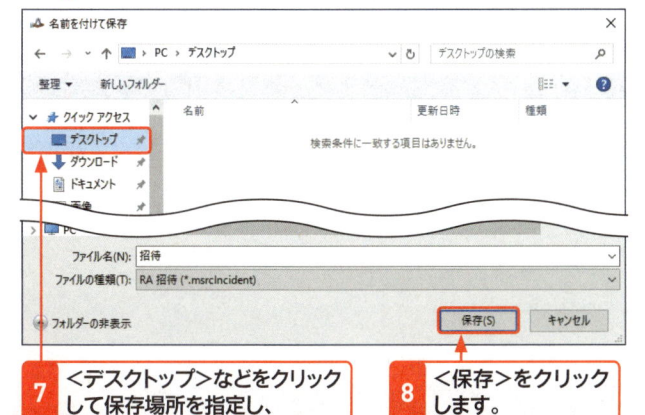

7 <デスクトップ>などをクリックして保存場所を指定し、

8 <保存>をクリックします。

9 パスワードを示す画面が表示されるのでメモし、何らかの手段で招待する相手に伝えます（右上のMemo参照）。

Memo　ここでの作業について

リモートアシスタンスを利用するには、いくつかのステップを踏みます。まず最初にリモートアシスタンス接続を許可し、次に招待用ファイルを作成して、それをメールで送信します。その後自動的に「Windows リモートアシスタンス」が起動し、接続時に使用するパスワードが表示されるので、何らかの手段（たとえば電話など）で相手にパスワードを伝えれば利用可能になります（左の手順 9 、下記画面参照）。なお、招待ファイルを送るメールにパスワードを記述するのはセキュリティ的な問題が発生するのでおすすめできません。

🔹 Windows リモート アシスタンス
💬 チャット(C) 🔧 設定(E) 🖥 トラブルシューティング(O) ❓ ヘル
ヘルパーに招待ファイルを送信してパスワードを教える
X5S32424M8CY
⬇ 着信接続を待機しています...

Hint　msraとは?

以前の Windows 8.1 では「リモートアシスタンス」で検索できましたが、執筆時点の Windows 10 はこのキーワードで検索できないため、ウィザードを実行する「msra.exe」を直接呼び出しています。したがって、手順 2 では、「msra」という文字列で検索しています。

Memo　「招待してくれた人を助けます」とは?

手順 4 では「招待してくれた人を助けます」という選択肢も用意されています。こちらは招待用ファイルを受け取った側がファイルを開く際に使用できますが、ファイルは関連付けで開くため必要ありません。

Hint うまく招待できない場合

Windows 10ではあらかじめリモートアシスタンスが使用するポートはファイアウォールが閉じています。その際は画面の指示に従い、管理者権限でトラブルシューティングツールを実行してください。これでファイアウォールの設定が切り替わります。

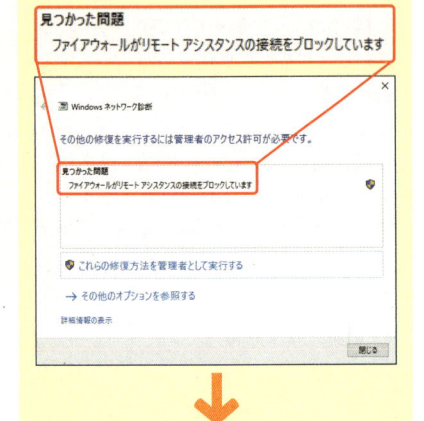

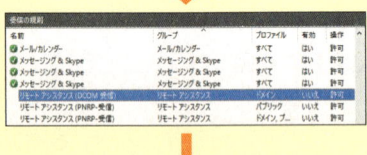

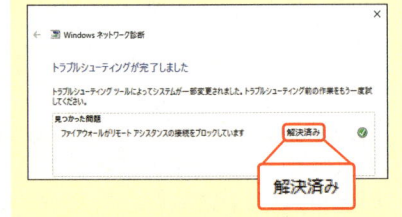

Hint 招待ファイルの内容について

招待ファイルの中身は、ユーザー名やパソコンに割り当てられたIPアドレスを始めとするネットワーク情報、有効期限などを格納したXMLファイルです。そのためメールに添付しても相手に迷惑をかけることはありません。

10 「メール」アプリを起動し、

11 ＜新規メール＞をクリックして、

12 相手のメールアドレスやメッセージを入力したら、

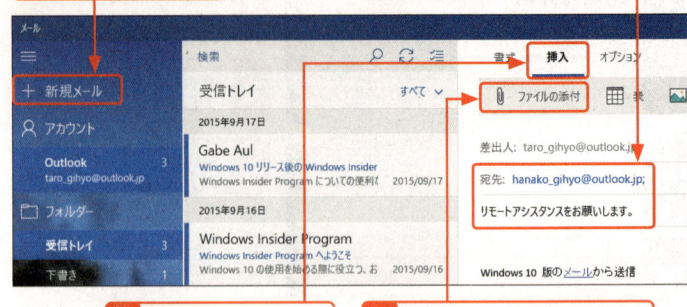

13 ＜挿入＞をクリックします。

14 続いて＜ファイルの添付＞をクリックします。

15 前ページの手順⑧で保存した招待ファイルを選択し、

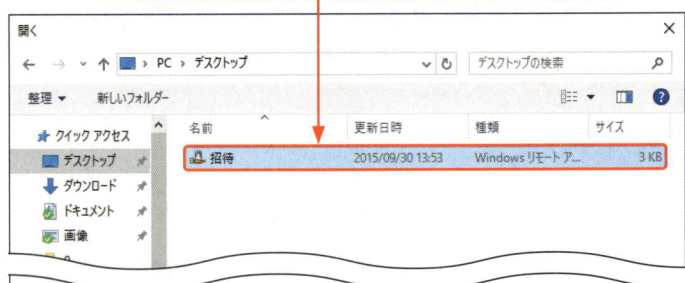

16 ＜開く＞をクリックします。

17 ＜送信＞をクリックします。

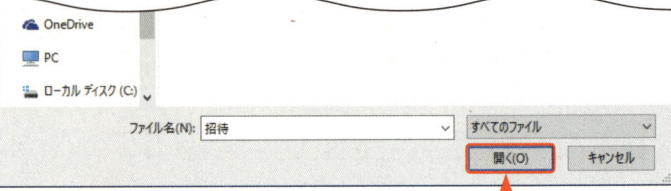

3 リモートアシスタンスでアドバイスを受ける

ここからは、招待メールを受け取った側の操作を解説しています。

1 メールを受け取ったら、招待ファイルをダブルクリックし、

検索

受信トレイ　すべて ∨

太郎 技術
13:57

太郎 技術
リモートアシスタンスをお願いします。
Windows 10 版のメールから送信　13:57

リモートアシスタンスをお願いします。
宛先: hanako_gihyo@outlook.jp

招待.msrcIncident
3.19 KB

2015年9月26日

太郎 技術
OneDrive で新しい写真を共有しました

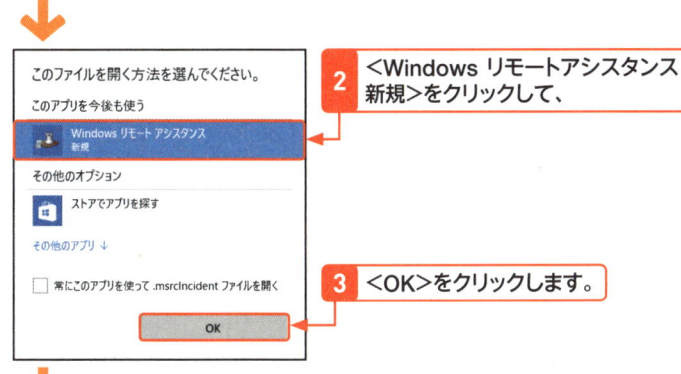

このファイルを開く方法を選んでください。

このアプリを今後も使う

Windows リモート アシスタンス
新規

その他のオプション

ストアでアプリを探す

その他のアプリ ↓

□ 常にこのアプリを使って .msrcIncident ファイルを開く

OK

2 ＜Windows リモートアシスタンス 新規＞をクリックして、

3 ＜OK＞をクリックします。

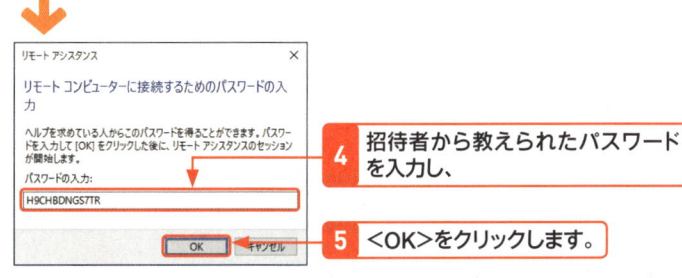

リモート アシスタンス

リモート コンピューターに接続するためのパスワードの入力

ヘルプを求めている人からこのパスワードを得ることができます。パスワードを入力して [OK] をクリックした後に、リモート アシスタンスのセッションが開始します。

パスワードの入力:

H9CHBDNGS7TR

OK　キャンセル

4 招待者から教えられたパスワードを入力し、

5 ＜OK＞をクリックします。

6 招待側パソコンに確認メッセージが表示されるので、招待側がこれを許可すればリモートアシスタンス接続が完了します。

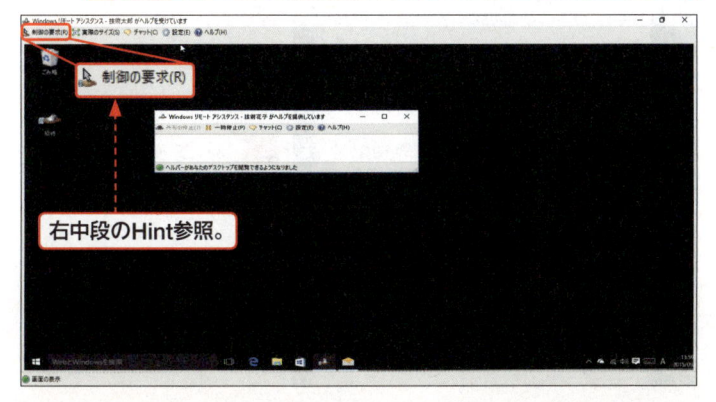

制御の要求(R)

右中段のHint参照。

手順**5**で＜OK＞をクリックすると、招待側パソコンに確認メッセージが表示されます。下の画面が表示されたら、招待側は、＜はい＞をクリックします。

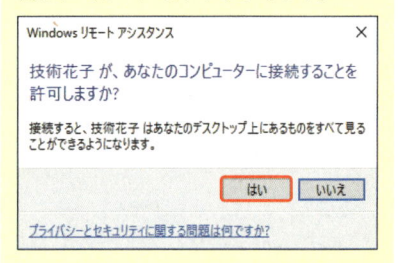

Windows リモート アシスタンス　　　✕

技術花子 が、あなたのコンピューターに接続することを許可しますか?

接続すると、技術花子 はあなたのデスクトップ上にあるものをすべて見ることができるようになります。

はい　　いいえ

プライバシーとセキュリティに関する問題は何ですか?

手順**6**の時点ではチャットや電話で相手から指示をもらい、自分でパソコンを操作しなければなりません。相手にデスクトップを操作してもらうには、招待した相手の「Windows リモートアシスタンス」の＜制御の要求＞をクリックし、招待側のパソコンに表示されるダイアログボックスの＜はい＞をクリックします。

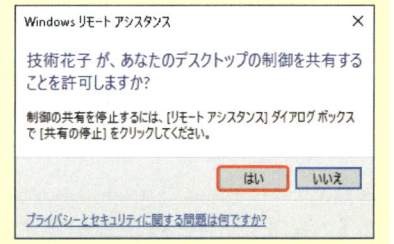

Windows リモート アシスタンス　　　✕

技術花子 が、あなたのデスクトップの制御を共有することを許可しますか?

制御の共有を停止するには、[リモート アシスタンス] ダイアログ ボックスで [共有の停止] をクリックしてください。

はい　　いいえ

プライバシーとセキュリティに関する問題は何ですか?

一連のサポートを終えたら、自分もしくは相手が＜共有の停止＞ボタンをクリックし、「Windows リモートアシスタンス」を終了すれば、接続が終了します。

Section 171 リモートデスクトップを利用する

別の部屋、あるいは遠隔地に設置したパソコンを手元のパソコンで操作する場合は、リモートデスクトップがおすすめです。ここではLAN内で離れたパソコンを操作する方法を解説します。複数のパソコンを持っている場合は、1台のパソコンから集中管理が可能になるので便利です。

1 リモートデスクトップとは

Key word リモートデスクトップとは？

「リモートデスクトップ」とは、ネットワーク経由で、離れているパソコンのデスクトップを操作する機能を指します。Windows 10 は RDP (Remote Desktop Protocol) を使用して操作するため、低速な Wi-Fi 経由の接続でも、比較的快適に操作できます。ただし、リモートデスクトップのホスト（接続される側のパソコン）になれるのは Windows 10 Pro のみです。Windows 10 Home はホストにはなれません。

リモートデスクトップ接続中はホストとなるパソコンの操作はできない（クライアント側がサインインすると切断する）。

RDP経由で、相手パソコンのアカウントを利用して、相手のパソコンにサインイン。

ホスト
＝接続される側のパソコン
（Windows 10 Pro）

クライアント
＝接続する側のパソコン

2 接続される側の設定を行う

Memo ユーザーアカウント制御画面

手順 3 の操作を行い、「ユーザーアカウント制御」画面が表示された場合は、管理者のパスワードをテキストボックスに入力し、＜はい＞をクリックします。

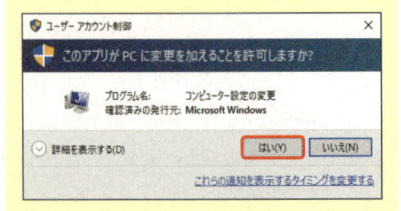

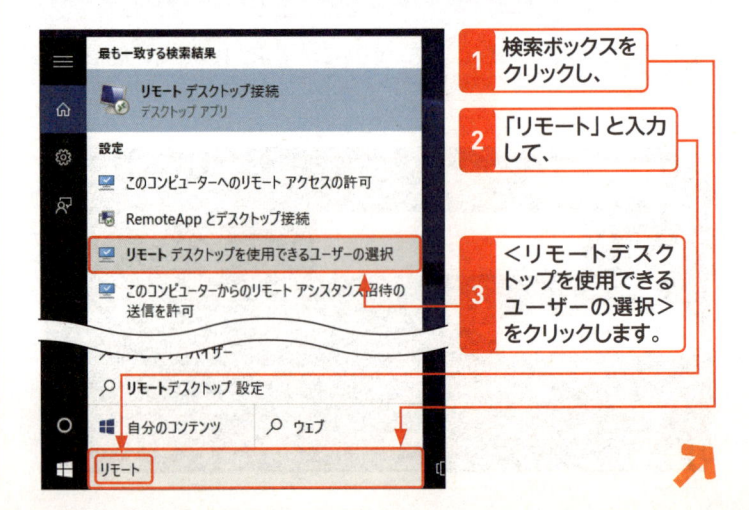

1 検索ボックスをクリックし、

2 「リモート」と入力して、

3 ＜リモートデスクトップを使用できるユーザーの選択＞をクリックします。

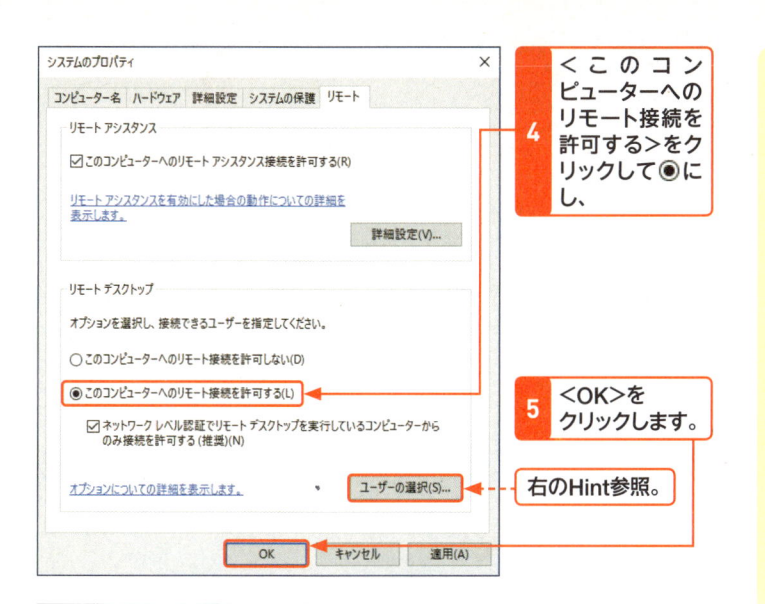

4　＜このコンピューターへのリモート接続を許可する＞をクリックして◉にし、

5　＜OK＞をクリックします。

右のHint参照。

右のHint参照。

Hint　ほかのユーザーも接続可能にするには

左の＜ユーザーの選択＞をクリックすると、リモートデスクトップ接続可能なユーザーを追加できます。

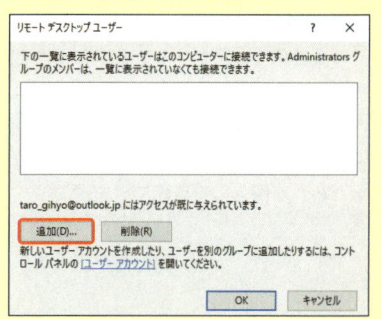

3　接続する側の設定を行ってリモートデスクトップを利用する

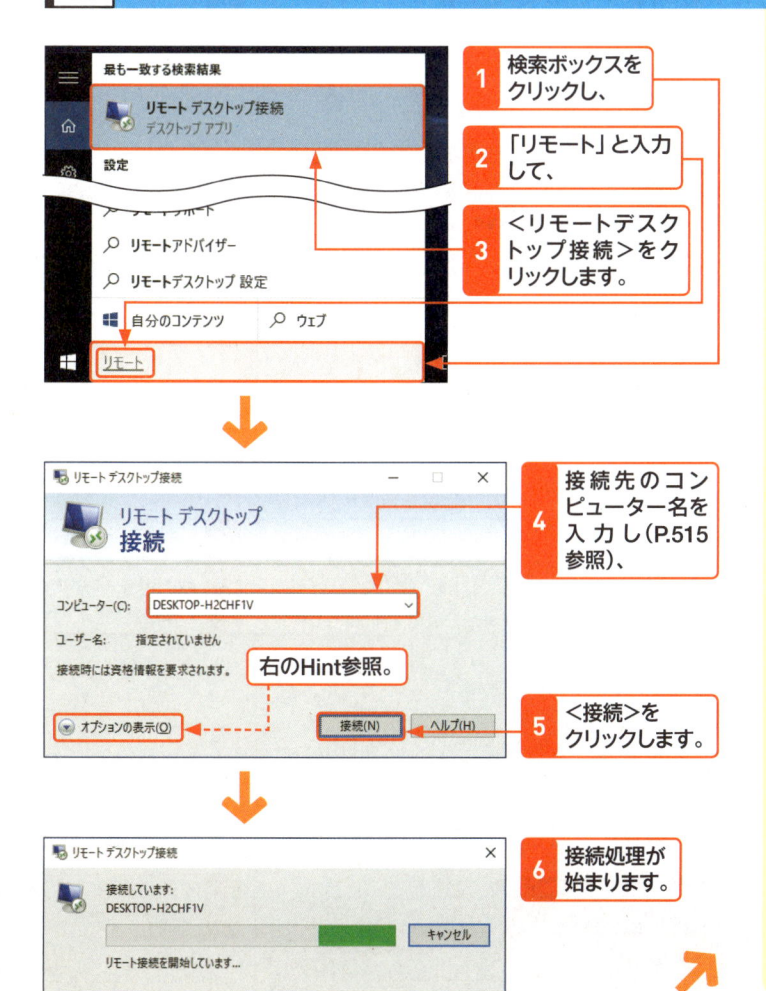

1　検索ボックスをクリックし、

2　「リモート」と入力して、

3　＜リモートデスクトップ接続＞をクリックします。

4　接続先のコンピューター名を入力し（P.515参照）、

（P.515参照）

右のHint参照。

5　＜接続＞をクリックします。

6　接続処理が始まります。

Hint　情報を保存する

手順 4 の画面で＜オプションの表示＞をクリックすると、接続先のコンピューター名や接続に用いるユーザーアカウント、リモートデスクトップの接続ファイルの保存が可能になります。使用頻度が高い場合はファイルを作成しておきましょう。

Memo　「ネットワーク」から接続する

接続先となるコンピューター名を入力するのが面倒な場合は、エクスプローラーで＜ネットワーク＞を開きます。接続先パソコンを右クリックし、＜リモートデスクトップ接続を使用して接続する＞をクリックしてください。

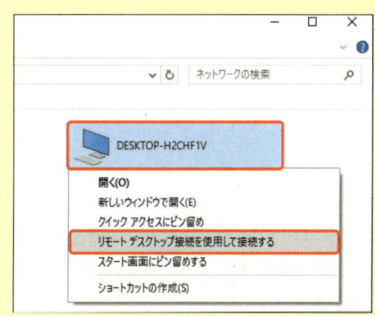

Hint　次回入力を省略する

インターネット上のWebサイトやほかのパソコンへのサインインに使用するユーザー名やパスワードなどを総じて「資格情報」と呼びます。手順 **8** の画面で＜資格情報を記憶する＞をクリックしてチェックを☑にしてから接続すると、Windows 10の「資格情報マネージャー」にアカウント名やパスワードが記録されるため、次回入力を省略できます。

Hint　証明書エラーを無視する

手順 **10** の画面で＜このコンピューターへの接続について今後確認しない＞をクリックしてチェックを☑にしてから先に進むと、証明書エラーを無視できます。これはリモートデスクトップ接続のサーバー認証処理で＜警告メッセージを表示する＞があらかじめ設定されているためです。Windows 10はクライアント向けOSのため、こちらの警告を気にする必要はありません。

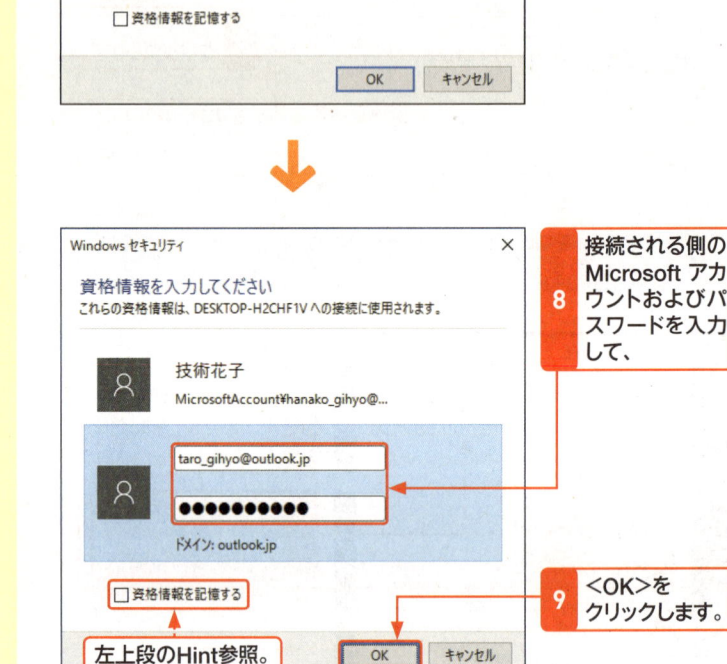

7 ＜別のアカウントを使用＞をクリックし、

8 接続される側のMicrosoft アカウントおよびパスワードを入力して、

9 ＜OK＞をクリックします。

左上段のHint参照。

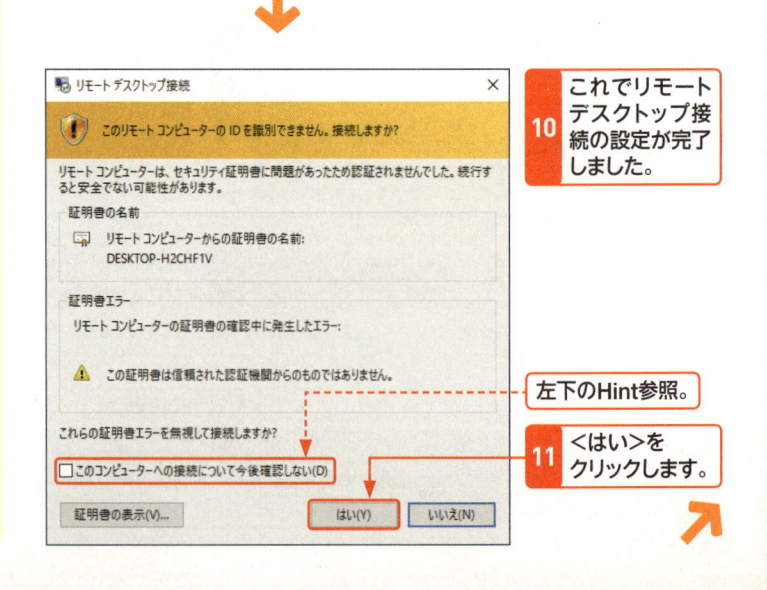

10 これでリモートデスクトップ接続の設定が完了しました。

左下のHint参照。

11 ＜はい＞をクリックします。

12 ホスト側のデスクトップが表示されます。

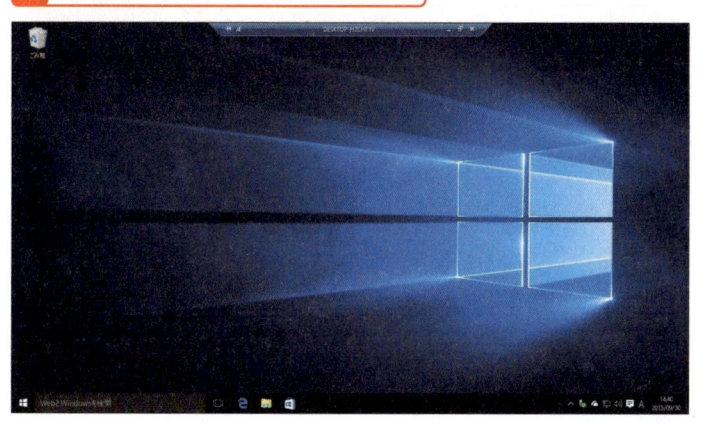

Memo ホスト側となる
パソコンは？

手順**12**でホスト側のデスクトップが表示されると、ホスト側となるパソコンはユーザーが自動的にサインアウトし、ロック画面に切り替わります。クライアント側の接続を許可するかどうかの画面が表示された場合も、とくに操作を行う必要はありません。

4 リモートデスクトップを便利に使う

1 をクリックします。

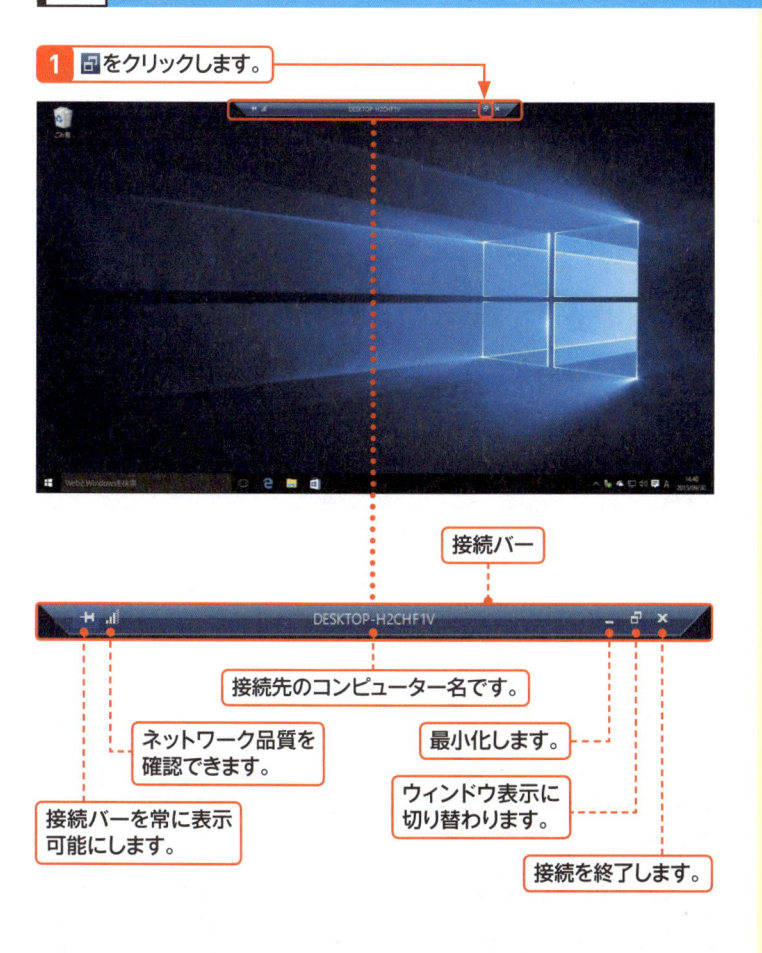

Memo 接続バーが
隠れてしまった

何らかの操作で接続バーが消えてしまった場合は、マウスポインターをデスクトップ上部に移動させてください。接続バーが表示されたら、 をクリックして、再びピン留めします。

接続バー

DESKTOP-H2CHF1V

接続先のコンピューター名です。

ネットワーク品質を
確認できます。

最小化します。

ウィンドウ表示に
切り替わります。

接続バーを常に表示
可能にします。

接続を終了します。

Memo ネットワーク品質を
確認する

をクリックすると、ダイアログボックスで現在のネットワーク品質が示されます。リモートデスクトップの描画が乱れるなど異常が感じられる場合は、問題の解決に役立ててください。

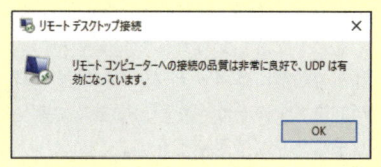

リモートデスクトップ

Hint 接続用ファイルを作成する

P.529のHint「情報を保存する」を参考に、「リモートデスクトップ接続」の＜オプションの表示＞をクリックすると、接続先のコンピューターやサインインするユーザー名、パスワードなどを格納した接続ファイルを保存することができます。

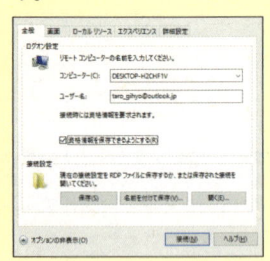

Hint リモートセッションで使用するデバイスを選択する

上記画面の「リモートデスクトップ接続」の＜ローカルリソース＞タブの＜詳細＞をクリックすると、リモートセッション（相手のパソコンに接続した状態）で共有するドライブやデバイスの選択が可能になります。ファイルの送信やデータ共有などに利用してください。

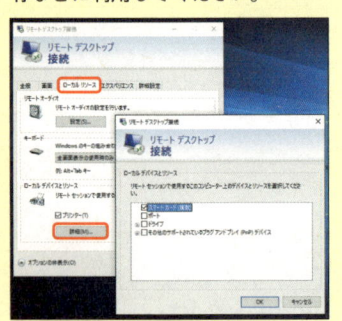

Hint インターネット経由で使用する

インターネット経由で自宅のパソコンにリモートデスクトップ接続するには、ルーターの設定でパソコンのIPアドレスなどを設定しなければなりません。これらの設定にはネットワークに関する専門知識も欠かせないため、本書では割愛しました。ご了承ください。

---

2 ウィンドウ表示に切り替わります。

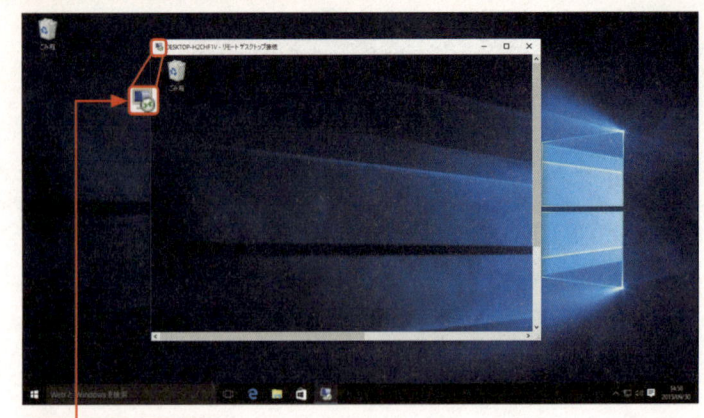

3 をクリックし、

4 ＜スマートサイズ指定＞をクリックすると、

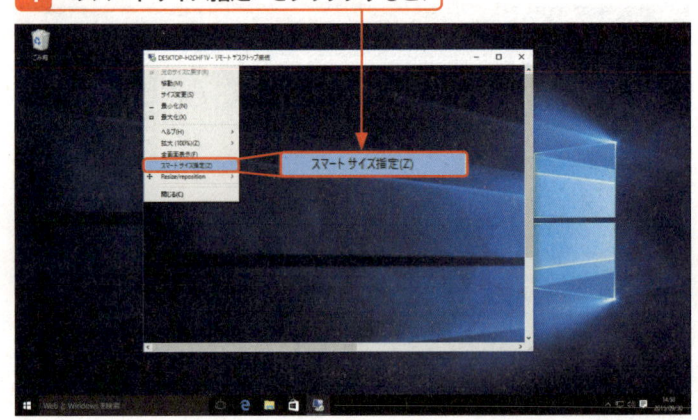

5 ウィンドウサイズに合わせて接続先のデスクトップが縮小表示されます。

第15章

アカウント管理とセキュリティ設定

Section 172 「設定」とコントロールパネルを表示する

キーワード ▶ 設定／コントロールパネル

Windows 10の設定の多くは、設定やコントロールパネルから変更できます。画面の背景やデザインなどのカスタマイズのほか、コンピューターを利用するユーザーやパスワードの管理、Windows Updateの適用などもこれらの画面から行えます。

1 「設定」を表示する

Memo 「設定」とは?

「設定」は、利用しているアプリの設定やWindowsで利用する機器などに関する設定、<スタート>メニューやデスクトップの背景などのWindowsに関する設定が行えます。また、一部の機能は、「コントロールパネル」でも設定できます。ここでは、「設定」の起動方法を解説しています。

Hint 検索ボックスを利用する

Windows 10には、非常に多くの設定項目があります。目的の設定項目が見つからないときは、「設定」の画面右上のある検索ボックスやタスクバーの検索ボックスを利用して検索を行ってください。

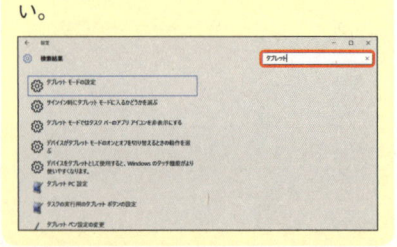

<スタート>メニューから起動する

1 ⊞をクリックし、　　　2 <設定>をクリックします。

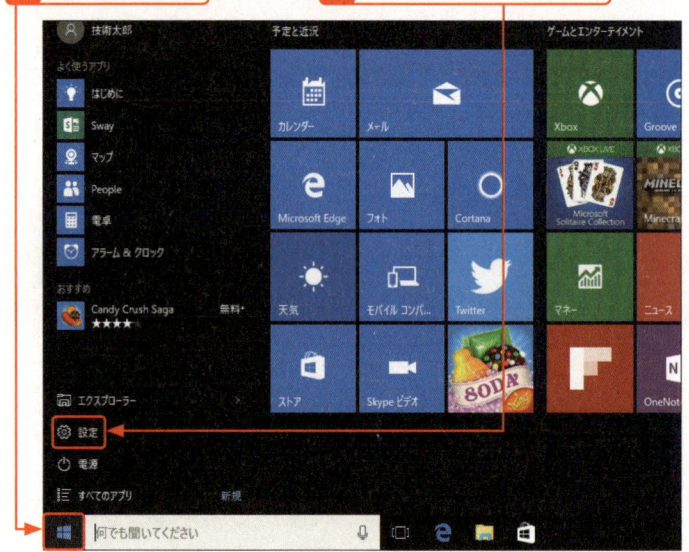

↓

3 「設定」が起動します。

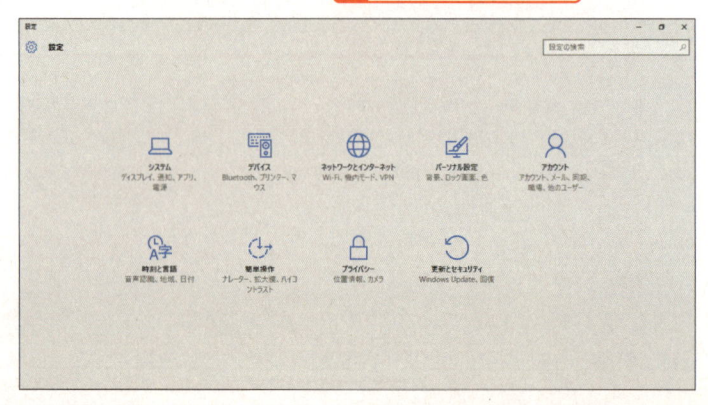

アクションセンターから起動する

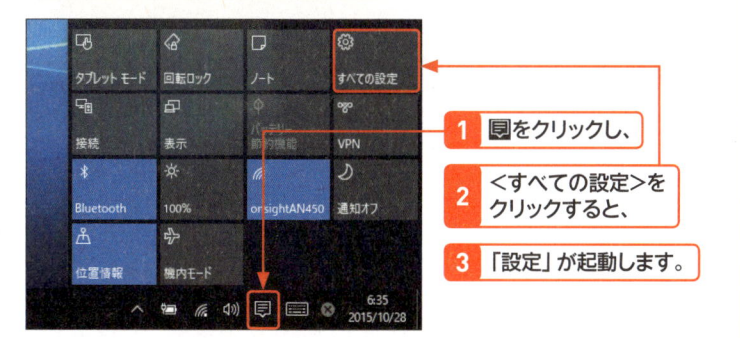

1 　をクリックし、

2 ＜すべての設定＞を
クリックすると、

3 「設定」が起動します。

2 コントロールパネルを表示する

1 　をクリックし、

2 ＜すべてのアプリ＞をクリックします。

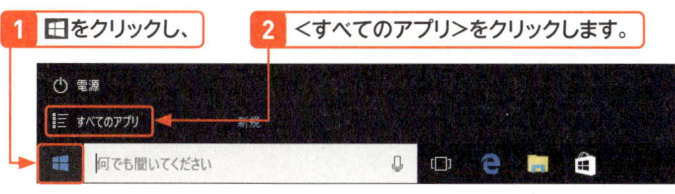

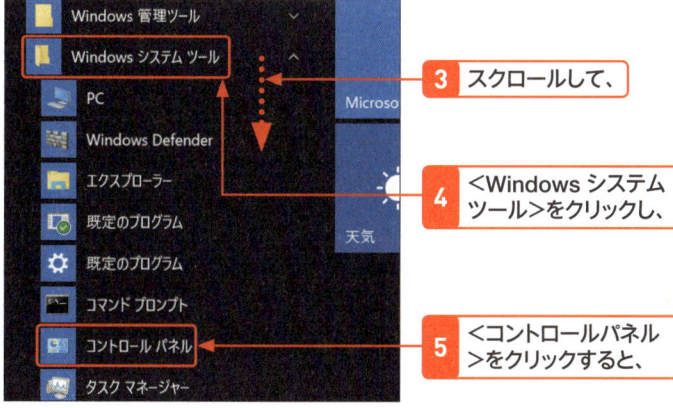

3 スクロールして、

4 ＜Windows システム
ツール＞をクリックし、

5 ＜コントロールパネル
＞をクリックすると、

6 「コントロールパネル」が起動します。

Memo コントロールパネルについて

「コントロールパネル」には、デスクトップのデザインや画面の解像度、日付や時刻の設定、周辺機器を設定するための機能などがまとめられています。

Memo ショートカットキーを利用する

コントロールパネルは、　キーを押しながら、Ｘキーを押してメニューを表示し、＜コントロールパネル＞をクリックすることでも表示できます。

Memo コントロールパネルで検索する

コントロールパネルは、非常に多くの設定項目があります。目的の設定が見つからないときは、コントロールパネルの右上にある検索ボックスに検索キーワード（「フォルダー」など）を入力して、検索します。

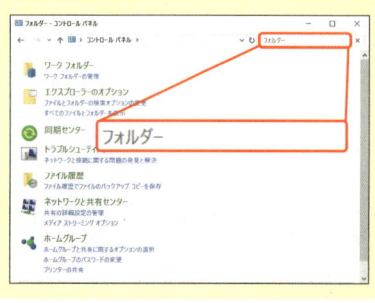

Section 173 ユーザーアカウントを追加する

キーワード ▶ ユーザーアカウント（追加／管理）

1台のパソコンを家族などで共有する場合は、人数分のユーザーアカウントを作成しましょう。Windows 10では、「家族」と「他のユーザー」の2種類のアカウントを作成できます。家族アカウントは、パソコンの利用時間を制限したり、不適切なWebサイトの閲覧やゲーム、アプリの利用を制限したりできます。

1 家族用のアカウントを追加する

Memo ユーザーアカウントとは？

「ユーザーアカウント」は、パソコンを誰が使っているのかを識別するための情報です。Windows 10では、「家族」と「他のユーザー」の2種類のユーザーアカウントを登録でき、1台のパソコンを複数のユーザーで利用できます。ここでは、すでにMicrosoftアカウントを持っているユーザーを、家族の子供用アカウントでパソコンの新しい利用者に登録する手順を紹介します。

Hint 家族アカウントとは？

家族アカウントは、家庭内で利用するときに便利なアカウントです。「お子様」と「保護者」の2種類のアカウントを登録できます。お子様用アカウントは、パソコンの利用可能時間を制限したり、有害なWebサイトの閲覧防止などの管理を保護者として登録されたユーザーが行えます。

Hint 管理者ユーザーのみがユーザー登録を行える

アカウントの作成や削除など行えるのは、「管理者（Administrator）」権限を持つユーザーのみです。Windows 10では、最初に登録されたユーザーが管理者（Administrator）になります。

1 P.534を参考に「設定」を起動し、 **2** ＜アカウント＞をクリックします。

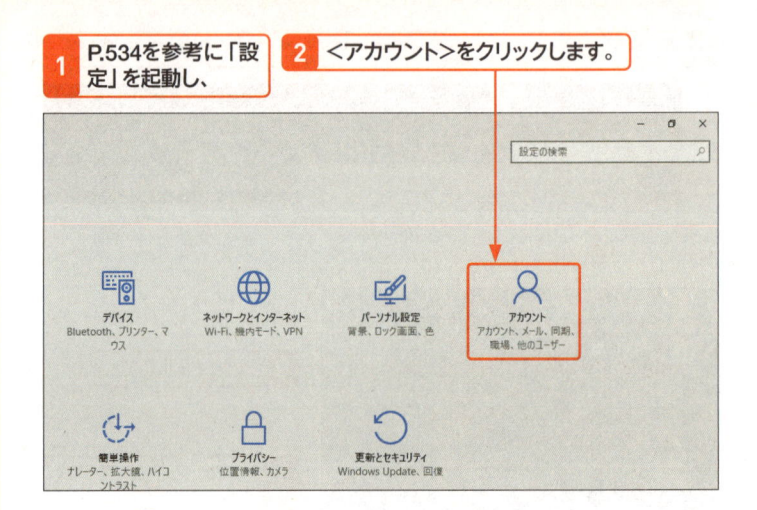

3 ＜家族とその他のユーザー＞をクリックし、

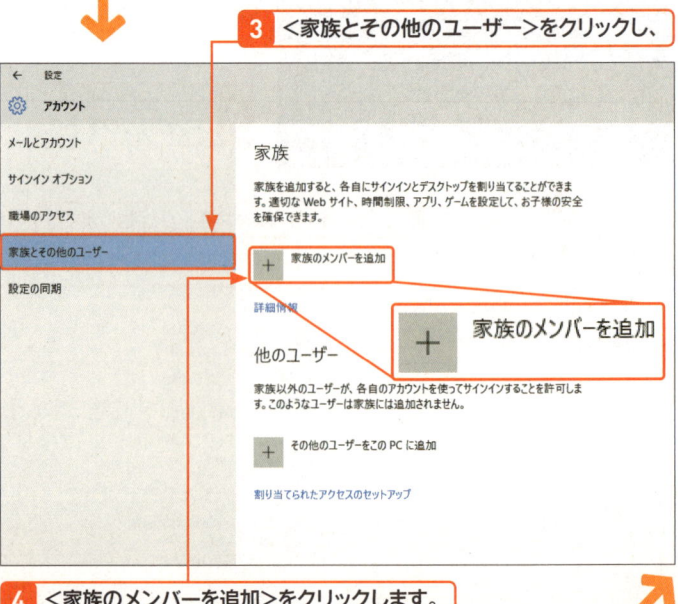

4 ＜家族のメンバーを追加＞をクリックします。

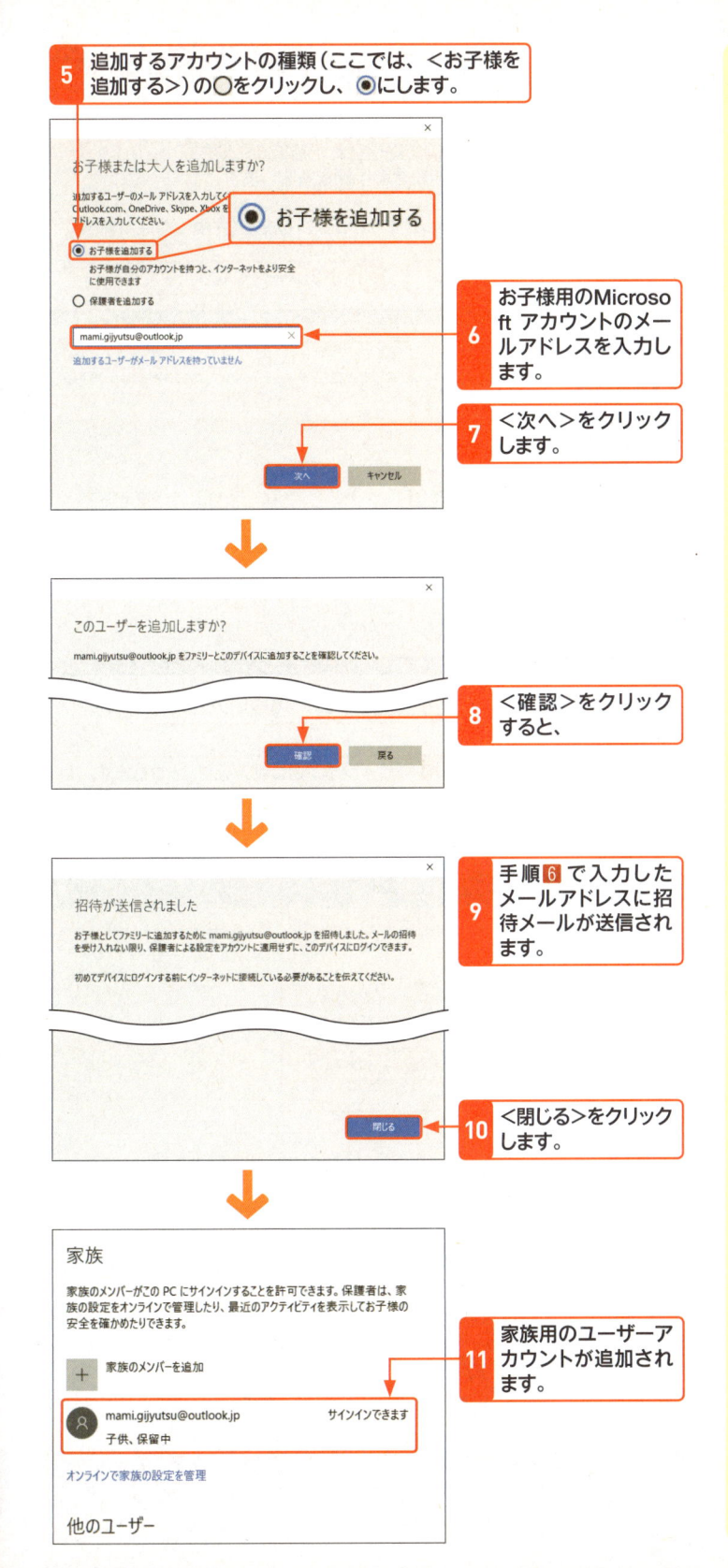

5 追加するアカウントの種類（ここでは、＜お子様を追加する＞）の○をクリックし、◉にします。

6 お子様用のMicrosoft アカウントのメールアドレスを入力します。

7 ＜次へ＞をクリックします。

8 ＜確認＞をクリックすると、

9 手順 6 で入力したメールアドレスに招待メールが送信されます。

10 ＜閉じる＞をクリックします。

11 家族用のユーザーアカウントが追加されます。

Memo アカウントの種類を選択する

家族アカウントは、「お子様」と「保護者」の2種類のアカウントを登録できます。左の手順では、＜お子様を追加する＞を選択していますが、お子様の管理を行えるユーザーを追加したいときは、＜保護者を追加する＞を選択してください。

Memo メールアドレスを登録する

家族アカウントの登録には、Microsoftアカウントに登録されたメールアドレスが必須です。手順 6 では、Microsoftアカウントとして登録されているメールアドレスを入力してください。

Caution 登録に時間がかかる場合がある

手順 11 のアカウント登録済みのユーザーの表示には、時間がかかる場合があります。しばらく待っても表示されないときは、「設定」を一度終了して、起動し直してみてください。

Hint 招待メールが送信される

家族のメンバーを追加するときは、保護者／お子様に関係なく、左の手順でアカウント登録時に入力したメールアドレスに招待メールを送信し、相手から参加の承認を得る必要があります。また、参加の承認を行ったユーザーは、ファミリーとして追加され、保護者ユーザーは、お子様ユーザーに対してさまざまな利用上の制限を設定できます。

第 1 章
Windows 10
をはじめよう

第 2 章
Windows 10
の基本操作

第 3 章
ファイルと
フォルダー

第 4 章
インター
ネット

第 5 章
Outlook.
com

第 6 章
「メール」
アプリ

第 7 章
アプリの
利用

第 8 章
データの
活用

第 9 章
音楽/写真
/ビデオ

第10章
タブレット
モード

第11章
文字入力
の基本

第12章
＜スタート＞
メニュー

第13章
デスクトップ

第14章
ネットワーク

第15章
管理/
セキュリティ

第16章
周辺機器
の利用

第17章
トラブル
対策

第18章
インストール
と初期設定

付 録

2 お子様アカウントの承認を行う

Memo　招待メールの承諾手続き

お子様の管理を行うために必要となる手続きが、招待メールの承諾手続きです。承諾手続きが完了すると、保護者として登録されているユーザーは、お子様として登録されているユーザーの管理を行えます。承諾手続きは、右の手順で行います。

Hint　承認手続きを行うパソコンについて

前ページの手順でお子様アカウントの追加を行うと、そのパソコンにお子様用のアカウントがすぐに追加されます。承認手続きは、アカウントの追加を行ったパソコンで、アカウントを切り替えて行えます。現在利用中のアカウントからお子様用のアカウントに切り替えるときは、P.541のMemoを参考に行ってください。なお、お子様用アカウント追加後に初めてそのお子様用アカウントでサインインするときは、初期設定画面が表示される場合があります。初期設定画面が表示されたときは、画面の指示に従って設定を行ってください。

Memo　Microsoft アカウントのサインイン画面が表示された場合は？

手順⑤のあとで、Microsoft アカウントのサインイン画面が表示された場合は、Microsoft アカウントのパスワードを入力し、画面の指示に従って進めてください。

Hint　メールの利用環境を用意する

承諾手続きを行うには、メールの送受信環境が必要です。Windows 10にサインインしたら、メール環境の用意を行い、承諾手続きを行ってください。

ここでは、前ページの手順⑪で送信された招待メールを受け取ったユーザーの承認手続きの手順を解説します。

1 追加したお子様のアカウントでサインインします（左中段のHint参照）。

2 「メール」アプリを起動し、　**3** 承認メールを開きます。

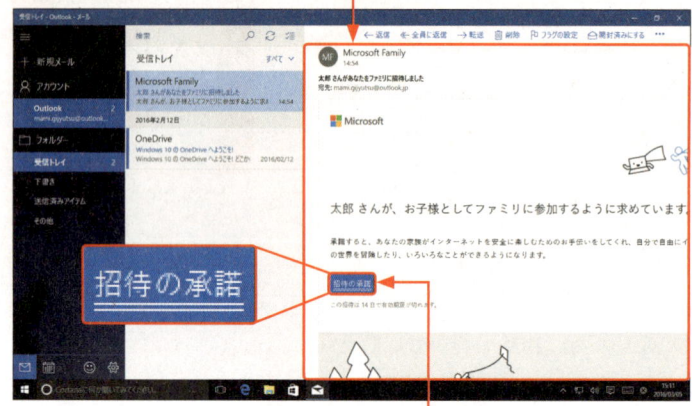

4 ＜招待の承諾＞をクリックします。

5 ＜サインインと参加＞をクリックします。

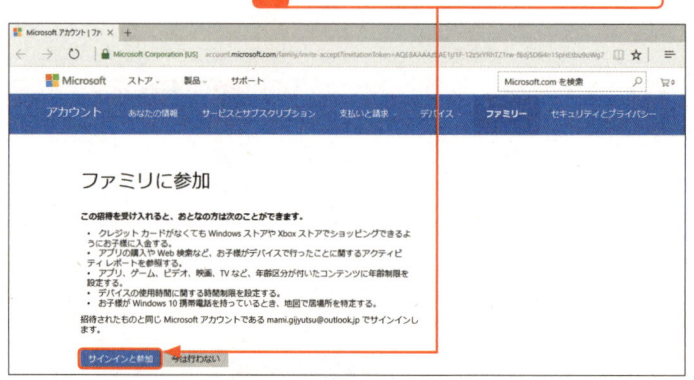

6 登録されているファミリの一覧が表示されます。承諾手続きは以上で終わりです。

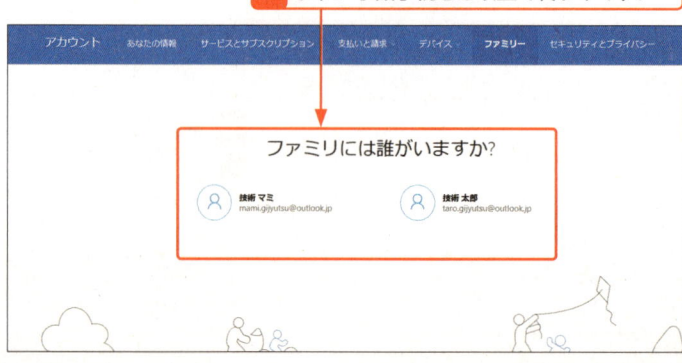

3 家族の管理を行う

ここでは、招待メールを送付したユーザーが自分のパソコンで設定を行います。

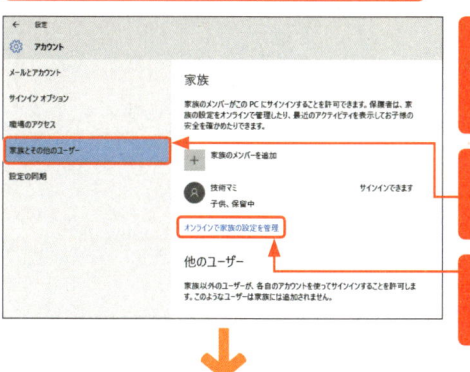

1 P.534を参考に「設定」を起動し、<アカウント>をクリックします。

2 <家族とその他のユーザー>をクリックし、

3 <オンラインで家族の設定を管理>をクリックします。

4 Webブラウザーが起動し、ファミリーの一覧が表示されます。

5 管理したいユーザー(ここでは、<技術マミ>)をクリックします。

6 選択したユーザーの管理ページが表示されるので、画面をスクロールして、

7 「Webの閲覧」の<設定の変更>をクリックします。

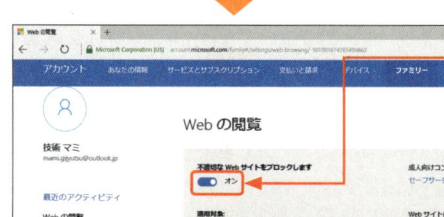

8 「不適切なWebサイトをブロックします」が●に設定されていることを確認します。

9 画面をスクロールすると、常に閲覧を許可するサイトや逆にブロックするサイトを設定できます。

Memo お子様ユーザーの管理を行う

ここでは、Webサイトの閲覧制限の方法を解説します。お子様ユーザーの管理は、Webサイトの閲覧制限以外にも、パソコンを利用できる時間や利用を許可するアプリやゲームなどの設定が行えます。

Hint アプリの選択画面が表示されたときは?

手順**3**の画面のあとに、利用するアプリの選択画面が表示される場合があります。この画面が表示されたときは、「Microsoft Edge」を選択し、<OK>をクリックします。

Hint アプリとゲームの設定について

手順**6**の画面で<アプリとゲーム>の<ブロックを有効にする>をクリックし、<不適切なアプリとゲームをブロック>の●をクリックして●にすると、年齢区分が付いたアプリやゲームが、年齢に応じてブロックされます。また、お子様がダウンロードしたり、購入したり、アプリやゲームも年齢に応じて制限できます。

Hint 使用時間の制限を設定する

手順**6**の画面で「使用時間」の<設定の変更>をクリックすると、使用時間を制限できます。使用時間の制限は、曜日単位で「開始時刻」と「次の時間まで」(終了時刻)、「このデバイスでの1日あたりの制限」(1日の利用時間)の3項目を設定できます。

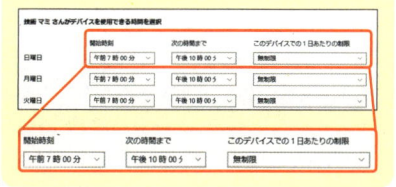

第1章 Windows 10 をはじめよう

第2章 Windows 10 の基本操作

第3章 ファイルと フォルダー

第4章 インター ネット

第5章 Outlook. com

第6章 「メール」 アプリ

第7章 アプリの 利用

第8章 データの 活用

第9章 音楽／写真 ／ビデオ

第10章 タブレット モード

第11章 文字入力 の基本

第12章 ＜スタート＞ メニュー

第13章 デスクトップ

第14章 ネットワーク

第15章 管理／ セキュリティ

第16章 周辺機器 の利用

第17章 トラブル 対策

第18章 インストール と初期設定

付　録

4 家族以外のユーザーを追加する

Memo そのほかのユーザーを追加する

ここでは、家族アカウントとは異なり、すでに登録済みのユーザーとは関連性のないアカウントを追加する方法を解説しています。この方法は、会社などで利用する場合に適したアカウントの追加方法です。なお、アカウントの追加が行えるのは、家族アカウント同様に「管理者（Administrator）」権限を持つユーザーのみです。

Memo メールアドレスを入力する

手順 5 では、Microsoft アカウントとして登録されているメールアドレスを入力します。Microsoft アカウントとして登録されていないメールアドレスを入力した場合は、エラーメッセージが表示されます。画面の指示に従って、Microsoft アカウントを取得してください。

Hint メールアドレスを新規登録する

手順 5 の画面で＜このユーザーのサインイン情報がありません＞をクリックすると、Microsoft アカウントを取得できます。また、ローカルアカウントを作成する場合は、右ページのMemoを参照してください。

1 P.534を参考に「設定」を起動し、

2 ＜アカウント＞をクリックします。

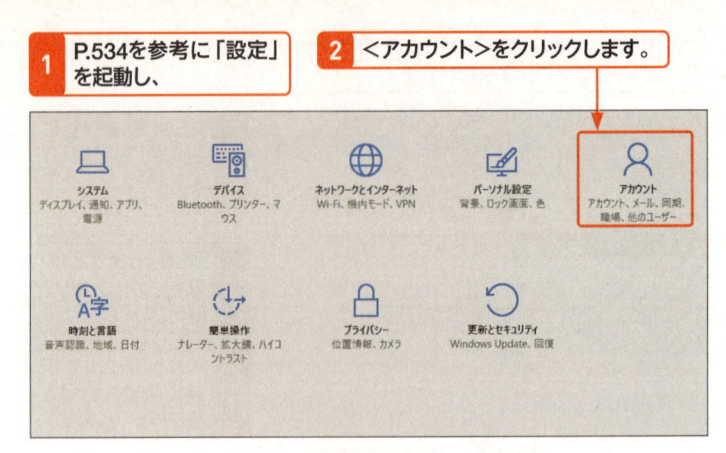

3 ＜家族とその他のユーザー＞をクリックし、

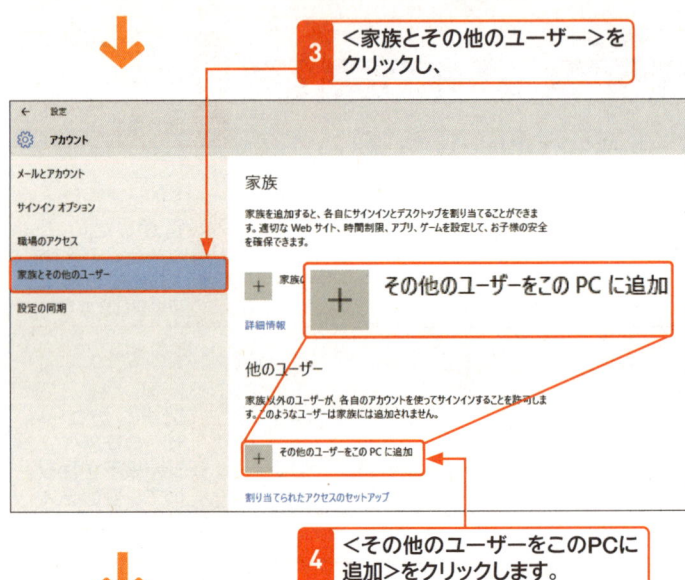

4 ＜その他のユーザーをこのPCに追加＞をクリックします。

5 登録したいユーザーのMicrosoftアカウントのメールアドレスを入力し、

6 ＜次へ＞をクリックします。

左のHint参照。

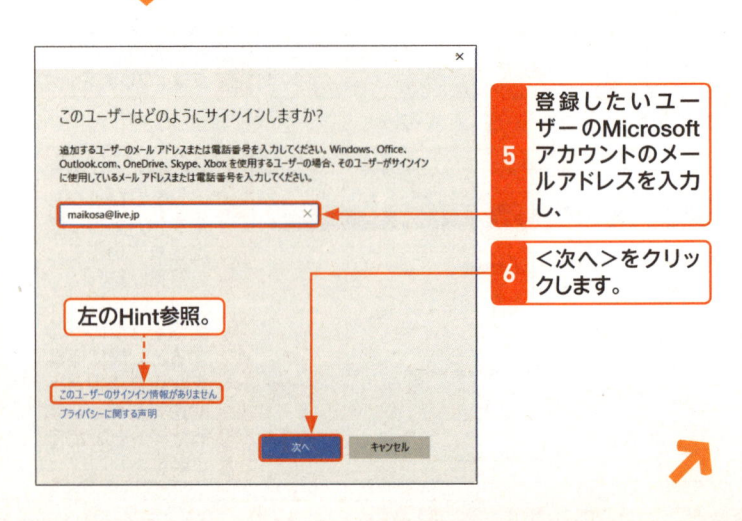

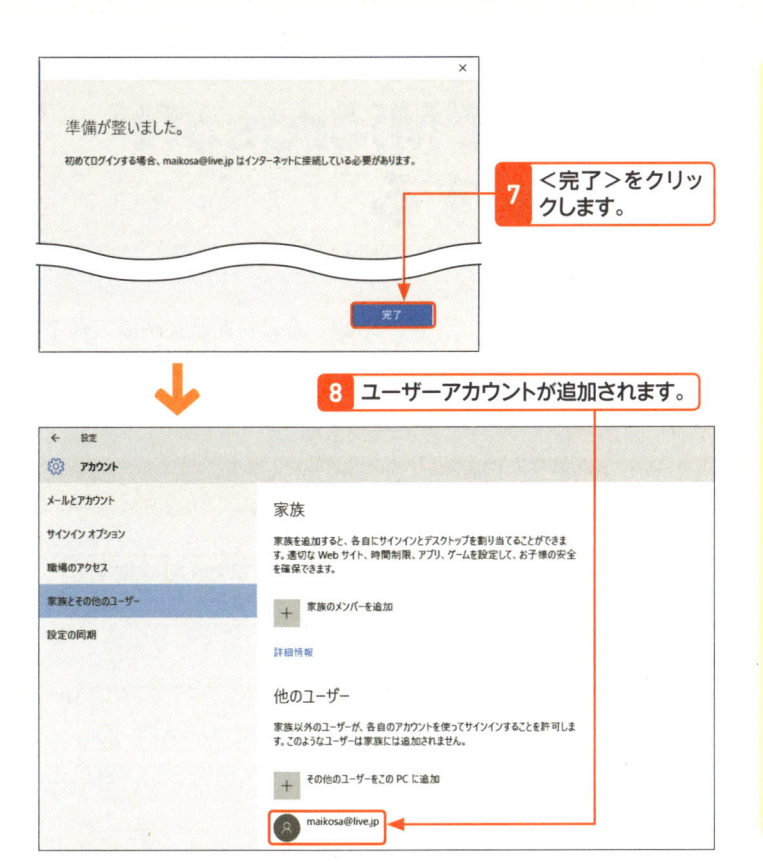

7 <完了>をクリックします。

8 ユーザーアカウントが追加されます。

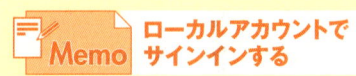

Memo ローカルアカウントでサインインする

前ページの手順**5**の画面でメールアドレスを入力せずに、<このユーザーのサインイン情報がありません>をクリックし、<Microsoftアカウントを持たないユーザーを追加する>をクリックすると、「ローカルアカウント」を作成できます。ローカルアカウントは、ユーザーの管理をWindows 10の内部のみで行います。そのため、OneDriveなど一部のアプリを利用するには、アプリごとのサインインが必要になります。

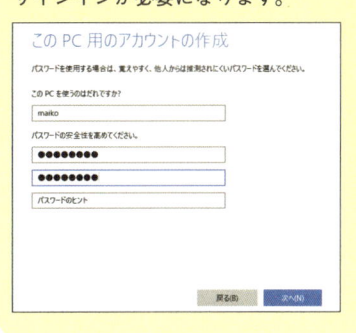

Hint サインインアカウントを切り替えるには

アカウントの追加を行うと、すぐにそのアカウントがWindows 10に登録されます。お子様アカウントを追加した場合など、アカウント追加後にすぐに作業を行いたいときは、サインインアカウントを以下の手順で切り替えられます。

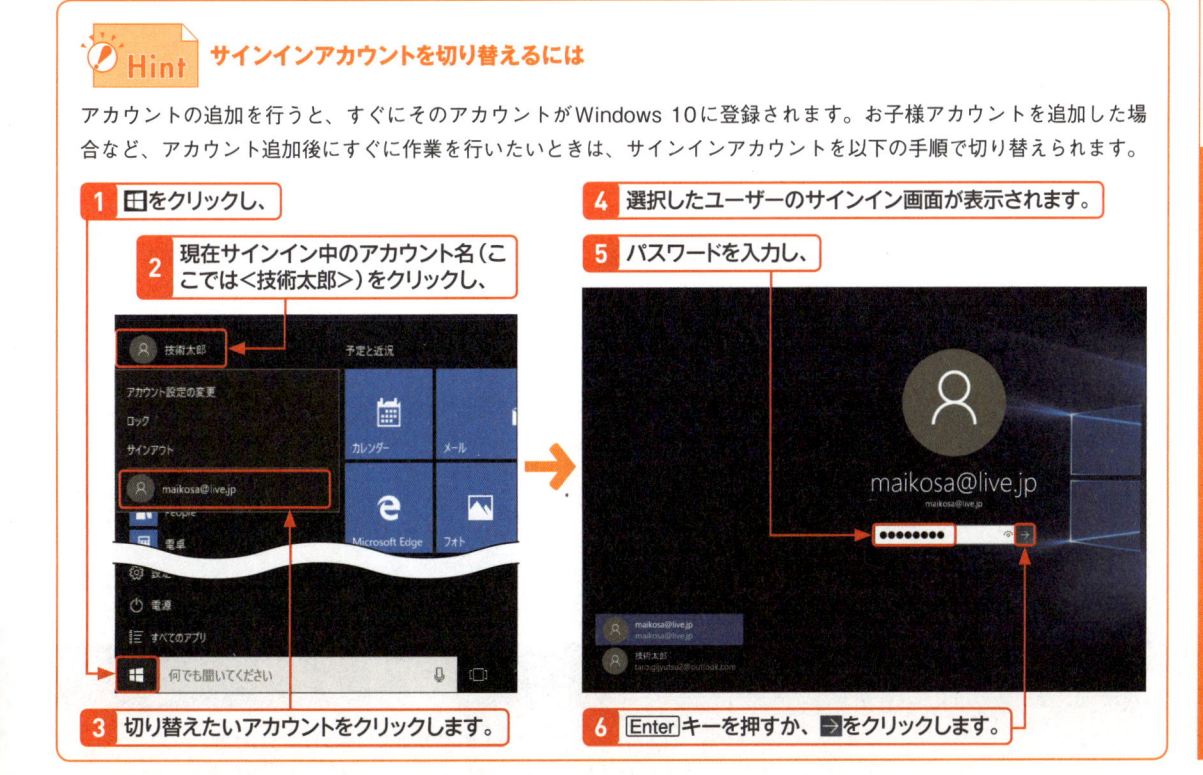

1 田をクリックし、

2 現在サインイン中のアカウント名（ここでは<技術太郎>）をクリックし、

3 切り替えたいアカウントをクリックします。

4 選択したユーザーのサインイン画面が表示されます。

5 パスワードを入力し、

6 Enter キーを押すか、➡をクリックします。

Section 174

WebブラウザーでMicrosoftアカウントを取得する

キーワード ▶ Microsoft アカウント

Windows 10のサインインに利用できるMicrosoft アカウントは、Windows 10の初期設定時に取得できるほか、Webブラウザーを利用することでも取得できます。ここでは、Webブラウザーを利用してMicrosoft アカウントを取得する方法を解説します。

1 Microsoft アカウントを取得する

Memo Microsoft アカウントの取得について

Microsoft アカウントは、ユーザー名にメールアドレスを利用しているためメールアドレスの登録が必須です。ユーザー名に利用するメールアドレスは、Microsoft アカウント取得時に、Outlook.comのメールアカウントを新規取得できるほか、インターネットプロバイダーから提供されているメールアドレスや勤務先で利用しているメールアドレスを利用することもできます。ここでは、Microsoft アカウントの取得時にOutlook.comのメールアカウントを新規取得し、それをユーザー名に利用する方法を解説しています。

Memo 新しいユーザーを追加したい場合は？

Windows 10に新規ユーザーを追加し、同時にMicrosoftアカウントの取得を行いたいときは、P.540の手順を参考に、「設定」の「アカウント」から作業を行ってください。

ここでは、Microsoft Edgeを利用してMicrosoft アカウントの取得を行います。Microsoft Edgeを起動しておきます（P.128参照）。

1 アドレスバーをクリックし、

2 Microsoft アカウントのURL（http://www.microsoft.com/ja-jp/msaccount/）を入力して、

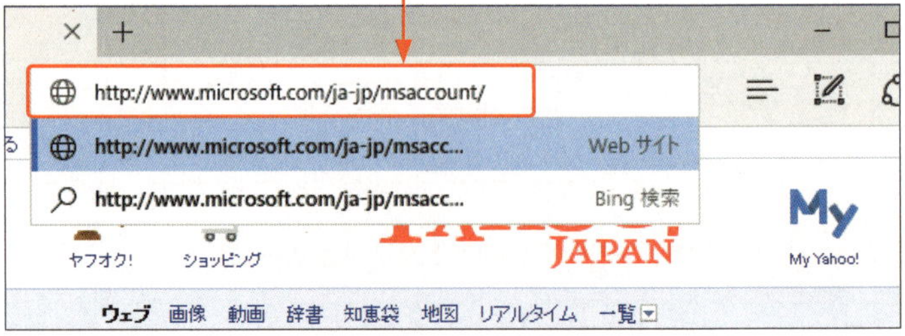

3 Enterキーを押します。

4 ＜新規登録／登録情報の確認＞をクリックし、

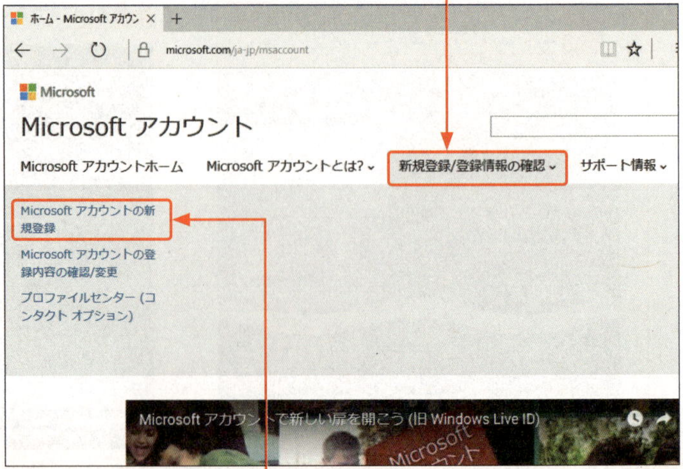

5 ＜Microsoftアカウントの新規登録＞をクリックします。

6 ＜新しくメールアドレスを作成して、Microsoftアカウントとして利用する方法＞をクリックします。

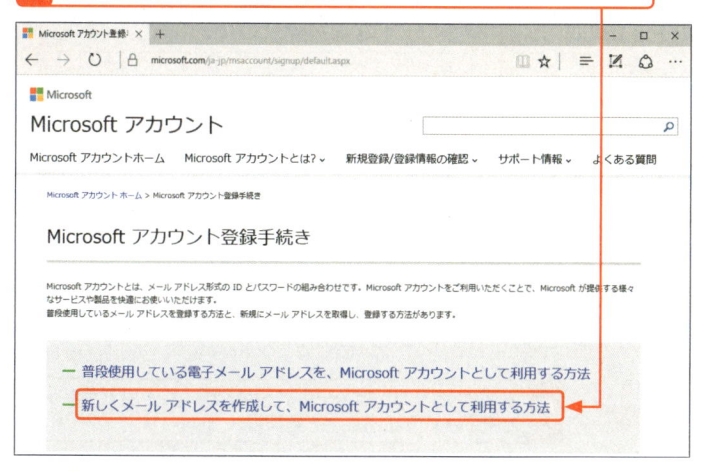

7 画面をスクロールして、

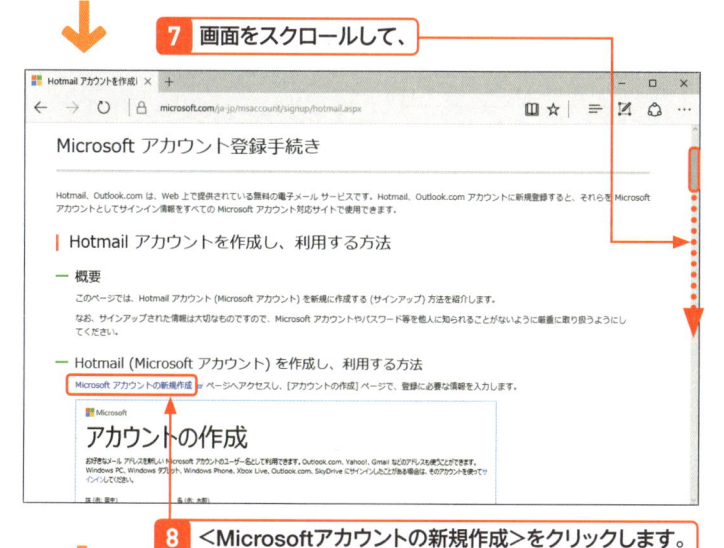

8 ＜Microsoftアカウントの新規作成＞をクリックします。

9 名前を入力し、

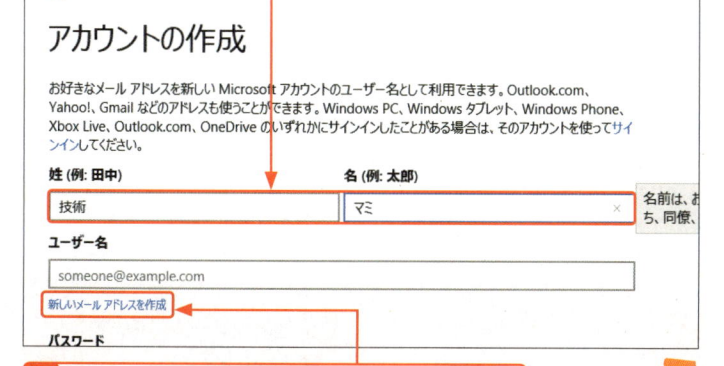

10 ＜新しいメールアドレスを作成＞をクリックします。

Memo 普段使用しているメールアドレスを利用する

普段使用しているメールアドレスを利用してMicrosoft アカウントの取得を行いたいときは、＜普段使用している電子メールアドレスを、Microsoft アカウントとして利用する方法＞をクリックして、次の画面で＜Microsoft アカウントの新規作成＞をクリックします。

Memo 作成手順を確認する

手順 **7** の画面には、Outlook.com や Hotmailのメールアカウントを作成してMicrosoft アカウントを取得する方法が、詳細に記載されています。Microsoft アカウントの新規作成を開始する前に、内容を確認しておくことをおすすめします。

Memo 既存のメールアカウントを利用する場合は？

既存のメールアカウントでMicrosoft アカウントを取得したいときは、手順 **9** の画面でユーザー名に現在利用中のメールアドレスを入力し、手順 **12** に進んでください。

Microsoft アカウント

543

Memo　メールアドレスがすでに利用されていたときは？

手順 11 で入力した希望メールアドレスがすでに利用されていたときは、手順 13 で、希望メールアドレスが使用できないというメッセージが表示されます。この画面が表示されたときは、希望メールアドレスを変更し、手順 11 から作業をやり直してください。

Memo　パスワードについて

手順 14 と 15 で設定するパスワードは、半角の8文字以上で、アルファベットの大文字／小文字、数字、記号のうち2種類以上を含んでいる必要があります。

Memo　身元確認の情報は必ず入力する

手順 19 と 20 では、「携帯電話の電話番号」「連絡用メールアドレス」のうち、1つ以上を必ず登録する必要があります。この情報は、パスワードを忘れてしまったときや取得した Microsoft アカウントが不正利用されていないかを確認するための身元確認に利用されます。できれば、両方登録しておくことをおすすめします。

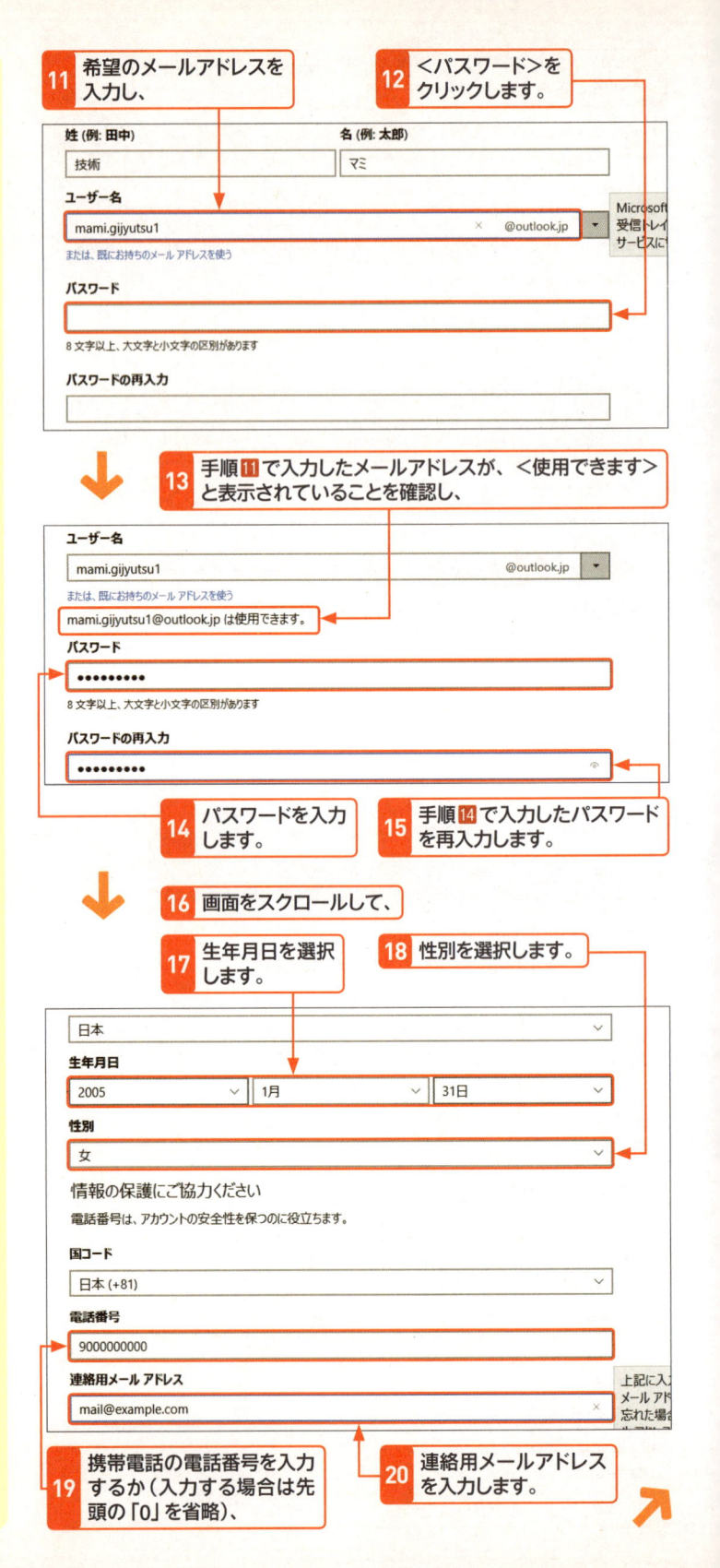

21 画面をスクロールして、

22 画像に表示されている文字列を入力し、

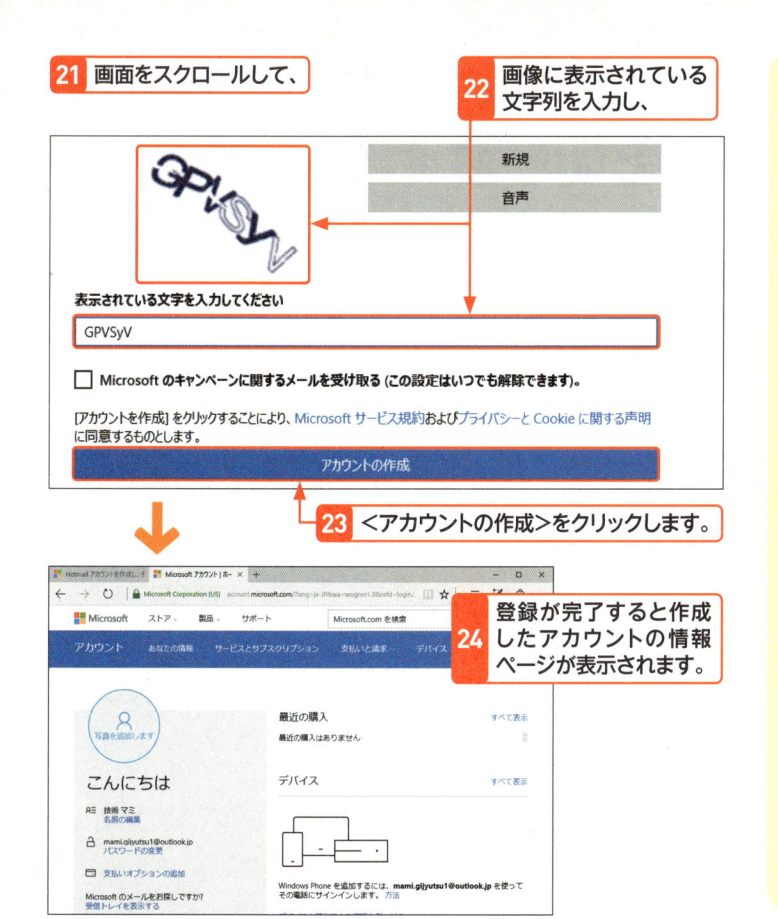

表示されている文字を入力してください

GPVSyV

☐ Microsoft のキャンペーンに関するメールを受け取る (この設定はいつでも解除できます)。

[アカウントを作成] をクリックすることにより、Microsoft サービス規約およびプライバシーと Cookie に関する声明に同意するものとします。

アカウントの作成

↓

23 <アカウントの作成>をクリックします。

24 登録が完了すると作成したアカウントの情報ページが表示されます。

Memo 画像の文字列を間違えた場合は?

手順**22** の画像の文字列は、大文字と小文字が区別されます。表示されている通りに正確に入力してください。また、<新規>をクリックすると、新しい画像が表示され、<音声>をクリックすると、音声で文字を確認できます。

Memo 既存のメールアカウントで取得した場合は?

プロバイダーメールや会社のメールなど既存のメールアカウントを利用してMicrosoftアカウントを取得したときは、手順**24** で以下の「メールの確認」画面が表示されます。下のMemoの手順を参考に本人確認を行ってください。

メールの確認

ご本人のものであることを確認するため、taro.gijyutsu@gmail.com にメールを送信しました。受信トレイをチェックし、Microsoft アカウントのセットアップを完了する手順に従ってください。

Microsoft アカウントとして別のメール アドレスを使う

メールの再送信

Memo 本人確認を行うには?

会社のメールアカウントやプロバイダーメールなどのメールアカウントを利用してMicrosoft アカウントを新規取得した場合は、本人確認を行う必要があります。上の手順**24** でMicrosoft アカウントに登録したメールアドレス宛に本人確認用のメールが送信されるので、以下の手順で本人確認を行います。なお、この手順は、Microsoft アカウントでサインインを行っていないパソコンで作業を行ってください。

1 Webブラウザーや「メール」アプリなどを利用して、Microsoft アカウントに登録したメールアカウント宛に届いたメールを開きます。

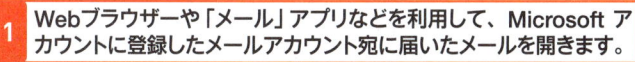

2 <....の確認>をクリックします。

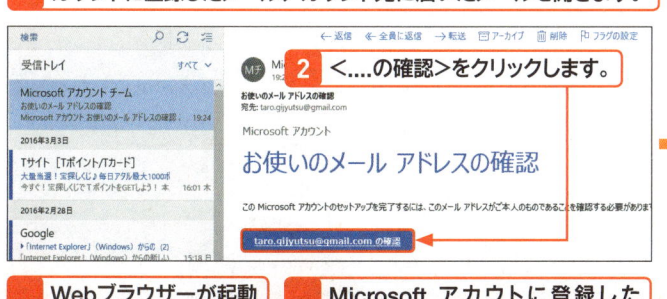

3 Webブラウザーが起動して、Microsoft アカウントのサインイン画面が表示されます。

4 Microsoft アカウントに登録したメールアカウントのメールアドレスとパスワードを入力して、<サインイン>をクリックします。

5 「確認できました」と表示されたら本人確認は完了です。

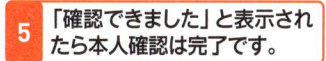

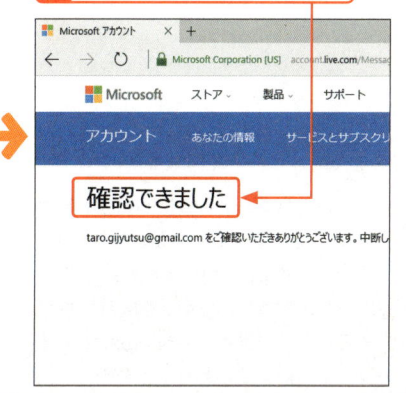

確認できました

taro.gijyutsu@gmail.com をご確認いただきありがとうございます。中断し

Section 175　アカウントを切り替える

キーワード ▶ Microsoft アカウント（切り替え）

Windows 10 には、すべての機能を無条件で利用できる Microsoft アカウントと利用できる機能に一部制限が付けられるローカルアカウントの2種類があります。ここでは、ローカルアカウントを Microsoft アカウントに変更する方法を解説します。

1　Microsoft アカウントに切り替える

Caution　サインインするアカウントの種類の切り替え

初期設定時にインターネットに接続していなかったなどの理由で、ローカルアカウントを使用している場合は、右の手順で Microsoft アカウントに切り替えることができます。すでに Microsoft アカウントでサインインしている場合は、このセクションは読み飛ばしてください。

Hint　インターネット環境で操作する

ローカルアカウントから Microsoft アカウントに切り替えるには、インターネットが利用できる環境で操作する必要があります。インターネットが利用できない環境では、ローカルアカウントから Microsoft アカウントに切り替えることはできません。

Memo　Microsoft アカウントが必要になる

ローカルアカウントから Microsoft アカウントに切り替えるときは、Microsoft アカウントが必要です。Microsoft アカウントは、アカウント切り替え時に取得できるほか、取得済みの Microsoft アカウントを利用することもできます。

1 P.534を参考に「設定」を起動し、

2 ＜アカウント＞をクリックします。

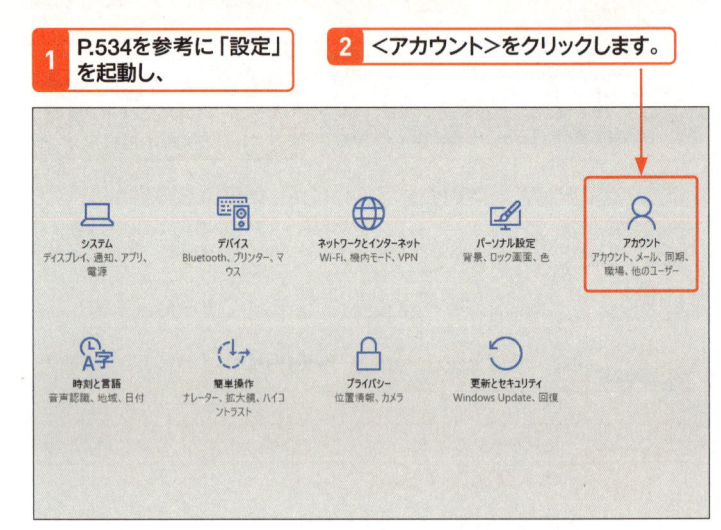

3 ＜メールとアカウント＞をクリックし、

4 ＜Microsoft アカウントでのサインインに切り替える＞をクリックします。

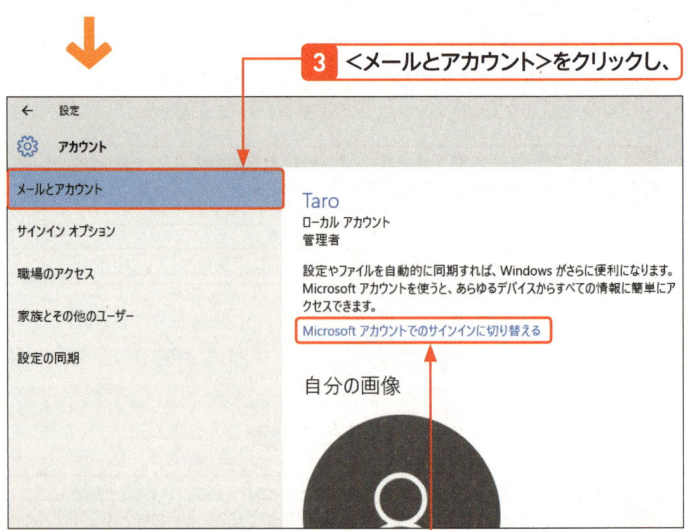

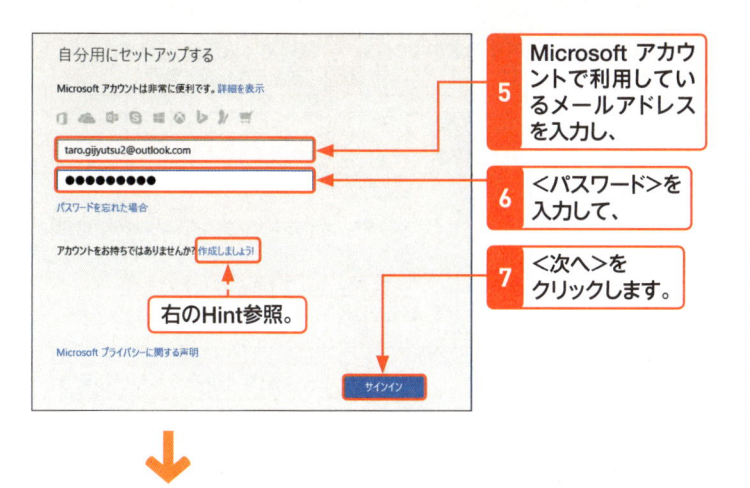

5 Microsoft アカウントで利用しているメールアドレスを入力し、

6 <パスワード>を入力して、

7 <次へ>をクリックします。

右のHint参照。

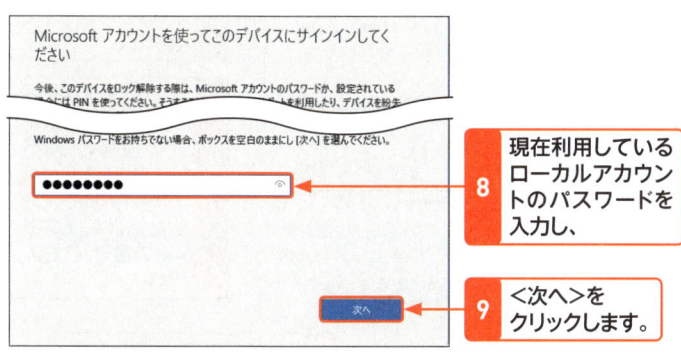

8 現在利用しているローカルアカウントのパスワードを入力し、

9 <次へ>をクリックします。

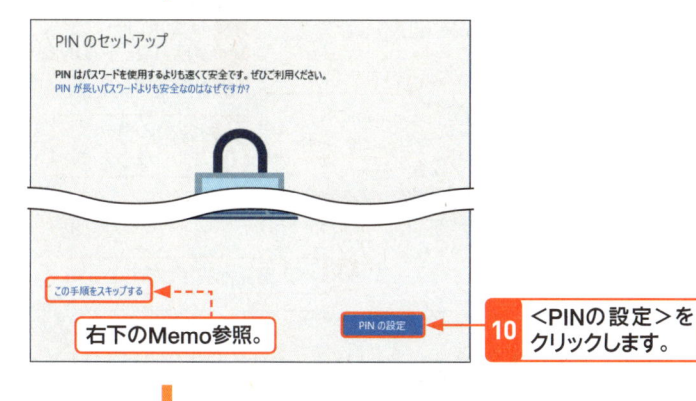

右下のMemo参照。

10 <PINの設定>をクリックします。

11 PINとして利用する4桁以上の数字を入力し、

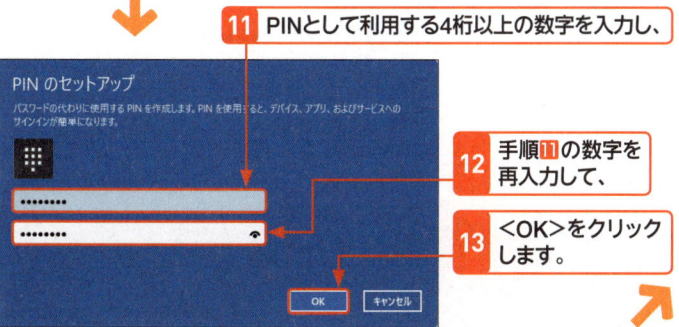

12 手順11の数字を再入力して、

13 <OK>をクリックします。

Memo 入力したメールアドレスが未登録の場合は?

手順5の画面で、入力したメールアドレスが未登録であったり、メールアドレスやパスワードが間違っていると、以下の画面が表示されます。パスワードを忘れてしまった場合は、<パスワードをリセット>をクリックして、画面の指示に従ってパスワードをリセットします。

メール アドレスまたはパスワードが正しくありません。再度試していただくか、パスワードをリセットしてください。

パスワードをリセット

Hint Microsoft アカウントを新規取得したい

Microsoft アカウントを新規に取得したい場合は、手順5の画面で<作成しましょう!>をクリックします。

Key word PINとは?

「PIN」は、パスワードの代わりに4桁以上の数字を入力してサインインする方法です。PIN を利用したサインインは、タブレットやスマートフォンでよく利用されています。PINによるサインインは、キーボード付きのパソコンでもできます。なお、PIN で設定できる数字は、最低4桁です。安全性を考えると、6桁以上を設定することをおすすめします。

Memo PINの設定をスキップする

PINの設定をスキップしたいときは、<この手順をスキップする>をクリックします。

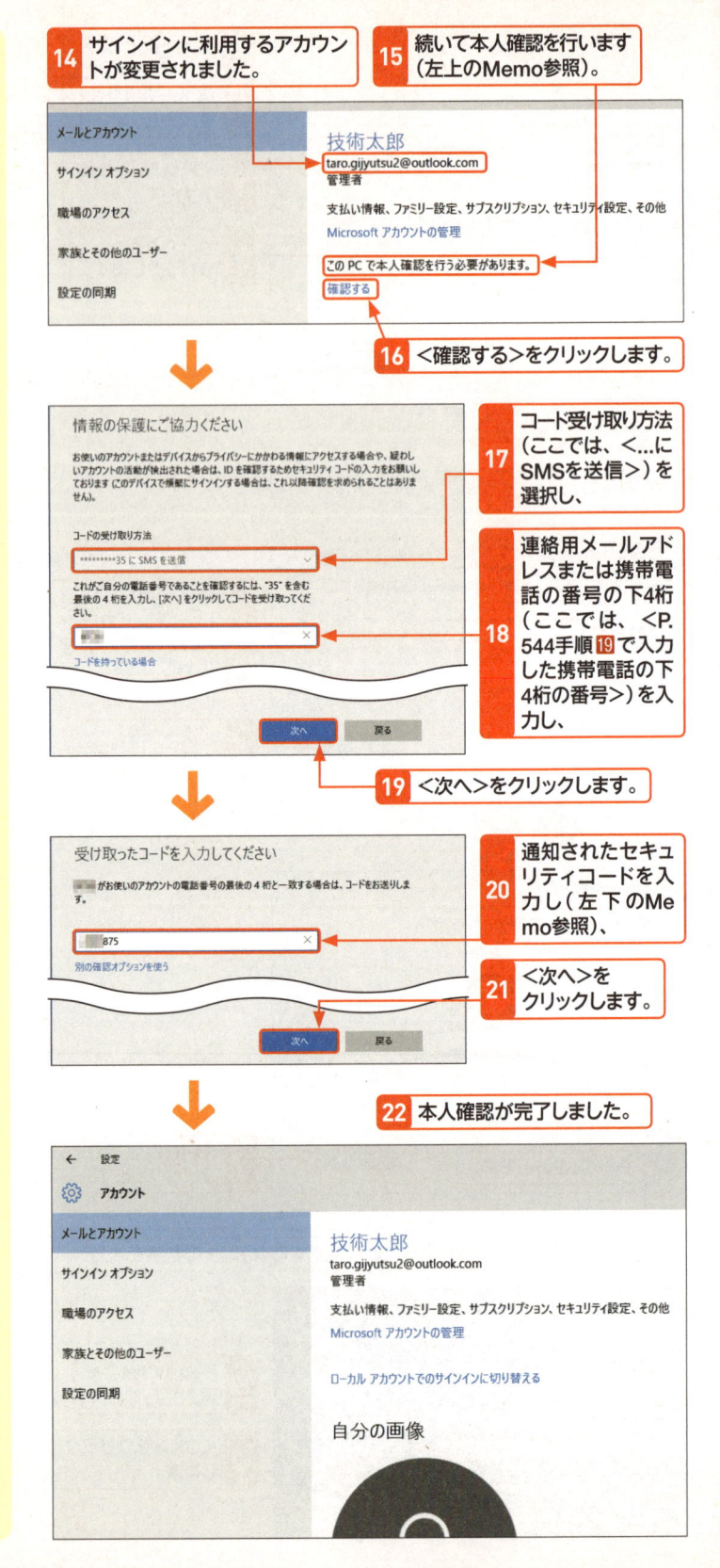

Memo　本人確認について

手順17の画面は、Microsoft アカウントの不正利用を防ぐための本人確認です。本人確認は、Microsoft アカウント取得時に登録した連絡用メールアドレスまたは携帯電話に通知される「セキュリティコード」の入力によって実施されます。ここでは、セキュリティコードを携帯電話の番号にSMS（ショートメッセージ）で受け取る方法を選択しています。セキュリティコードを連絡用メールアドレスで受け取りたいときは、手順17で<…にメールを送信>を選択し、下の入力ボックスにMicrosoft アカウント取得時に設定した連絡用メールアドレスを入力して、<次へ>をクリックします。なお、手順15で「このPCで本人確認を行う必要があります。」が表示されない場合は、手順15以降の操作を行う必要がありません。

Memo　セキュリティコードの確認

セキュリティコードは、手順17で選択した方法によって通知されます。また、セキュリティコードの通知に時間を要する場合があります。しばらく待ってもセキュリティコードが通知されないときは、<別の確認オプションを使う>をクリックし、再度、手順17からやり直してください。

Memo　ローカルアカウントに切り替える

Windows 10では、ローカルアカウントとMicrosoft アカウントを自由に切り替えられます。会社内でパソコンを共有する場合には、ローカルアカウントを利用するメリットがあります。ここでは、Microsoft アカウントからローカルアカウントへの切り替え手順を紹介します。

1 P.534を参考に「設定」を起動し、＜アカウント＞をクリックします。

2 ＜メールとアカウント＞をクリックし、

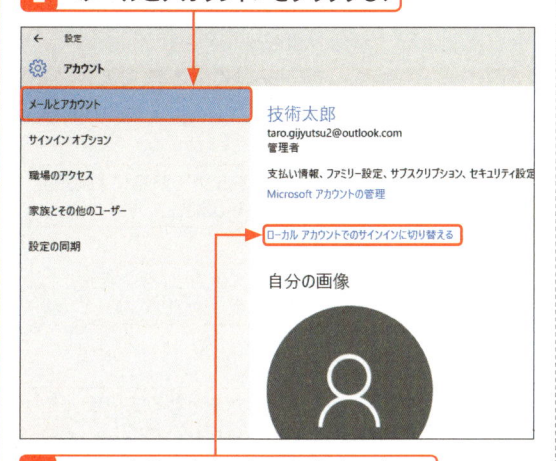

3 ＜ローカルアカウントでのサインインに切り替える＞をクリックします。

4 現在利用中のMicrosoft アカウントのパスワードを入力し、

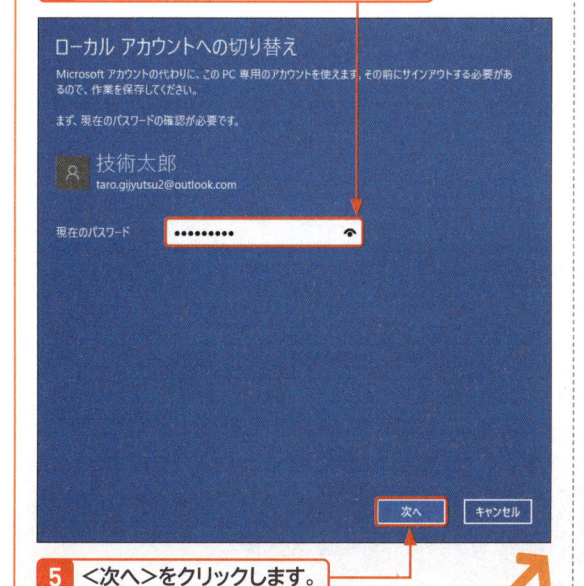

5 ＜次へ＞をクリックします。

6 ローカルアカウントで使用するユーザー名を入力し、

7 パスワードを入力します。

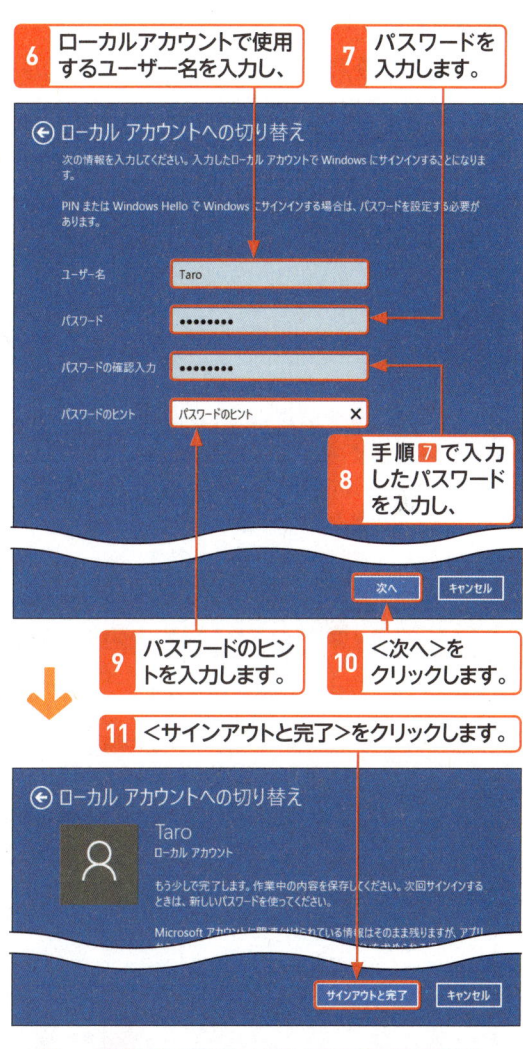

8 手順**7**で入力したパスワードを入力し、

9 パスワードのヒントを入力します。

10 ＜次へ＞をクリックします。

11 ＜サインアウトと完了＞をクリックします。

12 アカウントの切り替えが終了すると、ロック画面が表示されます。

作成したローカルアカウントでサインインします。

第1章
Windows 10
をはじめよう

第2章
Windows 10
の基本操作

第3章
ファイルと
フォルダー

第4章
インター
ネット

第5章
Outlook.
com

第6章
「メール」
アプリ

第7章
アプリの
利用

第8章
データの
活用

第9章
音楽／写真
／ビデオ

第10章
タブレット
モード

第11章
文字入力
の基本

第12章
＜スタート＞
メニュー

第13章
デスクトップ

第14章
ネットワーク

第15章
管理／
セキュリティ

第16章
周辺機器
の利用

第17章
トラブル
対策

第18章
インストール
と初期設定

付録

Section
176

ユーザーアカウントの権限を切り替える

キーワード ▶ ユーザーアカウント（権限切り替え／削除）

Windows 10で使用するユーザーアカウントの権限は、「標準ユーザー」と「管理者」の2種類があります。前者は一般的な操作は可能ですが、ほかのユーザーやシステムに関する操作は制限され、後者はWindows 10全体の設定が可能です。ここではユーザーアカウントの権限の切り替え方法を解説します。

1 アカウントの種類を切り替える

Memo 標準ユーザーと管理者の違い

Windows 10では新規インストール（もしくは初回のセットアップ）時に作成したアカウントは「管理者」、あとから追加したアカウントは「標準ユーザー」となります。両者の違いですが、前者はほかのアカウント管理やセキュリティ設定、アプリのインストール／アンインストールといった操作権限を持ちます。後者も大半の操作を行えますが、ほかのユーザーやセキュリティ対策に影響を及ぼす設定は制限されます。一見すると面倒に見えますが、マルウェアが侵入した際は管理者権限を使ってシステムの破壊や情報の取得を試みるため、Windowsはこのような権限の差を設けました。そのため、最初に作成したユーザーアカウント（＝管理者）はそのままにし、あとからユーザー（＝標準ユーザー）を追加して普段はそちらを使うことをおすすめします。

Memo 割り当てられたアクセスとは？

ユーザーアカウントに制限をかけて、1つのWindowsアプリしか使用できないようにする設定を行います。サインアウトも自由に行えないので、子供にタブレットを貸した際に、特定のアプリ以外を使わせないような場面で使用します。

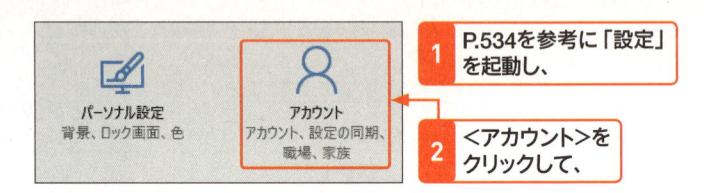

1 P.534を参考に「設定」を起動し、

2 ＜アカウント＞をクリックして、

3 ＜家族とその他のユーザー＞をクリックします。

4 対象となるユーザーアカウントをクリックし、

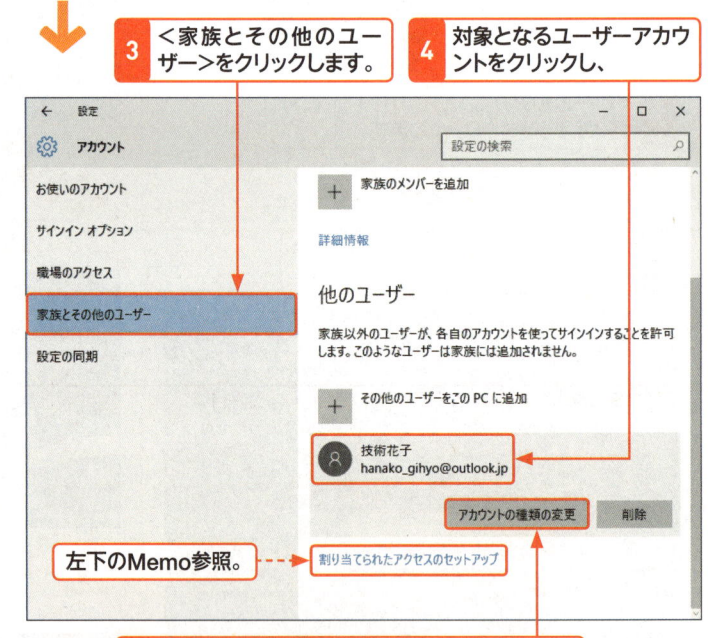

左下のMemo参照。

5 ＜アカウントの種類の変更＞をクリックします。

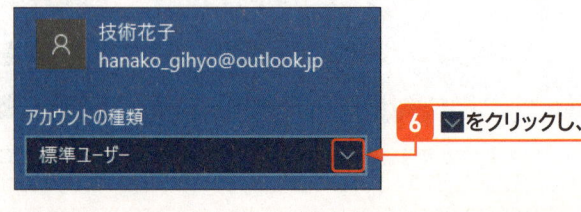

6 ▼をクリックし、

7 表示されるメニューから任意の種類をクリックしたら、

8 ＜OK＞をクリックします。

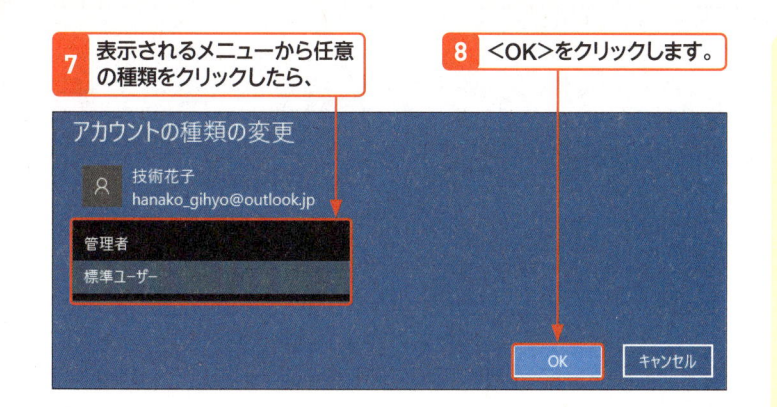

Hint 基本的には＜標準ユーザー＞を選択する

前ページの上段のMemoで解説した通り、意図せず侵入したマルウェアが管理者権限でシステム設定を変更することで、プライバシー情報の漏えいにつながる可能性は否定できません。そのため、パソコンの操作に慣れた方以外は「標準ユーザー」による運用をおすすめします。

② アカウントを削除する

1 前ページの手順**3**の「家族とその他のユーザー」を開いた状態で、

2 対象となるユーザーアカウントをクリックし、

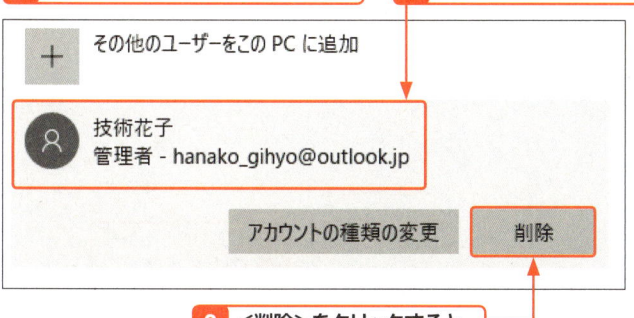

3 ＜削除＞をクリックすると、

4 確認を求められるので、

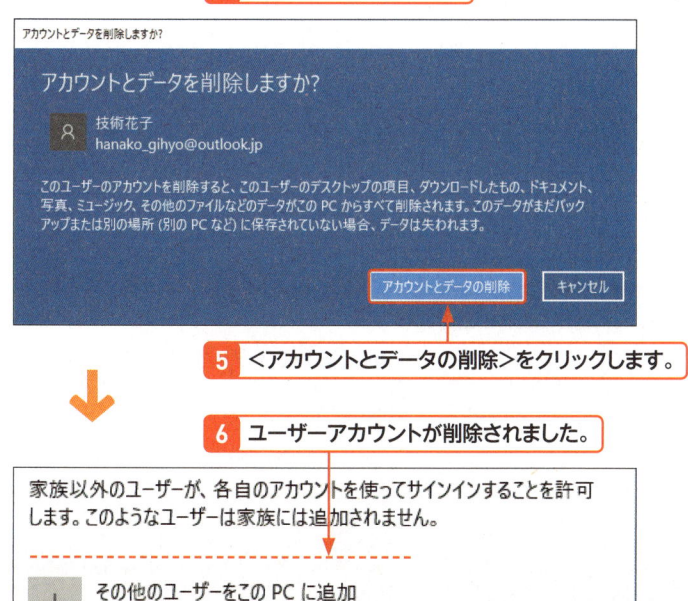

5 ＜アカウントとデータの削除＞をクリックします。

6 ユーザーアカウントが削除されました。

家族以外のユーザーが、各自のアカウントを使ってサインインすることを許可します。このようなユーザーは家族には追加されません。

－－－－－－－－－－－－－－－－－－－－－－－－－－－－

＋ その他のユーザーをこの PC に追加

Hint 事前のサインアウトが必要

ユーザーアカウントを削除する場合は、対象となるユーザーがサインアウトしている状態でなければ実行できません。何らかの理由でサインアウトするのが難しい場合は、Windows 10 を再起動して左の操作を実行してください。

Hint 削除時の注意点

ユーザーアカウントを削除すると、そのユーザーが作成したファイルや設定がすべて削除されます。重要なファイルを保存している場合は、あらかじめほかのパソコンにファイルをコピーしておきましょう。

Section
177

Microsoft アカウントの
同期設定を変更する

キーワード ▶ 同期の無効

Windows 10 は同じ Microsoft アカウントを異なるパソコンで使用すると、システム設定やパスワードが OneDrive 経由で同期され、同じパソコン環境になります。通常はすべての同期設定が有効になっているので、同期せず各パソコンの設定を維持したい場合は、同期を無効にすることができます。

1 個別に同期設定を無効にする

💡 Hint　同期する項目について

同期する項目は＜テーマ＞＜Internet Explorerの設定＞＜パスワード＞＜言語設定＞＜簡単操作＞＜その他のWindowsの設定＞の6種類です。具体的な内容はマイクロソフトも明確にしていませんが、＜テーマ＞はデスクトップの背景画像や配色、＜Internet Explorer の設定＞は文字通りInternet Explorerの設定、＜パスワード＞はアプリやWebサイト／ネットワーク上のパソコンに対するパスワード情報、＜言語設定＞はキーボードや入力方式、表示言語に関する設定、＜簡単操作＞はナレーターや拡大鏡などの設定、＜その他のWindowsの設定＞はエクスプローラーやマウスなどの設定情報を同期対象とします。

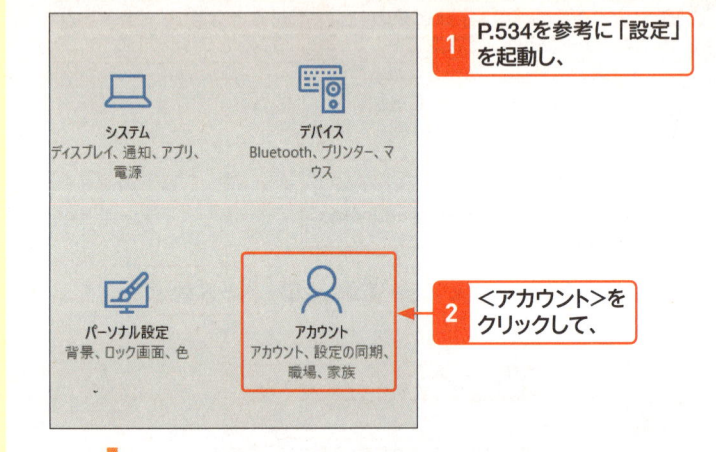

1 P.534を参考に「設定」を起動し、

2 ＜アカウント＞をクリックして、

3 ＜設定の同期＞をクリックします。

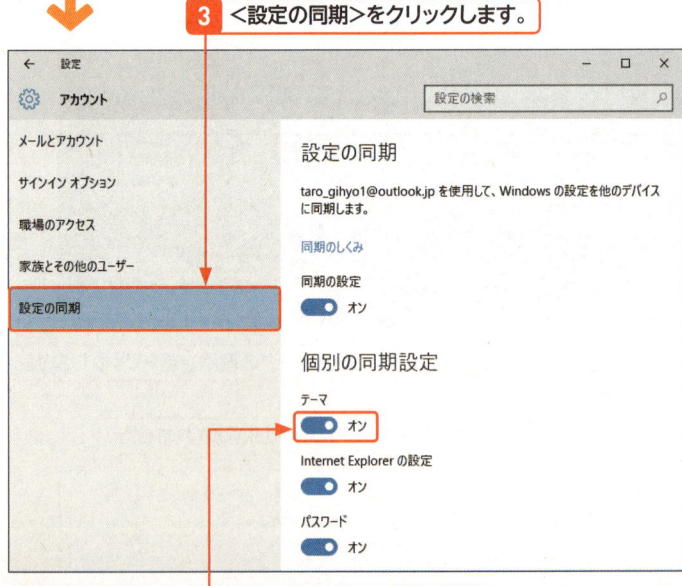

4 同期対象から取り除く項目の ⬤ をクリックし（ここでは＜テーマ＞）、

5  に変更すると、   **6** 同期がオフになります。

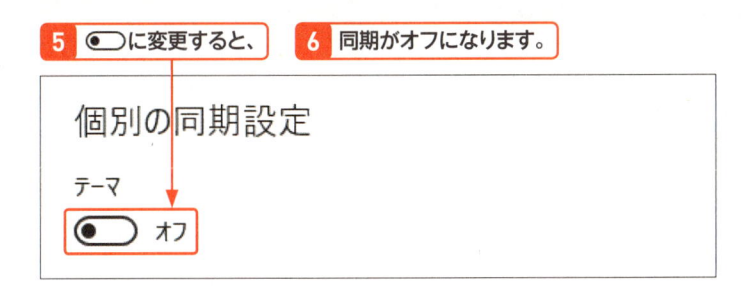

個別の同期設定

テーマ

⬤ オフ

2 同期設定自体を無効にする

1 続いて<同期の設定>の ⬤ をクリックし、

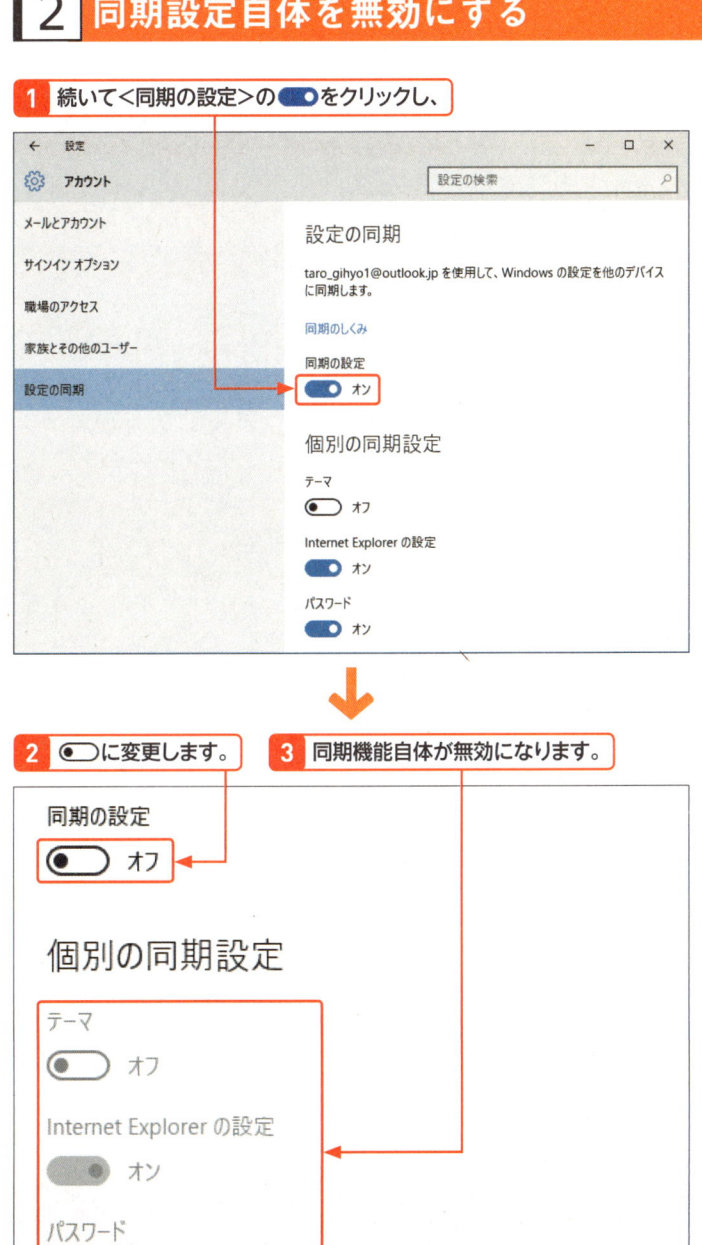

2 ⬤ に変更します。   **3** 同期機能自体が無効になります。

同期の設定

⬤ オフ

個別の同期設定

テーマ

⬤ オフ

Internet Explorer の設定

⬤ オン

パスワード

⬤ オン

Memo 設定の同期

Windows 10はローカルアカウントでも使用できますが、Microsoft アカウントを利用する利点の1つが、この「設定の同期」です。

Memo ローカルアカウントでは<設定の同期>が使用不可能

ローカルアカウントでWindows 10にサインインしている場合、OneDrive自体を使用できないため、<設定の同期>は使用できません。

Section 178 パスワードを変更する

キーワード ▶ パスワード

Windows 10では、パスワード入力によるサインインのほかに、PINと呼ばれる4桁以上の数字を用いたサインイン方法、写真を利用したピクチャパスワードなどのサインイン方法が用意されています。ここでは、パスワードの変更方法やPINによるサインインの方法を解説します。

1 パスワードを変更する

Memo パスワードの変更について

パスワードの変更は、「設定」の「アカウント」にある「サインインオプション」で行います。ここでは、Microsoft アカウントでサインインし、PINを設定していない場合を例にパスワードを変更する方法を紹介します。

Memo ローカルアカウントでサインインしている場合は?

ローカルアカウントでサインインしている場合は、手順 4 のあとに現在利用しているパスワードの入力画面が表示されます。パスワードを入力し、<次へ>をクリックすると、新しいパスワードの設定画面が表示されるので、画面の指示に従ってパスワードを変更します。

Hint サインイン画面が表示された場合は?

手順 4 のあとに、「Microsoft アカウントへのサインイン」画面が表示されたときは、現在使用しているパスワードを入力し、<完了>をクリックします。

1 P.534を参考に「設定」を起動し、

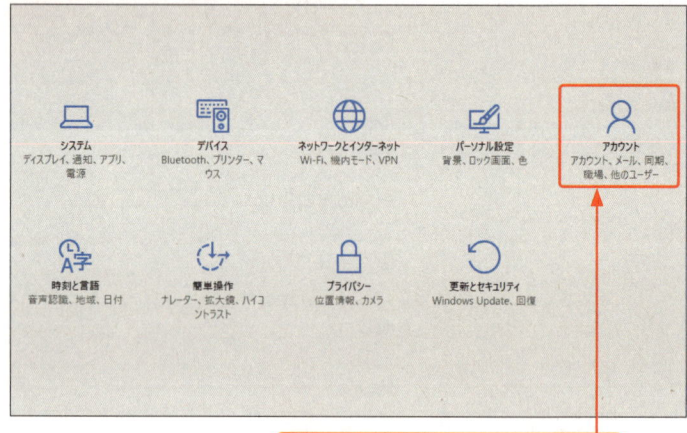

2 <アカウント>をクリックします。

3 <サインインオプション>をクリックし、

次ページ右下段のMemo参照。

4 <変更>をクリックします(左のHint参照)。

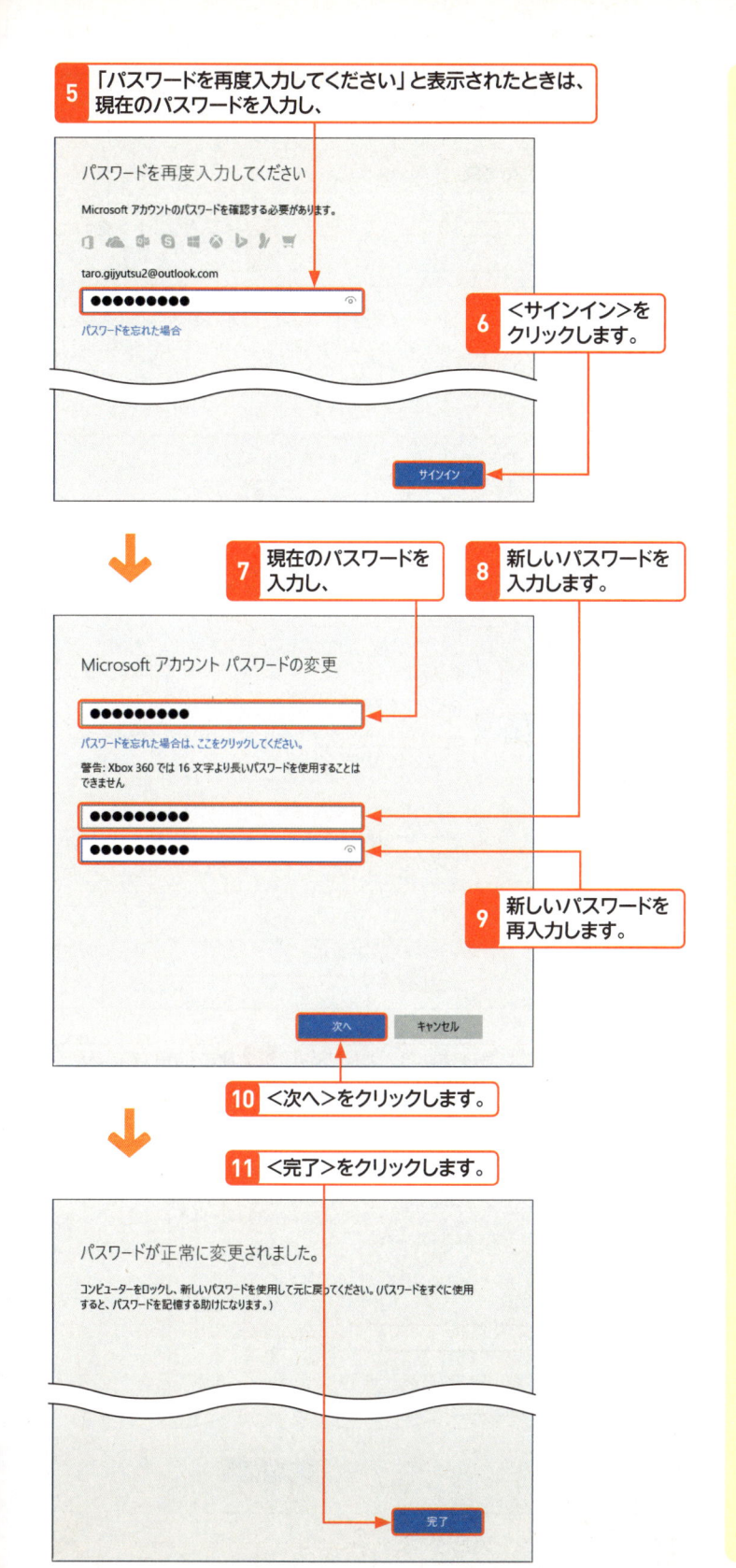

5 「パスワードを再度入力してください」と表示されたときは、現在のパスワードを入力し、

パスワードを再度入力してください

Microsoft アカウントのパスワードを確認する必要があります。

taro.gijyutsu2@outlook.com

●●●●●●●●

パスワードを忘れた場合

6 ＜サインイン＞をクリックします。

サインイン

7 現在のパスワードを入力し、　**8** 新しいパスワードを入力します。

Microsoft アカウント パスワードの変更

●●●●●●●●

パスワードを忘れた場合は、ここをクリックしてください。

警告: Xbox 360 では 16 文字より長いパスワードを使用することはできません

●●●●●●●●

●●●●●●●●

9 新しいパスワードを再入力します。

次へ　　キャンセル

10 ＜次へ＞をクリックします。

11 ＜完了＞をクリックします。

パスワードが正常に変更されました。

コンピューターをロックし、新しいパスワードを使用して元に戻ってください。(パスワードをすぐに使用すると、パスワードを記憶する助けになります。)

完了

Memo　新しいパスワードについて

パスワードは半角の8文字以上で、アルファベットの大文字／小文字、数字、記号のうち2種類以上を含んでいる必要があります。また、パスワードの変更を1度でも行うと、以前に使用したことがあるパスワードと同じパスワードは設定できません。

Hint　「情報の保護にご協力ください」画面が表示されたら?

手順 6 のあとに「情報の保護にご協力ください」画面が表示される場合があります。この画面が表示されたときは、セキュリティコードによる本人確認を行う必要があります。P.548の手順 17 ～ 21 を参考に本人確認を行ってください。

Memo　パスワードを忘れた場合は?

手順 5 の画面でパスワードを忘れた場合は、パスワードをリセットする必要があります。パスワードのリセットを行ってください（P.547上のMemo参照）。

Memo　パスワード入力が表示されるまでの時間を設定する

Windows 10は、スリープに入ってから一定時間以上経過すると復帰時にパスワード入力画面が表示されます。パスワード入力を求めるまでの時間は、＜しばらく操作しなかった場合に、もう一度Windowsへのサインインを求めるまでの時間を選んでください＞で設定できます。ここで、＜表示しない＞を選択すると、パスワード入力を求めないように設定できます。

第1章
Windows 10
をはじめよう

第2章
Windows 10
の基本操作

第3章
ファイルと
フォルダー

第4章
インター
ネット

第5章
Outlook.
com

第6章
「メール」
アプリ

第7章
アプリの
利用

第8章
データの
活用

第9章
音楽/写真
/ビデオ

第10章
タブレット
モード

第11章
文字入力
の基本

第12章
<スタート>
メニュー

第13章
デスクトップ

第14章
ネットワーク

第15章
管理/
セキュリティ

第16章
周辺機器
の利用

第17章
トラブル
対策

第18章
インストール
と初期設定

付　録

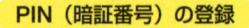

2 PIN を設定する

 Memo **PIN設定時の制限について**

PINはあくまでオプションとして設定できるサインイン方法です。PINを設定するには、通常のパスワードの設定が必須です。通常のパスワードを設定していない状態では、PINを設定することはできません。

パスワード

アカウントにパスワードがありません。別のサインイン オプションを使うには、パスワードを追加する必要があります。

別のサインイン オプションを使うには、パスワードを追加する必要があります。

追加

暗証番号 (PIN)

パスワードの代わりに使う暗証番号 (PIN) を作成します。PIN があれば、Windows、アプリ、サービスに簡単にサインインできます。

追加

> パスワードが設定されていないと、PINの設定が行えません。

PIN（暗証番号）の登録

1 P.534を参考に「設定」を起動し、

2 <アカウント>をクリックします。

3 <サインインオプション>をクリックし、

4 「PIN」の<追加>をクリックします。

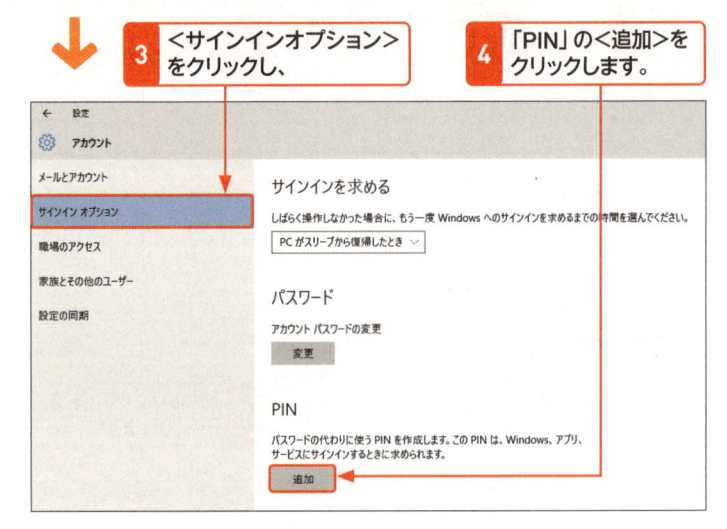

5 「パスワードを再度入力してください」と表示されたときは、

6 現在利用しているパスワードを入力し、

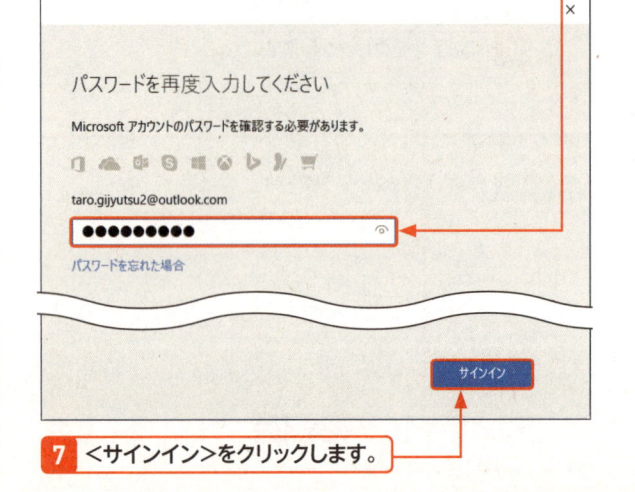

7 <サインイン>をクリックします。

8 PINとして利用する4桁以上の
数字を入力し、

9 手順**8**の数字
を再入力して、

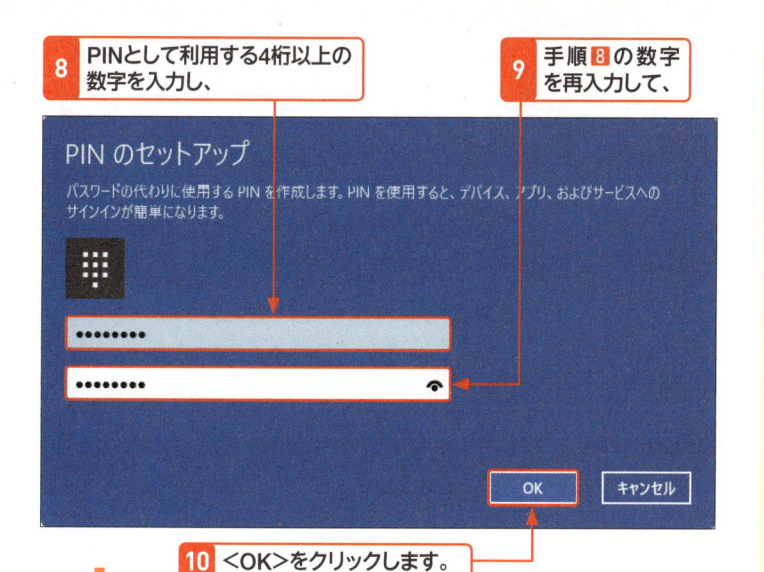

PIN のセットアップ

パスワードの代わりに使用する PIN を作成します。PIN を使用すると、デバイス、アプリ、およびサービスへのサインインが簡単になります。

10 ＜OK＞をクリックします。

11 PINの登録が完了しました。

Windows 10には、通常のパスワードとPIN以外にも「ピクチャパスワード」を利用したサインインが行えます。ピクチャパスワードは、写真（画像）に円や直線、点などを描くことで、サインインを行う方法です。パスワード入力の必要がないので、主にタッチ操作で利用する場合に便利なサインイン方法です。詳細についてはP.558を参照してください。

📝 **Memo** サインインオプション
で選択する

ロック画面からサインインするときに、サインイン方法を変更できます。PINを使用しているときは、手順**1**のロック画面で＜サインインオプション＞をクリックすると選択画面が表示されるので、利用したいサインイン方法をクリックします。

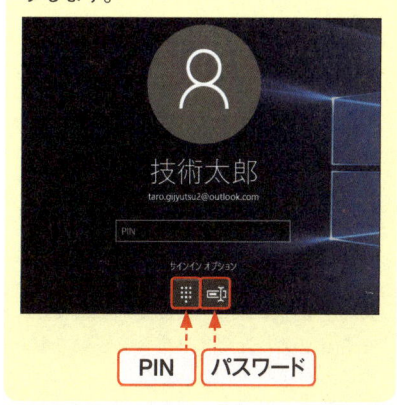

PIN　パスワード

PIN でロック画面を解除する

1 ロック画面で何かキーを
押すかクリックすると、

2 PINの入力画面が
表示されます。

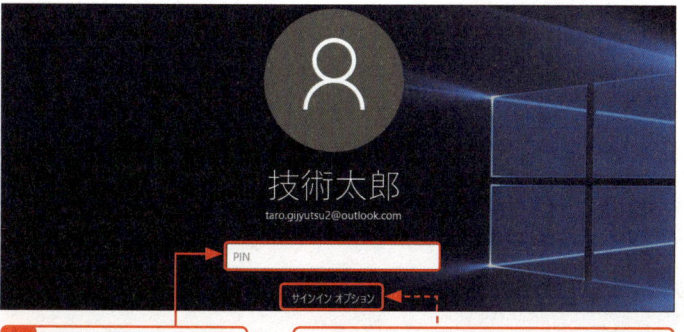

3 登録した4桁のPINを
入力します。

ここをクリックすると、サインインの方法を選択できます（右下のMemo参照）。

ピクチャパスワードを設定する

キーワード ▶ ピクチャパスワード

ピクチャパスワードは、パスワードを入力する代わりに写真（画像）に円や直線、点などを描くことで、サインインを行う方法です。パスワード入力の必要がないので、主にタッチ操作で利用する場合に便利なサインイン方法です。ここでは、その設定方法を解説します。

1 ピクチャパスワードを設定する

Memo ピクチャパスワードを設定する

ピクチャパスワードを利用すると、写真（画像）に円や直線、点などを描くことでWindows 10にサインインできます。右の手順では、ピクチャパスワードの登録方法を解説しています。

ピクチャパスワードの登録を行う

1 P.534を参考に「設定」を起動し、

2 <アカウント>をクリックします。

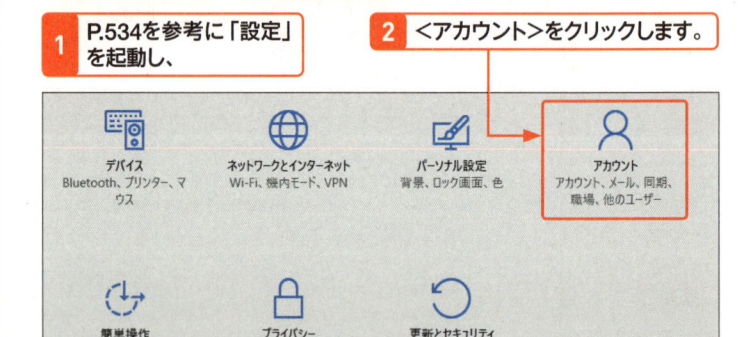

3 <サインインオプション>をクリックします。

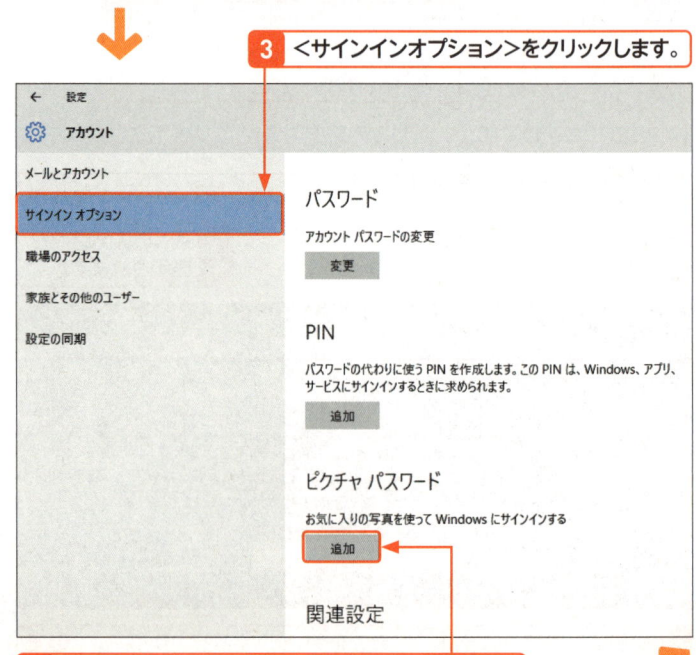

4 「ピクチャパスワード」の<追加>をクリックします。

Hint マウス操作でも利用できる

ピクチャパスワードは、マウス操作でも利用できます。円や直線を描く場合は、左クリックしたままマウスを移動させ、点は左クリックで描きます。

5 Microsoftアカウントの
パスワードを入力し、

6 <OK>をクリックします。

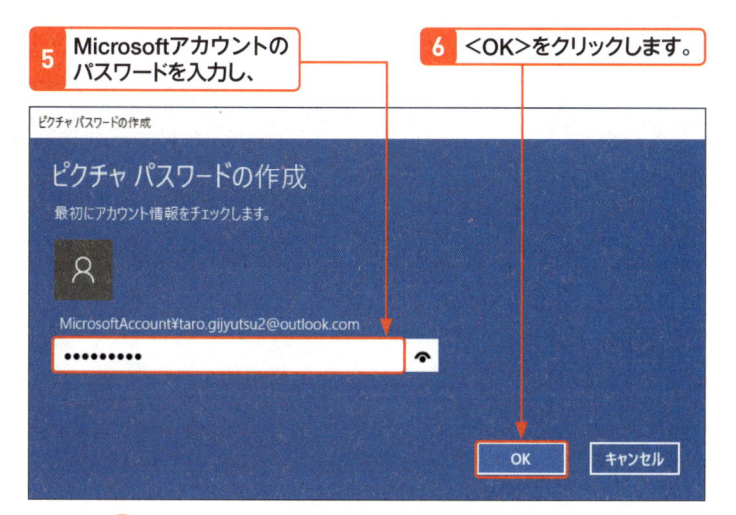

Memo パスワードの入力について

Microsoft アカウントで Windows 10 を利用している場合は、手順 **5** で Microsoft アカウントのパスワードを入力します。また、ローカルアカウントで利用している場合は、ローカルアカウントで利用しているパスワードを入力します。

7 <画像を選ぶ>をクリックします。

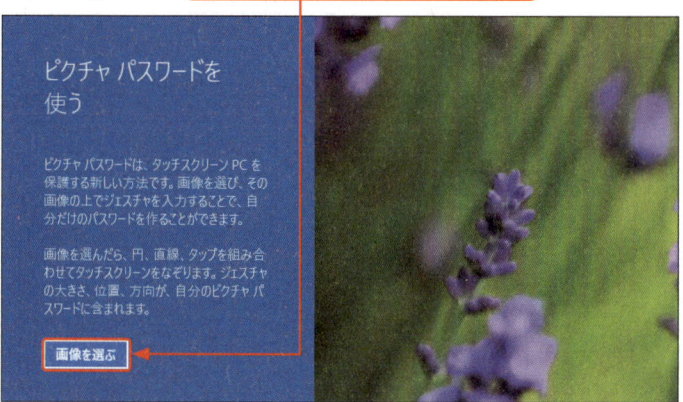

8 パスワードに利用する画像をクリックして選択し、

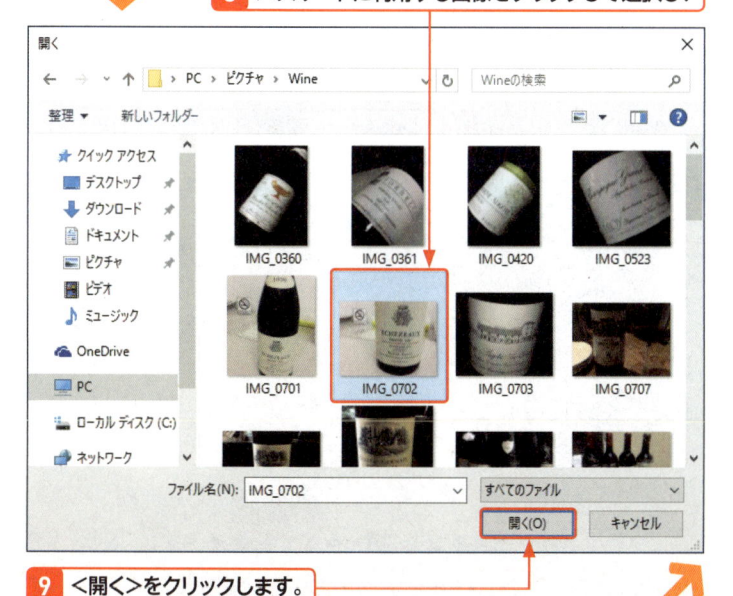

Memo 写真を選択する

ピクチャパスワードの実行に利用する写真（画像）は、利用者が自由に選択できます。ピクチャパスワードに利用する写真は、事前にパソコンに取り込んでおいてください。

9 <開く>をクリックします。

第1章
Windows 10
をはじめよう

第2章
Windows 10
の基本操作

第3章
ファイルと
フォルダー

第4章
インター
ネット

第5章
Outlook.
com

第6章
「メール」
アプリ

第7章
アプリの
利用

第8章
データの
活用

第9章
音楽／写真
／ビデオ

第10章
タブレット
モード

第11章
文字入力
の基本

第12章
＜スタート＞
メニュー

第13章
デスクトップ

第14章
ネットワーク

第15章
管理／
セキュリティ

第16章
周辺機器
の利用

第17章
トラブル
対策

第18章
インストール
と初期設定

付　録

Memo 別の写真を選ぶ

手順11の画面で＜別の画像を選ぶ＞を
クリックすると、ピクチャパスワードに
利用する写真（画像）を再度選択できま
す。また、＜キャンセル＞をクリックす
ると、ピクチャパスワードの設定を中止
できます。

Hint ジェスチャを登録する

ピクチャパスワードでは、必ず、3つの
ジェスチャを、登録する必要があります。
ジェスチャは、写真のどの場所からどこ
までを操作したかも記憶されます。また、
同じジェスチャを3回繰り返すこともで
き、異なる3か所をクリック（タップ）
してもジェスチャを登録できます。

Memo マウス操作によるジェスチャの登録方法について

マウス操作の場合は、マウスをクリック
するか、ドラッグして円や直線などを描
きます。

Touch タッチ操作の場合

タッチ操作の場合は、タップするか、画
面をタッチしたまま円や直線などを描き
ます。

Hint 「正しくありません」と表示される

手順15のあとに「正しくありません」と
いう画面が表示されたときは、手順15
で行ったジェスチャが手順13と一致し
ていません。ピクチャパスワードでは、
円や直線などの操作以外にも場所なども
チェックされており、これらが一致する
必要があります。

10 選択した写真が表示されます。

11 ＜この画像を使う＞をクリックします。

12 「ジェスチャの設定」画面が表示されます。

13 パスワードの代わりに利用するジェスチャを3種類登録します。

14 「ジェスチャの確認」画面が表示されます。

15 手順13で行ったジェスチャを写真の同じ場所で再度行います。

16 <完了>をクリックします。

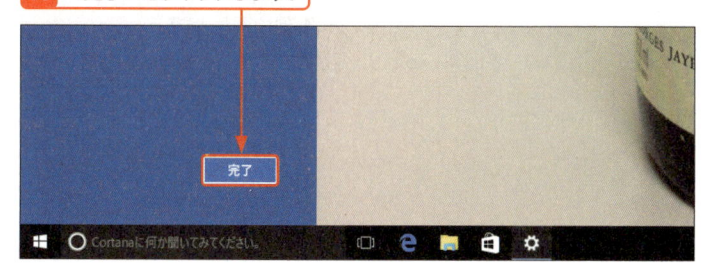

17 ピクチャパスワードが作成されました。

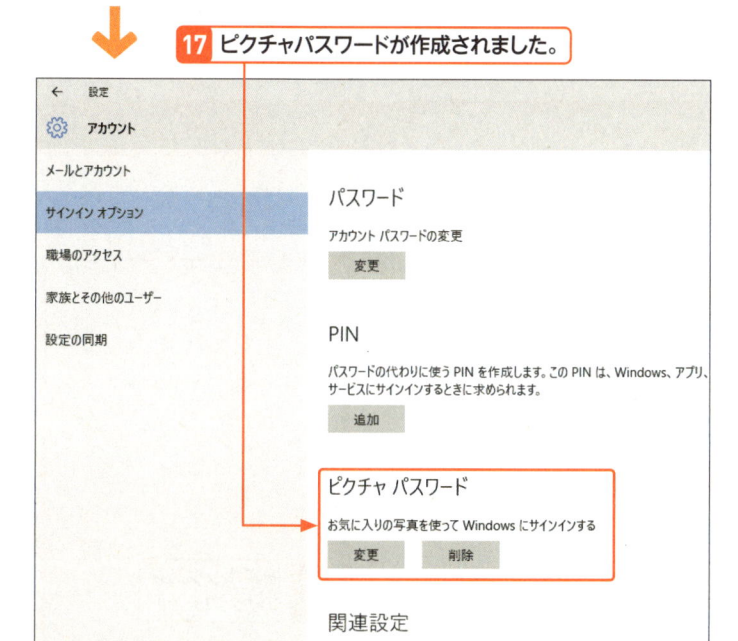

ピクチャパスワードでロック画面を解除する

1 ロック画面で何かキーを押すかクリックすると、

2 ピクチャパスワードの実行画面が表示されます。

右下のHint参照。

3 写真の同じ場所で登録した3種類のジェスチャを行います。

📝 **Memo** ピクチャパスワードを削除する

左の手順 **17** の画面で、「ピクチャパスワード」の<削除>をクリックすると、ピクチャパスワードを削除できます。

💡 **Hint** 設定したジェスチャを忘れたときは?

設定したジェスチャは、「ピクチャパスワードの変更」画面で確認できます。「ピクチャパスワードの変更」画面は、左の手順 **17** の画面で「ピクチャパスワード」の<変更>をクリックし、次の画面でパスワードを入力すると表示され、<再生>をクリックするとジェスチャを確認できます。

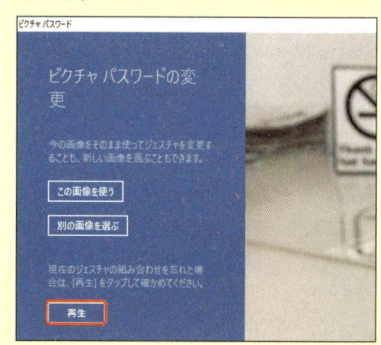

💡 **Hint** サインインオプションについて

ロック画面でサインインするときに<サインインオプション>をクリックすると、サインインに利用する方法を変更できます。

ピクチャパスワード

通常のパスワード入力

Section 180 パスワードリセットディスクを作成する

キーワード ▶ パスワードリセットディスク

何らかの拍子に忘れてしまったパスワードは、事前にパスワードリセットディスクを作成しておけば、文字通りパスワードを初期化して再設定することが可能になります。ただし、この操作はローカルアカウントにのみ設定可能です。Microsoft アカウントはWebサイトから再設定します。

1 パスワードリセットディスクを作成する

Memo パスワードリセットディスクについて

名称こそ「〜ディスク」となっていますが、実際に使用するのはUSBメモリーです。実際に書き込む内容も数Kバイト程度のため、用意するUSBメモリーは最小限の容量でかまいません。ただし、普段から使っているUSBメモリーに保存すると、誤ってフォーマットしてしまったときに使用できなくなるため、専用のUSBメモリーを用意しておくとよいでしょう。

Memo 操作はローカルアカウントで行う

Microsoft アカウント使用時は、コントロールパネルのナビゲーションウィンドウにも<パスワードリセットディスクの作成>は表示されません。この操作はローカルアカウントで行ってください。

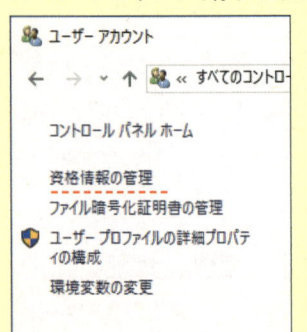

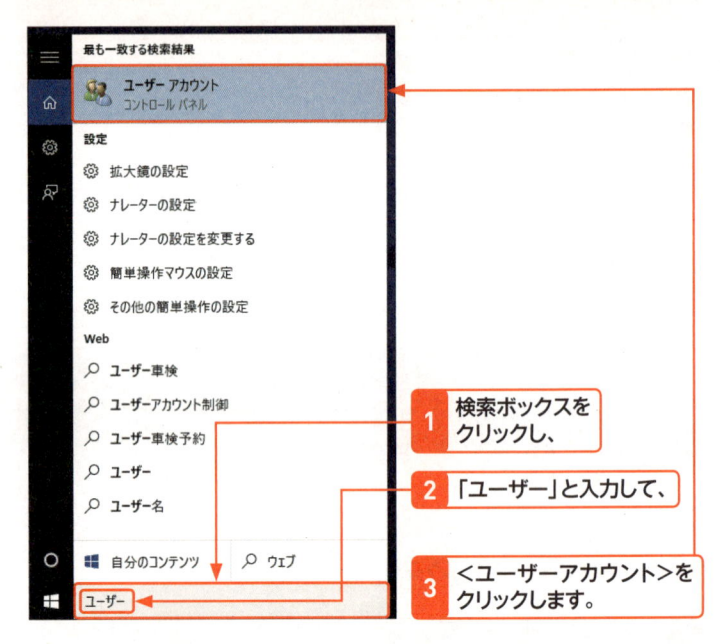

1 検索ボックスをクリックし、
2 「ユーザー」と入力して、
3 <ユーザーアカウント>をクリックします。
4 「ユーザーアカウント」のダイアログボックスが表示されます。
5 USBメモリーを接続し、

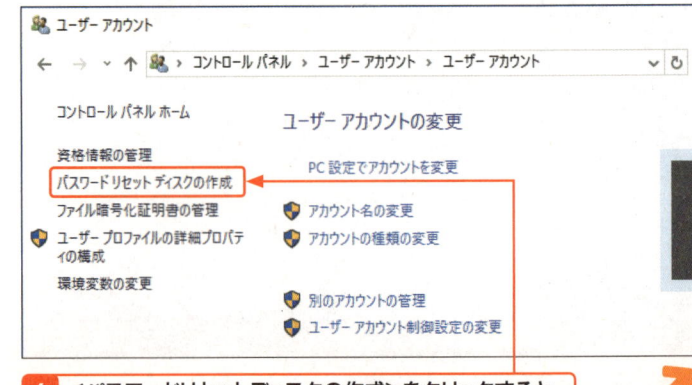

6 <パスワードリセットディスクの作成>をクリックすると、

7 「パスワードディスクの作成ウィザード」ダイアログ
ボックスが起動します。

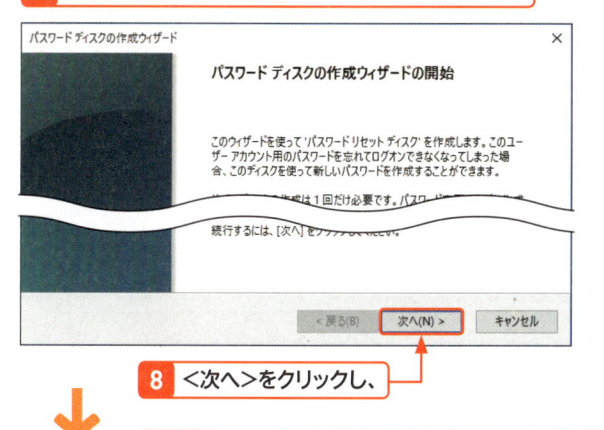

8 ＜次へ＞をクリックし、

9 USBメモリーに割り当てられたドライブ文字を確認して、

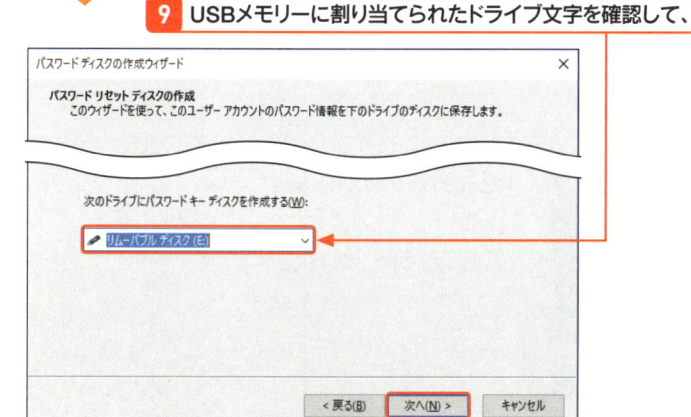

10 ＜次へ＞をクリックし、

11 ローカルアカウントのパスワードを入力し、

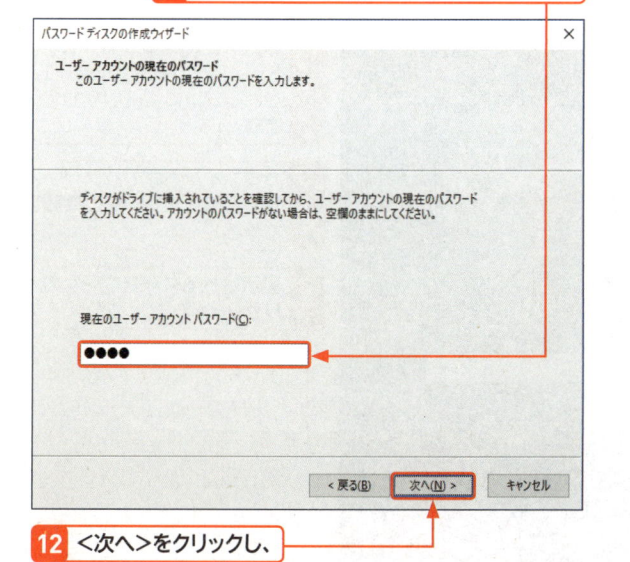

12 ＜次へ＞をクリックし、

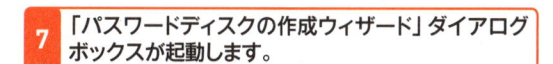

Hint 検索ボックスからは起動できない

ローカルユーザーアカウントで検索ボックスから探し出せる＜パスワードリセットディスクの作成＞を選択しても、ダイアログボックスは起動しません。

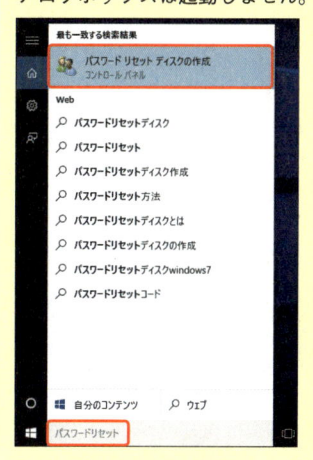

Memo ディスクの選択について

手順**9**でパスワードリセットディスクが表示されていない場合は、∨をクリックして、パスワードリセットディスクを選択します。また、操作は事前にUSBメモリーをパソコンに接続してから実行しないとエラーになります。

第1章
Windows 10
をはじめよう

第2章
Windows 10
の基本操作

第3章
ファイルと
フォルダー

第4章
インター
ネット

第5章
Outlook.
com

第6章
「メール」
アプリ

第7章
アプリの
利用

第8章
データの
活用

第9章
音楽／写真
／ビデオ

第10章
タブレット
モード

第11章
文字入力
の基本

第12章
＜スタート＞
メニュー

第13章
デスクトップ

第14章
ネットワーク

第15章
管理／
セキュリティ

第16章
周辺機器
の利用

第17章
トラブル
対策

第18章
インストール
と初期設定

付　録

Hint　USBメモリーの取り外し方

USBメモリーはそのまま取り外しても問題ありませんが、より安全に外す場合は通知領域（もしくはインジケーター内）の＜ハードウェアを安全に取り外してメディアを取り出す＞をクリックし、＜USB Flash Memoryの取り外し＞をクリックします。通知メッセージが表示されたらUSBメモリーをパソコンから取り外してください。

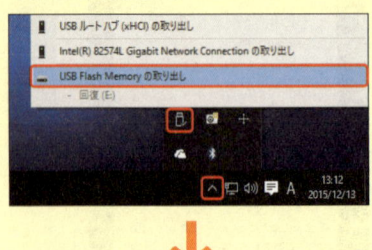

13　＜次へ＞をクリックし、

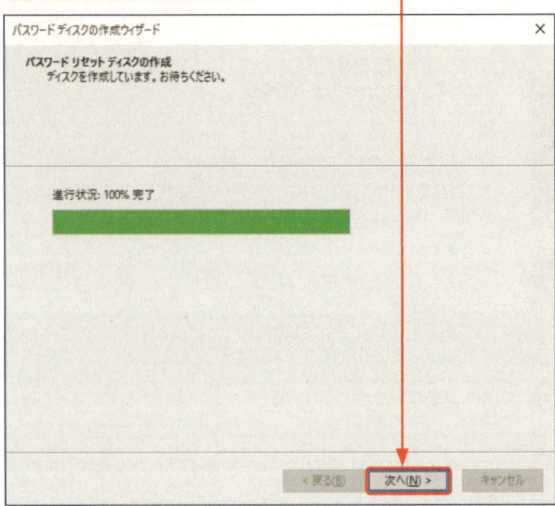

14　＜完了＞をクリックすれば、作成完了です。

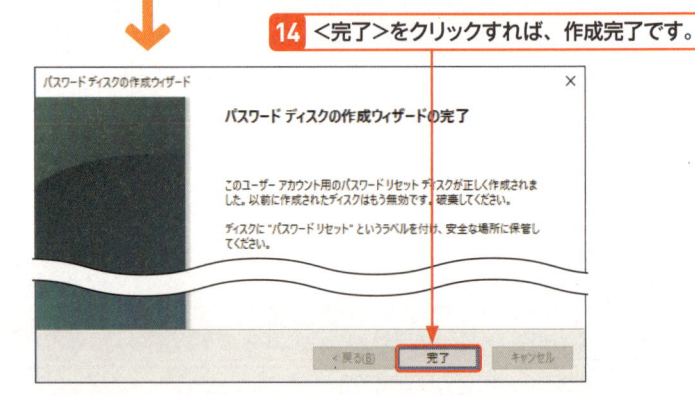

2　パスワードリセットディスクでパスワードを再設定する

Memo　USBメモリーを挿すタイミング

手順1で示している通り、パスワードリセットディスク（USBメモリー）はあらかじめパソコンに挿しておきます。

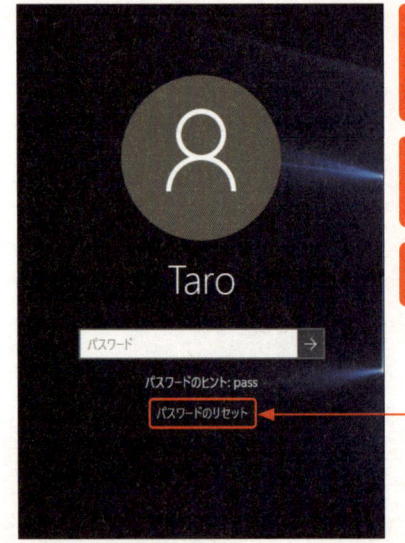

1　作成したパスワードリセットディスク（USBメモリー）をパソコンに接続しておきます。

2　サインイン画面でパスワードによるサインインに失敗すると、

3　表示される＜パスワードのリセット＞をクリックし、

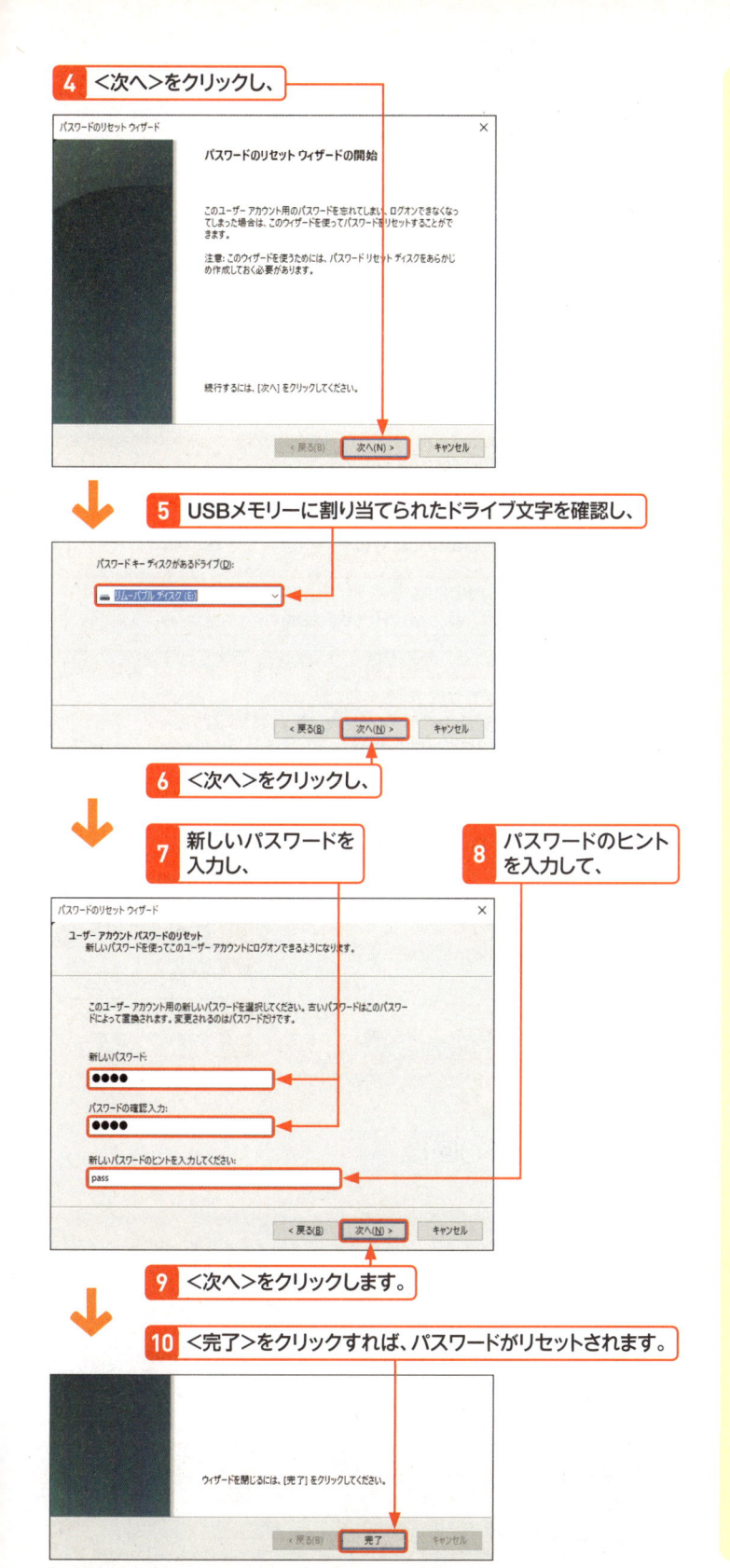

4 <次へ>をクリックし、

5 USBメモリーに割り当てられたドライブ文字を確認し、

6 <次へ>をクリックし、

7 新しいパスワードを入力し、

8 パスワードのヒントを入力して、

9 <次へ>をクリックします。

10 <完了>をクリックすれば、パスワードがリセットされます。

パスワードリセットディスク

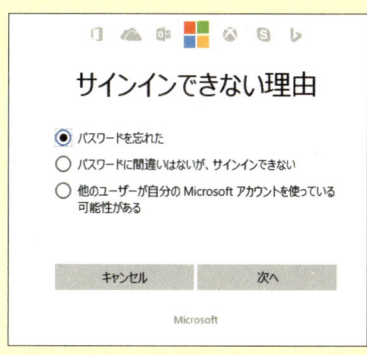

Memo Microsoft アカウントの場合

Microsoft アカウントでは、パスワードリセットディスクを作成できません。その場合は Web サイトから再設定します。https://account.live.com/resetpassword.aspx にアクセスしたら、「サインインできない理由」の画面が表示されるので、画面の指示に従って操作を進めます。詳しくは次ページをご覧ください。

Microsoft アカウントの
パスワードを新規設定する

キーワード ▶ パスワードリセット（Microsoft アカウント）

Microsoft アカウントのパスワードを忘れてしまったときは、パスワードのリセットを行います。パスワードのリセットは、別のパソコンやタブレットなどを利用してパスワードリセット用のWebページを開くことで行います。ここでは、パスワードのリセット方法を解説します。

1 Microsoft アカウントのパスワードをリセットする

Memo パスワードの
リセット方法

Microsoft アカウントのパスワードリセットを行うには、Webページを閲覧できる機器が必要です。また、パスワードのリセットを行う際にMicrosoft アカウント取得時に登録しておいた連絡用メールアドレスまたは電話番号に対して「セキュリティコード」が通知されます。通知されたセキュリティコードが確認できる環境も準備しておきましょう。

「Microsoft Edge」を起動しておきます。

1 アカウントリセット用のURL
（https://account.live.com/ResetPassword.aspx）を入力して、

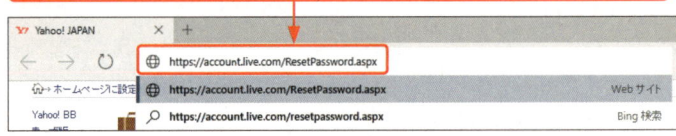

2 Enter キーを押します。

サインインできない理由

- ⦿ パスワードを忘れた
- ○ パスワードに間違いはないが、サインインできない
- ○ 他のユーザーが自分の Microsoft アカウントを使っている可能性がある

キャンセル　　次へ

3 サインインできない理由（ここでは、<パスワードを忘れた>）をクリックし、

4 <次へ>を
クリックします。

アカウントの回復

手順に従って、パスワードとセキュリティ情報をリセットできます。
まず、お使いの Microsoft アカウントを入力し、以下の手順に
従ってください。

taro.gijyutsu2@outlook.com

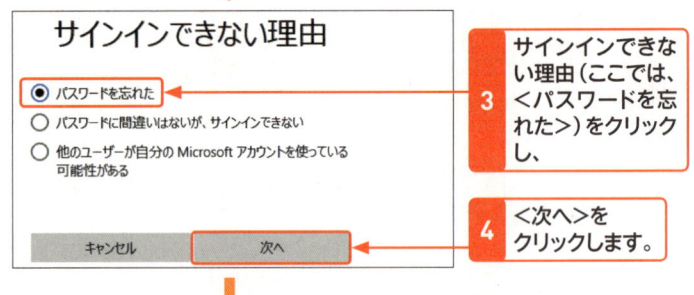

新規

音声

G44XY

キャンセル　　次へ

5 Microsoft アカウントのメールアドレスを入力し、

6 画面に表示されている文字列を入力して、

7 <次へ>を
クリックします。

Hint ローカルアカウントの
場合は？

Windows 10をローカルアカウントで利用していた場合は、事前に作成しておいたパスワードリセットディスクを利用することでパスワードのリセットが行えます。詳細についてはP.562を参照してください。

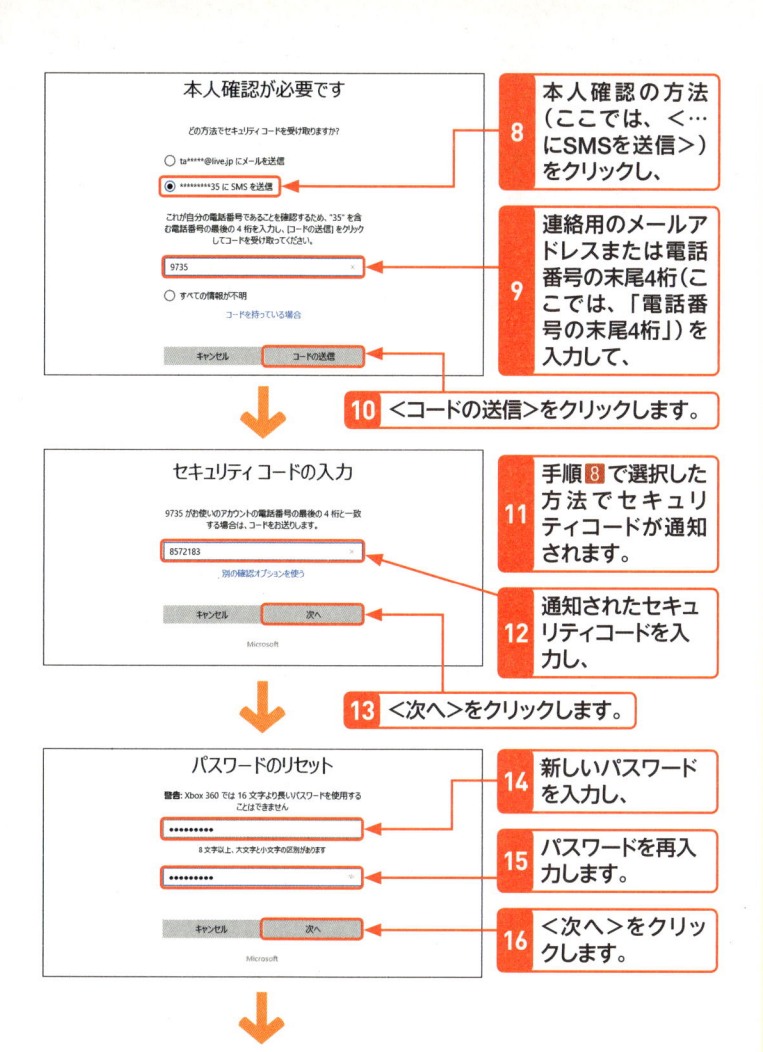

8 本人確認の方法（ここでは、<…にSMSを送信>）をクリックし、

9 連絡用のメールアドレスまたは電話番号の末尾4桁（ここでは、「電話番号の末尾4桁」）を入力して、

10 <コードの送信>をクリックします。

11 手順8で選択した方法でセキュリティコードが通知されます。

12 通知されたセキュリティコードを入力し、

13 <次へ>をクリックします。

14 新しいパスワードを入力し、

15 パスワードを再入力します。

16 <次へ>をクリックします。

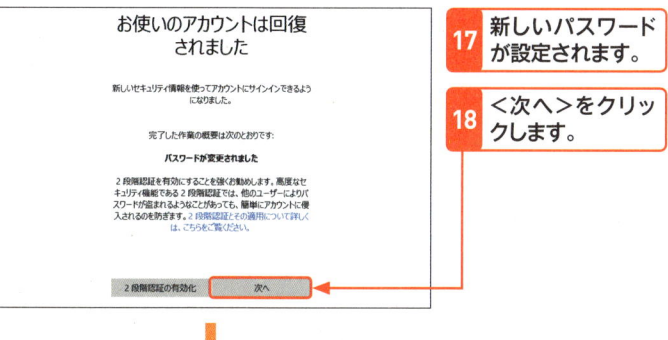

17 新しいパスワードが設定されます。

18 <次へ>をクリックします。

19 Microsoft アカウントのサインインページが表示されます。

Memo 本人確認の方法について

本人確認の方法は、Microsoft アカウント取得時に登録した携帯電話の番号または連絡用メールアドレスを利用して行います。両方を登録していた場合は、どちらを利用するかを選択できます。また、登録した情報をすべて忘れてしまった場合は、<すべての情報が不明>を選択し、画面の指示に従って操作を行うことでパスワードのリセットを行えます。その際、Microsoft アカウント取得時に入力した情報や過去に利用したことがあるパスワード、最近送信したメールの情報、クレジットカードの登録情報などを入力する必要があります。

Memo セキュリティコードの確認について

セキュリティコードは、パスワードリセットに利用するパスワードのようなものです。手順8で選択した方法でマイクロソフトから通知されます。携帯電話にテキストの送信を選択した場合は、SMS（ショートメッセージサービス）でセキュリティコードが通知されます。電話番号を選択した場合は、マイクロソフトから音声通話によってセキュリティコードが通知されます。また、連絡用メールアドレスを選択した場合は、メールでセキュリティコードが通知されます。セキュリティコードの通知は、時間を要する場合があります。しばらく待ってもセキュリティコードが通知されないときは、手順12の画面で<別の確認オプションを使う>をクリックし、再度、手順8からやり直してください。

Section
182 ウイルス対策を行う

キーワード ▶ Windows Defender

Windows 10には、Windows Defenderというウイルス／スパイウェア対策のための機能があります。Windows Defenderは、ウイルスなどから自動的に保護するように設定されていますが、手動で検査を実施することもできます。

1 Windows Defender を起動する

Key word　Windows Defender とは？

「Windows Defender」は、Windows 10に標準搭載されているウイルス／スパイウェア対策機能です。使用中のパソコンの挙動を常時監視し、ウイルスなどがインストールされそうになったり、実行されそうになったりすると、警告を表示します。また、手動検査を行って、パソコンの安全性をチェックできます。

Caution　他社製アプリがインストールされている場合は？

メーカー製パソコンなどには、通常、他社製のウイルス／スパイウェア対策アプリがインストールされています。**他社製のウイルス／スパイウェア対策アプリがインストールされている場合、Windows Defenderは無効化されており、利用できません。**他社製のウイルス／スパイウェア対策アプリをアンインストールすると、Windows Defenderが自動的に利用できるようになります。なお、Windows Defenderよりも他社製のウイルス／スパイウェア対策アプリのほうが機能が豊富です。インストールされている他社製のウイルス／スパイウェア対策アプリの利用期限が切れている場合を除き、他社製のウイルス／スパイウェア対策アプリをそのまま利用されることをおすすめします。

1 P.534を参考に「設定」を起動し、

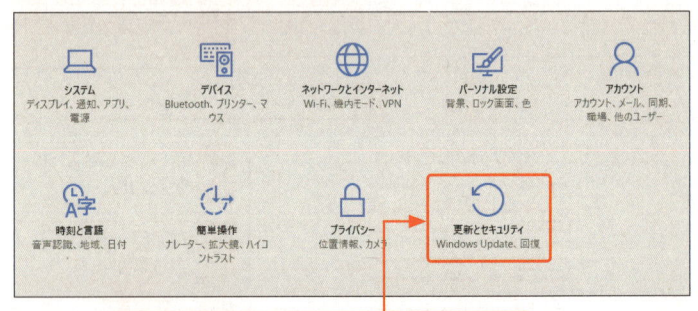

2 ＜更新とセキュリティ＞をクリックします。

3 ＜Windows Defender＞をクリックし、

4 画面をスクロールして、

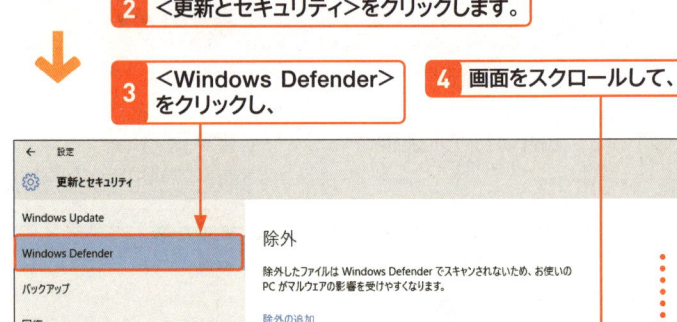

5 ＜Windows Defenderを開く＞をクリックします。

6 Windows Defenderが起動します。

15
Section 182
ウイルス対策を行う

Memo スタート画面から起動する

Windows Defender は、スタート画面から起動することもできます。スタート画面から起動するときは、＜すべてのアプリ＞を表示し、＜Windowsシステムツール＞→＜Windows Defender＞と順にクリックします。

2 ウイルスおよびスパイウェアの定義を更新する

1 ＜更新＞をクリックし、　　**2** ＜定義の更新＞をクリックします。

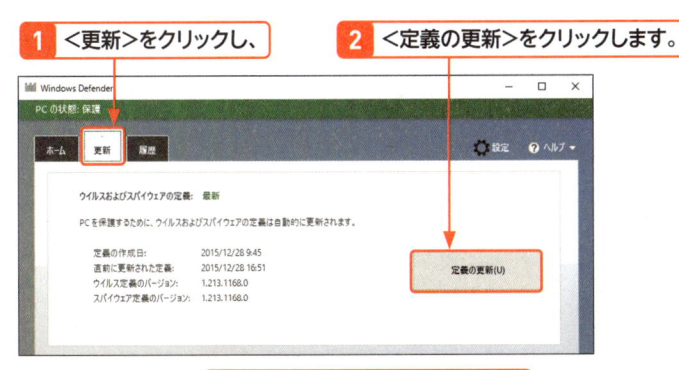

Memo ウイルスおよびスパイウェアの定義とは？

ウイルス／スパイウェア対策アプリは、日々増加していく悪意のあるプログラムの情報をデータベース化して管理しています。この情報を「ウイルスおよびスパイウェアの定義」と呼びます。Windows Defender では、定義を更新していくことで、新しいウイルスやスパイウェアの検出に対応しています。

3 ウイルスおよびスパイウェアの定義の更新が始まります。

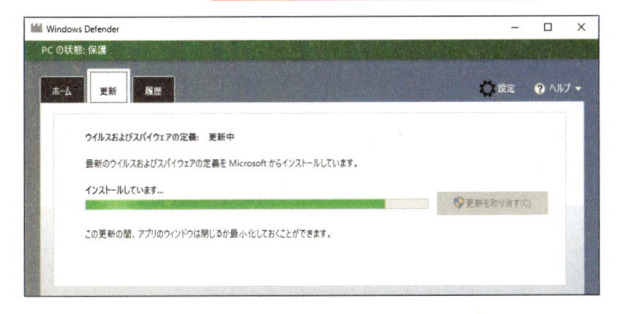

4 更新が完了すると、ウイルスおよびスパイウェアの定義に関する情報が更新されます。

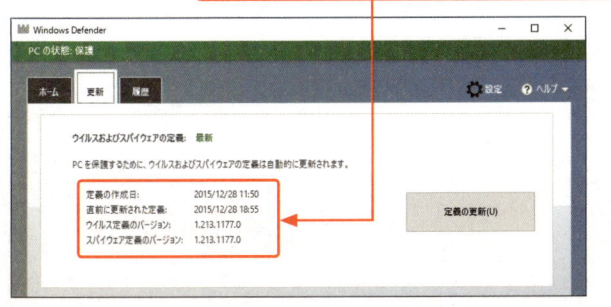

Memo 定義の更新は手動でも行える

Windows Defenderのウイルスおよびスパイウェアの定義は、Windows Update で自動的に更新されるように設定されています。また、ウイルスおよびスパイウェアの定義が、最新かどうか気になる場合は、左の手順で手動で更新してください。

Windows Defender

第1章
Windows 10
をはじめよう

第2章
Windows 10
の基本操作

第3章
ファイルと
フォルダー

第4章
インター
ネット

第5章
Outlook.
com

第6章
「メール」
アプリ

第7章
アプリの
利用

第8章
データの
活用

第9章
音楽/写真
/ビデオ

第10章
タブレット
モード

第11章
文字入力
の基本

第12章
<スタート>
メニュー

第13章
デスクトップ

第14章
ネットワーク

第15章
管理/
セキュリティ

第16章
周辺機器
の利用

第17章
トラブル
対策

第18章
インストール
と初期設定

付　録

3 手動でウイルス検査を行う

Memo フル検査とは?

フル検査では、通常USBメモリなどの
リムーバブルドライブを除く、パソコン
に接続されたすべてのドライブ内のデー
タを検査します。

Memo 検査の取り消し

フル検査には、長い時間がかかります。
検査の途中で停止したいときは、<ス
キャンを取り消す>をクリックします。

Stepup カスタムとは?

選択したフォルダーのみを検査すること
もできます。<カスタム>を選択して、
<今すぐスキャン>をクリックすると、
検査を行うフォルダーを指定できるの
で、<OK>をクリックすると検査が始
まります。

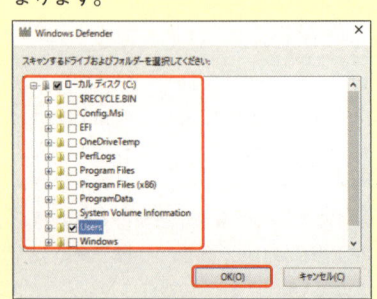

1 <ホーム>を
クリックし、

2 <フル>をクリックして◉にし、

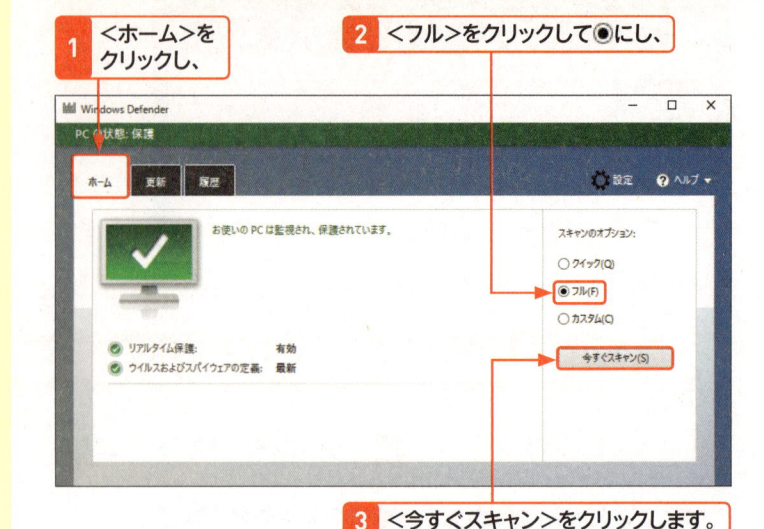

3 <今すぐスキャン>をクリックします。

4 ウイルス検査が実行されます。

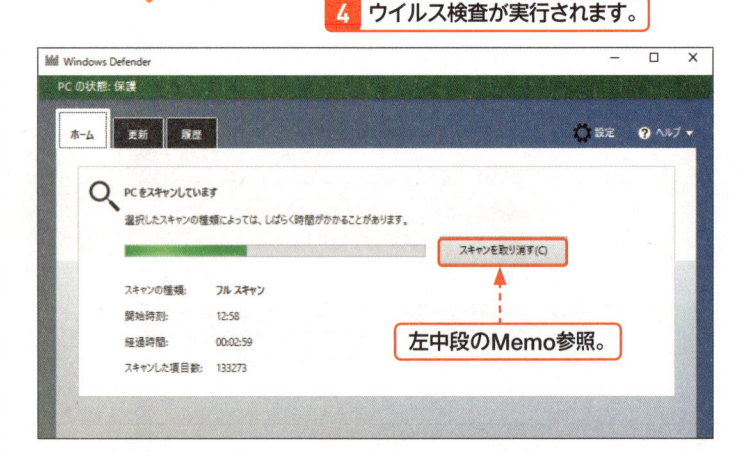

左中段のMemo参照。

5 ウイルス検査が終了すると、
検査結果が表示されます。

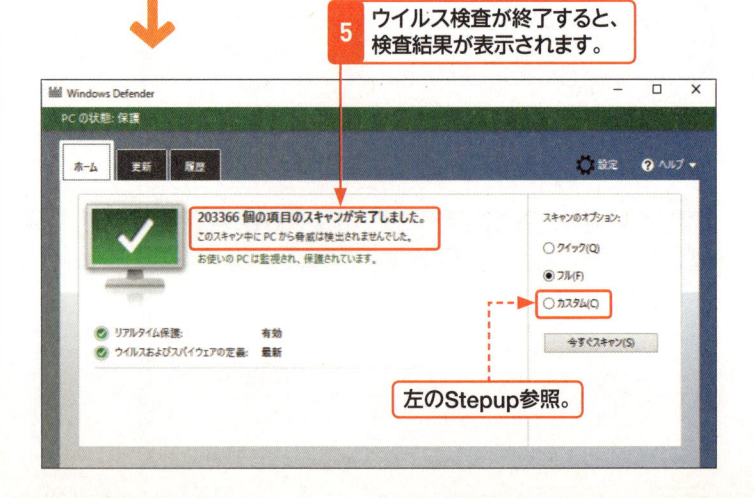

左のStepup参照。

4 検出されたウイルスを削除する

1 ウイルスを検出すると、検査終了後に以下の画面が表示されます。

2 ＜PCのクリーンアップ＞をクリックします。

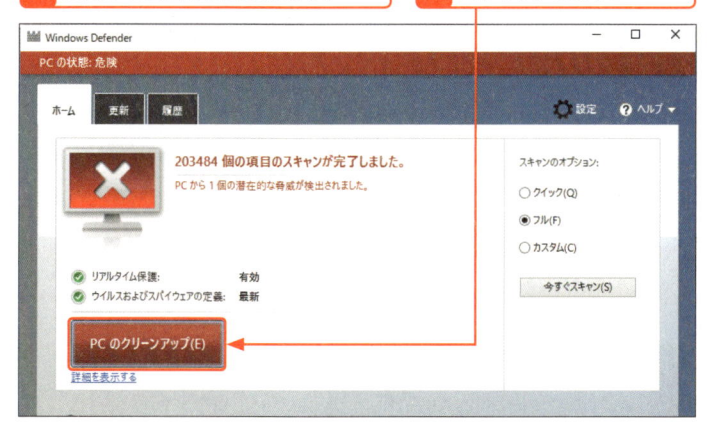

 3 検出されたウイルスの駆除が実行されます。

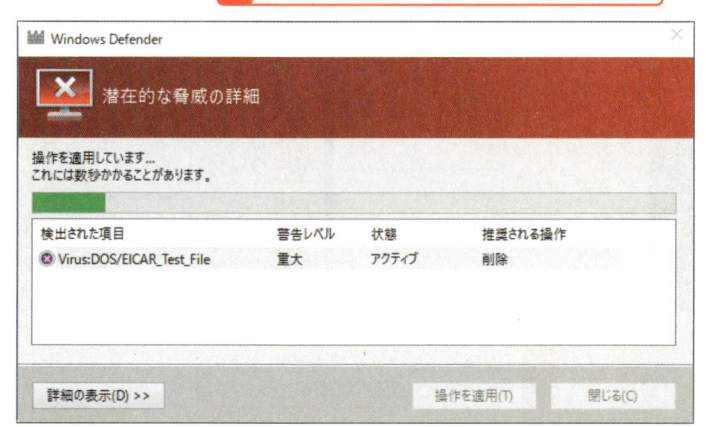

 4 操作が完了したら、＜閉じる＞をクリックします。

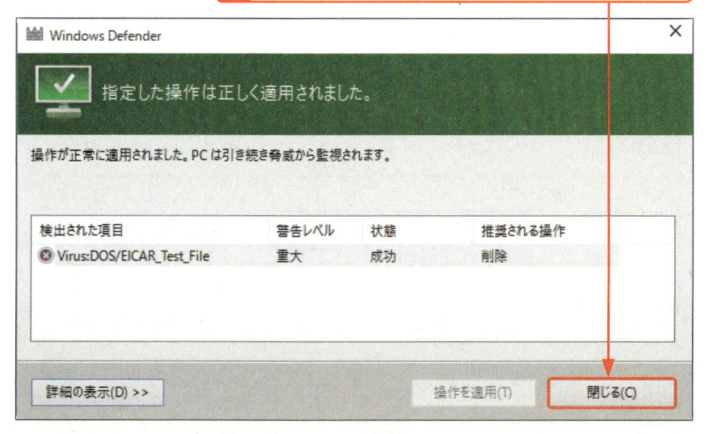

Memo Web閲覧中などにウイルスが検出されたとき

Web閲覧中などにウイルスを検出すると、通知メッセージが表示されることがあります。このメッセージをクリックすると、Windows Defenderが起動します。

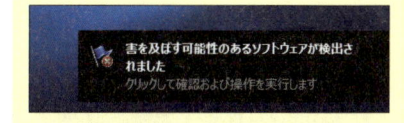

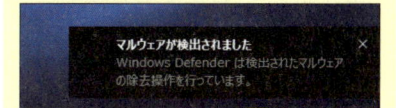

Memo 履歴を確認する

Windows Defenderでは、検出された脅威の履歴を確認できます。＜履歴＞をクリックし、＜検出されたすべての項目＞をクリックしてチェックをオンにして、＜詳細の表示＞をクリックすると履歴を確認できます。また、履歴を削除したいときは、削除したい履歴をクリックしてチェックをオンにし、画面下の＜すべて削除＞をクリックします。

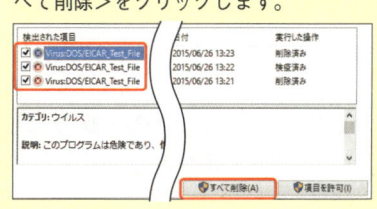

Windows Defender

Section 183 ファイアウォールを設定する

キーワード ▶ Windowsファイアウォール

Windows 10はインターネット経由の悪意を持った攻撃や、侵入したマルウェアの外部アクセスを防ぐWindowsファイアウォールを備えています。この機能を利用することで、ファイアウォールの有無や特定のアプリのブロック解除を行うことができます。

1 Windowsファイアウォールの状態を確認する

Key word ファイアウォールとは?

「ファイアウォール」とは、特定のパソコンやLANなど外部との通信を制御することで、内部のパソコンやネットワークの安全を維持するために用いる機能もしくはソフトウェアを指します。

Caution 他社製セキュリティアプリがある場合

お使いのパソコンに他社製セキュリティアプリがインストールされている場合、ここでの操作を行う必要はありません。詳しくはお使いのパソコンに付属する取り扱い説明書をご覧ください。

Memo プライベートネットワークについて

自宅や小規模なオフィスを対象に比較的安全なネットワークに接続する際に選択します。プライベートネットワークではほかのパソコンを自動的に検索する「ネットワーク探索」や「ホームグループ」が使用できます。

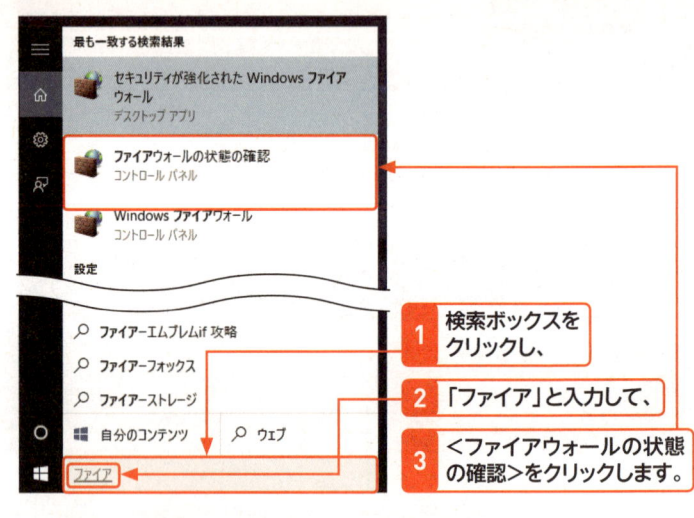

1 検索ボックスをクリックし、

2 「ファイア」と入力して、

3 <ファイアウォールの状態の確認>をクリックします。

4 「Windowsファイアウォール」の設定画面が表示されます。

Windowsファイアウォールは「有効」です。

許可したアプリ以外はブロックします。

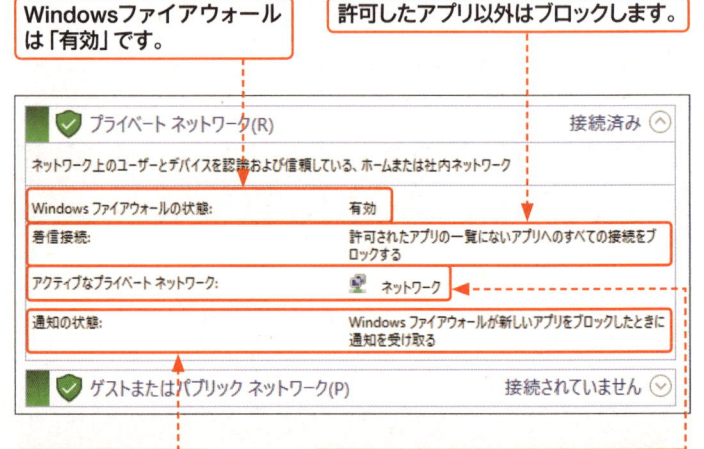

ブロック時の動作を示します。

対象となるネットワーク接続を示します。

2 Windowsファイアウォールの有効と無効を切り替える

1 ＜Windowsファイアウォールの有効化または無効化＞をクリックし、

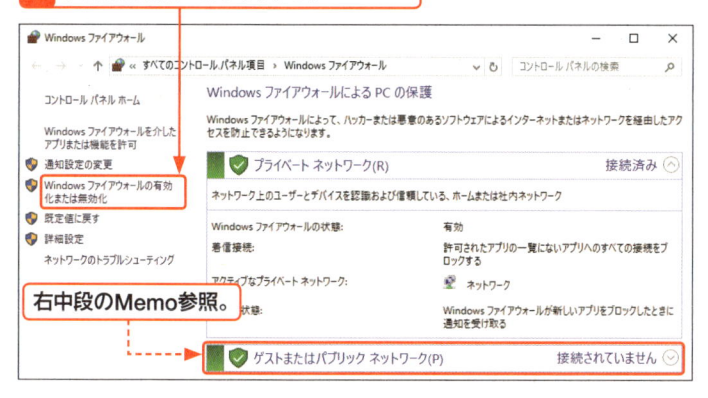

右中段のMemo参照。

2 ＜Windowsファイアウォールを無効にする＞をクリックして○を◉にし、

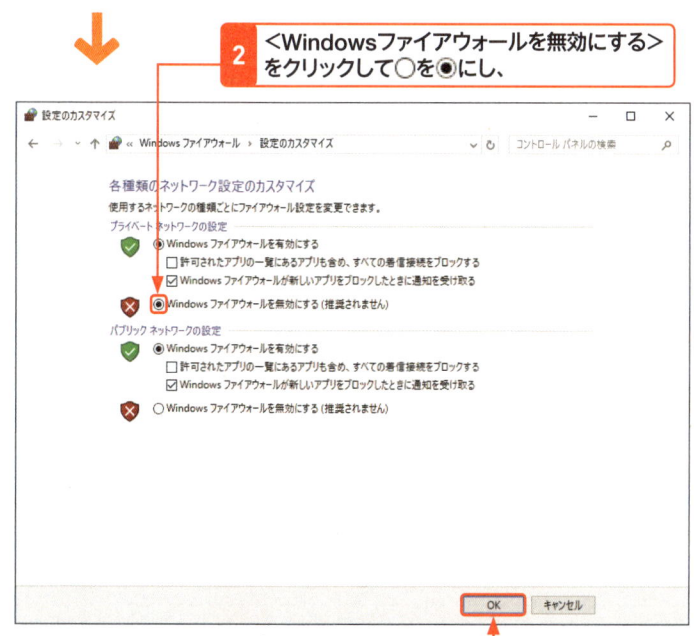

3 ＜OK＞をクリックすると、

4 Windowsファイアウォールが無効になります。

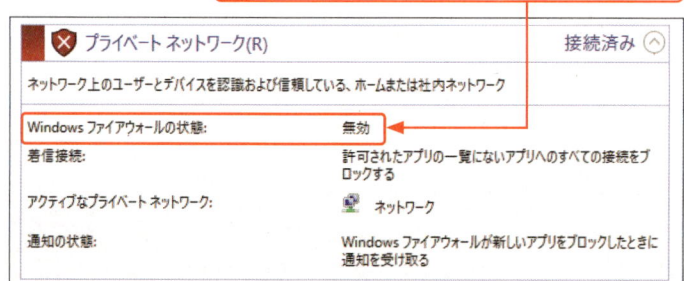

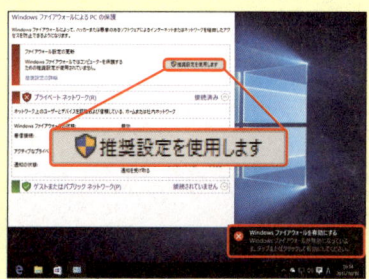

第1章 Windows 10 をはじめよう
第2章 Windows 10 の基本操作
第3章 ファイルとフォルダー
第4章 インターネット
第5章 Outlook.com
第6章 「メール」アプリ
第7章 アプリの利用
第8章 データの活用
第9章 音楽/写真/ビデオ
第10章 タブレットモード
第11章 文字入力の基本
第12章 <スタート>メニュー
第13章 デスクトップ
第14章 ネットワーク
第15章 管理・セキュリティ
第16章 周辺機器の利用
第17章 トラブル対策
第18章 インストールと初期設定
付録

3 Windowsファイアウォールのブロックを解除する

Hint 意図しないタイミングで画面が表示される

ブロックを示す画面が表示された場合、ユーザーが使用しているアプリなのか必ず確認してください。その際は発行元やパスなどを判断材料とし、自分が実行したいアプリなのかマルウェアなのか判断しましょう。自信がない場合は、<キャンセル>をクリックします。

Memo 許可されたアプリについて

手順 7 の画面は、Windowsファイアウォールで通信を許可したアプリやサービスの一覧が表示されます。<詳細>をクリックすると、その概要を確認できますが、Windows アプリは文章による説明ではないため、わかりにくくなっています。なお、Windows 10にあらかじめ登録されている各ルールは基本的に有無の制御のみで削除できません。ユーザーがあとから追加したアプリもしくはサービスのみ削除可能です。

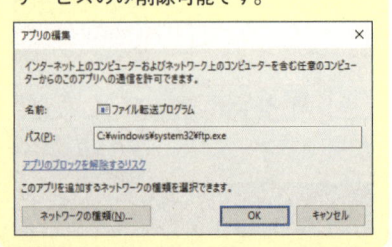

1 アプリが通信を行うとこのような警告画面が表示されます。

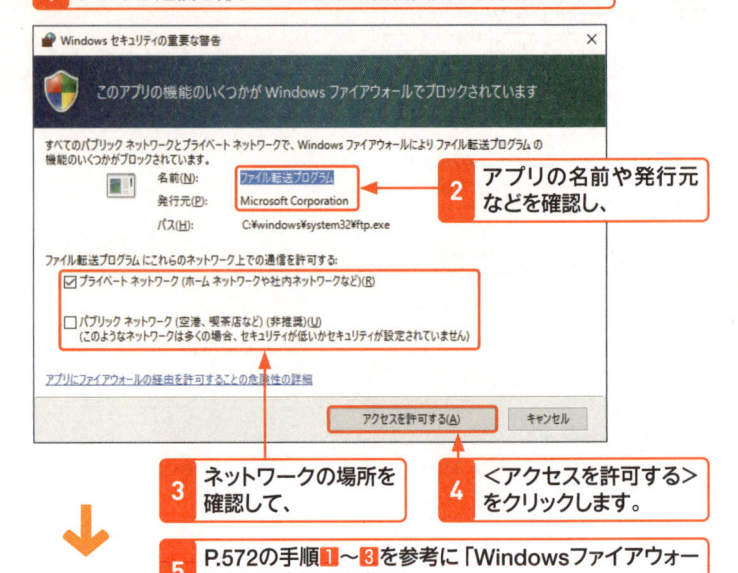

2 アプリの名前や発行元などを確認し、

3 ネットワークの場所を確認して、

4 <アクセスを許可する>をクリックします。

5 P.572の手順 **1**～**3** を参考に「Windowsファイアウォール」の設定画面を表示し、

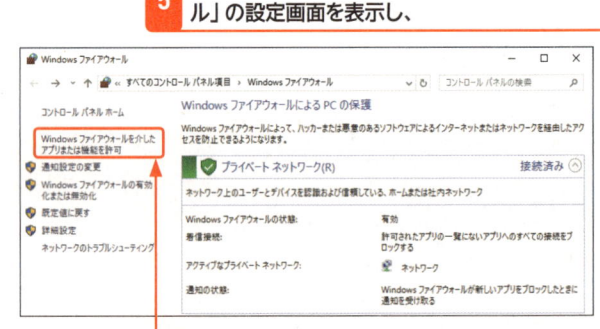

6 <Windowsファイアウォールを介したアプリまたは機能を許可>をクリックすると、

7 手順 **4** でブロックを解除したアプリが確認できます。

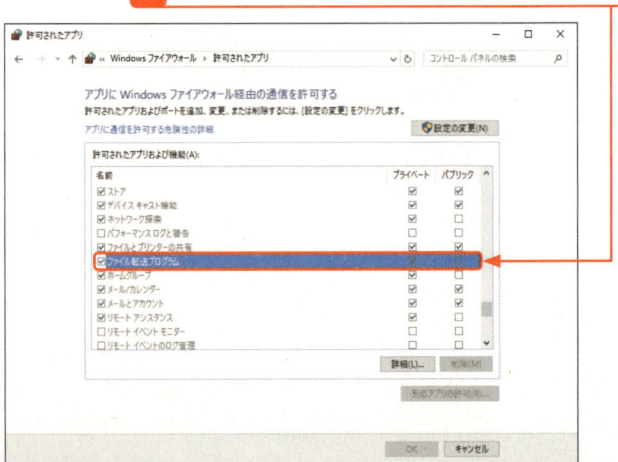

4 任意のアプリ／機能のブロックを事前に解除する

1 引き続き、＜設定の変更＞をクリックし、

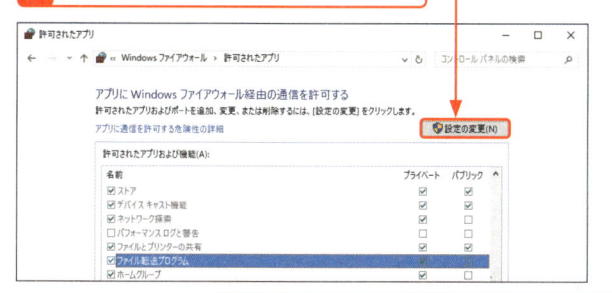

2 一覧から、許可するアプリ／機能のチェックボックスをクリックして、☑／□を設定します（ここでは＜ワイヤレスポータブルデバイス＞の＜プライベート＞をクリックして☑に設定）。

下のHint参照。

3 ＜OK＞をクリックします。

 **Hint** **通常は＜プライベート＞をチェックする**

左の操作で特定のアプリや機能のブロックを解除する場合、通常は＜プライベート＞のチェックボックスだけを対象にし、＜パブリック＞は空欄のままにしておきましょう。ただし、外出先のWi-Fiホットスポット経由でインターネットに接続してアプリや機能を使う場合は＜パブリック＞にもチェックを入れます。

Hint **ブロック解除のアプリを追加する**

手順**3**の画面で＜OK＞をクリックせず、＜別のアプリの許可＞をクリックすると、特定アプリのブロックを解除する設定画面が表示されます。ここで＜参照＞をクリックし、許可するアプリの実行ファイル名を選択すれば、特定アプリのブロックを解除できます。最後に＜追加＞をクリックすれば、手順**2**の画面に戻ります。

Section
184

プライバシーに関する設定を行う

キーワード ▶ プライバシー

Windows 10は一般的なスマートフォンと同じく、カメラや位置情報などプライバシーに関わる情報をアプリごとに許可／禁止を選択できます。自身のプライバシー情報が意図しないアプリや機能に利用されないようにするため、プライバシーに関する設定方法はマスターしておきましょう。

1 プライバシーの設定を開く

Memo プライバシーオプションの設定項目

手順3の「プライバシーオプションの変更」画面の主な設定ポイントは次の2つです。

アプリ間のエクスペリエンスのために、アプリで自分の広告識別子を使うことを許可する：広告主がユーザーの行動を追跡して、ユーザーの好みに応じた広告を表示するための「広告ID」に関する設定です。追跡を嫌う場合は ●━ をクリックして ━● にしてください。

SmartScreenフィルターをオンにしてWindowsストアアプリが使うWebコンテンツを確認する：Microsoft Edge などが備えるWebサイトの安全性を確認するフィルターツールをWindowsアプリでも使用する設定です。Windows アプリ経由でWebコンテンツを取得する際の安全性を高めるため、そのまま使用することをおすすめします。

1 P.534を参考に「設定」を起動し、

2 <プライバシー>をクリックすると、

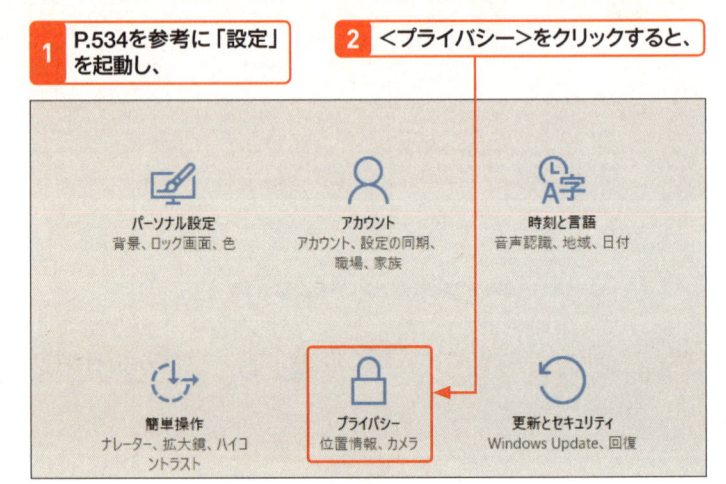

パーソナル設定
背景、ロック画面、色

アカウント
アカウント、設定の同期、
職場、家族

時刻と言語
音声認識、地域、日付

簡単操作
ナレーター、拡大鏡、ハイコ
ントラスト

プライバシー
位置情報、カメラ

更新とセキュリティ
Windows Update、回復

3 プライバシーオプションを設定できます。

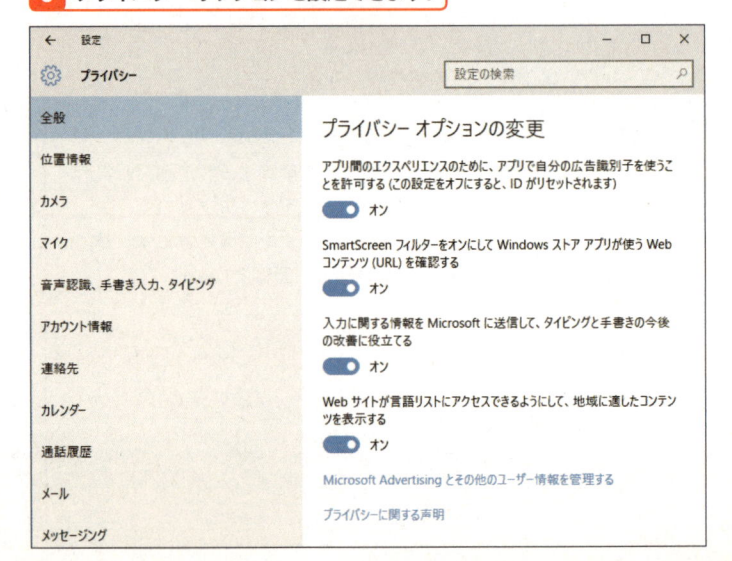

② プライバシーに関する情報にアクセスできるアプリを選択する

1 <位置情報>をクリックします。

2 設定を変更するアプリ(ここでは<天気>)の⚪をクリックして、

3 ⚪にすると、設定が変更できます。

Memo　ここで行う操作内容について

ここでは、現在の場所を示す位置情報にアクセス可能なアプリを取捨選択しています。お使いのパソコンが位置情報を取得する機能を供えている場合、機能の有無を変更する<変更>ボタンや履歴を削除する<クリア>ボタンが表示されます。ここで機能をオフにしておくと、設定したアプリでは位置情報を取得しません。

Hint　設定項目について

<全般>に加えて、<位置情報><カメラ><マイク><音声認識、手書き入力、タイピング><アカウント情報><連絡先><カレンダー><通話履歴><メール><メッセージング><無線><他のデバイス>をクリックして表示される画面では、該当するアプリや機能自体の利用停止やプライバシーに関する情報を制限することができます。

Memo　アプリがプライバシー情報を利用する

たとえば「天気」や「マップ」であれば、位置情報をもとに地域の天気や地図の表示地域を最適化します。しかし、位置情報はユーザーの所在地などを示すプライバシー情報に類するため、初回起動時はアクセス可否の確認を求められます。問題がなければ<はい>をクリックします。仮に<いいえ>をクリックしても上記の手順で設定を変更できます。

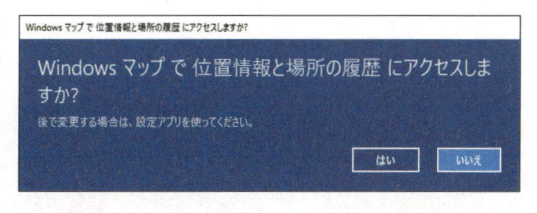

Section
185
自分のWindows 10パソコン を確認する

キーワード ▶ Microsoft アカウント

Windows 10のサインインに用いるMicrosoft アカウントはさまざまな情報を保持しています。これらの情報はクラウド上で管理しているため、Webブラウザー経由で操作します。ユーザー名やパスワードの変更、使用するデバイスの管理などが可能になるので、操作方法を身に付けておきましょう。

1 Microsoft アカウントの詳細を確認する

Memo Microsoft アカウントのサインイン

操作時にMicrosoft アカウントへのサインインをうながされた場合は、Microsoft アカウントおよびパスワードを入力してサインインを実行します。

1 P.534を参考に「設定」を起動し、

2 ＜アカウント＞をクリックして、

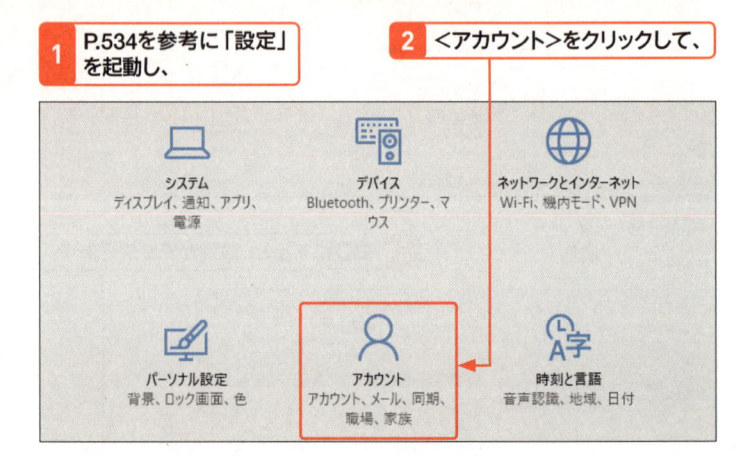

3 ＜メールとアカウント＞をクリックしてから、

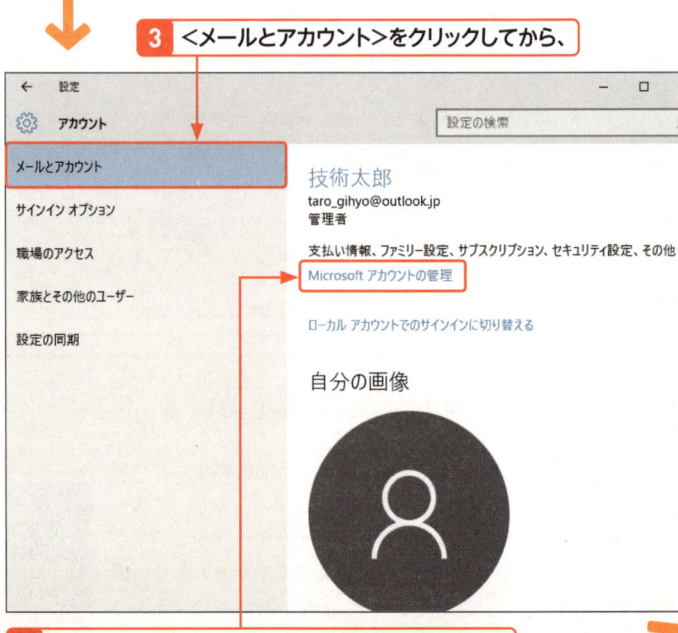

4 ＜Microsoft アカウントの管理＞をクリックします。

5 Microsoft アカウント管理ページが開きます。

6 ＜あなたの情報＞をクリックすると、

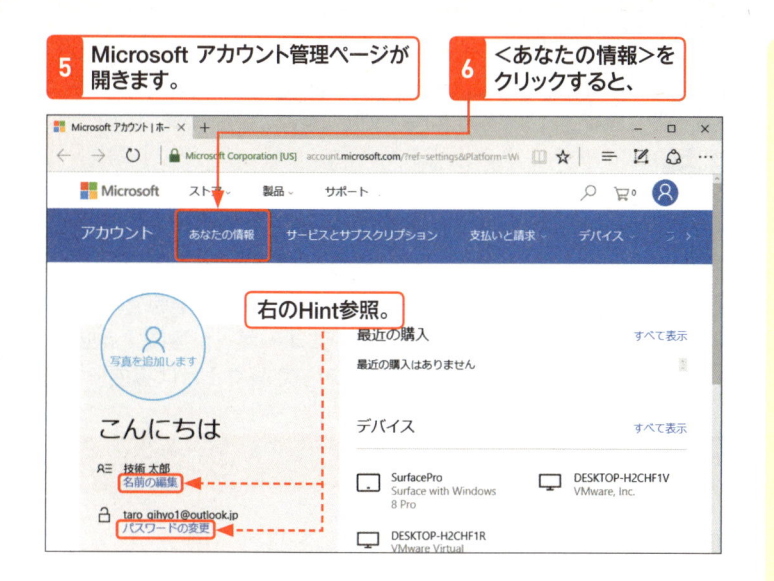

右のHint参照。

7 Microsoft アカウント上の個人情報を確認できます。

8 ＜デバイス＞をクリックし、

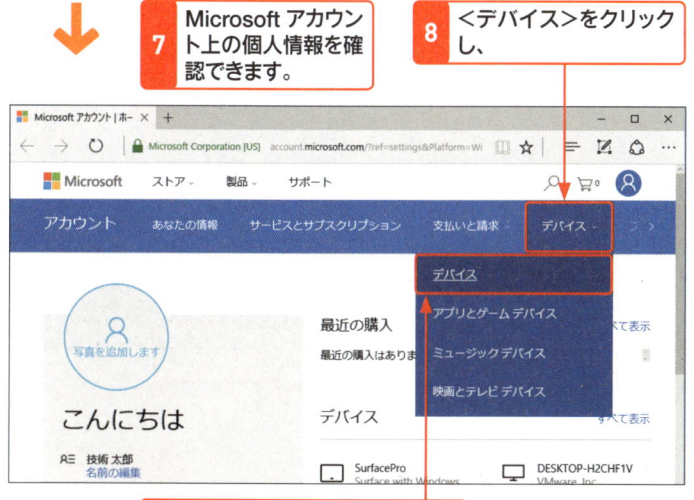

9 ＜デバイス＞をクリックすると、

10 Microsoft アカウントでサインインしたデバイスの一覧が表示されます。

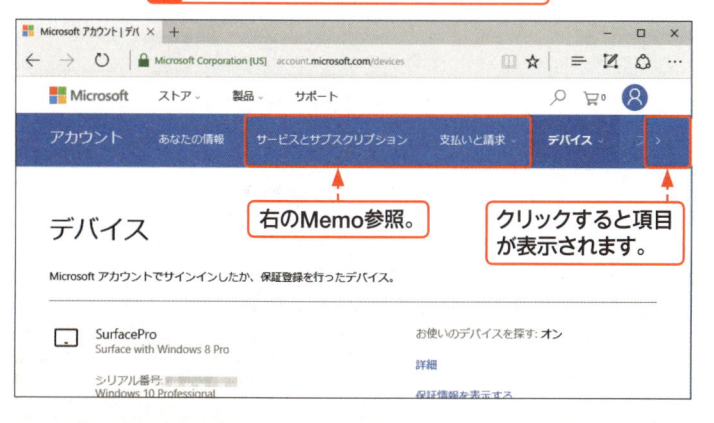

右のMemo参照。

クリックすると項目が表示されます。

Hint 編集と変更

手順**5**の画面で、＜名前の編集＞をクリックすると、Windows 10などに表示される名前を変更できます。また、＜パスワードの変更＞をクリックすると、パスワードの変更や定期的（72日ごと）にパスワードの変更をうながす連絡を有効にできます。

Memo そのほかの機能

「デバイス」以外に次の機能を利用することが可能です。

サービスとサブスクリプション：Office 365やOneDriveといった、マイクロソフトが提供するサブスクリプションサービスの確認や管理が可能です。

支払いと請求：過去に購入したWindowsアプリやクレジットカードの登録などが可能です。

ファミリー：パソコンの使用制限を設けたい子供などのアカウントに対する操作を行うファミリーセーフティ設定が可能です。具体的にはWebサイトのロックやパソコンの使用時間、インストール可能なアプリを制限できます。

セキュリティとプライバシー：アクティビティ（活動）の表示や、2段階認証の設定、その際使用するスマートフォン用認証アプリのダウンロードリンクが確認できます。

Section 186
Windows Updateに関する設定を行う

Windows 10は新たに発見したバグやセキュリティホールを修正するための更新プログラムを毎月、もしくは緊急的にリリースしています。これをWindows Updateと呼びます。とくにユーザーが意識する必要はありませんが、更新プログラムのインストール方法や更新履歴の確認方法を知っておくことは重要です。

1 更新プログラムのインストール方法を選択する

Hint　手動で更新プログラムをチェックする

久しぶりにパソコンを起動して、更新プログラムを手動で確認する場合は、手順 **3** の画面の＜更新プログラムのチェック＞をクリックします。サーバーにアクセスして更新プログラムの有無を確認し、更新プログラムがある場合は、必要な更新プログラムのダウンロードが始まります。

Windows Update

更新プログラムを利用できます。

- x64 ベース システム用 Windows 10 Version 1511 の累積的な更新プログラム (KB3116900)。
- Windows 10 Version 1511 for x64-based Systems 用 Internet Explorer Flash Player のセキュリティ更新プログラム (KB3119147)。
- Windows 8、8.1、10 と Windows Server 2012、2012 R2 x64 エディション用の、Windows 悪意のあるソフトウェア削除ツール - 2015 年 12 月 (KB890830)。

詳細

更新プログラムをダウンロードしています 2%

Hint　ほかのプログラムも更新する

次ページの手順 **4** の画面の＜Windows の更新時に他の Microsoft 製品の更新プログラムも入手します。＞をクリックして □ を ✓ にすると、Windows 10 とは直接関係ないコンポーネント（プログラムの一種）の更新プログラムもダウンロード可能になります。なお、Windows 10 が Home エディションの場合、この項目の下にある＜アップグレードを延期する＞は表示されません。

1 P.534を参考に「設定」を起動し、

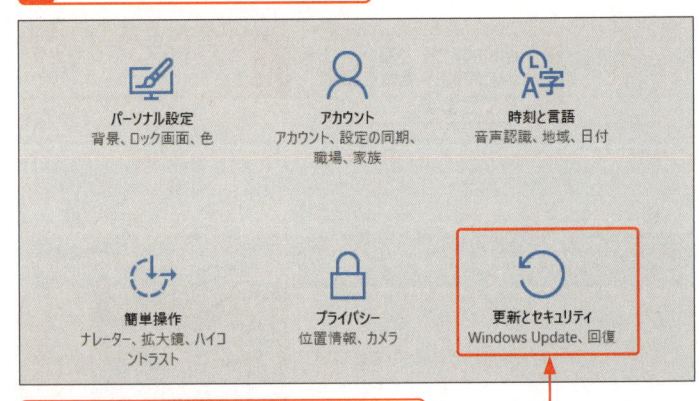

2 ＜更新とセキュリティ＞をクリックして、

3 ＜詳細オプション＞をクリックします。

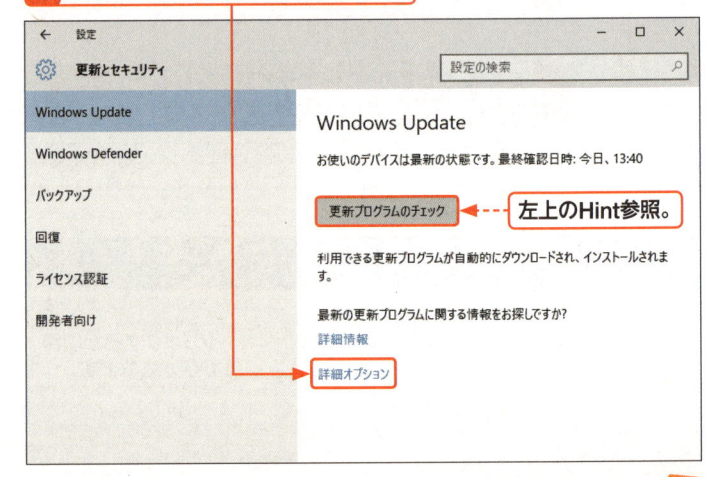

左上のHint参照。

4 ∨をクリックして、

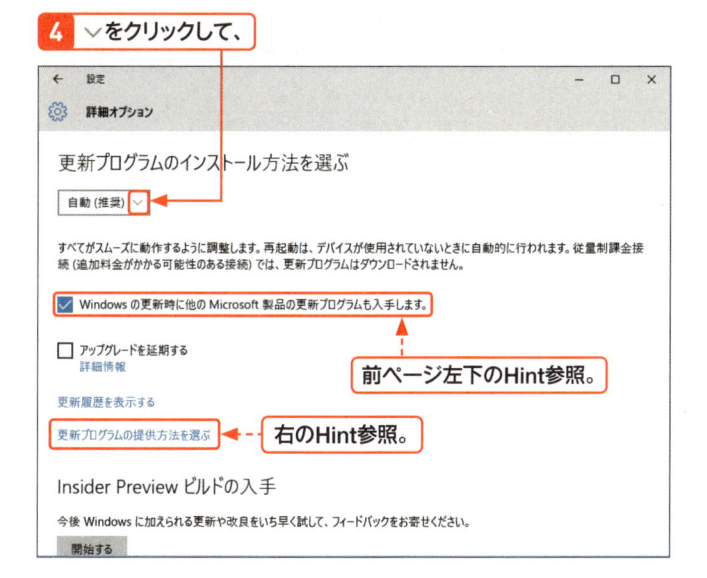

前ページ左下のHint参照。

右のHint参照。

5 インストール方法を選択します。

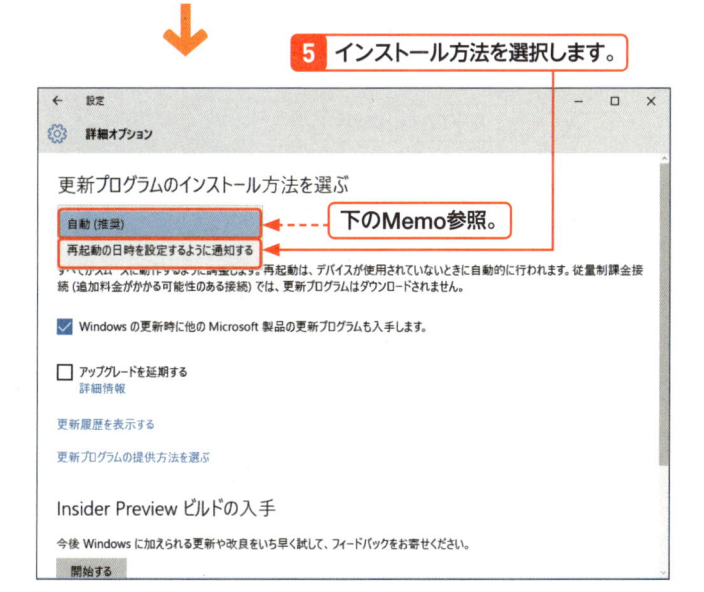

下のMemo参照。

Hint **<更新プログラムの提供方法を選ぶ>とは?**

手順 **4** の画面にある<更新プログラムの提供方法を選ぶ>をクリックすると、更新プログラムの取得方法先をインターネット上およびLAN上のパソコンから、もしくはLAN上のパソコンのみから、の2種類から選択できます。また、スイッチを●○にするとマイクロソフトのサーバーからのみ更新プログラムを取得します。

> これを有効にすると、PC は以前にダウンロードした Windows 更新プログラムおよびアプリの一部を、以下での選択に応じて、ローカル ネットワーク上の PC またはインターネット上の PC にも送信できます。
>
> ●━ オン
>
> Microsoft から更新プログラムを取得し、更新プログラムを次の場所から取得して次の場所に送信する
>
> ○ ローカル ネットワーク上の PC
>
> ◉ ローカル ネットワーク上の PC とインターネット上の PC

Memo **インストール方法の変更後**

手順 **5** の操作を行ったあと、パソコンの再起動を必要とする更新プログラムをダウンロードした場合、インストールの有無を選択できます。ただし、一定時間が経つかパソコンを使っていない状態になると、自動的にインストールが始まります。

> 更新プログラムは、デバイスが使用されていないときに自動的にインストールされます。または、必要に応じて今すぐインストールすることもできます。
>
> 今すぐインストール

Memo **インストール方法について**

あらかじめ設定されている<自動>は、文字通り自動的に更新プログラムをダウンロードします。OSの再起動が必要な更新プログラムをインストールした場合は、ユーザーにパソコンの再起動をうながすか、深夜3時頃に再起動を実行します。いずれの設定でもインストールし、パソコンを再起動しなければならないのは同じです。

> ◉ 普段デバイスが使用されていない時刻に再起動をスケジュールします
> (現時点での候補は明日の 3:30 です)。
>
> ○ 再起動の時刻を選択してください
> 時刻:
>
> | 3 | 30 |
> |---|---|
>
> 日:
>
> 明日 ∨

第1章
Windows 10
をはじめよう

第2章
Windows 10
の基本操作

第3章
ファイルと
フォルダー

第4章
インター
ネット

第5章
Outlook.
com

第6章
「メール」
アプリ

第7章
アプリの
利用

第8章
データの
活用

第9章
音楽／写真
／ビデオ

第10章
タブレット
モード

第11章
文字入力
の基本

第12章
＜スタート＞
メニュー

第13章
デスクトップ

第14章
ネットワーク

第15章
管理／
セキュリティ

第16章
周辺機器
の利用

第17章
トラブル
対策

第18章
インストール
と初期設定

付　録

② 更新履歴を表示する

Hint　アップグレードを延期する

Windows 10は数か月に1回、機能向上などを目的とした大規模な更新を予定しています。＜アップグレードを延期する＞を☑にしている場合、この大規模な更新を数か月延期することが可能になります。ただし、セキュリティ更新プログラムは本設定の影響を受けず、逐一インストールされます。

1 P.580の手順**1**～**3**を参考に「詳細オプション」を表示し、

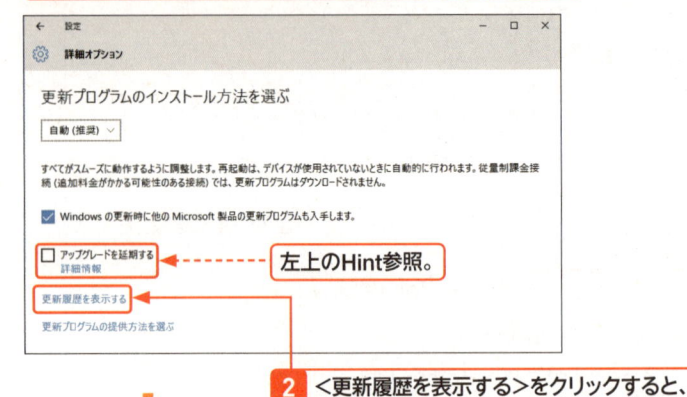

左上のHint参照。

2 ＜更新履歴を表示する＞をクリックすると、

3 更新履歴の一覧が表示されます。

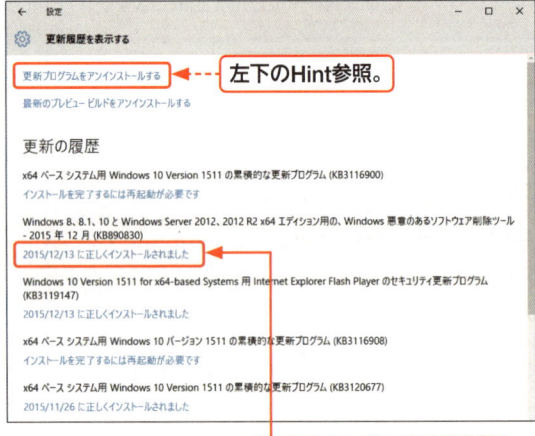

左下のHint参照。

4 ここをクリックすると、

5 詳細が確認できます。

Hint　更新プログラムのアンインストール

＜更新プログラムをアンインストールする＞をクリックすると、「インストールされた更新プログラム」が起動し、インストール済みの更新プログラムを個別にアンインストールできます。更新プログラム適用後に意図しないトラブルが発生したときに試してください。ただし「～セキュリティ更新プログラム」をアンインストールする場合、何らかのセキュリティリスクが発生することに留意しましょう。

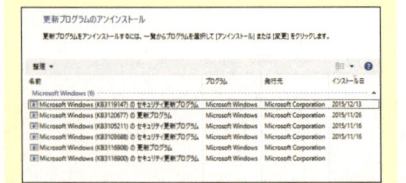

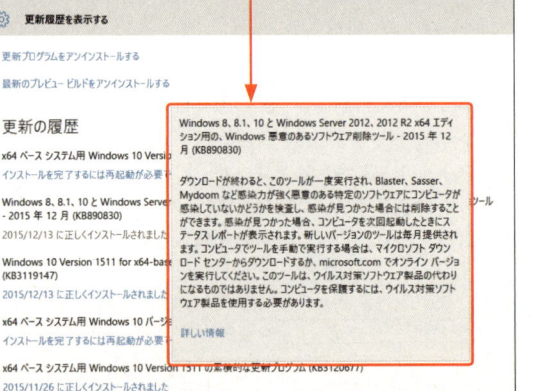

第16章

周辺機器の利用と設定

Section 187 プリンターを設定する

キーワード ▶ デバイスドライバー

プリンターを利用するには、動作させるためのソフト（デバイスドライバー）が必要となります。Windows 10は、あらかじめ多くのプリンターに対応するデバイスドライバーを備えているため、そのままの状態で使用することができます。

1 プリンターをパソコンと接続する

Key word デバイスドライバーとは？

プリンターを利用する場合、OSとの橋渡しの役割をするソフトが「デバイスドライバー（プリンタードライバー）」です。Windows 10は、多くのプリンターに対応したデバイスドライバーを供えているため、通常はプリンターを接続しただけですぐに利用できるようになります。右の手順では、プリンターを接続しただけでは利用できない場合の操作方法を解説しています。なお、ここではプリンタードライバーなどを総称してデバイスドライバーと呼んでいます。

Key word インボックスドライバーとは？

「インボックスドライバー」とは、あらかじめOS内にデバイスドライバーを用意し、接続後すぐに使える機能を指します。ただし、対応しているのは直近の周辺機器に限られます。たとえばWindows 10リリース直後に登場した周辺機器は対応しないものもあります。そのため、Windows Update経由や周辺機器に付属するデバイスドライバーを使う必要があります。

1 パソコンとプリンターを接続し、

2 検索ボックスをクリックして、

3 「デバイスとプリンター」と入力したら、

4 ＜デバイスとプリンター＞をクリックします。

5 「デバイスとプリンター」のダイアログボックスが表示されます。

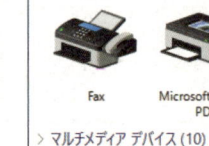

iP7200 series　USB ルート ハブ (xHCI)　VMware Virtual USB Sensors　イーサネット コントローラー

6 しかし、デバイスドライバーが存在しないため「未指定」に分類されています。

2 デバイスドライバーをインストールする

1 メーカーのWebサイトからダウンロードした
インストーラーをダブルクリックし、

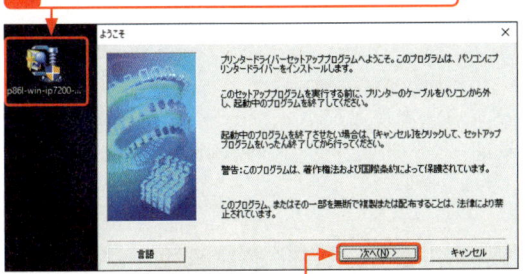

2 セットアップが起動したら<次へ>をクリックします。

3 接続方式をクリックして選択し、

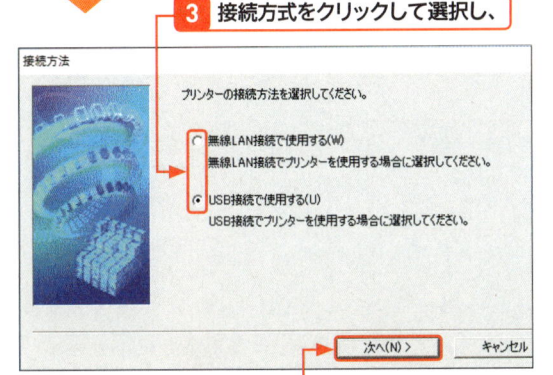

4 <次へ>をクリックします。

5 デバイスドライバーのインストールが完了しました。

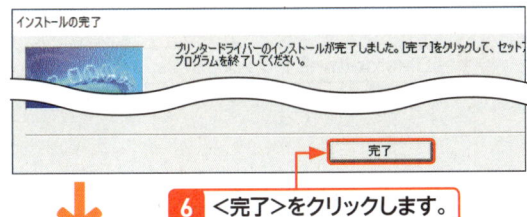

6 <完了>をクリックします。

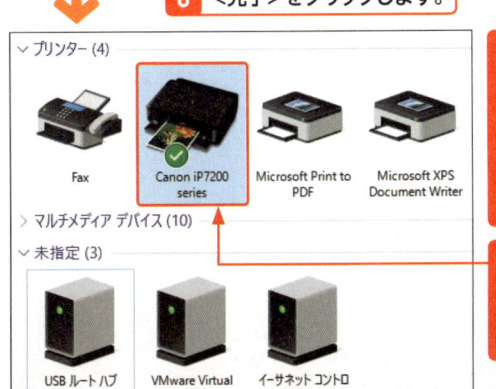

7 前ページの手順 2～4 を参考に「デバイスとプリンター」のダイアログボックスを起動すると、

8 プリンターが使用可能になったことを確認できます。

Memo　セットアップの動作はメーカーによって異なる

プリンターのデバイスドライバーは、メーカーのWebサイトからダウンロードします。インストール方法は、メーカーによって異なります。ここでは重要ポイントのみピックアップしているので、実際の操作は画面の指示に従って進めてください。

Hint　メーカー製デバイスドライバーがおすすめ

プリンターの場合、周辺機器メーカーが用意したデバイスドライバーのほうが高性能な場合も少なくありません。たとえば下記のようにインボックスドライバーでは必要最小限の設定しかできない場合でも、メーカー製デバイスドライバーは多くの機能を使用することができます。詳しくはお使いのプリンターに付属する取り扱い説明書をご覧ください。

インボックスドライバー

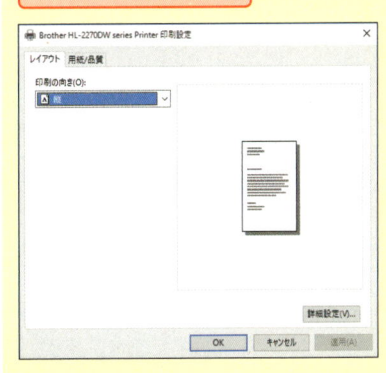

メーカー製デバイスドライバー

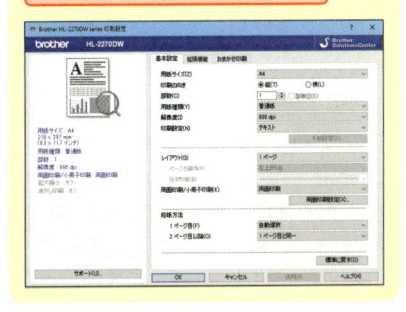

Section 188 Bluetooth機器を接続する

キーワード ▶ Bluetooth

Bluetooth接続の機器をWindows 10で利用するには、パソコン本体とマウスやキーボードなどの機器が接続できるように設定する必要があります。この作業は、「ペアリング」と呼ばれます。ここでは、Bluetooth接続のキーボードやマウスの接続方法を解説します。

1 キーボードを接続する

Key word Bluetoothとは？

「Bluetooth」は、マウスやキーボード、ヘッドセットなどの機器をケーブルレスで利用するための規格です。近年対応機器も増加し、Bluetoothを搭載したパソコンも増加してきています。Bluetooth機器は、Bluetoothを搭載したパソコンでのみ利用できます。

1 P.534を参考に「設定」を起動し、

2 ＜デバイス＞をクリックします。

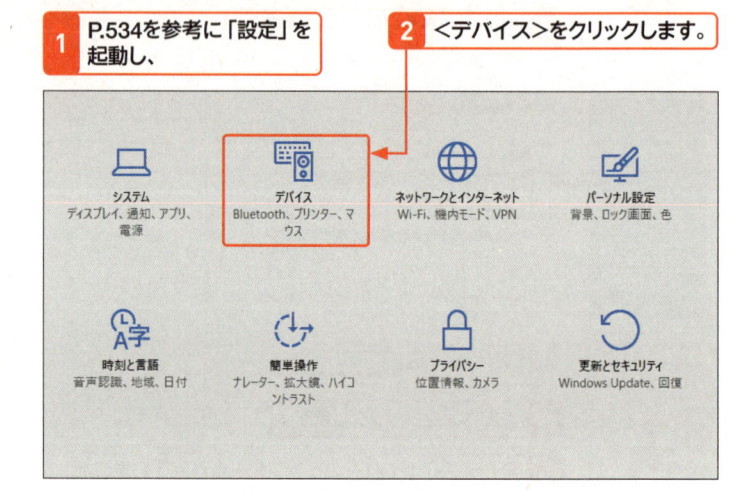

3 ＜Bluetooth＞をクリックします。

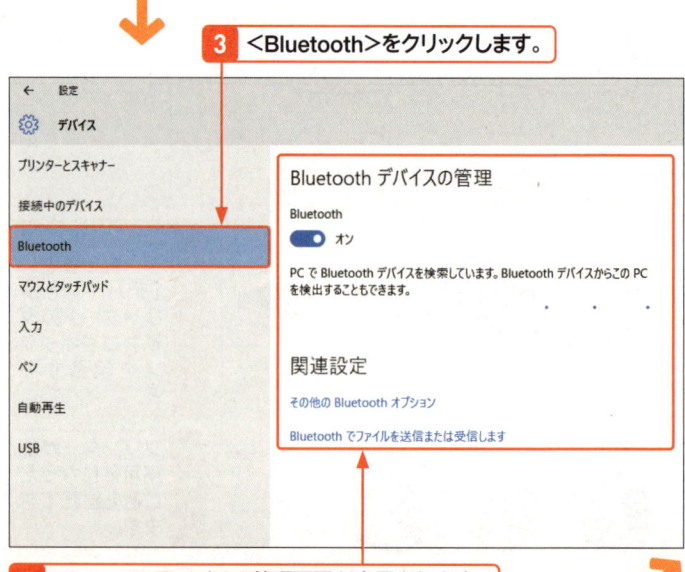

Memo Bluetooth機器を接続するには？

Bluetooth接続の機器を利用するには、「ペアリング」と呼ばれる機器接続（認証）のための操作が必要です。ここでは、Bluetooth接続のキーボードを例にペアリングの手順を解説しています。

4 Bluetoothデバイスの管理画面が表示されます。

5 キーボードの取り扱い説明書を参考に、接続（コネクト）ボタンを押して機器をペアリングモードにします。

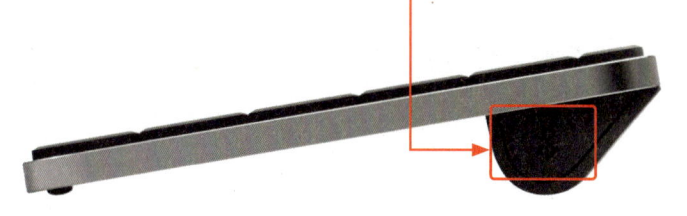

→

6 しばらくすると、Bluetoothデバイスの管理画面にBluetooth機器（ここでは、＜キーボード＞）が表示され、「ペアリングの準備完了」と表示されます。

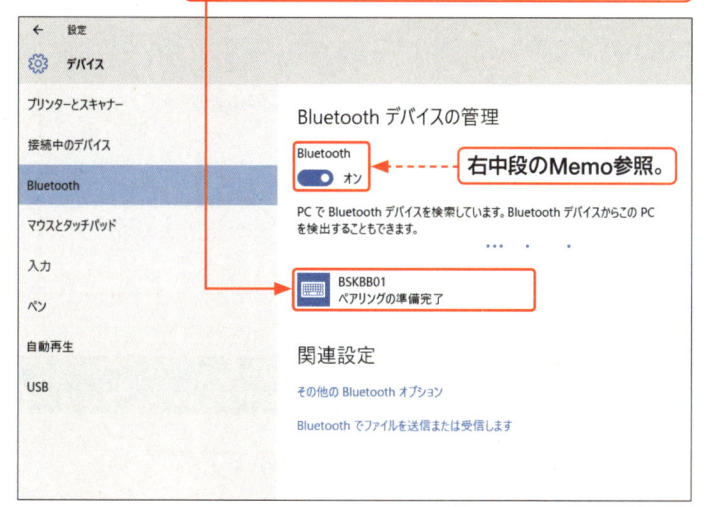

← 設定

⚙ デバイス

プリンターとスキャナー

接続中のデバイス

Bluetooth

マウスとタッチパッド

入力

ペン

自動再生

USB

Bluetooth デバイスの管理

Bluetooth
　⬤ オン ←------ 右中段のMemo参照。

PC で Bluetooth デバイスを検索しています。Bluetooth デバイスからこの PC を検出することもできます。
　　　　　　　　　　　　　　　　　… 　 ・ 　 ・

⌨ BSKBB01
　ペアリングの準備完了

関連設定

その他の Bluetooth オプション

Bluetooth でファイルを送信または受信します

7 表示された機器をクリックし、

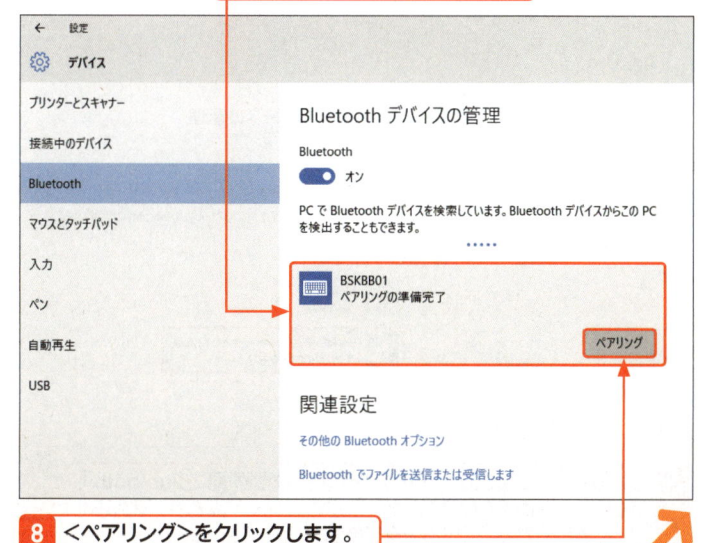

← 設定

⚙ デバイス

プリンターとスキャナー

接続中のデバイス

Bluetooth

マウスとタッチパッド

入力

ペン

自動再生

USB

Bluetooth デバイスの管理

Bluetooth
　⬤ オン

PC で Bluetooth デバイスを検索しています。Bluetooth デバイスからこの PC を検出することもできます。
　　　　　　　　　　　　　　　　　…

⌨ BSKBB01
　ペアリングの準備完了

　　　　　　　　　　　　　　　　　　　ペアリング

関連設定

その他の Bluetooth オプション

Bluetooth でファイルを送信または受信します

8 ＜ペアリング＞をクリックします。

Memo 機器をペアリングモードにする

ペアリングモードは、マウスやキーボードなどのBluetooth機器を接続可能な状態にするモードです。Bluetooth接続の機器をパソコンで利用するときは、接続したい機器をペアリングモードに設定し、Windowsからペアリング操作を行います。接続したい機器をペアリングモードにする方法は、利用している機器によって異なります。詳細は、Bluetooth接続の機器付属の取り扱い説明書などで確認してください。

Memo Bluetoothをオンにする

手順**6**の画面で、Bluetoothのボタンが表示され、かつ⬤になっている場合は、クリックして⬤にします。

Memo 「時間切れです」と表示される

手順**8**の操作を行うと、パスコードの入力画面が表示されます（次ページ参照）。パスコードが表示されてから30秒以内にパスコードの入力を行わないと、「時間切れです」という画面が表示されます。この画面が表示されたときは、＜閉じる＞をクリックして、手順**5**からの作業をやり直してください。

第 1 章
Windows 10
をはじめよう

第 2 章
Windows 10
の基本操作

第 3 章
ファイルと
フォルダー

第 4 章
インター
ネット

第 5 章
Outlook.
com

第 6 章
「メール」
アプリ

第 7 章
アプリの
利用

第 8 章
データの
活用

第 9 章
音楽／写真
／ビデオ

第10章
タブレット
モード

第11章
文字入力
の基本

第12章
＜スタート＞
メニュー

第13章
デスクトップ

第14章
ネットワーク

第15章
管理・
セキュリティ

第16章
周辺機器
の利用

第17章
トラブル
対策

第18章
インストール
と初期設定

付　録

Hint　パスコードが表示されない

手順 **9** で「キーボードのパスコードを入力してください」という画面が表示され、パスコードが表示されないときは、＜または、パスコードを接続先のデバイスで入力してください＞をクリックするとパスコードが表示されます。

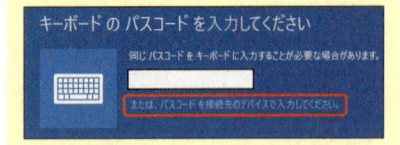

Memo　ペアリング済みと表示される

ペアリング完了時に手順**10**では、「接続済み」と表示されていますが、ごくまれに「ペアリング済み」と表示される場合があります。「ペアリング済み」と表示された場合でも、機器が正常に利用できれば問題はありませんので、そのままご使用ください。

---

9 パスコードの入力画面が表示されたときは、画面に表示されたパスコードをキーボードで入力し、Enter キーを押します。

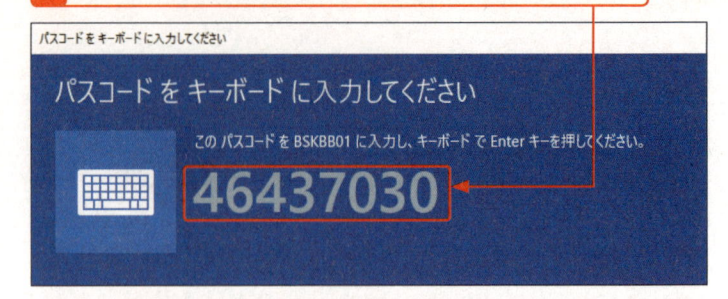

10 ペアリングが行われます。ペアリングが完了すると、＜接続済み＞の文字が表示され、機器が利用可能になります。

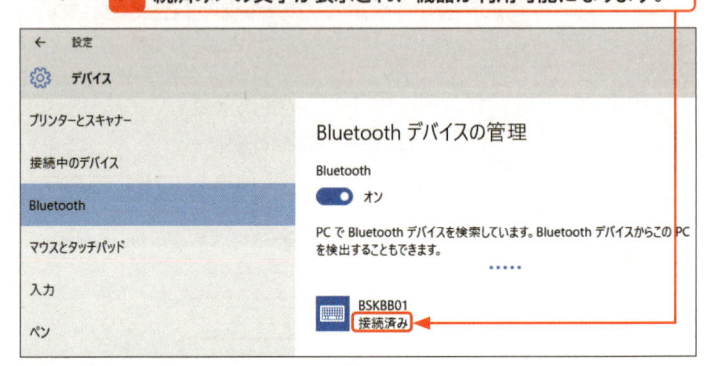

2　マウスを接続する

Memo　マウスのペアリング

マウスのペアリングはキーボードと異なり、通常、パスコードの入力は必要ありません。

1 P.586の手順**1**〜**3**を参考にBluetoothデバイスの管理画面を開いておきます。

2 マウスの取り扱い説明書を参考に、マウス本体の接続（コネクト）ボタンを押して機器をペアリングモードにします。

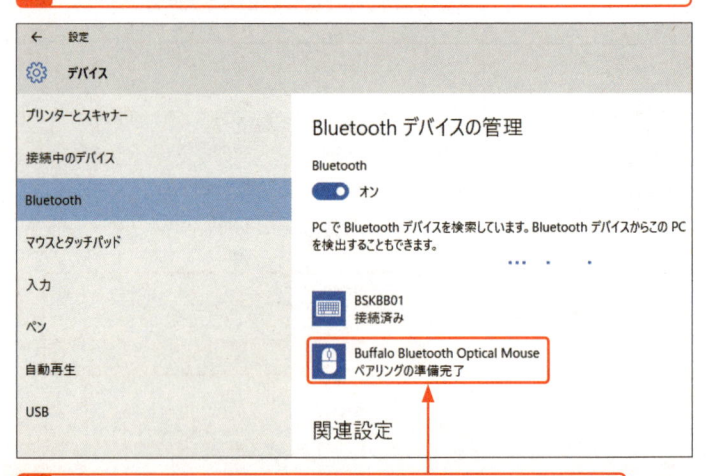

3 しばらくすると、Bluetoothデバイスの管理画面にBluetooth機器（ここでは＜マウス＞）が表示され、「ペアリングの準備完了」と表示されるのでクリックします。

4 <ペアリング>をクリックします。

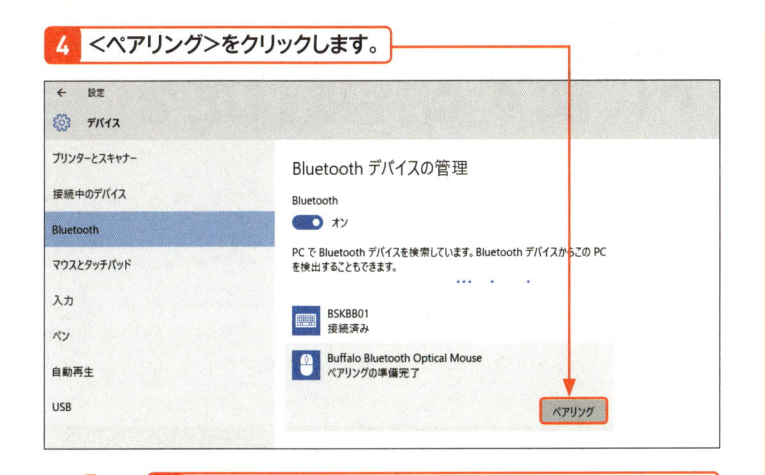

5 ペアリングが行われます。ペアリングが完了すると、<接続済み>の文字が表示され、機器が利用可能になります。

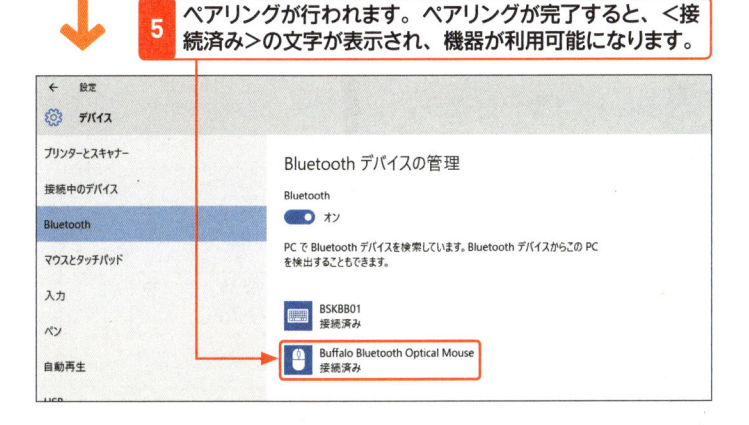

Bluetooth

Memo 機器を削除する

Bluetooth機器は、1台のパソコンとのみペアリングが行える機器が主流で、複数台のパソコンとのペアリングに対応した製品は多くありません。別のパソコンなどで利用したいときは、下の手順でBluetooth機器の削除を行います。

1 Bluetoothデバイスの管理画面を開き、削除したい機器をクリックし、

3 <はい>をクリックすると、選択したBluetooth機器の削除が行われます。

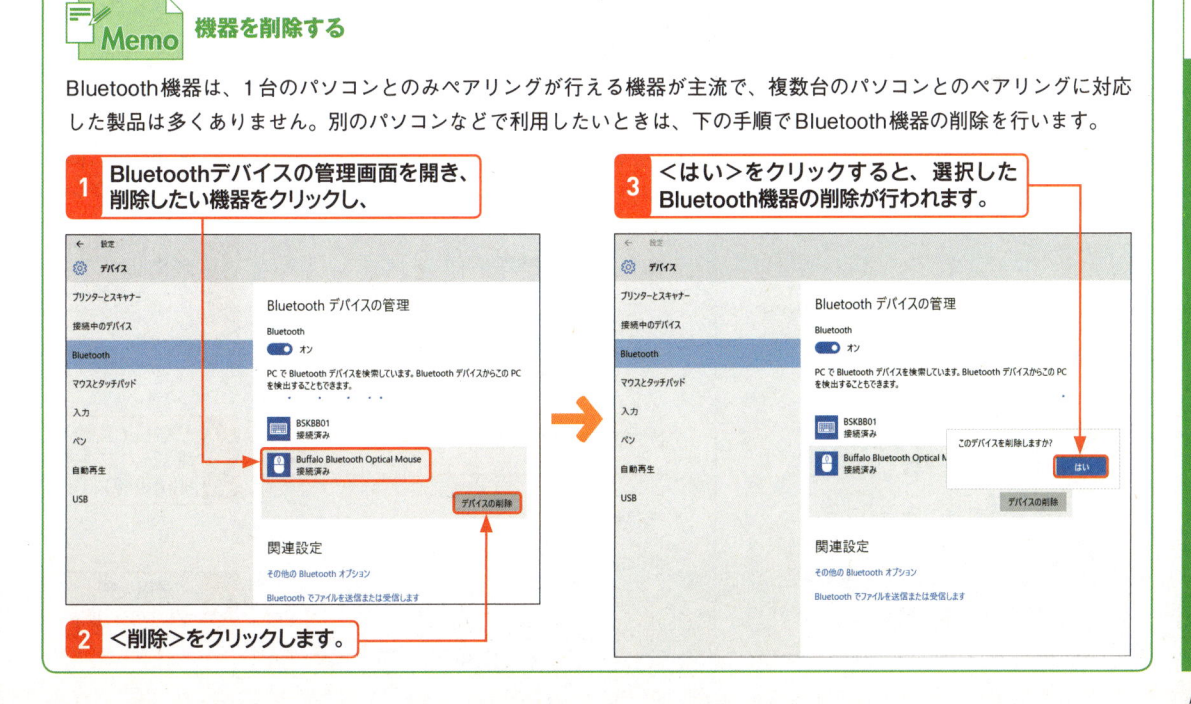

2 <削除>をクリックします。

Section 189 キーボードに関する詳細設定を行う

キーワード ▶ キーボード

タッチ操作による文字入力は手軽ですが、ハードウェアのキーボードを使うこともあるでしょう。その際は、自然に入力できるように、最適なキーリピート速度やカーソルの点滅速度を調整しておくとよいでしょう。文字入力に関する設定では、コントロールパネルの「キーボード」が重要になります。

1 キーリピートが始めるまでの待ち時間を変更する

Memo キーリピートについて

同じキーを押し続けた際に同じ文字を連続して入力する間隔を指します。1文字だけ入力するつもりが複数文字入力されてしまう場合は、長めに調整してください。

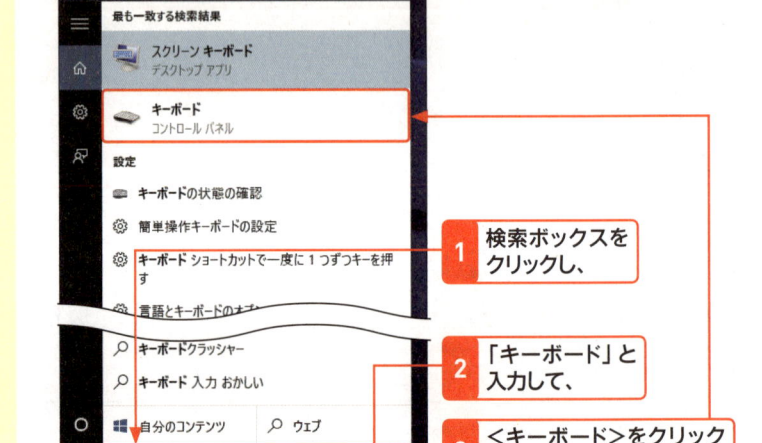

1 検索ボックスをクリックし、

2 「キーボード」と入力して、

3 <キーボード>をクリックします。

4 「キーボードのプロパティ」が表示されます。

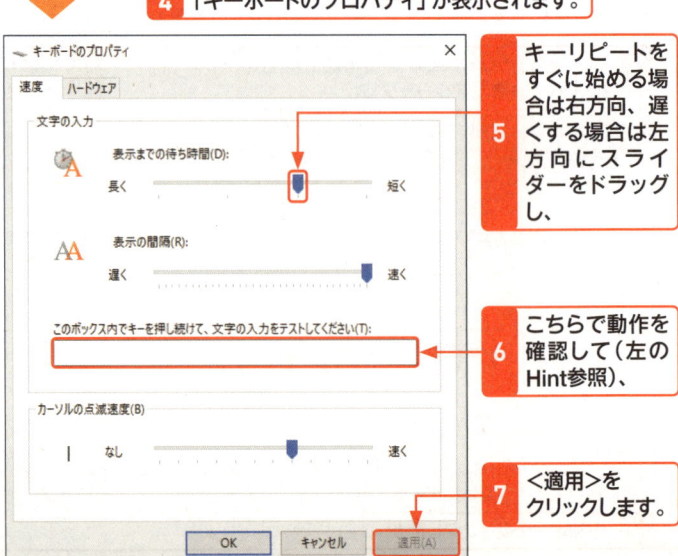

5 キーリピートをすぐに始める場合は右方向、遅くする場合は左方向にスライダーをドラッグし、

6 こちらで動作を確認して（左のHint参照）、

7 <適用>をクリックします。

Hint テキストボックスで動作を確認

手順6で用意されたテキストボックスは、各スライダーで設定した変更を確認するためのものです。ここで任意のキーを押し続けて設定結果を確認してください。

2 キーリピートの速度を変更する

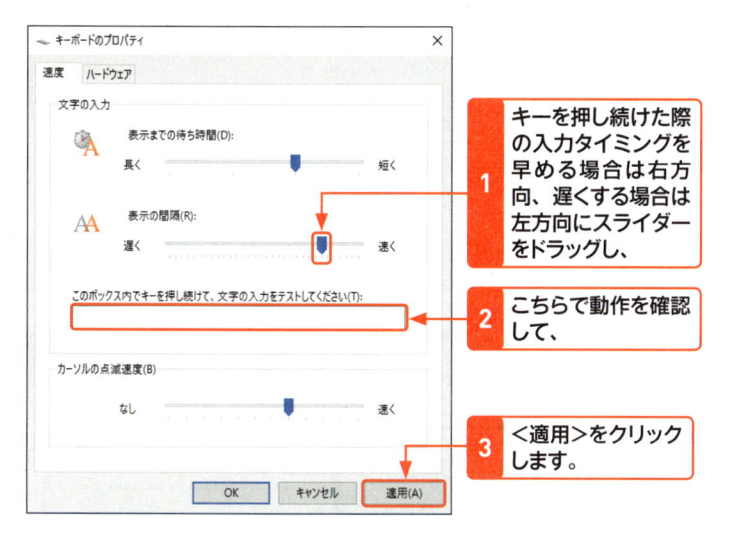

1 キーを押し続けた際の入力タイミングを早める場合は右方向、遅くする場合は左方向にスライダーをドラッグし、

2 こちらで動作を確認して、

3 <適用>をクリックします。

Memo 設定のポイントについて

「表示までの待ち時間」と「表示の間隔」は、一見するとわかりにくく見えますが、前者はキーを押したときに文字が入力されるまでの待ち時間、後者はキーを押したときに文字が入力される速度調整の設定が可能です。すばやくキー入力を行う場合はいずれかのスライダーを右方向に動かしてください。

3 点滅する縦棒の点滅速度を変更する

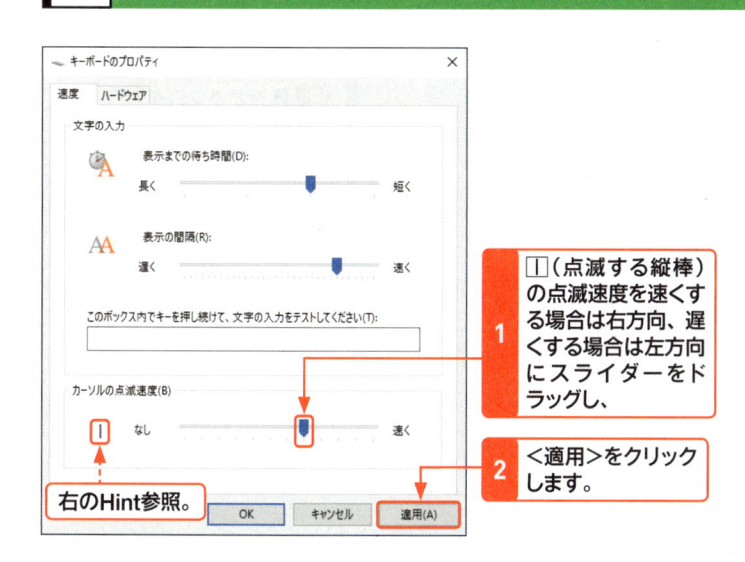

右のHint参照。

1 I（点滅する縦棒）の点滅速度を速くする場合は右方向、遅くする場合は左方向にスライダーをドラッグし、

2 <適用>をクリックします。

Key word カーソルとは?

メモ帳などのアプリに文字を入力する際、現在の位置を示すI（点滅する縦棒）が現れます。これは、存在を強調するために採用されたしくみです。

Hint 点滅速度はプレビューで確認

I（点滅する縦棒）の点滅速度は、スライダーの左側にあるプレビューで確認できます。

Memo <ハードウェア>タブについて

<ハードウェア>タブはもともとはパソコンに接続したキーボードデバイスを管理するダイアログボックスでした。しかし、「設定」（P.534参照）の<時刻と言語>→<地域と言語>→<日本語>→<オプション>の順にクリックして開くと、「ハードウェアキーボードレイアウト」が並び、キーボードのレイアウトを変更する項目が加わっています。今後の更新で「キーボードのプロパティ」はなくなるかもしれません。

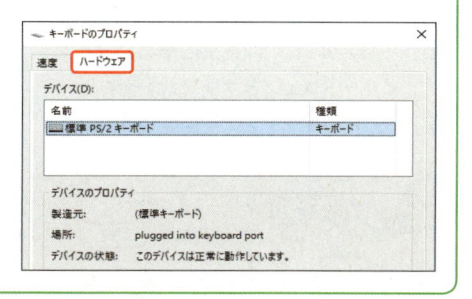

第1章
Windows 10
をはじめよう

第2章
Windows 10
の基本操作

第3章
ファイルと
フォルダー

第4章
インター
ネット

第5章
Outlook.
com

第6章
「メール」
アプリ

第7章
アプリの
利用

第8章
データの
活用

第9章
音楽／写真
／ビデオ

第10章
タブレット
モード

第11章
文字入力
の基本

第12章
＜スタート＞
メニュー

第13章
デスクトップ

第14章
ネットワーク

第15章
管理／
セキュリティ

第16章
周辺機器
の利用

第17章
トラブル
対策

第18章
インストール
と初期設定

付　録

Section 190

マウスやタッチパッドに関する詳細設定を行う

キーワード ▶ マウスのプロパティ

キーボードと同じくパソコンにおける重要な入力デバイスに数えられるマウスやタッチパッドに関する設定も自分好みに変更しておきましょう。ただし、「設定」（P.534参照）は基本的な設定項目にとどまり、マウスやタッチパッドによっては「マウスのプロパティ」から設定しなければなりません。

1 マウスやタッチパッドの設定画面を表示する

Memo マウスやタッチパッドの設定について

タッチ機能を備えているパソコンでもマウスやタッチパッドによる操作は重要です。ここではマウスおよびタッチパッドをストレスなく使用するため、好みに応じた動作を実現する設定項目を解説しています。とくにタッチパッドを備えながら外付けマウスを使う方は、誤操作を避けるためにタッチパッドの無効化などを検討してください。

Hint コントロールパネルから「マウスのプロパティ」を開く

右の設定は「マウスのプロパティ」でも行えます。「マウスのプロパティ」は、コントロールパネル（P.535参照）を開き、＜ハードウェアとサウンド＞→＜マウス＞の順にクリックすることで開くことができます。

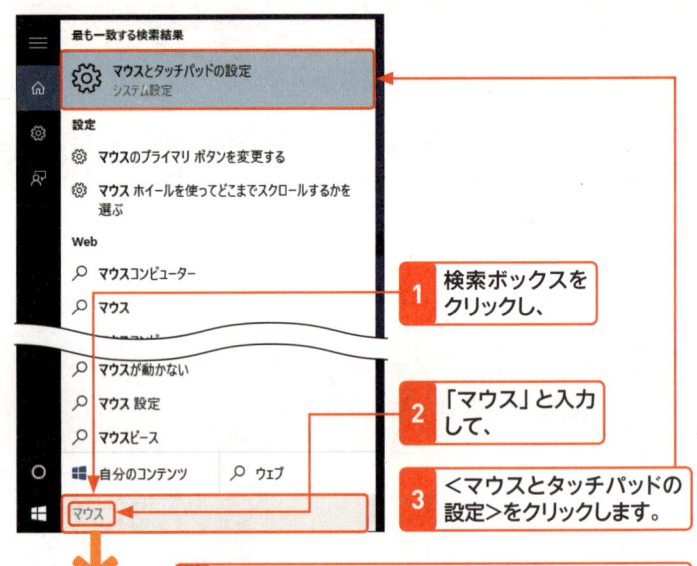

1 検索ボックスをクリックし、

2 「マウス」と入力して、

3 ＜マウスとタッチパッドの設定＞をクリックします。

4 「マウスとタッチパッド」の設定画面が表示されます。

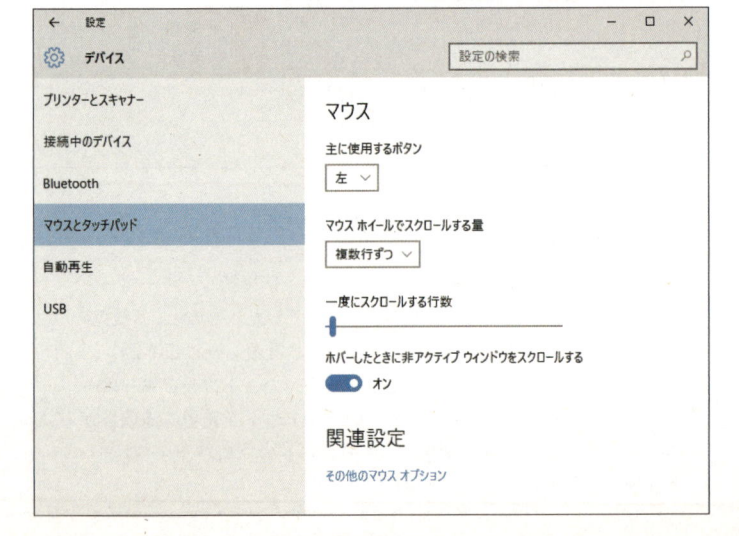

2 マウスホイールで一度にスクロールする行数を設定する

1 ⌄をクリックし、

主に使用するボタン

[左 ⌄]

マウス ホイールでスクロールする量

[複数行ずつ] [⌄]

一度にスクロールする行数

← --- 右のHint参照。

├── 右のMemo参照。

ホバーしたときに非アクティブ ウィンドウをスクロールする

● オン ← --- ┘

2 ＜複数行ずつ＞＜1画面ずつ＞のいずれかをクリックして選択します。

マウス ホイールでスクロールする量

複数行ずつ
1 画面ずつ

度にスクロールする行数

ホバーしたときに非アクティブ ウィンドウをスクロールする

● オン

Hint 選択のポイント

手順**2**で＜複数行ずつ＞を選択した場合は、スライダーを左右にドラッグしてスクロールする行数を設定できます。なお、大量にスクロールさせる場合は＜1画面ずつ＞を選択しますが、1画面ずつスクロールするため、見づらい場合があります。逆に＜複数行ずつ＞は行数の設定にもよりますが、長いWebページや文書ファイルを開くとホイールボタンを数多く回す必要があります。

Memo 非アクティブウィンドウをスクロールする

「ホバーしたときに非アクティブ ウィンドウをスクロールする」の設定は、2つのウィンドウが重なり合った状態で、非アクティブウィンドウにホバーして（マウスカーソルを重ねて）、ホイールボタンを回せば、スクロールさせることができるというものです。とくに問題がなければ変更の必要はありません。

3 ダブルクリックの速度を設定する

1 ＜その他のマウスオプション＞をクリックし、

ホバーしたときに非アクティブ ウィンドウをスクロールする

● オン

関連設定

その他のマウス オプション

Memo ダブルクリックを変更する場面

マウスボタンが軽めの場合はダブルクリックもかんたんですが、マウスボタンが固めの場合は使っていると指が疲れてきます。ここでは利用しているマウスによってダブルクリックの速度を調整する方法を解説しています。

第 1 章
Windows 10
をはじめよう

第 2 章
Windows 10
の基本操作

第 3 章
ファイルと
フォルダー

第 4 章
インター
ネット

第 5 章
Outlook.
com

第 6 章
「メール」
アプリ

第 7 章
アプリの
利用

第 8 章
データの
活用

第 9 章
音楽／写真
／ビデオ

第10章
タブレット
モード

第11章
文字入力
の基本

第12章
＜スタート＞
メニュー

第13章
デスクトップ

第14章
ネットワーク

第15章
管理・
セキュリティ

第16章
周辺機器
の利用

第17章
トラブル
対策

第18章
インストール
と初期設定

付　録

Hint　プレビューで設定結果を確認

ダブルクリックの速度は、スライダーの
右側にあるプレビューで確認できます。

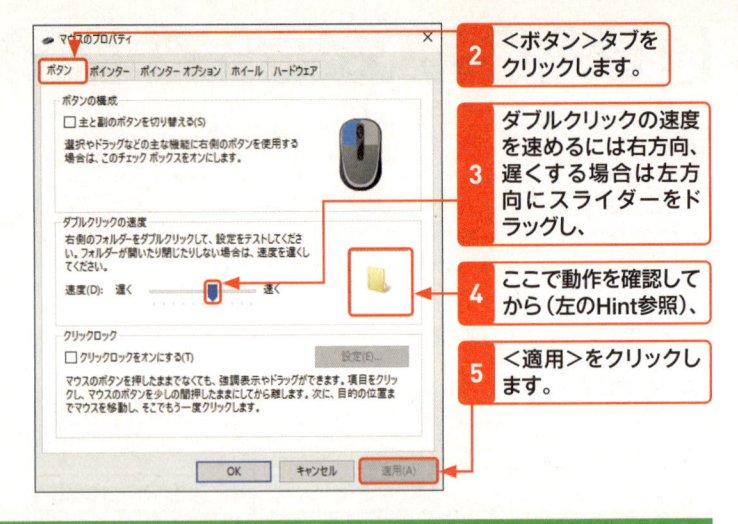

2 ＜ボタン＞タブを
クリックします。

3 ダブルクリックの速度
を速めるには右方向、
遅くする場合は左方
向にスライダーをド
ラッグし、

4 ここで動作を確認して
から（左のHint参照）、

5 ＜適用＞をクリックし
ます。

4 マウスポインターのオプションを設定する

Hint　マウスポインターの速度を確認

設定したマウスポインターの速度をその
場で確認したい場合は、右の＜適用＞を
クリックし、問題がなければ、＜OK＞
をクリックします。

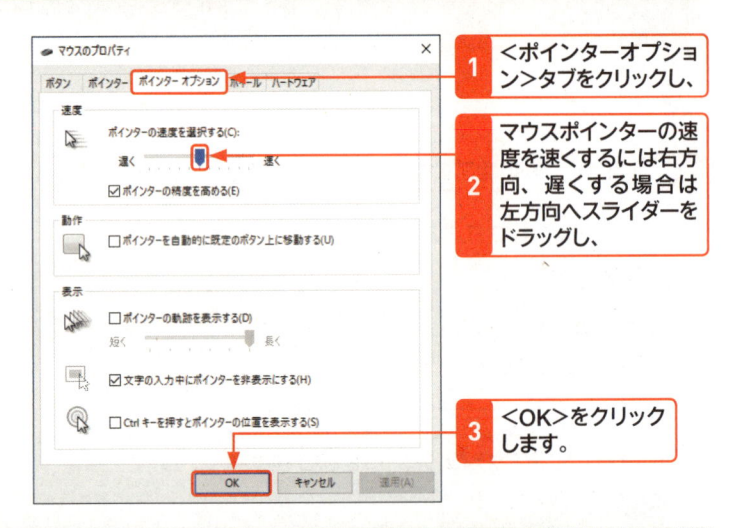

1 ＜ポインターオプショ
ン＞タブをクリックし、

2 マウスポインターの速
度を速くするには右方
向、遅くする場合は
左方向へスライダーを
ドラッグし、

3 ＜OK＞をクリック
します。

5 マウス接続時にタッチパッドを無効にする

Hint　タッチパッドを無効にする

タッチパッドの難点は、誤って触れてし
まい、マウスポインターが移動してしま
うことです。右の操作はマウス接続時に
タッチパッド自体を無効にしています。

Caution　項目が表示されない場合もある

高精度タッチパッド（右ページ参照）を
備えていないパソコンの場合、手順 2
の項目は、表示されません。

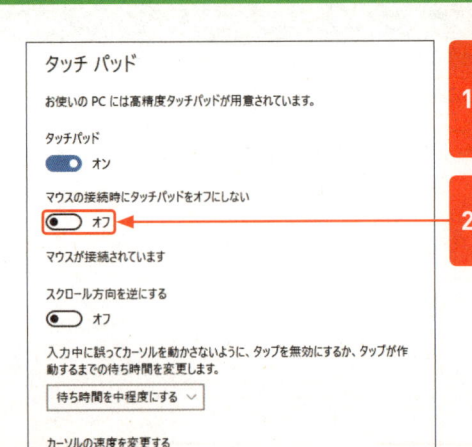

タッチ パッド

お使いの PC には高精度タッチパッドが用意されています。

タッチパッド

● オン

マウスの接続時にタッチパッドをオフにしない

● オフ

マウスが接続されています

スクロール方向を逆にする

● オフ

入力中に誤ってカーソルを動かさないように、タップを無効にするか、タップが作
動するまでの待ち時間を変更します。

待ち時間を中程度にする ∨

カーソルの速度を変更する

1 P.592の手順 1 ～ 3 を
参考に「マウスとタッ
チパッド」の設定画面
を開き、

2 ここをクリックして、
● をクリックして
● に切り替えます。

6 タッチパッドの3本指ジェスチャアクションを選択する

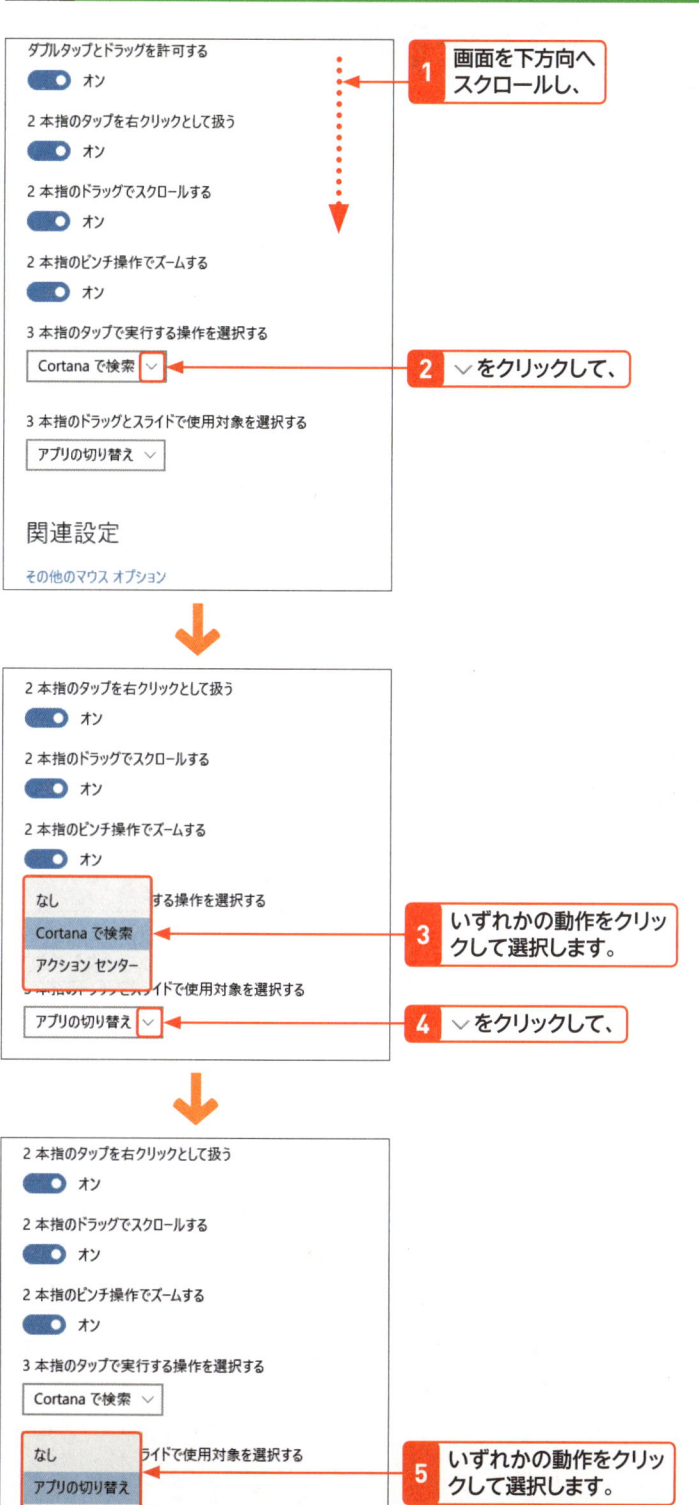

1 画面を下方向へスクロールし、

2 ∨ をクリックして、

関連設定

その他のマウス オプション

3 いずれかの動作をクリックして選択します。

4 ∨ をクリックして、

5 いずれかの動作をクリックして選択します。

Hint 高精度タッチパッドはジェスチャ操作が可能

使っているパソコンのタッチパッドが「高精度タッチパッド」の場合、「タッチパッド」の設定項目の下に「お使いのPCには高精度タッチパッドが用意されています」と表示されます。その場合は、高精度タッチパッドに対応したジェスチャ操作が可能です。

> タッチ パッド
>
> お使いの PC には高精度タッチパッドが用意されています。

Memo 3本指でタップ

ここでの手順 1 ～ 3 では、タッチパッド上を3本指でタップすることで、Cortanaが起動して検索を行えるようにするか、アクションセンターを表示するようにするか、あるいは何も行わないかを設定することができます。

Memo 3本指で左右にスライド

手順 4 ～ 5 で、＜アプリの切り替え＞を選択すると、複数のウィンドウが表示されている状態で、タッチパッド上を3本指で左右にスライドすると、画面を縮小したライブサムネイルが表示され、上下にスライドするとタスクビュー（P.56参照）が表示されます。

Memo 2本指のピンチ操作

＜2本指のピンチ操作でズームする＞にすると、タッチパッド上で2本の指を互いに近づける（ピンチ）か遠ざける（ストレッチ）ことで、画像やWebページなどの拡大／縮小表示を実行します。

第1章
Windows 10
をはじめよう

第2章
Windows 10
の基本操作

第3章
ファイルと
フォルダー

第4章
インター
ネット

第5章
Outlook.
com

第6章
「メール」
アプリ

第7章
アプリの
利用

第8章
データの
活用

第9章
音楽/写真
/ビデオ

第10章
タブレット
モード

第11章
文字入力
の基本

第12章
＜スタート＞
メニュー

第13章
デスクトップ

第14章
ネットワーク

第15章
管理/
セキュリティ

第16章
周辺機器
の利用

第17章
トラブル
対策

第18章
インストール
と初期設定

付録

Section
191

ペン操作の設定を行う

キーワード ▶ タブレットPC設定／ペンとタッチ

最近のタブレットはあらかじめペンを備え、紙に似た感覚でメモ書きやイラスト作成が可能になりました。そこで重要になるのがペンの設定です。パソコンがタッチ機能およびペン機能に対応している場合、「タブレットPC設定」や「ペンとタッチ」などで設定ができるようになります。

1 ペン入力の調整を行う

⚠ Caution 未対応パソコンの場合

タッチ機能未対応のパソコンでは、「タブレットPC設定」などは起動しません。また、＜調整＞をクリックしたあとの選択肢は、ペンおよびタッチ操作に対応しているパソコンでのみ表示されます。

💡 Hint ペンとタッチの設定を行う

手順3で＜タブレットペン設定の変更＞をクリックすると、[ペンとタッチ]の設定画面が表示されます。ここでは、ペンによるクリックやダブルクリックといったアクションやフリック、タッチ操作に関する設定が行えます。

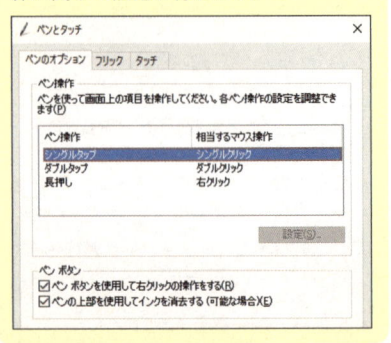

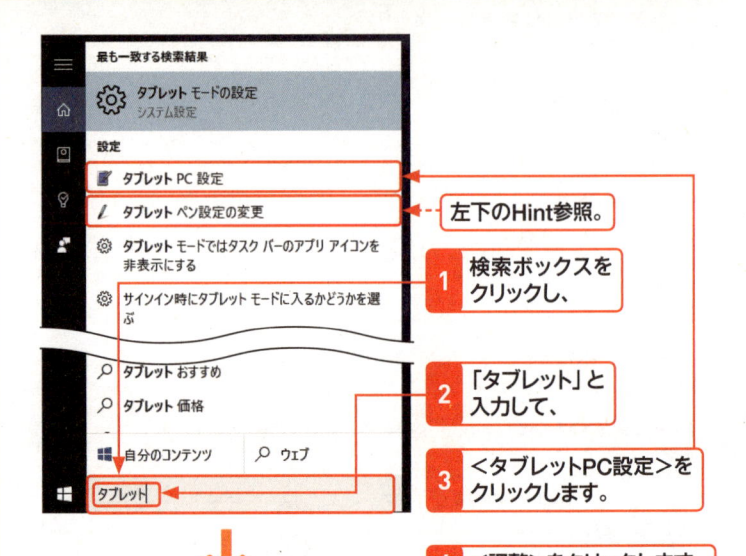

左下のHint参照。

1 検索ボックスをクリックし、

2 「タブレット」と入力して、

3 ＜タブレットPC設定＞をクリックします。

4 ＜調整＞をクリックします。

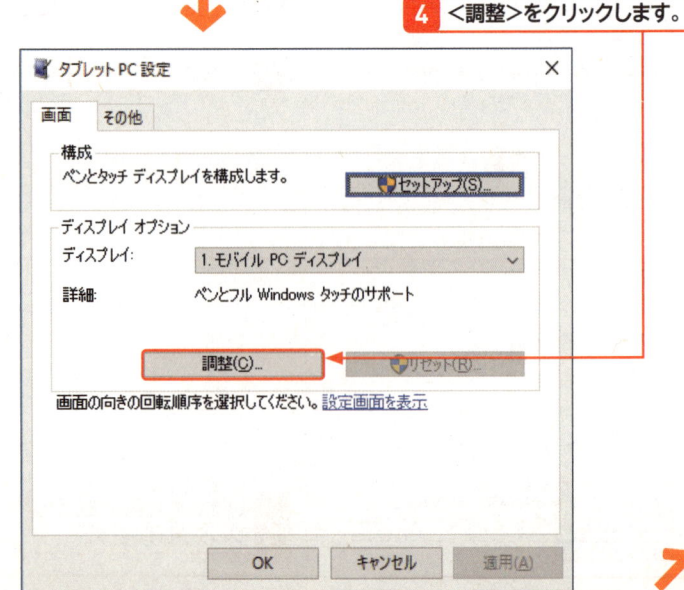

5 <ペン入力>をクリックし、

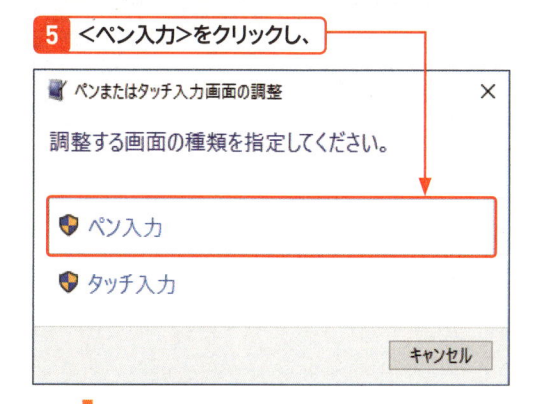

6 各交差点をペンでタップし、これを何度か繰り返します。

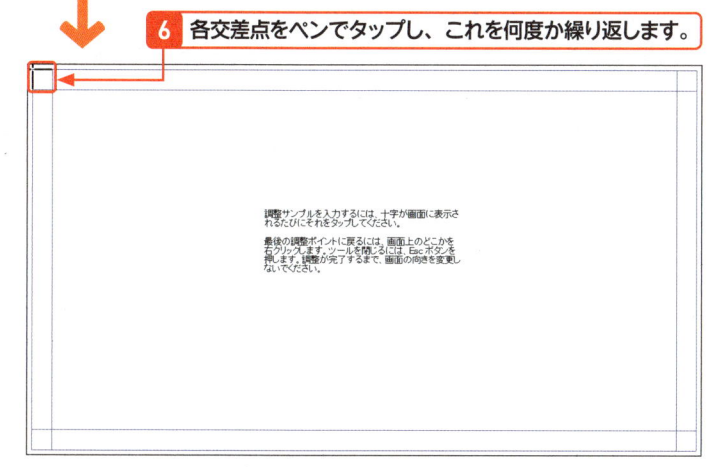

7 操作後に<はい>をクリックします。

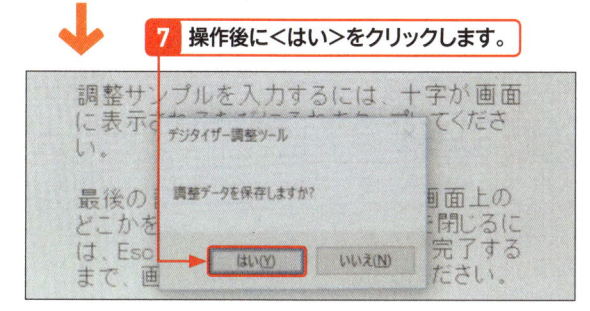

Memo 「タッチ入力」設定

手順 **5** で<タッチ入力>をクリックすると、ディスプレイがタッチ入力に対応しているか否か診断を行えます。調整という説明があるものの、ワンタッチで診断が終了するため、調整というほどの操作は必要ありません。

Hint 調整サンプルの操作方法

左で行う調整サンプルは、十字がある16か所を順番にペンでタップします。

Hint 「設定」からも変更可能

「設定」(P.534参照) の<デバイス>→<ペン>の順にクリックしていくことでもペン入力に関する設定が可能です。ただし、基本的な設定に限られるため、「ペンとタッチ」も併用してください(次ページ上のHint参照)。

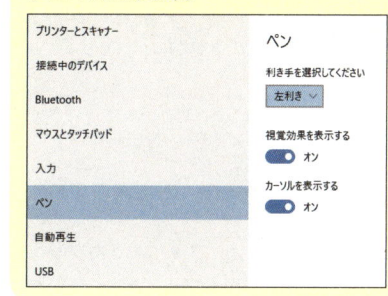

Memo Bluetoothペンについて

多くのペン入力タブレットの場合、付属のペンはBluetooth経由で接続します(P.586参照)。ペンを紛失して新しいペンを購入する際は、可能であれば利用しているパソコンの専用ペンにしてください。たとえばSurface Pro 4の付属ペンは1024段階の筆圧感知機能を備えていますが、同じレベルの機能を持たないペンを使った場合、書き心地を始めとする応答性が低下します。

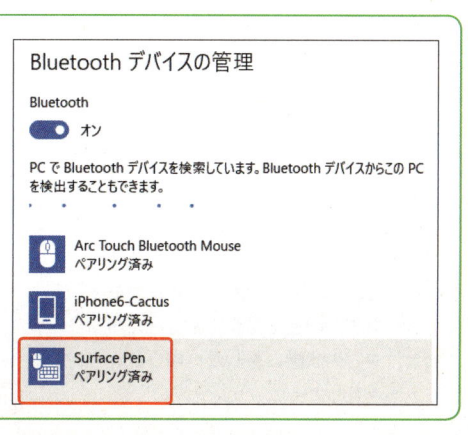

Section 192 関連付けられたアプリを変更する

キーワード ▶ 関連付け

Windows 10では、ファイルをダブルクリックすると、あらかじめ関連付けられているアプリにそのファイルが読み込まれて起動します。この設定は、ユーザーが自由に変更できます。ここでは、アプリとファイルの関連付けをカスタマイズする方法を解説します。

1 関連付けを変更する

Memo 関連付けとは?

「関連付け」とは、ファイルをどのアプリで開くかの設定です。複数のアプリが対応している場合は、そのうちのどれか1つと関連付けられています。関連付けられていないアプリで開くときは、アプリを指定してファイルを開く必要があります。ここでは、Windows 10に標準でインストールされている「ペイント」アプリをビットマップファイル (BMP) に関連付ける方法を説明します。

Memo 起動アプリを選択する

起動するアプリは、ファイルを右クリックして表示されるメニューで、<プログラムから開く>から選択することもできます。詳細についてはP.601を参照してください。

Hint 設定をリセットする

手順5の画面で<リセット>をクリックすると、Microsoftの推奨設定にリセットされます。間違った設定を行った場合など、もとの状態に戻したい場合は、リセットを行ってください。

1 P.534を参考に「設定」を起動し、

2 <システム>をクリックします。

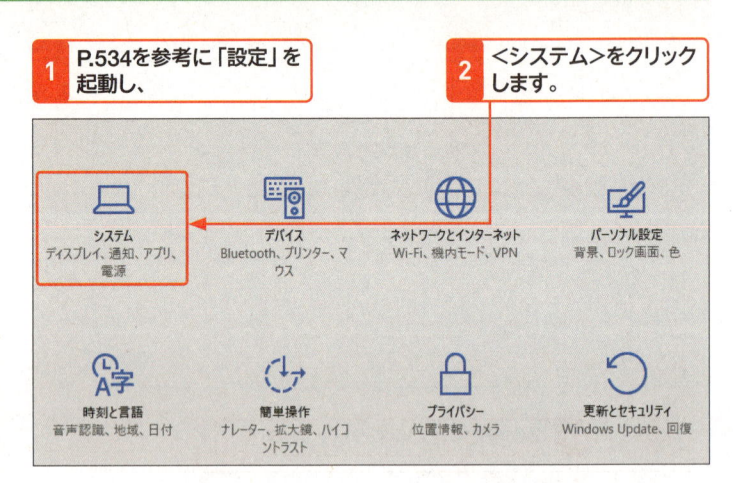

3 <既定のアプリ>をクリックし、

4 画面をスクロールして、

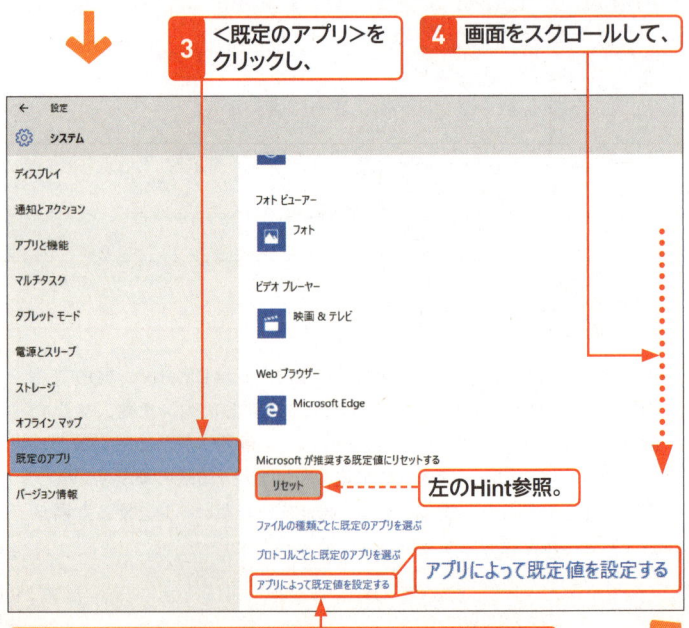

左のHint参照。

アプリによって既定値を設定する

5 <アプリによって既定値を設定する>をクリックします。

6 設定を変更したいアプリ（ここでは、＜ペイント＞）をクリックし、

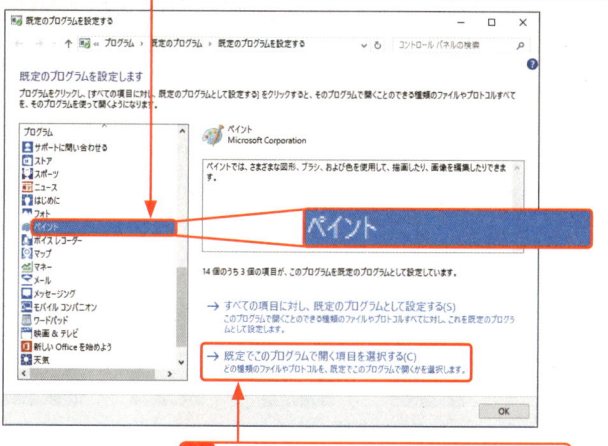

7 ＜既定でこのプログラムで開く項目を選択する＞をクリックします。

8 関連付けを行いたい拡張子（ここでは、＜BMP＞）の□をクリックし、☑にします。

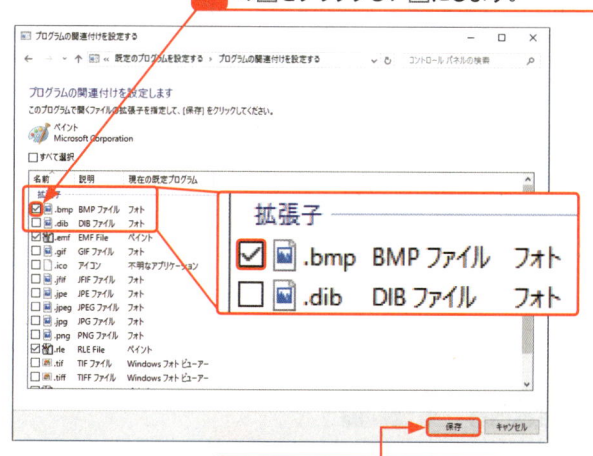

9 ＜保存＞をクリックします。

10 設定が保存されます。＜OK＞をクリックします。

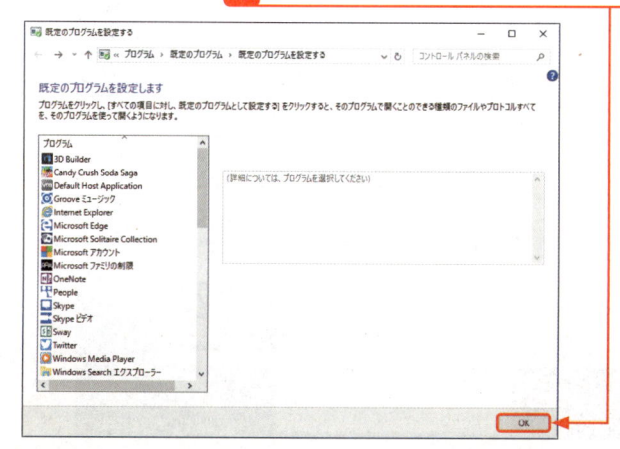

Hint アプリがリストに表示されないときは？

設定を行いたいアプリがリストに表示されないときは、ファイルの種類ごとに関連付けの設定を行います。前ページの手順 **5** の画面で、＜ファイルの種類ごとに既定のアプリを選ぶ＞をクリックすると、ファイルの種類と関連付けられたアプリの一覧が表示されます。関連付けを変更したいファイルのアプリのアイコンをクリックすると、そのファイルに対応したアプリが表示されます。そのファイルに関連付けたいアプリをクリックして選択します。

Key word 拡張子とは？

拡張子とは、ファイルの種類を識別するために付けられた文字列です。通常、ファイル名の末尾に「.（ドット）」で区切られて付けられています。

第1章
Windows 10
をはじめよう

第2章
Windows 10
の基本操作

第3章
ファイルと
フォルダー

第4章
インター
ネット

第5章
Outlook.
com

第6章
「メール」
アプリ

第7章
アプリの
利用

第8章
データの
活用

第9章
音楽／写真
／ビデオ

第10章
タブレット
モード

第11章
文字入力
の基本

第12章
＜スタート＞
メニュー

第13章
デスクトップ

第14章
ネットワーク

第15章
管理／
セキュリティ

第16章
周辺機器
の利用

第17章
トラブル
対策

第18章
インストール
と初期設定

付　録

2 起動するアプリを選択して開く

Memo アプリを選択して ファイルを開く

Windowsには、起動するアプリを選択し、そのアプリでファイルを開く機能が備わっています。この機能を利用すると、ファイルに関連付けられているアプリの変更を行うこともできます。右の手順では、ファイルを開くときに関連付けを変更する手順をJPEGファイルを例に解説しています。

1 エクスプローラーを起動しておきます。

2 関連付けを変更したいファイルが 保存されているフォルダーを開き、

3 関連付けを変更したい ファイルをクリックし、

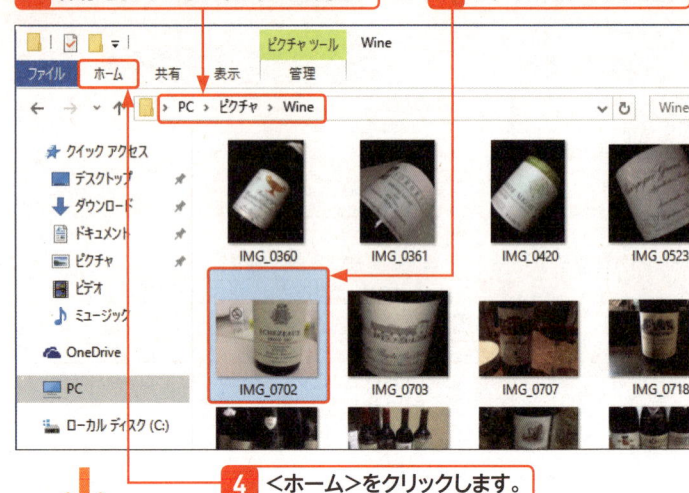

4 ＜ホーム＞をクリックします。

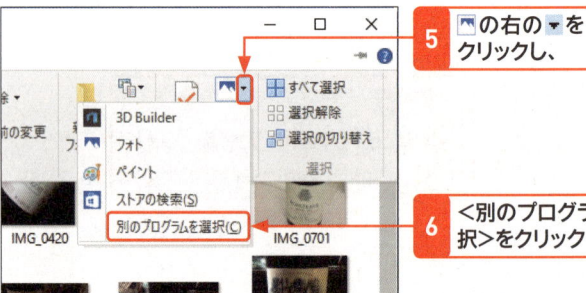

5 🏞の右の▼を クリックし、

6 ＜別のプログラムを選択＞をクリックします。

7 リストに目的のアプリがないときは＜その他の アプリ＞をクリックします。

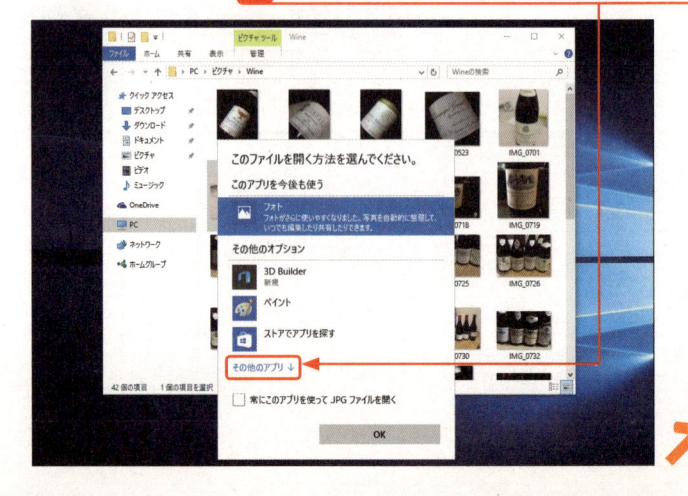

Hint 選択したプログラムで 開く

手順 **7** でリストに表示されたアプリをクリックすると、そのアプリでファイルを開けます。ただし、この方法では、ファイルの関連付けを変更することはできません。ファイルの関連付けを変更したいときは、＜その他のアプリ＞をクリックし、手順に沿って作業を行ってください。

8 ファイルを開くアプリ（ここでは＜Internet Explorer＞）をクリックします。

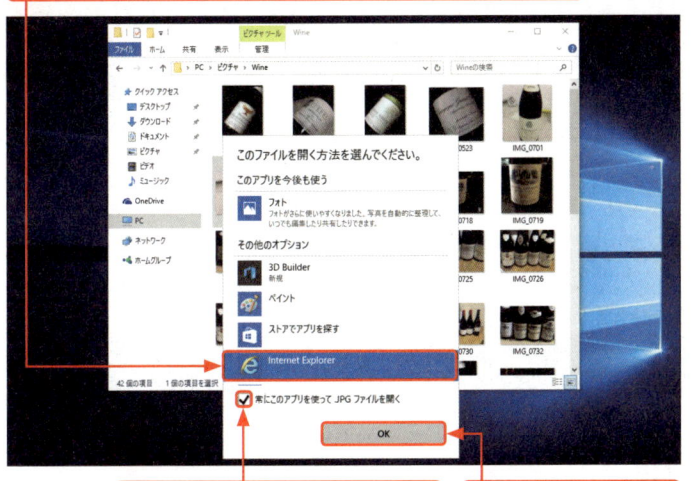

Hint ストアでアプリを探す

前ページの手順 **6** の画面で＜ストアの検索＞をクリックするか、手順 **8** の画面で＜ストアでアプリを探す＞をクリックすると、Windowsストアで選択したファイルに対応したアプリを探すことができます。

---

9 選択したアプリで常にこの種類のファイルを開きたいときは＜常にこのアプリを使って...＞をクリックして□を☑にして、

10 ＜OK＞をクリックします。

11 選択したアプリでファイルが開かれます。

Memo 関連付けを変更する

ファイルの関連付けを変更したいときは、手順 **9** の＜常にこのアプリを使って...＞を☑にする必要があります。□の場合は、選択したアプリでファイルを開くだけで、関連付けの変更を行いません。

Memo そのほかの方法で起動するアプリを選択する

起動するアプリを選択してファイルを開いたり、関連付けを変更したいときは、右クリックメニューから行うこともできます。アプリを選択してファイルを開いたり、関連付けを変更したいファイルを右クリックすると、メニューが表示されます。＜プログラムから開く＞をクリックして＜別のプログラムを選択＞をクリックすると、前ページの手順 **7** の画面が表示されるので、手順 **7** を参考に以降の作業を行います。

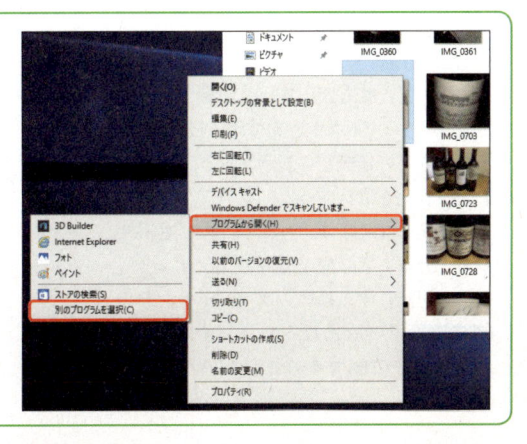

Section 193 USBメモリーやCD／DVDを 挿入したときの動作を変更する

キーワード ▶ 自動再生

Windows 10は、パソコンにUSBメモリーなどを接続するとユーザーに操作をうながす機能が備わっています。その都度アクションを選択してもかまいませんが、自動的にアクションを実行させることも可能です。ここではアクションの選択と解除という、2つの設定方法を解説します。

1 自動再生を選択する

Memo リムーバブルドライブとメモリカード

手順4の画面では「リムーバブルドライブ」「メモリカード」と2つのメディアに対して自動再生の選択が行えますが、USBメモリーやCD/DVDといった光学メディアは前者、SDカードなどは後者となります。また、デジタルカメラなど使っているデバイスによって、この自動再生の項目は増減します。

自動再生の既定の選択

リムーバブル ドライブ
| フォルダーを開いてファイルを表示 (エクスプローラー) | ∨ |

メモリ カード
| 既定を選ぶ | ∨ |

Canon PowerShot G7 X
| 画像をキヤノンカメラからダウンロードします (Canon CameraWindow) | ∨ |

Memo <既定を選ぶ>が表示されない?

自動再生を1度も使っていない場合<既定を選ぶ>が表示されますが、USBメモリーなどの接続時に表示される画面でアクションを選択すると、そのアクションが既定になります。しかし、再び選択することはできないため、アクションの選択を可能にするには、次ページの手順5の画面で表示されるアクションの<毎回動作を確認する>を選んでください。

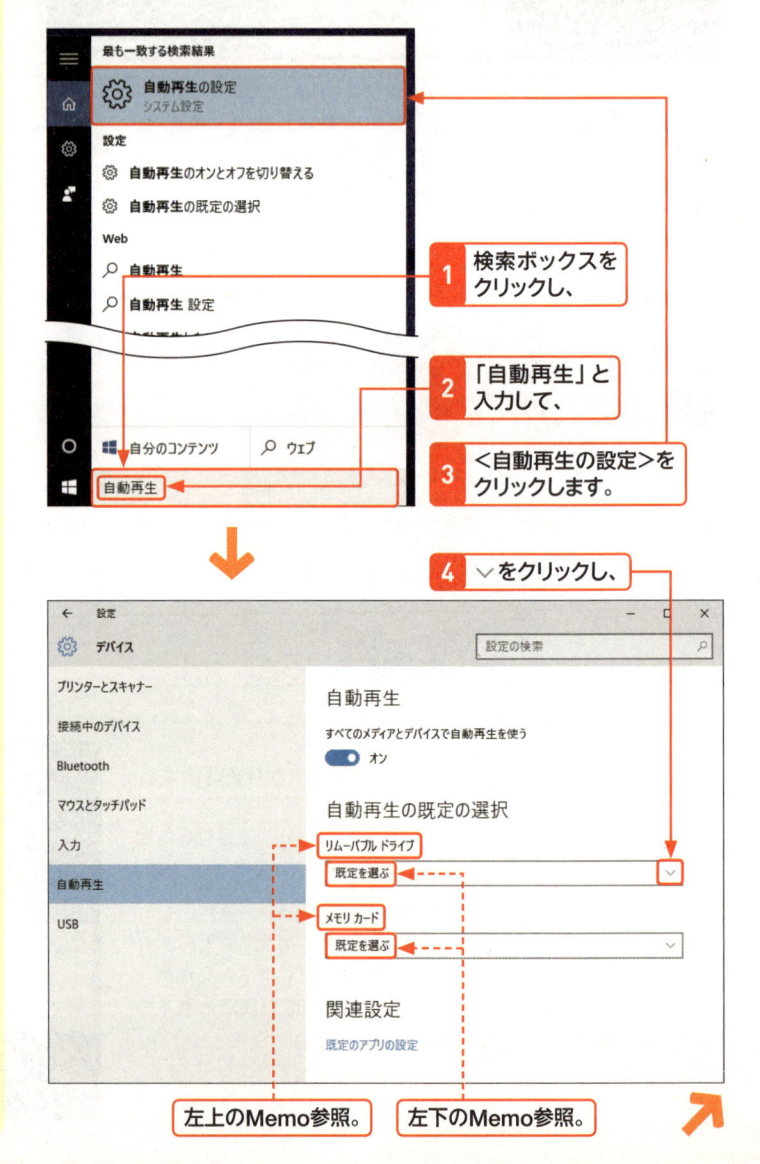

1 検索ボックスをクリックし、

2 「自動再生」と入力して、

3 <自動再生の設定>をクリックします。

4 ∨をクリックし、

左上のMemo参照。　左下のMemo参照。

5 ＜フォルダーを開いてファイルを表示＞をクリックします。

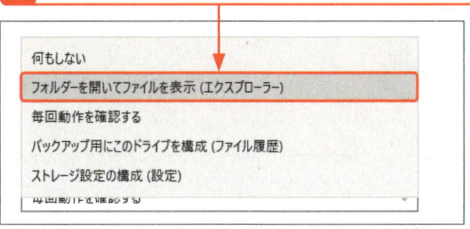

何もしない
フォルダーを開いてファイルを表示 (エクスプローラー)
毎回動作を確認する
バックアップ用にこのドライブを構成 (ファイル履歴)
ストレージ設定の構成 (設定)
毎回動作を確認する

Hint 選択できるアプリ

接続時に選択できるアクション（アプリ）
は利用しているパソコン環境によって異
なります。

2 動作を確認する

＜毎回動作を確認する＞を選択した場合

1 USBメモリーを接続すると、　　**2** 通知が表示されます。

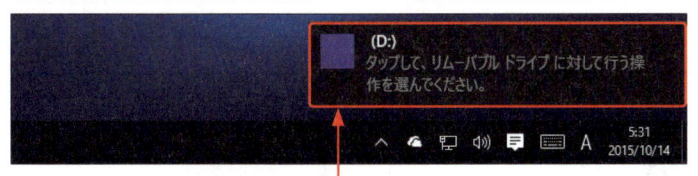

(D:)
タップして、リムーバブル ドライブ に対して行う操
作を選んでください。

∧ ☁ 🖳 ◁)) 🗐 ⌨ A　5:31
2015/10/14

3 通知をクリックします。

4 アクションをクリックして選択します。

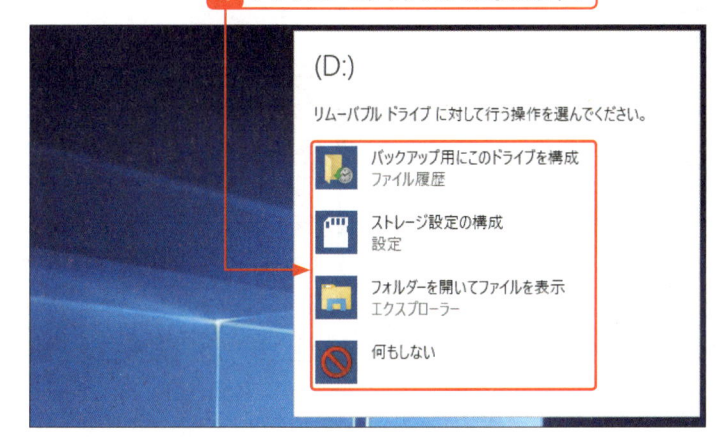

(D:)

リムーバブル ドライブ に対して行う操作を選んでください。

バックアップ用にこのドライブを構成
ファイル履歴

ストレージ設定の構成
設定

フォルダーを開いてファイルを表示
エクスプローラー

何もしない

Hint 自動再生を解除する

自動再生を解除する場合は、手順 **5** の
アクションの一覧から＜毎回動作を確認
する＞を選択してください。

Memo ＜何もしない＞を
選択した場合

手順 **4** で＜何もしない＞をクリックし
た場合、文字通り何も起こりません。た
だし、「自動再生の規定の選択」の「リムー
バブルドライブ」のアクションが＜何も
しない＞に変更されます。この場合、接
続を示す通知やアクションの選択をうな
がすメッセージが表示されなくなるの
で、必要な場合は、前ページ手順 **4** の
画面で＜毎回動作を確認する＞に変更し
ておきましょう。

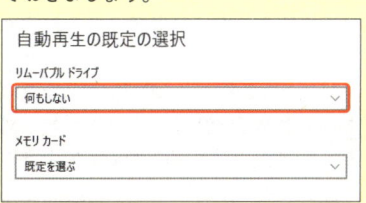

自動再生の既定の選択

リムーバブル ドライブ

何もしない　　　∨

メモリ カード

既定を選ぶ　　　∨

＜フォルダーを開いてファイルを表示＞を選択した場合

1 USBメモリーを接続すると、　　**2** 直接エクスプローラーが
起動します。

USB ドライブ (D:)

ファイル　ホーム　共有　表示　管理

← → ∨ ↑ 　 › USB ドライブ (D:)　　∨ ♂　USB ドライブ (D:)の検索　　🔎

★ クイック アクセス　　名前　　　更新日時　　種類　　サイズ

☁ OneDrive　　このフォルダーは空です。

🖥 PC

💾 USB ドライブ (D:)

💽 ローカル ディスク (C:)

🌐 ネットワーク

Section 194 省電力の設定を行う

キーワード ▶ 電源プラン

パソコンを使う場合、省電力設定を行っておけば電気代を抑えることができます。Windows 10では「バランス」「省電力」「高パフォーマンス」の3つの電源プランが用意されており、必要に応じて切り替えることで、パソコンのパフォーマンスを引き出すことも、省電力での利用も可能になります。

1 パソコンの省電力化を有効にする

Memo 電源プラン

利用しているパソコンによって電源プランは異なります。パソコンメーカーなどは、独自の電源プランをあらかじめ用意している場合もあるため、お使いのパソコンに付属する取り扱い説明書をご確認ください。

Memo 一部のパソコンは設定できない

一部のパソコンは手順4の画面のように複数の電源プランは表示されません。これは「InstantGO」というスリープ状態でも30秒に1回は通信を行ってアプリの状態を更新する機能による影響です。InstantGO対応CPUを搭載したパソコンでは電源プランの選択が行えないため、次ページの「2 電源プランを細かく設定する」を参考に、詳細設定を行ってください。

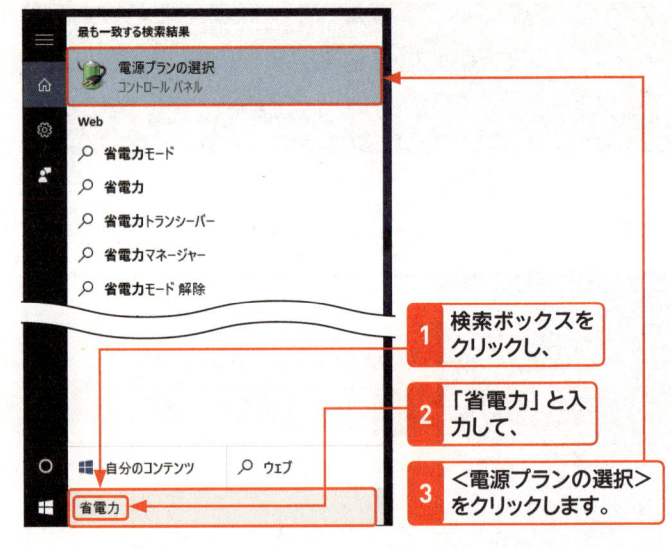

1 検索ボックスをクリックし、

2 「省電力」と入力して、

3 <電源プランの選択>をクリックします。

4 「電源オプション」の設定画面が表示されます。

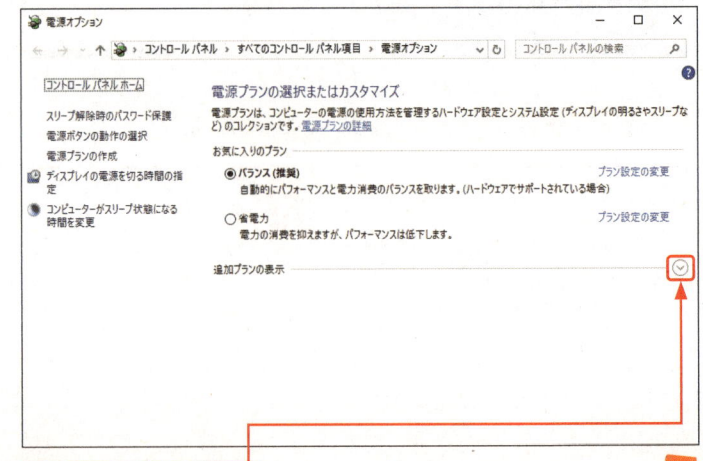

5 ⊙をクリックします。

6 隠れていた電源プランが表示されます。

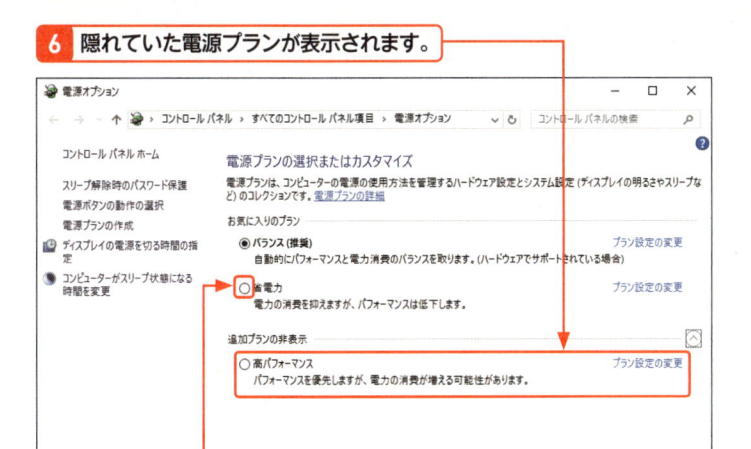

7 ＜省電力＞をクリックすると、

8 パソコンの省電力化が有効になります。

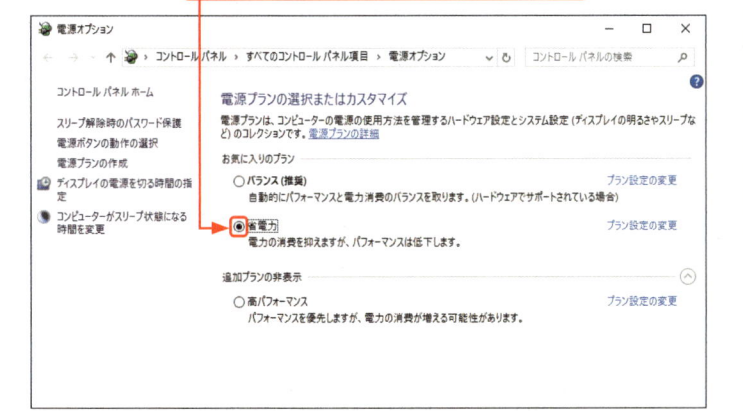

2 電源プランを細かく設定する

1 現在使用中の電源プランの＜プラン設定の変更＞をクリックし、

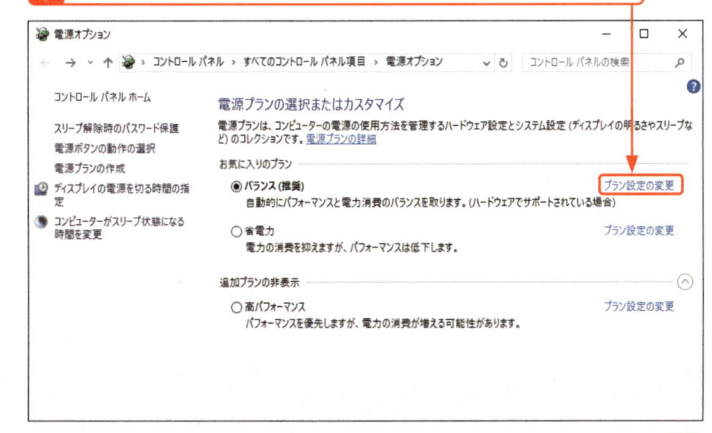

Hint 各電源プランについて

Windows 10の電源プランは、通常、パフォーマンスと消費電力のバランスを取る＜バランス＞が選択されています。使っているパソコンが十分速い場合は＜省電力＞を選択することで消費電力を抑えられます。逆にパソコンが遅く感じる場合は＜高パフォーマンス＞を選択してください。ただし、電力の消費量は増加します。

Memo 電源プランの違い

標準的な電源プランはファン回転数や給電タイミングを減らす「省電力」やすべてのパソコンの資源を有効にする「高パフォーマンス」、それらのバランスを取る「バランス」の3種類が用意されています。ただし、利用しているパソコンによってはパソコンメーカーが独自に用意した電源プランが並んでいる場合もあります。そちらについてはパソコン付属の取り扱い説明書をご覧ください。

第 1 章
Windows 10
をはじめよう

第 2 章
Windows 10
の基本操作

第 3 章
ファイルと
フォルダー

第 4 章
インター
ネット

第 5 章
Outlook.
com

第 6 章
「メール」
アプリ

第 7 章
アプリの
利用

第 8 章
データの
活用

第 9 章
音楽/写真
/ビデオ

第10章
タブレット
モード

第11章
文字入力
の基本

第12章
<スタート>
メニュー

第13章
デスクトップ

第14章
ネットワーク

第15章
管理/
セキュリティ

第16章
周辺機器
の利用

第17章
トラブル
対策

第18章
インストール
と初期設定

付　録

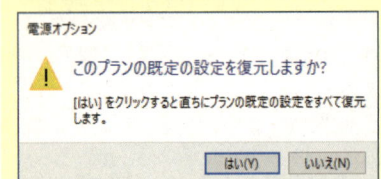

Hint 電源プランをリセットする

電源プランの詳細設定を変更し、意図しない動作をするようになった場合は、手順 **2** の画面で<このプランの既定の設定を復元>をクリックします。電源プランを復元することができます。

Memo アクティブとは?

手順 **3** の画面では、<バランス[アクティブ]>と表示されていますが、こちらは「現在選択している電源プラン」を指しています。

---

2 <詳細な電源設定の変更>をクリックすると、

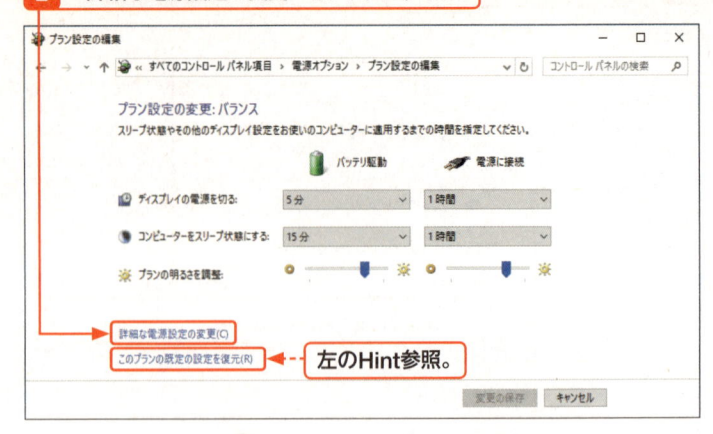

左のHint参照。

3 「電源オプション」のダイアログボックスが起動します。

4 <現在利用できない設定の変更>をクリックすると、

左のMemo参照。

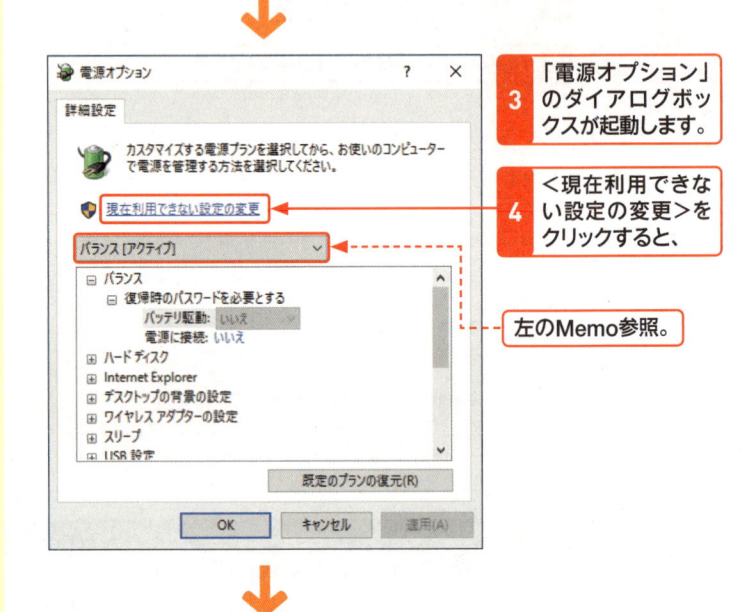

5 各種設定が変更可能になります。

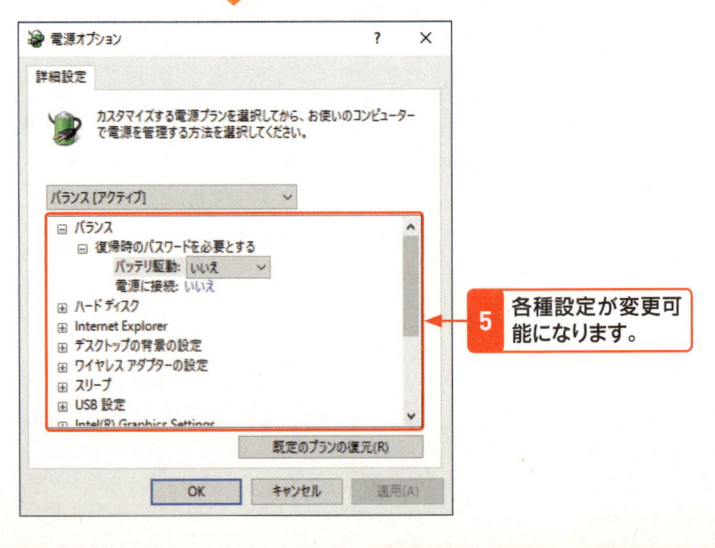

3 バッテリー節約を設定する

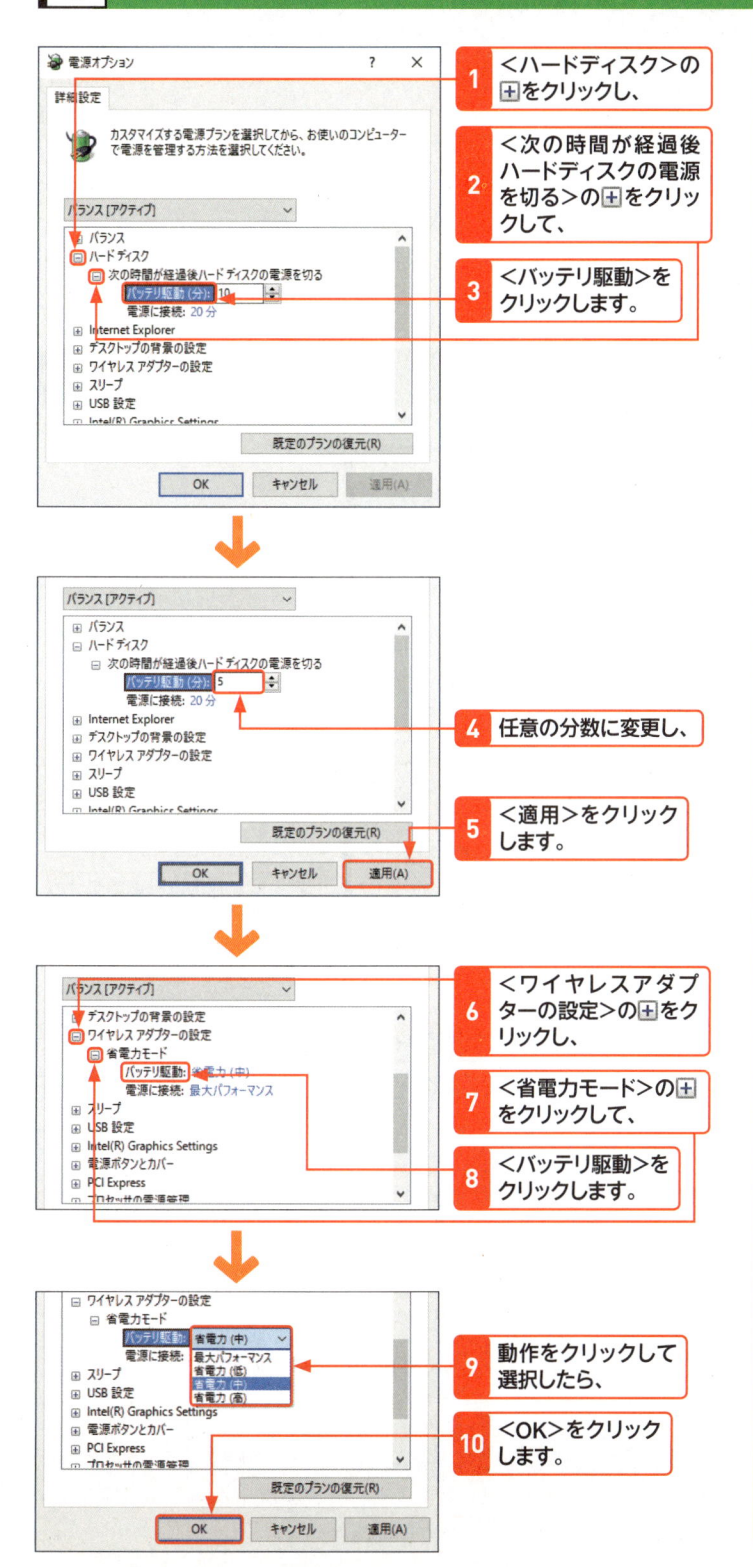

1 <ハードディスク>の ⊞をクリックし、

2 <次の時間が経過後 ハードディスクの電源 を切る>の ⊞をクリッ クして、

3 <バッテリ駆動>を クリックします。

4 任意の分数に変更し、

5 <適用>をクリック します。

6 <ワイヤレスアダプ ターの設定>の ⊞をク リックし、

7 <省電力モード>の ⊞ をクリックして、

8 <バッテリ駆動>を クリックします。

9 動作をクリックして 選択したら、

10 <OK>をクリック します。

Hint ハードディスクオフの タイミング

手順2の<次の時間が経過後ハード ディスクの電源を切る>で選択する適切 なタイミングは、パソコンの利用スタイ ルによって異なります。休憩しながらパ ソコンを使う場合、ハードディスクの電 源オン／オフは逆に消費電力を高める結 果になりかねません。「バランス」での バッテリ駆動の時間はあらかじめ10分 に設定されていますが、短くても2〜3 分程度に抑えてください。

Hint Wi-Fiのパフォーマン スについて

手順6の「ワイヤレスアダプターの設 定」のようにWi-Fiのパフォーマンスは 4段階の選択肢が用意されています。通 常、バッテリー駆動時は、<省電力（中） >に設定されていますが、Webページ の閲覧やファイルのダウンロードに手間 取る場合は<最大パフォーマンス>を選 ぶとよいでしょう。ただし、バッテリ駆 動時間は短くなります。

電源プラン

Section
195

画面の明るさ自動調整機能を無効にする

キーワード ▶ 輝度調整

光センサーを備えるパソコンでWindows 10を使っている場合、周りの明るさに応じてディスプレイの輝度調整が行われます。しかし、自動設定の明るさよりも明るく、もしくは暗くしたいという場面もあるでしょう。ここでは、輝度調整の方法や自動輝度調整をオン／オフする手順を解説します。

1 輝度調整を行う

Hint キーボードで明るさを調整する

利用しているパソコンによっては、キーボードに明るさを調整するボタンが用意されています。Surface／Surface Proシリーズの場合はファンクションキーに並ぶキーを押せば、輝度調整が可能になります。詳しくはパソコンに付属する取り扱い説明書をご覧ください。

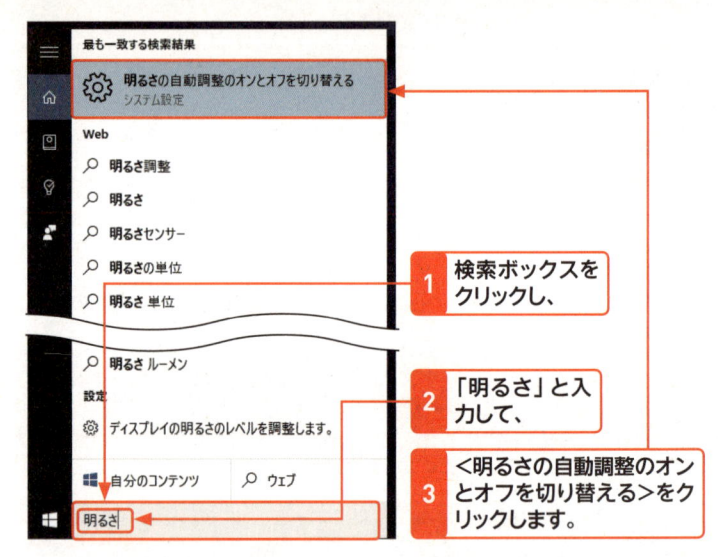

1 検索ボックスをクリックし、

2 「明るさ」と入力して、

3 ＜明るさの自動調整のオンとオフを切り替える＞をクリックします。

Hint アクションセンターから変更する

アクションセンターに並ぶクイックアクションの「明るさ」をクリックすることで、0／25／50／75／100パーセントの5段階で明るさを切り替えられます。

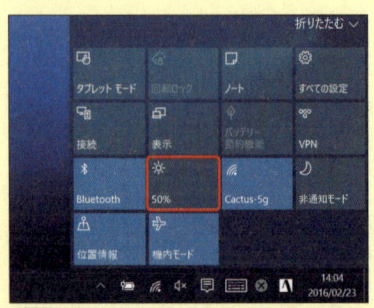

4 「ディスプレイ」の設定画面が表示されます。

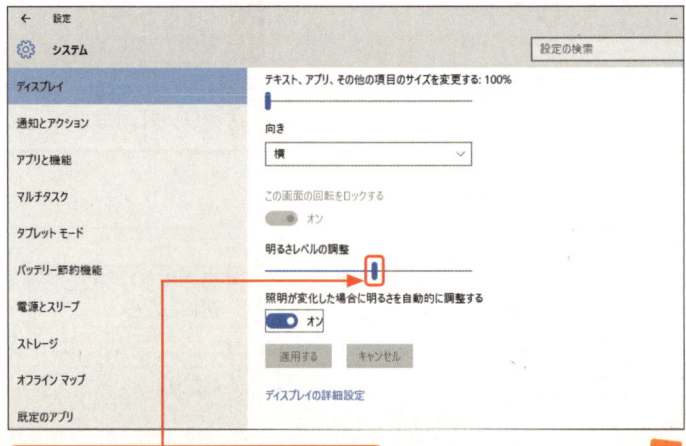

5 スライダーを左右にドラッグします。

6 現在の明るさが数値で示されます。

7 好みの明るさでマウスから指を離します。

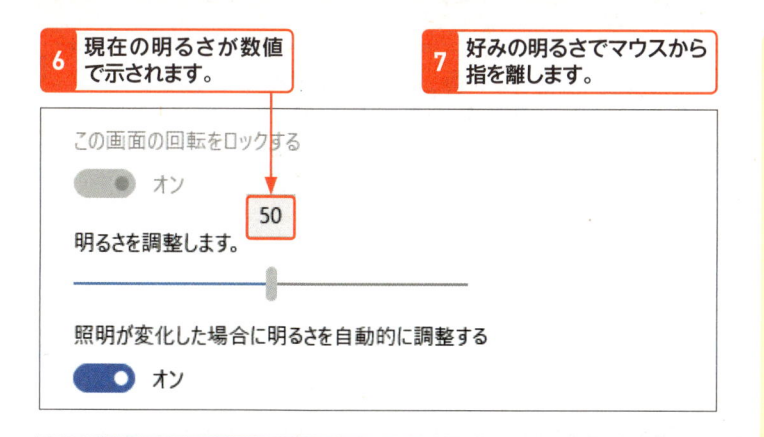

この画面の回転をロックする

　オン

50

明るさを調整します。

照明が変化した場合に明るさを自動的に調整する

　オン

Memo スライド操作はリアルタイム

スライドを左右に調整することで、即座に輝度調整が行われます。目で見てちょうどよい明るさに変更するとよいでしょう。

2　自動輝度調整を無効にする

1 ここをクリックして 　を 　に切り替え、

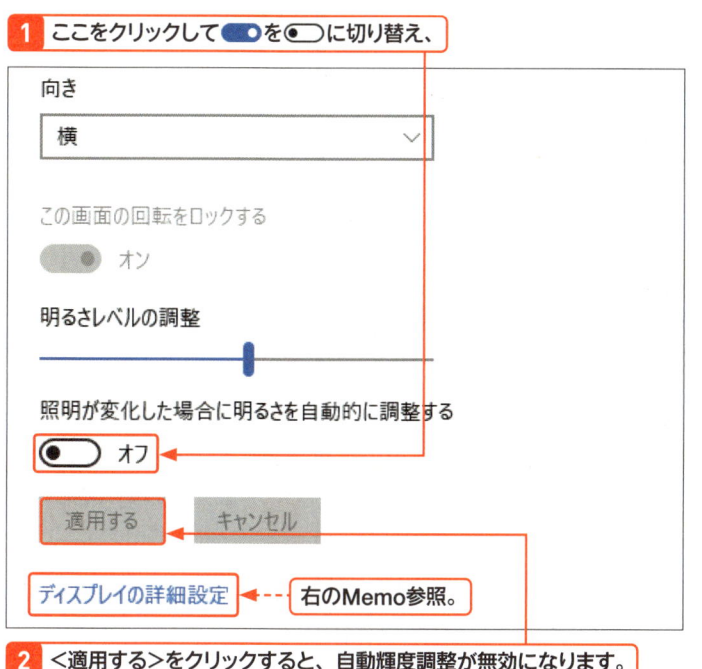

向き

横

この画面の回転をロックする

　オン

明るさレベルの調整

照明が変化した場合に明るさを自動的に調整する

　オフ

適用する　　キャンセル

ディスプレイの詳細設定 ----- 右のMemo参照。

2 ＜適用する＞をクリックすると、自動輝度調整が無効になります。

Memo ディスプレイの詳細設定を行う

手順 **1** の画面にある＜ディスプレイの詳細設定＞をクリックすると、ディスプレイ解像度の変更が可能になります。

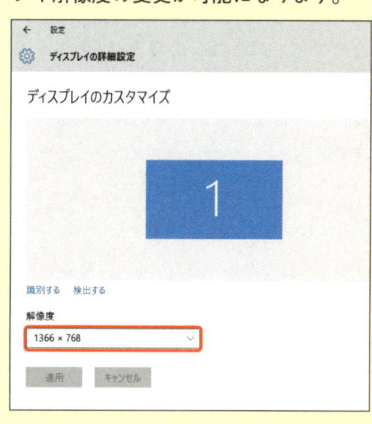

Memo 「電源オプション」から自動輝度調整機能を制御する

自動輝度調整は、「電源オプション」で無効にすることもできます。P.604を参考に「電源オプション」を起動したら、「ディスプレイ」の項目で、それぞれ、＜自動輝度調整を有効にする＞、＜バッテリ駆動＞をクリックして＜オフ＞に設定し、最後に＜OK＞をクリックします。

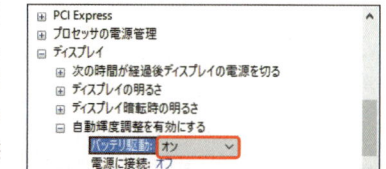

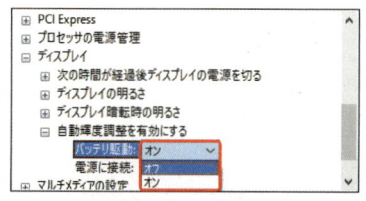

輝度調整

Section

196

電源ボタンを押したときの
動作を設定する

キーワード ▶ 電源ボタン

電源ボタンは、通常はパソコンの電源を切るシャットダウンが動作として設定されています。しかしWindows 10は、これらの動作を自由に変更することが可能です。また、バッテリー駆動時と電源接続時によって異なる動作も選択できます。

1 電源ボタンを押したときの動作を設定する

Memo 電源ボタンの動作は設定できる

パソコンの電源ボタンは単純に電源を切るシャットダウン以外にも、スリープや休止状態の設定、ディスプレイの電源を切るといった動作の選択が可能です。また、ノートパソコンの場合は「カバーを閉じたときの操作」も合わせて選択できるため、自身が使いやすいように設定しましょう。

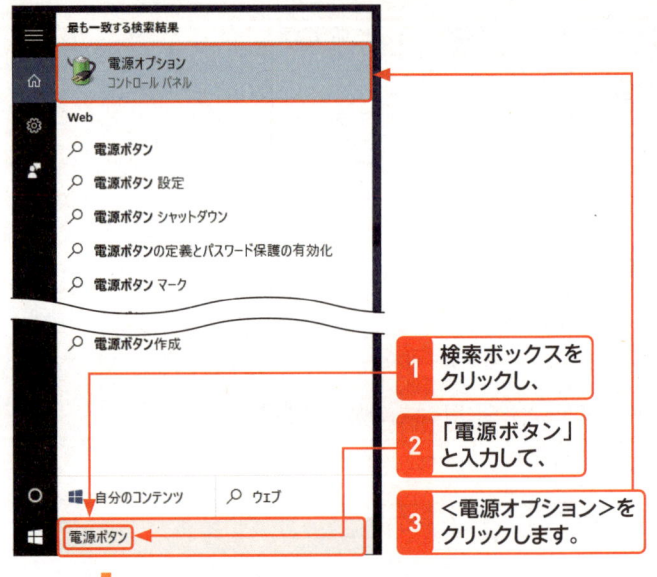

1 検索ボックスをクリックし、

2 「電源ボタン」と入力して、

3 <電源オプション>をクリックします。

4 「電源オプション」の設定画面が表示されます。

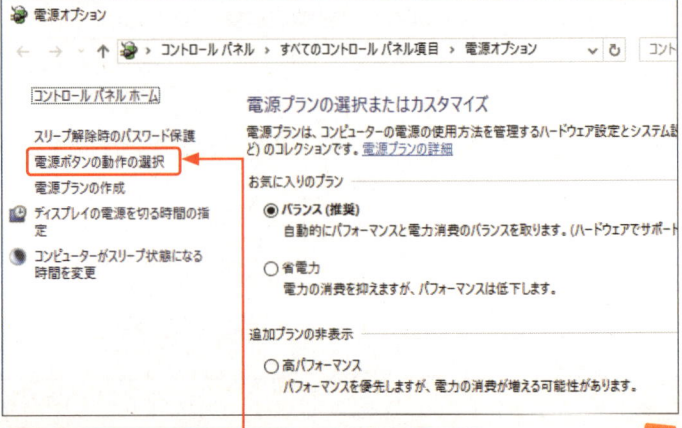

5 <電源ボタンの動作の選択>をクリックします。

6 「バッテリ駆動」の ∨ をクリックし、

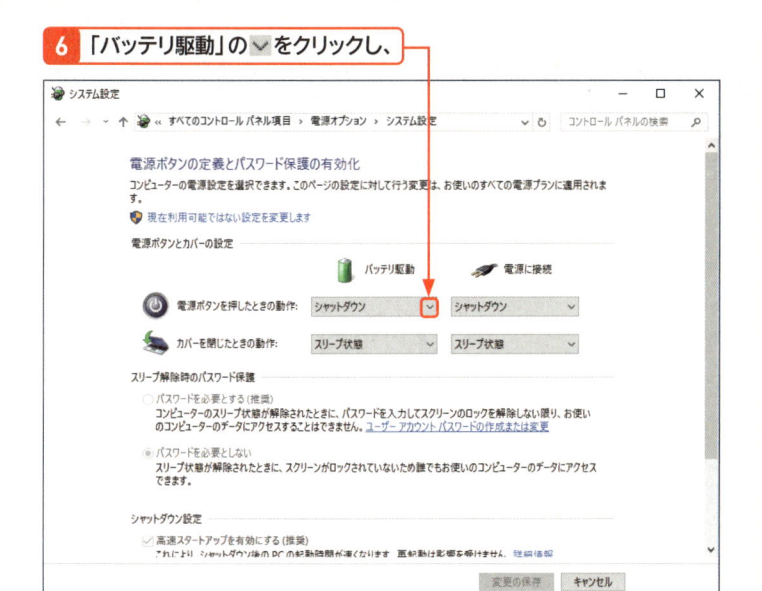

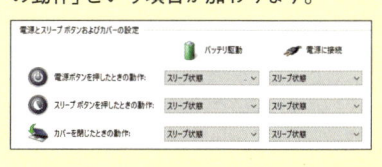

Hint 選択できる項目

手順**6**の画面に並ぶ「電源ボタンを押したときの動作」などの項目は、利用しているパソコンによって異なります。たとえばスリープボタンを備えるパソコンの場合は、「スリープボタンを押したときの動作」という項目が加わります。

7 一覧から動作をクリックして選択します。

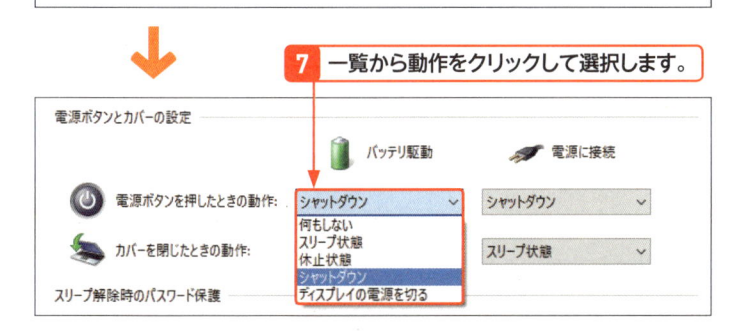

Hint デスクトップパソコンの場合

Windows 10 パソコンがデスクトップパソコンの場合、<バッテリ駆動>に対するアクションは選択できません。これはパソコンが常に電源に接続された状態になるからです。

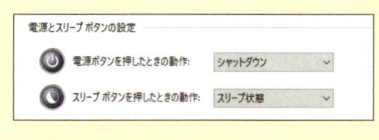

8 手順**6**と同様の操作で、「電源に接続」の ∨ をクリックし、

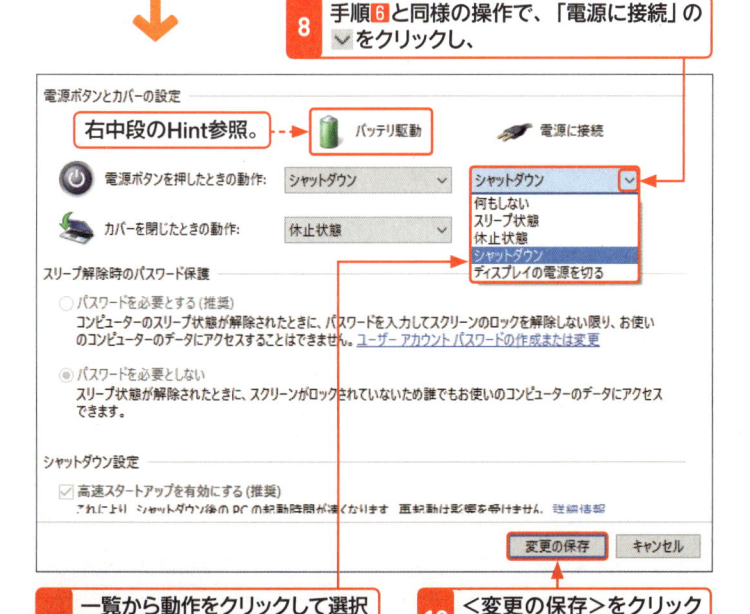

9 一覧から動作をクリックして選択します（各動作の設定内容は、次ページのMemoを参照）。

10 <変更の保存>をクリックします。

Memo 設定後の保存について

<変更の保存>をクリックすると<電源オプション>に戻ります。そのため、各動作の選択を終えてから<変更の保存>をクリックしてください。

電源ボタン

第1章
Windows 10
をはじめよう

第2章
Windows 10
の基本操作

第3章
ファイルと
フォルダー

第4章
インター
ネット

第5章
Outlook.
com

第6章
「メール」
アプリ

第7章
アプリの
利用

第8章
データの
活用

第9章
音楽/写真
/ビデオ

第10章
タブレット
モード

第11章
文字入力
の基本

第12章
<スタート>
メニュー

第13章
デスクトップ

第14章
ネットワーク

第15章
管理/
セキュリティ

第16章
周辺機器
の利用

第17章
トラブル
対策

第18章
インストール
と初期設定

付　録

2 カバーを閉じたときの動作を選択する

Key word 休止状態とは?

「休止状態」とは、省電力の状態のことを指します。メモリー内容をディスクに保存し、パソコンの電源を切る機能として、以前のWindowsから搭載しています。バッテリ節約の目的で利用します。

Memo 各動作の設定内容

「バッテリ駆動」と「電源に接続」で設定できる内容は次の通りです。

・ 何もしない
電源ボタンやカバーを閉じても一切のアクションを実行しません。
・ スリープ状態
電源ボタンやカバーを閉じた際にスリープ状態に移行します。電源はメモリーに供給されます。
・ 休止状態
電源ボタンやカバーを閉じた際にメモリー内容をディスクに保存し、復帰時に読み込みます。
・ シャットダウン
電源ボタンやカバーを閉じた際にパソコンの電源を切ります。
・ ディスプレイの電源を切る
電源ボタンやカバーを閉じるとディスプレイの電源を切ります。パソコンは電源オンの状態を維持します。

1 「バッテリ駆動」の ∨ をクリックし、

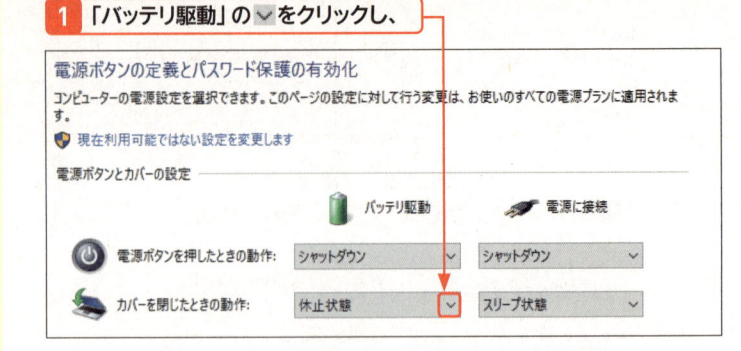

2 一覧から動作をクリックして選択します。

3 手順**1**と同様の操作で、「電源に接続」の ∨ をクリックし、

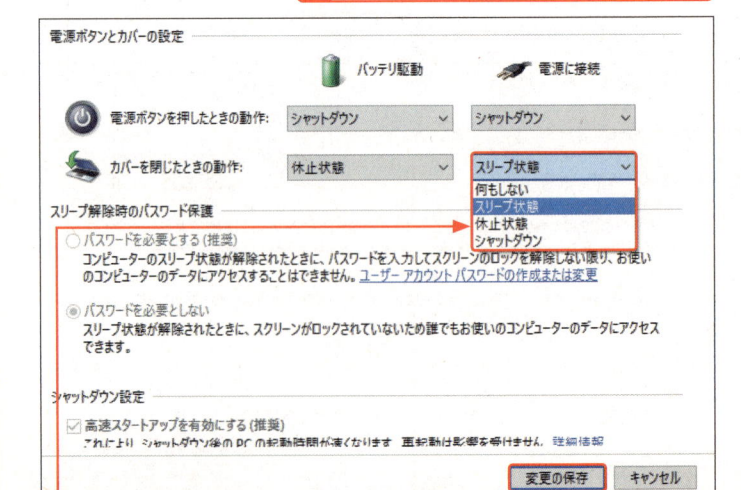

4 一覧から動作をクリックして選択します。

5 <変更の保存>をクリックします。

第17章

トラブル対策と
ハードウェアのメンテナンス

Section
197

ストレージのメンテナンスを行う

キーワード ▶ ストレージ

パソコンは定期的なメンテナンスが必要です。なかでも重要なのがユーザーデータを保存するストレージ領域です。SSDはアクセス速度は速いものの、容量が少ないため空き容量を確保しておくと安心です。また、ハードディスクを備えるパソコンは、定期的なエラーチェックも必要となります。

1 ストレージの空き領域を確認する（ダイアログ編）

Memo ストレージについて

「ストレージ」とは、パソコン上からデータを書き込むデバイスの総称です。固定型であるハードディスクやSSDだけではなくCDやDVDを始めとする光学ドライブメディア、SDカードなどのフラッシュメモリーも含まれます。ここでは、ストレージの空き領域をダイアログボックスから確認する方法と、「設定」（P.534参照）から確認する方法を解説します。また、ストレージの運用には欠かせない空き容量の増やし方や最適化を行う方法、さらにはストレージのエラーチェックの方法も解説します。

Memo デバイスの名前

手順**3**で表示されるデバイス名は「ローカルディスク」ですが、「Windows」と表示されることもあります。具体的にはWindows 10を新規インストールすると前者、メーカー製パソコンの場合は後者となるのが一般的です。

Memo 空き容量の確認方法

ストレージの空き容量は手順**3**の画面のようにドライブアイコンの下に表示されていますが、詳細を確認するために手順**5**の操作を行っています。

1 エクスプローラーを起動し、 **2** ＜PC＞をクリックして、

3 確認するドライブをクリックします。

4 ＜コンピューター＞タブをクリックし、

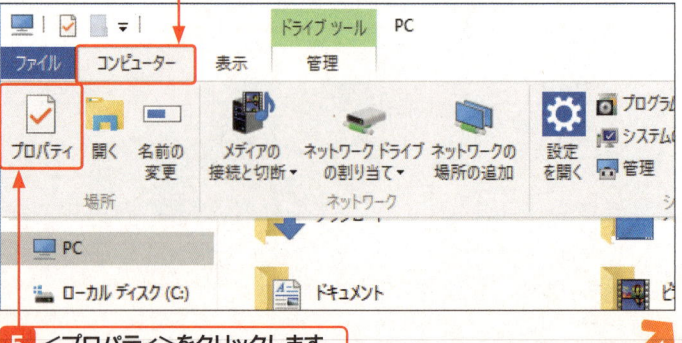

5 ＜プロパティ＞をクリックします。

6 「ディスクのプロパティ」ダイアログボックスが表示されます。

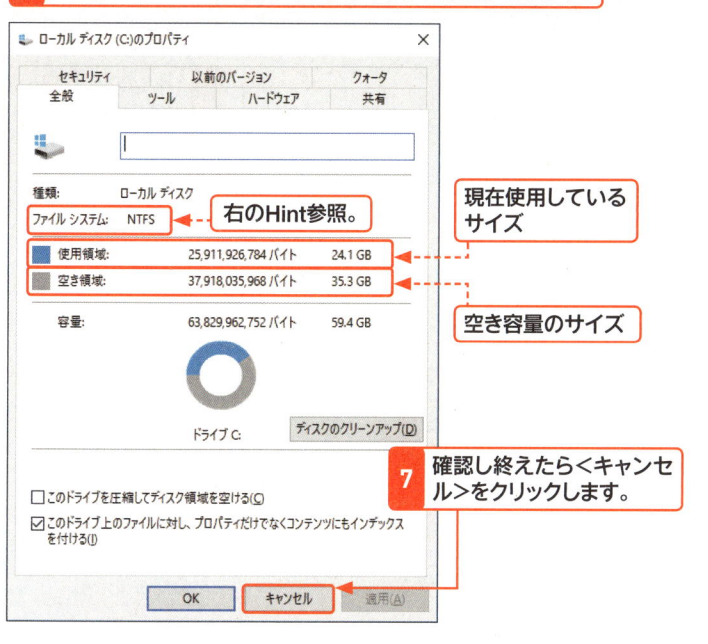

右のHint参照。

現在使用している
サイズ

空き容量のサイズ

7 確認し終えたら＜キャンセル＞をクリックします。

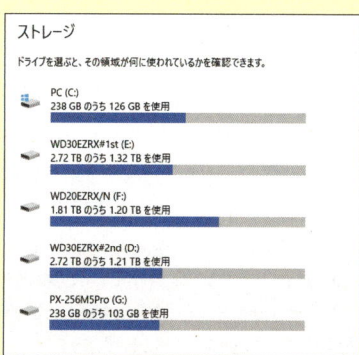

Hint ファイルシステムに
ついて

ファイルシステムは、OSがファイルを
管理するため階層構造的に組み込んだ機
能の1つです。Windows 10では標準の
「NTFS」に加えて以前の「FAT16/32」、
USBメモリーなどで効果を発揮する
「exFAT」が使用可能ですが、初心者は
とくに意識する必要はありません。

---

2 ストレージの空き領域を確認する（設定編）

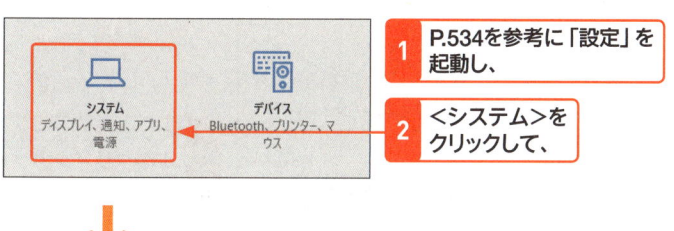

1 P.534を参考に「設定」を
起動し、

2 ＜システム＞を
クリックして、

3 ＜ストレージ＞をクリックします。

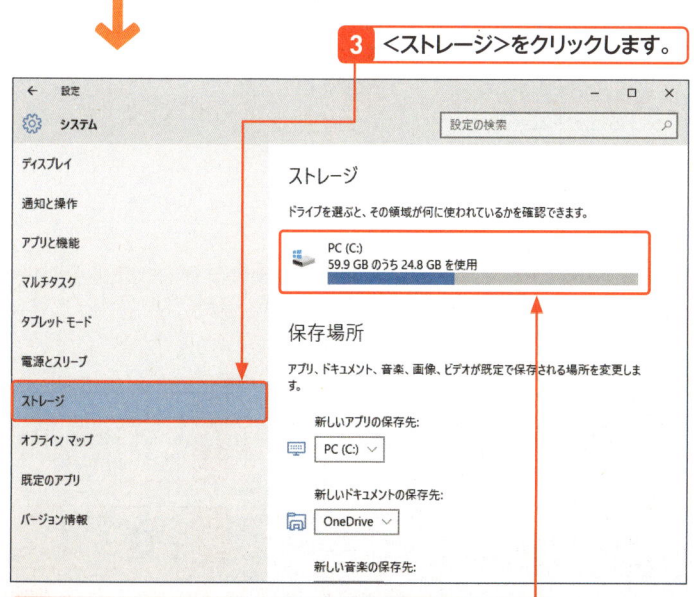

4 ストレージの全体容量および空き容量を確認できます。

Memo 占有内容を個別に
確認する

手順 **4** の画面をダブルクリックすると、
使用領域に何が使われているのか、確認
することができます。

Hint 複数のドライブが
存在する

左の＜ストレージ＞による空き容量情報
は、パソコンに複数のドライブが接続さ
れていると、下の画面のように各ドライ
ブがそれぞれ並びます。

ストレージ
ドライブを選ぶと、その領域が何に使われているかを確認できます。

PC (C:)
238 GB のうち 126 GB を使用

WD30EZRX#1st (E:)
2.72 TB のうち 1.32 TB を使用

WD20EZRX/N (F:)
1.81 TB のうち 1.20 TB を使用

WD30EZRX#2nd (D:)
2.72 TB のうち 1.21 TB を使用

PX-256M5Pro (G:)
238 GB のうち 103 GB を使用

615

第 1 章
Windows 10
をはじめよう

第 2 章
Windows 10
の基本操作

第 3 章
ファイルと
フォルダー

第 4 章
インター
ネット

第 5 章
Outlook.
com

第 6 章
「メール」
アプリ

第 7 章
アプリの
利用

第 8 章
データの
活用

第 9 章
音楽／写真
／ビデオ

第10章
タブレット
モード

第11章
文字入力
の基本

第12章
＜スタート＞
メニュー

第13章
デスクトップ

第14章
ネットワーク

第15章
管理／
セキュリティ

第16章
周辺機器
の利用

第17章
トラブル
対策

第18章
インストール
と初期設定

付　録

3 ストレージの空き容量を増やす

Hint システムファイルのクリーンアップとは？

システムファイルのクリーンアップとは、OSやアプリの動作時に生成したログファイルや一時ファイルなど、OSやアプリの動作に不要なファイルをまとめて削除する機能です。削除範囲はユーザーの種類によって異なり、標準ユーザーで操作する場合はユーザーが生成したファイル（メディアファイルのサムネイルキャッシュデータなど）に限られ、管理者で操作する場合はシステム全体の不要なファイルをすべて削除できます。

Memo ドライブ領域は圧縮しない

手順2の画面には＜このドライブを圧縮してディスク領域を空ける＞という項目が用意されていますが、こちらの使用はおすすめできません。ファイルを圧縮するということは、ファイルを開く際に必然的に展開処理が加わるため、パフォーマンスに影響を及ぼします。ストレージメンテナンスという観点から見れば、ドライブ全体を圧縮するよりも外部ストレージを用意して待避させたほうが効率的です。

Hint 選択すべき項目

手順4で選択すべき項目ですが、基本的にはすべてのチェックをオンにします。ただし、Windows 10アップグレード直後は、以前のWindowsに戻すための必要なファイルをまとめた＜以前のWindows＞などがあるので、Windows 7やWindows 8.1に戻す可能性がある場合はチェックをオフにします。

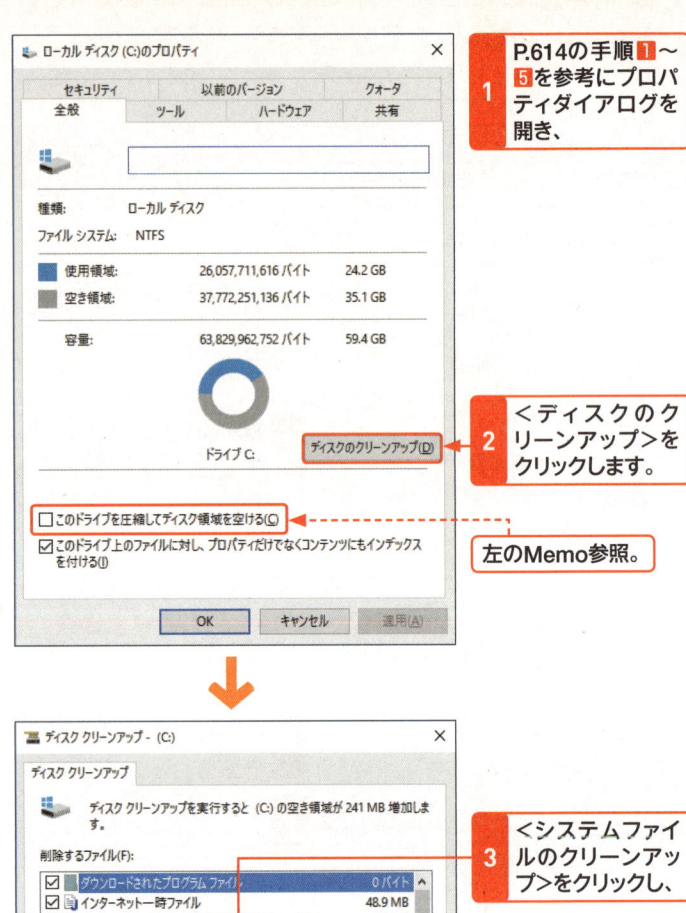

1 P.614の手順1～5を参考にプロパティダイアログを開き、

2 ＜ディスクのクリーンアップ＞をクリックします。

左のMemo参照。

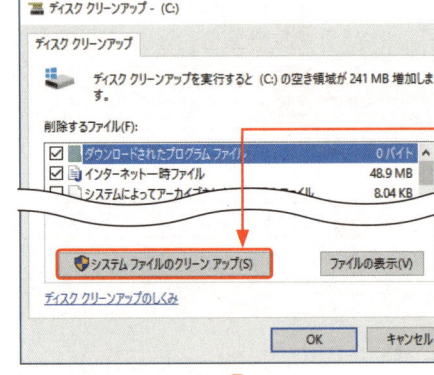

3 ＜システムファイルのクリーンアップ＞をクリックし、

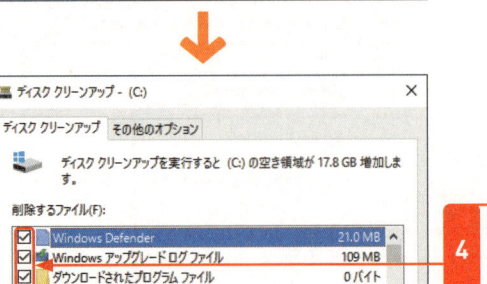

4 各項目をクリックして□を☑にし（左のHint参照）、

5 ＜OK＞をクリックすると、

6 メッセージが表示されます。

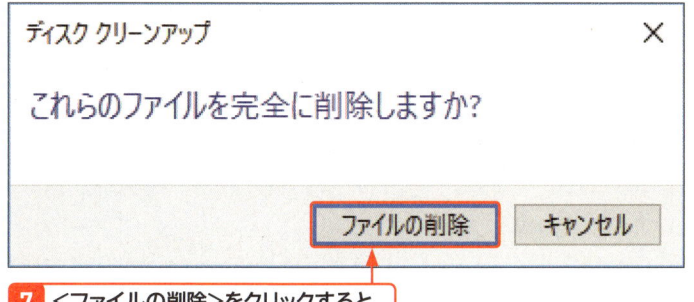

ディスク クリーンアップ

これらのファイルを完全に削除しますか?

ファイルの削除　キャンセル

7 ＜ファイルの削除＞をクリックすると、

8 ファイルの削除が始まります。

ディスク クリーンアップ

このコンピューターにある不要なファイルを整理しています。

ドライブ (C:) をクリーンアップ中

キャンセル

クリーンアップ中：　以前の Windows のインストール

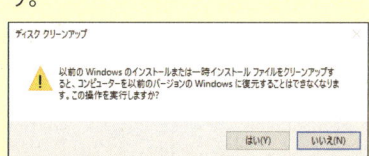
4 最適化を実行する

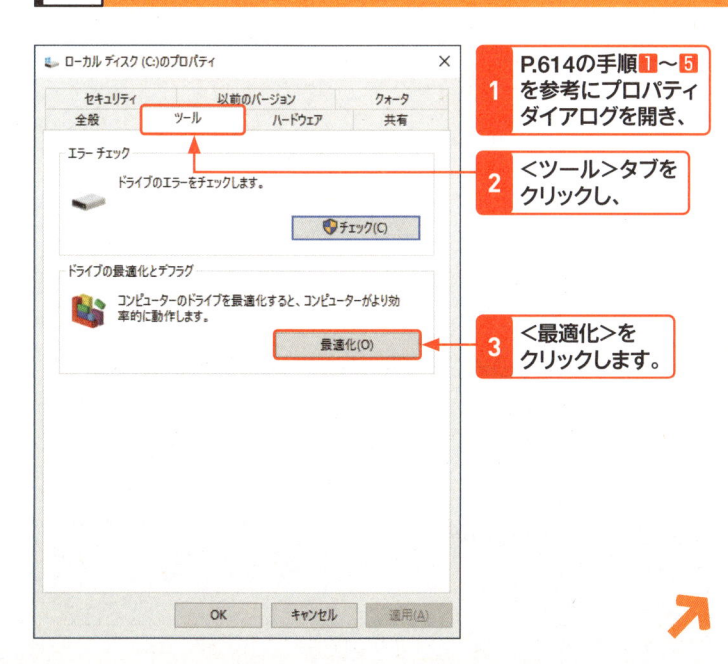

ローカル ディスク (C:)のプロパティ

| セキュリティ | 以前のバージョン | クォータ |
| 全般 | ツール | ハードウェア | 共有 |

エラー チェック

ドライブのエラーをチェックします。

🛡チェック(C)

ドライブの最適化とデフラグ

コンピューターのドライブを最適化すると、コンピューターがより効率的に動作します。

最適化(O)

OK　キャンセル　適用(A)

1 P.614の手順 1 ～ 5 を参考にプロパティダイアログを開き、

2 ＜ツール＞タブをクリックし、

3 ＜最適化＞をクリックします。

第1章
Windows 10
をはじめよう

第2章
Windows 10
の基本操作

第3章
ファイルと
フォルダー

第4章
インター
ネット

第5章
Outlook.
com

第6章
「メール」
アプリ

第7章
アプリの
利用

第8章
データの
活用

第9章
音楽/写真
/ビデオ

第10章
タブレット
モード

第11章
文字入力
の基本

第12章
<スタート>
メニュー

第13章
デスクトップ

第14章
ネットワーク

第15章
管理・
セキュリティ

第16章
周辺機器
の利用

第17章
トラブル
対策

第18章
インストール
と初期設定

付録

Memo SSDの最適化は不要

ストレージがSSDの場合、「ドライブの最適化」による最適化操作は必要ありません。厳密には空き領域場所をOSに通達するTrimコマンドという命令の発行が必要ですが、これらの処理は自動的に行われます。また、ハードディスクの場合もドライブの最適化は最初からスケジュールが組まれているため、手動実行は気になる場合にのみ行ってください。なおスケジュールの変更は、<設定の変更>をクリックして表示される画面から行えます。

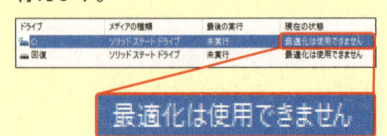

最適化は使用できません

4 ドライブが選択されているのを確認して、

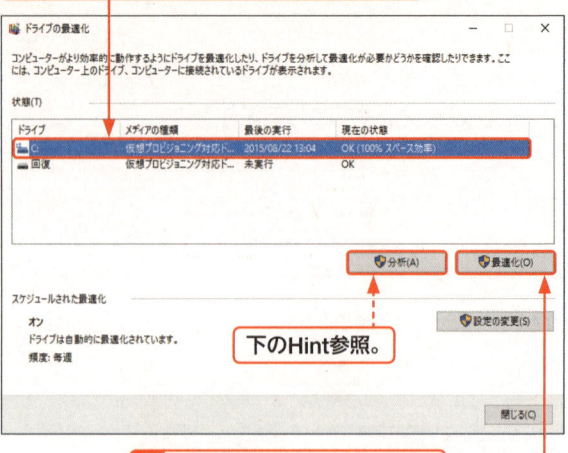

5 <最適化>をクリックします。

 下のHint参照。

6 最適化が始まります。

7 完了したら、<閉じる>をクリックします。

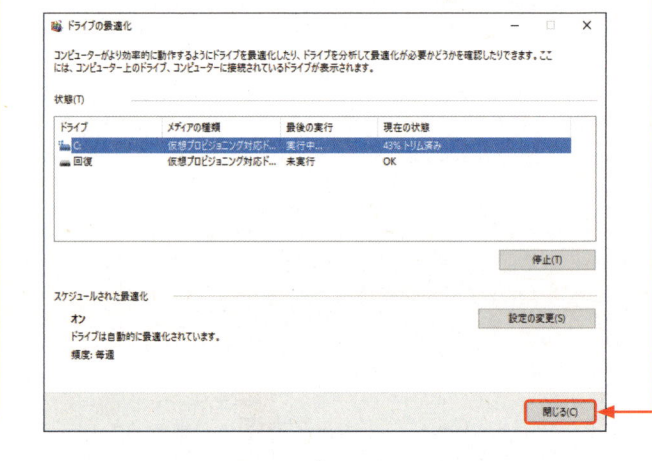

Hint 現時点の断片化状態を確認する

手順**4**の画面の<分析>をクリックすると、ドライブの最適化を行わず現時点の断片化状態を確認できます。結果は「現在の状態」に示されます。こちらが「OK（0%が断片化しています）」となっている場合、ドライブを最適化する必要はありません。なお、SSDに対しては<分析>を実行できません。

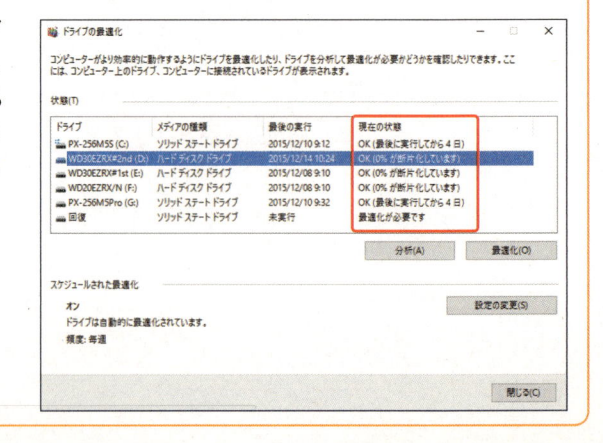

5 ドライブのエラーチェックを実行する

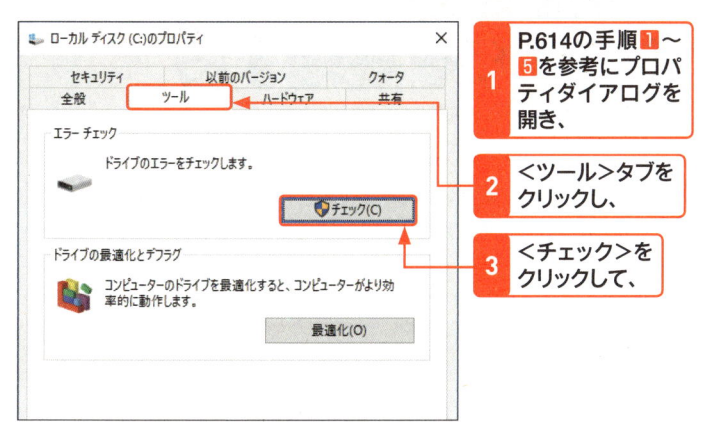

1 P.614の手順1〜5を参考にプロパティダイアログを開き、

2 <ツール>タブをクリックし、

3 <チェック>をクリックして、

4 <ドライブのスキャン>をクリックすると、

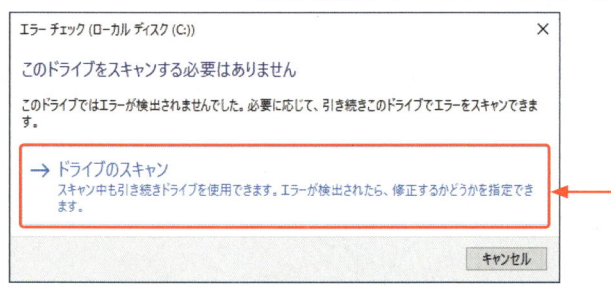

5 エラーチェックが始まります。

6 完了したら、<閉じる>をクリックします。

右のHint参照。

Memo ドライブの エラーについて

ここでの解説のように、ドライブのエラーをチェックすることで、現在発生している問題を解決できます。たとえば適切に配置されていないファイル、またセキュリティ情報の整合性が取れなくなったファイルやフォルダーが修正されます。また、ハードディスクなどに不良セクタ（物理的にエラーとなる領域）が発生した場合もフラグを立てて、その領域を使用しないようにする機能も備えています。

Memo ユーザーアカウント制 御画面

手順1の操作を行い、「ユーザーアカウント制御」画面が表示された場合は、管理者のパスワードをテキストボックスに入力し、<はい>をクリックします。

Memo ドライブチェックは 自動実行

Windows 10では、基本的にはオンラインでドライブスキャンを行うため、ユーザーはとくに意識する必要はありません。オフラインでの操作が必要な状況になるとユーザーにパソコンの再起動を求め、その際にドライブチェックを実行するしくみです。これらの操作は基本的に自動処理され、緊急時のみユーザーに操作をうながします。

Hint エラーチェックの結果 を確認する

手順5の画面の<詳細の表示>をクリックすると、「イベントビューアー」が起動し、エラーチェックの結果を細かく確認できます。

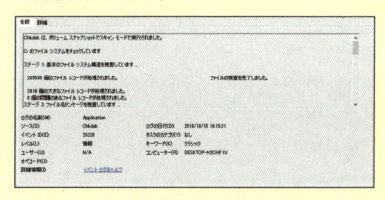

Section
198

ストレージの空き容量を ひっ迫するアプリを整理する

キーワード ▶ アプリと機能

ストレージ容量に制限があるタブレットなどを使っている場合、インストールされているアプリを整理することで、ユーザーデータをより多く保存できます。使用頻度が低い、もしくはあまり重要ではないアプリは「アプリと機能」からアンインストールしましょう。

1 アプリのサイズを確認してアンインストールする

Memo アプリと機能

今までのWindowsと同じくアプリのアンインストールは、コントロールパネルの「プログラムと機能」から実行できます。しかしWindows 10は、今後数年内にコントロールパネルを廃止し、「設定」（P.534参照）に機能を移行させる予定のため、可能な限り「設定」を使うようにしましょう。

Hint 「アプリと機能」でできること

「アプリと機能」では、アプリの検索やアプリの構成変更、また、別ドライブに保存領域を設けた場合のWindows アプリの移動が可能になります。また、画面上部の<オプション機能の管理>をクリックすると、現在インストール済みのオプション機能を確認し、続けて<機能の追加>をクリックすれば新たなオプション機能をインストールできます。

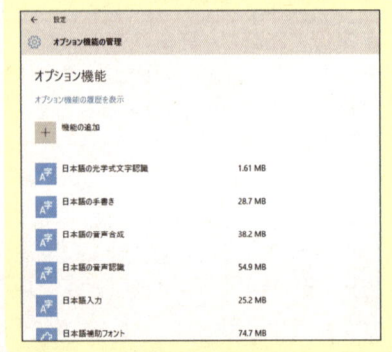

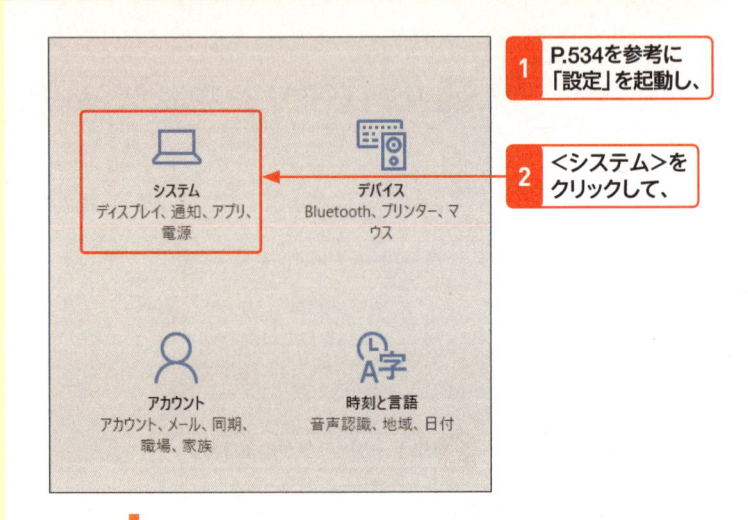

1 P.534を参考に「設定」を起動し、

2 <システム>をクリックして、

3 <アプリと機能>をクリックします。

4 <名前で並べ替え>をクリックします。

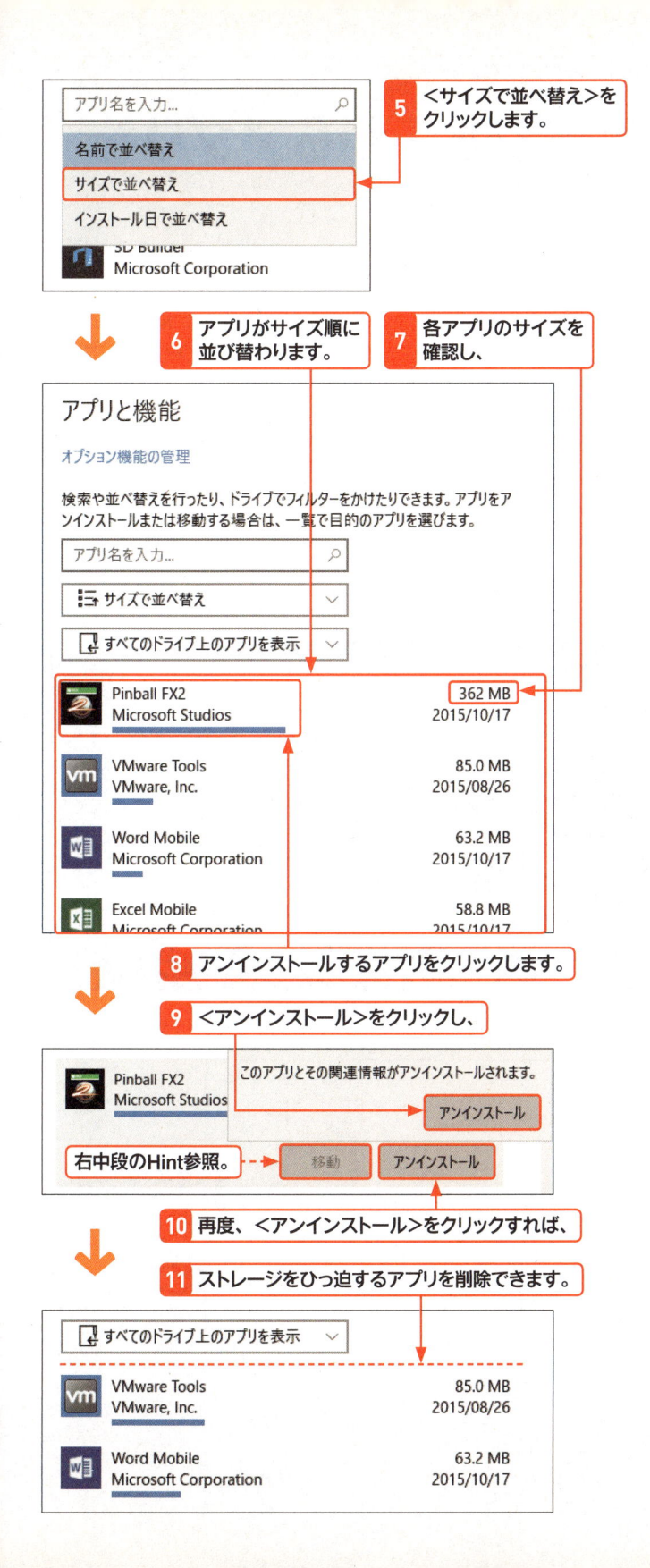

5 ＜サイズで並べ替え＞を
クリックします。

6 アプリがサイズ順に
並び替わります。

7 各アプリのサイズを
確認し、

8 アンインストールするアプリをクリックします。

9 ＜アンインストール＞をクリックし、

右中段のHint参照。

10 再度、＜アンインストール＞をクリックすれば、

11 ストレージをひっ迫するアプリを削除できます。

17 Section 198
ストレージの空き容量をひっ迫するアプリを整理する

アプリと機能

Hint　アプリのソート機能

左の手順のようにインストール済みアプリの一覧は、＜名前で並べ替え＞＜サイズで並べ替え＞＜インストール日で並べ替え＞の3つから選択できます。たとえば直近にインストールしたアプリが用途に合わないため、アンインストールしたい場合は＜インストール日で並べ替え＞を選択すれば探しやすくなります。また、あらかじめアプリ名がわかる場合は、＜アプリ名を入力＞のテキストボックスに頭文字などを入力すれば、絞り込むことも可能です。

Hint　移動について

アプリをクリックで選択すると＜アンインストール＞の横に＜移動＞というボタンが表示されます。これはパソコンが複数のストレージを備えている際、アプリを別ドライブに移動するためのものです。ただし、Windows アプリしか使用できません。デスクトップアプリの場合は＜変更＞に切り替わり、再設定や再インストールを実行できます。

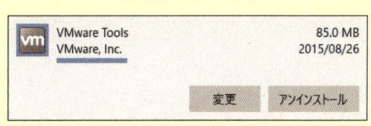

Hint　アンインストール後のストレージ容量

ストレージ容量の確認は前ページの手順 **3** で＜ストレージ＞をクリックして確認します。詳しくはP.615を参照してください。

Section 199 タスクマネージャーからアプリを終了させる

キーワード ▶ タスクマネージャー（応答なし）

アプリが反応しなくなった場合は「タスクマネージャー」から終了させることができます。編集中の内容は破棄されますが、再び同じアプリを使う際は、一度終了させたほうがスムーズに作業を続けられます。ここではタスクマネージャーを起動してアプリを終了する方法を解説します。

1 タスクマネージャーを起動する

Memo 応答なしとは？

「応答なし」は、Windows 10上で使用するアプリが何らかの理由でハングアップ（アプリが正常に動作しない状態）すると発生します。原因は多岐にわたるため一概にいえませんが、アプリ側の問題やOSの問題、ハードウェアに起因する問題などが考えられます。

ここでは、Internet Explorerが反応しなくなったという前提で解説を進めていきます。

1 CtrlキーとShiftキー、さらにEscキーを同時に押すと、

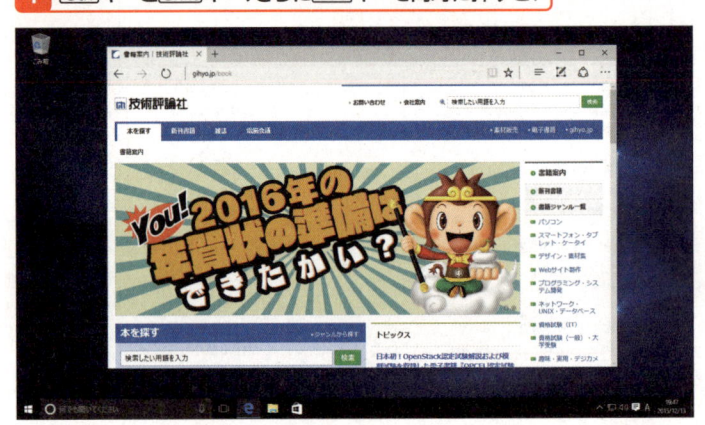

2 タスクマネージャーが起動します。

左のMemo参照。

Hint タスクマネージャーの起動方法

右の操作ではショートカットキーを使いましたが、タスクバーの何もないところを右クリックし、表示されるメニューから＜タスクマネージャー＞をクリックしても起動できます。

2 タスクマネージャーでアプリを終了する

1 <Internet Explorer>をクリックし、

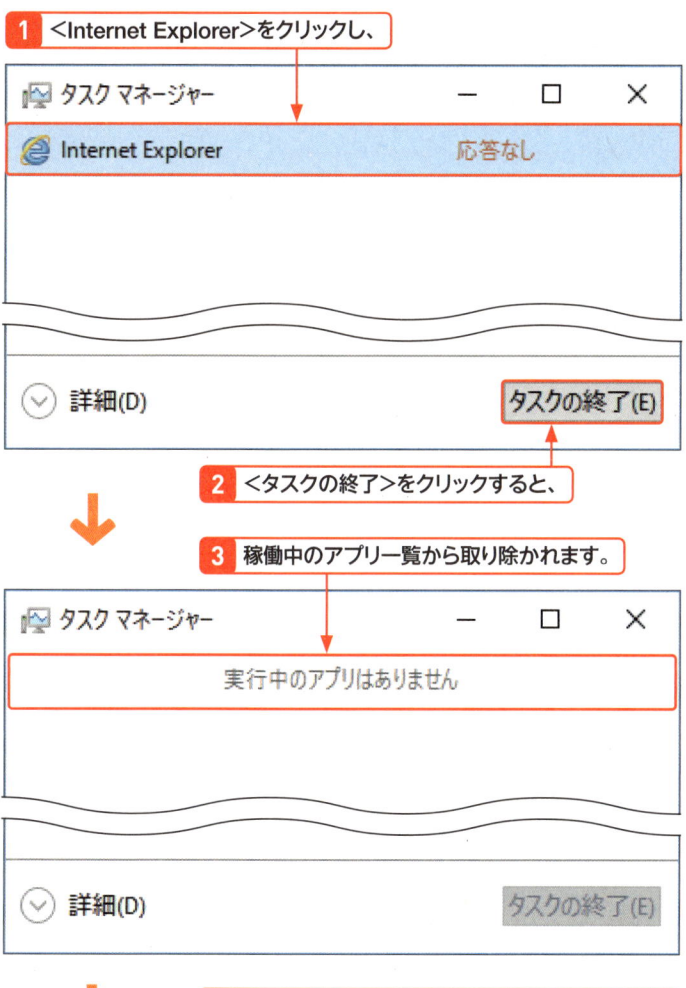

2 <タスクの終了>をクリックすると、

3 稼働中のアプリ一覧から取り除かれます。

4 Internet Explorerを再起動すると、正常終了していない旨を示すメッセージが表示されます。

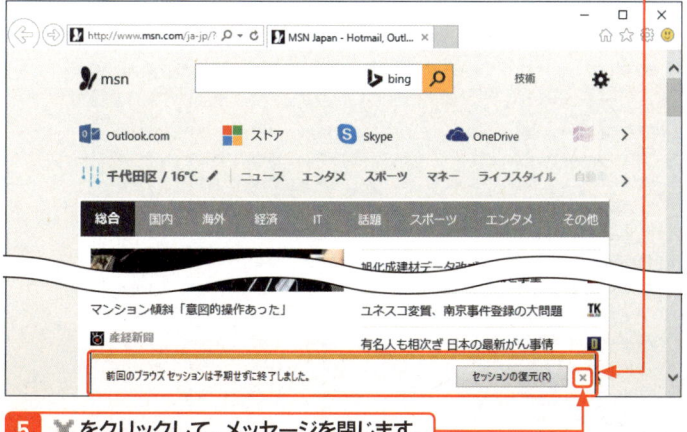

5 をクリックして、メッセージを閉じます。

Memo Internet Explorer の場合

Internet Explorerでは、「前回のブラウズセッションは予期せず終了しました。」というメッセージが表示されますが、このメッセージはアプリによって異なります。また、何もメッセージが表示されないアプリもあります。

Hint WordやExcelの場合

Officeスイートが「応答なし」になり、ここでの操作と同じようにアプリを強制終了すると、次回起動時に「ドキュメントの回復」が表示されます。回復できるファイルを選択して<名前を付けて保存>をクリックすれば、編集時のファイルを取り戻せる場合があります。

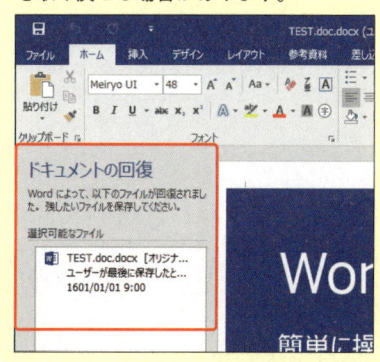

Section
200
タスクマネージャーで
パソコンが重い原因を探る

キーワード ▶ タスクマネージャー (パフォーマンス)

パソコンを使っていて何となく重いと感じた場合は「タスクマネージャー」でパソコンの状態を確認しましょう。タスクマネージャーからは、CPUやストレージ、ネットワークの消費状態を確認できます。また、どのアプリがパソコンのハードウェアを消費しているかも併せて確認することができます。

1 ＜パフォーマンス＞で確認する

Memo **CPUの使用率**

パフォーマンスでは、現在のCPU使用率をグラフで示します。使用率の数値が高ければ高いほど、CPUに負荷を与えている状態となります。なお、次ページの手順 5 の画面でグラフを右クリックし、表示されるメニューから＜グラフを変更＞→＜論理プロセッサ＞と順にクリックすれば、1つのCPUで複数の処理が可能な数ごとにグラフが分割されます。この数は利用しているパソコンによって異なります。

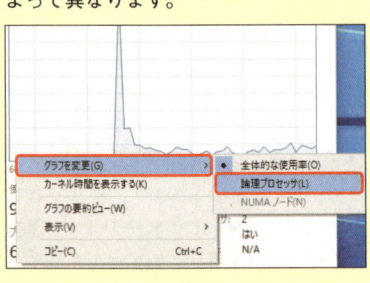

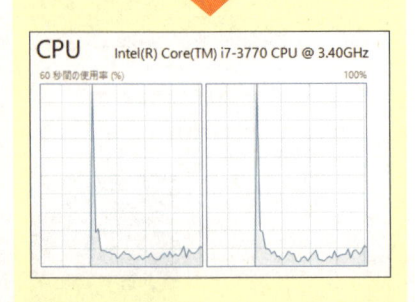

1 P.622を参考にあらかじめタスクマネージャーを起動し、

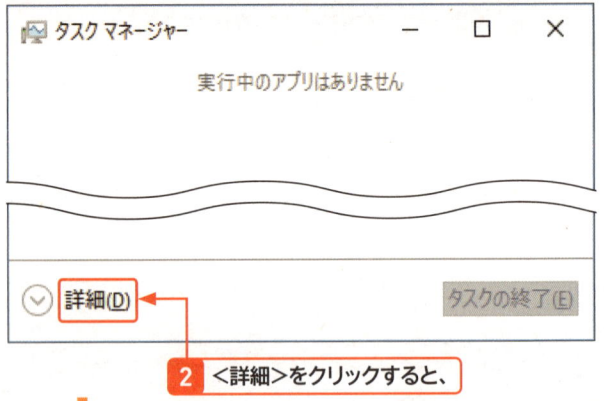

2 ＜詳細＞をクリックすると、

3 表示形式が切り替わります。

4 ＜パフォーマンス＞タブをクリックすると、

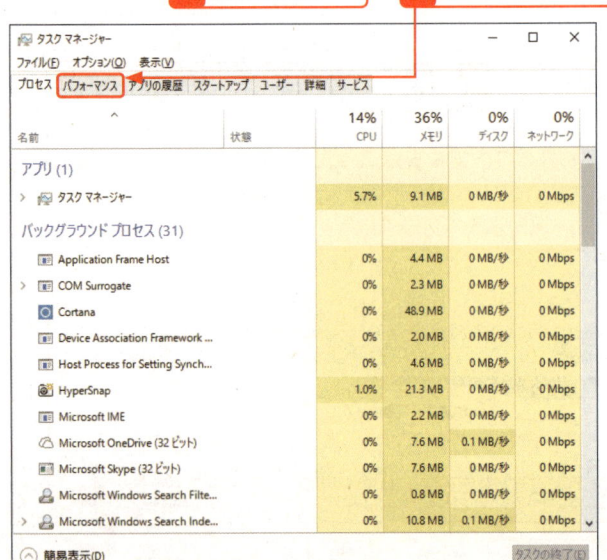

5 パソコンの各種状態を確認できます。

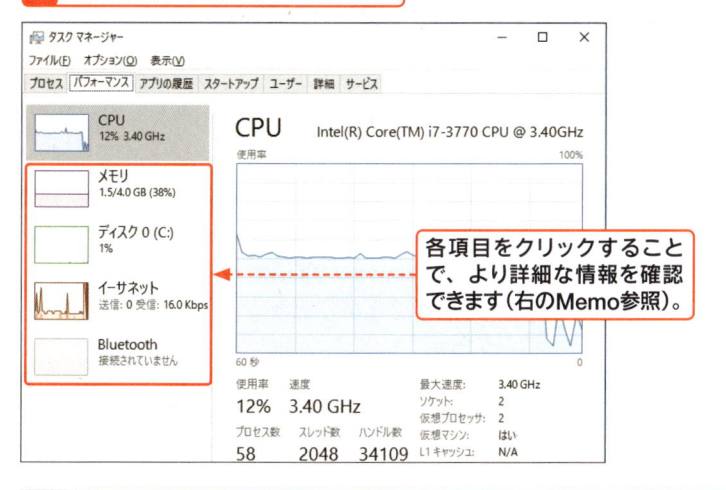

各項目をクリックすることで、より詳細な情報を確認できます（右のMemo参照）。

Memo そのほかのパフォーマンスについて

＜メモリ＞では、パソコンに搭載している物理メモリーの使用量を示します。物理メモリーの空きが少ないとアプリの動作やWindows 10の動作が遅くなるなど、さまざまな問題が発生します。＜ディスク＞では、パソコンに接続した各ストレージの負荷をグラフ表示します。＜イーサネット／Wi-Fi＞では、ネットワーク使用量をグラフで示します。＜Blue tooth＞では、Bluetooth対応デバイスとの接続時に使用した帯域をグラフ表示します。

2 アプリの履歴から確認する

1 ＜アプリの履歴＞タブをクリックすると、

2 アカウント使用時からの、

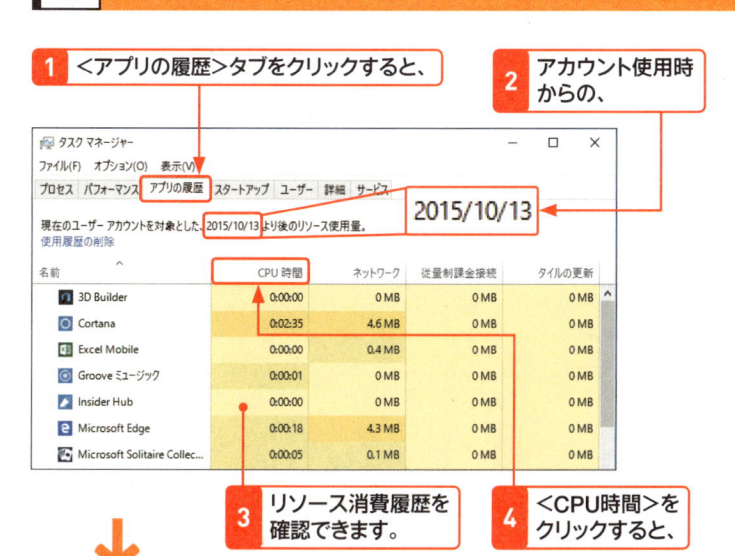

3 リソース消費履歴を確認できます。

4 ＜CPU時間＞をクリックすると、

Memo Windows アプリのみ対応

＜アプリの履歴＞でアプリのリソース（パソコンを動かすために必要なさまざまな要素）消費履歴を確認できるのは、Windows アプリに限り、デスクトップアプリは対象外です。

5 アプリが使用したCPU時間を確認できます。

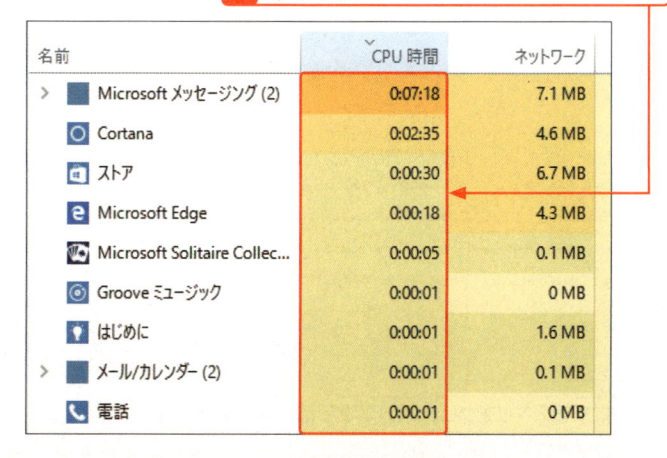

Hint 表示項目のカスタマイズ

＜アプリの履歴＞で確認できる項目は初期状態の4種類以外にも、列部分を右クリックすると表示されるメニューから追加選択できます。

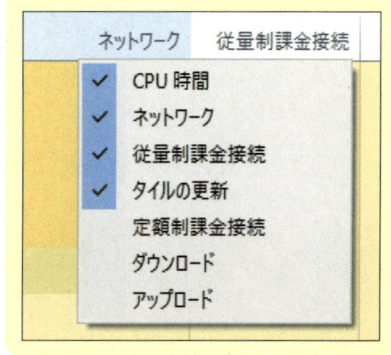

Section 201 スタートアッププログラムを整理する

キーワード ▶ スタートアッププログラム

一部のアプリや周辺機器用アプリは、特定の機能を実現するために使用時以外にもアプリを自動起動するスタートアッププログラムを組み込みます。場合によってはWindows 10の起動や動作に悪影響を与えるため、支障がなければ不要なスタートアッププログラムは取り除きましょう。

1 不要なアプリを無効にする

Key word スタートアッププログラムとは？

Windows 10では、ユーザー本人やユーザー全体のスタートアップフォルダーに格納したプログラム、また、レジストリ（通常のユーザーは操作しないデータベースの一種）に登録されてOSの起動時に起動するソフトウェアを「スタートアッププログラム」と呼びます。

1 P.622の手順**1**、**2**を参考にタスクマネージャーを起動し、「詳細」表示に切り替え、

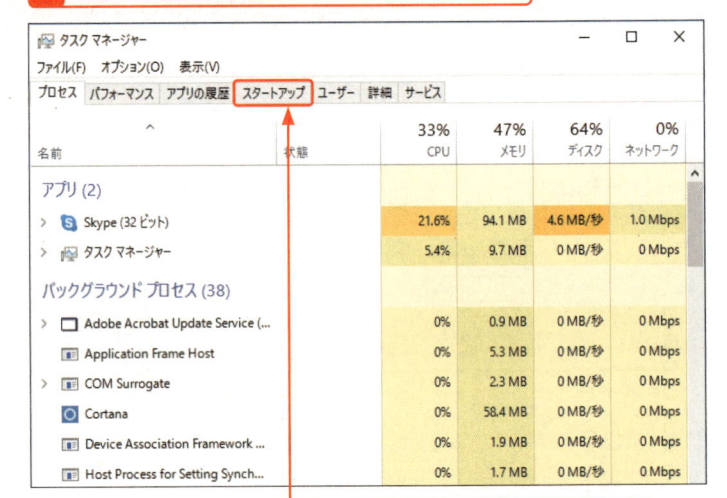

2 ＜スタートアップ＞をクリックします。

3 スタートアッププログラムが表示されます。

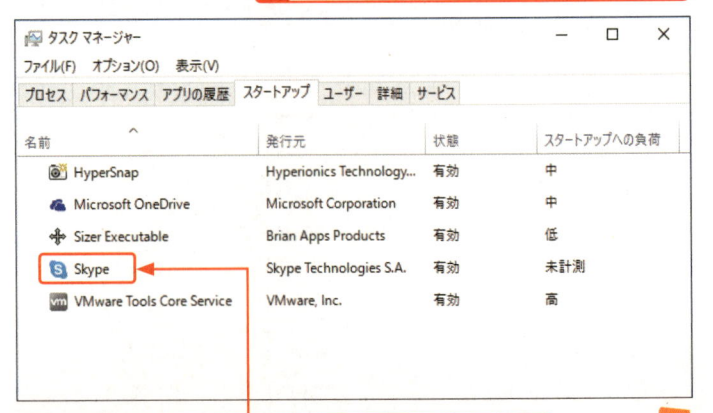

4 無効にするアプリをクリックし（ここでは＜Skype＞）、

5 ＜無効にする＞をクリックすると、

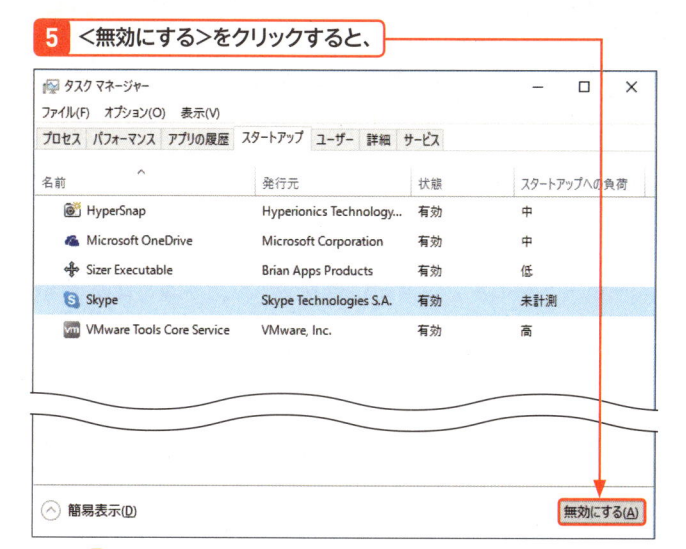

6 スタートアップの状態が＜無効＞に切り替わります。

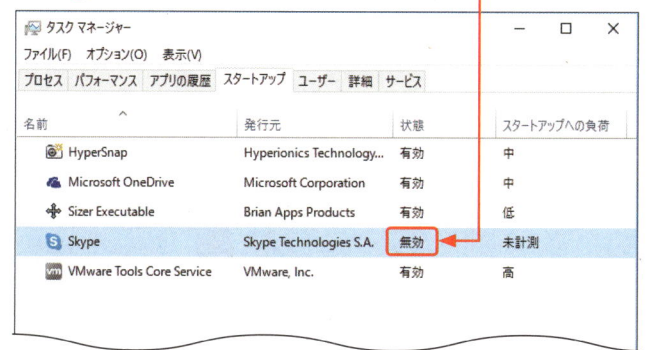

7 をクリックして、タスクマネージャーを終了します。

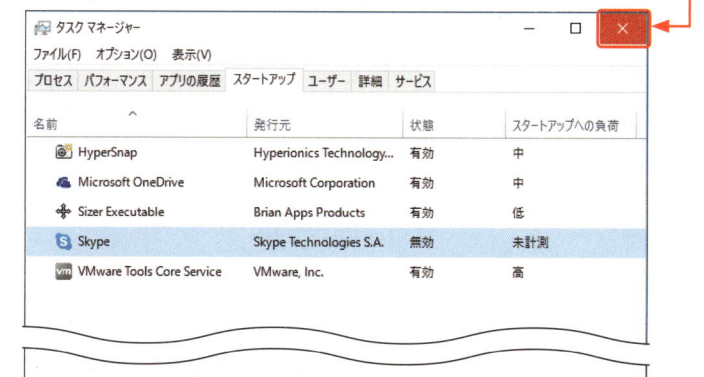

Hint スタートアッププログラムの見方

＜スタートアップ＞タブで示される「状態」は、＜有効＞＜無効＞の2種類です。左の操作で切り替え可能です。また、画面一番右の＜スタートアップへの負荷＞は、＜高＞＜中＞＜低＞＜なし＞＜未測定＞の5種類があり、アプリ起動時の負荷を示します。負荷が高いアプリを優先的に整理対象に加えましょう。

Memo 再有効も可能

一度無効にしたスタートアッププログラムを再び有効にするには、無効済みのスタートアッププログラムを選択して、＜有効にする＞をクリックします。設定後にWindows 10や周辺機器が意図しない動作をする場合は、再度、有効にしてください。

Section
202

個人用ファイルを自動的に
バックアップする

キーワード ▶ ファイル履歴

Windows 10 はドキュメントや写真といったユーザーファイルを定期的にバックアップする、ファイル履歴という機能を備えています。誤ってファイルを削除した場合でも、バックアップした時期によって異なるバージョンのファイルを復元できるため、誤って上書き保存したときも安心です。

1 ファイル履歴を有効にする

第1章 Windows 10 をはじめよう
第2章 Windows 10 の基本操作
第3章 ファイルとフォルダー
第4章 インターネット
第5章 Outlook.com
第6章 「メール」アプリ
第7章 アプリの利用
第8章 データの活用
第9章 音楽/写真/ビデオ
第10章 タブレットモード
第11章 文字入力の基本
第12章 <スタート>メニュー
第13章 デスクトップ
第14章 ネットワーク
第15章 管理/セキュリティ
第16章 周辺機器の利用
第17章 トラブル対策
第18章 インストールと初期設定
付録

Memo バックアップ用ストレージが必要

ここでは、あらかじめバックアップ先となるストレージを用意してください。パソコン内やネットワーク上のハードディスクが使用可能です。外付けUSBハードディスクも使用できますが、「ファイル履歴」は一定時間ごとに自動バックアップを実行するため、常に外付けUSBハードディスクの電源を入れていなければなりません。

Key word ファイル履歴とは?

「ファイル履歴」は、一定時間ごとにドキュメントフォルダーなどを対象にバックアップを実行する機能です。ストレージ容量が許す限り、時間をさかのぼってファイルを復元することもできます。対象となるフォルダーは下記の通りです。

- OneDrive
- アドレス帳
- ダウンロード
- デスクトップ
- ドキュメント
- ビデオ
- ピクチャ
- ミュージック
- リンク
- 検索
- 保存したゲーム
- ユーザーが指定したフォルダーなど

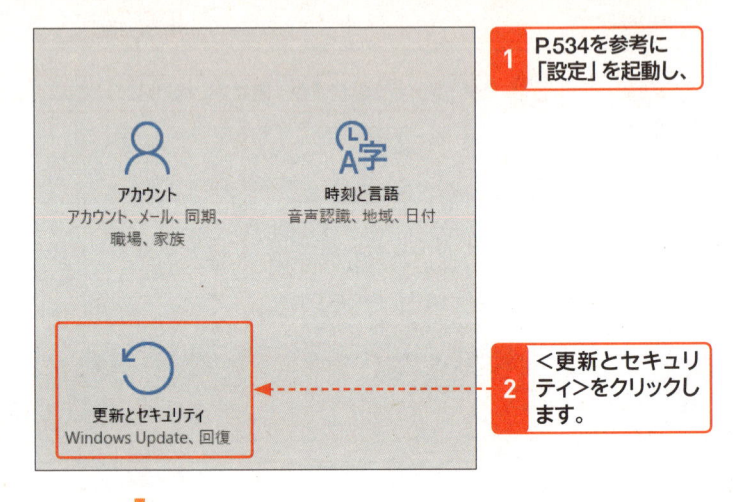

1 P.534を参考に「設定」を起動し、

2 <更新とセキュリティ>をクリックします。

3 <バックアップ>をクリックし、

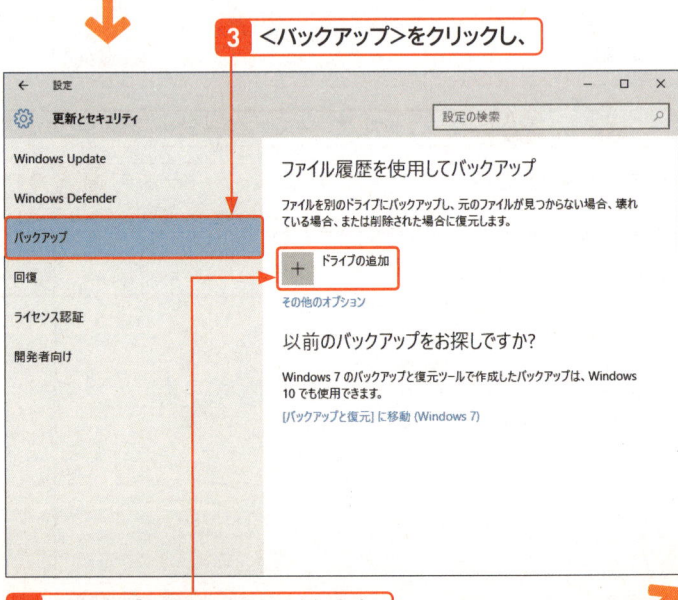

4 <ドライブの追加>をクリックします。

5 使用するドライブが表示されるので、こちらをクリックします。

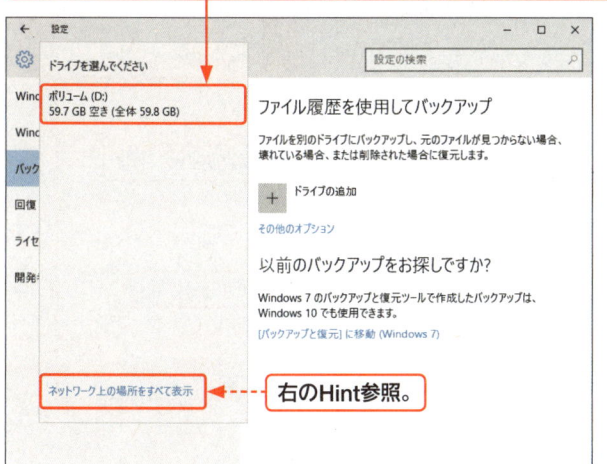

右のHint参照。

6 ファイル履歴が有効になりました。

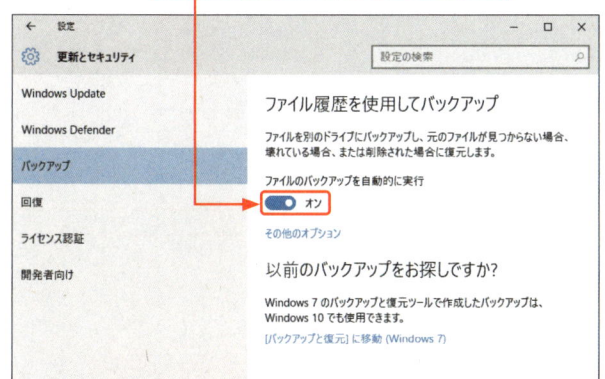

2 バックアップするフォルダーを追加する

1 <その他のオプション>をクリックし、

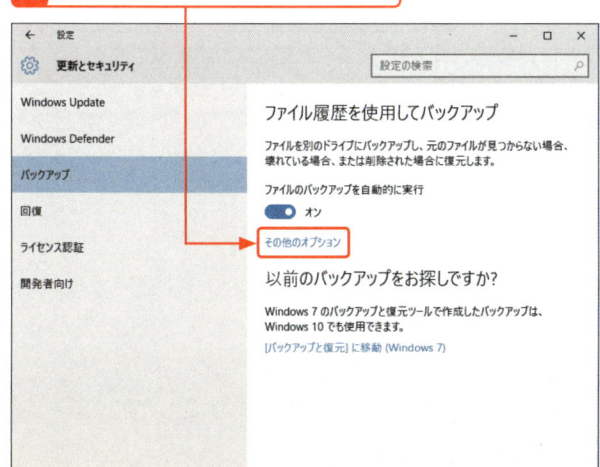

Memo バックアップ先は常に電源を入れておく

ファイル履歴は10／15／30分、1／3／6／12／24時間ごとにバックアップを自動的に実行します。そのためバックアップ先のストレージが外付けUSBハードディスクなどの場合、常に電源を入れておく必要があります。

Hint ドライブが表示されない場合

パソコン環境によっては、バックアップ先となるドライブがうまく検出されない場合があります。その際は<ネットワーク上の場所をすべて表示>をクリックし、LAN上のパソコンなどに作成した共有フォルダーを選択してください。

Memo バックアップ先を変更する

容量の問題などから、バックアップ用ストレージを変更する場合は手順**6**の画面にある<その他のオプション>→<ドライブの使用を停止>の順にクリックします。そのあとは手順**4**から操作を行ってください。なお、以前のバックアップデータは再設定したバックアップが完了してから削除しましょう。

Memo フォルダーを追加する

ここでは既存のバックアップ対象フォルダーに加えて、ユーザーが指定したフォルダーをバックアップ対象に加える方法を解説します。たとえばピクチャフォルダー以外にため込んだ画像ファイルなどがある場合は、ここでの解説を参考にして新たにフォルダーを追加してください。

Memo　バックアップ先ディスク

LAN上にNAS（ネットワーク接続のハードディスク）などがある場合は、NAS上の共有フォルダーをバックアップ先として選択すると便利です。

Hint　今すぐバックアップする

ファイル履歴の設定を行っても、すぐにバックアップは実行されません。あらかじめ1時間に設定されているため、それまで待つか、急ぐ場合は＜今すぐバックアップ＞をクリックしてください。

Hint　バックアップ先の容量が足りない場合

バックアップ先として選択したドライブを別の用途に使っているなど、空き容量に不安が残る場合は、＜バックアップを保持＞をクリックし、表示されるメニューから適切な保存期間（1／3／6／9／12／24か月）を選択してください。

Memo　追加したフォルダーを削除するには

手順 5 のフォルダーをクリックすると現れる＜削除＞をクリックすると、追加したフォルダーを削除できます。

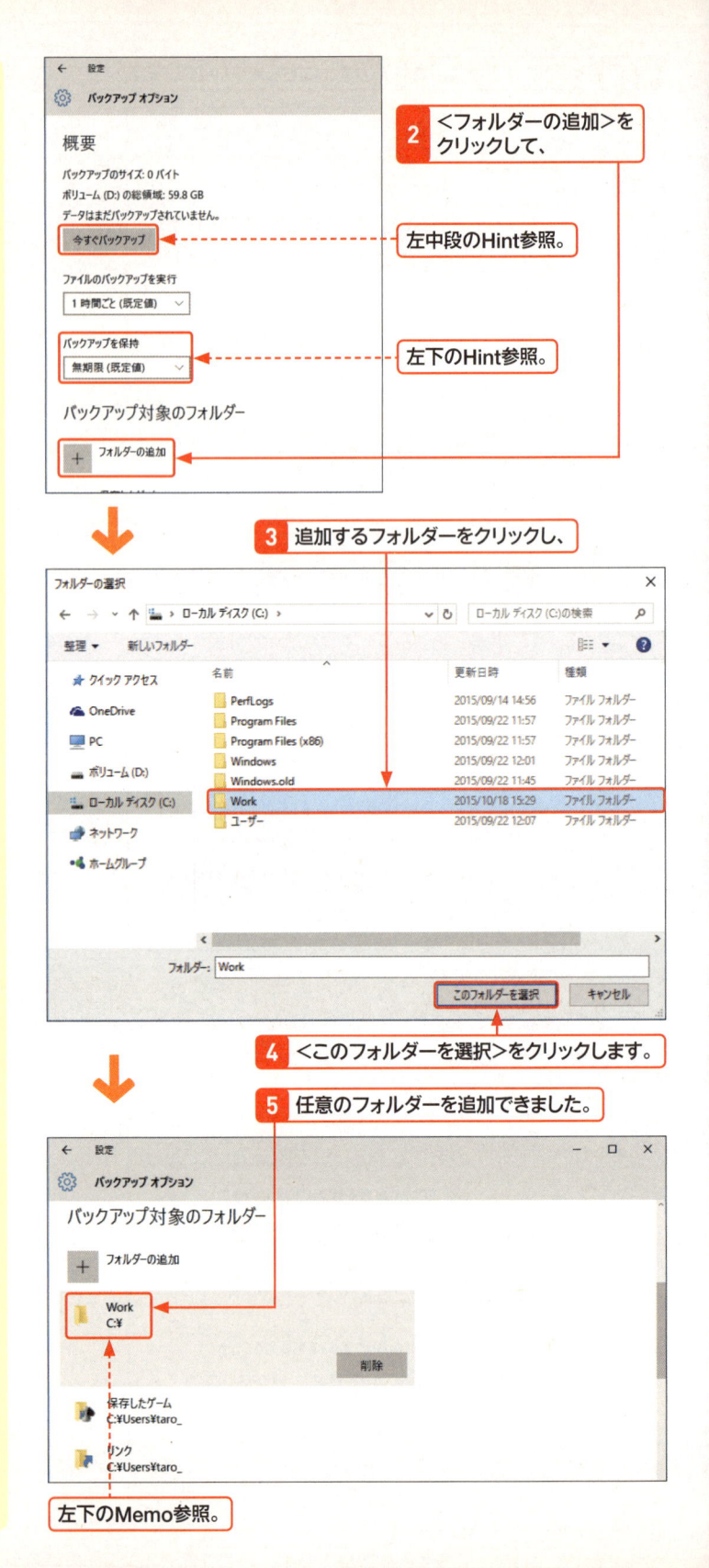

2 ＜フォルダーの追加＞をクリックして、

左中段のHint参照。

左下のHint参照。

3 追加するフォルダーをクリックし、

4 ＜このフォルダーを選択＞をクリックします。

5 任意のフォルダーを追加できました。

左下のMemo参照。

3 バックアップしたファイルを復元する

1 P.535を参考にコントロールパネルを開き、

2 <システムとセキュリティ>をクリックして、

3 <ファイル履歴>をクリックします。

4 <個人用ファイルの復元>をクリックし、

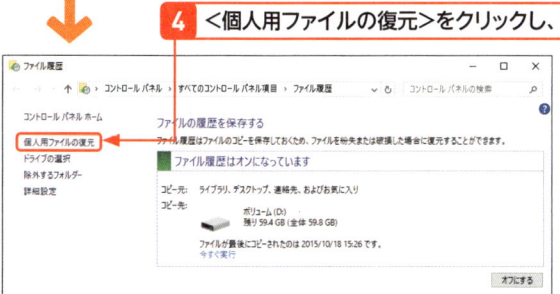

5 復元するファイル／フォルダーをクリックして（ここでは<ピクチャ>）、

右下のHint参照。

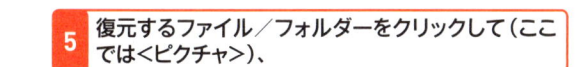

右上のHint参照。

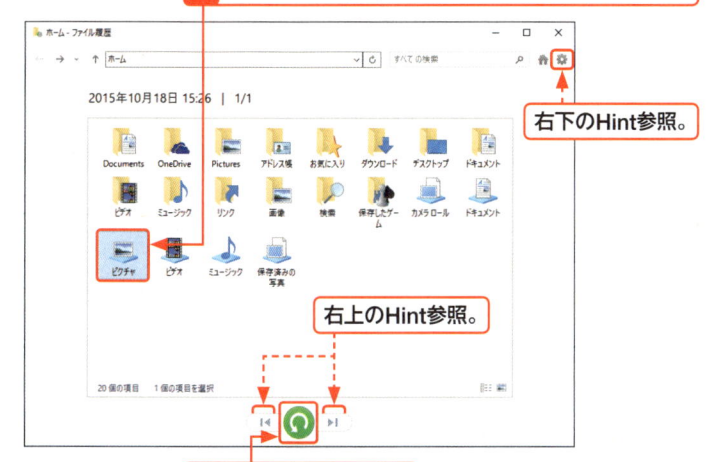

6 をクリックすると、

7 復元したフォルダーがエクスプローラーで開きます。

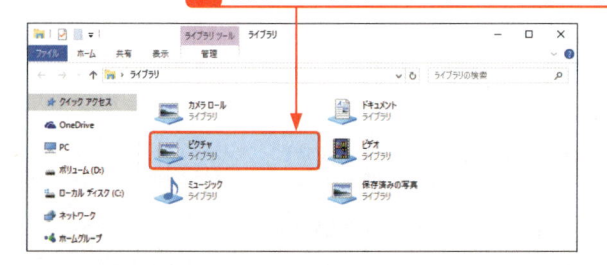

Hint 過去のバージョンを参照する

ファイル復元のコントロール部分にある ｜◀<前のバージョン>と▶｜<次のバージョン>をクリックすることで、古いバックアップデータ、もしくは新しいバックアップデータを参照できます。

Memo 復元時に「ファイルの置換またはスキップ」が現れる

復元操作はバックアップデータをエクスプローラーでもとのフォルダーに書き込みます。そのため、復元先に同じ名前のファイルがある場合は、「ファイルの置換またはスキップ」ダイアログボックスが表示されます。通常は<ファイルを置き換える>をクリックして上書きによる復元を実行してかまいませんが、気になる場合は<ファイルごとに決定する>をクリックして動作を選択してください。

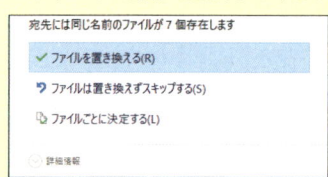

Hint もとの場所以外に復元する

ファイル履歴の復元は、もとのフォルダー以外にデスクトップなどの指定したフォルダーにバックアップデータを復元できます。あらかじめ復元するファイルやフォルダーを選択してから、⚙をクリックし、表示されるメニューから<復元場所の選択>をクリックして、復元先フォルダーを選択してください。

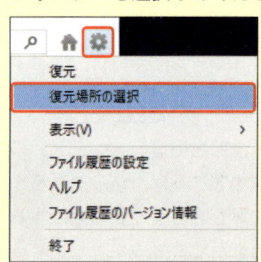

フィードバックとバックグラウンドアプリを制限する

キーワード ▶ バックグラウンドアプリ／フィードバック

Windows 10はアプリがバックグラウンドで動作することを通常、許可しており、情報の受信や通知の送信などを行います。パソコンを使っていない状態でも電力を消費するため、バッテリーで駆動するパソコンの場合は設定を見直しましょう。ここではフィードバックに関する設定も併せて解説します。

1 バックグラウンドアプリを制限する

Key word バックグラウンドとは？

「バックグラウンド」とは、ユーザーが選択していない項目や操作を行っていないにもかかわらず、自動で動作するアプリやサービスの動作を指します。なお、対義語は「フォアグラウンド」です。

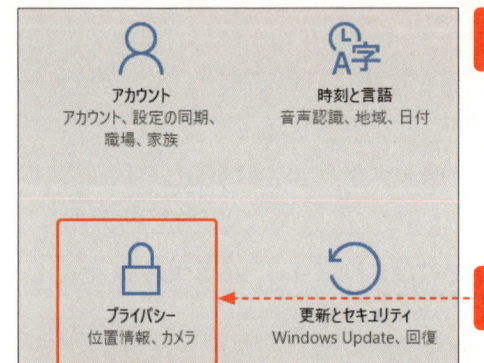

1 P.534を参考に「設定」を起動し、

2 ＜プライバシー＞をクリックして、

3 ＜バックグラウンドアプリ＞をクリックします。

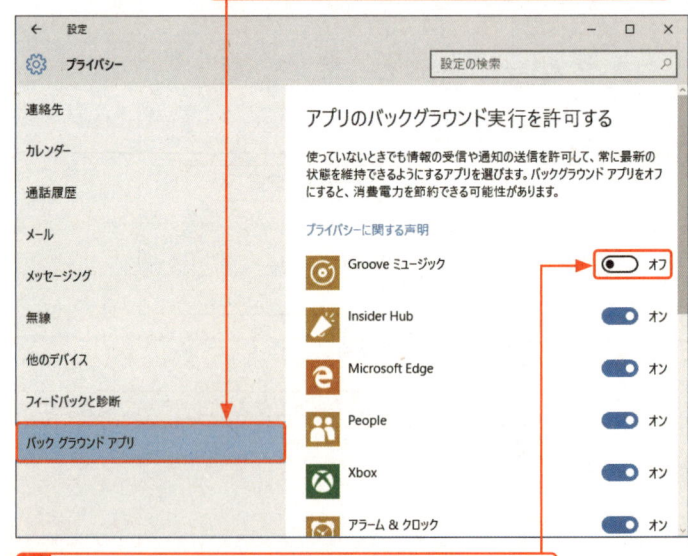

Hint 有効にすべきバックグラウンドアプリ

たとえば「メール」や「電話」などバックグラウンドで情報を受信し、ユーザーの操作をうながすアプリは、バックグラウンド実行を許可しましょう。無効にすると通知が行われなくなります。

4 制限するアプリ（ここでは＜Grooveミュージック＞）の ●━ をクリックして ━● に切り替えます。

以上でバックグラウンドアプリがオフになります。

2 フィードバックの頻度を変更する

1 ＜フィードバックと診断＞をクリックし、

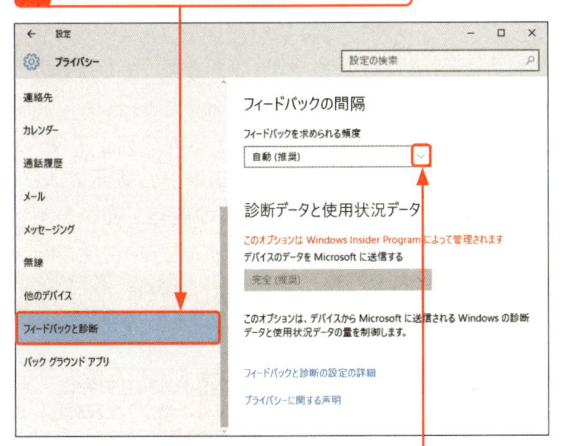

2 ∨をクリックして、

3 任意の頻度をクリックします（ここでは＜週に1回＞）。

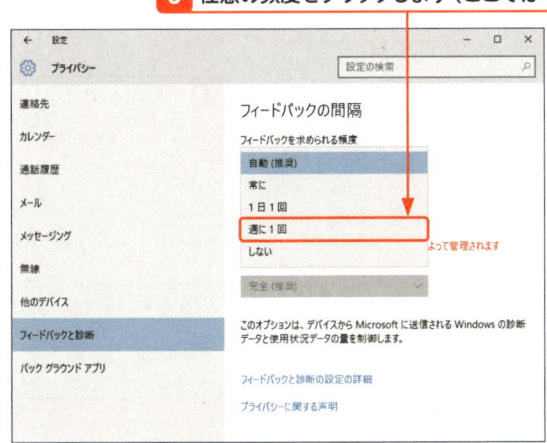

4 フィードバックの頻度を変更できました。

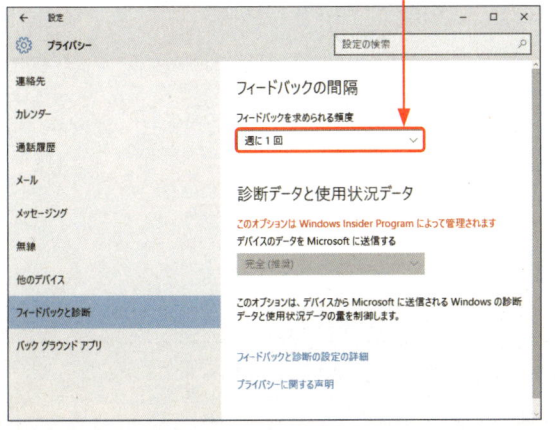

Key word フィードバックとは？

Windows 10は過去のWindows OSと異なり、ユーザーの意見を取り入れながら進化するOSです。そのため、定期的にWindows 10が備える機能やアプリの動作などに関して意見を求める通知が表示されます。この操作をマイクロソフトは「フィードバック」と呼んでいます。

Memo フィードバックの適切な頻度

フィードバックは、あらかじめ＜自動＞が選択されているように、マイクロソフトが必要するタイミングでフィードバックリクエストが表示されるように設定されています。これを煩雑に感じる場合は＜週に1回＞などを選びましょう。＜しない＞を選択すれば表示されなくなりますが、自身の評価が送信されないため、使いにくい部分があっても改善される可能性は低くなります。

Section
204
パソコンのバックアップを作成する

キーワード ▶ バックアップと復元（Windows 7）

Windows 10が備えるバックアップ機能として、各ドライブを含んだシステム全体をバックアップする「バックアップと復元（Windows 7）」があります。P.628で解説したファイルのバックアップと復元はユーザーファイルだけが対象となるため、システム全体のバックアップを行う場合はこちらの機能を使います。

1 自動的にバックアップを作成する

Memo バックアップの必要性

本来Windows 10はシステム全体のバックアップを推奨していません。その理由は、Windows アプリは「ストア」から再インストールし、ユーザーデータは「ファイル履歴」で補えるというポリシーを持っているからです。しかし、私たちはデスクトップアプリを今でも使いますし、普段使うOfficeスイートもデスクトップアプリ版です。ユーザーデータはともかくデスクトップアプリの再インストールには手間がかかります。そのためファイル履歴だけではなく、システム全体を対象にしたバックアップ操作が必要になります。

Memo バックアップの準備

「バックアップと復元（Windows 7）」で行うバックアップには、バックアップする以上の空き容量を持つストレージが必要となります。バックアップデータはある程度圧縮されますが、世代によってバックアップデータが追加されるためです。たとえばバックアップ対象が100Gバイトであれば、バックアップ先は2倍の200Gバイト以上あると安心です。

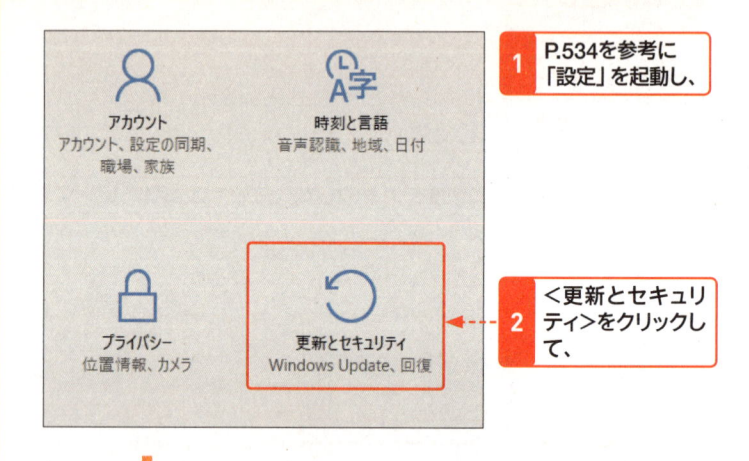

1 P.534を参考に「設定」を起動し、

2 ＜更新とセキュリティ＞をクリックして、

3 ＜バックアップ＞をクリックします。

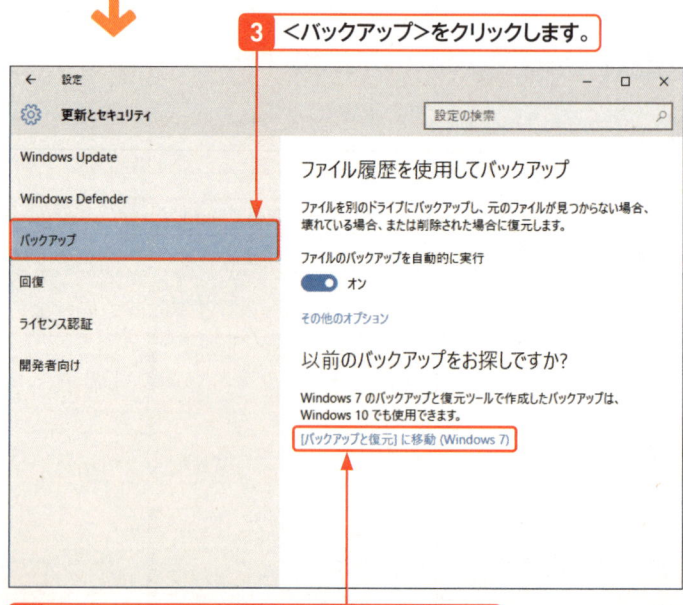

4 ＜［バックアップと復元］に移動（Windows 7）＞をクリックします。

5 ＜バックアップの設定＞をクリックし、

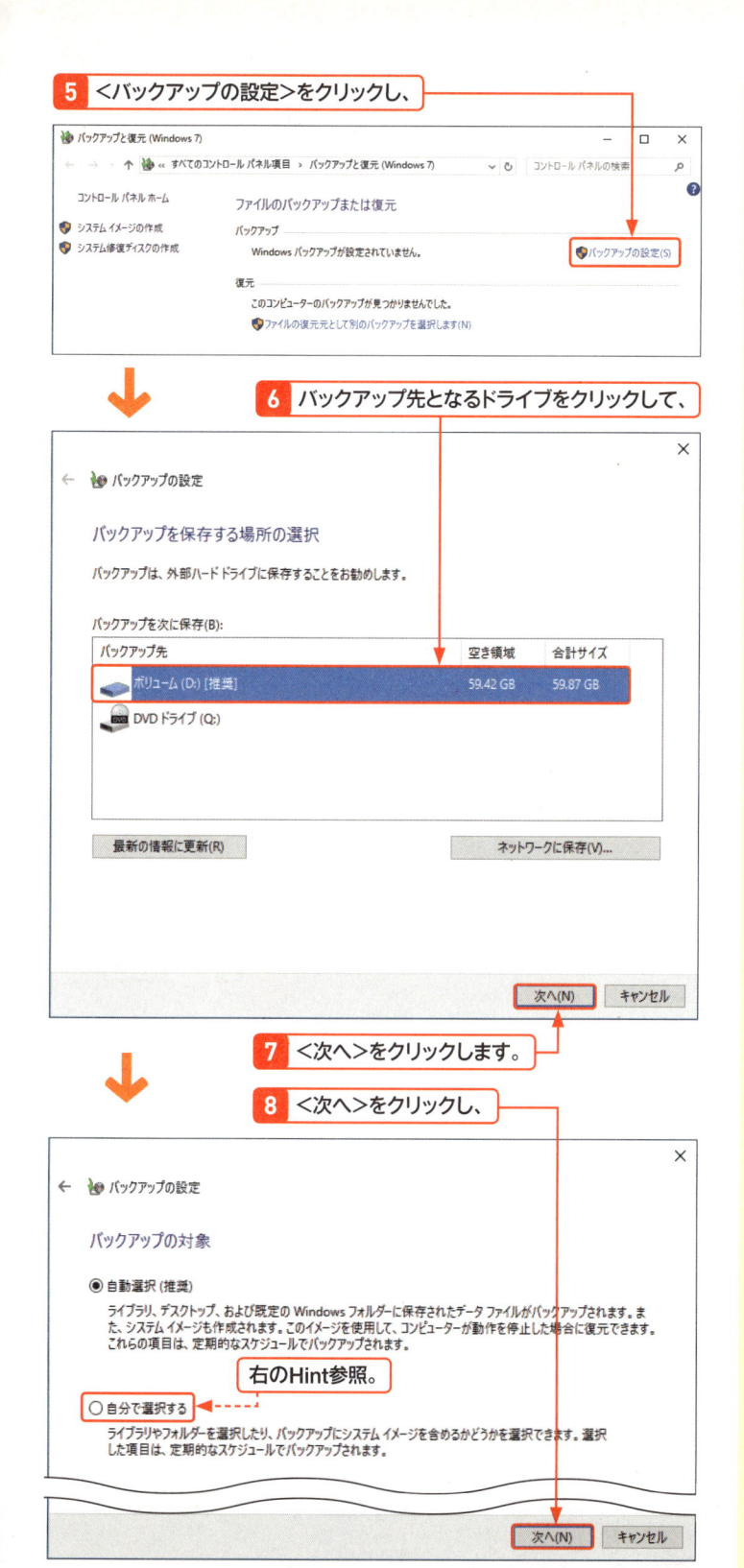

6 バックアップ先となるドライブをクリックして、

7 ＜次へ＞をクリックします。

8 ＜次へ＞をクリックし、

右のHint参照。

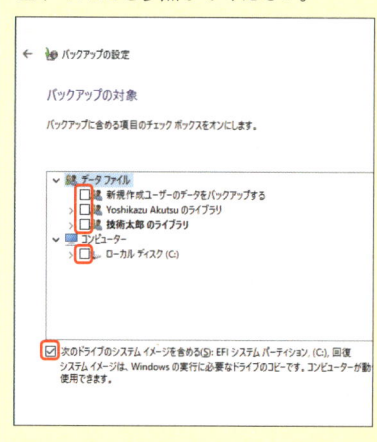

Hint 自動的にシステムイメージだけを作成する

一部の機能は正しく動作しないため、手順 **8** の設定画面で＜自分で選択する＞を選び、表示される画面で各チェックボックスをクリックして□にし、＜次のドライブのシステムイメージを含める＞だけを選択した状態でウィザードを操作すると、システムイメージだけを作成することができます。詳しくは、P.636 左下のHintを参照してください。

Memo システムイメージが作成できない？

バックアップ先となるストレージのフォーマットによっては、システムイメージを作成できないことがあります。その際はハードディスクをNTFS形式（フォーマット方式）で再フォーマットしてください。

第 1 章
Windows 10
をはじめよう

第 2 章
Windows 10
の基本操作

第 3 章
ファイルと
フォルダー

第 4 章
インター
ネット

第 5 章
Outlook.
com

第 6 章
[メール]
アプリ

第 7 章
アプリの
利用

第 8 章
データの
活用

第 9 章
音楽／写真
／ビデオ

第10章
タブレット
モード

第11章
文字入力
の基本

第12章
[スタート]
メニュー

第13章
デスクトップ

第14章
ネットワーク

第15章
管理・
セキュリティ

第16章
周辺機器
の利用

第17章
トラブル
対策

第18章
インストール
と初期設定

付　録

Memo バックアップを中止する

バックアップを途中で中止したい場合は、＜詳細の表示＞をクリックし、表示される画面で＜バックアップの停止＞をクリックします。

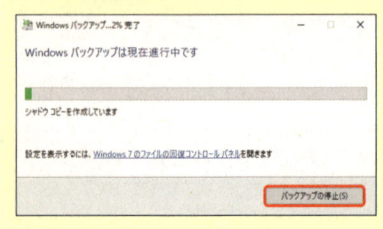

Hint 定期的なバックアップを停止する

バックアップ時はパソコンに一定の負荷がかかるため、その間は重い作業を実行できません。スケジュール設定を一時的に無効にする場合は＜スケジュールを無効にする＞をクリックします。

Hint 任意の場所にシステムイメージを作成する

手順11の画面にある＜システムイメージの作成＞をクリックすると、システムイメージのバックアップ先としてハードディスクやDVD/BDドライブ、ネットワーク上の共有フォルダーを選択できます。

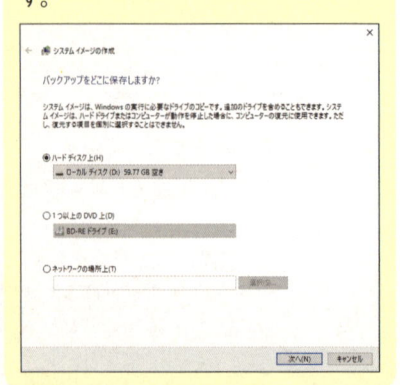

9 ＜設定を保存してバックアップを実行＞をクリックします。

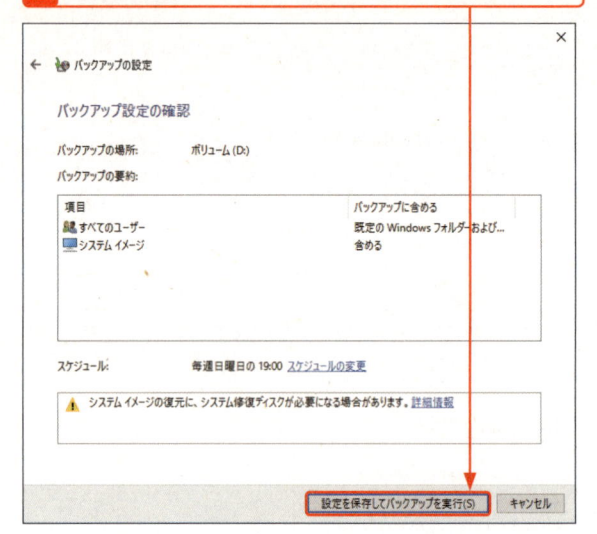

10 バックアップが開始されます。

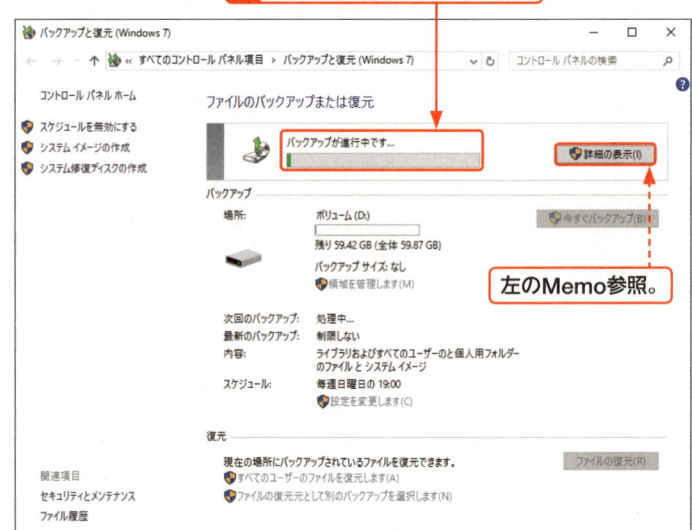

左のMemo参照。

11 バックアップが完了後します。

左下のHint参照。

左中段のHint参照。

2 スケジュール設定を変更する

1 ＜設定を変更します＞をクリックすると、

2 左ページの手順**9**と同じ設定画面が表示されるので、

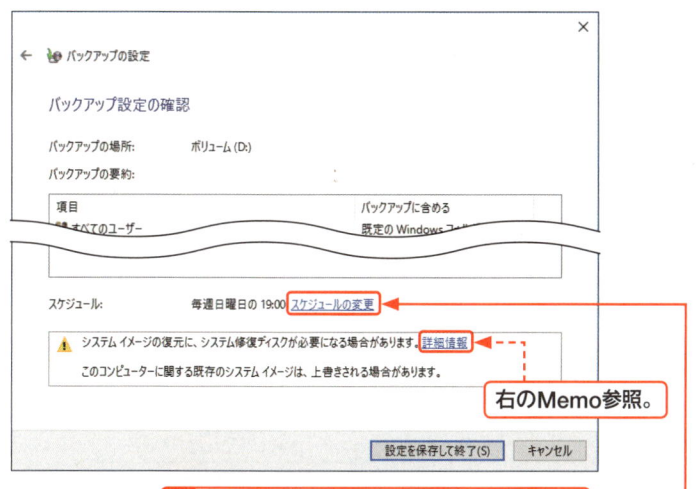

右のMemo参照。

3 ＜スケジュールの変更＞をクリックします。

4 ＜頻度＞の ✓ をクリックし、

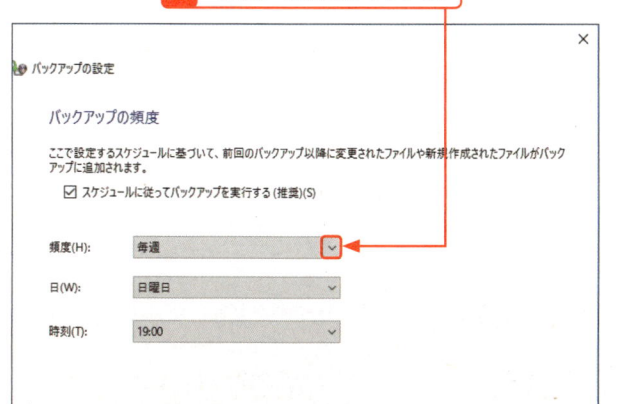

Hint スケジュール設定の ポイント

今回はシステムイメージを含めたバックアップを行っているので、スケジュールで注意すべきは「頻度」でしょう。あらかじめ設定されている＜毎週＞では文字通り毎週数10分の（バックアップ実行における）システムダウンが発生するため、＜毎月＞に変更することをおすすめします。

Memo ＜詳細情報＞は クリックしない

手順**2**の画面に表示される＜詳細情報＞では、左横に「システムイメージの復元に、システム修復ディスクが必要」な旨を示していますが、クリックしても表示されるページは、「Windows 10でヘルプを表示する方法」のため、クリックする必要はありません。

Hint スケジュールバックアップを行わない

手順**4**の画面にある＜スケジュールに従ってバックアップを実行する＞のチェックボックスをクリックして□にすると、スケジュール設定が無効になります。

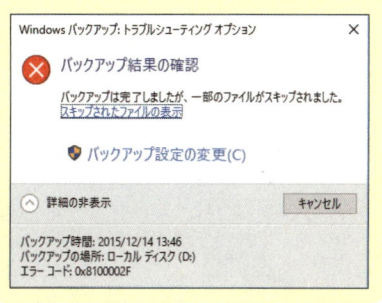

第1章
Windows 10
をはじめよう

第2章
Windows 10
の基本操作

第3章
ファイルと
フォルダー

第4章
インター
ネット

第5章
Outlook.
com

第6章
「メール」
アプリ

第7章
アプリの
利用

第8章
データの
活用

第9章
音楽/写真
/ビデオ

第10章
タブレット
モード

第11章
文字入力
の基本

第12章
＜スタート＞
メニュー

第13章
デスクトップ

第14章
ネットワーク

第15章
管理/
セキュリティ

第16章
周辺機器
の利用

第17章
トラブル
対策

第18章
インストール
と初期設定

付　録

Hint　実行日時は要注意

スケジュールバックアップを有効にする場合は、実行日と実行時刻に注意しましょう。実行日は月初めなど覚えやすい日を指定し、時刻は利用環境に合わせてパソコンを使っていない時間帯を指定することをおすすめします。

5 バックアップを実行するタイミングをクリックして選択します（ここでは＜毎月＞）。

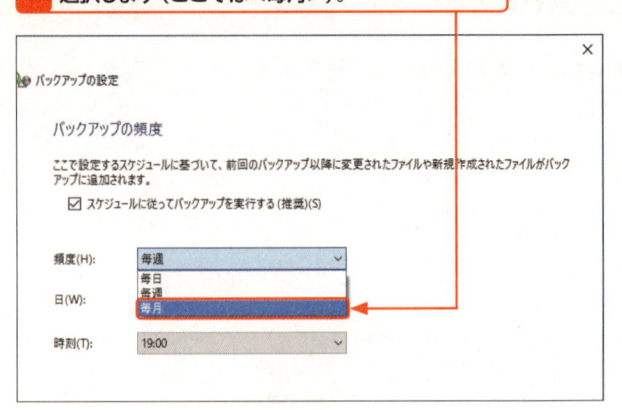

6 ＜毎月＞に変更した場合、日付の選択も必要なるので同様の手順で指定します。

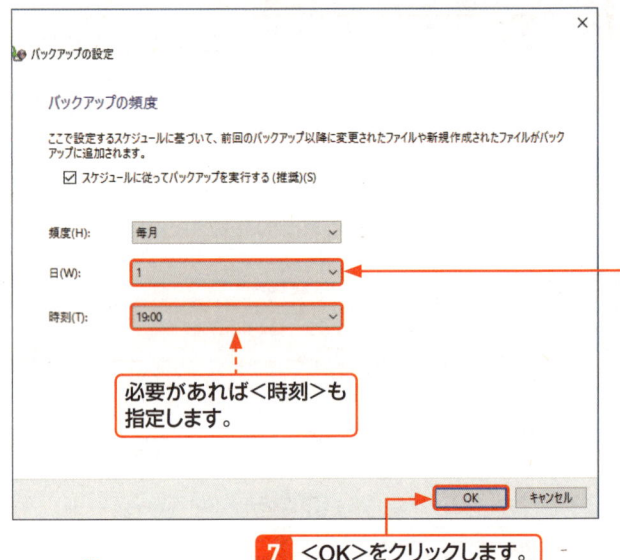

必要があれば＜時刻＞も指定します。

7 ＜OK＞をクリックします。

8 ＜設定を保存して終了＞をクリックします。

Memo　Windows 10では完全稼働しない

手順 **8** の操作を終えると「バックアップと復元（Windows 7）」の画面に戻り、次回のバックアップ予定日などが示されます。

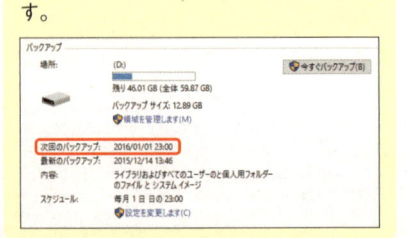

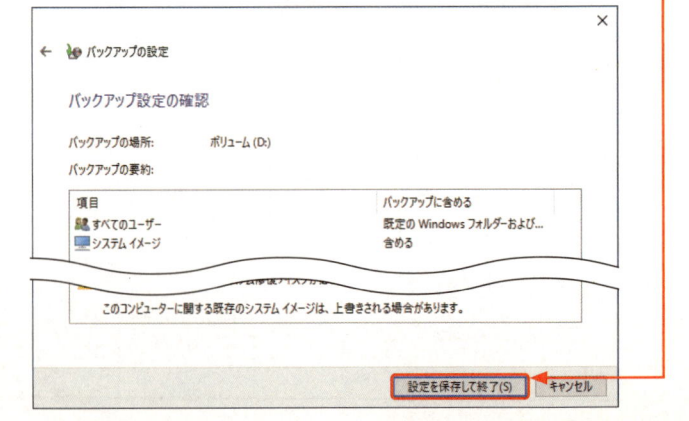

Hint バックアップと復元（Windows 7）について

イメージバックアップとは、Windows全体やProgram Filesフォルダーなどを含めたドライブを丸ごとバックアップする操作を指します。ここではユーザーファイル単位でのバックアップも含んでいるため、手順**3**の画面のように一部のファイルはバックアップできなかったとしても、システム自体はバックアップできるというわけです。

そもそも前バージョンとなるWindows 8または8.1は、システムを初期状態に戻すリカバリー機能を備えたことで、イメージバックアップ作成機能を削除しましたが、Windows 10はユーザーの要望に応えて復活させました。しかし、機能的な変更などは一切加えていないため、「バックアップと復元（Windows 7）」という名称になっています。その結果、互換性の問題が残り、手順**5**の画面のように一部のファイルが正しくバックアップされないという現象が発生します。つまり、「C:¥Windows¥System32¥config¥systemprofile¥Documents」および「C:¥Windows¥System32¥config¥systemprofile¥Picture」フォルダーはWindows 10には存在しないため、このようなエラーメッセージが表示される結果となるのです。以上の点から、「バックアップと復元（Windows 7）」は主にイメージバックアップ作成ツールとして利用するとよいでしょう。

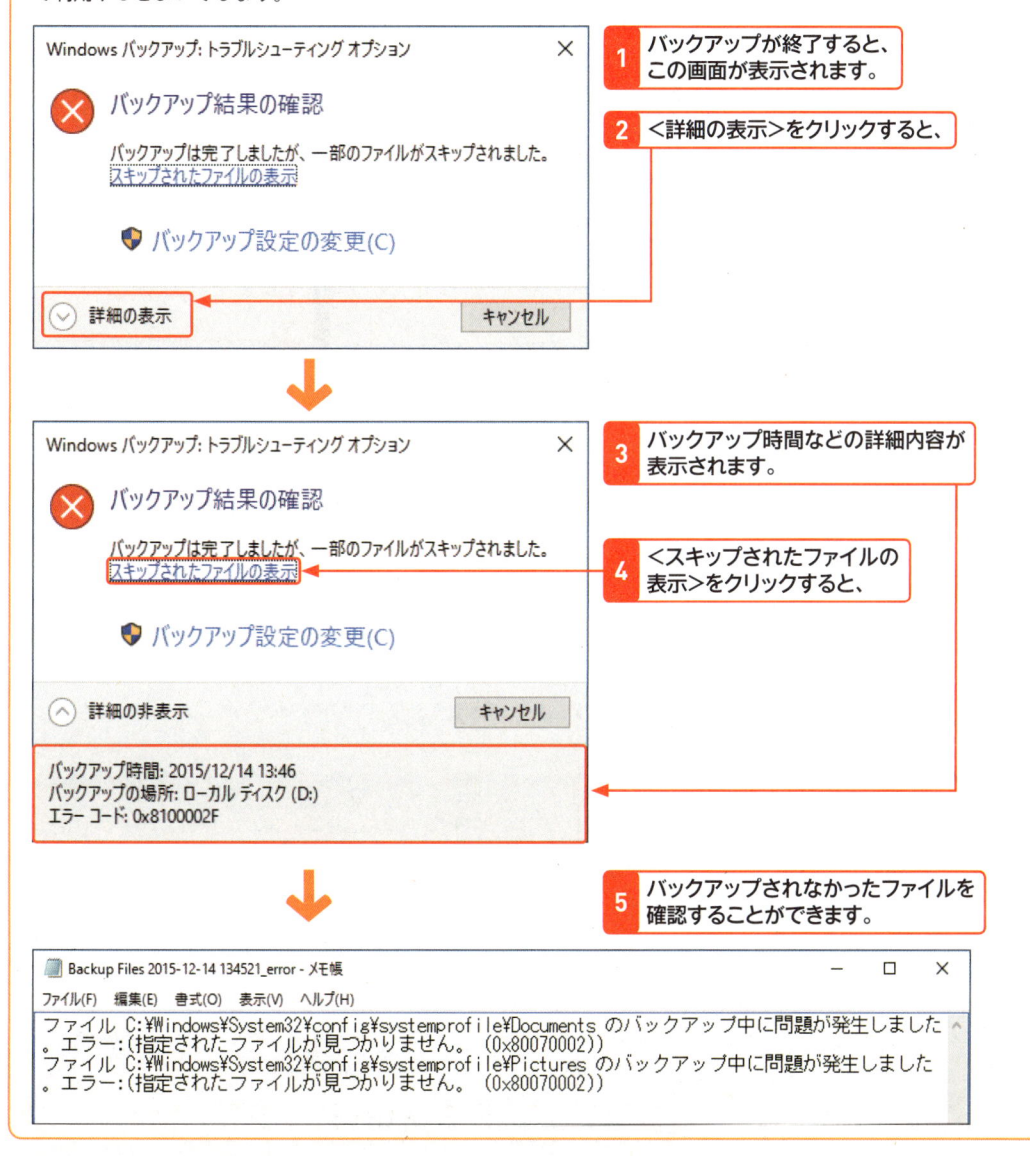

Section 205 システム修復ディスクを作成する

キーワード ▶ システム修復ディスク

パソコンが起動しなくなった場合、バックアップデータがあれば復元可能ですが、その際はシステム修復ディスクが必要です。残念ながら「バックアップと復元（Windows 7）」は古い機能のため、CD/DVDメディアに対してしか作成できません。光学ドライブが搭載されていない場合は新たに用意してください。

1 システム修復ディスクを作成する

Memo システム修復ディスク

パソコンが起動しなくなった場合、Windowsの回復やシステムイメージを用いた復元操作などを行うWindows RE（回復環境）を作成します。

Hint CD-Rで十分

システム修復ディスクの内容は、350MB程度なのでDVDやBlu-rayメディアを用意する必要はありません。

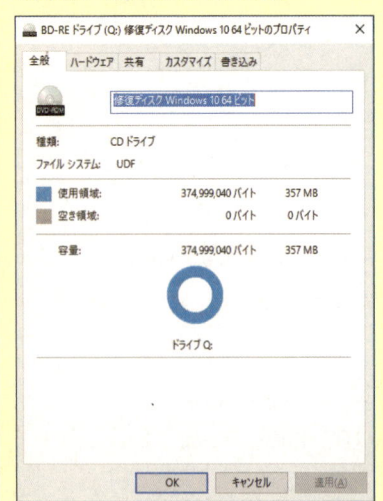

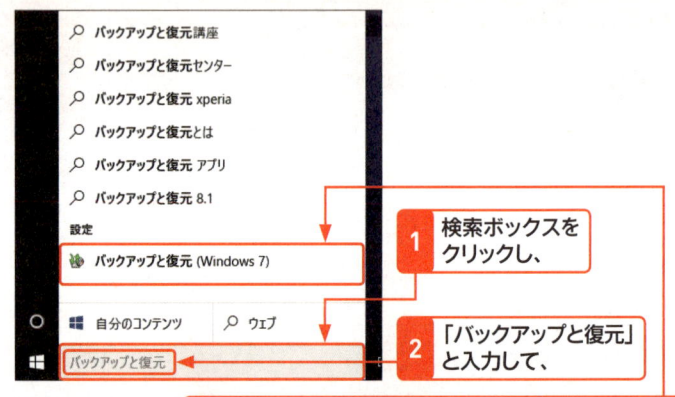

1 検索ボックスをクリックし、

2 「バックアップと復元」と入力して、

3 <バックアップと復元（Windows 7）>をクリックします。

4 メディアを光学ドライブにセットし、

5 <システム修復ディスクの作成>をクリックします。

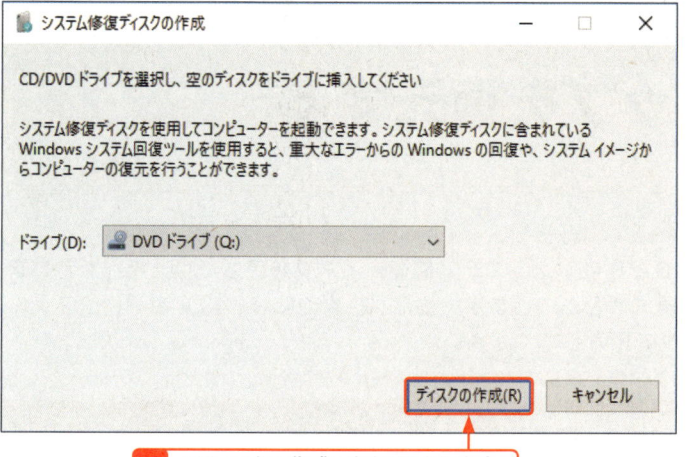

6 <ディスクの作成>をクリックします。

7 これでシステム修復ディスクの作成が始まります。

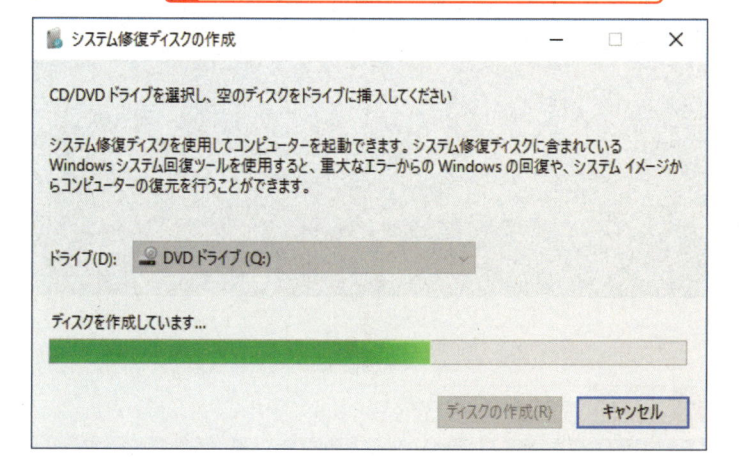

8 作成が完了したら<閉じる>をクリックし、

9 <OK>をクリックします。

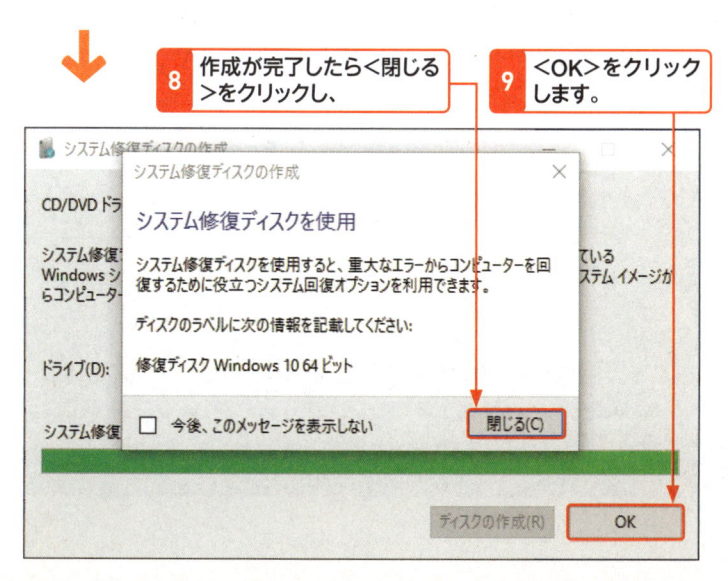

 Hint 回復ドライブとの違い

回復ドライブは、回復パーティションからのバックアップ機能が加わっていますが、それ以外はシステム修復ディスクと機能は同じです。光学ドライブが用意できない場合は、回復ドライブを作成して代用しましょう。なお、検索ボックスから「回復ドライブ」と検索し、<回復ドライブの作成>をクリックすれば、作成ウィザードが起動します。

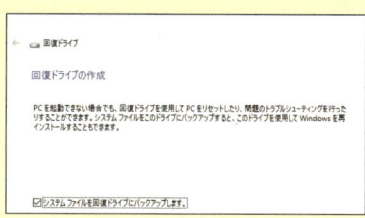

Memo システム修復ディスクの利用場面

ここで作成した「システム修復ディスク」は次ページから解説する「バックアップを復元する」で実際に使用します。また、パソコンが正しく起動しなくなった際のトラブルシューティングツールとしても使用可能です。

Memo システム修復ディスクが作成できない

お使いの環境によっては、システム修復ディスクが作成できない場合があります。手順 7 では、Windows 10が光学メディアに書き込むデータを準備しながら、光学ドライブに準備を促し、そして書き込みと検証を行います。この際の検証に失敗するとエラーコード「0xC0A A0007」が発生します。光学ドライブ側の問題なので、何度試しても同じ結果になる場合は光学ドライブの買い換えをおすすめします。

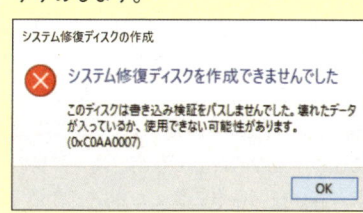

Section
206
バックアップを復元する

キーワード ▶ 復元

パソコンが起動しなくなった場合はP.640で作成したシステム修復ディスクを使って復元操作を行いましょう。バックアップした時点の状態に戻すことができます。ただし、事前にP.640を参考にシステム修復ディスクを作成するか、回復ドライブを用意してください。

1 システム修復ディスクから起動する

Memo 光学ドライブからの起動

ここでの手順を行う前に、起動デバイスの優先順位が光学ドライブに設定されているかどうか確認しておきます。使っているパソコンによっては起動デバイスの優先順位が異なるため、再設定が必要になる場合があります。一般的には、電源ボタンを押したあとに F2 キーや F12 キーを押し続けると現れる設定画面から設定しますが、詳しくはパソコン付属の取り扱い説明書をご覧ください。これらを確認・設定したら、システム修復ディスクを光学ドライブにセットした状態で、パソコンの電源を入れてください。

Memo それでも起動しない場合

最近のパソコンではUEFI（ハードウェアを制御するプログラム）を搭載しているため、独自のメニューからCD/DVD/BDといった光学ドライブからパソコンを起動するメニューを選択できます。具体的な操作はパソコンによって異なりますが、P.649の手順 1 ～ 4 を参考にして起動するか、詳しくはパソコン付属の取り扱い説明書をご覧ください。

1 システム修復ディスクからパソコンを起動し、任意のキーを押します。

```
Press any key to boot from CD or DVD..
```

2 <Microsoft IME>をクリックし、

キーボード レイアウトの選択

- Microsoft IME
- IBM アラビア語 238_L 用 US 英語テーブル
- US
- アイスランド語
- アイルランド語
- アゼルバイジャン語 キリル
- アゼルバイジャン語 ラテン
- アッサム語 - INSCRIPT
- アラビア語 (101)
- アラビア語 (102)
- アラビア語 (102) AZERTY
- アルバニア語

その他のキーボード レイアウトを表示

3 <トラブルシューティング>をクリックして、

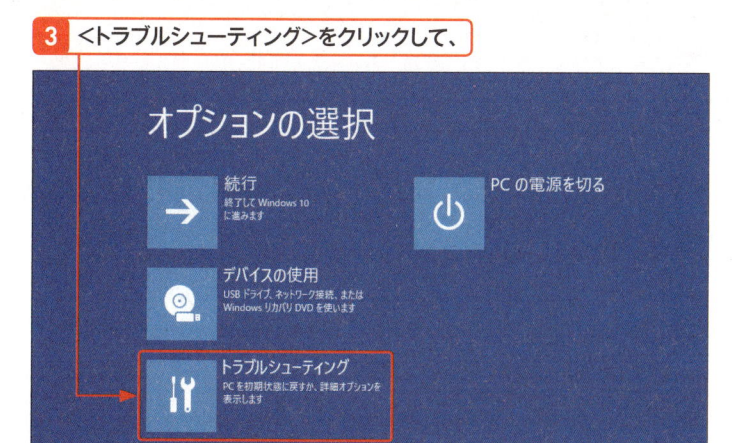

Memo 初期状態に戻すことも可能

手順**4**の画面で<このPCを初期状態に戻す>をクリックすると、個人用ファイル（ドキュメントやピクチャフォルダーなど）を保持した状態でシステムを初期状態に戻すか、すべて削除して初期状態に戻すかを実行できます。

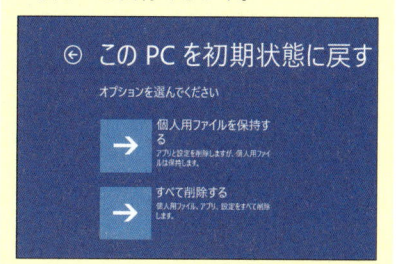

4 <詳細オプション>をクリックします。

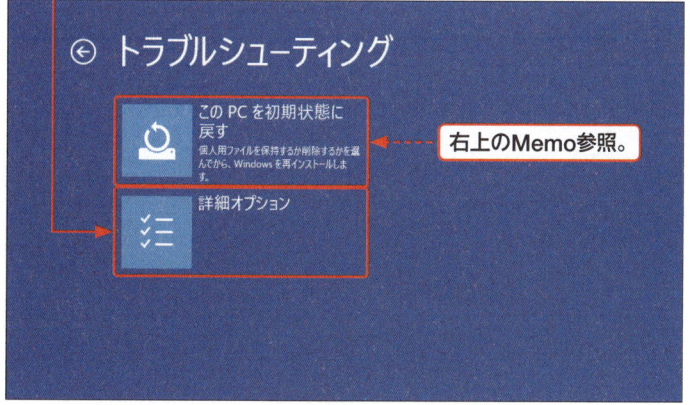

右上のMemo参照。

Memo 「詳細オプション」の操作

手順**5**の画面で<スタートアップ修復>をクリックすると、Windowsの起動を妨げている部分を修復します。<以前のビルドに戻す>をクリックすると、文字通り更新する前の以前のビルド（バージョン）に戻します。ただし、以前のWindowsに関するファイルが残っていない場合は、この項目自体表示されません。

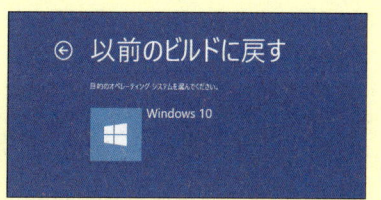

5 <イメージでシステムを回復>をクリックし、

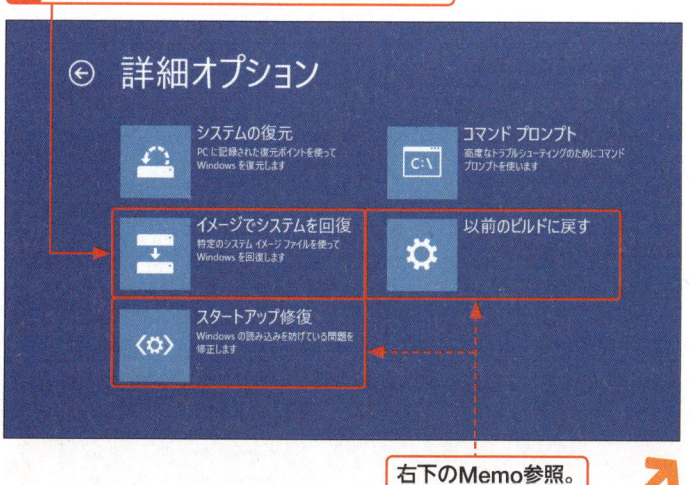

右下のMemo参照。

6 ＜Windows 10＞をクリックします。

2 バックアップを復元する

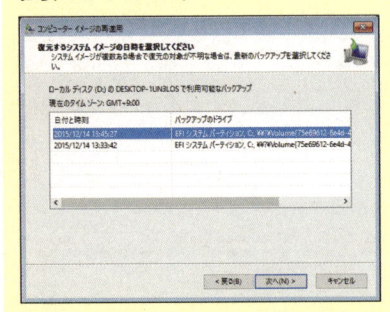

Hint　複数のシステムイメージがある場合

複数のバックアップデータ（システムイメージデータ）がある場合、手順 **1** の画面で＜システムイメージを選択する＞をクリックして選択することで、任意のバックアップデータを選択できます。ただし、通常は最新のバックアップデータが選択されるため、ユーザーが操作する必要はありません。

引き続き操作を続けます。

1 ＜次へ＞をクリックし、

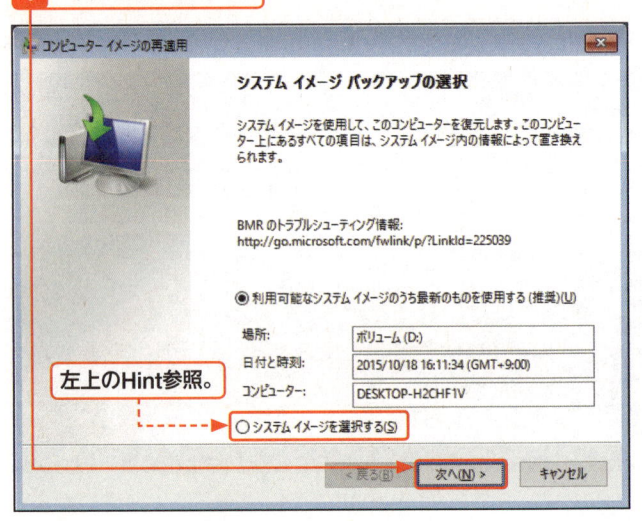

左上のHint参照。

2 ＜次へ＞をクリックして、

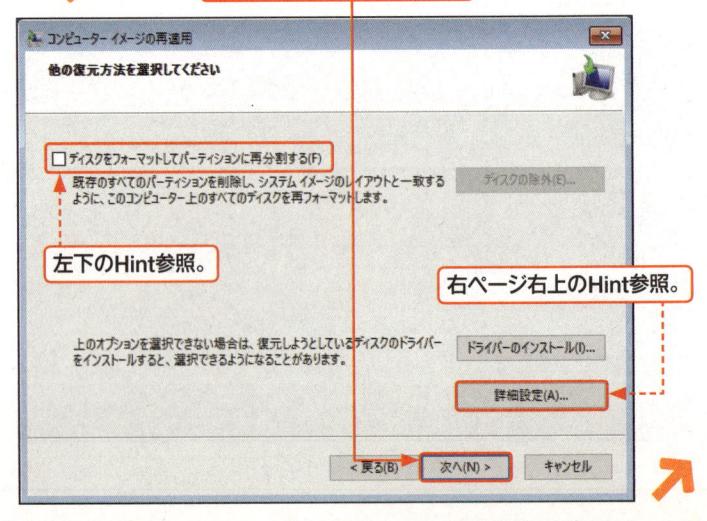

左下のHint参照。

右ページ右上のHint参照。

Hint　＜ディスクをフォーマットしてパーティションを再分割する＞

ストレージを換装するなどして、異なるサイズのストレージに復元操作を行う場合は、手順 **2** の画面で＜ディスクをフォーマットしてパーティションに再分割する＞をクリックして□を☑にして進めてください。

3 ＜完了＞をクリックすると、

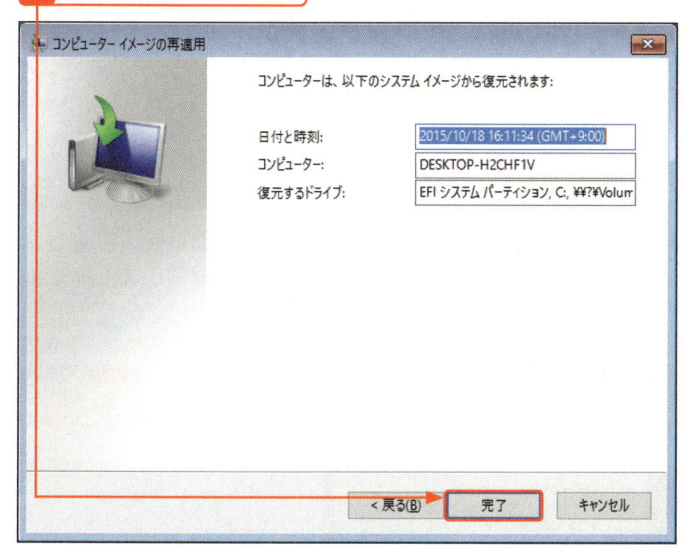

4 最後の確認を求められます。＜はい＞をクリックして、

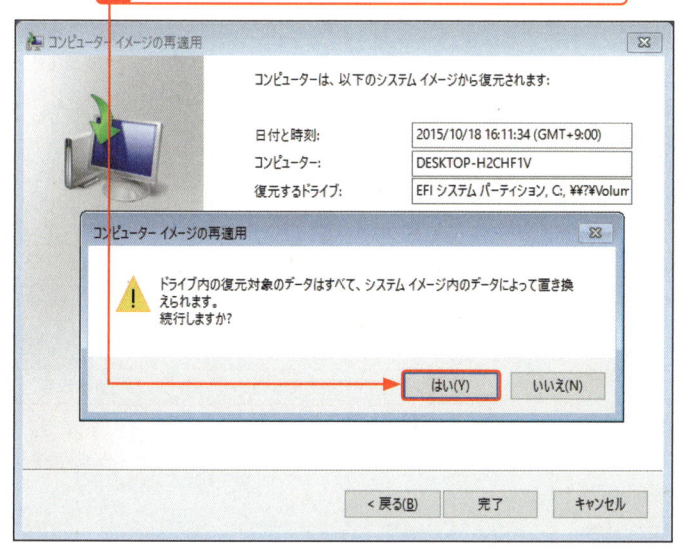

5 復元を実行します。　**6** パソコンは自動的に再起動します。

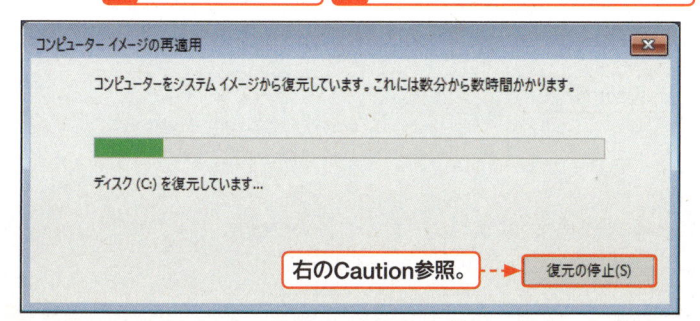

Hint 詳細設定の内容

前ページの手順**2**の画面で、＜詳細設定＞をクリックすると、復元完了後の自動再起動やストレージのエラーを事前にチェックする機能の有無を選択できます。ただし、これらは始めから有効になっているため、ユーザーが操作する必要はありません。

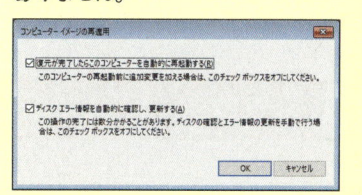

Hint ドライバーが必要な場合もある

復元操作時に必要となるストレージ用のデバイスドライバーがないと、パソコンが正しく動作しない場合があります。その際は、あらかじめUSBメモリーなどにデバイスドライバーをコピーし、パソコンに接続してから、＜OK＞をクリックすると表示される「ファイルを開く」からデバイスドライバーをインストールしてください。

Caution 途中で停止すると……

復元操作は利用しているパソコンのストレージ容量によって数時間かかることもあります。だからといって＜復元の停止＞をクリックすることはおすすめしません。このボタンをクリックすると確認をうながすメッセージが表示されます。ここで＜はい＞をクリックすると、復元の停止を示すメッセージが表示されます。＜閉じる＞ボタンをクリックすると、「オプションの選択」に戻りますが、復元操作途中でキャンセルしているため、多くの場合、パソコンは起動しなくなります。

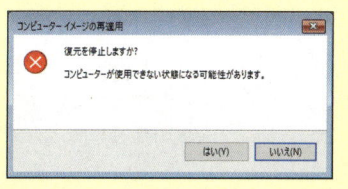

Section
207
トラブルシューティングを実行する

キーワード ▶ トラブルシューティング

Windows 10には原因不明のトラブルや意図しない動作が発生したとき、それを自動的に修正するトラブルシューティングという機能が用意されています。周辺機器やネットワークが突然動作しなくなった場合、まずはこの機能を使ってトラブル解決に取り組んでみましょう。

1 トラブルシューティングを起動する

Memo トラブルシューティングについて

Windows 10は多くの設定情報をレジストリと呼ばれるデータベース上に格納しています。さまざまな操作を行うことで、このレジストリは書き換えられていきます。「トラブルシューティング」はそうしたレジストリの設定を初期状態のあらかじめ決められていた値に戻し、システムファイルの整合性確認などを実行して、問題を解決するツールです。

Hint 一覧を表示する

手順 4 の画面の<すべて表示>をクリックすると、実行できるトラブルシューティングの一覧が表示されます。名前をクリックすることで、トラブルシューティングの実行画面を表示することができます。なお、一覧には「場所」という項目が用意されていますが、これはWebページで実行可能なトラブルシューティングが存在するためです。

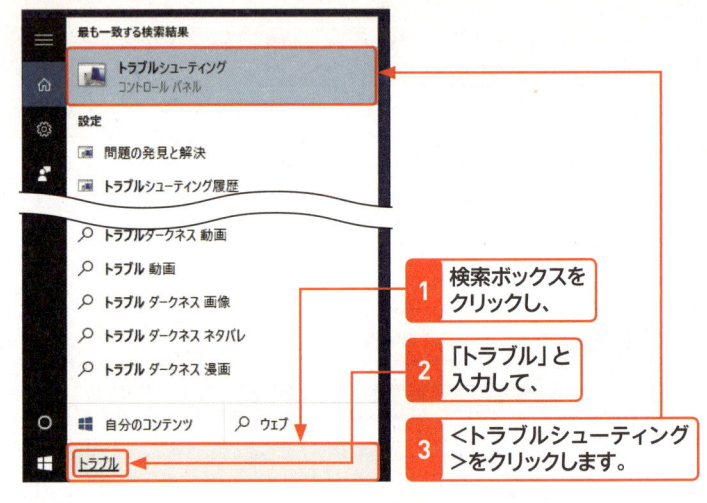

1 検索ボックスをクリックし、

2 「トラブル」と入力して、

3 <トラブルシューティング>をクリックします。

4 これでトラブルシューティングが起動します。

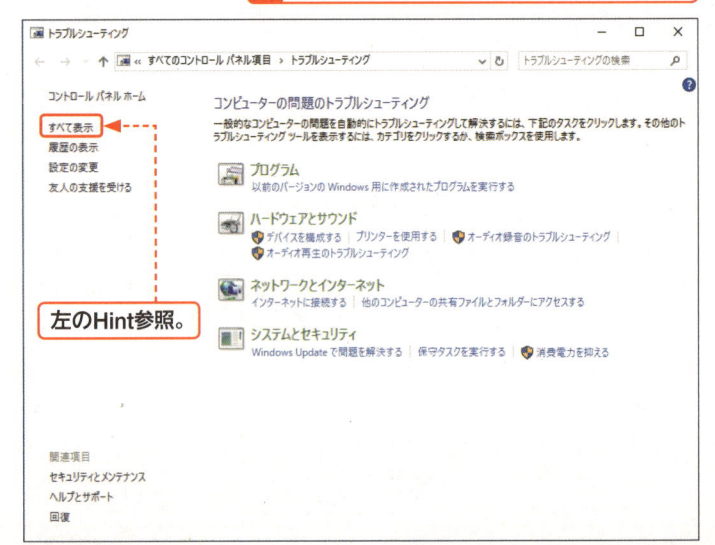

左のHint参照。

2 トラブルの履歴を表示する

1 ＜履歴の表示＞をクリックすると、

右上のHint参照。

2 過去に実行したトラブルシューティングを確認できます。

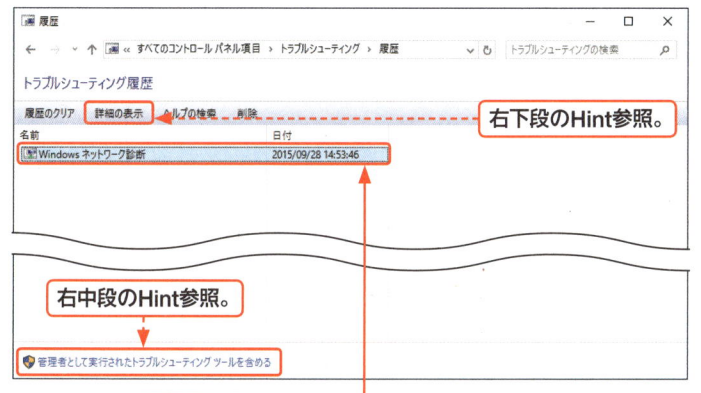

右下段のHint参照。

右中段のHint参照。

3 履歴をダブルクリックすると、

4 実行時に表示される、詳細なトラブルシューティングレポートを確認することができます。

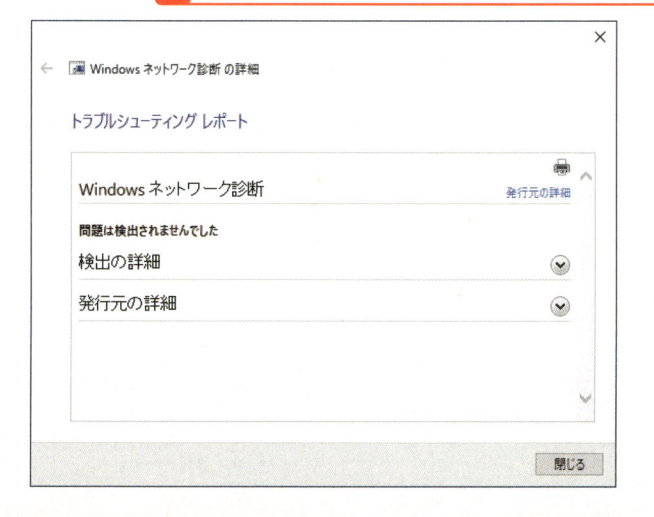

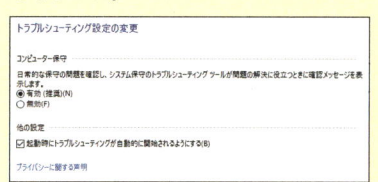

Hint 設定を変更する

手順**1**の画面で＜設定の変更＞をクリックすると、定期メンテナンス時にトラブルシューティングの起動をうながすメッセージの有無や、トラブルシューティングの実行タイミングに関する設定が可能です。基本的には変更する必要はありません。

Hint 管理者権限の実行を履歴で残す

手順**2**の画面で、＜管理者として実行されたトラブルシューティングツールを含める＞をクリックすると、管理者権限で実行したトラブルシューティングも一覧に加わります。

Hint 詳細レポートの表示

手順**4**で表示される詳細なトラブルシューティングレポートは、トラブルシューティングの履歴を選択して、＜詳細の表示＞をクリックしても表示することができます。

第 **1** 章
Windows 10
をはじめよう

第 **2** 章
Windows 10
の基本操作

第 **3** 章
ファイルと
フォルダー

第 **4** 章
インター
ネット

第 **5** 章
Outlook.
com

第 **6** 章
「メール」
アプリ

第 **7** 章
アプリの
利用

第 **8** 章
データの
活用

第 **9** 章
音楽/写真
/ビデオ

第 **10** 章
タブレット
モード

第 **11** 章
文字入力
の基本

第 **12** 章
<スタート>
メニュー

第 **13** 章
デスクトップ

第 **14** 章
ネットワーク

第 **15** 章
管理/
セキュリティ

第 **16** 章
周辺機器
の利用

第 **17** 章
トラブル
対策

第 **18** 章
インストール
と初期設定

付　録

3　トラブルシューティングを実行する

Hint 詳細設定とは？

手順 **2** の画面で表示される＜詳細設定＞をクリックすると、項目によって異なりますが、アクセス権の幅広い管理者権限で実行するオプションと、問題発見時の自動修復オプションが表示されます。

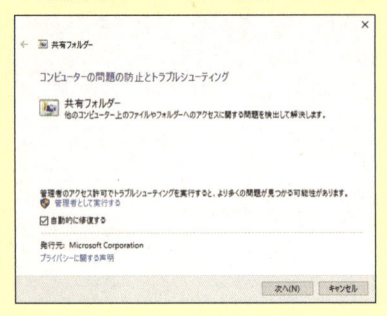

Hint 問題が見つかった場合

問題が見つかった場合は、トラブルシューティングによって選択肢が異なります。たとえば「コンピューターの問題の防止とトラブルシューティング」では、共有フォルダーのパス入力を求められます。基本的には、画面の指示に従って操作を進めてください。

Hint そのほかのオプションを参照する

手順 **5** の画面で、＜その他のオプションを参照する＞をクリックすると、ヘルプページやWindowsコミュニティなどへのリンクを示すページに切り替わります。

Memo ツールの操作結果について

手順 **5** の画面では「問題を特定できませんでした」と記されていますが、トラブルが発生し、無事解決した場合はその旨を示すメッセージが表示されます。

---

1 ここではインターネット接続を確認するため、
＜インターネットに接続する＞をクリックし、

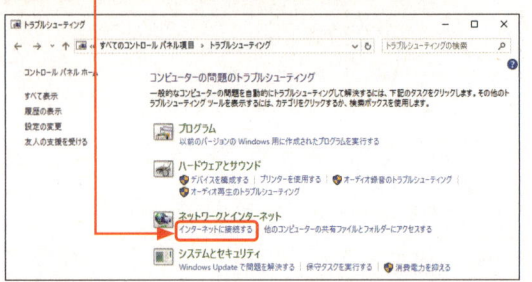

2 ＜次へ＞をクリックします。

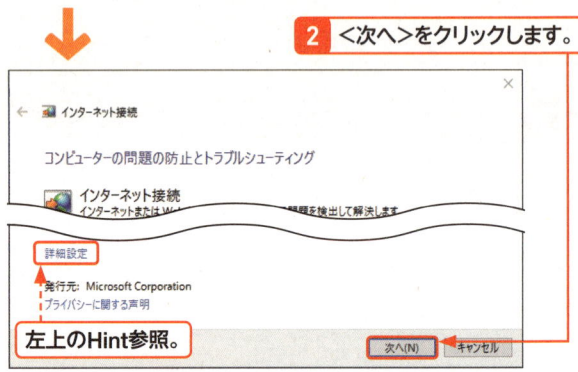

左上のHint参照。

3 ＜インターネットへの接続に関するトラブルシューティングを行います＞をクリックします。

4 トラブルシューティングが始まります。

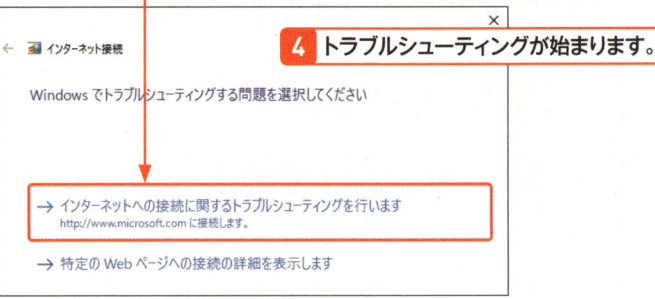

5 実行結果が示されます。

6 ＜閉じる＞をクリックします。

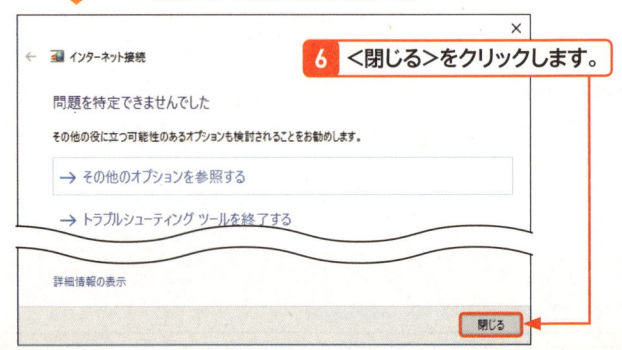

④ Windows 10 をセーフモードで起動する

1 田をクリックし、

2 <電源>をクリックして、

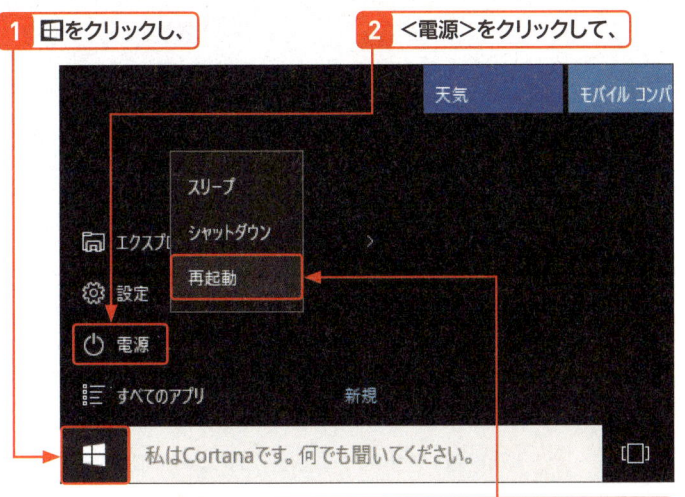

3 Shift キーを押しながら<再起動>をクリックします。

4 オプションの選択画面に切り替わります。

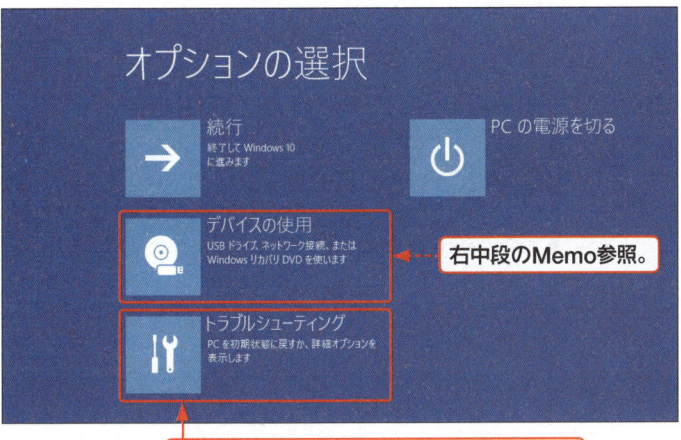

右中段のMemo参照。

5 <トラブルシューティング>をクリックし、

6 <詳細オプション>をクリックして、

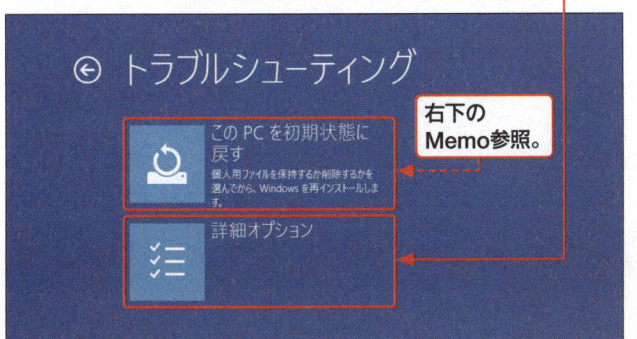

右下の
Memo参照。

Key word セーフモードとは?

「セーフモード」とは、Windows 10 起動時に読み込まれるデバイスドライバーやサービスを必要最小限に抑え、トラブルが発生している要因を見つけやすくする起動モードの1つです。

Memo パソコンに接続した機器を確認する

手順 **4** の画面で、<デバイスの使用>をクリックすると、パソコンに接続した機器の一覧が表示されます。ここではとくに選択する必要はありません。

Memo 初期状態に戻すことも可能

手順 **6** の画面で、<この PC を初期状態に戻す>をクリックすると、個人用ファイル(ドキュメントやピクチャフォルダーなど)を保持した状態でシステムを初期状態に戻すか、すべて削除して初期状態に戻すかを選択して実行することができます。詳しくはP.672を参照してください。

第1章
Windows 10
をはじめよう

第2章
Windows 10
の基本操作

第3章
ファイルと
フォルダー

第4章
インター
ネット

第5章
Outlook.
com

第6章
「メール」
アプリ

第7章
アプリの
利用

第8章
データの
活用

第9章
音楽/写真
/ビデオ

第10章
タブレット
モード

第11章
文字入力
の基本

第12章
<スタート>
メニュー

第13章
デスクトップ

第14章
ネットワーク

第15章
管理／
セキュリティ

第16章
周辺機器
の利用

第17章
トラブル
対策

第18章
インストール
と初期設定

付　録

Hint　スタートアップ設定

セーフモードはいくつかの種類が用意されています。セーフモード時にネットワーク機能を使う場合は、手順⑨で⑤キーを、コマンドプロンプトを起動する場合は⑥キーを押してください。

Memo　スタートアップ設定の項目

手順⑨で選択できる項目の1～3および7～9は、各機能の有効／無効を選択してWindows 10を起動するというものです。そのためここでは選択する必要はありません。なお、F10キーを押すとそのほかのオプションとして「回復環境の起動」が表示されます。ここでF4キーを押すと、前ページの手順④から始まるオプション画面から操作を実行します。

スタートアップ設定

オプションを選択するには、番号を押してください:

番号には、数字キーまたはファンクションキーのF1からF9を使用します。

1) 回復環境の起動

その他のオプションを表示するには、F10キーを押してください
オペレーティングシステムに戻るには、Enterキーを押してください

---

7 <スタートアップ設定>をクリックします。

← 詳細オプション

システムの復元
PCに記録された復元ポイントを使ってWindowsを復元します

 イメージでシステムを回復
特定のシステム イメージ ファイルを使ってWindowsを回復します

 スタートアップ修復
Windowsの読み込みを妨げている問題を修正します

コマンド プロンプト
高度なトラブルシューティングのためにコマンドプロンプトを使います

 スタートアップ設定
Windowsのスタートアップ動作を変更します

 以前のビルドに戻す

8 <再起動>をクリックすると、パソコンが再起動するので、

← スタートアップ設定

再起動して、次のような Windows オプションを変更します:

- 低解像度ビデオ モードを使う
- デバッグ モードを使う
- ブート ログを使う
- セーフ モードを使う
- ドライバー署名を強制しない
- 起動時マルウェア対策を無効にする
- システム障害時に自動的に再起動しない

再起動

9 ④キーを押します。

スタートアップ設定

オプションを選択するには、番号を押してください:

番号には、数字キーまたはファンクションキーのF1からF9を使用します。

1) デバッグを有効にする
2) ブートログを有効にする
3) 低解像度ビデオを有効にする
4) セーフモードを有効にする
5) セーフモードとネットワークを有効にする
6) セーフモードとコマンドプロンプトを有効にする
7) ドライバー署名の強制を無効にする
8) 起動時マルウェア対策を無効にする
9) 障害発生後の自動再起動を無効にする

その他のオプションを表示するには、F10キーを押してください
オペレーティングシステムに戻るには、Enterキーを押してください

10 サインインすれば、セーフモードで操作が可能になります。

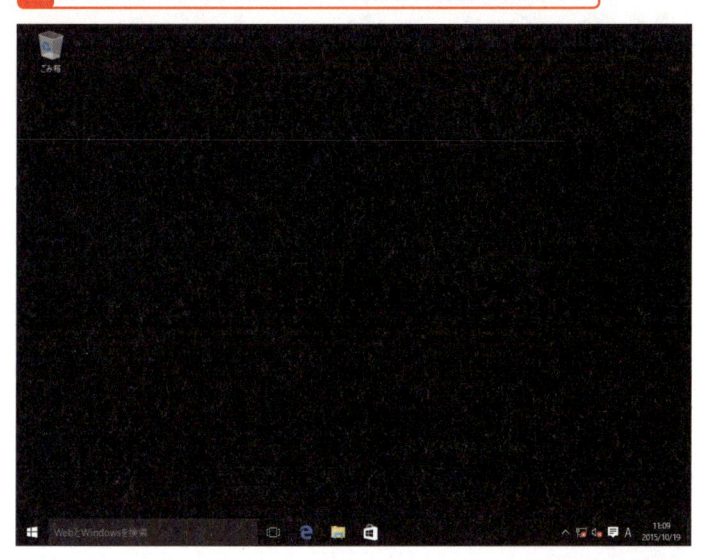

セーフモードの背景が黒いのは、背景表示を無効にしているためです。これは、トラブルシューティング時に壁紙を表示するのは無意味という理由と、描画用デバイスドライバーのメンテナンス（アンインストールや更新など）を行うための処置です。セーフモードでは、Windows 10の動作を妨げているデバイスドライバーをアンインストールすることで、正常動作に戻せる可能性が高まります。また、サービス類も必要最小限しか稼働しないため、マルウェア対策ソフトに対する管理や、侵入したスパイウェアの駆除時にも活用できます。

5 セーフモードを終了する

1 ⊞をクリックし、　**2** ＜電源＞をクリックして、

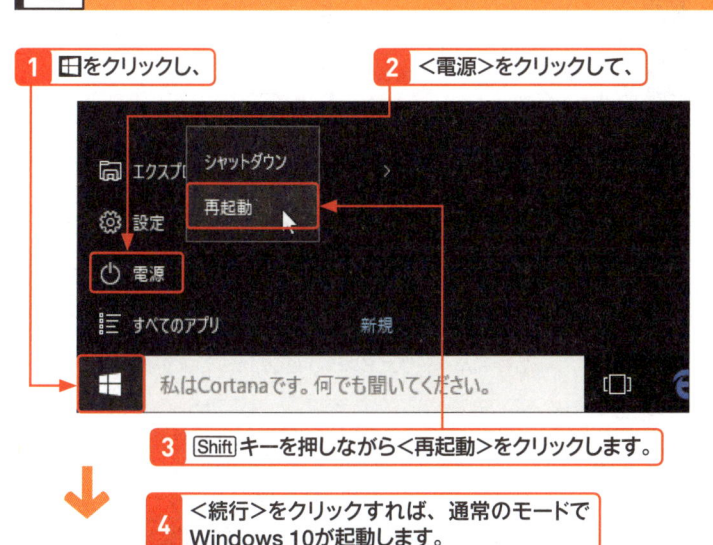

3 Shift キーを押しながら＜再起動＞をクリックします。

4 ＜続行＞をクリックすれば、通常のモードで Windows 10 が起動します。

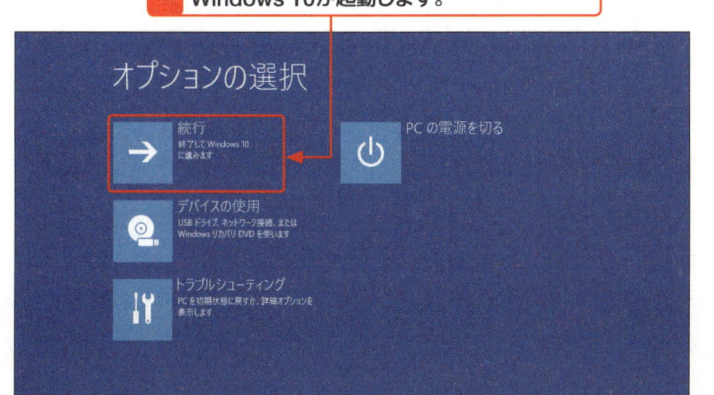

📝 **Memo** **シャットダウンしない理由**

パソコンのメンテナンスを終えたら通常はそのままシャットダウンしてかまいませんが、結果として Windows 10 が正しく動作しなければ意味がありません。そのため手順 **3** では Shift キーを押しながら＜再起動＞をクリックし、Windows 10 の起動を確認しています。

Section
208
デバイスドライバーの
自動インストールを無効にする

キーワード ▶ 自動更新（デバイスドライバー）

Windows 10は通常、デバイスドライバーを自動的にインストールします。そして、デバイスドライバーは自動更新されるため、場合によっては新たなトラブルを引き起こす可能性があります。ここではデバイスドライバーを無効化する手順を解説します。

1 自動更新を無効にする

Memo デバイスドライバーの自動更新

デバイスドライバーの自動更新による問題発生はビデオ周りで多発する可能性があります。たとえばバージョン1では問題なく動作していたものの、バージョン2に上がると、それまで使えていた機能が無効になるケースが考えられます。

Memo ユーザーアカウント制御画面

手順3の操作を行い、「ユーザーアカウント制御」画面が表示された場合は、管理者のパスワードをテキストボックスに入力し、＜はい＞をクリックします。

Hint 無効化による弊害

ここでの操作でデバイスドライバーの自動インストールおよび自動更新を無効にすると、新たに接続した周辺機器が正しく動作しなくなる可能性があります。また、「デバイスとプリンター」で用いられる周辺機器固有のアイコンやデバイスステージによる独自メニューが更新されなくなります。そのため、ここで解説している操作は、Windows 10インストール直後ではなく、デバイスドライバーの自動更新時に問題が発生するかもしれないといった場合のみ行ってください。

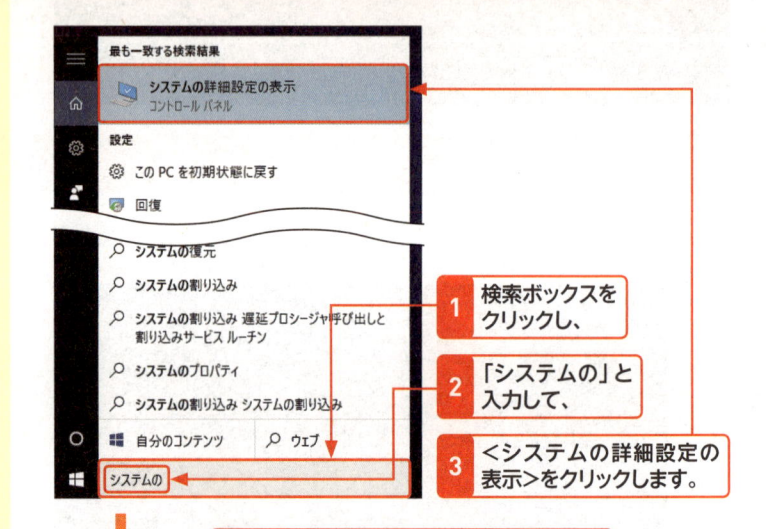

1 検索ボックスをクリックし、

2 「システムの」と入力して、

3 ＜システムの詳細設定の表示＞をクリックします。

4 ＜ハードウェア＞タブをクリックします。

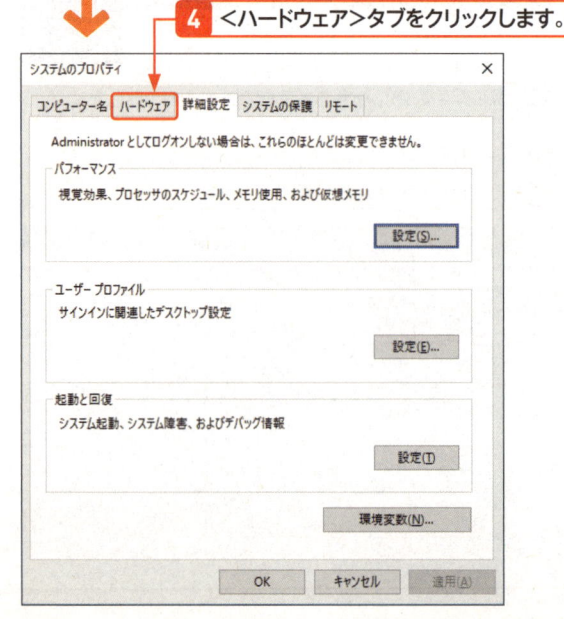

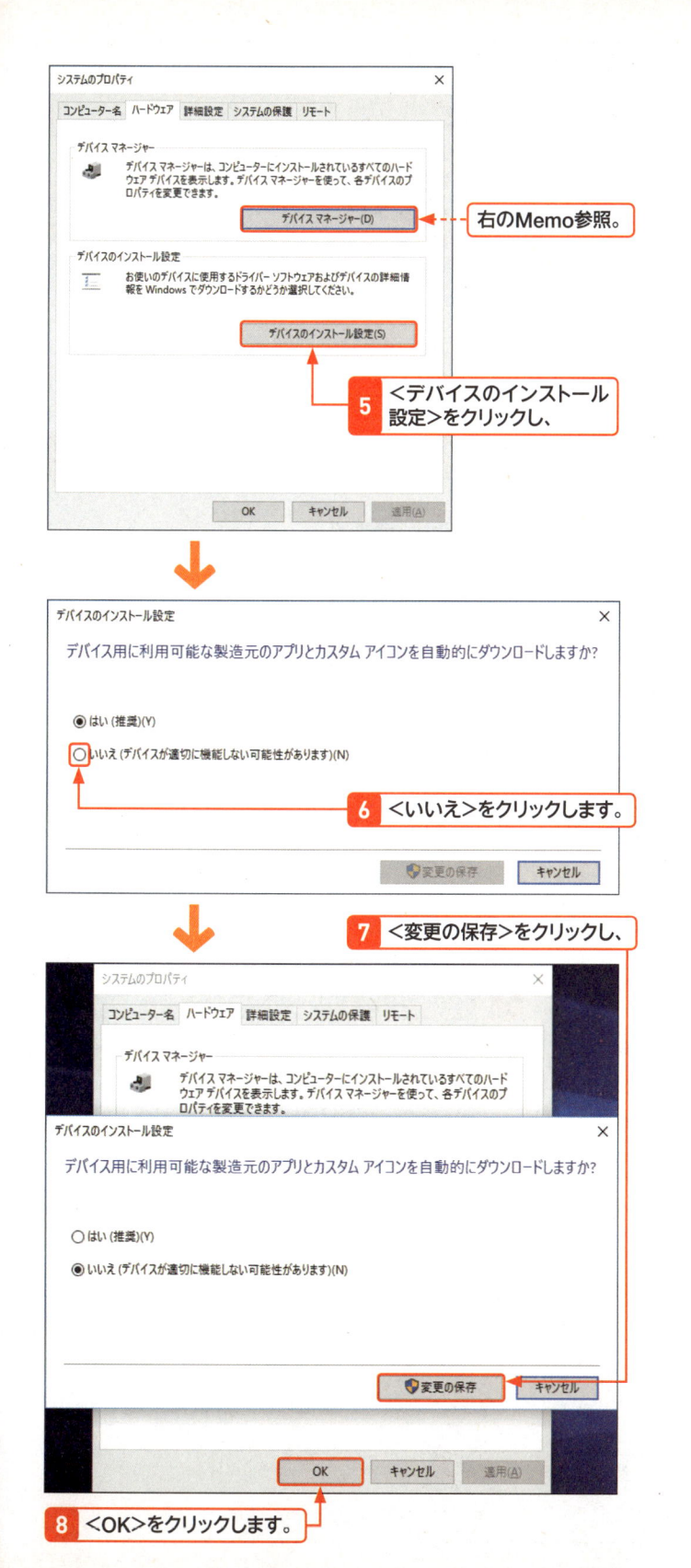

右のMemo参照。

5 ＜デバイスのインストール設定＞をクリックし、

6 ＜いいえ＞をクリックします。

7 ＜変更の保存＞をクリックし、

8 ＜OK＞をクリックします。

Memo デバイスマネージャーを表示する

手順 **5** の画面で＜デバイスマネージャー＞をクリックすると、同名のダイアログボックスが起動します。この画面にはパソコン上のハードウェアがジャンルごとに並び、各ハードウェアの動作や使用しているデバイスドライバーのバージョン情報を確認できます。

Hint ドライバーのバージョンを知る

バージョン情報の確認は、上のMemoを参考に、起動したデバイスマネージャーから行えます。任意のデバイスをダブルクリックし、起動したプロパティダイアログボックスの＜ドライバー＞タブをクリックすると、使用中のデバイスドライバーのバージョンを確認できます。古いドライバーよりも新しいドライバーのほうがパフォーマンス改善など利点が多いものの、新たなバグが発生する可能性があります。そのためバージョン番号の確認が重要になります。なお、＜ドライバーを元に戻す＞をクリックすると、古いドライバーに戻すことができます。

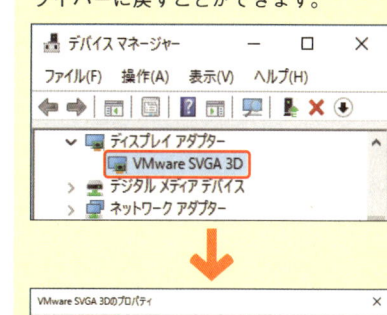

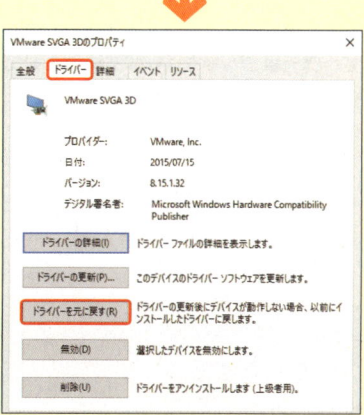

システムの復元で
トラブル発生前に戻る

キーワード ▶ システムの復元

何らかの理由でWindows 10の動作が不安定なときや、Windows 10が起動しなくなった場合、復元ポイントとして保存したシステムファイルを書き戻し、以前の状態に戻すことが可能です。ここでは、システムの復元を実行する手順を解説します。

1 システムの復元を実行する

Memo システムの復元

「システムの復元」は、Windows 10の動作に必要なシステムファイルを、一定のタイミングで保存する機能です。この保存したファイル群をまとめて「復元ポイント」と呼びます。システムファイルに加えて、ユーザーがインストールしたデスクトップアプリなどが含まれますが、ユーザーファイルは対象外です。

Memo システムの復元が無効な場合

パソコンによっては、システムの復元が無効になっていることがあります。その場合は手順4の画面で対象とするドライブを選択してから、＜構成＞→＜システムの保護を有効にする＞の順にクリックします。スライダーを右方向に動かして、復元ポイントを保存する領域として20パーセント前後を確保してから、＜OK＞をクリックします。

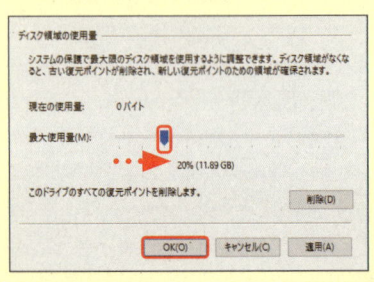

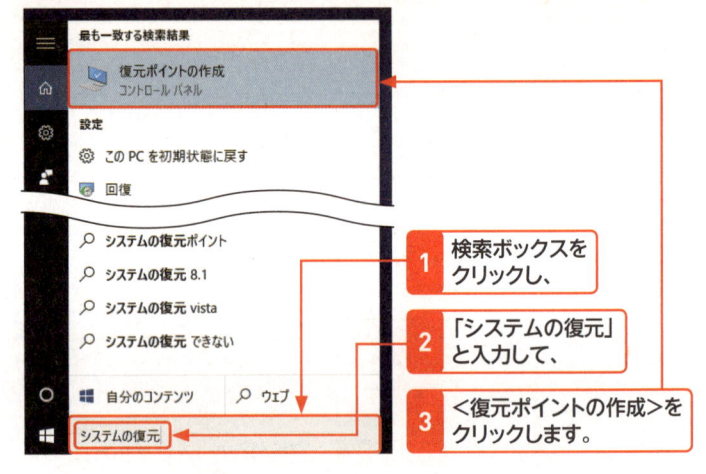

1 検索ボックスをクリックし、

2 「システムの復元」と入力して、

3 ＜復元ポイントの作成＞をクリックします。

4 ＜システムの復元＞をクリックし、次の画面で＜次へ＞をクリックします。

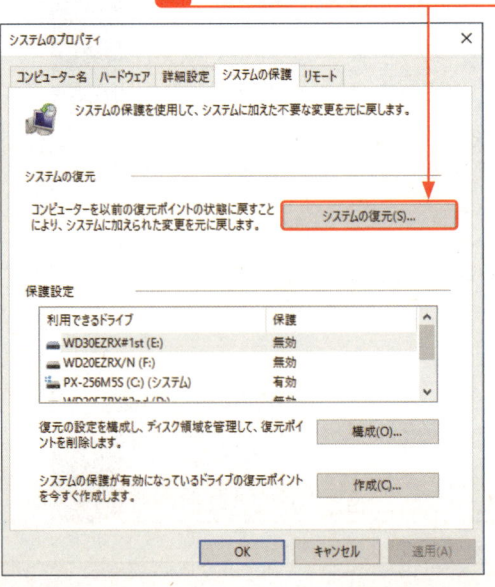

5 使用する復元ポイントをクリックします。

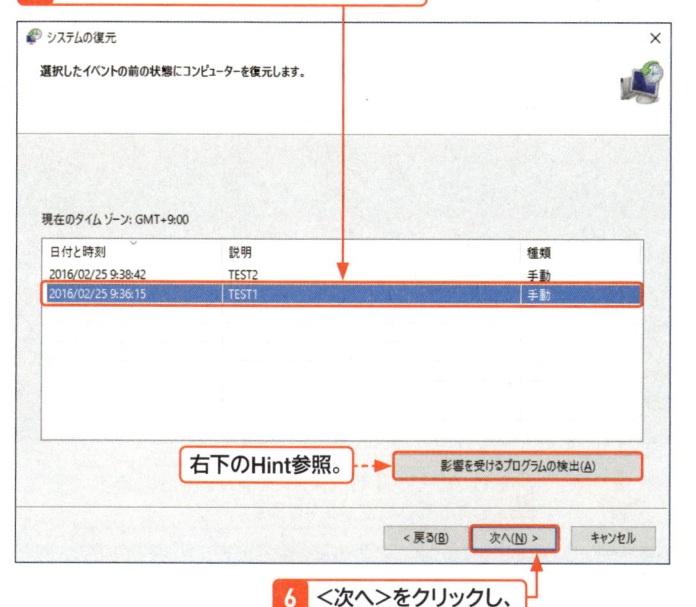

右下のHint参照。

6 <次へ>をクリックし、

7 <完了>をクリックして、

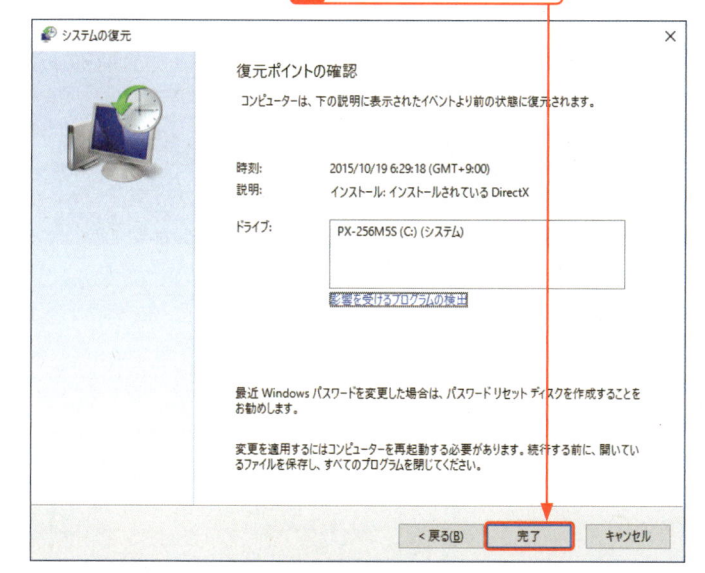

8 <はい>をクリックします。

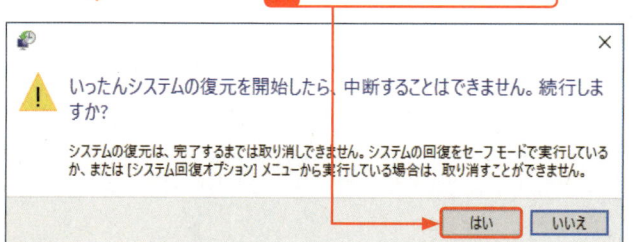

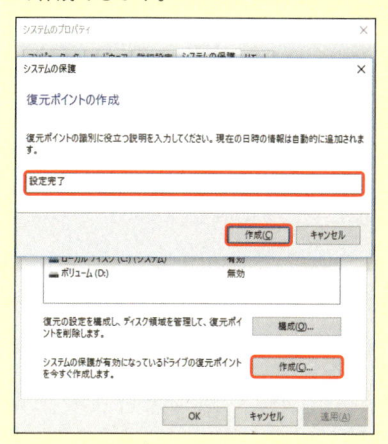

Hint 復元ポイントを手動で作成する

前ページの手順**4**の操作を行う前に、<作成>をクリックし、テキストボックスに復元ポイント名を入力して<作成>をクリックすれば、復元ポイントを手動で作成できます。

Hint システムの復元の注意点

システムの復元を実行してもユーザーファイルに対する影響は基本的に発生しませんが、万全ではありません。P.628を参考にファイル履歴でユーザーファイルを保護しましょう。

Hint 影響を受けるプログラムを知る

手順**5**の画面で、<影響を受けるプログラムの検出>をクリックすると、復元ポイントに書き戻したあとに削除されるデスクトップアプリやデバイスドライバーを確認できます。必要な場合は再びインストールしてください。

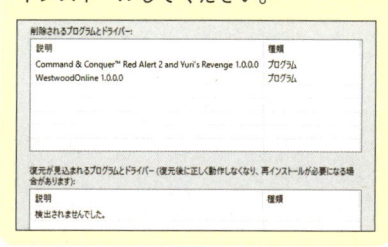

第 1 章
Windows 10
をはじめよう

第 2 章
Windows 10
の基本操作

第 3 章
ファイルと
フォルダー

第 4 章
インター
ネット

第 5 章
Outlook.
com

第 6 章
「メール」
アプリ

第 7 章
アプリの
利用

第 8 章
データの
活用

第 9 章
音楽／写真
／ビデオ

第10章
タブレット
モード

第11章
文字入力
の基本

第12章
＜スタート＞
メニュー

第13章
デスクトップ

第14章
ネットワーク

第15章
管理／
セキュリティ

第16章
周辺機器
の利用

第17章
トラブル
対策

第18章
インストール
と初期設定

付　録

Memo ユーザーファイルは復元されない

「システムの復元」で書き戻すファイルはシステムファイルに限られるため、ユーザーファイルなどは復元されません。ただし、「影響を受けるプログラムの検出」で解説したように、一部のデスクトップアプリやデバイスドライバーは書き戻される可能性もあります（前ページ右下のHint参照）。その際はデスクトップアプリやデバイスドライバーを再度インストールしてください。

9 これでシステムの復元が始まり、完了後は自動的にパソコンが再起動します。

Windows のファイルと設定を復元しています。しばらくお待ちください
初期化しています...

10 サインインするとメッセージが表示されます。
＜閉じる＞をクリックします。

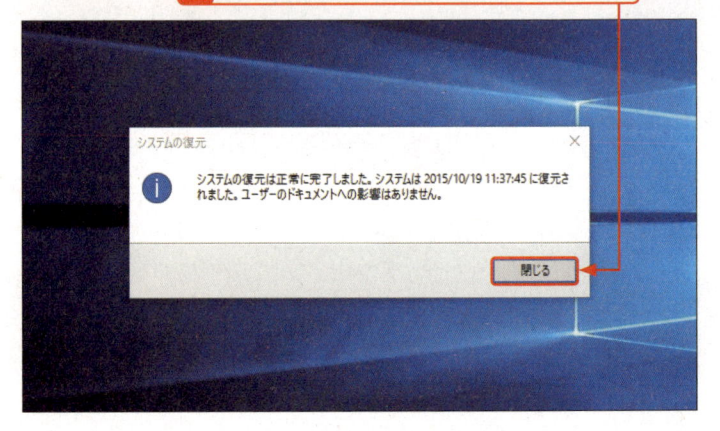

システムの復元

システムの復元は正常に完了しました。システムは 2015/10/19 11:37:45 に復元されました。ユーザーのドキュメントへの影響はありません。

閉じる

Hint 復元ポイントはいつ作られる？

復元ポイントは、ユーザーが手動で作成するほかに下記のタイミングで自動作成されます。

- 自動（システムチェック）
- Windowsバックアップ使用時
- Windows Update実行時
- 特定のインストーラー使用時
- 復元ポイントでロールバック（復元後）

なお、「自動」はパソコンが10時間動作し、2分以上のアイドル状態が続いた際に復元ポイントが作成されます。この条件を満たさない場合、24時間経過後および2分以上のアイドル時に復元ポイントの作成が行われます。

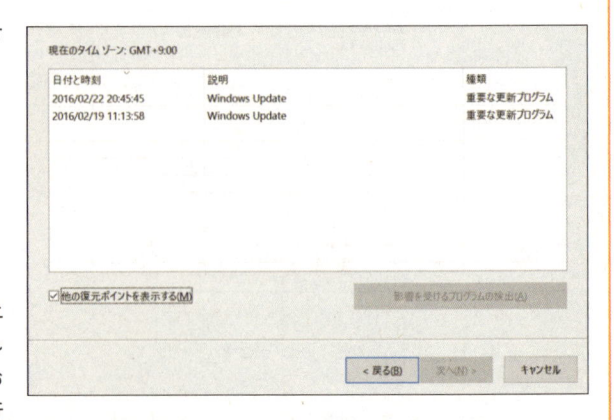

現在のタイム ゾーン: GMT+9:00

日付と時刻	説明	種類
2016/02/22 20:45:45	Windows Update	重要な更新プログラム
2016/02/19 11:13:58	Windows Update	重要な更新プログラム

☑ 他の復元ポイントを表示する(M)　　　　　影響を受けるプログラムの検出(A)

< 戻る(B)　　次へ(N) >　　キャンセル

第18章

Windows 10の インストールと初期設定

Section 210

Windows 10の
初期設定を行う

キーワード ▶ 初期設定

Windows 10がプリインストールされたパソコンを初めて起動するときは、初期設定を行う必要があります。初期設定では、ユーザー名やパスワード、パソコン名などを画面の指示に従って設定していきます。ここでは、Windows 10の初期設定の手順について紹介します。

1 Windows 10のアカウント

Windows 10を利用するには、「アカウント」と呼ばれる利用者情報を登録する必要があります。アカウントとは、機器やサービスなどを利用するための権限です。ユーザーアカウントとも呼ばれ、Windows 10では、初期設定時にユーザー名とパスワードをアカウントとして登録する必要があります。また、アカウントとして登録する情報には、「Microsoft アカウント」と「ローカルアカウント」の2種類があります。Microsoft アカウントは、マイクロソフトが提供しているインターネットを利用した各種サービスも同時に利用できるアカウントです。ローカルアカウントは、特定のパソコンのみで利用できるアカウントです。

Microsoft アカウント

Windows 10にサインインして、インターネットに接続すると、マイクロソフトの各種サービスも同時に利用できます。マイクロソフトのサービスにも、自動的にサインインするので、ユーザー名／パスワードの入力は必要ありません。

ローカルアカウント

特定のパソコンでのみ利用できます。Windows 10は利用できますが、マイクロソフトのサービスを利用する場合は、別途ユーザー名やパスワードの入力が必要になります。

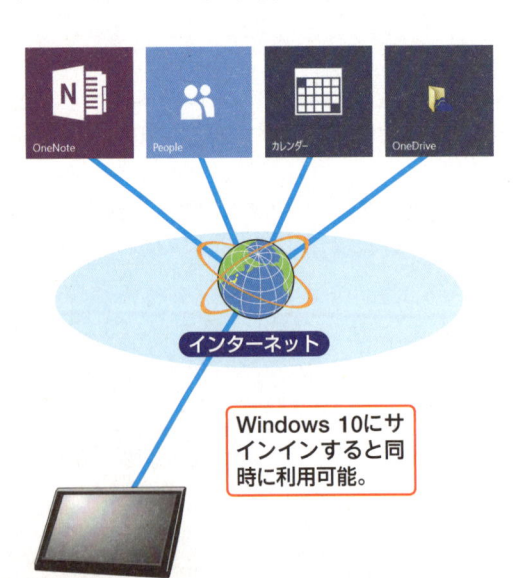

Windows 10にサインインすると同時に利用可能。

特定の機能のみが利用可能。

2 Windows 10の初期設定を行う

1 国または地域やアプリの言語などを確認し、

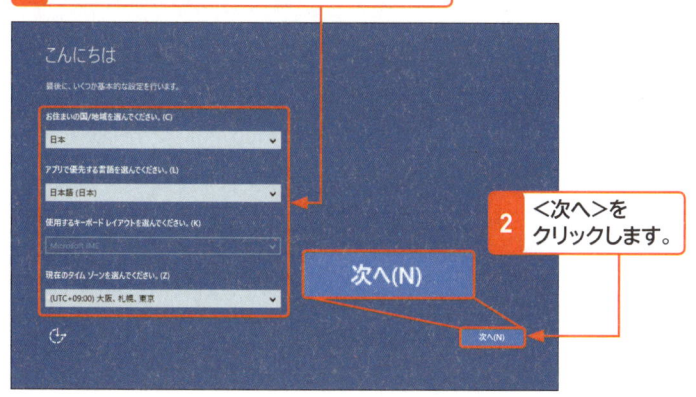

2 <次へ>を
クリックします。

3 ライセンス条項が表示されます。

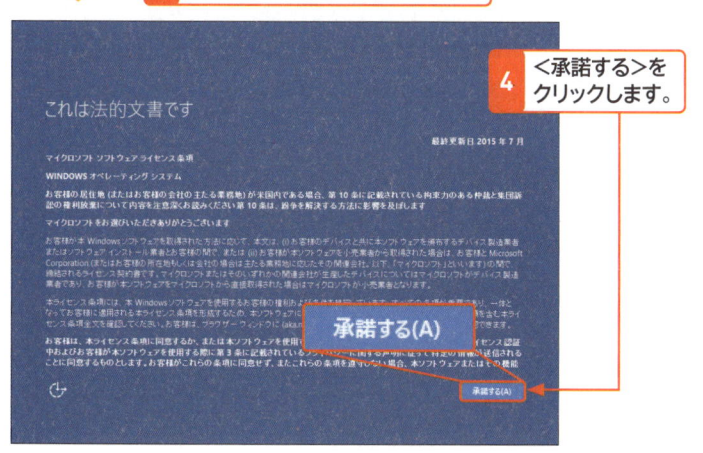

4 <承諾する>を
クリックします。

5 Wi-Fiの接続設定の画面が表示されたときは、接続先
（ここでは、<Taro_Home>）をクリックします。

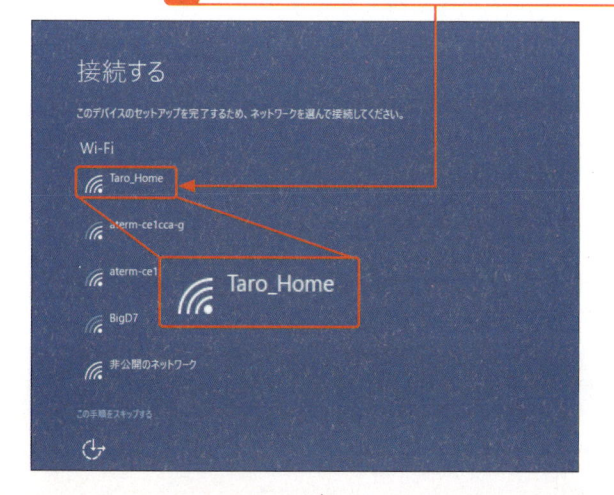

Memo 初期設定について

ここでは、Windows 10の初期設定の
途中でMicrosoft アカウントを新規取得
し、それをWindows 10のユーザー情
報として利用する方法を解説していま
す。すでにお持ちのMicrosoft アカウ
ントを利用してWindows 10の初期設
定を行う場合は、P.664を参照してく
ださい。また、**ローカルアカウントで
Windows 10の初期設定を行う場合は、
P.665**を参照してください。

Memo 「地域と言語」の設定

利用しているパソコンによっては、手順
1 の「こんにちは」の設定画面が表示さ
れず、手順**3** の「ライセンス条項」の画
面から初期設定が開始される場合があり
ます。その場合は、<承諾する>をクリッ
クし、次の手順に進みます。

Caution 初期設定の画面が異なる

利用するパソコンによっては、本書で紹
介している手順通りに初期設定画面が表
示されない場合があります。また、一部
の初期設定画面が表示されなかったり、
本書にはない初期設定画面が表示された
りする場合もあります。詳細な初期設定
については、ご利用のパソコンの取り扱
い説明書などで確認してください。

Hint 非公開のネットワークに接続する

手順**5** に接続先が表示されない場合は、
画面をスクロールし、<非公開のネット
ワーク>をクリックして、接続します
（P.114参照）。

Memo　Wi-Fiの設定について

Wi-Fiの設定は、Wi-Fiを搭載したパソコンを利用している場合のみ表示されます。また、Wi-Fiを搭載していても、有線LANを利用している場合は、Wi-Fiの設定画面は表示されない場合があります。Wi-Fiの設定画面が表示されないときは、手順 8 に進んでください。

Key word　ネットワークセキュリティキーとは？

「ネットワークセキュリティキー」とは、「暗号化キー」または「ネットワークパスワード」とも呼ばれるもので、P.659の手順 5 の接続先とセットで利用します。不明な場合は、ご利用のWi-Fiルーター本体に記載されていることが多いので確認してください。

Hint　ネットワークセキュリティキーを入力する

Wi-Fiの利用には、接続先（アクセスポイント）の名称やネットワークセキュリティキーなどの情報が必要です。利用しているWi-Fiルーターやアクセスポイントの取り扱い説明書を参考に接続先（アクセスポイント）を選択し、ネットワークセキュリティキーを入力してください。

Memo　所有者の設定について

手順 9 で＜自分の組織＞を選択すると、Windowsサーバーなどが設置されている会社内などで利用するときに適した設定を行えます。個人で利用する場合は、通常、＜自分の組織＞を選択する必要はありません。なお、P.672〜673の方法で再インストールした場合は、この画面が表示されないことがあります。

6 ネットワークセキュリティキーを入力し、

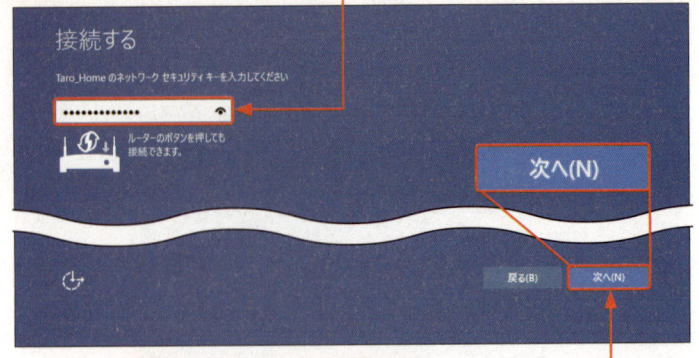

7 ＜次へ＞をクリックします。

8 ＜簡単設定を使う＞をクリックします。

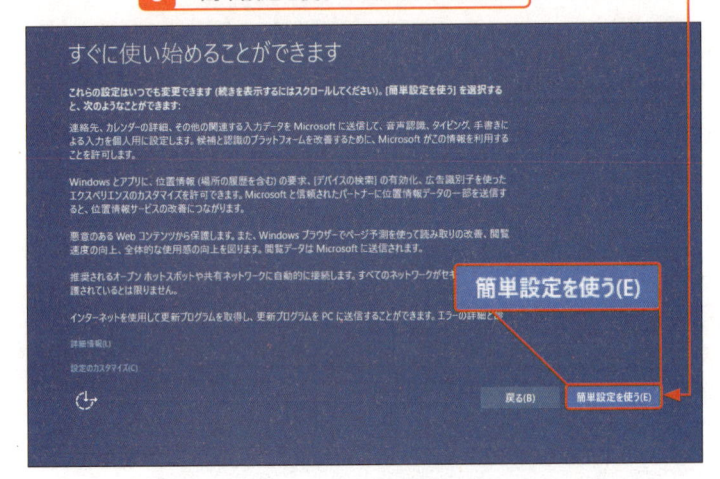

9 所有者（ここでは、＜私が所有しています＞）をクリックし、

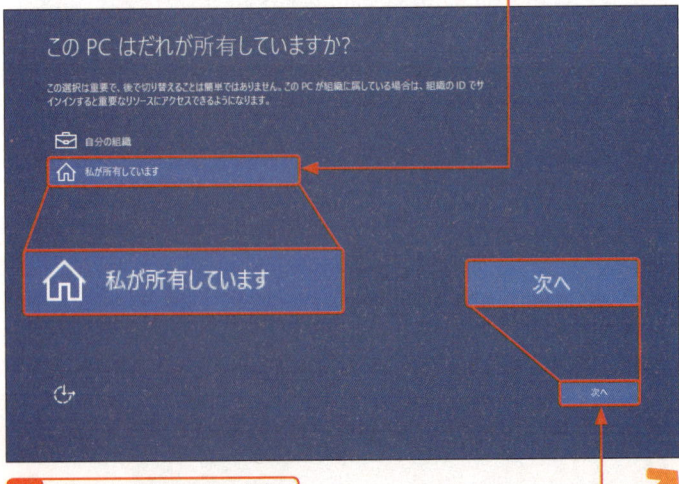

10 ＜次へ＞をクリックします。

11 Microsoft アカウントへのサインイン画面が表示されます。

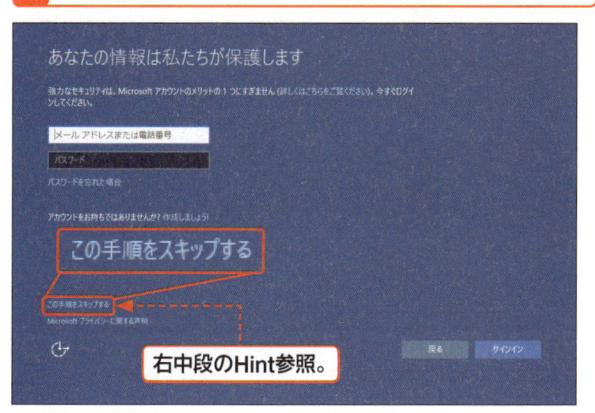

この手順をスキップする

右中段のHint参照。

Microsoft アカウントを新規に取得する場合は、以下の手順へ進みます。すでに取得済みのMicrosoft アカウントでサインインを行う場合は、P.664に進みます。ローカルアカウントでサインインを行う場合は、P.665に進みます。

Microsoft アカウントの新規取得

1 <作成しましょう!>をクリックします。

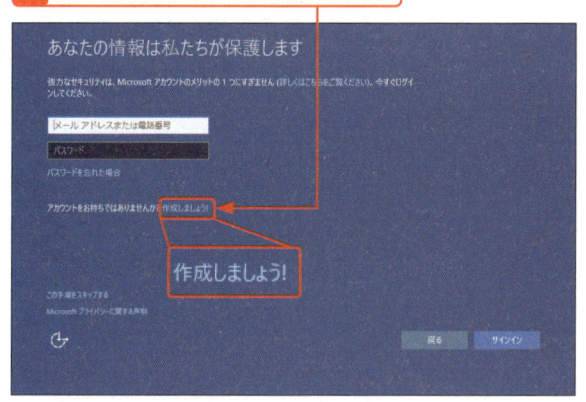

作成しましょう!

2 姓名を入力し、

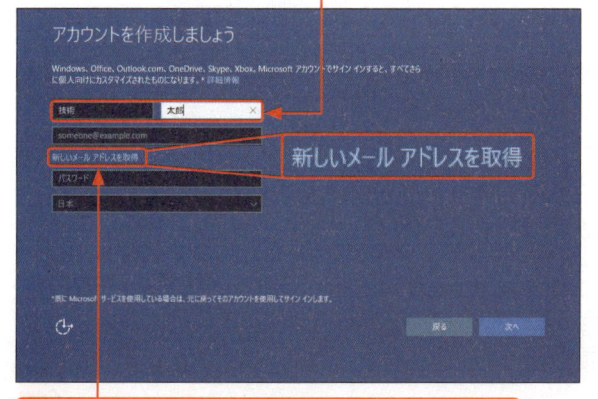

新しいメール アドレスを取得

3 <新しいメールアドレスを取得>をクリックします。

Hint インターネットに接続していない場合は?

手順**11**の画面の代わりに以下の画面が表示されたときは、インターネットに接続していません。P.665の手順を参考に、「ローカルアカウント」で初期設定を行ってください。

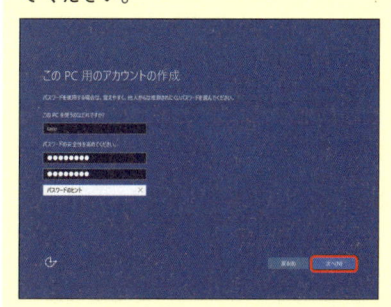

Hint ローカルアカウントでサインインする

手順**11**で<この手順をスキップする>をクリックすると、ローカルアカウントの設定画面が表示されます。ローカルアカウントは、現在利用中のパソコン内にユーザー情報(ユーザー名やパスワード)を作成し、サインインに利用します。

Key word サインインとは?

「サインイン」とは、ユーザー名(メールアドレスなど)とパスワードで身元確認を行い、さまざまな機能やサービスを利用できるようにすることです。Windows 10は、Microsoft アカウントまたはローカルアカウントを使ってサインインできます。Microsoft アカウントを取得していない場合は、ここで紹介している手順に従ってMicrosoft アカウントを取得できます。

Hint　メールアドレスがすでに使われているときは？

手順 4 で入力したメールアドレスがすでに使われていたときは、以下の画面のように「このメールアドレスは既に使われています」と表示されます。別のメールアドレスを入力するか、＜次の中から選んでください＞をクリックして利用可能な候補の中からメールアドレスをクリックします。

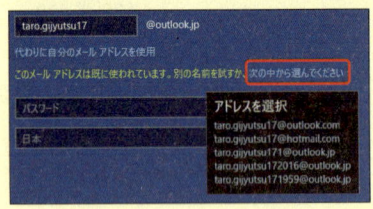

Memo　パスワードについて

手順 5 で設定するパスワードは、半角の 8 文字以上で、アルファベットの大文字／小文字、数字、記号のうち 2 種類以上を含んでいる必要があります。

Hint　入力する電話番号について

手順 7 の電話番号は、先頭の「0」を省略して入力します。

Memo　セキュリティ情報について

セキュリティ情報は、パスワードを忘れてしまったときや取得した Microsoft アカウントが不正利用されていないかを確認するための「セキュリティコード」の通知に利用されます。手順 7 では電話番号を登録していますが、＜代わりの別のメールを追加＞をクリックすると、メールアドレスを登録できます。また、手順 7 では携帯電話の番号を登録しておくとショートメールでセキュリティコードが送られるので、何かあったときの操作がかんたんになります。

4　希望のメールアドレスを入力し、

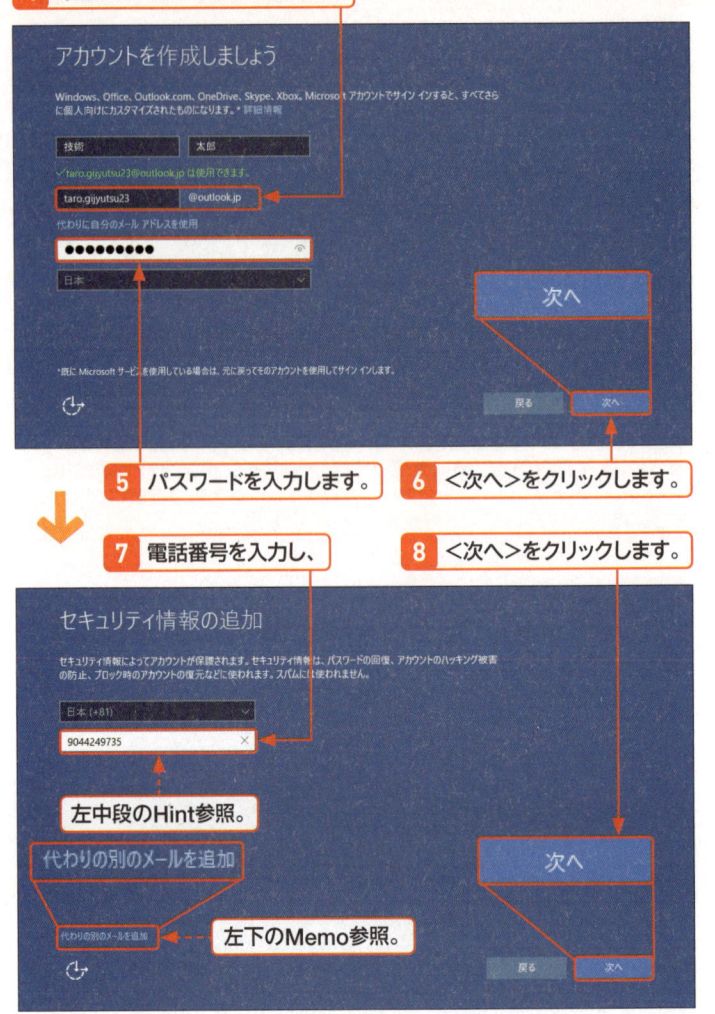

5　パスワードを入力します。　　**6　＜次へ＞をクリックします。**

7　電話番号を入力し、　　**8　＜次へ＞をクリックします。**

左中段のHint参照。

左下のMemo参照。

9　＜次へ＞をクリックします。

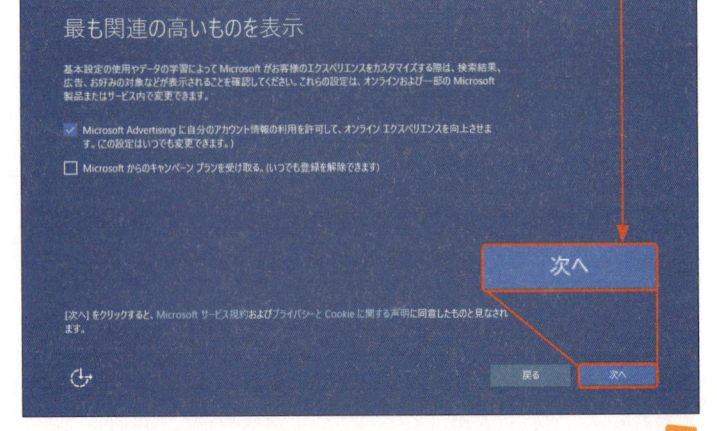

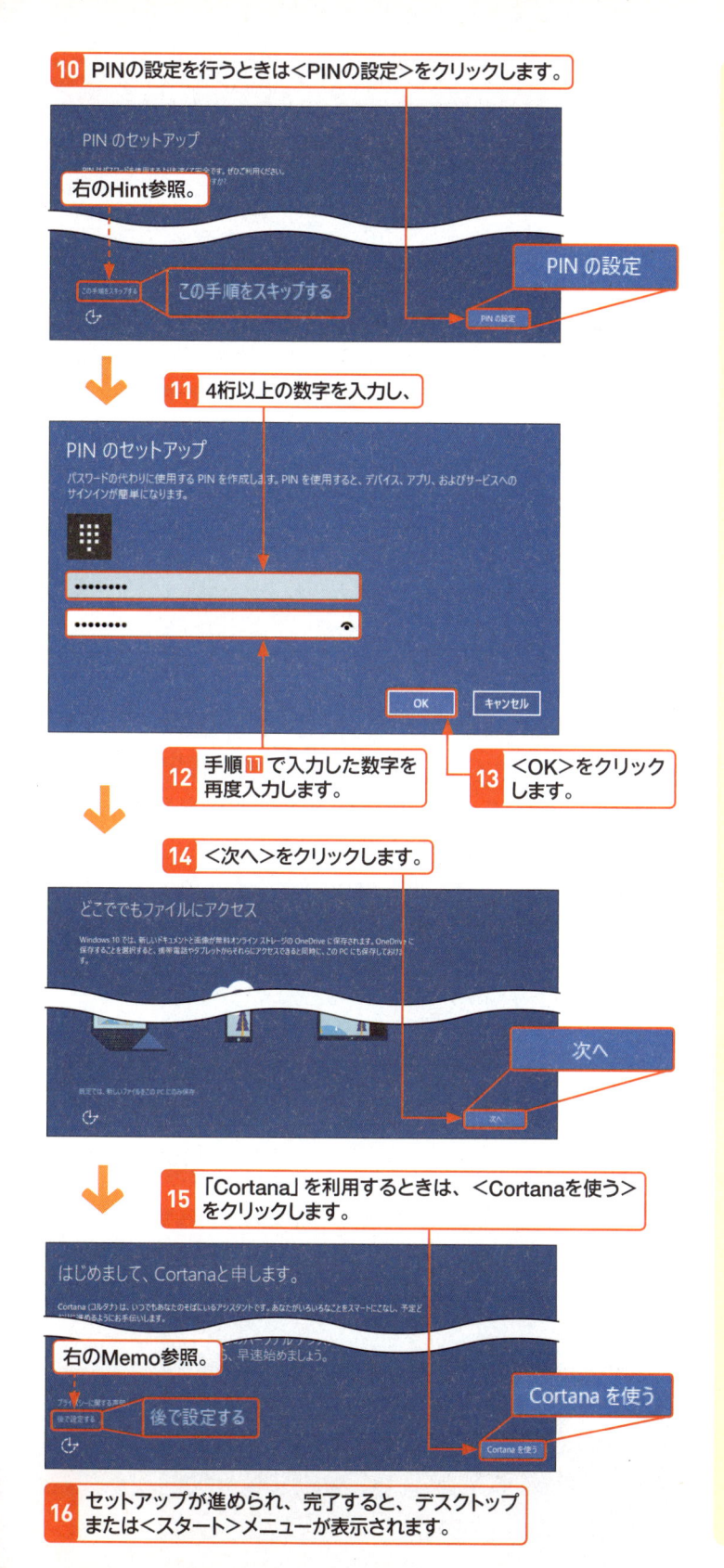

10 PINの設定を行うときは＜PINの設定＞をクリックします。

PIN のセットアップ

右のHint参照。

この手順をスキップする

PIN の設定

11 4桁以上の数字を入力し、

PIN のセットアップ

パスワードの代わりに使用する PIN を作成します。PIN を使用すると、デバイス、アプリ、およびサービスへのサインインが簡単になります。

●●●●●●

●●●●●●

OK　　キャンセル

12 手順11で入力した数字を再度入力します。

13 ＜OK＞をクリックします。

14 ＜次へ＞をクリックします。

どこででもファイルにアクセス

次へ

15 「Cortana」を利用するときは、＜Cortanaを使う＞をクリックします。

はじめまして、Cortanaと申します。

右のMemo参照。

後で設定する

Cortana を使う

16 セットアップが進められ、完了すると、デスクトップまたは＜スタート＞メニューが表示されます。

Key word　PINとは?

「PIN」は、パスワードの代わりに4桁以上の数字を入力してサインインする方法です。PIN を利用したサインインは、タブレットやスマートフォンなどでも利用されています。

Hint　PINの設定をスキップする

PINの設定を行いたくないときは、手順10 の画面で＜この手順をスキップする＞をクリックして、手順15 に進んでください。PINはあとから設定できます（P.556参照）。

Key word　Cortanaとは?

「Cortana（コルタナ）」は、音声を通じて、パソコン上で検索やスケジュール管理などを行うパーソナルアシスタントです。Cortana を利用すると、音声操作で検索を行ったり、スケジュールや天気の確認などを行うことができます。使用するにはインターネット接続が必要です。

Memo　Cortanaの利用について

手順15 の画面は、音声によるパーソナルアシスト「Cortana」を利用するかどうかの設定です。ここでは、＜Cortana を使う＞をクリックして利用設定を行っていますが、この設定はあとから行うこともできます。あとから設定を行うときは、＜後で設定する＞をクリックして、手順16 に進んでください。

第1章
Windows 10
をはじめよう

第2章
Windows 10
の基本操作

第3章
ファイルと
フォルダー

第4章
インター
ネット

第5章
Outlook.
com

第6章
「メール」
アプリ

第7章
アプリの
利用

第8章
データの
活用

第9章
音楽/写真
/ビデオ

第10章
タブレット
モード

第11章
文字入力
の基本

第12章
<スタート>
メニュー

第13章
デスクトップ

第14章
ネットワーク

第15章
管理/
セキュリティ

第16章
周辺機器
の利用

第17章
トラブル
対策

第18章
インストール
と初期設定

付 録

3 取得済みのMicrosoft アカウントで初期設定を行う

Memo 取得済みMicrosoft アカウントの利用

Microsoft アカウントを取得済みの場合は、ここで紹介している手順でWindows 10の初期設定を行えます。また、P.672の手順でWindows 10の再インストールを行った場合も、ここで解説している方法で初期設定を行ってください。

Hint Microsoft アカウントを取得していなかった場合は?

手順2で入力したメールアドレスが間違っていたり、Microsoft アカウントの取得に利用されていなかったときは、以下の画面が表示されます。メールアドレスとパスワードを再入力して、<サインイン>をクリックします。また、新規にアカウントを作成したいときは、<作成しましょう！>をクリックし、P.661の手順2以降を参考にMicrosoft アカウントを取得してください。

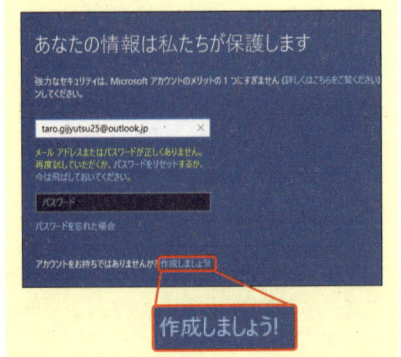

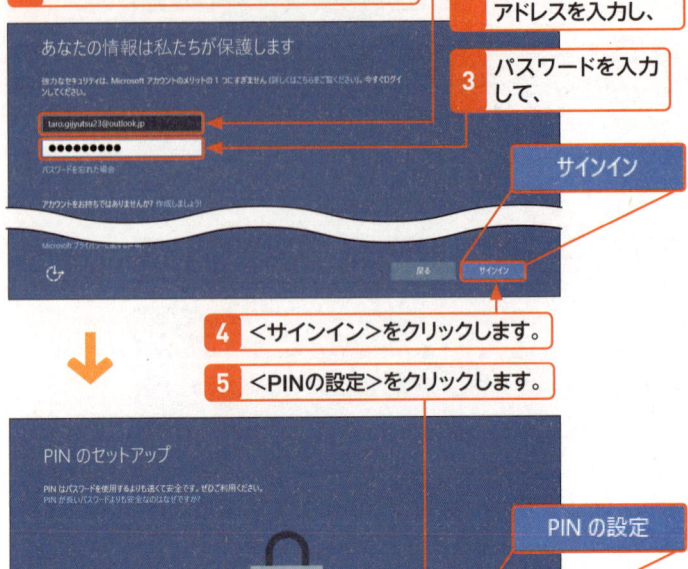
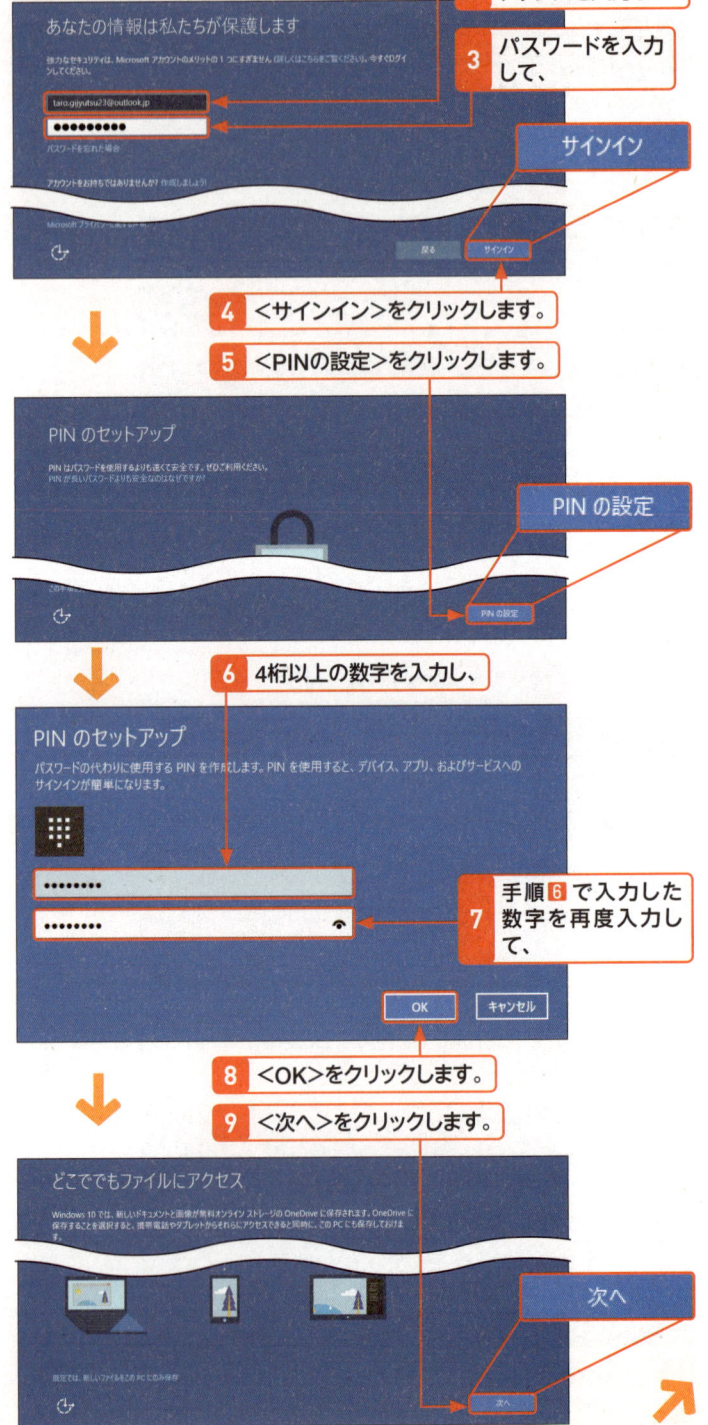

1 P.659の手順で初期設定の手順を進め、P.661の手順11の画面が表示されたら、

2 Microsoft アカウントに登録したメールアドレスを入力し、

3 パスワードを入力して、

サインイン

4 <サインイン>をクリックします。

5 <PINの設定>をクリックします。

PIN の設定

6 4桁以上の数字を入力し、

7 手順6で入力した数字を再度入力して、

8 <OK>をクリックします。

9 <次へ>をクリックします。

次へ

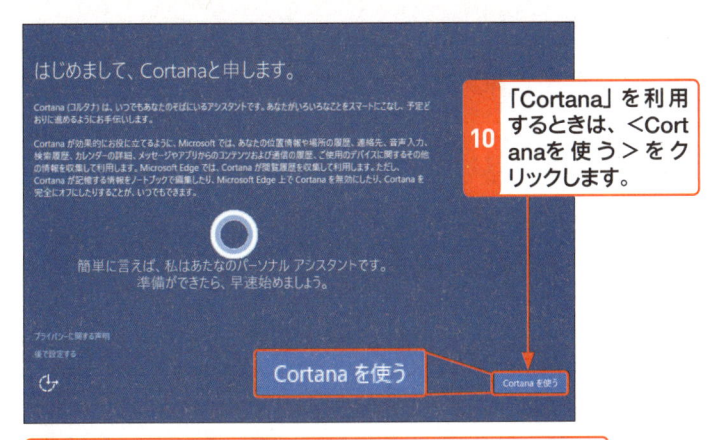

| 10 | 「Cortana」を利用するときは、＜Cortanaを使う＞をクリックします。 |

Cortana を使う

| 11 | セットアップが進められ、完了すると、デスクトップまたは＜スタート＞メニューが表示されます。 |

4 ローカルアカウントで初期設定を行う

| 1 | P.659の手順で初期設定の手順を進め、P.661の手順 11 の画面が表示されたら、 |

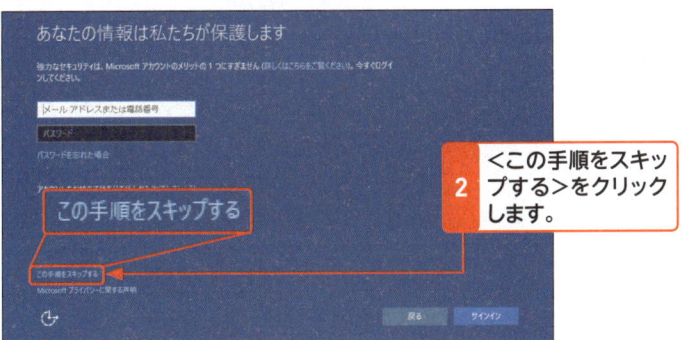

この手順をスキップする

| 2 | ＜この手順をスキップする＞をクリックします。 |

| 3 | お好きなユーザー名を入力し、 |

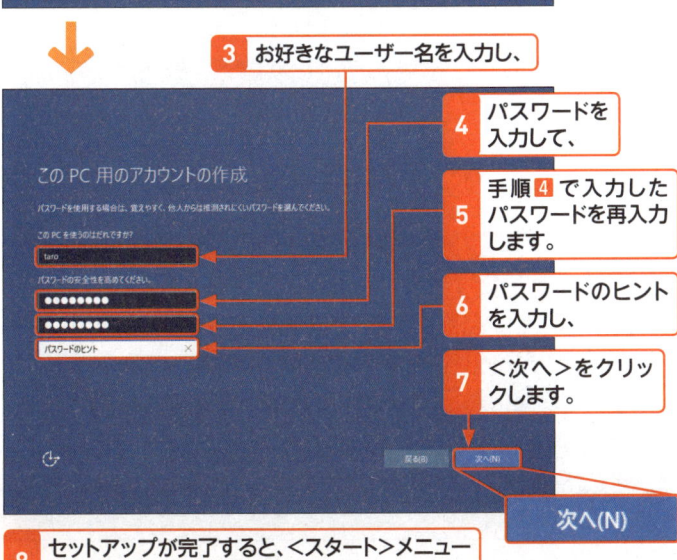

4	パスワードを入力して、
5	手順 4 で入力したパスワードを再入力します。
6	パスワードのヒントを入力し、
7	＜次へ＞をクリックします。

次へ(N)

| 8 | セットアップが完了すると、＜スタート＞メニューまたはデスクトップが表示されます。 |

Memo　ローカルアカウント

ローカルアカウントでWindows 10の初期設定を行いたいときは、ここで紹介している手順で作業します。また、ローカルアカウントでWindows 10の初期設定を行った場合は、あとからMicrosoft アカウントでサインインを行うように変更することもできます（P.546参照）。

Memo　インターネットに接続していない場合

インターネットに接続していない状態でWindows 10の初期設定を行った場合は、P.661の手順 11 の画面の代わりに左の手順 3 の画面が表示されます。

Hint　パスワードのヒント

手順 6 で入力したパスワードのヒントは、サインイン時に入力したパスワードが間違っていたときに表示されます。

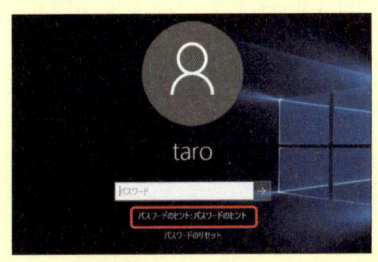

Section 211
Windows 10を 新規インストールする

キーワード ▶ 新規インストール

Windows 10は以前のWindowsからアップグレードする以外にも、パッケージ版を購入して新規インストールすることもできます。ハードディスクを変えるなど、環境を一新する際はメリットも少なくありません。ここでは初めて新規インストールを行う方向けに具体的な手順を解説します。

1 Windows 10を新規インストールする

Memo 新規インストールの メリット

Windows 10の新規インストールは、環境設定の一部やり直しが必要になるなどのデメリットが存在します。しかし、アップグレードインストールは過去の環境を必然的に引きずるため、意図しないトラブルが発生する可能性があります。あくまでも新規インストールはパソコンに詳しい人向けの操作ですが、安定性を優先したい方やトラブル発生時に問題を切り分けたい方はぜひお試しください。なお、ここではUSBメモリーを使った手順を解説しています。パソコンの取り扱い説明書を参考にUSBメモリーが起動メディアになるように事前に設定しておきます。

Memo 言語設定について

Windows 10のインストール時は、最初に言語選択を求められます。ただし、インストールする言語や時刻と通貨の形式は、あらかじめ＜日本語＞が選択され、キーボードの入力方式や種類は＜Microsoft IME＞＜日本語キーボード（106/109キー）＞が選択されているため、ユーザーがとくに操作する必要はありません。

1 USBメモリーをパソコンに挿入します。

2 パソコンを起動すると、この画面が表示されるので、

```
Press any key to boot from CD or DVD...
```

3 任意のキーを押します。

4 ＜次へ＞をクリックします。

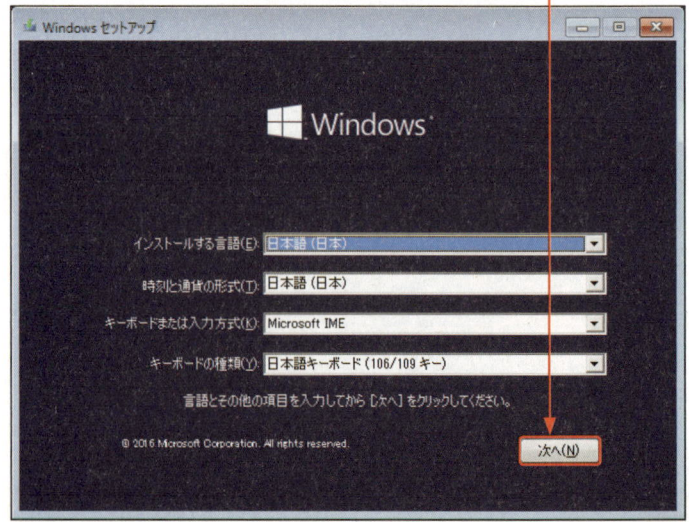

5 <今すぐインストール>をクリックします。

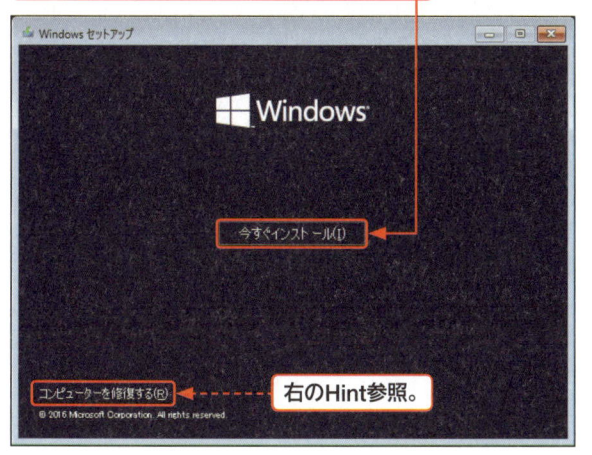

コンピューターを修復する(R) → 右のHint参照。

6 プロダクトキーを入力して、

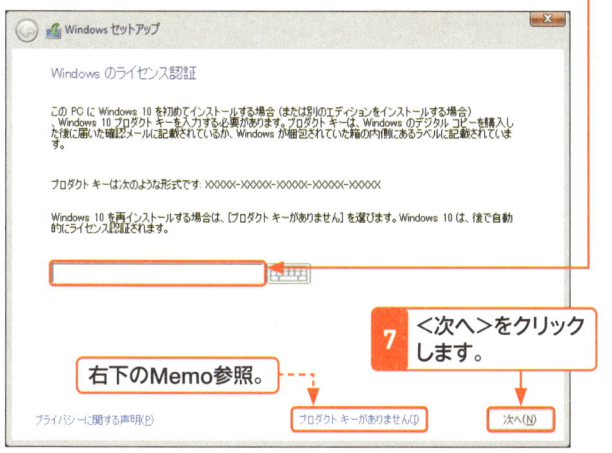

右下のMemo参照。

7 <次へ>をクリックします。

8 ライセンス条項を確認し、

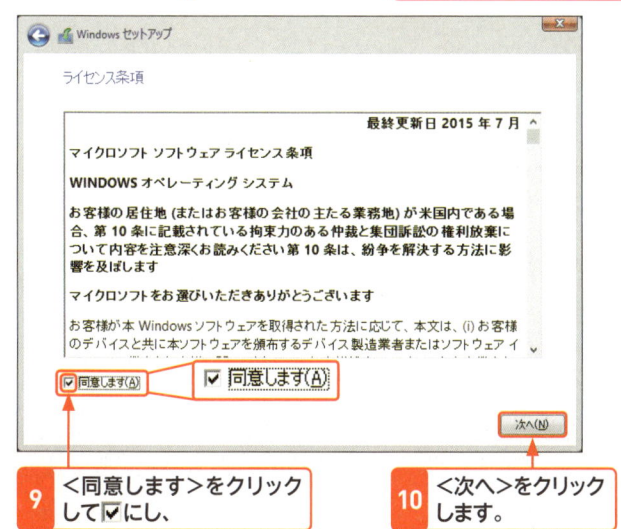

9 <同意します>をクリックして✓にし、

10 <次へ>をクリックします。

Hint トラブルシューティングを利用する

手順 **5** の画面で、<コンピューターを修復する>をクリックすると、セーフモードの起動やシステムイメージの復元操作で見慣れたオプションの選択画面が表示されます。このようにWindows 10 セットアップUSBメモリーはトラブルシューティングにも使用可能です。

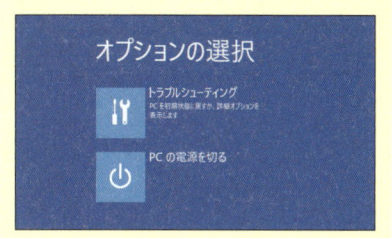

Memo プロダクトキー

プロダクトキーは、購入したパッケージ版やDSP版に付属する書類に25桁の英数字が並んでいます。そちらを正しく入力してください。

Memo プロダクトキーをあとで設定する

用意したパソコンでWindows 10が正しく動作するか検証したいなど、ライセンス認証をあとから設定したい場合は、手順 **6** の画面で、<プロダクトキーがありません>をクリックすれば先に進むことができます。ただし、そのままWindows 10を使用するには「設定」（P.534参照）の<更新とセキュリティ>→<ライセンス認証>の順にクリックして表示される設定画面で正規版にする必要があります。

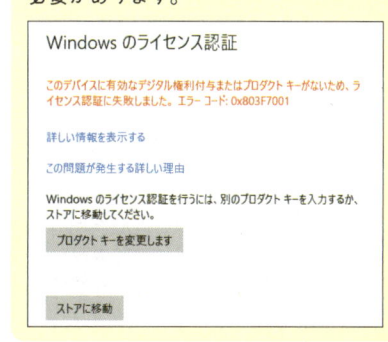

Hint　アップグレードとカスタム

Windowsセットアップは改良が加わっていますが、基本的にWindows 8/8.1時代と同じしくみを使っています。そのためインストールの種類として、手順**11**の画面ではストレージ内に残された以前のWindowsを検知してアップグレードインストールを行う<アップグレード>の項目が残されました。なお、新規インストール時にこちらを選択すると下のような注意画面が表示されます。その際は⬅をクリックしてもとの画面に戻ってください。

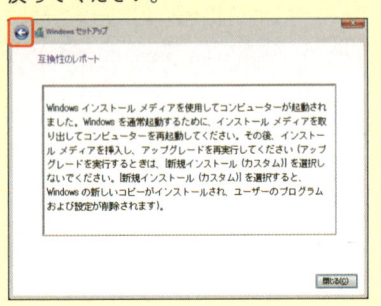

Hint　インストールの場所

手順**12**の画面は、パソコンに複数のストレージデバイスが備わっている場合に選択する画面です。<新規>をクリックすると自身の好みに応じてパーティションの分割が、<ドライバーの読み込み>をクリックすれば特殊なストレージを使う際のデバイスドライバーを読み込むことができます。ただし、そのまま先に進んでもパーティション作成は自動的に行われるため、古いストレージ上のパーティションを削除する場合などに設定してください。

11　<カスタム>をクリックし、

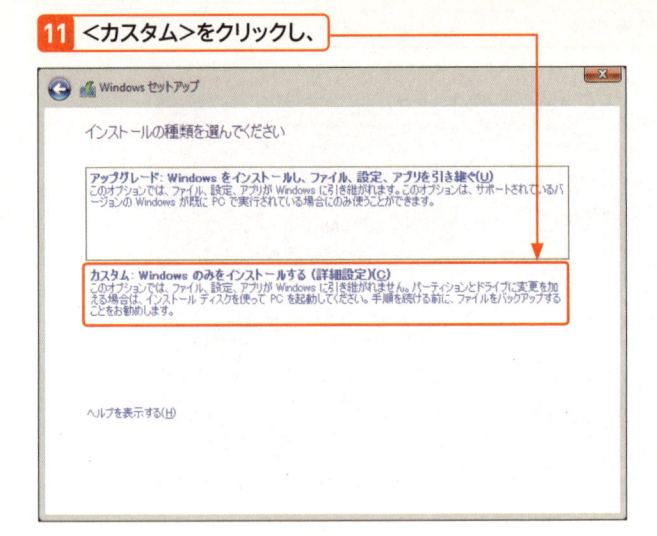

12　<次へ>をクリックすると、

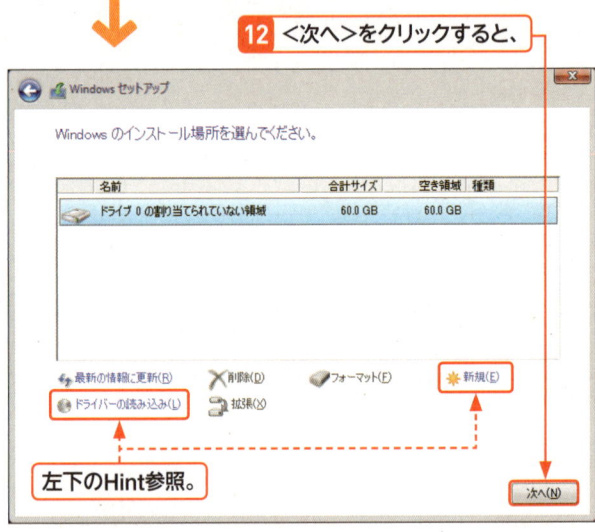

 左下のHint参照。

13　Windows 10のインストールが始まります。

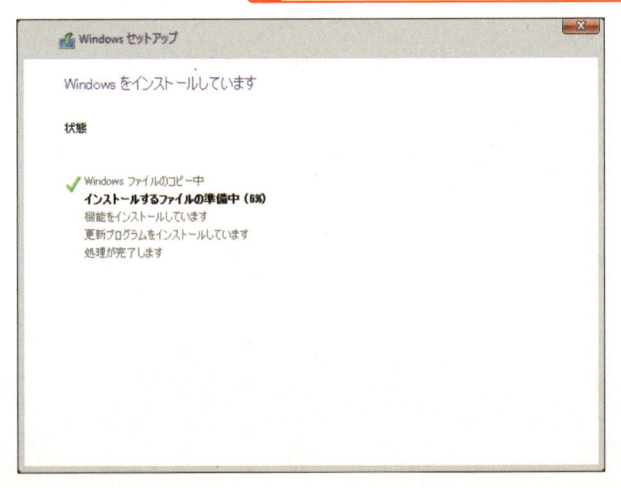

14 完了時は自動的にパソコンが再起動しますが、

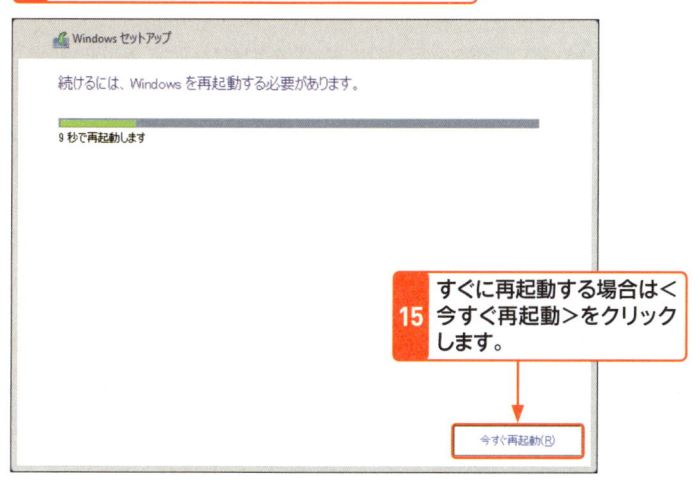

15 すぐに再起動する場合は＜今すぐ再起動＞をクリックします。

今すぐ再起動(R)

16 一連の処理が終わると各種設定を求められます。通常は＜簡単設定を使う＞をクリックします。

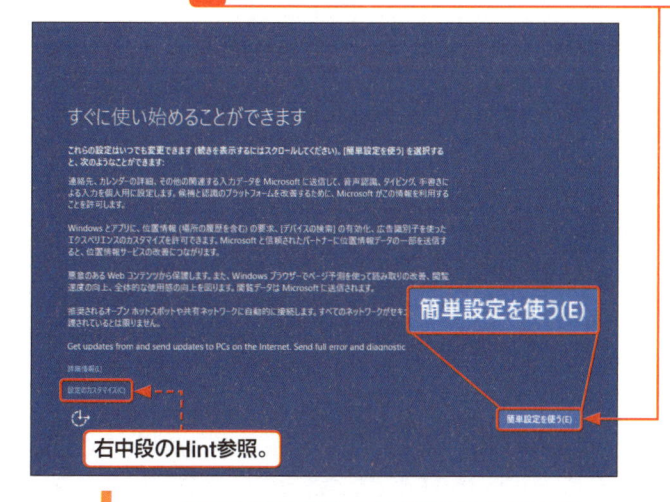

簡単設定を使う(E)

右中段のHint参照。

簡単設定を使う(E)

17 ＜私が所有しています＞をクリックし、

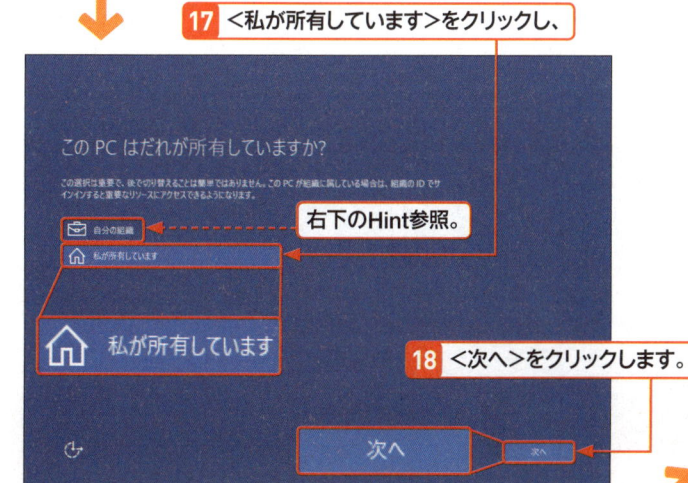

右下のHint参照。

私が所有しています

18 ＜次へ＞をクリックします。

次へ

 Memo　パソコンの再起動

手順 **15** の操作を終えると、パソコンが数回再起動します。すべて自動的に行われるため、そのまま待ちましょう。

Hint　設定のカスタマイズとは?

手順 **16** の画面で＜設定のカスタマイズ＞をクリックすると、Microsoftに送信する情報など各設定情報を事前にカスタマイズすることができます。こちらは「設定」（P.534参照）の＜プライバシー＞からあとで設定できるので、ここでは＜簡単設定を使う＞を選択することをおすすめします。

Hint　自分の組織とは?

Windows 10を会社のパソコンに新規インストールする際は、＜自分の組織＞を選択します。ただし、Windowsサーバーなどが設置されている会社に限られます。よくわからない場合は＜私が所有しています＞を選択してください。

Caution　以降の手順について

以降の設定手順は、P.659で解説している「Windows 10の初期設定を行う」の内容と重複するので、Microsoftアカウントを利用することを前提に、解説は最小限にとどめています。ローカルアカウントで設定を行いたい場合などは、P.659の「Windows 10の初期設定を行う」を参照してください。

Memo　Microsoft アカウントを新規作成する

Microsoft アカウントを作成していない場合は、＜作成しましょう！＞をクリックします。既存メールアドレスを用いた Microsoft アカウントの作成や、新規メールアドレスの取得も可能です。

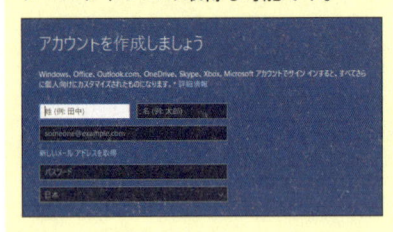

Hint　ローカルアカウントを作成する

Microsoft アカウントではなく、ローカルアカウントを作成する場合は手順19の画面で＜この手順をスキップする＞をクリックします。

Key word　PINとは？

「PIN」は、パスワードの代わりに 4 桁以上の数字を入力してサインインする方法です。PIN を利用したサインインは、タブレットやスマートフォンなどでも利用されています。

---

19 Microsoft アカウントのメールアドレスを入力し、

20 パスワードを入力して、

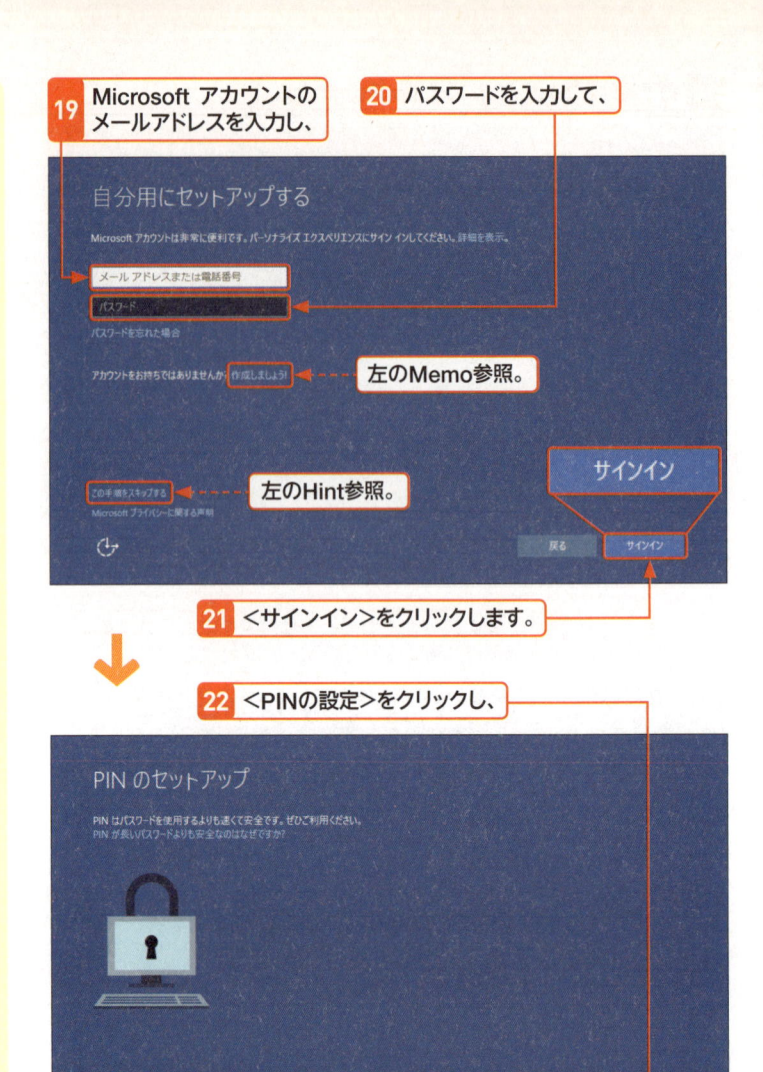

左のMemo参照。

左のHint参照。

サインイン

21 ＜サインイン＞をクリックします。

22 ＜PINの設定＞をクリックし、

PIN の設定

23 各テキストボックスに4桁以上の同じ数字を入力して、

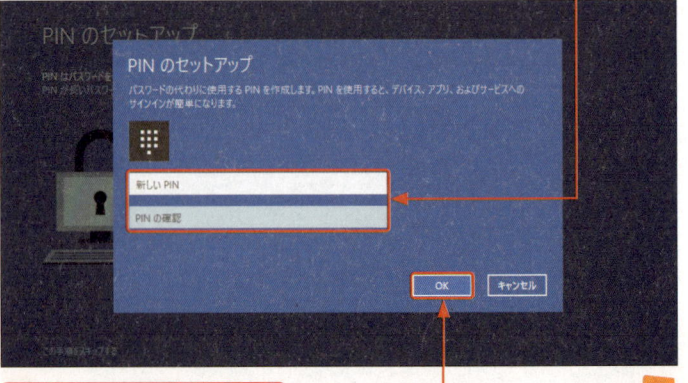

24 ＜OK＞をクリックします。

25 <次へ>をクリックし、

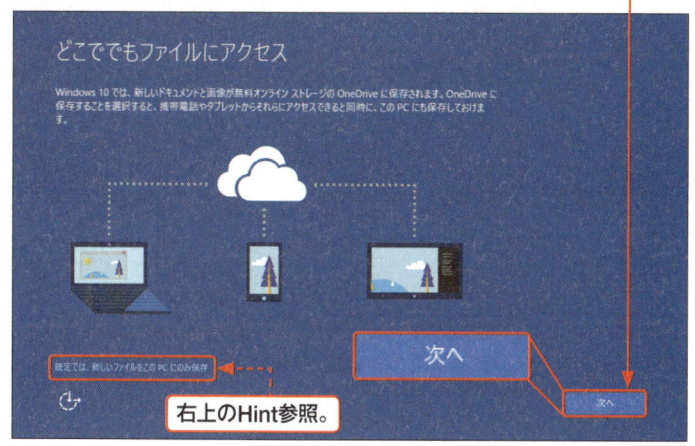

どこででもファイルにアクセス

Windows 10では、新しいドキュメントと画像が無料オンライン ストレージの OneDrive に保存されます。OneDrive に保存することを選択すると、携帯電話やタブレットからそれらにアクセスできると同時に、この PC にも保存しておけます。

既定では、新しいファイルをこの PC にのみ保存

右上のHint参照。

次へ

次へ

26 <次へ>をクリックすると、

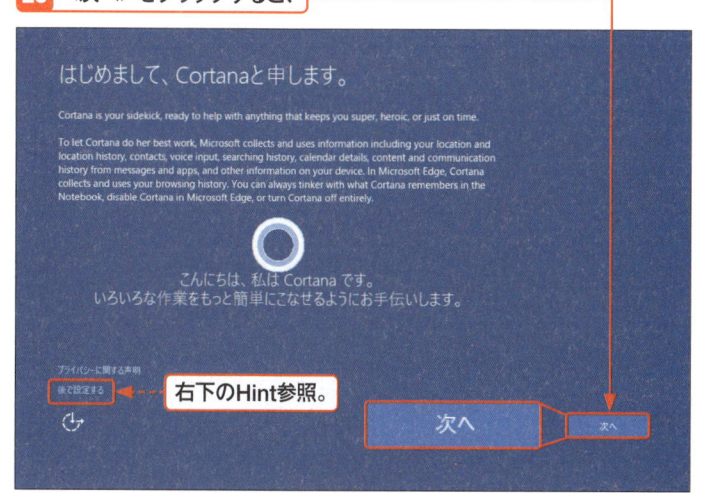

はじめまして、Cortanaと申します。

Cortana is your sidekick, ready to help with anything that keeps you super, heroic, or just on time.

To let Cortana do her best work, Microsoft collects and uses information including your location and location history, contacts, voice input, searching history, calendar details, content and communication history from messages and apps, and other information on your device. In Microsoft Edge, Cortana collects and uses your browsing history. You can always tinker with what Cortana remembers in the Notebook, disable Cortana in Microsoft Edge, or turn Cortana off entirely.

こんにちは、私は Cortana です。
いろいろな作業をもっと簡単にこなせるようにお手伝いします。

プライバシーに関する声明
後で設定する

右下のHint参照。

次へ

次へ

27 Windows 10のデスクトップが表示されます。

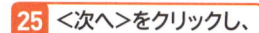 **Hint** OneDrive の有効化

手順**25**の画面は、OneDrive（P.316参照）を有効化する操作です。そのまま先に進むとドキュメントや写真の保存先がローカルドライブではなく、OneDrive に変更されます。ローカルドライブに保存する場合は＜既定では、新しいファイルをこの PC にのみ保存＞をクリックしてください。

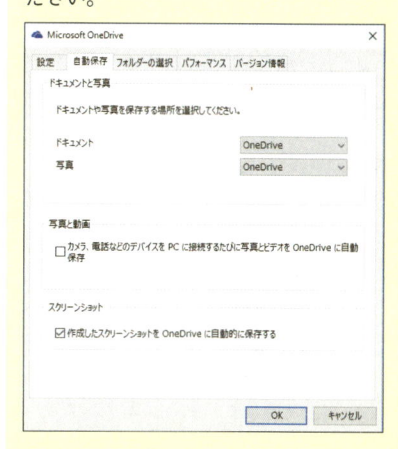

 **Hint** Cortana の有効化

手順**26**の画面は、Cortana（P.102参照）を有効化する設定です。パーソナル設定や使用者の名前はあとから設定しますが、Cortana を使う予定がない場合は＜後で設定する＞をクリックしてください。

 **Hint** ユーザーアカウント設定

左の操作を終えると、ここからユーザーアカウントに対する設定が始まります。完了までそのままお待ちください。

Windows 10を
再インストールする

キーワード ▶ 再インストール

パソコンの動作が不安定になってしまった場合は、Windows 10をインストールし直して、パソコンを初期状態に戻しましょう。ただし、ここでの設定を行うと、インストールしていたアプリや保存データはすべて消去されます。ここではWindows 10を再インストールする方法を解説します。

1 Windows 10 を再インストールする

Memo Windows 10の再インストールとは?

Windows 10の再インストールを実行すると、インストールされていたアプリや保存していた写真などのデータはすべて削除されます。そのため、必要なデータをバックアップしてから、再インストールを実行しましょう。再インストールは、パソコンが不安定になってどうしようもなくなった場合の最終手段として実行します。

Memo PCの起動をカスタマイズする

USBメモリーや光学ドライブなどに書き込まれたOSインストールディスクなどから起動を行いたいときは、USBメモリーやDVDメディアなどをパソコンにセットし、「PCの起動をカスタマイズする」の＜今すぐ再起動する＞をクリックします。

Memo Windows 7/8.1に戻す

手順3の画面にある＜Windows 7に戻す（もしくはWindows 8.1に戻す）＞をクリックすると、Windows 10ではなく、Windows 7やWindows 8.1に戻すことができます。

1 P.534を参考に「設定」を起動し、

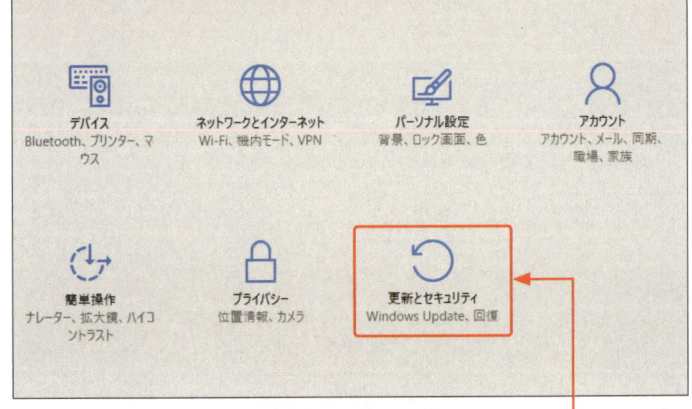

2 ＜更新とセキュリティ＞をクリックします。

3 ＜回復＞をクリックし、

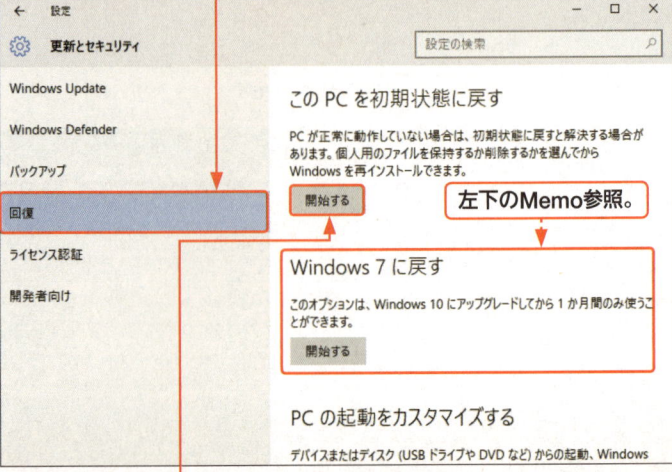

左下のMemo参照。

4 「このPCを初期状態に戻す」の＜開始する＞をクリックします。

5 <すべて削除する>をクリックします。

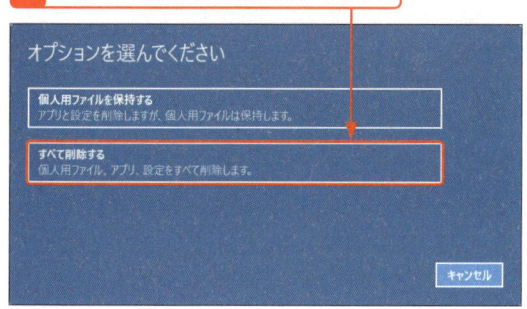

6 クリーニングの方法（ここでは、<ファイルを削除してドライブのクリーニングを実行する>）をクリックします。

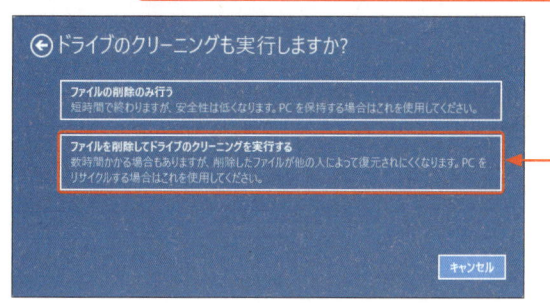

7 「警告」画面が表示されたときは、<次へ>をクリックします。

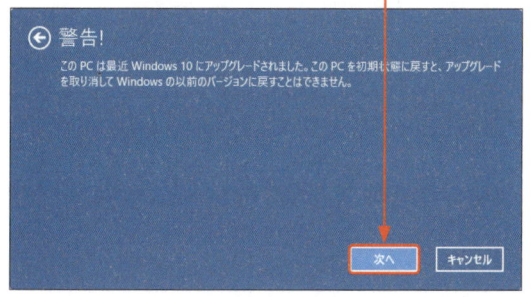

8 <初期状態に戻す>をクリックします。

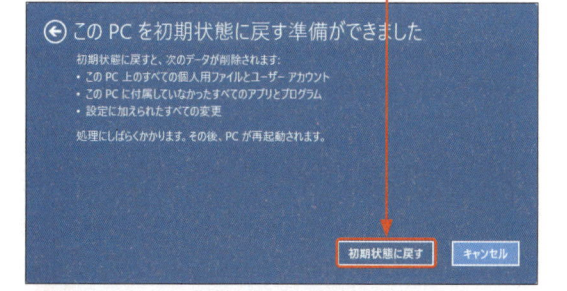

9 パソコンが再起動して、Windows 10の再インストールが行われます。

10 作業が完了すると、「こんにちは」画面が表示されます。

 **Hint** オプションについて

手順 **4** の画面で<個人用ファイルを保持する>を選択すると、アプリや各種設定は削除されますが、<ドキュメント>フォルダー内のデータや<ピクチャ>フォルダー内の写真などの個人データの削除は行われません。

Hint 以降の手順は？

手順 **10** で「こんにちは」画面が表示されたら、P.659を参考にWindows 10の初期設定を行います。

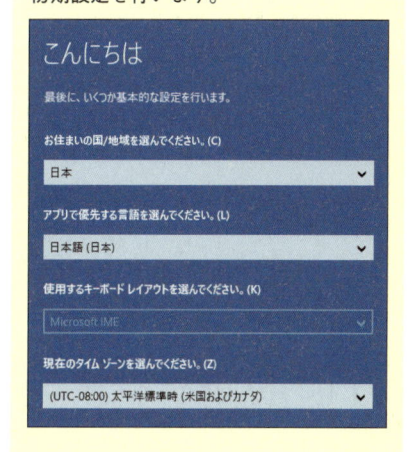

 **Memo** 再インストール後の操作は？

Windows 10の再インストールが終了すると、インストールしていたアプリや保存していたデータがすべて消去されます。パソコンを再インストール前の状態に戻したいときは、パソコンのマニュアルなどを参考にアプリの再インストールを行ったり、バックアップしておいたデータの復元を行ってください。

Section
213

Windows 10に
アップグレードするには

キーワード ▶ アップグレード

既存のWindows 7やWindows 8.1をインストールしたパソコンからWindows 10にアップグレードするには、一定の条件を満たす必要があります。システム要件を満たしていても一部互換性を持たないハードウェアでは、アップグレードしても正しく動作しない可能性があります。

1 Windows 10のシステム要件

Memo **Windows 10にアップグレードできるパソコン**

お使いのパソコンがWindows 10にアップグレードできる上限は、右の表で示した通り、ハードルは高くありません。ただし、パフォーマンスが低くて快適に動作しない場合があるので注意してください。

Windows 10のシステム要件（動作環境）は、以下の通りです。

項目	システム要件
OS	Windows 7 Service Pack 1 もしくは Windows 8.1 Update
CPU	1GHz 以上の CPU
メモリー	1GB（64ビット版は2GB）以上のメモリー
ストレージ	16GB 以上（64ビット版は20GB）以上の空き容量
GPU	DirectX 9 以上（WDDM 1.0 ドライバー）
画面解像度	800×600 ピクセル

2 選択できるアップグレード先

Memo **使用中のエディションでアップグレード先が異なる**

右は使用中のWindows 7およびWindows 8.1からどのエディションにアップグレードできるかをまとめた表です。たとえばWindows 7 Home Premiumを使っている場合、Windows 10 Homeにアップグレードできます。

アップグレードに対応するエディションは次の通りです。

	アップグレード前	アップグレード後
Windows 7	Windows 7 Starter	Windows 10 Home
	Windows 7 Home Premium	Windows 10 Home
	Windows 7 Professional	Windows 10 Pro
	Windows 7 Ultimate	Windows 10 Pro
Windows 8.1	Windows 8.1	Windows 10 Home
	Windows 8.1 Pro	Windows 10 Pro

3 メーカーのWebサイトをチェックする

マイクロソフトは主要なパソコンメーカーやアプリメーカーの Windows 10互換情報に関するリンクページ「Windows 10互換性情報、アップグレード情報＆早わかり簡単操作ガイド」を用意しています。各メーカーのサポートページがわからない場合は、こちらへアクセスして確認しましょう。

URL：

http://www.microsoft.com/ja-jp/atlife/campaign/windows10/compat/

Memo　アップグレードの注意点

利用しているパソコンが Windows 10 にアップグレードできるか否かは、システム要件以外の要因も影響します。たとえばデバイスドライバーのサポートやファームウェアの更新状況、使っているアプリが Windows 10 に対応しているかなど多様な要因が存在するため、メーカー製パソコンを使っている場合はサポートセンターなどで確認してください。

4 アップグレード時に削除される機能

アップグレード時には、以下の機能、アプリが削除されます。また、Windows 10アップグレード時に「Windows Media Center」は削除されますが、古いWindowsのエディションを正しく認識できた場合、一定期間内は「ストア」から「Windows DVDプレーヤー」のインストールが可能になります。

アップグレード時に削除される機能、アプリ
「Windows Media Center」
Windows 7の「デスクトップガジェット」
「ソリティア」「マインスイーパー」など各ゲーム
外付けFDDのインボックスドライバー
Windows Live Essentials上のOneDrive
スナップできるアプリが2個に制限（タブレットモード）

Memo　削除される機能について

各ゲームは Windows アプリ版の「Microsoft Solitaire Collection」「Microsoft Minesweeper」をインストールしてください。Windows Live Essentials の OneDrive は Windows 10 版に置き換わりますが、OneDrive 上にだけあるファイルをローカルでも使用可能にする、プレースホルダーファイル機能が削除されます。

Memo　アプリで確認する

タスクバーに表示されている「Get Windows 10」アプリで、Windows 10にアップグレード可能かどうかを確認することができます。あくまでも目安として、試してみるとよいでしょう。タスクバーの田をクリックして、「Windows 10を入手する」アプリを起動したら、画面左上の≡をクリックして、＜PCのチェック＞をクリックします。

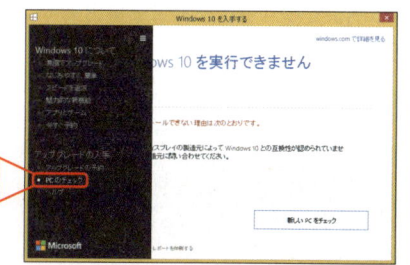

Section 214

Windows 10への
アップグレードを準備する

キーワード ▶ Get Windows 10

現在Windows 7もしくはWindows 8.1を使っている場合、2016年7月28日まで製品版のWindows 10へ無償でアップグレードできます。すでに「Get Windows 10」が通知領域に存在しますが、アップグレードを実行するには、ちょっとした操作が必要です。

1 Get Windows 10アプリを操作する

Get Windows 10について

2015年6月1日からWindows Update経由で配布が始まった「Get Windows 10」アプリは、Windows 10へのアップグレードを容易に行うことを目的としています。なお、このアプリは、Windows 7およびWindows 8.1に配布されています。なお、いずれも最新の更新プログラムを適用していなければなりません。

Hint 「今すぐアップグレード」について

手順 **2** の画面で＜今すぐアップグレード＞をクリックすると、その場でWindows 10へのアップグレードが始まります。その間はパソコンが使えなくなるので、時間的余裕がない場合はここで紹介している手順を実行することをおすすめします。

Hint ほかのページを開く

手順 **2** の画面で ＞ をクリックすると、Windows 10に関する特徴を説明するページを閲覧できます。

ここではWindows 7からWindows 10へアップグレードする準備方法を解説しています。

1 通知領域の 田 をクリックし、

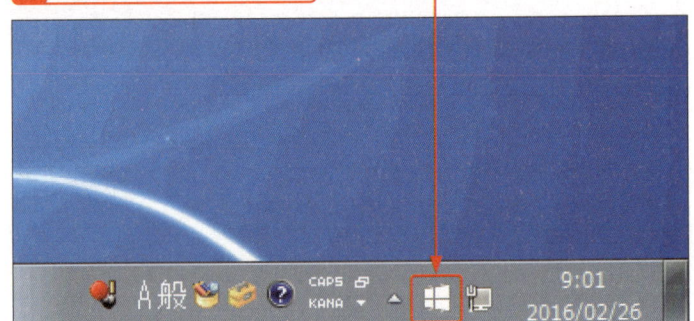

2 ＜ダウンロードを開始し、後でアップグレード＞をクリックします。

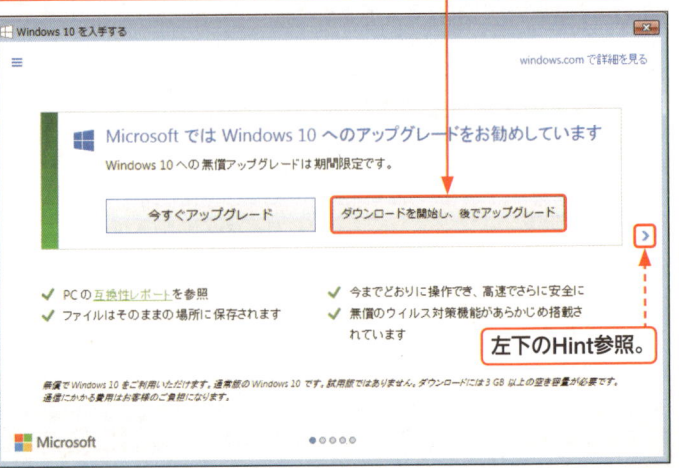

左下のHint参照。

3 Windows Updateが起動し、ダウンロードが始まります。

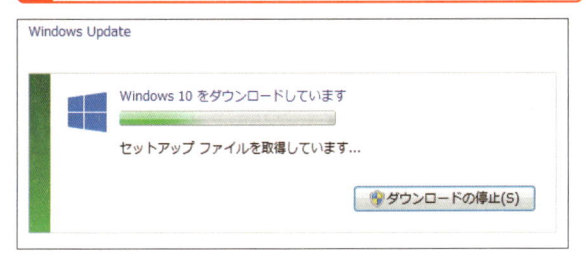

↓

4 ＜同意する＞をクリックし、

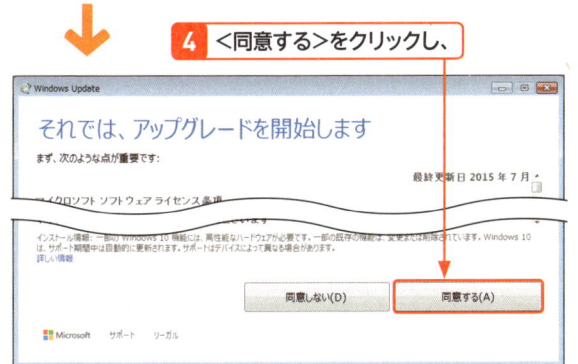

↓

5 ＜アップグレードをスケジュール＞をクリックします。

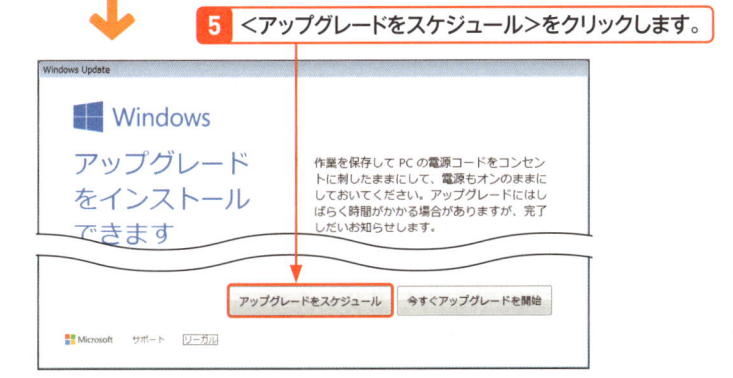

↓

6 アップグレードする時刻を選択し、

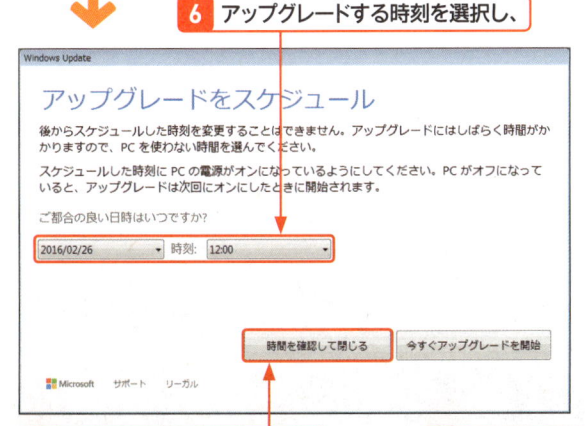

7 ＜時間を確認して閉じる＞をクリックします。

8 アップグレードの準備が完了しました。

Hint 通知領域のアイコンから操作

通知領域の「Get Windows 10」を右クリックすると、複数のアクションを実行できます。＜Windows 10を入手する＞は「無料アップグレードの手順」画面を呼び出し、＜無償アップグレードを予約する＞は予約処理を実行して「アップグレードが予約されています」画面が開きます。なお、アップグレード予約完了後は、メニューの項目名が＜アップグレードのステータスを確認する＞に変更されます。＜Windows 10の詳細を確認する＞は、Windows 10に関するQ&AページをWebブラウザーで読むことができます。

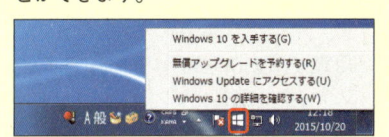

Memo ダウンロードに要する時間

手順**3**では、約3Gバイト（64ビット版は約4Gバイト）にも及ぶファイルをインターネットからダウンロードするため、お使いの環境によって要する時間は異なります。数十分から1時間前後は必要となりますが、ダウンロード中はほかの作業も行えます。

Hint アップグレードできないケース

利用しているパソコンによっては互換性問題からWindows 10にアップグレードできない場合があります。残念ながらその際は新規パソコンの購入など別の手段を検討してください。

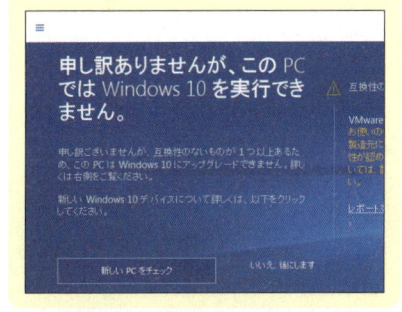

ツールを使ってWindows 10 にアップグレードする

キーワード ▶ メディア作成ツール

Windows Update経由のWindows 10アップグレードは数日以上を要するため、実用的ではありません。そこで、マイクロソフトのインストール用メディア作成ツールを使い、Windows 10のインストールUSBメモリーもしくはDVDを作成しましょう。すぐにアップグレードが可能になります。

1 「メディア作成ツール」でインストールメディアを作成する

Memo メディア作成ツールについて

メディア作成ツールは、マイクロソフトが用意したWindows 10のインストールメディアを作成するアプリです。Windows 7やWindows 8.1、Windows 10上で動作し、Windows 10 HomeおよびProエディションのメディアを作成できます。

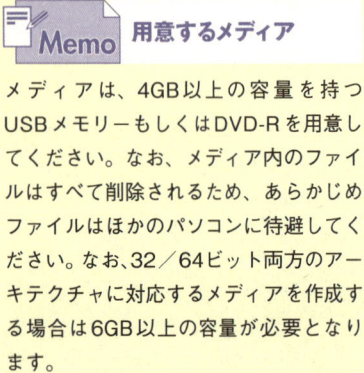

Memo 用意するメディア

メディアは、4GB以上の容量を持つUSBメモリーもしくはDVD-Rを用意してください。なお、メディア内のファイルはすべて削除されるため、あらかじめファイルはほかのパソコンに待避してください。なお、32／64ビット両方のアーキテクチャに対応するメディアを作成する場合は6GB以上の容量が必要となります。

1 Webブラウザーでダウンロードページにアクセスし（https://www.microsoft.com/ja-jp/software-download/windows10）、

2 ＜ツールを今すぐダウンロード＞をクリックして、

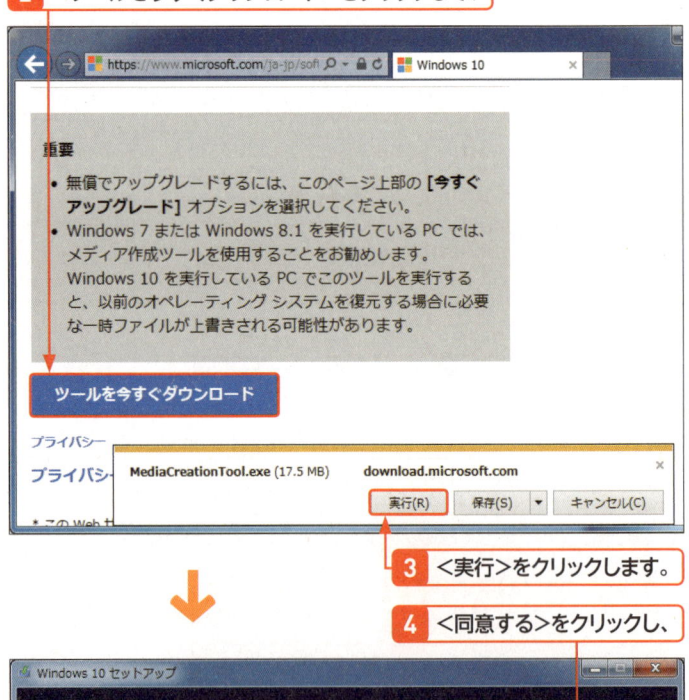

3 ＜実行＞をクリックします。

4 ＜同意する＞をクリックし、

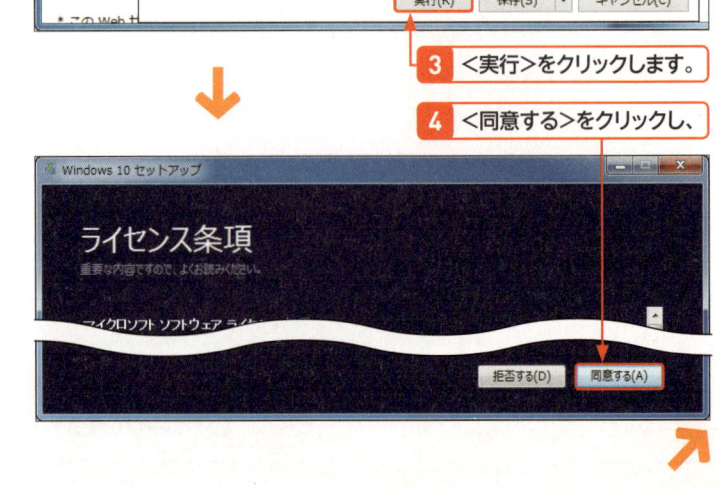

5 <他のPC用にインストールメディアを作る>をクリックして、

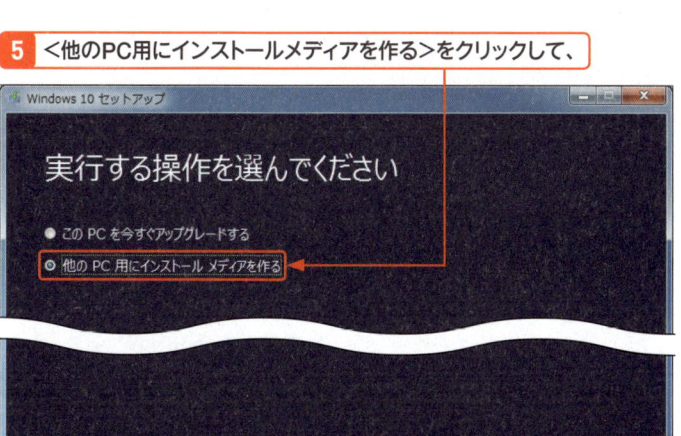

Hint 直接アップグレードする

手順 **5** の画面で、<このPCを今すぐアップグレードする>を選んで先に進んだ場合は、P.681のMemoを参照してください。

6 <次へ>をクリックします。

7 <次へ>をクリックし、

言語、アーキテクチャ、エディションの選択

言語	日本語
エディション	Windows 10
アーキテクチャ	32 ビット (x86)

☑このPCにおすすめのオプションを使う ← 右のMemo参照。

☑このPCにおすすめのオプションを使う

Memo オプションで設定を行う

手順 **7** の画面で、<このPCにおすすめのオプションを使う>をクリックしてチェックを外すと、言語やエディション、アーキテクチャを選択できます。ただし、執筆時点では「インストール用メディア作成ツール」でエディションまでは選択できません。アーキテクチャは32ビットか64ビット、もしくは両者を供えるインストールメディアを作成できます。

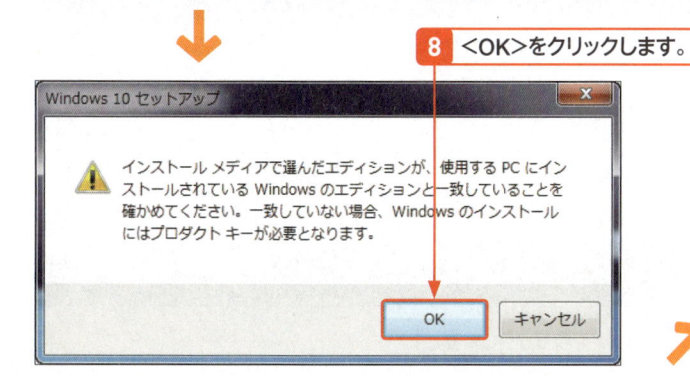

8 <OK>をクリックします。

Windows 10 セットアップ

⚠ インストールメディアで選んだエディションが、使用するPCにインストールされている Windows のエディションと一致していることを確かめてください。一致していない場合、Windows のインストールにはプロダクトキーが必要となります。

第 1 章
Windows 10
をはじめよう

第 2 章
Windows 10
の基本操作

第 3 章
ファイルと
フォルダー

第 4 章
インター
ネット

第 5 章
Outlook.
com

第 6 章
「メール」
アプリ

第 7 章
アプリの
利用

第 8 章
データの
活用

第 9 章
音楽／写真
／ビデオ

第10章
タブレット
モード

第11章
文字入力
の基本

第12章
＜スタート＞
メニュー

第13章
デスクトップ

第14章
ネットワーク

第15章
管理／
セキュリティ

第16章
周辺機器
の利用

第17章
トラブル
対策

第18章
インストール
と初期設定

付　録

Memo　ISOファイルを選択する

あとからDVD-Rに書き込む場合などは、手順 9 の画面で＜ISOファイル＞を選択します。

Hint　ドライブが表示されない

手順 12 の画面で、USBメモリーをパソコンに接続しても表示されない場合は、＜ドライブの一覧を更新する＞をクリックします。

Memo　ダウンロードに要する時間

手順 13 からWindows 10のダウンロードが始まりますが、3～4Gバイト（種類によって異なります）のダウンロードが必要になるため、環境によっては数時間かかる場合もあります。また、USBメモリーへの書き込み時間も必要となるため、手順 15 の画面が表示されるまではかの操作は控えてください。

Memo　終了時の処理

手順 15 の画面で、＜完了＞をクリックすると、ダウンロードしたファイルなどを削除してからアプリを終了するため、数秒ほど待つことになります。

9 ＜USBフラッシュドライブ＞をクリックし、

10 USBメモリーを接続して、

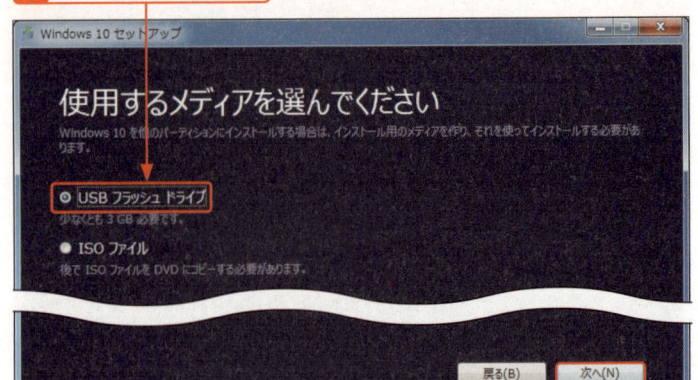

使用するメディアを選んでください

Windows 10 を他のパーティションにインストールする場合は、インストール用のメディアを作り、それを使ってインストールする必要があります。

◉ USB フラッシュ ドライブ
少なくとも 3 GB 必要です。

○ ISO ファイル
後で ISO ファイルを DVD にコピーする必要があります。

戻る(B)　次へ(N)

11 ＜次へ＞をクリックします。

12 ドライブが存在するのを確認してから、

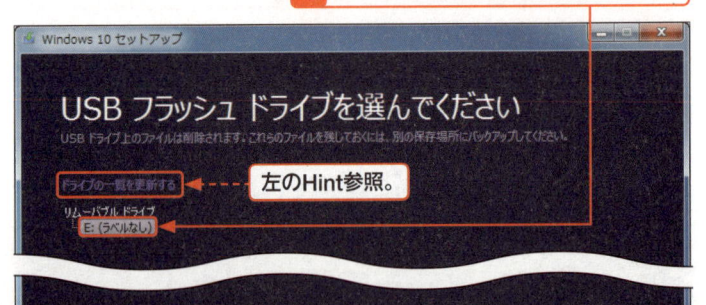

USB フラッシュ ドライブを選んでください

USB ドライブ上のファイルは削除されます。これらのファイルを残しておくには、別の保存場所にバックアップしてください。

ドライブの一覧を更新する ◀-- 左のHint参照。

リムーバブル ドライブ
E: (ラベルなし)

戻る(B)　次へ(N)

13 ＜次へ＞をクリックします。

14 Windows 10のダウンロード及びUSBメモリーへの書き込みを終えたら、

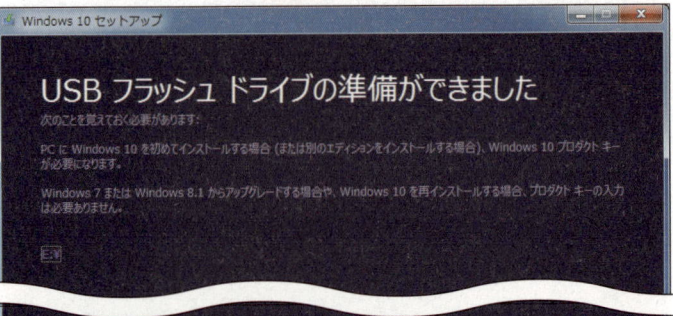

USB フラッシュ ドライブの準備ができました

次のことを覚えておく必要があります:

PC に Windows 10 を初めてインストールする場合 (または別のエディションをインストールする場合)、Windows 10 プロダクト キーが必要になります。

Windows 7 または Windows 8.1 からアップグレードする場合や、Windows 10 を再インストールする場合、プロダクト キーの入力は必要ありません。

戻る(B)　完了(F)

15 ＜完了＞をクリックします。

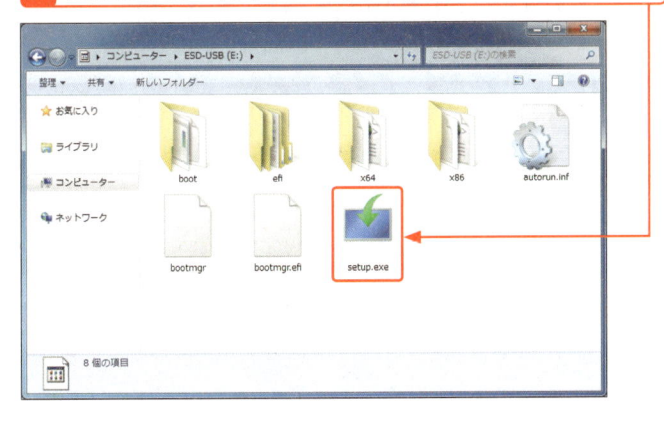

16 こちらはUSBメモリーの内容です。<setup.exe>を実行すれば
Windows 10へのアップグレードが可能です。

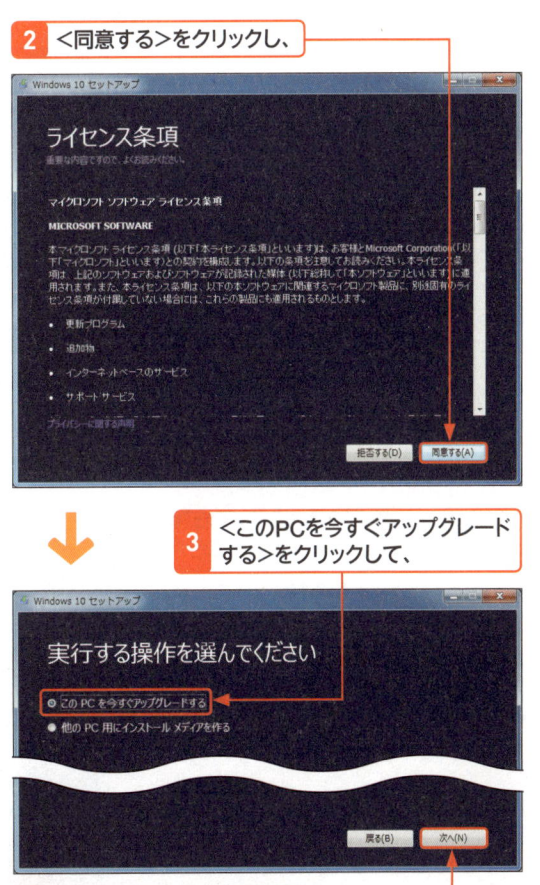

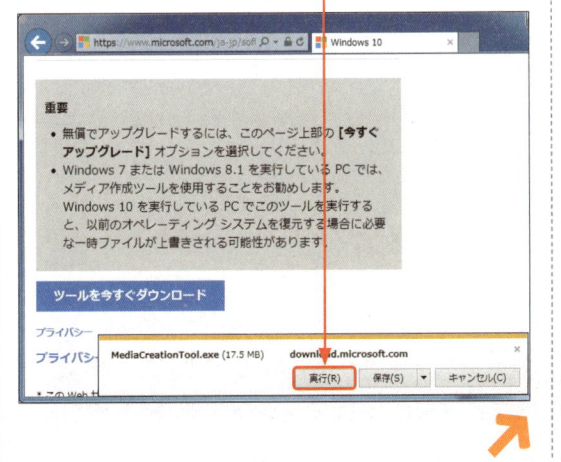

📝 Memo　メディア作成ツール（MediaCreationTool）からアップグレードする

Windows 10を使う上では、インストールメディアを作成したほうが安全ですが、直接アップグレードすることも可能です。P.678の手順 **1** ～ **4** の操作で直接メディア作成ツールを実行し、Windows 10へのアップグレードを始めてください。ここではその手順を示していますが、手順 **5** 以降は、画面の指示に従って作業を進めてください。一連の処理が行われます。一連の処理とは、Windows 10セットアップに必要なファイルの検証や、更新プログラムのダウンロードなどを経て、セットアッププログラムの起動までを指します。なお、手順 **1** の操作で＜保存＞をクリックすると、ダウンロードフォルダーに「MediaCreationTool.exe」が保存されます。アップグレードは、こちらをダブルクリックして、メディア作成ツールを起動しても行うことができます。

1 ＜実行＞をクリックします。

2 ＜同意する＞をクリックし、

3 ＜このPCを今すぐアップグレードする＞をクリックして、

4 ＜次へ＞をクリックすると、

5 一連の処理を経て、Windows 10セットアップが起動します。

Section 216

Windows 7（Windows 8.1）を Windows 10にアップグレードする

キーワード ▶ インストールメディア

事前準備を終えたら、Windows 10へアップグレードしましょう。通常はWindows Update経由で必要なファイルをダウンロードしますが、完了まで数日から数週間かかるため、ここではP.678で作成したメディアでWindows 7からWindows 10へアップグレードする手順を解説します。

1 インストールメディアでアップグレード

Memo Windows Update経由のアップグレードプロセス

P.676の操作でWindows 10アップグレードファイルのダウンロードが完了すると、Get Windows 10の通知が変化します。この状態でWindows Updateを起動すると、Windows 10へのアップグレード操作が可能になるので＜はじめに＞をクリックします。その後「アップグレードの準備をしています」のメッセージが表示されます。さらに必要なファイルをダウンロードし、ライセンス条項の確認を求められたら＜同意する＞をクリックします。最後に＜今すぐアップグレード＞をクリックすると、セットアップファイルのコピーやパソコンの再起動が始まります。ここではこうしたWindows Update経由ではなく、P.678で作成したインストールメディアを使ったアップグレード手順を紹介します。

Memo 品質向上に協力する

＜Windowsインストールの品質向上に協力する＞をクリックしてチェックを☑にすると、Windows 10アップグレード時の操作や選択内容がマイクロソフトに送信されます。説明通りインストール時にユーザーが操作で迷った場面などを収集して、インストールプロセスの向上につなげます。

1 インストールメディアをパソコンにセットします。

2 ＜更新プログラムをダウンロードしてインストールする＞が選択されているのを確認し、

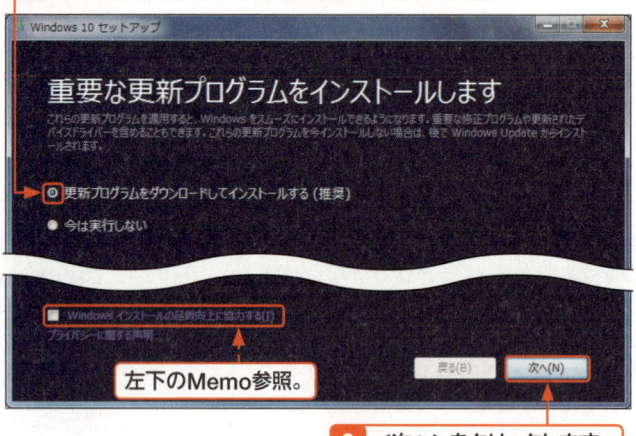

左下のMemo参照。

3 ＜次へ＞をクリックします。

4 ライセンス条項を確認し、

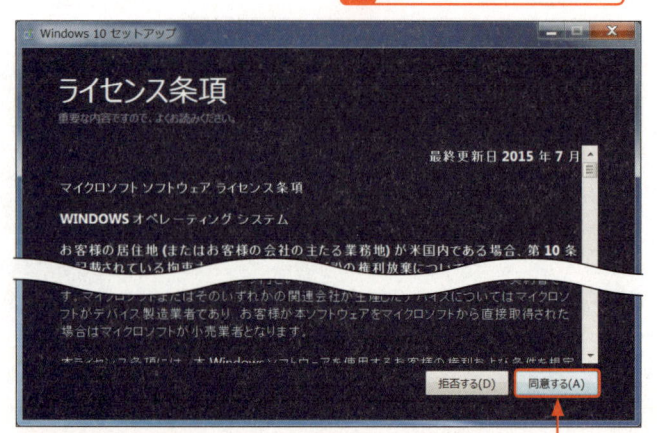

5 問題がなければ、＜同意する＞をクリックします。

6 更新プログラムのダウンロードが始まります。

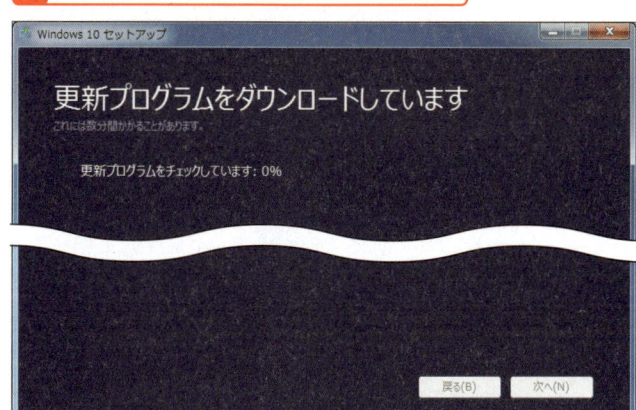

7 このまま、次の画面が表示されるまで待ちます。

8 この画面が表示されたら、＜インストール＞をクリックします。

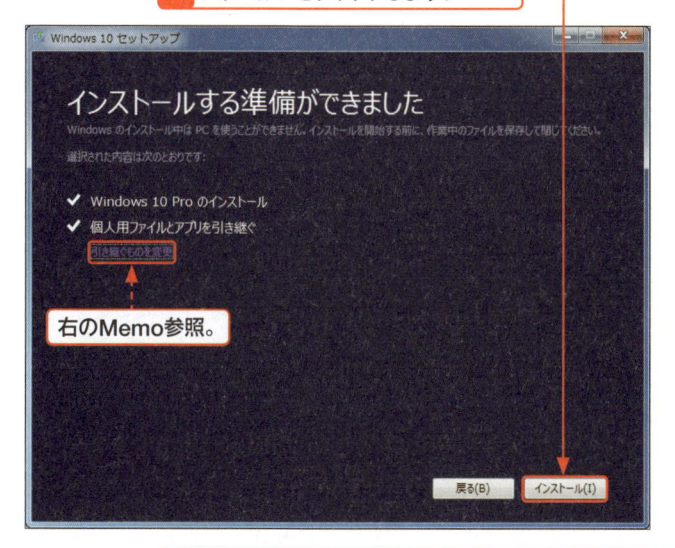

右のMemo参照。

9 セットアップに必要なファイルのコピーが始まります。完了まで待ちます。パソコンは自動的に再起動します。

Memo 引き継ぐものを変更する場合

手順**8**の画面で＜引き継ぐものを変更＞をクリックすると、＜個人用ファイルとアプリを引き継ぐ＞＜個人用ファイルのみを引き継ぐ＞＜何も引き継がない＞の3つから動作を選択できます。通常は＜個人用ファイルとアプリを引き継ぐ＞を選択すべきですが、あらかじめユーザーファイルはバックアップ済みで、アプリの互換性問題などからクリーンインストールが必要な場合は、＜何も引き継がない＞を選択すると、新規インストールとほぼ同等の環境が手に入ります。

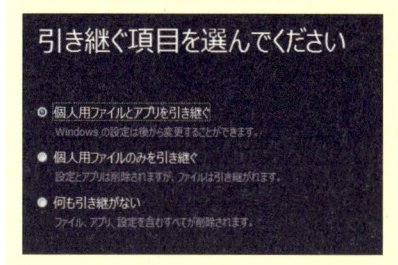

Hint アップグレードを中止する

手順**9**の画面で右に配置されている＜キャンセル＞をクリックすると、Windows 10のアップグレードを中止できます。ただし、操作は最初からやり直しになります。

Memo　アップグレード時の動作

手順 10 の画面で行う操作は、ファイルのコピー、デバイスドライバーやアプリのインストール、設定の構成です。この間パソコンは数回再起動します。

Memo　異なるユーザーが現れる

手順 10 の画面で、別のユーザーが表示された場合は、<○○ではありません>をクリックすると、サインイン操作をスキップできます。

10 Windows 7で使っていたローカルアカウントのパスワードを入力し、

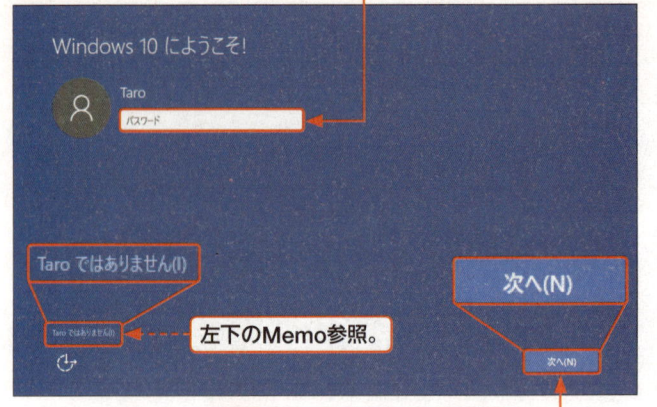

Windows 10 にようこそ！

Taro

パスワード

Taro ではありません(I)

左下のMemo参照。

次へ(N)

11 <次へ>をクリックします。

12 新規インストール時と同じ設定確認をうながされます。<簡単設定を使う>をクリックします。

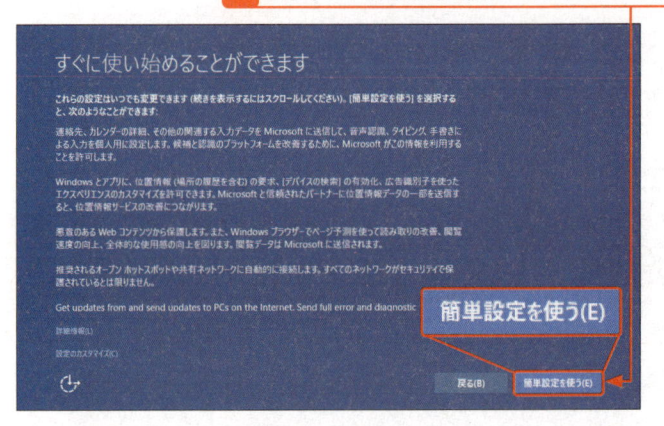

すぐに使い始めることができます

簡単設定を使う(E)

13 <Cortanaを使う>をクリックし、

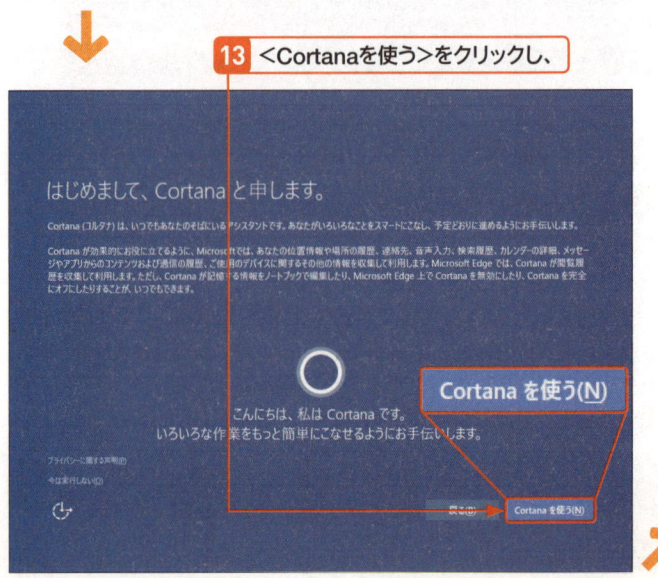

はじめまして、Cortana と申します。

こんにちは、私は Cortana です。
いろいろな作業をもっと簡単にこなせるようにお手伝いします。

Cortana を使う(N)

14 アプリの選択を求められます。＜既定のアプリを選択＞をクリックし、

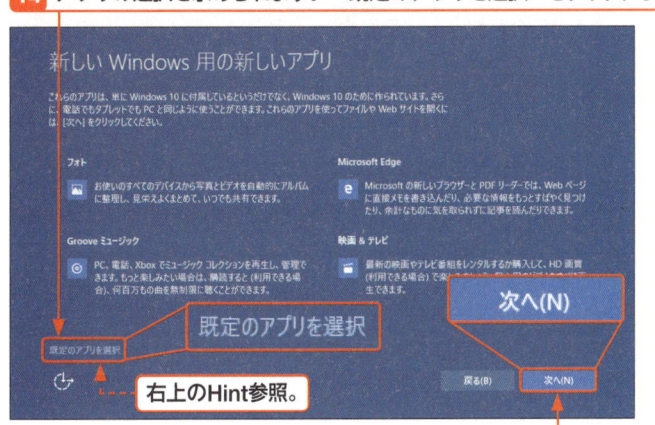

既定のアプリを選択

右上のHint参照。

次へ(N)

15 ＜次へ＞をクリックします。

16 ユーザー設定のアップグレードが始まります。完了まで待ちます。

しばらくお待ちください

アプリを設定しています

17 これでWindows 10へのアップグレードが完了しました。

Hint　過去の関連付けを有効にして作業を行う

手順 **14** の画面で、＜既定のアプリを選択＞をクリックせずに＜次へ＞をクリックすると、Windows 7もしくはWindows 8.1の関連付けを有効にしたまま、Windows 10へアップグレードできます。

Hint　アップグレード完了後の動作

アップグレード完了後はOneDriveクライアントのアップグレードが行われますが、Windows 7/8.1で使用していたデスクトップアプリやユーザーアカウントはそのまま引き継がれます。アップグレードした場合は、初期設定の必要がありません。

第1章 Windows 10 をはじめよう

第2章 Windows 10 の基本操作

第3章 ファイルと フォルダー

第4章 インター ネット

第5章 Outlook. com

第6章 「メール」 アプリ

第7章 アプリの 利用

第8章 データの 活用

第9章 音楽/写真 /ビデオ

第10章 タブレット モード

第11章 文字入力 の基本

第12章 <スタート> メニュー

第13章 デスクトップ

第14章 ネットワーク

第15章 管理/ セキュリティ

第16章 周辺機器 の利用

第17章 トラブル 対策

第18章 インストール と初期設定

付 録

Section 217 アップグレードしたWindowsをもとに戻す

キーワード ▶ アンインストール

Windows 10へのアップグレード後、普段使っているアプリが正常動作しないなど何らかの問題が発生した場合は、以前のWindowsに戻しましょう。基本的な操作はWindows 7とWindows 8.1で変わりません。ここではWindows 7を例にして、Windows 10をアンインストールする手順を解説します。

1 Windows 10 から Windows 7 に戻す

Memo Windows 10の アンインストール

Windows 10では、Windows 10にアップグレードした場合、古いシステムファイルなどを「Windows.old」フォルダーに移動させて、以前のWindowsに戻すしくみを用意しています。ディスククリーンアップなどで削除してしまうと戻すことができなくなるので注意してください。

Hint アンインストール可能 な条件

アンインストールを行うには、いくつかの条件を満たしている必要があります。アンインストールを行う場合は、下記の条件を確認してください。

- Windows 10アップグレード後、約1カ月以内
- アップグレード後に新規ユーザーアカウントを追加していない
- 「このPCを初期状態に戻す」を実行していない
- Windows.oldフォルダーが残っている

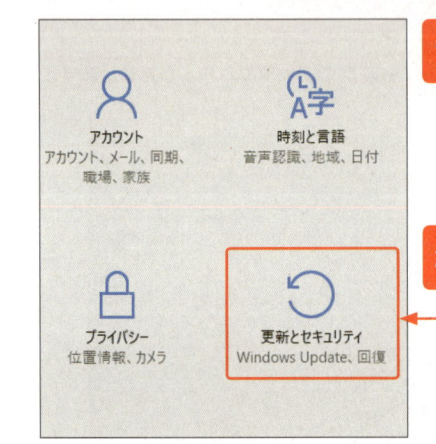

1 P.534を参考に「設定」を起動し、

2 <更新とセキュリティ>をクリックして、

3 <回復>をクリックします。

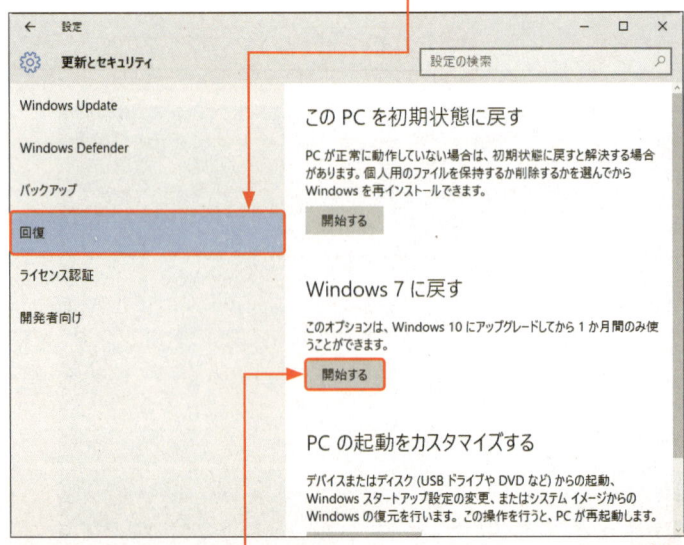

4 <開始する>をクリックします。

5 一覧から該当する理由をクリックして✔にし、

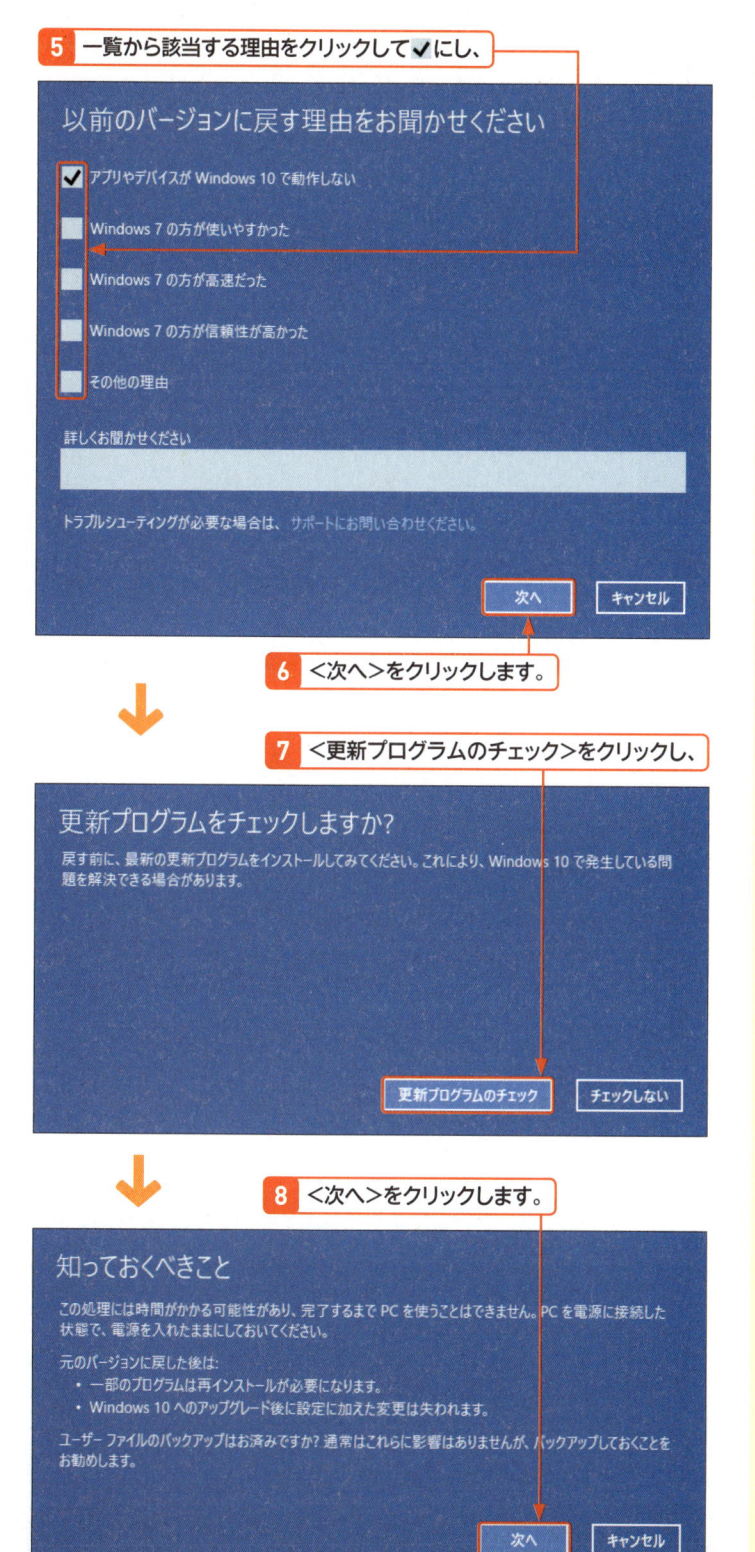

以前のバージョンに戻す理由をお聞かせください

☑ アプリやデバイスが Windows 10 で動作しない

☐ Windows 7 の方が使いやすかった

☐ Windows 7 の方が高速だった

☐ Windows 7 の方が信頼性が高かった

☐ その他の理由

詳しくお聞かせください

トラブルシューティングが必要な場合は、サポートにお問い合わせください。

次へ　　キャンセル

6 ＜次へ＞をクリックします。

7 ＜更新プログラムのチェック＞をクリックし、

更新プログラムをチェックしますか?

戻す前に、最新の更新プログラムをインストールしてみてください。これにより、Windows 10 で発生している問題を解決できる場合があります。

更新プログラムのチェック　　チェックしない

8 ＜次へ＞をクリックします。

知っておくべきこと

この処理には時間がかかる可能性があり、完了するまで PC を使うことはできません。PC を電源に接続した状態で、電源を入れたままにしておいてください。

元のバージョンに戻した後は:
・ 一部のプログラムは再インストールが必要になります。
・ Windows 10 へのアップグレード後に設定に加えた変更は失われます。

ユーザー ファイルのバックアップはお済みですか? 通常はこれらに影響はありませんが、バックアップしておくことをお勧めします。

次へ　　キャンセル

 **Hint** ディスクの空き容量に注意

「Windows.old」フォルダー内の「Users」を除くサブフォルダーは、ストレージの空き容量が10パーセントを切ると自動的に削除されます。そのため、以前のWindows 10に戻すのが難しくなるので注意してください。

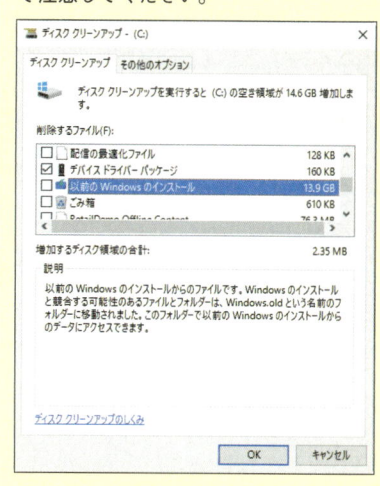

アンインストール

 **Memo** アンケートの内容

以前のWindowsに戻す際はアンケートへの回答を求められます。任意の項目を選んでください。

第 1 章
Windows 10
をはじめよう

第 2 章
Windows 10
の基本操作

第 3 章
ファイルと
フォルダー

第 4 章
インター
ネット

第 5 章
Outlook.
com

第 6 章
「メール」
アプリ

第 7 章
アプリの
利用

第 8 章
データの
活用

第 9 章
音楽／写真
／ビデオ

第10章
タブレット
モード

第11章
文字入力
の基本

第12章
＜スタート＞
メニュー

第13章
デスクトップ

第14章
ネットワーク

第15章
管理／
セキュリティ

第16章
周辺機器
の利用

第17章
トラブル
対策

第18章
インストール
と初期設定

付 録

Hint 以前のWindowsに戻したときの現象

Windows 10で行った各種設定はWindows 7/8.1に反映されません。Windows 10上でインストールしたデスクトップアプリや、Windows アプリはすべて削除されます。ユーザーファイルはそのまま残りますが、念のためほかのパソコンなどにバックアップを作成しておきましょう。

9 ＜次へ＞をクリックします。

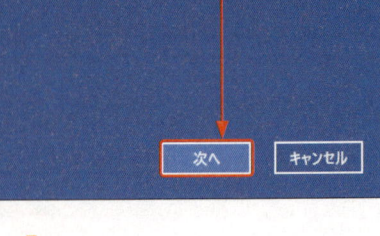

ロックアウトされないようにご注意ください

パスワードを使って Windows 7 にサインインしていた場合は、そのパスワードをご確認ください。

そのパスワードを使わずにサインインすることはできません。

[次へ]　[キャンセル]

10 ＜Windows 7に戻す＞をクリックすると、

Windows 10 をお試しいただきありがとうございます

強化された検索機能、セキュリティ、スタートアップが必要になったら、いつでも Windows 10 に戻ってきてください。

[Windows 7 に戻す]　[キャンセル]

11 パソコンが再起動し、Windows 10のアンインストールが始まります。完了まで待ちます。

12 再起動を経てWindows 7が起動します。

付　録

用語解説

第1章 Windows 10 をはじめよう
第2章 Windows 10 の基本操作
第3章 ファイルとフォルダー
第4章 インターネット
第5章 Outlook.com
第6章 「メール」アプリ
第7章 アプリの利用
第8章 データの活用
第9章 音楽/写真/ビデオ
第10章 タブレットモード
第11章 文字入力の基本
第12章 <スタート>メニュー
第13章 デスクトップ
第14章 ネットワーク
第15章 管理/セキュリティ
第16章 周辺機器の利用
第17章 トラブル対策
第18章 インストールと初期設定
付録

IMAP (Internet Message Access Protocol) ➡ P.218

メールを保存しているメールサーバーからメール本文を受信するための約束事や手順。IMAPでは、メールそのものをメールサーバー上で管理しており、件名や発信者などの情報を閲覧した上で、メール本文を受信するかどうかを決めることができます。プロバイダーメールをパソコンで受信する場合に利用されます。

POP3 (Post Office Protocol Version 3) ➡ P.218

メールを保存しているメールサーバーからメール本文を受信するための約束事や手順。POP3では、常にメール全体をパソコンにダウンロードして管理します。IMAPでは、メールの管理をメールサーバーが行っていますが、POP3ではパソコン側でメールの管理を行う点が異なります。POP3は、プロバイダーメールをパソコンで受信する場合に利用されるもっとも一般的な方式です。

USB (Universal Serial Bus) ➡ P.294、296

コンピューター (パソコン) 用に設計された周辺機器とコンピューターを接続したときにさまざまな情報のやり取りを行うためのデータ転送路の規格。キーボードやマウス、外付け型のHDDやSSD、小型のデータ保存用の機器であるUSBメモリなどをパソコンに接続するときに利用します。

Windows アプリ ➡ P.41、250

Windows ストアアプリとも呼ばれ、本書ではWindows アプリと呼んでいます。基本的には全画面で利用することを想定して作られたアプリで、タブレットなどでの利用に適しています。Windows ストアからダウンロードしてインストールできるだけなく、アップデートなどを一括管理できます。

Windows ストア ➡ P.250

マイクロソフトがサービスとして提供している、Windows 10で利用できるアプリを入手するためのアプリストアのこと。Windows 8以降でのみ利用できる「Windows アプリ」と、Windows 7以前でも利用できる「Windows デスクトップアプリ」が公開されています。キーワード検索や、各カテゴリ、各種ランキングから探すことができ、無料アプリと有料アプリがあります。Windows ストアを利用するには、あらかじめMicrosoft アカウントを取得しておく必要があります。なお、配布されている Windows アプリの中には、有料であっても無料で試すことができるアプリも用意されています。

ZIP形式 ➡ P.303

ファイルをオリジナルのサイズよりも小さくして保存するための形式。たとえば、「AAAAAAAA」という文字列を「Aが8個ある」という意味でA8と表記すると、同じ意味のまま文字数を8文字から2文字に削減できます。このようなしくみを使っても、もとの内容を変更することなく、オリジナルのサイズを小さくすることを圧縮と呼び、ZIPはその形式の1つです。なお、圧縮されたファイルをもとの状態に戻すことを、解凍や展開と呼びます。

アカウント ➡ P.176、181、212

パソコンやネットワーク上のサービスを利用するための権利の総称。身近な例では、銀行に口座を開設するようなものです。特定の個人に対して何らかのサービスを提供する場合、利用者の情報を登録しておき、本人かどうかを確認する必要があります。銀行口座では、口座番号と氏名、印鑑、暗証番号などの情報がアカウントとして利用されますが、パソコンやネットワーク上のサービスでは、ユーザー名とパスワードが利用されます。アカウントを登録することをユーザーを登録するまたはユーザーアカウントを登録すると呼びます。また、アカウントをユーザーアカウントと呼ぶこともあります。本書では、Microsoft アカウント、メールアカウントについても解説しています。

アップデート ➡ P.253

既存のソフトウェアに対して、小幅な改良や修正を加えて新しいソフトウェアに更新すること。既存のソフトウェアに対して変更を加えることはアップグレードと同じですが、大幅な修正や改良を行うアップグレードに対して、アップデートは小幅な修正や改良を行うことを意味します。Windows ストアで配布されているWindows アプリは、定期的にアップデートが行われます。

インストール ➡ P.250、290、580、585、666

OSやアプリをパソコンに導入する作業のこと。通常、アプリには、インストーラーと呼ばれる専用のインストールアプリが付属しており、このアプリを起動して画面の指示に従って操作を行うことでインストールを行います。インストールのことをセットアップと呼ぶこともあります。

キーボード ➡ P.18、406

指でキー (ボタン) を押すことによって文字を入力する機器。パソコンで文字を入力するときに利用します。通常は、専用のハードウェアを利用しますが、画面上に表示されるソフトウェアのキーボードもあります。ソフトウェアによるキーボードは、タッチキーボードとも呼ばれます。

起動 ➡ P.26、40、391

OSやアプリを利用できる状態にすること。たとえば、パソコンの電源を入れ、Windowsを利用できるようにすることをOS (Windows) を起動するといいます。同様にアプリのアイコンをクリック (またはダブルクリック、タップ、ダブルタップ) して、アプリを表示して利用できる状態にすることをアプリを

起動すると呼びます。

サーバー　　➡ P.217、514

ほかのコンピューター（パソコン）に対して、自身に備わっている機能やサービスなどを提供する側のコンピューター（パソコン）のこと。たとえば、メールサービスを提供するコンピューターをメールサーバーと呼び、Webサービスを提供するサーバーをWebサーバーと呼びます。また、サーバーに接続し、サービスを利用する側のコンピューター（パソコン）をクライアントと呼びます。

ダウンロード　　➡ P.150、170、198、323

インターネットなどのほかのネットワークからファイルなどのまとまったデータを受信すること。一般にインターネットからファイルを受信してパソコン内にそのファイルを保存することをダウンロードと呼んでいます。

タブレット　　➡ P.23

液晶画面と本体が一体化して薄い板状になっている情報機器（コンピューターやパソコンなど）。タブレットは、通常、画面を直接タッチすることで操作を行います。また、一部の機器では、キーボードを着脱することでタブレットとして利用できる場合もあります。

タブレットモード　　➡ P.24、29、38、388、453、484

Windows 10 にサインイン後、＜スタート＞メニューが全画面で表示されるモードのこと。アプリの起動用タイルのみが表示されるのが特徴で、アプリを起動すると全画面で表示されます。設定によってタブレットモードにすることができますが、パソコンの機種によっては最初からタブレットモードに設定されているものもあります。

ネットワーク　　➡ P.504

ネットワークは、「節点」と「経路」の2つの要素から成り立つグループの形です。コンピューター（パソコン）どうしの場合は、通信回線を用いて相互にデータのやり取りを行えるコンピューターのグループを指します。

フォーマット　　➡ P.301

HDDやSSD、USBメモリなどのデータ保存用の機器をOSから読み書き可能な状態にするための作業。データ保存用の機器は、すでにこの作業が行われた状態で出荷されている場合と、そうでない場合があります。利用中の機器に対してフォーマットを実行すると、保存されていたデータはすべて消去されます。

プロバイダー　　➡ P.110、138、180

インターネット上などでサービスを提供している事業者。一般にプロバイダーという場合は、インターネットへの接続サービスを提供するインターネットサービスプロバイダーのことを指します。また、Googleなどインターネット検索サービスを提供している事業者を検索プロバイダーと呼びます。

マウス　　➡ P.16、588、592

コンピューター（パソコン）の操作を行うための機器。1つ以上のボタンを備え、机の上を移動させることによって、画面上に表示された現在位置を示す目印を移動させてコンピューター（パソコン）の操作を行います。画面上に表示された現在位置を示す目印のことをマウスポインターと呼びます。また、マウスと同じように利用できる機器として、タッチパッドと呼ばれる機器もあります。タッチパッドは、板の上を指でなぞって操作します。

無線LAN　　➡ P.110

無線LAN (LAN：Local Area Network)とは、一定の限られたエリア内で無線を利用してデータのやり取りを行う通信網（ネットワーク）のこと。有線LANに比べ、通信ケーブルの取り回しがないことが特徴。現在ではプリンターなどにも無線LAN機能が搭載されている機種も多く、家庭内でのワイヤレス化も進んでいます。技術的には、IEEE 802.11などの規格に準拠した機器で構成されるネットワークのことを指します。最近よく聞かれるWi-Fiという言葉も、現在では無線LANと同義と考えて問題ありません。

ユーザー　　➡ P.22

商品やサービス、機器などを利用している人（利用者）。パソコンなどを使っている本人のこと。たとえば、Windows 10のユーザーという場合は、Windows 10がインストールされたパソコンを利用している人のことです。

ルーター　　➡ P.110

ネットワーク上に流れるデータを別のほかのネットワークに中継し、異なるネットワークどうしを接続するために利用する機器。一般にルーターといったときは、家庭内に設置されるインターネット接続用のルーターのことを指します。インターネット接続用のルーターは、インターネットと家庭内で利用するネットワークの間に入り、データの中継を行います。インターネット側から送られてくるデータのうち、必要なデータのみを受け取って適切な家庭内の機器にそのデータを送ったり、不要なデータを破棄する機能を提供します。なお、屋外に持ち運んで利用することを前提とした小型の携帯ルーターのことをモバイルルーターと呼びます。

主なキーボードショートカット

Windows 10の豊富で多彩な機能の多くには、その機能にすばやくアクセスできるキーボードショートカットが割り当てられていることがあります。キーボードショートカットとは、マウスではなくキーボードを使って各種操作を実行する機能です。よく使うキーボードショートカットを覚えることで、作業効率が向上します。なお、メーカー製パソコンの中には、独自の機能をキーボードショートカットに割り当てていることがあるので、ここで紹介している内容とは異なる動作をする場合もあります。ご了承ください。

■ウィンドウの操作

内容	キー操作
タスクビューを表示する	⊞ + Tab
スナップ表示でウィンドウを左へ移動*	⊞ + ←
スナップ表示でウィンドウを右へ移動*	⊞ + →
スナップ表示でウィンドウを全画面表示*	⊞ + ↑
スナップ表示でウィンドウを非表示*	⊞ + ↓
スナップ表示でウィンドウが左（あるいは右）にある場合、4分の1のサイズに変更*	⊞ + ↑ / ⊞ + ↓
スナップ表示で4分の1のサイズのウィンドウをもとのサイズ（2分の1）に戻す*	⊞ + ↑ / ⊞ + ↓

＊1つのアプリだけを起動し、ウィンドウを開いている状態。

■ファイルの操作

内容	キー操作
すべてを選択する	Ctrl + A
コピーする	Ctrl + C
切り取る	Ctrl + X
貼り付ける	Ctrl + V
操作をもとに戻す	Ctrl + Z
もとに戻した操作をさらにもとに戻す	Ctrl + Y
選択しているファイルを削除する	Delete
選択しているファイルを開く	Enter
選択しているファイルを完全に削除する	Shift + Delete
印刷する	Ctrl + P
上書き保存	Ctrl + S
操作の取り消し	Esc

第1章 Windows 10をはじめよう
第2章 Windows 10の基本操作
第3章 ファイルとフォルダー
第4章 インターネット
第5章 Outlook.com
第6章 「メール」アプリ
第7章 アプリの利用
第8章 データの活用
第9章 音楽／写真／ビデオ
第10章 タブレットモード
第11章 文字入力の基本
第12章 ＜スタート＞メニュー
第13章 デスクトップ
第14章 ネットワーク
第15章 管理／セキュリティ
第16章 周辺機器の利用
第17章 トラブル対策
第18章 インストールと初期設定
付　録

■Microsoft Edgeの操作

内容	キー操作
画面を上にスクロール	↑
画面を下にスクロール	↓
最後のタブに切り替える	Ctrl + 9
新しいタブを開く	Ctrl + T
表示しているページで検索を行う	Ctrl + F
履歴を開く	Ctrl + H
お気に入りを開く	Ctrl + I
タブを複製する	Ctrl + K
新しいウィンドウを表示する	Ctrl + N
現在のタブを閉じる	Ctrl + W

■デスクトップの操作

内容	キー操作
＜スタート＞メニューを表示または非表示にする	⊞
仮想デスクトップを新規に作成	⊞ + Ctrl + D
アクションセンターを表示する	⊞ + A
管理者向けコマンドメニューを表示する	⊞ + X
検索ウィンドウを表示する（検索ボックスをアクティブ）	⊞ + S
設定画面を表示する	F8 ／ ⊞ + I
エクスプローラーのアドレスバーを選択する	Alt + D
エクスプローラーを開く	⊞ + E
エクスプローラーのプレビューを表示する	Alt + P
エクスプローラーで検索タブを表示する	Ctrl + E
エクスプローラーでファイルタブを開く	Alt + F
エクスプローラーでホームタブを開く	Alt + H
新しいウィンドウを開く	Ctrl + N
新しいフォルダーを作成する	Ctrl + Shift + N
現在のエクスプローラーを閉じる	Ctrl + W
デスクトップで表示しているウィンドウをすべて最小化する	⊞ + M

ローマ字入力対応表

パソコンを利用する上で、文字入力は欠かせません。本書では第2章でその操作方法を解説していますが、1つの文字に対するローマ字入力方法は複数ある場合もあります。たとえば「shi」と「si」のどちらを入力しても「し」に変換されます。また、濁音や促音、拗音については、入力方法そのものがわからないといった場合もあるでしょう。ここではローマ字入力における対応表を掲載しています。参考にしてください。

五十音

あ	い	う	え	お
a	i (yi)	u (wu) (whu)	e	o
か	き	く	け	こ
ka (ca)	ki	ku (cu) (qu)	ke	ko (co)
さ	し	す	せ	そ
sa	si (shi)	su	se (ce)	so
た	ち	つ	て	と
ta	ti (chi)	tu (tsu)	te	to
な	に	ぬ	ね	の
na	ni	nu	ne	no
は	ひ	ふ	へ	ほ
ha	hi	hu (fu)	he	ho
ま	み	む	め	も
ma	mi	mu	me	mo
や		ゆ		よ
ya		yu		yo
ら	り	る	れ	ろ
ra	ri	ru	re	ro
わ		を		ん
wa		wo		nn (xn)

濁音／半濁音

が	ぎ	ぐ	げ	ご
ga	gi	gu	ge	go
ざ	じ	ず	ぜ	ぞ
za	zi (ji)	zu	ze	zo
だ	ぢ	づ	で	ど
da	di	du	de	do
ば	び	ぶ	べ	ぼ
ba	bi	bu	be	bo
ぱ	ぴ	ぷ	ぺ	ぽ
pa	pi	pu	pe	po

拗音／促音

あ	い	う	え	お
xa (la)	xi (li) (lyi) (xyi)	xu (lu)	xe (le) (lye) (xye)	xo (lo)
や		ゆ		よ
xya (lya)		xyu (lyu)		xyo (lyo)
		つ		
		xtu (ltu)		

ぉ段	ぇ段	ぅ段	ぃ段	ぁ段
うぉ who	うぇ whe (we)		うぃ whi (wi)	うぁ wha
ヴぉ vo	ヴぇ ve	ヴ vu	ヴぃ vi	ヴぁ va
きょ kyo	きぇ kye	きゅ kyu	きぃ kyi	きゃ kya
ぎょ gyo	ぎぇ gye	ぎゅ gyu	ぎぃ gyi	ぎゃ gya
くぉ qwo (qo)	くぇ qwe (qe) (qye)	くぅ qwu	くぃ qwi (qi) (qyi)	くぁ qwa (qa)
ぐぉ gwo	ぐぇ gwe	ぐぅ gwu	ぐぃ gwi	ぐぁ gwa
しょ syo	しぇ sye	しゅ syu	しぃ syi	しゃ sya
じょ zyo (jo) (jyo)	じぇ zye (je) (jye)	じゅ zyu (ju) (jyu)	じぃ zyi (jyi)	じゃ zya (jya)
すぉ swo	すぇ swe	すぅ swu	すぃ swi	すぁ swa
ちょ tyo (cho) (cyo)	ちぇ tye (che) (cye)	ちゅ tyu (chu) (cyu)	ちぃ tyi (cyi)	ちゃ tya (cha) (cya)
ぢょ dyo	ぢぇ dye	ぢゅ dyu	ぢぃ dyi	ぢゃ dya
つぉ tso	つぇ tse		つぃ tsi	つぁ tsa
てょ tho	てぇ the	てゅ thu	てぃ thi	てゃ tha
でょ dho	でぇ dhe	でゅ dhu	でぃ dhi	でゃ dha
とぉ two	とぇ twe	とぅ twu	とぃ twi	とぁ twa
どぉ dwo	どぇ dwe	どぅ dwu	どぃ dwi	どぁ dwa
にょ nyo	にぇ nye	にゅ nyu	にぃ nyi	にゃ nya
ひょ hyo	ひぇ hye	ひゅ hyu	ひぃ hyi	ひゃ hya
びょ byo	びぇ bye	びゅ byu	びぃ byi	びゃ bya
ぴょ pyo	ぴぇ pye	ぴゅ pyu	ぴぃ pyi	ぴゃ pya
ふぉ fo (fwo)	ふぇ fe (fwe) (fye)	ふぅ fwu	ふぃ fi (fwi) (fyi)	ふぁ fa (fwa)
ふょ fyo		ふゅ fyu		ふゃ fya
みょ myo	みぇ mye	みゅ myu	みぃ myi	みゃ mya
りょ ryo	りぇ rye	りゅ ryu	りぃ ryi	りゃ rya

索引

Index

Index

さ行

Index

■お問い合わせについて

本書に関するご質問については、本書に記載されている内容に関するもののみとさせていただきます。本書の内容と関係のないご質問につきましては、一切お答えできませんので、あらかじめご了承ください。また、電話でのご質問は受け付けておりませんので、必ずFAXか書面にて下記までお送りください。
なお、ご質問の際には、必ず以下の項目を明記していただきますようお願いいたします。

1　お名前
2　返信先の住所またはFAX番号
3　書名（今すぐ使えるかんたん大事典　Windows 10）
4　本書の該当ページ
5　ご使用のOSとアプリ
6　ご質問内容

なお、お送りいただいたご質問には、できる限り迅速にお答えできるよう努力いたしておりますが、場合によってはお答えするまでに時間がかかることがあります。また、回答の期日をご指定なさっても、ご希望にお応えできるとは限りません。あらかじめご了承くださいますよう、お願いいたします。

■問い合わせ先

〒162-0846
東京都新宿区市谷左内町21-13
株式会社技術評論社　書籍編集部
「今すぐ使えるかんたん大事典　Windows 10」質問係
FAX番号　03-3513-6167

http://gihyo.jp/book/

■お問い合わせの例

> ## FAX
>
> **1　お名前**
> 　技術　太郎
>
> **2　返信先の住所またはFAX番号**
> 　03-XXXX-XXXX
>
> **3　書名**
> 　今すぐ使えるかんたん大事典
> 　Windows 10
>
> **4　本書の該当ページ**
> 　165ページ
>
> **5　ご使用のOSとアプリ**
> 　Windows 10
> 　「マップ」アプリ
>
> **6　ご質問内容**
> 　手順2の操作をしても、手順3の
> 　画面が表示されない

※ご質問の際に記載いただきました個人情報は、回答後速やかに破棄させていただきます。

今すぐ使えるかんたん大事典
Windows 10

2016年5月25日　初版　第1刷発行

著　者●オンサイト＋阿久津良和＋技術評論社編集部
発行者●片岡　巌
発行所●株式会社　技術評論社
　　　　東京都新宿区市谷左内町21-13
　　　　電話　03-3513-6150　販売促進部
　　　　　　　03-3513-6160　書籍編集部
装丁●田邉　恵里香
イラスト●ますおか　さわこ
本文デザイン●オンサイト
編集／DTP●オンサイト
モデル●石川　彩夏（株式会社オスカープロモーション）
担当●矢野　俊博
製本／印刷●大日本印刷株式会社

定価はカバーに表示してあります。

ISBN978-4-7741-8049-6 C3055
Printed in Japan